中文版 AutoCAD 2012 室内装潢设计经典 208 例

麓山文化　编著

机械工业出版社

本书通过 208 个室内装潢设计实例，深入讲解了使用 AutoCAD 2012 进行各种类型空间室内装潢设计和相应施工图绘制的方法和技巧。

本书遵循循序渐进的原则，按照初学者的学习规律，将全书分为 5 篇。第 1 篇为基础篇，介绍 AutoCAD 的环境设置和基本家具图例的绘制方法，练习 AutoCAD 的基本绘图和编辑方法；第 2 篇为家装篇，以不同户型、不同装饰风格的家居装修实例，介绍 AutoCAD 家装设计的方法和技巧；第 3 篇为公装篇，分别以不同空间性质、不同商业类型的公装实例，介绍 AutoCAD 进行公装设计的方法和技巧；第 4 篇为电气和详图篇，介绍住宅电气图、冷热水管走向图、剖面图和大样图的绘制；第 5 篇为三维和打印输出篇，主要介绍使用 AutoCAD 2012 增强的三维功能进行家具建模的方法，以及室内装潢施工图打印输出的方法。

本书配套光盘内容丰富，提供了全书所有实例的源文件，配备了全书 208 个实例、共 24 小时的高清语音视频教学，手把手的课堂讲解，可以成倍提高学习兴趣和效率。除此之外，还特别赠送了上千个精美的室内设计常用家装和公装 CAD 图块，包括沙发、桌椅、床、人物、挂画、坐便器、门窗、雕塑、电视、空调、绿化配景等，读者在学习和工作中可以随时调用，可极大提高室内设计工作效率，物超所值。同时为了方便老版本 AutoCAD 用户也能顺利使用本书，本书所有 AutoCAD 文件都保存有 2004 版和 2012 版两种文件格式。

本书基本涵盖了室内设计中常遇到的设计元素、空间类型和装饰风格，是一本适合于广大室内设计专业人员的实例教程。不仅可作为职业院校相关专业的教材，也是室内设计爱好者的首选自学读物。

图书在版编目(CIP)数据

中文版 AutoCAD 2012 室内装潢设计经典 208 例/麓山文化编著. —2 版. —北京：机械工业出版社，2011.6
ISBN 978 - 7 - 111 - 35728 - 5

Ⅰ.①中… Ⅱ.①麓… Ⅲ.①室内装饰设计：计算机辅助设计—AutoCAD 软件 Ⅳ.①TU238 - 39

中国版本图书馆 CIP 数据核字（2011）第 175609 号

机械工业出版社(北京市百万庄大街 22 号 邮政编码 100037)
责任编辑：曲彩云 责任印制：杨 曦
北京圣夫亚美印刷有限公司印刷
2012 年 1 月第 2 版第 1 次印刷
184mm×260mm ·27.5 印张 · 784 千字
0001— 4000 册
标准书号：ISBN 978 - 7 - 111 - 35728 - 5
ISBN 978 - 7 - 89433 - 116 - 8（光盘）
定价：58.00 元（含 DVD）

凡购本书，如有缺页、倒页、脱页，由本社发行部调换

电话服务	网络服务
社服务中心 :(010)88361066	门户网:http://www.cmpbook.com
销 售 一 部 :(010)68326294	教材网:http://www.cmpedu.com
销 售 二 部 :(010)88379649	**封面无防伪标均为盗版**
读者购书热线:(010)88379203	

前　言

1．本书内容

AutoCAD 是美国 Autodesk 公司开发的专门用于计算机绘图和设计工作的软件。自 20 世纪 80 年代 Autodesk 公司推出 AutoCAD R1.0 以来，由于其具有简便易学、精确高效等优点，一直深受广大工程设计人员的青睐。迄今为止，AutoCAD 历经了十余次的扩充与完善，如今已经在航空航天、造船、建筑、机械、电子、化工、美工、轻纺等很多领域得到了广泛应用。

本书是一本 AutoCAD 2012 的实例教程，通过将软件功能融入实际应用，使读者在学习软件操作的同时，还能够掌握室内设计的精髓和积累行业工作经验，做到艺术与技术并重，为用而学，学以致用。

全书共 18 章，第 1 章讲述了创建和设置室内模板的方法；第 2 章介绍了创建室内装潢常用图形的方法；第 3 章和第 4 章讲解了家具平面和立面的绘制方法；第 5 章～第 9 章通过几个完整的家居设计实例讲解了绘制各种户型家装施工图的方法；第 10 章～第 14 章通过完整的公共空间实例，讲解了绘制各种公共空间施工图的方法；第 15 章讲解电气设计和热水水管走向图的绘制方法；第 16 章利用各种不同实例讲解了室内装潢中常见详图的绘制方法；第 17 章介绍了常见家具三维建模的方法；第 18 章介绍了施工图打印与输出的方法和技巧。

本书的内容非常丰富，知识全面，既有技术性理论讲解，又有实践性操作步骤，通过对不同风格、不同性质、不同户型的室内空间讲解，力求使读者全面掌握使用 AutoCAD 进行室内设计的方法。

本书附赠 DVD 学习光盘，配备了多媒体教学视频，可以在家享受专家课堂式的讲解，成倍提高学习兴趣和效率。除此之外，配套光盘特别赠送了上千个精美的室内设计常用 CAD 图块，包括沙发、桌椅、床、人物、挂画、坐便器、门窗、雕塑、电视、空调、绿化配景等，可极大提高室内设计工作效率，真正物超所值。

本书不仅适合作为职业院校相关专业的教材，也是室内设计爱好者的首选自学读物。

2．本书作者

本书由麓山文化编著，具体参加图书编写的有：陈志民、陈运炳、申玉秀、李红萍、李红艺、李红术、陈云香、陈文香、陈军云、彭斌全、林小群、刘清平、钟睦、刘里锋、朱海涛、廖博、喻文明、易盛、陈晶、张绍华、黄柯、何凯、黄华、陈文轶、杨少波、杨芳、刘珊、赵祖欣、齐慧明等。

由于作者水平有限，书中错误、疏漏之处在所难免。在感谢您选择本书的同时，也希望您能够把对本书的意见和建议告诉我们。

售后服务 E-mail:lushanbook@gmail.com

麓山文化

目 录

前言

第1篇 基础篇

2600
800
1000
1400
1415
1200
1000
800

350
3960
350

1650
R320
55
R30
640
R30
150
750
1400
55

1940
570
170
570
560
170
570
570
570
60
570
170
560
170
800
570
1390
60
570

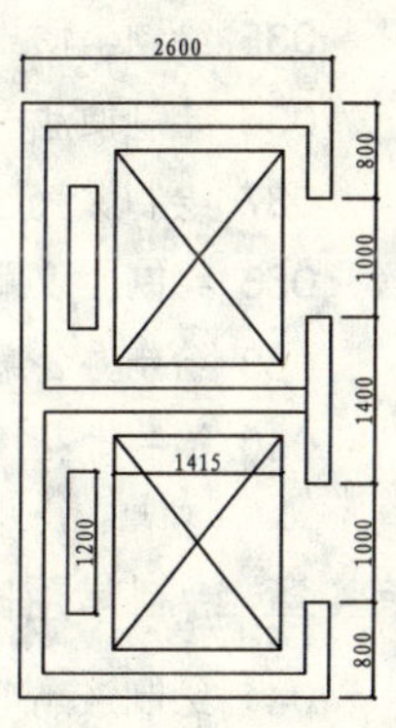

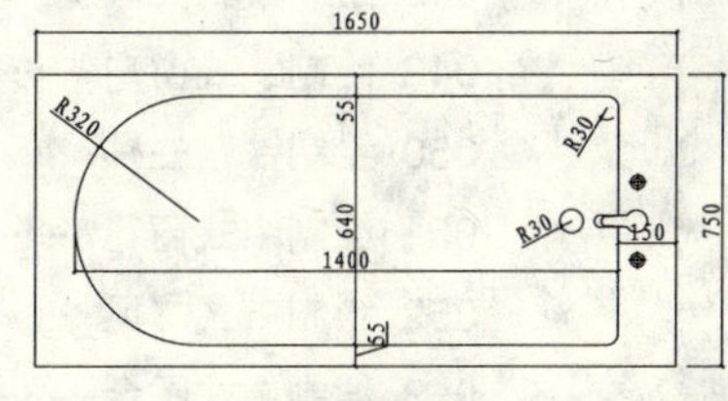

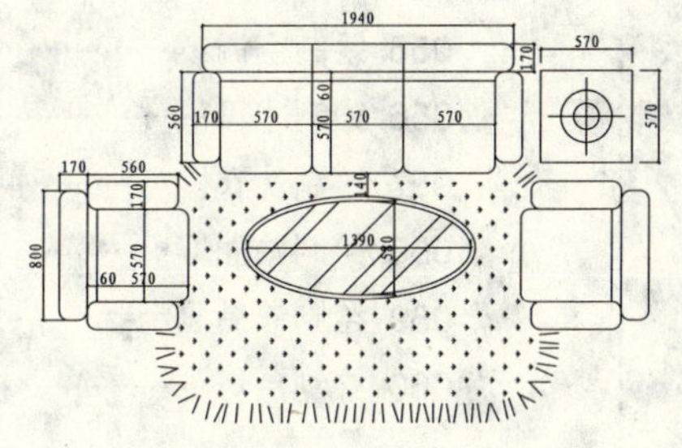

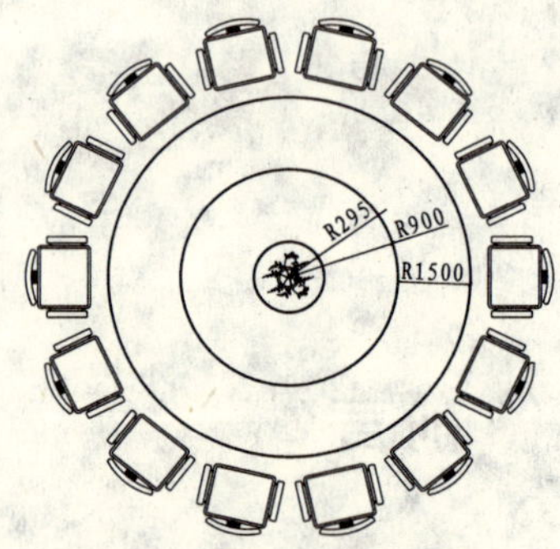
R295
R900
R1500

R975
R1085

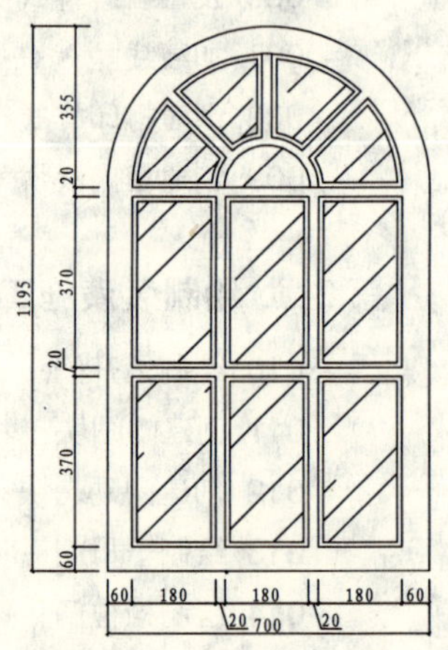
355
20
1195
370
20
370
60
60
180
180
180
60
20
700
20

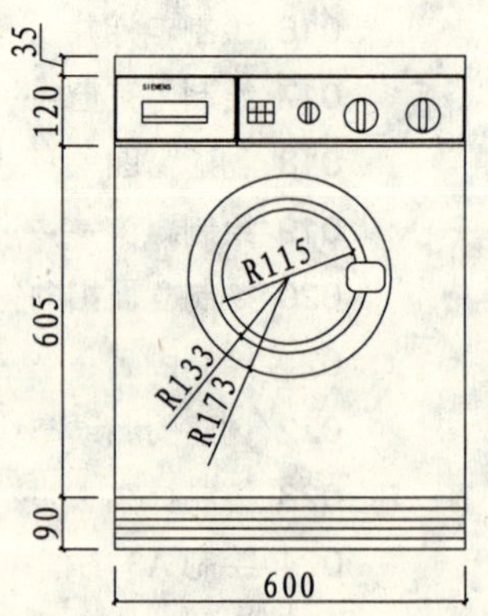
35
120
605
90
R115
R133
R173
600

第2篇 家装篇

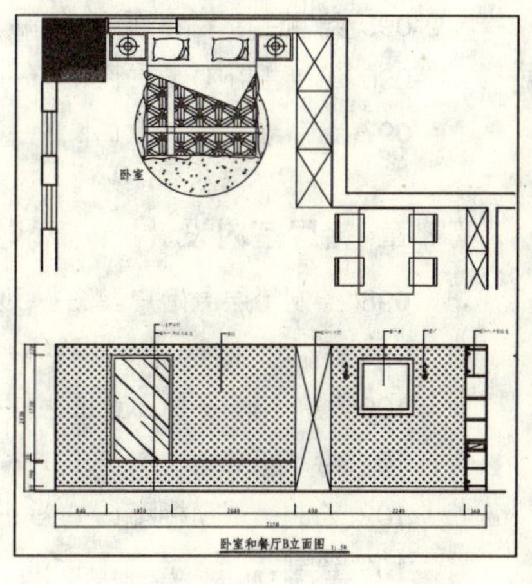

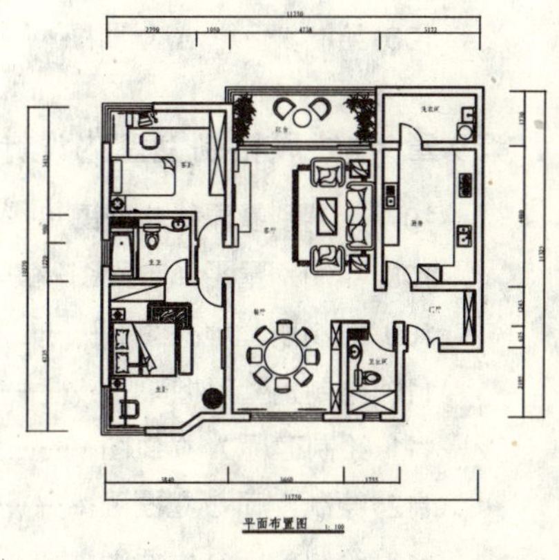

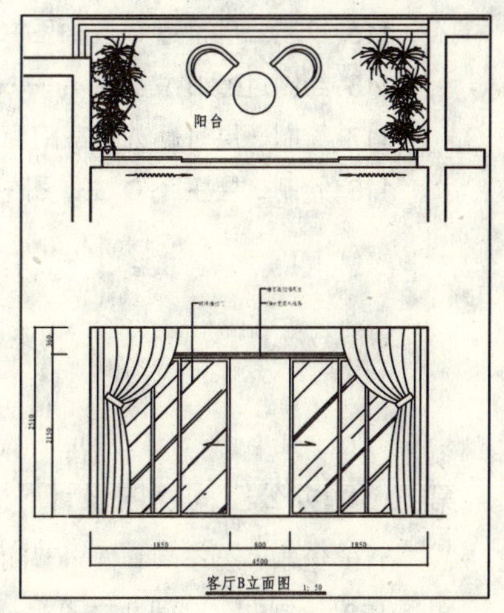

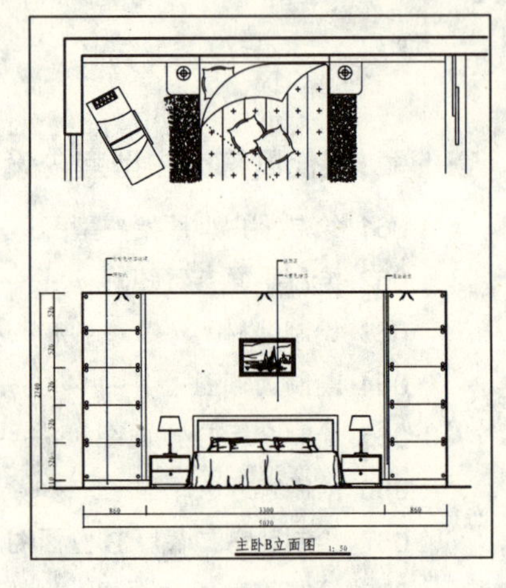

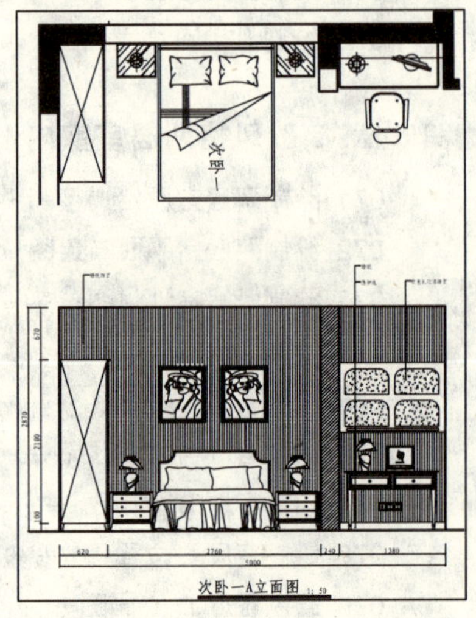

目
录

第3篇 公 装 篇

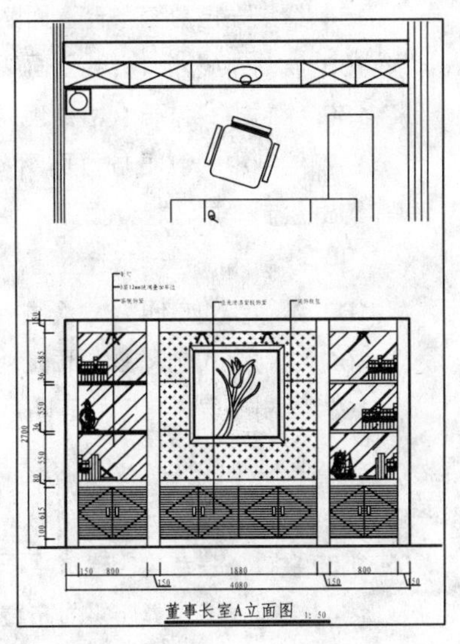
董事长室A立面图 1:50

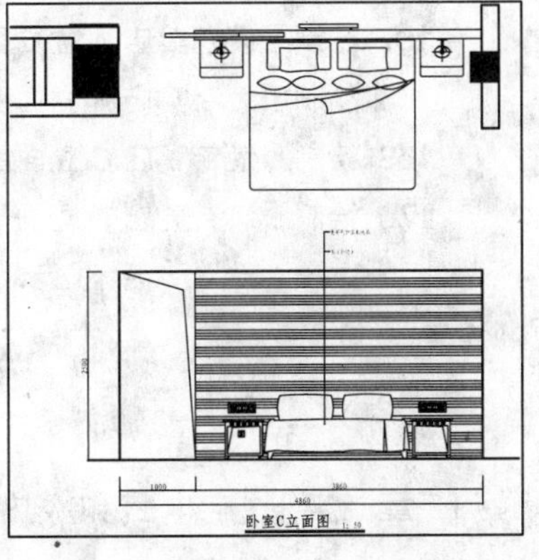
卧室C立面图 1:50

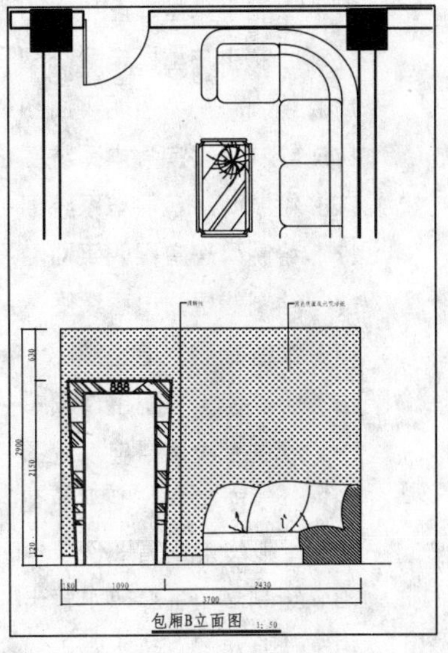
包厢B立面图 1:50

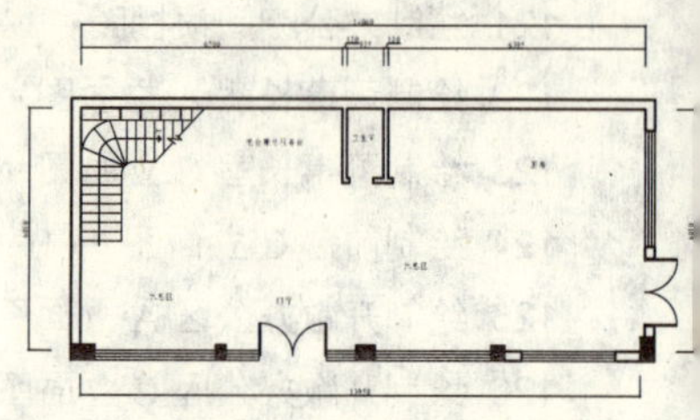

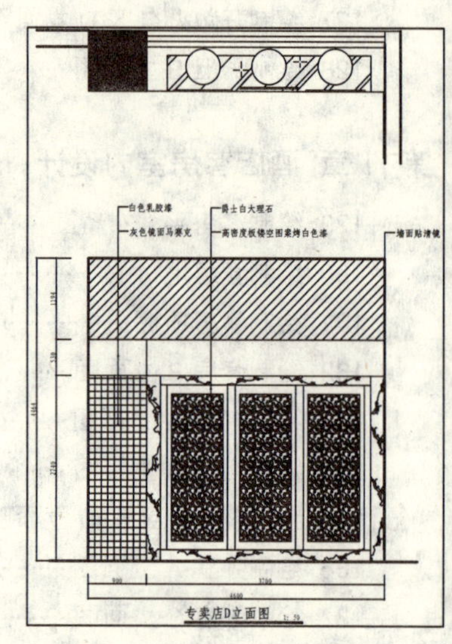

目录

第4篇 电气和详图篇

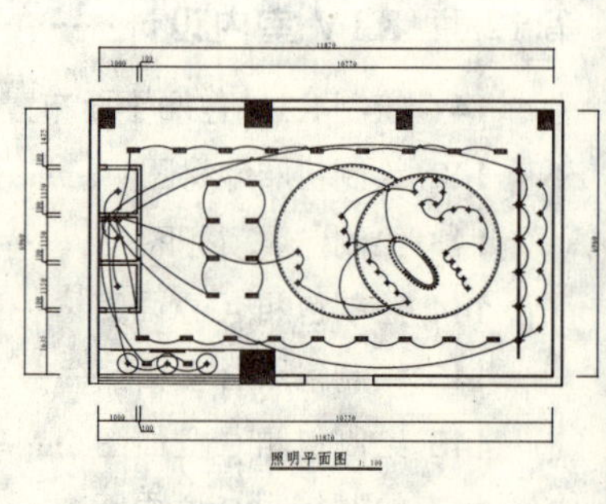

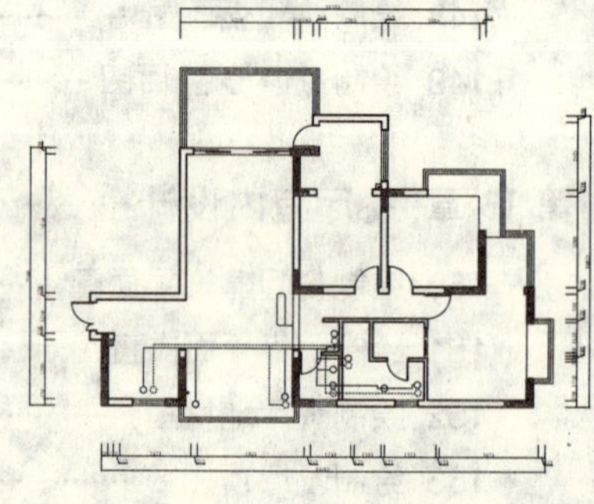

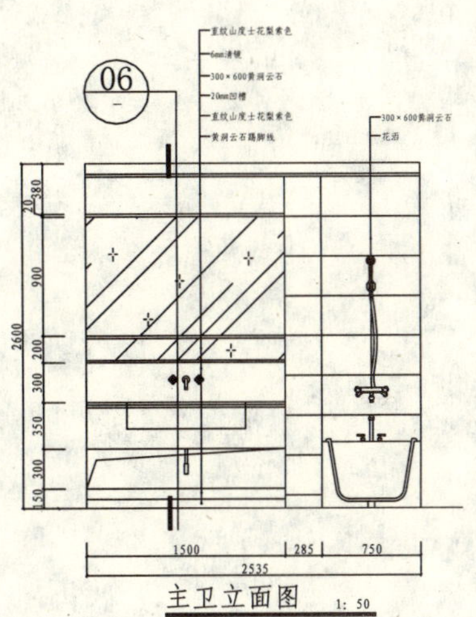

主卫立面图 1: 50

第 5 篇 三维和打印输出篇

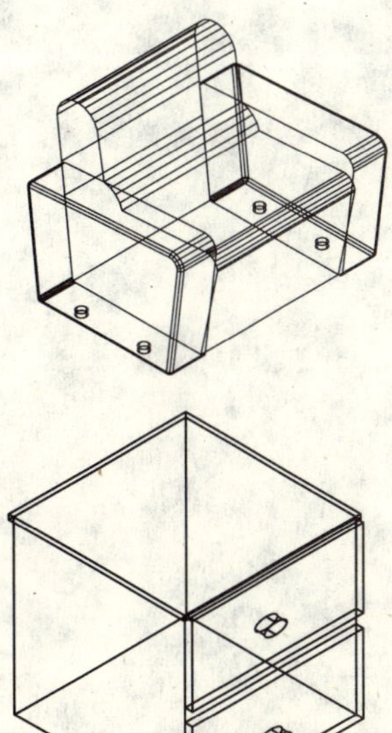

第1篇　基 础 篇

第1章
创建室内绘图模板

一个室内装潢施工图样板需要设置的内容包括：图形界限、图形单位、文字样式、尺寸标注样式、引线样式、打印样式和图层等。

创建了样板文件后，在绘制施工图时，就可以将该文件作为模板创建图形文件。新创建的图形自动包含了样板文件中的样式和图形，从而加快了绘图速度，提高了工作效率。

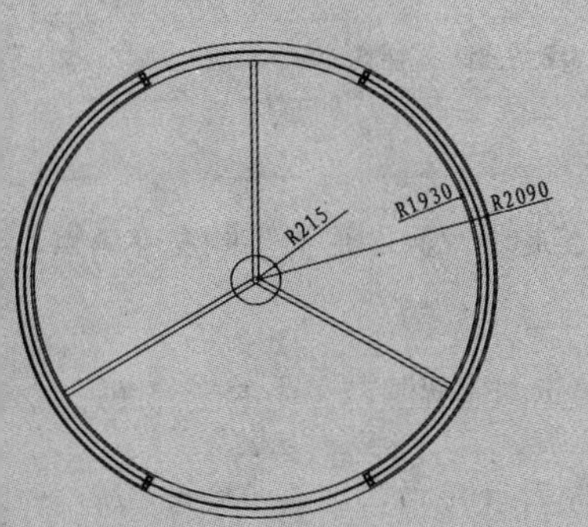

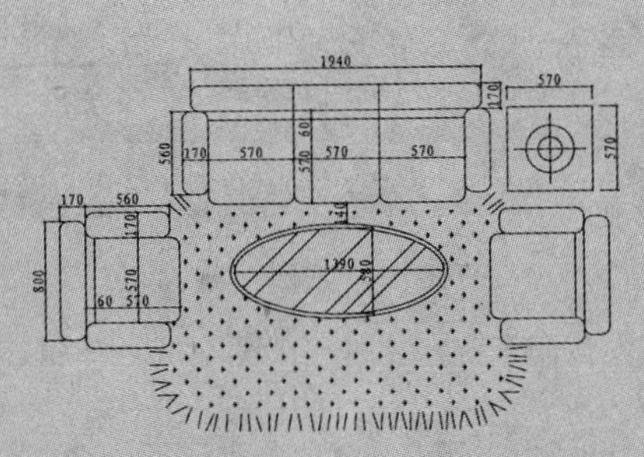

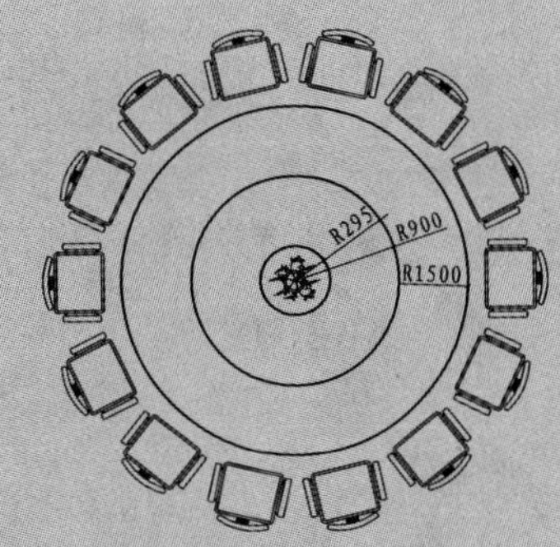

001 新建样板文件

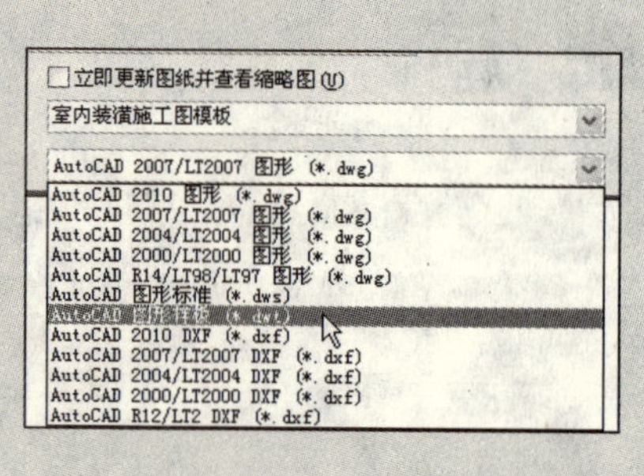

为了避免每绘制一张施工图都要重复设置或绘制某些内容，一个简单的方法是预先将图形界限、图形单位、文字样式、尺寸标注样式、引线样式、打印样式和图层这些相同部分一次性设置或绘制好，然后将其保存为样板文件。

文件路径：	目标文件\第 01 章\实例 01.dwt
视频文件：	AVI\第 01 章\01 新建样板文件.avi
播放时长：	0:01:12

01 启动 AutoCAD 2012，系统自动创建一个新的图形文件。

02 选择【文件】|【另存为】命令，打开“图形另存为”对话框。在“文件类型”下拉列表中，选择“AutoCAD 图形样板（*.dwt）”文件类型，然后选择文件保存位置并输入文件名，如图 1-1 所示。

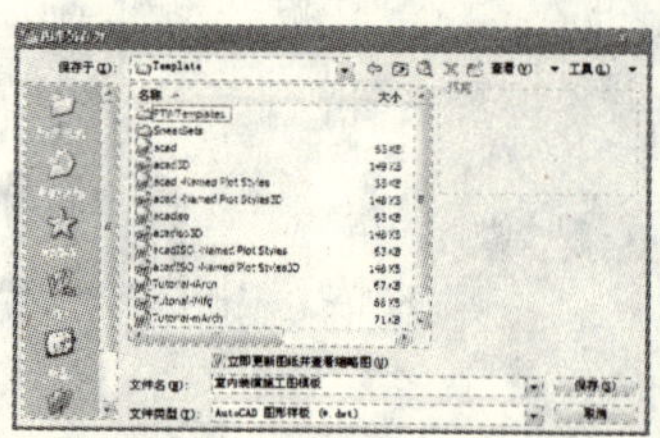

图 1-1 “图形另存为”对话框

03 单击【保存】按钮关闭“图形另存为”对话框，在随后弹出的“样板选项”对话框中输入有关该样板文件的说明，在“测量单位”下拉列表框中选择“公制”。完成后单击【确定】按钮，样板说明保存至样板文件中。

提 示：在调用样板文件创建新图形时，可以查看到样板的说明内容。

002 设置图形界限

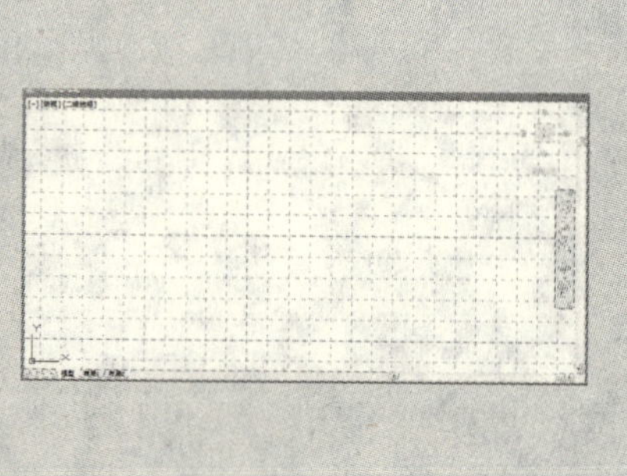

绘图界限是在绘图空间中假想的一个绘图区域，用可见栅格进行标示。图形界限相当于图纸的大小，一般根据国家标准关于图幅尺寸的规定设置。当打开图形界限边界检验功能时，一旦绘制的图形超出了绘图界限，系统将发出提示，并不允许绘制超出图形界限范围的点。

文件路径：	目标文件\第 01 章\实例 02.dwt
视频文件：	AVI\第 01 章\02 设置图形界限.avi
播放时长：	0:00:50

01 选择【格式】|【图形界限】命令，单击空格键或者 Enter 键默认坐标原点为图形界限的左下角点。

02 输入右上角点坐标（42000，29700）并按回车键。

03 在命令行中输入“Z”，按回车键，再输入“A”，按回车键，可显示图形界限范围内的全部图形。

提 示：A3 图纸的大小为 420mm×297mm，由于室内装潢施工图一般使用 1：100 的比例打印输出，所以通常设置图形界限范围为 42000×29700。

第 1 篇

003 设置图形单位

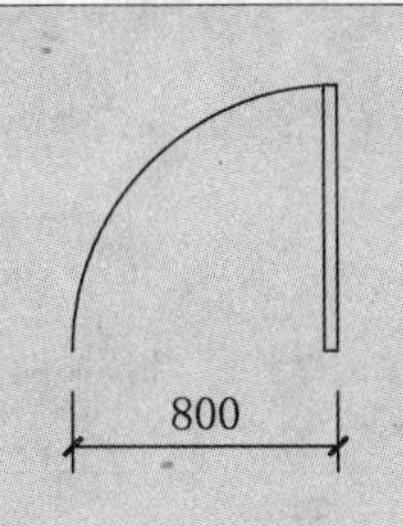

室内装潢施工图通常采用“毫米”作为基本单位，即一个图形单位为 1mm，并且采用 1:1 的比例，按照实际尺寸绘图，在打印时再根据需要设置打印输出比例。

文件路径：	目标文件\第 01 章\实例 03dwt
视频文件：	AVI\第 01 章\03 设置图形单位.avi
播放时长：	0:01:26

01 选择【格式】|【单位】命令，打开“图形单位”对话框，如图 1-2 所示，“长度”选项组用于设置长度类型和精度，这里设置“类型”为“小数”，“精度”为 0。

02 “角度”选项组用于设置角度的类型和精度。这里取消“顺时针”复选框勾选，设置角度“类型”为“十进制度数”，精度为 0。

03 在“插入时的缩放单位”选项组中选择“用于缩放插入内容的单位”为“毫米”，这样当调用非毫米单位的图形时，图形能够自动根据单位比例进行缩放。最后单击【确定】按钮关闭对话框，完成单位设置。

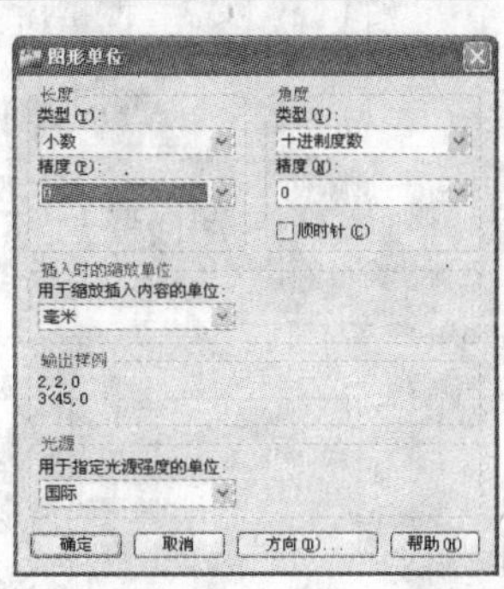

图 1-2　“图形单位”对话框

注　意： 单位精度影响计算机的运行效率，精度越高运行越慢，绘制室内装潢施工图，设置精度为 0 足以满足设计要求。

004 创建文字样式

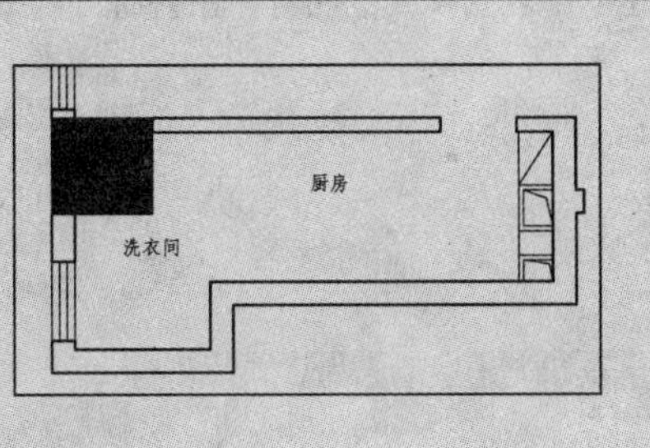

文字可解释说明图形隐含和不能直接表现的含义或功能，所以对图形使用文字说明是必要的。为了保证文字格式的统一，在创建文字说明时，应先创建文字样式。

文件路径：	目标文件\第 01 章\实例 04dwt
视频文件：	AVI\第 01 章\04 创建文字样式.avi
播放时长：	0:01:25

01 在命令窗口中输入 STYLE 并按回车键，或选择【格式】|【文字样式】命令，打开“文字样式”对话框，如图 1-3 所示。默认情况下，“样式”列表中只有唯一的 Standard 样式，在用户未创建新样式之前，所有输入的文字均调用该样式。

02 单击【新建】按钮，弹出“新建文字样式”对话框，在对话框中输入样式的名称，这里的名称设置为“仿宋”，如图 1-4 所示。单击【确定】按钮返回“文字样式”对话框。

03 在“字体名”下拉列表框中选择“仿宋”字体，如图 1-5 所示。

04 在“大小”选项组中勾选“注释性”复选项，使该文字样式成为注释性的文字样式，调用注释性文字样式创建的文字，将成为注释性对象，以后可以随时根据打印需要调整注释性的比例。

05 设置“图纸文字高度”为 1.5（即文字的大小），在“效果”选项组中设置文字的“宽度因子”为 1；“倾斜角度”为 0，如图 1-5 所示，设置后单击【应用】按钮应用当前设置，单击“关闭”按钮，关闭对话框，完成“仿宋”文字样式的创建。

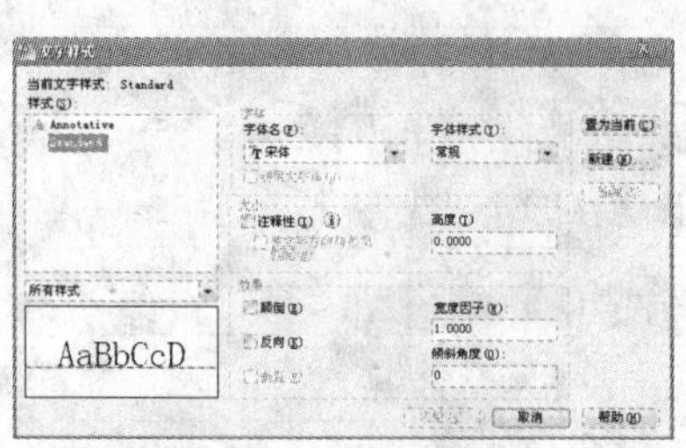

图 1-3 “文字样式”对话框

图 1-4 “新建文字样式”对话框

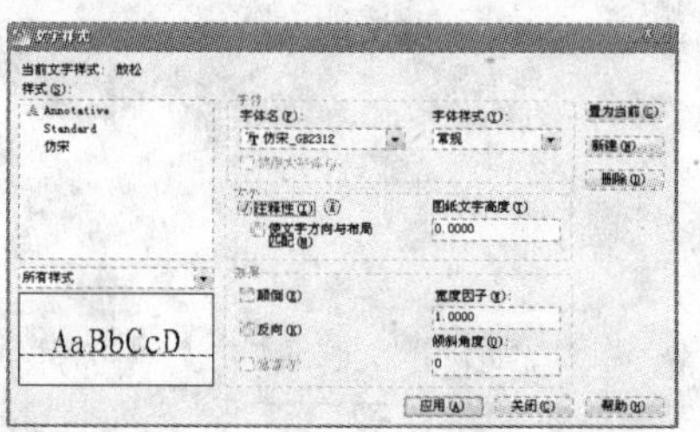

图 1-5 设置文字样式参数

005 创建尺寸标注样式

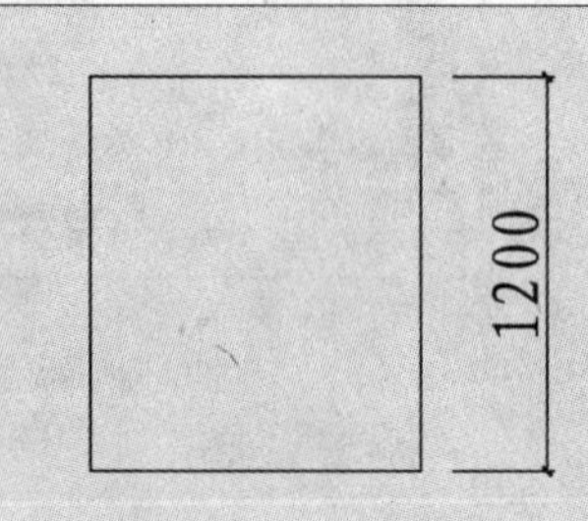

一个完整的尺寸标注由尺寸线、尺寸界限、尺寸文本和尺寸箭头 4 个部分组成。本例将创建一个名称为“室内标注”的标注样式，本书所有图形标注将使用该样式，以保证格式统一。

文件路径：	目标文件\第 01 章\实例 05.dwt
视频文件：	AVI\第 01 章\05 创建尺寸标注样式.avi
播放时长：	0:02:06

01 在命令窗口中输入 DIMSTYLE 并按回车键，或选择【格式】|【标注样式】命令打开“标注样式管理器”对话框，如图 1-6 所示。

02 单击【新建】按钮，在打开的“创建新标注样式”对话框中输入新样式的名称“室内标注样式”，如图 1-7 所示。

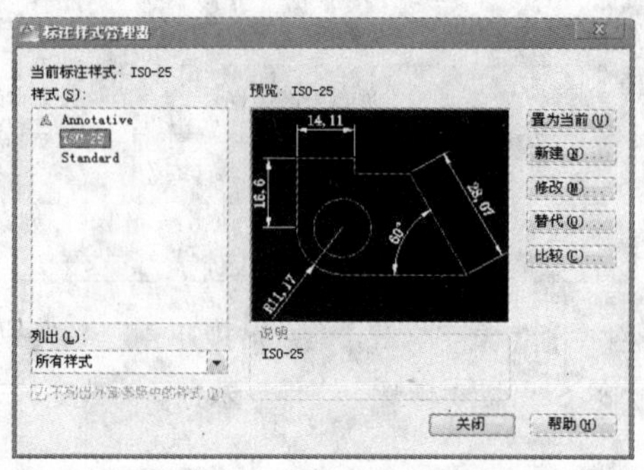

图 1-6 “标注样式管理器”对话框

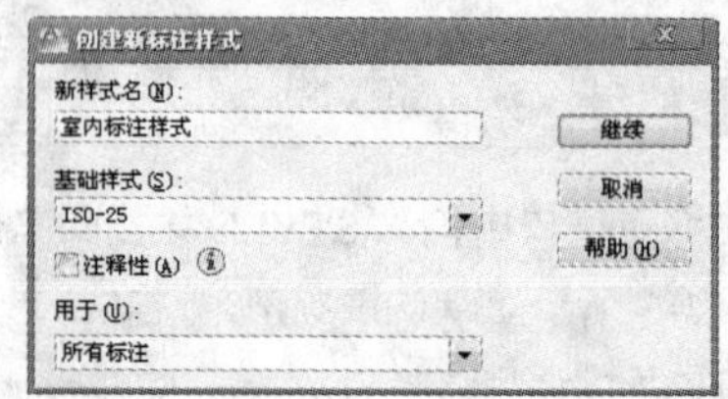

图 1-7 创建“室内标注样式”标注样式

03 单击【继续】按钮，系统弹出“新建标注样式：室内标注样式”对话框，选择“线”选项卡，分别对尺寸线和延伸线等参数进行调整，如图 1-8 所示。

04 选择“符号和箭头”选项卡，对箭头类型、大小进行设置，如图 1-9 所示。

第 1 篇

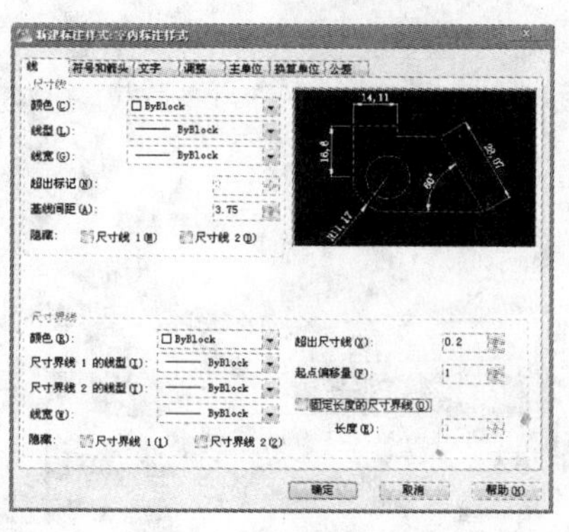

图 1-8　“线”选项卡参数设置

图 1-9　“符号和箭头”选项卡参数设置

05 选择“文字”选项卡，设置文字样式为“仿宋”，其他参数设置如图 1-10 所示。

06 选择“调整”选项卡，在“标注特征比例”选项组中勾选“注释性”复选框，使标注具有注释性功能，如图 1-11 所示，完成设置后，单击【确定】按钮返回“标注样式管理器”对话框，单击【置为当前】按钮，然后关闭对话框，完成“室内标注样式”标注样式的创建。

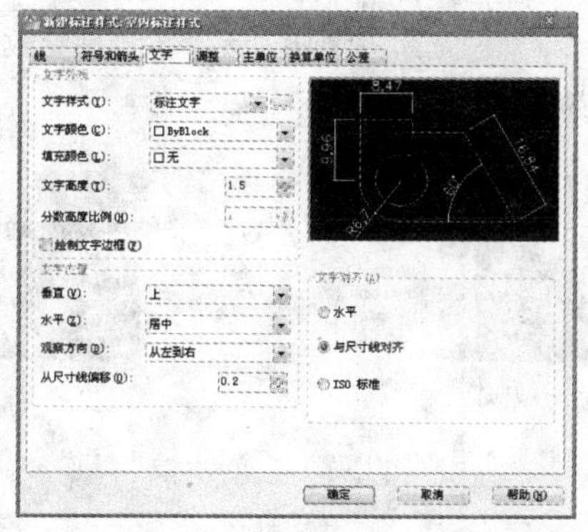

图 1-10　“文字”选项卡参数设置

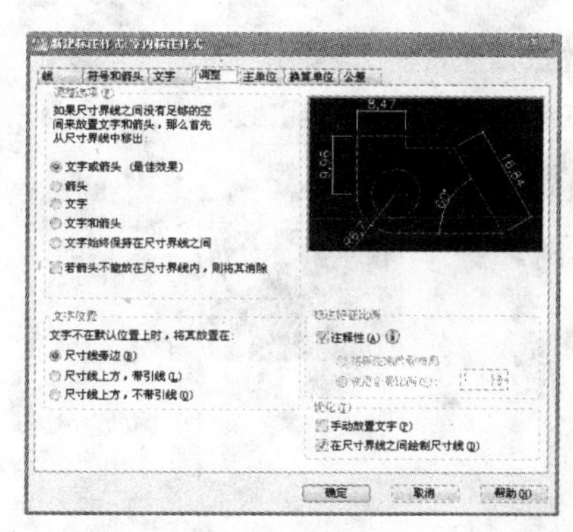

图 1-11　“调整”选项卡参数设置

006 设置引线样式

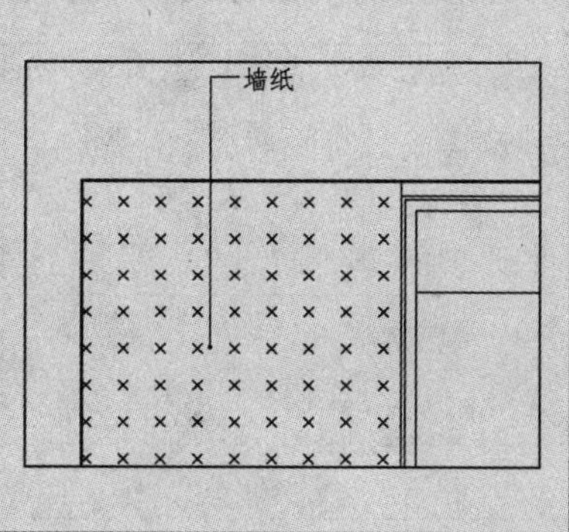

引线标注用于对指定部分进行文字解释说明，由引线、箭头和引线内容三部分组成。引线样式用于对引线的内容进行规范和设置，引出线与水平方向的夹角一般采用 0°、30°、45°、60° 或 90°。本例创建一个名称为“圆点”的引线样式，用于室内施工图的引线标注。

文件路径：	目标文件\第 01 章\实例 06dwt
视频文件：	AVI\第 01 章\06 设置引线样式.avi
播放时长：	0:01:51

01 在命令窗口中输入 MLEADERSTYLE，或选择【格式】|【多重引线样式】命令，打开“多重引线

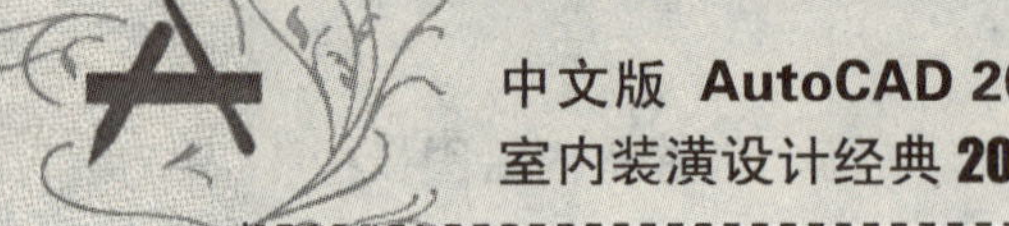

样式管理器”对话框，如图 1-12 所示。

02 单击【新建】按钮，打开“创建多重引线样式”对话框，设置新样式名称为“圆点”，并勾选“注释性”复选框，如图 1-13 所示。

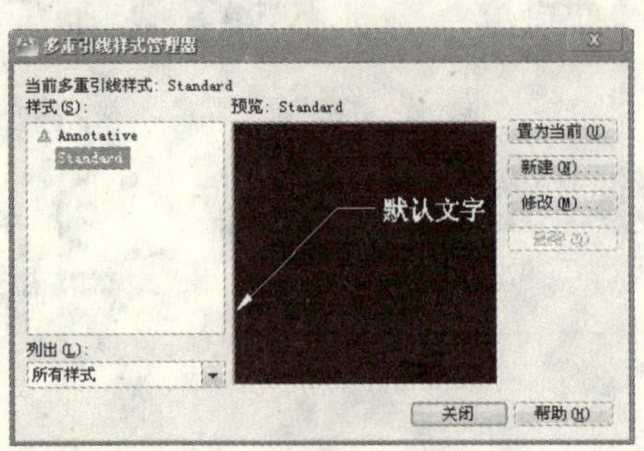

图 1-12 “多重引线样式管理器”对话框

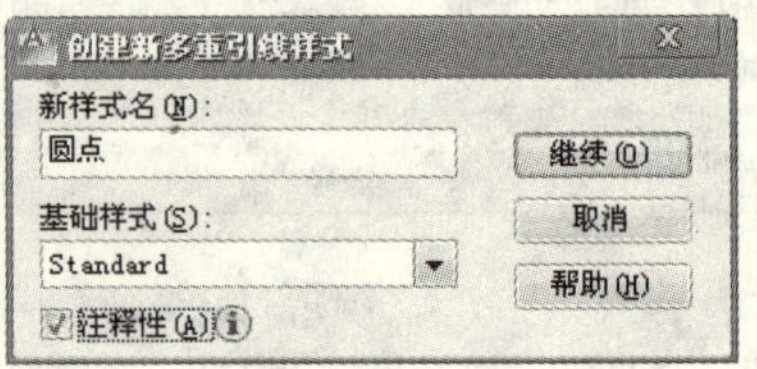

图 1-13 新建引线样式

03 单击【继续】按钮，系统弹出“修改多重引线样式：圆点”对话框，选择“引线格式”选项卡，设置箭头符号为“点”，大小为 0.25，其他参数设置如图 1-14 所示。

04 选择“引线结构”选项卡，参数设置如图 1-15 所示。

05 选择“内容”选项卡，设置文字样式为“仿宋”，其他参数设置如图 1-16 所示。设置完参数后，单击【确定】按钮返回“多重引线样式管理器”对话框，“圆点”引线样式创建完成。

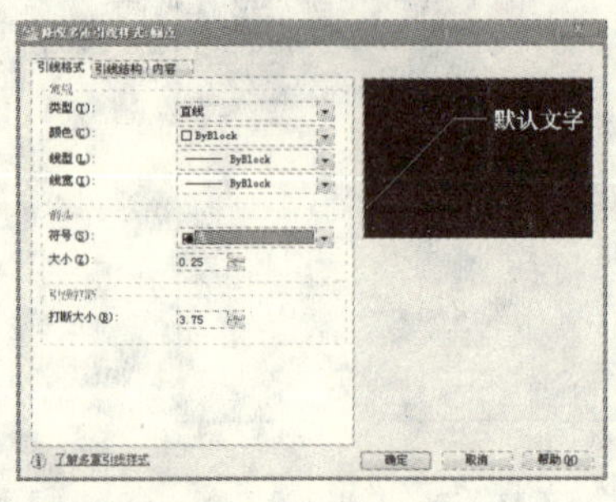

图 1-14 “引线格式”选项卡

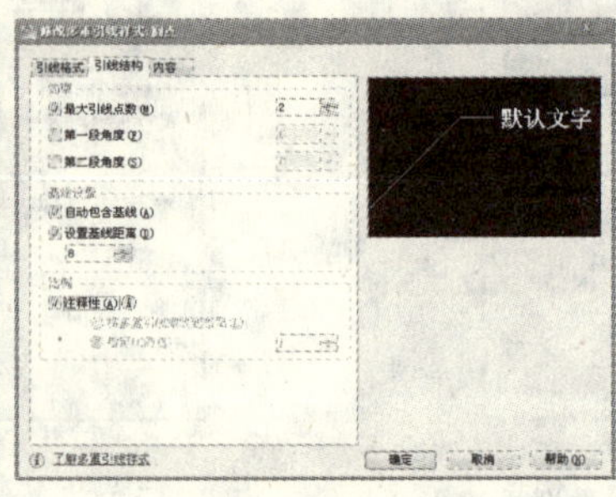

图 1-15 “引线结构”选项卡

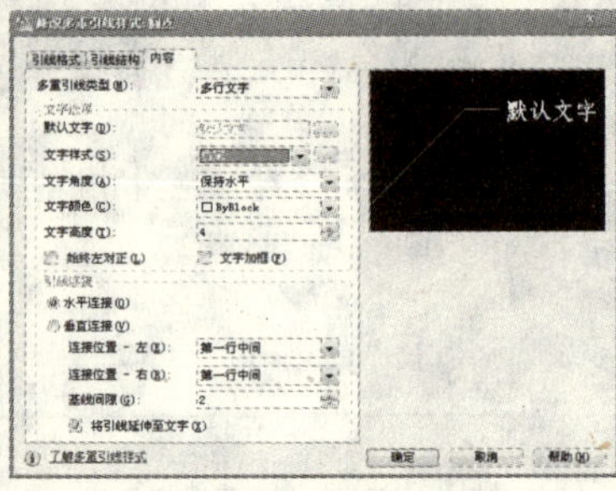

图 1-16 “内容”选项卡

007 加载线型

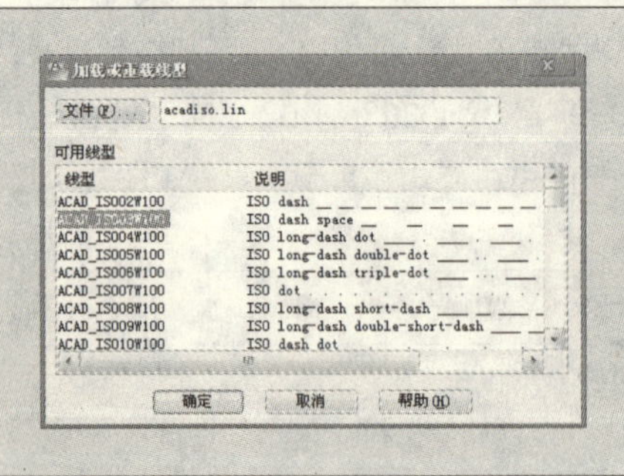

线型是沿图形显示的线、点和间隔组成的图样。在绘制对象时，将对象设置为不同的线型，可以方便对象间的相互区分，使整个图面能够清晰、准确、美观。本实例以加载 IS003W100 线型为例介绍线型的加载方法。

文件路径：	目标文件\第 01 章\实例 07dwt
视频文件：	AVI\第 01 章\07 加载线型.avi
播放时长：	0:00:47

01 在命令窗口中输入 LINETYPE 并按回车键，或选择【格式】|【线型】命令，打开如图 1-17 所示“线型管理器”对话框。

第 1 篇

02 单击“加载”按钮，打开如图 1-18 所示“加载或重载线型”对话框，选择线型 IS003W100，单击【确定】按钮，线型 IS003W100 即被加载至“线型管理器”对话框中，单击“线型管理器”对话框中的“显示细节”按钮，可以显示出线型的详细信息，如图 1-19 所示。

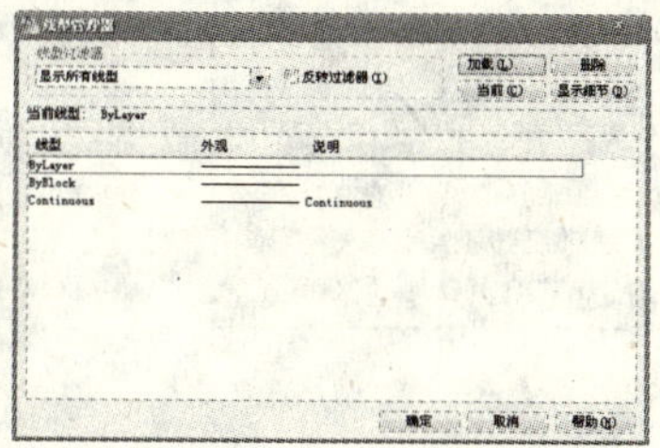

图 1-17　“线型管理器”对话框

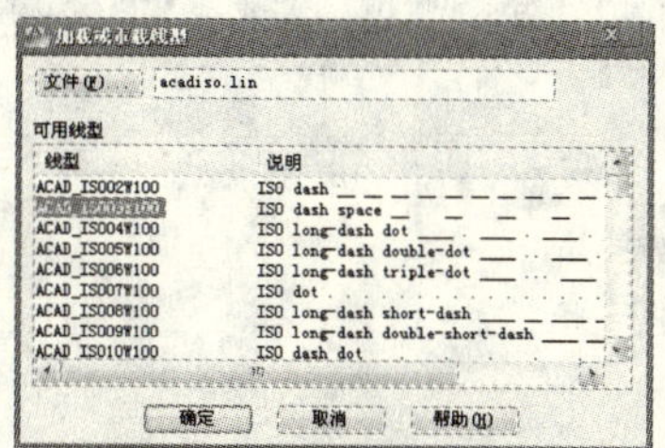

图 1-18　“加载或重载线型”对话框

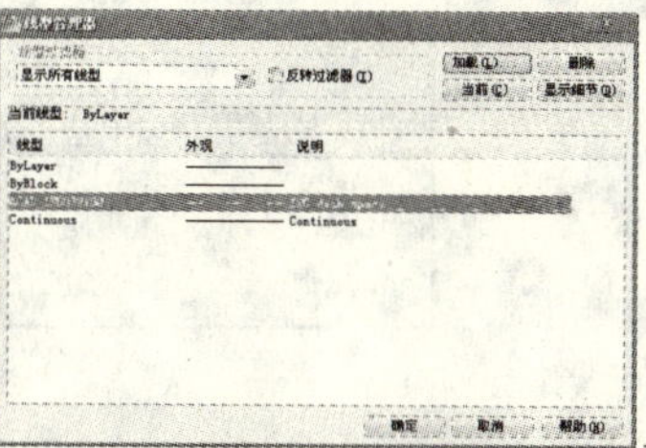

图 1-19　显示线型细节

008 创建打印样式

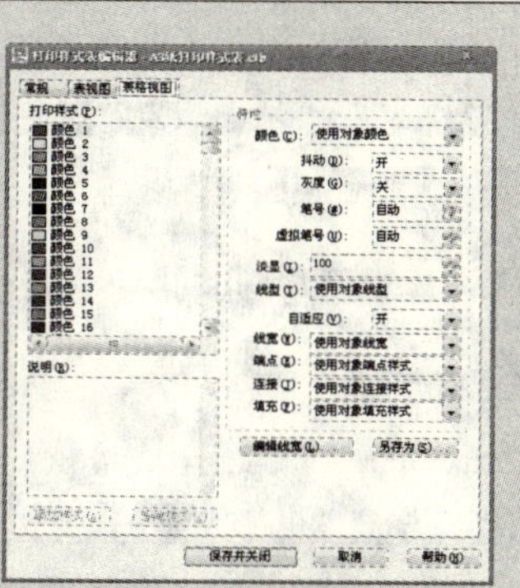

打印样式用于控制图形打印输出的线型、线宽、颜色等外观。绘制室内施工图时，通常调用不同的线宽和线型来表示不同的结构。例如，物体外轮廓调用中实线，内轮廓调用细实线，不可见的轮廓调用虚线，从而使打印的施工图清晰、美观。

文件路径：	目标文件\第 01 章\实例 08
视频文件：	AVI\第 01 章\08 创建打印样式.avi
播放时长：	0:06:12

1. 激活颜色相关打印样式

01 在转换打印样式模式之前，首先应判断当前图形调用的打印样式模式。在命令窗口中输入 pstylemode 并回车，如果系统返回“pstylemode = 0”信息，表示当前调用的是命名打印样式模式，如果系统返回“pstylemode = 1”信息，表示当前调用的是颜色打印模式。

02 如果当前是命名打印模式，在命名窗口输入 CONVERTPSTYLES 并回车，在打开的如图 1-20 所示提示对话框中单击【确定】按钮，即转换当前图形为颜色打印模式。

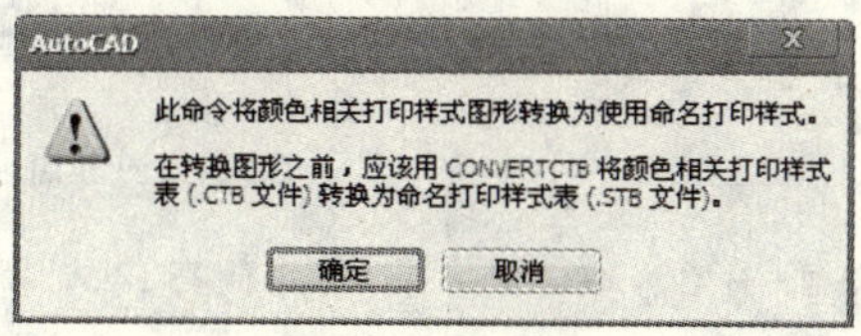

图 1-20　提示对话框

提 示：执行【工具】|【选项】命令，或在命令窗口中输入 OP 并回车，打开“选项”对话框，进入“打印和发布”选项卡，按照如图 1-21 所示设置，可以设置新图形的打印样式模式。

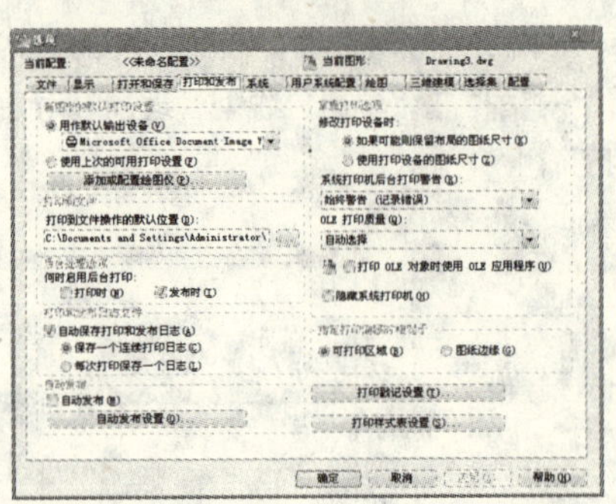

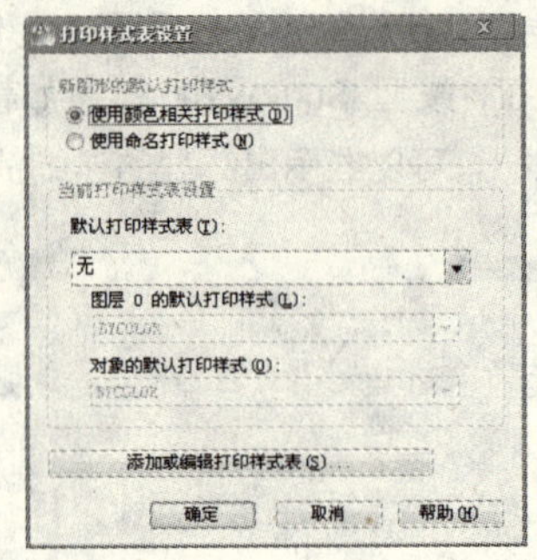

图 1-21 “选项”对话框

2. 创建颜色相关打印样式表

01 在命令窗口中输入 STYLESMANAGER 并按回车键，或执行【文件】|【打印样式管理器】命令，打开 PlotStyles 文件夹，如图 1-22 所示。该文件夹是所有 CTB 和 STB 打印样式表文件的存放路径。

02 双击“添加打印样式表向导”快捷方式图标，启动添加打印样式表向导，在打开的如图 1-23 所示的对话框中单击【下一步】按钮。

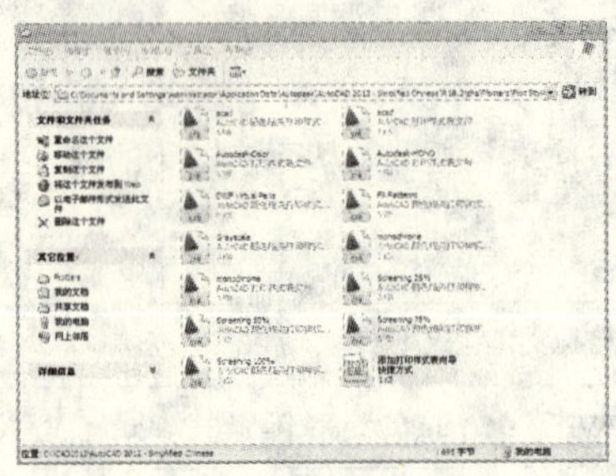

图 1-22 Plot Styles 文件夹

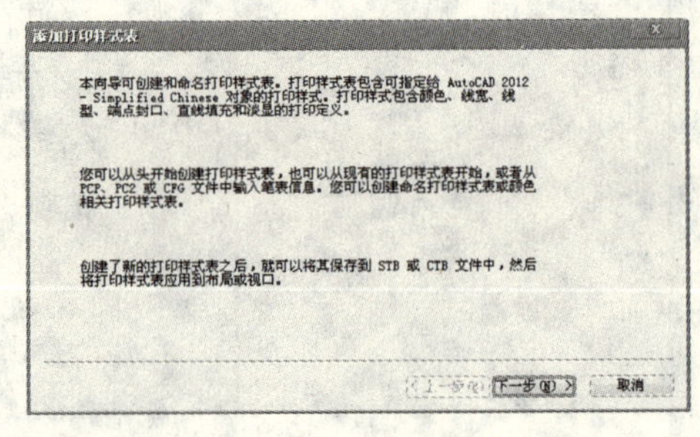

图 1-23 添加打印样式表

03 在打开的如图 1-24 所示“开始”对话框中选择“创建新打印样式表”单选项，单击【下一步】按钮。

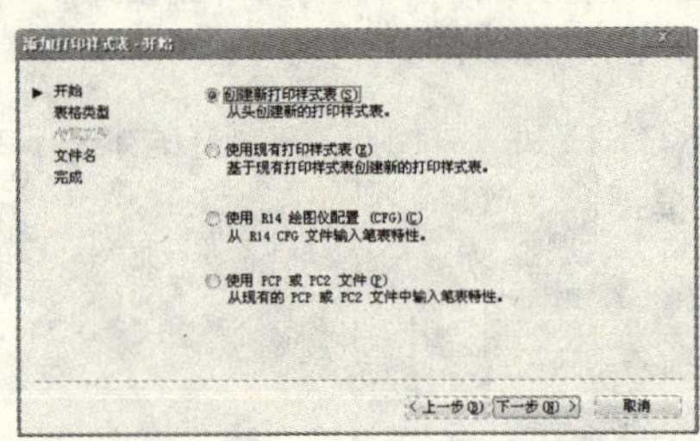

图 1-24 添加打印样式表向导－开始

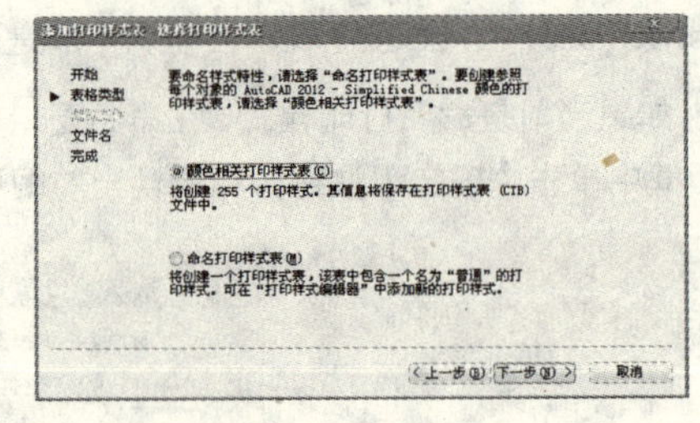

图 1-25 添加打印样式表－表格类型

04 在打开的如图 1-25 所示“选择打印样式表”对话框中选择“颜色相关打印样式表”单选项，单击【下一步】按钮。

05 在打开的如图 1-26 所示对话框“文件名”文本框中输入打印样式表的名称，单击【下一步】按钮。

06 在打开的如图 1-27 所示对话框中单击【完成】按钮，关闭添加打印样式表向导，打印样式创建完毕。

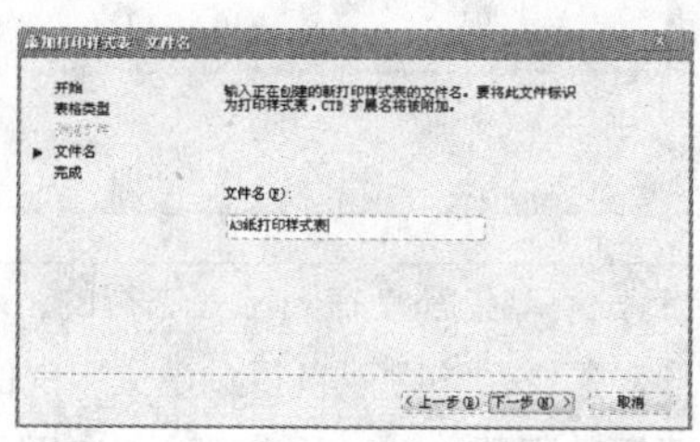

图 1-26　添加打印样式表向导 – 输入文件名

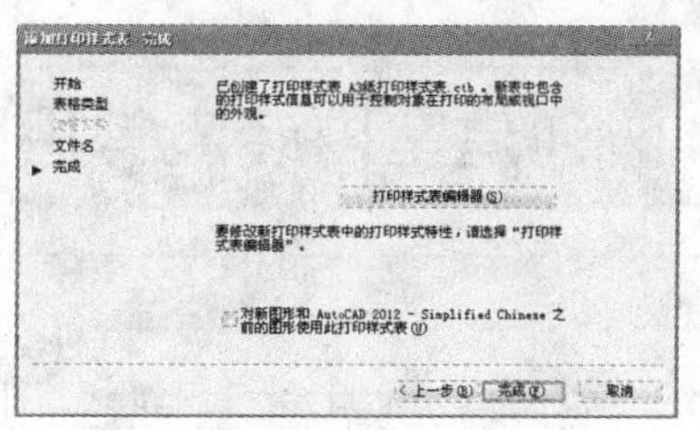

图 1-27　添加打印样式表向导 – 完成

3. 编辑打印样式表

01 创建完成的“A3 纸打印样式表”会立即显示在 Plot Styles 文件夹中，双击该打印样式表，打开“打印样式表编辑器”对话框，在该对话框中单击“表格视图”选项卡，即可对该打印样式表进行编辑。

02 本书调用的颜色打印样式特性设置如表 1-1 所示。

表 1-1　颜色打印样式特性设置

	打印颜色	淡显	线型	线宽
颜色 5（蓝）	黑	100	——实心	0.35mm（粗实线）
颜色 1（红）	黑	100	——实心	0.18（中实线）
颜色 74（浅绿）	黑	100	——实心	0.09（细实线）
颜色 8（灰）	黑	100	——实心	0.09（细实线）
颜色 2（黄）	黑	100	– – 划	0.35（粗虚线）
颜色 4（青）	黑	100	– – 划	0.18（中虚线）
颜色 9（灰白）	黑	100	—·— 长划 短划	0.09（细点画线）
颜色 7（黑）	黑	100	调用对象线型	调用对象线宽

表 1-1 所示的特性设置，共包含了 8 种颜色样式，这里以颜色 5(蓝)为例，介绍具体的设置方法，操作步骤如下：

03 在“打印样式表编辑器”对话框中单击“表格视图”选项卡，在“打印样式”列表框中选择“颜色 5”，即 5 号颜色(蓝)，如图 1-28 所示。

04 在右侧“特性”选项组的“颜色”列表框中选择“黑”，如图 1-28 所示。因为施工图一般采用单色进行打印，所以这里选择“黑”颜色。

05 设置“淡显”为 100，“线型”为“实心”，“线宽”为 0.35mm，其他参数为默认值，如图 1-28 所示。至此，“颜色 5”样式设置完成。在绘图时，如果将图形的颜色设置为蓝时，在打印时将得到颜色为黑色，线宽为 0.35mm，线型为“实心”的图形打印效果。

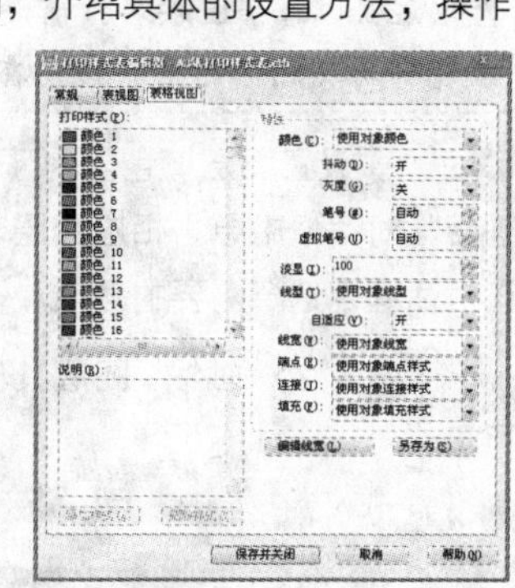

图 1-28　设置颜色 5 样式特性

06 使用相同方法，根据表 1-1 所示设置其他颜色样式，完成后单击【保存并关闭】按钮保存打印样式。

提 示：“颜色 7”是为了方便打印样式中没有的线宽或线型而设置的。例如，当图形的线型为双点划线时，而样式中并没有这种线型，此时就可以将图形的颜色设置为黑色，即颜色 7，那么打印时就会根据图形自身所设置的线型进行打印。

009 创建室内装潢常用图层

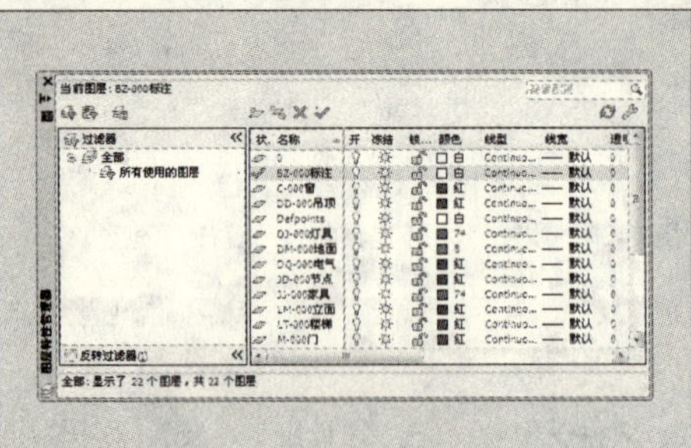

AutoCAD 中绘制任何对象都是在图层上进行的，为了更方便编辑、修改图形对象，用户可以自行创建更多的图层，把图形对象细化到不同的图层上，以后在修改其中图层上的内容时，其他图层上的图形对象不受任何影响。

文件路径：	目标文件\第 01 章\实例 09.dwt
视频文件：	AVI\第 01 章\09 创建室内装潢中常用图层.avi
播放时长：	0:01:45

01 本实例以创建轴线图层为例，介绍图层的创建与设置方法。其他图层的创建方法完成相同。

02 在命令窗口中输入 LAYER 并按回车键，或选择【格式】|【图层】命令，打开如图 1-29 所示“图层特性管理”对话框。

03 单击对话框中的新建图层按钮，创建一个新的图层，在“名称”框中输入新图层名称“ZX_轴线”，如图 1-30 所示。

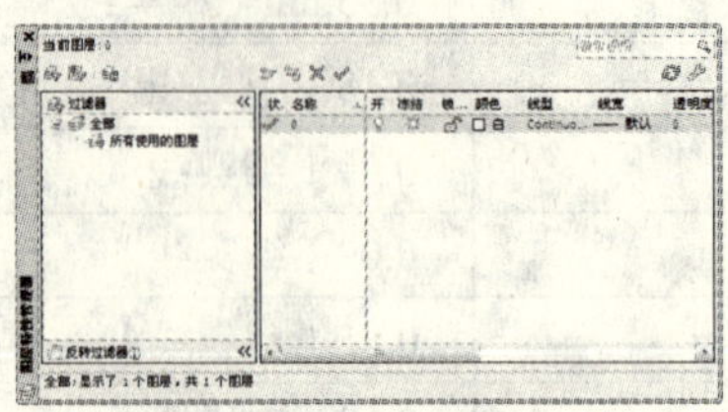

图 1-29 “图层特性管理器”对话框

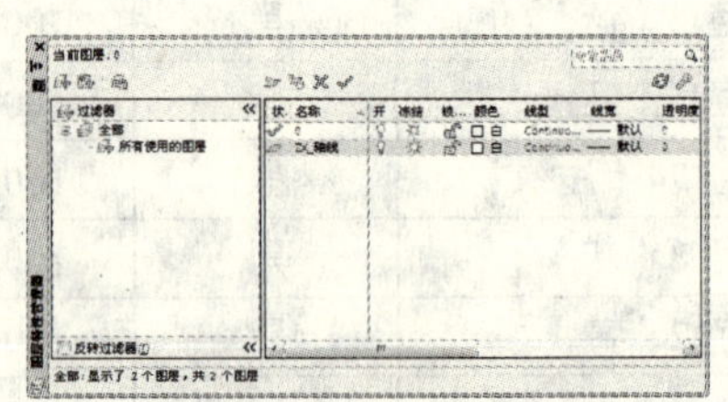

图 1-30 创建轴线图层

技 巧： 为了避免外来图层（如从其他文件中复制的图块或图形）与当前图像中的图层掺杂在一起而产生混乱，每个图层名称前面使用了字母（中文图层名的缩写）与数字的组合。同时也可以保证新增的图层能够与其相似的图层排列在一起，从而方便查找。

04 设置图层颜色。为了区分不同图层上的图线，增加图形不同部分的对比性，可以在“图层特性管理器”对话框中单击相应图层“颜色”标签下的颜色色块，打开“选择颜色”对话框，如图 1-31 所示。在该对话框中选择需要的颜色。

05 “ZX_轴线”图层其他特性保持默认值，图层创建完成，调用相同的方法创建其他图层，如图 1-32 所示。

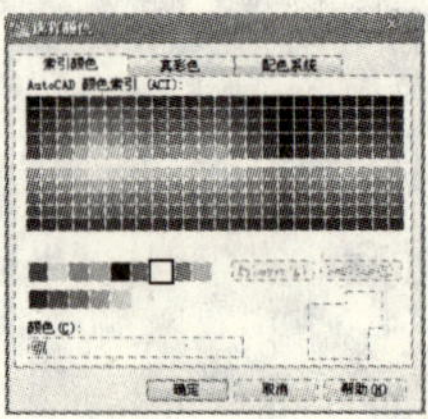

图 1-31 “选择颜色”对话框

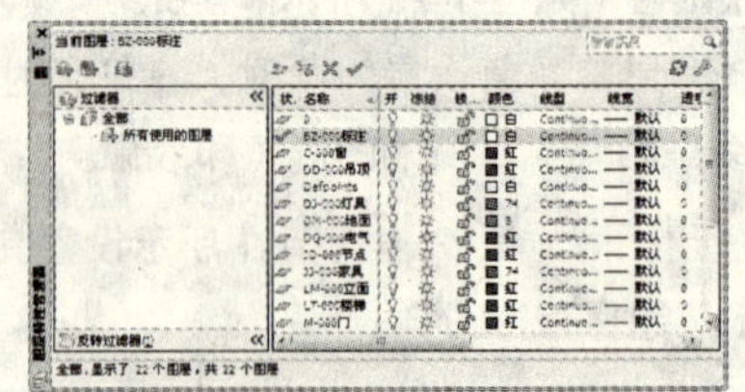

图 1-32 创建其他图层

第 2 章 绘制装潢施工图常用图形

在绘制室内施工图时，通常会重复使用门、窗、图名、立面指向符号、剖切索引符号、图签和标高等图形。在本章中，主要讲解了这些常用图形的绘制方法，并将其创建为图块，以方便调用。

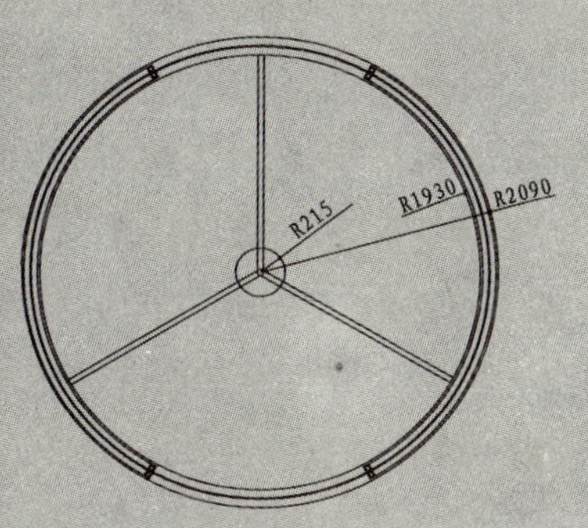

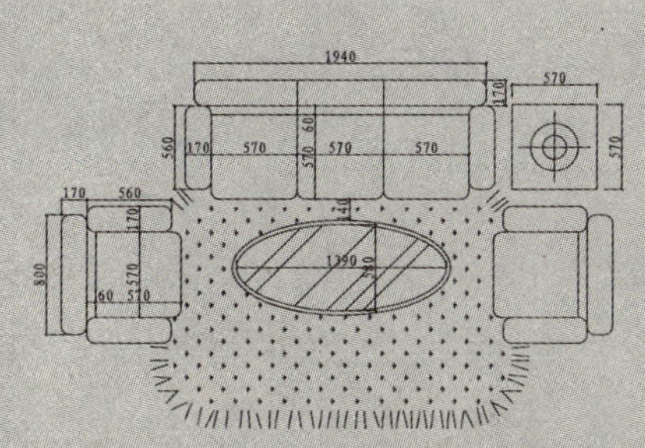

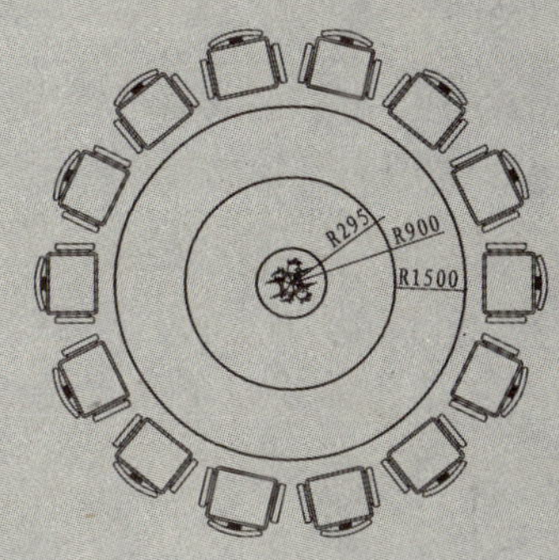

010 绘制单开门

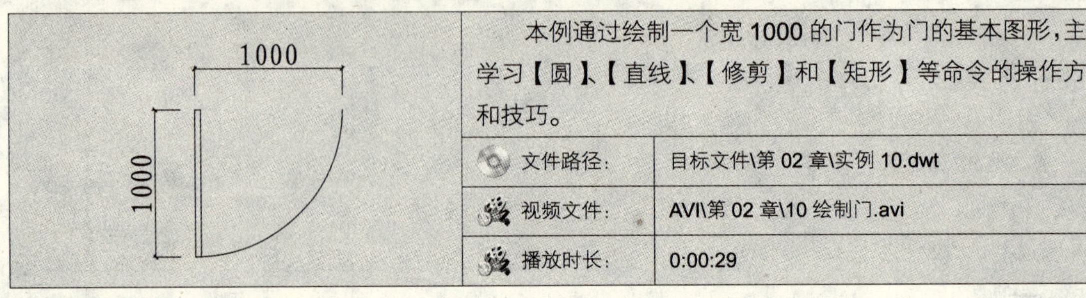

本例通过绘制一个宽 1000 的门作为门的基本图形，主要学习【圆】、【直线】、【修剪】和【矩形】等命令的操作方法和技巧。

文件路径：	目标文件\第 02 章\实例 10.dwt
视频文件：	AVI\第 02 章\10 绘制门.avi
播放时长：	0:00:29

01 确定当前未选择任何对象，在“图层”工具栏图层下拉列表中选择“M_门”图层作为当前图层。

02 单击工具栏上的绘制矩形按钮，绘制 40×1000 的长方形，如图 2-1 所示。

03 分别单击状态栏中的“极轴”和“对象捕捉”按钮，使其呈凹下状态，开启 AutoCAD 的极轴追踪和对象捕捉功能。

04 单击工具栏上的绘制直线按钮，绘制长度为 1000 的水平线段，如图 2-2 所示。

第1篇

图 2-1　绘制长方形

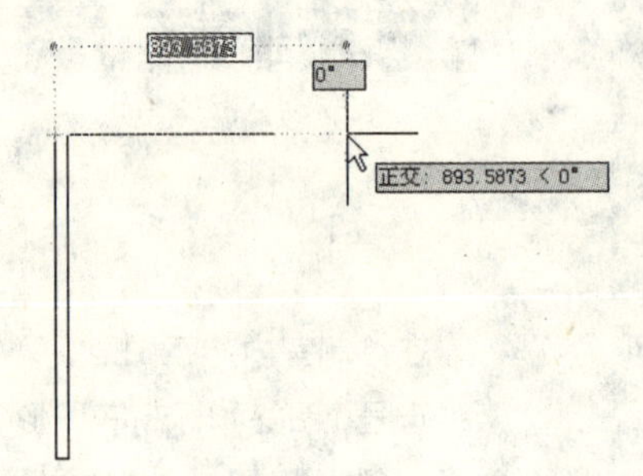

图 2-2　绘制直线

注 意：以后如果没有特别说明，极轴追踪和对象捕捉功能均为开启状态。

05 单击工具栏上的绘制圆按钮，以长方形左下角端点为圆心绘制半径为 1000 的圆，如图 2-3 所示。

06 单击工具栏上的修剪按钮，修剪圆多余部分，然后删除前面绘制的线段，得到门图形如图 2-4 所示。

图 2-3　绘制圆

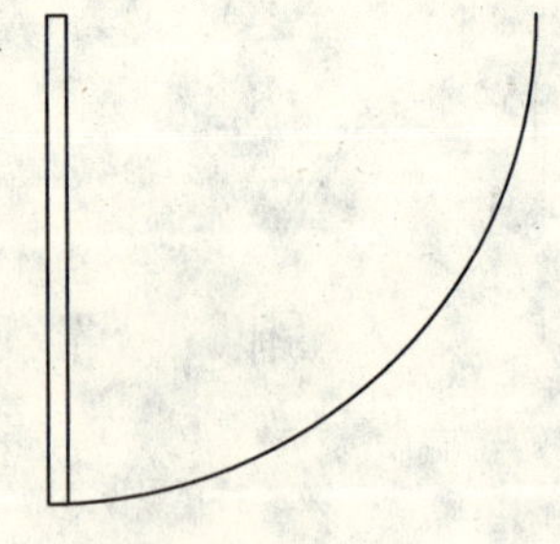

图 2-4　修剪圆

011 创建门图块

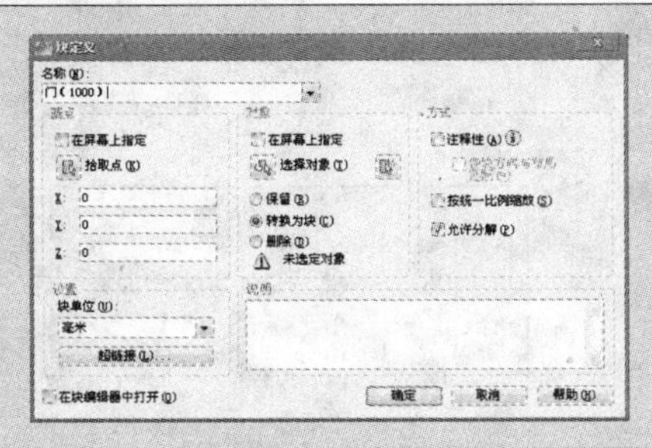

门的图形绘制完成后，即可调用 BLOCK 命令将其定义为图块，并可创建成动态图块，以方便调整门的大小和方向，本实例先创建门图块。

文件路径：	目标文件\第 02 章\实例 11.dwt
视频文件：	AVI\第 02 章\11 创建门图块.avi
播放时长：	0:01:02

01 在命令窗口中输入“B”并按回车键，或选择【绘图】|【块】|【创建】命令，打开“块定义”对话框，如图 2-5 所示。

02 在“块定义”对话框中的“名称”文本框中输入图块的名称“门(1000)”。

03 在“对象”参数栏中单击 (选择对象)按钮，在图形窗口中选择门图形，按回车键返回“块定义”对话框。

04 在“基点”参数栏中单击 (拾取点)按钮，捕捉并单击长方形左上角的端点作为图块的插入点，如图 2-6 所示。

05 在“块单位”下拉列表中选择“毫米”为单位。

06 单击【确定】按钮关闭对话框，完成门图块的创建。

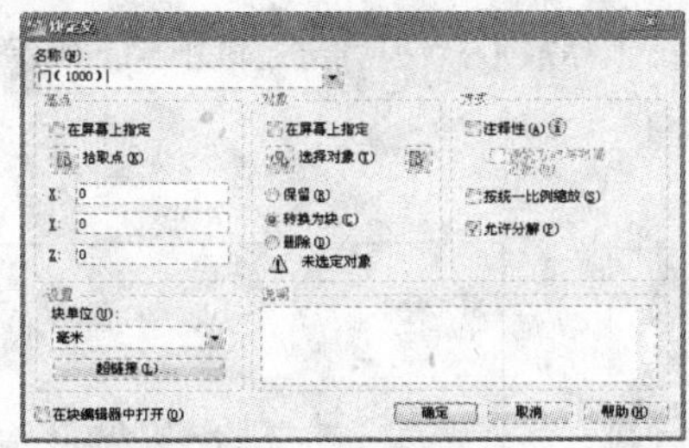

图 2-5　“块定义”对话框

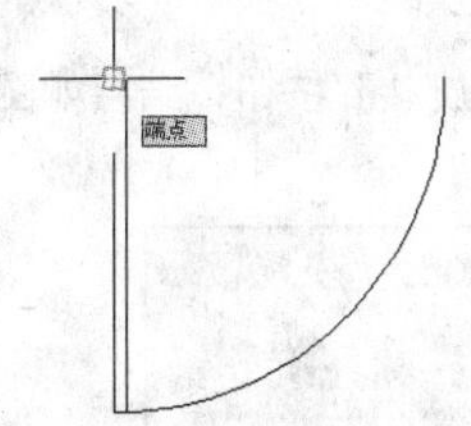

图 2-6　指定图块插入点

012 创建门动态块

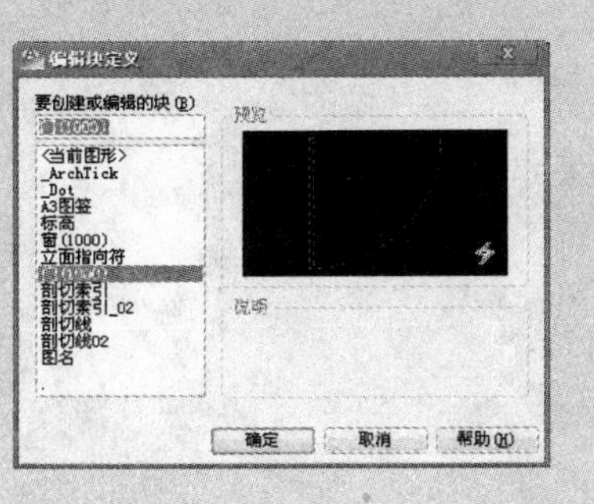

本实例介绍将前面创建的“门(1000)”图块创建成动态块，创建动态块使用 BEDIT 命令。将图块转换为动态图块后，可直接通过移动动态夹点来调整图块大小、角度，避免了频繁的参数输入和命令调用(如缩放、旋转等)，使图块的调整操作变得轻松自如。

文件路径：	目标文件\第 02 章\实例 12.dwt
视频文件：	AVI\第 02 章\12 创建门动态块.avi
播放时长：	0:02:06

1. 添加动态块参数

01 输入 BE 调用 BEDIT 命令，打开“编辑块定义”对话框，在该对话框中选择“门(1000)”图块，如图 2-7 所示，单击【确定】按钮确认，进入块编辑器。

02 添加参数。在“块编写选项板”右侧单击“参数”选项卡，再单击【线性】按钮，如图 2-8 所示，然后按系统提示操作，结果如图 2-9 所示。

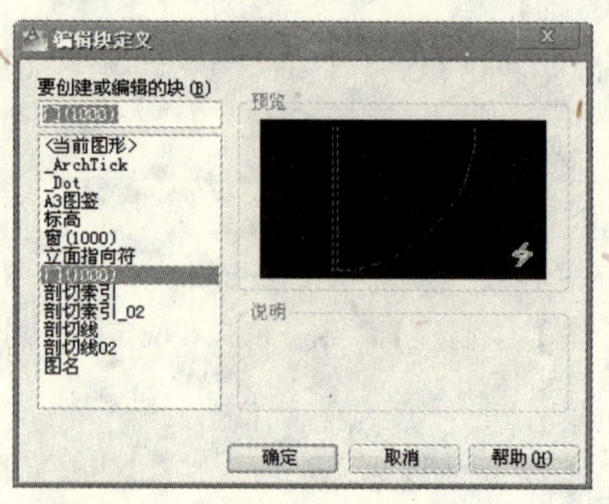

图 2-7 “编辑块定义”对话框

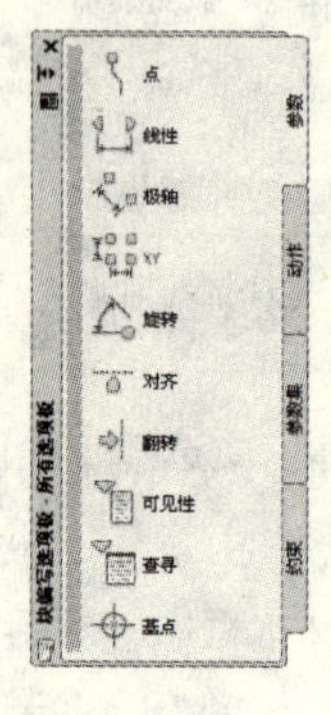

图 2-8 创建参数

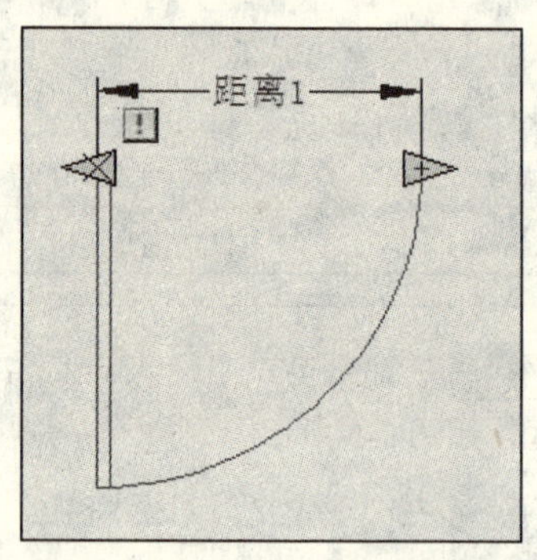

图 2-9 添加“线性参数”

提 示：在进入块编辑状态后，窗口背景会显示为淡黄色，同时窗口上显示出相应的选项板和工具栏。

03 在“块编写选项板”中单击“旋转参数”按钮，结果如图 2-10 所示。

2. 添加动作

01 单击“块编写选项板”右侧的“动作”选项卡，再单击【缩放】按钮，结果如图 2-11 所示。

02 单击“旋转”按钮，结果如图 2-12 所示。

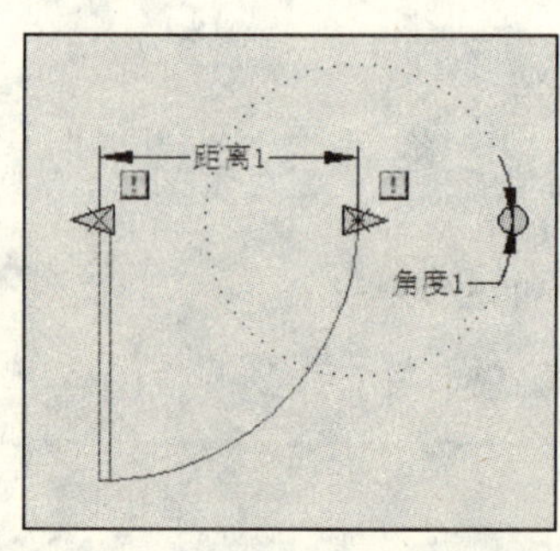

图 2-10 添加“旋转参数”

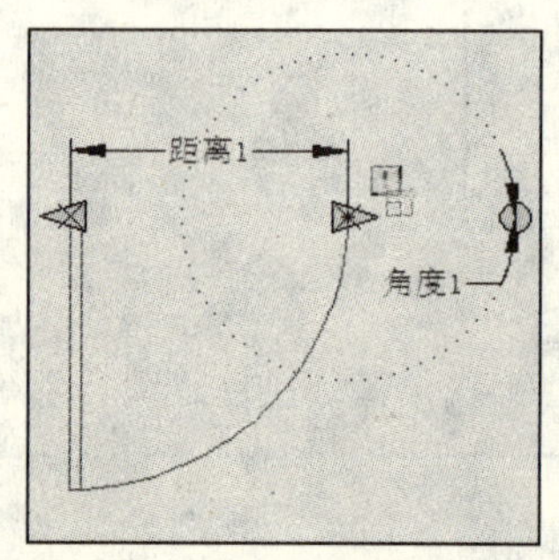

图 2-11 添加“缩放动作”

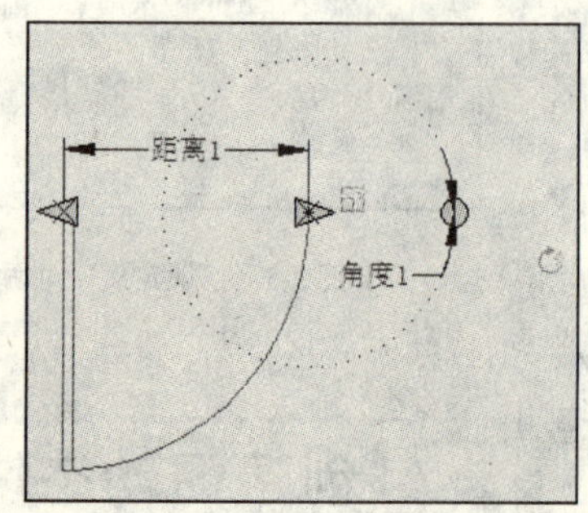

图 2-12 添加“旋转动作”

03 单击块编辑器工具栏(如图 2-13 所示)上的保存块定义按钮，保存所做的修改，单击【关闭块编辑器】按钮关闭块编辑器，返回到绘图窗口，“门(1000)”动态块创建完成。

门(1000) 关闭块编辑器(C)

图 2-13 块编辑工具栏

013 绘制子母门

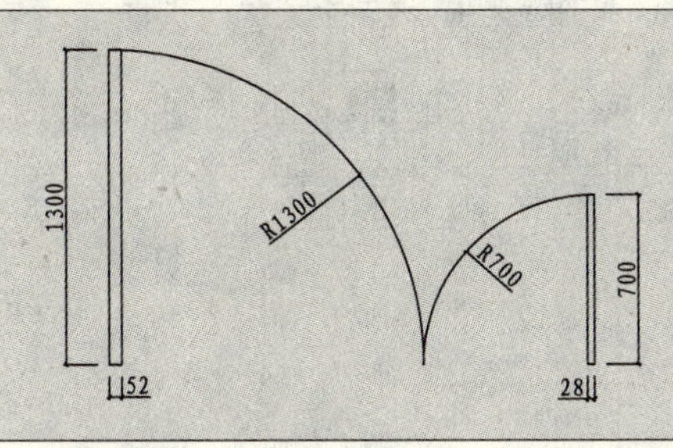

子母门比普通门宽，由于宽度大于 1000 的单扇门使用不方便，便可以用子母门，平时打开一扇大的，需要进大的家具或设备的时候就可以全部打开。

文件路径：	目标文件\第 02 章\实例 13.dwg
视频文件：	AVI\第 02 章\13 绘制子母门.avi
播放时长：	0:01:25

01 调用 RECTANG/REC 矩形命令，绘制一个尺寸为 28×700 的矩形，如图 2-14 所示。

02 调用 LINE/L 直线命令，绘制一条长度为 700 的水平线段，如图 2-15 所示。

03 调用 CIRCLE/C 圆命令，绘制半径为 700 的圆，如图 2-16 所示。

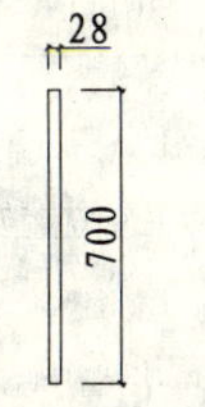

图 2-14　绘制矩形

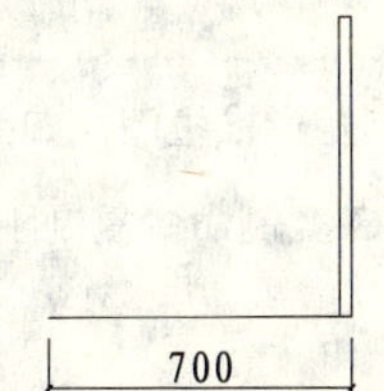

图 2-15　绘制线段

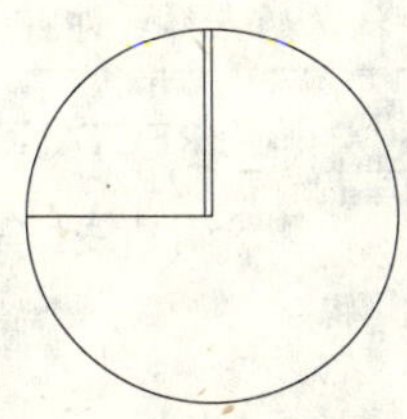

图 2-16　绘制圆

04 调用 TRIM/TR 修剪命令，对圆进行修剪，并删除前面绘制的线段，得到单开门图形，如图 2-17 所示。

05 使用同样的方法绘制另一侧的门，得到子母门图形，如图 2-18 所示。

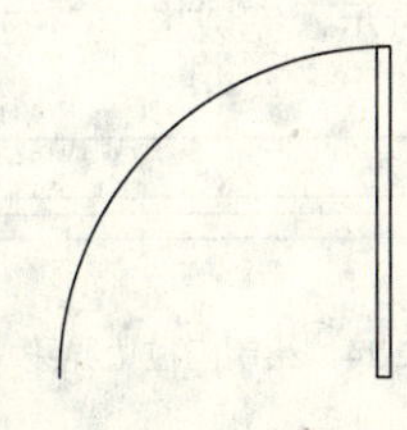

图 2-17　修剪圆

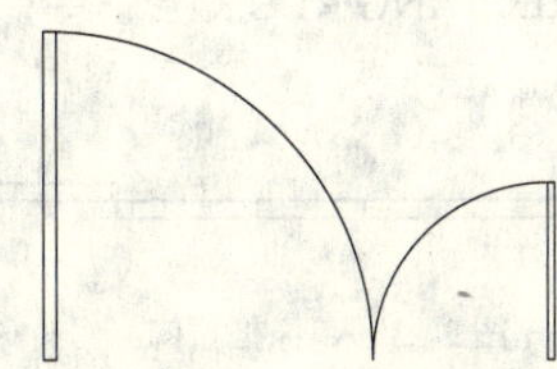

图 2-18　绘制另一侧的门

014 绘制推拉门

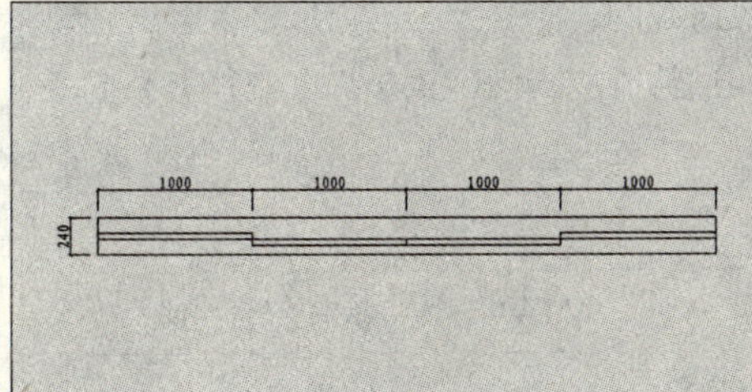

推拉门广泛运用于书柜、壁柜、客厅、展示厅、推拉式户门等。本例通过绘制推拉门，来学习【定数等分】和【镜像】等命令的操作方法和技巧。

文件路径：	目标文件\第 02 章\实例 14.dwg
视频文件：	视频文件：AVI\第 02 章\14 绘制推拉门.avi
播放时长：	0:01:54

01 调用 LINE/L 直线命令，绘制一条 4000 长的水平辅助线。

02 调用 DIVIDE/DIV 定数等分命令，将辅助线分为四等份，如图 2-19 所示。

图 2-19　等分辅助线

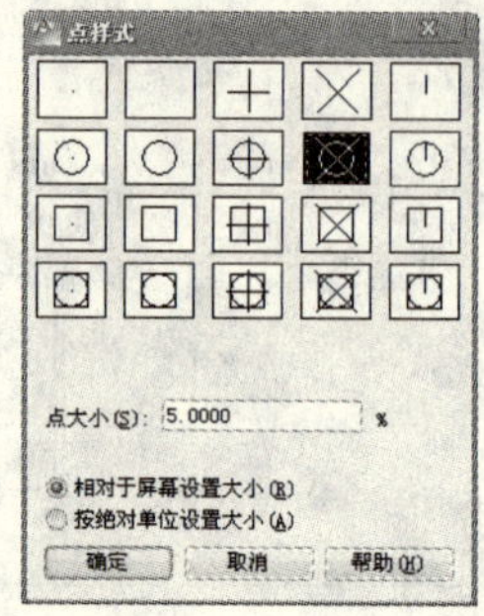

图 2-20　“点样式”对话框

提 示： 如果看不到等分点，只需选择【格式】|【点样式】命令，在打开的“点样式”对话框中选择一种特殊的点样式即可，如图 2-20 所示。

03 调用 RECTANG/REC 矩形命令，绘制矩形推拉门，如图 2-21 所示。

04 删除辅助线和等分点，调用 COPY/CO 复制命令复制刚才绘制的矩形，使它们的位置如图 2-22 所示。

图 2-21　绘制矩形

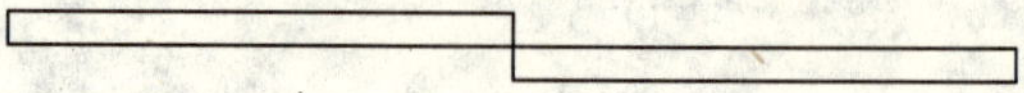

图 2-22　复制矩形

05 调用 MIRROR/MI 镜像命令，将推拉门镜像到另一侧，得到由四扇门组成的推拉门，如图 2-23 所示。

06 调用 RECTANG/REC 矩形命令，绘制门槛边界线，如图 2-24 所示，完成推拉门的绘制。

图 2-23　镜像推拉门

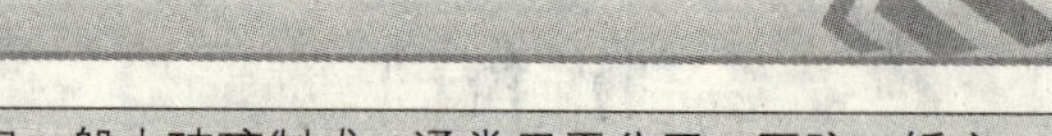

图 2-24　绘制门槛边界线

015 绘制旋转门

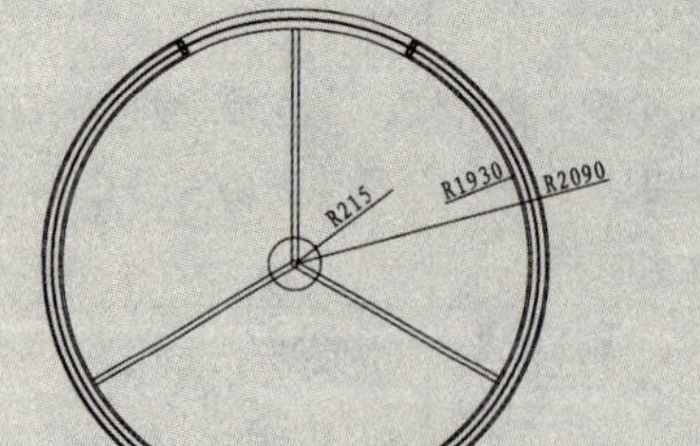

旋转门一般由玻璃制成，通常用于公司、医院、饭店、百货公司、商场、政府部门、办公大楼等人流较多、出入频繁的建筑物。本例通过绘制旋转门，来学习【偏移】和【多段线】命令的操作方法和技巧。

文件路径：	目标文件\第 02 章\实例 15.dwg
视频文件：	视频文件：AVI\第 02 章\15 绘制旋转门.avi
播放时长：	0:07:18

01 调用 CIRCLE/C 圆命令，绘制半径为 2090 的圆，如图 2-25 所示。

02 调用 OFFSET/O 偏移命令，将圆向内偏移 20、55、5、5、55、20、171 和 186，如图 2-26 所示。

03 调用 POINT/PO 点命令，在最小的圆顶端位置绘制单点，如图 2-27 所示。

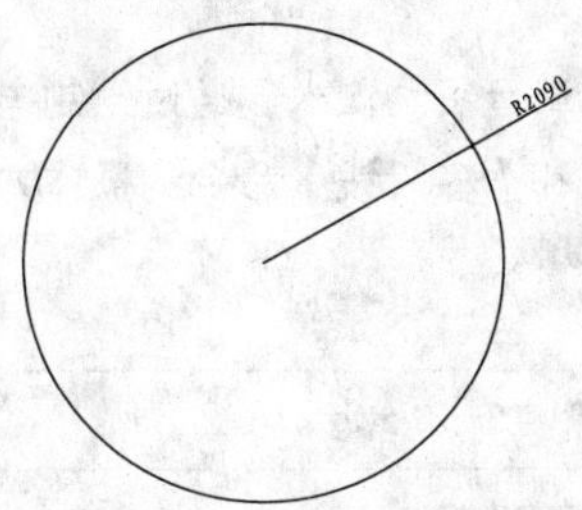

图 2-25　绘制圆

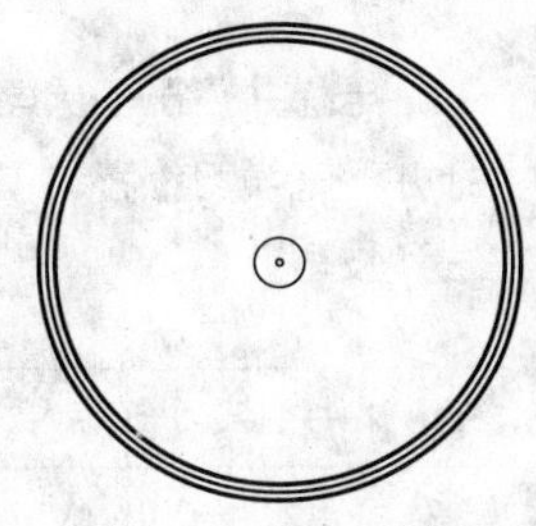

图 2-26　偏移圆

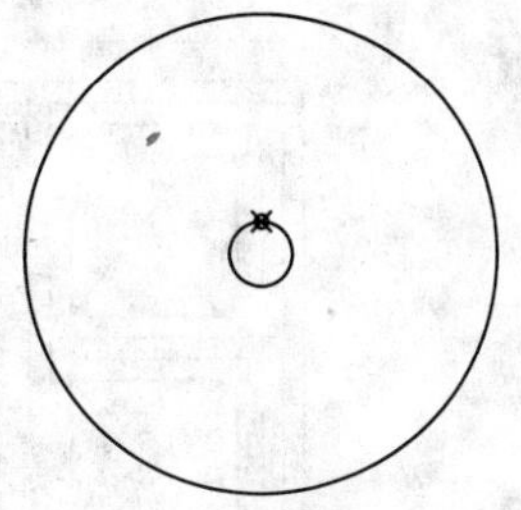

图 2-27　绘制点

04 调用 ARRAY/AR 阵列命令，对点进行环形阵列，阵列效果如图 2-28 所示。

05 调用 LINE/L 直线命令，以圆心为起点，分别过环形阵列点绘制线段，然后删除等分点，如图 2-29 所示。

06 调用 OFFSET/O 偏移命令，将线段向两侧偏移 25，并对线段进行调整，然后删除中间的线段，如图 2-30 所示。

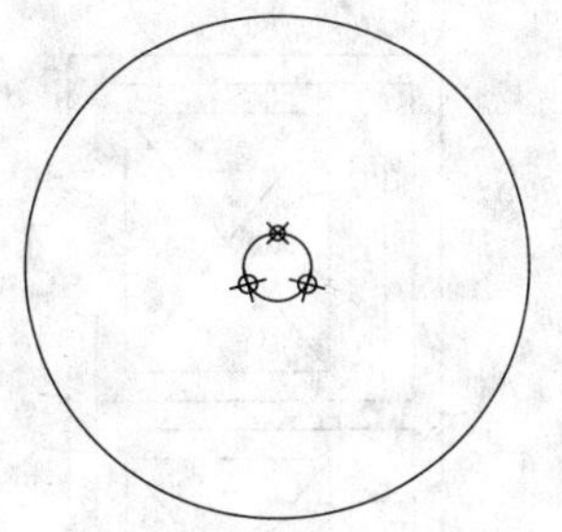

图 2-28　阵列结果

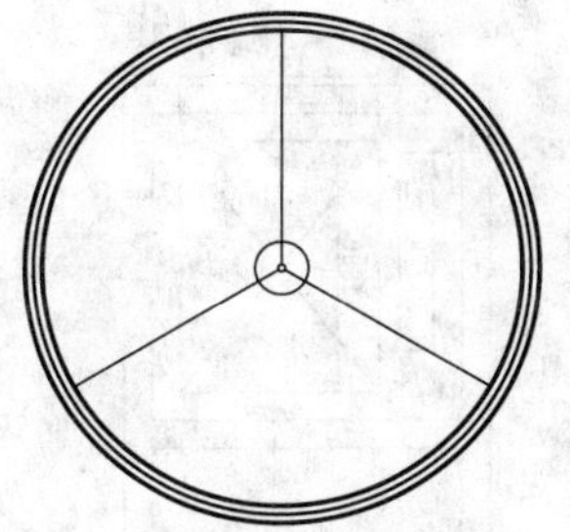

图 2-29　绘制线段

图 2-30　偏移线段

07 调用 LINE/L 直线命令，绘制一条线段通过圆的直径，如图 2-31 所示。

08 对线段进行复制和旋转，如图 2-32 所示。

09 调用 PLINE/PL 多段线命令、OFFSET/O 偏移命令、TRIM/TR 修剪命令和 MIRROR/MI 镜像命令，绘制玻璃衔接处，如图 2-33 所示，完成旋转门的绘制。

图 2-31　绘制线段

图 2-32　旋转线段

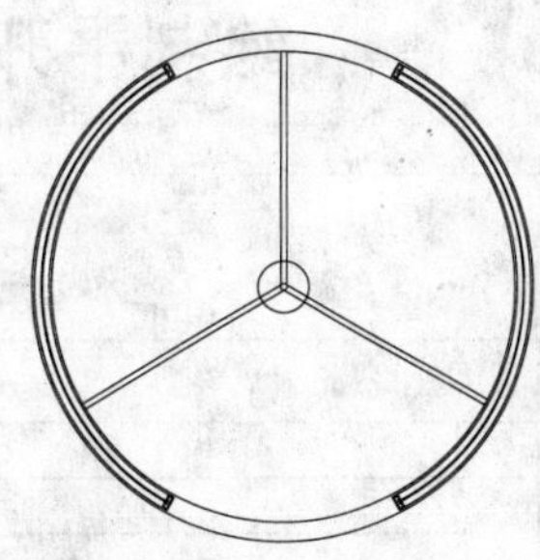

图 2-33　绘制玻璃衔接处

第 2 章

016 绘制电梯井

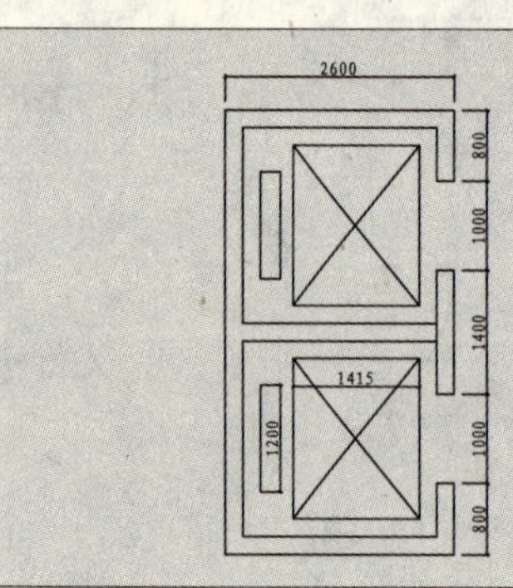

电梯井用于多层建筑乘人或载运货物。本例通过绘制电梯井，来学习【移动】、【镜像】和【多段线】命令的操作方法和技巧。

文件路径:	目标文件\第 02 章\实例 16.dwg
视频文件:	AVI\第 02 章\16 绘制电梯井.avi
播放时长:	0:02:09

01 调用 PLINE/PL 多段线命令和 RECTANG/REC 矩形命令，绘制墙体，如图 2-34 所示。

02 调用 RECTANG/REC 矩形命令、LINE/L 直线命令、MOVE/M 移动命令、绘制电梯及平衡块，如图 2-35 所示。

03 调用 MIRROR/MI 镜像命令，将绘制的图形镜像到下面，得到双座电梯，如图 2-36 所示，完成电梯井的绘制。

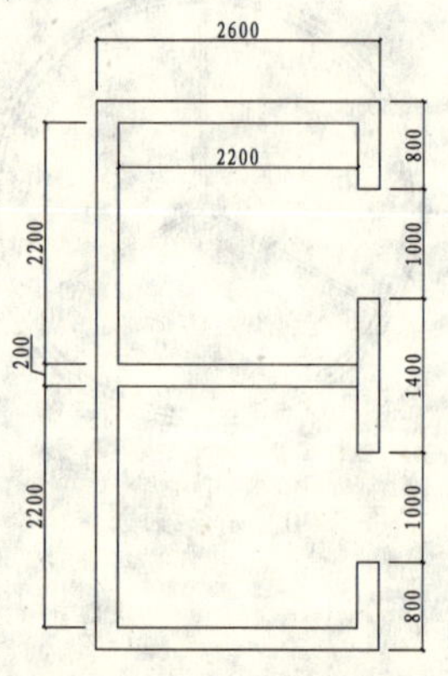

图 2-34 绘制墙体

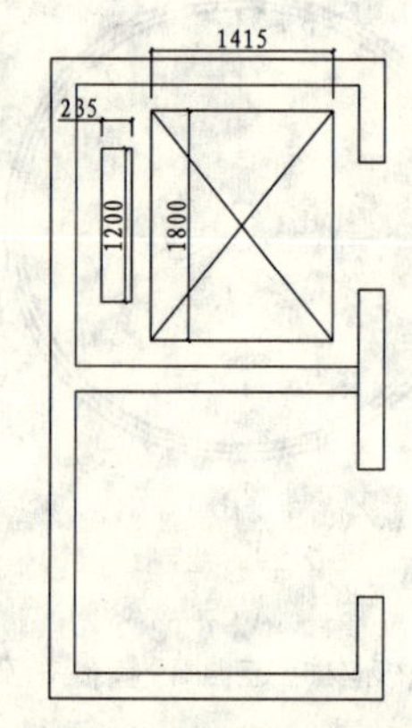

图 2-35 绘制电梯及平衡块

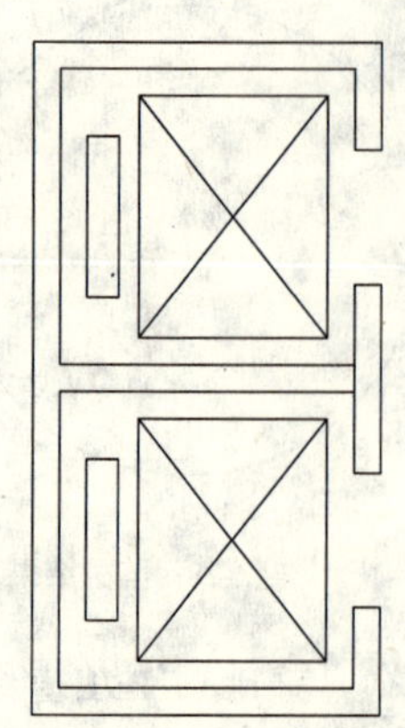

图 2-36 镜像图形

017 绘制平开窗

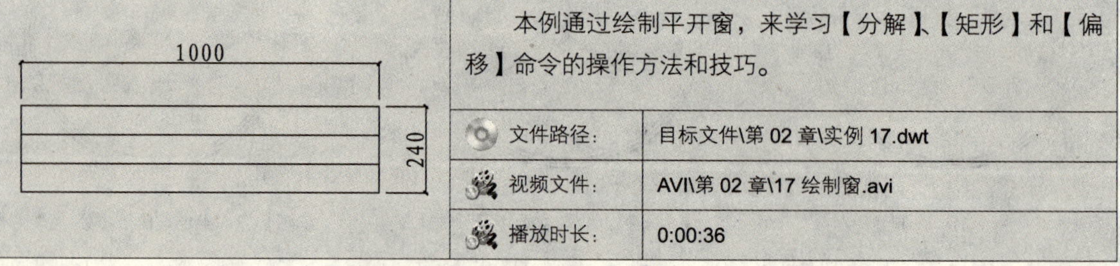

本例通过绘制平开窗，来学习【分解】、【矩形】和【偏移】命令的操作方法和技巧。

文件路径:	目标文件\第 02 章\实例 17.dwt
视频文件:	AVI\第 02 章\17 绘制窗.avi
播放时长:	0:00:36

01 设置“C_窗”图层为当前图层，单击工具栏上的绘制矩形按钮□，绘制尺寸为 1000×240 的长方形，如图 2-37 所示。

02 由于需要对长方形的边进行偏移操作，单击工具栏上的分解按钮，使长方形四条边独立出来。

03 单击工具栏上的偏移按钮，偏移分解后的长方形，得到窗图形，如图 2-38 所示。

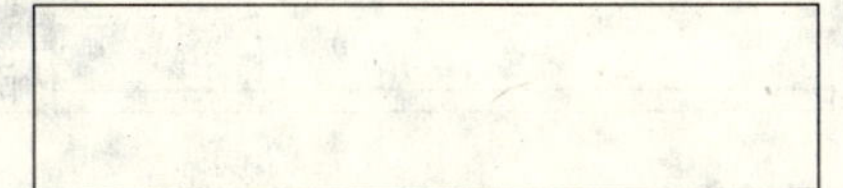

图 2-37　绘制的长方形

图 2-38　绘制的窗图形

018 创建窗图块

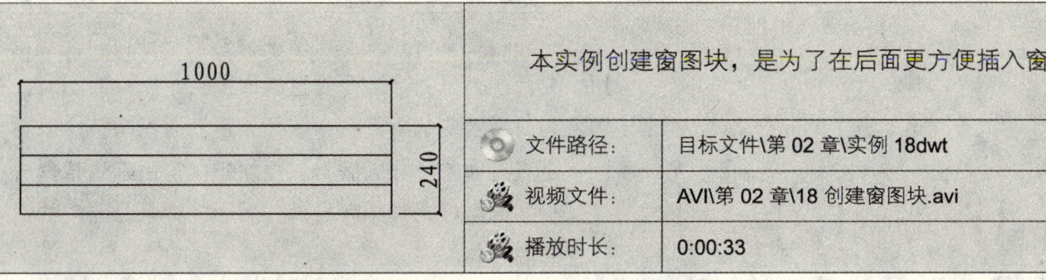

本实例创建窗图块，是为了在后面更方便插入窗图形。

文件路径：	目标文件\第 02 章\实例 18dwt
视频文件：	AVI\第 02 章\18 创建窗图块.avi
播放时长：	0:00:33

01 调用 BLOCK/B 创建块命令，打开“块定义”对话框。

02 在对话框中，输入图块的名称，在“块定义”对话框中取消“按统一比例缩放”复选框的勾选，如图 2-39 所示。

提 示： 通常外墙的宽度为 240，所以在创建窗图块时取消“按统一比例缩放”复选框，以免在插入窗图块时改变窗的宽度。

019 绘制飘窗

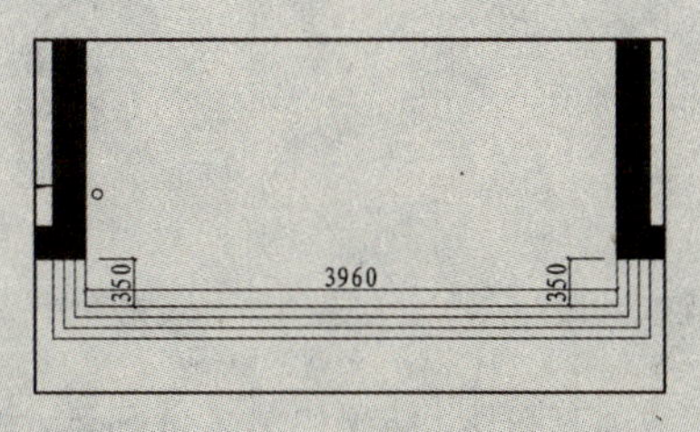

本实例绘制飘窗图形，介绍具有特殊结构的窗图形的绘制方法，飘窗尺寸如左图所示。

文件路径：	目标文件\第 02 章\实例 19.dwt
视频文件：	AVI\第 02 章\19 绘制飘窗.avi
播放时长：	0:00:48

01 打开本书光盘中的“第 02 章\飘窗”文件。

02 设置“C_窗”图层为当前图层。

03 调用 PLINE/PL 多段线命令，绘制如图 2-40 所示多段线。

04 调用 OFFSET/O 偏移命令，将多段线向外偏移 3 次，偏移距离为 80，得到飘窗。

第 2 章

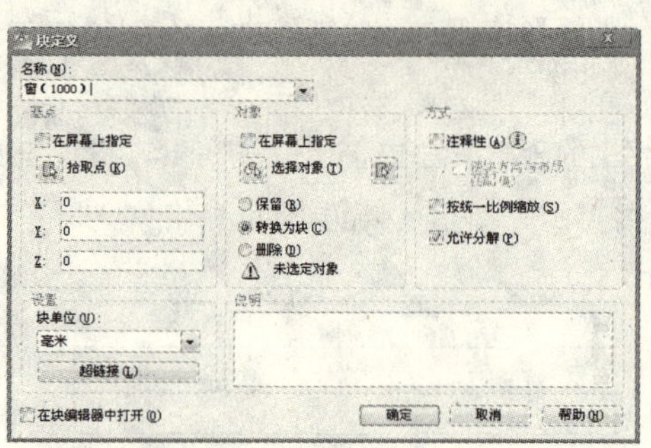

图 2-39　创建“窗(1000)”图块

图 2-40　绘制多段线

020 绘制立面指向符

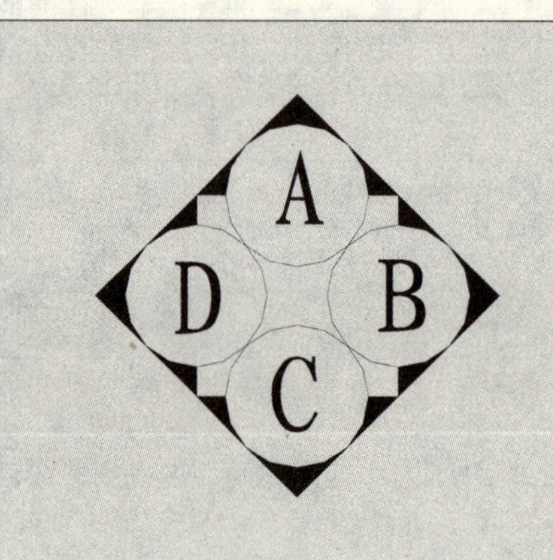

立面指向符是室内装修施工图中特有的一种标识符号，主要用于立面图编号。当某个垂直界面需要绘制立面图时，在该垂直界面所对应的平面图中就要使用立面指向符，以方便确认该垂直界面的立面图编号。立面指向符由等边直角三角形、圆和字母组成，其中字母为立面图的编号，黑色的箭头指向立面的方向。

文件路径：	目标文件\第 02 章\实例 20.dwt
视频文件：	AVI\第 02 章\20 绘制立面指向符.avi
播放时长：	0:01:23

01 单击绘图工具栏上的绘制多段线按钮，绘制等腰直角三角形，如图 2-41 所示。

02 单击绘图工具栏上的绘制圆按钮，绘制圆，如图 2-42 所示。

03 单击修改工具栏上的修剪按钮，修剪线段，如图 2-43 所示。

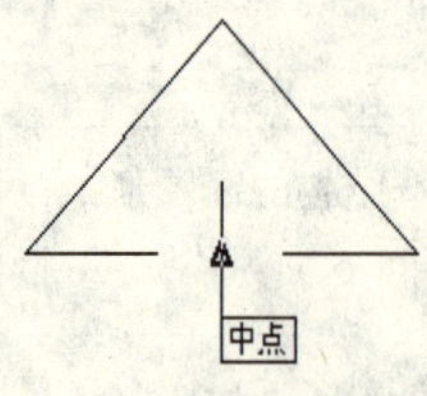

图 2-41　绘制等腰三角形

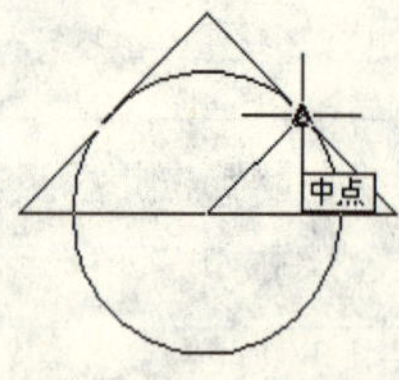

图 2-42　绘制圆

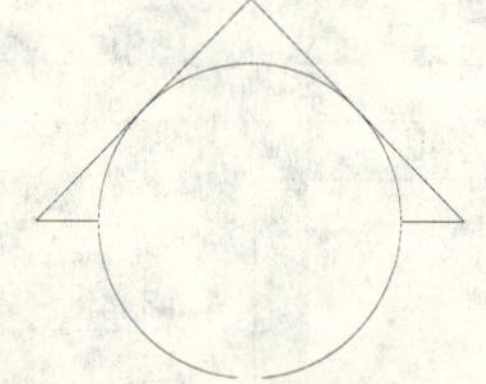

图 2-43　修剪线段

图 2-44　填充图案

04 单击绘图工具栏上的图案填充按钮，使用 SOLID 图案填充图形，结果如图 2-44 所示，填充参数设置如图 2-45 所示。立面指向符绘制完成。

05 如图 2-46 a 所示为单向内视符号，图 2-46 b 所示为双向内视符号，图 2-46 c 所示为四向内视符号(按顺时针方向进行编号)。

06 单击工具栏上的创建块按钮，创建“立面指向符”图块。

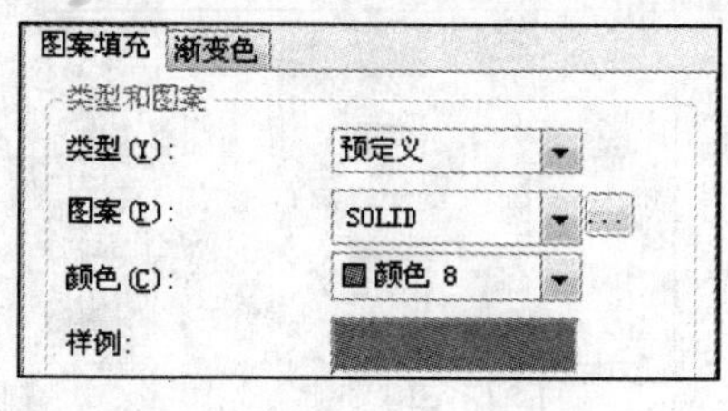

图 2-45　填充参数设置

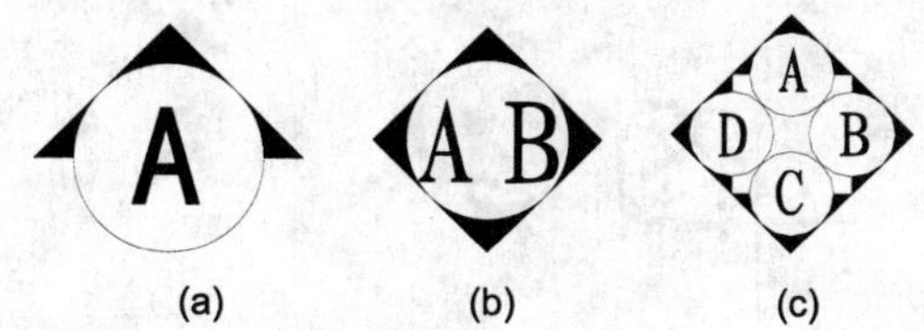

图 2-46　立面指向符

021 绘制图名

图名 比例	图名通常用在绘制的图形的下方，主要是为了说明图形的名称以及绘制图形时所用的比例。图名由图形名称、比例和下划线三部分组成。	
	文件路径：	目标文件\第 02 章\实例 21dwt
	视频文件：	AVI\第 02 章\21 绘制图名.avi
	播放时长：	0:02:44

01 选择【格式】|【文字样式】命令，创建“仿宋 2”文字样式，文字高度设置为 3，并勾选“注释性”复选项，其他参数设置如图 2-47 所示。

02 定义“图名”属性。执行【绘图】|【块】|【定义属性】命令，打开“属性定义”对话框，在“属性”参数栏中设置“标记”为“图名”，设置“提示”为“请输入图名”，设置“默认”为“图名”，如图 2-48 所示。

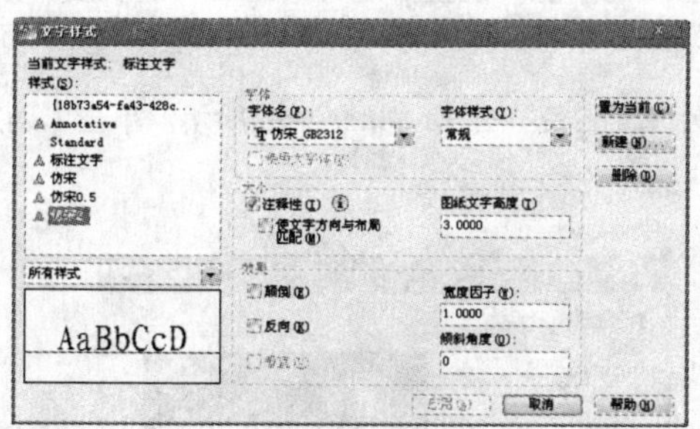

图 2-47　创建文字样式

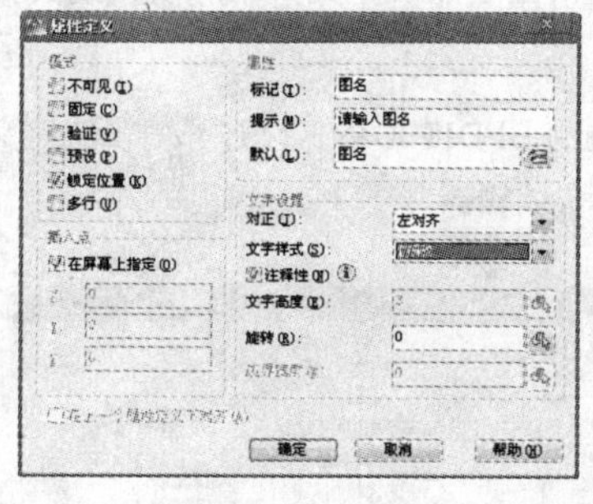

图 2-48　定义属性

03 在“文字设置”参数栏中设置“文字样式”为“仿宋 2”，勾选“注释性”复选框，如图 2-48 所示。

04 单击【确定】按钮确认，在窗口内拾取一点确定属性位置，如图 2-49 所示。

05 使用相同方法，创建“比例”属性，其参数设置如图 2-50 所示，文字样式设置为“仿宋”。

06 单击工具栏上的移动按钮，将“图名”与“比例”文字移动到同一水平线上。

07 单击工具栏上的绘制多段线按钮，在文字下方绘制宽度为 0.2 和 0.02 的多段线，图名图形绘制完成，如图 2-51 所示。

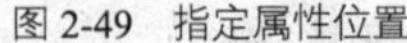

图 2-49 指定属性位置

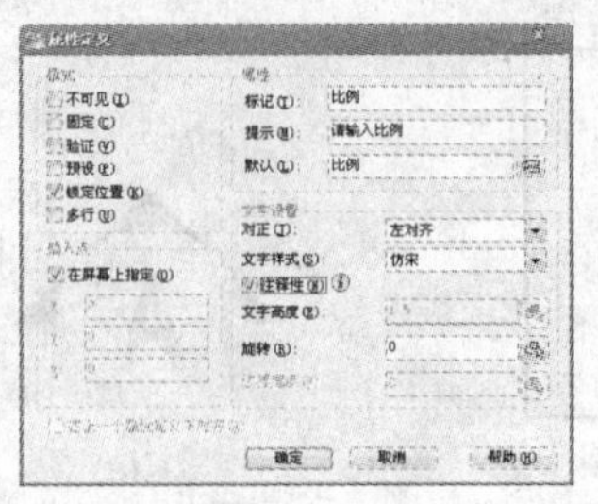

图 2-50 定义属性

图名 比例

图 2-51 图名

022 创建图名动态块

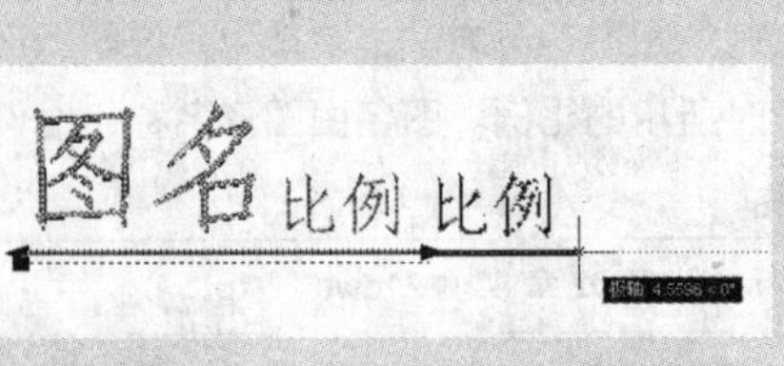

本实例将绘制的图名创建为动态块，以后在插入该块可以动态调整图名的长度，并方便输入比例数值。	
文件路径：	目标文件\第 02 章\实例 22.dwt
视频文件：	AVI\第 02 章\22 创建图名动态块.avi
播放时长：	0:02:08

第1篇

01 选择“图名”和“比例”文字及下划线，调用 BLOCK 命令，打开“块定义”对话框。

02 在“块定义”对话框中设置块“名称”为“图名”。单击（拾取点）按钮，在图形中拾取下划线左端点作为块的基点，勾选“注释性”复选框，使图块随当前注释比例变化，其他参数设置如图 2-52 所示。

03 单击【确定】按钮完成块定义。

创建动态块

04 将“图名”块定义为动态块，使其具有动态修改宽度的功能，这主要是考虑到图名的长度不是固定的。

05 调用 BEDIT 命令，打开“编辑块定义”对话框，选择“图名”图块，如图 2-53 所示。单击【确定】按钮进入“块编辑器”。

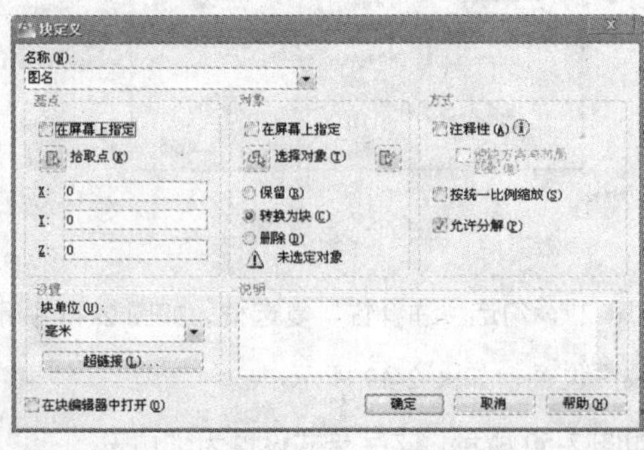

图 2-52 创建块

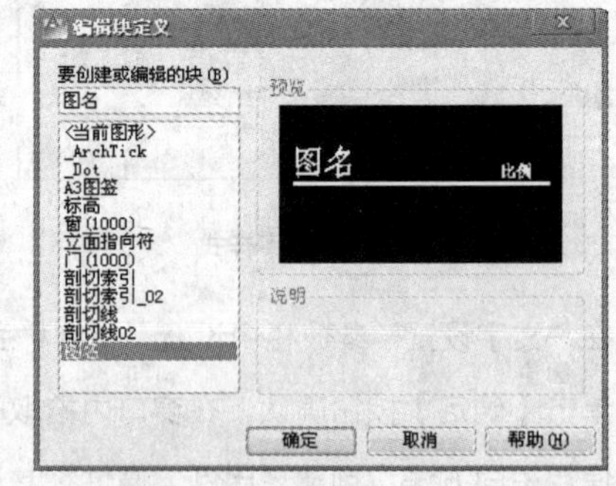

图 2-53 “编辑块定义”对话框

06 调用【线性】命令，以下划线左、右端点为起始点和端点添加线性参数，如图 2-54 所示。

07 调用【拉伸】命令创建拉伸动作，如图 2-55 所示，结果如图 2-56 所示。

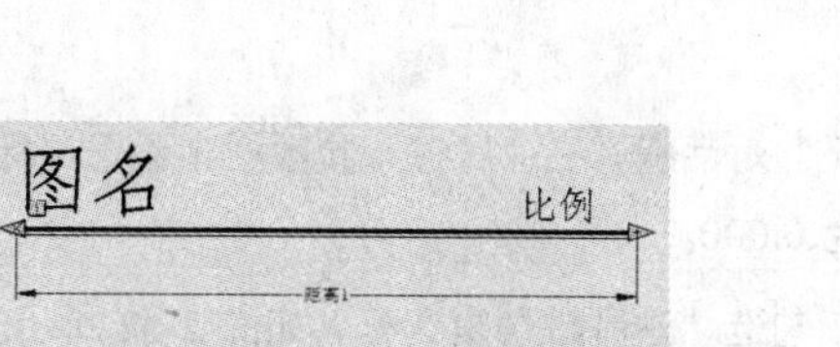

图 2-54　添加线性参数

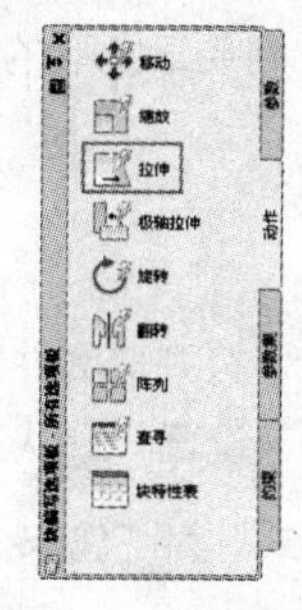

图 2-55　调用“拉伸”动作

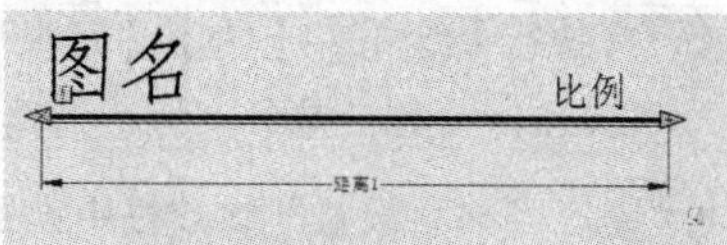

图 2-56　添加参数

08 单击工具栏【关闭块编辑器】按钮退出块编辑器，当弹出如图 2-57 所示提示对话框时，单击【是】按钮保存修改。

09 此时“图名”图块就具有了动态改变宽度的功能，如图 2-58 所示。

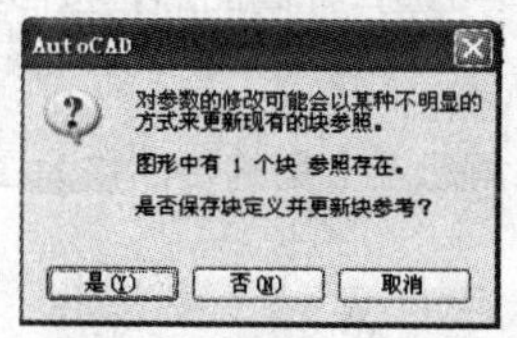

图 2-57　提示对话框

图 2-58　动态块效果

023 绘制标高

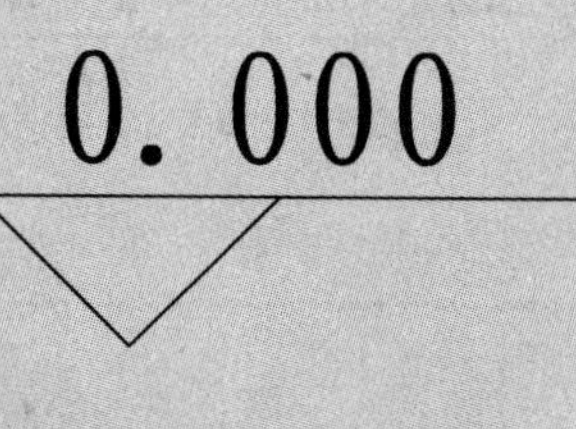	标高用于表示顶面造型及地面装修完成面的高度，绘制标高图形主要使用了【多段线】、【直线】和【文字属性】命令。
文件路径：	目标文件\第 02 章\实例 23.dwt
视频文件：	AVI\第 02 章\23 绘制标高.avi
播放时长：	0:02:47

1. 绘制标高图形

01 单击绘图工具栏绘制矩形按钮，绘制一个如图 2-59 所示大小的矩形。

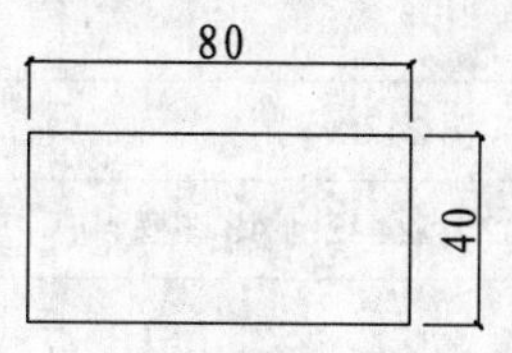

图 2-59　绘制矩形

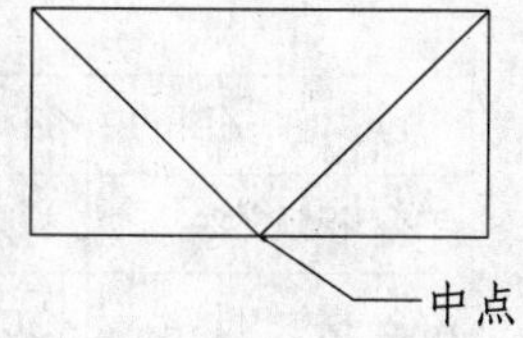

图 2-60　绘制线段

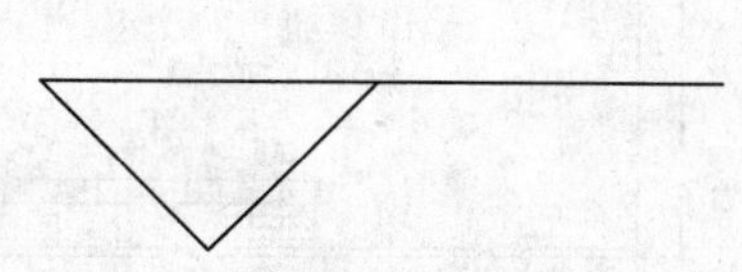

图 2-61　绘制直线

02 单击修改工具栏上的分解按钮，分解矩形。

03 单击绘图工具栏直线按钮，捕捉矩形的第一个角点，将其与矩形的中点连接，再连接第二个角点，效果如图 2-60 所示。

04 删除多余的线段，只留下一个三角形，利用三角形的边画一条直线，如图 2-61 所示，标高符号绘制完成。

2. 标高定义属性

01 执行【绘图】|【块】|【定义属性】命令，打开“属性定义”对话框，在“属性”参数栏中设置“标记”为 0.000，设置“提示”为“请输入标高值”，设置“默认”为 0.000。

02 在“文字设置”参数栏中设置“文字样式”为“仿宋 2”，勾选“注释性”复选框，如图 2-62 所示。

03 单击【确定】按钮确认，将文字放置在前面绘制的图形上，如图 2-63 所示。

3. 创建标高图块

01 选择图形和文字，在命令行中输入 BLOCK 后按回车键，打开“块定义”对话框，输入块的名称，如图 2-64 所示。

02 在“对象”参数栏中单击 “选择对象”按钮，在图形窗口中选择标高图形，按回车键返回“块定义”对话框。

03 在“基点”参数栏中单击 “拾取点”按钮，捕捉并单击三角形左上角的端点作为图块的插入点。

04 单击【确定】按钮关闭对话框，完成标高图块的创建。

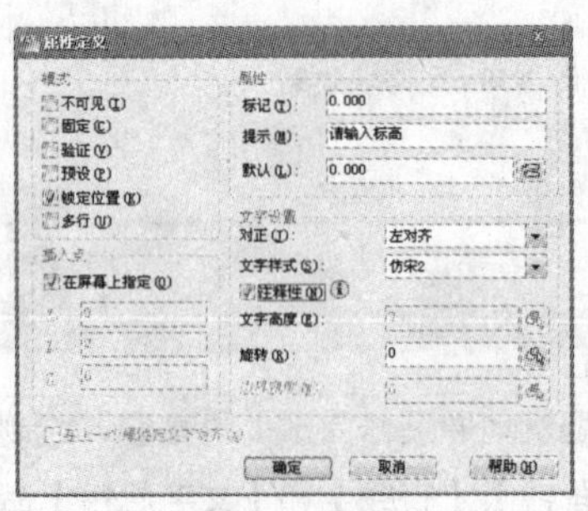

图 2-62 定义属性

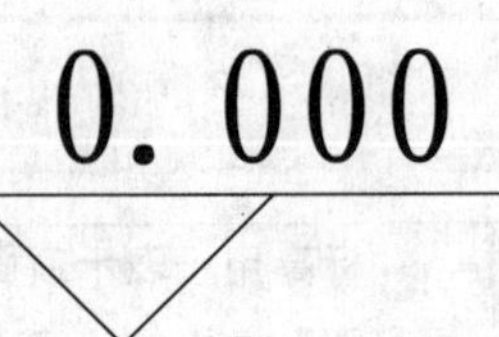

图 2-63 指定属性位置

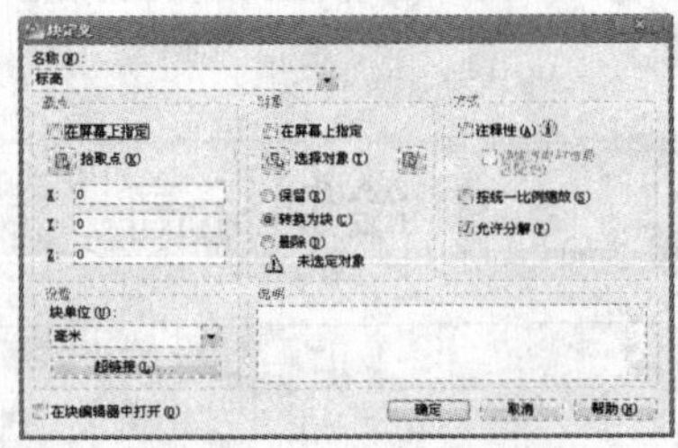

图 2-64 “块定义”对话框

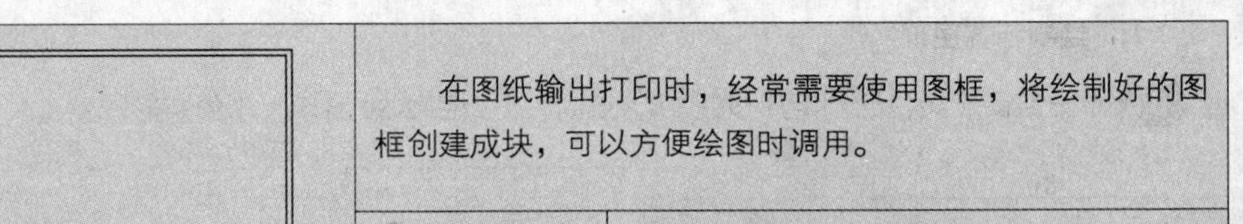

024 绘制 A3 图框

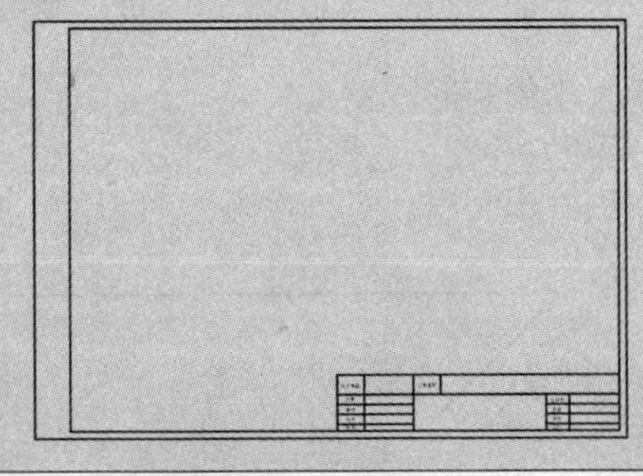

在图纸输出打印时，经常需要使用图框，将绘制好的图框创建成块，可以方便绘图时调用。

文件路径：	目标文件\第 02 章\实例 24.dwg
视频文件：	视频文件：AVI\第 02 章\24 绘制 A3 图框 avi
播放时长：	0:05:00

1. 绘制图框

01 新建“TK_图框”图层，设置颜色为“白色”，将其置为当前图层。

02 单击绘图工具栏绘制矩形按钮，在绘图区域指定一点为矩形的端点，选择“D”选项，输入长度为 420，宽度为 297，如图 2-65 所示。

03 单击修改工具栏分解按钮，分解矩形。

04 单击修改工具栏偏移按钮，将左边的线段向右偏移 25，分别将其他三个边向内偏移 5。修剪多余的线条，如图 2-66 所示。

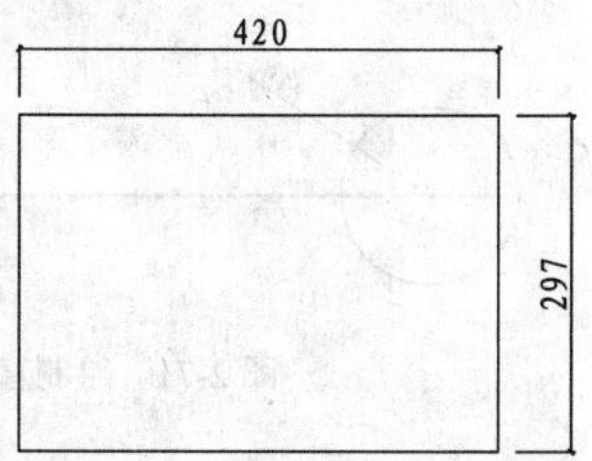

图 2-65　绘制矩形

图 2-66　偏移线段

05 调用 RECTANG/REC 矩形命令、LINE/L 直线命令、OFFSET/O 偏移命令和 TRIM/TR 修剪命令，绘制标题栏，如图 2-67 所示。

2. 输入文字

01 调用 MTEXT/MT 命令，在标题框中输入文字，如图 2-68 所示。

02 调用 BLOCK/B 命令，将图框创建成块。

图 2-67　绘制标题栏

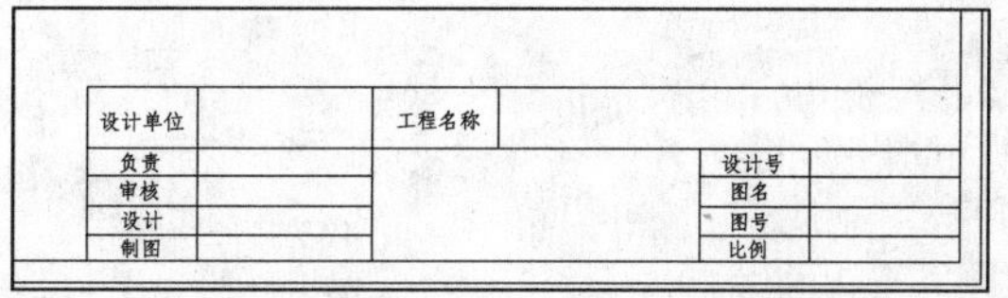

图 2-68　输入文字

025 绘制剖切索引符号

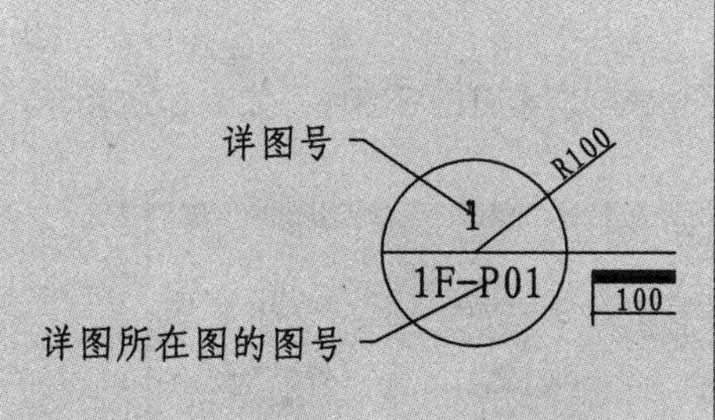

当某些细部构配件及剖面节点的构造很难在平面图、立面图上表达清楚时，就需要绘制构造详图，详图就是用较大的比例将其形状、大小、材料和做法绘制出来，以方便施工人员按照设计进行施工。在另设详图表示的部位，需要标注一个索引符号，以表明该详图的位置。

文件路径：	目标文件\第 02 章\实例 25.dwt
视频文件：	AVI\第 02 章\25 绘制剖切索引符号 avi
播放时长：	0:02:51

A0、A1、A2 图幅索引符号的圆直径为 12mm，A3、A4 图幅索引符号的圆直径为 10mm。需要注意的是，室内施工图打印输出比例一般为 1:100，所以在绘制剖切符号时要放大一百倍，如图 2-69 所示。剖切符号圆内上面的内容表示详图号，下面的内容表示详图所在图的图号。

1. 绘制详图符号

01 单击绘图工具栏上的绘制圆按钮，绘制一个半径为 100 的圆，如图 2-70 所示。

02 单击绘图工具栏上的绘制直线按钮，绘制一条穿过圆心的直线，如图 2-71 所示。

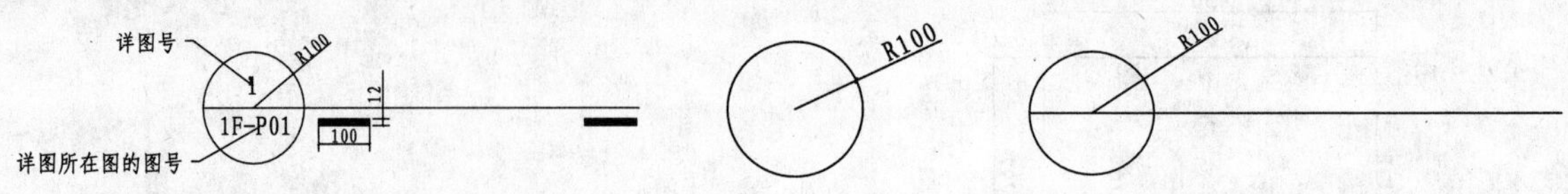

图 2-69 剖切符号　　图 2-70 绘制圆　　图 2-71 绘制直线

03 单击绘图工具栏上的绘制多段线按钮，在直线的下方绘制多段线，线段的长度为 100，宽度为 12，效果如图 2-72 所示，详图符号绘制完成。

2. 属性定义

01 定义“详图号”属性。执行【绘图】|【块】|【定义属性】命令，打开“属性定义”对话框，在“属性”参数栏中设置“标记”为 1，设置“提示”为“请输入详图号:”，设置“默认”为 1。

02 在“文字设置”参数栏中设置“文字样式”为“仿宋 2”，勾选“注释性”复选框，如图 2-73 所示。

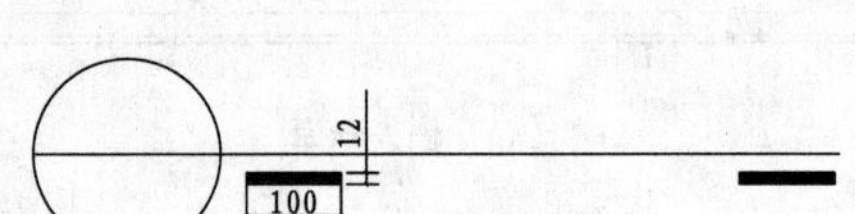

图 2-72 绘制多段线

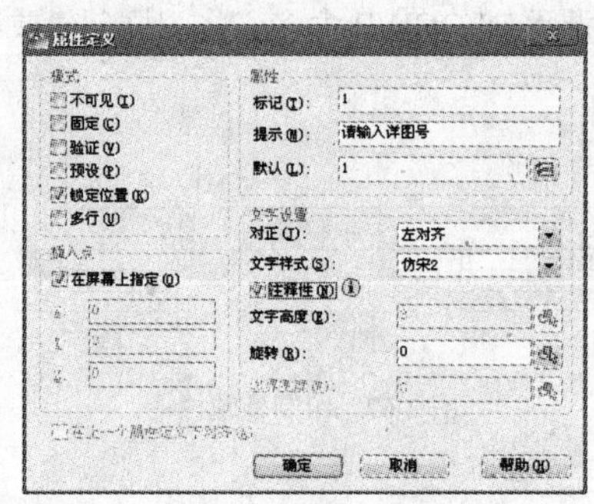

图 2-73 “属性定义”对话框

03 单击【确定】按钮确认，将属性位置确定在前面绘制的详图符号的上半圆内，如图 2-74 所示。

04 使用相同的方法，创建“详图所在图的图号”属性。

05 创建剖切索引符号图块。调用 BLOCK/B 创建块命令，创建剖切索引符号图块，如图 2-75 所示。

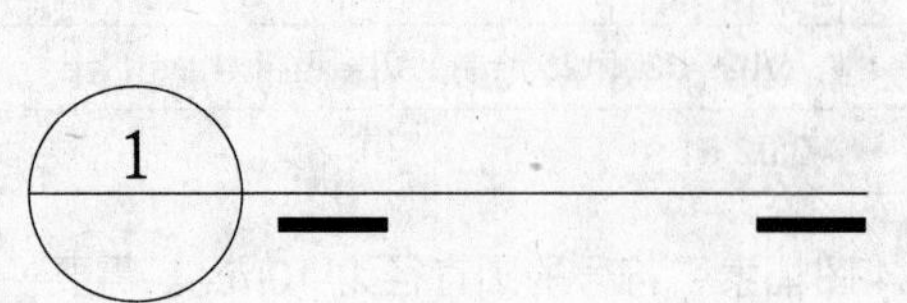

图 2-74 确定属性位置

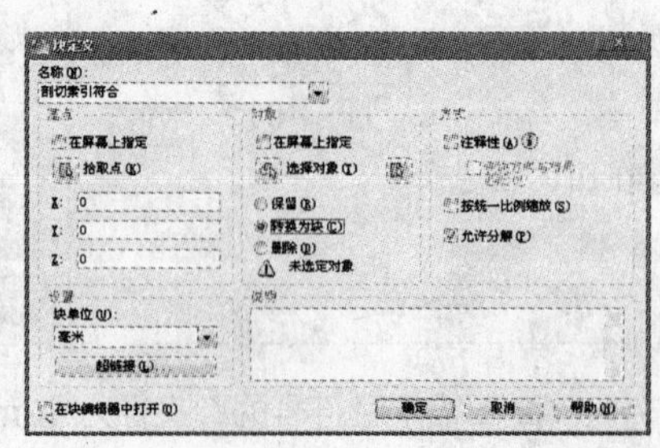

图 2-75 创建图块

第 3 章
绘制常用家具平面图

在绘制室内施工图过程中，常常需要绘制家具、洁具和厨具等各种设施，以便能更真实地表达设计效果。本章将详细地讲解在室内装饰设计中一些常见的家具及电器设施平面图例的绘制方法。如沙发组、餐桌和椅子、梳妆台及椅子、钢琴、床及床头柜、洗衣机、浴缸、淋浴房、洗脸盆、坐便器、便池、煤气灶和地花等。读者在绘制的过程中，可以充分了解一些常用家具和电器的结构和尺寸，为后面的学习打下坚实的基础。

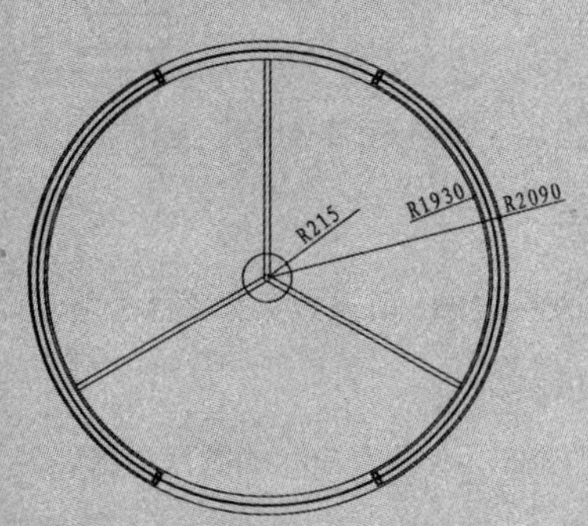

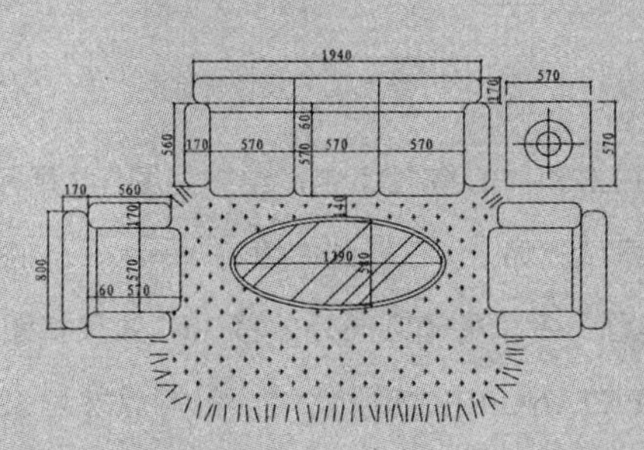

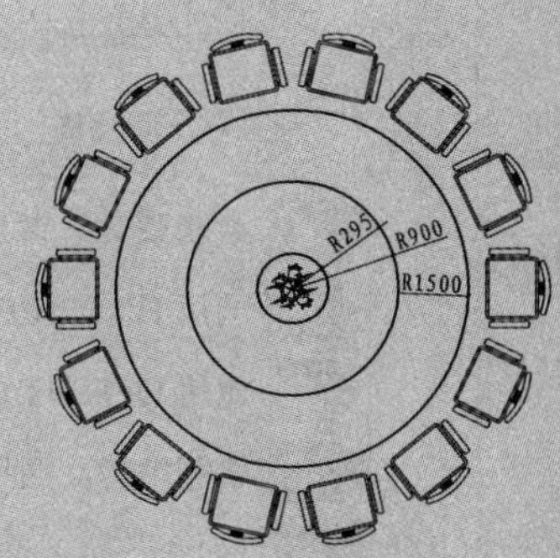

026 绘制沙发组

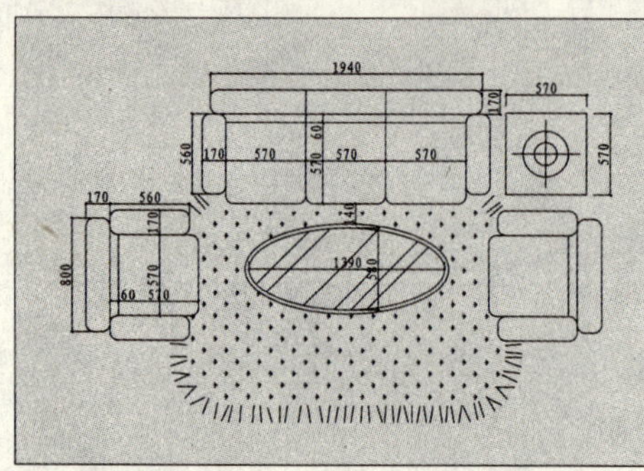

沙发组通常摆放在客厅或者办公空间、酒店休息区等区域。本实例介绍左图所示沙发组图例的绘制方法。

文件路径：	目标文件\第 03 章\实例 26.dwt
视频文件：	AVI\第 03 章\26 绘制沙发组.avi
播放时长：	0:06:54

01 绘制单个沙发造型。调用 RECTANG/REC 矩形命令，绘制尺寸为 170×800，半径为 55 的圆角矩形，效果如图 3-1 所示。

02 使用同样的方法绘制侧面扶手，效果如图 3-2 所示。

03 调用 MIRROR/MI 镜像命令，通过镜像得到另一侧的侧面扶手，效果如图 3-3 所示。

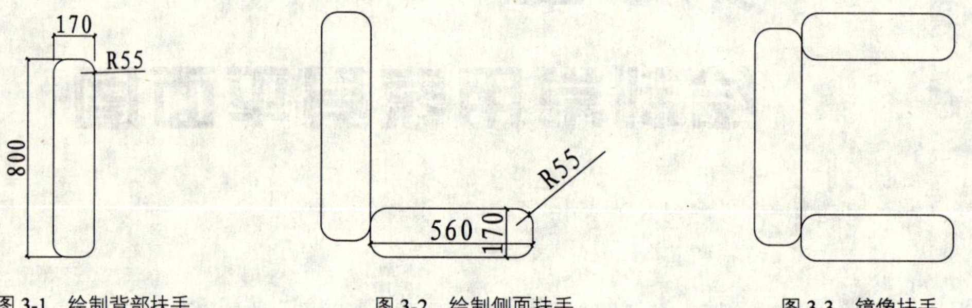

图 3-1 绘制背部扶手　　图 3-2 绘制侧面扶手　　图 3-3 镜像扶手

04 调用 RECTANG/REC 矩形命令和 FILLET/F 圆角命令，绘制沙发的坐垫，效果如图 3-4 所示。

05 使用同样的方法绘制三人座的沙发造型，效果如图 3-5 所示。

06 调用 MIRROR/MI 镜像命令，对单个沙发进行镜像得到另一侧沙发造型，效果如图 3-6 所示。

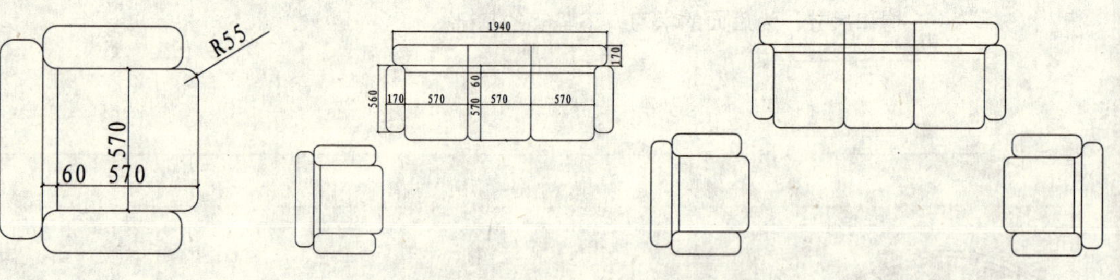

图 3-4 绘制坐垫　　图 3-5 绘制三人座沙发造型　　图 3-6 镜像图形

07 绘制茶几。调用 ELLIPSE/EL 椭圆命令，绘制如图 3-7 所示椭圆。

08 调用 HATCH/H 图案填充命令，在椭圆内填充 AR-RROOF 图案，表示玻璃，填充效果如图 3-8 所示。

09 调用 OFFSET/O 偏移命令，将椭圆向外偏移 30，效果如图 3-9 所示。

10 绘制地毯。调用 RECTANG/REC 矩形命令，绘制尺寸为 2230×1385，半径为 300 的圆角矩形，并

第1篇

调用 TRIM 命令进行修剪，效果如图 3-10 所示。

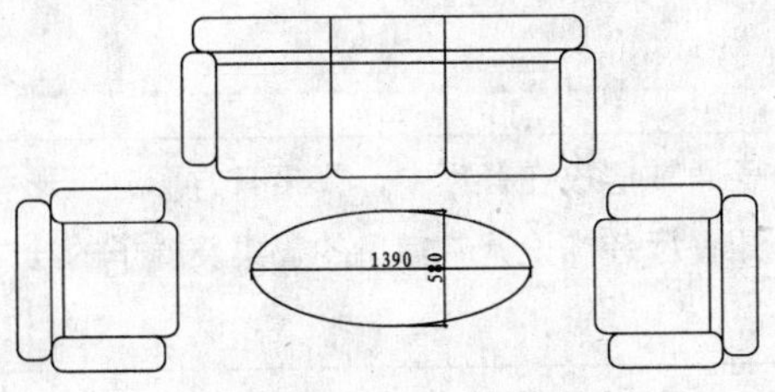

图 3-7　绘制椭圆

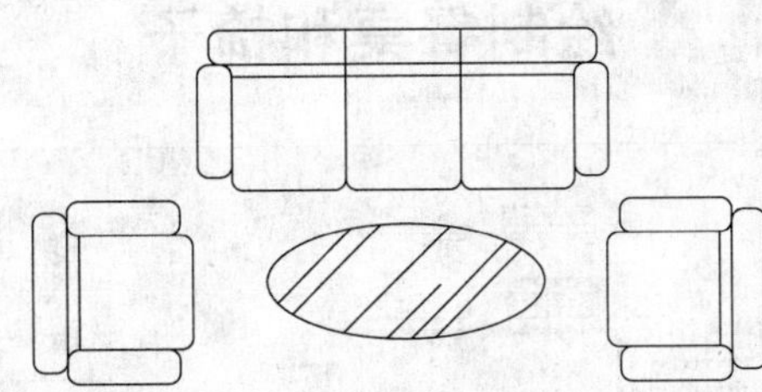

图 3-8　填充图案

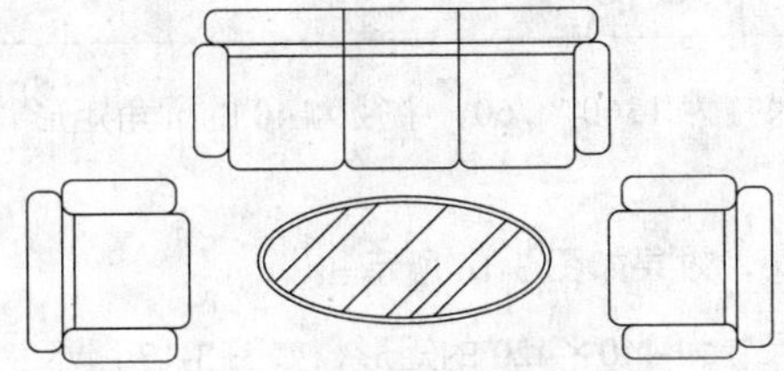

图 3-9　偏移椭圆

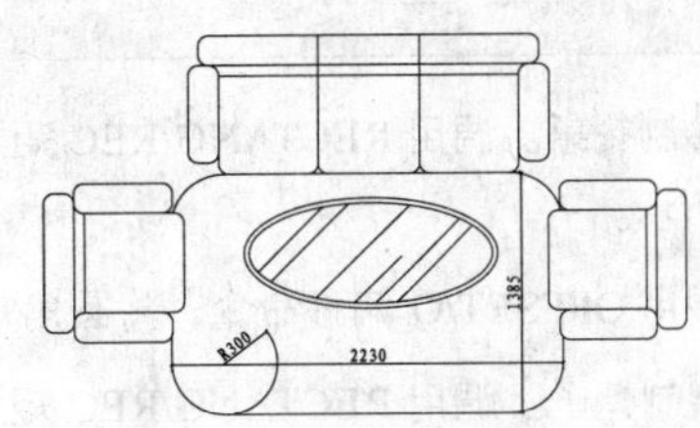

图 3-10　绘制圆角矩形

11 调用 HATCH/H 图案填充命令，在圆角矩形内填充 GRASS 图案，填充后删除圆角矩形，效果如图 3-11 所示。

12 调用 LINE/L 直线命令、COPY/CO 复制命令和 ROTATE/RO 旋转命令，绘制地毯的边沿，效果如图 3-12 所示。

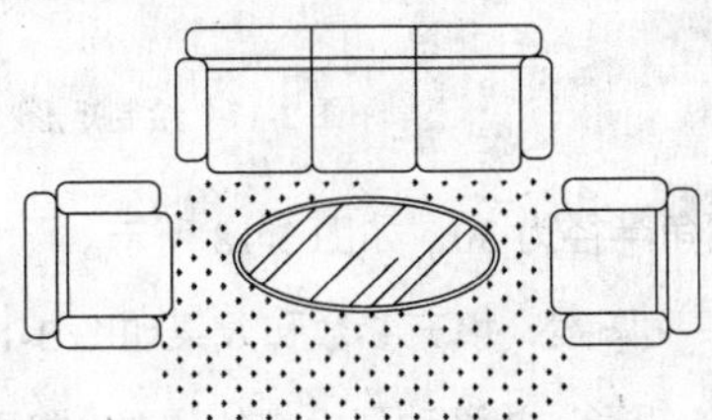

图 3-11　填充地毯

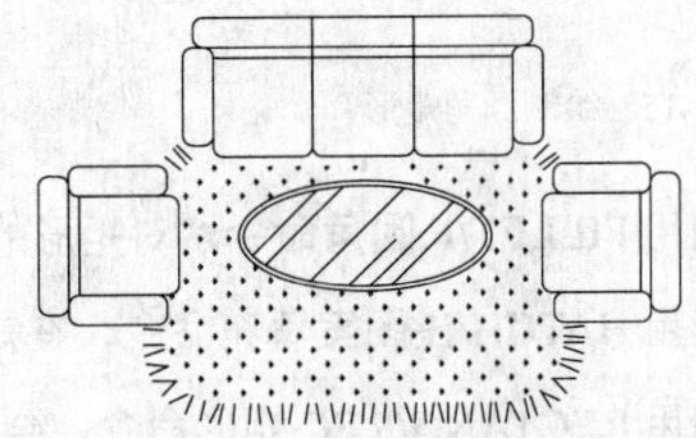

图 3-12　绘制地毯边沿

13 调用 RECTANG/REC 矩形命令，绘制一个边长为 570 的矩形，效果如图 3-13 所示。

14 调用 CIRCLE/C 圆命令、OFFSET/O 偏移命令和 LINE/L 直线命令，绘制台灯，效果如图 3-14 所示，完成沙发组的绘制。

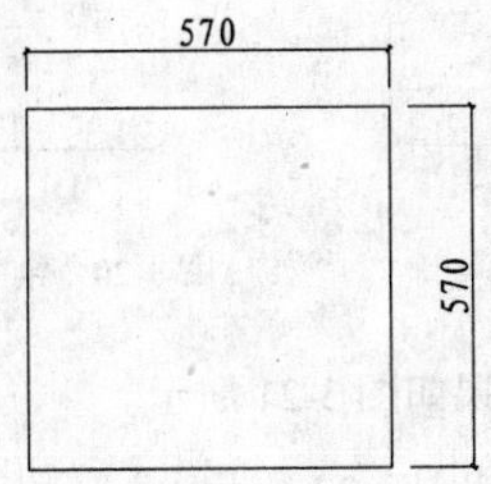

图 3-13　绘制矩形

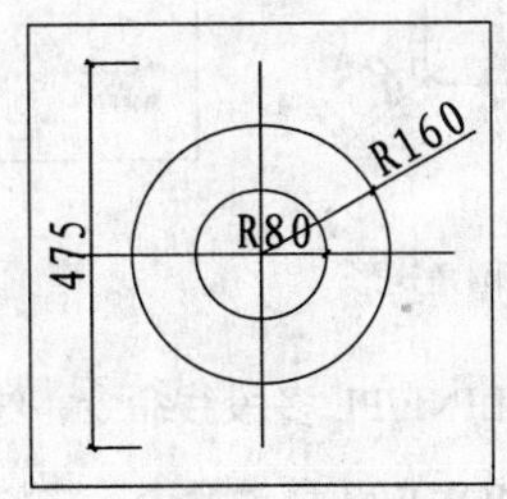

图 3-14　绘制台灯

027 绘制餐桌和椅子

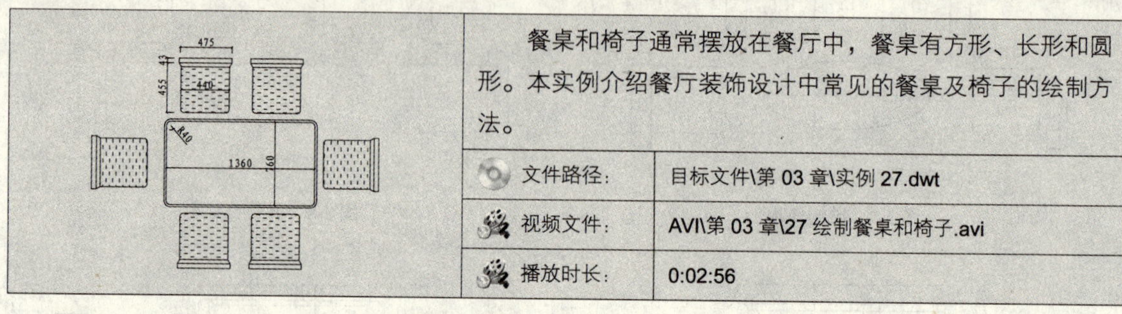

餐桌和椅子通常摆放在餐厅中，餐桌有方形、长形和圆形。本实例介绍餐厅装饰设计中常见的餐桌及椅子的绘制方法。

文件路径：	目标文件\第 03 章\实例 27.dwt
视频文件：	AVI\第 03 章\27 绘制餐桌和椅子.avi
播放时长：	0:02:56

01 绘制餐桌。调用 RECTANG/REC 矩形命令，绘制尺寸为 1360×760，半径为 40 的圆角矩形，效果如图 3-15 所示。

02 调用 OFFSET/O 偏移命令，将圆角矩形向外偏移 20，效果如图 3-16 所示。

03 绘制椅子。调用 RECTANG/REC 矩形命令，绘制尺寸为 440×420 的矩形，如图 3-17 所示。

第1篇

图 3-15 绘制圆角矩形　　图 3-16 偏移矩形　　图 3-17 绘制矩形

04 调用 FILLET/F 圆角命令，对矩形的下方进行圆角，圆角半径为 30，如图 3-18 所示。

05 调用 HATCH/H 图案填充命令，在矩形内填充 MUDST 图案，填充参数和效果如图 3-19 所示。

06 调用 RECTANG/REC 矩形命令，绘制尺寸为 475×43 的矩形，并移动到相应的位置，如图 3-20 所示。

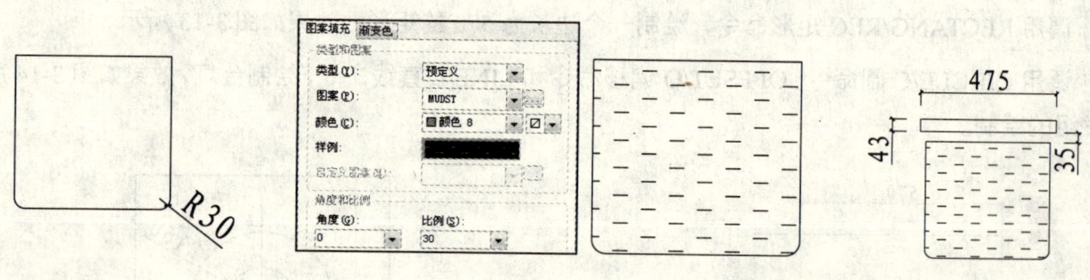

图 3-18 圆角矩形　　图 3-19 填充参数和效果　　图 3-20 绘制矩形

07 调用 PLINE/PL 多段线命令，绘制多段线连接两个矩形，效果如图 3-21 所示。

08 调用 MOVE/M 移动命令，将椅子移动到餐桌的上方，效果如图 3-22 所示。

09 调用 COPY/C 复制命令、MIRROR/MI 镜像命令和 ROTATE/RO 旋转命令，得到其他椅子图形，效果如图 3-23 所示，完成餐桌和椅子的绘制。

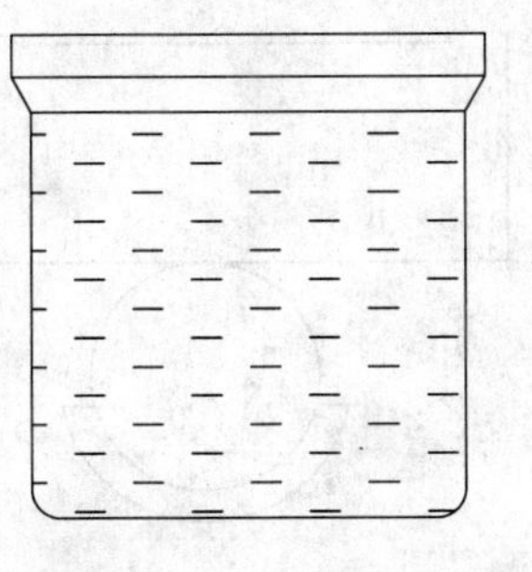

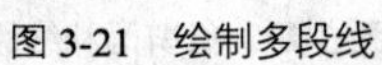

图 3-21　绘制多段线

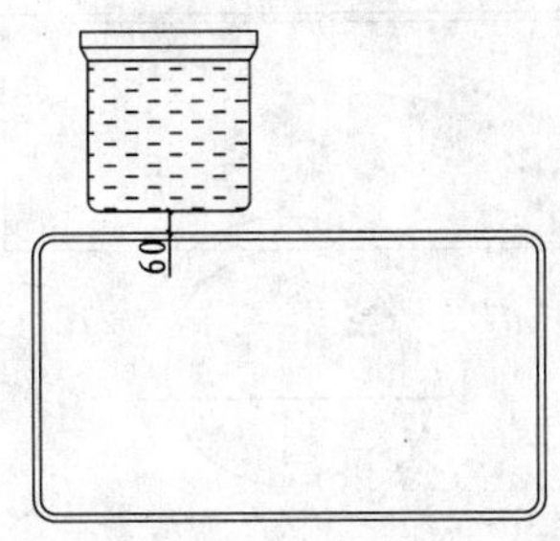

图 3-22　移动椅子

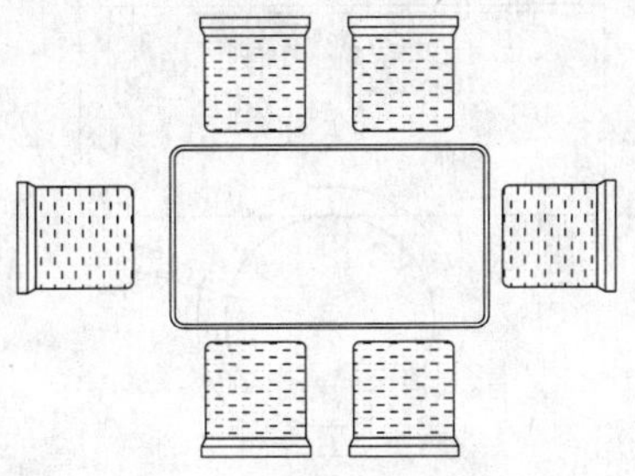

图 3-23　绘制其他椅子

028 绘制梳妆台及椅子

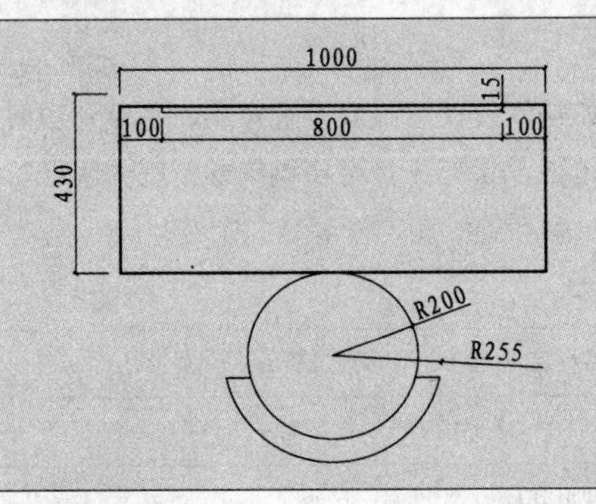

梳妆台通常摆放在卧室中，作为卧室化妆区的主要家具。本实例介绍左图所示梳妆台及椅子的绘制方法。

文件路径：	目标文件\第 03 章\实例 28.dwt
视频文件：	AVI\第 03 章\28 绘制梳妆台及椅子.avi
播放时长：	0:01:59

01 绘制梳妆台。调用 RECTANG/REC 矩形命令，绘制尺寸为 1000×430 的矩形，如图 3-24 所示。

02 继续调用 RECTANG/REC 矩形命令，绘制尺寸为 800×15 的矩形表示镜子，如图 3-25 所示。

03 绘制椅子。调用 CIRCLE/C 圆命令，绘制一个半径为 200 的圆，如图 3-26 所示。

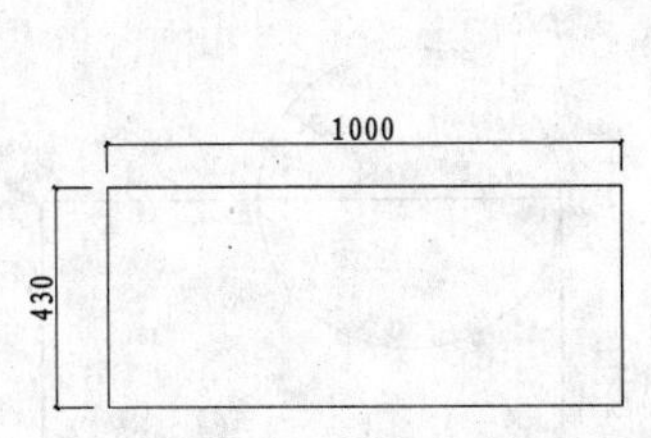

图 3-24　绘制矩形

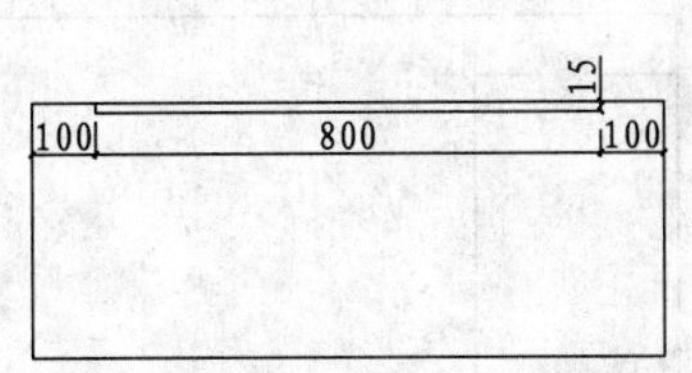

图 3-25　绘制镜子

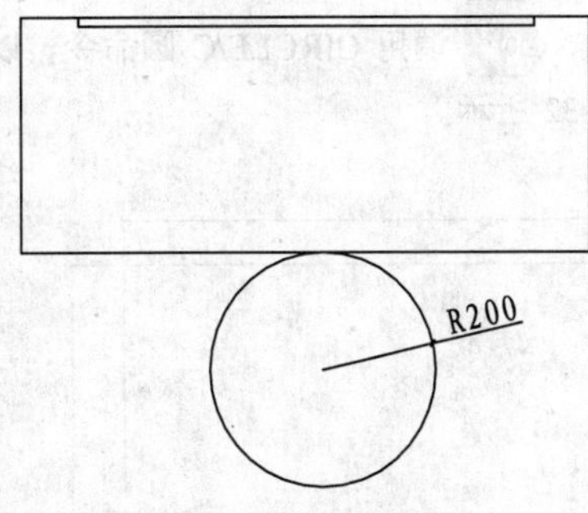

图 3-26　绘制圆

04 调用 OFFSET/O 偏移命令，将圆向外偏移 55，如图 3-27 所示。

05 调用 LINE/L 直线命令，绘制线段连接两个圆，如图 3-28 所示。

06 调用 TRIM/TR 修剪命令，对圆和线段进行修剪，得到椅子的靠背，如图 3-29 所示，完成梳妆台和椅子的绘制。

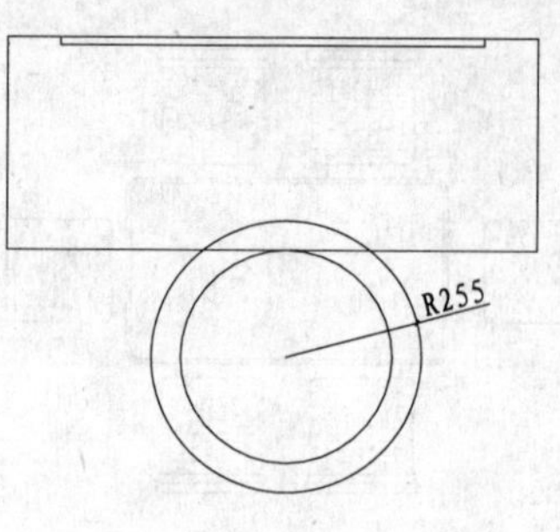

图 3-27　偏移圆

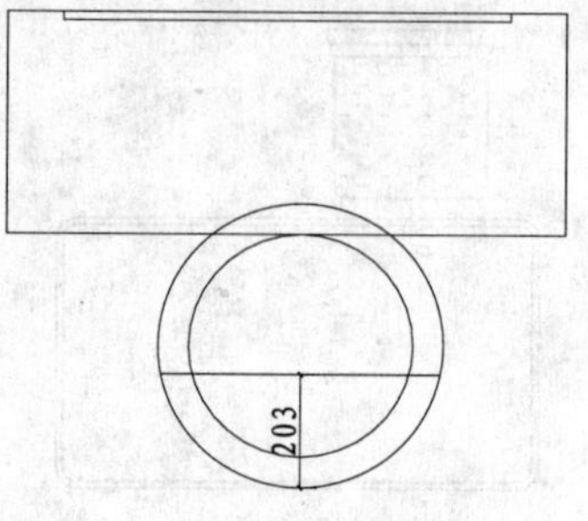

图 3-28　绘制线段

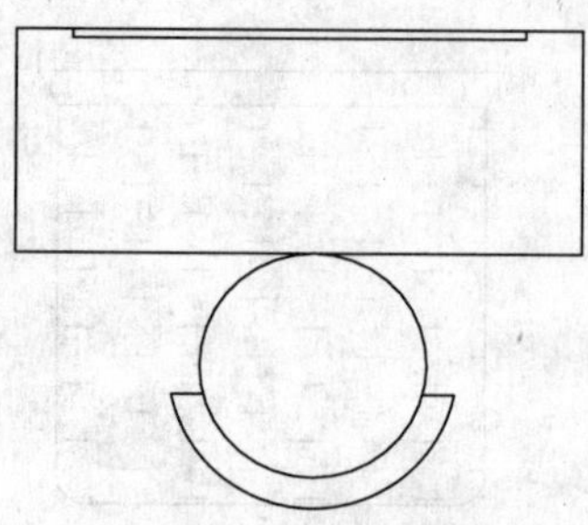
图 3-29　修剪圆和线段

029 绘制钢琴

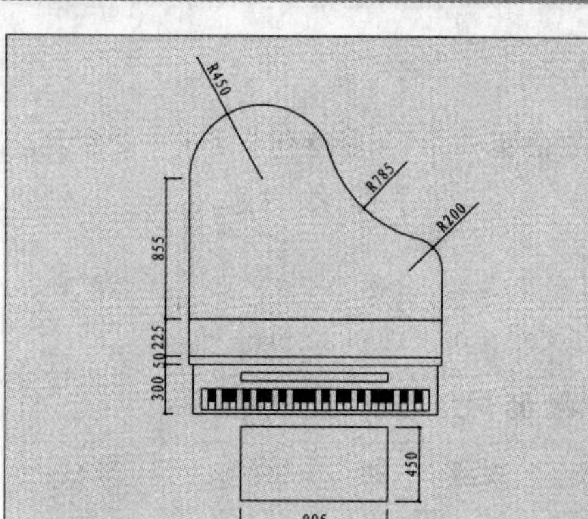

家装装修中，如空间较大可独立设置琴房，将钢琴放置在琴房中，如没有单独设置琴房，可将钢琴放置在休闲区。本实例介绍左图所示钢琴的绘制方法。

文件路径：	目标文件\第 03 章\实例 29.dwt
视频文件：	AVI\第 03 章\29 绘制钢琴.avi
播放时长：	0:06:30

01 调用 RECTANG/REC 矩形命令，绘制尺寸为 1560×1130 的矩形，如图 3-30 所示。

02 调用 EXPLODE/X 分解命令，对矩形进行分解。

03 调用 OFFSET/O 偏移命令，绘制辅助线，如图 3-31 所示。

04 调用 CIRCLE/C 圆命令，以辅助线的交点为圆心，绘制半径为 452 的圆，然后删除辅助线，如图 3-32 所示。

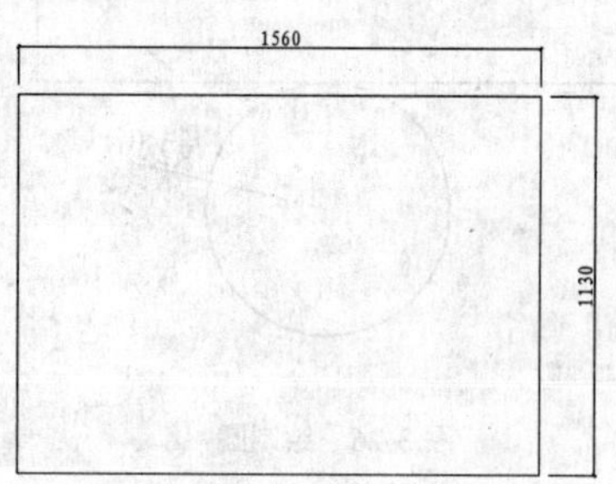

图 3-30　绘制矩形

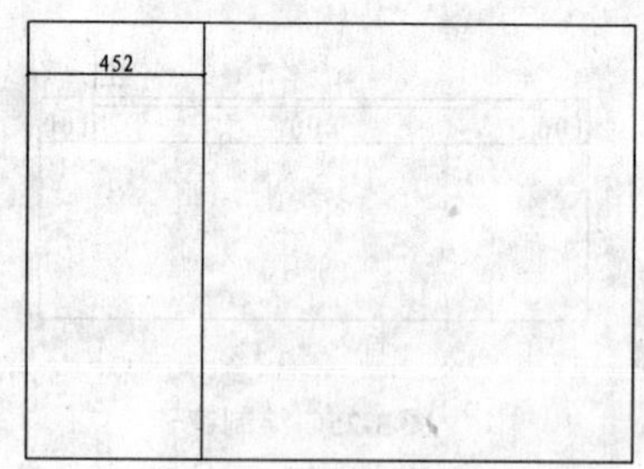

图 3-31　绘制辅助线

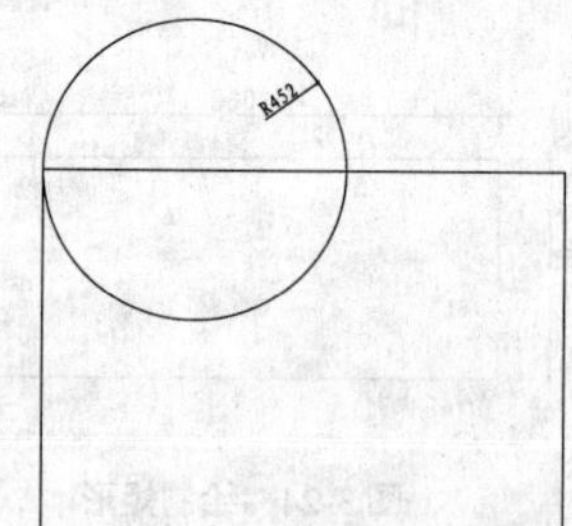

图 3-32　绘制圆

05 使用同样的方法，绘制其他同类型的圆，结果如图 3-33 所示。

06 调用 TRIM/TR 修剪命令，对圆进行修剪，效果如图 3-34 所示。

07 调用 LINE/L 直线命令和 OFFSET/O 偏移命令，绘制如图 3-35 所示线段。

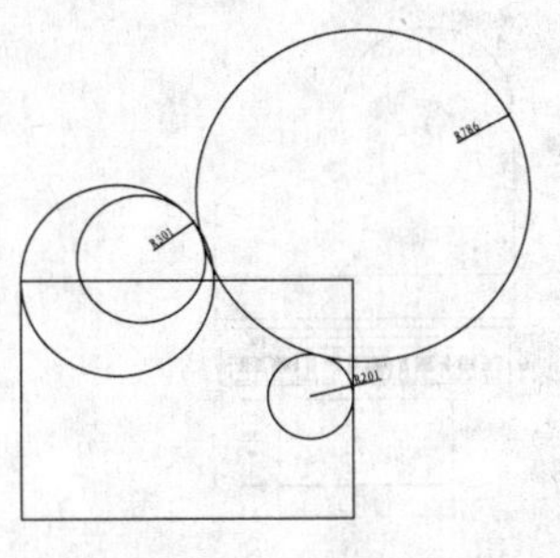

图 3-33　绘制其他圆

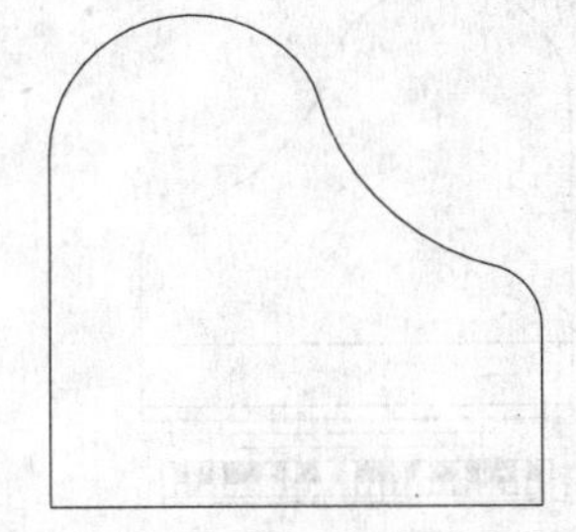

图 3-34　修剪圆

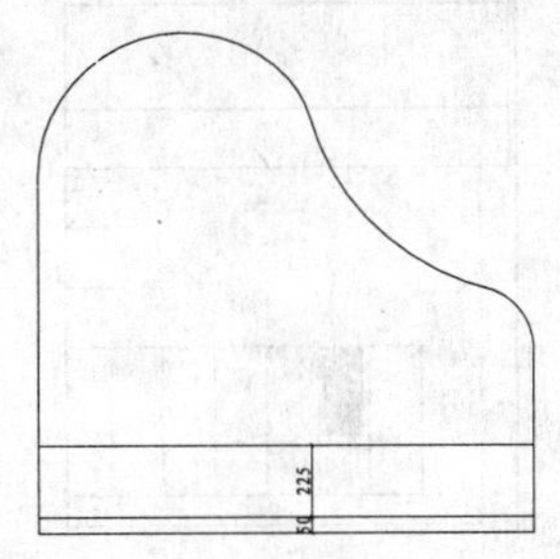

图 3-35　绘制线段

08 调用 PLINE/PL 多段线命令，绘制多段线，如图 3-36 所示。

09 调用 RECTANG/REC 矩形命令，在多段线内绘制矩形，如图 3-37 所示。

10 继续调用 RECTANG/REC 矩形命令，绘制矩形，如图 3-38 所示。

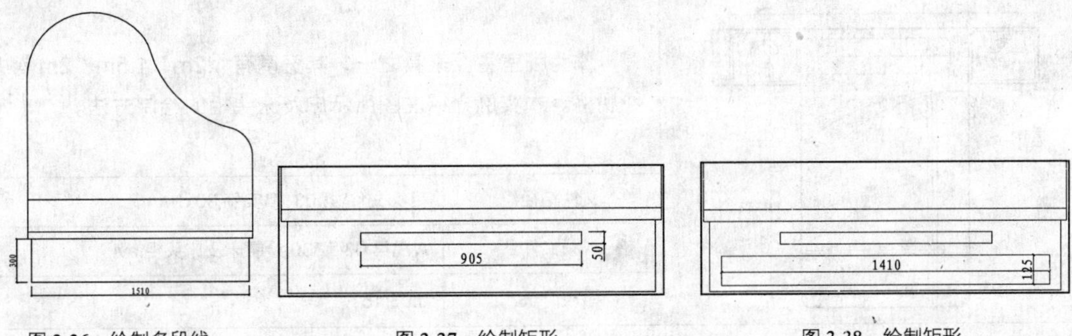

图 3-36　绘制多段线　　图 3-37　绘制矩形　　图 3-38　绘制矩形

11 调用 LINE/L 直线命令和 OFFSET/O 偏移命令，绘制线段，如图 3-39 所示。

12 调用 RECTANG/REC 矩形命令，绘制矩形，如图 3-40 所示。

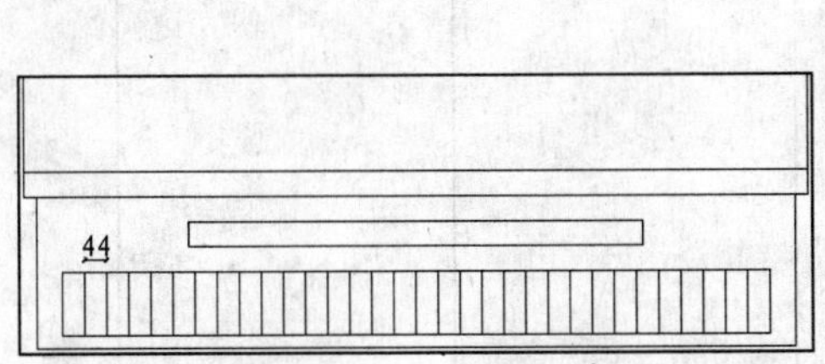

图 3-39　绘制线段

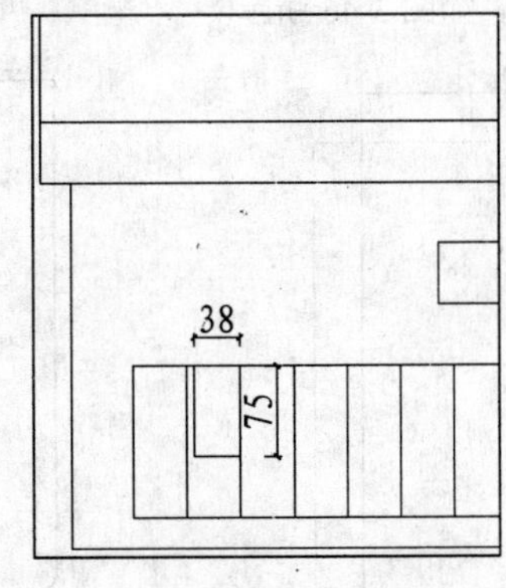

图 3-40　绘制矩形

13 调用 HATCH/H 图案填充命令，在矩形内填充 SOLID 图案，填充效果如图 3-41 所示。

14 调用 COPY/CO 复制命令，对图形进行复制，效果如图 3-42 所示。

15 调用 RECTANG/REC 矩形命令，绘制尺寸为 905×450 的矩形表示凳子，如图 3-43 所示，完成钢琴的绘制。

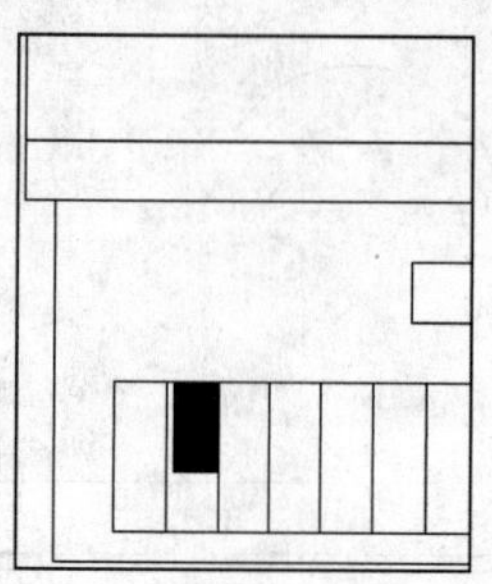
图 3-41　填充图案

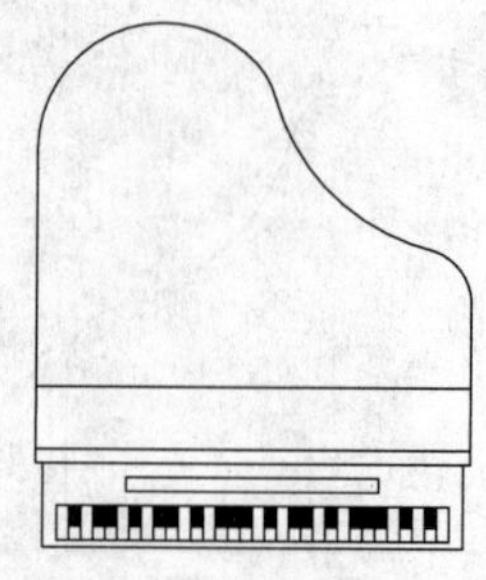
图 3-42　复制图形

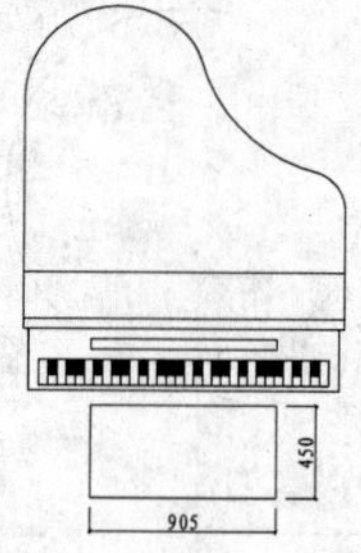

图 3-43　绘制凳子

030 绘制床及床头柜

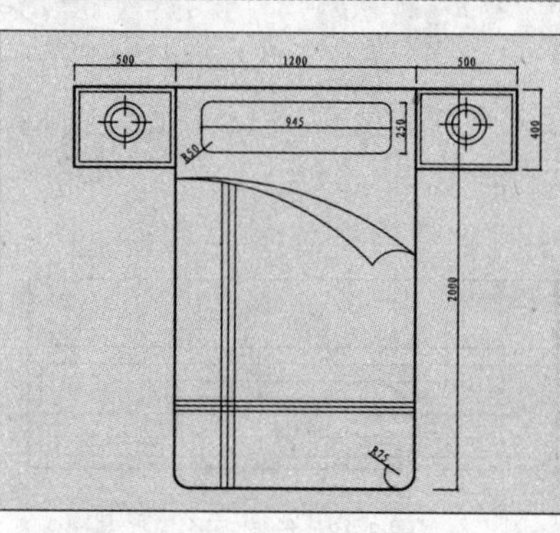

作为卧室主要家具之一，其宽度有 1.2m、1.5m、2m 等几种规格。本实例介绍左图所示床及床头柜的绘制方法。

文件路径：	目标文件\第 03 章\实例 30.dwt
视频文件：	AVI\第 03 章\30 绘制床及床头柜.avi
播放时长：	0:03:15

01 调用 RECTANG/REC 矩形命令，绘制尺寸为 1200×2000 的矩形，如图 3-44 所示。

02 调用 FILLET/F 圆角命令，对矩形的下方进行圆角，圆角半径为 75，如图 3-45 所示。

03 调用 RECTANG/REC 矩形命令，绘制尺寸为 945×250，半径为 50 的圆角矩形表示枕头，并移动到相应的位置，如图 3-46 所示。

图 3-44　绘制矩形

图 3-45　圆角

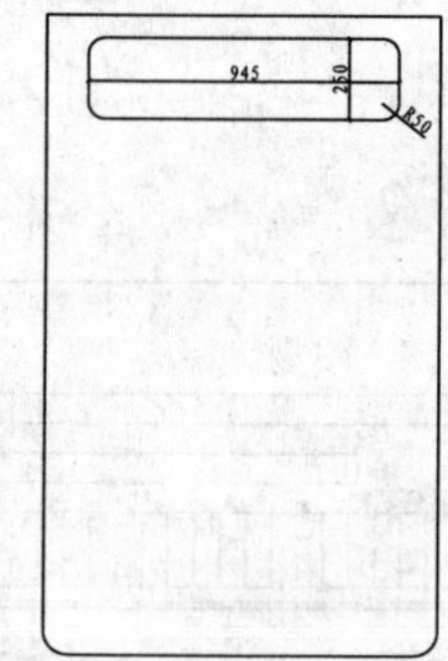

图 3-46　绘制枕头

04 调用 ARC/A 圆弧命令，绘制床上被子造型，如图 3-47 所示。

05 调用 LINE/L 直线命令和 OFFSET/O 偏移命令，细化被子造型，如图 3-48 所示。

06 绘制床头柜。调用 RECTANG/REC 矩形命令，绘制尺寸为 500×400 的矩形表示床头柜，如图 3-49 所示。

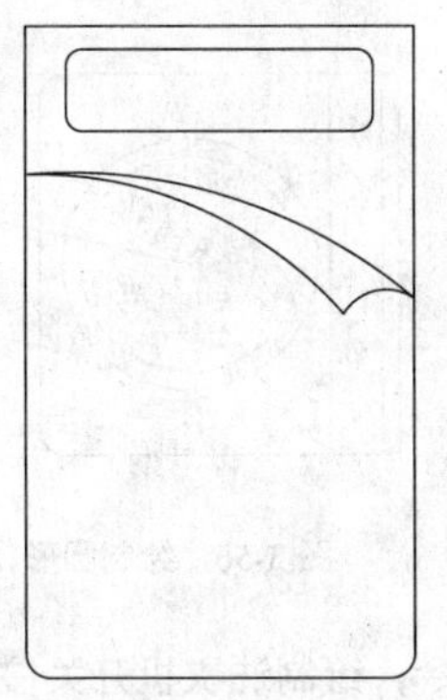

图 3-47　绘制被子造型

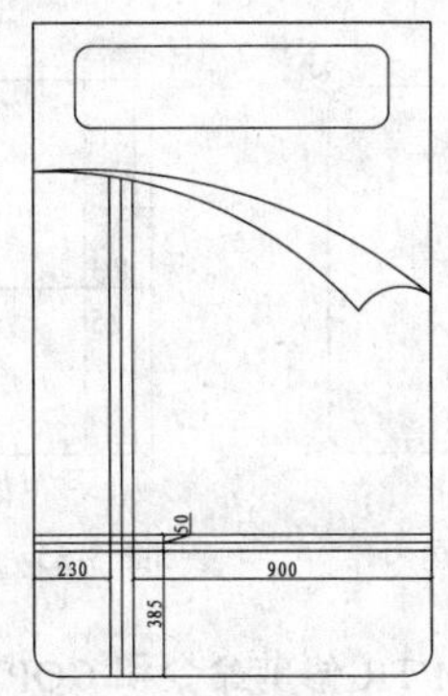

图 3-48　细化被子造型

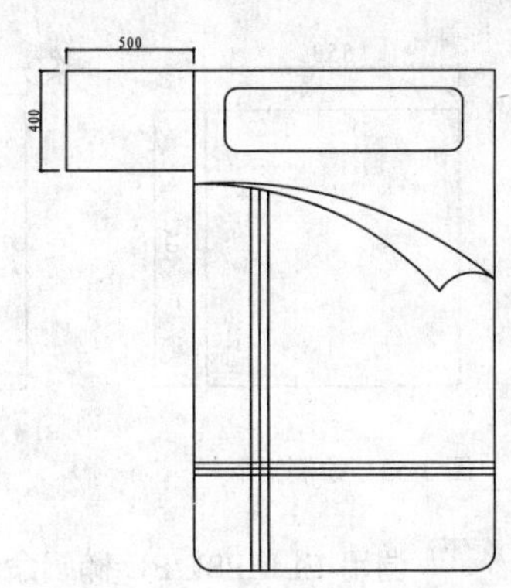

图 3-49　绘制矩形

07 调用 OFFSET/O 偏移命令，将矩形向内偏移 25，如图 3-50 所示。

08 调用 CIRCLE/C 圆命令、OFFSET/O 偏移命令和 LINE/L 直线命令，绘制床头灯，如图 3-51 所示。

09 调用 COPY/C 复制命令或 MIRROR/MI 镜像命令，得到另一侧的床头柜，完成床及床头柜的绘制，如图 3-52 所示。

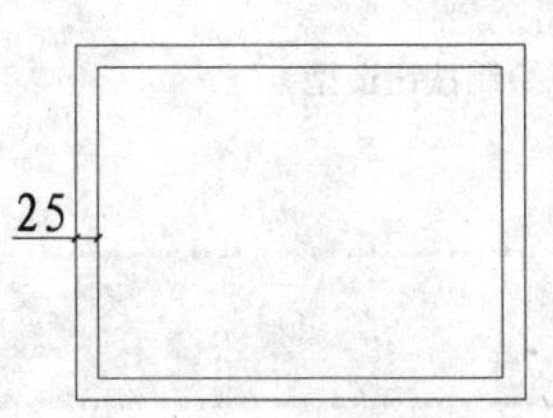

图 3-50　偏移矩形

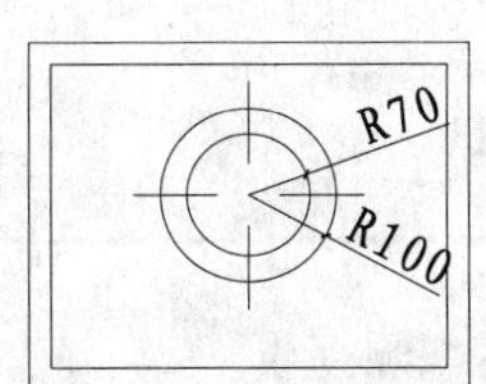

图 3-51　绘制床头灯

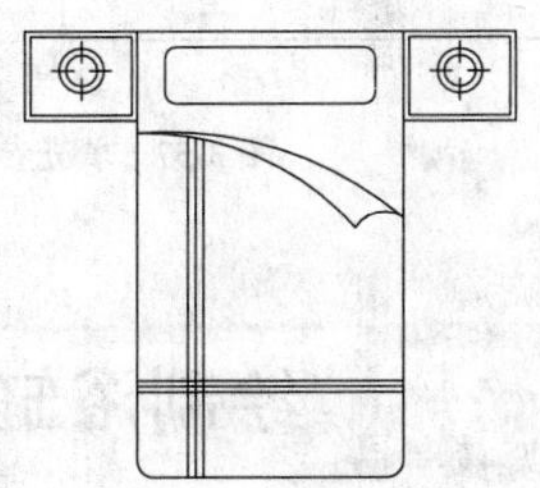

图 3-52　镜像复制

第 3 章

031 绘制洗衣机

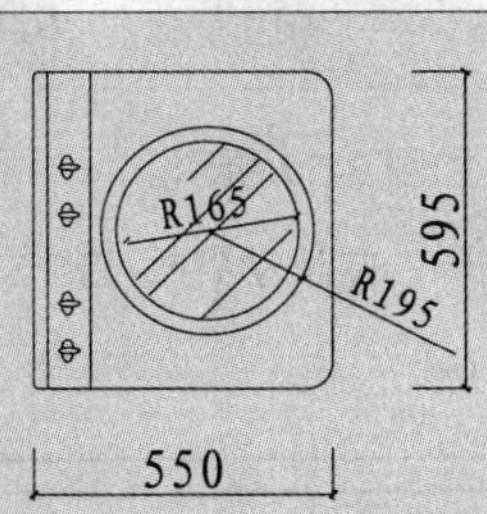

洗衣机通常摆放在生活阳台或厕所中，以方便排水，本实例介绍如左图所示洗衣机的绘制方法。

文件路径：	目标文件\第 03 章\实例 31.dwt
视频文件：	AVI\第 03 章\31 绘制洗衣机.avi
播放时长：	0:02:16

01 调用 RECTANG/REC 矩形命令，绘制尺寸为 550×595 的矩形，如图 3-53 所示。

02 调用 FILLET/F 圆角命令对矩形进行圆角，圆角半径分别为 40 和 10，如图 3-54 所示。

03 调用 LINE/L 直线命令，绘制矩形内的线段，如图 3-55 所示。

04 调用 CIRCLE/C 圆命令和 OFFSET/O 偏移命令，绘制洗衣机中的圆形造型，如图 3-56 所示。

05 调用 HATCH/H 图案填充命令，在圆内填充 AR-RROOF 图案，填充参数和效果如图 3-57 所示。

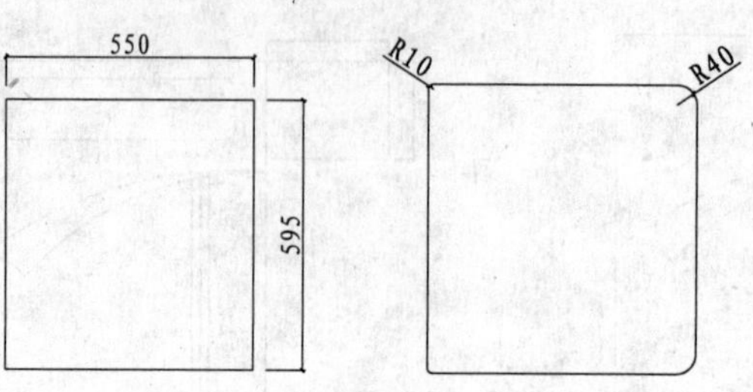

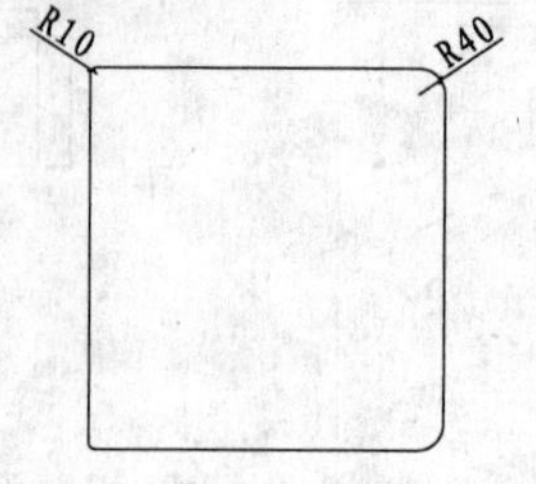

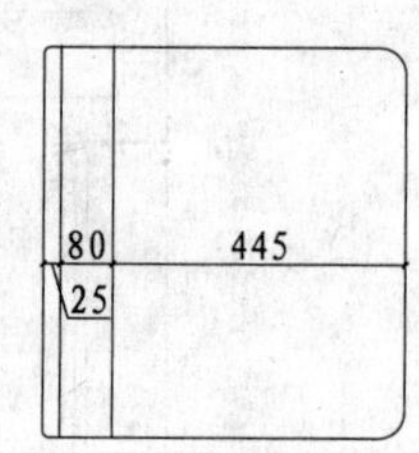

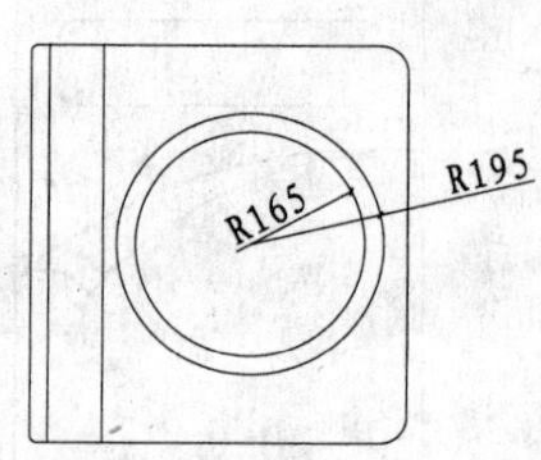

图 3-53　绘制矩形　　图 3-54　圆角　　图 3-55　绘制线段　　图 3-56　绘制圆形

06 调用 ELLIPSE/EL 椭圆命令、TRIM/TR 修剪命令和 COPY/CO 复制命令，绘制洗衣机开关按钮造型，如图 3-58 所示。

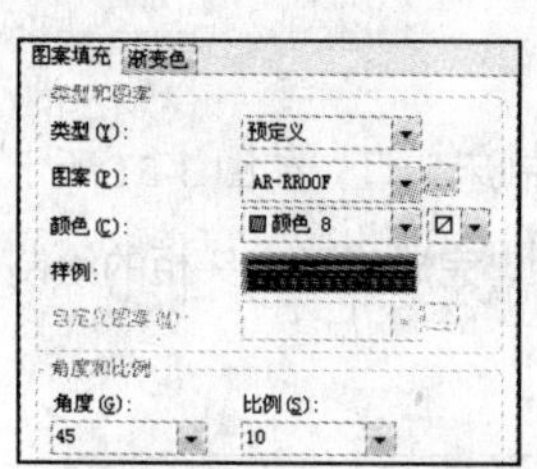

图 3-57　填充参数和效果

图 3-58　绘制按钮造型

032 绘制浴缸

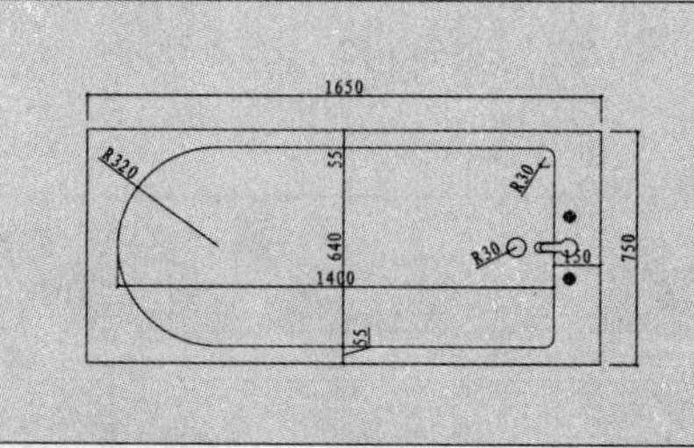

作为卫生洁具，浴缸供沐浴和淋浴之用，通常布置在主卫内，本实例介绍如左图所示浴缸的绘制方法。

文件路径：	目标文件\第 03 章\实例 32.dwt
视频文件：	AVI\第 03 章\32 绘制浴缸.avi
播放时长：	0:02:54

01 调用 RECTANG/REC 矩形命令，绘制尺寸为 1650×750 的矩形，如图 3-59 所示。

02 继续调用 RECTANG/REC 矩形命令，绘制尺寸为 1400×640 的矩形，并移动到相应的位置，如图 3-60 所示。

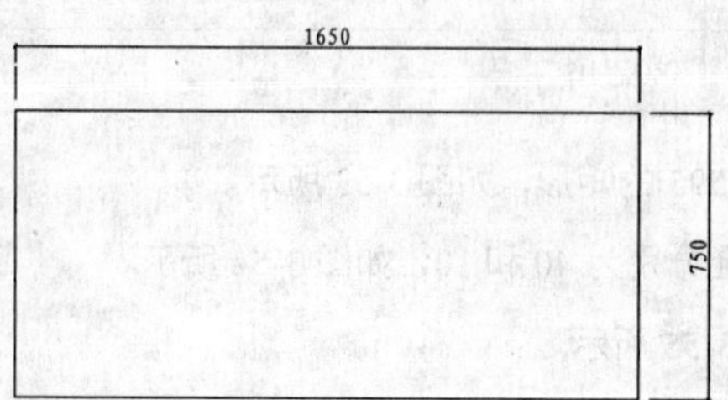

图 3-59　绘制矩形

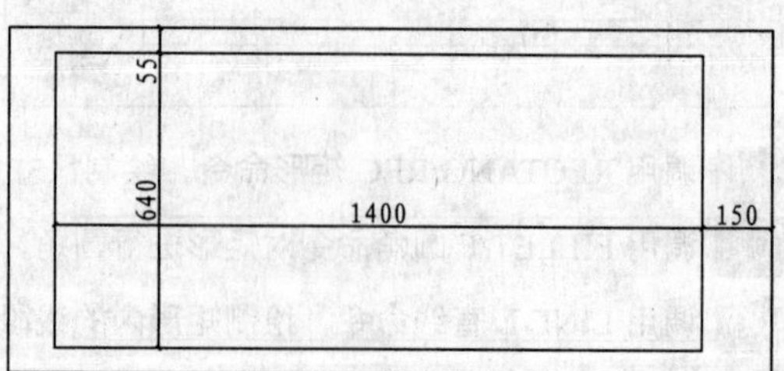

图 3-60　绘制矩形

03 调用 FILLET/F 圆角命令，对矩形进行圆角，圆角半径分别为 30 和 320，如图 3-61 所示。

04 绘制冷热进水管。调用 CIRCLE/C 圆命令、OFFSET/O 偏移命令、LINE/L 直线命令和 COPY/CO 复制命令，绘制如图 3-62 所示造型。

05 调用 CIRCLE/C 圆命令，绘制半径为 30 的圆表示出水口，如图 3-63 所示。

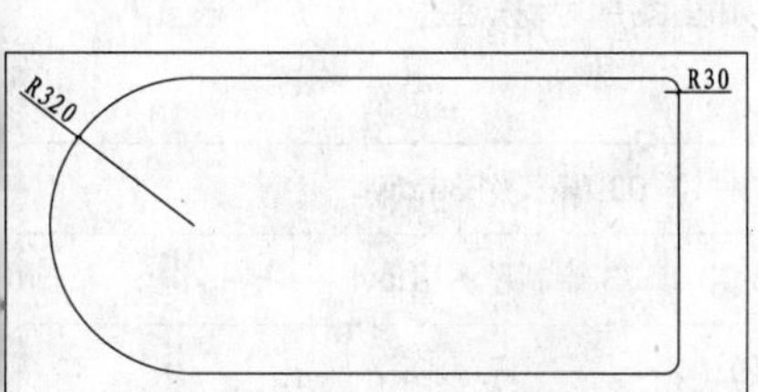

图 3-61　圆角

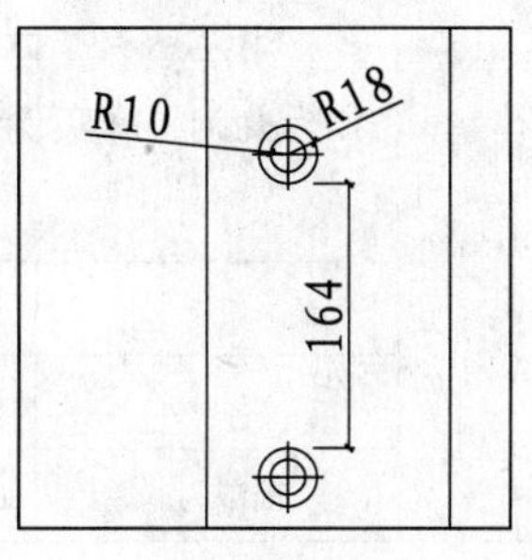

图 3-62　绘制进水管

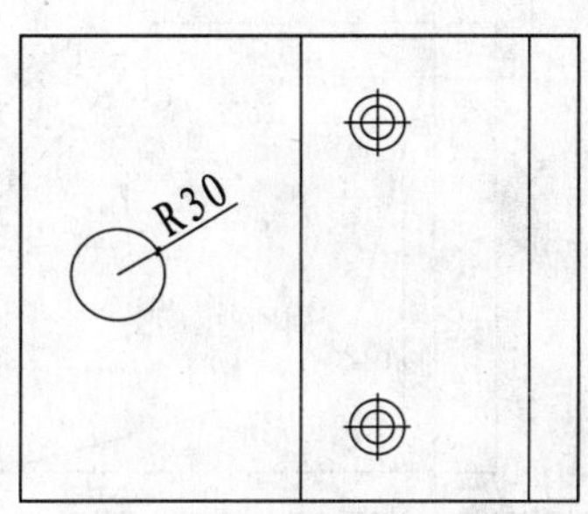

图 3-63　绘制出水口

06 调用 CIRCLE/C 圆命令，绘制半径为 30 的圆，如图 3-64 所示。

07 调用 LINE/L 直线命令，绘制线段，并对线段相交的位置进行修剪，如图 3-65 所示。

08 调用 ARC/A 圆弧命令，绘制圆弧，如图 3-66 所示。

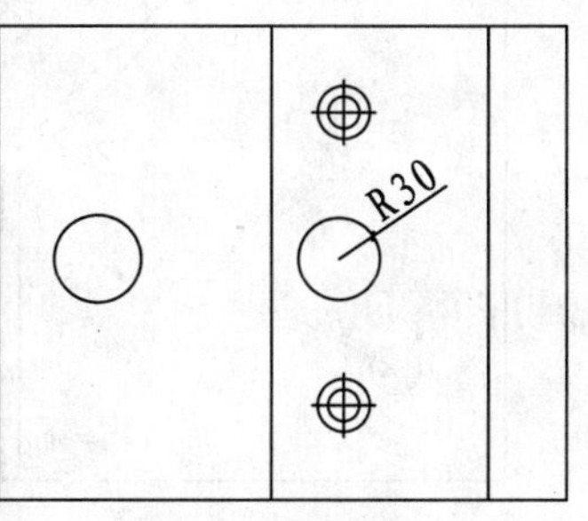

图 3-64　绘制圆

65

图 3-65　绘制线段

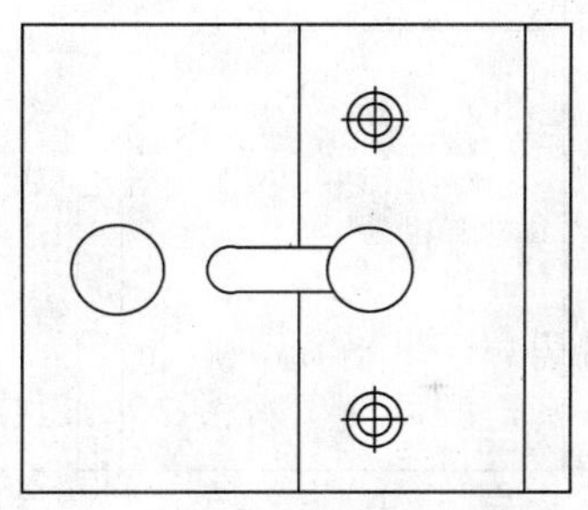

图 3-66　绘制圆弧

09 调用 OFFSET/O 偏移命令，将线段和圆弧向内偏移，并移动到相应的位置，结果如图 3-67 所示。

10 用夹点功能，调整线段的长度和角度如图 3-68 所示，得到水龙头造型。

11 调用 TRIM/TR 修剪命令，对圆进行修剪，如图 3-69 所示，浴缸图形绘制完成。

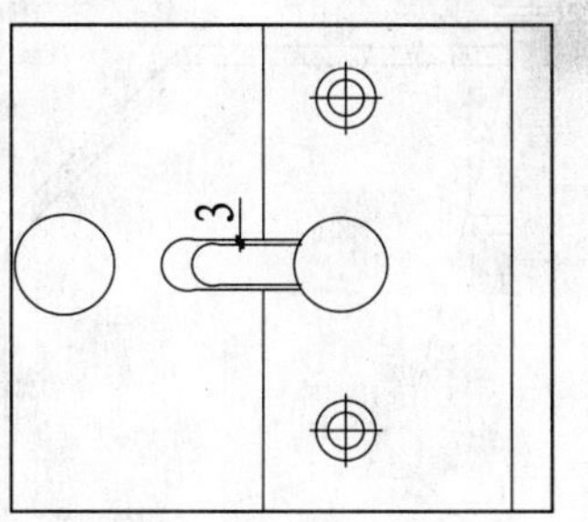

图 3-67　偏移圆和线段

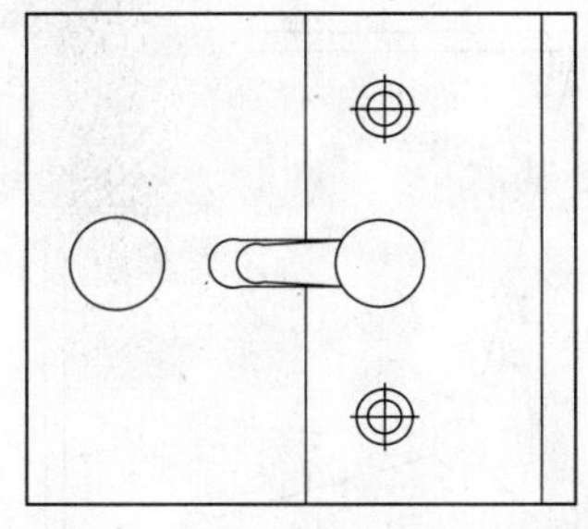

图 3-68　调整线段

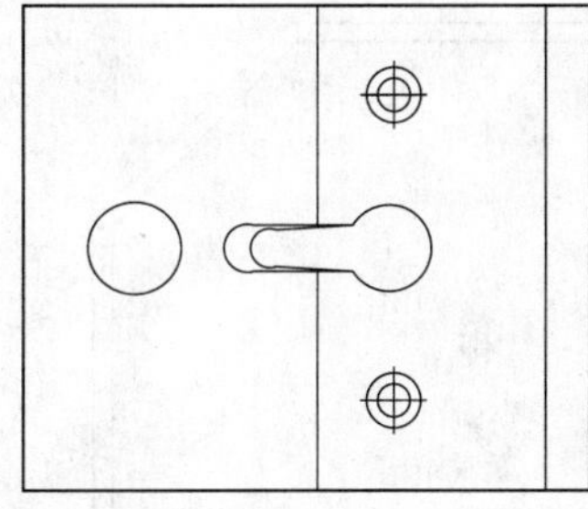

图 3-69　修剪圆

033 绘制淋浴房

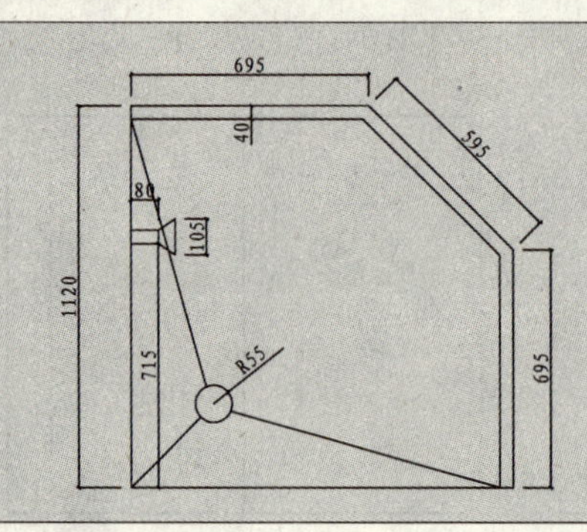

淋浴房有整体淋浴房和简易淋浴房，其门的结构有移门和折叠门，本实例讲解如左图所示淋浴房的绘制方法。

文件路径：	目标文件\第 03 章\实例 33.dwt
视频文件：	AVI\第 03 章\33 绘制淋浴房.avi
播放时长：	0:02:40

01 PLINE/PL 多段线命令，绘制淋浴房的轮廓，如图 3-70 所示。

02 调用 EXPLODE/X 分解/命令分解多段线。

03 调用 OFFSET/O 偏移命令，将多段线向内偏移 40，并使用夹点功能进行调整，效果如图 3-71 所示。

04 调用 CIRCLE/C 圆命令，绘制半径为 55 的圆表示出水口，并移动到相应的位置，如图 3-72 所示。

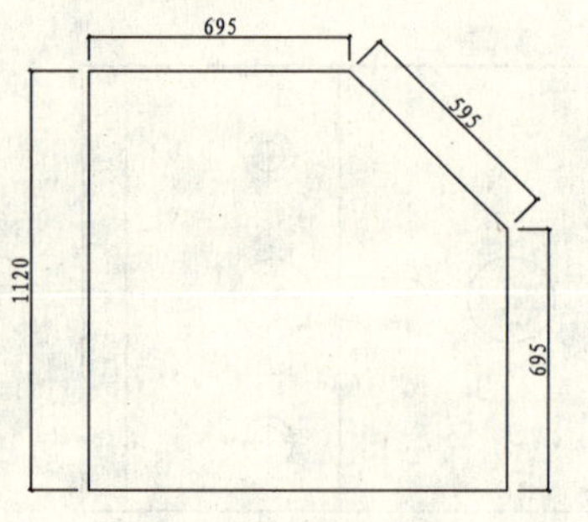

图 3-70 绘制多段线

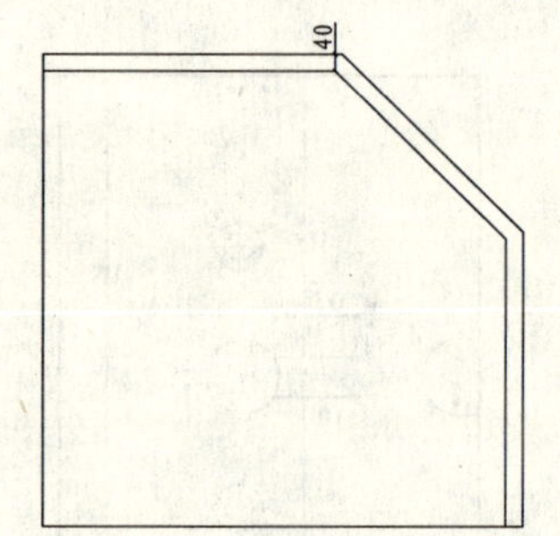

图 3-71 偏移多段线

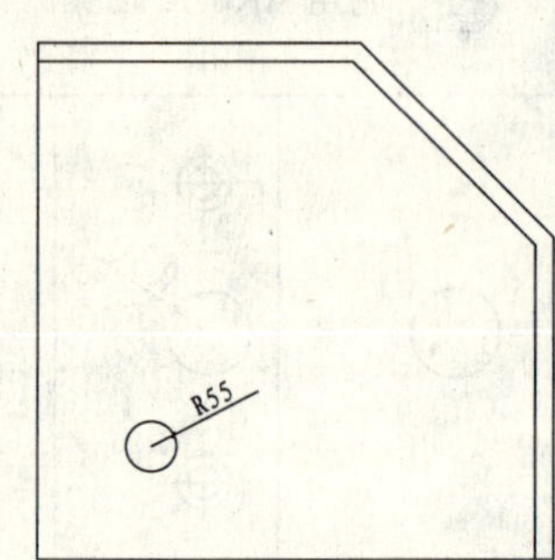

图 3-72 绘制圆

05 调用 DIVIDE/DIV 定数等分命令，将圆分成三等份，如图 3-73 所示。

06 调用 LINE/L 直线命令，以等分点为起点绘制线段，然后删除等分点，效果如图 3-74 所示。

07 调用 LINE/L 直线命令和 PLINE/PL 多段线命令，绘制淋浴头，效果如图 3-75 所示，完成淋浴房的绘制。

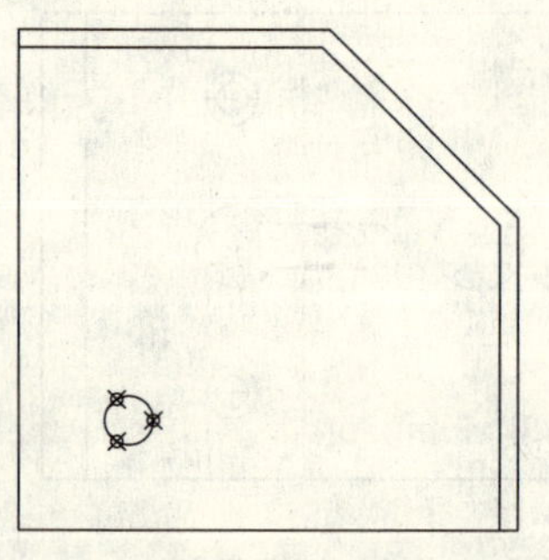

图 3-73 等分圆

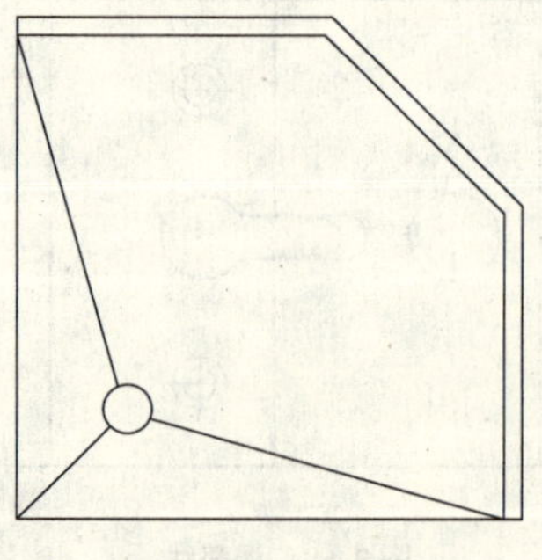

图 3-74 绘制线段

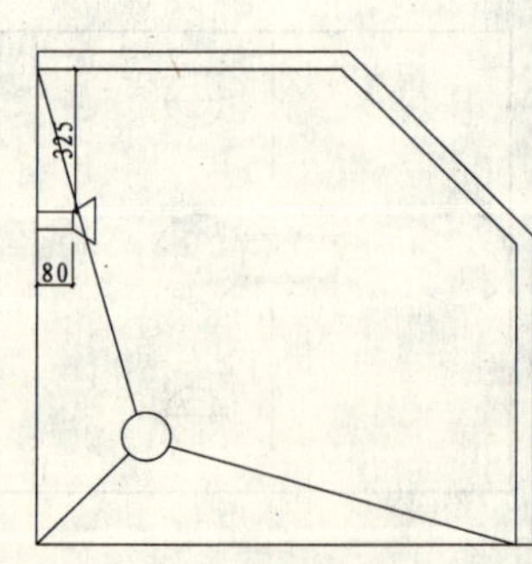

图 3-75 绘制淋浴头

第 1 篇

034 绘制洗脸盆

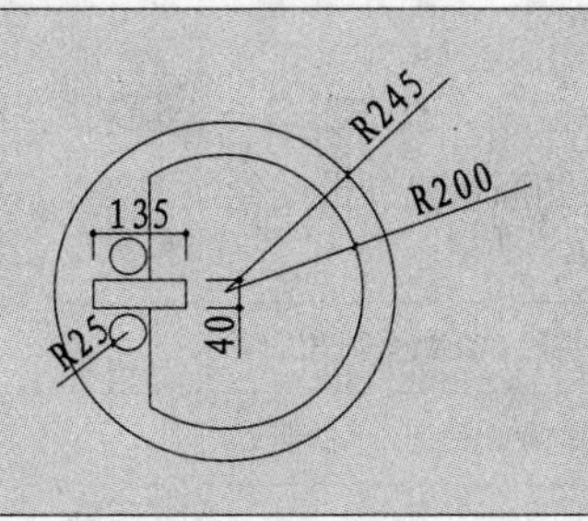

洗脸盆是人们日常生活中不可缺少的卫生洁具。洗脸盆的材质，使用最多的是陶瓷、搪瓷生铁、搪瓷钢板，还有水磨石等。本实例介绍左图所示洗脸盆的绘制方法。

文件路径：	目标文件\第 03 章\实例 34.dwt
视频文件：	AVI\第 03 章\34 绘制洗脸盆.avi
播放时长：	0:01:30

01 调用 CIRCLE/C 圆命令，绘制半径为 245 的圆，如图 3-76 所示。

02 调用 OFFSET/O 偏移命令，将圆向内偏移 45，如图 3-77 所示。

03 调用 LINE/L 直线命令，绘制一条竖直线段穿过圆，如图 3-78 所示。

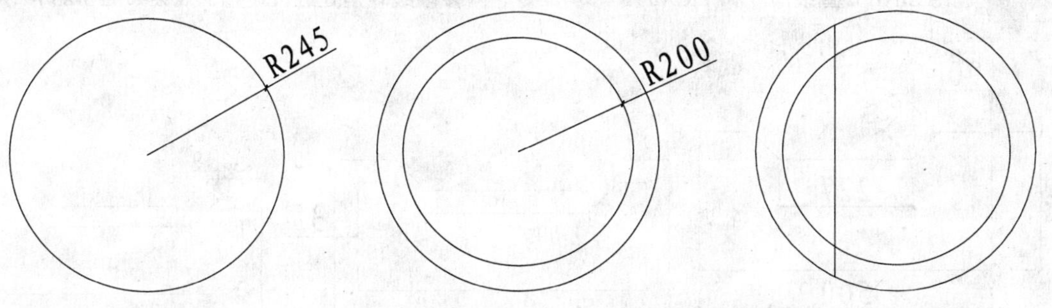

图 3-76　绘制圆　　图 3-77　偏移圆　　图 3-78　绘制线段

04 调用 TRIM/TR 修剪命令，对圆和线段进行修剪，如图 3-79 所示。

05 调用 RECTANG/REC 矩形命令和 CIRCLE/C 圆命令，绘制洗脸盆的出水嘴和开关，完成洗脸盆的绘制，如图 3-80 所示。

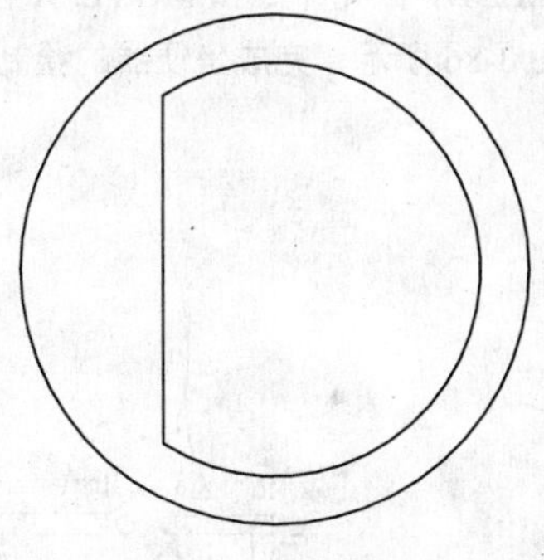

图 3-79　修剪圆和线段

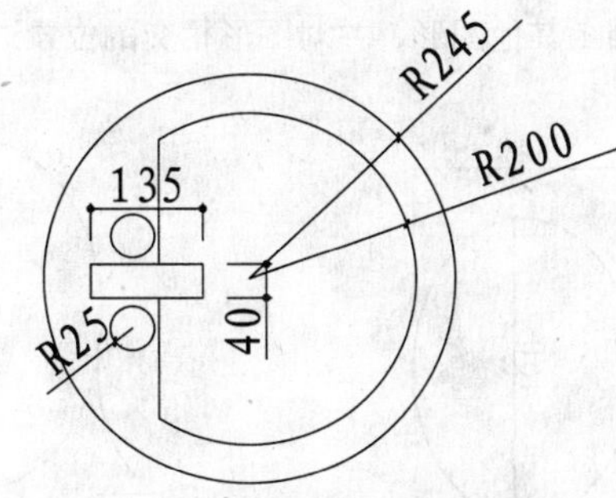

图 3-80　绘制出水嘴和开关

第 3 章

035 绘制坐便器

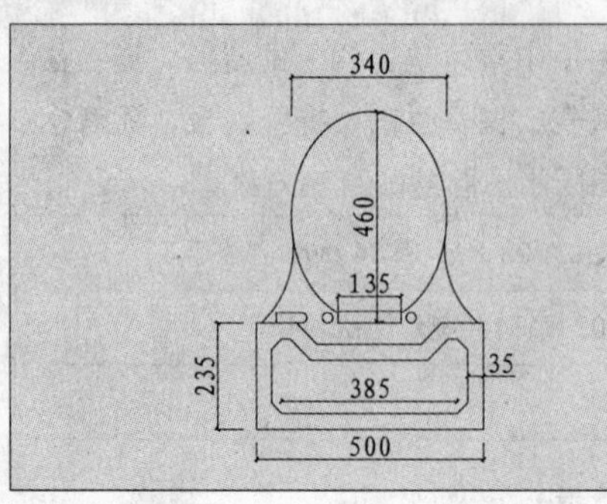

坐便器一般用于主卫空间，其下水口与坐便器的距离为半米以内。本实例介绍左图所示坐便器的绘制方法。

文件路径：	目标文件\第 03 章\实例 35.dwt
视频文件：	AVI\第 03 章\35 绘制坐便器.avi
播放时长：	0:04:17

01 调用 PLINE/PL 多段线命令，绘制如图 3-81 所示多段线。

02 调用 OFFSET/O 偏移命令，将多段线向内偏移 35，如图 3-82 所示。

03 调用 LINE/L 直线命令和 TRIM/TR 修剪命令，对多段线转角处进行调整，效果如图 3-83 所示。

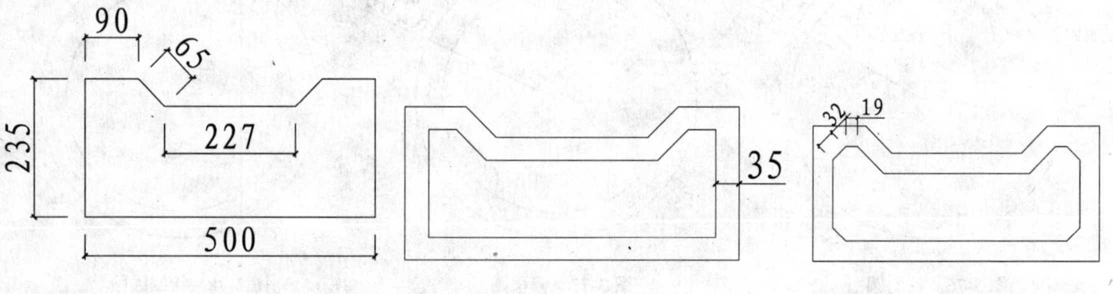

图 3-81　绘制多段线　　图 3-82　偏移多段线　　图 3-83　绘制转角

04 调用 ELLIPSE/EL 椭圆命令，绘制如图 3-84 所示椭圆。

05 调用 ARC/A 圆弧命令和 MIRROR/MI 镜像命令，绘制椭圆两侧的图形，效果如图 3-85 所示。

06 调用 RECTANG/REC 矩形命令、CIRCLE/C 圆命令、FILLET/F 圆角命令和 MOVE/M 移动命令，绘制坐便器上其他图形，并对图形相交的位置进行修剪，效果如图 3-86 所示，完成坐便器的绘制。

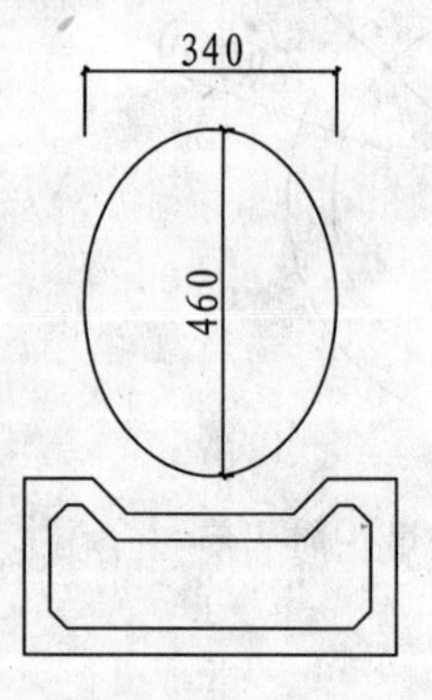

图 3-84　绘制椭圆

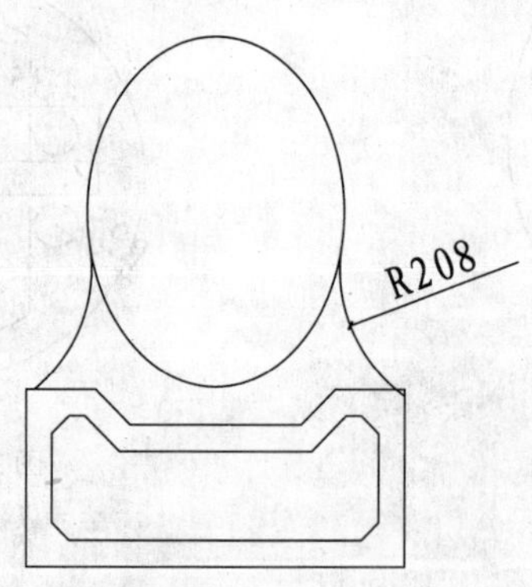

图 3-85　绘制椭圆两侧图形

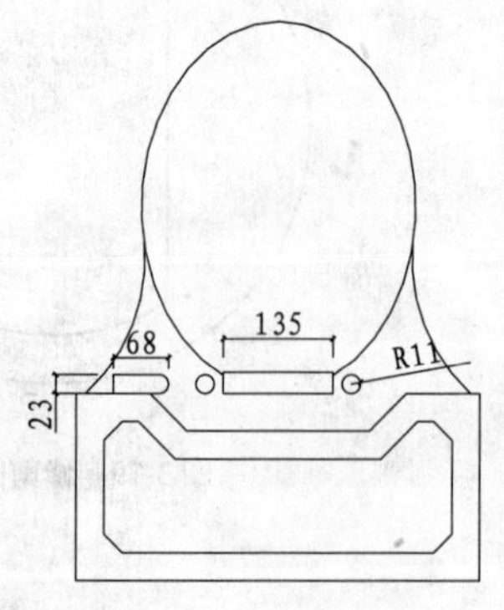

图 3-86　绘制其他图形

第 1 篇

036 绘制便池

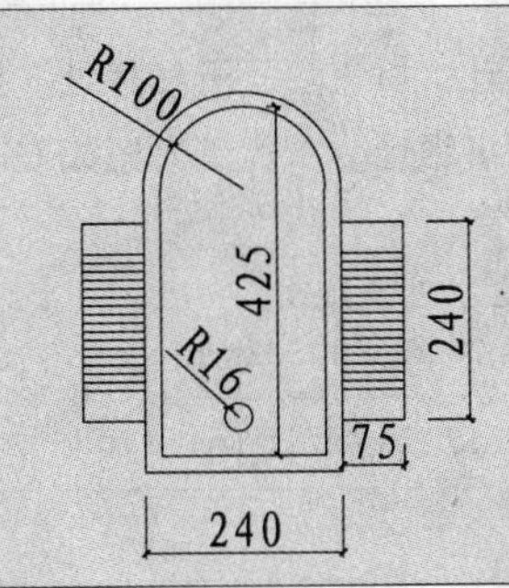

便池是客卫必不可少的卫生洁具，本实例介绍如左图所示便池的绘制方法，要注意掌握其相关尺寸。

文件路径:	目标文件\第 03 章\实例 36.dwt
视频文件:	AVI\第 03 章\36 绘制便池.avi
播放时长:	0:02:00

01 调用 RECTANG/REC 矩形命令，绘制尺寸为 240×425 的矩形，如图 3-87 所示。

02 调用 OFFSET/O 偏移命令，将矩形向内偏移 20，如图 3-88 所示。

03 调用 FILLET/F 圆角命令，对矩形进行圆角，圆角半径为 100 和 120，如图 3-89 所示。

04 调用 CIRCLE/C 圆命令，在圆角矩形中绘制一个半径为 16 的圆，如图 3-90 所示。

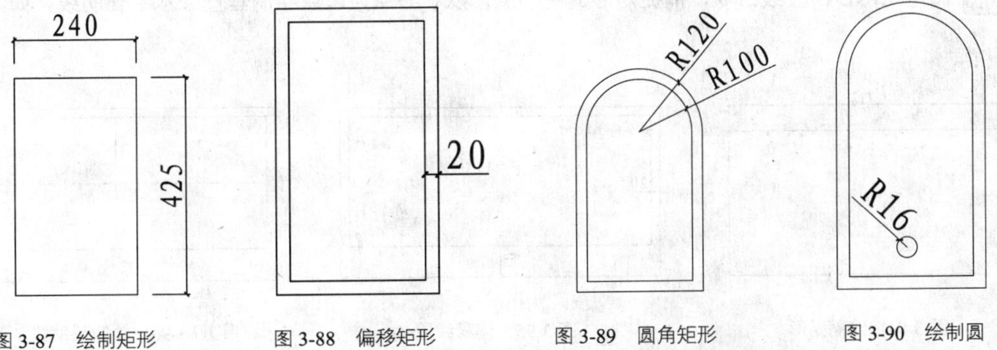

图 3-87　绘制矩形　图 3-88　偏移矩形　图 3-89　圆角矩形　图 3-90　绘制圆

05 调用 RECTANG/REC 矩形命令，绘制尺寸为 75×240 的矩形，如图 3-91 所示。

06 调用 LINE/L 直线命令和 OFFSET/O 偏移命令，细化矩形中的图形，如图 3-92 所示。

07 调用 MIRROR/MI 镜像命令，通过镜像得到另一侧同样造型图案，完成便池的绘制，如图 3-93 所示。

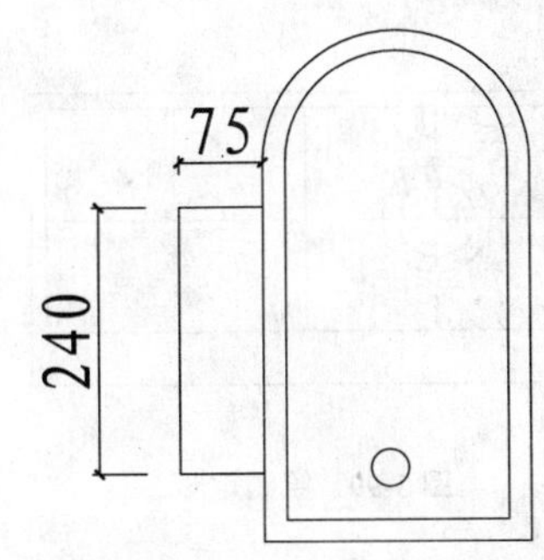

图 3-91　绘制矩形

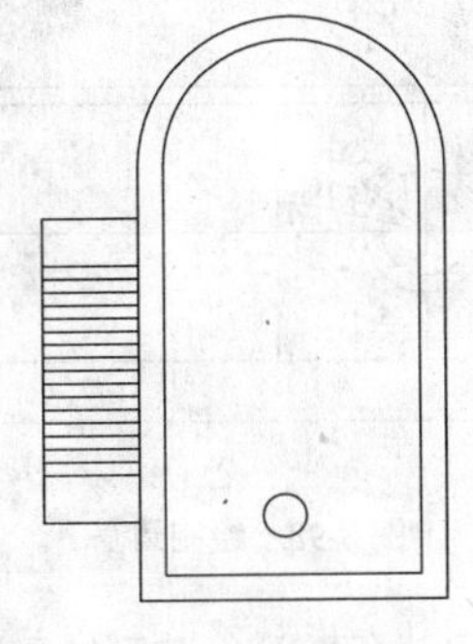

图 3-92　细化造型

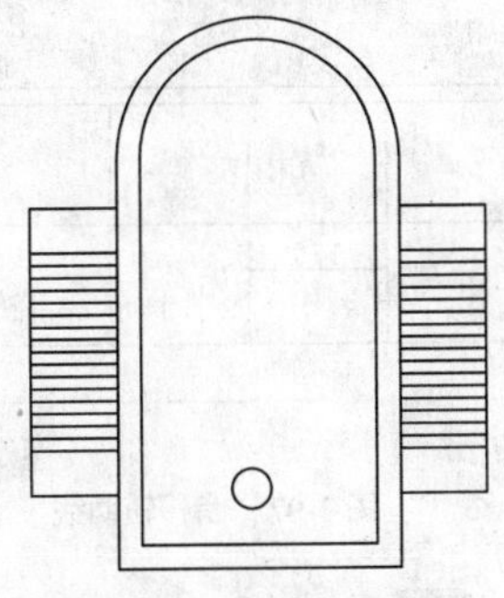

图 3-93　镜像图形

037 绘制燃气灶

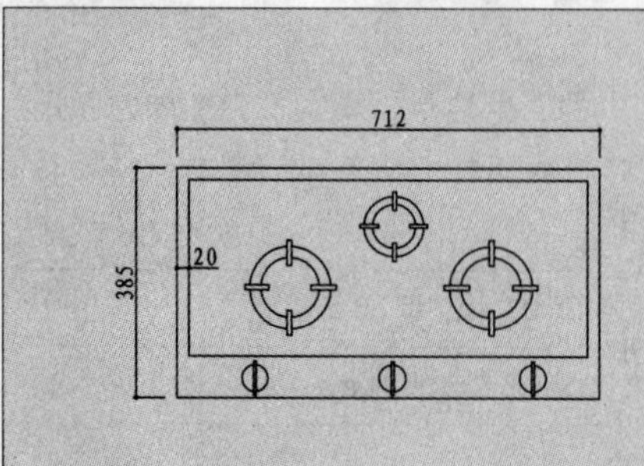

燃气灶主要分为液化气灶、燃气灶、天然气灶。按灶眼分，又可分为单灶、双灶和多眼灶。本实例介绍如左图所示的燃气灶的绘制方法与技巧。

文件路径：	目标文件\第 03 章\实例 37.dwt
视频文件：	AVI\第 03 章\37 绘制燃气灶.avi
播放时长：	0:05:01

01 调用 RECTANG/REC 矩形命令，绘制尺寸为 712×385 的矩形，如图 3-94 所示。

02 调用 EXPLODE/X 分解命令分解矩形。

03 调用 OFFSET/O 偏移命令，将分解后的线段向内偏移，并使用夹点功能进行调整，效果如图 3-95 所示。

04 调用 LINE/L 直线命令，捕捉矩形的中心点，以中心点为起点绘制垂直和水平辅助线，如图 3-96 所示。

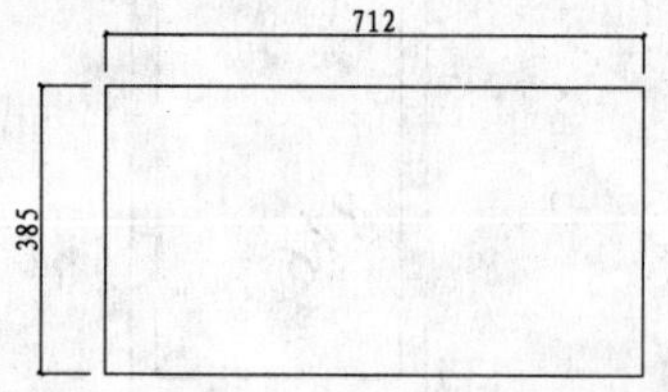

图 3-94 绘制矩形

图 3-95 偏移线段

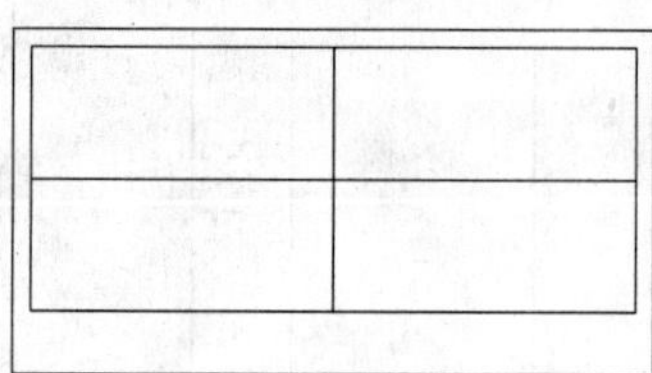

图 3-96 绘制辅助线

05 调用 OFFSET/O 偏移命令，偏移辅助线，偏移距离为 170，如图 3-97 所示。

06 调用 CIRCLE/C 圆命令，以左边两辅助线交点为圆心绘制半径为 50 和 70 的同心圆，如图 3-98 所示。

07 调用 RECTANG/REC 矩形命令，绘制尺寸为 42×8 的小矩形，并将矩形移动到相应的位置，如图 3-99 所示。

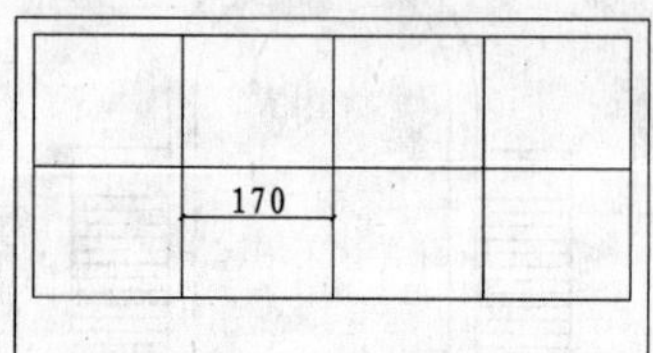

图 3-97 偏移辅助线

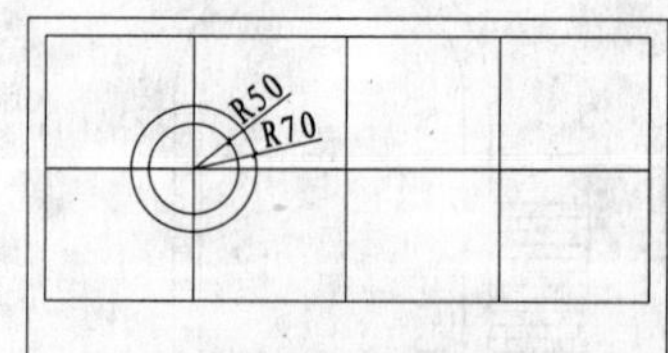

图 3-98 绘制圆

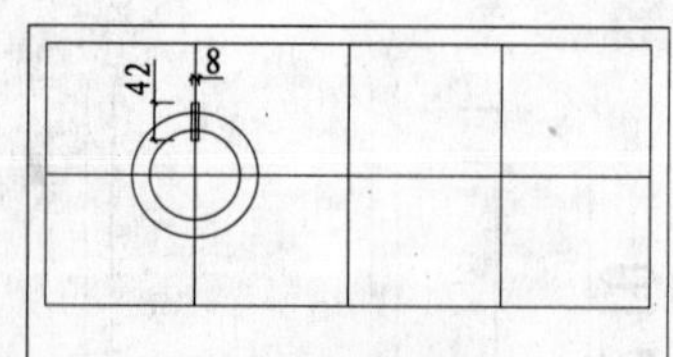

图 3-99 绘制矩形

08 调用 ARRAY/AR 阵列命令，对矩形进行阵列，阵列结果如图 3-100 所示。

09 调用 TRIM/TR 修剪命令，对矩形与圆相交的位置进行修剪，效果如图 3-101 所示。

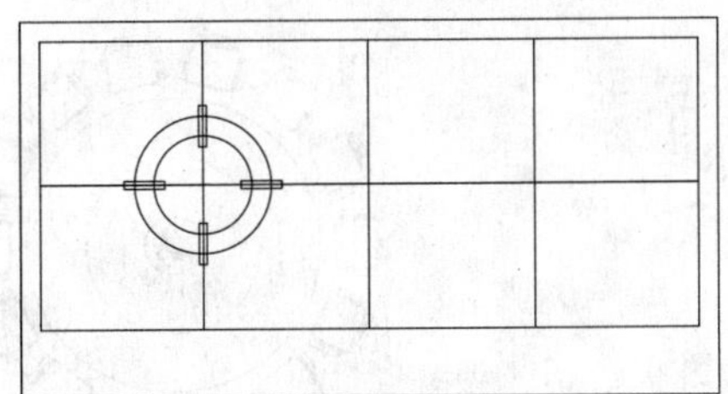

图 3-100　阵列结果

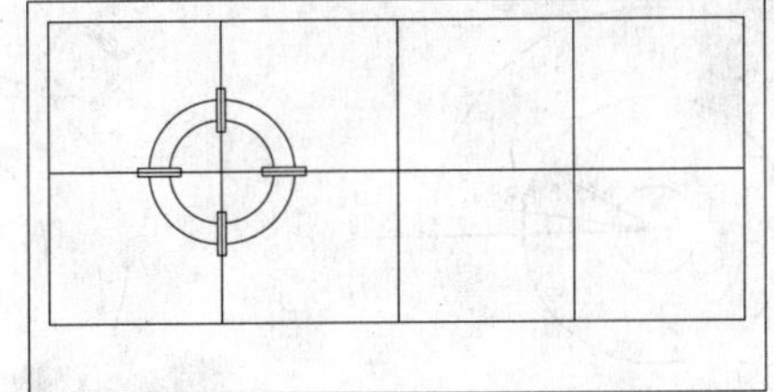

图 3-101　修剪圆

10 调用 COPY/CO 复制命令，将绘制的图形复制到右边，同样以两辅助线的交点为圆心，结果如图 3-102 所示。

11 使用同样的方法绘制出燃气灶上方的图形，如图 3-103 所示。

12 调用 CIRCLE/C 圆命令、COPY/CO 复制命令、TRIM/TR 修剪命令、RECTANG/REC 矩形命令和 MOVE/M 移动命令，绘制燃气灶开关按钮，删除所有的辅助线，效果如图 3-104 所示，完成燃气灶的绘制。

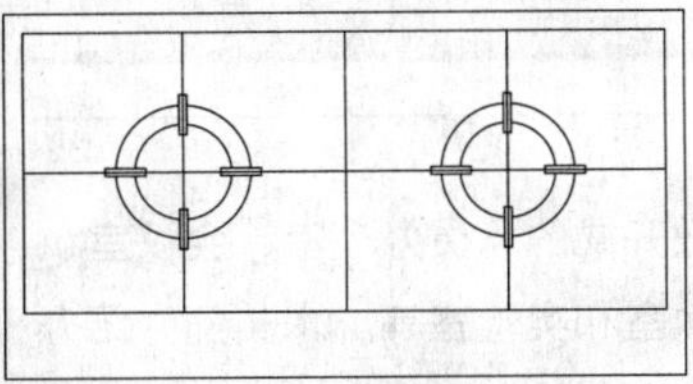

图 3-102　复制图形

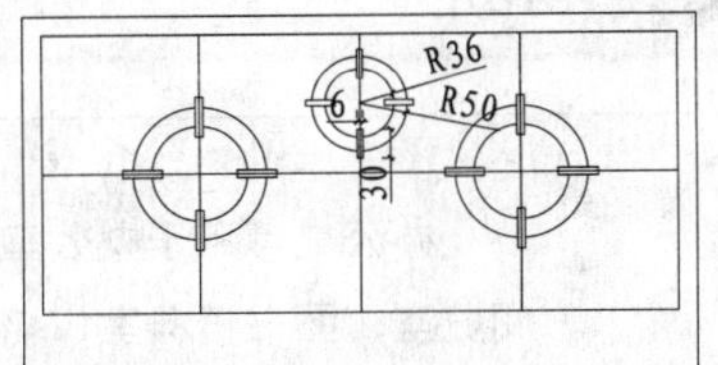

图 3-103　绘制图形

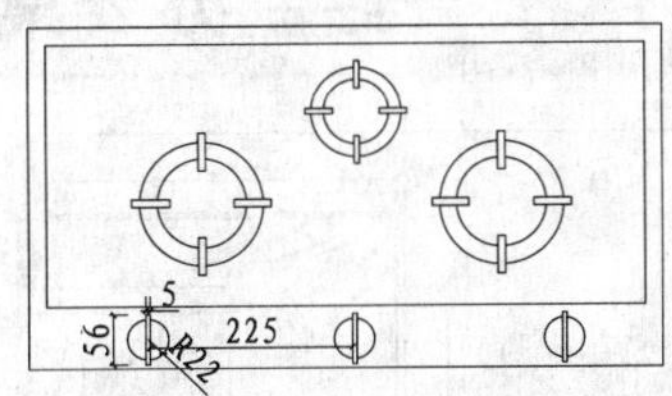

图 3-104　绘制开关按钮

038 绘制会议桌

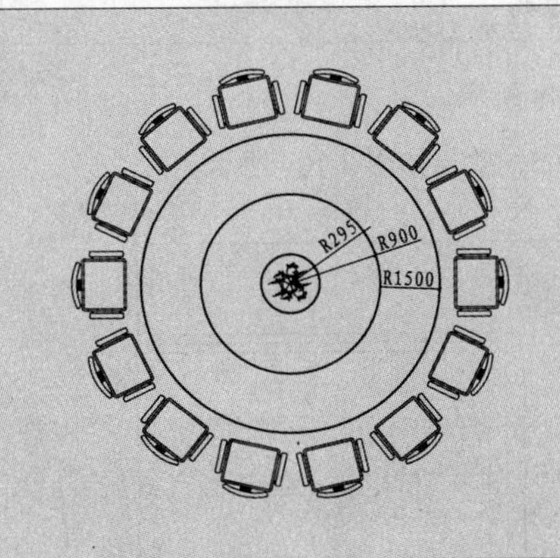

会议桌通常用于办公空间的会议室内，其类型有方形、长形和圆形等。本实例介绍如左图所示会议桌的绘制方法。

文件路径：	目标文件\第 03 章\实例 38.dwt
视频文件：	AVI\第 03 章\38 绘制会议桌.avi
播放时长：	0:01:26

01 调用 CIRCLE/C 圆命令，绘制半径分别为 295、900 和 1500 的同心圆，如图 3-104 所示。

02 按 Ctrl+O 快捷键，打开配套光盘提供的“第 03 章\家具图例.dwt”文件，选择其中植物和办公椅图块，将其复制至会议桌区域，如图 3-105 所示。

03 调用 ARRAY/AR 阵列命令，对办公椅进行环形阵列，阵列结果如图 3-107 所示。完成会议桌的绘制。

第 3 章

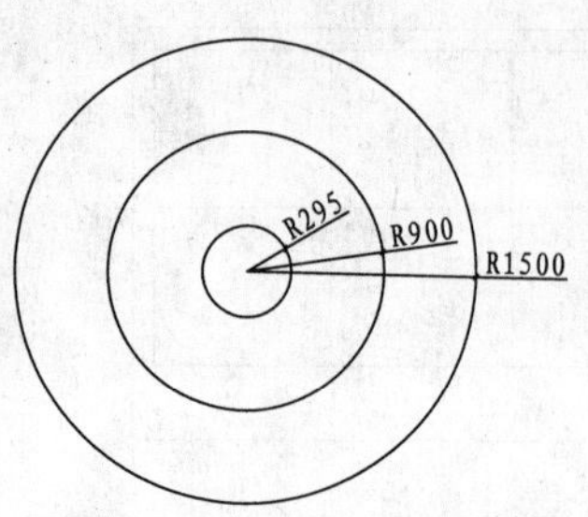

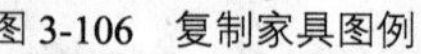

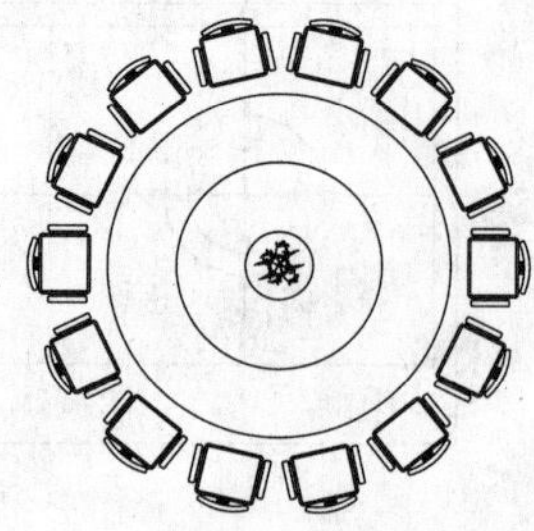

图 3-105 绘制圆　　图 3-106 复制家具图例　　图 3-107 阵列结果

提 示：AutoCAD 2012 中有三种阵列类型，包括矩形阵列、环形阵列和路径阵列。关联阵列是指项目包含在单个阵列对象中，可以方便地编辑阵列对象的特性。

039 绘制办公桌及其隔断

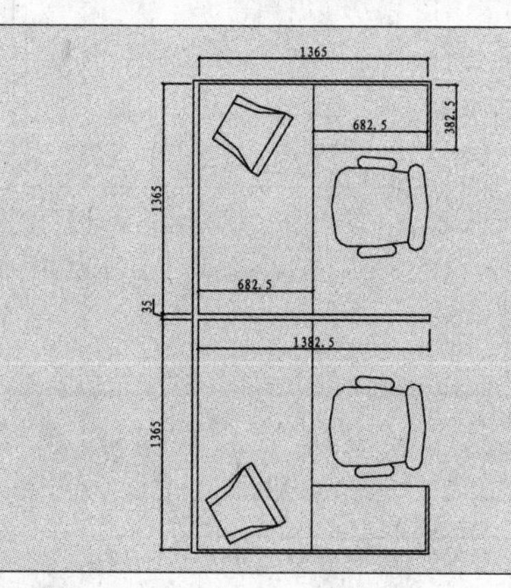

办公桌可用于办公室、敞开式的职员办公室、会议室、阅览室、图书资料室、培训教室和实验室等。本实例介绍办公空间设计中常用的办公桌和隔断绘制方法，绘制完成的效果如左图所示。

文件路径：	目标文件\第 03 章\实例 39.dwt
视频文件：	AVI\第 03 章\39 绘制办公桌及其隔断.avi
播放时长：	0:03:43

01 调用 PLINE/PL 多段线命令，绘制隔断外轮廓，如图 3-108 所示。

02 调用 MLINE/ML 多线命令，设置多线比例分别为 9 和 17.5，效果如图 3-109 所示。

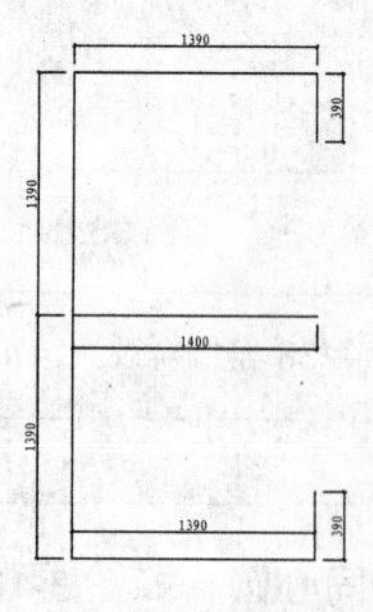

图 3-108 绘制多段线

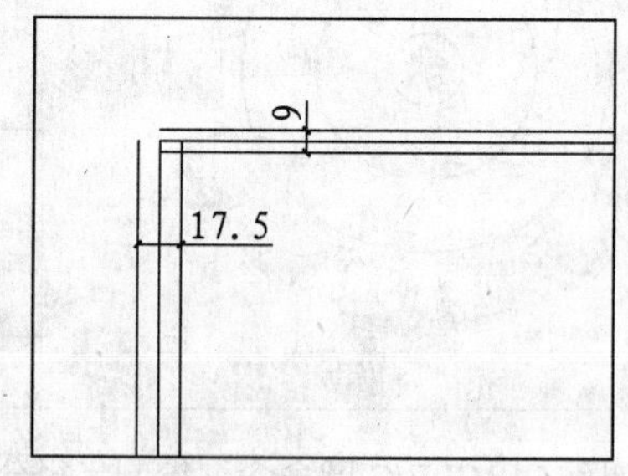

图 3-109 绘制多线

03 调用 EXPLODE/X 分解命令分解多线。

04 调用 TRIM/TR 修剪命令和 CHAMFER/CHA 倒角命令，对多线进行修剪，然后删除中间的线段。

05 调用 LINE/L 直线命令，绘制线段封闭隔断，如图 3-110 所示。

06 调用 OFFSET/O 偏移命令，偏移隔断的内轮廓线，偏移距离分别为 680 和 380，得到办公桌和柜子的宽度，如图 3-111 所示。

07 调用 TRIM/TR 修剪命令，修剪多余的线段，效果如图 3-112 所示。

08 打开配套光盘提供的“第 03 章\家具图例.dwt”文件，选择其中电脑和办公椅图块，将其复制至办公桌区域，调用 MIRROR/MI 镜像命令得到另一侧相同的图形，如图 3-113 所示，完成办公桌及其隔断的绘制。

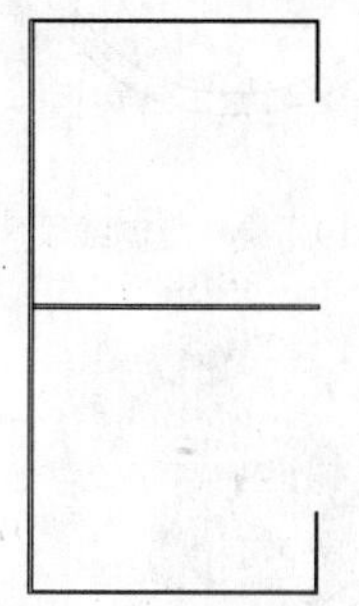

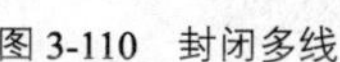

图 3-110　封闭多线

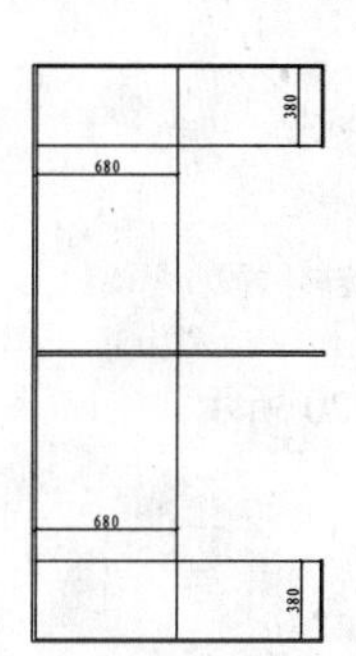

图 3-111　偏移线段

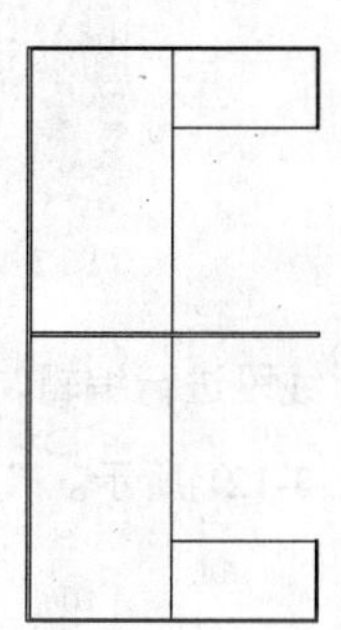

图 3-112　修剪线段

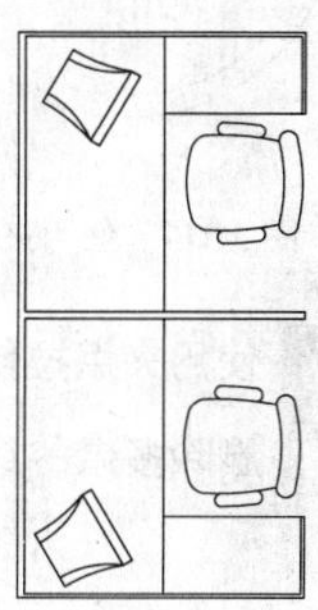

图 3-113　插入图块

040 绘制地花

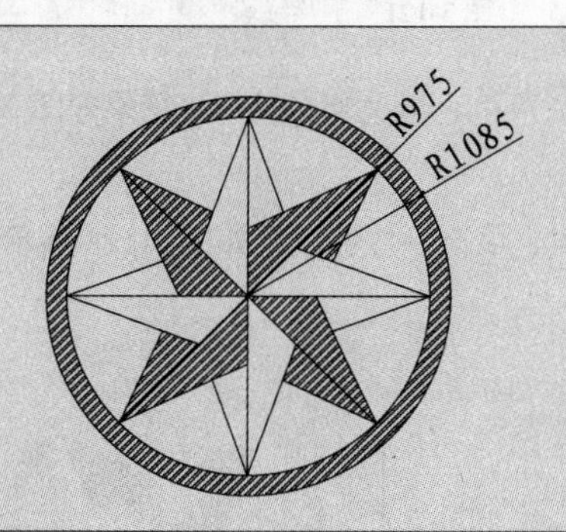

地花是一种地面材料的拼接，室内装潢图中的地花图形示意地面装饰材料及拼接方法，常用于别墅的客厅、餐厅等地面装修。本实例介绍如左图所示地花的绘制方法。

文件路径：	目标文件\第 03 章\实例 40.dwt
视频文件：	AVI\第 03 章\40 绘制地花.avi
播放时长：	0:03:04

01 调用 CIRCLE/C 圆命令，绘制一个半径为 975 的圆，如图 3-114 所示。

02 调用 OFFSET/O 偏移命令，将圆向外偏移 110，如图 3-115 所示。

03 调用 LINE/L 直线命令，绘制线段，如图 3-116 所示。

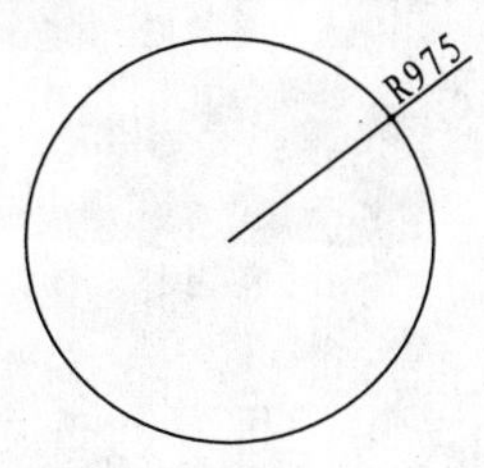

图 3-114　绘制圆

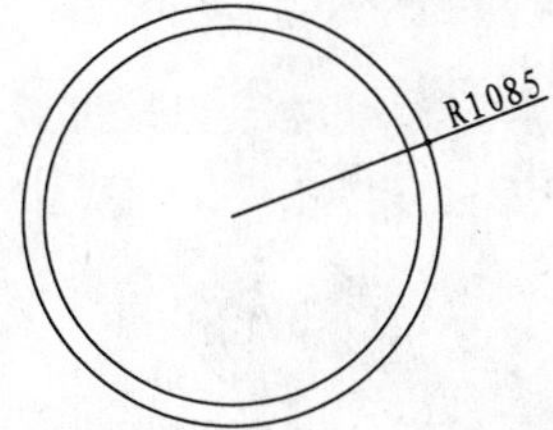

图 3-115　偏移圆

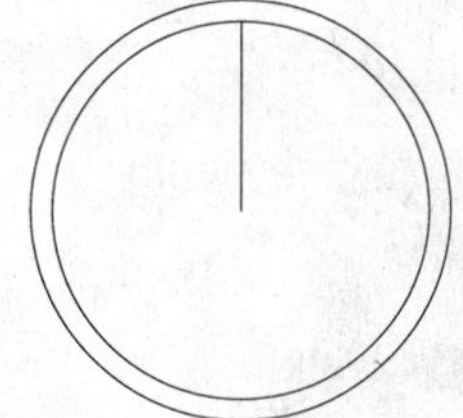

图 3-116　绘制线段

04 以半径上侧的点为基点，对其进行夹点编辑，选择“旋转”选项，结果如图 3-117 所示。

05 以半径下侧的点作为夹点，将半径线绕夹点旋转 45°，并对其进行复制，如图 3-118 所示。

06 选择前面旋转后的线段，以圆心作为夹基点，对其夹点旋转复制-45°，如图 3-119 所示。

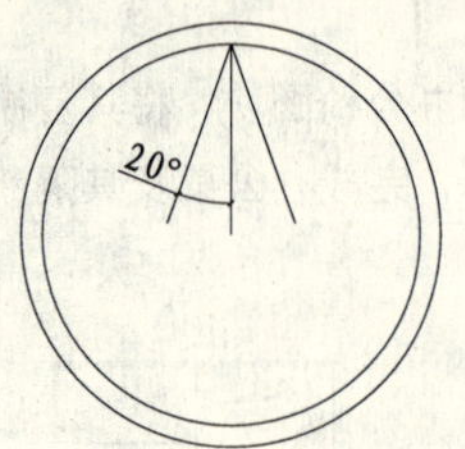

图 3-117　使用夹点编辑

图 3-118　复制旋转线段

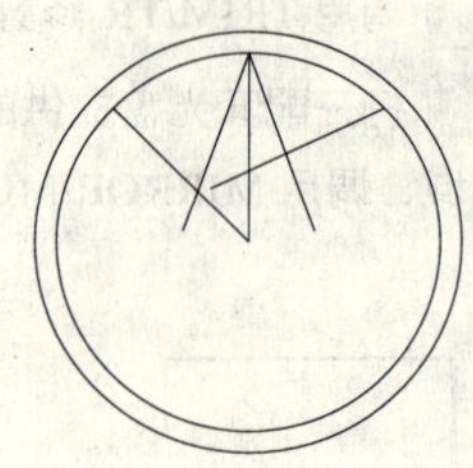

图 3-119　旋转复制线段

07 使用夹点拉伸功能，对线段进行编辑，如图 3-120 所示。

08 删除多余的线段，如图 3-121 所示。

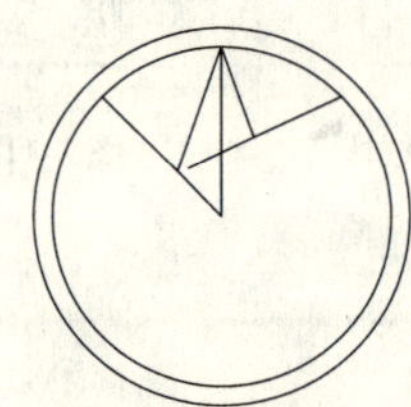

图 3-120　编辑线段

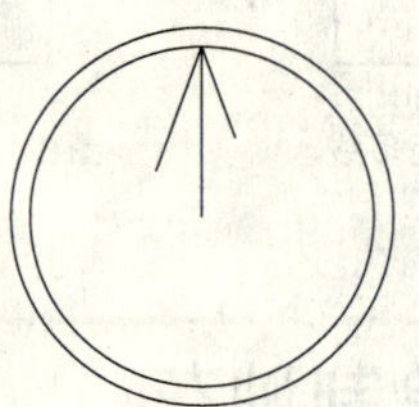

图 3-121　删除线段

09 调用 ARRAY/AR 阵列命令，对编辑出的花格单元进行环形阵列，阵列份数为 8，结果如图 3-122 所示。

10 调用 HATCH/H 图案填充命令，对地花填充 STEEL 图案，填充参数和效果如图 3-123 所示，完成地花的绘制。

图 3-122　阵列结果

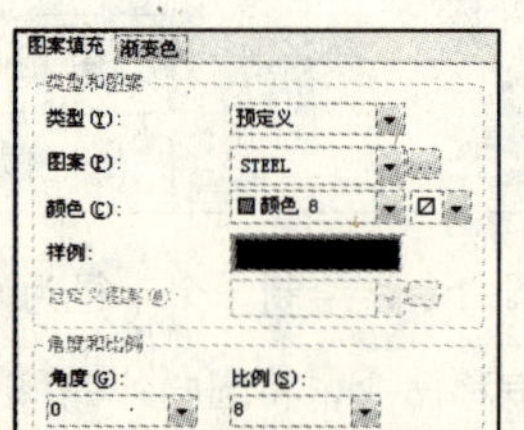

图 3-123　填充参数和效果

第 4 章

绘制常用家具立面图

家具是室内设计中非常重要的组成部分，能反映空间布局以及整个装潢风格。本章通过介绍各种风格家具立面图例的绘制方法，使读者可以熟练运用这些家具进行室内设计。

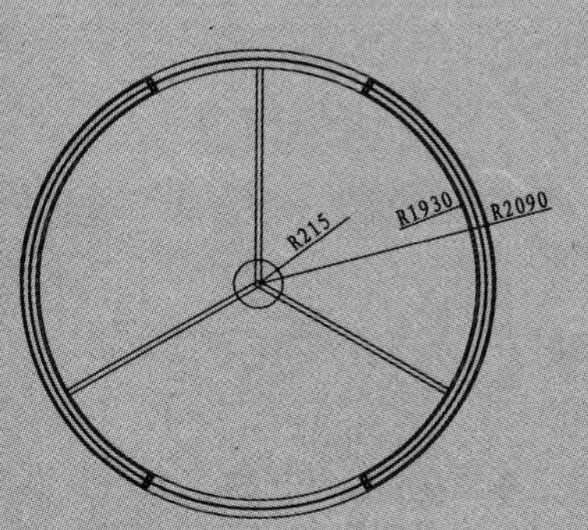

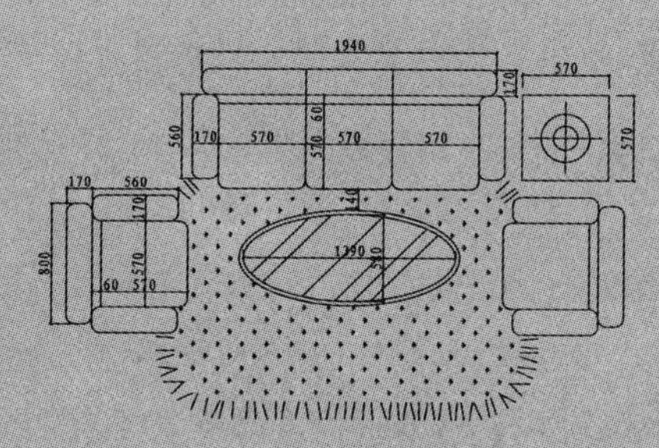

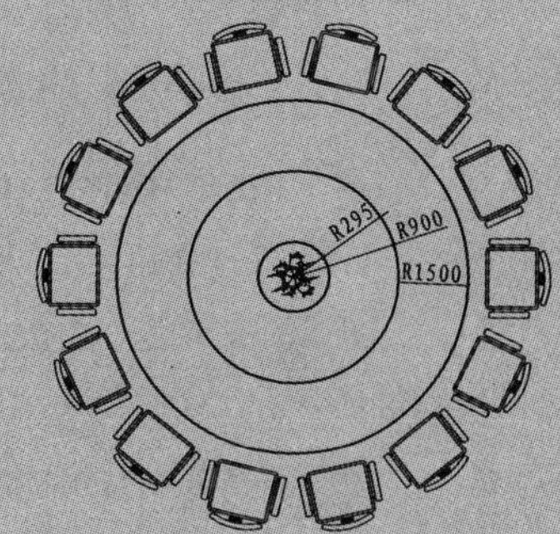

041 绘制液晶电视

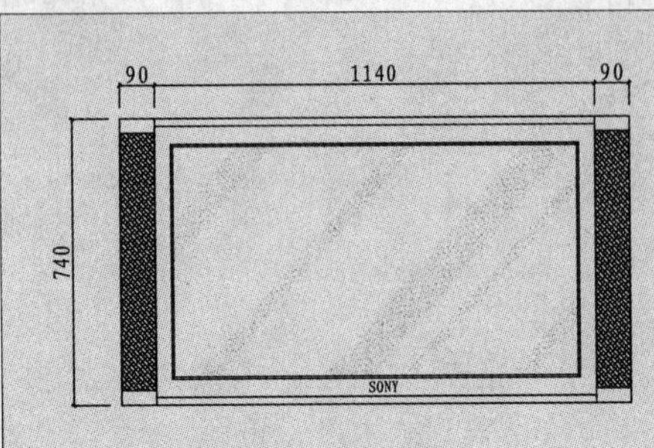

液晶电视通常装置在客厅或卧室内，其特点是轻薄时尚，本实例介绍如左图所示液晶电视图例的绘制方法。

文件路径：	目标文件\第 04 章\实例 41.dwt
视频文件：	AVI\第 04 章\41 绘制液晶电视.avi
播放时长：	0:05:50

01 调用 RECTANG/REC 矩形命令，绘制尺寸为 1320×740 的矩形，如图 4-1 所示。

02 调用 LINE/L 直线命令，在矩形内绘制线段，如图 4-2 所示。

03 调用 RECTANG/REC 矩形命令，绘制尺寸为 1060×610 的矩形，并移动到相应的位置，如图 4-3 所示。

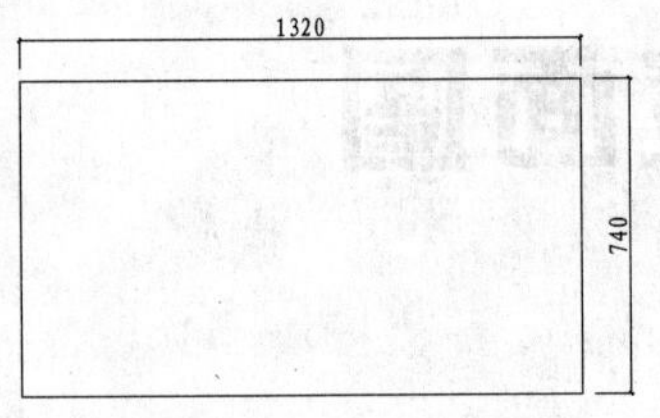

图 4-1 绘制矩形

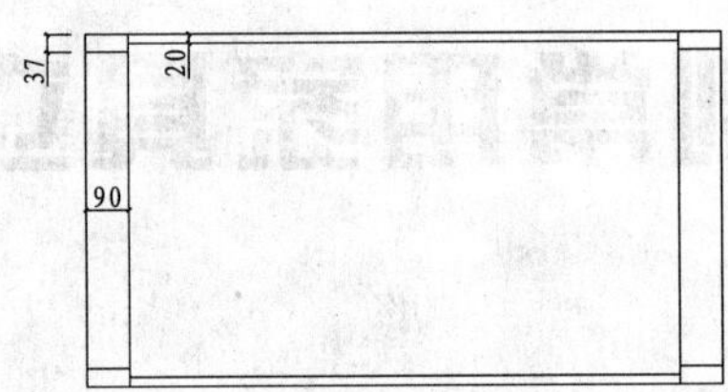

图 4-2 绘制线段

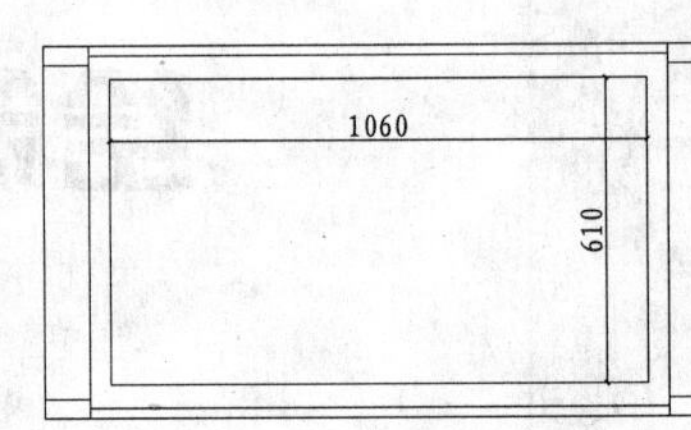

图 4-3 绘制矩形

04 调用 OFFSET/O 偏移命令，将矩形向内偏移 5，如图 4-4 所示。

05 调用 LINE/L 直线命令，绘制线段连接矩形的交角处，如图 4-5 所示。

06 调用 LINE/L 直线命令和 OFFSET/O 偏移命令，在矩形内绘制线段，如图 4-6 所示。

图 4-4 偏移矩形

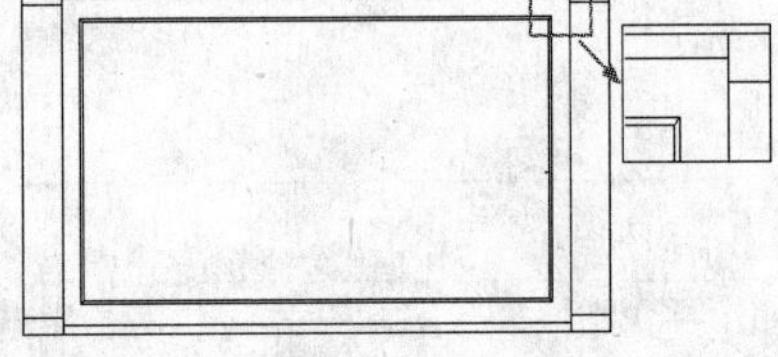

图 4-5 绘制线段

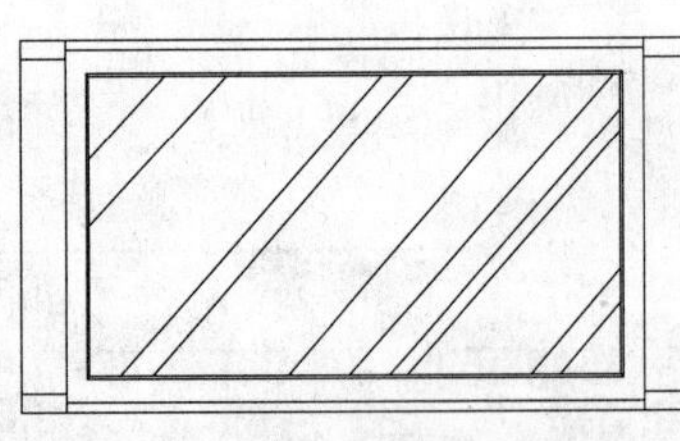

图 4-6 绘制线段

07 调用 HATCH/H 图案填充命令，对线段内填充 AR-SAND 图案，然后删除前面绘制的线段，填充效果如图 4-7 所示。

08 调用 HATCH/H 图案填充命令，对矩形的两侧填充 ANSI38 图案，表示电视音箱，填充效果如图 4-8 所示。

09 调用 MTEXT/MT 多行文字命令，输入电视品牌名称文字，完成液晶电视的绘制，如图 4-9 所示。

图 4-7　填充图案

图 4-8　填充图案

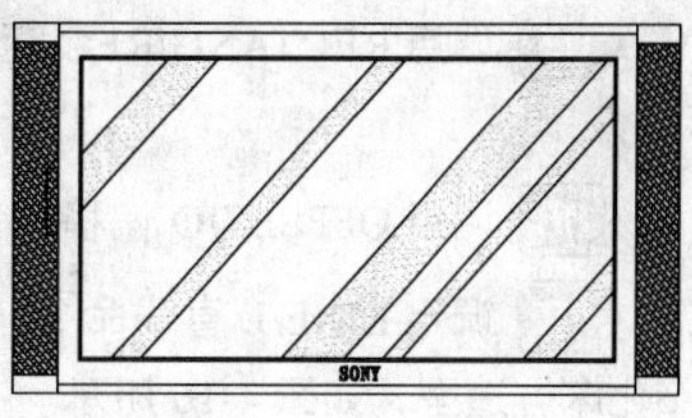

图 4-9　输入文字

042 绘制床及床头柜

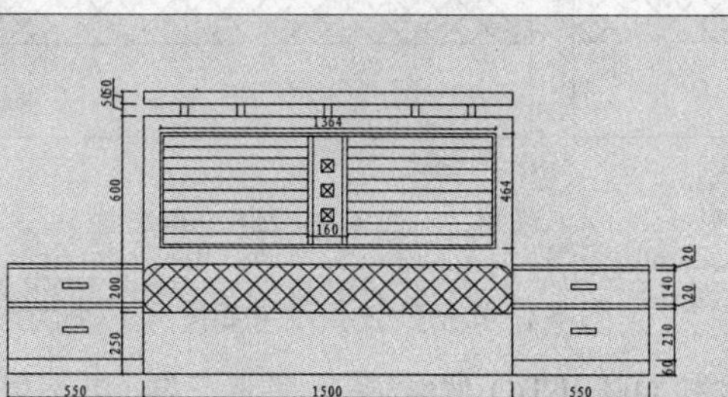

本实例介绍如左图所示床及床头柜立面的绘制方法，包括床头板和两侧的床头柜。

文件路径：	目标文件\第 04 章\实例 42.dwt
视频文件：	AVI\第 04 章\42 绘制床及床头柜.avi
播放时长：	0:05:28

01 调用 RECTANG/REC 矩形命令，绘制尺寸为 1500×250 的矩形，如图 4-10 所示。

02 绘制床垫。继续调用 RECTANG/REC 矩形命令，绘制尺寸为 1500×200，圆角半径为 60 的圆角矩形，如图 4-11 所示。

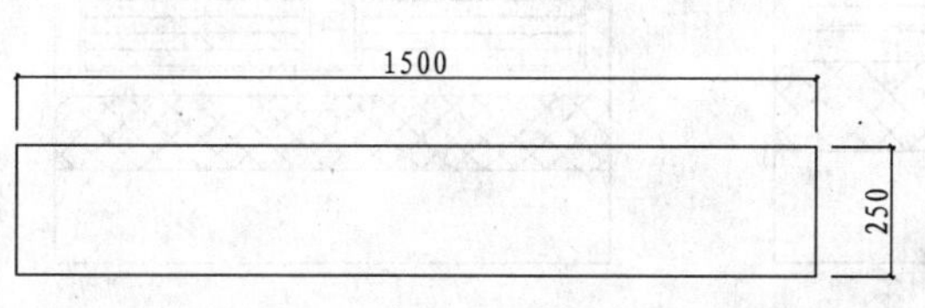

图 4-10　绘制矩形

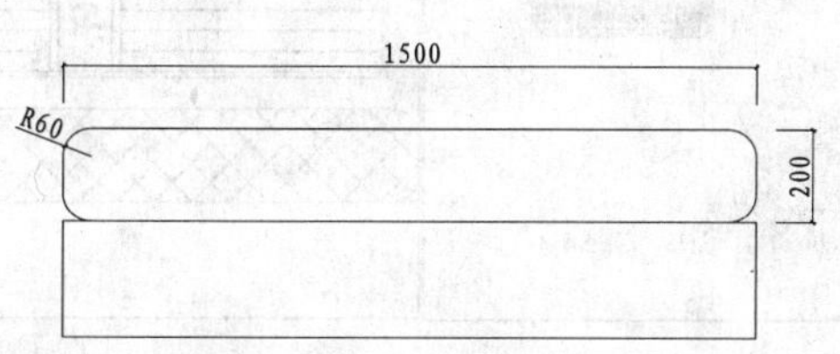

图 4-11　绘制圆角矩形

03 调用 HATCH/H 图案填充命令，在圆角矩形内填充“用户定义”图案，填充参数和效果如图 4-12 所示。

04 绘制床屏。调用 PLINE/PL 多段线命令，绘制床屏轮廓，如图 4-13 所示。

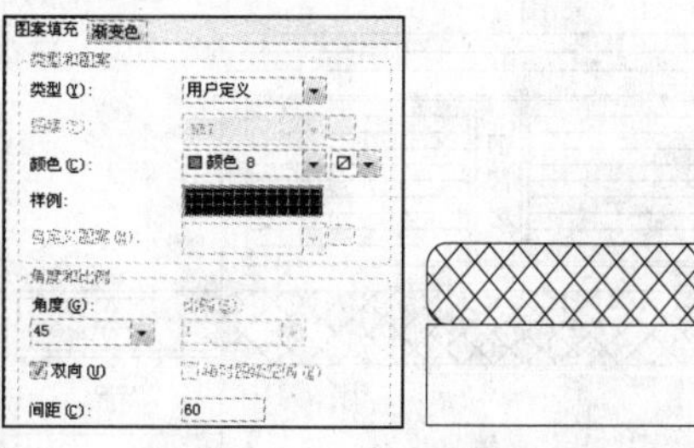

图 4-12　填充参数和效果

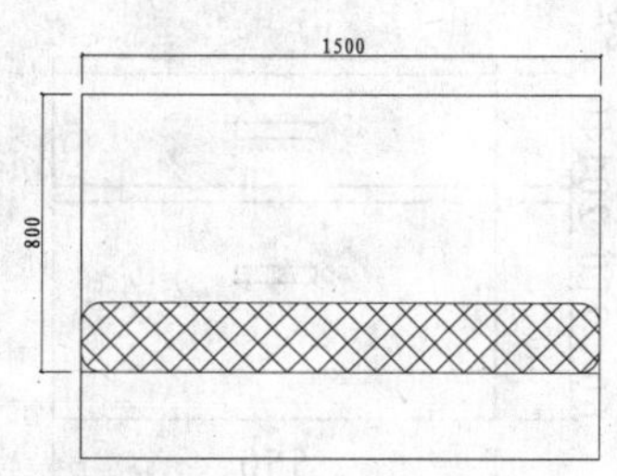

图 4-13　绘制多段线

第 4 章

05 调用 RECTANG/REC 矩形命令，绘制尺寸为 1364×464 的矩形，并移动到多段线内，如图 4-14 所示。

06 调用 OFFSET/O 偏移命令，将矩形向内偏移 12，如图 4-15 所示。

07 调用 LINE/L 直线命令、OFFSET/O 偏移命令、RECTANG/REC 矩形命令和 COPY/CO 复制命令，细化床屏造型，如图 4-16 所示。

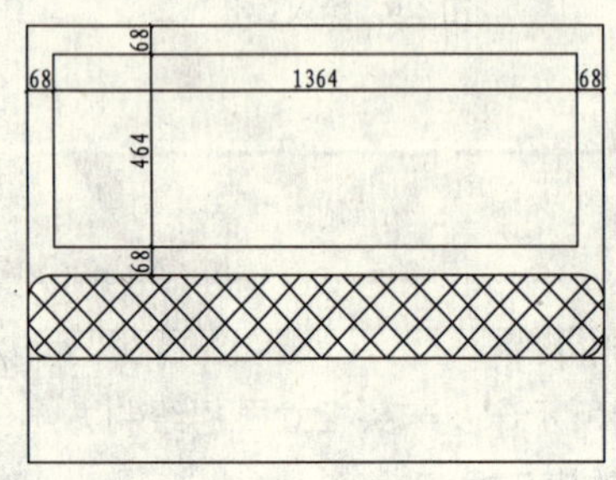

图 4-14 绘制矩形

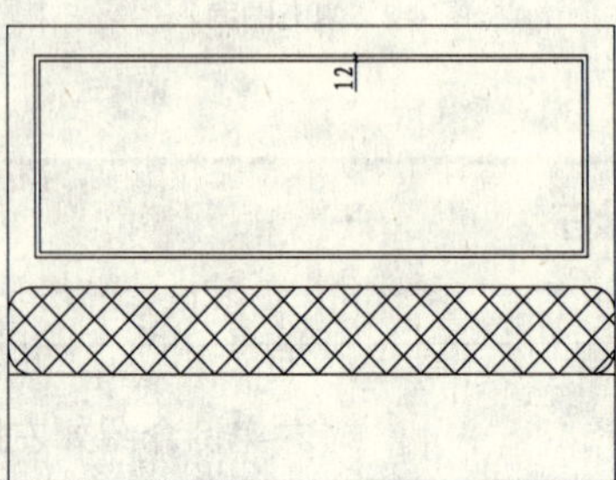

图 4-15 偏移矩形

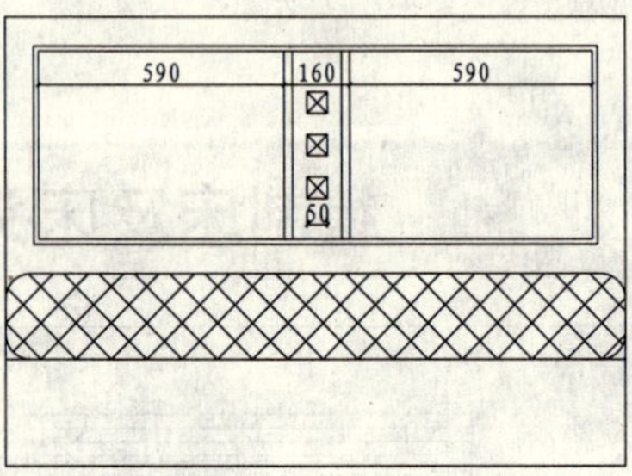

图 4-16 细化床屏造型

08 调用 HATCH/H 图案填充命令，在矩形内填充 LINE 图案，填充参数和效果如图 4-17 所示。

09 调用 RECTANG/REC 矩形命令、LINE/L 直线命令和 OFFSET/O 偏移命令，绘制床屏上方造型，如图 4-18 所示。

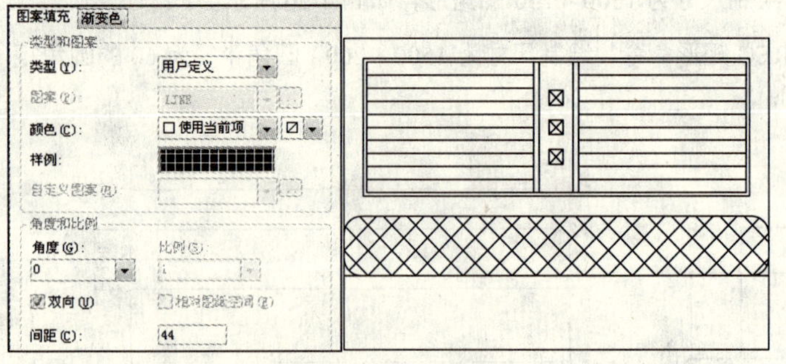

图 4-17 填充参数和效果

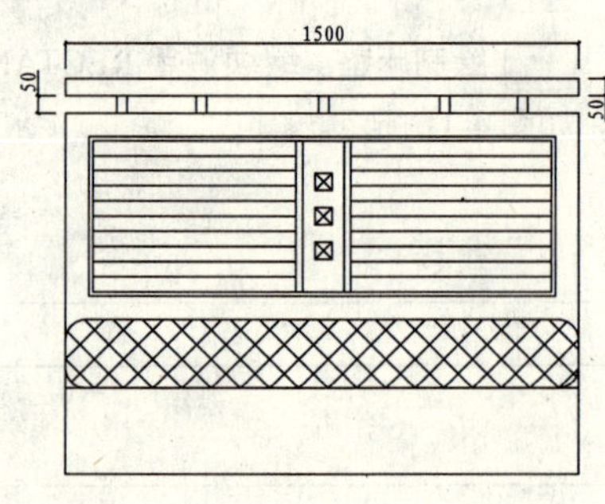

图 4-18 绘制床屏上方造型

10 绘制床头柜。调用 RECTANG/REC 矩形命令和 LINE/L 直线命令，绘制床头柜，如图 4-19 所示。

11 调用 COPY/CO 复制命令，将床头柜复制到床的另一侧，如图 4-20 所示。床与床头柜立面图绘制完成。

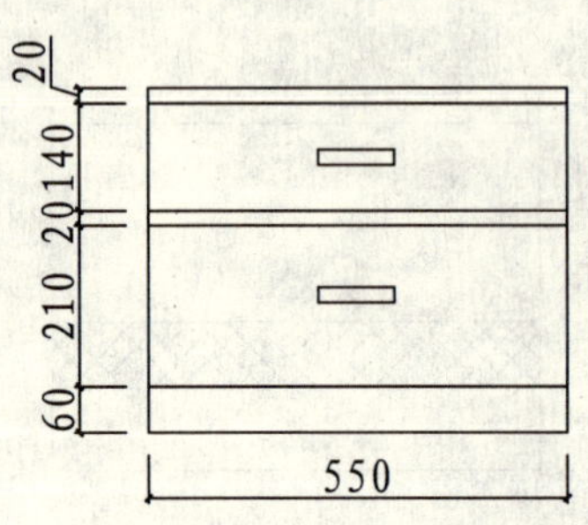

图 4-19 绘制床头柜

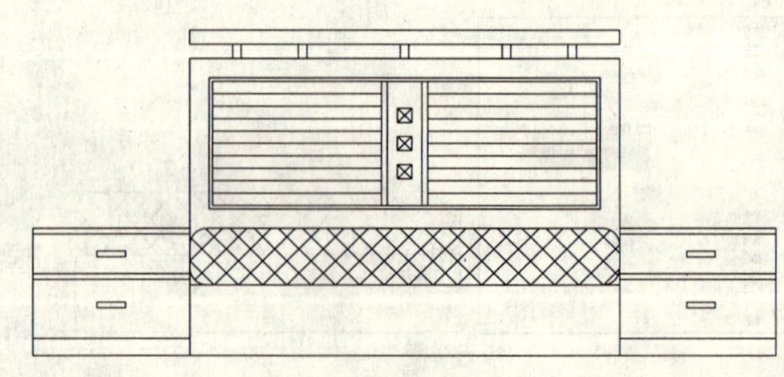
图 4-20 复制床头柜

043 绘制吧椅

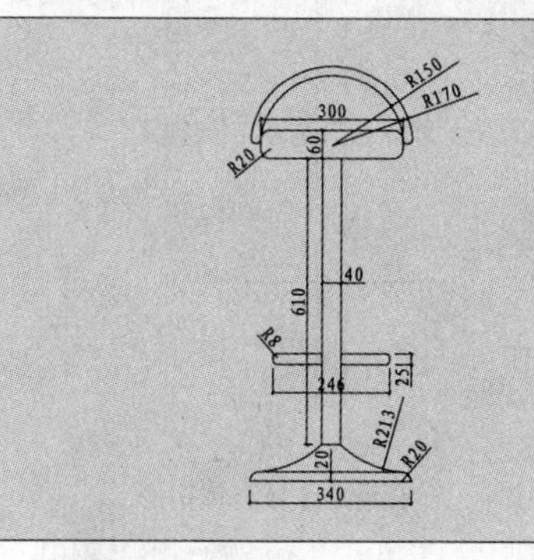

吧椅通常放置在吧柜的前台，椅脚较高，高度大约在800mm 左右。

文件路径：	目标文件\第 04 章\实例 43.dwt
视频文件：	AVI\第 04 章\43 绘制吧椅.avi
播放时长：	0:03:58

01 调用 RECTANG/REC 矩形命令，绘制尺寸为 300×60，半径为 20 的圆角矩形，如图 4-21 所示。

02 调用 CIRCLE/C 圆命令，以矩形的中点为圆心绘制半径为 150 的圆，如图 4-22 所示。

03 调用 OFFSET/O 偏移命令，将圆向外偏移 20，如图 4-23 所示。

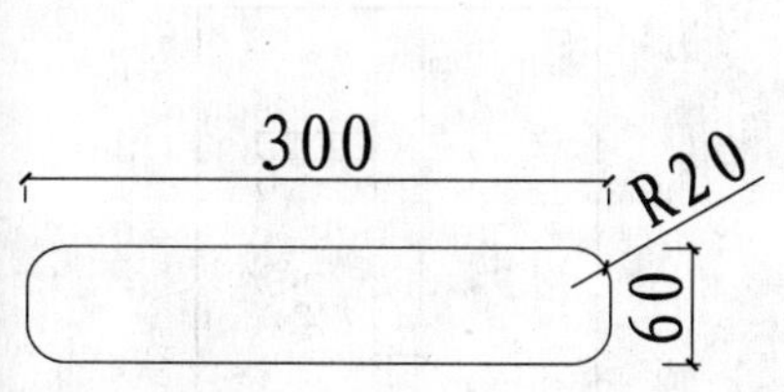

图 4-21　绘制圆角矩形

R150

图 4-22　绘制圆

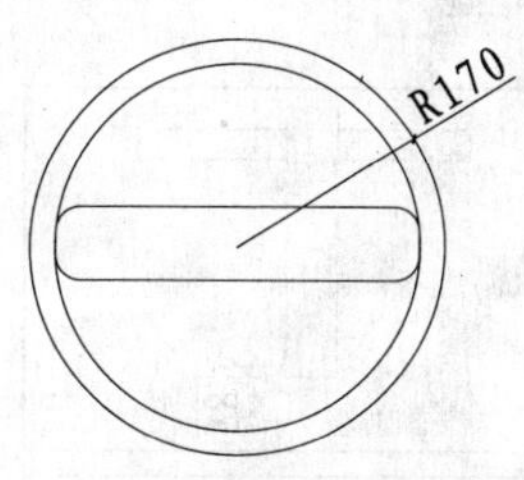

图 4-23　偏移圆

04 调用 LINE/L 直线命令，绘制线段，如图 4-24 所示。

05 调用 OFFSET/O 偏移命令，对线段下方的圆进行修剪，然后删除线段，如图 4-25 所示。

06 调用 ARC/A 圆弧命令，绘制半径为 10 的弧线，如图 4-26 所示。

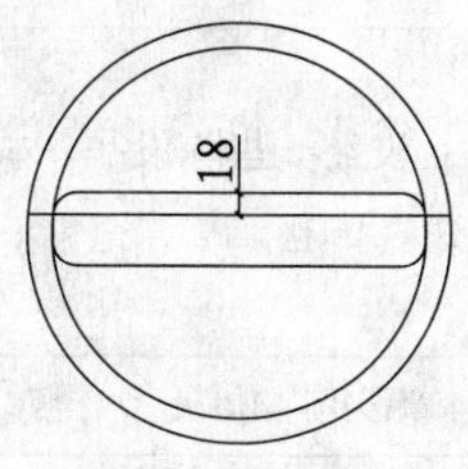

图 4-24　绘制线段

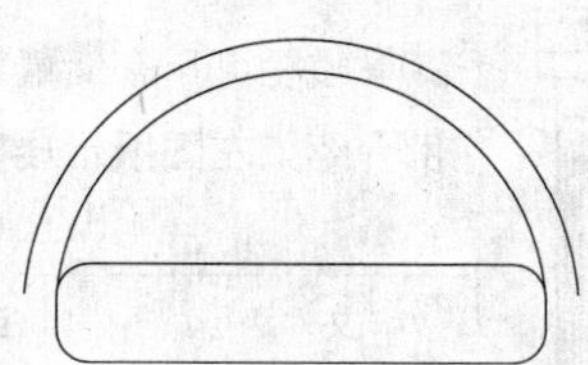

图 4-25　修剪圆

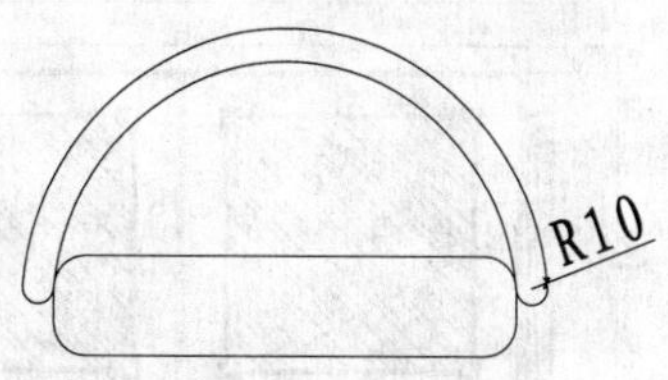

图 4-26　绘制弧线

07 调用 RECTANG/REC 矩形命令，绘制尺寸为 40×610 的矩形，如图 4-27 所示。

08 继续调用 RECTANG/REC 矩形命令，绘制尺寸为 246×25，圆角半径为 8 的圆角矩形，并移动到相应的位置，如图 4-28 所示。

09 调用 TRIM/TR 命令，对圆角矩形进行修剪，如图 4-29 所示。

示。

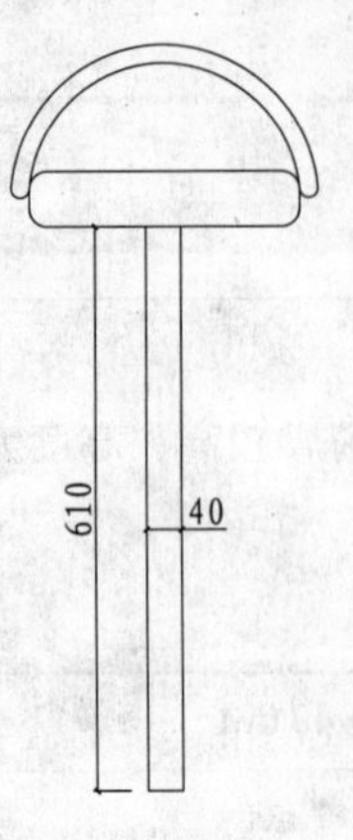

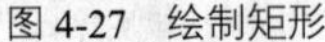

图 4-27 绘制矩形

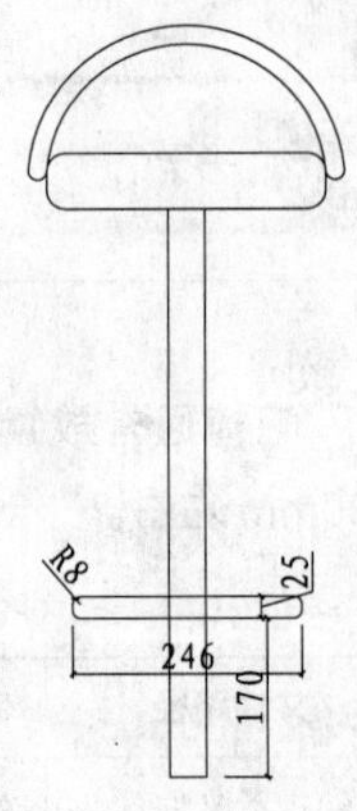

图 4-28 绘制圆角矩形

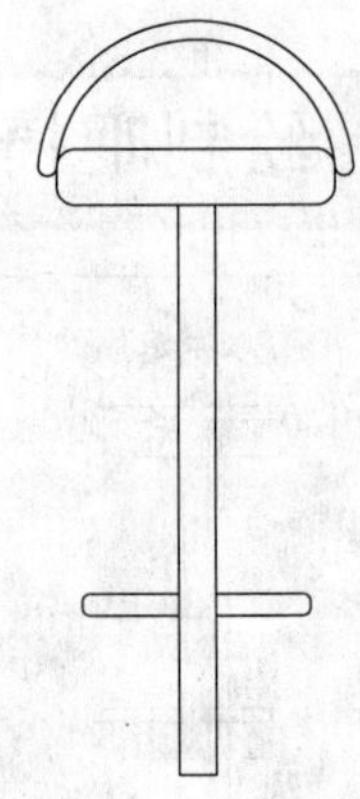

图 4-29 修剪圆角矩形

10 调用 RECTANG/REC 矩形命令，绘制尺寸为 340×20 的矩形，并移动到相应的位置，如图 4-30 所示。

11 调用 FILLET/F 圆角命令，对矩形进行圆角，圆角半径为 20，如图 4-31 所示。

12 调用 ARC/A 圆弧命令，绘制圆弧，结果如图 4-32 所示，完成吧椅的绘制。

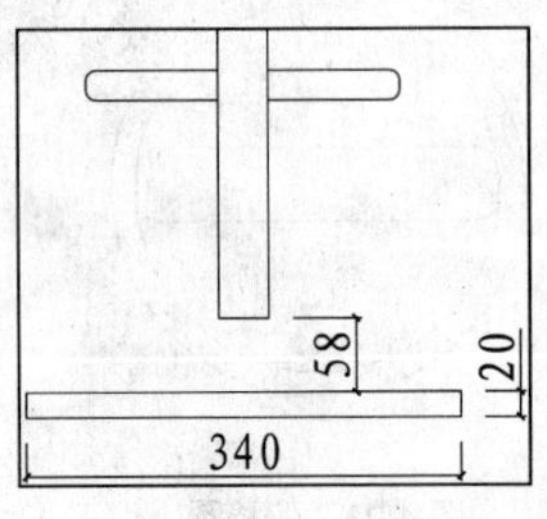

图 4-30 绘制矩形

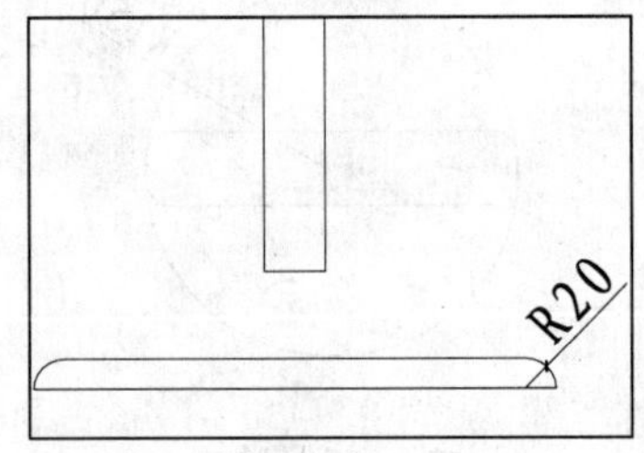

图 4-31 圆角

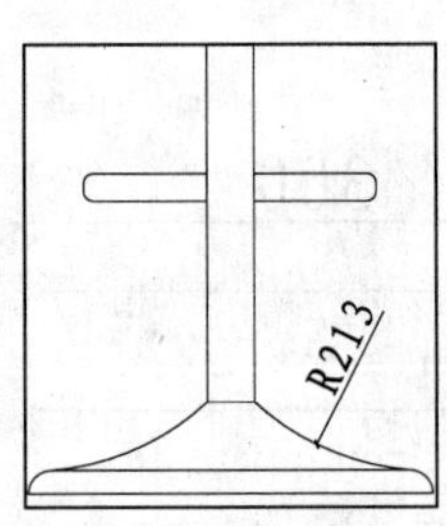

图 4-32 绘制圆弧

044 绘制矮柜

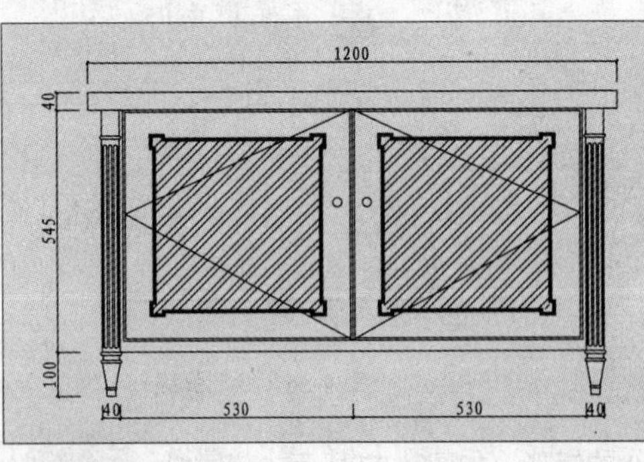

矮柜可用来储藏物品或在柜上放置一些陈设品，本实例介绍如左图所示矮柜的绘制方法。

文件路径：	目标文件\第 04 章\实例 44.dwt
视频文件：	AVI\第 04 章\44 绘制矮柜.avi
播放时长：	0:08:09

01 调用 RECTANG/REC 矩形命令，绘制矮柜的面板，如图 4-33 所示。

02 调用 PLINE/PL 多段线命令，绘制多段线，如图 4-34 所示。

03 调用 RECTANG/REC 矩形命令，绘制尺寸为 7×457，圆角半径为 3.5 的圆角矩形作为柜脚表面装饰，如图 4-35 所示。

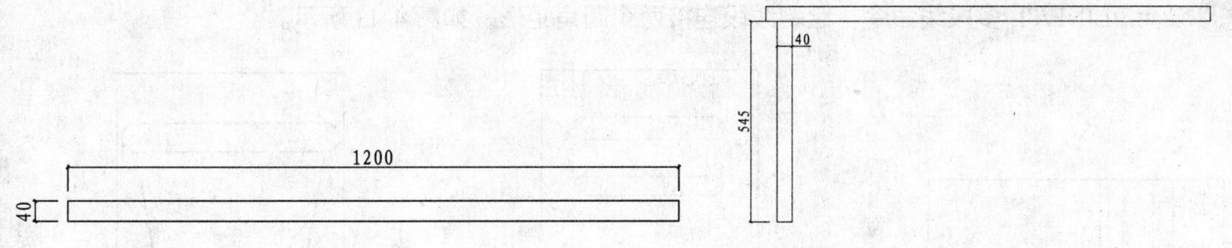

图 4-33　绘制矩形　　图 4-34　绘制多段线

04 调用 COPY/CO 复制命令，对圆角矩形进行复制，效果如图 4-36 所示。

05 调用 TRIM/TR 修剪命令，对重叠的位置进行修剪，如图 4-37 所示。

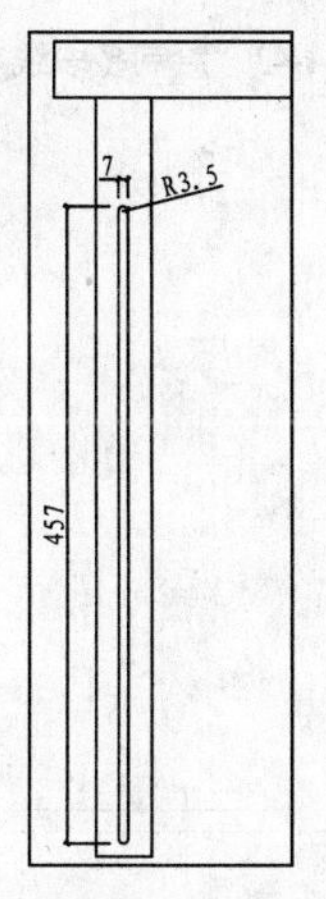

图 4-35　绘制圆角矩形

图 4-36　复制圆角矩形

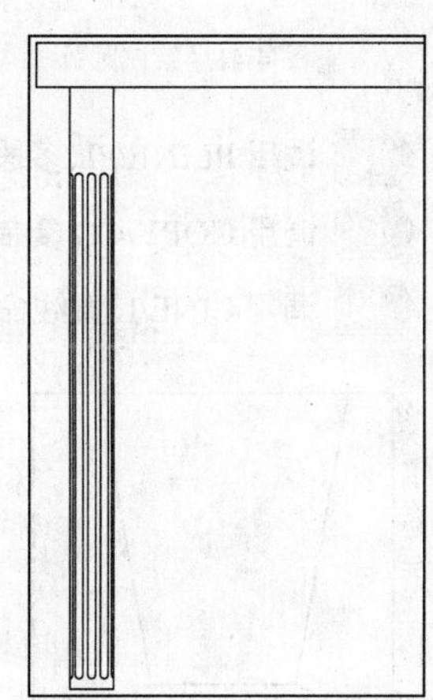

图 4-37　修剪圆角矩形

06 调用 RECTANG/REC 矩形命令，绘制尺寸为 45×7，圆角半径为 3.5 的圆角矩形，并移动到相应的位置，如图 4-38 所示。

07 调用 TRIM/TR 修剪命令，对多段线与矩形相交的位置进行修剪，如图 4-39 所示。

08 调用 COPY/CO 复制命令，将圆角矩形向下复制，效果如图 4-40 所示。

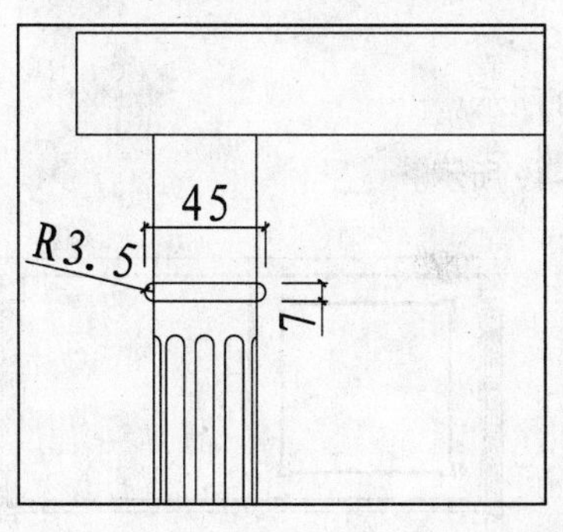

图 4-38　绘制圆角矩形

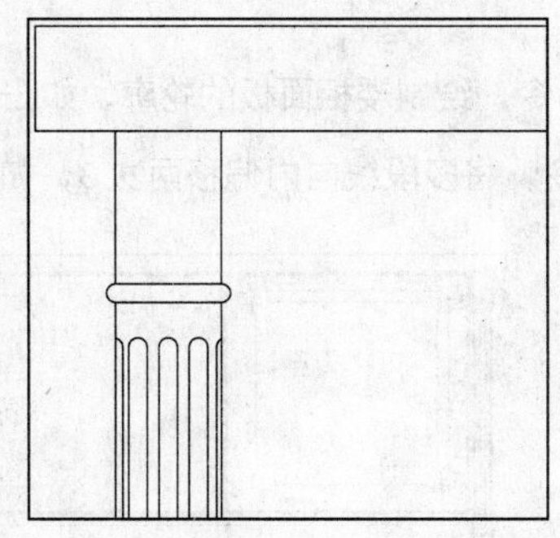

图 4-39　修剪多段线

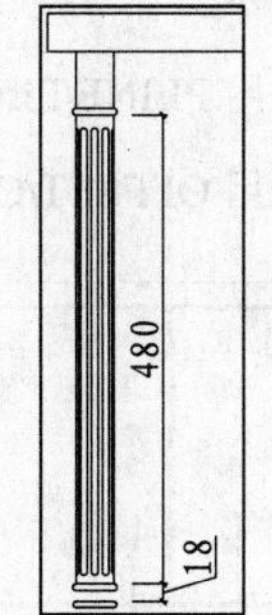

图 4-40　复制圆角矩形

09 调用 ARC/A 圆弧命令，绘制如图 4-41 所示圆弧。

10 调用 RECTANG/REC 矩形命令，绘制尺寸为 25×5，圆角半径为 2.5 的圆角矩形，并移动到相应的位置，如图 4-42 所示。

11 调用 PLINE/PL 多段线命令，绘制线段连接两个圆角矩形，如图 4-43 所示。

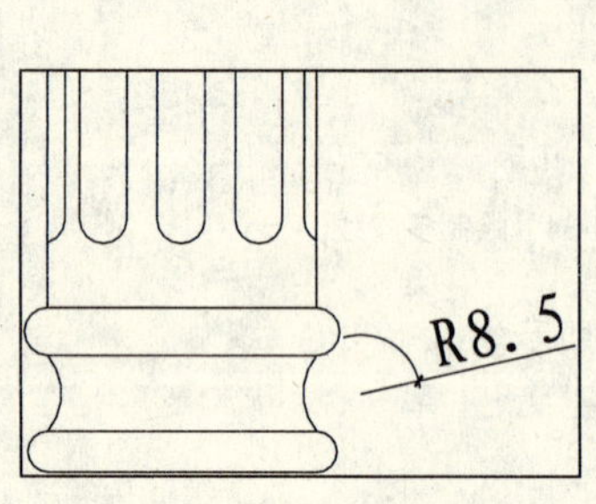

图 4-41　绘制圆弧

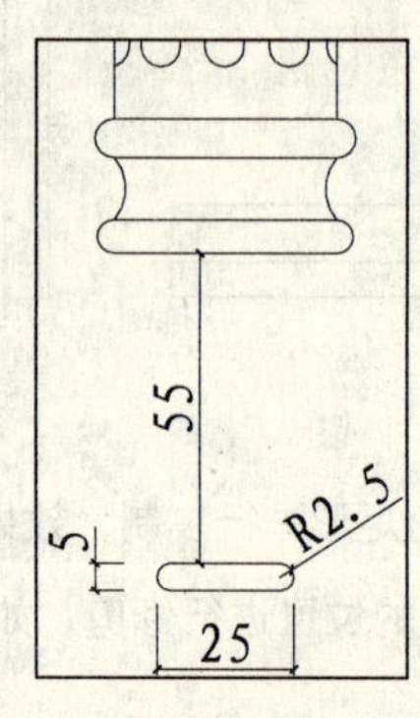

图 4-42　绘制圆角矩形

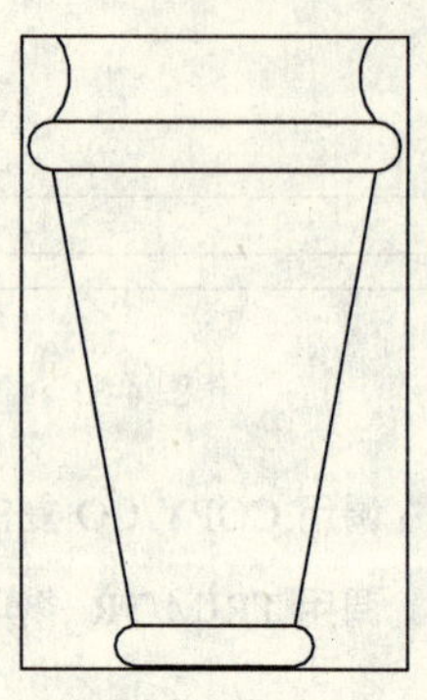

图 4-43　绘制多段线

12 调用 PLINE/PL 多段线命令，绘制多段线，如图 4-44 所示。

13 调用 COPY/CO 复制命令，将支柱结构复制到右侧，如图 4-45 所示。

14 调用 LINE/L 直线命令，划分矮柜，如图 4-46 所示。

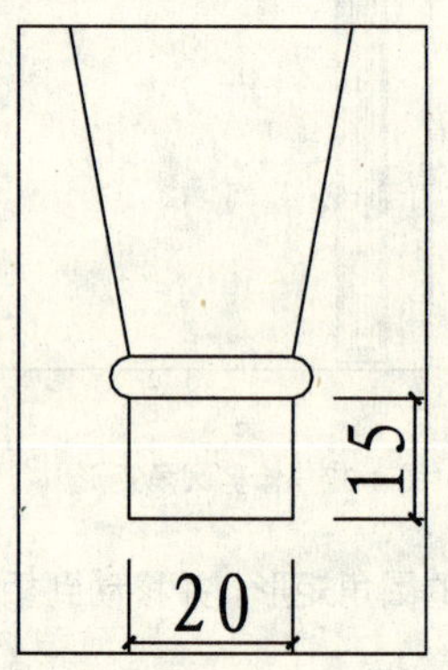

图 4-44　绘制多段线

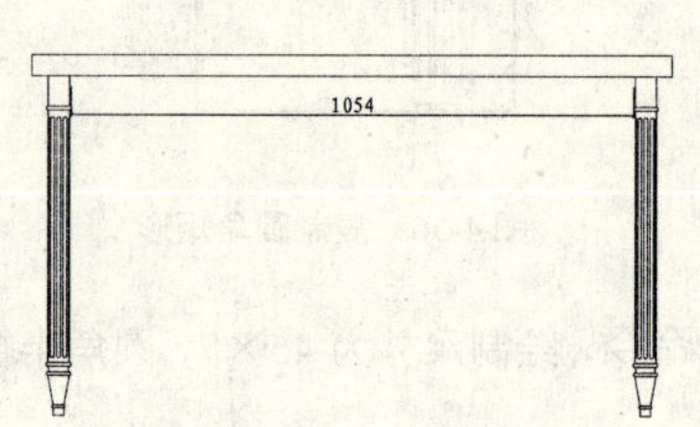

图 4-45　复制支柱结构

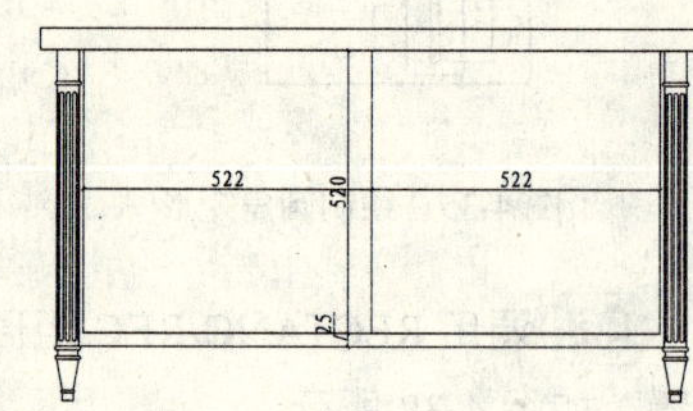

图 4-46　划分矮柜

15 调用 OFFSET/O 偏移命令和 CHAMFER/CHA 倒角命令，将前面绘制的线段向内偏移，并进行倒角，如图 4-47 所示。

16 调用 PLINE/PL 多段线命令，绘制矮柜面板的轮廓，如图 4-48 所示。

17 调用 OFFSET/O 偏移命令，将多段线向内偏移两次 3，如图 4-49 所示。

图 4-47　偏移和倒角线段

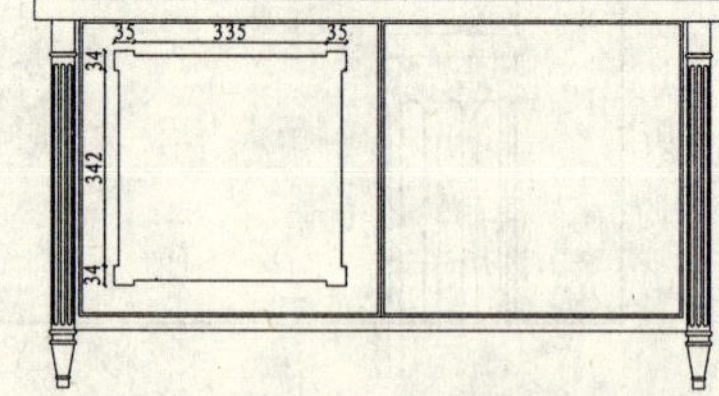

图 4-48　绘制多段线

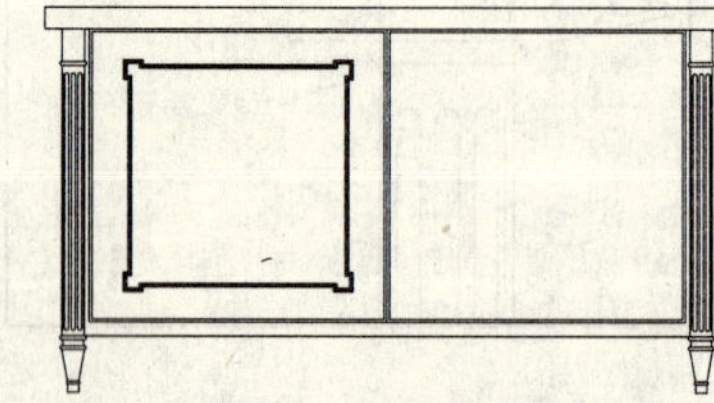

图 4-49　偏移多段线

18 调用 HATCH/H 图案填充命令，在多段线内填充 STEEL 图案，填充参数和效果如图 4-50 所示。

19 调用 MIRROR/MI 镜像命令，对面板进行镜像，如图 4-51 所示。

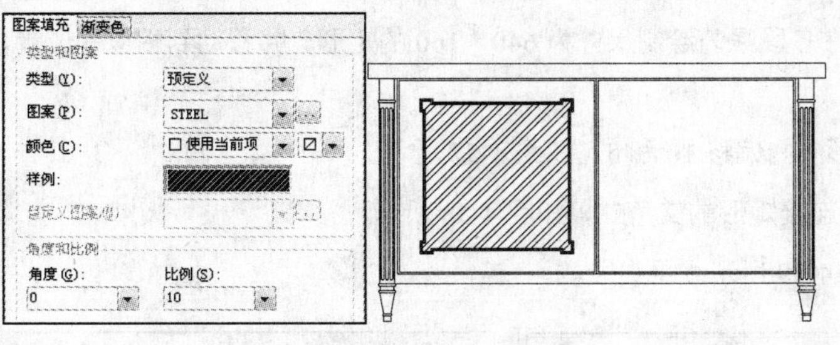

图 4-50　填充参数和效果

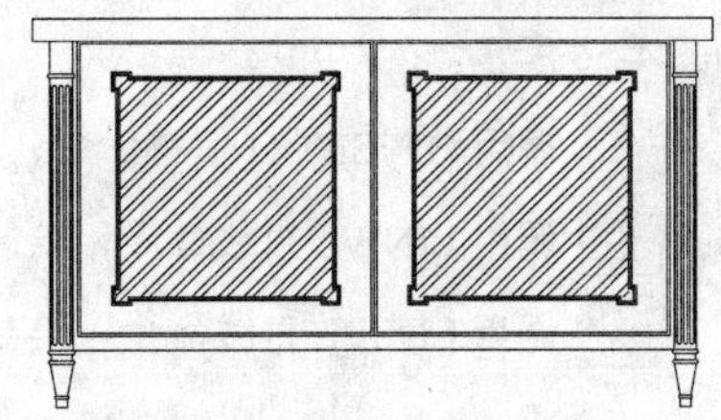

图 4-51　镜像面板

20 调用 LINE/L 直线命令，绘制折线，表示柜门开启方向，如图 4-52 所示。

21 调用 CIRCLE/C 圆命令，绘制半径为 10 的圆表示拉手，完成矮柜的绘制，如图 4-53 所示。

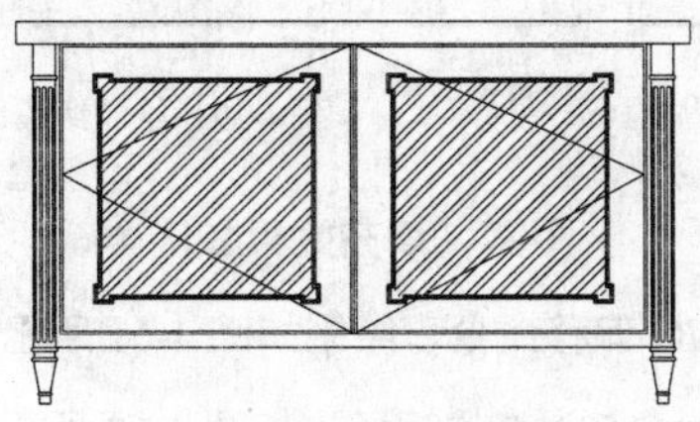

图 4-52　绘制折线

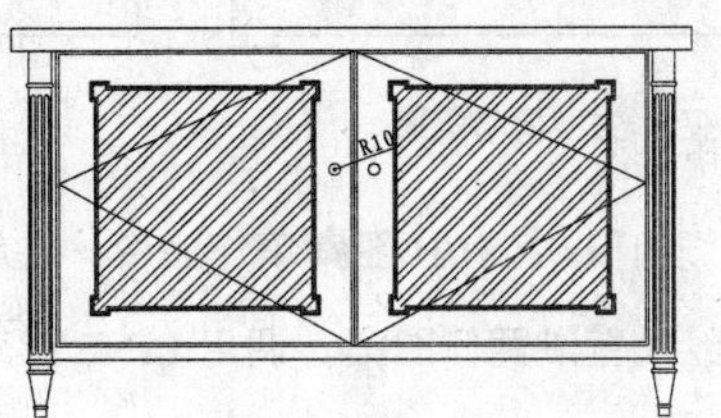

图 4-53　绘制拉手

045 绘制壁炉

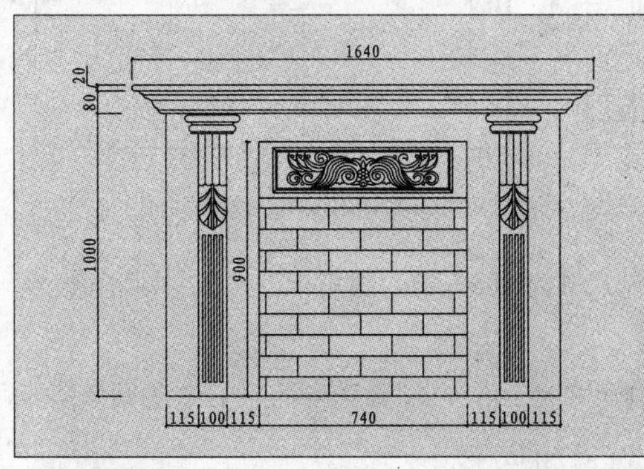

壁炉原本用于西方国家，有装饰作用和实用价值。壁炉基本结构包括：壁炉架和壁炉芯。壁炉架起到装饰作用，炉芯起到实用作用。本实例介绍如左图所示壁炉图例的绘制方法。

文件路径：	目标文件\第 04 章\实例 45.dwt
视频文件：	AVI\第 04 章\45 绘制壁炉.avi
播放时长：	0:06:05

01 调用 RECTANG/REC 矩形命令，绘制尺寸为 1400×1000 的矩形，如图 4-54 所示。

02 调用 PLINE/PL 多段线命令，在矩形中绘制多段线，如图 4-55 所示。

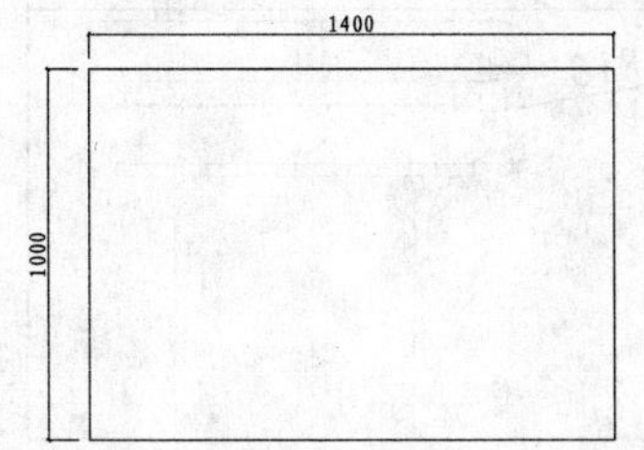

图 4-54　绘制矩形

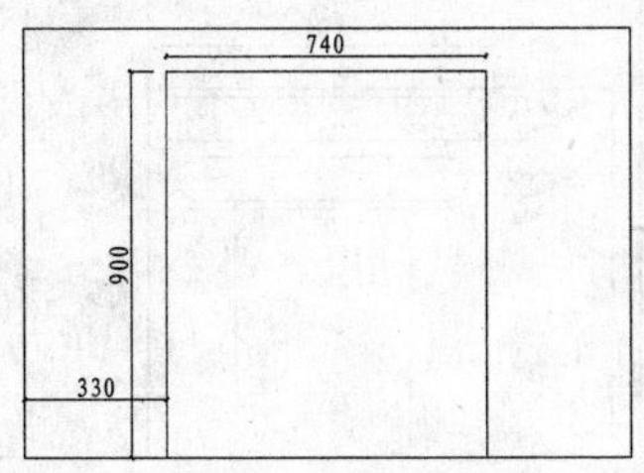

图 4-55　绘制多段线

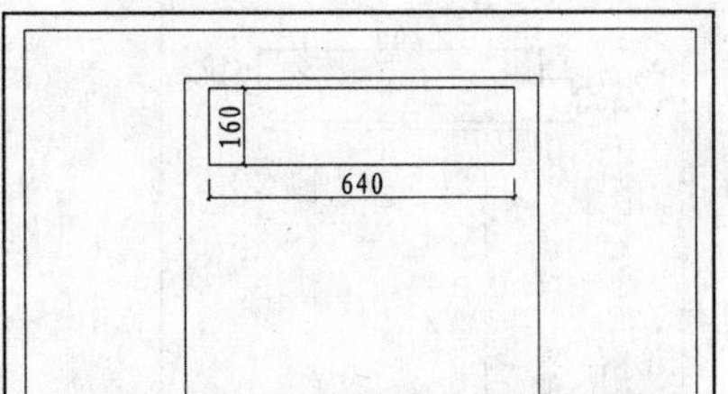

图 4-56　绘制矩形

03 调用 RECTANG/REC 矩形命令，在多段线内绘制尺寸为 640×160 的矩形，并移动到相应的位置，如图 4-56 所示。

04 调用 OFFSET/O 偏移命令，将矩形向内偏移 10 和 5，如图 4-57 所示。

05 调用 LINE/L 直线命令，绘制线段连接矩形的交角处，如图 4-58 所示。

06 调用 LINE/L 直线命令，绘制如图 4-59 所示水平线段。

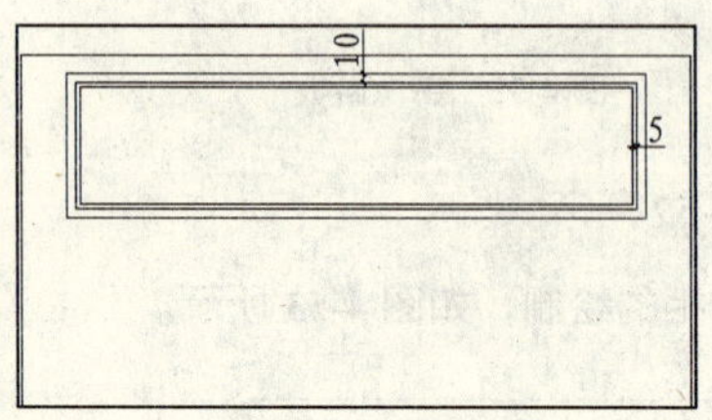

图 4-57　偏移矩形

图 4-58　绘制线段

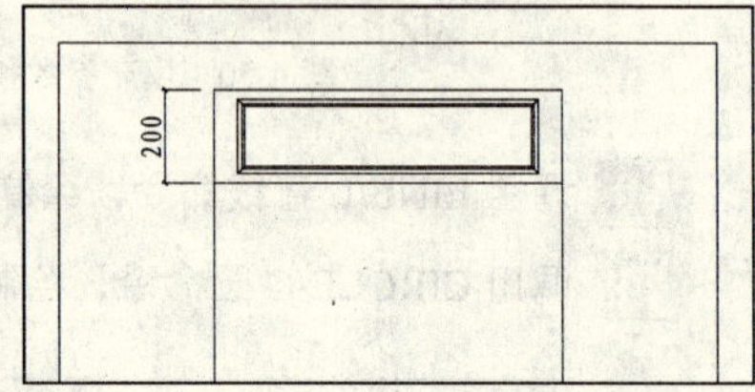

图 4-59　绘制线段

07 调用 HATCH/H 图案填充命令，在线段下方填充 AR-BRSTD 图案，填充效果如图 4-60 所示。

08 绘制壁炉两侧图案。调用 LINE/L 直线命令和 OFFSET/O 偏移命令，绘制如图 4-61 所示线段。

09 调用 RECTANG/REC 矩形命令，在线段上方绘制尺寸为 150×5 的矩形，如图 4-62 所示。

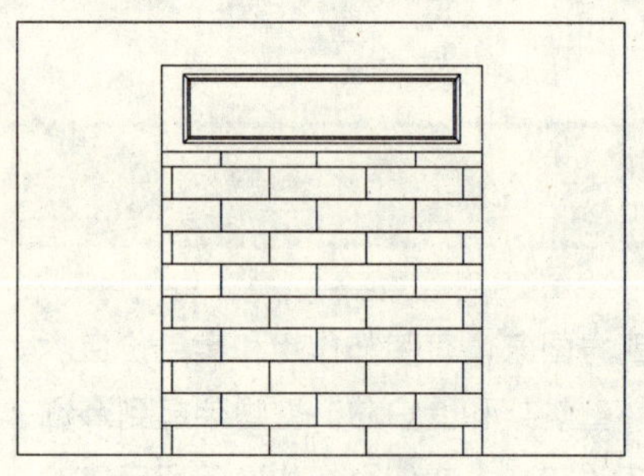
图 4-60　填充图案

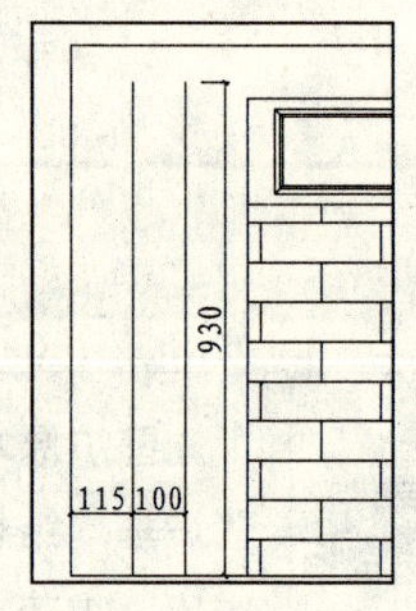

图 4-61　绘制线段

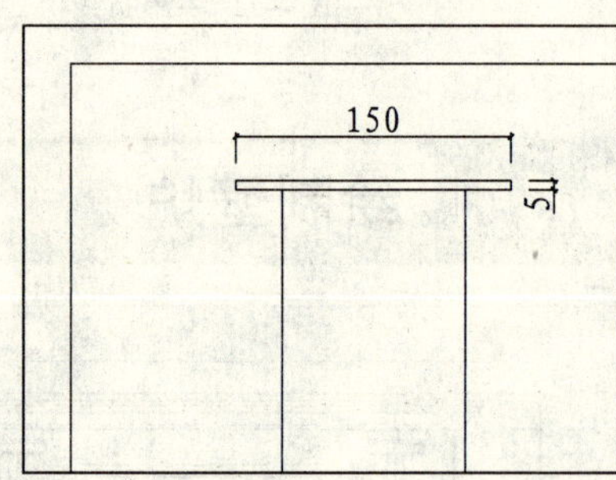

图 4-62　绘制矩形

10 调用 RECTANG/REC 矩形命令，在矩形的上方绘制尺寸为 165×25，圆角半径为 12 的圆角矩形，如图 4-63 所示。

11 调用 RECTANG/REC 矩形命令，在矩形的上方绘制尺寸为 195×25，圆角半径为 12.5 的圆角矩形，并移动到相应的位置，如图 4-64 所示。

12 调用 ARC/A 圆弧命令和 MIRROR/MI 镜像命令，绘制两个圆角矩形之间的弧线，效果如图 4-65 所示。

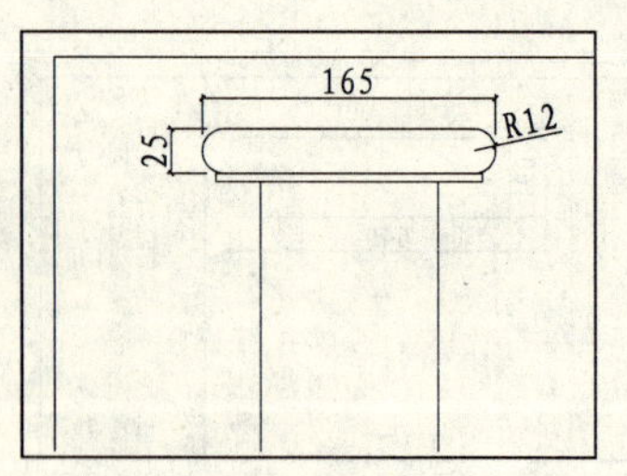

图 4-63　绘制圆角矩形

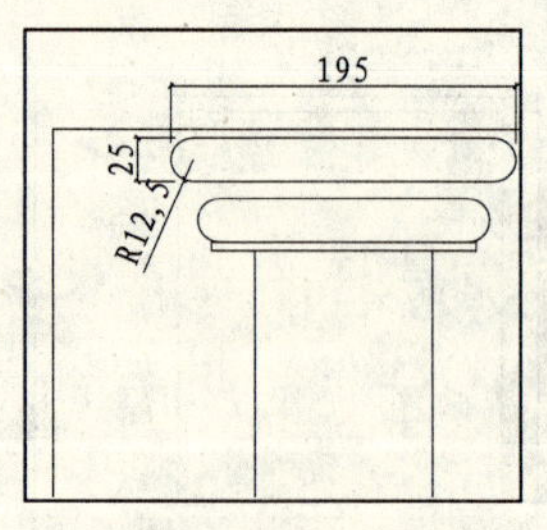

图 4-64　绘制圆角矩形

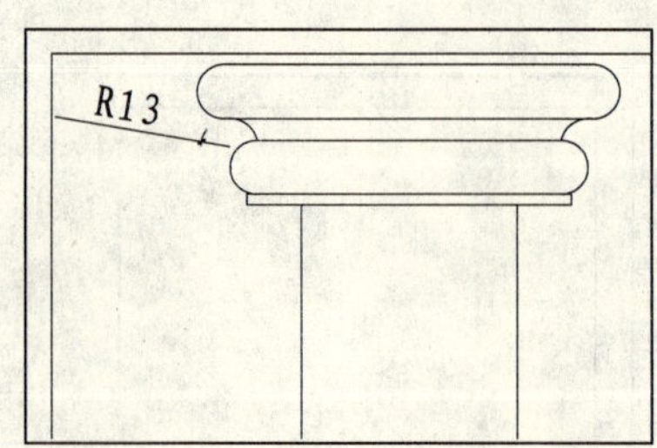

图 4-65　绘制圆弧

13 调用 LINE/L 直线命令，绘制如图 4-66 所示线段。

14 调用 RECTANG/REC 矩形命令、COPY/CO 复制命令和 MOVE/M 移动命令，绘制如图 4-67 所示造型图案。

15 调用 COPY/CO 复制命令，得到另一侧同样的图案，效果如图 4-68 所示。

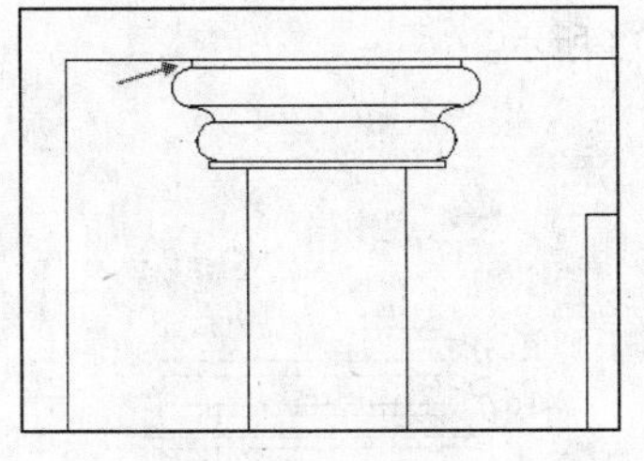

图 4-66　绘制线段

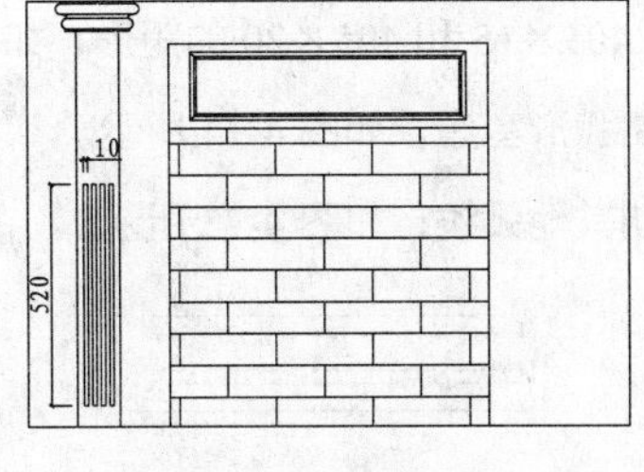

图 4-67　绘制矩形

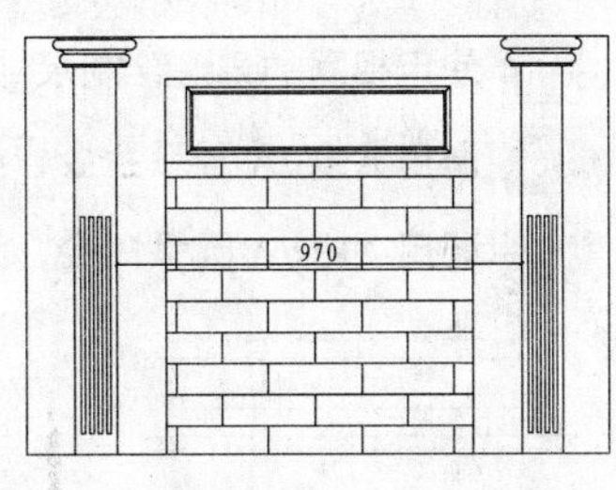

图 4-68　复制图形

16 调用 RECTANG/REC 矩形命令、TRIM/TR 修剪命令、ARC/A 圆弧命令和 PLINE/PL 多段线命令，绘制壁炉的台面，效果如图 4-69 所示。

17 打开配套光盘提供的“第 04 章\家具图例.dwt”文件，选择其中的雕花图块，将其复制至壁炉区域，如图 4-70 所示，完成壁炉的绘制。

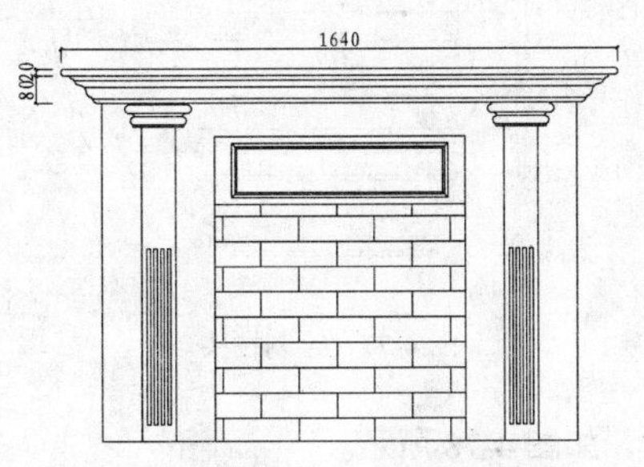

图 4-69　绘制壁炉台面

图 4-70　插入图块

046 绘制罗马柱

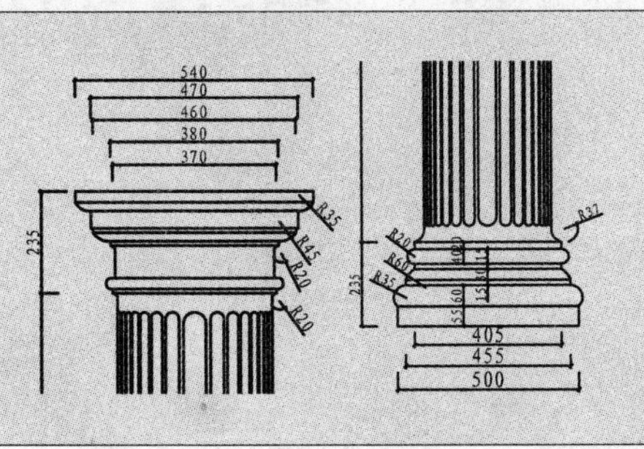

在欧式风格装修中，经常会见到罗马柱，通常两柱之间是一个门洞，形成装饰性柱式，成为西方室内装饰最鲜明的特征。本实例介绍如左图所示罗马柱图例的绘制方法。

文件路径：	目标文件\第 04 章\实例 46.dwt
视频文件：	AVI\第 04 章\46 绘制罗马柱.avi
播放时长：	0:11:05

01 调用 RETANG/REC 矩形命令，绘制尺寸为 500×55 的矩形，如图 4-71 所示。

02 调用 RECTANG/REC 矩形命令，绘制尺寸为 455×15 的矩形，并移动到相应的位置，如图 4-72 所示。

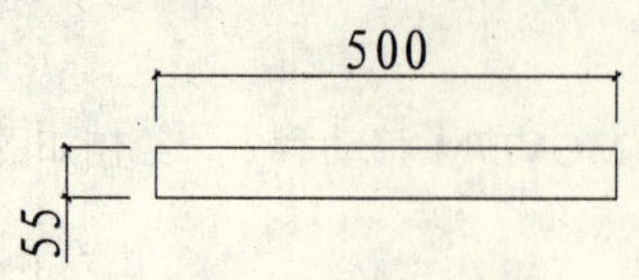

图 4-71　绘制矩形

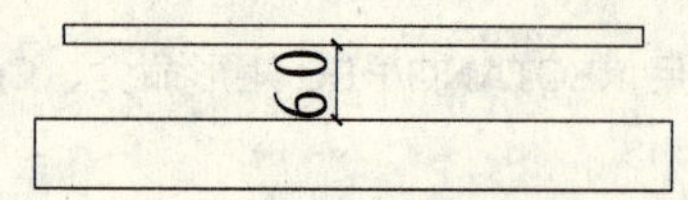

图 4-72　移动矩形

03 使用相同的方法绘制尺寸为 405×15 和 405×20 的矩形，如图 4-73 所示。

04 调用 ARC/A 圆弧命令，绘制弧形基座，如图 4-74 所示。

05 调用 ARC/A 圆弧命令，绘制其他弧线，如图 4-75 所示。

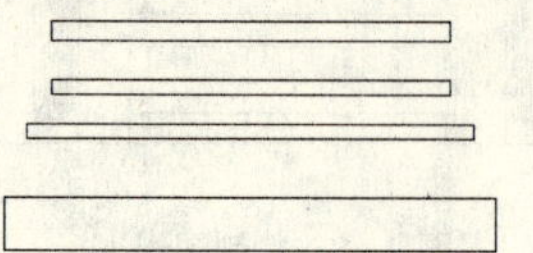

图 4-73　绘制矩形

图 4-74　绘制弧线

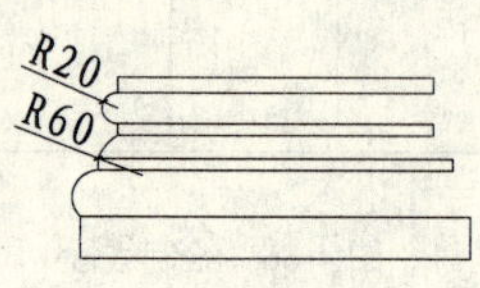

图 4-75　绘制弧线

06 调用 MIRROR/MI 镜命令，将弧线镜像到另一侧，如图 4-76 所示。

07 绘制柱头。调用 RECTANG/REC 矩形命令和 ARC/A 圆弧命令绘制，效果如图 4-77 所示。

图 4-76　镜像弧线

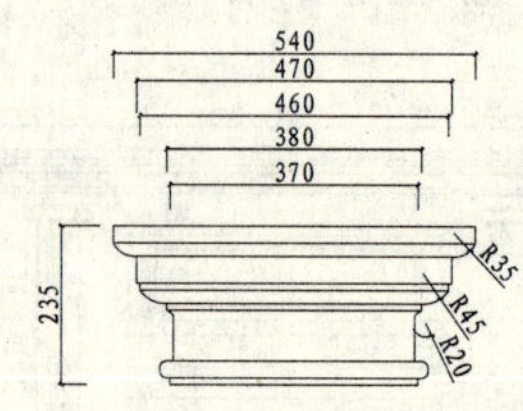

图 4-77　绘制柱头

08 调用 MOVE/M 移动命令，将柱头移动到基座的上方，如图 4-78 所示。

09 调用 LINE/L 直线命令，绘制垂直线段，如图 4-79 所示。

10 调用 OFFSET/O 偏移命令，将线段向两侧偏移，偏移距离为 175，然后删除中间的线段，如图 4-80 所示。

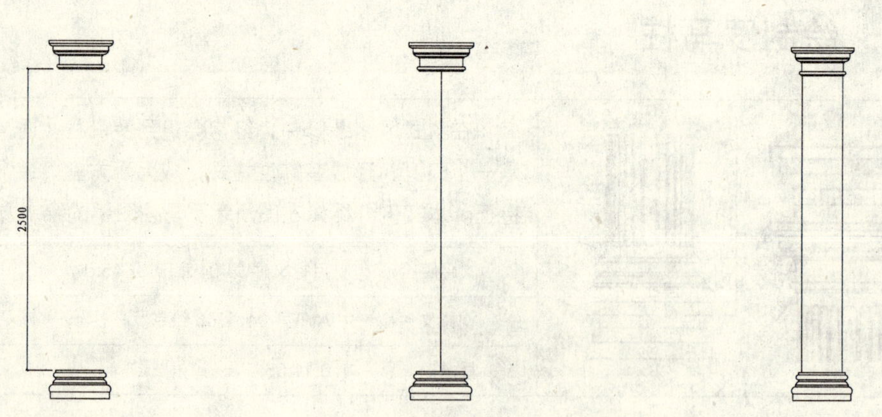

图 4-78　对齐柱头与基座　　图 4-79　绘制垂直线段　　图 4-80　偏移线段

11 调用 ARC/A 圆弧命令，绘制柱身与基座交接处的弧形收边，如图 4-81 所示。

12 调用 TRIM/TR 修剪命令，修剪出弧形收边效果，如图 4-82 所示。

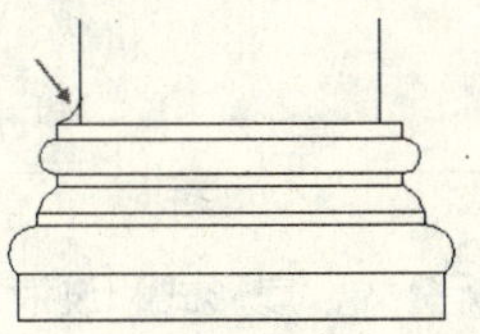

图 4-81　绘制弧线

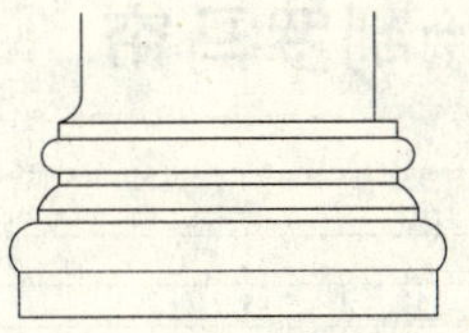

图 4-82　修剪线段

13 使用相同的方法，绘制其他收边。

14 调用 LINE/L 直线命令和 OFFSET/O 偏移命令，绘制柱身凹槽轮廓，如图 4-83 所示。

15 调用 OFFSET/O 偏移命令，向下偏移如图 4-84 所示线段，偏移距离为 45。

16 调用 TRIM/TR 修剪命令，修剪线段，如图 4-85 所示。

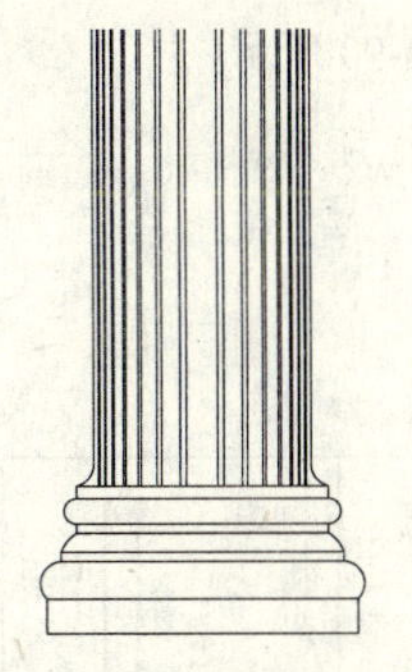

图 4-83　绘制凹槽轮廓

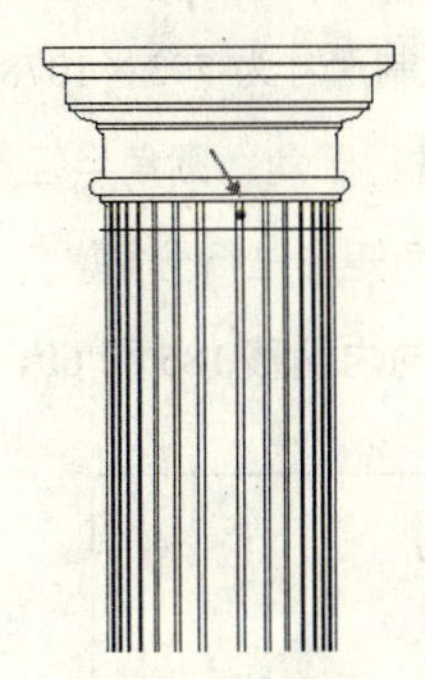

图 4-84　偏移线段

图 4-85　修剪线段

17 调用 CIRCLE/C 圆命令，以凹槽轮廓的中点为圆心，以凹槽轮廓宽度为直径绘制圆。如图 4-86 所示。

18 调用 MOVE/M 移动命令，将所有的圆向下移动，使圆的顶端象限点与凹槽轮廓中点对齐，如图 4-87 所示。

19 调用 TRIM/TR 修剪命令，修剪出弧形凹槽轮廓，如图 4-88 所示。

20 调用 MIRROR/MI 镜像命令、MOVE/M 移动命令和 TRIM/TR 修剪命令，绘制出凹槽底端的弧形轮廓，如图 4-89 所示，完成罗马柱的绘制。

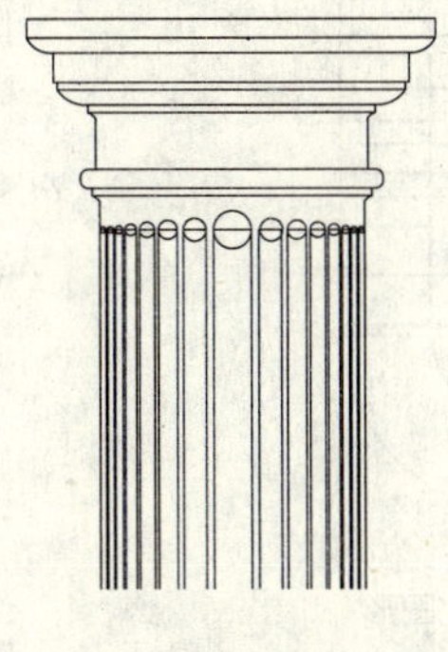

图 4-86　绘制圆

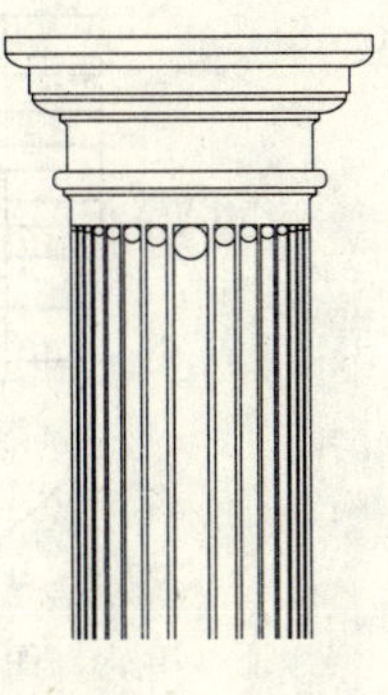

图 4-87　移动圆

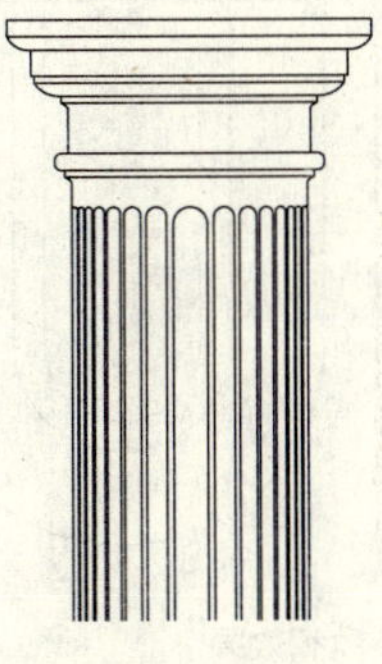

图 4-88　修剪线段

图 4-89　绘制户型轮廓

第 4 章

047 绘制罗马帘

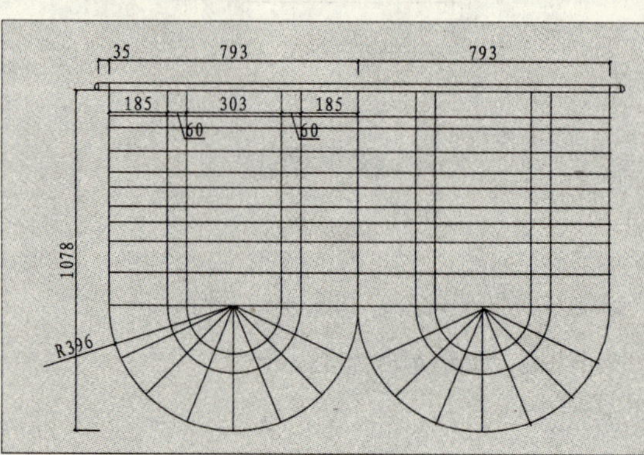

罗马帘有折叠式、扇形式和波浪式。适用于家庭、酒店、咖啡厅、别墅等场所。本实例介绍如左图所示罗马帘图例的绘制方法。

文件路径：	目标文件\第 04 章\实例 47.dwt
视频文件：	AVI\第 04 章\47 绘制罗马帘.avi
播放时长：	0:04:07

01 调用 RECTANG/REC 矩形命令，绘制尺寸为 793×1078 的矩形，如图 4-90 所示。

02 调用 FILLET/F 圆角命令，对矩形进行圆角，圆角半径为 396，如图 4-91 所示。

03 调用 EXPLODE/X 分解命令，对圆角矩形进行分解。

04 调用 OFFSET/O 偏移命令，将图形向内偏移 185 和 60，如图 4-92 所示。

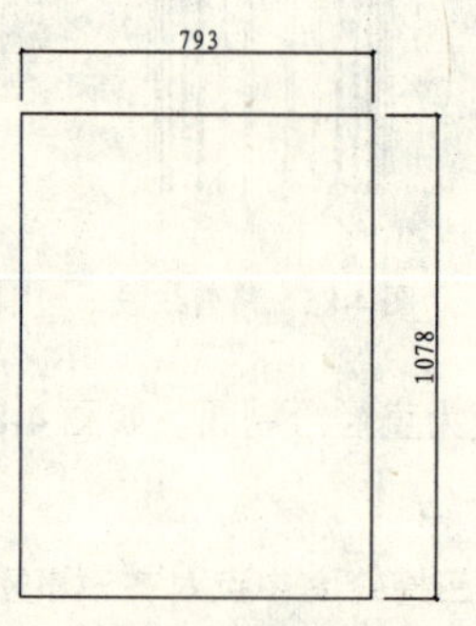

图 4-90　绘制矩形

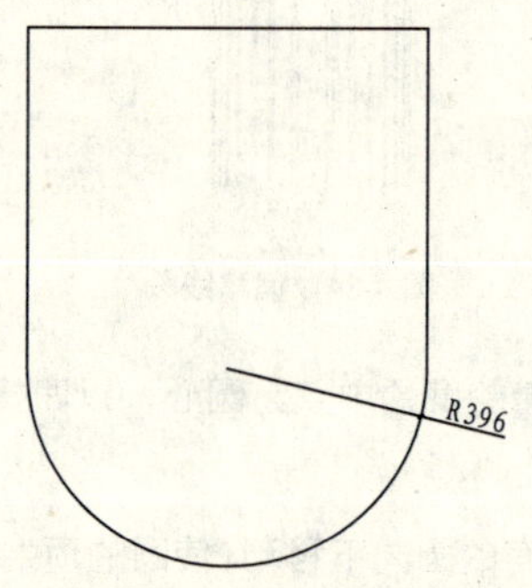

图 4-91　圆角

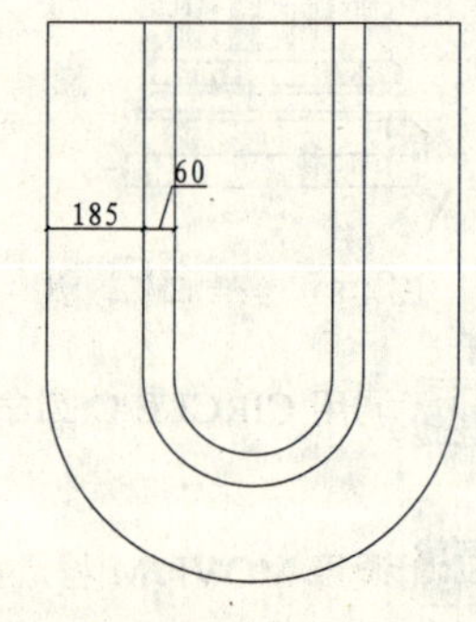

图 4-92　偏移

05 调用 HATCH/H 图案填充命令，在图形内填充 AR-SAND 图案，填充参数和效果如图 4-93 所示。

06 调用 LINE/L 直线命令和 OFFSET/O 偏移命令，细化图形，如图 4-94 所示。

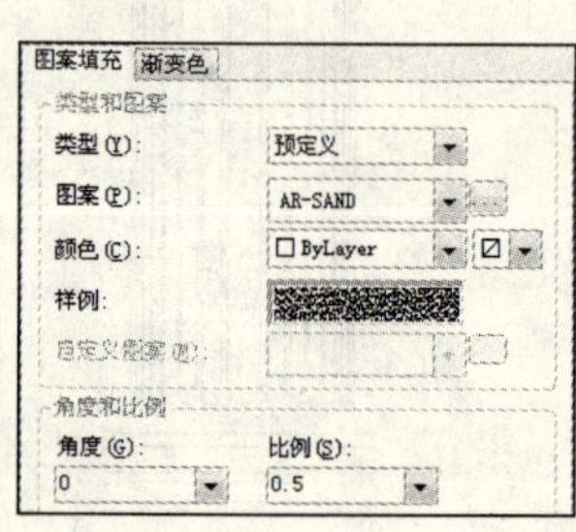

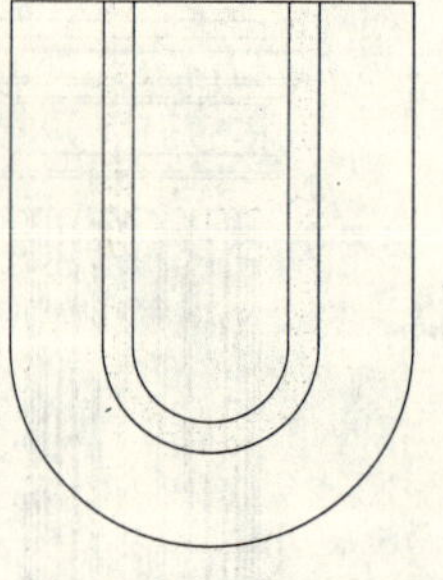

图 4-93　填充参数和效果

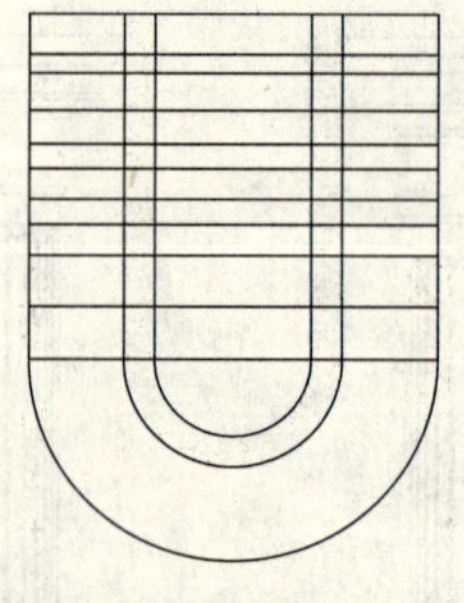

图 4-94　细化图形

07 调用 DIVIDE/DIV 定数等分命令，将圆弧分成 8 等份，如图 4-95 所示。

08 调用 LINE/L 直线命令，以等分点为起点绘制线段，然后删除等分点，如图 4-96 所示。

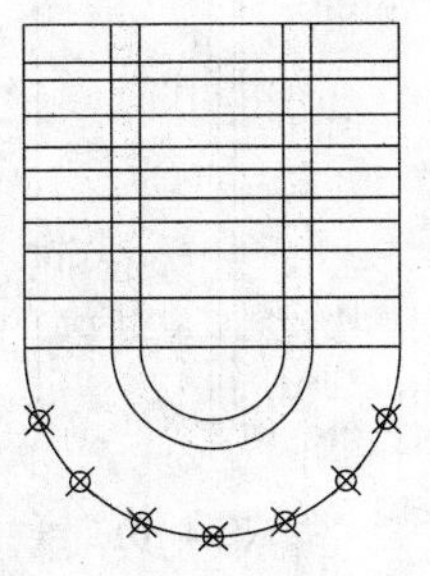

图 4-95　定数等分

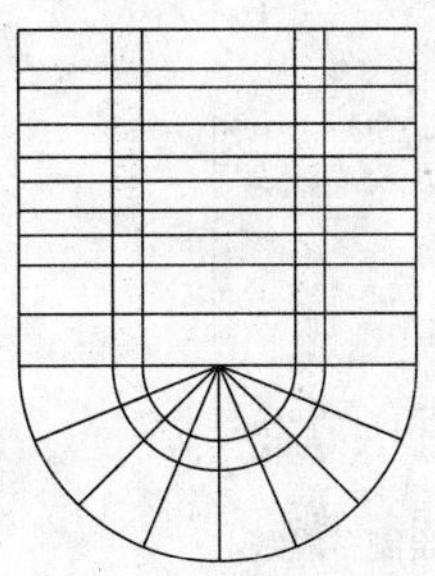

图 4-96　绘制线段

09 调用 COPY/CO 复制命令，将绘制的图形复制到右侧，如图 4-97 所示。

10 调用 CIRCLE/C 圆命令、LINE/L 直线命令和 TRIM/TR 修剪命令，绘制罗马帘上方的图形，如图 4-98 所示，完成罗马帘的绘制。

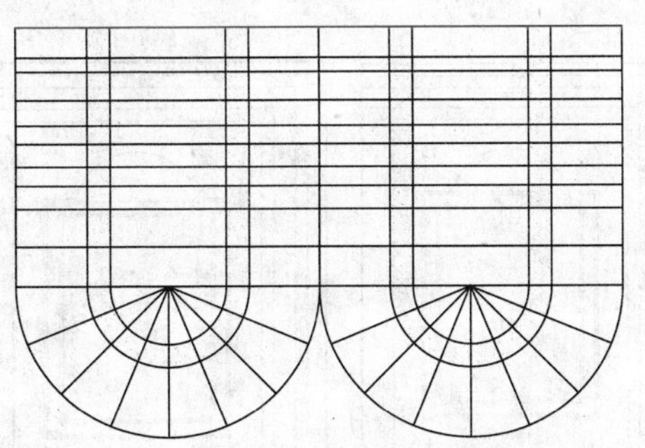

图 4-97　复制图形

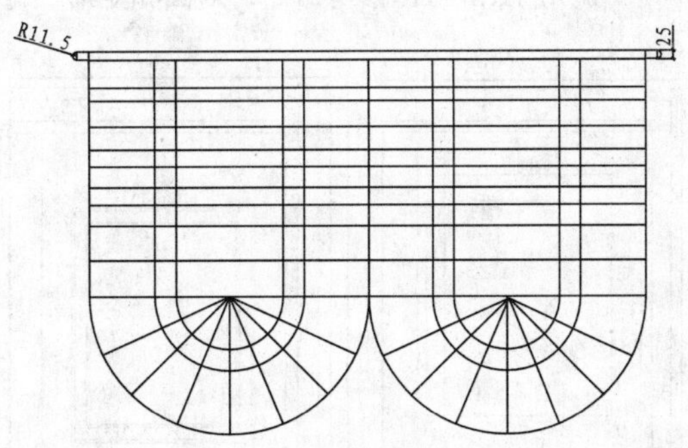

图 4-98　绘制挂杆

048 绘制欧式门

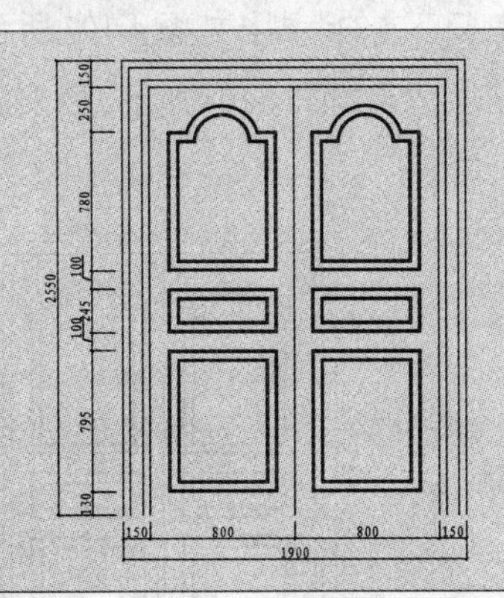

欧式门比较复杂，在门板上会有刻纹或线条。本实例介绍如左图所示欧式门的绘制方法与操作技巧。

文件路径:	目标文件\第 04 章\实例 48.dwt
视频文件:	AVI\第 04 章\48 绘制欧式门.avi
播放时长:	0:04:16

01 绘制门套。调用 PLINE/PL 多段线命令绘制如图 4-99 所示多段线。

02 调用 OFFSET/O 偏移命令，将多段线依次向内偏移 40、70 和 40，如图 4-100 所示。

03 调用 LINE/L 直线命令，在多段线的中间绘制一条垂直线段，如图 4-101 所示。

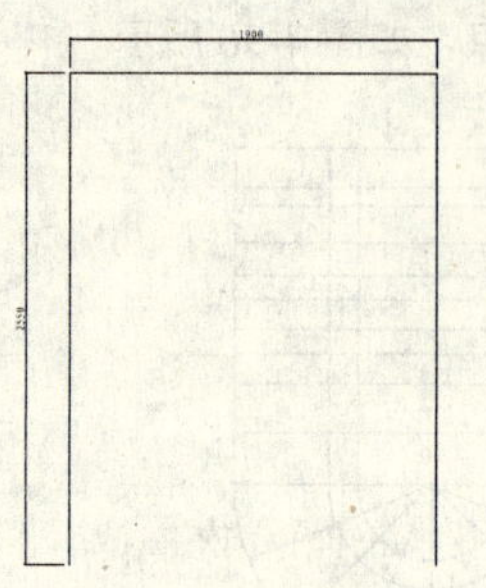

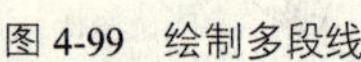

图 4-99　绘制多段线

图 4-100　偏移多段线

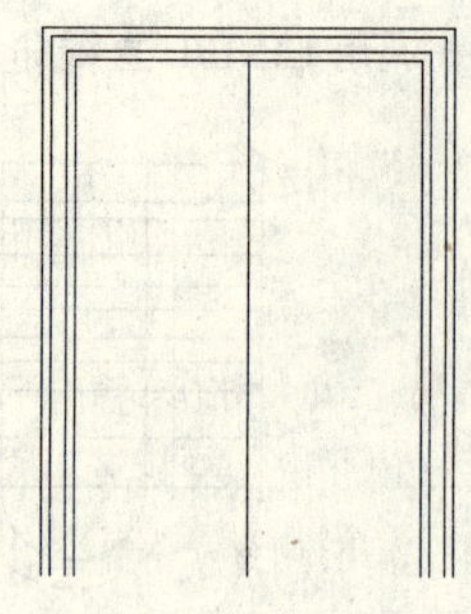

图 4-101　绘制垂直线段

04 调用 RECTANG/REC 矩形命令，绘制尺寸为 600×780 的矩形，并移动到相应的位置，如图 4-102 所示。

05 调用 OFFSET/O 偏移命令，将矩形向内偏移 10、40 和 10，如图 4-103 所示。

06 调用 CIRCLE/C 圆命令，绘制一个半径为 210 的圆，如图 4-104 所示。

07 调用 TRIM/TR 修剪命令，对圆和矩形进行修剪，如图 4-105 所示。

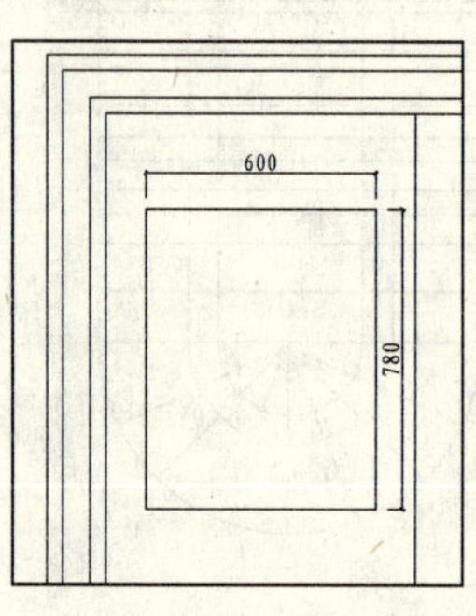

图 4-102　绘制矩形

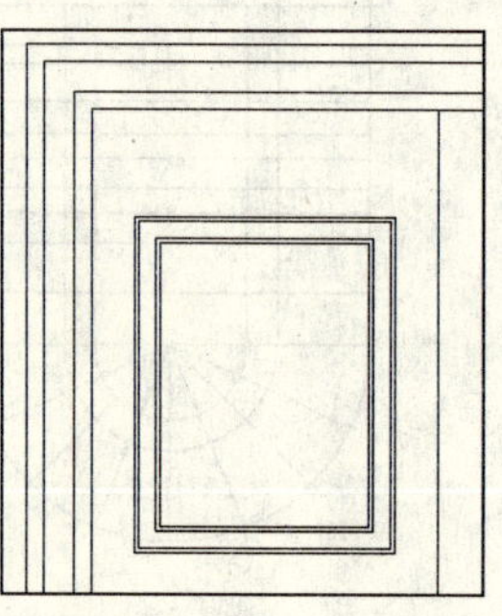

图 4-103　偏移矩形

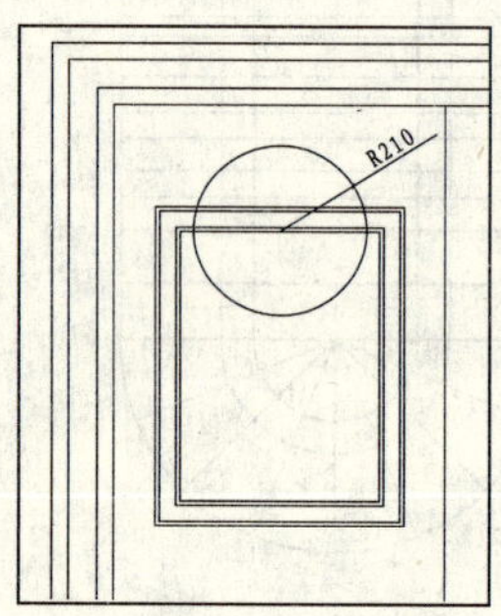

图 4-104　绘制圆

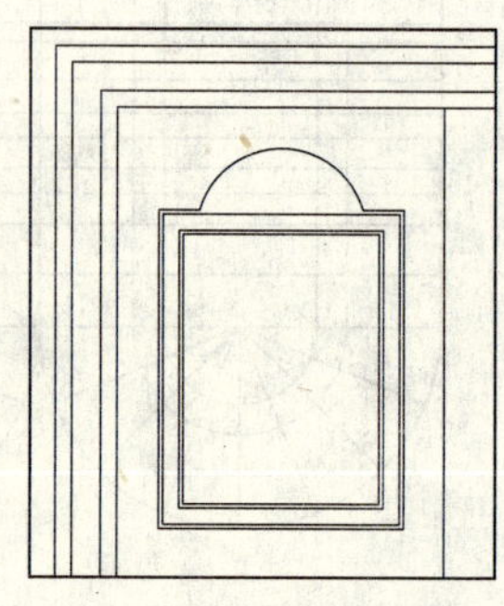

图 4-105　修剪圆和矩形

08 调用 OFFSET/O 偏移命令，将圆弧向内偏移 10、40 和 10，并调用 TRIM/TR 修剪命令，修剪矩形，效果如图 4-106 所示。

09 调用 RECTANG/REC 矩形命令和 OFFSET/O 偏移命令，绘制门下方的造型，如图 4-107 所示。

10 调用 MIRROR/MI 镜像命令，通过镜像得到另一侧相同的图形，效果如图 4-108 所示，欧式门绘制完成。

图 4-106　偏移圆弧

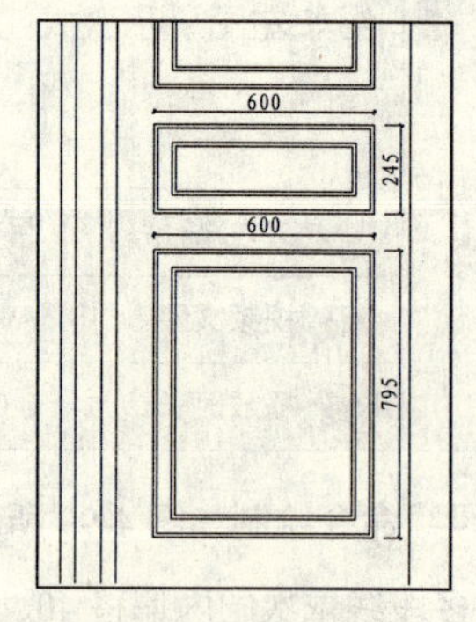

图 4-107　绘制门下方造型

图 4-108　镜像图形

049 绘制欧式窗户

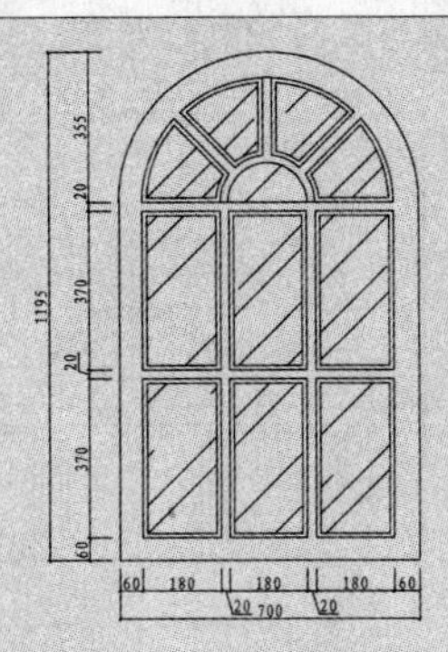

欧式窗户的形状为拱形，通常以白色为主。本实例讲解如左图所示欧式窗户的绘制方法及操作技巧。

文件路径:	目标文件\第 03 章\实例 49.dwt
视频文件:	AVI\第 04 章\49 绘制欧式窗户.avi
播放时长:	0:06:59

01 调用 RECTANG/REC 矩形命令，绘制尺寸为 700×1195 的矩形，如图 4-109 所示。

02 调用 ARC/A 圆弧命令，绘制窗顶部的弧形窗轮廓，如图 4-110 所示。

03 调用 TRIM/TR 修剪命令，修剪出如图 4-111 所示效果，得到弧形窗外轮廓。

04 调用 RECTANG/REC 矩形命令，绘制尺寸为 180×370 的矩形，并移动到相应的位置，如图 4-112 所示。

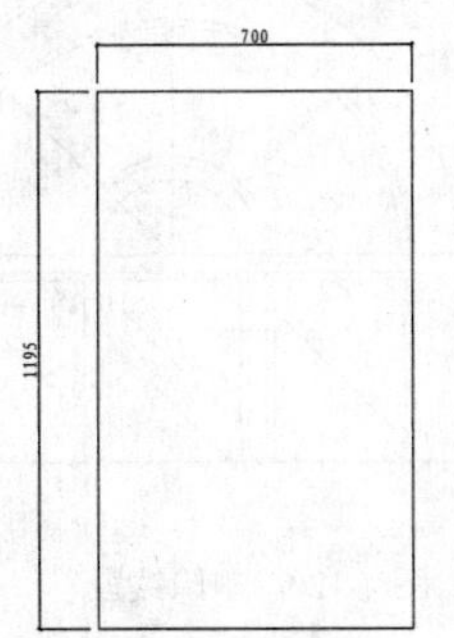

图 4-109　绘制矩形

图 4-110　绘制弧线

图 4-111　修剪线段

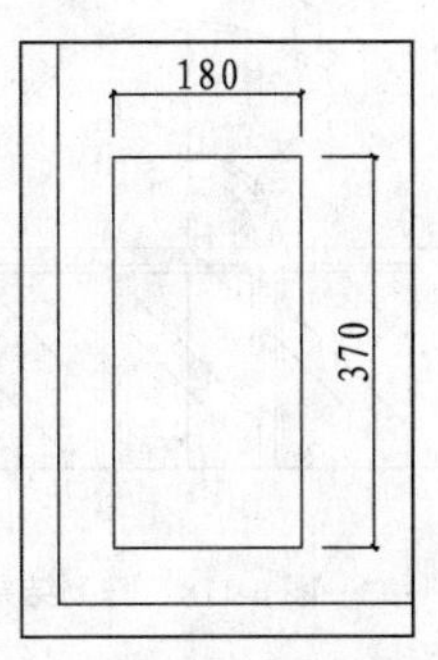

图 4-112　绘制矩形

05 调用 OFFSET/O 偏移命令，将矩形向内偏移 10，如图 4-113 所示。

06 调用 HATCH/H 图案填充命令，在矩形内填充 AR-RROOF 图案，填充参数和效果如图 4-114 所示。

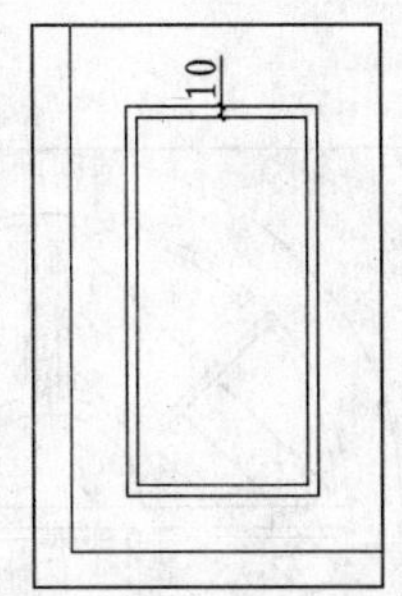

图 4-113　偏移矩形

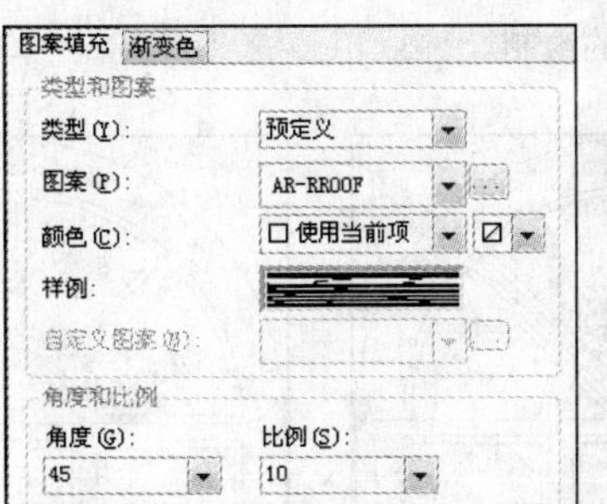

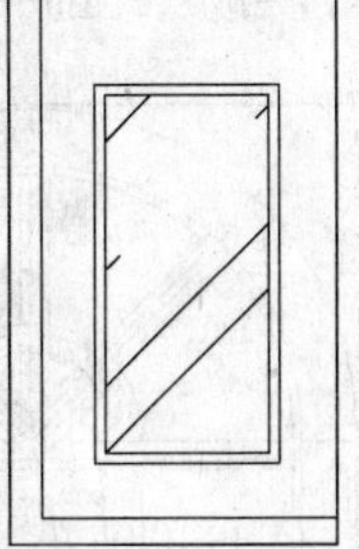

图 4-114　填充参数和效果

07 调用 ARRAY/AR 阵列命令，对图形进行阵列，阵列效果如图 4-115 所示。

08 调用 OFFSET/O 偏移命令，将矩形下端的线段向上偏移 840，将圆弧向内偏移 60、10、160、10 和 20，效果如图 4-116 所示。

09 调用 LINE/L 直线命令，绘制如图 4-117 所示垂直线段，线段底端与圆弧的圆心对齐。

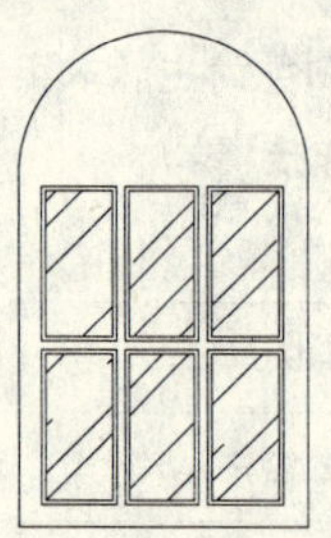

图 4-115　阵列结果

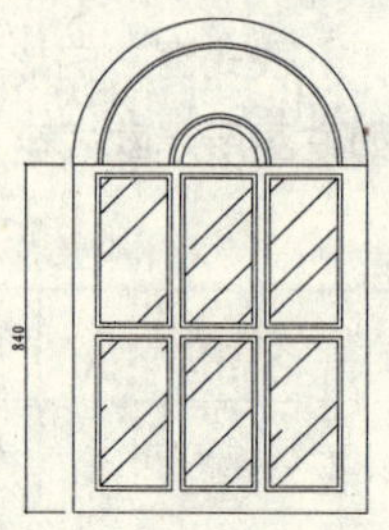

图 4-116　偏移线段和圆弧

图 4-117　绘制垂直线段

10 调用 ARRAY/AR 阵列命令，阵列垂直线段，阵列结果如图 4-118 所示。

11 调用 MIRROR/MI 镜像命令，将阵列得到的线段镜像复制到右侧，镜像线为垂直线段，结果如图 4-119 所示。

12 删除下方的线段，如图 4-120 所示。

图 4-118　阵列结果

图 4-119　镜像线段

图 4-120　删除线段

13 调用 OFFSET/O 偏移命令，向两侧偏移阵列的线段和垂直线段，偏移距离为 10，如图 4-121 所示。

14 删除阵列线段和垂直线段。

15 调用 TRIM/TR 修剪命令，修剪出如图 4-122 所示窗格效果。

16 调用 HATCH/H 图案填充命令，在弧形窗内填充 AR-RROOF 图案，表示窗玻璃，效果如图 4-123 所示，完成欧式窗户的绘制。

图 4-121　偏移线段

图 4-122　修剪图形

图 4-123　填充图案

050 绘制铁艺栏杆

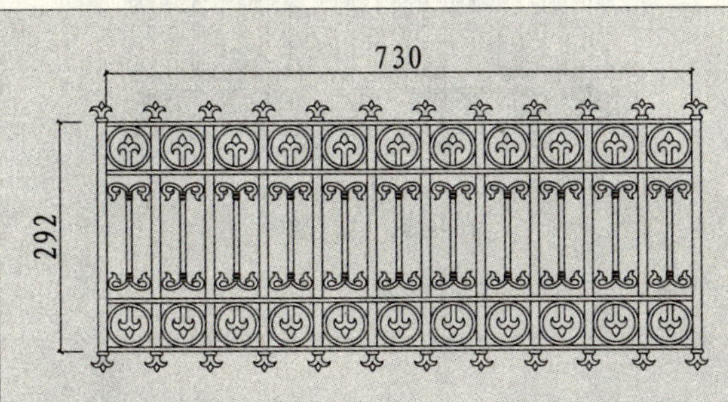

栏杆主要是起保护作用。铁艺栏杆在艺术造型上、在图案纹理上，都带有西方造型艺术风格的烙印。本实例介绍如左图所示铁艺栏杆的绘制方法。

文件路径：	目标文件\第 04 章\实例 50.dwt
视频文件：	AVI\第 04 章\50 绘制铁艺栏杆.avi
播放时长：	0:04:37

01 调用 RECTANG/REC 矩形命令和 COPY/CO 复制命令，绘制栏杆两侧图形，如图 4-124 所示。

02 调用 LINE/L 直线命令，绘制线段连接图形，如图 4-125 所示。

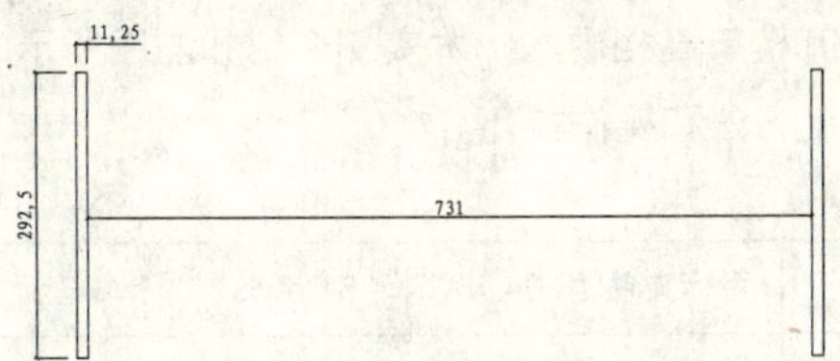

图 4-124　绘制栏杆两侧图形

图 4-125　绘制线段

03 调用 LINE/L 直线命令和 OFFSET/O 偏移命令，绘制栏杆之间的隔断，如图 4-126 所示。

04 调用 TRIM/TR 修剪命令，对线段相交的位置进行修剪，如图 4-127 所示。

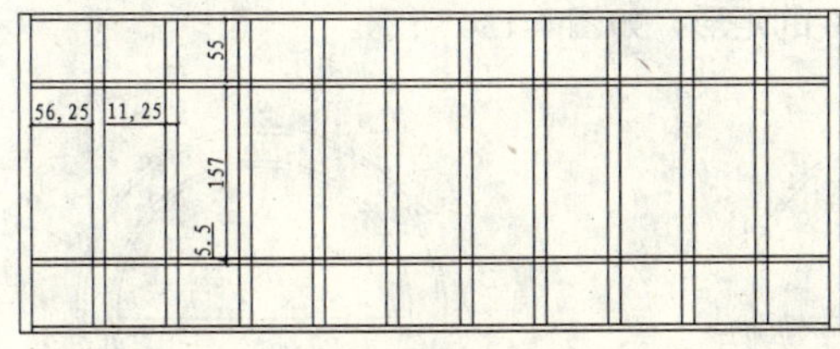

图 4-126　绘制隔断

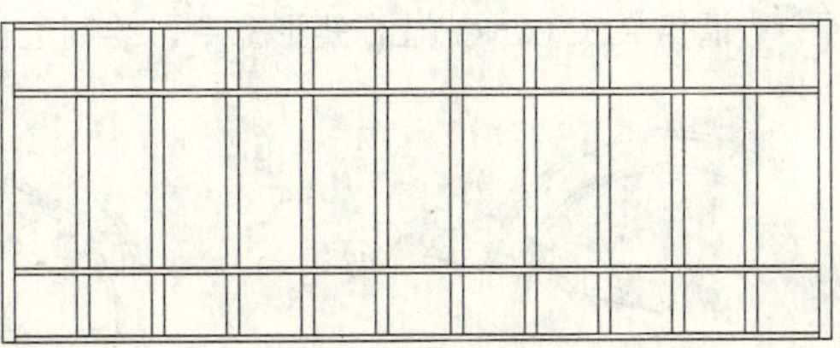

图 4-127　修剪线段

05 用 CIRCLE/C 圆命令，以两点方法绘制圆，如图 4-128 所示。

06 调用 OFFSET/O 偏移命令，将圆向内偏移 4，得到如图 4-129 所示的栏杆装饰环。

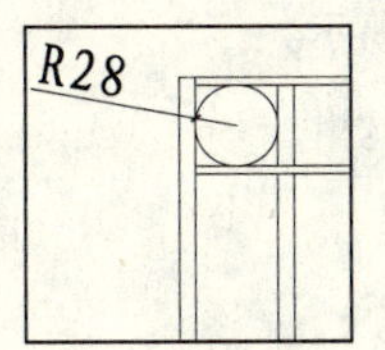

图 4-128　绘制圆

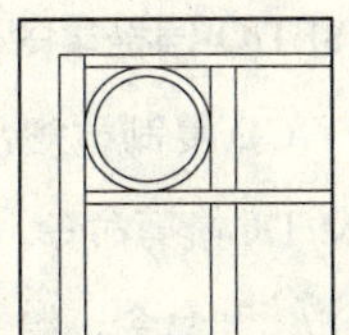

图 4-129　偏移圆

07 用 COPY/CO 复制命令，将圆复制到其他位置，如图 4-130 所示。

08 从图库中插入铁艺图案到本例图形中，如图 4-131 所示，完成铁艺栏杆的绘制。

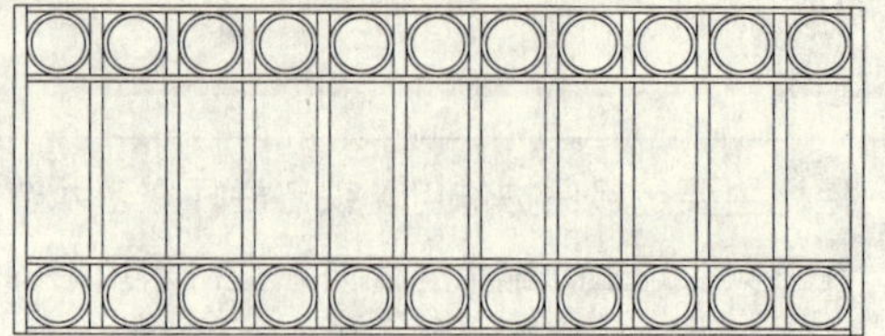
图 4-130 复制圆

图 4-131 插入图案

051 绘制中式窗花

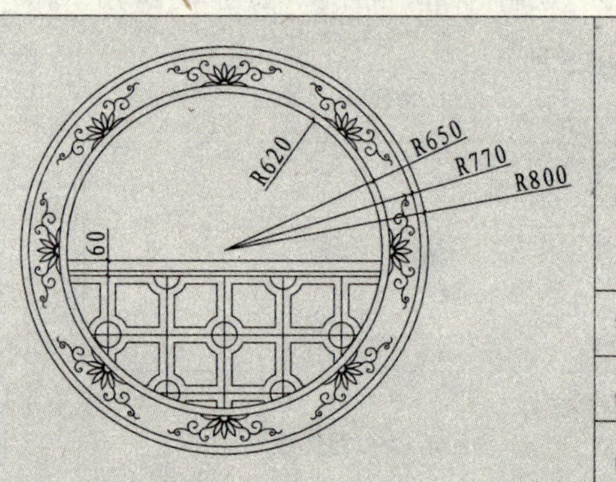

中式窗花以木质为主，讲究雕刻彩绘、造型典雅，多采用酸枝木或大叶檀等高档硬木。本实例介绍如左图所示中式窗花图例的绘制方法和操作技巧。

文件路径：	目标文件\第 04 章\实例 51.dwt
视频文件：	AVI\第 04 章\51 绘制中式窗花.avi
播放时长：	0:08:05

第1篇

01 调用 CIRCLE/C 圆命令，绘制半径分别为 620、650、770 和 800 的同心圆，如图 4-132 所示。

02 调用 LINE/L 直线命令、OFFSET/O 偏移命令和 TRIM/TR 修剪命令，绘制如图 4-133 所示线段。

03 调用 RECTANG/REC 矩形命令，绘制边长为 230 的矩形，如图 4-134 所示。

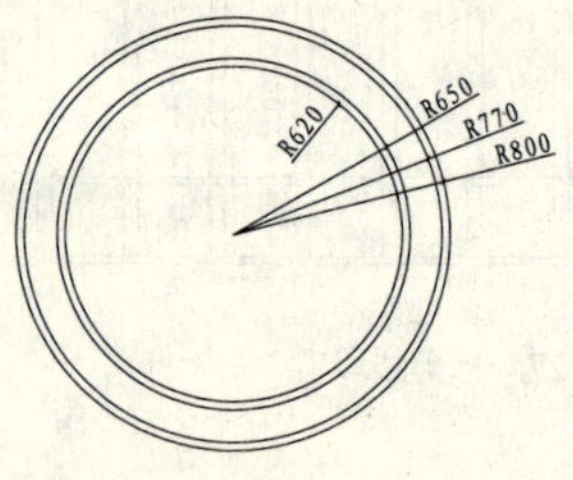

图 4-132 绘制同心圆

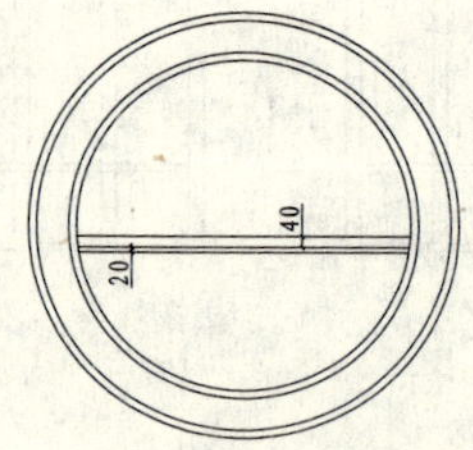

图 4-133 绘制线段

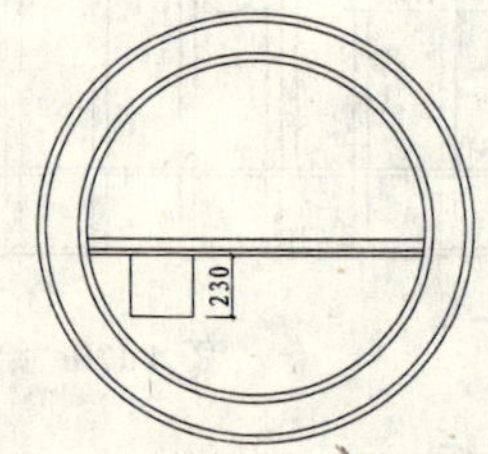

图 4-134 绘制矩形

04 调用 OFFSET/O 偏移命令，将矩形向内偏移 30，如图 4-135 所示。

05 调用 COPY/CO 复制命令，对矩形进行复制，如图 4-136 所示。

06 调用 TRIM/TR 修剪命令，对矩形进行修剪，如图 4-137 所示。

07 用 CIRCLE/C 圆命令，绘制半径为 50 的圆，如图 4-138 所示。

08 调用 OFFSET/O 偏移命令，将圆向外偏移 30，如图 4-139 所示。

09 调用 TRIM/TR 修剪命令，对圆和矩形相交的位置进行修剪，效果如图 4-140 所示。

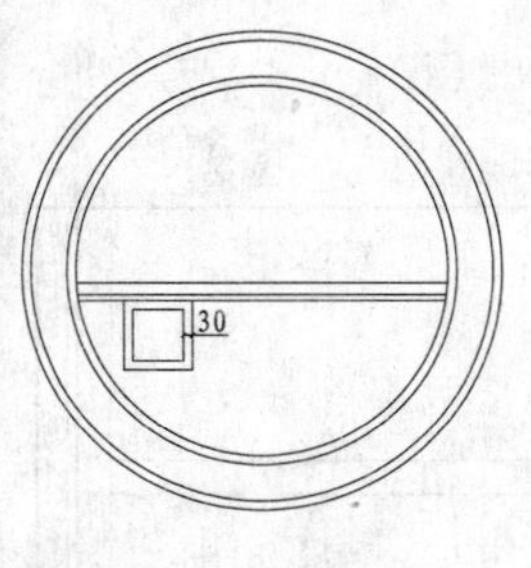

图 4-135　偏移矩形

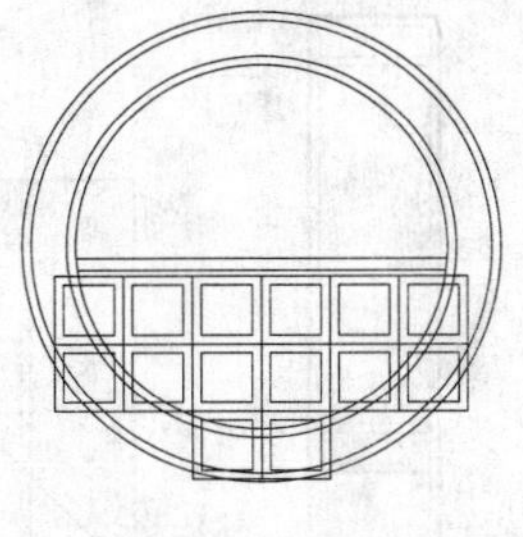

图 4-136　复制矩形

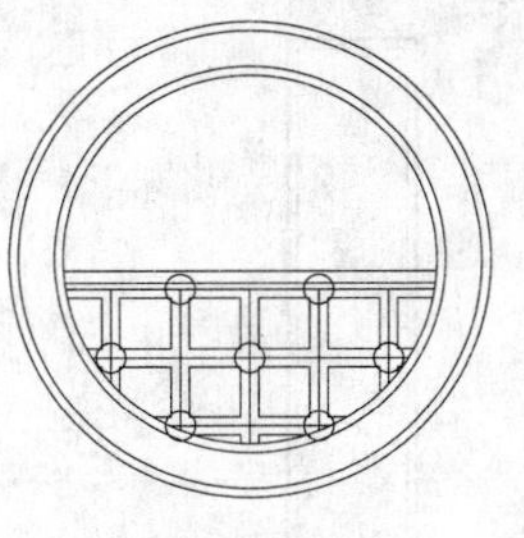

图 4-137　修剪矩形

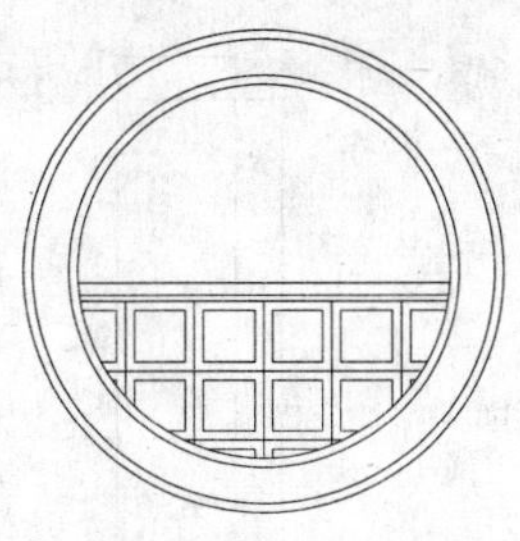

图 4-138　绘制圆

10 打开配套光盘提供的“第 04 章\家具图例.dwt”文件，选择其中的雕花图块，将其复制至窗花区域，如图 4-141 所示，完成中式窗花的绘制。

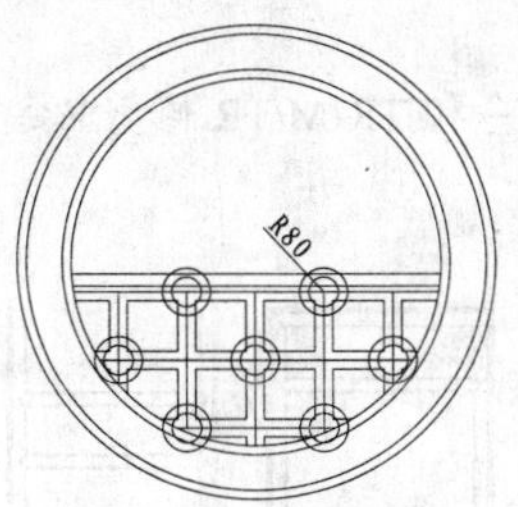

图 4-139　偏移圆

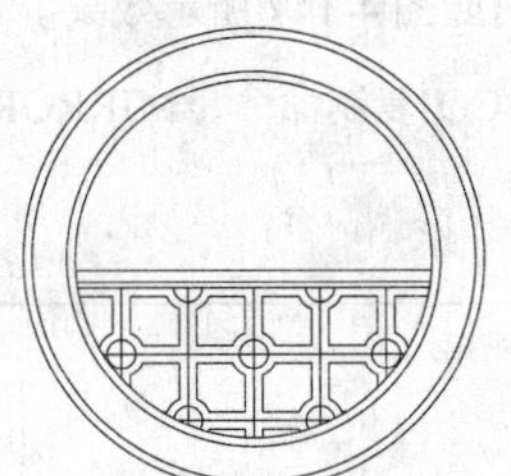

图 4-140　修剪图形

图 4-141　插入图块

052 绘制中式屏风

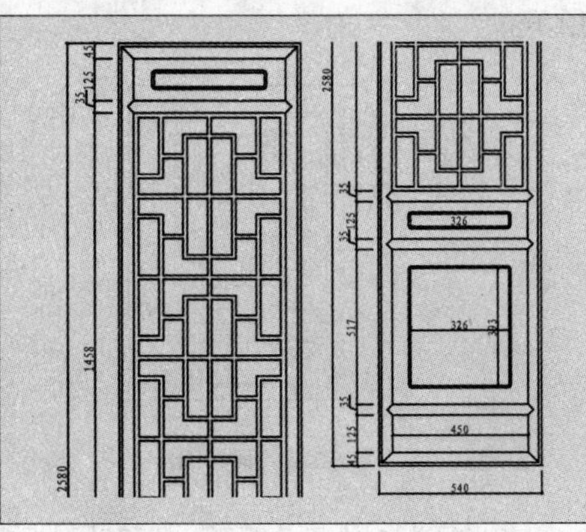

屏风主要是起到现在意义上的隔断或者挡板类的作用，另有美化居室、体现氛围的效果。本实例讲解如左图所示中式屏风的绘制方法和操作技巧。

文件路径:	目标文件\第 04 章\实例 52.dwt
视频文件:	AVI\第 04 章\52 绘制中式屏风.avi
播放时长:	0:11:01

01 调用 RECTANG/REC 矩形命令，绘制尺寸为 540×2580 的矩形表示屏风外轮廓，如图 4-142 所示。

02 调用 OFFSET/O 偏移命令，将矩形向内偏移 10 和 35，如图 4-143 所示。

03 调用 EXPLODE/X 分解命令，分解内侧的矩形。

04 调用 OFFSET/O 偏移命令，将分解后的矩形底边依次向上偏移 125、35、517、35、125、35、1458 和 35，得到屏风横条，效果如图 4-144 所示。

05 调用 LINE/L 直线命令，绘制横条与门框交角处的轮廓，如图 4-145 所示。

06 调用 MIRROR/MI 镜像命令，将线段镜像到另一侧，如图 4-146 所示。

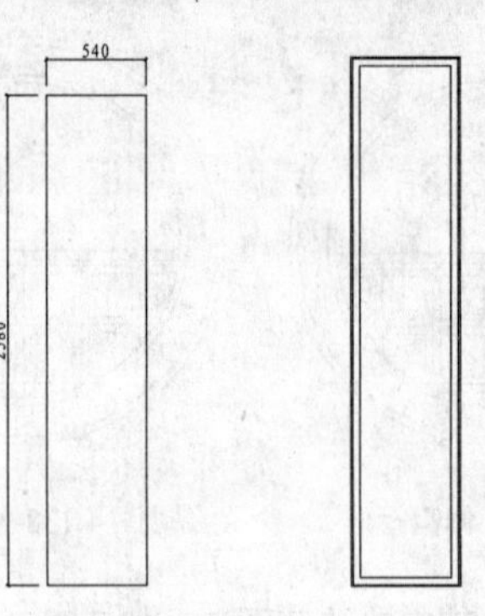

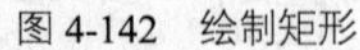
图 4-142 绘制矩形

图 4-143 偏移矩形

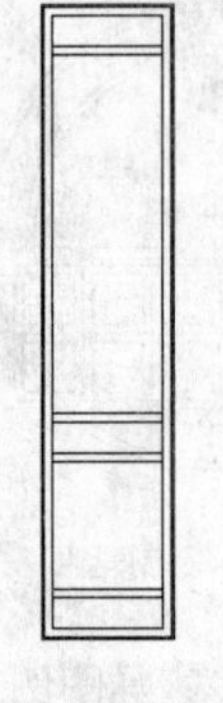

图 4-144 偏移线段

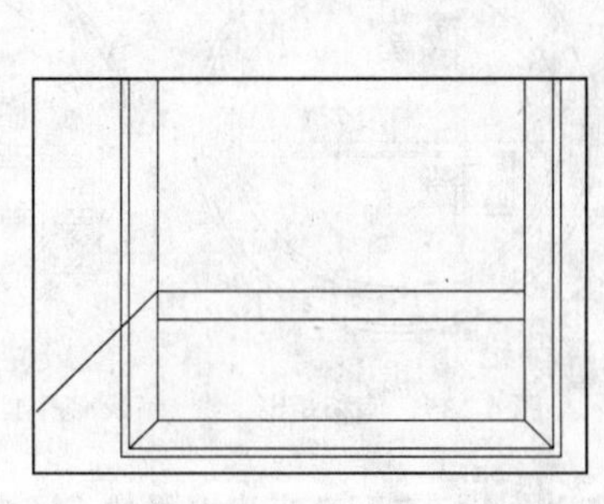

图 4-145 绘制线段

07 调用 TRIM/TR 修剪命令，修剪出如图 4-147 所示效果。

08 选择修剪后的线段，调用 COPY/CO 复制命令、MIRROR/MI 镜像命令和 TRIM/TR 修剪命令，将其复制到其他位置，结果如图 4-148 所示。

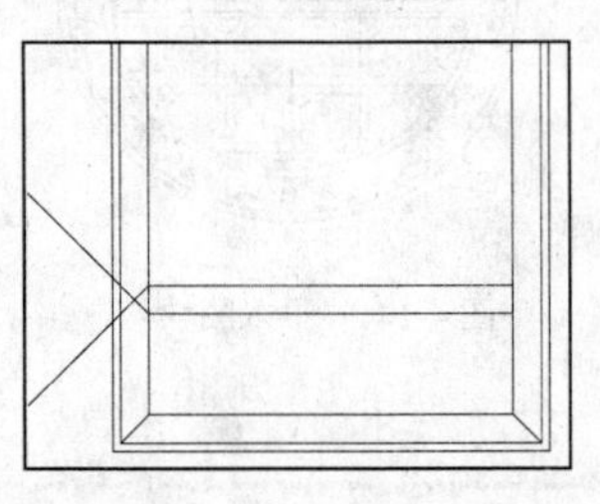

图 4-146 镜像线段

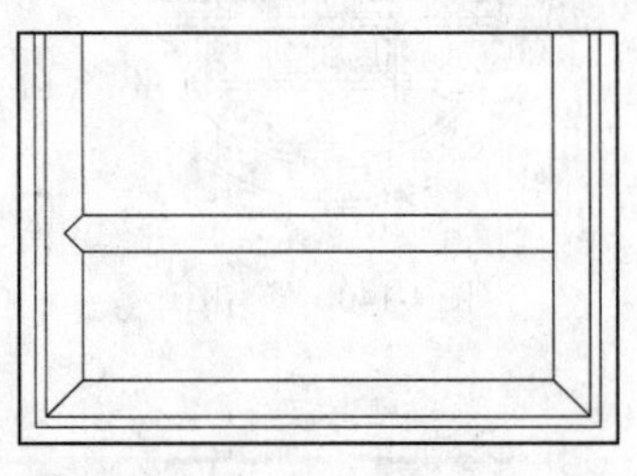

图 4-147 修剪线段

图 4-148 复制图形

09 调用 LINE/L 直线命令，绘制门框转角线，如图 4-149 所示。

图 4-149 绘制转角线

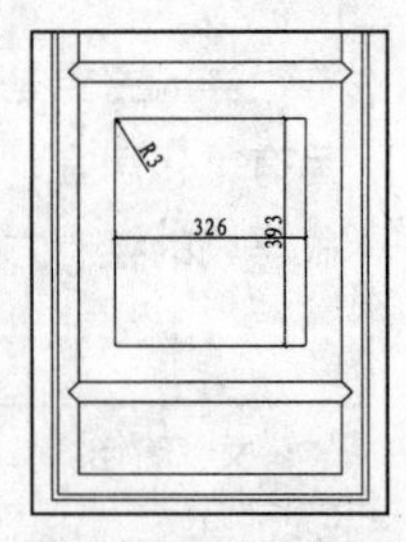

图 4-150 绘制圆角矩形

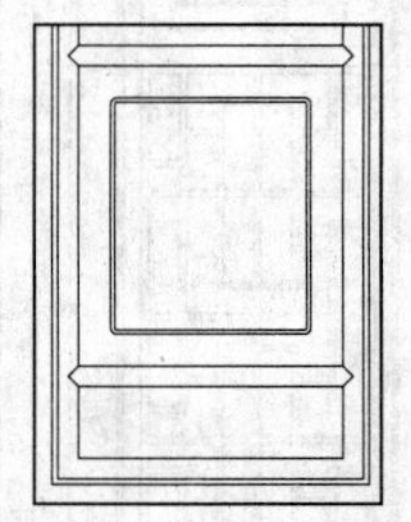

图 4-151 偏移圆角矩形

10 调用 RECTANG/REC 矩形命令，绘制尺寸为 326×393，圆角半径为 3 的圆角矩形，并移动到相应的位置，如图 4-150 所示。

11 调用 OFFSET/O 偏移命令，将圆角矩形向外偏移 7，如图 4-151 所示。

12 同样使用 OFFSET/O 偏移命令和 RECTANG/REC 矩形命令，绘制其他圆角矩形，效果如图 4-152 所示。

13 调用 OFFSET/O 偏移命令，将如图 4-153 所示箭头所指线段向内偏移 15。

14 调用 CHAMFER/CHA 倒角命令，对线段进行倒角，如图 4-154 所示。

15 调用 LINE/L 直线命令，绘制如图 4-155 所示线段。

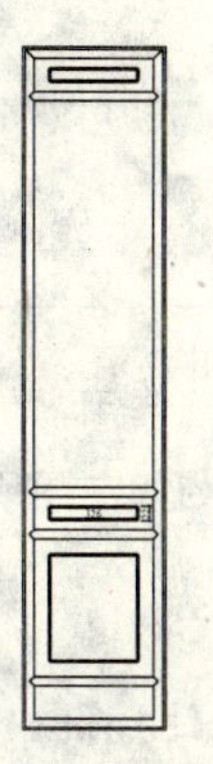

图 4-152　绘制圆角矩形

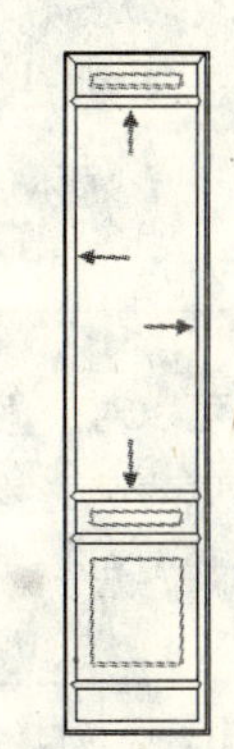

图 4-153　偏移线段

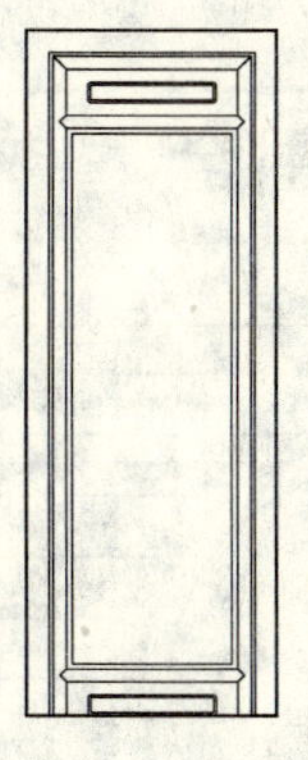

图 4-154　倒角

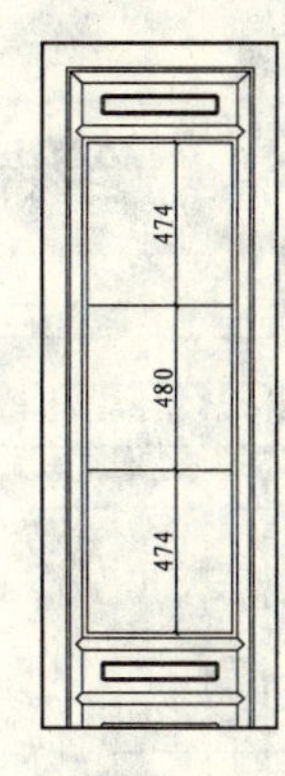

图 4-155　绘制线段

16 调用 OFFSET/O 偏移命令，向上偏移线段，偏移距离为 60，如图 4-156 所示。

17 调用 OFFSET/O 偏移命令，向内偏移线段，如图 4-157 所示。

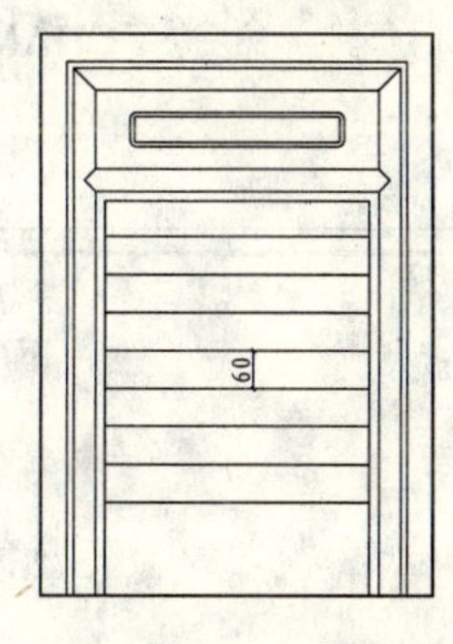

图 4-156　偏移线段

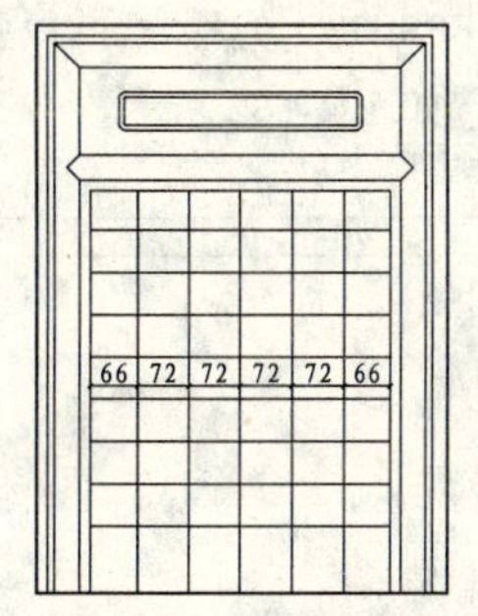

图 4-157　偏移线段

18 调用 MLINE/ML 多线命令，以前面偏移的线段为轴线，绘制宽为 12 的多线表示花格，如图 4-158 所示。

19 删除偏移的线段。

20 调用 EXPLODE/X 分解命令，分解所有的多线。

21 调用 TRIM/TR 修剪命令，将多线修剪成如图 4-159 所示花格效果。

22 调用 COPY/CO 复制命令，将花格向下复制，并做适当修改，效果如图 4-160 所示，完成中式屏门的绘制。

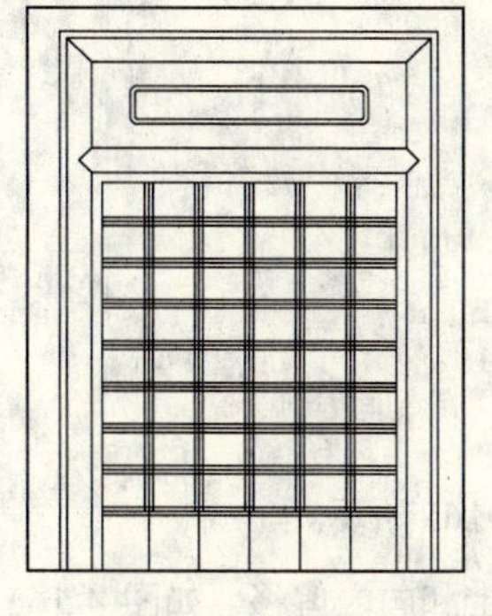

图 4-158　绘制多线

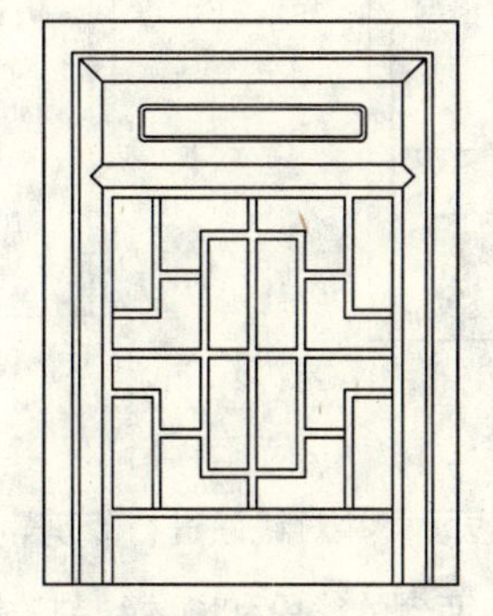

图 4-159　修剪多线

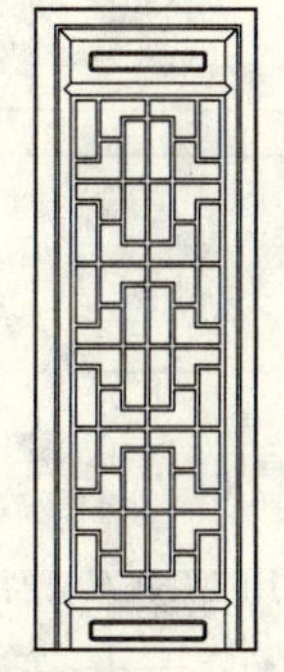

图 4-160　复制图形

053 绘制中式围合

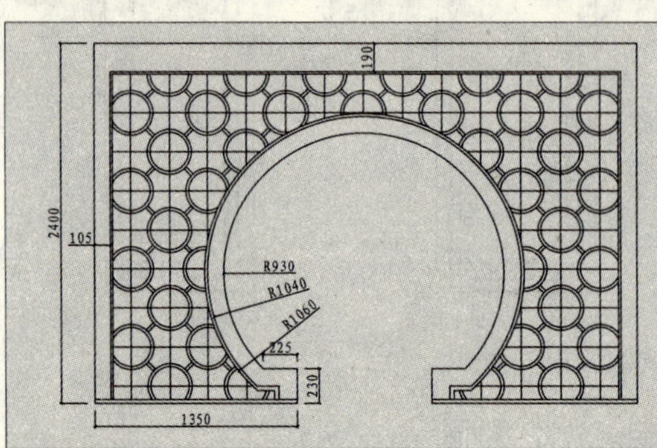

围合可以对空间起到一定的遮挡作用，是中式家居装饰常见的装饰构件。本实例介绍如左图所示中式围合的绘制方法。

文件路径：	目标文件\第 04 章\实例 53.dwt
视频文件：	AVI\第 04 章\53 绘制中式围合.avi
播放时长：	0:10:54

01 调用 PLINE/PL 直线命令，绘制围合的外轮廓，如图 4-161 所示。

02 调用 OFFSET/O 偏移命令，将线段向内偏移，并调用 TRIM（修剪）命令和 CHAMFER（倒角）命令，进行修剪，如图 4-162 所示。

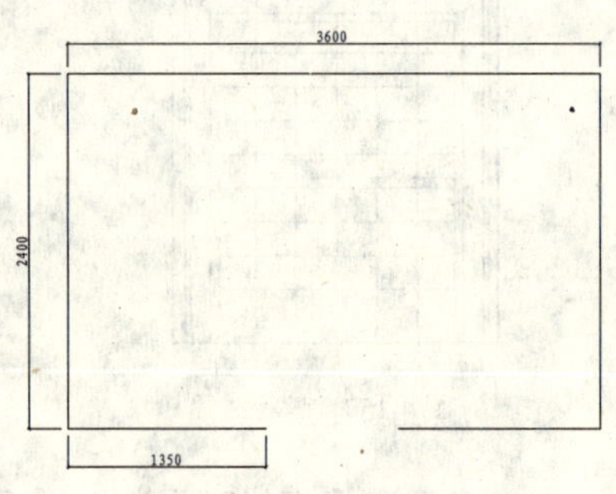

图 4-161 绘制多段线

图 4-162 偏移多段线

03 调用 OFFSET/O 偏移命令，绘制辅助线，如图 4-163 所示。

04 调用 CIRCLE/C 圆命令，绘制半径为 930、1040 和 1060 的同心圆，然后删除辅助线，如图 4-164 所示。

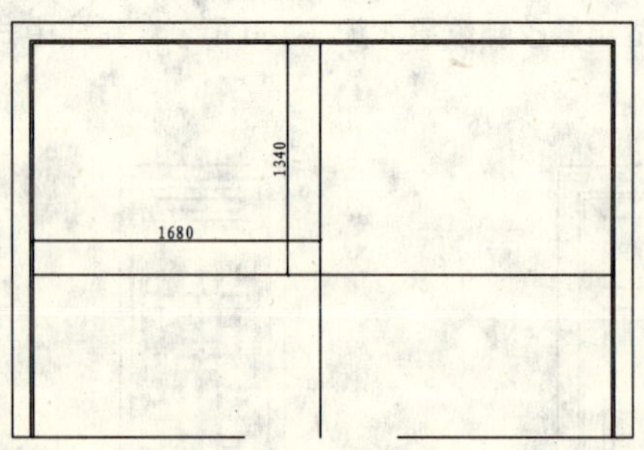

图 4-163 绘制辅助线

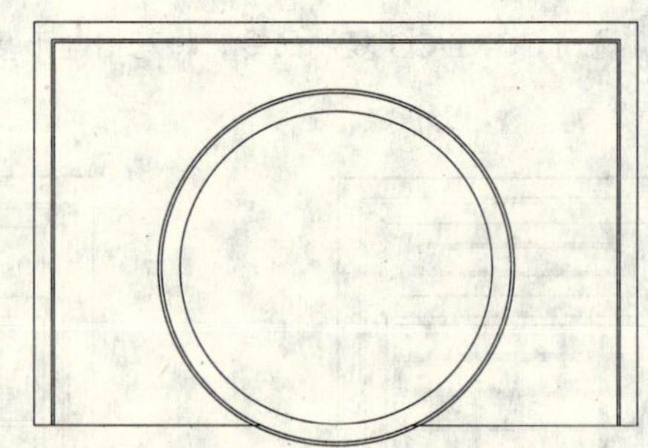

图 4-164 绘制同心圆

05 调用 LINE/L 直线命令，绘制线段，并对线段进行修剪，效果如图 4-165 所示。

06 调用 OFFSET/O 偏移命令，将两侧的线段和刚才绘制的线段分别向上和向内偏移，如图 4-166 所示。

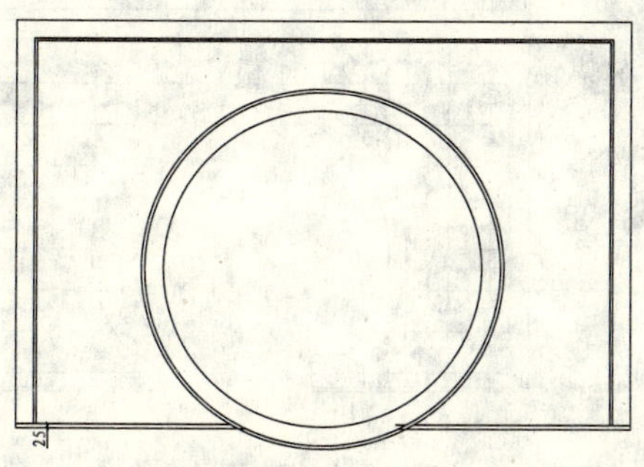

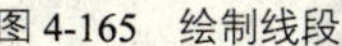

图 4-165　绘制线段

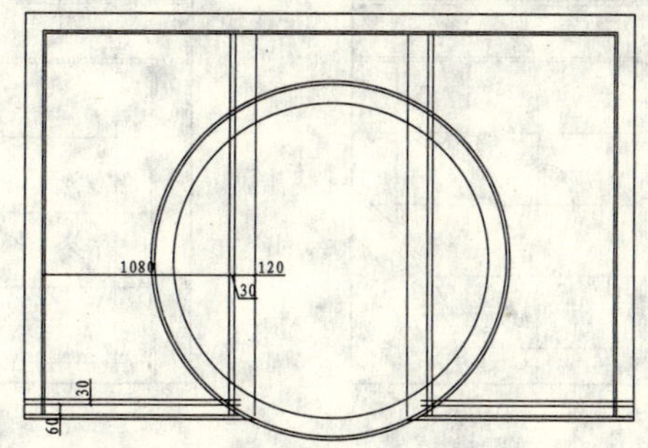

图 4-166　偏移线段

07 调用 TRIM/TR 修剪命令，对圆和线段进行修剪，如图 4-167 所示。

08 调用 LINE/L 直线命令和 OFFSET/O 偏移命令，绘制线段，如图 4-168 所示。

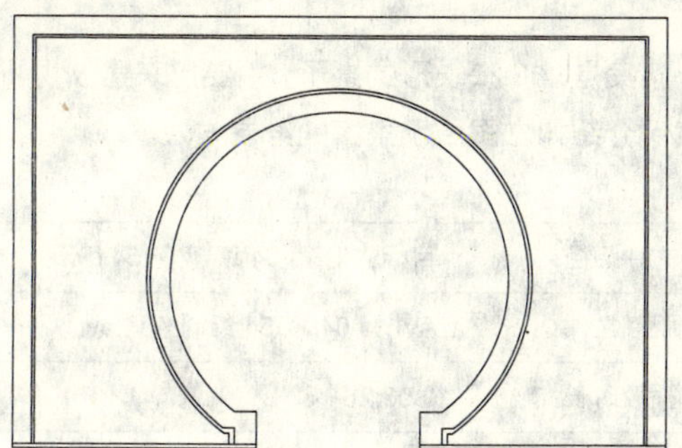

图 4-167　修剪线段

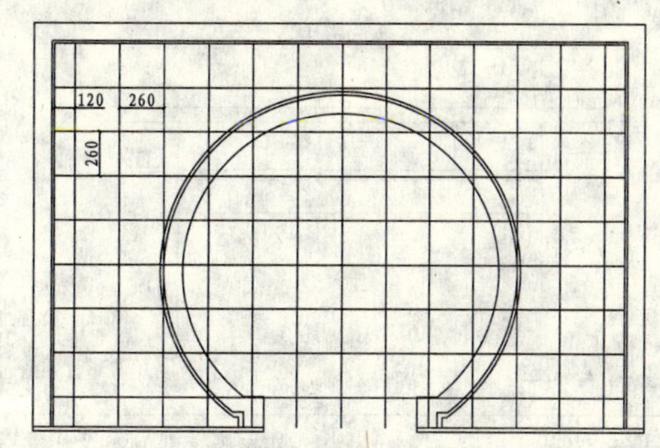

图 4-168　绘制线段

09 调用 TRIM/TR 修剪命令，对线段相交的位置并进行修剪，如图 4-169 所示。

10 调用 CIRCLE/C 圆命令，以线段的交点为圆心绘制半径为 130 的圆，如图 4-170 所示。

11 调用 OFFSET/O 偏移命令，将圆向外偏移 30，如图 4-171 所示。

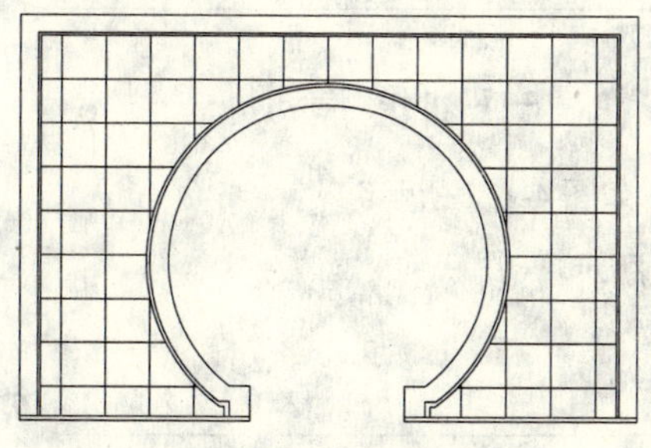

图 4-169　修剪线段

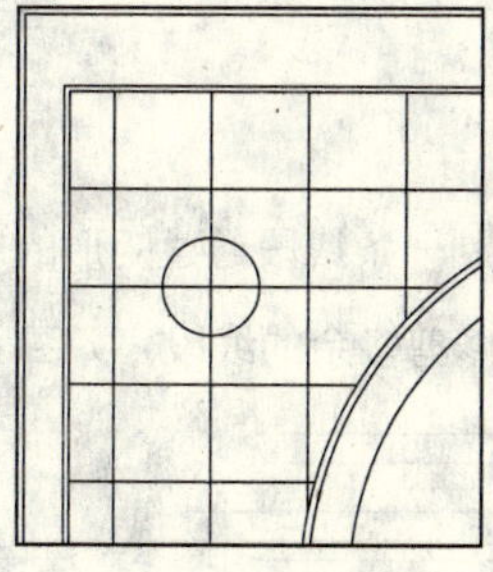

图 4-170　绘制圆

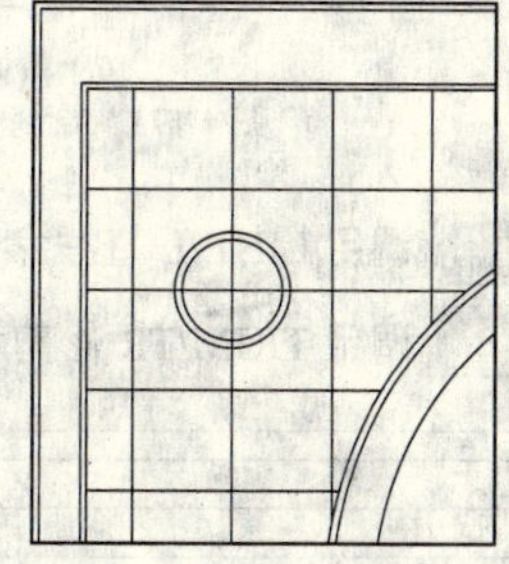

图 4-171　偏移圆

12 调用 DIVIDE/DIV 定数等分命令，将圆分成八等份，如图 4-172 所示。

13 调用 LINE/L 直线命令，以等分点为起点绘制线段，并将线段向两侧偏移 10，然后删除中间的线段和等分点，如图 4-173 所示。

14 调用 COPY/CO 复制命令，将图形复制到其他区域，并进行修剪，如图 4-174 所示，完成中式围合的绘制。

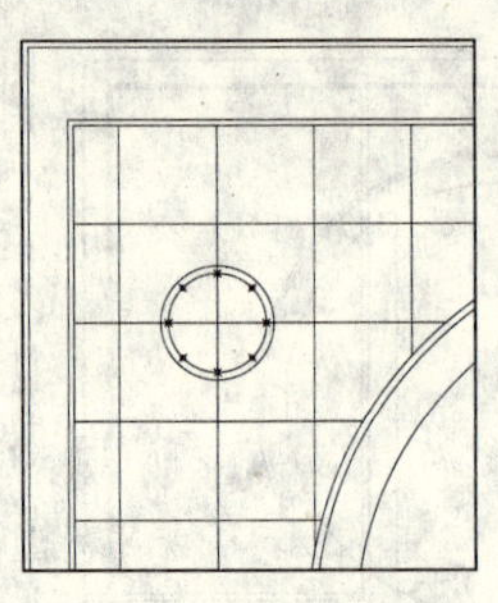
图 4-172　定数等分

图 4-173　绘制线段

图 4-174　复制图形

054 绘制条案

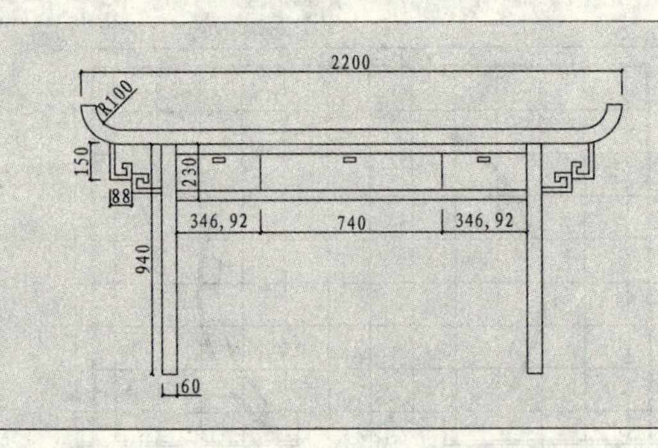

条案是一个狭长形的桌子，主要用来摆放物品。本实例介绍如左图所示条案的绘制方法。

文件路径:	目标文件\第 04 章\实例 54.dwt
视频文件:	AVI\第 04 章\54 绘制条案.avi
播放时长:	0:03:28

01 调用 RECTANG/REC 矩形命令，绘制尺寸为 2200×320，圆角半径为 160 的圆角矩形，如图 4-175 所示。

02 调用 OFFSET/O 偏移命令，将圆角矩形向内偏移 60，如图 4-176 所示。

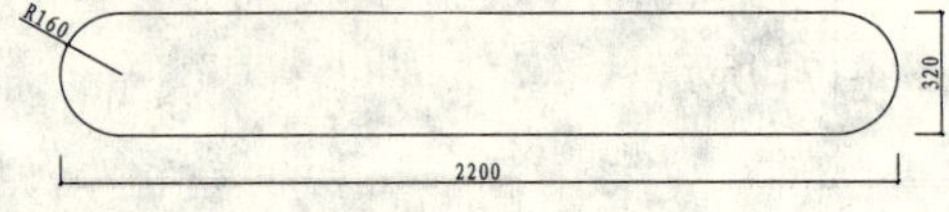

图 4-175　绘制圆角矩形

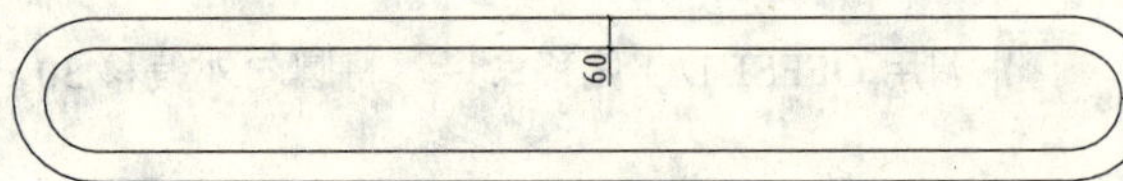

图 4-176　偏移圆角矩形

03 调用 LINE/L 直线命令，绘制一条线段通过矩形的中点，如图 4-177 所示。

04 调用 TRIM/TR 修剪命令，修剪多余的线段，如图 4-178 所示。

图 4-177　绘制线段

图 4-178　修剪线段

05 调用 RECTANG/REC 矩形命令，绘制条案的支柱结构，如图 4-179 所示。

06 调用 RECTANG/REC 矩形命令和 LINE/L 直线命令，绘制抽屉，如图 4-180 所示。

07 调用 PLINE/PL 多段线命令、MIRROR/MI 镜像命令、COPY/CO 复制命令和 ROTATE/RO 旋转命令，绘制中式雕花图案，如图 4-181 所示，完成条案的绘制。

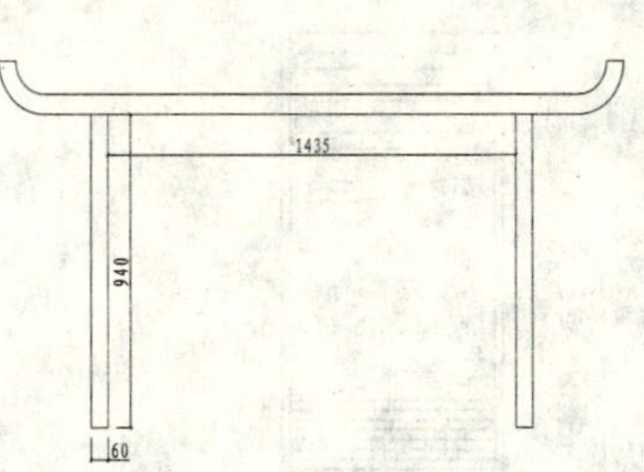

图 4-179　绘制支柱结构

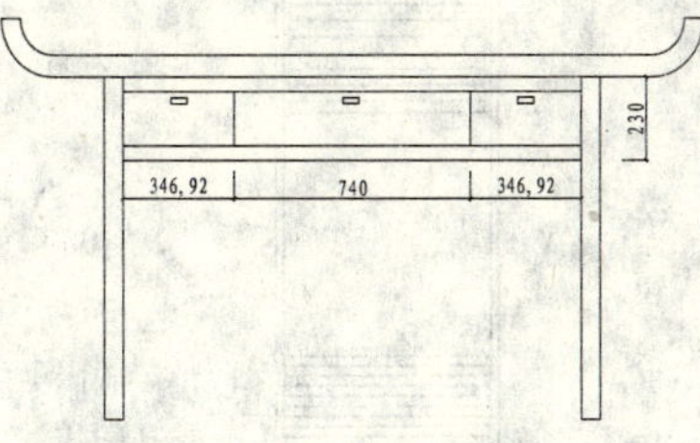

图 4-180　绘制抽屉

图 4-181　绘制中式雕花图案

055 绘制空调

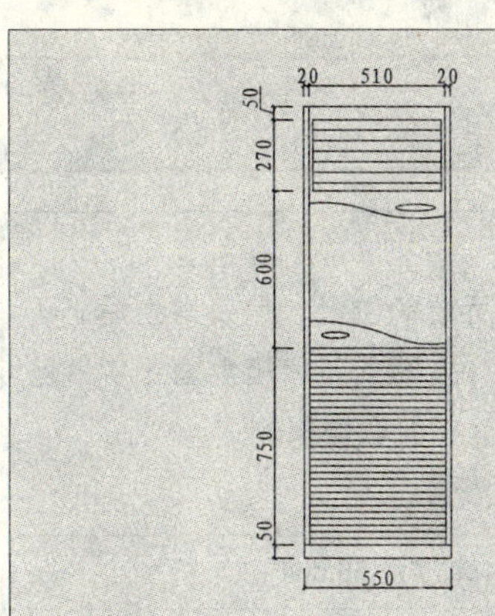

立式空调通常摆放在沙发与沙发的转角处。本实例介绍如左图所示空调立面图例的绘制方法和操作技巧。

文件路径:	目标文件\第 04 章\实例 55.dwt
视频文件:	AVI\第 04 章\55 绘制空调.avi
播放时长:	0:084:22

01 调用 RECTANG/REC 矩形命令，绘制尺寸为 550×1720 的矩形，如图 4-182 所示。

02 调用 LINE/L 直线命令，细化矩形内部，如图 4-183 所示。

03 调用 RECTANG/REC 矩形命令，绘制尺寸为 480×270 的矩形，并移动到相应的位置，如图 4-184 所示。

04 调用 LINE/L 直线命令，绘制如图 4-185 所示线段。

05 调用 HATCH/H 图案填充命令，对矩形内和线段下方填充 LINE 图案，效果如图 4-186 所示。

图 4-182　绘制矩形

图 4-183　绘制线段

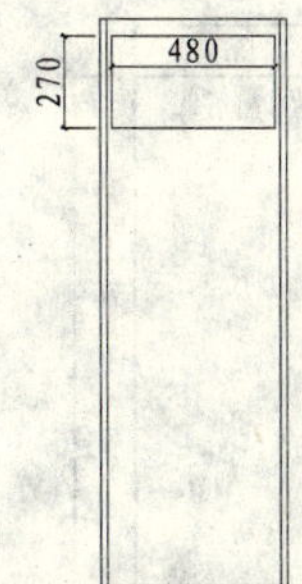

图 4-184　绘制矩形

06 调用 ELLIPSE/EL 椭圆命令和 SPLINE/SP 样条曲线命令，绘制空调的其他图形，效果如图 4-187 所示，完成空调的绘制。

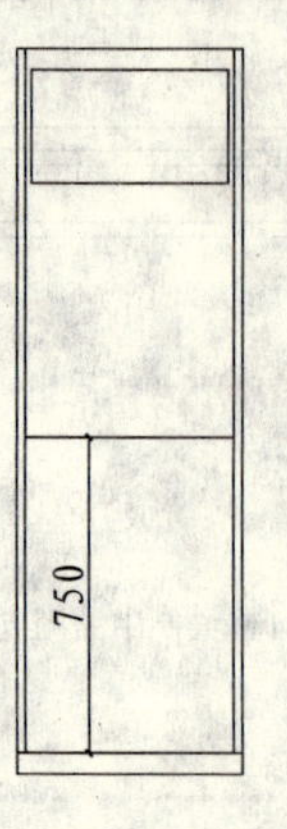

图4-185　绘制线段

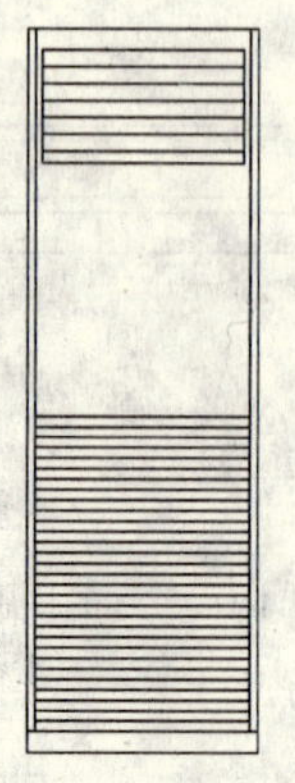
图4-186　填充图案

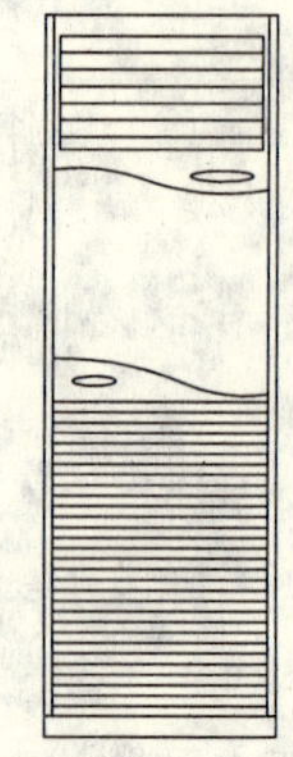
图4-187　绘制其他图形

056 绘制冰箱

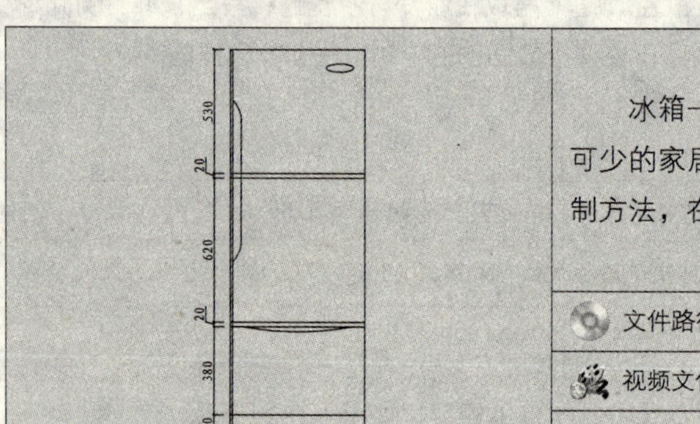

冰箱一般摆放在厨房或餐厅墙角位置，是日常生活必不可少的家居电器。本实例介绍如左图所示冰箱立面图例的绘制方法，在绘制厨房或餐厅立面图时会使用到。

文件路径：	目标文件\第04章\实例56.dwt
视频文件：	AVI\第04章\56 绘制冰箱.avi
播放时长：	0:02:13

01 调用RECTANG/REC矩形命令，绘制尺寸为580×1650的矩形，如图4-188所示。

02 调用LINE/L直线命令和OFFSET/O偏移命令，对矩形内部进行细化，如图4-189所示。

03 调用LINE/L直线命令、CIRCLE/C圆命令、TRIM/TR修剪命令、ELLIPSE/EL椭圆命令和ARC/A圆弧命令，绘制冰箱上的其他图形，如图4-190所示。

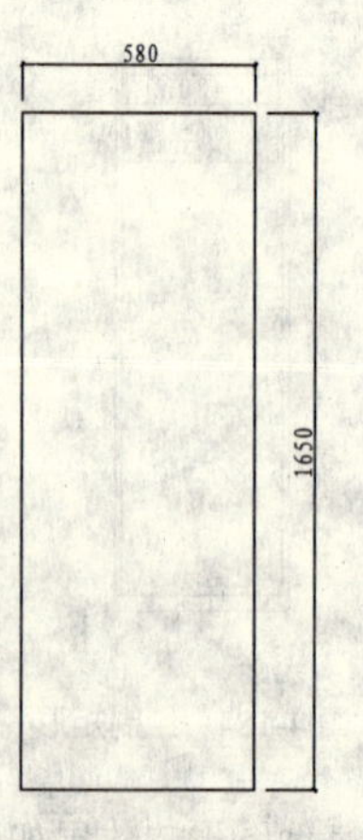

图4-188　绘制矩形

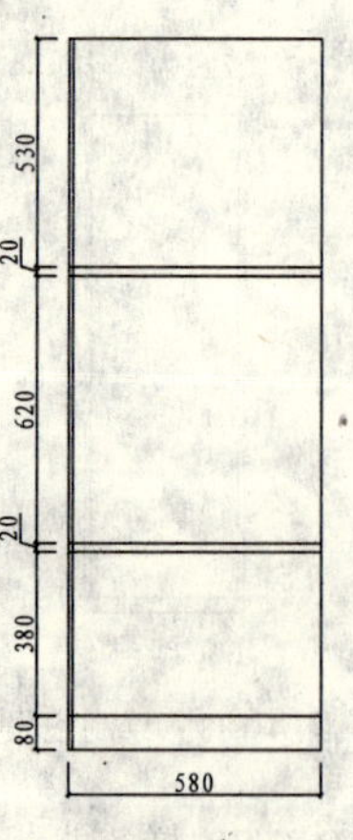

图4-189　细化矩形

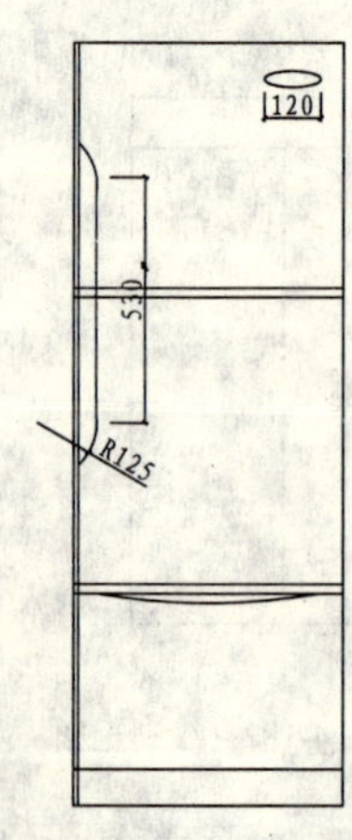

图4-190　绘制其他图形

057 绘制洗衣机

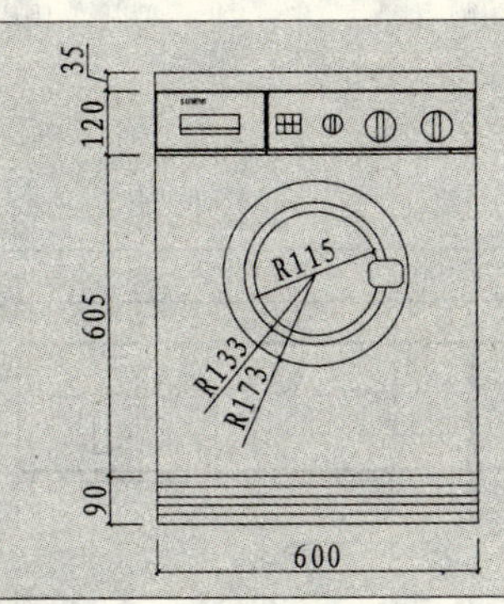

洗衣机需要放置在干燥的地方。本实例介绍如左图所示滚筒洗衣机立面图例的绘制方法和操作技巧。

文件路径：	目标文件\第 04 章\实例 57.dwt
视频文件：	AVI\第 04 章\57 绘制洗衣机.avi
播放时长：	0:07:43

01 调用 RECTANG/REC 矩形命令，绘制尺寸为 600×850 的矩形，如图 4-191 所示。

02 调用 LINE/L 直线命令和 OFFSET/O 偏移命令，绘制洗衣机的底座，如图 4-192 所示。

03 调用 CIRCLE/C 圆命令，在矩形中绘制半径分别为 115、133 和 173 的同心圆，如图 4-193 所示。

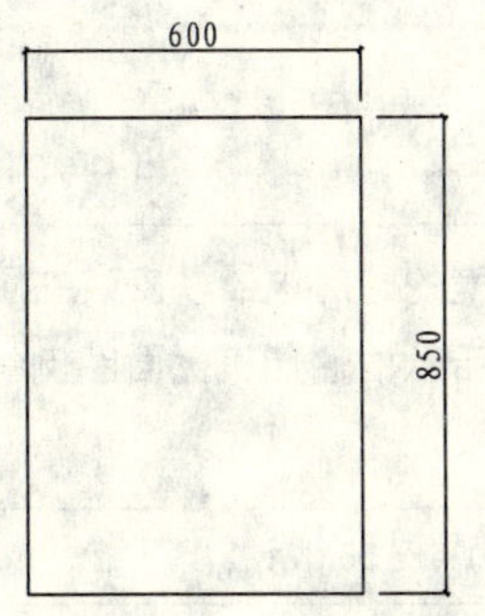

图 4-191　绘制矩形

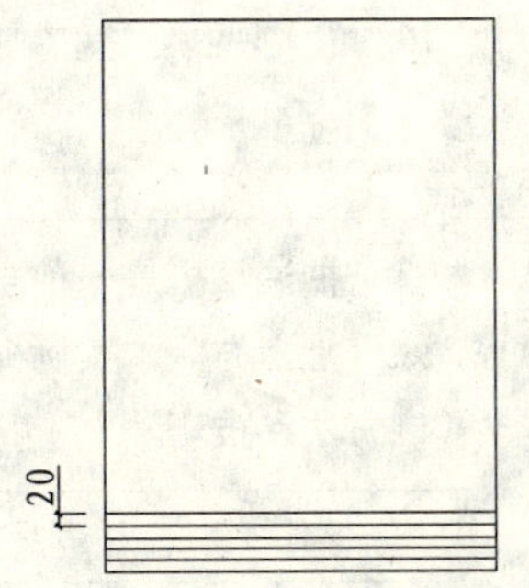

图 4-192　绘制底座

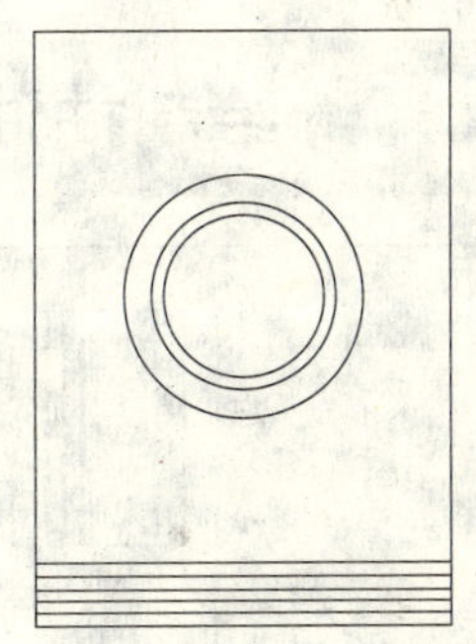

图 4-193　绘制同心圆

04 调用 RECTANG/REC 矩形命令，绘制尺寸为 65×50，圆角半径为 15 的圆角矩形，如图 4-194 所示。

05 调用 TRIM/TR 修剪命令，对圆与圆角矩形相交的位置进行修剪，如图 4-195 所示。

06 调用 LINE/L 直线命令和 OFFSET/O 偏移命令，绘制洗衣机上方的基本轮廓，如图 4-196 所示。

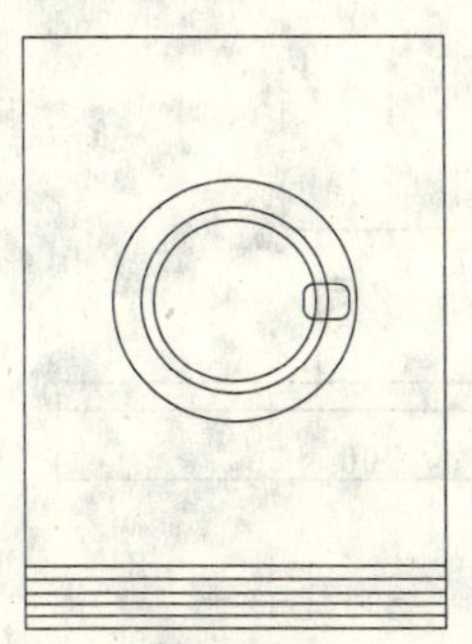

图 4-194　绘制圆角矩形

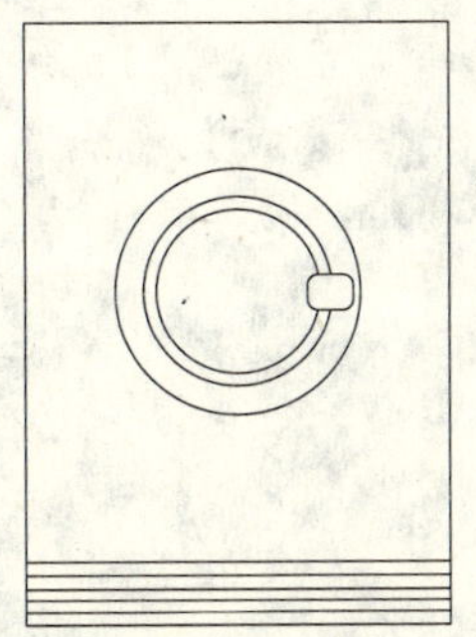

图 4-195　修剪圆

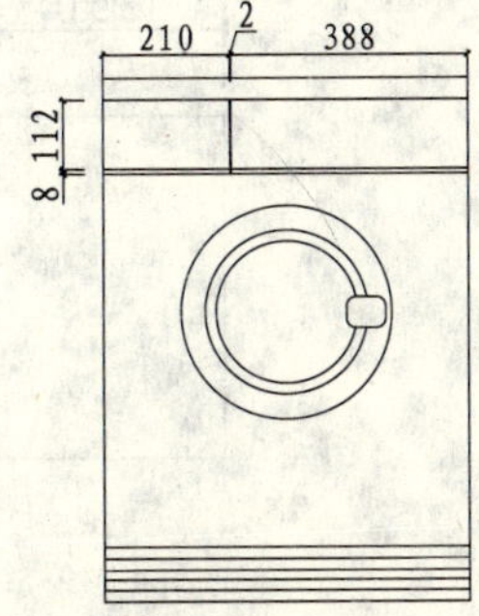

图 4-196　绘制线段

第 4 章

07 调用 RECTANG/REC 矩形命令，在轮廓内绘制尺寸为 205×108 和 385×108 的矩形，圆角半径为 5，如图 4-197 所示。

08 调用 CIRCLE/C 圆命令、RECTANG/REC 矩形命令、LINE/L 直线命令和 MTEXT/MT 多行文字命令，绘制其他图形，如图 4-198 所示，完成洗衣机的绘制。

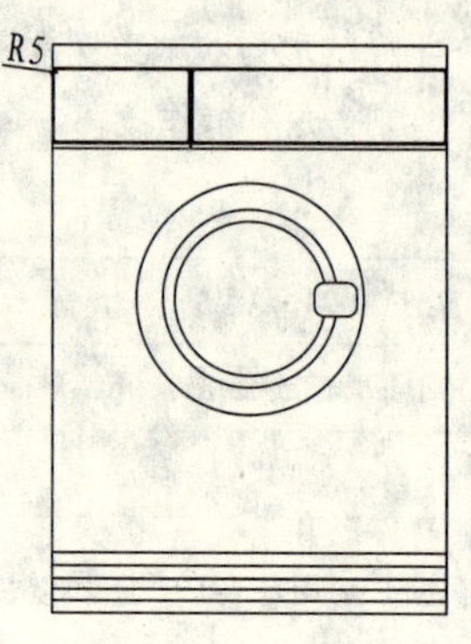

图 4-197 绘制圆角矩形

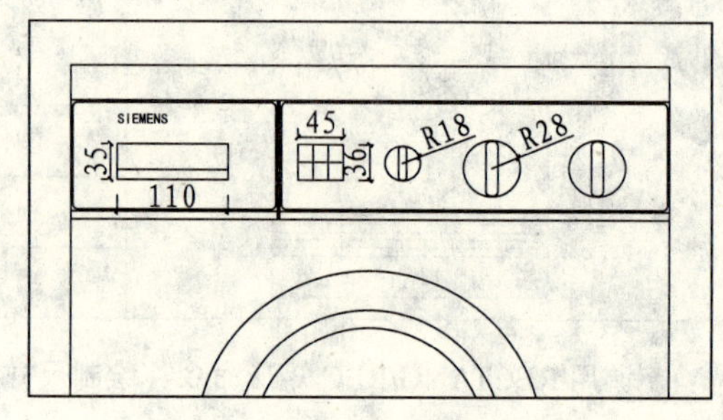

图 4-198 绘制其他图形

第1篇

058 绘制抽油烟机

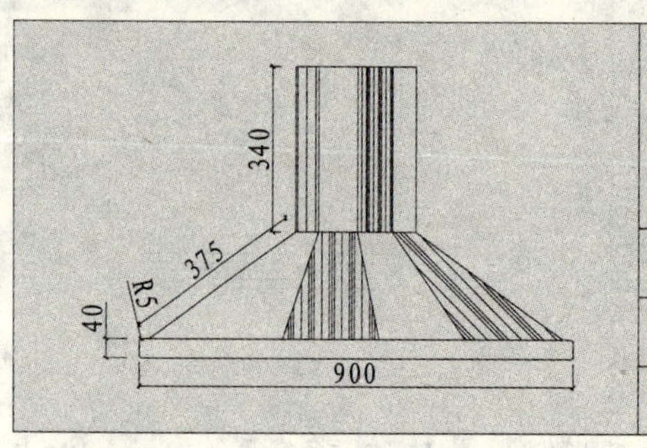

抽油烟机是一种净化厨房环境的厨房电器，安装在厨房燃气灶上方。本实例介绍如左图所示抽油烟机立面图例的绘制方法和技巧。

文件路径：	目标文件\第 04 章\实例 58.dwt
视频文件：	AVI\第 04 章\58 绘制抽油烟机.avi
播放时长：	0:02:39

01 调用 RECTANG/REC 矩形命令，绘制尺寸为 250×340 的矩形，如图 4-199 所示。

02 调用 RECTANG/REC 矩形命令，绘制尺寸为 900×40，半径为 5 的圆角矩形，并移动到相应的位置，如图 4-200 所示。

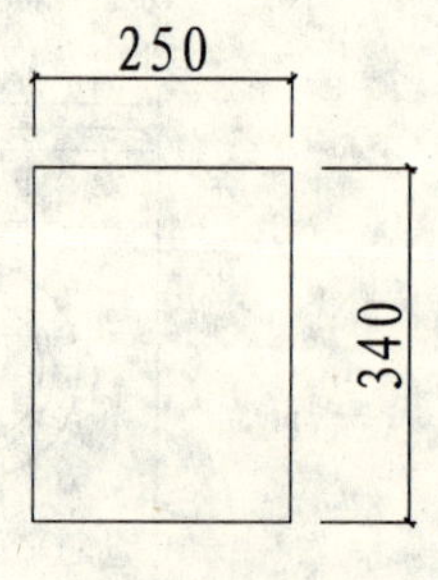

图 4-199 绘制矩形

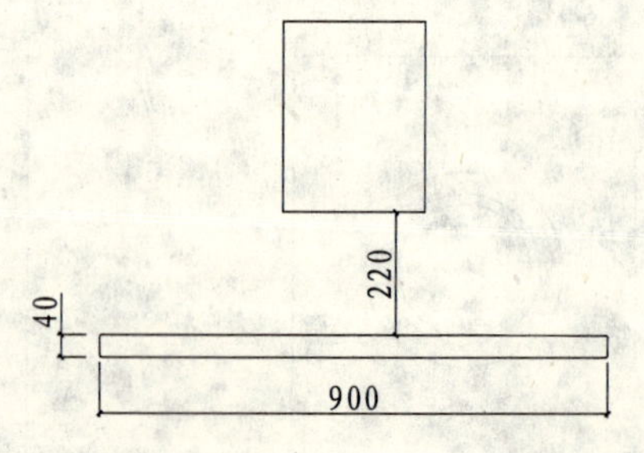

图 4-200 绘制圆角矩形

03 调用 LINE/L 直线命令，绘制线段连接两个矩形，如图 4-201 所示。

04 继续调用 LINE/L 直线命令，绘制如图 4-202 所示线段。

05 调用 HATCH/H 图案填充命令，在线段内填充 PLAST 图案，填充结果如图 4-203 所示，完成抽油烟机的绘制。

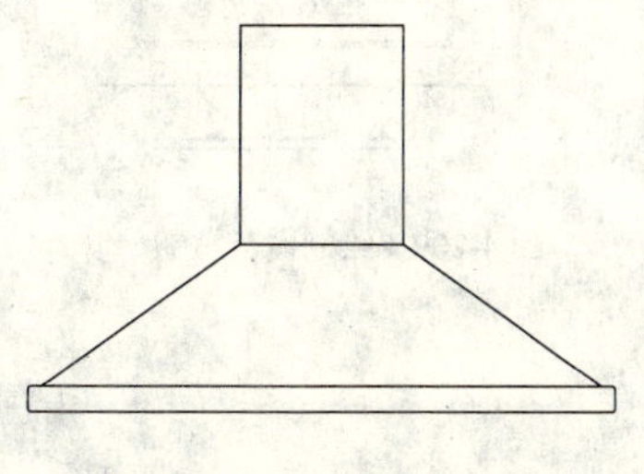

图 4-201　绘制线段

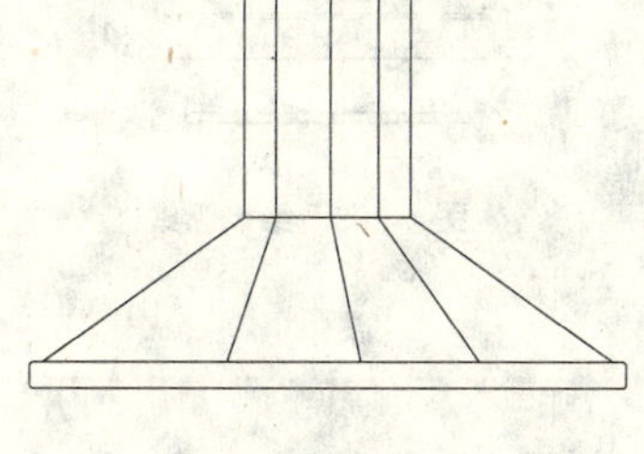

图 4-202　绘制线段

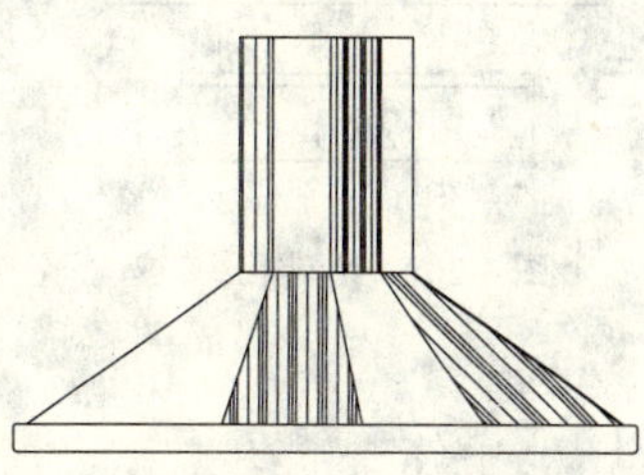

图 4-203　填充图案

059 绘制液晶显示器

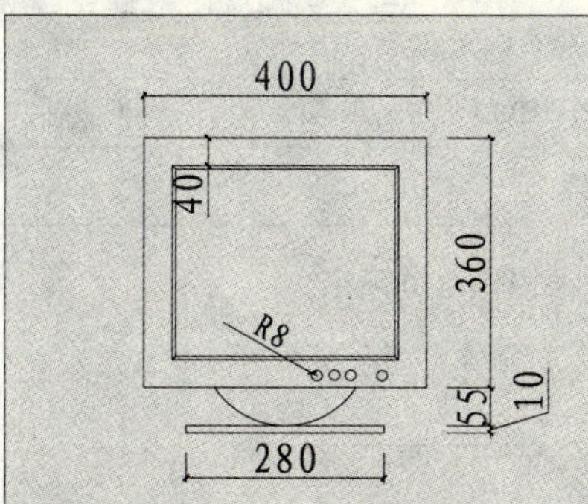

液晶显示器可视面积大，拥有较高精细的画质。本实例如左图所示的液晶显示器立面图的绘制方法与技巧。

文件路径：	目标文件\第 04 章\实例 59.dwt
视频文件：	AVI\第 04 章\59 绘制液晶显示器.avi
播放时长：	0:02:02

01 调用 RECTANG/REC 矩形命令，绘制尺寸为 400×360 的矩形，如图 4-204 所示。

02 调用 OFFSET/O 偏移命令，偏移矩形，偏移的距离分别为 40 和 5，如图 4-205 所示。

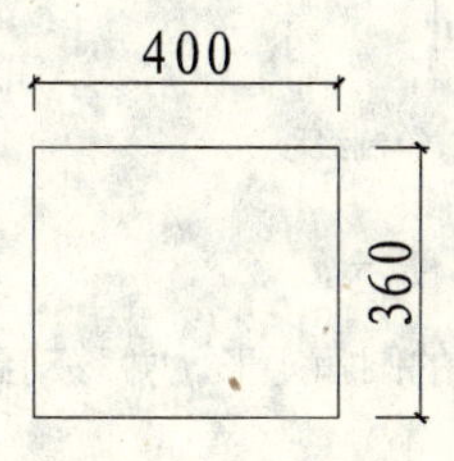

图 4-204　绘制矩形

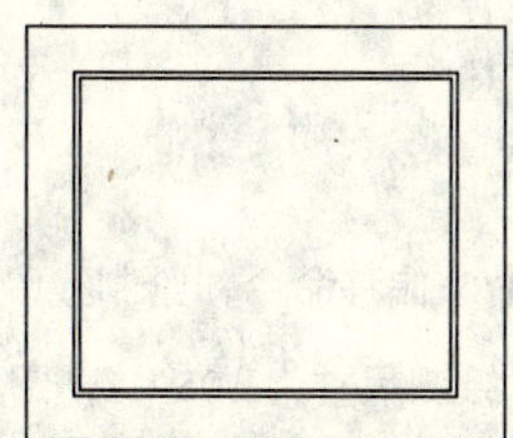

图 4-205　偏移矩形

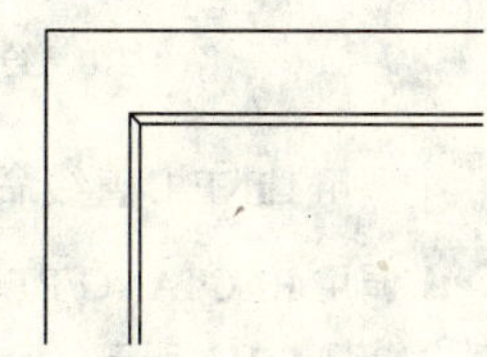

图 4-206　连接交角处

03 调用 LINE/L 直线命令，将内侧显示屏区的轮廓线的交角处连接起来，如图 4-206 所示。

04 调用 RECTANG/REC 矩形命令和 MOVE/M 移动命令，绘制显示器的矩形底座，如图 4-207 所示。

05 调用 ARC/A 圆弧命令，绘制底座的弧线造型如图 4-208 所示。

06 调用 CIRCLE/C 圆命令，绘制显示屏的由多个大小不同的圆形构成的调节按钮如图 4-209 所示，完成显示器的绘制。

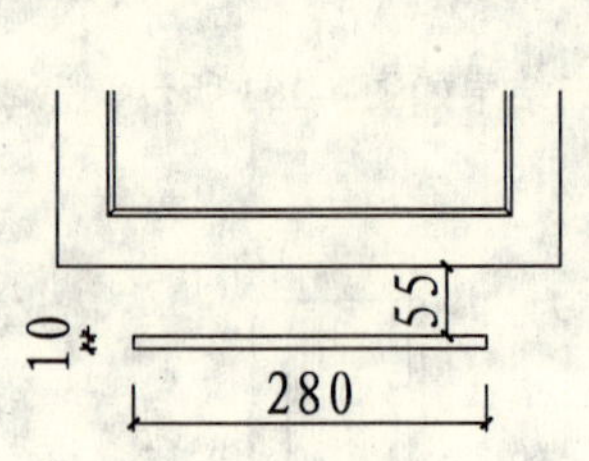

图 4-207 绘制矩形底座

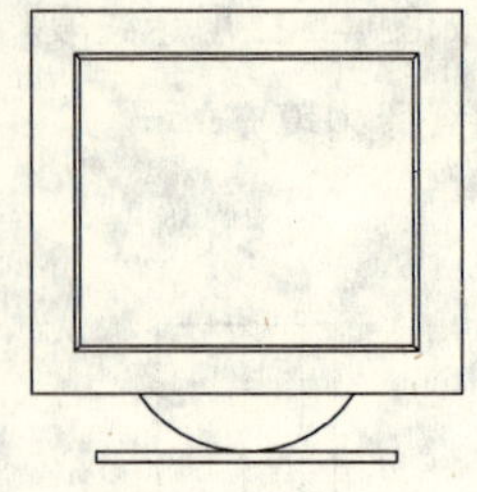

图 4-208 绘制弧线

图 4-209 绘制调节按钮

060 绘制台灯

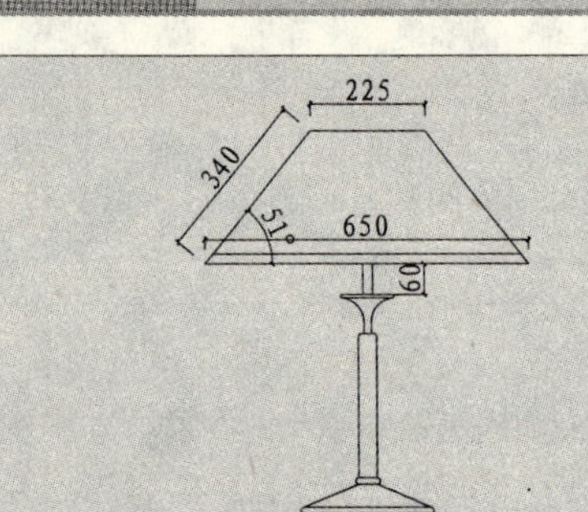

台灯通常放置在卧室的床头柜上，或者是书房中，用来辅助照明或装饰空间，以烘托气氛。本实例介绍如左图所示的台灯立面图的绘制方法。

文件路径：	目标文件\第 04 章\实例 60.dwt
视频文件：	AVI\第 04 章\60 绘制台灯.avi
播放时长：	0:03:33

01 调用 PLINE/PL 多段线命令和 LINE/L 直线命令，绘制灯罩，如图 4-210 所示。

02 调用 LINE/L 命令直线命令，绘制如图 4-211 所示线段。

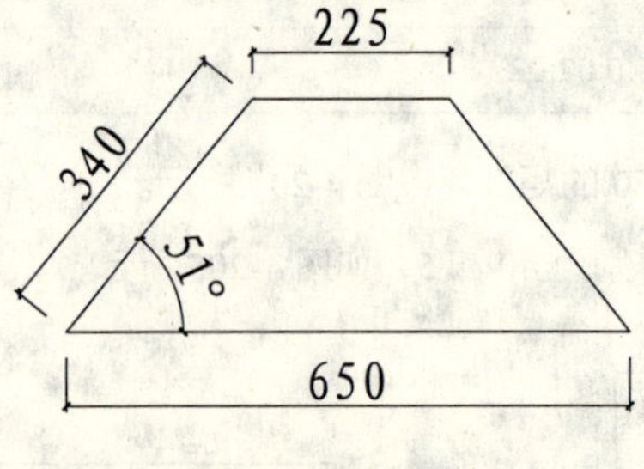

图 4-210 绘制灯罩

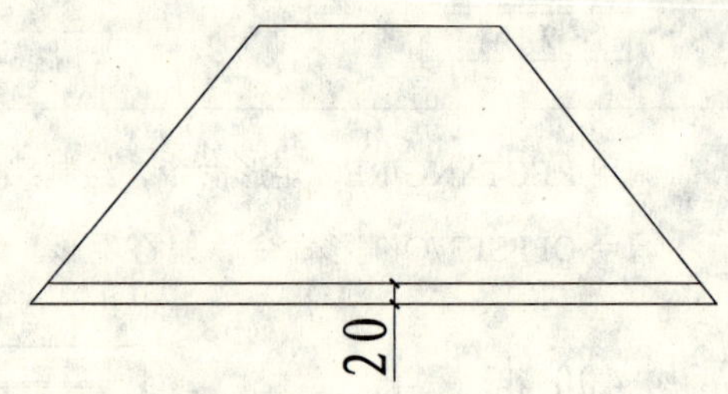

图 4-211 绘制线段

03 调用 LINE/L 直线命令和 OFFSET/O 偏移命令，绘制线段，如图 4-212 所示。

04 调用 RECTANG/REC 矩形命令，绘制尺寸为 105×7，圆角半径为 3.5 的圆角矩形，并移动到相应的位置，如图 4-213 所示。

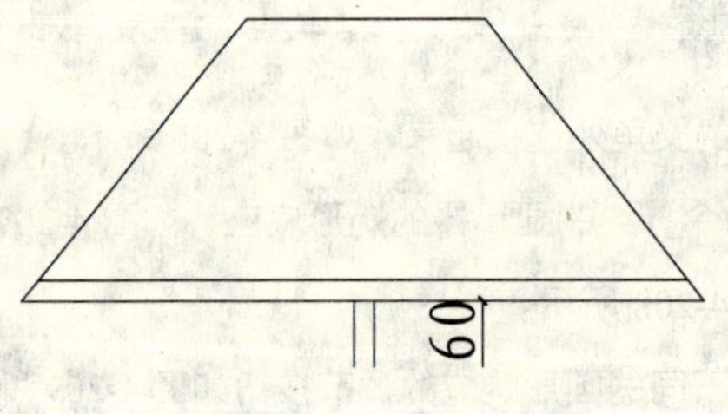

图 4-212 绘制线段

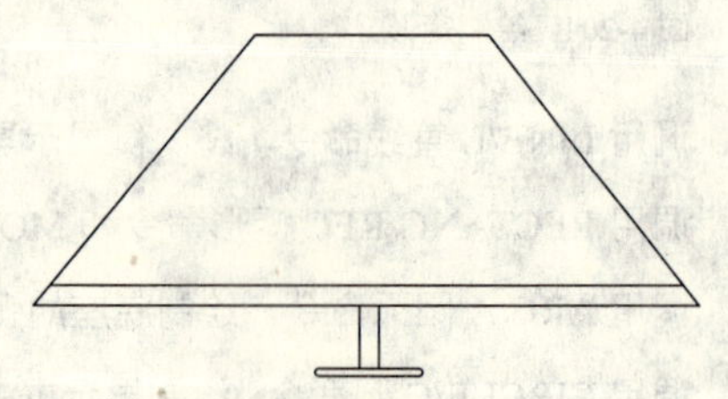

图 4-213 绘制圆角矩形

第1篇

05 调用 PLINE/PL 多段线命令，绘制多段线，如图 4-214 所示。

06 调用 FILLET/F 圆角命令，对多段线进行圆角，圆角半径为 6，如图 4-215 所示。

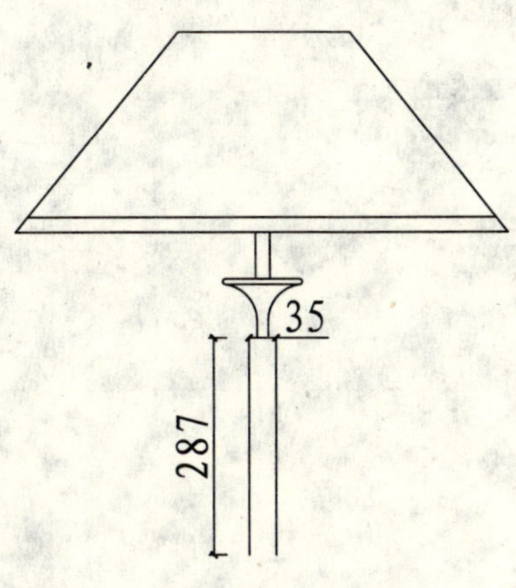

图 4-214　绘制多段线

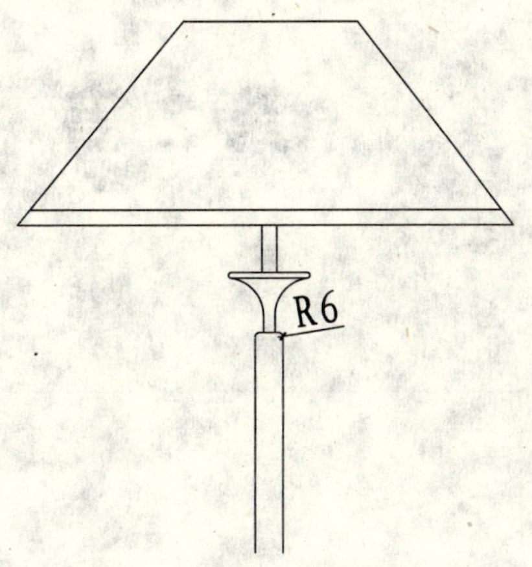

图 4-215　圆角

07 调用 RECTANG/REC 矩形命令，在多段线下方绘制圆角矩形，如图 4-216 所示。

08 调用 LINE/L 直线命令，绘制线段连接圆角矩形，如图 4-217 所示。台灯立面图绘制完成。

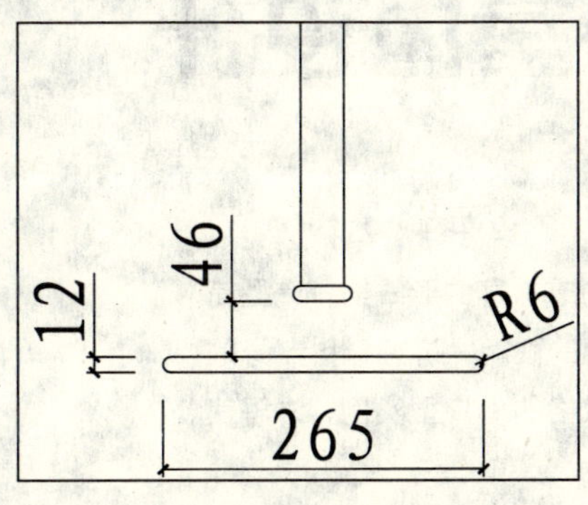

图 4-216　绘制圆角矩形

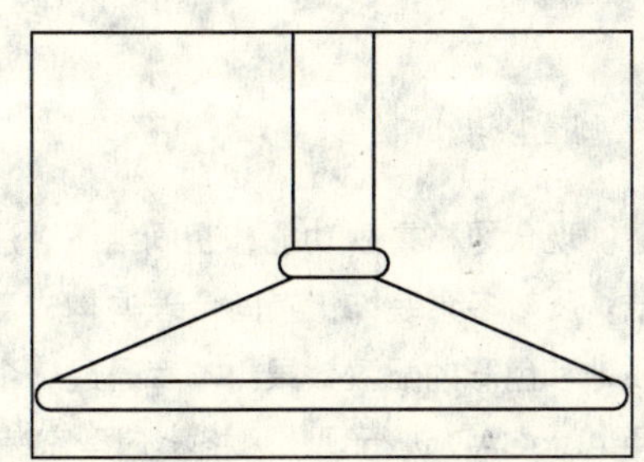
图 4-217　绘制线段

第 2 篇　家 装 篇

第 5 章
现代风格小户型室内设计

现代风格重视功能和空间组织，注重发挥结构构成本身的形式美，造型简洁，反对多余装饰；崇尚合理的构成工艺，尊重材料的性能；讲究材料自身的质地和色彩的配置效果。本章通过一个一居室现代风格的小户型实例，讲解使用 AutoCAD 进行现代风格小户型家装设计的方法。

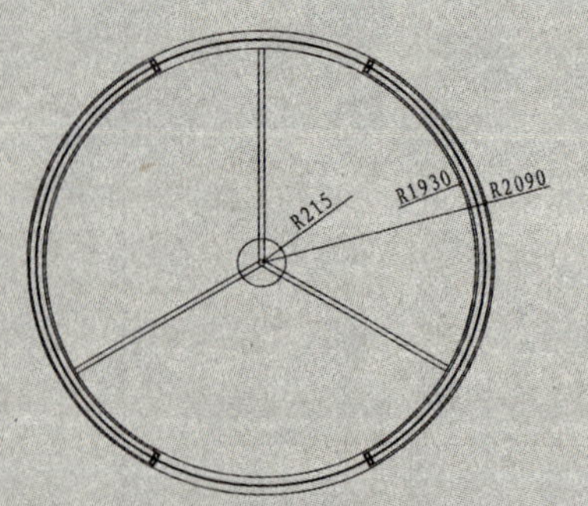

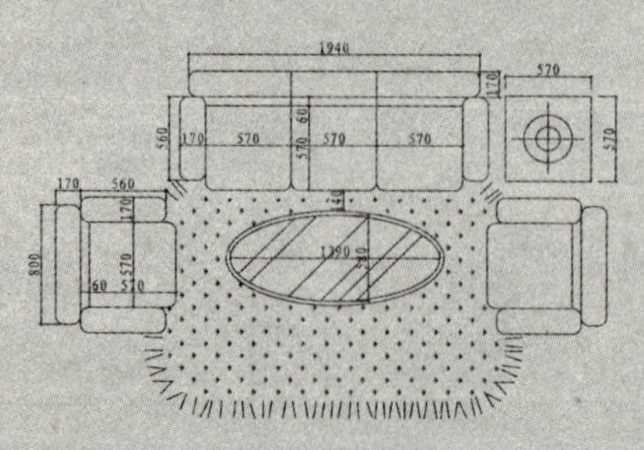

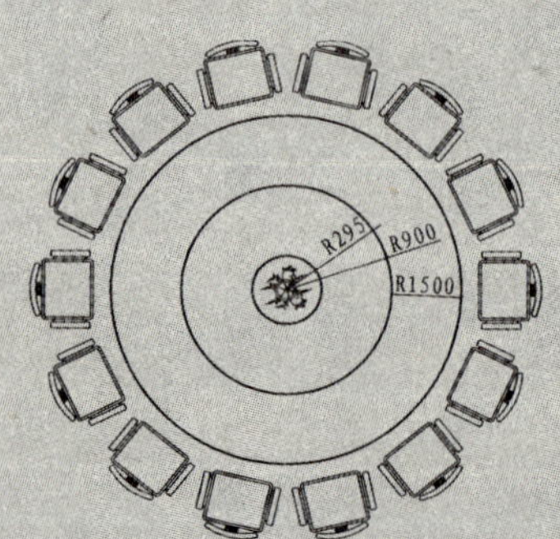

061 绘制小户型原始户型图

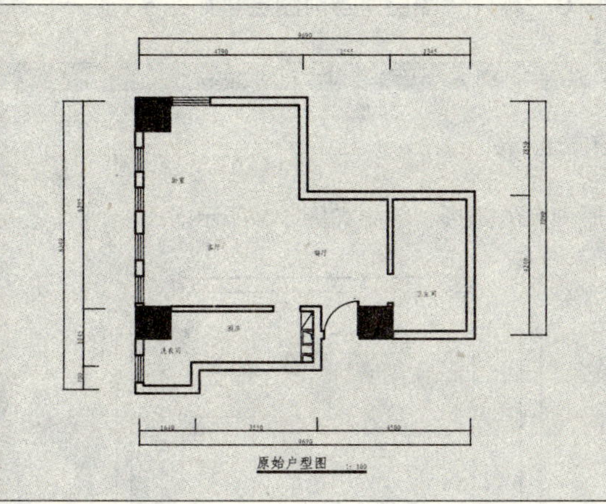

原始户型图由墙体、预留门洞、窗、柱子和尺寸标注等图形元素组成。墙体是原始户型图的主体，同时也是住宅各功能空间划分的主要依据。本例小户型绘制完成的原始户型图如左图所示。

文件路径：	目标文件\第 05 章\实例 61.dwg
视频文件：	AVI\第 05 章\61 小户型原始户型图.avi
播放时长：	0:18:20

01 启动 AutoCAD 2012，以“室内装潢施工图模板.dwt”创建新图形。

02 使用轴网可以轻松定位墙体的位置。如图 5-1 所示为本例小户型轴网，下面介绍其绘制方法。

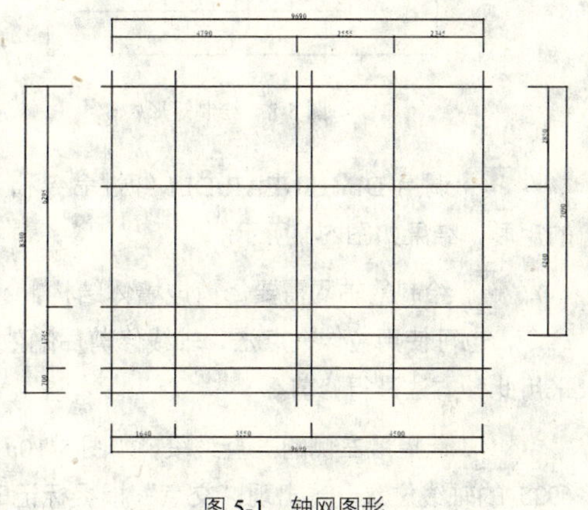

图 5-1　轴网图形

03 在“图层”下拉列表中选择“ZX_轴线”为当前图层，如图 5-2 所示。

04 调用 LINE/L 直线命令，在图形窗口中绘制长度为 10000（略大于住宅平面最大宽度）的水平线段，确定水平方向尺寸范围，如图 5-3 所示。

05 调用 LINE/L 直线命令，在水平线段左侧绘制一条长约 10000 的垂直线段，确定垂直方向尺寸范围，结果如图 5-4 所示。

06 调用 OFFSET/O 偏移命令，偏移水平和垂直轴线，效果如图 5-5 所示。

图 5-2　选择轴线图层

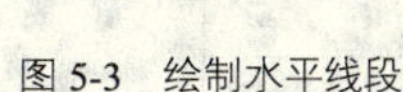

图 5-3　绘制水平线段

图 5-4　绘制垂直线段

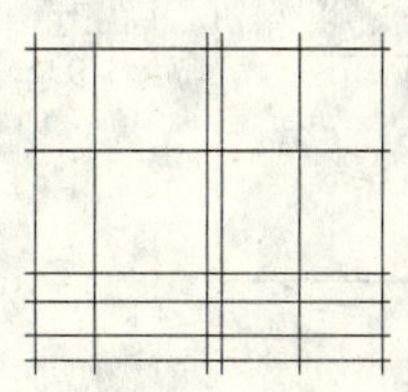

图 5-5　偏移轴线

07 在“样式”工具栏中选择“室内标注样式”为当前标注样式，如图 5-6 所示。

图 5-6 设置当前标注样式

08 在状态栏右侧设置当前注释比例为 1:100，设置“BZ_标注”图层为当前图层，如图 5-7 所示。

图 5-7 设置注释比例

09 调用 RECTANG/REC 矩形命令，绘制一个比图形稍大的矩形，效果如图 5-8 所示。

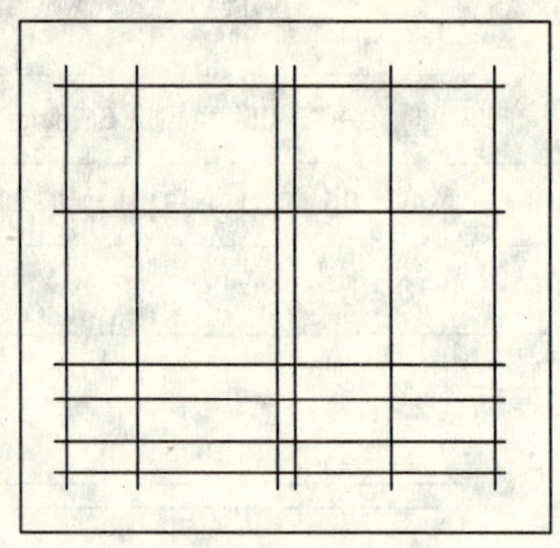

图 5-8 绘制矩形

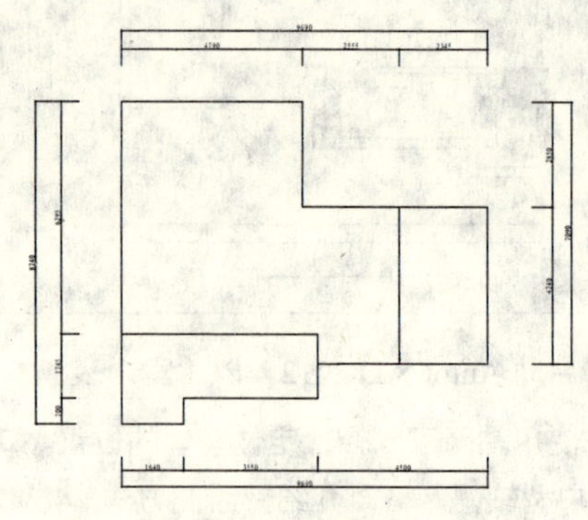

图 5-9 修剪后的轴线

10 调用 DIMLINEAR/DLI 线性命令和 DIMCONTINUE/DCO 连续命令标注尺寸，然后删除前面绘制的矩形，结果如图 5-1 所示。

11 绘制的轴网需要修剪成墙体结构，以方便将来使用多线命令绘制墙体图形。修剪轴线可使用 TRIM 命令，也可使用拉伸夹点法，轴线修剪后的效果如图 5-9 所示。由于使用拉伸夹点法相对更为简单，这里就采用此种方法进行修剪。

12 选择最左侧的垂直线段，如图 5-10a 所示。单击选择线段上端的夹点，垂直向下移动光标到尺寸为 6925 的轴线位置，当出现“交点”捕捉标记时单击鼠标，如图 5-10b 所示，确定线段端点位置，结果如图 5-10c 所示。

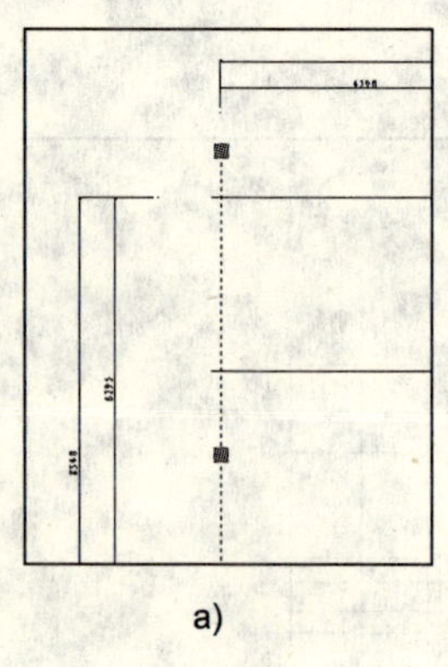

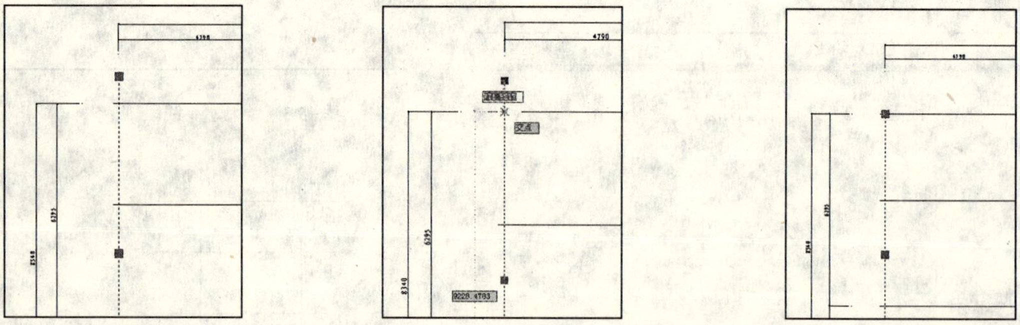

a)

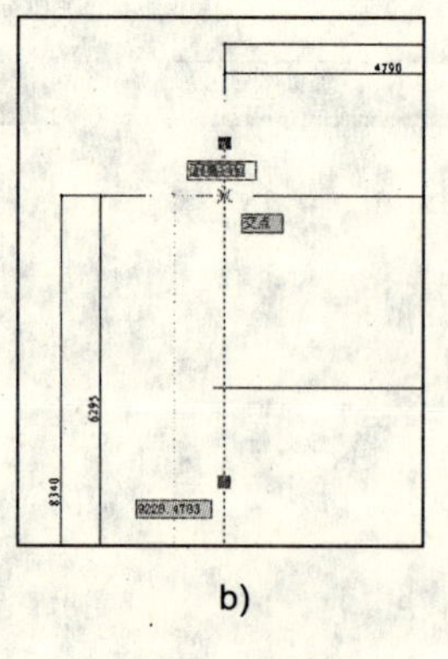

b)

c)

图 5-10 修剪线段

13 使用拉伸夹点法修剪轴线，完成后的效果如图 5-9 所示。

14 设置“QT_墙体”图层为当前图层。

15 调用 MLINE/MI 多线命令，设置比例为 240，对正为“无”，绘制外墙线，效果如图 5-11 所示。

16 调用 MLINE/ML 多线命令绘制其他墙体，如图 5-12 所示。

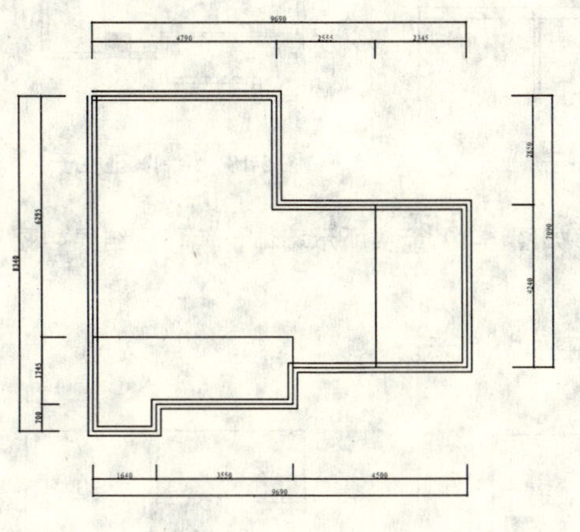

图 5-11　绘制外墙体

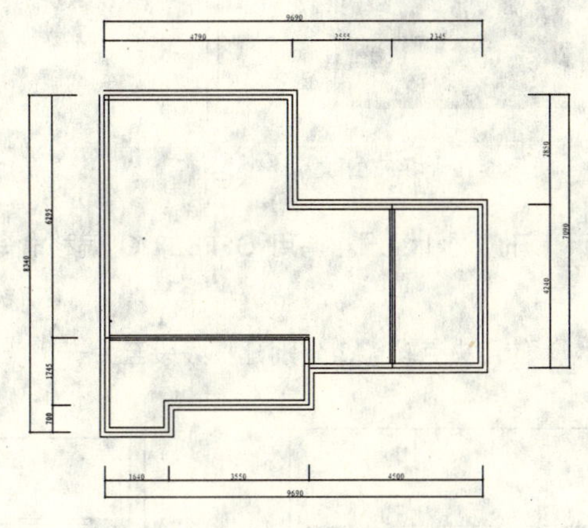

图 5-12　绘制其他墙体

17 初步绘制的墙体线还需要经过修剪才能得到理想的效果。在修剪墙体线之前，必须将多线分解，才能对其进行修剪。

18 隐藏“ZX_轴线”图层，以便于修剪操作。

19 调用 EXPLODE/X 分解命令分解多线。

20 调用 TRIM/TR 修剪命令和 CHAMFER/CHA 倒角命令，对墙体进行修剪，修剪结果如图 5-13 所示。

21 建立新图层，命名为“ZZ_柱子”，颜色选取灰色，并设置为当前图层。

22 单击【绘图】工具栏中的□按钮，在任意位置绘制边长为 1040 的矩形，如图 5-14 所示。

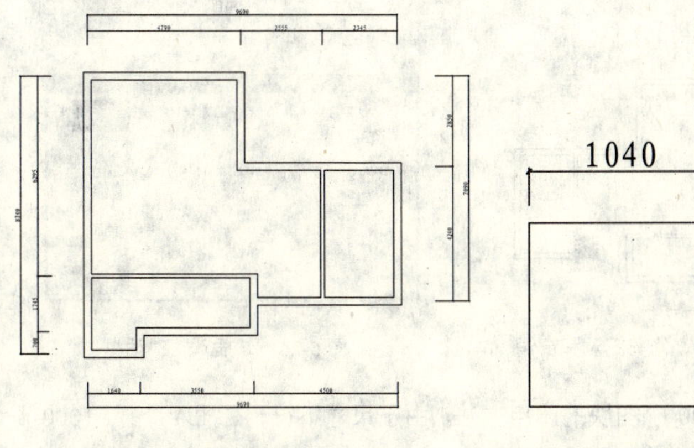

图 5-13　修剪后的墙体

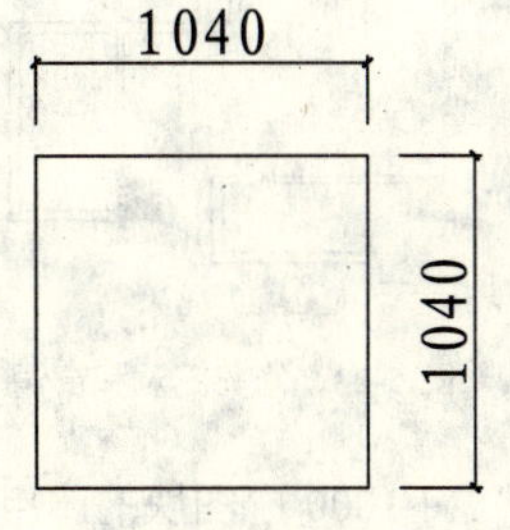

图 5-14　柱子轮廓

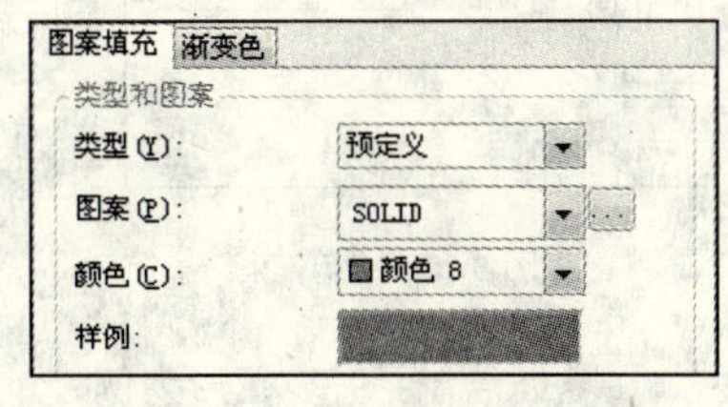

图 5-15　填充参数设置

23 调用 HATCH/H 图案填充命令，对柱子内填充 SOLID 图案，参数设置如图 5-15 所示，结果如图 5-16 所示。

24 调用 MOVE/M 移动命令，将矩形移到墙体位置，效果如图 5-17 所示。

25 使用相同的方法绘制其他柱子，效果如图 5-18 所示。

26 设置“QT_墙体”图层为当前图层。

图 5-16 填充效果

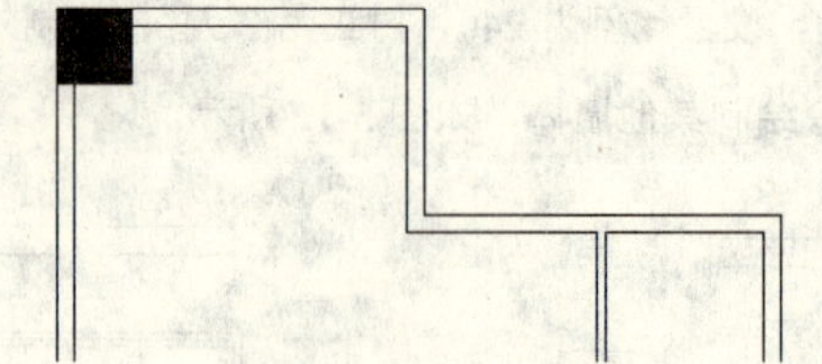

图 5-17 移动柱子

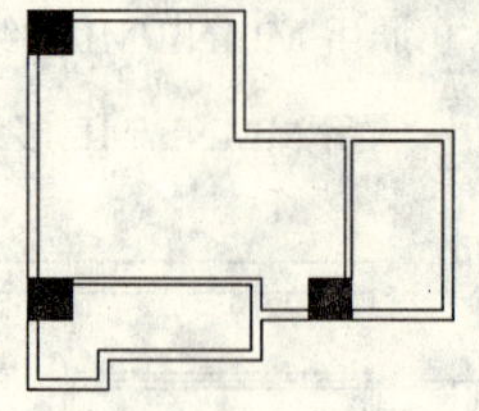

图 5-18 绘制其他柱子

27 开门洞和窗洞。调用 OFFSET/O 偏移命令，偏移如图 5-19 箭头所示墙体，偏移后结果如图 5-20 所示。

28 使用夹点功能，分别延长线段至另一侧墙体，如图 5-21 所示。

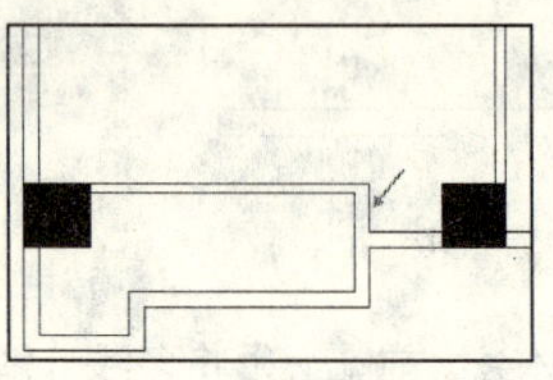

图 5-19 指定偏移线段

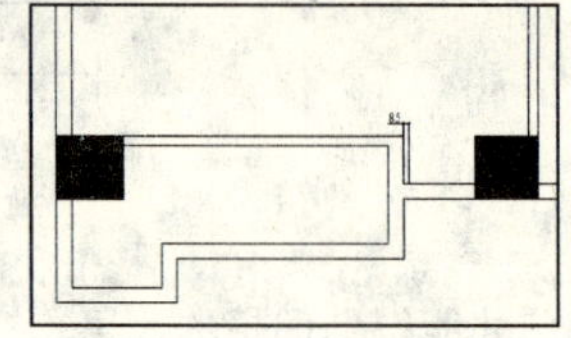

图 5-20 偏移线段

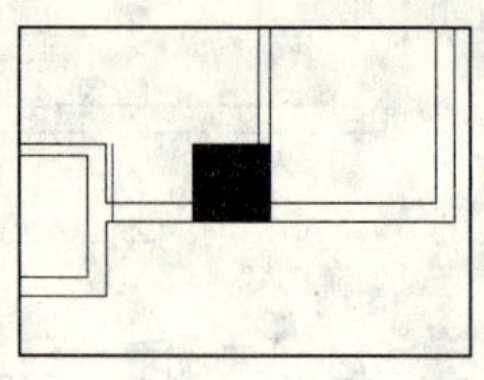

图 5-21 延长线段

29 调用 TRIM/TR 修剪命令，修剪出门洞，效果如图 5-22 所示。

30 使用同样的方法绘制其他门洞和窗洞，效果如图 5-23 所示。

31 设置“M_门”图层为当前图层。

32 调用 INSERT/I 插入命令，打开“插入”对话框，在“名称”栏中选择“门（1000）”，设置“X”轴方向的缩放比例为 1.03（门宽为 1030），旋转角度为-180，如图 5-24 所示。单击【确定】按钮关闭对话框，将门图块定位在如图 5-25 所示位置，门绘制完成。

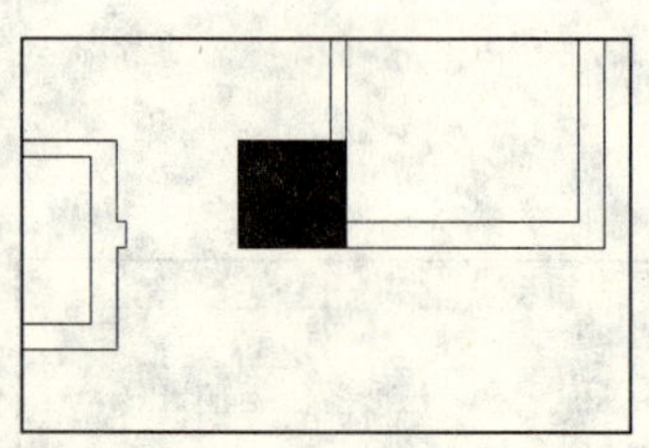

图 5-22 修剪门洞

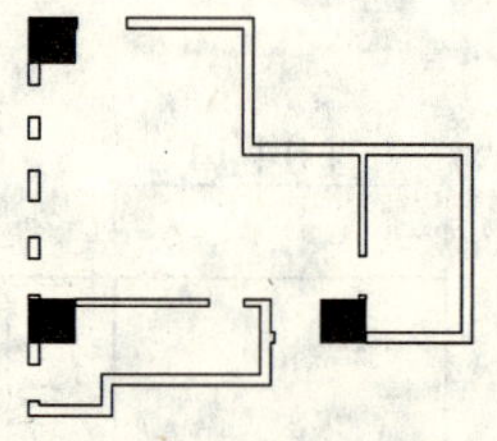

图 5-23 修剪门洞和窗洞

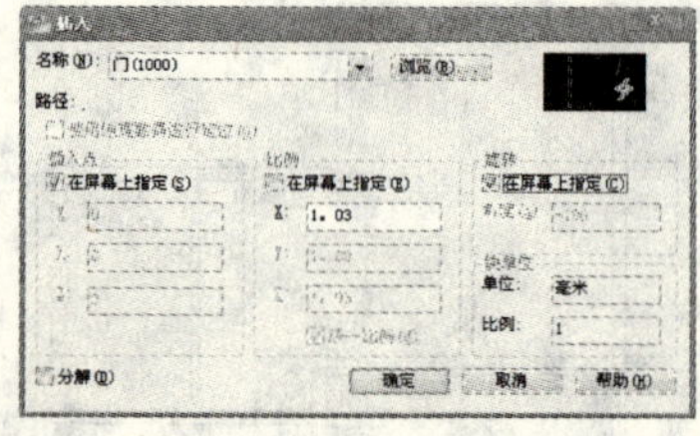

图 5-24 “插入”对话框

33 以绘制平开窗图形为例，介绍“窗（1000）”图块的调用方法。由于尺寸不符，在插入“窗（1000）”图块时，需要对缩放比例进行调整。在创建绘图样板时绘制的“窗（1000）”图块尺寸如图 5-26 所示。

34 设置“C_窗”图层为当前图层。

35 在命令窗口输入 I 并按回车键，或执行【插入】|【块】命令，打开如图 5-27 所示“插入”对话框。

36 在“插入”对话框的“名称”列表中选择“窗（1000）”图块。

37 设置“X”轴方向的缩放比例为 0.72，“角度”设置为 90，如图 5-27 所示。

38 单击【确定】按钮关闭“插入”对话框，将窗图块定位到如图 5-28 所示位置。

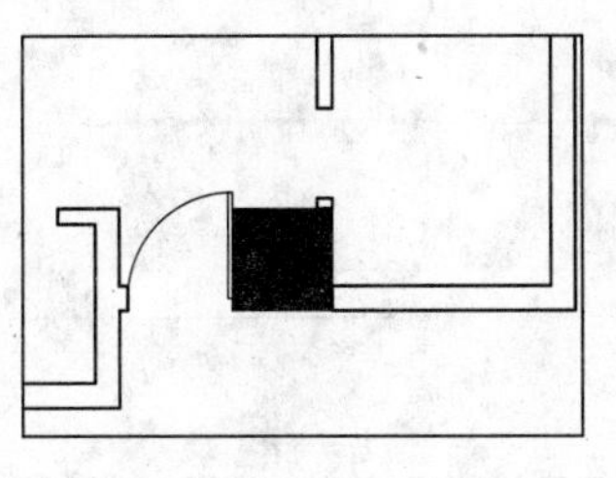

图 5-25　插入门图块

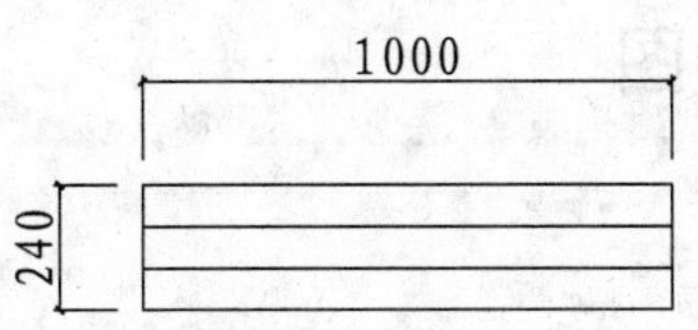

图 5-26　窗图块

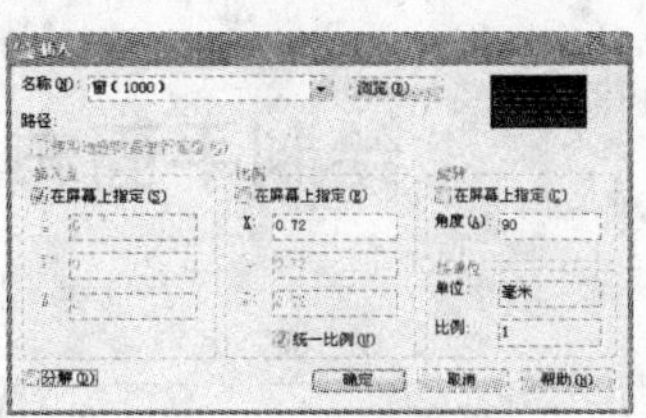

图 5-27　“插入”对话框

39 使用同样的方法，插入窗图块到其他窗洞位置，效果如图 5-29 所示。

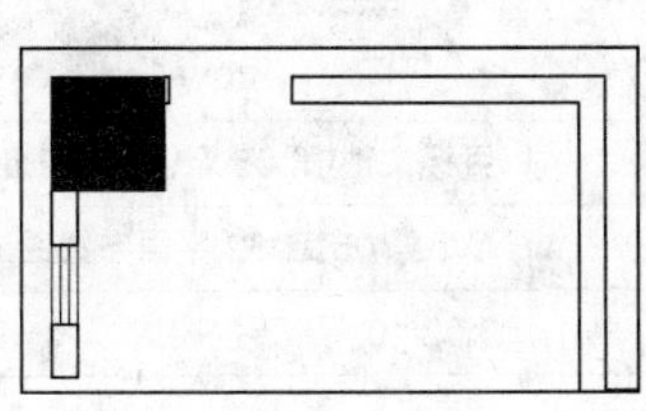

图 5-28　插入窗图块

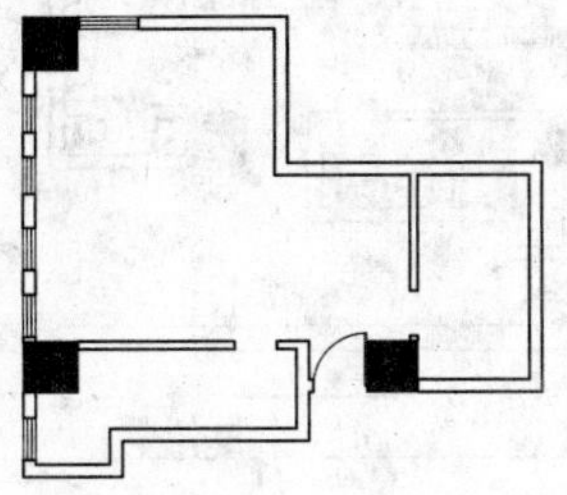

图 5-29　插入窗图块

40 单击工具栏多行文字按钮 A，在需要标注文字的位置画一个框，弹出“文字格式”对话框，如图 5-30 所示，输入文字内容“客厅”，如图 5-31 所示，单击【确定】按钮。

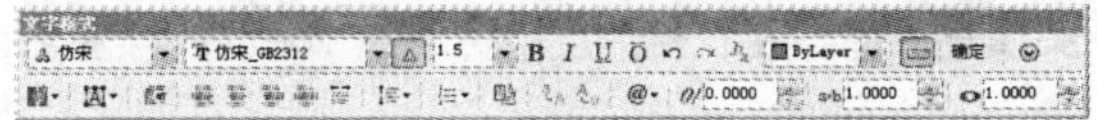

图 5-30　“文字格式”对话框

41 使用同样的方法标注其他房间，结果如图 5-32 所示。

42 调用 INSERT/I 插入命令插入“图名”图块即可。需要注意的是，应将当前的注释比例设置为 1:100，使之与整个注释比例相符。

43 绘制厨房的烟道和管道图形，完成小户型原始户型图的绘制。

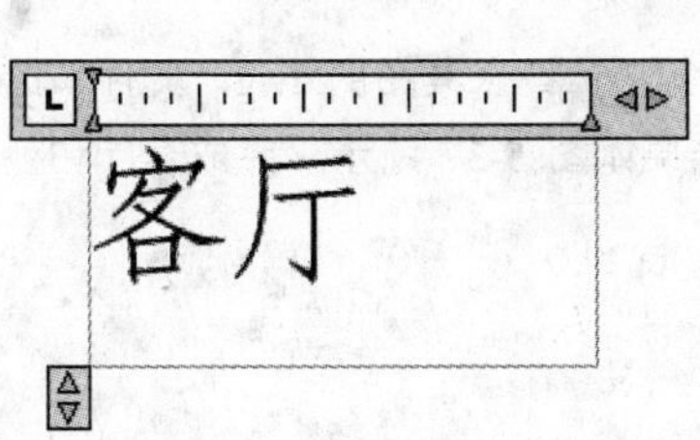

图 5-31　输入文字

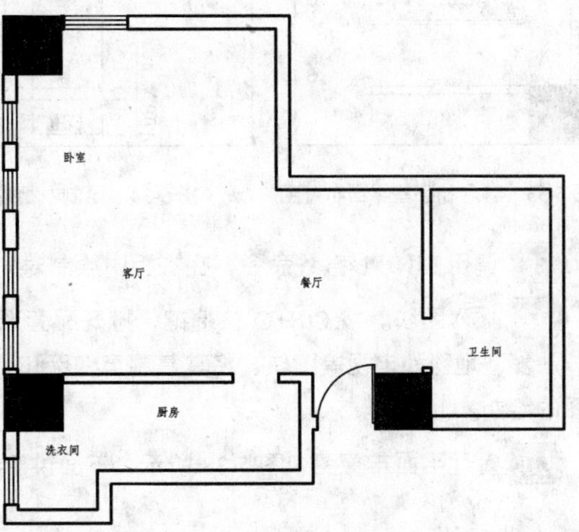

图 5-32　文字标注

062 绘制平面布置图

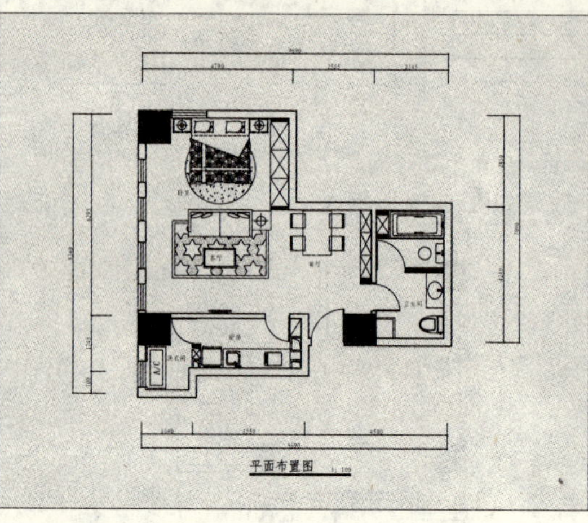

平面布置图是以平行于地坪面的剖切面将建筑物剖切后，移去上部分而形成的正投影图，通常剖切面选择在距地坪面 1500mm 左右的位置或略高于窗台的位置。如左图所示为小户型的平面布置图。

文件路径:	目标文件\第 05 章\实例 62.dwg
视频文件:	AVI\第 05 章\62 平面布置图.avi
播放时长:	0:02:10

01 客厅和卧室平面布置图如图 5-33 所示，下面介绍其绘制方法。

02 平面布置图可在原始户型图的基础上绘制，调用 COPY/CO 复制命令，复制小户型原始户型图。

03 设置“JJ_家具”图层为当前图层。

04 绘制衣柜。调用 RECTANG/REC 矩形命令、COPY/CO 复制命令，绘制衣柜轮廓，如图 5-34 所示。

05 调用 HATCH/H 图案填充命令，在衣柜的上下方填充 DOLMIT 图案，填充参数和效果如图 5-35 所示。

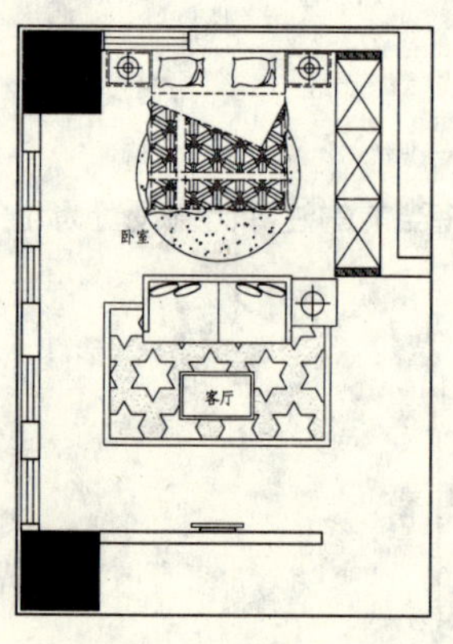

图 5-33 客厅和卧室平面布置图

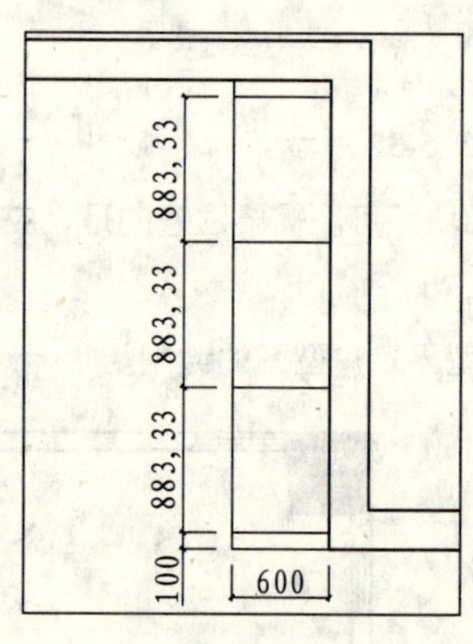
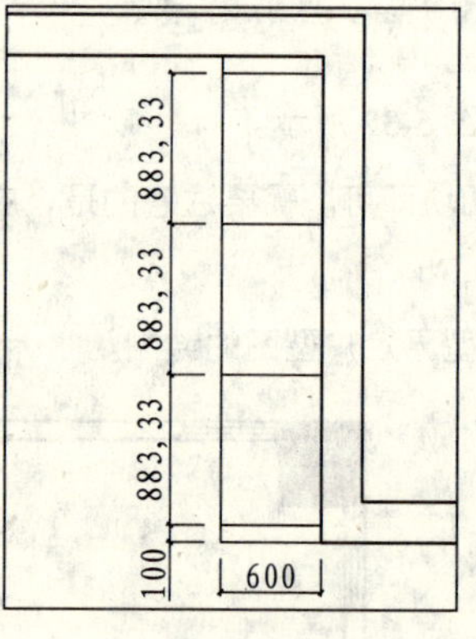

图 5-34 绘制衣柜轮廓

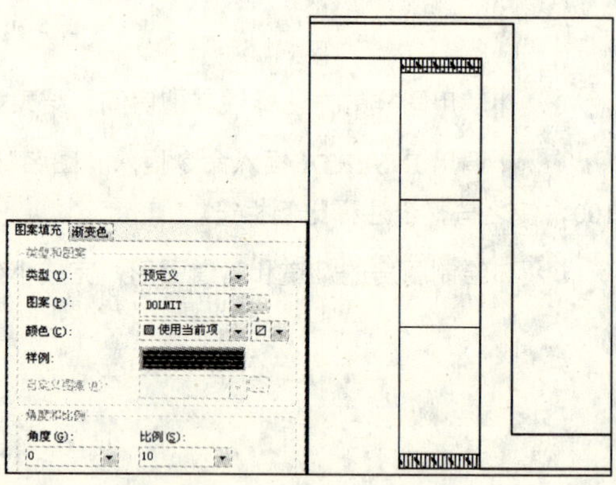

图 5-35 填充参数和效果

06 调用 LINE/L 直线命令，在衣柜中绘制对角线，如图 5-36 所示。

07 插入图块。按 Ctrl+O 快捷键，打开配套光盘提供的“第 05 章\家具图例.dwg”文件，选择其中的床、沙发、地毯和电视等图块，将其复制至客厅和卧室区域，结果如图 5-37 所示。完成客厅和卧室平面布置图的绘制。

08 餐厅平面布置图如图 5-38 所示，下面讲解操作方法。

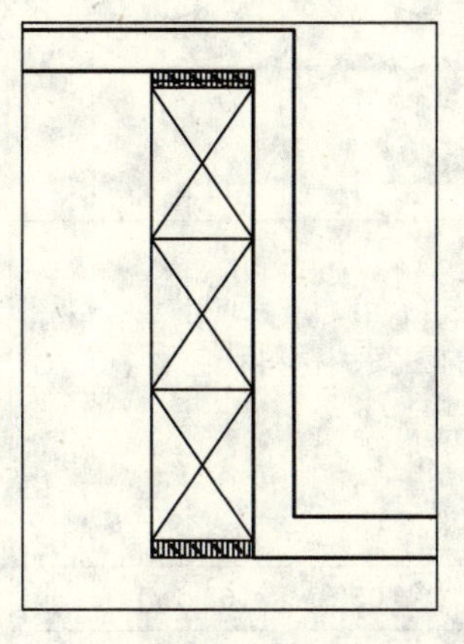

图 5-36　绘制对角线

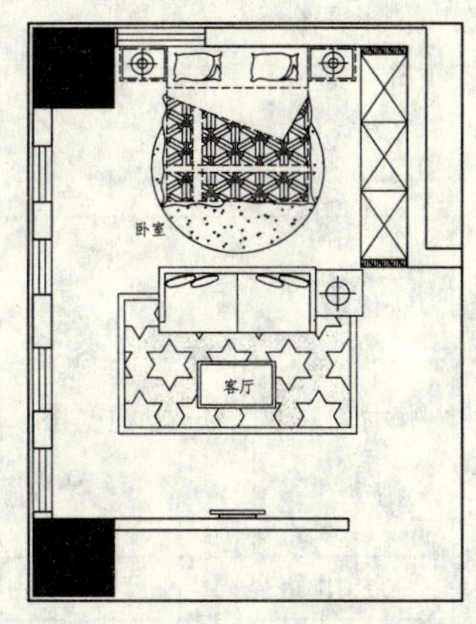

图 5-37　插入图块

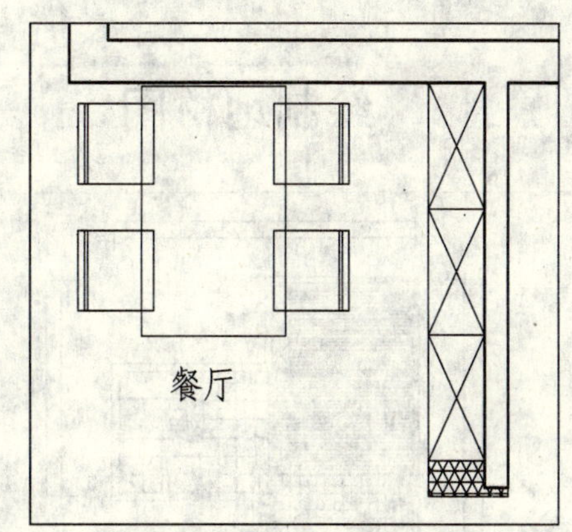

图 5-38　餐厅平面布置图

09 调用 PLINE/PL 多段线命令，绘制隔断轮廓，如图 5-39 所示。

10 调用 HATCH/H 图案填充命令，在隔断内填充 NET3 图案，填充参数和效果如图 5-40 所示。

11 调用 RECTANG/REC 矩形命令和 LINE/L 直线命令，绘制装饰柜，如图 5-41 所示。

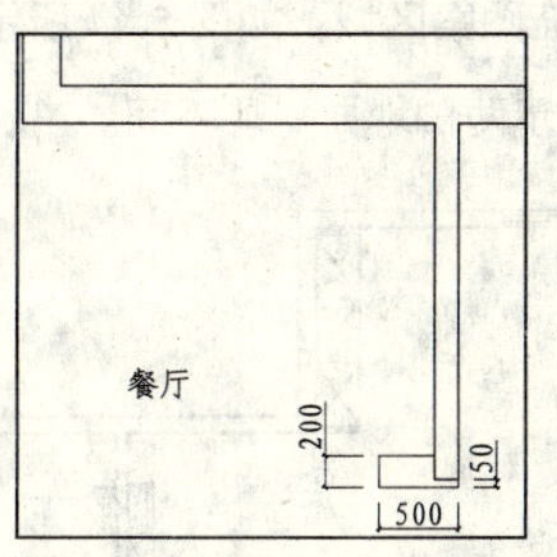

图 5-39　绘制隔断轮廓

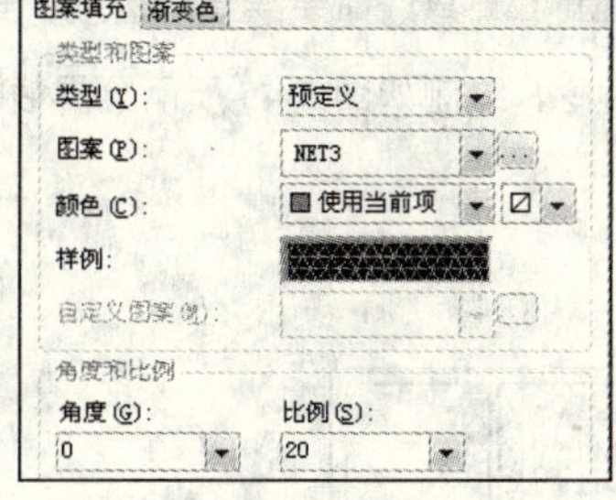

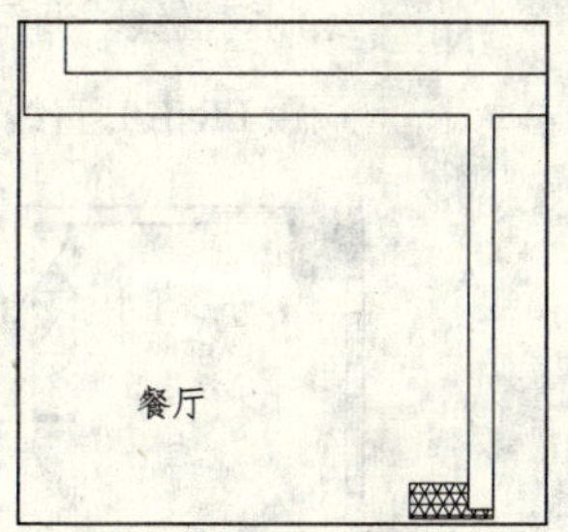

图 5-40　填充参数和效果

12 打开配套光盘提供的“第 05 章\家具图例.dwg”文件，选择其中的餐桌椅图块，将其复制至餐厅区域，如图 5-42 所示。完成餐厅平面布置图的绘制。

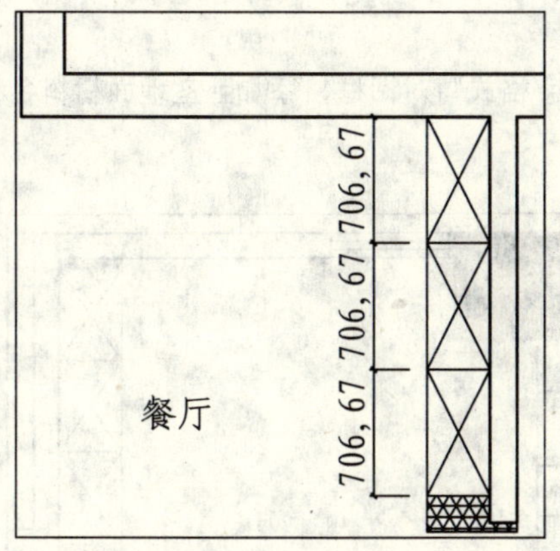

图 5-41　绘制装饰柜

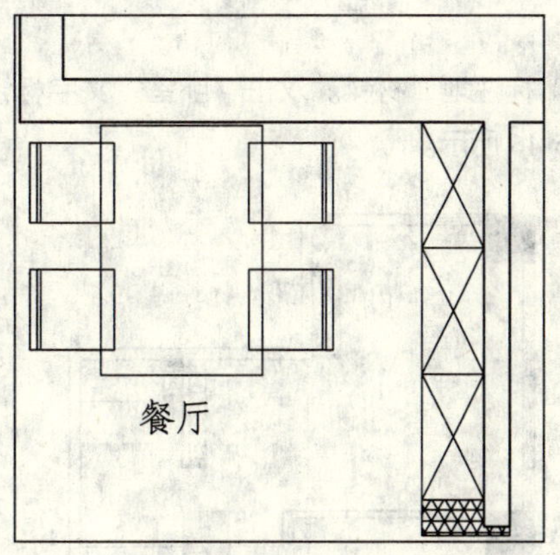

图 5-42　插入图块

第 5 章

063 绘制地材图

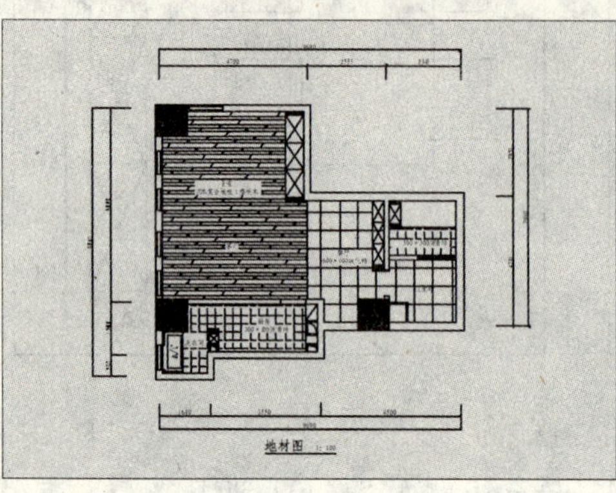

地材图的主要内容有地面的图案、材料和色彩。左图所示为本例小户型地材图。

文件路径:	目标文件\第 05 章\实例 63.dwg
视频文件:	AVI\第 05 章\63 绘制地材图.avi
播放时长:	0:06:05

01 复制图形。调用 COPY/CO 复制命令，复制小户型平面布置图，选择所有与地材图无关的图形（如家具和陈设），按 Delete 键将其删除，结果如图 5-43 所示。

02 设置"DM_地面"图层为当前图层。

03 绘制门槛线。调用 LINE/L 直线命令绘制门槛线，封闭填充图案区域，如图 5-44 所示。

04 调用 LINE/L 直线命令，绘制如图 5-45 所示分界线段，表示两侧地面材质不同。

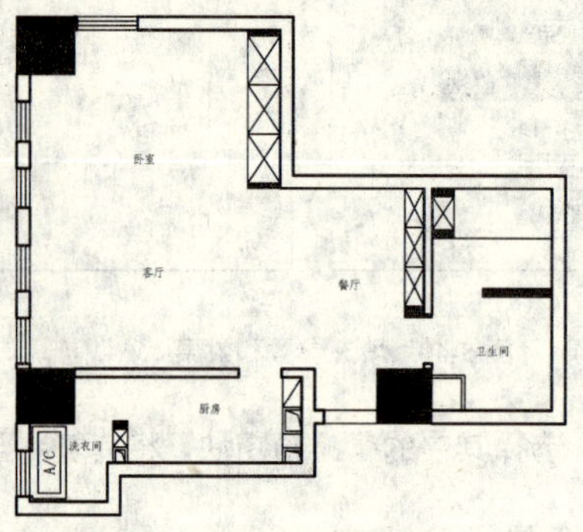

图 5-43 复制图形

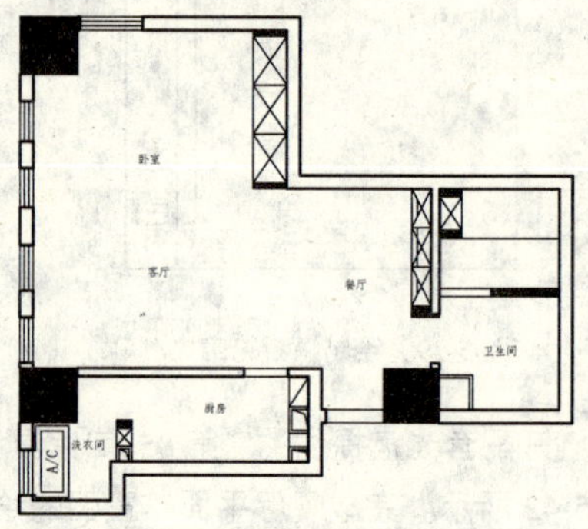

图 5-44 绘制门槛线

05 标注地面材料。双击"卧室"文字标注，打开"文字格式"对话框，添加卧室地面材料名称，结果如图 5-46 所示。

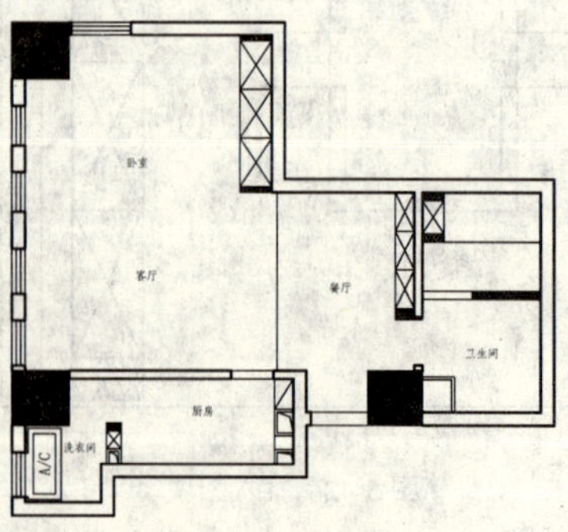

图 5-45 绘制线段

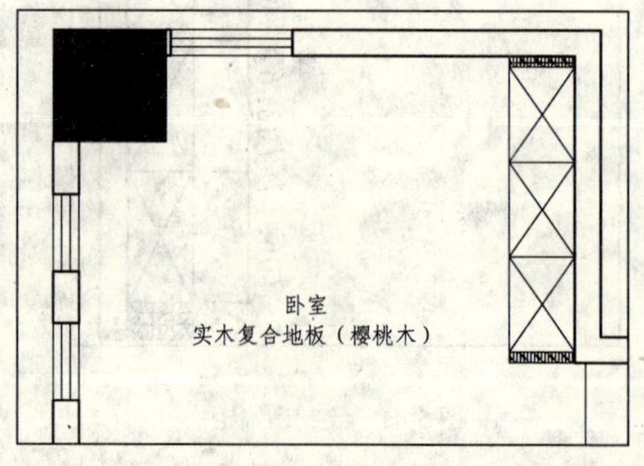

图 5-46 标注地面材料

06 使用同样的方法标注其他地面材料，效果如图 5-47 所示。

07 绘制地面材料图例。调用 HATCH/H 图案填充命令，对卧室和客厅区域填充 DOLMIT 图案，效果如图 5-48 所示。

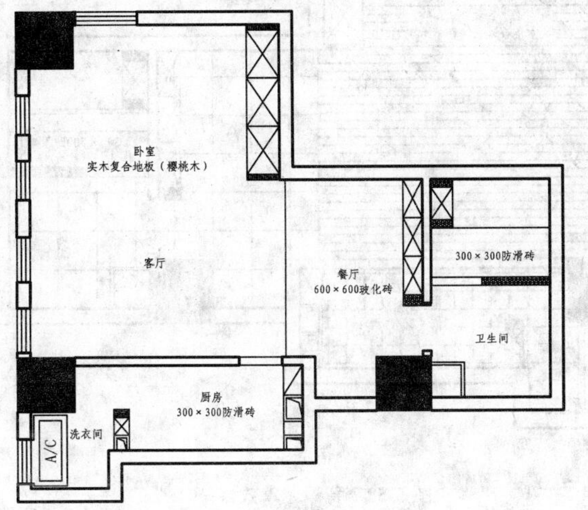

图 5-47　标注地面材料

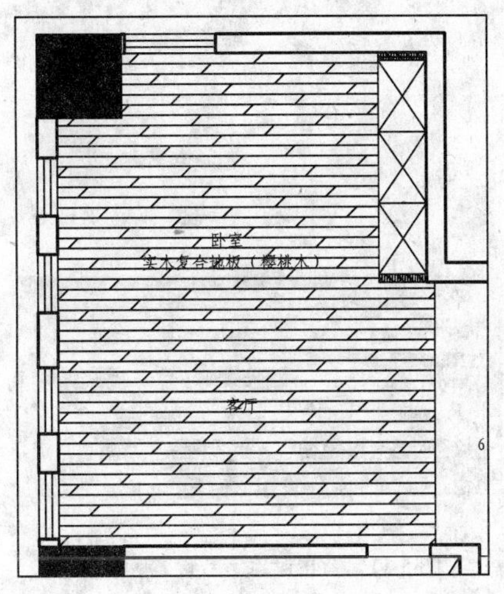

图 5-48　填充卧室和客厅地面图例

08 调用 HATCH/H 图案填充命令，对餐厅和卫生间区域填充"用户定义"图案，效果如图 5-49 所示。

09 调用 HATCH/H 图案填充命令，对厨房、洗衣房和卫生间填充 ANGLE 图案，效果如图 5-50 所示。

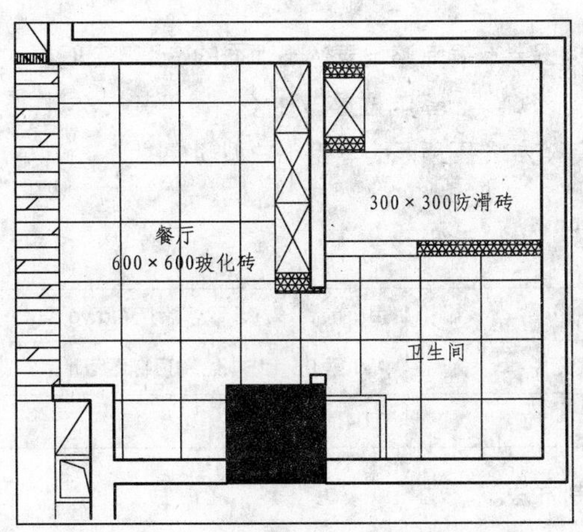

图 5-49　填充餐厅和卫生间地面图例

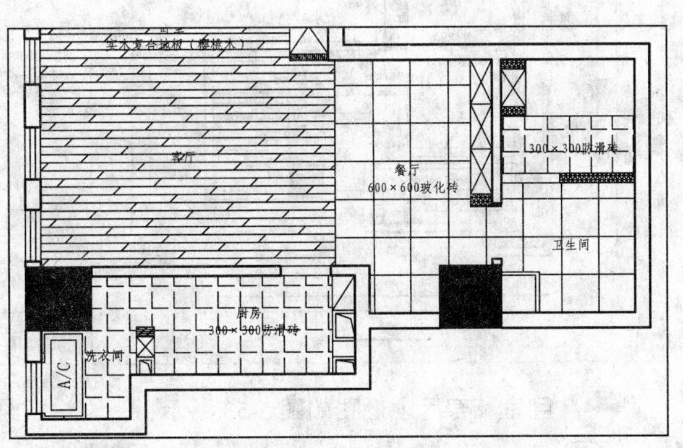

图 5-50　填充厨房、洗衣房和卫生间图例

10 添加背景遮罩。填充的图案和刚才输入的文字有重叠的现象，可以使用 AutoCAD 的遮罩功能去除重叠。双击输入的文字，打开文字格式工具栏，单击鼠标右键显示快捷菜单，选择"背景遮罩"，弹出对话框，勾选使用背景遮罩，设置边界偏移因子为 1.5，勾选"使用图形背景颜色"复选框，单击【确定】按钮，背景遮罩参数设置如图 5-51 所示。

11 使用背景遮罩后的效果如图 5-52 所示，小户型地材图绘制完成。

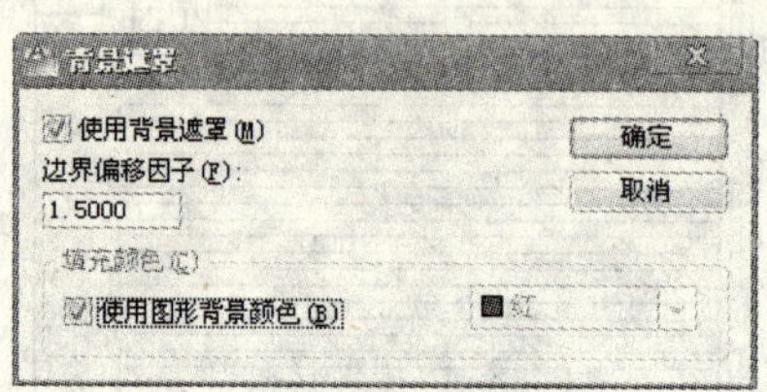

图 5-51　背景遮罩参数设置

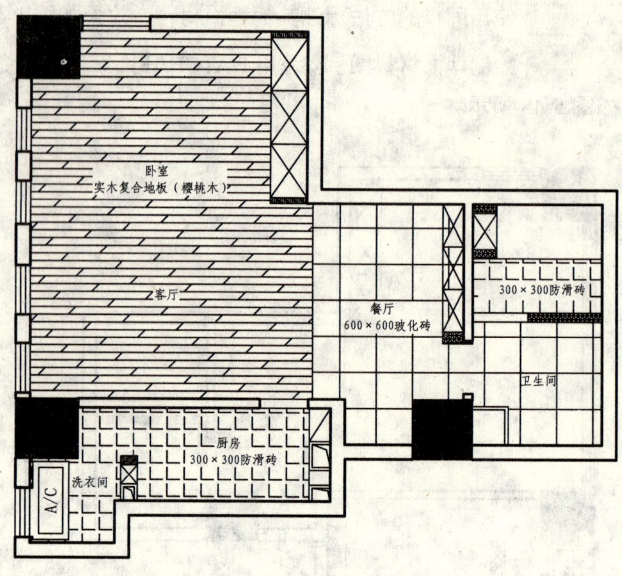

图 5-52　背景遮罩效果

064 绘制顶棚图

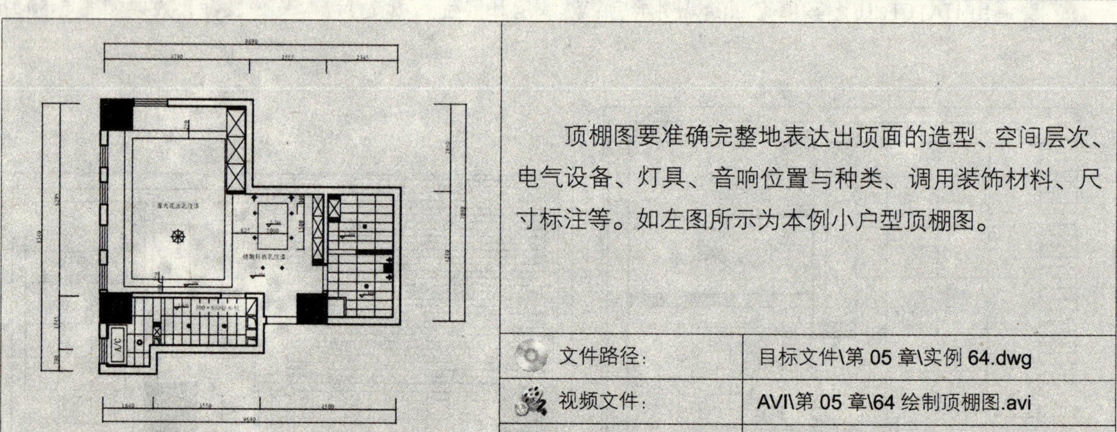

顶棚图要准确完整地表达出顶面的造型、空间层次、电气设备、灯具、音响位置与种类、调用装饰材料、尺寸标注等。如左图所示为本例小户型顶棚图。

文件路径：	目标文件\第 05 章\实例 64.dwg
视频文件：	AVI\第 05 章\64 绘制顶棚图.avi
播放时长：	0:04:13

01 卧室和客厅顶棚图如图 5-53 所示，下面讲解绘制方法。

02 复制图形顶棚图可以在平面布置图的基础上绘制，调用 COPY/CO 复制命令，复制小户型平面布置图，并删除与顶棚图无关的图形，效果如图 5-54 所示。

03 绘制墙体线。调用 LINE/L 直线命令，绘制线段连接门洞，如图 5-55 所示。

04 设置“DD_吊顶”图层为当前图层。

05 绘制吊顶造型。调用 RECTANG/REC 矩形命令，绘制尺寸为 3600×5100 的矩形，并移动到相应的位置，如图 5-56 所示。

06 调用 OFFSET/O 偏移命令，将矩形向内偏移 250，如图 5-57 所示。

07 调用 TRIM/TR 修剪命令，对矩形与衣柜相交的位置进行修剪，效果如图 5-58 所示。

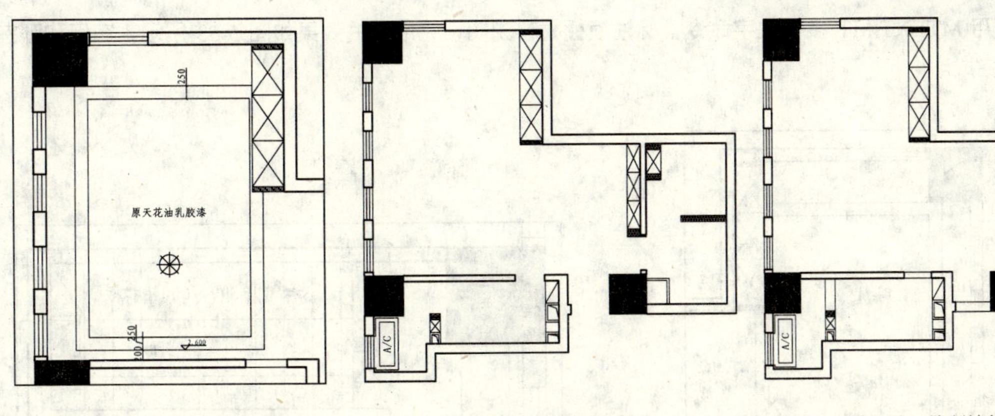

图 5-53　卧室和客厅顶棚图　　图 5-54　整理图形　　图 5-55　绘制墙体线

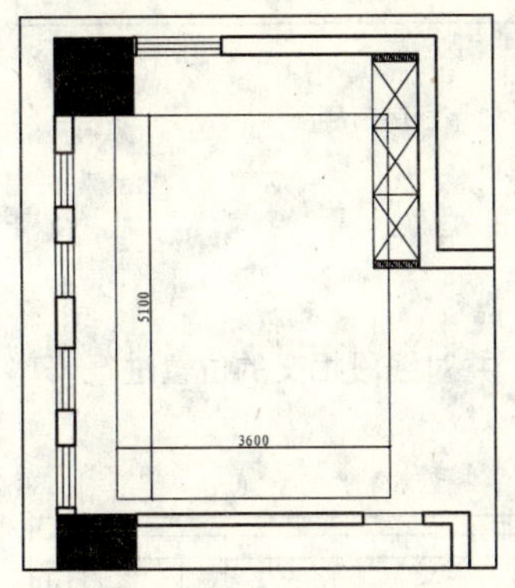

图 5-56　绘制矩形

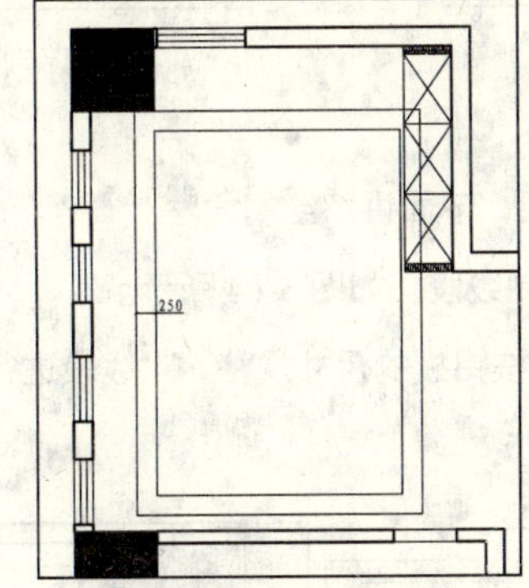

图 5-57　偏移矩形

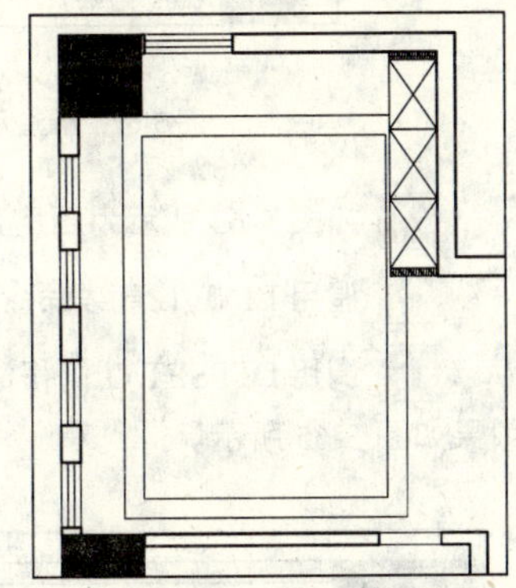

图 5-58　修剪矩形

08 标注标高。调用 INSERT/I 插入命令插入“标高”图块，效果如图 5-59 所示。

09 布置灯具。打开配套光盘提供的“第 05 章\家具图例.dwg”文件，将该文件中事先绘制的图例表复制到顶棚图中，如图 5-60 所示。灯具图例表具体绘制方法这里就不详细讲解了。

10 调用 COPY/CO 复制命令，将图例表中的灯具图形复制到顶棚图中，结果如图 5-61 所示。

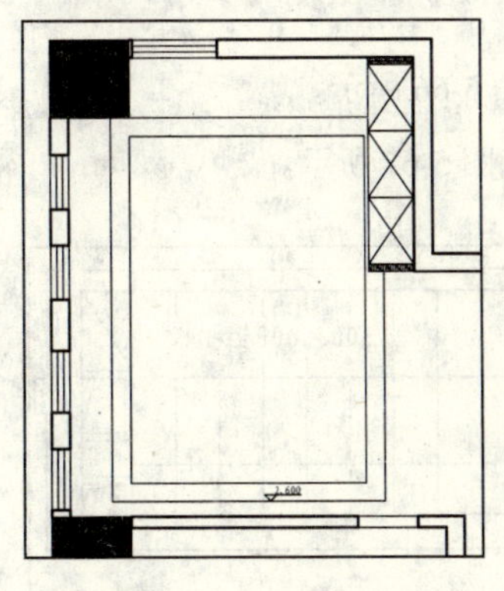

图 5-59　标注标高

名称	图例
筒灯	⊕
旋转射灯	⊙
吸顶灯	⊞
防水筒灯	◎
吊灯	⊛
应急灯	⊕
壁灯	⊖
智能照明	⊕

图 5-60　图例表

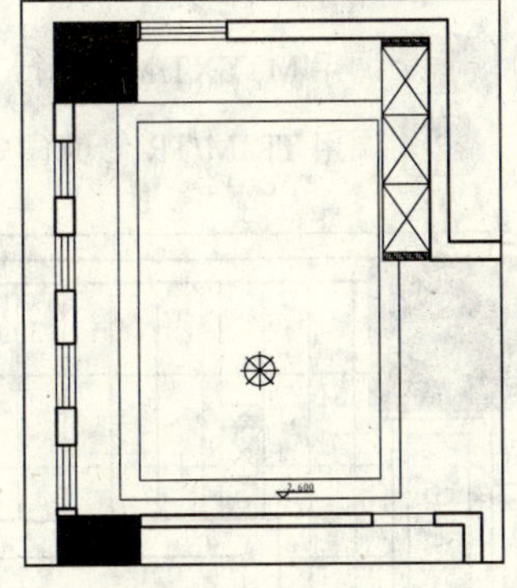

图 5-61　布置灯具

11 设置“BZ_标注”图层为当前图层。

12 调用 DIMLINEAR/DLI 线性命令，标注顶棚图中的尺寸，如图 5-62 所示。

13 调用 MTEXT/MT 多行文字命令，标注顶棚材料说明，完成后的效果如图 5-53 所示，客厅和卧室顶棚图绘制完成。

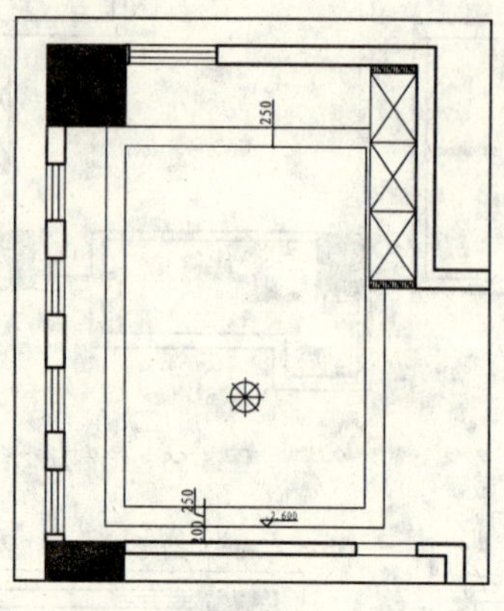

图 5-62　标注尺寸

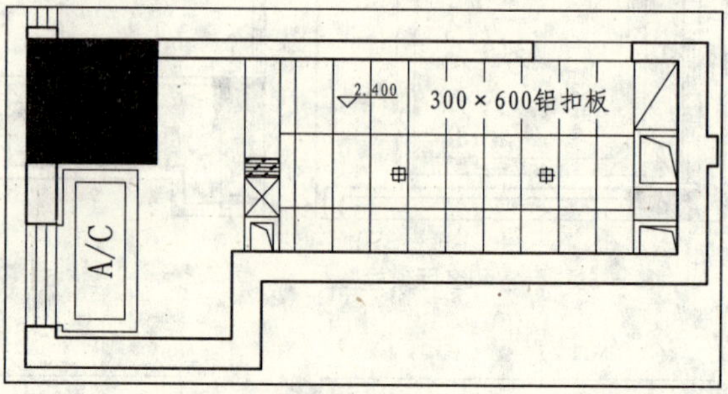

图 5-63　厨房顶棚图

14 如图 5-63 所示为厨房顶棚图，下面讲解绘制方法。

15 调用 LINE/L 直线命令，绘制线段，如图 5-64 所示。

16 调用 OFFSET/O 偏移命令，按铝板的尺寸规格，对线段进行偏移，并对线段相交的位置进行修剪，效果如图 5-65 所示。

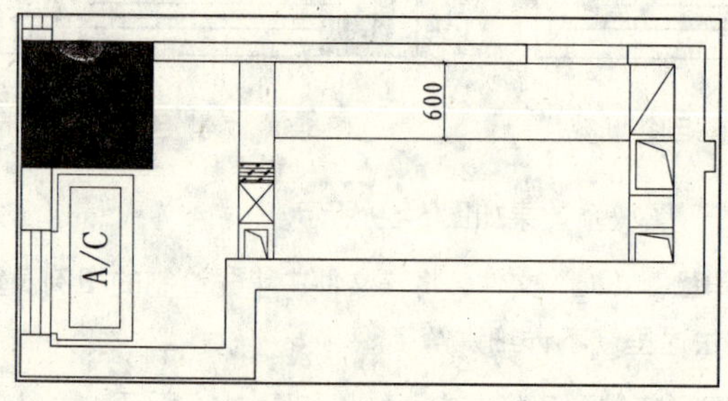

图 5-64　绘制线段

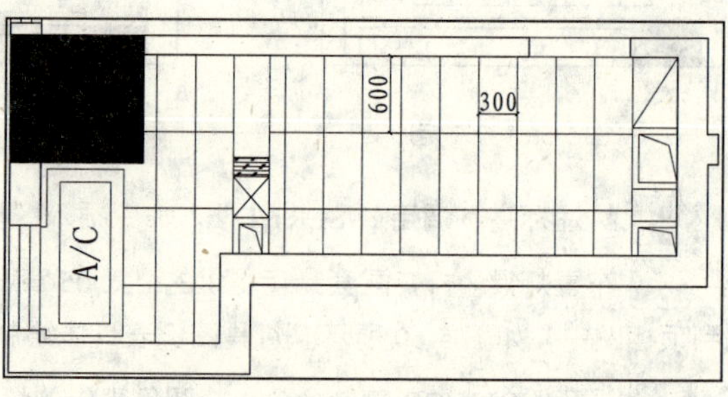

图 5-65　偏移线段

17 调用 MTEXT/MT 多行文字命令，对地面材料进行文字标注，如图 5-66 所示。

18 调用 TRIM/TR 修剪命令，对文字与图形相交的位置进行修剪，如图 5-67 所示。

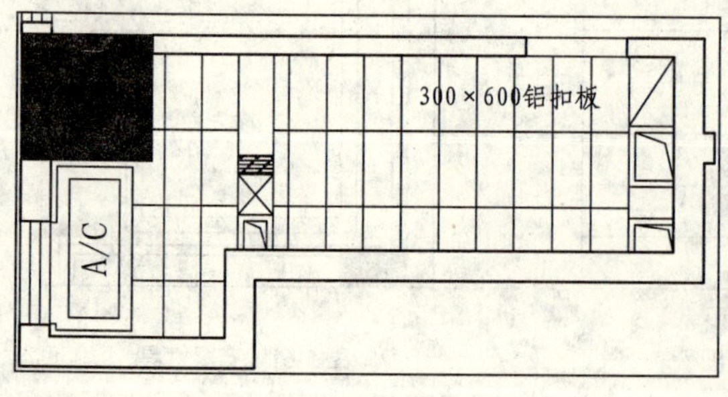

图 5-66　标注地面材料

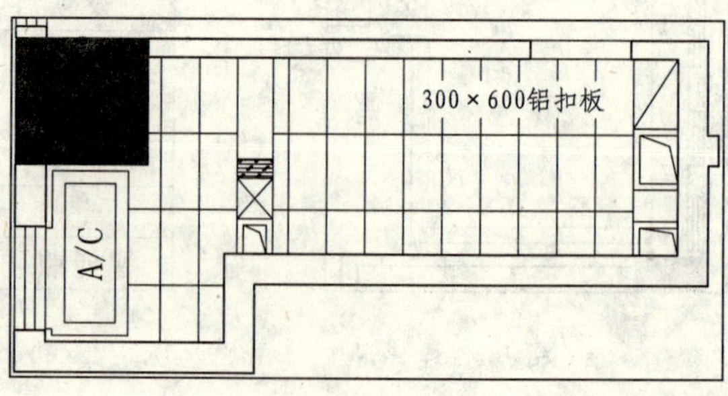

图 5-67　修剪图形

19 调用 INSERT/I 插入命令，插入标高图块，如图 5-68 所示。

20 调用 COPY/CO 复制命令，从图例表中复制灯具图形到顶棚图中，如图 5-69 所示，完成厨房顶棚图的绘制。

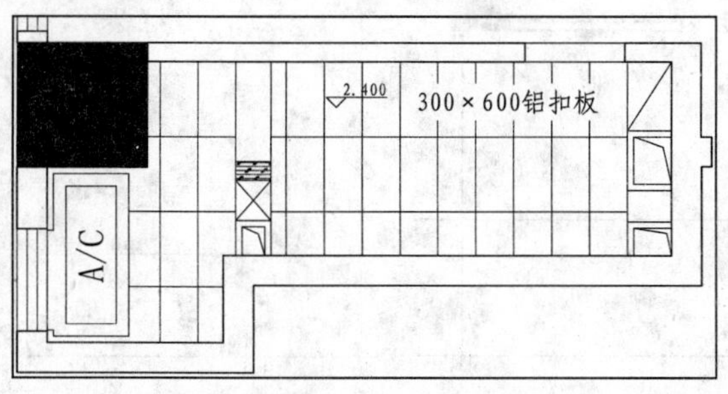

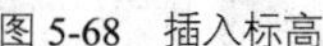

图 5-68　插入标高

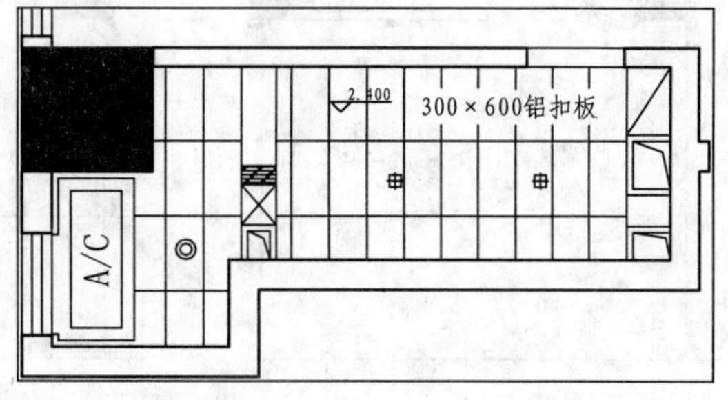

图 5-69　复制灯具

065 绘制客厅 D 立面图

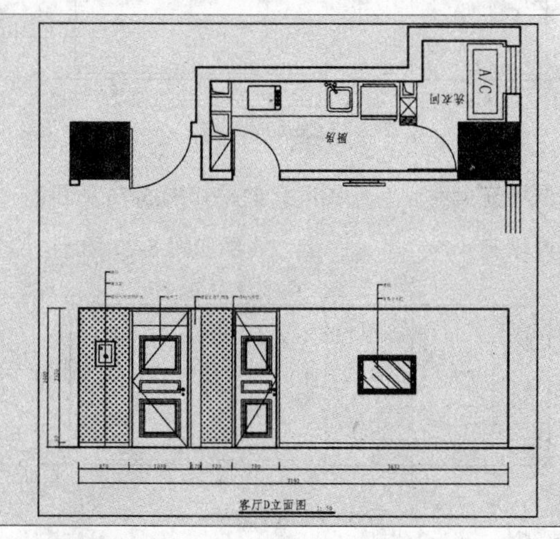

如左图所示为客厅 D 立面图，客厅 D 立面图是电视所在的墙面。

文件路径：	目标文件\第 05 章\实例 65.dwg
视频文件：	AVI\第 05 章\65 绘制客厅 D 立面图.avi
播放时长：	0:12:49

01 复制图形。调用 COPY/CO 复制命令，复制平面布置图上小户型客厅 D 立面的平面部分，并将图形旋转 90 度。

02 设置“LM_立面”图层为当前图层。

03 调用 LINE/L 直线命令，应用投影法，绘制小户型客厅 D 立面墙体的投影线，如图 5-70 所示。

04 调用 LINE/L 直线命令，在投影线下方绘制一条水平线段表示地面，如图 5-71 所示。

05 调用 OFFSET/O 偏移命令，向上偏移地面，得到标高为 2400 的顶面轮廓，如图 5-72 所示。

06 调用 TRIM/TR 修剪命令或使用夹点功能，修剪得到 D 立面外轮廓，并转换至“QT_墙体”图层，如图 5-73 所示。

07 划分墙面。调用 LINE/L 直线命令和 OFFSET/O 偏移命令，对墙面进行划分，如图 5-74 所示。

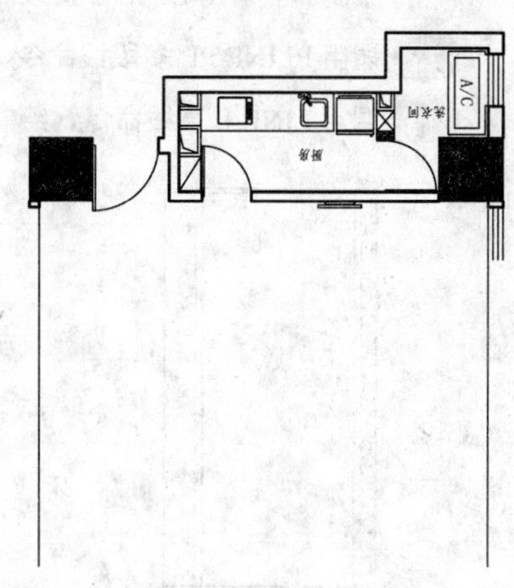

图 5-70　绘制墙体投影线

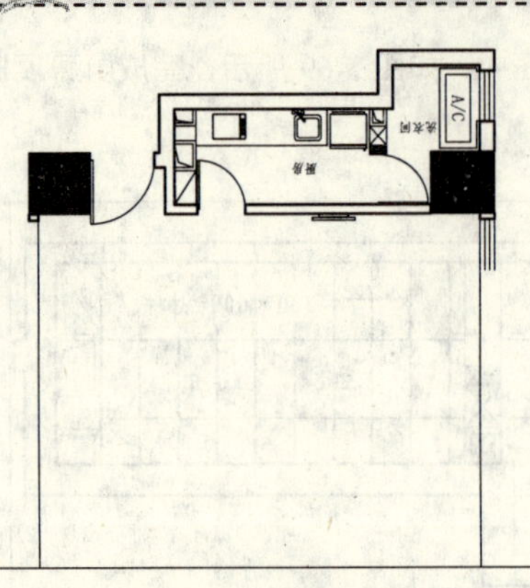
图 5-71　绘制地面

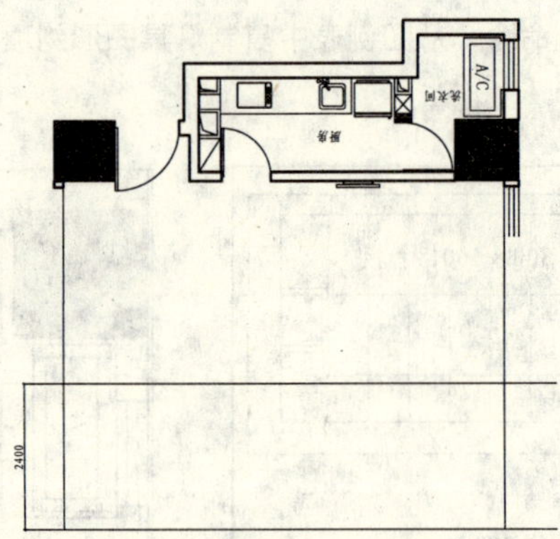
图 5-72　偏移线段

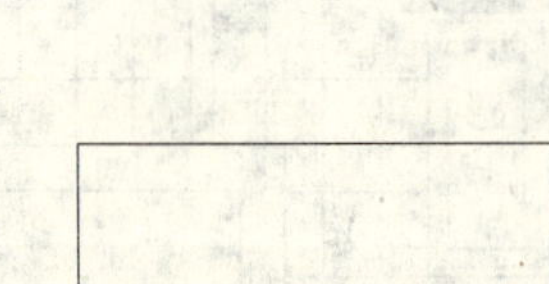
图 5-73　修剪立面外轮廓

08 绘制踢脚线。调用 LINE/L 直线命令，绘制踢脚线，踢脚线的高度为 80，如图 5-75 所示。

图 5-74　划分墙面

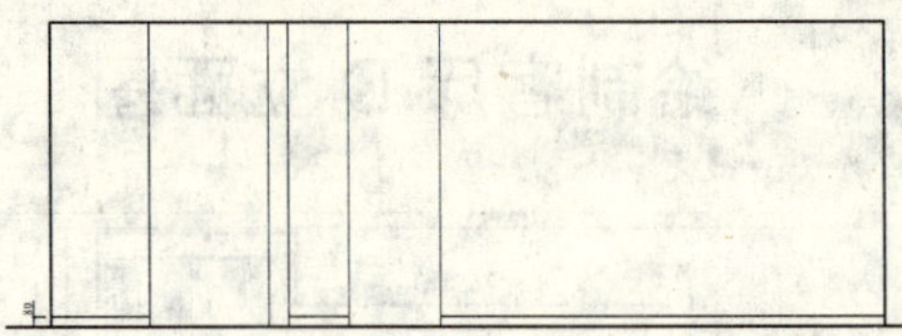
图 5-75　绘制踢脚线

第2篇

09 填充墙面。调用 HATCH/H 图案填充命令，对墙面填充 CROSS 图案，效果如图 5-76 所示。

10 调用 HATCH/H 图案填充命令，对电视所在的墙面填充 AR-SAND 图案，效果如图 5-77 所示。

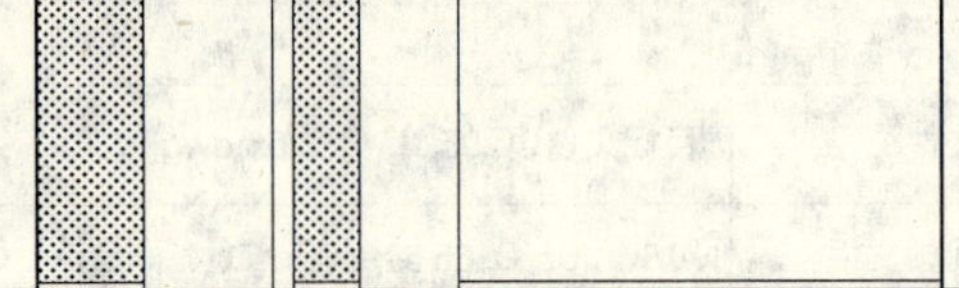
图 5-76　填充墙面

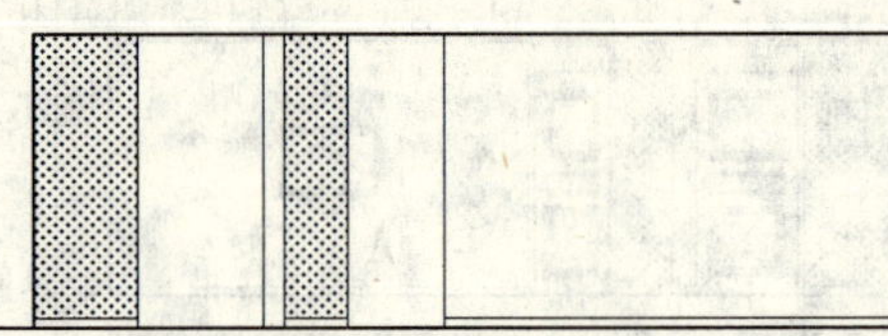
图 5-77　填充墙面

11 绘制门。调用 LINE/L 直线命令，绘制如图 5-78 所示线段。

12 调用 PLINE/PL 多段线命令，绘制如图 5-79 所示多段线。

13 调用 LINE/L 直线命令，绘制如图 5-80 所示线段。

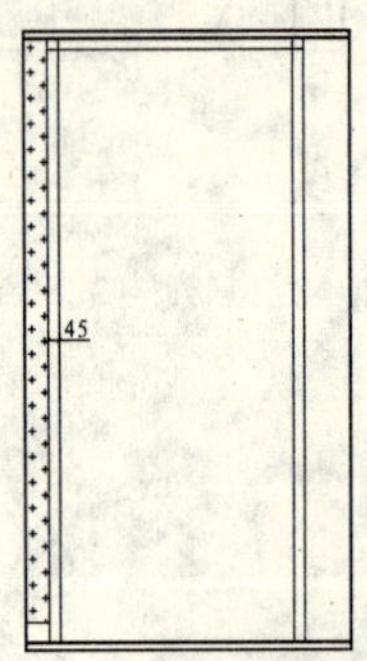

图 5-78　绘制线段

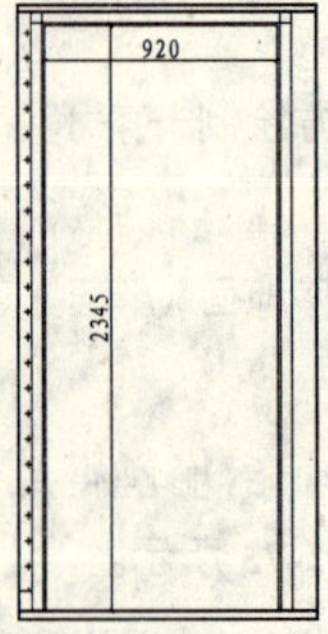

图 5-79　绘制多段线

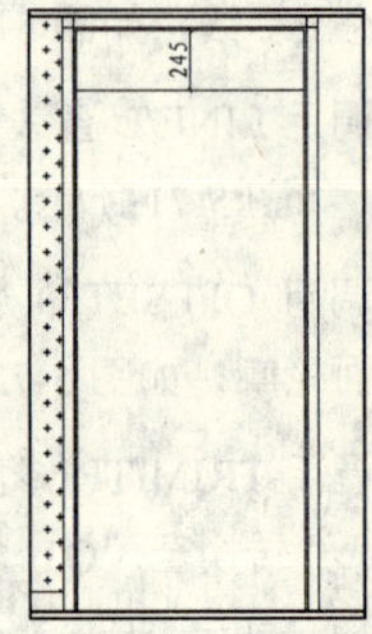

图 5-80　绘制矩形

14 调用 RECTANG/REC 矩形命令，绘制尺寸为 680×650 的矩形，并移动到相应的位置，如图 5-81 所示。

15 调用 OFFSET/O 偏移命令，将矩形分别向内偏移 30、30 和 20，如图 5-82 所示。

16 调用 COPY/CO 矩形命令，将矩形复制到下方，如图 5-83 所示。

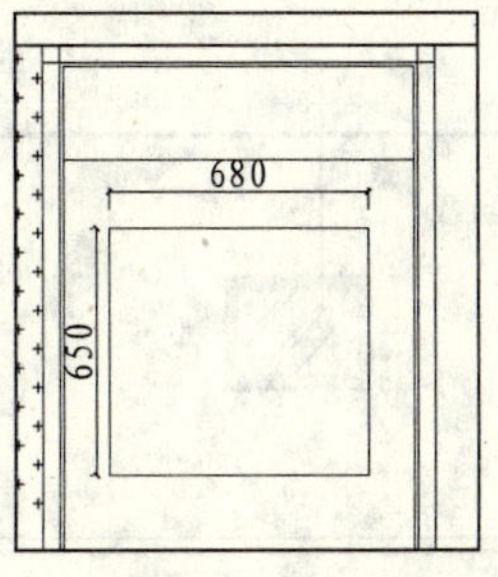

图 5-81　绘制矩形

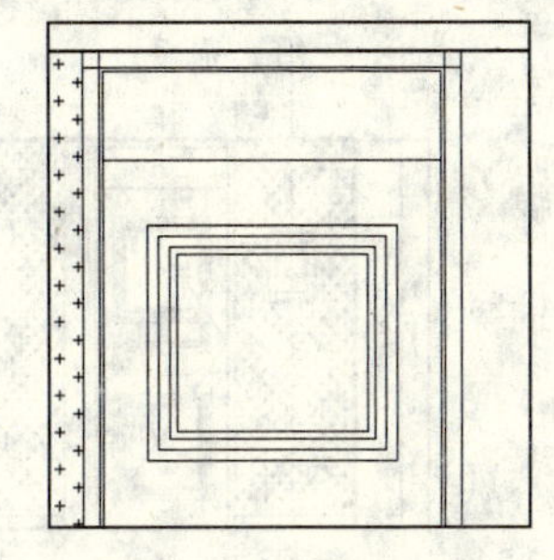

图 5-82　偏移矩形

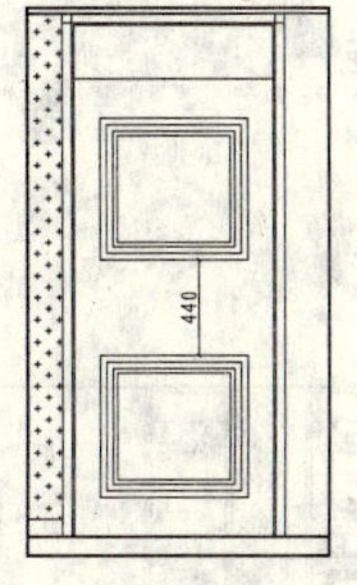

图 5-83　复制矩形

17 调用 RECTANG/REC 矩形命令和 OFFSET/O 偏移命令，绘制两个矩形之间的图形，如图 5-84 所示。

18 调用 LINE/L 直线命令，绘制门的折线，表示门开启方向，如图 5-85 所示。

19 调用 RECTANG/REC 矩形命令、OFFSET/O 偏移命令、CIRCLE/C 圆命令、TRIM/TR 修剪命令和 MOVE/M 移动命令，绘制门的拉手，效果如图 5-86 所示。

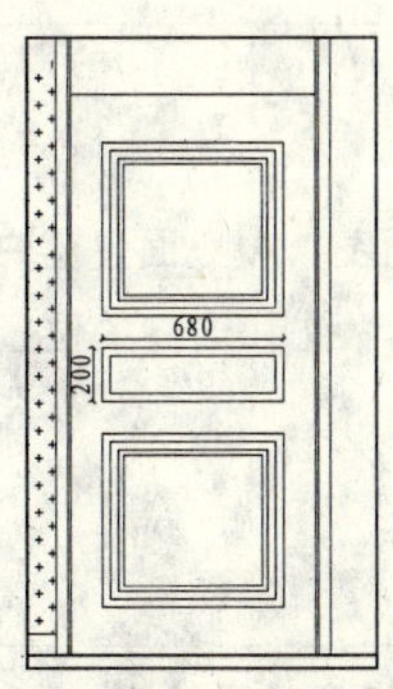

图 5-84　绘制矩形

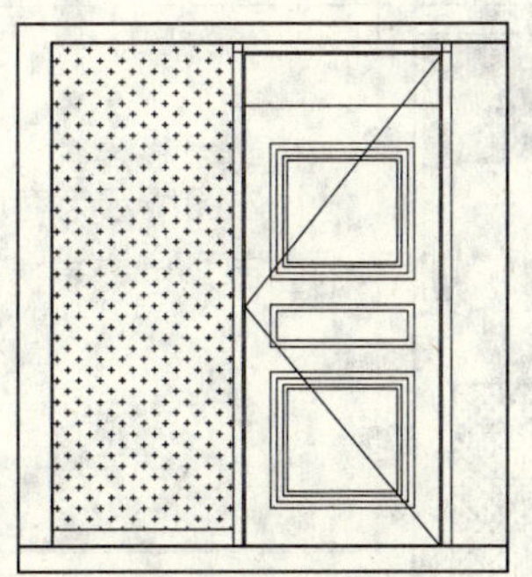

图 5-85　绘制折线

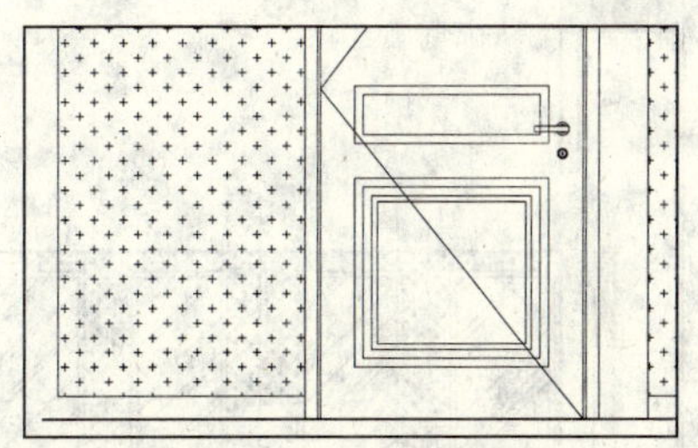

图 5-86　绘制门的拉手

20 使用同样的方法绘制右侧的门，效果如图 5-87 所示。

21 插入图块。按 Ctrl+O 快捷键，打开配套光盘提供的“第 05 章\家具图例.dwg”文件，选择其中的电视和装饰画图块，将其复制至立面区域，并调用 TRIM/TR 修剪命令进行修剪，如图 5-88 所示。

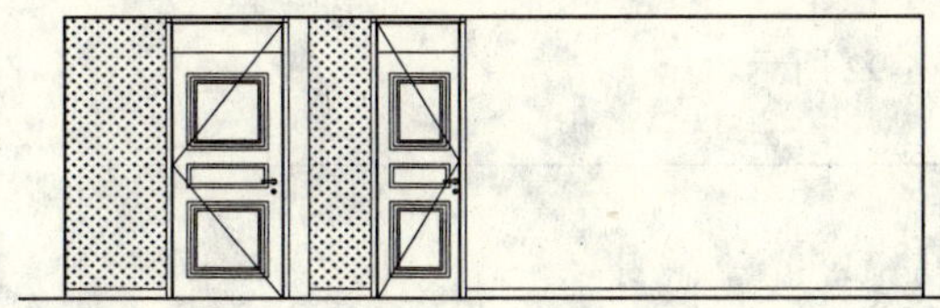

图 5-87　绘制门

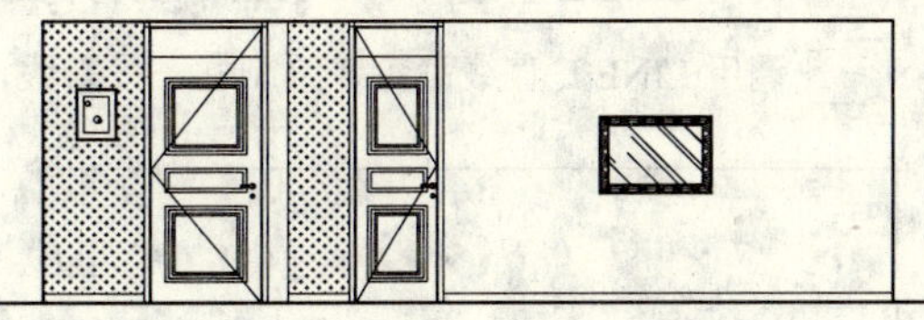

图 5-88　插入图块

22 设置“BZ_标注”为当前图层。设置当前注释比例为 1:50。

23 调用 DIMLINEAR/DLI 线性命令或执行【标注】|【线性】命令标注尺寸，本图应该在垂直方向和

水平方向分别进行标注，标注结果如图 5-89 所示。

24 调用 MLRADER/MLD 多重引线命令，使用“圆点”样式进行材料标注，标注结果如图 5-90 所示。

25 插入图名。调用插入图块命令 INSERT，插入“图名”图块，设置名称为“客厅 D 立面图”。客厅 D 立面图绘制完成。

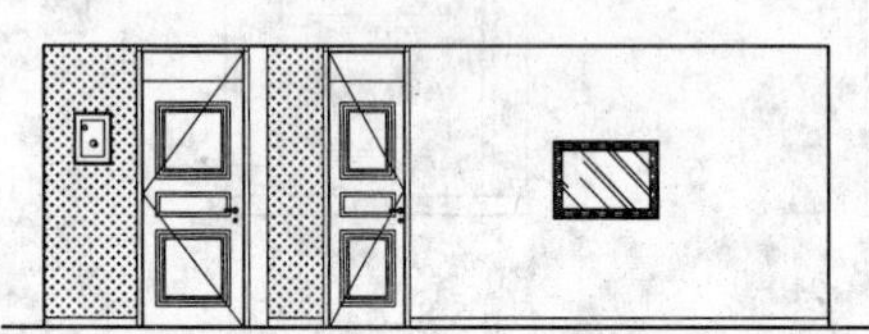

图 5-89　尺寸标注

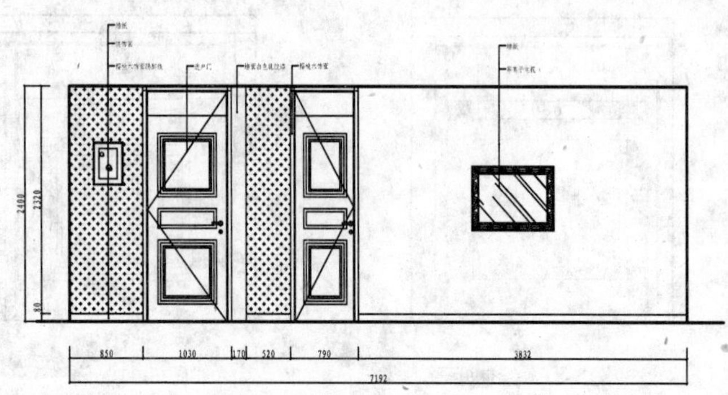

图 5-90　文字标注

066 绘制客厅 A 立面图

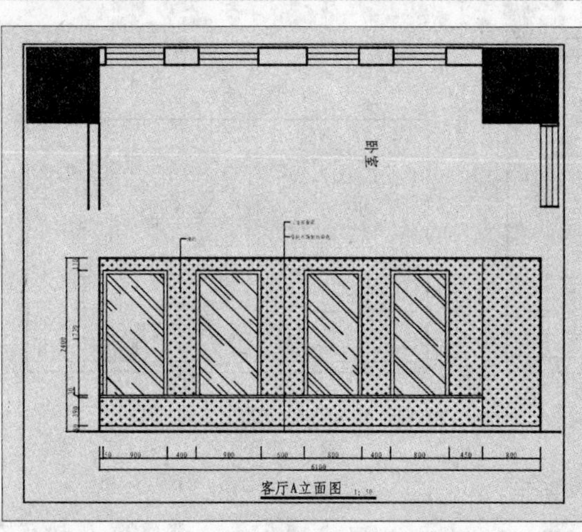

左图所示为客厅 A 立面图，A 立面是窗户所在的立面，主要表达了墙体的做法和窗户的位置和尺寸。

文件路径：	目标文件\第 05 章\实例 66.dwg
视频文件：	AVI\第 05 章\66 绘制客厅 A 立面图.avi
播放时长：	0:9:02

01 调用 COPY/CO 复制命令，复制平面布置图上客厅 A 立面的平面部分，并对图形进行旋转。

02 调用 LINE/L 直线命令和 TRIM/TR 修剪命令，绘制 A 立面的基本轮廓，如图 5-91 所示。

03 调用 LINE/L 直线命令，绘制柱子投影线，如图 5-92 所示。

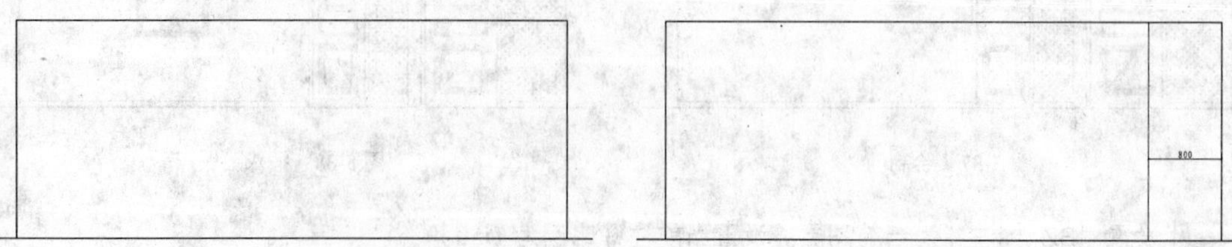

图 5-91　A 立面的基本轮廓　　图 5-92　绘制柱子投影线

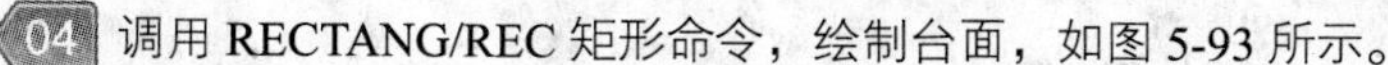

04 调用 RECTANG/REC 矩形命令，绘制台面，如图 5-93 所示。

05 调用 LINE/L 直线命令，绘制踢脚线，踢脚线的高度为 80，并对线段相交的位置进行修剪，如图 5-94 所示。

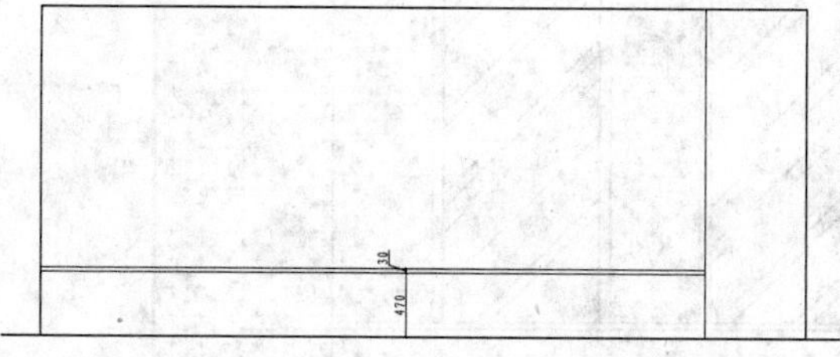

图 5-93　绘制台面

图 5-94　绘制踢脚线

06 调用 PLINE/PL 多段线命令，绘制窗户的外轮廓，如图 5-95 所示。

07 调用 OFFSET/O 偏移命令，将多段线向内偏移 50，得到窗套，如图 5-96 所示。

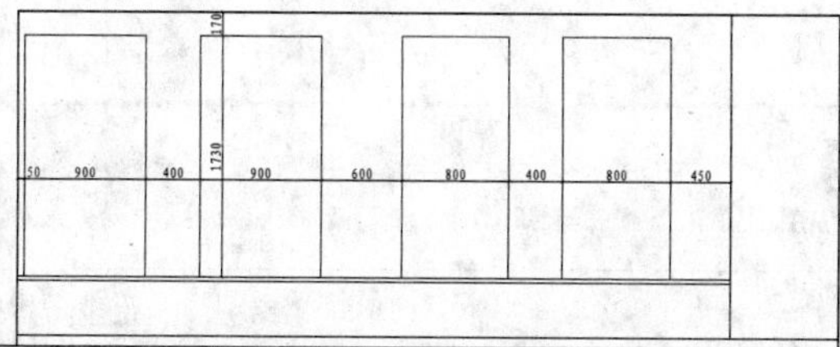

图 5-95　绘制窗户外轮廓

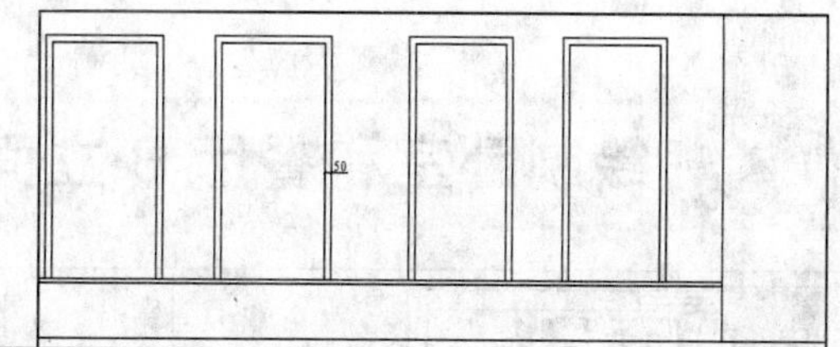

图 5-96　偏移多段线

08 调用 HATCH/H 图案填充命令，在窗户内填充 AR-RROOF 图案，表示玻璃，如图 5-97 所示。

09 继续调用 HATCH/H 图案填充命令，对墙面填充 CROSS 图案，效果如图 5-98 所示。

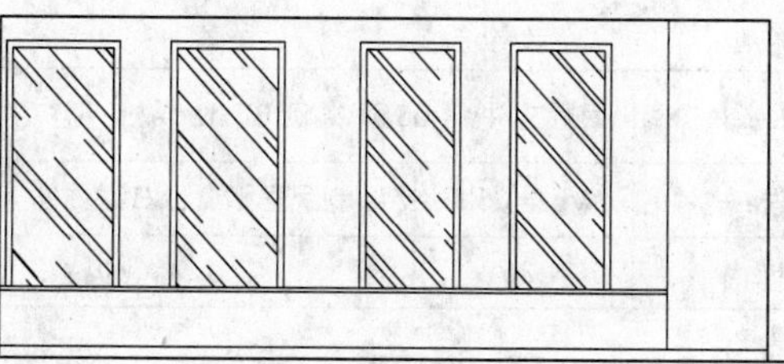

图 5-97　填充窗效果

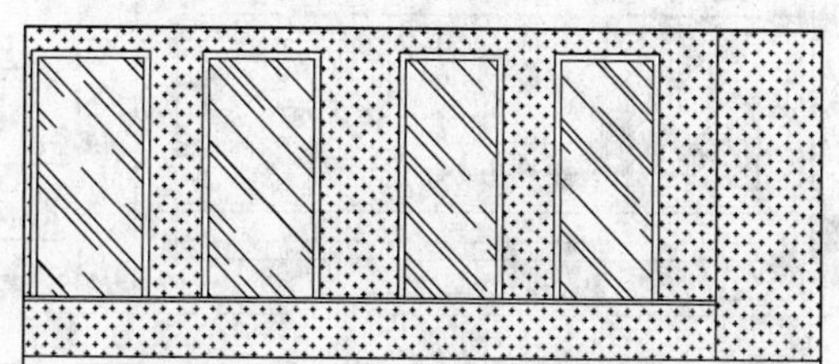

图 5-98　填充墙面效果

10 调用 DIMLINEAR/DLI 线性命令、MLEADER/MLD 多重引线命令，标注立面的尺寸和材料，如图 5-99 所示。

11 调用 INSERT/I 插入命令，插入图名，完成客厅 A 立面图的绘制。

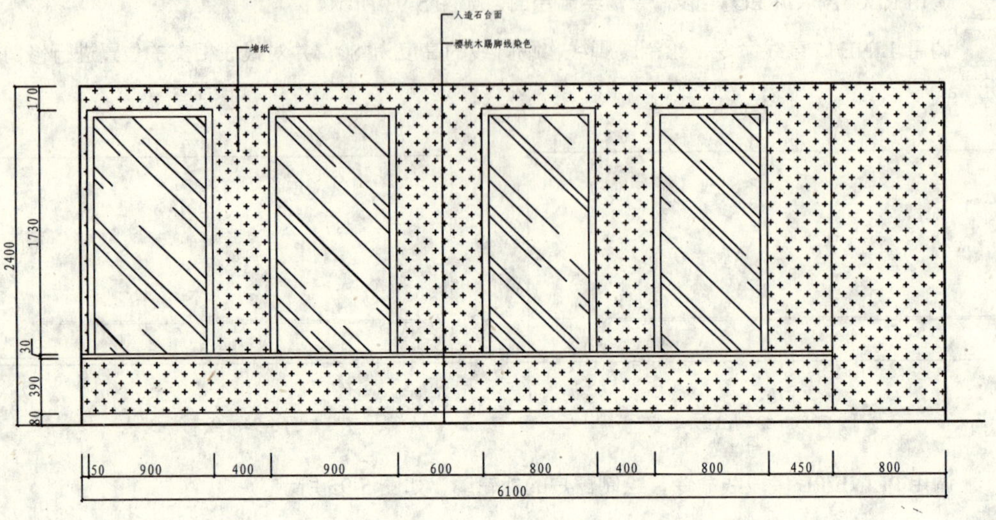

图 5-99　标注尺寸和材料

第2篇

067 绘制卧室和餐厅 B 立面图

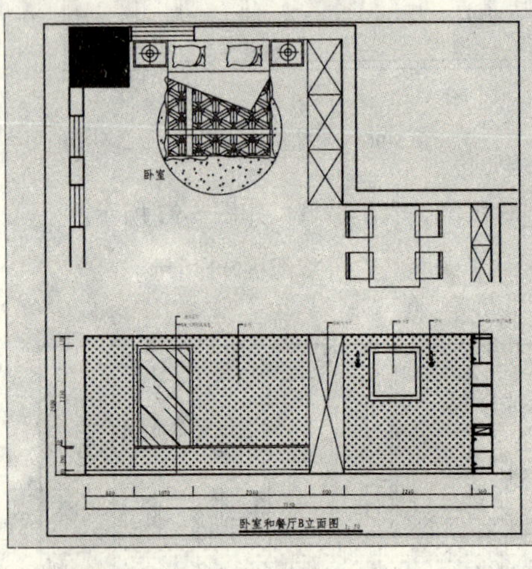

如左图所示为卧室和餐厅 B 立面图，B 立面图是床背景所在的墙面和餐厅所在的墙面。

文件路径：	目标文件\第 05 章\实例 67.dwg
视频文件：	AVI\第 05 章\67 绘制卧室和餐厅 B 立面图.avi
播放时长：	0:14:35

01 调用 COPY/CO 复制命令，复制平面布置图上卧室和餐厅 B 立面图的平面部分。

02 调用 LINE/L 直线命令和 TRIM/TR 修剪命令，绘制 B 立面图的基本轮廓，如图 5-100 所示。

03 调用 LINE/L 直线命令，绘制衣柜，如图 5-101 所示。

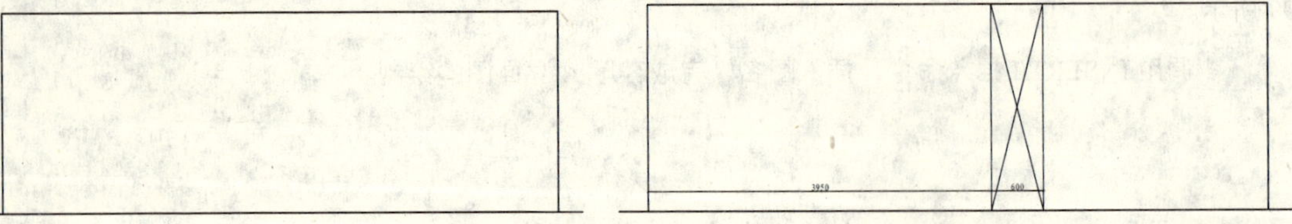

图 5-100　B 立面的基本轮廓

图 5-101　绘制衣柜

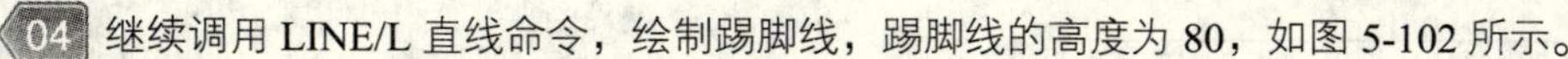

04 继续调用 LINE/L 直线命令，绘制踢脚线，踢脚线的高度为 80，如图 5-102 所示。

05 调用 LINE/L 直线命令，绘制装饰柜轮廓，如图 5-103 所示。

06 调用 PLINE/PL 多段线命令，绘制面板轮廓，如图 5-104 所示。

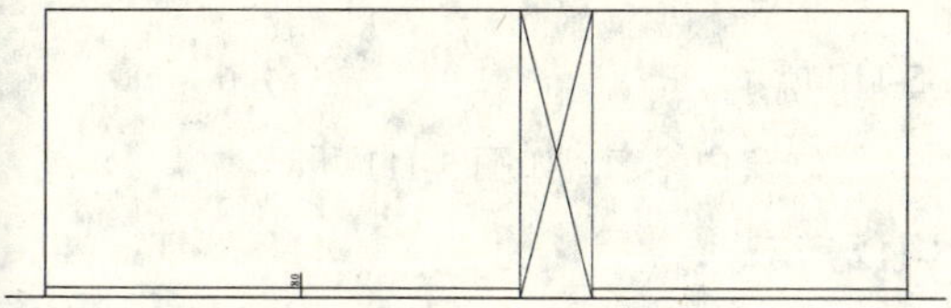

图 5-102　绘制踢脚线

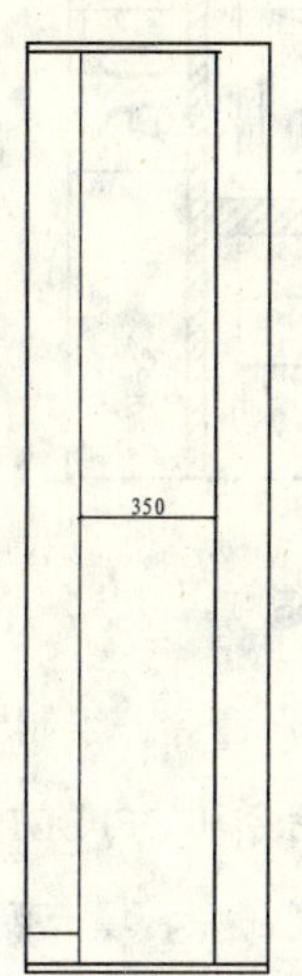

图 5-103　绘制装饰柜轮廓

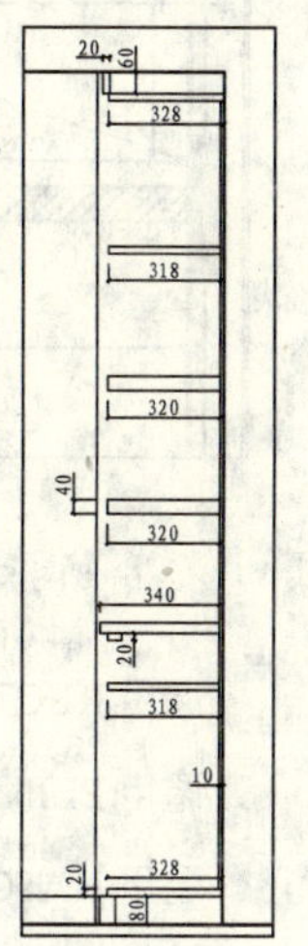

图 5-104　绘制面板轮廓

07 调用 HATCH/H 图案填充命令，对面板填充 LINE 图案，填充参数和效果如图 5-105 所示。

08 调用 RECTANG/REC 矩形命令和 HATCH/H 图案填充命令，绘制其他面板，如图 5-106 所示。

09 调用 LINE/L 直线命令和 OFFSET/O 偏移命令，绘制板材，如图 5-107 所示。

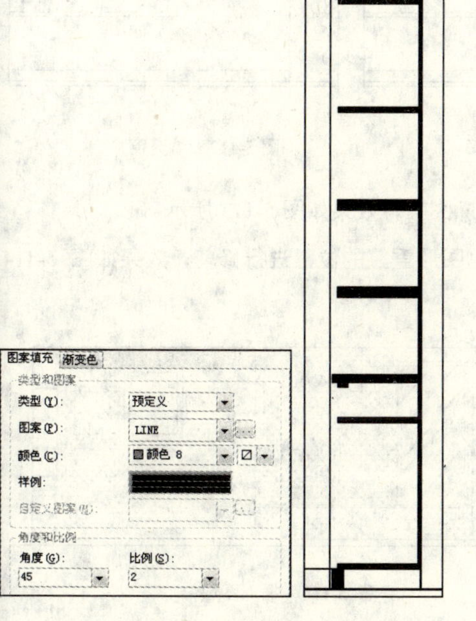

图 5-105　填充参数和效果

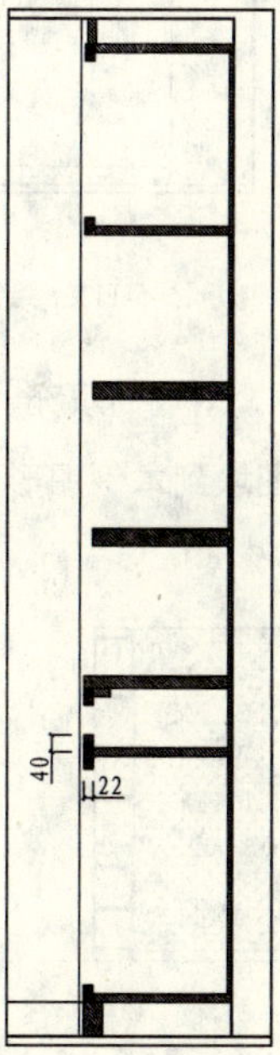

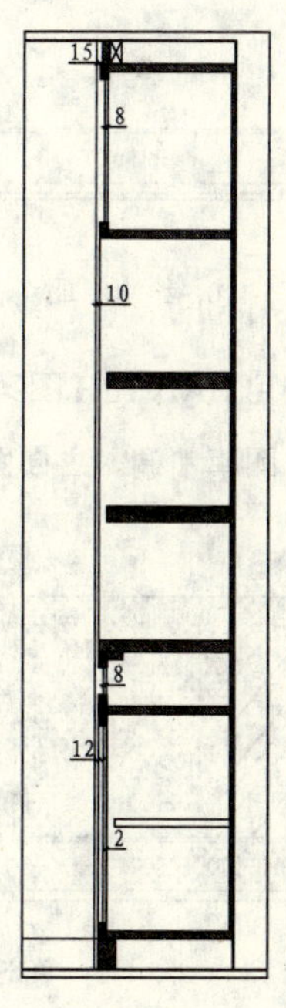

图 5-106　绘制其他面板

图 5-107　绘制板材

10 调用 RECTANG/REC 矩形命令和 LINE/L 直线命令，绘制抽屉结构，如图 5-108 所示。

11 调用 LINE/L 直线命令，绘制柱子投影线，如图 5-109 所示。

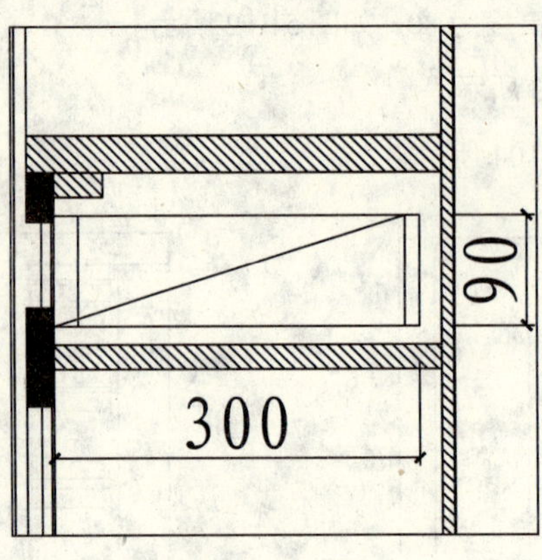

图 5-108　绘制抽屉结构

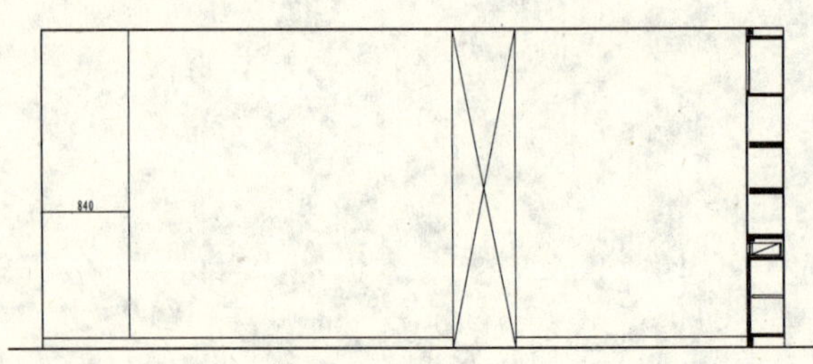

图 5-109　绘制柱子投影线

12 调用 RECTANG/REC 矩形命令，绘制台面，如图 5-110 所示。

13 调用 PLINE/PL 多段线命令和 OFFSET/O 偏移命令，绘制窗户轮廓，如图 5-111 所示。

14 调用 HATCH/H 图案填充命令，填充窗户，如图 5-112 所示。

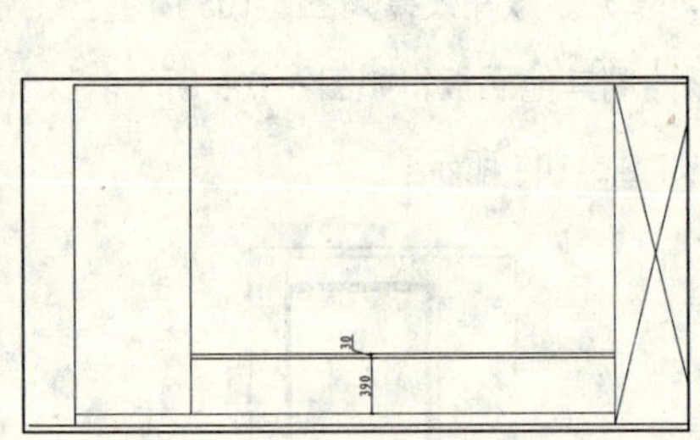

图 5-110　绘制台面

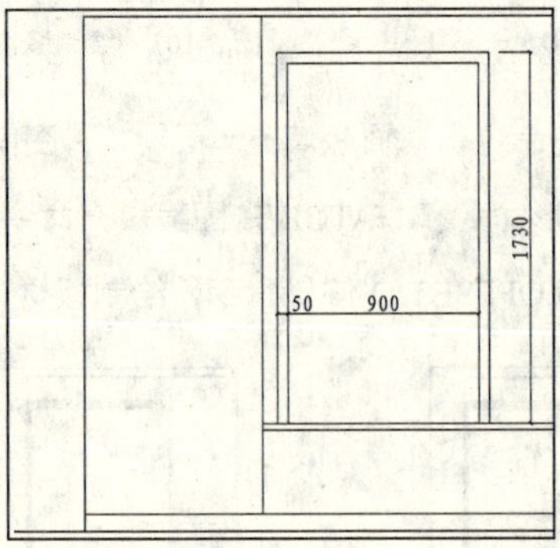

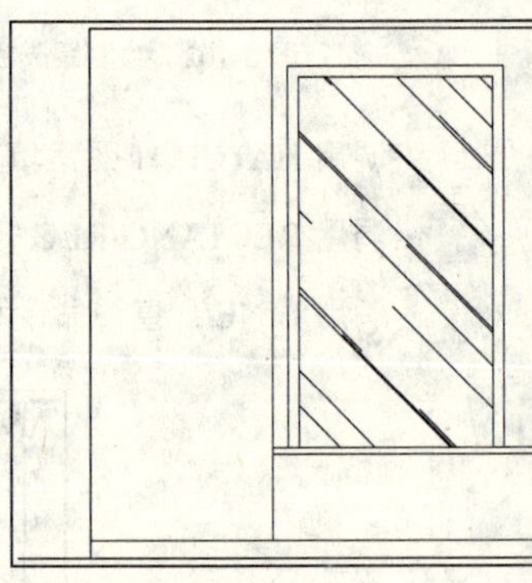

图 5-112　填充窗户

图 5-111　绘制窗户轮廓

15 调用 HATCH/H 图案填充命令，对墙面填充 CROSS 图案，效果如图 5-113 所示。

16 从图库中调入立面图中所需图块到本例图形中，并对图形重叠的位置进行修剪，效果如图 5-114 所示。

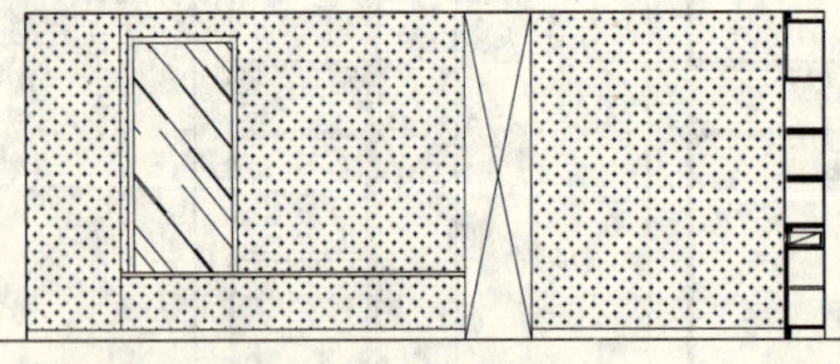

图 5-113　填充墙面效果

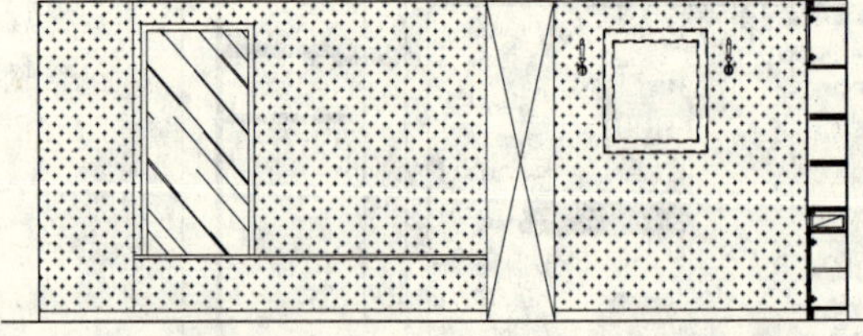

图 5-114　插入图块

17 调用 DIMLINEAR/DLI 线性命令合 MLEADER/MLD 多重引线命令，标注立面的尺寸和材料，如图 5-115 所示。

18 调用 INSERT/I 插入命令，插入图名，完成卧室和餐厅 B 立面图的绘制。

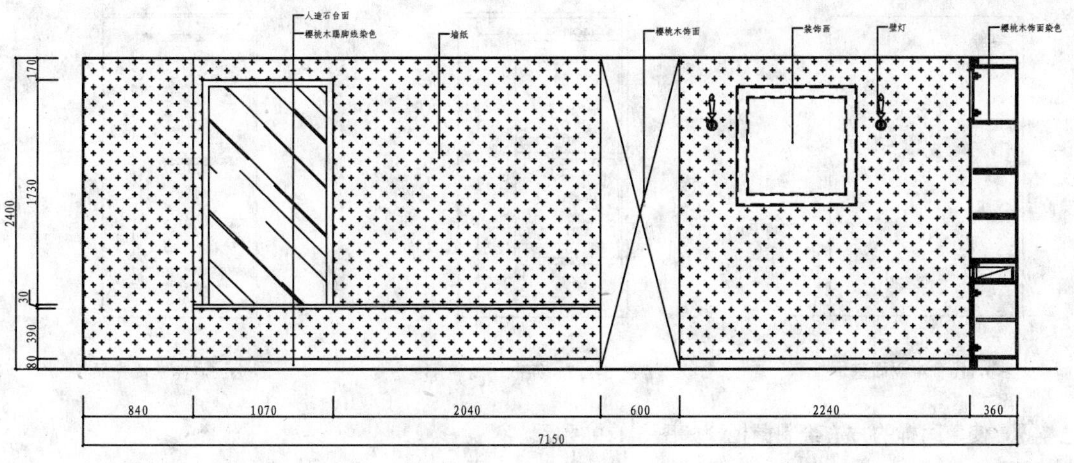

图 5-115　标注尺寸和材料

068 绘制厨房 A 立面图

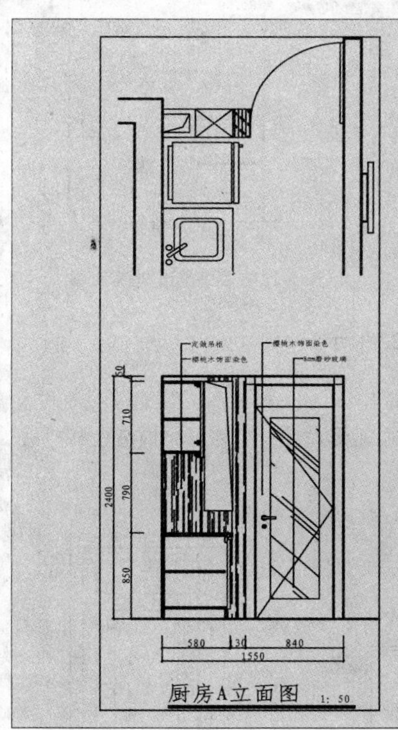

厨房 A 立面图如左图所示，A 立面主要表达了厨房中橱柜、吊柜和门的做法。

文件路径：	目标文件\第 05 章\实例 68.dwg
视频文件：	AVI\第 05 章\68 绘制厨房 A 立面图.avi
播放时长：	0:12:21

01 调用 COPY/CO 复制命令，复制平面布置图上厨房 A 立面图的平面部分，并对图形进行旋转。

02 调用 LINE/L 直线命令和 TRIM/TR 复制命令，绘制 A 立面图基本轮廓，如图 5-116 所示。

03 调用 PLINE/PL 多段线命令、RECTANG/REC 矩形命令，绘制吊柜轮廓，如图 5-117 所示。

04 调用 HATCH/H 图案填充命令，填充吊柜，填充效果如图 5-118 所示。

注 意：因为立面剖切位置通过橱柜，所以需要绘制通过位置的橱柜剖面图。

图 5-116　A 立面基本轮廓

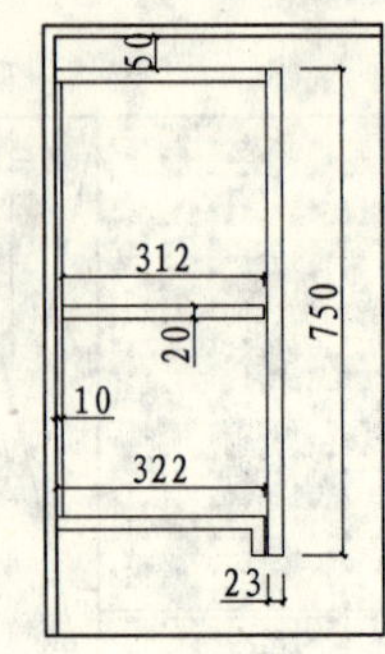

图 5-117　绘制吊柜轮廓

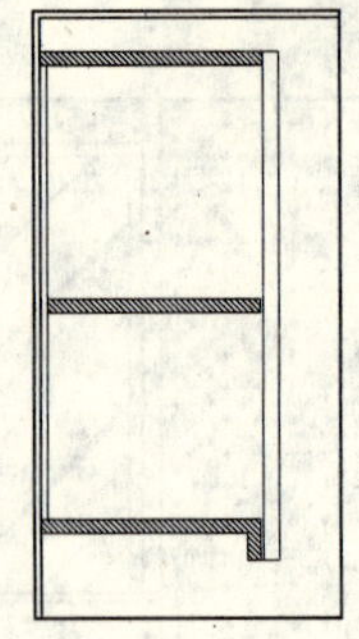
图 5-118　填充吊柜

05 使用同样的方法绘制橱柜，如图 5-119 所示。

06 调用 RECTANG/REC 矩形命令和 LINE/L 直线命令，绘制墙面造型，如图 5-120 所示。

07 调用 PLINE/PL 多段线命令，绘制门的基本轮廓，如图 5-121 所示。

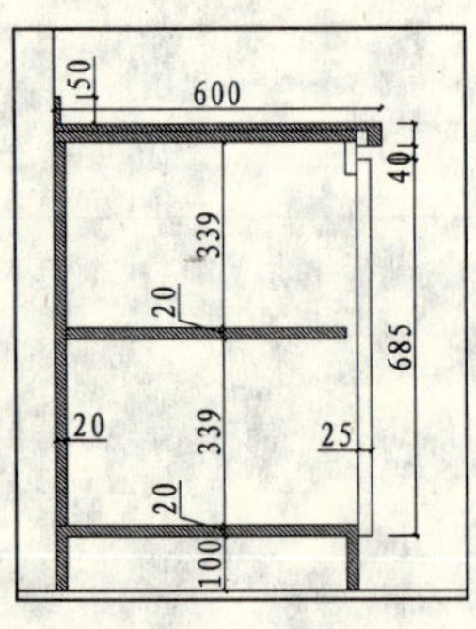

图 5-119　绘制橱柜

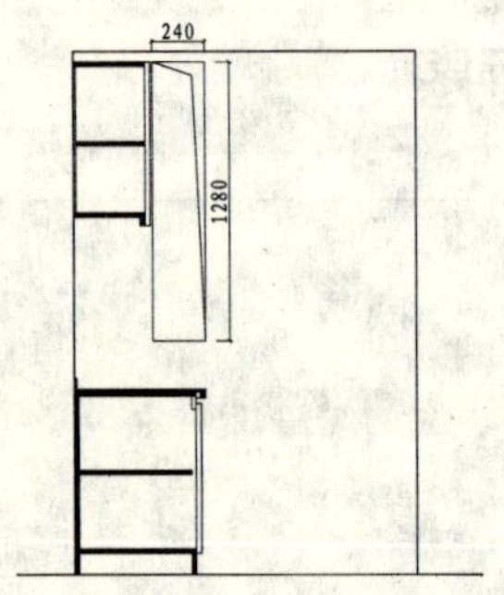

图 5-120　绘制墙面造型

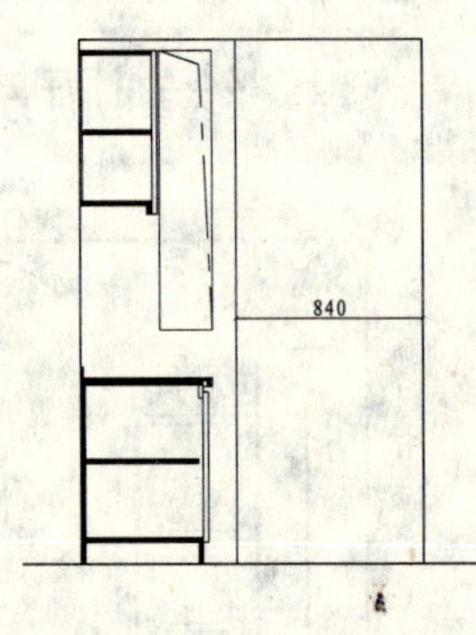

图 5-121　绘制门的基本轮廓

08 调用 OFFSET/O 偏移命令，将多段线向内偏移 80，如图 5-122 所示。

09 调用 LINE/L 直线命令，绘制线段，如图 5-123 所示。

10 调用 LINE/L 直线命令、MOVE/M 移动命令和 RECTANG/REC 矩形命令，绘制门面板造型和折线，表示门的开启方向，如图 5-124 所示。

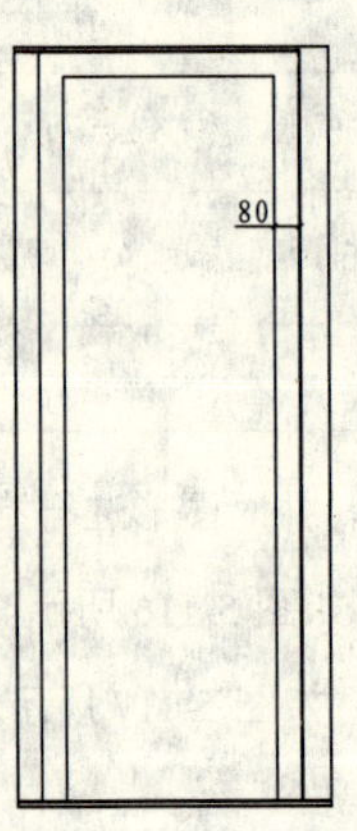

图 5-122　偏移多段线

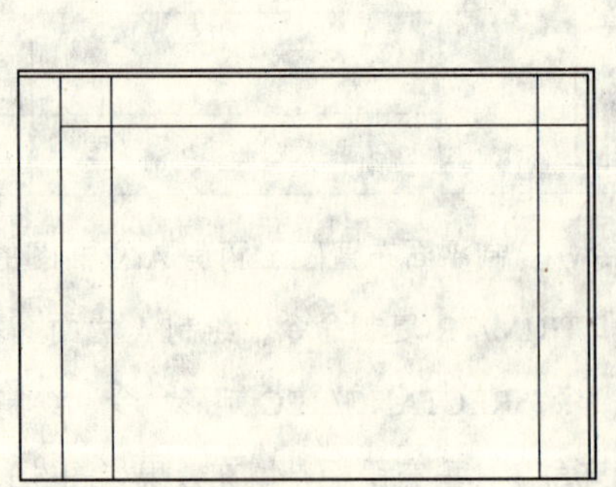
图 5-123　绘制线段

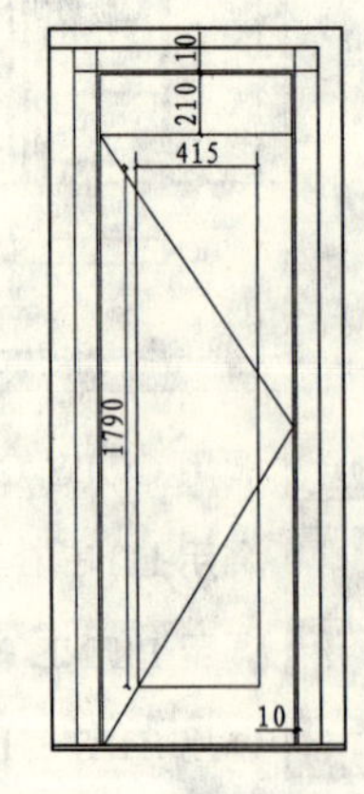

图 5-124　绘制门面板造型和折线

第2篇

11 调用 HATCH/H 图案填充命令，在门面板填充 AR-RROOF 图案，填充效果如图 5-125 所示。

12 调用 CIRCLE/C 圆命令、TRIM/TR 修剪命令和 RECTANG/REC 矩形命令，绘制门的拉手，如图 5-126 所示。

13 调用 HATCH/H 图案填充命令，在厨房的墙面填充 AR-RROOF 图案，填充参数和效果如图 5-127 所示。

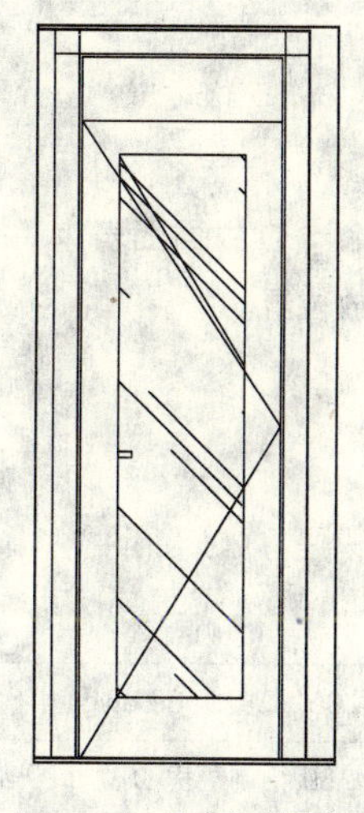

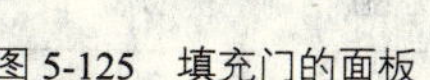

图 5-125　填充门的面板

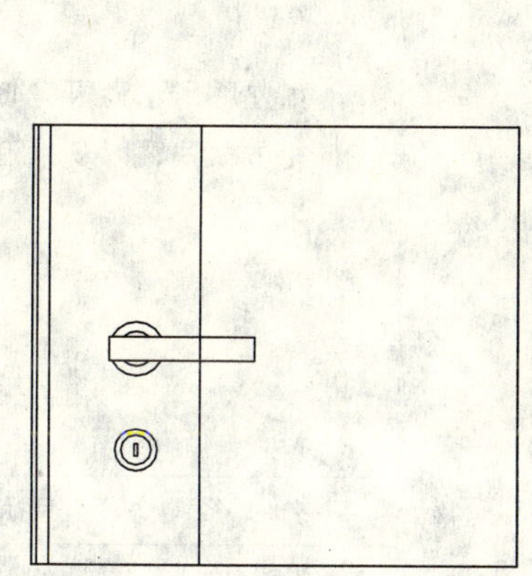

图 5-126　绘制门的拉手

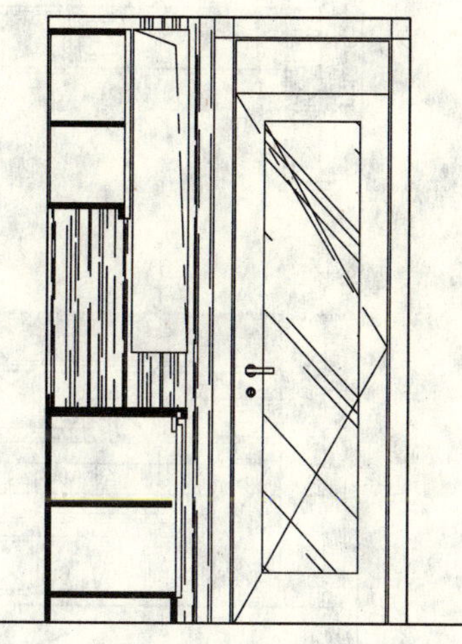

图 5-127　填充墙面

14 从图库中调入立面图中所需图块到本例图形中，如图 5-128 所示。

15 调用 DIMLINEAR/DLI 线性命令、MLEADER/MLD 多重引线命令，标注立面的尺寸和材料，如图 5-129 所示。

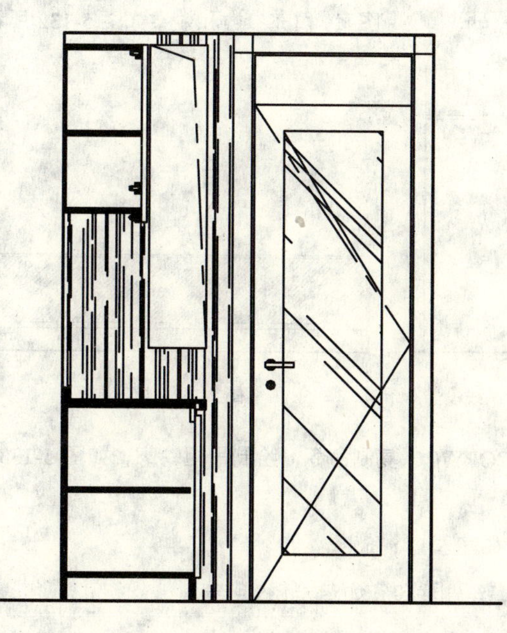

图 5-128　插入图块

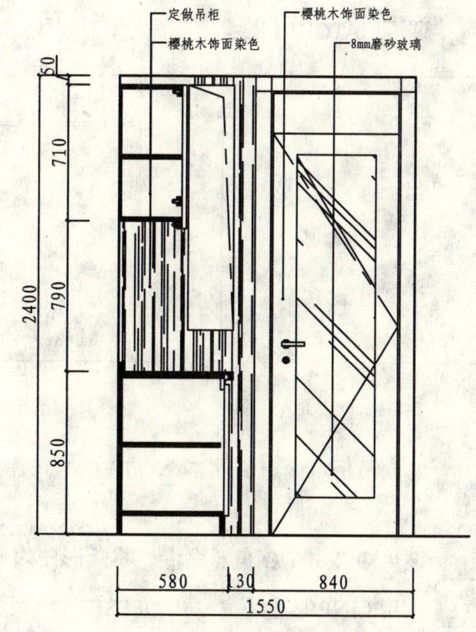

图 5-129　标注尺寸和材料

16 调用 INSERT/I 插入命令，插入图名，完成厨房 A 立面图的绘制。

069 绘制厨房 D 立面图

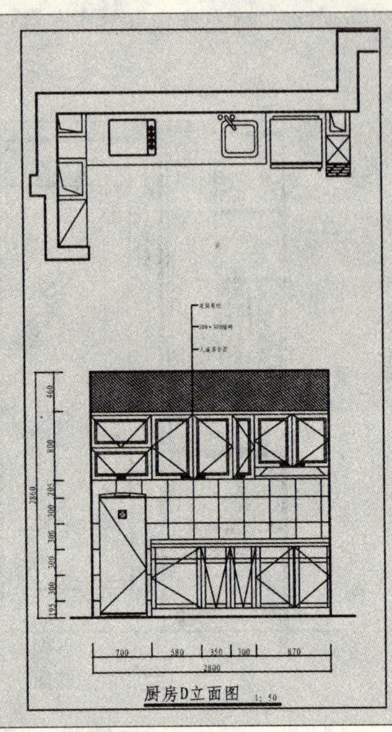

如左图所示为厨房 D 立面图，D 立面图表达了吊柜和橱柜的做法，以及冰箱的摆放位置。

文件路径：	目标文件\第 05 章\实例 69.dwg
视频文件：	AVI\第 05 章\69 绘制厨房 D 立面图.avi
播放时长：	0:13:33

01 调用 COPY/CO 复制命令，绘制厨房 D 立面的平面部分，并对图形进行旋转。

02 调用 LINE/L 直线命令和 TRIM/TR 修剪命令，绘制厨房 D 立面图的外轮廓，如图 5-130 所示。

03 调用 LINE/L 直线命令，绘制线段，如图 5-131 所示。

04 调用 HATCH/H 图案填充命令，对线段上方填充 LINE 图案，填充参数和效果如图 5-132 所示。

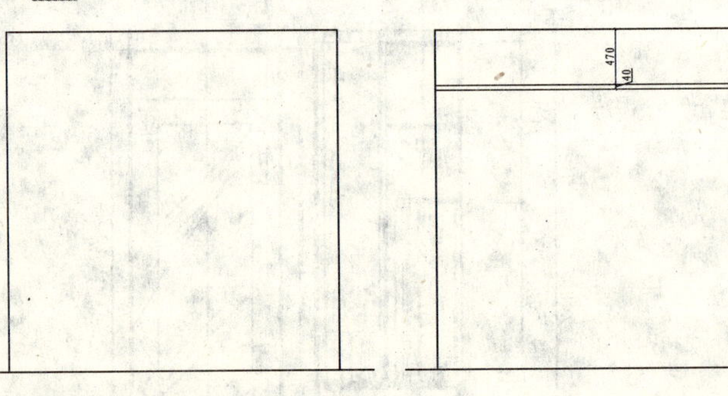

图 5-130　D 立面外轮廓　　图 5-131　绘制线段　　图 5-132　填充图案

05 绘制吊柜。调用 RECTANG/REC 矩形命令和 COPY/CO 复制命令，绘制吊柜轮廓，如图 5-133 所示。

06 调用 OFFSET/O 偏移命令，将矩形向内偏移，如图 5-134 所示。

07 调用 LINE/L 直线命令和 OFFSET/O 偏移命令，绘制线段，如图 5-135 所示。

08 调用 RECTANG/REC 矩形命令，绘制矩形表示拉手，如图 5-136 所示。

09 调用 LINE/L 直线命令，绘制折线，如图 5-137 所示。

10 使用相同的方法绘制橱柜，结果如图 5-138 所示。

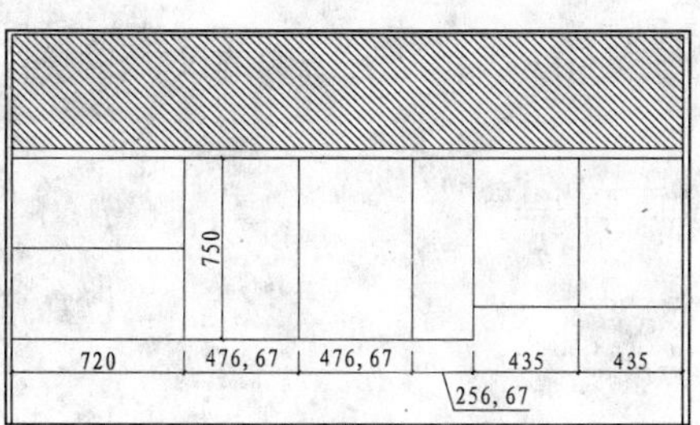

图 5-133　绘制吊柜轮廓

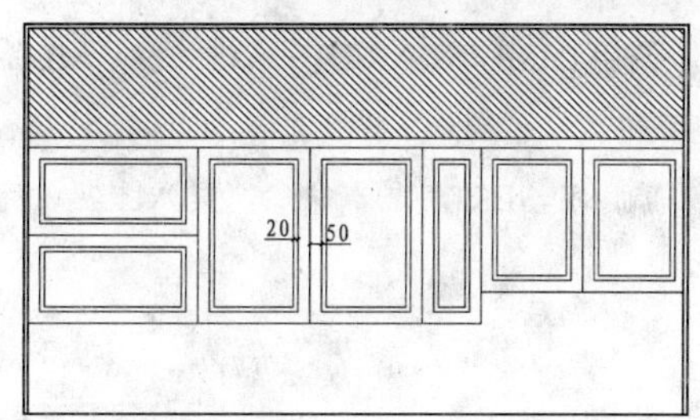

图 5-134　偏移矩形

图 5-135　绘制线段

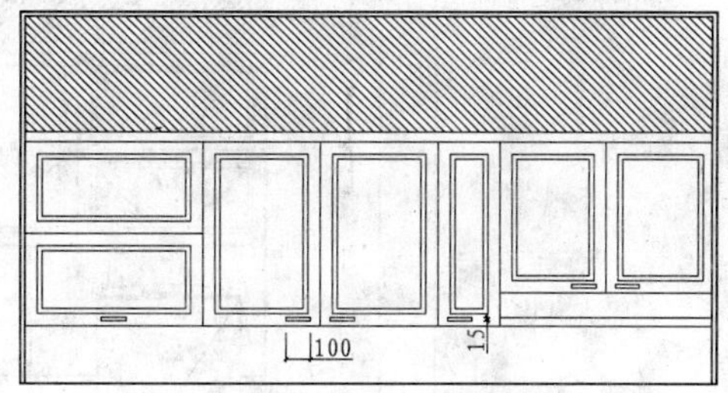

图 5-136　绘制拉手

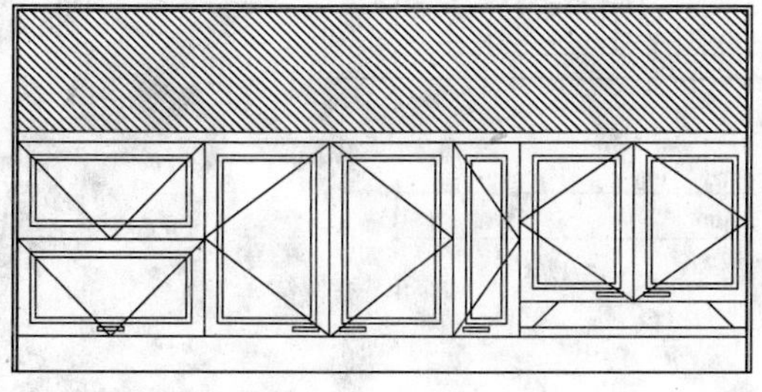

图 5-137 绘制折线

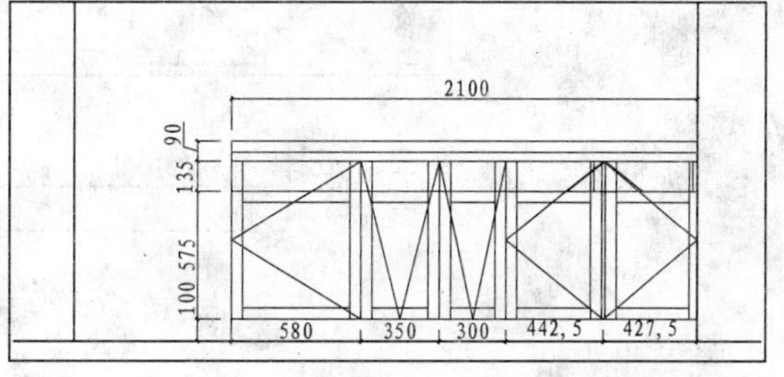

图 5-138　绘制橱柜

11 调用 LINE/L 直线命令、OFFSET/O 偏移命令和 TRIM/TR 修剪命令，绘制墙面图案，如图 5-139 所示。

12 从图库中插入冰箱图块，并调用 TRIM/TR 修剪命令，修剪墙面与冰箱相交位置，如图 5-140 所示。

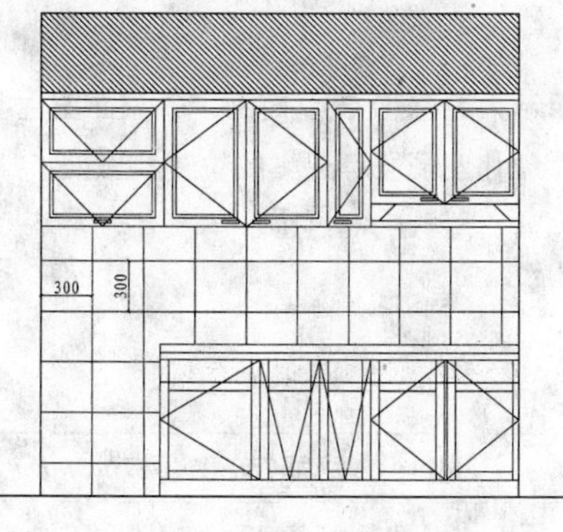

图 5-139　绘制墙面图案

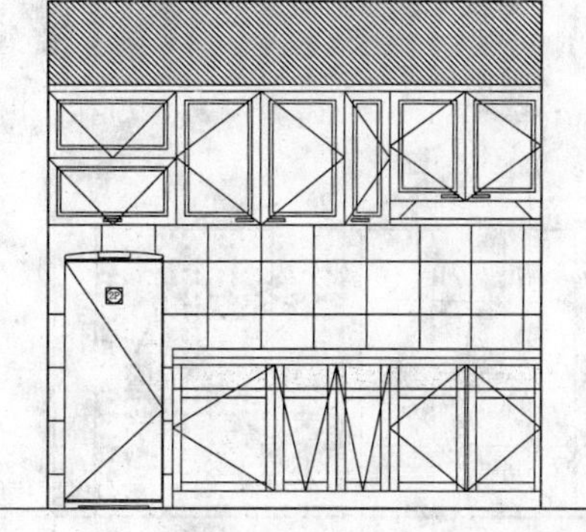

图 5-140　插入图块

13 调用 DIMLINEAR/DLI 线性命令、MLEADER/MLD 多重引线命令，标注立面的尺寸和材料，如图 5-141 所示。

14 调用 INSERT/I 插入命令，插入图名，完成厨房 D 立面图的绘制。

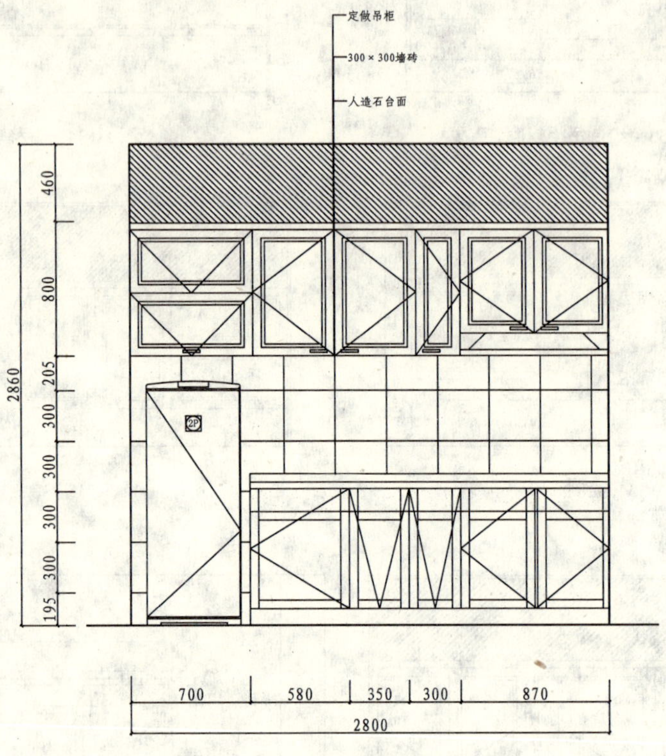

图 5-141　标注尺寸和材料

070 绘制卫生间 C 立面图

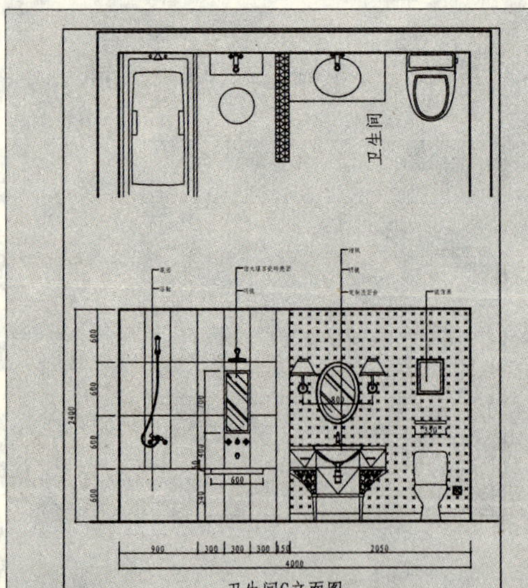

如左图所示为卫生间 C 立面图，C 立面图主要表达了花洒、洗手盆和座便器等卫具的位置和做法。

文件路径：	目标文件\第 05 章\实例 70.dwg
视频文件：	AVI\第 05 章\70 绘制卫生间 C 立面图.avi
播放时长：	0:07:21

01 调用 COPY/CO 复制命令，复制平面布置图卫生间 C 立面的平面部分，并对图形进行旋转。

02 调用 LINE/L 直线命令、OFFSET/O 偏移命令和 TRIM/TR 修剪命令，绘制卫生间 C 立面外轮廓，如图 5-142 所示。

03 调用 RECTANG/REC 矩形命令，绘制浴缸立面轮廓，如图 5-143 所示。

04 调用 RECTANG/REC 矩形命令和 OFFSET/O 偏移命令，绘制镜子和搁板轮廓，如图 5-144 所示。

图 5-142　C 立面外轮廓

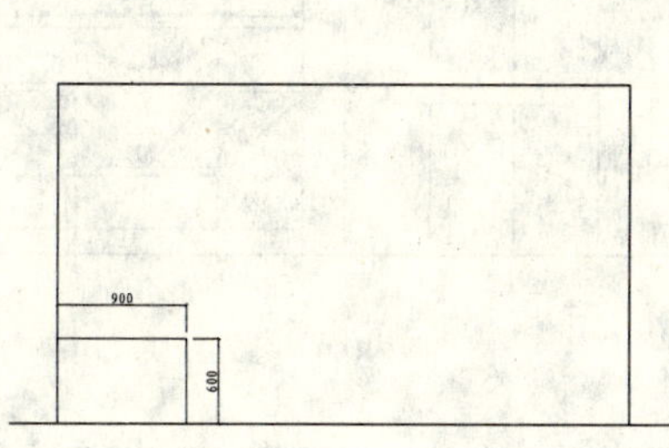

图 5-143　绘制浴缸

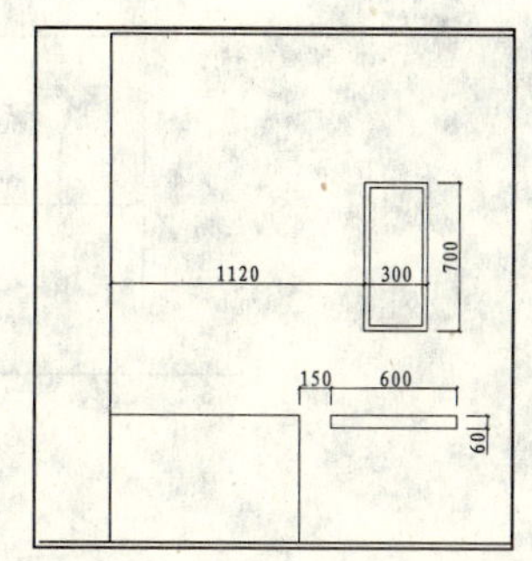

图 5-144　绘制镜子和搁板轮廓

05 调用 HATCH/H 图案填充命令，对镜子填充 AR-RROOF 图案，填充效果如图 5-145 所示。

06 调用 OFFSET/O 偏移命令，绘制隔断，如图 5-146 所示。

07 调用 LINE/L 直线命令、OFFSET/O 偏移命令和 TRIM/TR 修剪命令，绘制浴缸所在的墙面，如图 5-147 所示。

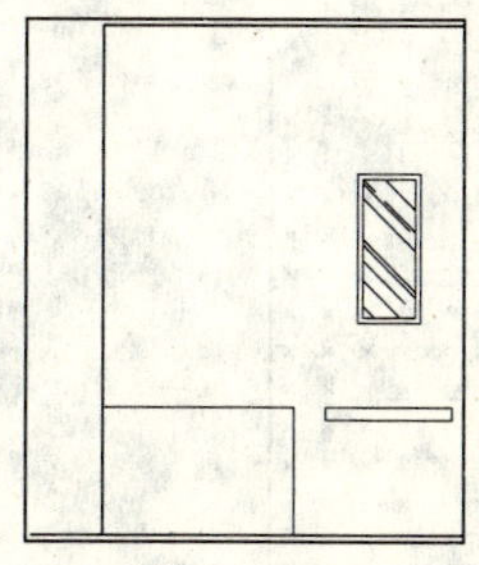

图 5-145　填充镜子

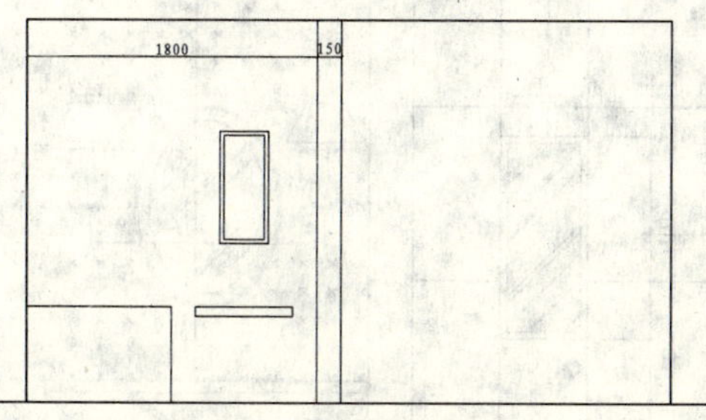

图 5-146　绘制隔断

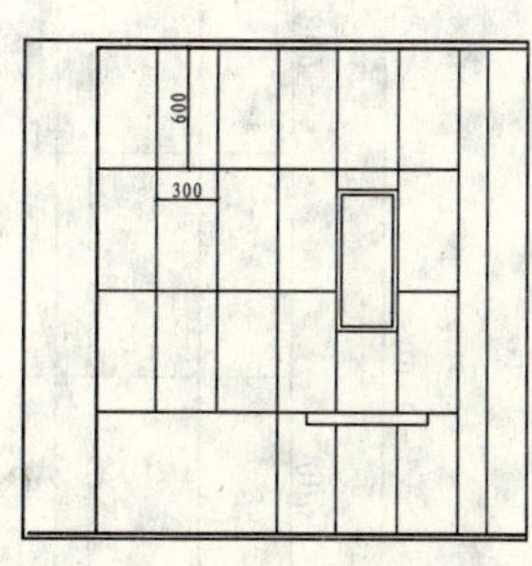

图 5-147　绘制墙面

08 调用 LINE/L 直线命令，绘制踢脚线图 5-148 所示。

09 调用 HATCH/H 图案填充命令，对卫生间墙面填充 CROSS 图案，填充效果如图 5-149 所示。

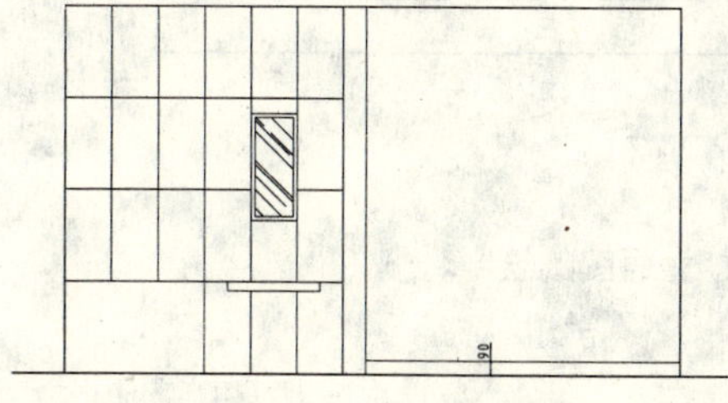

图 5-148　绘制踢脚线

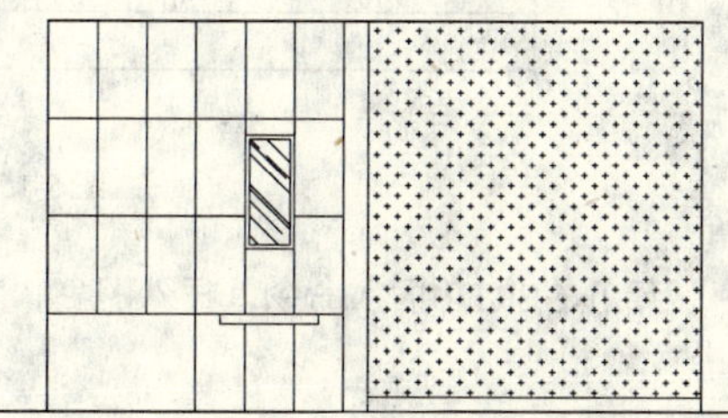

图 5-149　填充墙面

10 从图库中插入淋浴头、洗脸盆和座便器等图块到立面图中，并进行修剪，如图 5-150 所示。

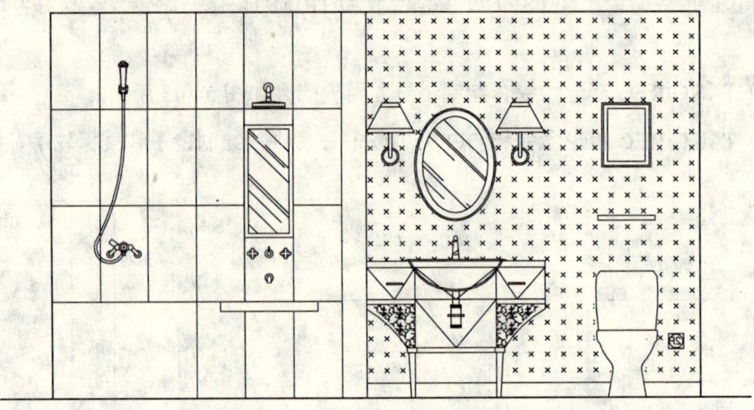

图 5-150　插入图块

11 调用 DIMLINEAR/DLI 线性标注命令、MLEADER/MLD 多重引线命令，标注立面的尺寸和材料，如图 5-151 所示。

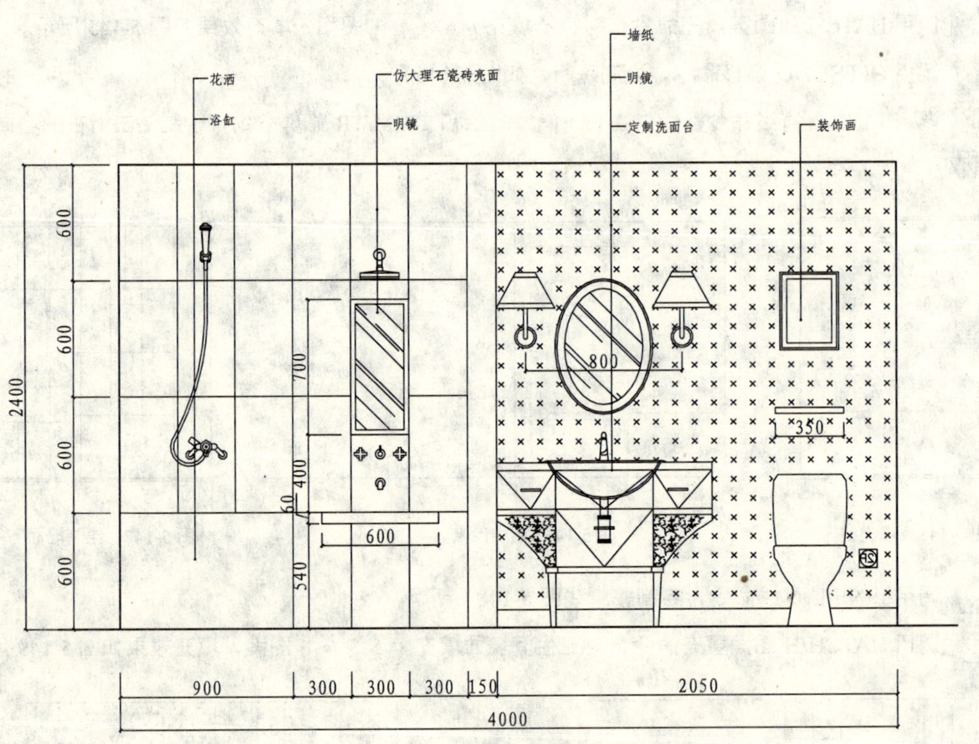

图 5-151　标注尺寸和材料

12 调用 INSERT/I 插入命令，插入图名，完成卫生间 C 立面图的绘制。

第 2 篇

第 6 章

简欧风格两居室室内设计

简欧风格继承了传统欧式风格的装饰特点，吸取了其风格的“形神”特征，在设计上追求空间变化的连续性和形体变化的层次感，室内多采用带有图案的壁纸、地毯、窗帘、床罩、帐幔及古典装饰画，体现华丽的风格。家具门窗多漆为白色，画框的线条部位装饰为线条或金边，在造型设计上既要突出凹凸感，又要有优美的弧线。本章以两居室为例讲解简欧风格两居室施工图的绘制方法。

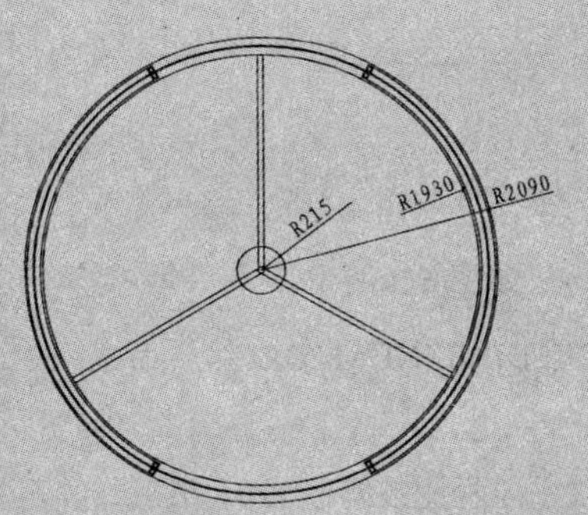

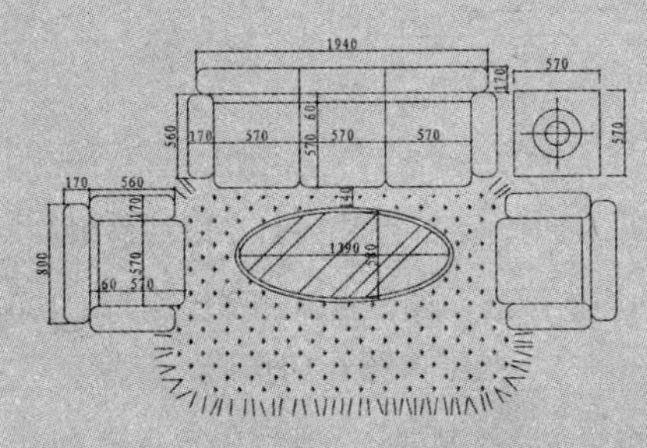

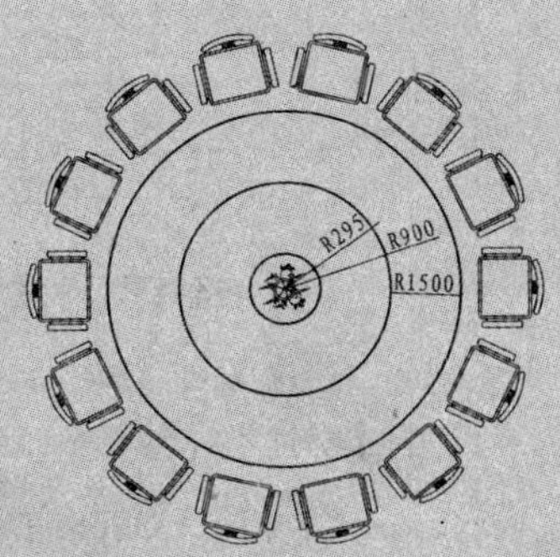

071 绘制两居室原始户型图

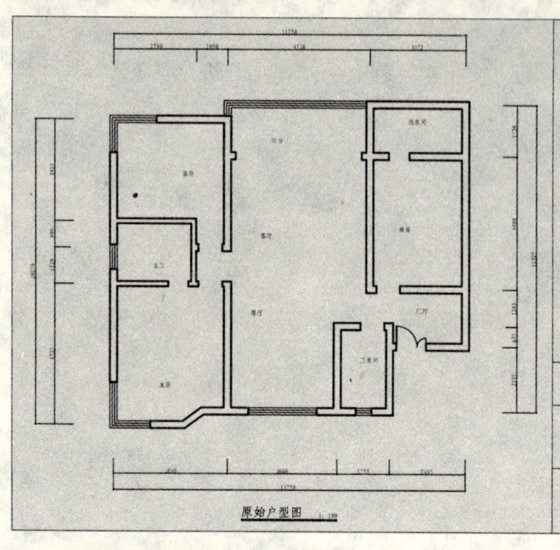

左图所示为两居室原始户型图，房间各功能空间划分为客厅、餐厅、厨房、主卧、客卧、主卫、阳台、洗衣房和卫生间，下面讲解绘制方法。

文件路径：	目标文件\第 06 章\实例 71.dwg
视频文件：	AVI\第 06 章\71 绘制两居室原始户型图.avi
播放时长：	0:19:42

01 启动 AutoCAD 2012，以“室内装潢施工图模板.dwt”创建新图形。

02 绘制完成的轴网如图 6-1 所示，在绘制过程中，主要使用了【多段线】命令。

03 设置“ZX_轴线”图层为当前图层。

04 调用 PLINE/PL 多段线命令，绘制轴网的外轮廓，如图 6-2 所示。

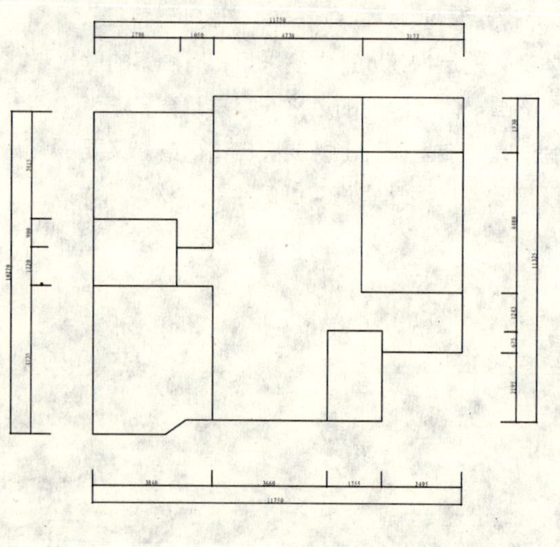

图 6-1　轴网

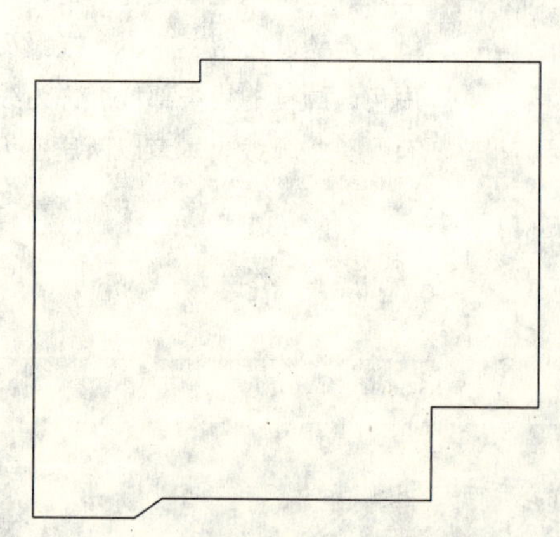

图 6-2　绘制轴线外轮廓

05 找到需要分隔的房间，继续调用 PLINE/PL 多段线命令绘制，结果如图 6-3 所示。

06 设置“BZ_标注”为当前图层，设置当前注释比例为 1:100。调用 DIMLINEAR/DLI 线性命令或执行【标注】|【线形】命令标注尺寸，结果如图 6-1 所示。

07 调用 OFFSET/O 偏移命令，绘制墙体，墙体的宽度是 240，将轴线向两侧各偏移 120，然后转换至“QT_墙体”图层，即可得到墙体，如图 6-4 所示。

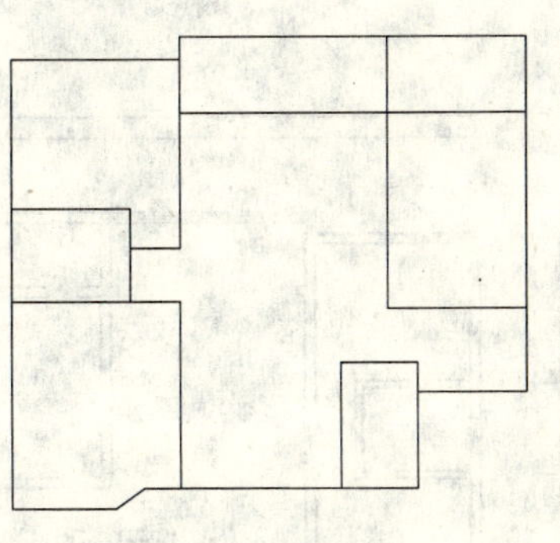

图 6-3　绘制内部轴线

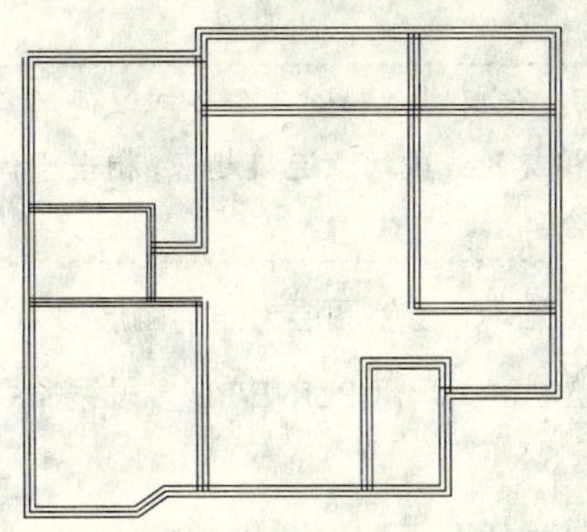

图 6-4　绘制墙体

08 对于不方便使用倒角命令修剪的墙线，可以调用 TRIM/TR 修剪命令进行修剪，修剪后的效果如图 6-5 所示。

09 开门洞和窗洞。调用 PLINE/PL 多段线命令和 TRIM/TR 修剪命令，开门洞和窗洞，如图 6-6 所示。

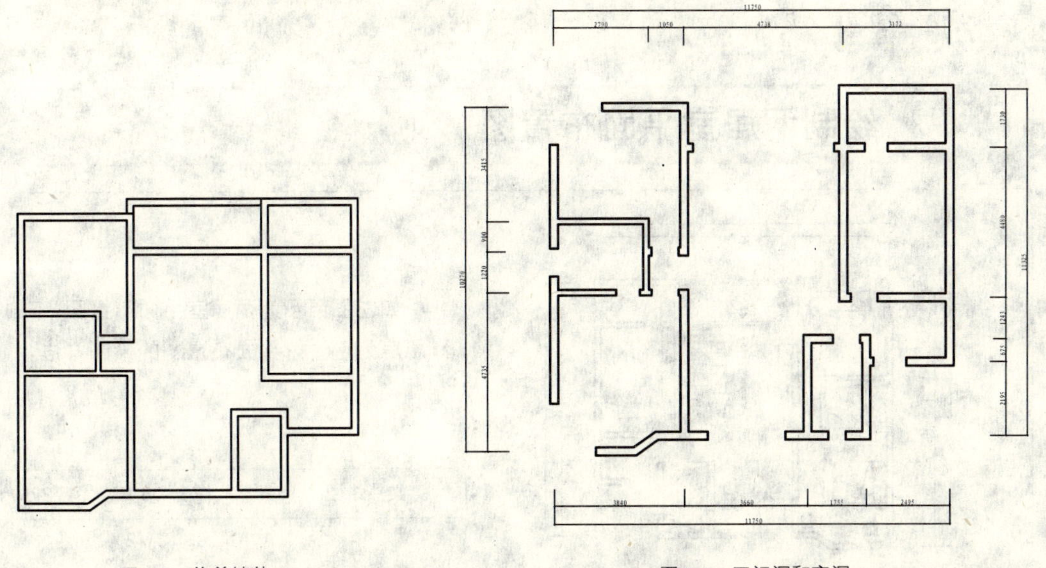

图 6-5　修剪墙体

图 6-6　开门洞和窗洞

10 设置倒角距离为 0，调用 CHAMFER/CHA 倒角命令，修剪墙体。

11 调用 RECTANG/REC 矩形命令、CIRCLE/C 圆命令、LINE/L 直线命令和 TRIM/TR 修剪命令，绘制子母门，如图 6-7 所示。

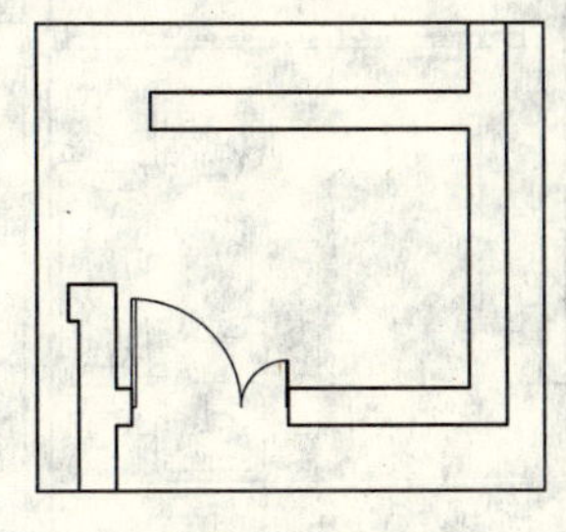

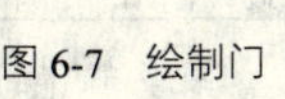

图 6-7　绘制门

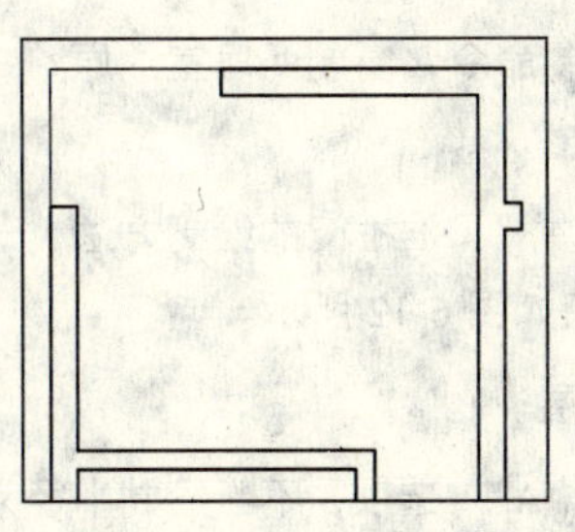

图 6-8　绘制多段线

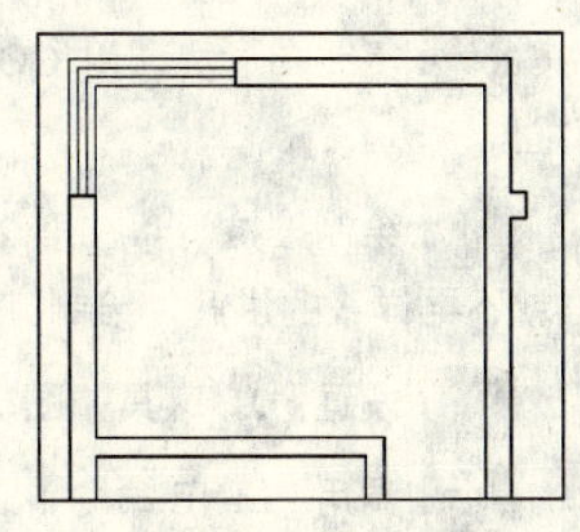

图 6-9　偏移多段线

技 巧：使用圆角和倒角命令可以使两条不平行的相交或不相交的线段端点连接起来，相当于优化的延伸或修剪命令。

12 设置“C_窗”图层为当前图层。

13 绘制窗。调用 PLINE/PL 多段线命令，绘制多段线，如图 6-8 所示。

14 调用 OFFSET/O 偏移命令，将多段线向内偏移 80，偏移 3 次，得到窗户图形，如图 6-9 所示。

15 使用以上的方法完成其他窗的绘制，效果如图 6-10 所示。

16 为各房间注上文字说明。调用 TEXT/T 单行文字命令（或 MTEXT 命令/MT 多行文字）输入文字，两居室原始户型图绘制完成。

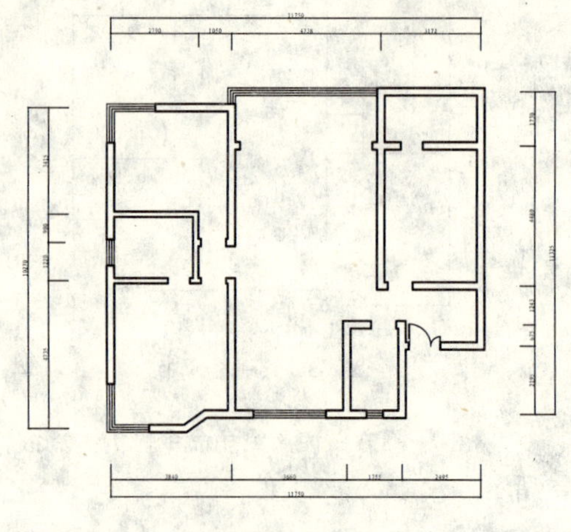

图 6-10 绘制窗户

072 绘制两居室平面布置图

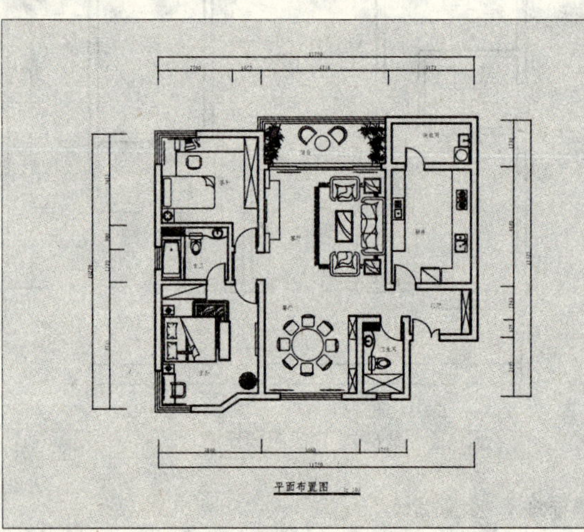

如左图所示为两居室平面布置图，下面以客厅和厨房为例讲解平面布置图的绘制方法。

文件路径：	目标文件\第 06 章\实例 72.dwg
视频文件：	AVI\第 06 章\72 绘制两居室平面布置图.avi
播放时长：	0:04:51

01 本例客厅平面布置图如图 6-11 所示，需要绘制的图形有客厅通往阳台的推拉门、窗帘、电视背景墙和电视柜等。

02 复制图形。调用 COPY/CO 复制命令，复制两居室的原始户型图。

03 绘制推拉门。在第 2 章中已经讲解了推拉门的绘制方法，这里就不再详细的讲解，绘制完成的推拉门如图 6-12 所示。

04 设置“JJ_家具”图层为当前图层。

05 调用 PLINE 命令，选择“圆弧（A）”选项，不断绘制半径为 15，包含角为 180° 的圆弧，得到如图 6-13 所示的窗帘图形。窗帘后端的箭头通过选择“宽度（W）”选项绘制，其中箭头大端宽度为 20，

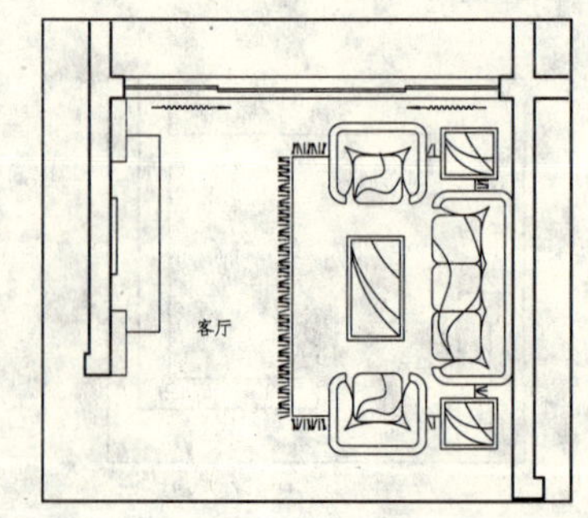

图 6-11 客厅平面布置图

小端宽度为 0.1。

06 调用 MOVE/M 移动命令，将窗帘移动到客厅中，如图 6-14 所示。

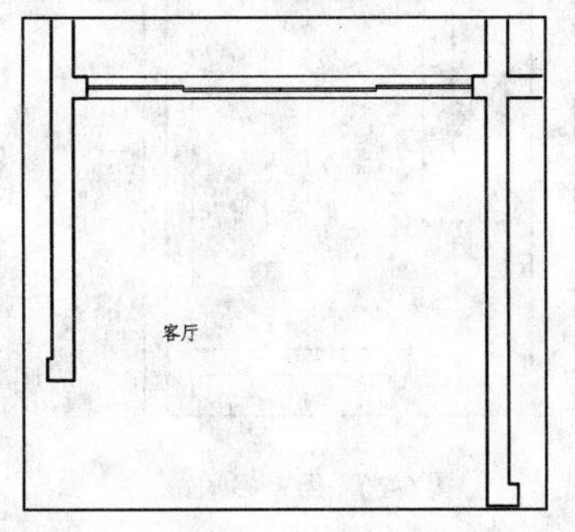

图 6-12　绘制推拉门

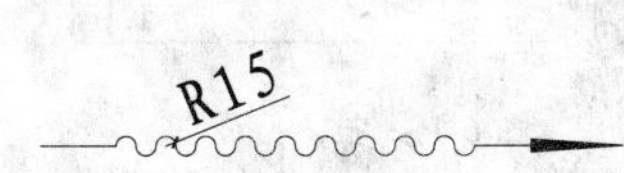

图 6-13　窗帘图形

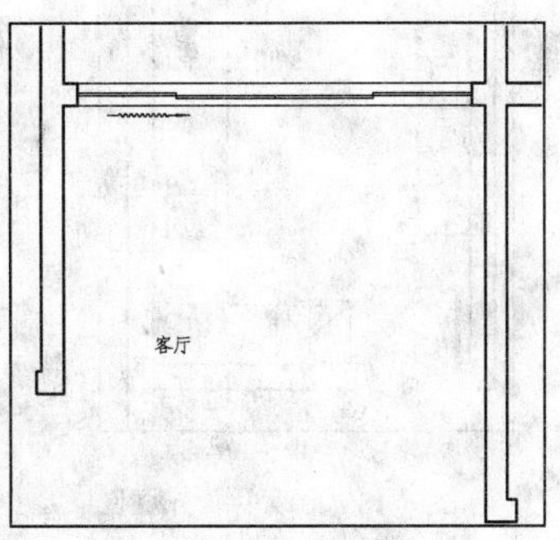

图 6-14　移动窗帘

07 调用 MIRROR/MI 镜像命令，对窗帘进行镜像，如图 6-15 所示。

08 绘制电视背景墙。调用 RECTANG/REC 矩形命令和 COPY/CO 复制命令，绘制电视背景墙，如图 6-16 所示。

09 调用 PLINE/PL 多段线命令，绘制电视柜和电视，如图 6-17 所示。

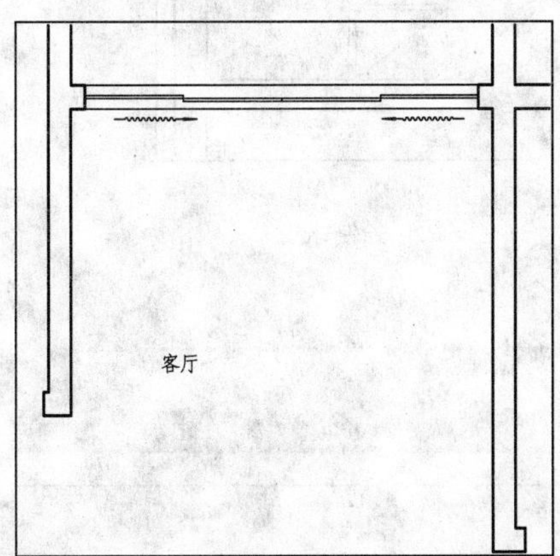

图 6-15　镜像窗帘

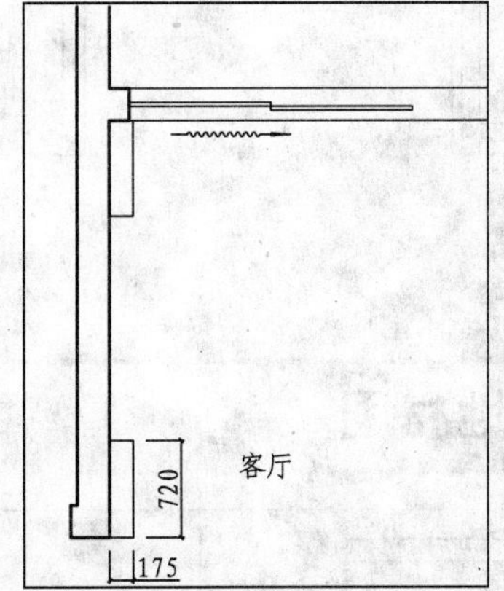

图 6-16　绘制电视背景墙

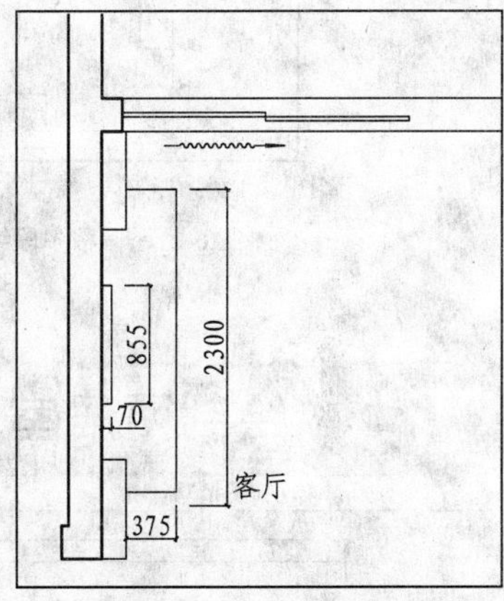

图 6-17　绘制电视柜和电视

10 插入图块。客厅中的沙发组图形，可以从本书光盘中的“第 06 章\家具图例.dwg”文件中直接调用，完成后的效果如图 6-11 所示，客厅平面布置图绘制完成。

绘制厨房平面布置图

厨房平面布置图如图 6-18 所示，需要绘制的图形有橱柜、冰箱、洗菜盆和燃气灶等。

11 绘制门。调用 INSERT/I 插入命令，插入门图块，效果如图 6-19 所示。

12 绘制橱柜。调用 PLINE/PL 多段线命令，绘制橱柜的轮廓，如图 6-20 所示。

13 调用 OFFSET/O 偏移命令，将多段线向内偏移 20，如图 6-21 所示。

14 绘制冰箱。调用 RECTANG/REC 矩形命令和 LINE/L 直线命令，绘制冰箱，如图 6-22 所示。

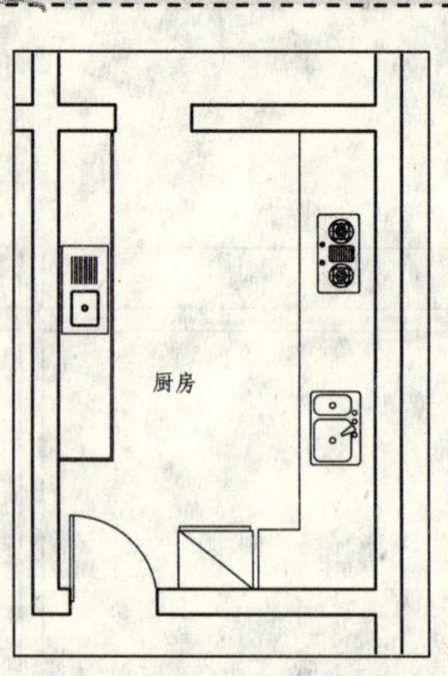

图 6-18 厨房平面布置图

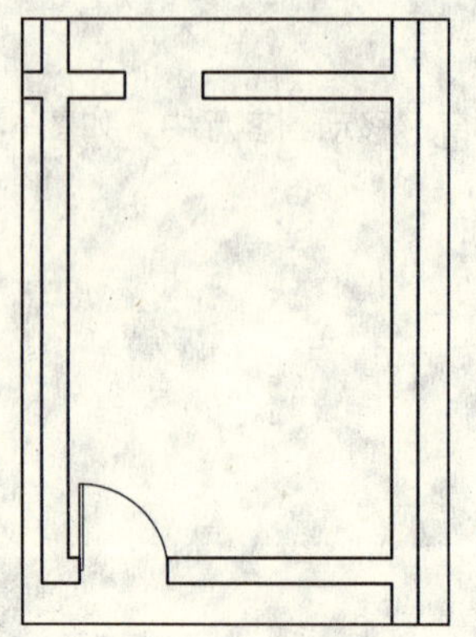
图 6-19 插入门图块

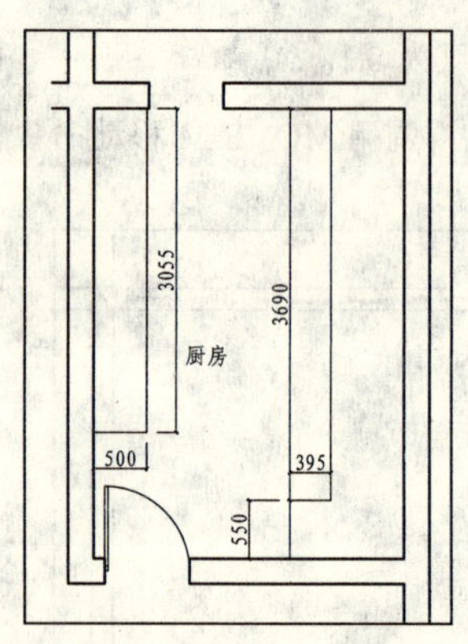

图 6-20 绘制多段线

15 插入图块。从图块中插入洗菜盆和燃气灶等图块，效果如图 6-18 所示，完成厨房平面布置图的绘制。

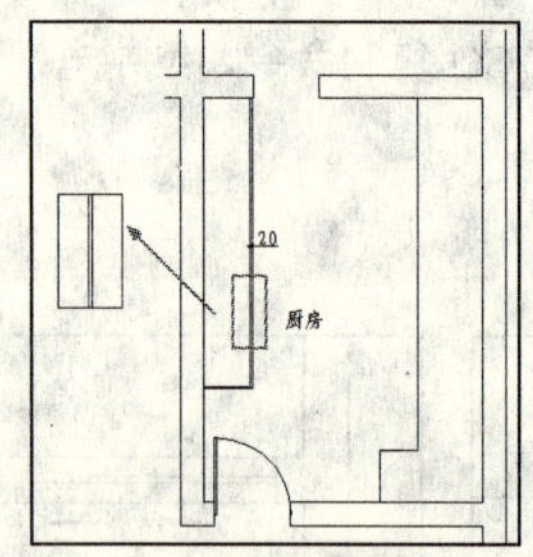

图 6-21 偏移多段线

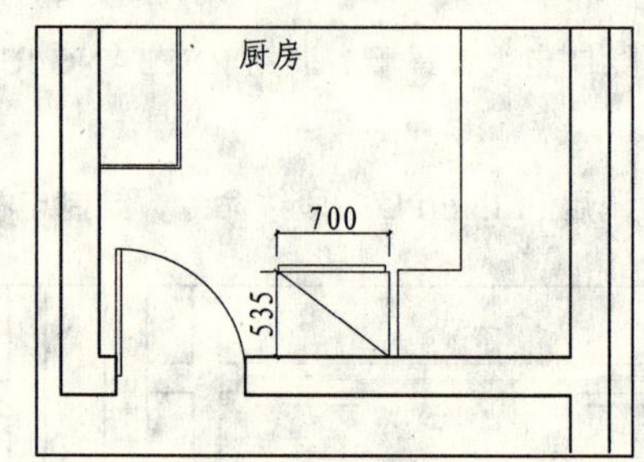

图 6-22 绘制冰箱

073 绘制两居室地材图

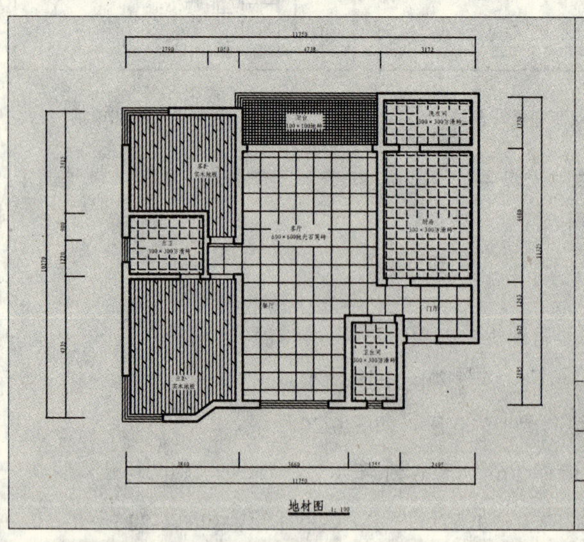

左图所示为本例两居室平面布置图，两居室的地面材料有饰面地板、抛光石英砖、地砖和防滑砖。

文件路径:	目标文件\第 06 章\实例 73.dwg
视频文件:	AVI\第 06 章\73 绘制两居室地材图.avi
播放时长:	0:06:44

01 复制图形。调用 COPY/CO 复制命令，复制两居室平面布置图，删除与地材图无关的图形，结果如图 6-23 所示。

02 设置“DM_地面”图层为当前图层。

03 绘制门槛线。调用 LINE/L 直线命令绘制门槛线，封闭填充图案区域，如图 6-24 所示。

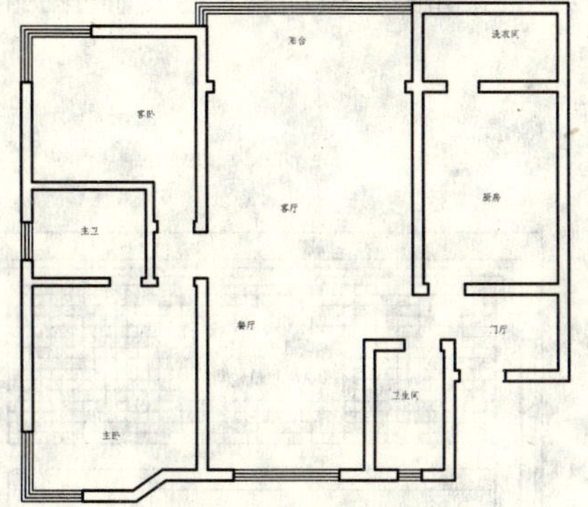

图 6-23　整理图形

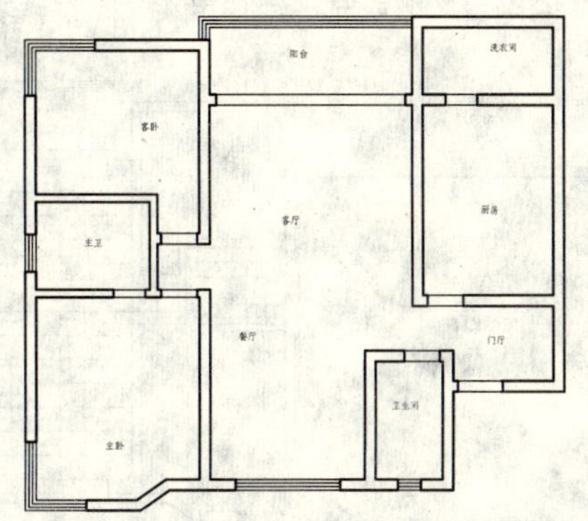

图 6-24　绘制门槛线

04 标注地面材料。双击文字样式，添加地面材料名称，如图 6-25 所示。

05 调用 RECTANG/REC 矩形命令，绘制矩形框住文字，如图 6-26 所示。

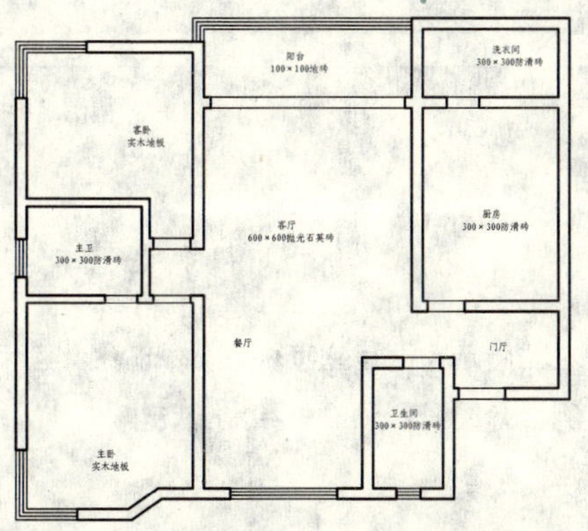

图 6-25　添加地面材料

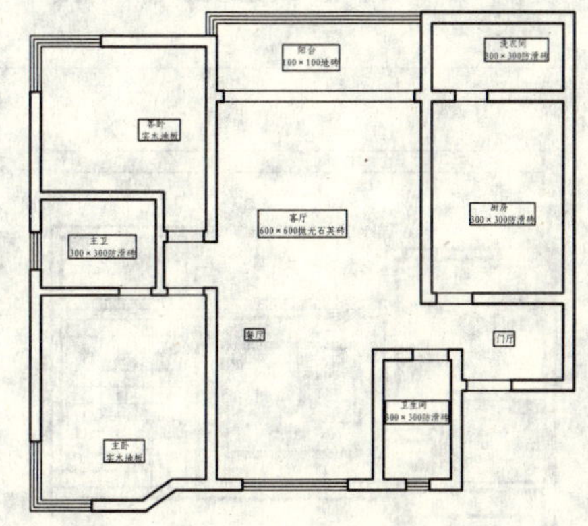

图 6-26　绘制矩形

06 填充地面图例。调用 HATCH/H 图案填充命令，对客厅和餐厅区域填充“用户定义”图案，填充参数和效果如图 6-27 所示。

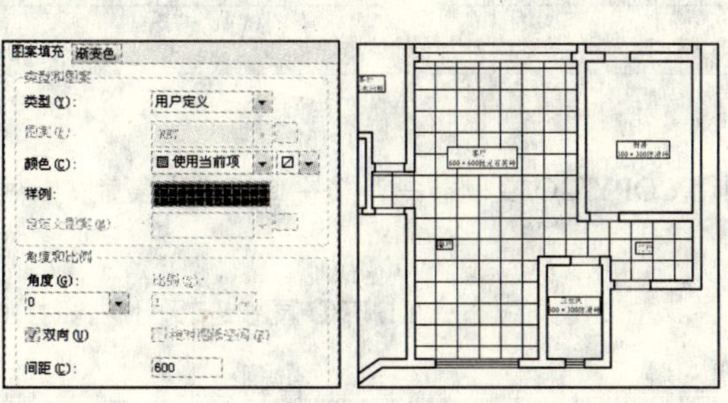

图 6-27　填充参数和效果

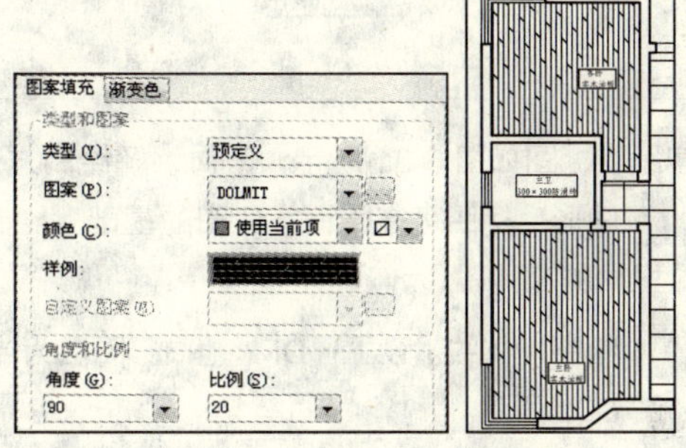

图 6-28　填充参数和效果

07 继续调用 HATCH/H 图案填充命令，对主卧和客卧填充 DOLMIT 图案，填充参数和效果如图 6-28

所示。

08 对卫生间、厨房和洗衣间填充 ANGLE 图案，填充参数和效果如图 6-29 所示。

09 对阳台区域填充“用户定义”图案，填充后删除矩形，效果如图 6-30 所示，完成地材图的绘制。

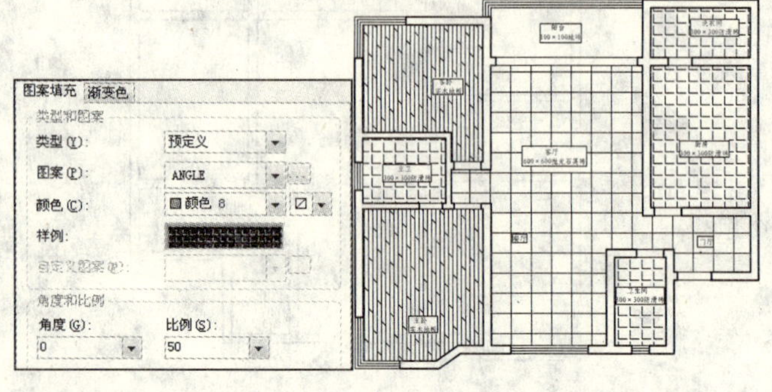

图 6-29　填充参数和效果

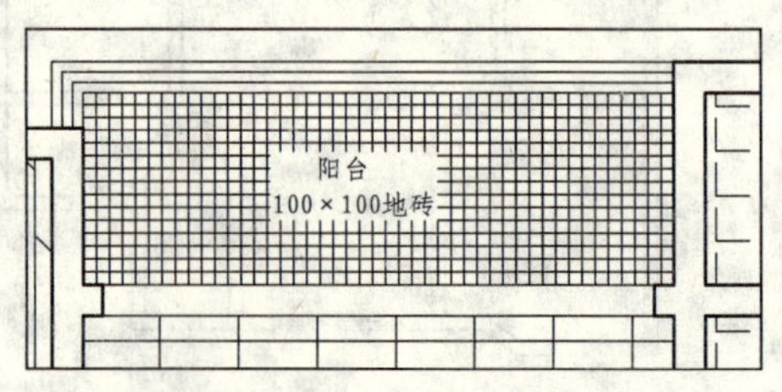

图 6-30　填充阳台地面

074 绘制两居室顶棚图

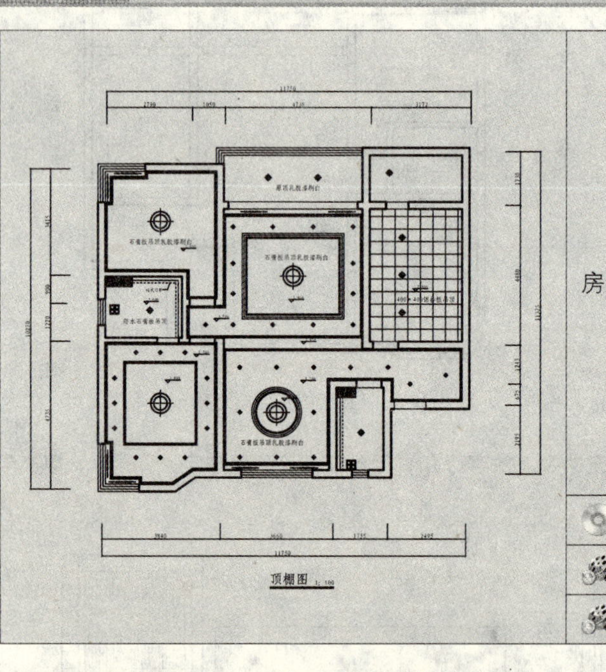

左图所示为两居室顶棚图，本节将以客厅和厨房为例，介绍简欧顶棚的绘制方法。

文件路径：	目标文件\第 06 章\实例 74.dwg
视频文件：	AVI\第 06 章\74 绘制两居室顶棚图.avi
播放时长：	0:07:04

客厅顶棚图如图 6-31 所示，下面讲解绘制方法。

01 图形顶棚图可在平面布置图的基础上绘制。调用 COPY/CO 复制命令，将平面布置图复制到一旁，并删除里面的家具图形。

02 绘制墙体线。设置“DM_地面”图层为当前图层。并调用直线命令 LINE/L 直线连接门洞，封闭区域，如图 6-32 所示。

03 绘制窗帘盒。设置“DD_吊顶”图层为当前图层。

04 调用 LINE/L 直线命令，绘制如图 6-33 所示线段。

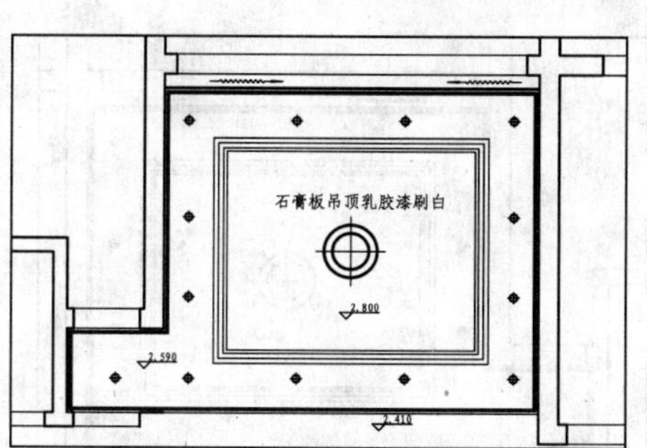

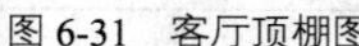
图 6-31　客厅顶棚图

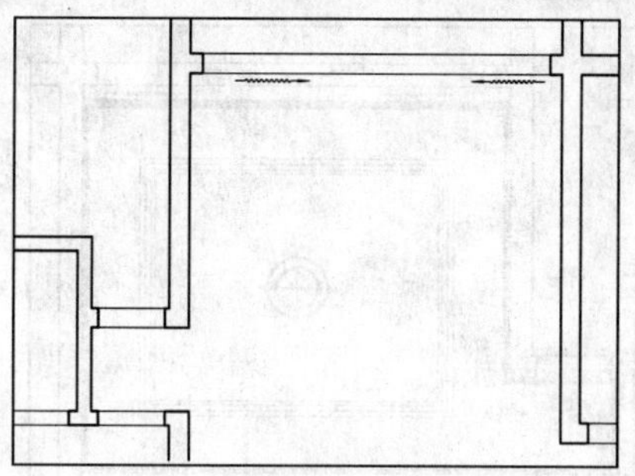
图 6-32　绘制门槛线

05 绘制角线。调用 PLINE/PL 多段线命令，沿客厅内墙线走一遍，并将多段线向内偏移 30、10 和 20，如图 6-34 所示。

06 调用 RECTANG/REC 矩形命令，绘制尺寸为 3300×2735 的矩形，并移动到相应的位置，如图 6-35 所示。

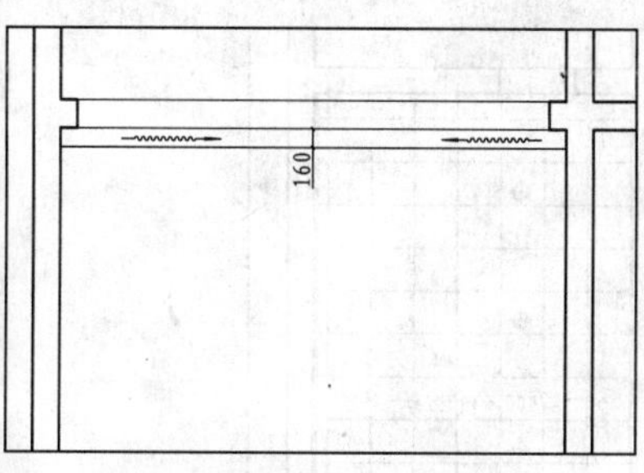

图 6-33　绘制线段

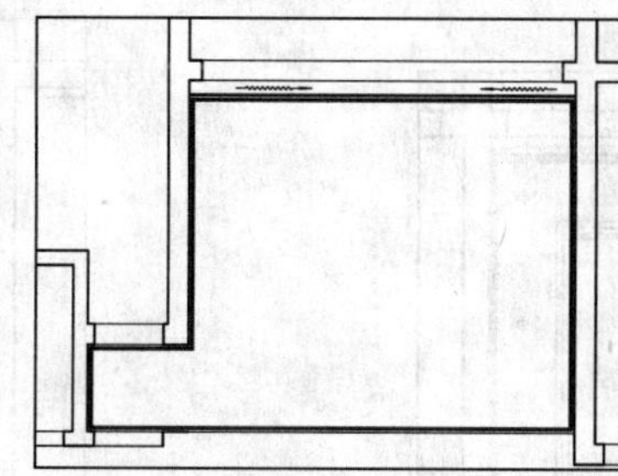
图 6-34　偏移多段线

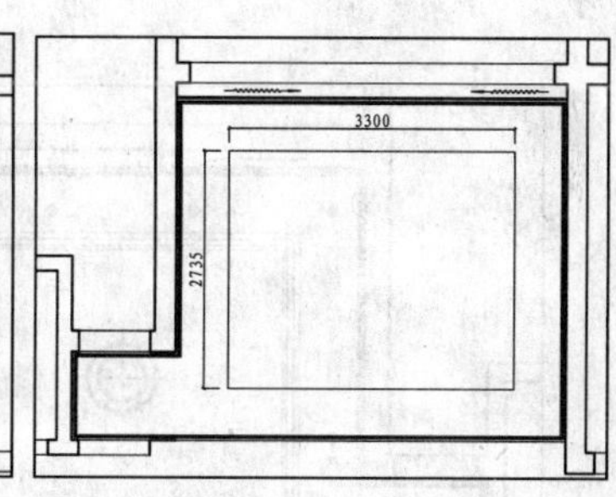

图 6-35　绘制矩形

07 调用 OFFSET/O 偏移命令，将矩形向内偏移 60、60 和 40，如图 6-36 所示。

08 布置灯具。调用 COPY/CO 复制命令，复制图例表到本例图形窗口中，如图 6-37 所示。

09 调用 LINE/L 直线命令，绘制如图 6-38 所示辅助线。

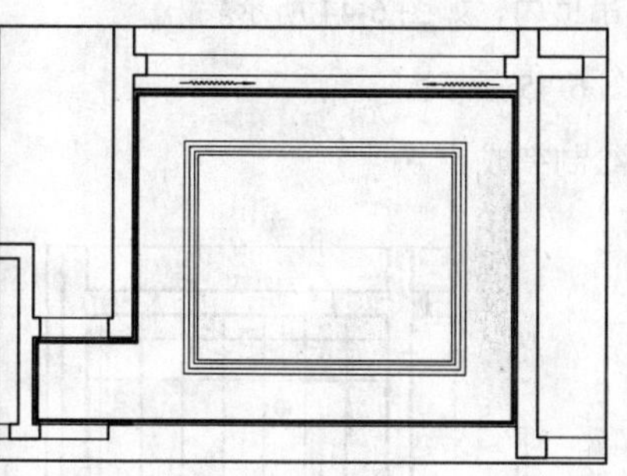
图 6-36　偏移矩形

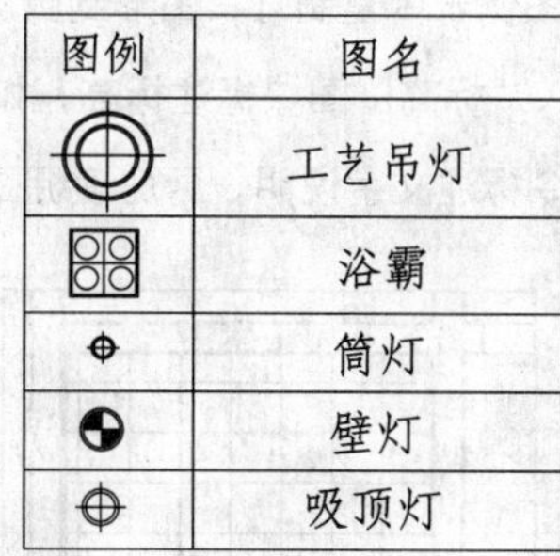

图例	图名
	工艺吊灯
	浴霸
	筒灯
	壁灯
	吸顶灯

图 6-37　图例表

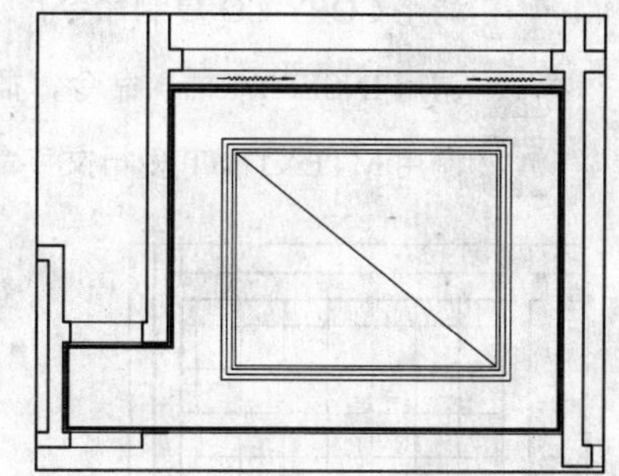
图 6-38　绘制辅助线

10 调用 COPY/CO 复制命令，复制灯具图形到客厅吊顶内，吊灯中心点与辅助线中点对齐，然后删除辅助线，如图 6-39 所示。

11 布置筒灯。调用 COPY/CO 复制命令，复制其他灯具到客厅吊顶内，效果如图 6-40 所示。

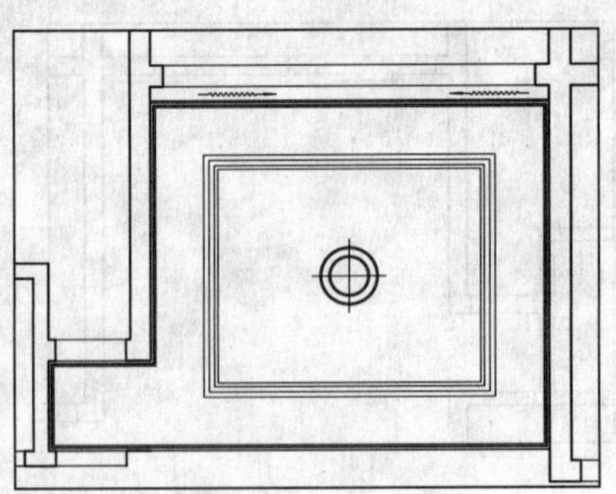

图 6-39　复制灯具

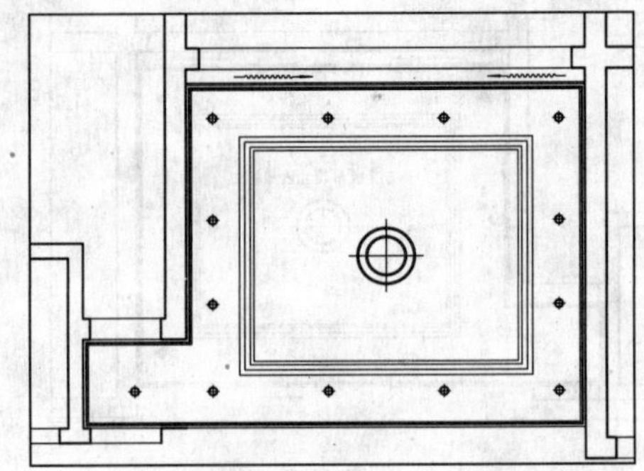

图 6-40　复制灯具

12 调用 INSERT/I 插入命令，插入“标高”图块标注标高，如图 6-41 所示。

13 调用 MTEXT/MT 多行文字命令标注文字说明，结果如图 6-31 所示，客厅顶棚图绘制完成。

14 厨房顶棚图如图 6-42 所示，由于采用的是直接式顶棚，可直接填充图案表示，下面讲解绘制方法。

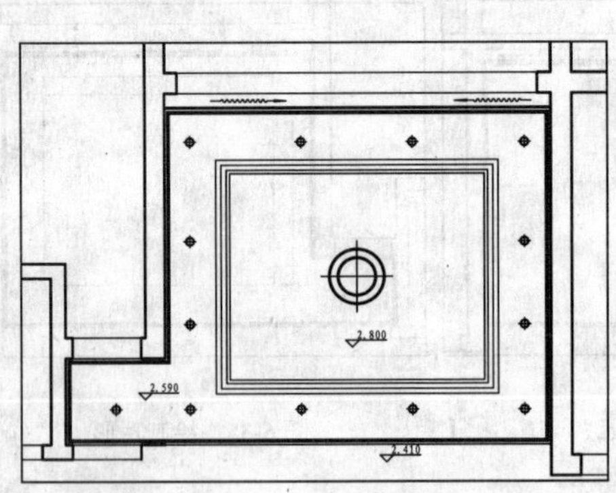

图 6-41　插入标高

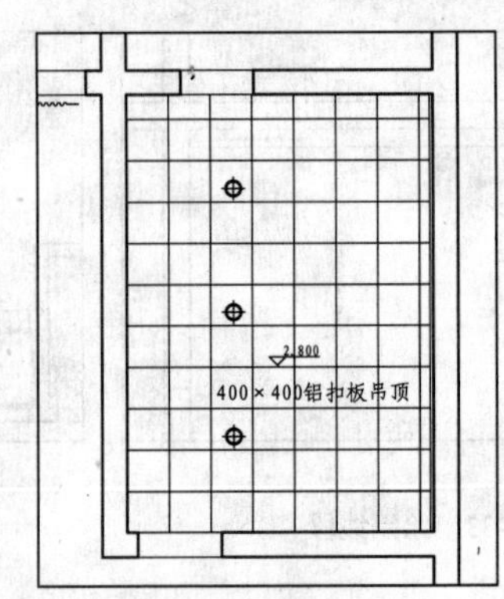

图 6-42　厨房顶棚图

15 调用 HATCH/H 图案填充命令，对厨房区域填充“用户定义”图案，效果如图 6-43 所示。

16 调用 COPY/CO 复制命令，从图例表中复制灯具图形到厨房吊顶内，如图 6-44 所示。

17 调用 INSERT/I 插入命令，插入“标高”图块标注标高，如图 6-45 所示。

18 调用 MTEXT/MT 多行文字命令标注文字说明，厨房顶棚图绘制完成。

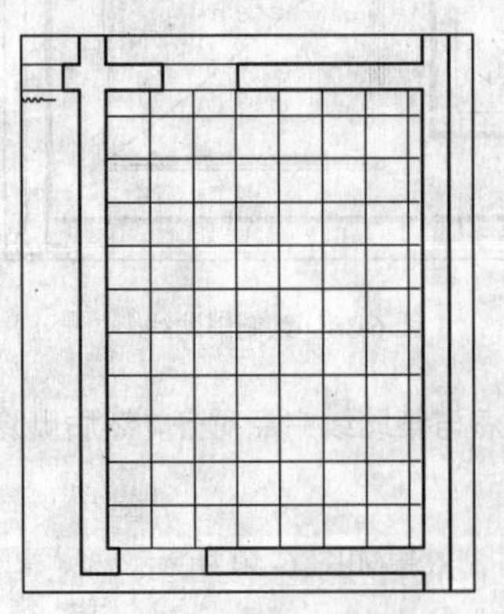

图 6-43　填充图案

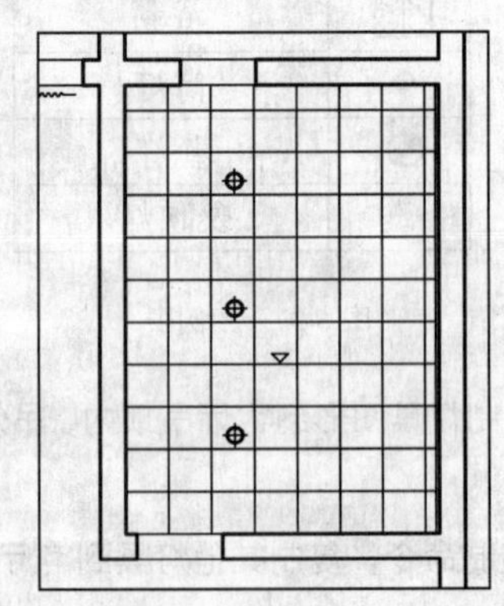

图 6-44　布置灯具

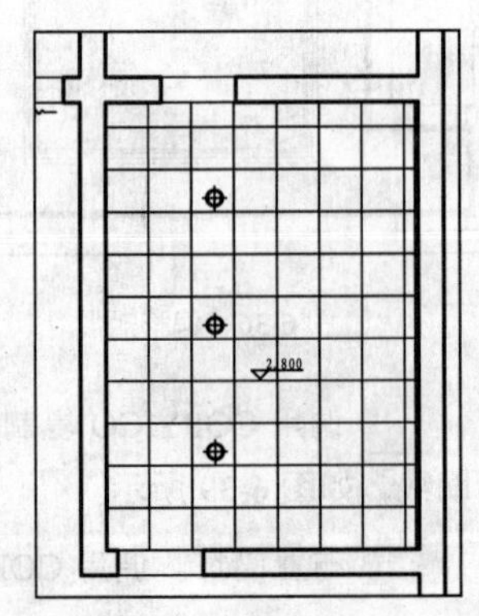

图 6-45　插入标高

075 绘制玄关 C 立面图

实例描述：	如图 6-46 所示为玄关 C 立面图，玄关 C 立面图主要表现了该墙面和鞋柜的装饰做法、尺寸和材料等。
文件路径：	目标文件\第 10 章\实例 75.dwg
视频文件：	AVI\第 06 章\75 绘制玄关 C 立面图.avi
播放时长：	0:10:40

01 调用 COPY/CO 复制命令，复制平面布置图上玄关 C 立面的平面部分，并对图形进行旋转。

02 设置“LM_立面”图层为当前图层。

03 调用 LINE/L 直线命令，向下绘制出玄关左右墙体的投影线，即得到立面图左右墙体的轮廓线，如图 6-47 所示。

04 绘制地面。调用 PLINE/PL 多段线命令，在投影线下方绘制一水平线段表示地面，如图 6-48 所示。

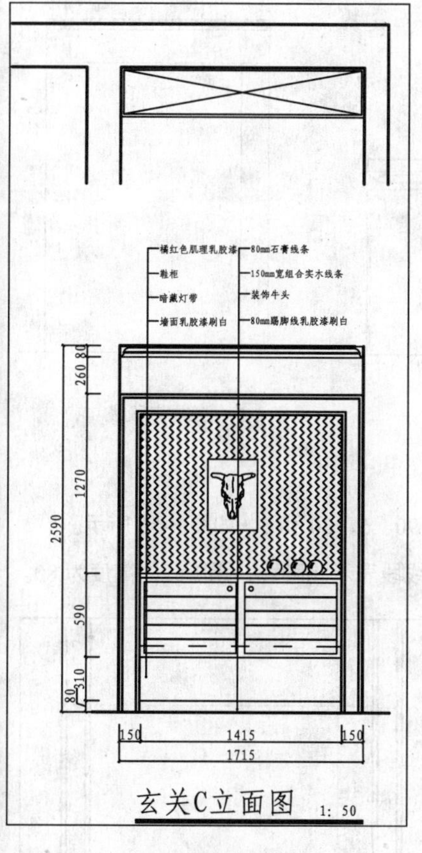

图 6-46　玄关 C 立面图

图 6-47　绘制墙体投影线

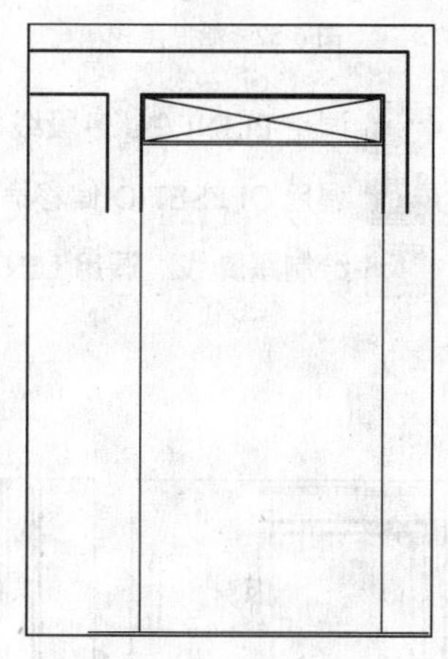

图 6-48　绘制地面

05 调用 LINE/L 直线命令，在距离地面 2590 的位置绘制水平线段表示顶棚，如图 6-49 所示。调用 TRIM/TR 修剪命令，修剪得到如图 6-50 所示立面轮廓，并转换至“QT_墙体”图层。

06 绘制角线。调用 LINE/L 直线命令，绘制如图 6-51 所示线段。

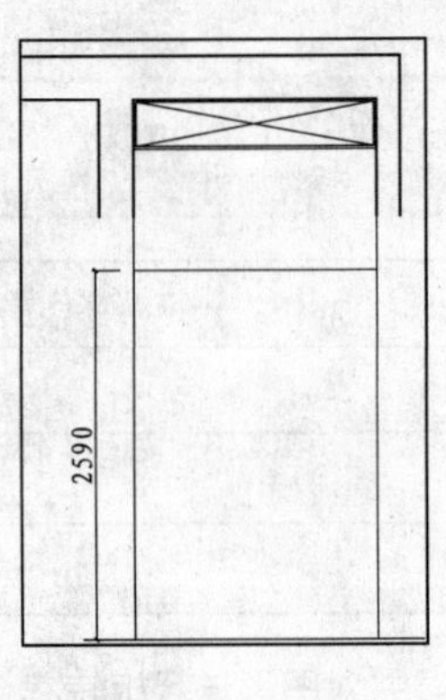

图 6-49 绘制线段

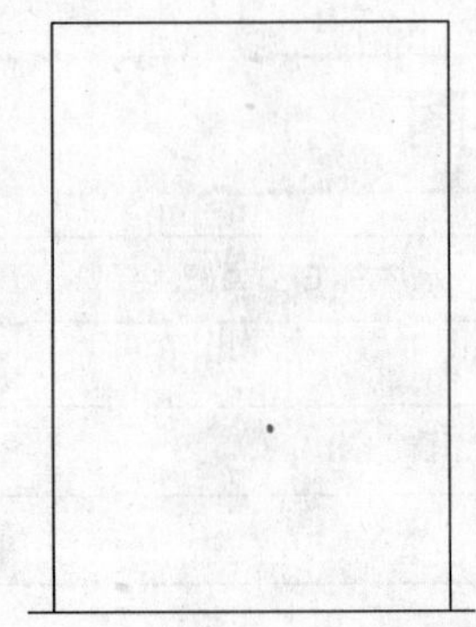

图 6-50 修剪立面轮廓

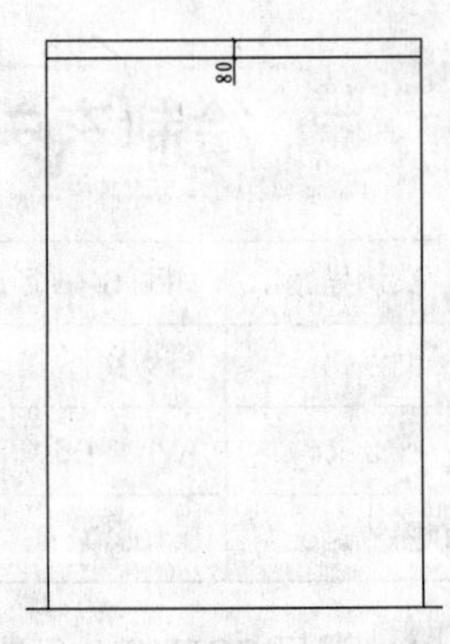

图 6-51 绘制线段

07 调用 LINE/L 直线命令、CIRCLE/C 圆命令和 TRIM/TR 修剪命令，绘制两侧顶部的石膏角线，如图 6-52 所示。

08 调用 LINE/L 直线命令，绘制线段连接两侧墙体顶部石膏角线剖面轮廓，图 6-53 结果如所示。

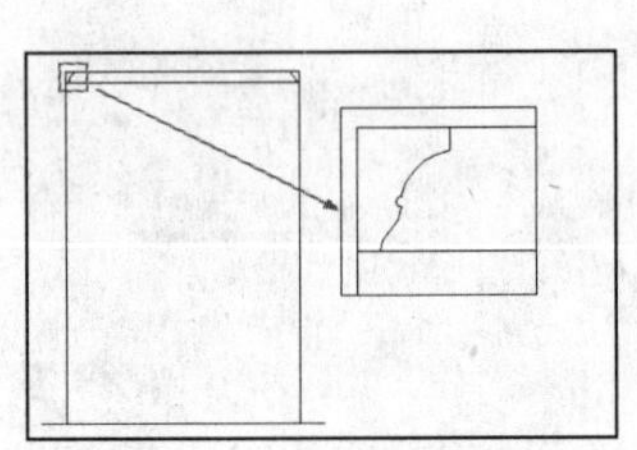

图 6-52 绘制角线

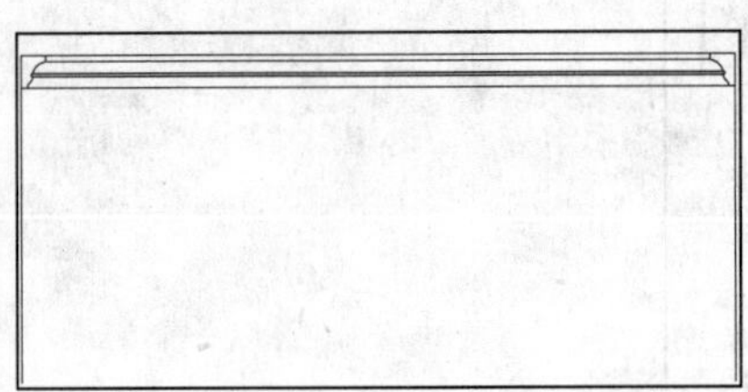

图 6-53 绘制线段

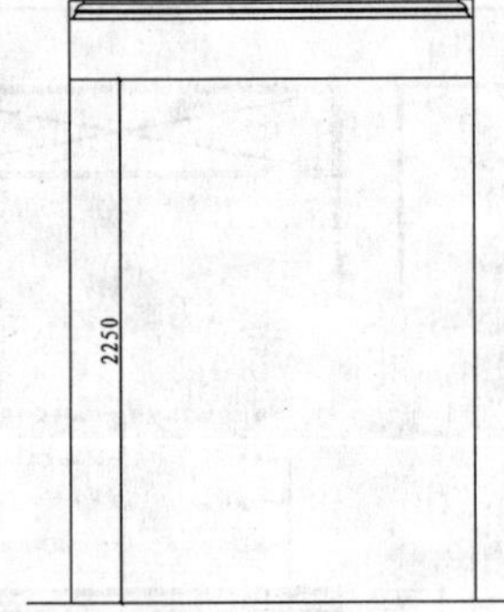

图 6-54 绘制多段线

09 调用 PLINE/PL 多段线命令，绘制如图 6-54 所示多段线。

10 调用 OFFSET/O 偏移命令，将多段线向内偏移 5、20、5、90、5、20 和 5，如图 6-55 所示。

11 绘制踢脚线。调用 LINE/L 直线命令，绘制如图 6-56 所示线段表示踢脚线，踢脚线的高度为 80。

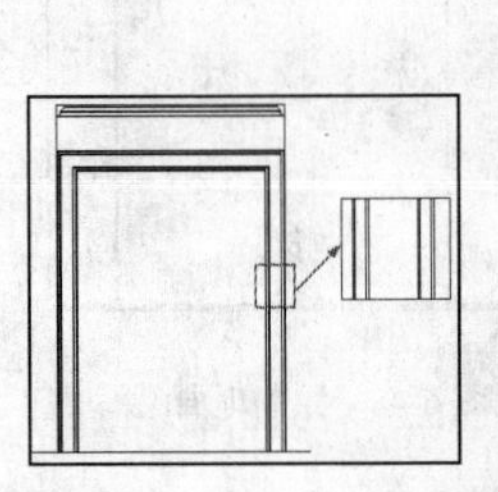

图 6-55 偏移多段线

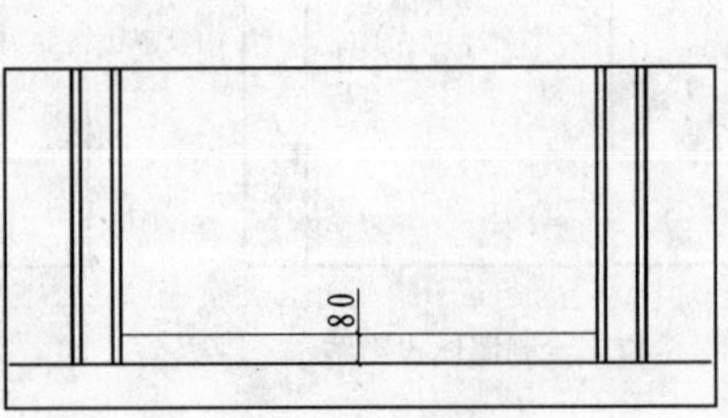

图 6-56 绘制踢脚线

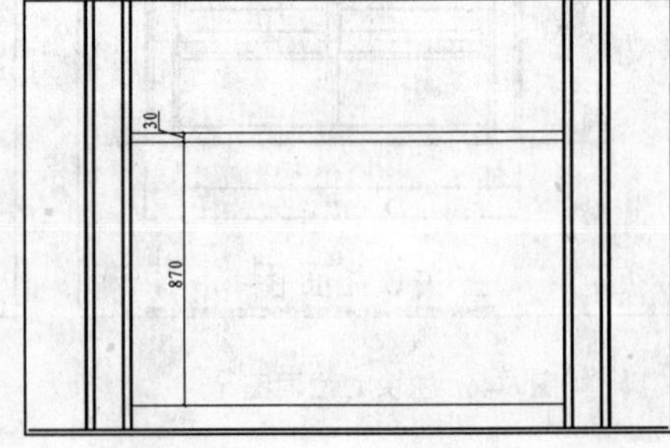

图 6-57 绘制台面

12 绘制鞋柜。调用 RECTANG/REC 矩形命令，绘制鞋柜的台面，如图 6-57 所示。

13 调用 RECTANG/REC 矩形命令和 LINE/L 直线命令，绘制鞋柜的面板，如图 6-58 所示。

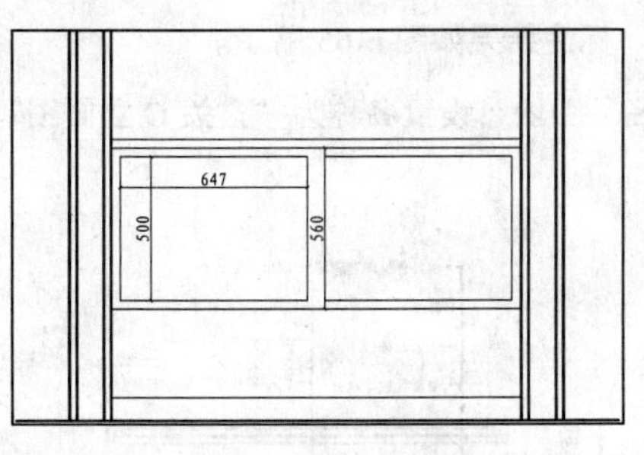

图 6-58　绘制面板

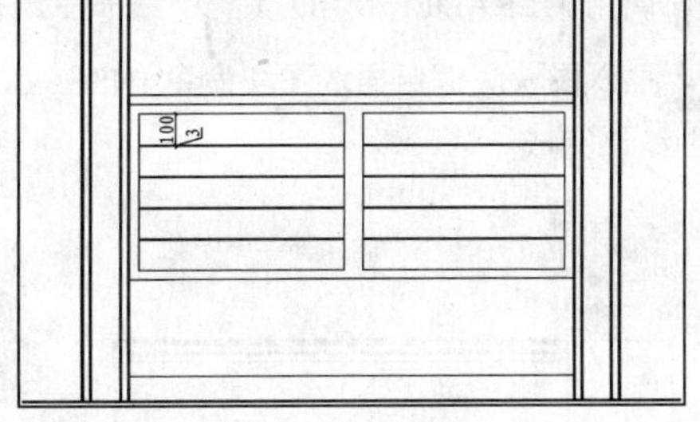

图 6-59　绘制线段

14 调用 LINE/L 直线命令和 OFFSET/O 偏移命令，绘制面板上的造型图案，如所图 6-59 示。

15 调用 CIRCLE/C 圆命令，绘制鞋柜的拉手，如图 6-60 所示。

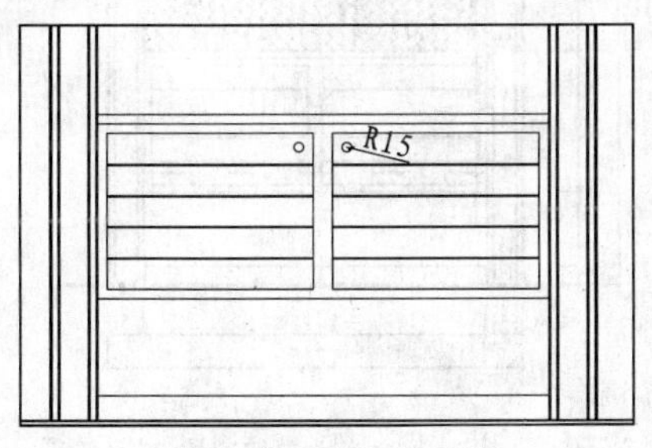

图 6-60　绘制拉手

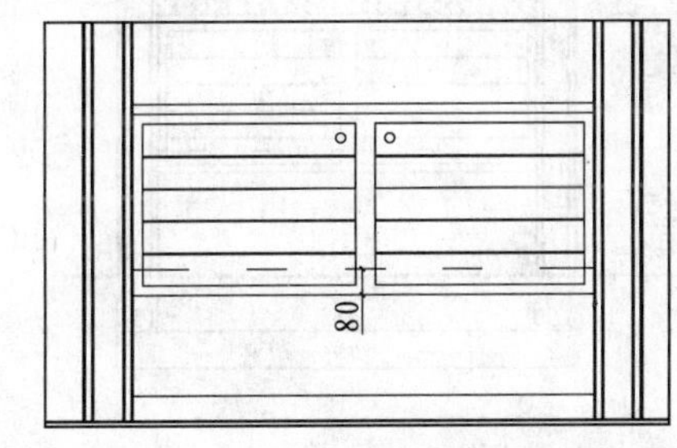

图 6-61　绘制灯带

16 调用 LINE/L 直线命令，绘制如图 6-61 所示线段表示灯带，并设置为虚线。

17 调用 HATCH/H 图案填充命令，在鞋柜上方的墙面填充 ZIGZAG 图案，效果如图 6-62 所示。

18 插入图块。按 Ctrl+O 快捷键，打开配套光盘提供的“第 06 章\家具图例.dwg”文件，选择其中的装饰物和装饰画图块，将其复制至立面区域，并调用 TRIM/TR 修剪命令进行修剪，如图 6-63 所示。

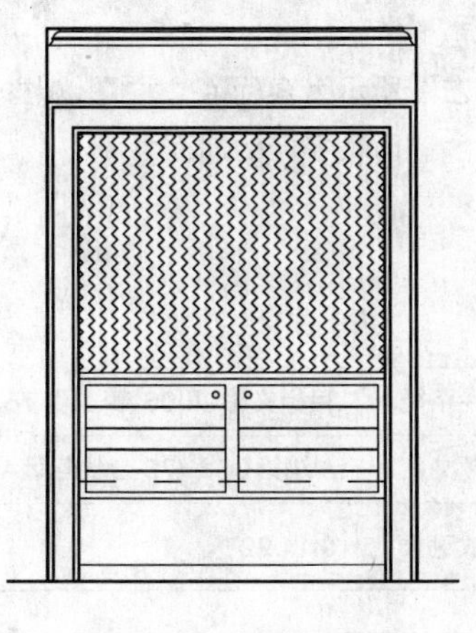

图 6-62　填充墙面

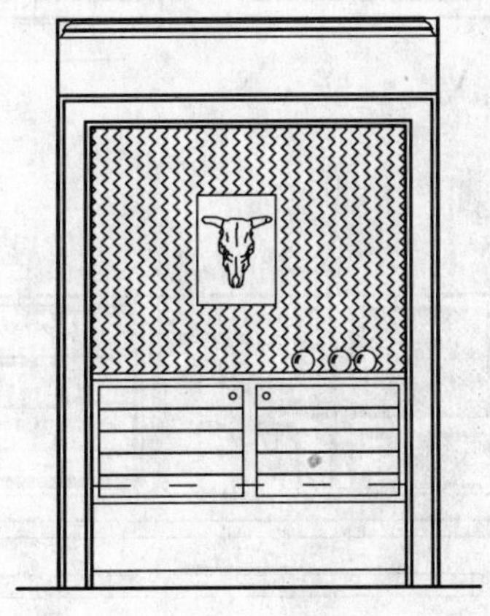

图 6-63　插入图块

19 设置“BZ_标注”为当前图层。设置当前注释比例为 1:50。

20 调用 DIMLINEAR/DLI 线性命令或执行【标注】|【线性】命令标注尺寸，本图应该在垂直方向和水平方向分别进行标注，标注结果如图 6-64 所示。

21 调用 MLRADER/MLD 多重引线命令进行材料标注，标注结果如图 6-65 所示。

22 插入图块。调用插入图块命令 INSERT，插入“图名”图块，设置名称为“玄关 C 立面图”。玄关 C 立面图绘制完成。

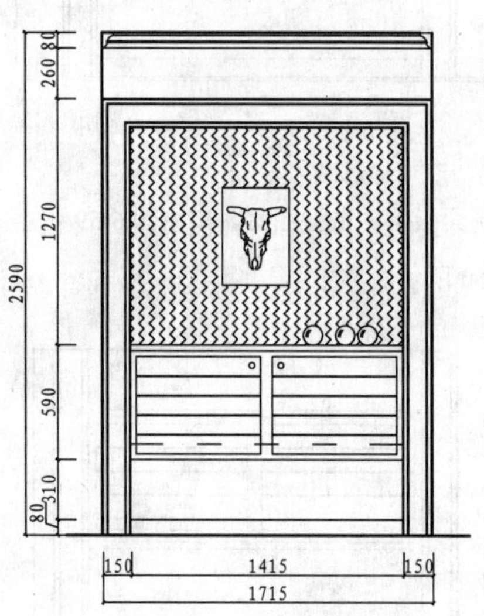

图 6-64 尺寸标注

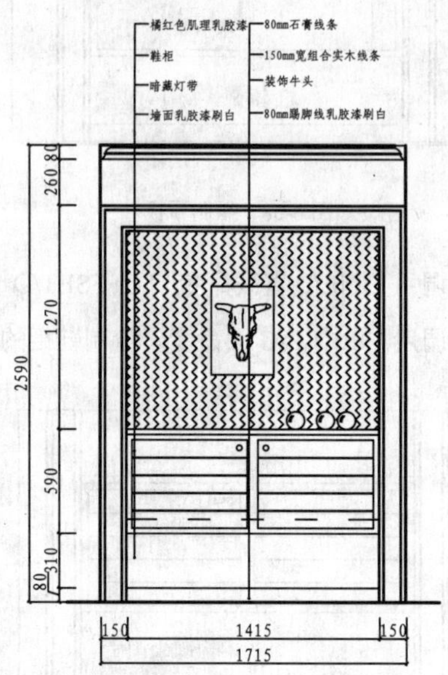

图 6-65 文字标注

076 绘制客厅 A 立面图

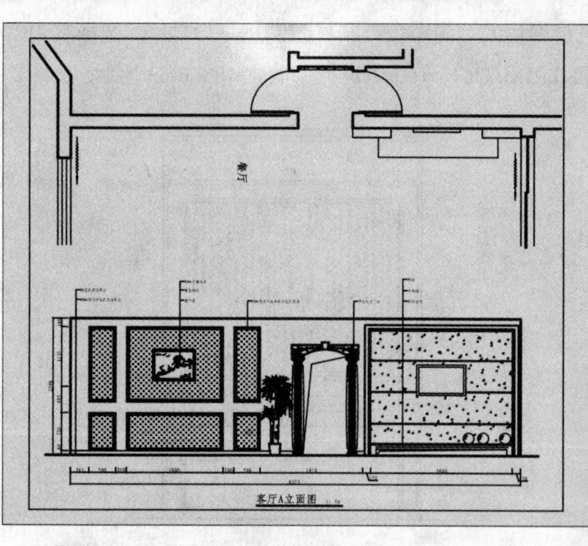

如左图所示为客厅 A 立面图，A 立面图是电视所在的墙面和餐厅的墙面。

文件路径：	目标文件\第 06 章\实例 76.dwg
视频文件：	AVI\第 06 章\76 绘制客厅 A 立面图.avi
播放时长：	0:14:22

01 调用 COPY/CO 复制命令，复制平面布置图上客厅 A 立面的平面部分，并对图形进行旋转。

02 设置“LM_立面”图层为当前图层。

03 调用 LINE/L 直线命令和 TRIM/TR 修剪命令，绘制 A 立面的基本轮廓，如图 6-66 所示。

04 绘制踢脚线。调用 LINE/L 直线命令，绘制高度为 80 的踢脚线，如图 6-67 所示。

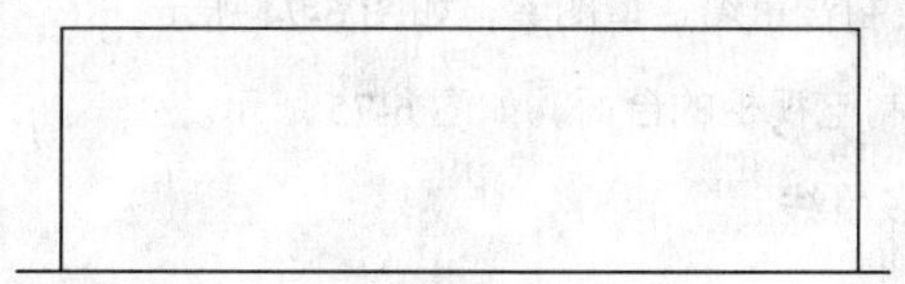

图 6-66　绘制基本轮廓

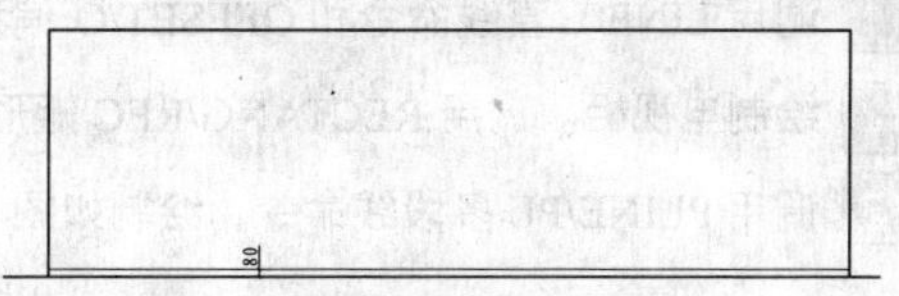

图 6-67　绘制踢脚线

05 绘制餐厅背景墙。调用 RECTANG/REC 矩形命令，绘制尺寸为 1800×1430 的矩形，并移动到相应的位置，如图 6-68 所示。

06 调用 OFFSET/O 偏移命令，将矩形向内偏移 10、30 和 10，如图 6-69 所示。

07 调用 HATCH/H 图案填充命令，在矩形内填充 CROSS 图案，效果如图 6-70 所示。

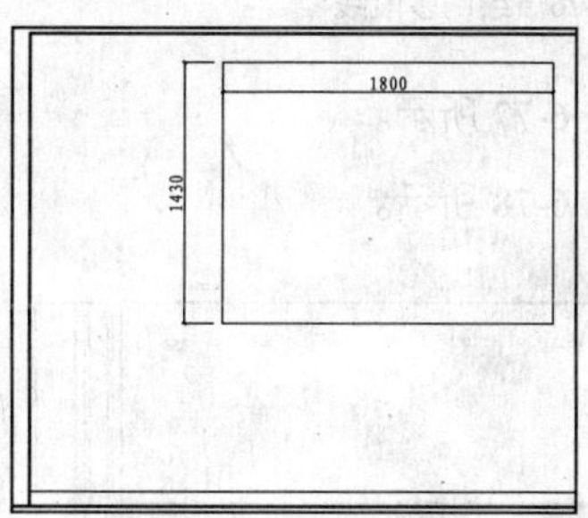

图 6-68　绘制矩形

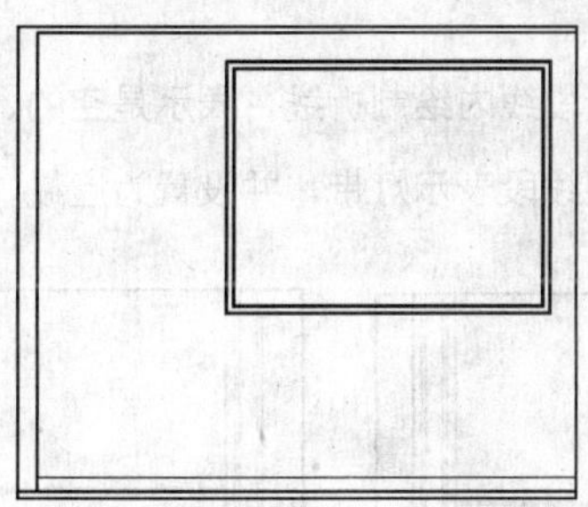

图 6-69　偏移矩形

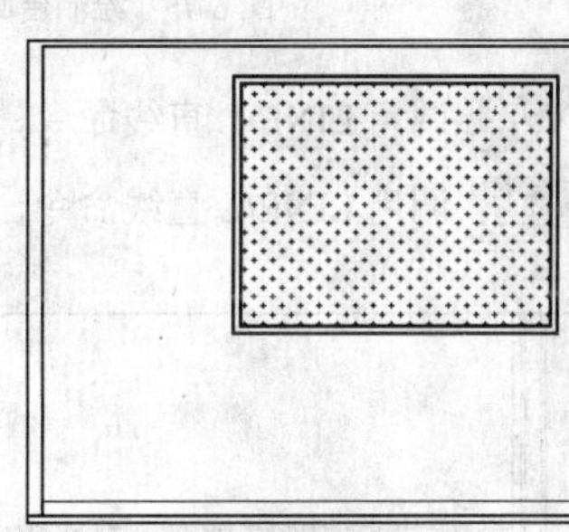

图 6-70　填充图案

08 使用同样的方法，绘制其他同类型的图形，效果如图 6-71 所示。

09 绘制电视背景墙。调用 PLINE/PL 多段线命令，绘制多段线，并对多段线与踢脚线相交的位置进行修剪，效果如图 6-72 所示。

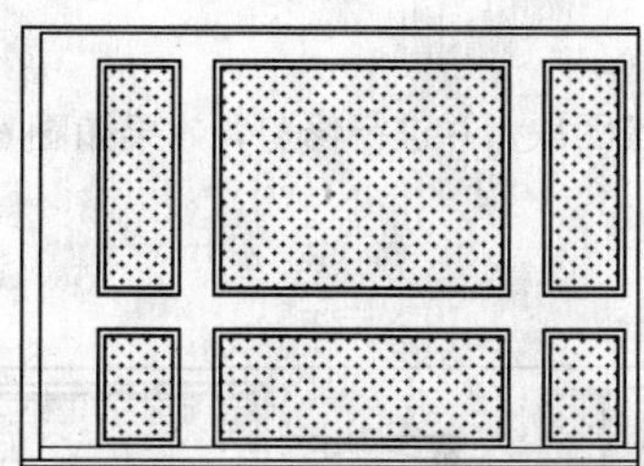

图 6-71　绘制同类型图形

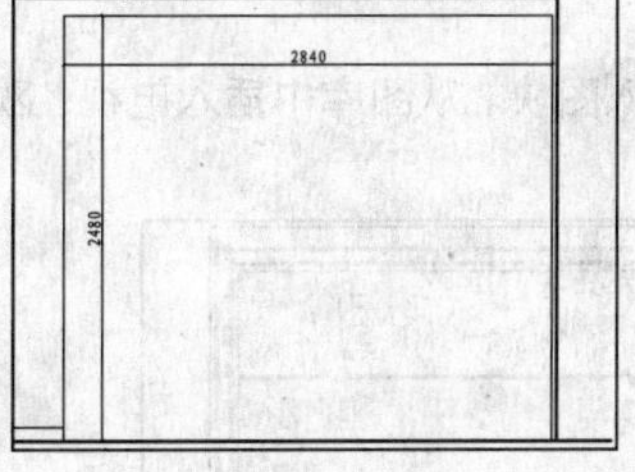

图 6-72　绘制多段线

10 调用 OFFSET/O 偏移命令，将多段线向内偏移 15、60、15 和 30，如图 6-73 所示。

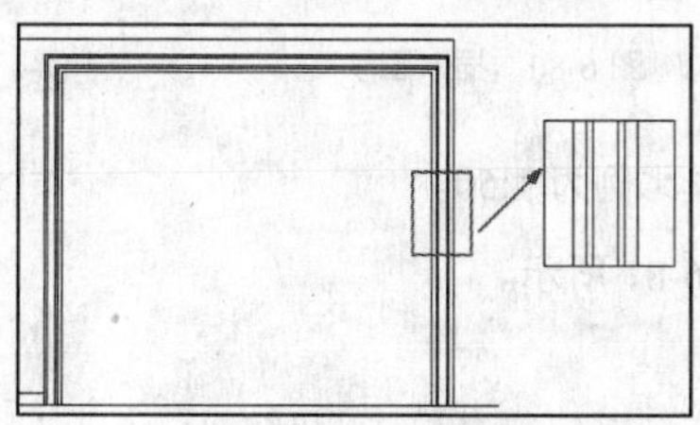

图 6-73　偏移多段线

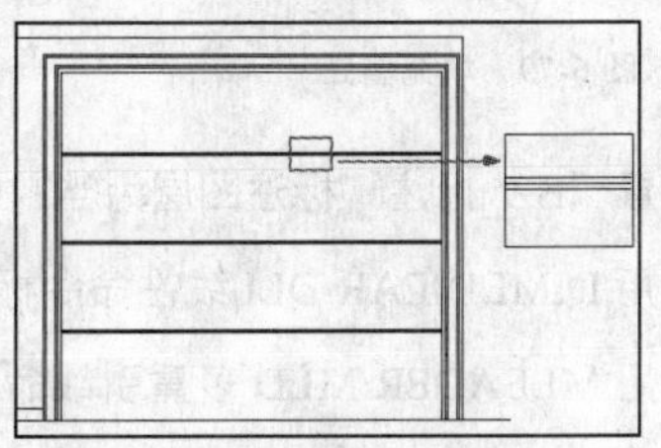

图 6-74　绘制线段

11 调用 LINE/L 直线命令和 OFFSET/O 偏移命令，绘制背景墙造型图案，如图 6-74 所示。

12 绘制电视柜。调用 RECTANG/REC 矩形命令，绘制电视柜的台面，如图 6-75 所示。

13 调用 PLINE/PL 多段线命令，绘制如图 6-76 所示多段线。

图 6-75 绘制台面

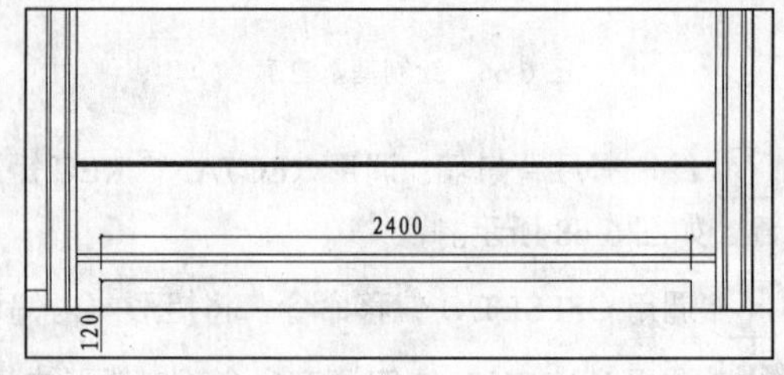

图 6-76 绘制多段线

14 调用 LINE/L 直线命令，在多段线内绘制折线，表示是空的，如图 6-77 所示。

15 调用 LINE/L 直线命令，绘制线段表示灯带，并设置为虚线，如图 6-78 所示。

图 6-77 绘制折线

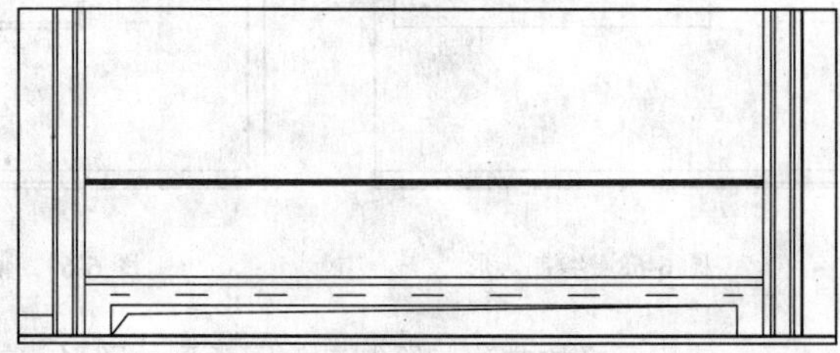
图 6-78 绘制灯带

16 填充墙面。调用 HATCH/H 图案填充命令，在电视背景墙填充 AR-CONC 图案，效果如图 6-79 所示。

17 插入图块。从图库中插入电视、欧式柱、盆栽和装饰画等图块，并进行修剪，效果如图 6-80 所示。

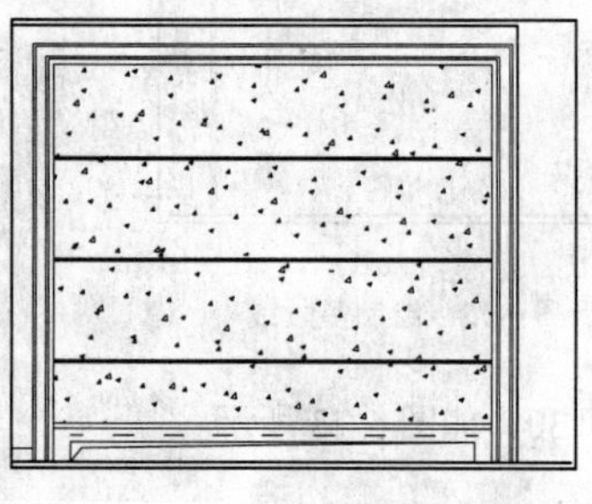
图 6-79 填充墙面

图 6-80 插入图块

18 设置“BZ_标注”标注图层为当前图层，设置当前注释比例为 1:50。

19 调用 DIMLINEAR/DLI 线性命令标注尺寸，结果如图 6-81 所示。

20 调用 MLEADER/MLD 多重引线命令进行材料标注。

21 调用 INSERT/I 插入命令，插入“图名”图块，设置 A 立面图名称为“客厅 A 立面图”，客厅 A 立面图绘制完成。

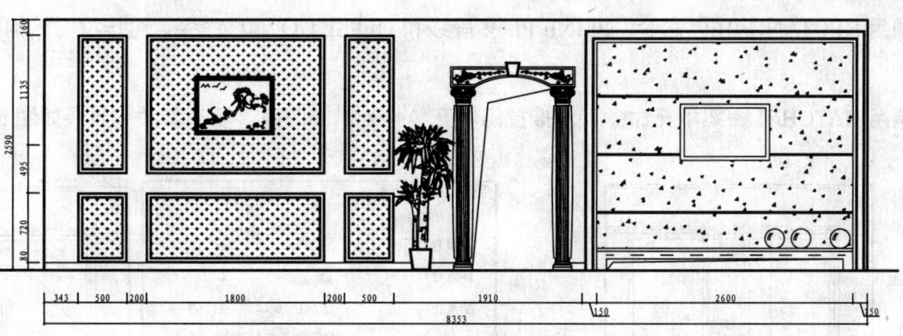

图 6-81　标注尺寸

077 绘制客厅 B 立面图

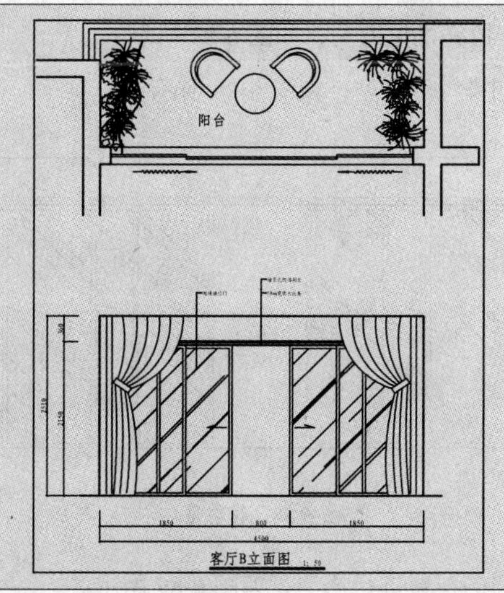

客厅 B 立面图如左图所示，B 立面图是客厅通往阳台推拉门所在的立面。

文件路径：	目标文件\第 06 章\实例 77.dwg
视频文件：	AVI\第 06 章\77 绘制客厅 B 立面图.avi
播放时长：	0:9:56

01 调用 COPY/CO 复制命令，复制平面布置图上客厅 B 立面的平面部分。

02 调用 LINE/L 直线命令和 TRIM/TR 修剪命令，绘制客厅 B 立面的基本轮廓，如图 6-82 所示。

03 调用 LINE/L 直线和 OFFSET/O 偏移命令，绘制线段，如图 6-83 所示。

04 调用 LINE/L 直线和 OFFSET/O 偏移命令，绘制线段划分推拉门，如图 6-84 所示。

图 6-82　B 立面的基本轮廓

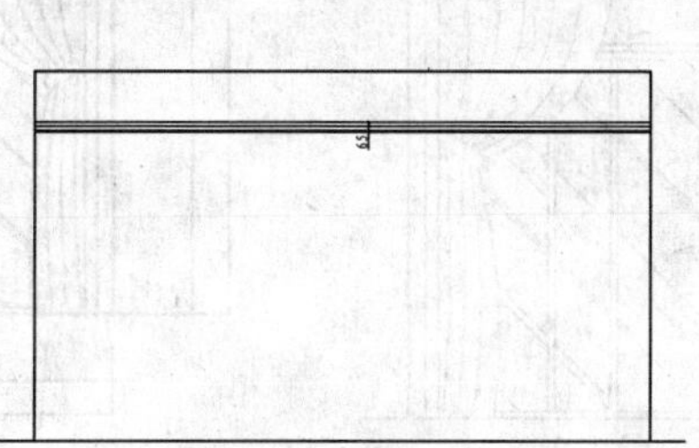

图 6-83　绘制线段

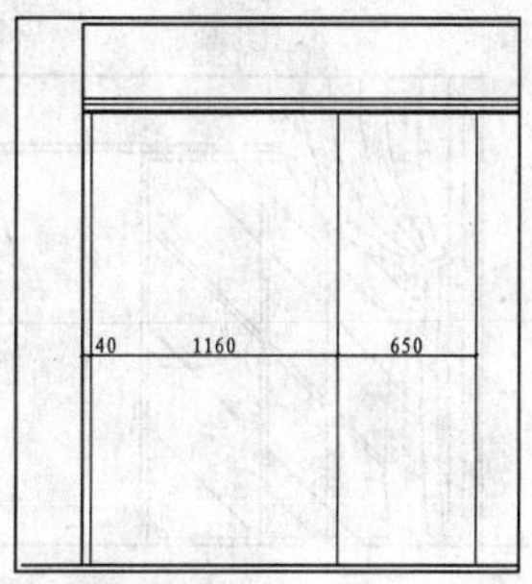

图 6-84　绘制线段

05 调用 RECTANG/REC 命令、PLINE/PL 多段线和 OFFSET/O 偏移命令，绘推拉门结构，如图 6-85 所示。

06 调用 HATCH/H 图案填充命令，对推拉门填充 AR-RROOF 图案，填充参数和效果如图 6-86 所示。

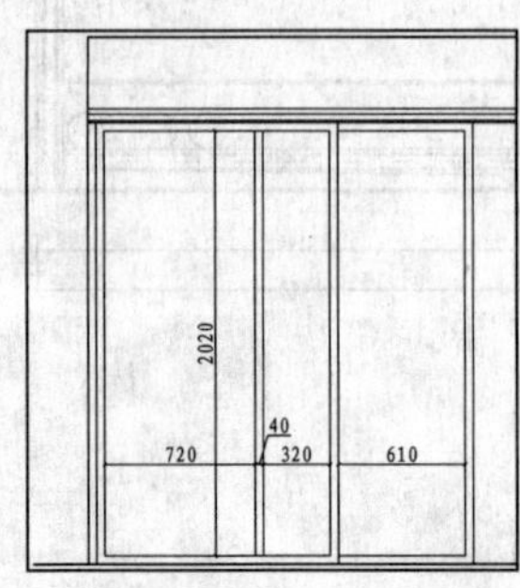

图 6-85 绘制推拉门结构

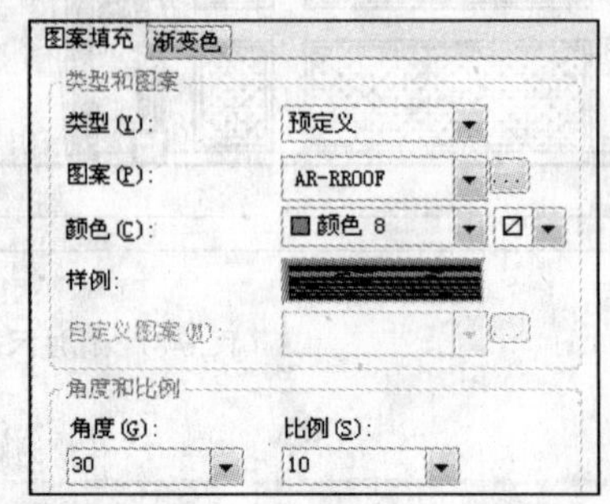

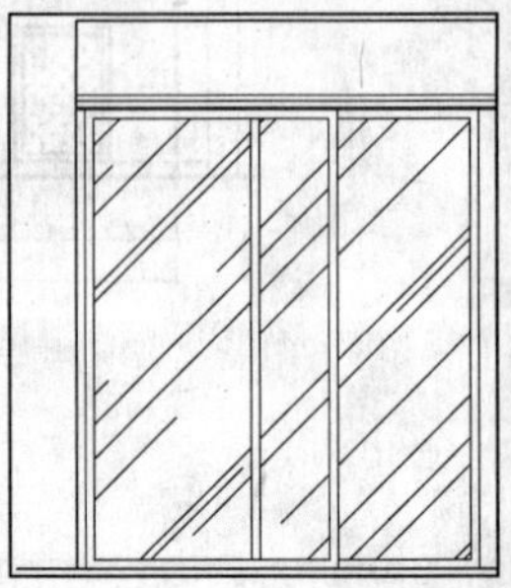

图 6-86 填充参数和效果

07 调用 PLINE/PL 多段线命令，绘制多段线，表示推拉门推拉方向，如图 6-87 所示。

08 调用 MIRROR/MI 镜像命令，通过镜像得到另一侧推拉门造型，如图 6-88 所示。

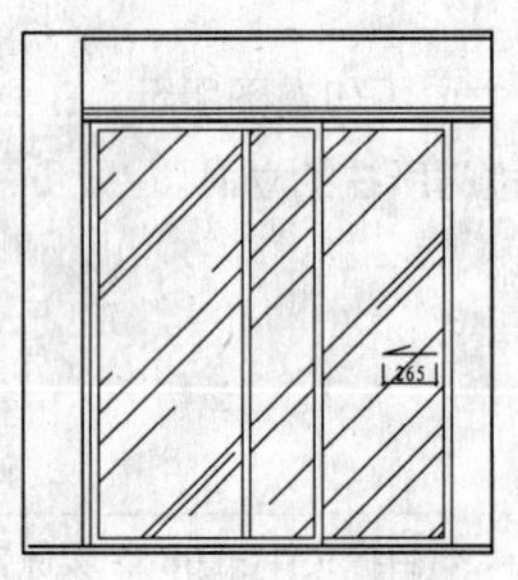

图 6-87 绘制多段线

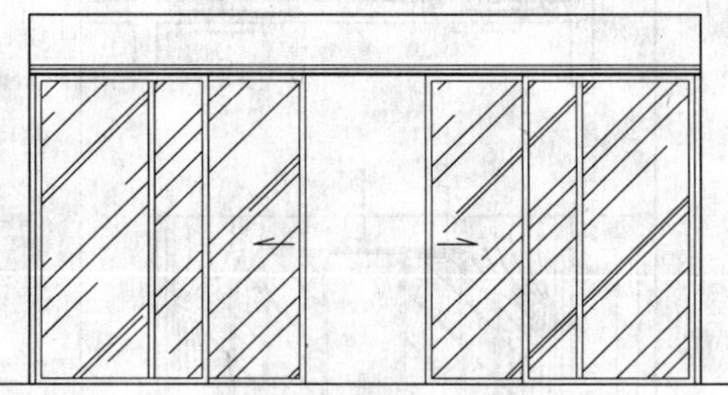

图 6-88 镜像复制

09 从图库中插入窗帘图形，并对窗帘与窗帘图形相交的位置进行修剪，如图 6-89 所示。

10 调用 DIMLINEAR/DLI 线性命令和 MLEADER/MLD 多重引线命令，标注尺寸和材料，如图 6-90 所示。

11 调用 INSERT/I 插入命令，插入图名图块，完成客厅 B 立面图的绘制。

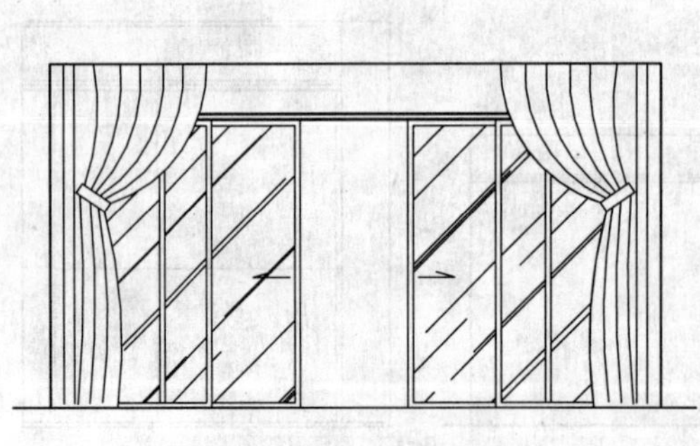

图 6-89 插入图块

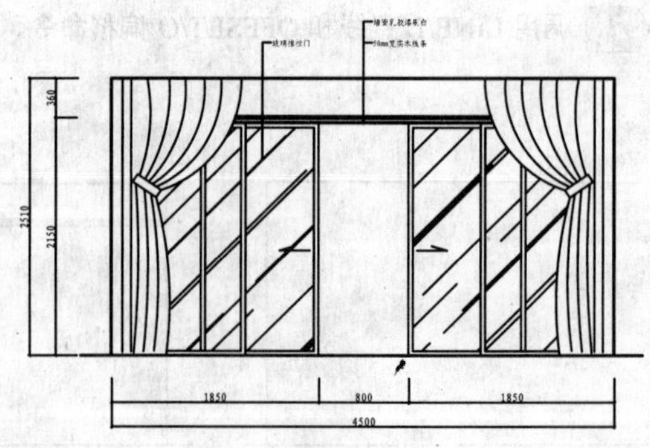

图 6-90 标注尺寸和材料

078 绘制客厅 C 立面图

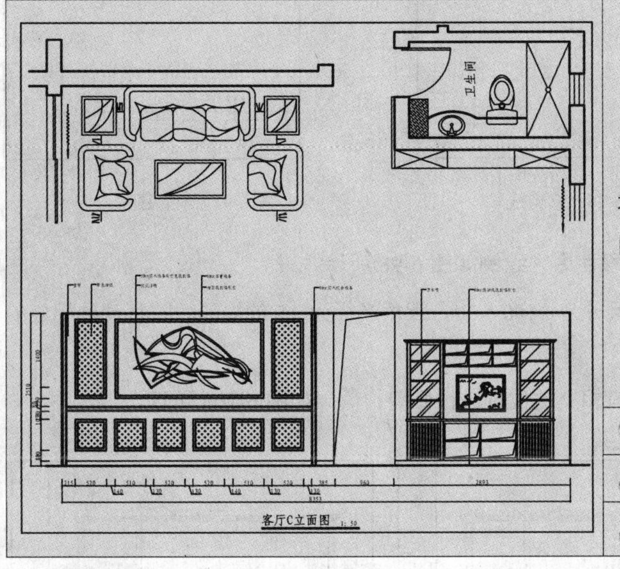

客厅 C 立面图是沙发和餐厅装饰柜所在的墙面，如左图所示，主要表达了墙面和装饰柜的做法。

文件路径：	目标文件\第 06 章\实例 78.dwg
视频文件：	AVI\第 06 章\78 绘制客厅 C 立面图.avi
播放时长：	0:15:25

01 调用 COPY/CO 复制命令，复制平面布置图上客厅 C 立面的平面部分，并对图形进行旋转。

02 客厅 C 立面的绘制方法与客厅 A 立面基本相同，使用前面介绍的方法绘制客厅 C 立面的基本轮廓和沙发墙面造型，如图 6-91 所示。

03 调用 LINE/L 直线命令，绘制过道的投影线，并在过道内绘制折线，表示此处为镂空，如图 6-92 所示。

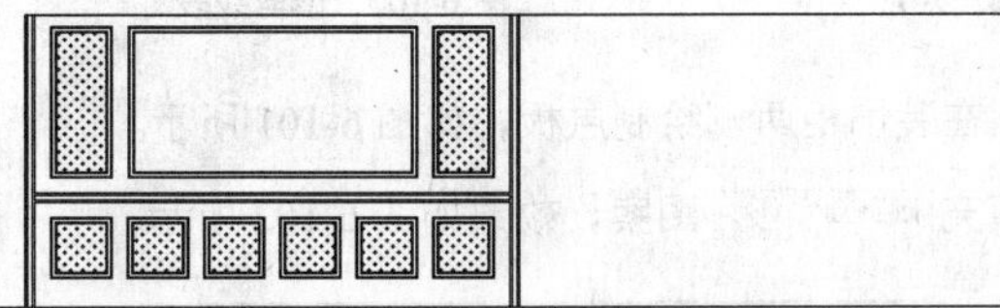

图 6-91　绘制客厅 C 立面的基本轮廓和沙发墙面造型

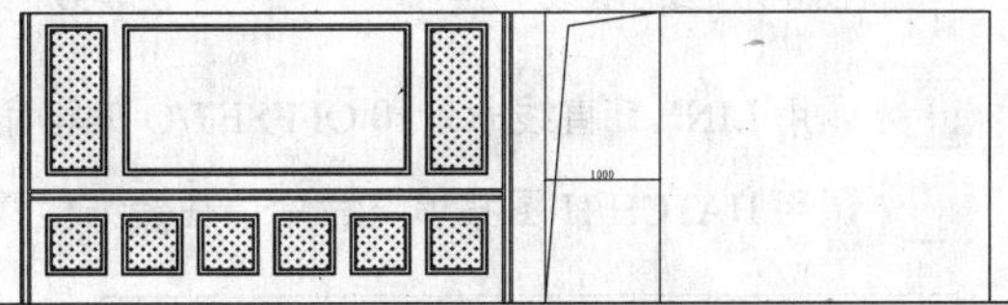

图 6-92　绘制过道

04 调用 LINE/L 直线命令，绘制踢脚线，如图 6-93 所示。

05 绘制装饰柜。调用 LINE/L 直线命令和 OFFSET/O 偏移命令，绘制线段，如图 6-94 所示。

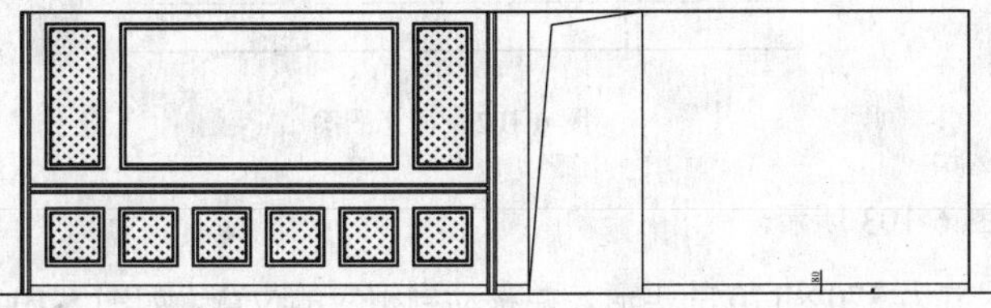

图 6-93　绘制踢脚线

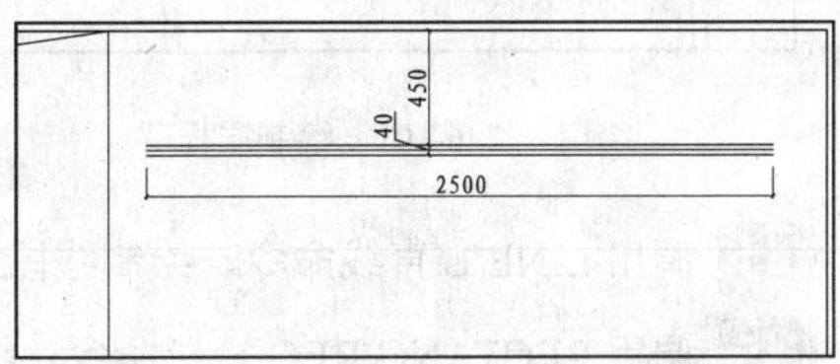

图 6-94　绘制线段

06 调用 ARC/A 圆弧命令，绘制圆弧，如图 6-95 所示。

07 调用 TRIM/TR 命令，对多余的线段进行修剪，如图 6-96 所示。

08 调用 MIRROR/MI 命令，对圆弧进行镜像，并对多余的线段进行修剪，结果如图 6-97 所示。

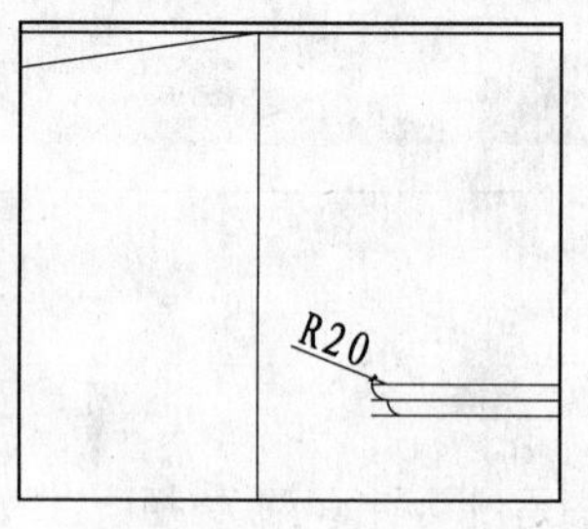

图 6-95 绘制圆弧

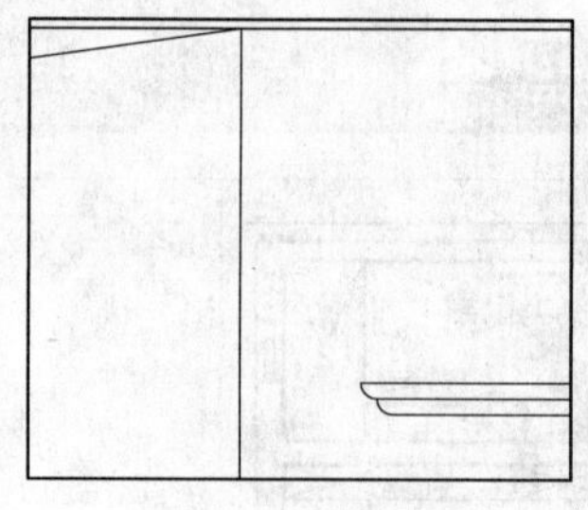

图 6-96 修剪线段

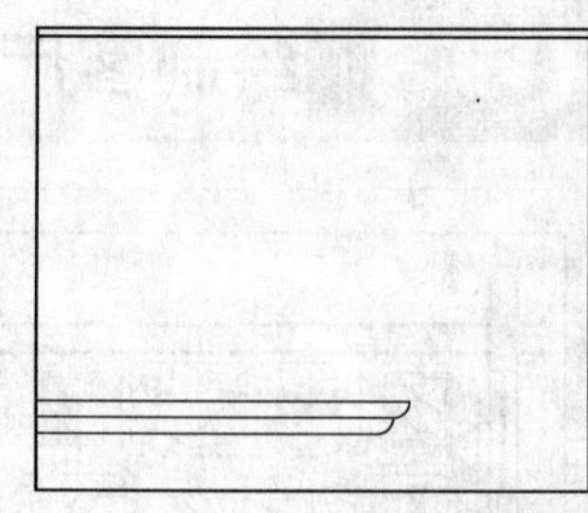

图 6-97 镜像图形

09 调用 LINE/L 直线命令和 OFFSET/O 偏移命令，绘制如图 6-98 所示线段。

10 调用 RECTANG/REC 矩形命令，绘制尺寸为 2440×30，圆角半径为 15 的矩形，并移动到相应的位置，如图 6-99 所示。

11 调用 TRIM/TR 命令，对圆角矩形与线段相交的位置进行修剪，效果如图 6-100 所示。

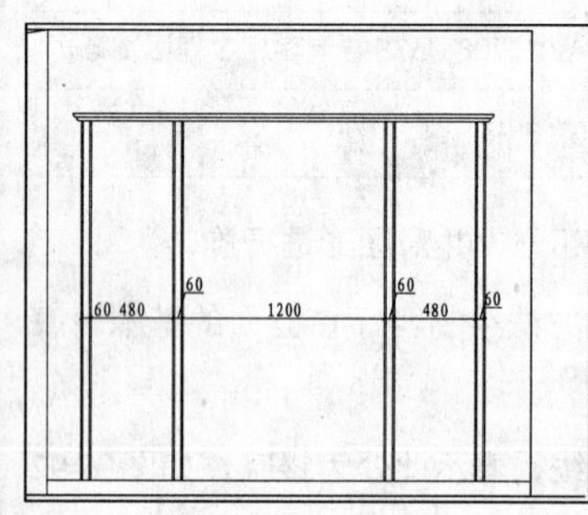

图 6-98 绘制线段

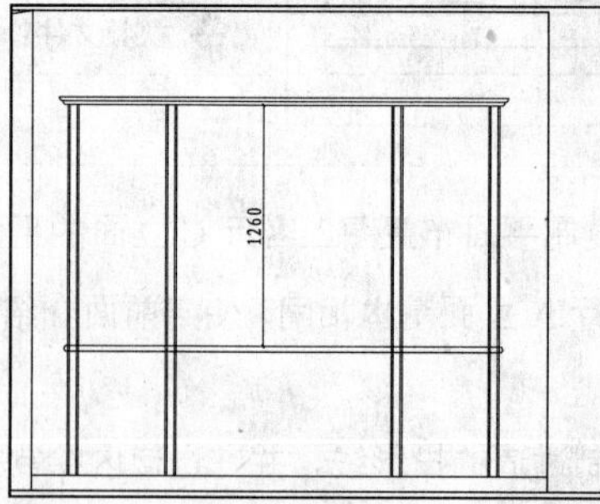

图 6-99 绘制圆角矩形

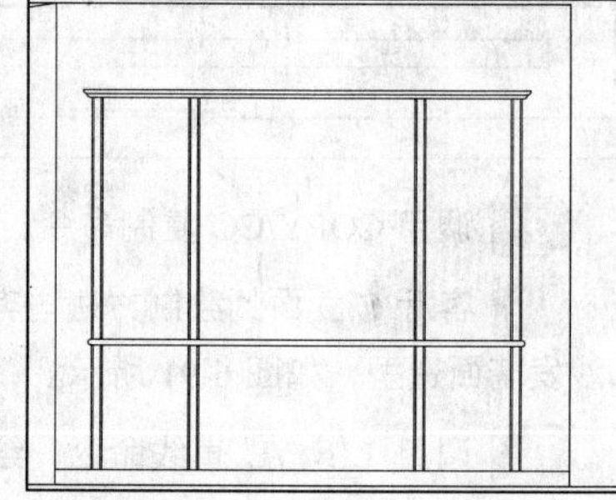

图 6-100 修剪线段

12 调用 LINE/L 直线命令和 OFFSET/O 偏移命令，在装饰柜两侧绘制层板，如图 6-101 所示。

13 调用 HATCH/H 图案填充命令，在装饰柜两侧填充 AR-RROOF 图案，效果如图 6-102 所示。

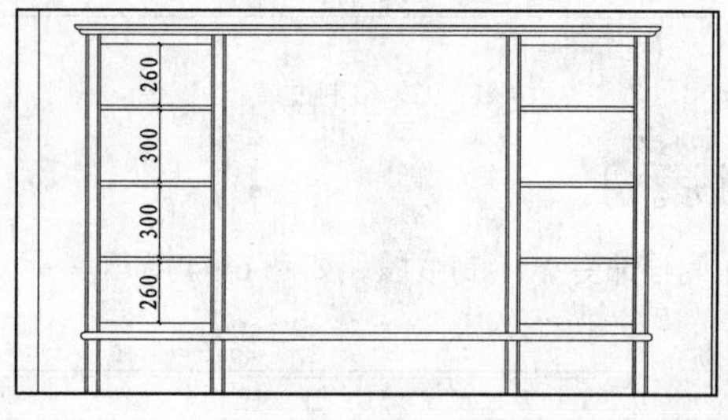

图 6-101 绘制层板

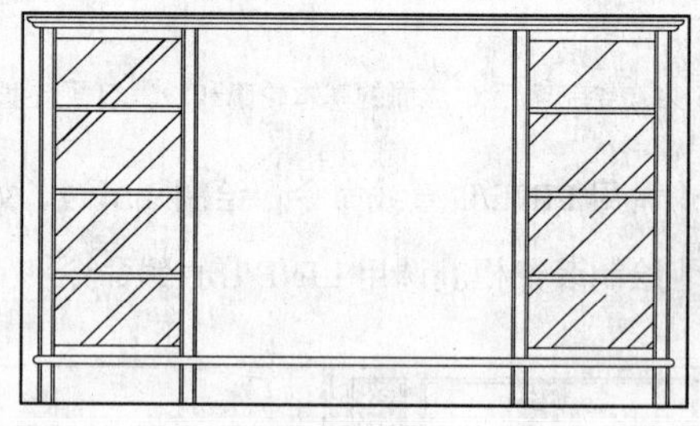

图 6-102 填充图案

14 调用 LINE/L 直线命令，绘制线段，如图 6-103 所示。

15 调用 RECTANG/REC 矩形命令，绘制尺寸为 370×170 的矩形，并移动到相应的位置，如图 6-104 所示。

16 调用 LINE/L 直线命令，在矩形内绘制折线，如图 6-105 所示。

17 调用 ARRAY/AR 阵列命令，对矩形进行阵列，阵列结果如图 6-106 所示。

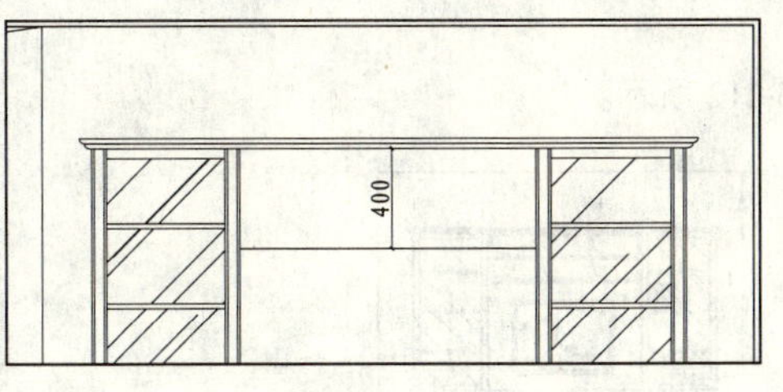

图 6-103　绘制线段

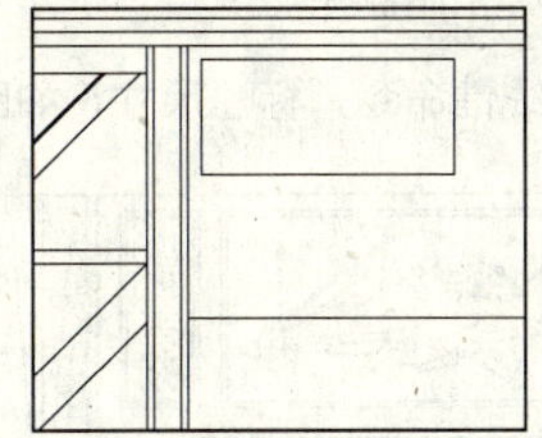

图 6-104　绘制矩形

图 6-105　绘制折线

18 调用 RECTANG/REC 矩形命令，绘制尺寸为 20×570 的矩形，并移动到相应的位置，如图 6-107 所示。

19 调用 ARRAY/AR 阵列命令，对矩形进行阵列，阵列结果如图 6-108 所示。

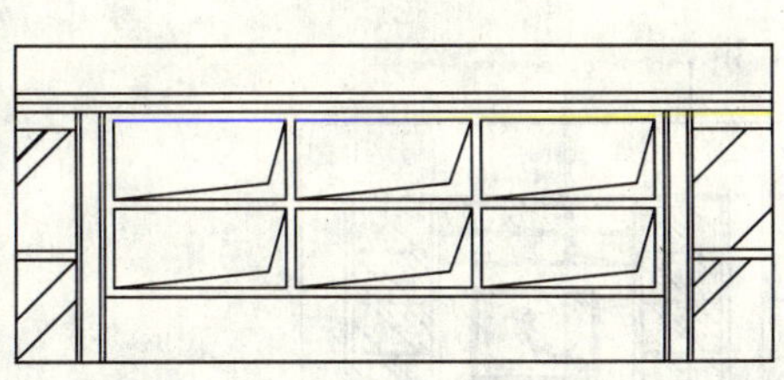

图 6-106　阵列结果

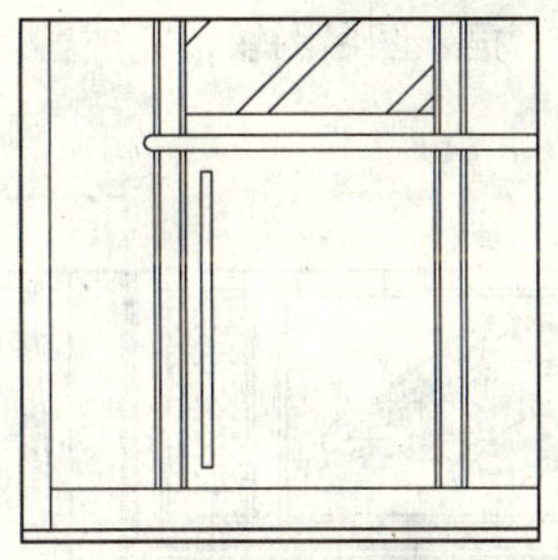

图 6-107　绘制矩形

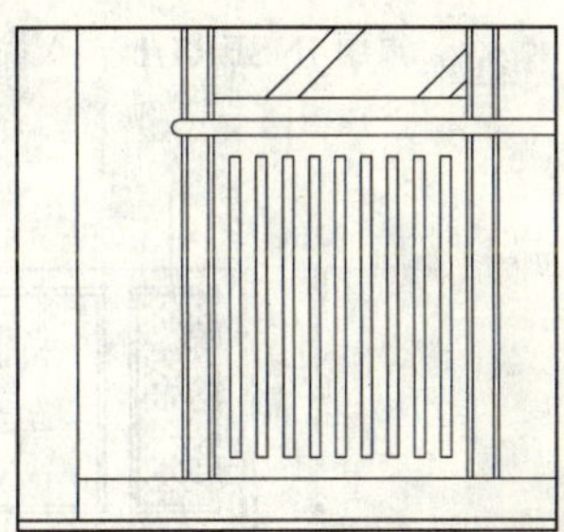

图 6-108　阵列结果

20 调用 COPY/CO 复制命令，将阵列后的图形复制到右侧，如图 6-109 所示。

21 调用 LINE/L 直线命令、OFFSET/O 偏移命令、RECTANG/REC 矩形命令和 COPY/CO 复制命令，绘制装饰柜下方的图形，结果如图 6-110 所示。

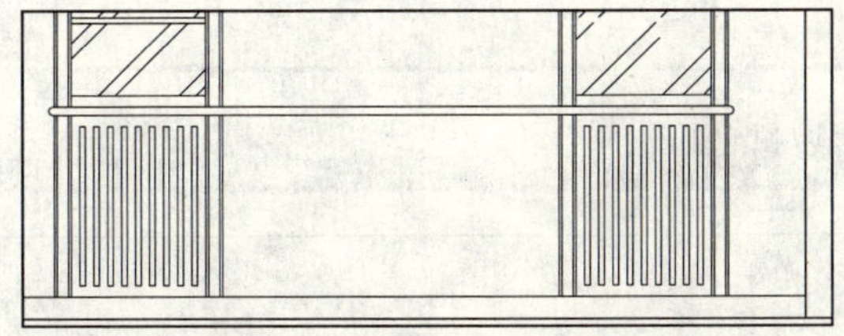

图 6-109　复制图形

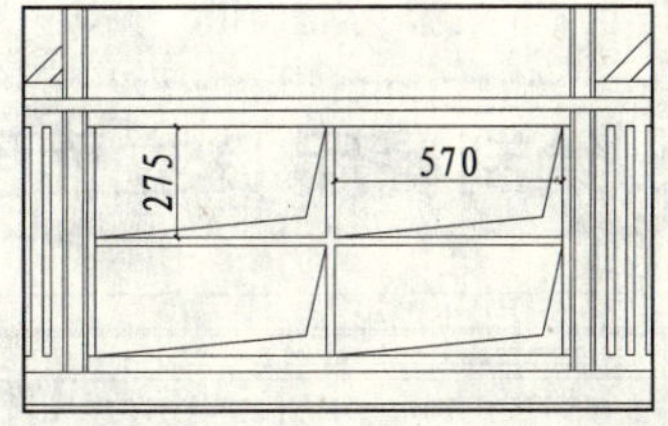

图 6-110　绘制装饰柜下方图形

22 从图库中插入装饰画图块到立面图中，如图 6-111 所示。

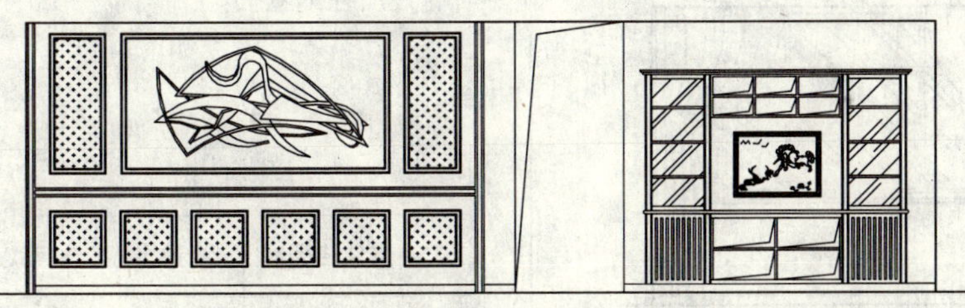

图 6-111　插入图块

第 6 章

23 设置“BZ_标注”图层为当前图层。

24 调用 DIMLINEAR/DLI 线性命令，标注尺寸，如图 6-112 所示。

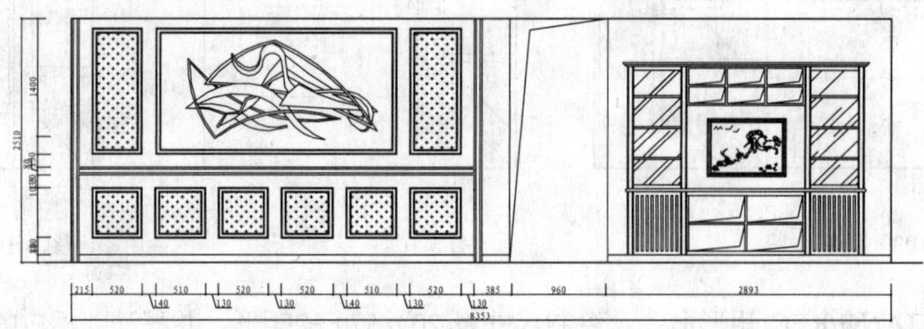

图 6-112　标注尺寸

25 调用 MLEADER/MLD 多重引线命令，进行材料标注，如图 6-113 所示。

26 调用 INSERT/I 插入命令，插入图名图块，完成客厅 C 立面图的绘制。

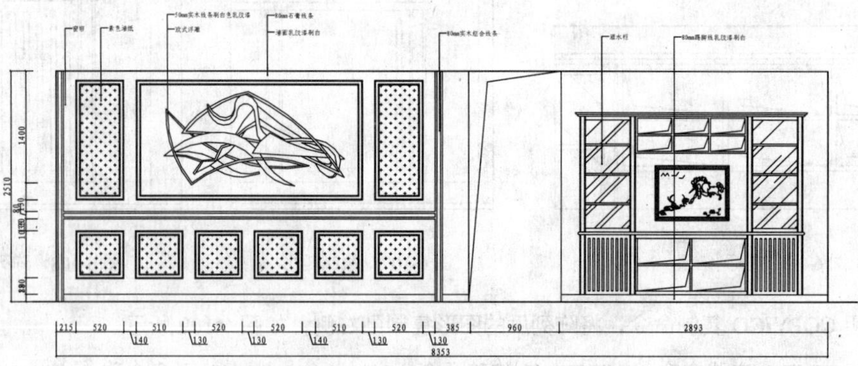

图 6-113　材料标注

第 2 篇

079 绘制餐厅 D 立面图

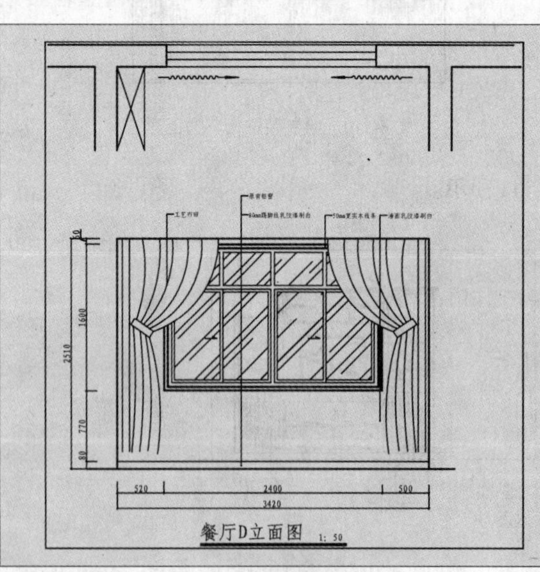

如左图所示为餐厅 D 立面图，D 立面是餐厅窗户所在的立面。

文件路径：	目标文件\第 06 章\实例 79.dwg
视频文件：	AVI\第 06 章\79 绘制餐厅 D 立面图.avi
播放时长：	0:9:19

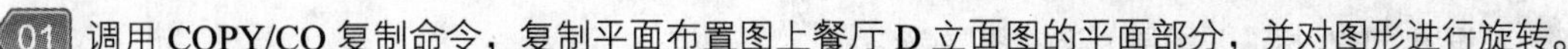

01 调用 COPY/CO 复制命令，复制平面布置图上餐厅 D 立面图的平面部分，并对图形进行旋转。

02 调用 LINE/L 直线命令和 TRIM/TR 修剪命令，绘制 D 立面的基本轮廓，如图 6-114 所示。

03 调用 LINE/L 直线命令，绘制踢脚线，踢脚线的高度为 80，如图 6-115 所示。

04 调用 RECTANG/REC 矩形命令，绘制尺寸为 2400×1600 的矩形，表示窗的轮廓，并移动到相应的位置，如图 6-116 所示。

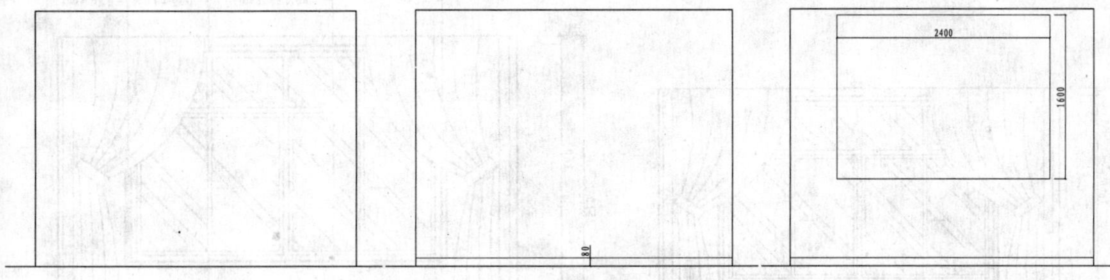

图 6-114　绘制 D 立面基本轮廓　　图 6-115　绘制踢脚线　　图 6-116　绘制矩形

05 调用 OFFSET/O 偏移命令，将矩形向内偏移 10、30、10 和 40，如图 6-117 所示。

06 调用 RECTANG/REC 矩形命令、COPY/CO 复制命令和 LINE/L 直线命令，绘制窗的结构，如图 6-118 所示。

07 调用 PLINE/PL 多段线命令，绘制箭头，表示窗的开启方向，如图 6-119 所示。

图 6-117 偏移矩形

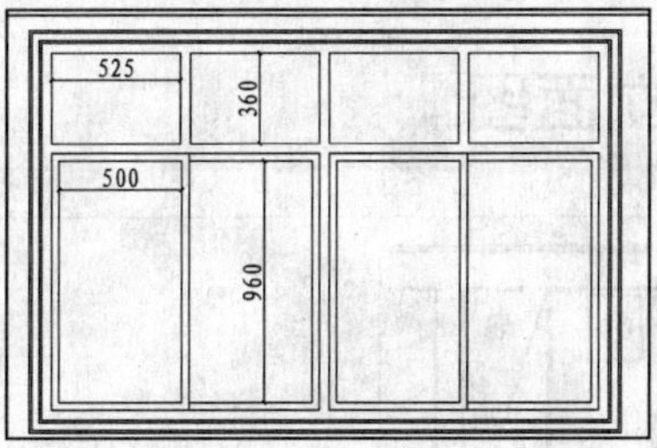

图 6-118　绘制窗的结构

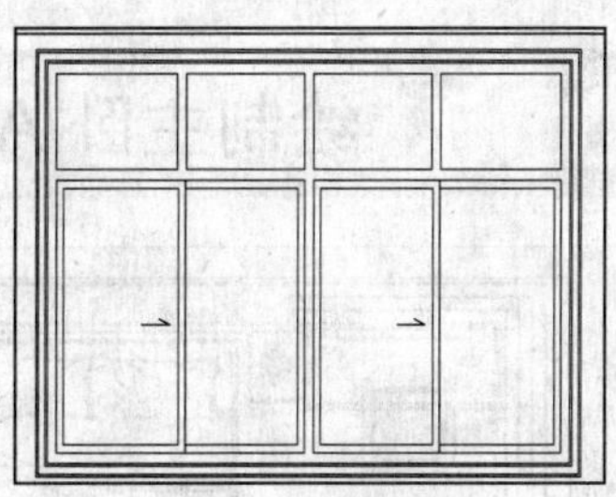

图 6-119 绘制箭头

08 调用 HATCH/H 图案填充命令，在窗户内填充 AR-RROOF 图案，如图 6-120 所示。

09 从图库中插入窗帘图块，并进行修剪，如图 6-121 所示。

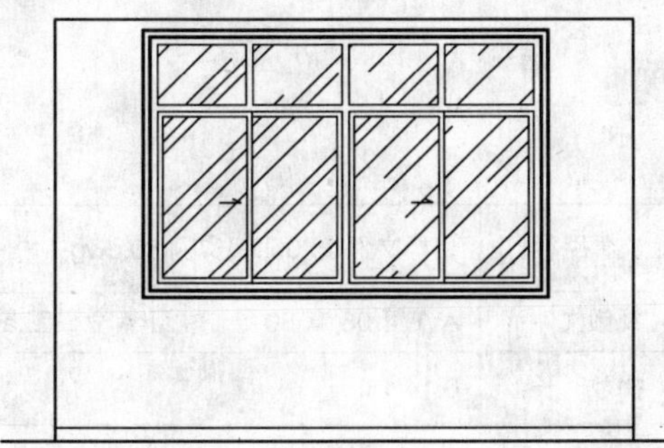

图 6-120　填充图案

图 6-121 插入图块

10 设置“BZ_标注”图层为当前图层。

11 调用 DIMLINEAR/DLI 线性命令，标注尺寸，如图 6-122 所示。

12 调用 MLEADER/MLD 多重引线命令，进行材料标注，如图 6-123 所示。

13 调用 INSERT/I 插入命令，插入图名图块，完成餐厅 D 立面图的绘制。

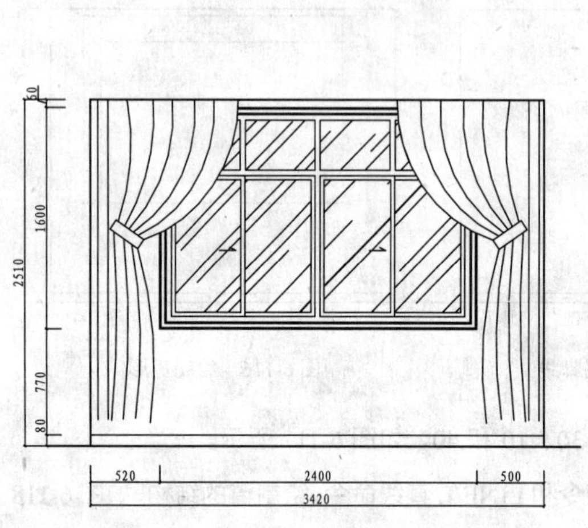

图 6-122　尺寸标注

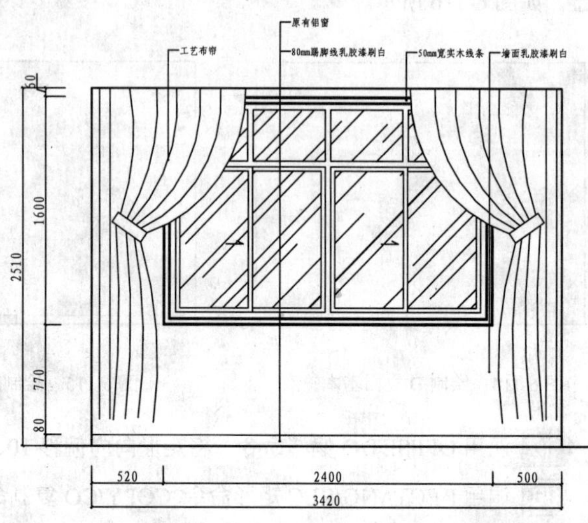

图 6-123　标注材料

080 绘制主卧 A 立面图

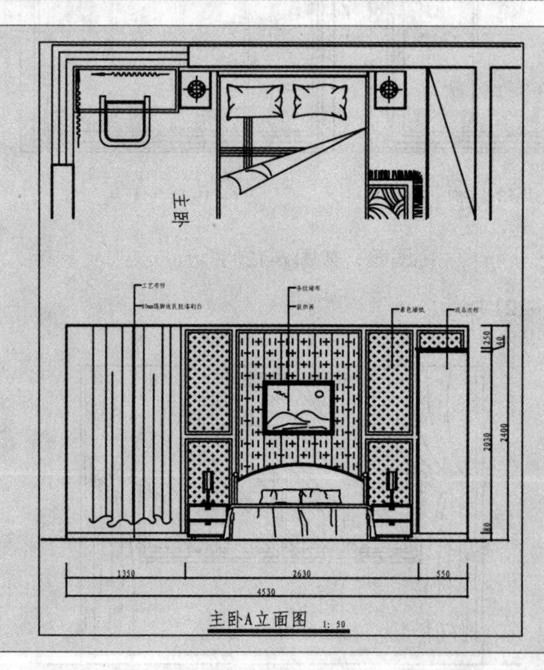

主卧 A 立面图如左图所示，主卧 A 立面图为床背景墙。

文件路径：	目标文件\第 06 章\实例 80.dwg
视频文件：	AVI\第 06 章\80 绘制主卧 A 立面图.avi
播放时长：	0:14:18

01 调用 COPY/CO 复制命令，复制主卧 A 立面图的平面部分，并对图形进行旋转。

02 调用 LINE/L 直线命令和 TRIM/TR 修剪命令，绘制 A 立面图的基本轮廓，如图 6-124 所示。

03 调用 LINE/L 直线命令，绘制踢脚线，如图 6-125 所示。

04 绘制衣柜。调用 LINE/L 直线命令、ARC/A 圆弧命令、OFFSER/O 偏移命令和 TRIM/TR 修剪命令，绘制衣柜面板，如图 6-126 所示。

图 6-124　绘制 A 立面的基本轮廓　　图 6-125　绘制踢脚线　　图 6-126　绘制衣柜面板

05 调用 LINE/L 直线命令，绘制线段，如图 6-127 所示。

06 绘制床背景造型。调用 PLINE/PL 多段线命令，绘制多段线，如图 6-128 所示。

07 调用 TRIM/TR 修剪命令，对多段线与踢脚线相交的位置进行修剪，如图 6-129 所示。

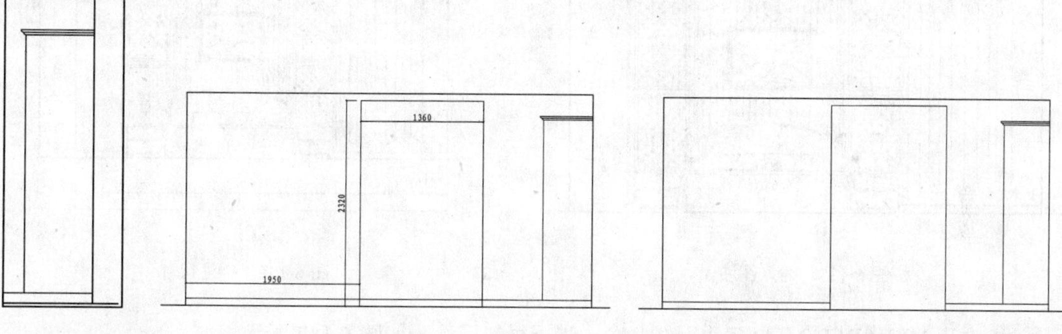

图 6-127　绘制线段　　图 6-128　绘制多段线　　图 6-129　修剪线段

08 调用 OFFSET/O 偏移命令，将多段线向外偏移 30，并对多余的线段进行修剪，如图 6-130 所示。

09 调用 HATCH/H 图案填充命令，在多段线内填充 CROSS 图案和 INSUL 图案，效果如图 6-131 所示。

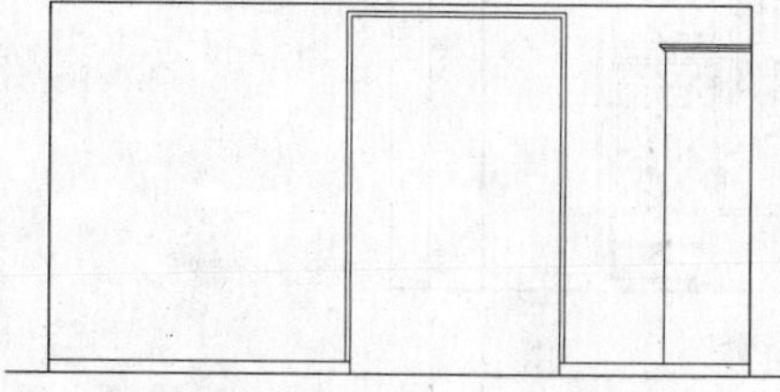

图 6-130　偏移多段线

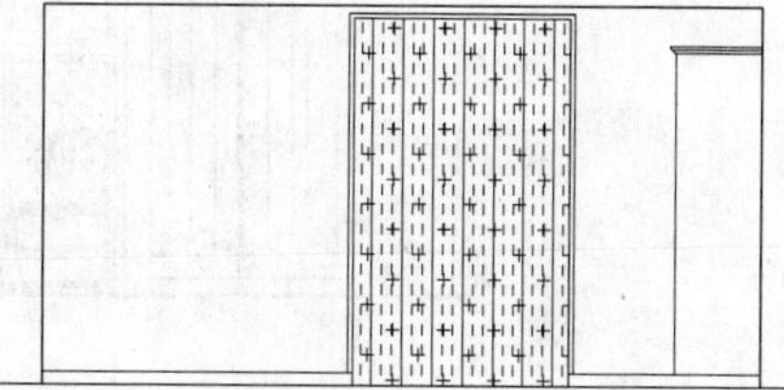

图 6-131　填充图案

10 调用 RECTANG/REC 矩形命令、PLNE/PL 多段线命令和 OFFSET/O 偏移命令，绘制左侧图形，如图 6-132 所示。

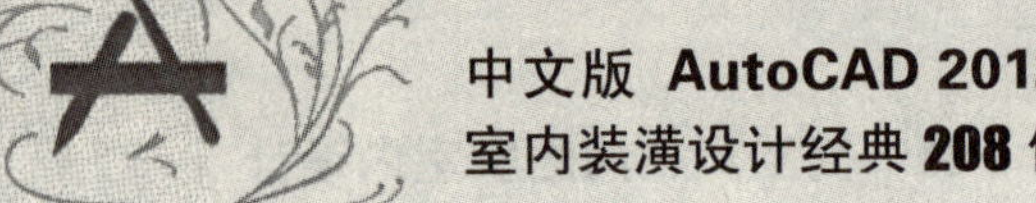

11 调用 HATCH/H 图案填充命令，在左侧填充 CROSS 图案，效果如图 6-133 所示。

12 调用 COPY/CO 命令，对图形进行复制，并对重叠的位置进行修剪，效果如图 6-134 所示。

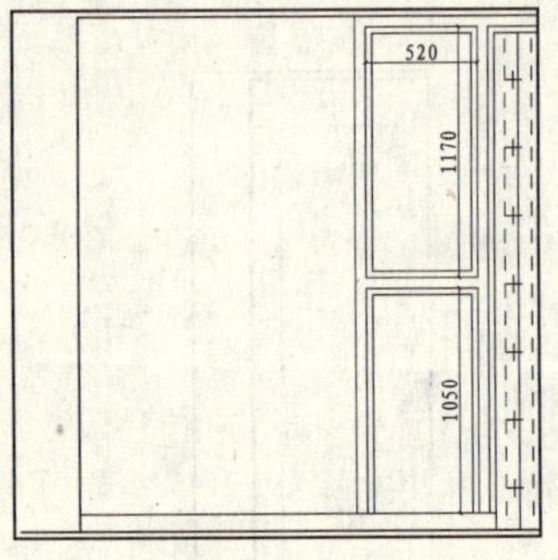

图 6-132　绘制左侧图形

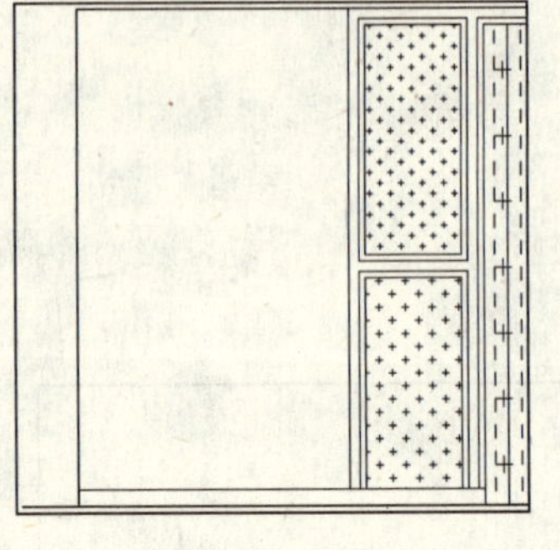

图 6-133　填充图案

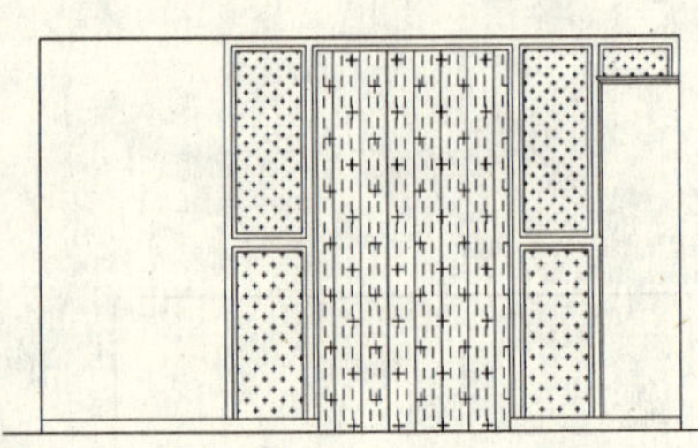

图 6-134　复制图形

13 插入图块。从图库中插入窗帘、装饰画、床和床头柜等图块到立面图中，并进行修剪，如图 6-135 所示。

14 设置“BZ_标注”图层为当前图层。

15 调用 DIMLINEAR/DLI 线性命令，标注尺寸，如图 6-136 所示。

图 6-135　插入图块

图 6-136　标注尺寸

16 调用 MLEADER/MLD 多重引线命令，进行材料标注，如图 6-137 所示。

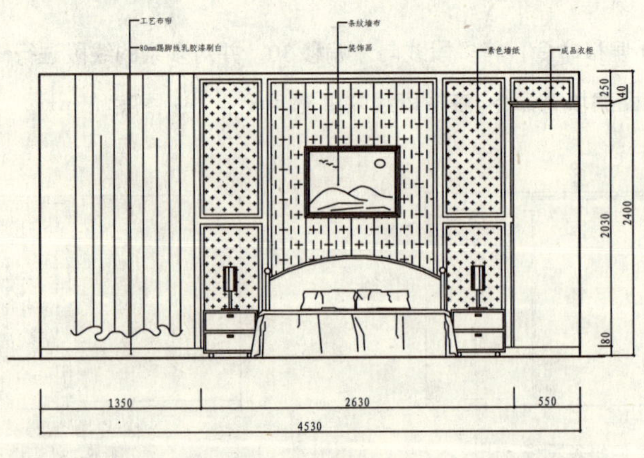

图 6-137　材料标注

17 调用 INSERT/I 插入命令，插入图名图块，完成主卧 A 立面图的绘制。

第 2 篇

081 绘制主卧 B 立面图

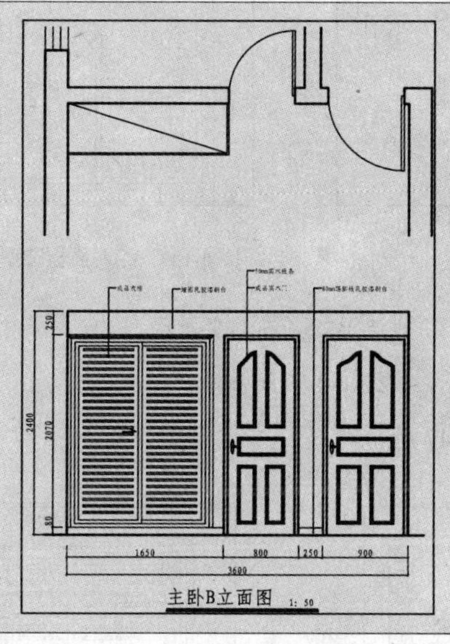

主卧 B 立面图如左图所示，B 立面主要表达了衣柜和门的做法。

文件路径：	目标文件\第 06 章\实例 81.dwg
视频文件：	AVI\第 06 章\81 绘制主卧 B 立面图.avi
播放时长：	0:14:18

01 调用 COPY/CO 复制命令，复制平面布置图上主卧 B 立面的平面部分。

02 调用 LINE/L 直线命令和 TRIM/TR 修剪命令，绘制 B 立面的基本轮廓，如图 6-138 所示。

03 调用 LINE/L 直线命令，绘制踢脚线，如图 6-139 所示。

04 绘制衣柜。调用 PLINE/PL 多段线命令，绘制衣柜轮廓，如图 6-140 所示。

图 6-138　绘制 B 立面的基本轮廓

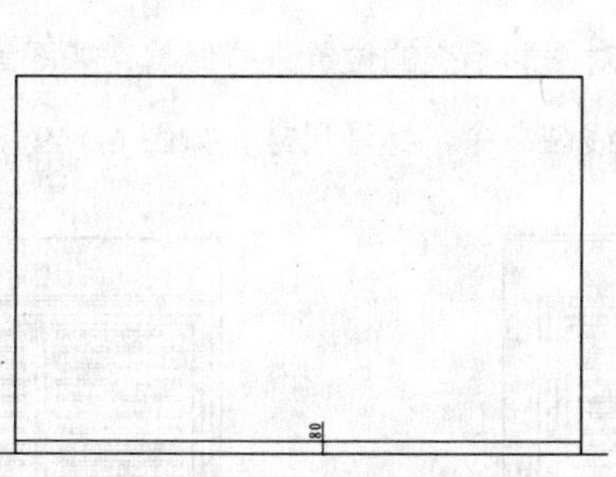

图 6-139　绘制踢脚线

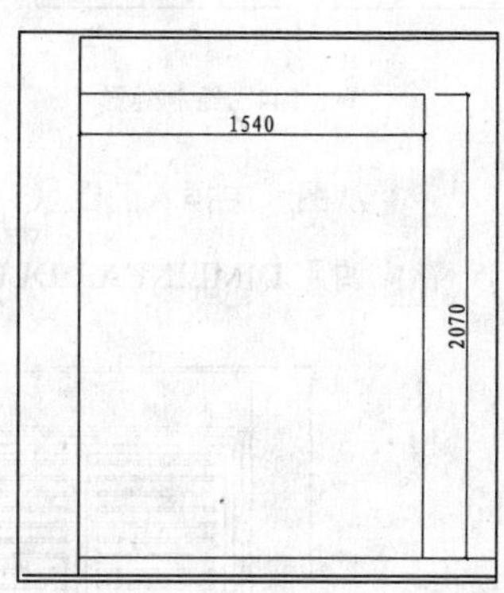

图 6-140　绘制多段线

05 调用 OFFSET/O 偏移命令，将多段线向内偏移 40，如图 6-141 所示。

06 调用 LINE/L 直线命令和 ARC/A 圆弧命令，绘制线段连接多段线的交角处，如图 6-142 所示。

07 调用 RECTANG/REC 矩形命令、OFFSET/O 偏移命令和 LINE/L 直线命令，绘制面板造型，如图 6-143 所示。

08 调用 RECTANG/REC 矩形命令，绘制尺寸为 530×20 的矩形，并移动到相应的位置，如图 6-144 所示。

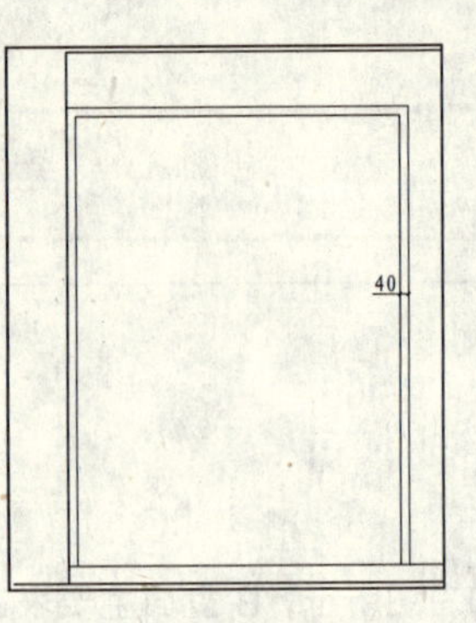

图 6-141 偏移多段线

图 6-142 绘制弧线

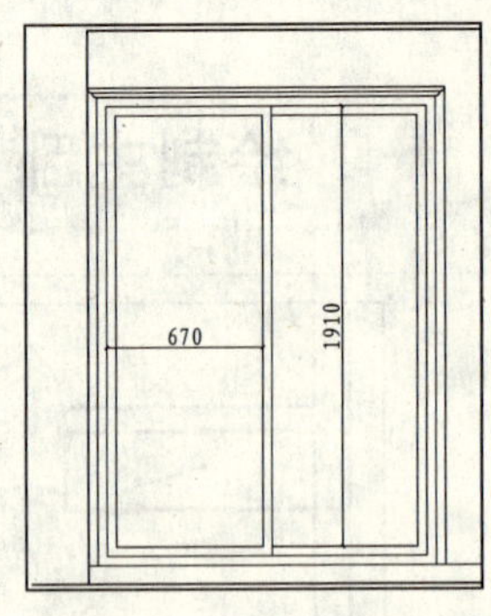

图 6-143 绘制面板造型

09 调用 ARRAY/AR 阵列命令，对矩形进行矩形阵列，阵列结果如图 6-145 所示。

10 调用 COPY/CO 复制命令，对阵列后的图形进行复制，如图 6-146 所示。

11 调用 PLINE/PL 多段线命令，绘制多段线，如图 6-147 所示。

图 6-144 绘制矩形

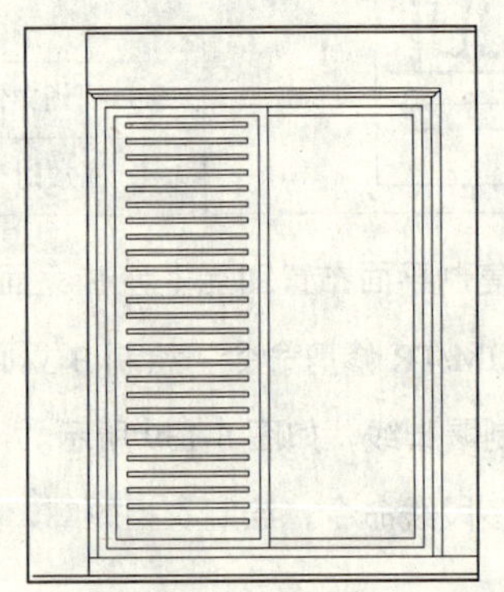

图 6-145 阵列结果

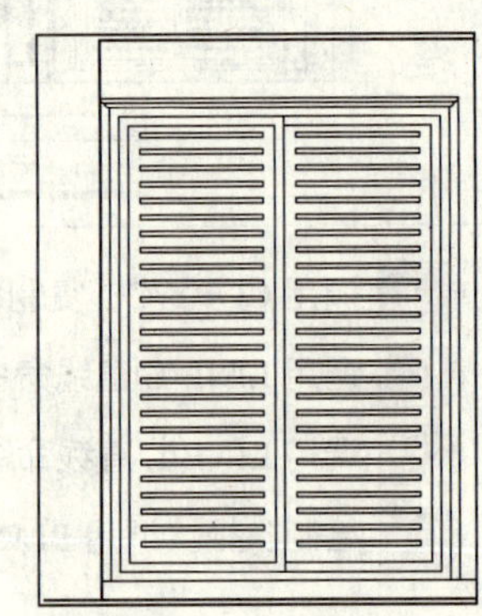

图 6-146 复制图形

12 从图库中插入门图块，对图形相交的位置进行修剪，如图 6-148 所示。

13 调用 DIMLINEAR/DLI 线性命令，标注尺寸，如图 6-149 所示。

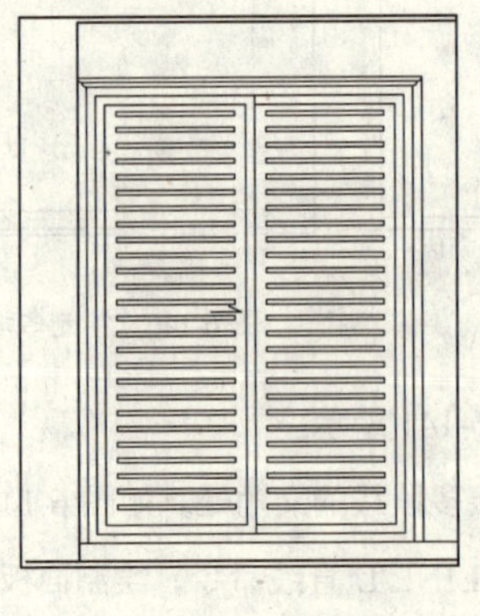

图 6-147 绘制多段线

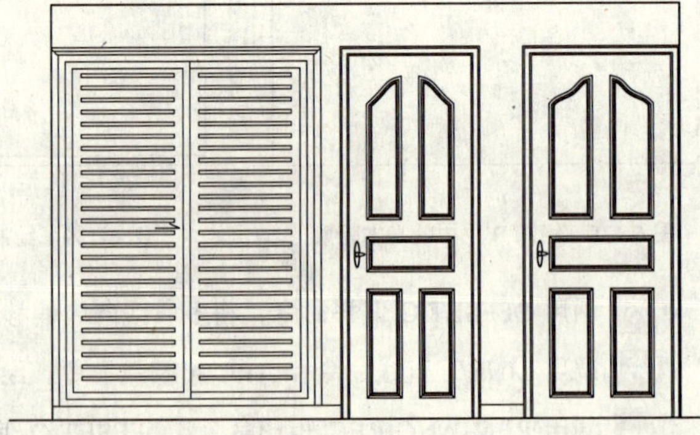

图 6-148 插入图块

14 调用 MLEADER/MLD 多重引线命令，进行材料标注，如图 6-150 所示。

15 调用 INSERT/I 插入命令，插入图名图块，完成主卧 B 立面图的绘制。

第2篇

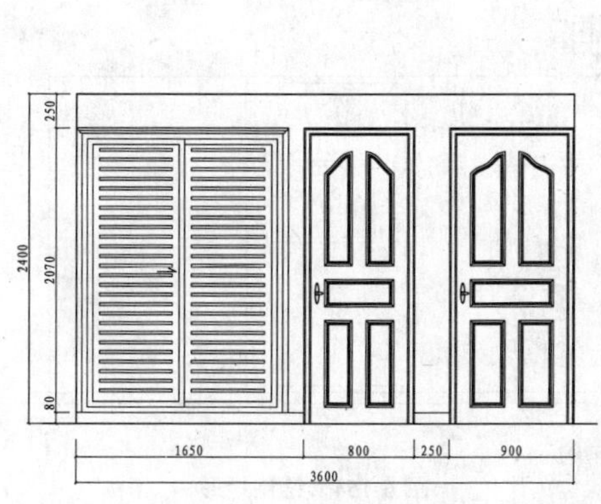

图 6-149　尺寸标注

图 6-150　材料标注

082 绘制主卧 C 立面图

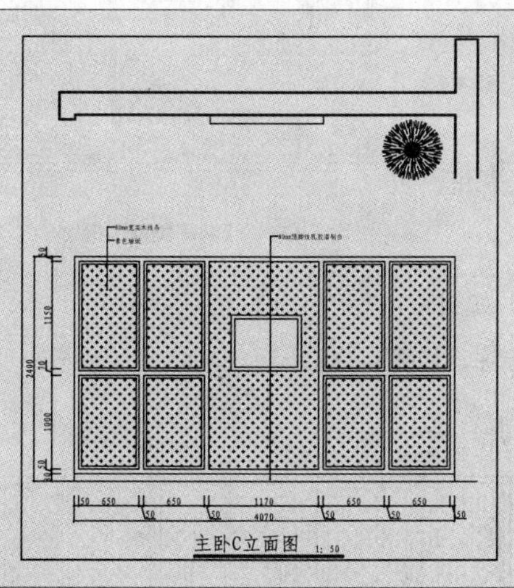

如左图所示为主卧 C 立面图，C 立面主要表达了电视所在墙面的做法。

文件路径：	目标文件\第 06 章\实例 82.dwg
视频文件：	AVI\第 06 章\82 绘制主卧 C 立面图.avi
播放时长：	0:5:58

01 调用 COPY/CO 复制命令，复制平面布置图上主卧 C 立面的平面部分，并对图形进行旋转。

02 调用 LINE/L 直线命令和 TRIM/TR 修剪命令，绘制 C 立面的基本轮廓，如图 6-151 所示。

03 调用 LINE/L 直线命令，绘制踢脚线，踢脚线的高度为 80，如图 6-152 所示。

图 6-151　绘制 C 立面的基本轮廓

图 6-152　绘制踢脚线

04 调用 RECTANG/REC 矩形命令、OFFSET/O 偏移命令和 MOVE/M 移动命令，绘制电视，如图 6-153

所示。

05 继续调用 RECTANG/REC 矩形命令，绘制尺寸为 1170×2220 的矩形，并移动到相应的位置，如图 6-154 所示。

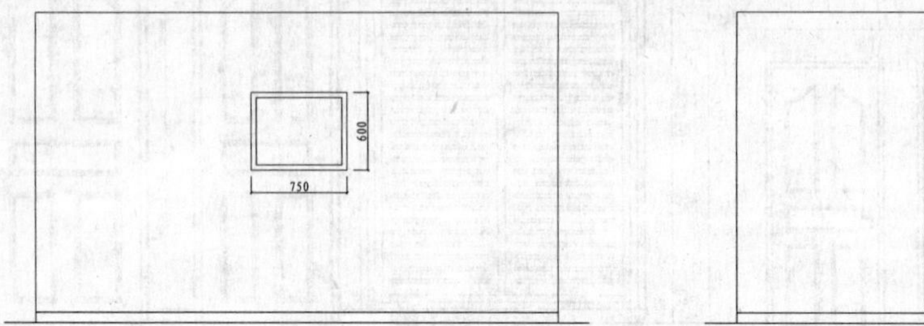

图 6-153　绘制电视　　　图 6-154　绘制矩形

06 调用 HATCH/H 图案填充命令，在矩形内填充 CROSS 图案，填充参数和效果如图 6-155 所示。

07 使用同样的方法绘制其他同类型的图案，如图 6-156 所示。

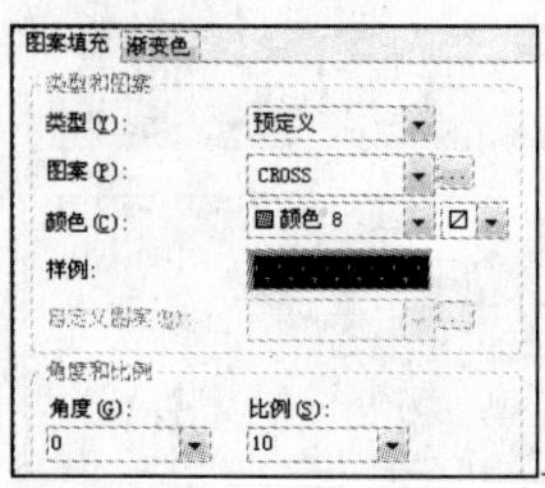

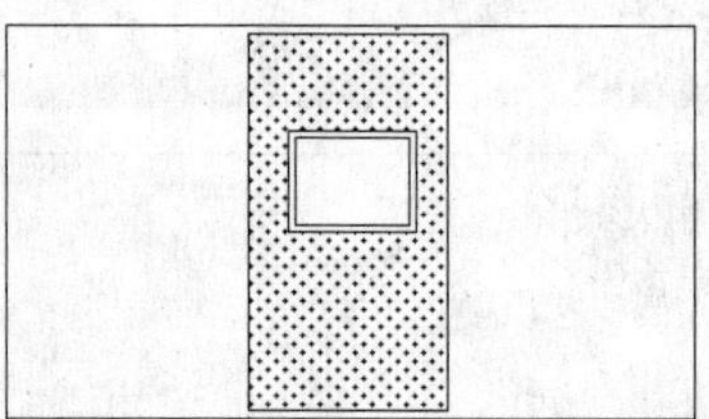

图 6-155　填充参数和效果　　　图 6-156　绘制同类型图案

08 调用 DIMLINEAR/DLI 线性标注命令，标注尺寸，如图 6-157 所示。

09 调用 MLEADER/MLD 多重引线命令，进行材料标注，如图 6-158 所示。

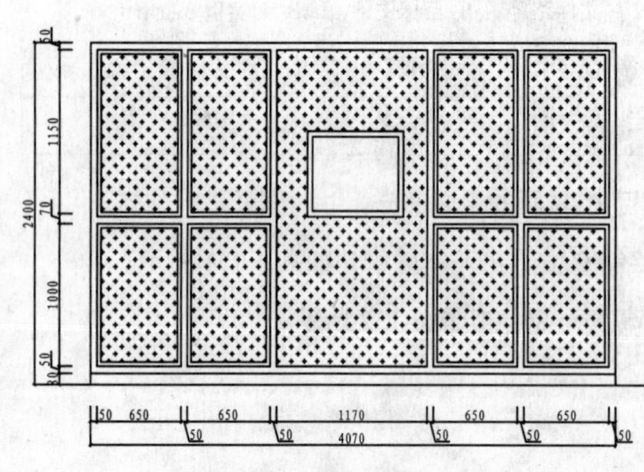

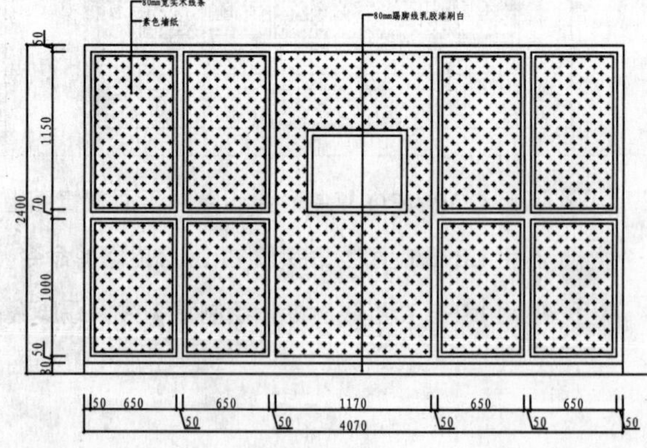

图 6-157　标注尺寸　　　图 6-158　材料说明

10 调用 INSERT/I 插入命令，插入图名图块，完成主卧 C 立面图的绘制。

第2篇

083 绘制主卧 D 立面图

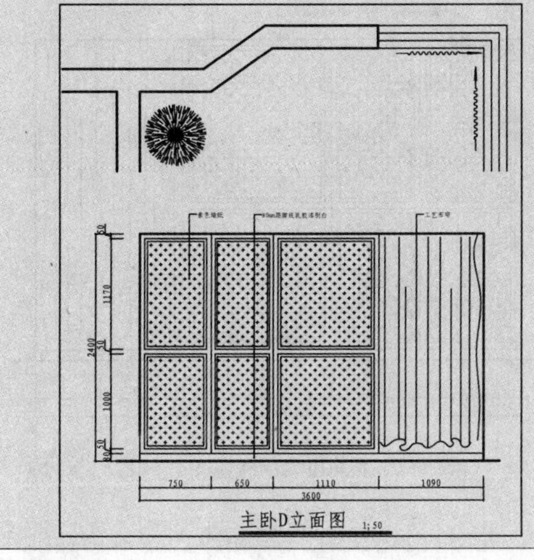

主卧 D 立面图如左图所示，D 立面主要表达了卧室中墙面做法。

文件路径:	目标文件\第 06 章\实例 83.dwg
视频文件:	AVI\第 06 章\83 绘制主卧 D 立面图.avi
播放时长:	0:07:18

01 调用 COPY/CO 复制命令，复制平面布置图上主卧 D 立面的平面部分，并对图形进行旋转。

02 调用 LIN/L 直线命令和 TRIM/TR 修剪命令，绘制 D 立面的基本轮廓，如图 6-159 所示。

03 调用 LINE/L 直线命令，绘制踢脚线，踢脚线的高度为 80，如图 6-160 所示。

04 调用 RECTANG/REC 矩形命令、OFFSET/O 偏移命令和 LINE./L 直线命令，绘制装饰造型轮廓，如图 6-161 所示。

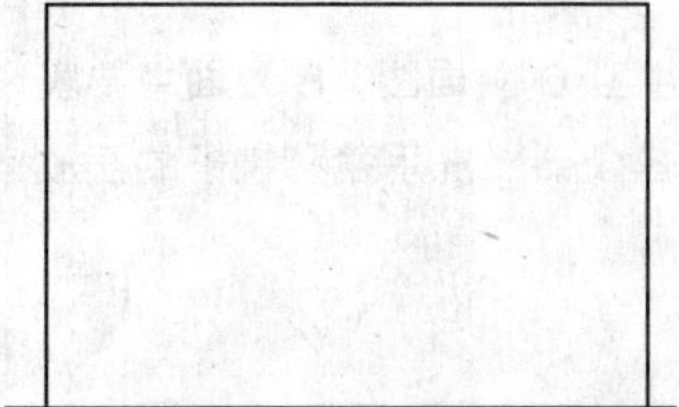

图 6-159　绘制 D 立面的基本轮廓

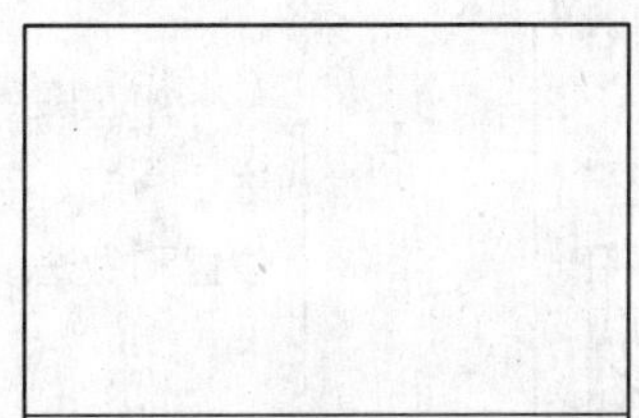

图 6-160　绘制踢脚线

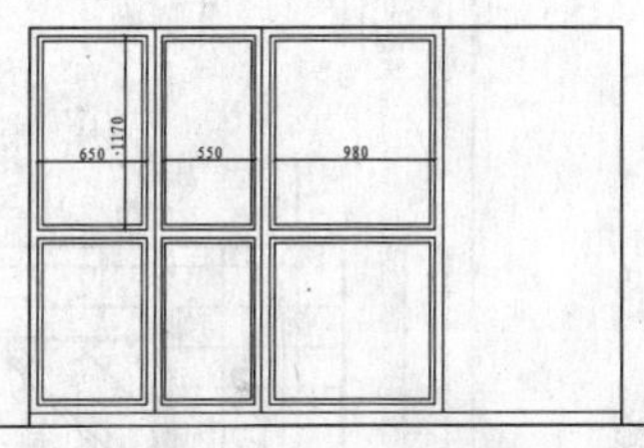

图 6-161 绘制造型轮廓

05 调用 HATCH/H 图案填充命令，对装饰造型填充 CROSS 图案，填充效果如图 6-162 所示。

06 图库中插入窗帘图块到立面图中，如图 6-163 所示。

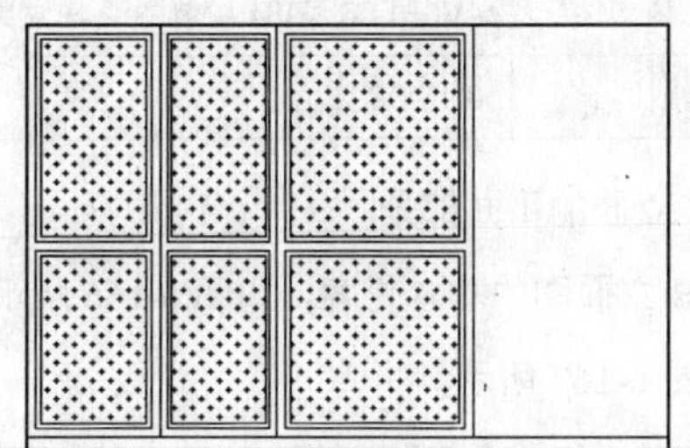

图 6-162　填充效果

图 6-163　插入图块

07 调用 DIMLINEAR/DLI 线性命令，标注尺寸，如图 6-164 所示。

08 调用 MLEADER/MLD 多重引线命令，进行材料标注，如图 6-165 所示。

09 调用 INSERT/I 插入命令，插入图名图块，完成主卧 D 立面图的绘制。

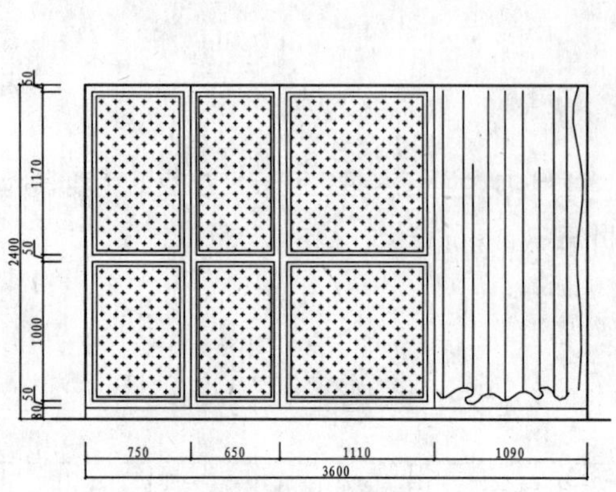

图 6-164 尺寸标注

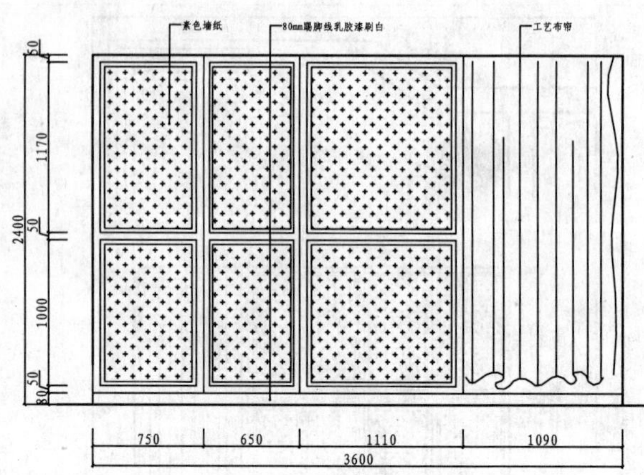

图 6-165 材料标注

084 绘制主卫 B 立面图

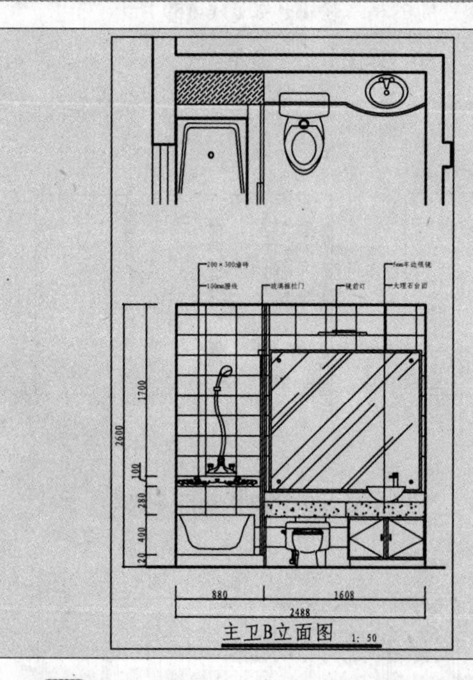

如左图所示为主卫 B 立面图，B 立面主要表达了浴缸、花洒、座便器、洗手盆和镜子的摆放位置和做法。

文件路径：	目标文件\第 06 章\实例 84.dwg
视频文件：	AVI\第 06 章\84 绘制主卫 B 立面图.avi
播放时长：	0:15:02

01 调用 COPY/CO 复制命令，复制平面布置图上主卫 B 立面的平面部分。

02 调用 LINE/L 直线命令和 TRIM/TR 修剪命令，绘制 B 立面图的基本轮廓，如图 6-166 所示。

03 调用 RECTANG/REC 矩形命令，绘制浴缸台面，如图 6-167 所示。

04 调用 LINE/L 直线命令、OFFSET/O 偏移命令、TRIM/TR 修剪命令和 RECTANG/REC 矩形命令，绘制推拉门，如图 6-168 所示。

图 6-166　绘制 B 立面图的基本轮廓

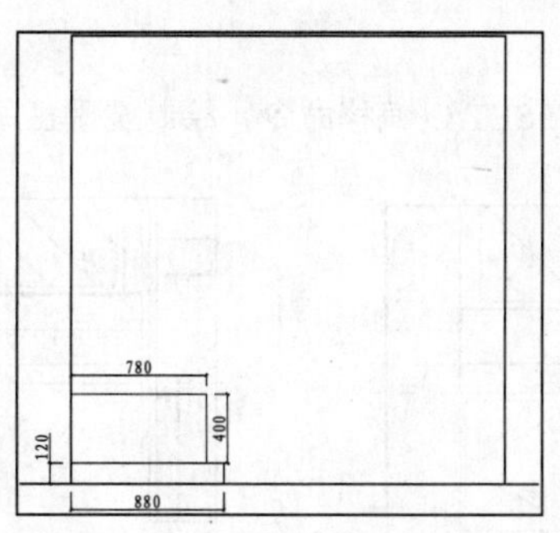

图 6-167　绘制浴缸台面

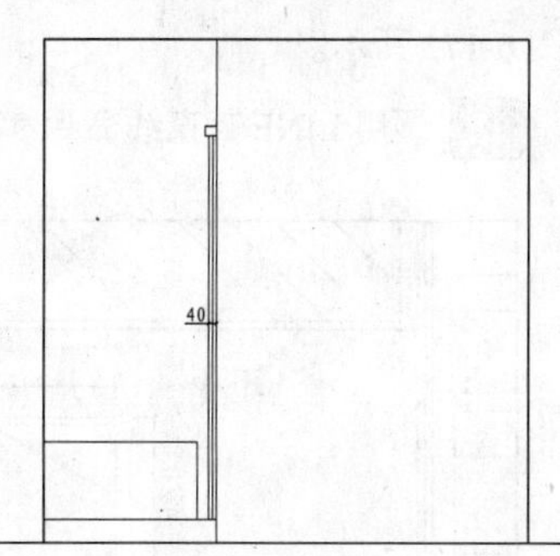

图 6-168　绘制推拉门

05 调用 LINE/L 直线命令和 OFFSET/O 偏移命令，绘制腰线，如图 6-169 所示。

06 调用 RECTANG/REC 矩形命令，绘制尺寸为 1520×1400 的矩形，表示镜子的轮廓，如图 6-170 所示。

07 调用 OFFSET/O 偏移命令，将矩形向内偏移 20，如图 6-171 所示。

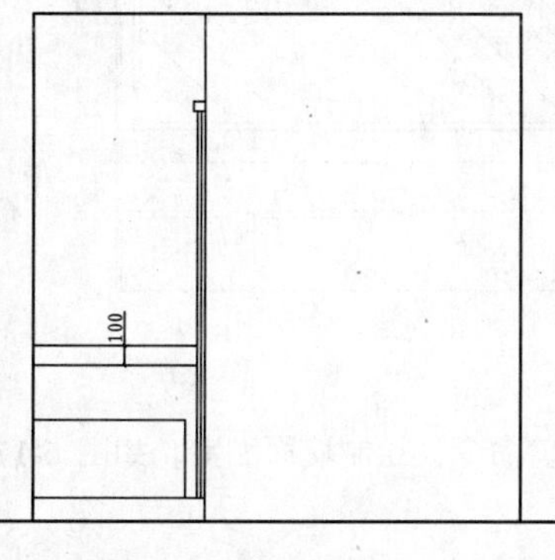

图 6-169　绘制腰线

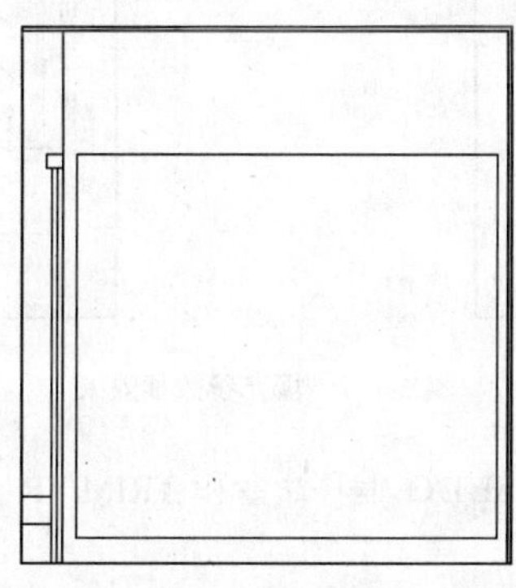
图 6-170　绘制矩形

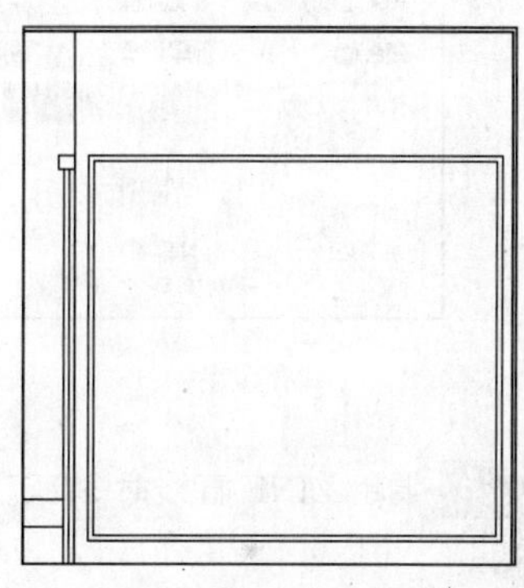
图 6-171　偏移矩形

08 调用 LINE/L 直线命令和 OFFSET/O 偏移命令，绘制线段，如图 6-172 所示。

09 调用 HATCH/H 图案填充命令，在矩形内填充 AR-RROOF 图案，表示镜子，如图 6-173 所示。

10 调用 CIRCLE/C 圆命令、OFFSET/O 偏移命令和 COPY/CO 复制命令，绘制钢钉，如图 6-174 所示。

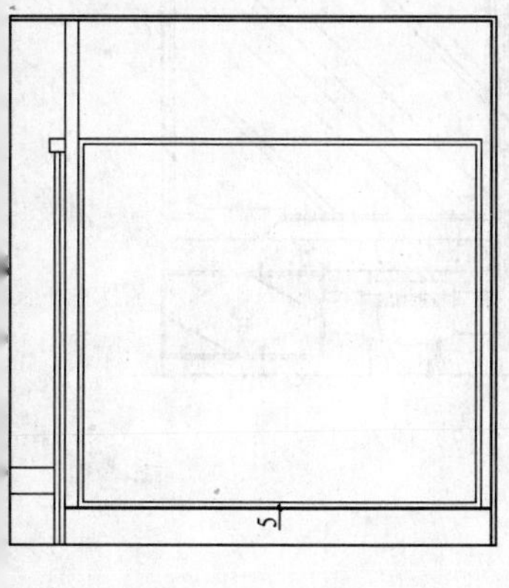

图 6-172　绘制线段

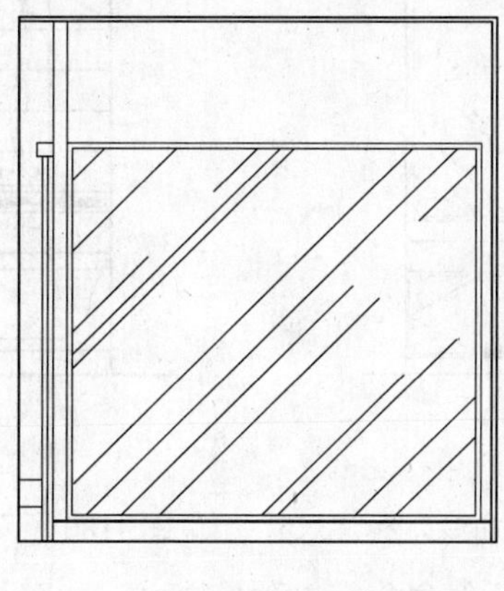
图 6-173　填充图案

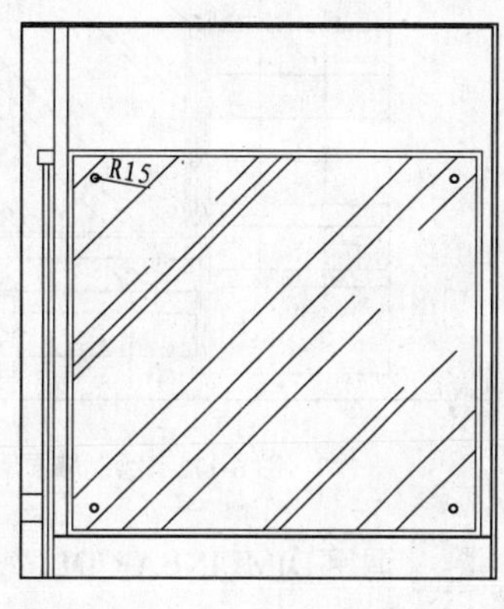

图 6-174　绘制钢钉

11 调用 RECTANG/REC 矩形命令、OFFSET/O 偏移命令和 LINE/L 直线命令，绘制洗手盆下的柜子，

如图 6-175 所示。

12 调用 LINE/L 直线命令和 OFFSET/O 偏移命令，绘制洗手盆所在的台面轮廓，如图 6-176 所示。

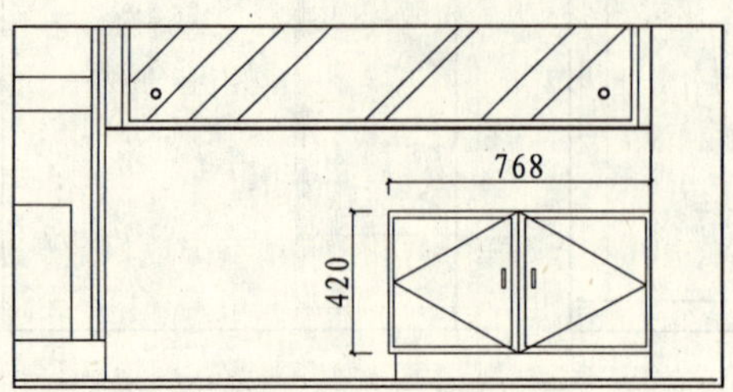

图 6-175 绘制柜子

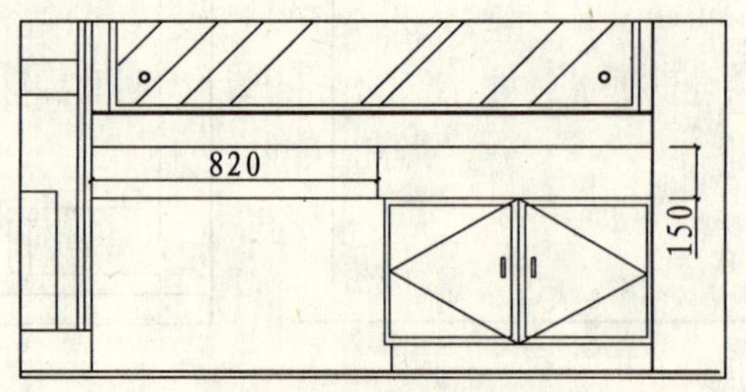

图 6-176 绘制台面轮廓

13 调用 HATCH/H 图案填充命令，对台面填充 AR-CONC 图案，填充参数和效果如图 6-177 所示。

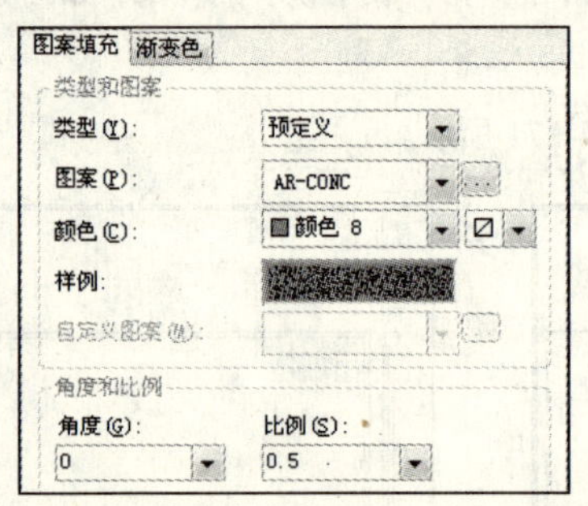

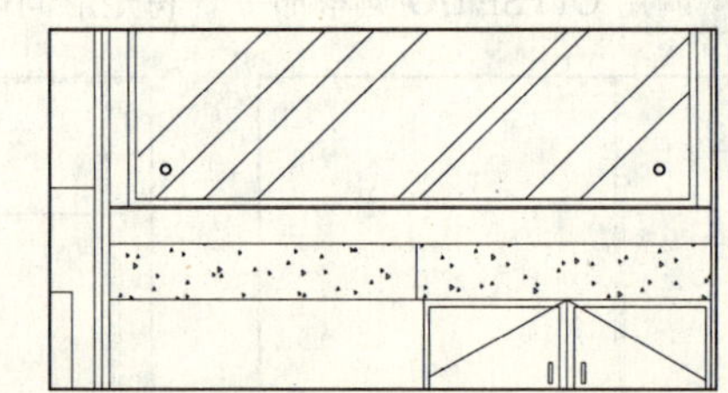

图 6-177 填充参数和效果

14 调用 LINE 直线命令/L、OFFSET/O 偏移命令和 TRIM/TR 修剪命令，绘制墙面图案，如图 6-178 所示。

15 从图库中插入浴缸、喷头、腰花图案、坐便器、洗手盆和镜前灯等图块到立面图中，并进行修剪，如图 6-179 所示。

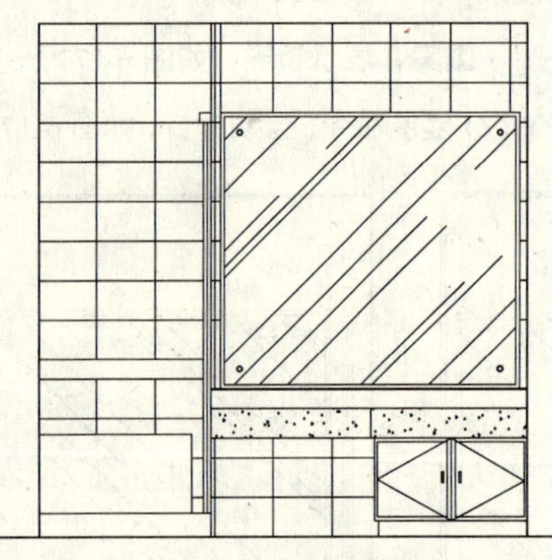

图 6-178 绘制墙面图案

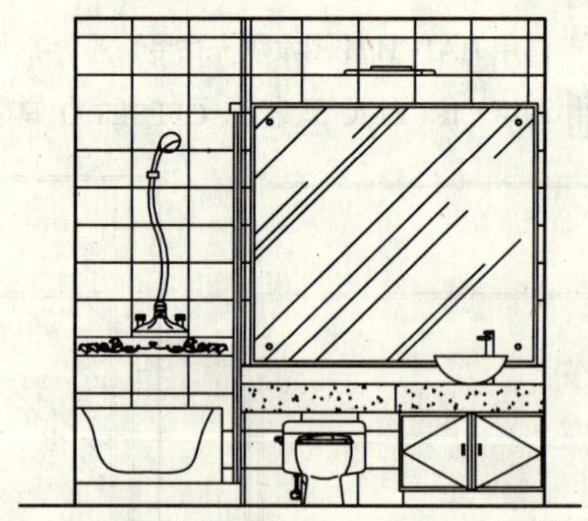

图 6-179 插入图块

16 调用 DIMLINEAR/DLI 线性命令，标注尺寸，如图 6-180 所示。

17 调用 MLEADER/MLD 多重引线命令，进行材料标注，如图 6-181 所示。

18 调用 INSERT/I 插入命令，插入图名图块，完成主卫 B 立面图的绘制。

第 2 篇

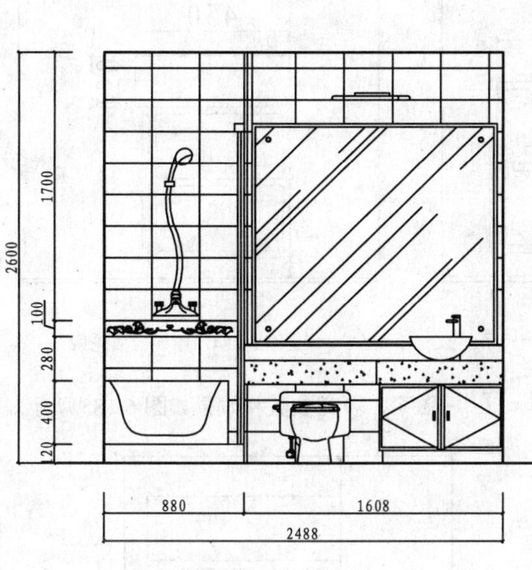

图 6-180　尺寸标注

200×300墙砖
100mm腰线
玻璃推拉门
镜前灯
5mm车边银镜
大理石台面
2600
1700
100
280
400
20
880
1608
2488

图 6-181　材料标注

085 绘制主卫 C 立面图

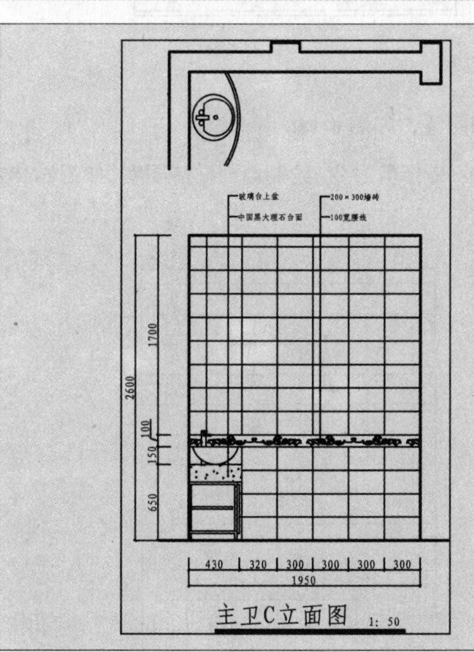

主卫 C 立面图如左图所示，该立面表达了洗手台的做法以及卫生间墙面的做法。

文件路径：	目标文件\第 06 章\实例 85.dwg
视频文件：	AVI\第 06 章\85 绘制主卫 C 立面图.avi
播放时长：	0:07:21

01 调用 COPY/CO 复制命令，复制平面布置图上主卫 C 立面的平面部分，并对图形进行旋转。

02 调用 LINE/L 直线命令和 TRIM/TR 修剪命令，绘制 C 立面的基本轮廓，如图 6-182 所示。

03 调用 RECTANG/REC 矩形命令、PLINE/PL 多段线命令和 OFFSET/O 偏移命令，绘制柜子，如图 6-183 所示。

04 调用 RECTANG/REC 矩形命令，绘制台面轮廓，如图 6-184 所示

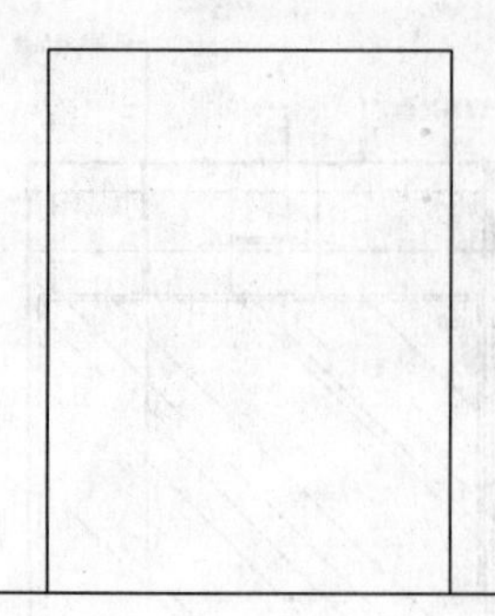

图 6-182　绘制 C 立面的基本轮廓

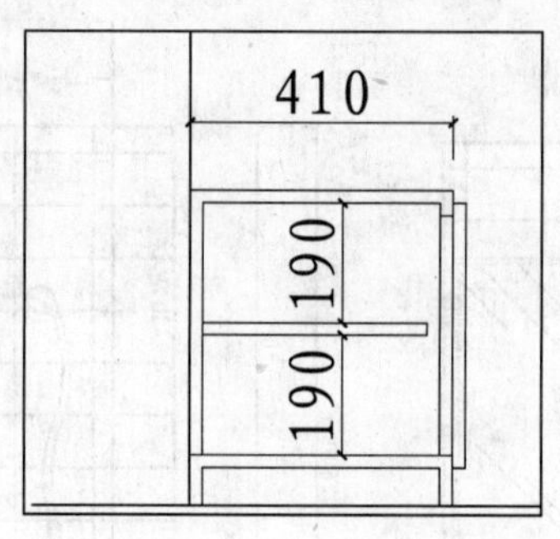

图 6-183　绘制柜子

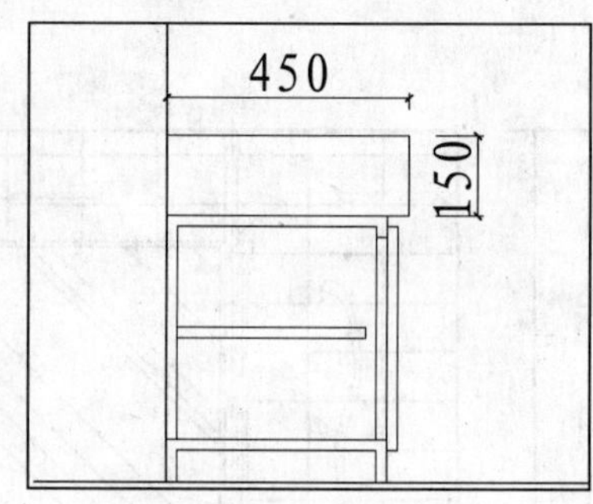

图 6-184　绘制台面轮廓

05 调用 HATCH/H 图案填充命令，对台面填充 AR-CONC 图案，填充参数和效果如图 6-185 所示。

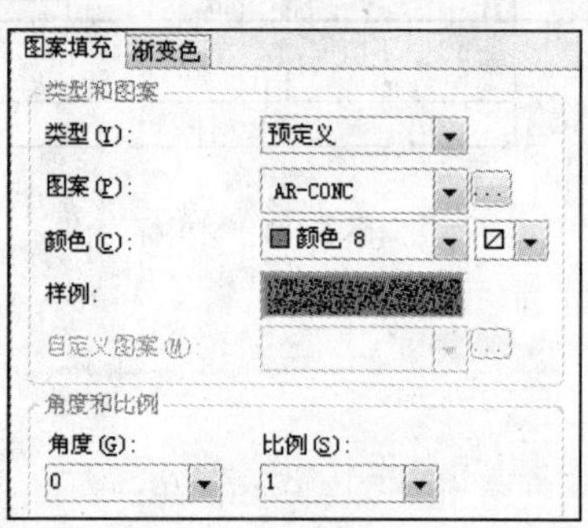

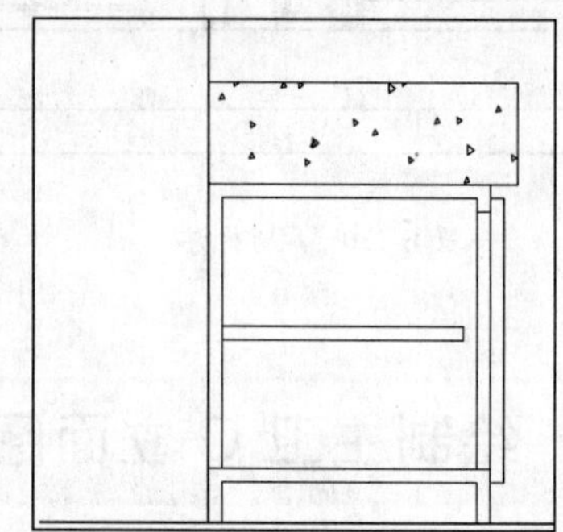

图 6-185　填充参数和效果

06 调用 LINE/L 直线命令和 OFFSET/O 偏移命令，绘制腰线，如图 6-186 所示。

07 调用 LINE/L 直线命令、OFFSET/O 偏移命令和 TRIM/TR 修剪命令，绘制墙面贴砖图案，如图 6-187 所示。

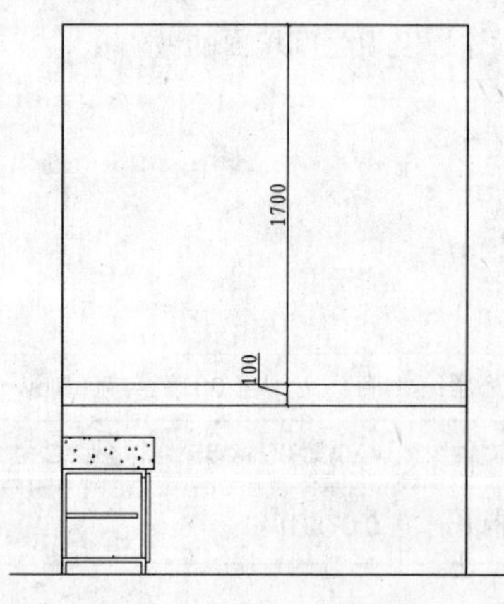

图 6-186　绘制腰线

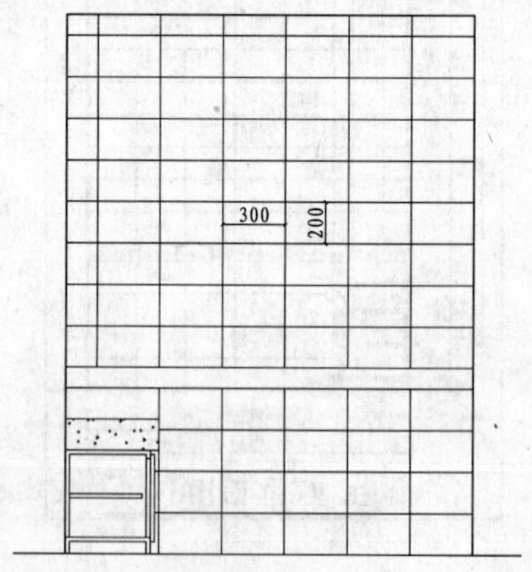

图 6-187　绘制墙面贴砖

08 从图库中插入腰线图案和洗手盆到立面图中，并进行修剪，如图 6-188 所示。

09 调用 DIMLINEAR/DLI 线性命令，标注尺寸，如图 6-189 所示。

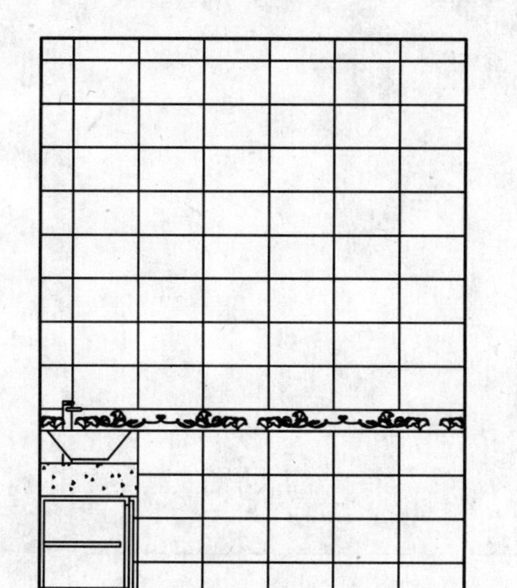

图 6-188　插入图块

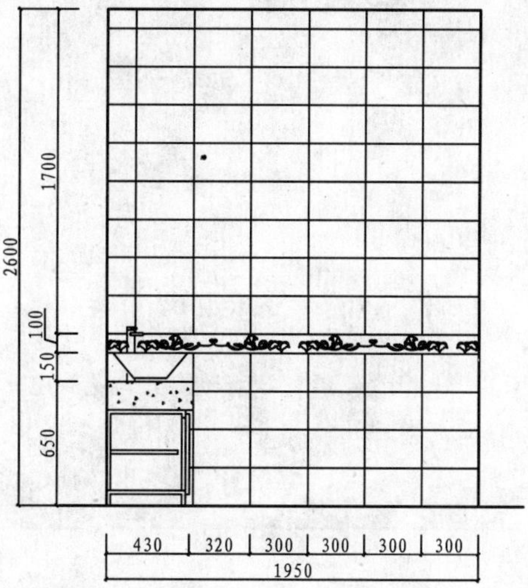

图 6-189　标注尺寸

10 调用 MLEADER/MLD 多重引线命令，进行材料标注，如图 6-190 所示。

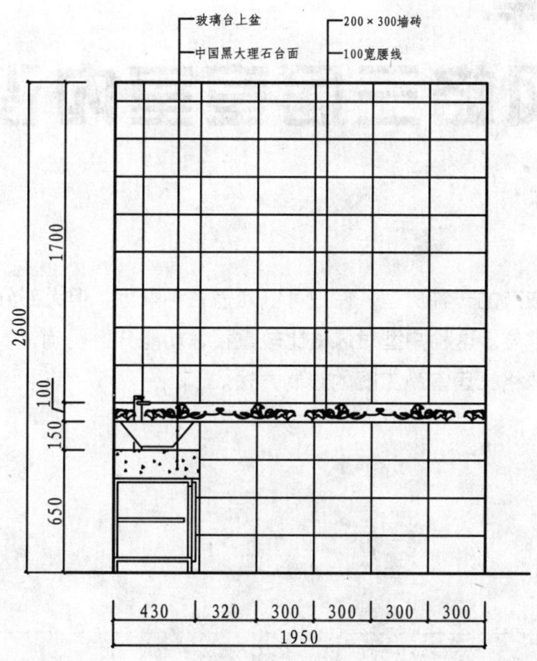

图 6-190　材料标注

11 调用 INSERT/I 插入命令，插入图名图块，完成主卫 C 立面图的绘制。

第 7 章
现代风格三居室室内设计

三居室是相对成熟的一种房型，住户可以涵盖各种家庭，但大部分有一定的经济实力和社会地位。这种户型对风格比较重视，功能分区明确，本章以三居室为例讲解现代风格三居室施工图的绘制方法。

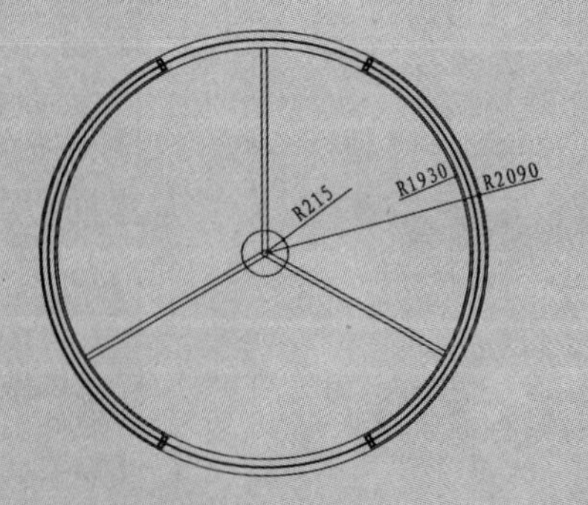

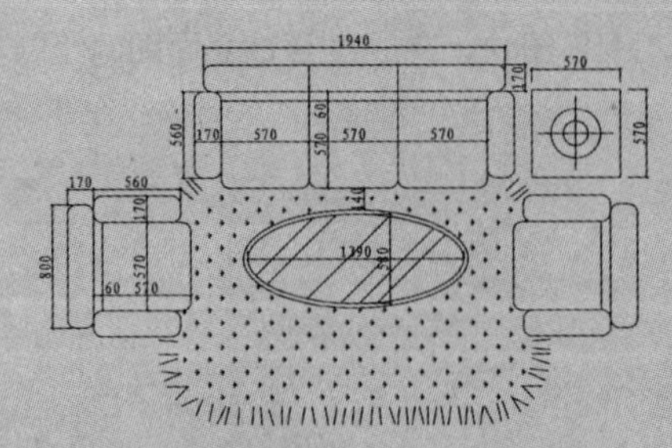

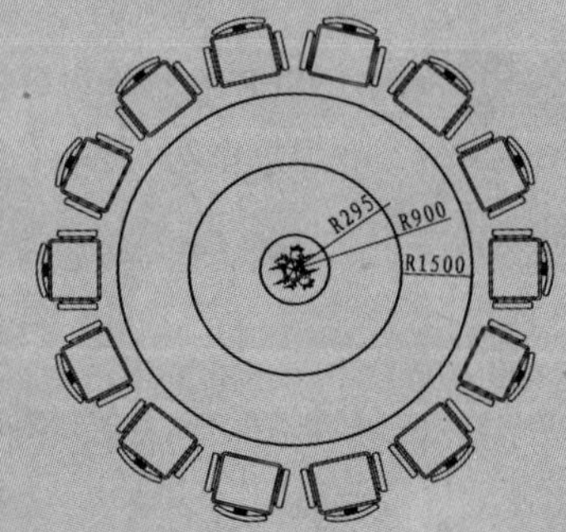

086 绘制三居室原始户型图

实例描述：	如图 7-1 所示为绘制完成的三居室原始户型图。
文件路径：	目标文件\第 07 章\实例 86.dwg
视频文件：	AVI\第 07 章\86 绘制三居室原始户型图.avi
播放时长：	0:11:10

01 启动 AutoCAD 2012，以“室内装潢施工图模板.dwt”创建新图形。

02 绘制完成的轴线如图 7-2 所示，下面讲解具体绘制方法。

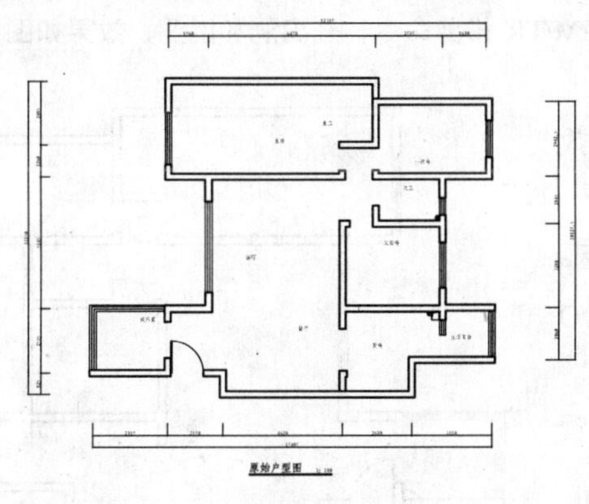

图 7-1　原始户型图

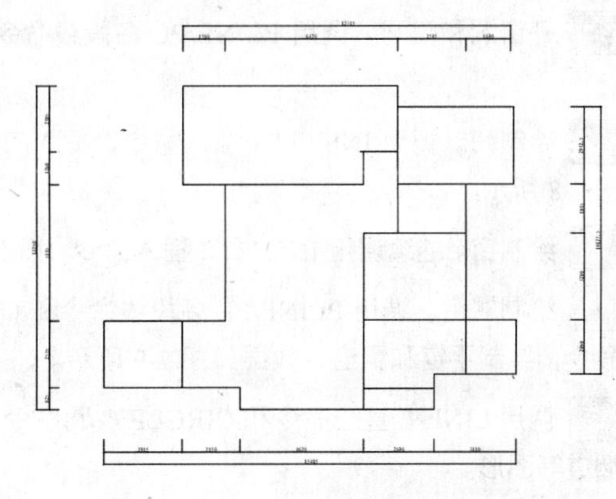

图 7-2　绘制的轴网

03 设置“ZX_轴线”图层为当前图层。

04 调用 PLINE/PL 多段线命令，绘制轴网的外轮廓，如图 7-3 所示。

05 继续调用 PLINE/PL 多段线命令，绘制其他轴线，如图 7-4 所示。

06 设置“BZ_标注”图层为当前图层。

07 调用 DIMLINEAR/DLI 线性命令和 DIMCONTINUE/DCO 连续命令，标注尺寸效果如图 7-2 所示。

08 设置“QT_墙体”图层为当前图层。

09 调用 MLINE/ML 多线命令，绘制墙体，如图 7-5 所示。

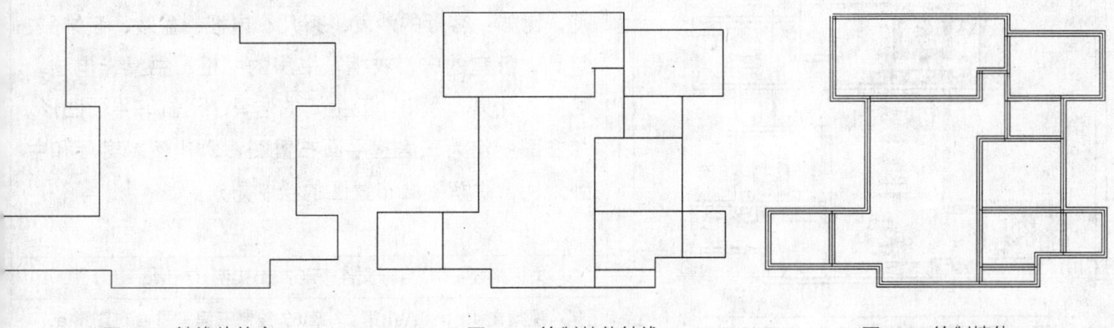

图 7-3　轴线外轮廓　　图 7-4　绘制其他轴线　　图 7-5　绘制墙体

第 7 章

10 调用 CHAMFER/CHA 倒角命令和 TRIM/TR 修剪命令，修剪墙体，效果如图 7-6 所示。

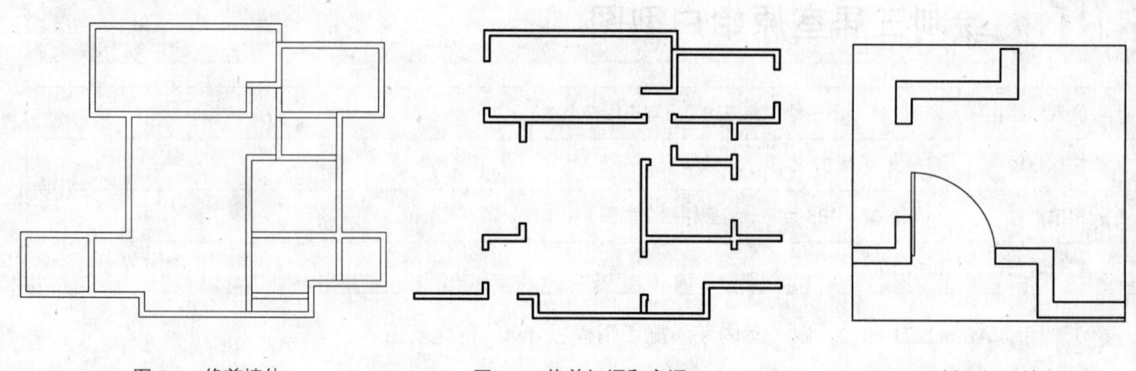

图 7-6 修剪墙体　　图 7-7 修剪门洞和窗洞　　图 7-8 插入门图块

11 开窗洞和门洞。调用 PLINE/PL 多段线命令和 TRIM/TR 修剪命令，开窗洞和门洞，效果如图 7-7 所示。

12 绘制门。调用 INSERT/I 插入命令，插入门图块，效果如图 7-8 所示。

13 绘制窗。继续调用 INSERT/I 插入命令，插入窗图块。

14 绘制飘窗。调用 PLINE/PL 多段线命令和 OFFSET/O 偏移命令，绘制平窗和飘窗，效果如图 7-9 所示。

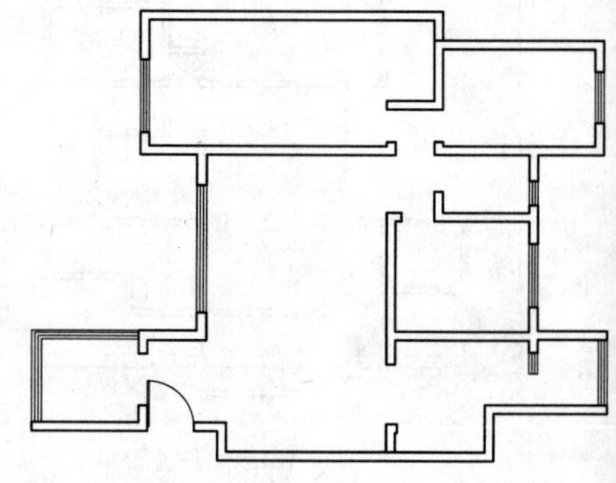

图 7-9 绘制窗

15 调用 LINE/L 直线命令和 CIRCLE/C 圆命令，绘制管道和烟道等图形。

16 调用 MTEXT/MT 多行文字命令，对三居室各空间进行文字标注。

17 调用 INSERT/I 插入命令，插入图名图块，完成三居室原始户型图的绘制。

087 绘制三居室平面布置图

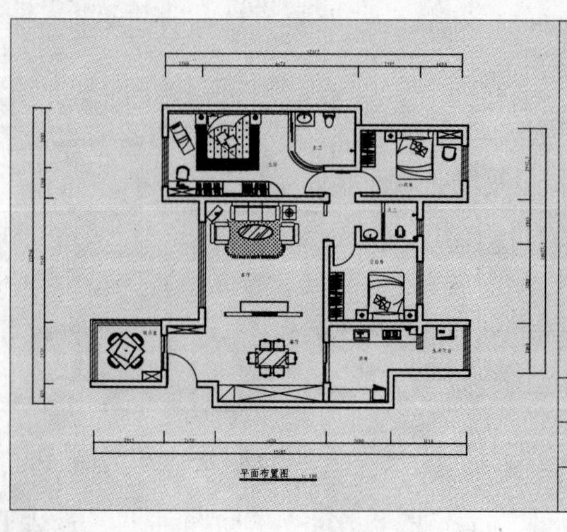

绘制平面布置图主要是各种家用设施的绘制和调用，比如：客厅的沙发、茶几、电视、盆栽、装饰品、灯具，卧室的床、衣柜，书房的书柜、书桌、电脑，厨房的灶具、冰箱，卫生间的洁具、浴缸等平面图形。如左图所示为三居室平面布置图，本实例以客厅和主卧为例，讲解平面布置图的绘制方法。

文件路径：	目标文件\第 07 章\实例 87.dwg
视频文件：	AVI\第 07 章\87 绘制三居室平面布置图.avi
播放时长：	0:02:55

第 2 篇

01 客厅平面布置图如图 7-10 所示，下面讲解绘制方法。

02 调用 COPY/CO 复制命令，复制三居室的原始户型图。

03 设置“JJ_家具”图层为当前图层。

04 调用 RECTANG/REC 矩形命令，绘制隔断，如图 7-11 所示。

05 绘制电视背景墙。调用 RECTANG/REC 矩形命令，绘制尺寸为 3240×150 的矩形，并移动到相应的位置，如图 7-12 所示。

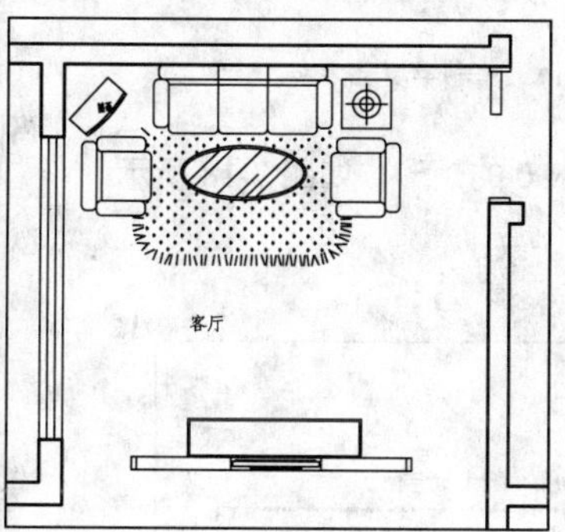

图 7-10　客厅平面布置图

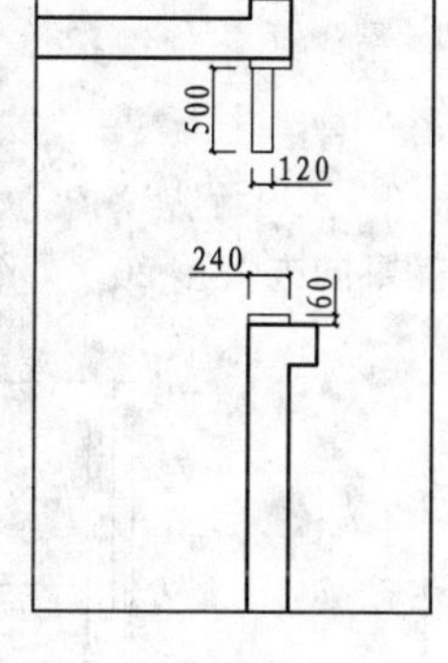

图 7-11　绘制隔断

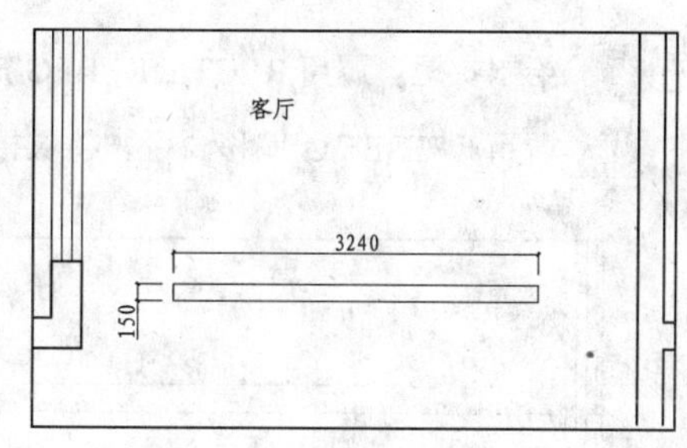

图 7-12　绘制矩形

06 调用 LINE/L 直线命令，细化电视背景墙，如图 7-13 所示。

07 调用 RECTANG/REC 矩形命令和 OFFSET/O 偏移命令，绘制电视柜，如图 7-14 所示。

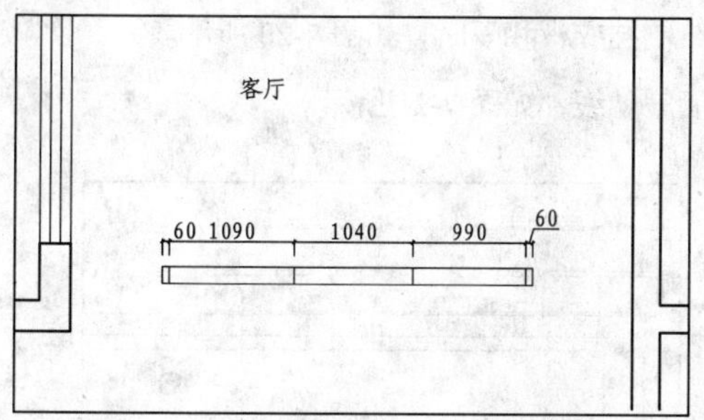

图 7-13　绘制线段

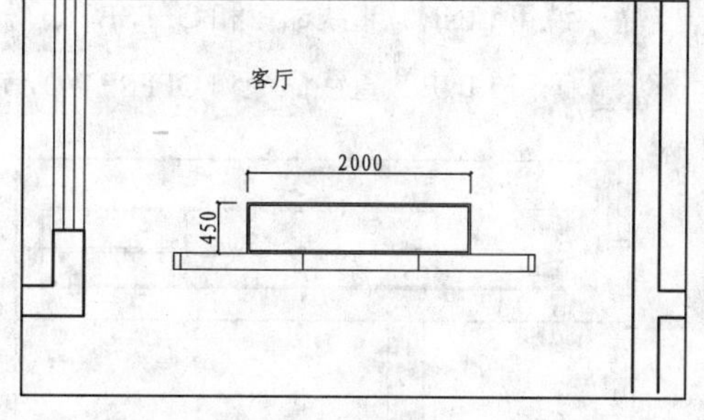

图 7-14　绘制电视柜

08 插入图块。打开本书配套光盘中的“第 07 章\家具图例.dwg”文件，分别选择空调、沙发组和电视等图形，复制到客厅平面布置图中，结果如图 7-10 所示，完成客厅平面布置图绘制完成。

主卧平面布置图如图 7-15 所示，下面讲解绘制方法。

09 插入门图块。调用 INSERT/I 插入命令，插入门图块，如图 7-16 所示。

10 调用 RECTANG/REC 矩形命令、OFFSET/O 偏移命令和 LINE/L 直线命令，绘制书桌和书柜，如图 7-17 所示。

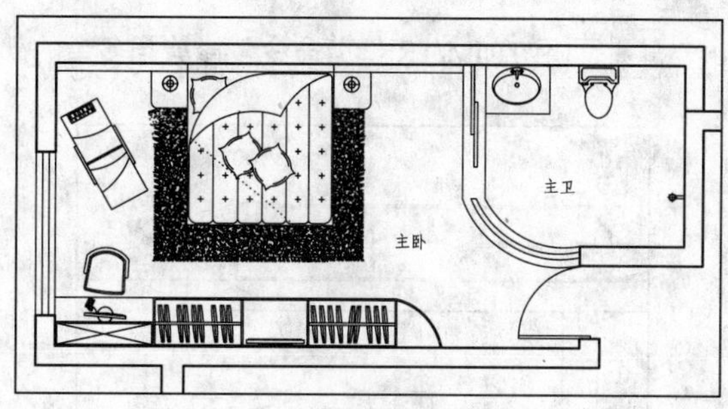

图 7-15　绘制主卧平面布置图

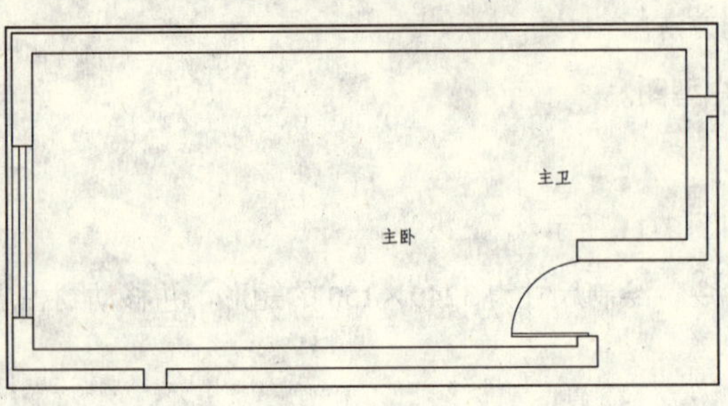

图 7-16　插入门图块

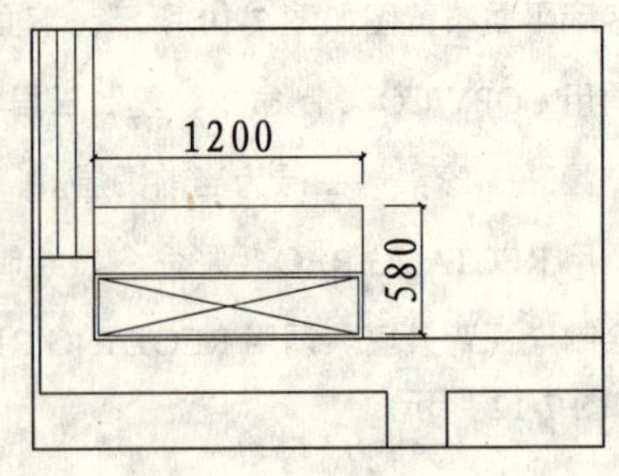

图 7-17　绘制书桌和书柜

11 绘制衣柜。调用 RECTANG/REC 矩形命令，绘制尺寸为 3000×600 的矩形，如图 7-18 所示。

12 调用 OFFSET/O 偏移命令，将衣柜轮廓向内偏移 20，如图 7-19 所示。

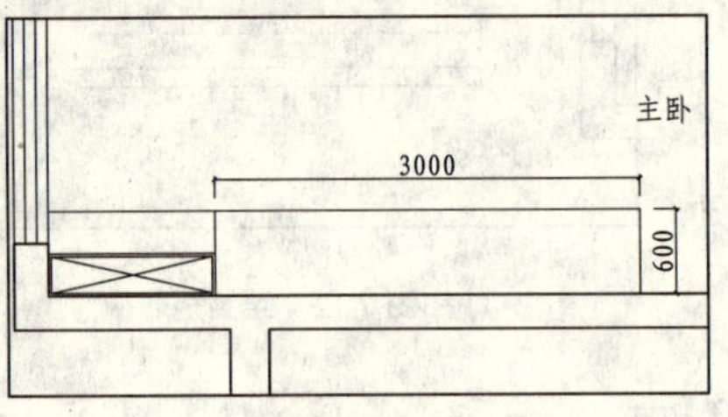

图 7-18　绘制矩形

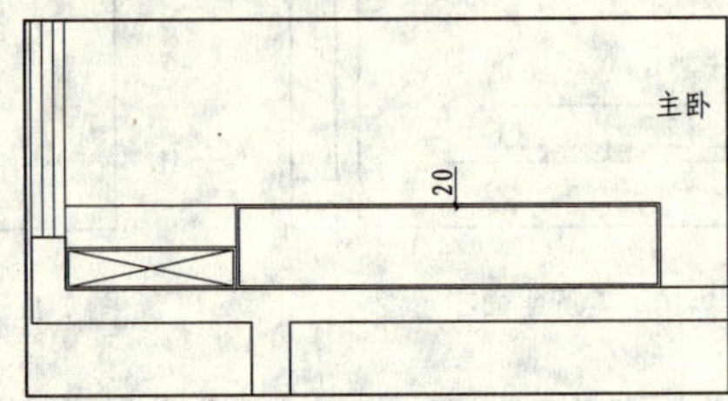

图 7-19　偏移矩形

13 调用 LINE/L 直线命令和 OFFSET/O 偏移命令，绘制挂衣杆和隔断，如图 7-20 所示。

14 调用 LINE/L 直线命令和 OFFSET/O 偏移命令绘制辅助线，如图 7-21 所示。

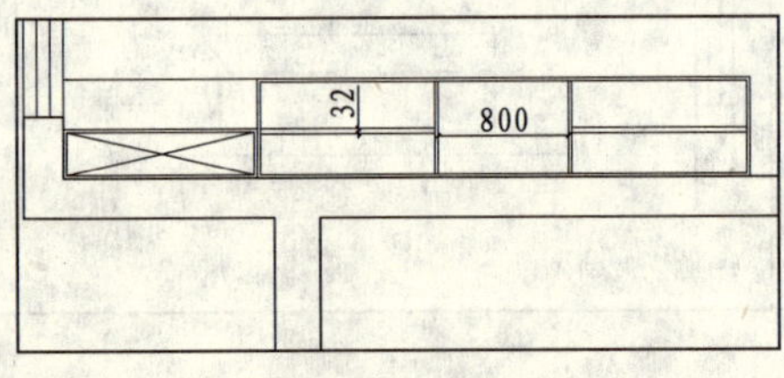

图 7-20　绘制挂衣杆

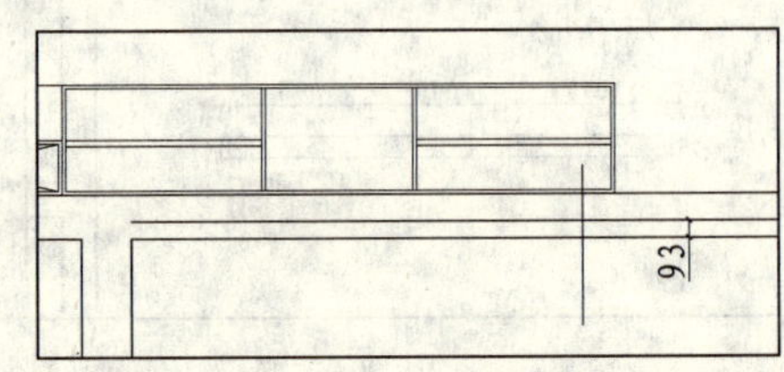

图 7-21　绘制辅助线

15 调用 CIRCLE/C 圆命令，以辅助线的交点为圆心，绘制半径为 767 的圆，然后删除辅助线，如图 7-22 所示。

16 调用 TRIM/TR 修剪命令，修剪圆多余的部分，如图 7-23 所示。

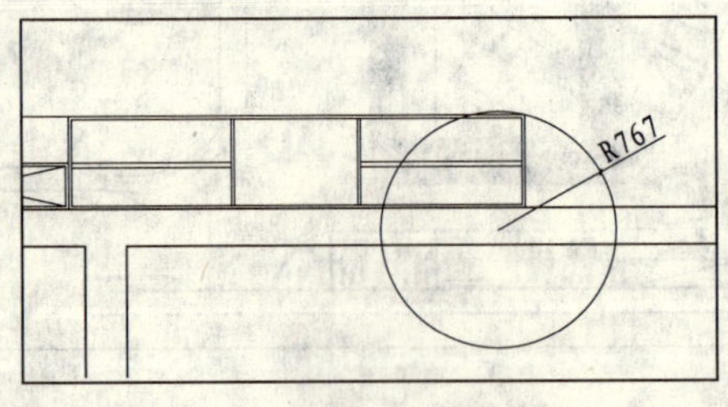

图 7-22　绘制圆

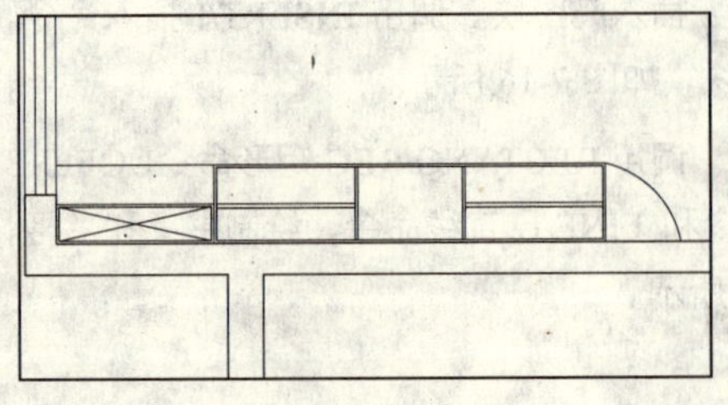
图 7-23　修剪圆

17 调用 OFFSET/O 偏移命令，将修剪后的圆向内偏移 20，并进行调整，效果如图 7-24 所示。

18 绘制推拉门。调用 LINE/L 直线命令和 OFFSET/O 偏移命令，绘制线段，如图 7-25 所示。

19 继续调用 LINE/L 直线命令和 OFFSET/O 偏移命令，绘制辅助线，如图 7-26 所示。

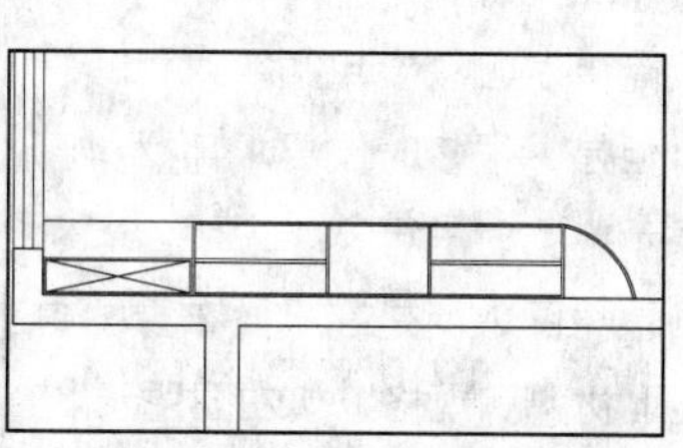

图 7-24　偏移圆弧

图 7-25　绘制线段

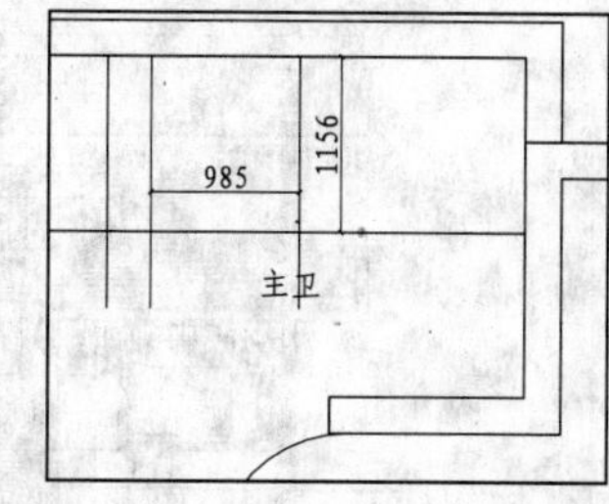

图 7-26　绘制辅助线

20 调用 CIRCLE/C 圆命令，以辅助线的交点为圆心，绘制半径为 1107 的圆，然后删除辅助线，如图 7-27 所示。

21 调用 OFFSET/O 偏移命令，将圆向外偏移 240，如图 7-28 所示。

22 调用 TRIM/TR 修剪命令，对圆进行修剪，效果如图 7-29 所示。

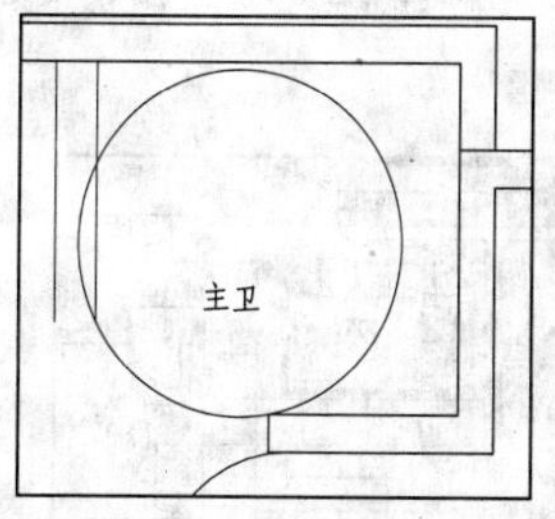

图 7-27　绘制圆

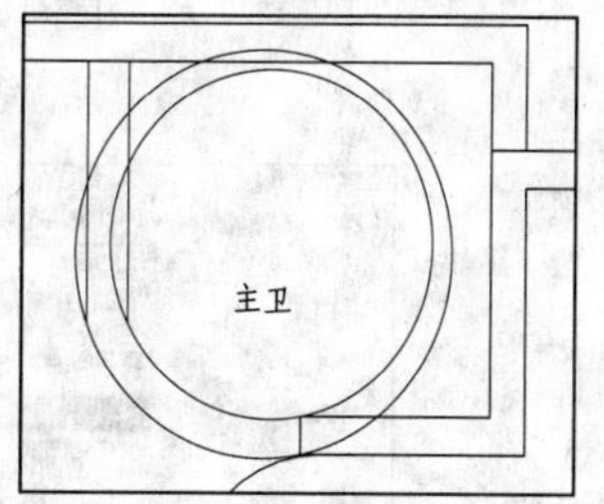

图 7-28　偏移圆

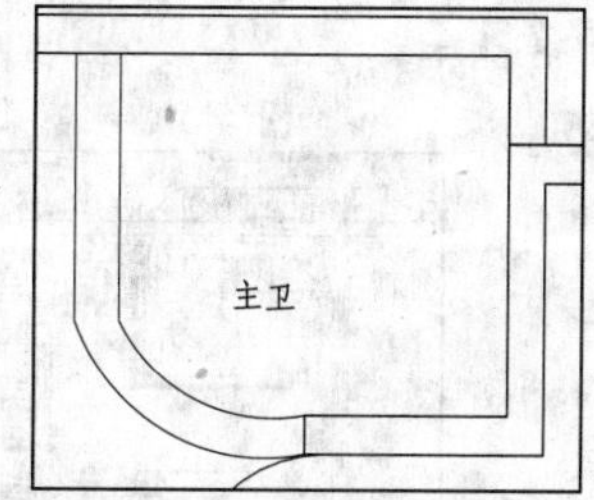

图 7-29　修剪圆

23 调用 RECTANG/REC 矩形命令、COPY/CO 命令、OFFSET/O 偏移命令、LINE/L 直线命令和 TRIM/TR 修剪命令，绘制如图 7-30 所示图形。

24 绘制床头背景，调用 PLINE/PL 多段线命令和 MIRROR/MI 镜像命令，绘制床头背景，如图 7-31 所示。

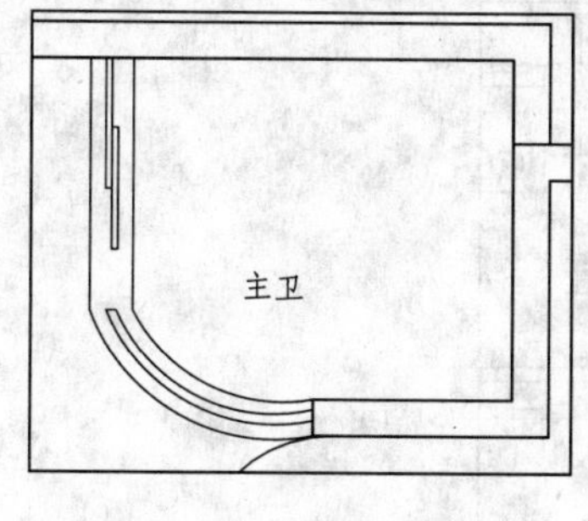

图 7-30　绘制图形

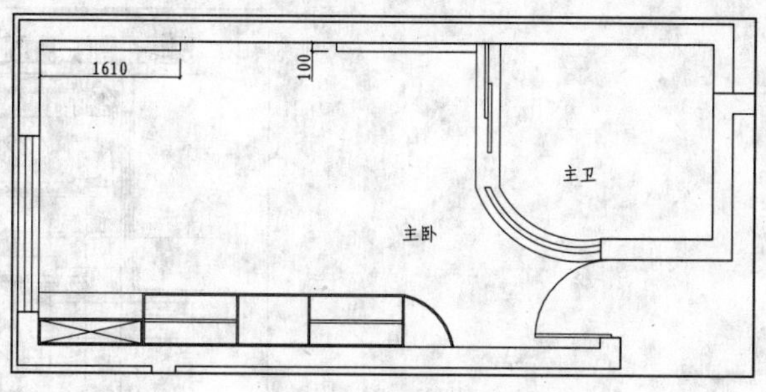

图 7-31　绘制床头背景

25 从图库中插入主卧平面布置图中所需要的图块，完成主卧平面布置图的绘制。

088 绘制三居室地材图

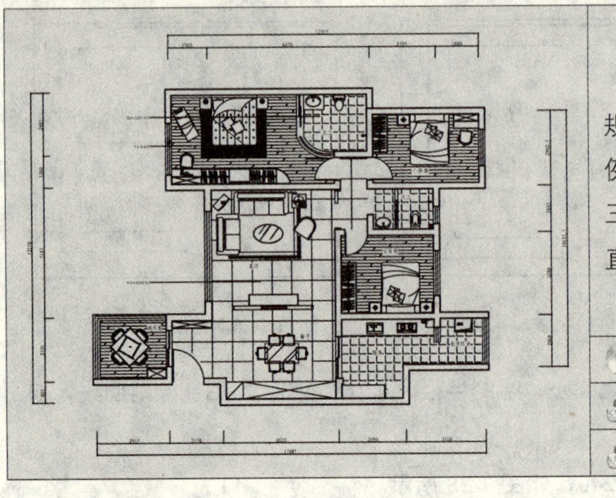

当地面做法比较简单时，只要用文字对材料、规格进行说明即可，但是，很多时候要求用材料图例在平面图直观的表示，同时进行文字说明。本例三居室并没有单独画地材图，而是在平面布置图中直接填充图案，标注上材料和规格，如左图所示。

文件路径：	目标文件\第 07 章\实例 88.dwg
视频文件：	AVI\第 07 章\88 绘制三居室地材图.avi
播放时长：	0:01:58

01 绘制客厅和餐厅地材图。调用 PLINE/PL 多段线命令，封闭区域，如图 7-32 所示。

02 调用 HATCH/H 图案填充命令，对客厅和餐厅区域填充“用户定义”图案，填充参数和效果如图 7-33 所示。

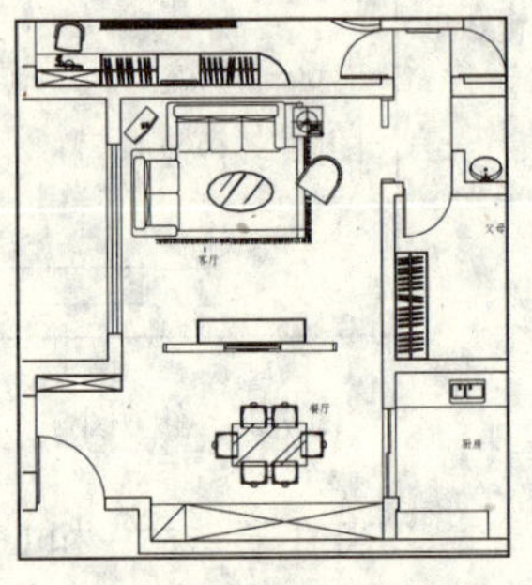

图 7-32　绘制多段线

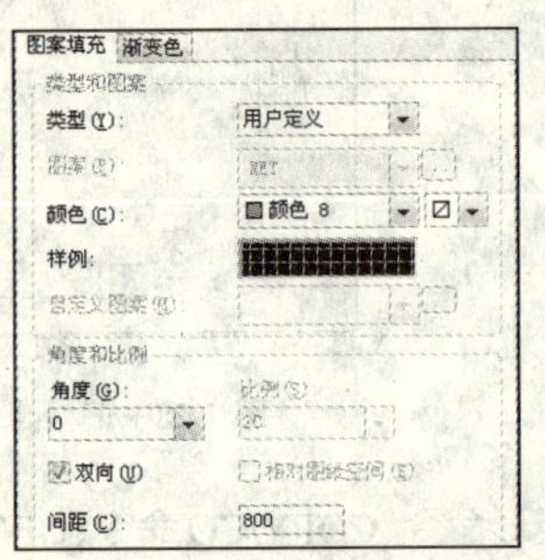

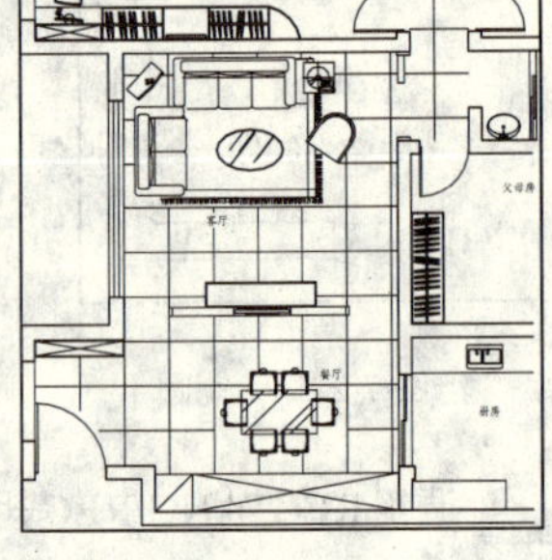

图 7-33　填充参数和效果

03 调用 MLEADER/MLD 多重引线命令，标注地面材料，如图 7-34 所示。

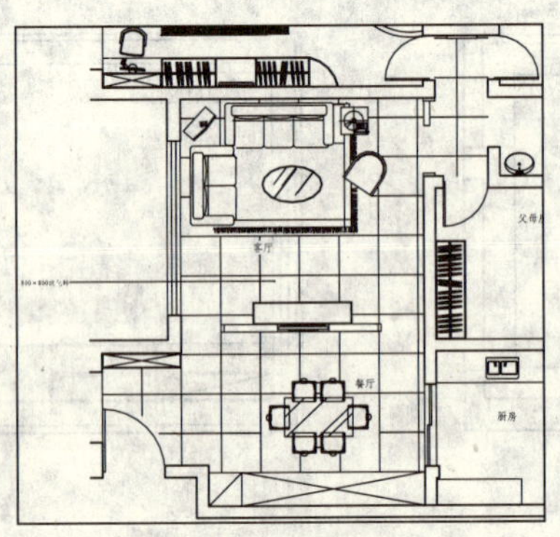

图 7-34　标注地面材料

04 使用同样的方法，绘制其他房间的地材图。

089 绘制三居室顶棚图

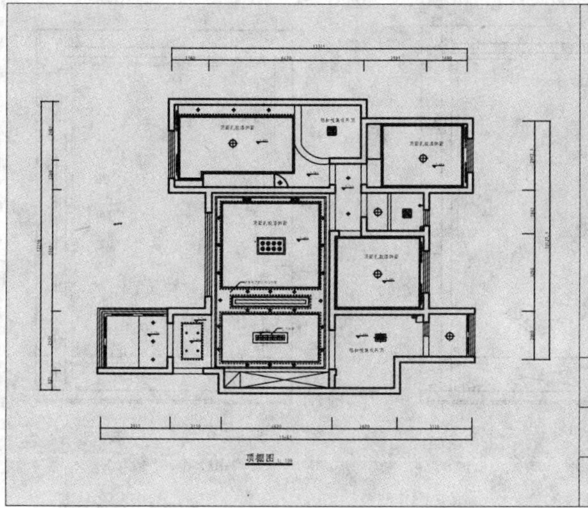

顶棚图是用于表达室内顶棚造型、灯具及相关电器布置的顶面水平镜像投影图。本例三居室顶棚图如左图所示，本节将分别以客厅、餐厅和主卧为例，介绍造型顶棚的绘制方法。

文件路径：	目标文件\第 07 章\实例 89.dwg
视频文件：	AVI\第 07 章\89 绘制三居室顶棚图.avi
播放时长：	0:02:41

01 客厅顶棚图如图 7-35 所示，下面讲解绘制方法。

02 复制图形。顶棚图可在平面布置图的基础上绘制，复制三居室平面布置图，删除与顶棚图无关的图形。并在门洞处绘制墙体线，如图 7-36 所示。

03 绘制吊顶造型。设置“DD_吊顶”图层为当前图层。

04 调用 LINE/L 直线命令，绘制如图 7-37 所示线段，表示线段两侧高度不同。

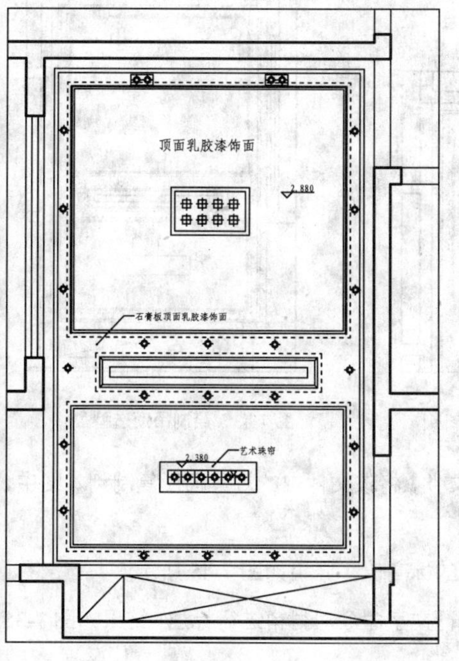

图 7-35　客厅和餐厅顶棚图

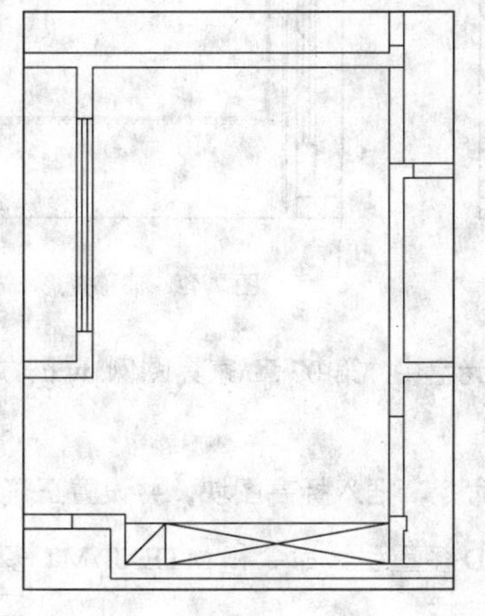

图 7-36　绘制墙体线

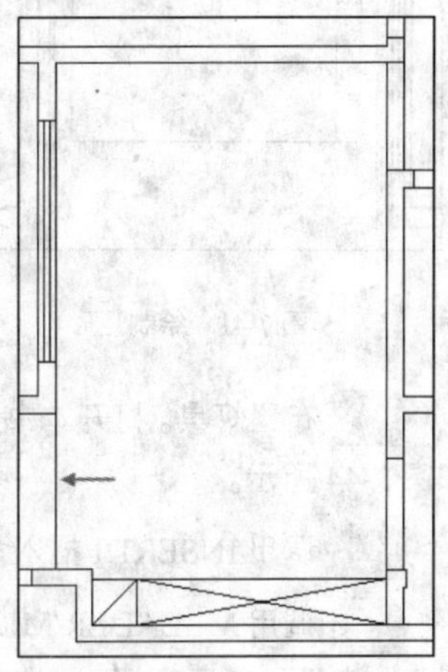

图 7-37　绘制线段

第 7 章

05 调用 OFFSET/O 偏移命令，偏移如图 7-38 所示线段，偏移距离为 150，并调用 CHAMFER//CHA 倒角命令，对偏移后的线段进行倒角，然后转换至“DD_吊顶”图层，如图 7-39 所示。

06 继续调用 OFFSET/O 偏移命令，将线段向内偏移 60，并进行倒角，如图 7-40 所示。

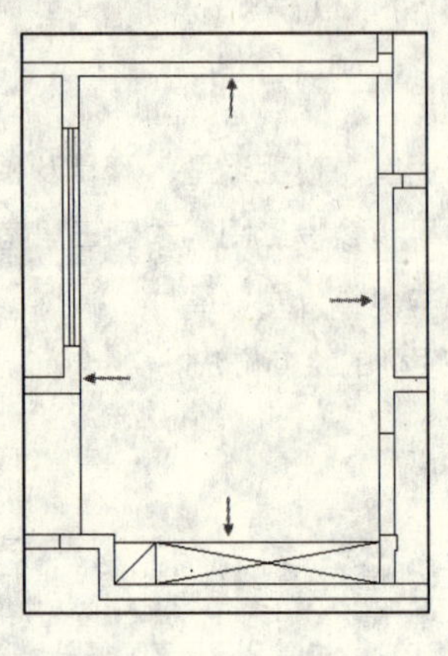

图 7-38 偏移线段

图 7-39 倒角

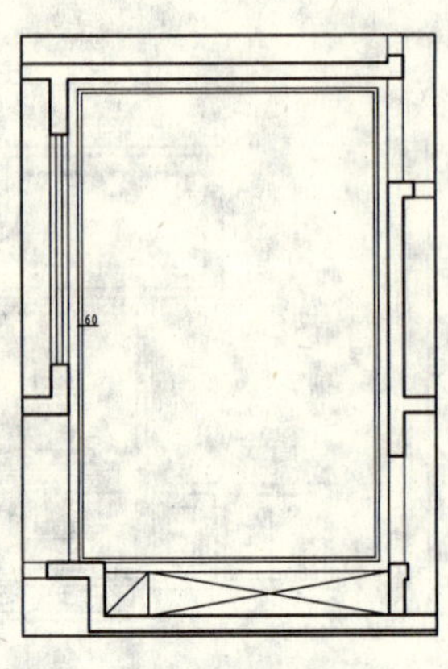

图 7-40 偏移线段

07 调用 RECTANG/REC 矩形命令，绘制尺寸为 4015×3535 的矩形，并移动到相应的位置，如图 7-41 所示。

08 调用 OFFSET/O 偏移命令，将矩形向外偏移 40 和 60，并将偏移 60 后的矩形设置为虚线表示灯带，如图 7-42 所示。

09 使用同样的方法绘制其他同类型吊顶，效果如图 7-43 所示。

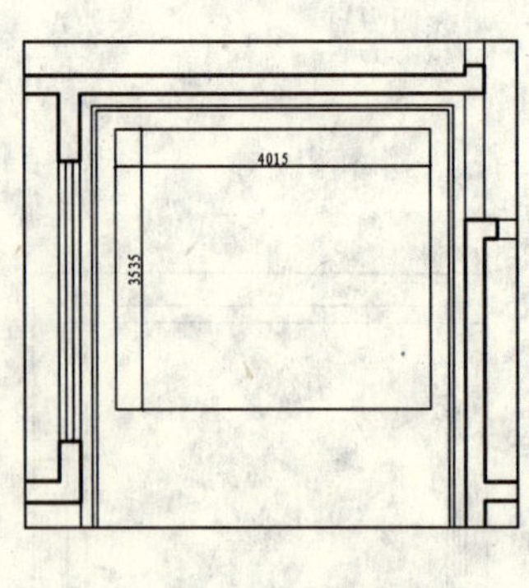

图 7-41 绘制矩形

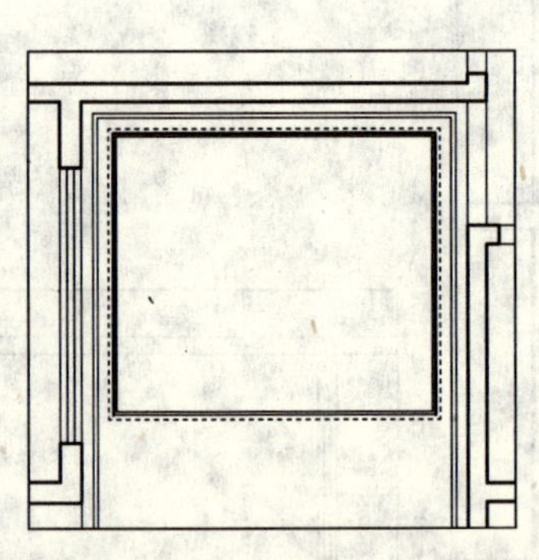

图 7-42 偏移矩形

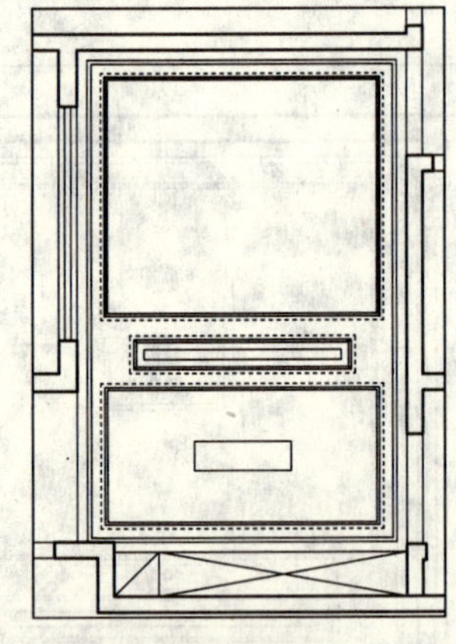

图 7-43 绘制吊顶造型

10 布置灯具。打开本书光盘中“第 07 章\家具图例.dwg”文件，将该文件中的灯具图形复制到本图中，如图 7-44 所示。

11 调用 INSERT/I 插入命令，插入标高图块，并设置正确的标高值，结果如图 7-45 所示。

12 调用 MLEADER/MLD 多重引线命令和 MTEXT/MT 多行文字命令对材料进行标注，结果如图 7-35 所示，客厅和餐厅顶棚图绘制完成。

主卧顶棚图如图 7-46 所示，下面讲解绘制方法。

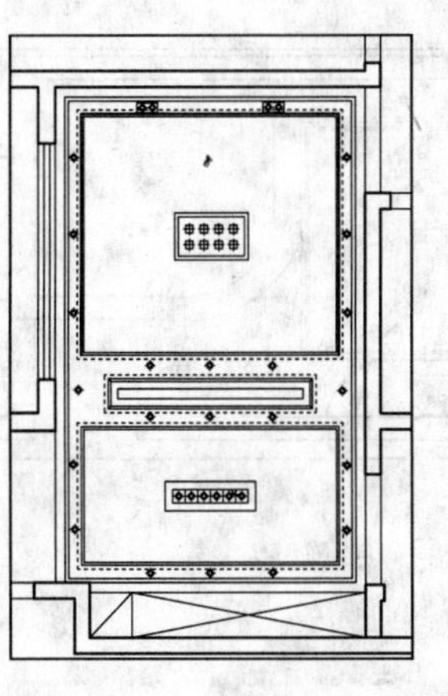

图 7-44　布置灯具

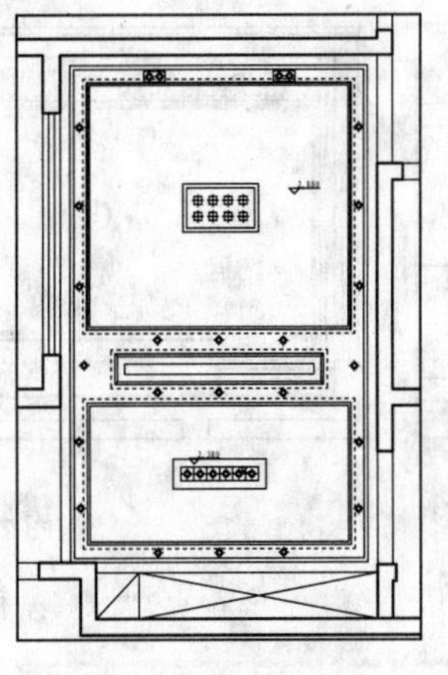

图 7-45　插入标高

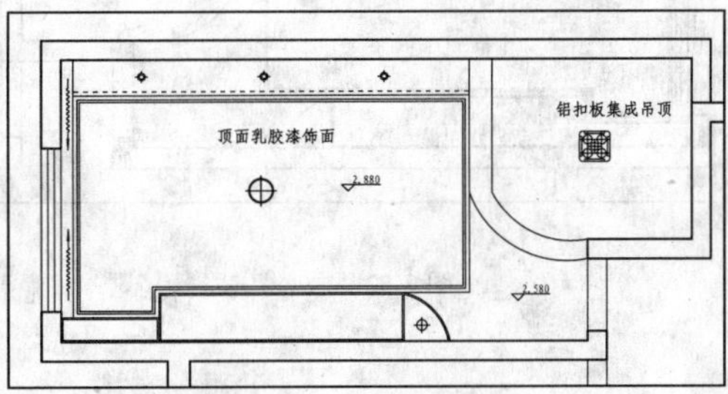

图 7-46　主卧顶棚图

13 调用 LINE/L 直线命令，绘制窗帘盒，窗帘盒的宽度为 150，如图 7-47 所示。

14 调用 PLINE/PL 多段线命令和 MIRROR/MI 镜像命令，绘制窗帘，如图 7-48 所示。

15 绘制角线，调用 PLINE/PL 多段线命令，绘制多段线，如图 7-49 所示。

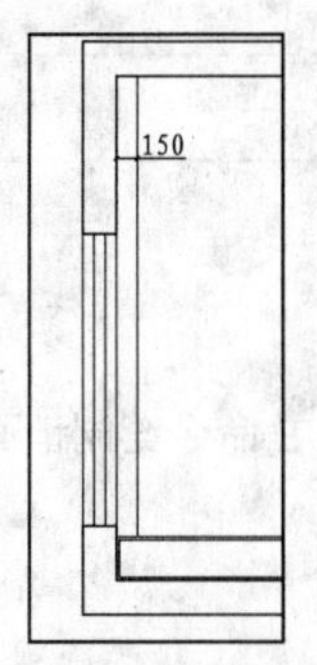

图 7-47　绘制窗帘盒

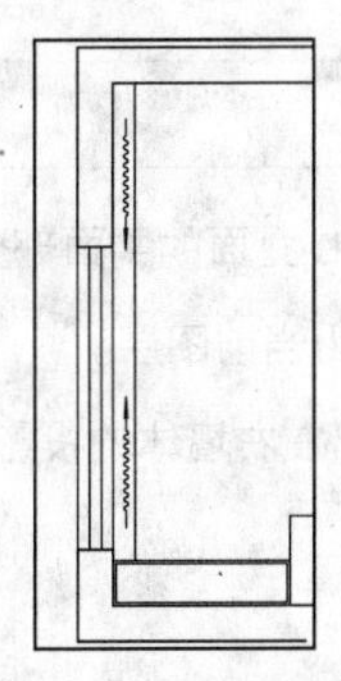

图 7-48　绘制窗帘

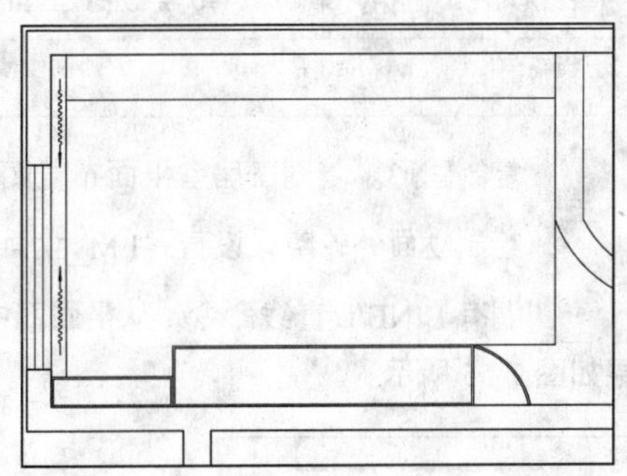

图 7-49　绘制多段线

16 调用 OFFSET/偏移命令，将多段线向内偏移 50 和 30，如图 7-50 所示。

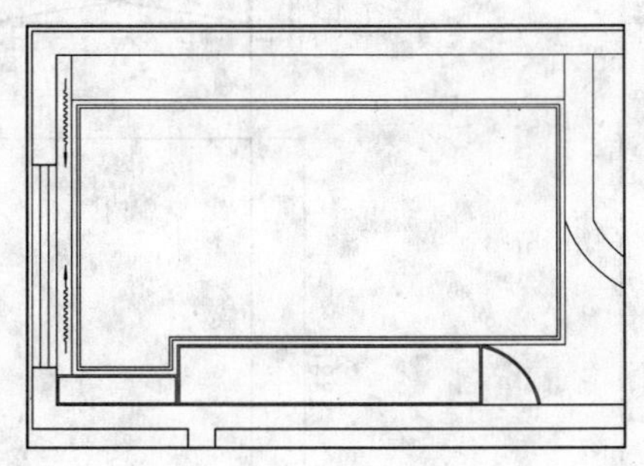

图 7-50　偏移多段线

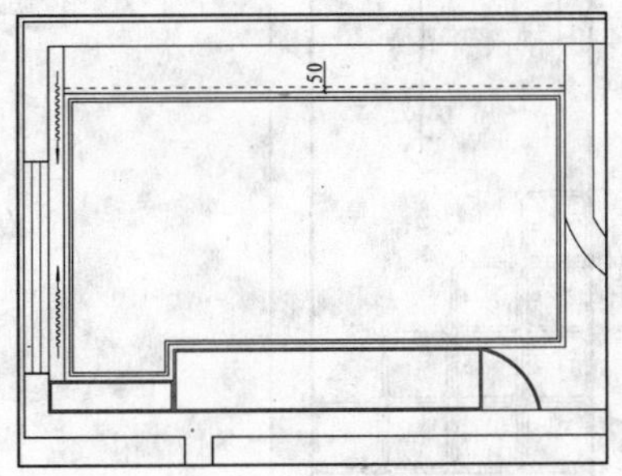

图 7-51　绘制灯带

17 调用 LINE/L 直线命令，在角线的上方绘制一条线段，并设置为虚线，表示灯带，如图 7-51 所示。

18 从图库中插入灯具图例到主卧顶棚图中，如图 7-52 所示。

19 调用 INSERT/I 插入命令，插入标高图块，如图 7-53 所示。

20 调用 MTEXT/MT 多行文字命令，标注顶面材料，完成主卧顶棚图的绘制。

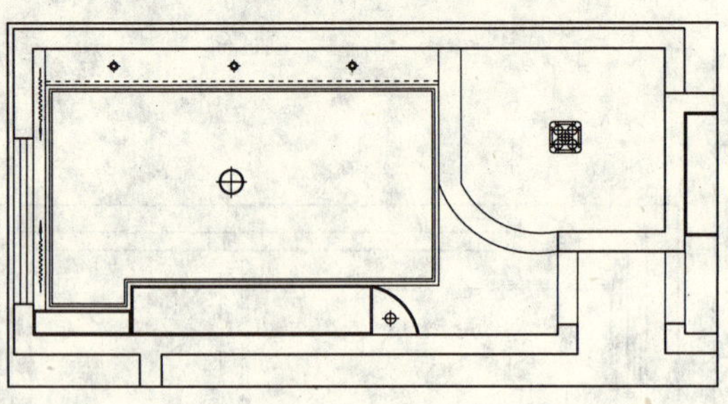
图 7-52　插入灯具

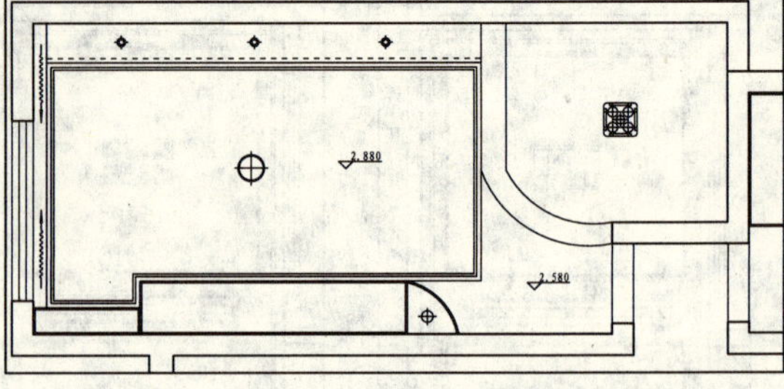
图 7-53　插入标高

090 绘制玄关 B 立面图

实例描述：	如图 7-54 所示为玄关 B 立面图，主要表达了鞋柜的做法。
文件路径：	目标文件\第 07 章\实例 90.dwg
视频文件：	AVI\第 07 章\90 绘制玄关 B 立面图.avi
播放时长：	0:06:15

01 复制图形。复制三居室平面布置图上玄关 B 立面的平面部分。

02 绘制立面外轮廓。设置“LM_立面”图层为当前图层。

03 调有 LINE/L 直线命令，从平面图中绘制出左右墙体的投影线。调用 PLINE 命令绘制地面轮廓线，结果如图 7-55 所示。

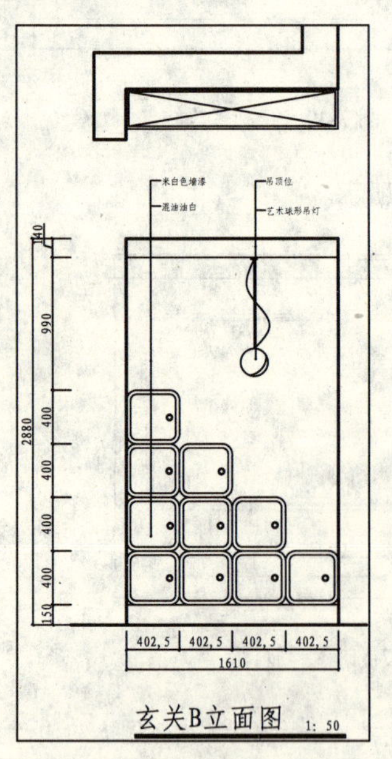

图 7-54　玄关 B 立面图

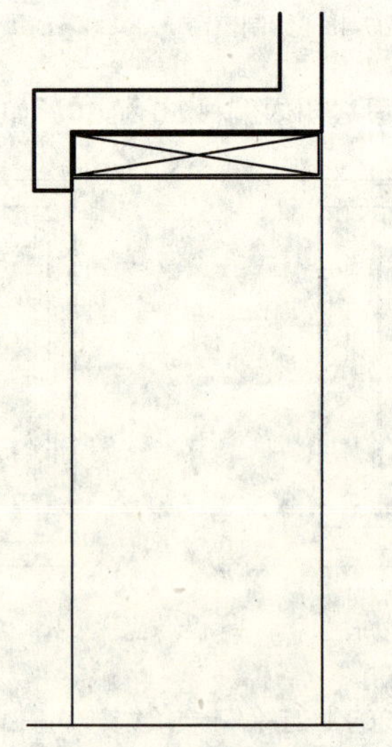
图 7-55　绘制墙体和地面

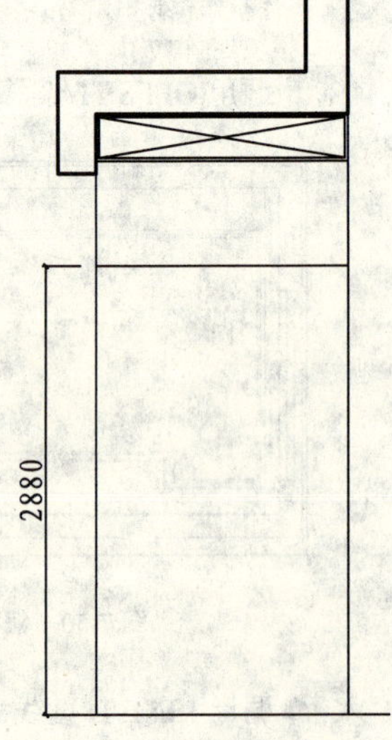

图 7-56　绘制顶棚

04 调用 LINE/L 直线命令，绘制顶棚，如图 7-56 所示。

05 调用 TRIM/TR 修剪命令或夹点功能，修剪得到 B 立面外轮廓，并转换至“QT_墙体”图层，如图 7-57 所示。

06 调用 LINE/L 直线命令，绘制如图 7-58 所示线段，得到顶棚底面。

07 继续调用 LINE/L 直线命令，绘制踢脚线，踢脚线的高度为 150，如图 7-59 所示。

图 7-57　修剪立面外轮廓

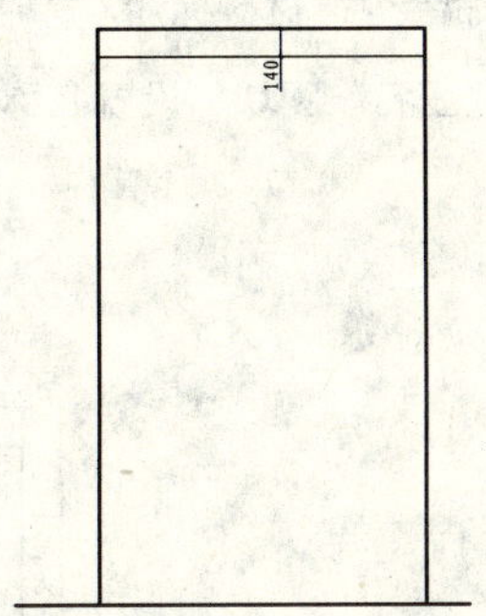

图 7-58　绘制线段

图 7-59　绘制踢脚线

08 绘制鞋柜。调用 RECTANG/REC 矩形命令，绘制尺寸为 402.5×400，圆角半径为 75 的圆角矩形，如图 7-60 所示。

09 调用 OFFSET/O 偏移命令，将圆角矩形向内偏移 30，如图 7-61 所示。

10 调用 CIRCLE/C 圆命令和 OFFSET/O 偏移命令，绘制把手，如图 7-62 所示。

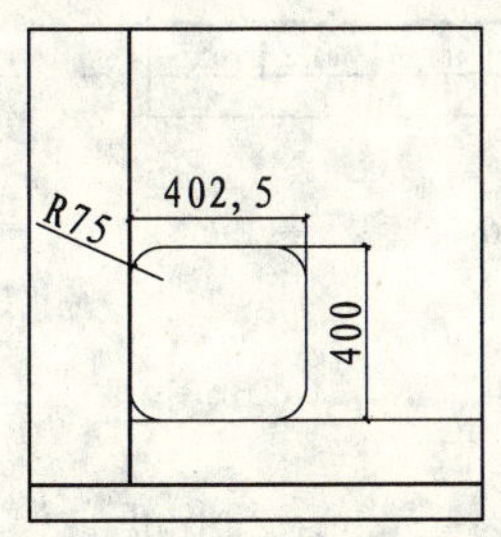

图 7-60　绘制圆角矩形

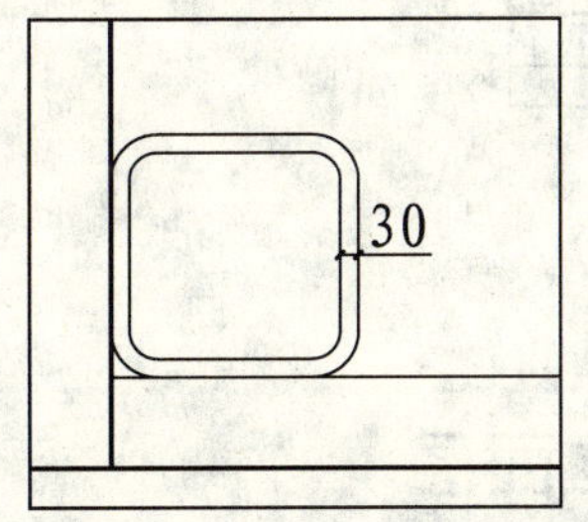

图 7-61　偏移圆角矩形

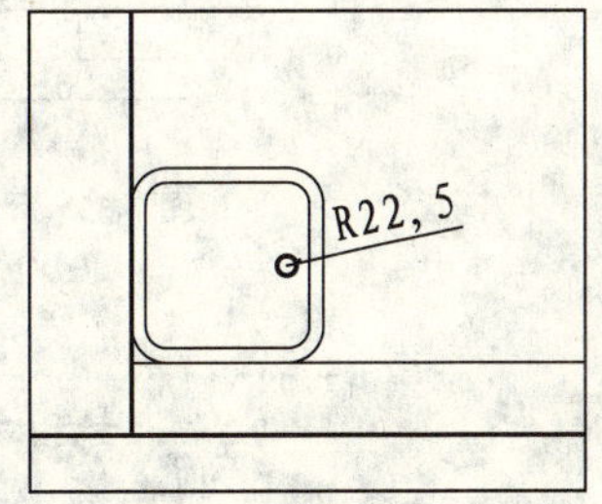

图 7-62　绘制圆

11 调用 COPY/CO 复制命令，得到其他同样的图形，如图 7-63 所示。

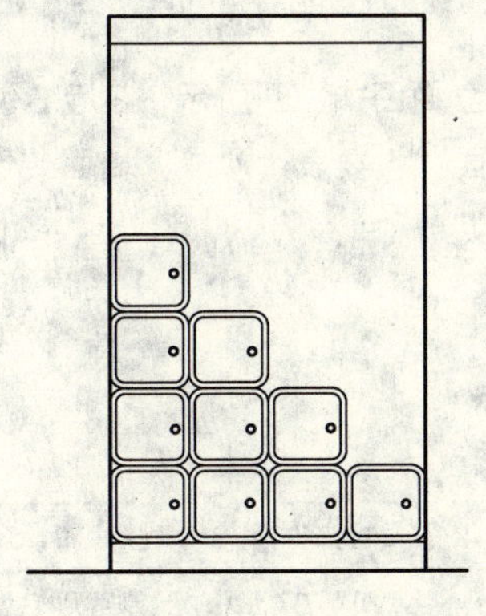

图 7-63　复制图形

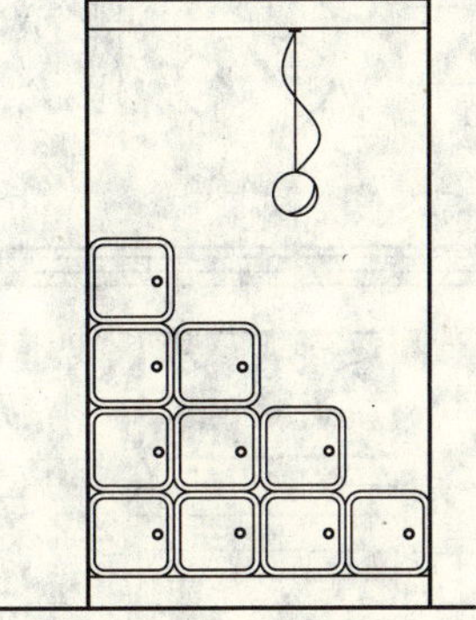

图 7-64　插入图块

12 插入图块。打开配套光盘提供的“第 07 章\家具图例.dwg”文件，选择其中吊灯图块复制至玄关区域，效果如图 7-64 所示。

13 设置“BZ_标注”图层为当前图层，设置当前注释比例为 1：50。

14 调用 DIMLINEAR/DLI 线性命令或执行【标注】|【线性】命令标注尺寸，如图 7-65 所示。

15 调用 MLEADER/MLD 多重引线命令进行材料标注，标注结果如图 7-66 所示。

16 调用 INSERT/I 插入命令，插入“图名”图块，设置名称为“玄关 B 立面图”，玄关 B 立面图绘制完成。

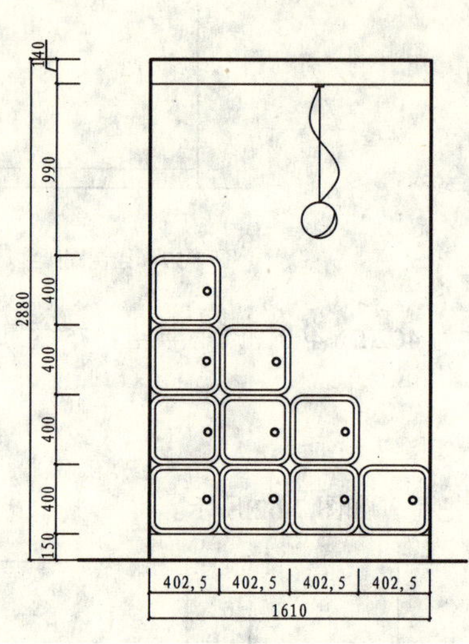

图 7-65 尺寸标注

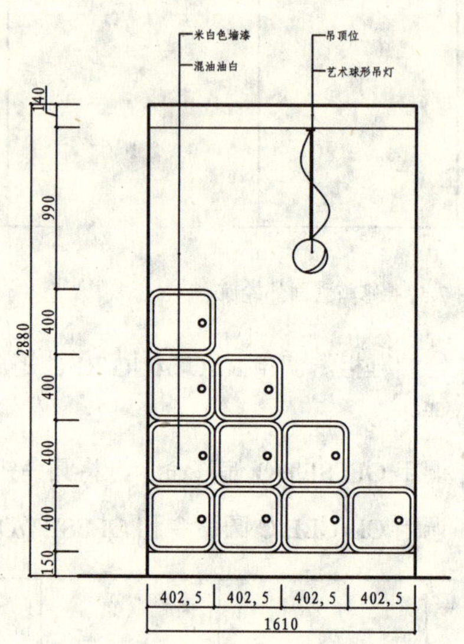

图 7-66 文字标注

091 绘制客厅 B 立面图

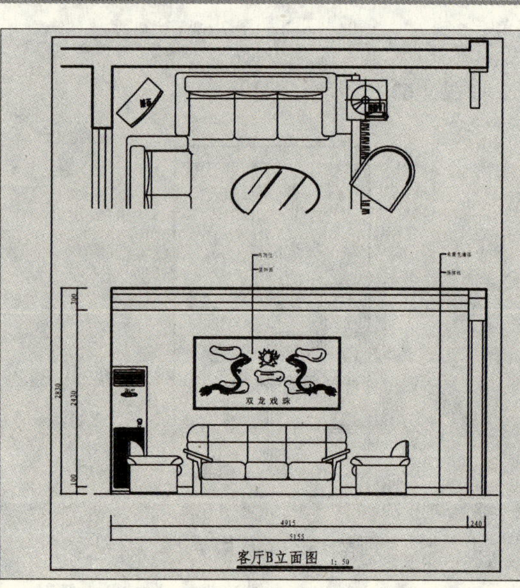

客厅 B 立面图如左图所示，客厅 B 立面图是沙发所在的墙面，主要表达沙发、墙面装饰和空调的位置和相互关系。

文件路径：	目标文件\第 07 章\实例 91.dwg
视频文件：	AVI\第 07 章\91 绘制客厅 B 立面图.avi
播放时长：	0:05:27

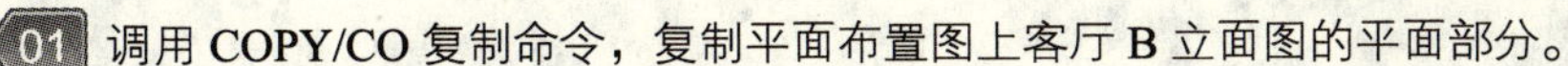

01 调用 COPY/CO 复制命令，复制平面布置图上客厅 B 立面图的平面部分。

02 调用 LINE/L 直线命令和 TRIM/TR 修剪命令，绘制客厅 B 立面的基本轮廓，如图 7-67 所示。

03 调用 LINE/L 直线命令和 OFFSET/O 偏移命令，绘制隔断，如图 7-68 所示。

图 7-67　绘制客厅 B 立面的基本轮廓

图 7-68　绘制隔断

04 调用 LINE/L 直线命令和 OFFSET/O 偏移命令，绘制顶棚造型，如图 7-69 所示。

05 调用 LINE/L 直线命令，绘制踢脚线，如图 7-70 所示。

图 7-69　绘制顶棚造型

图 7-70　绘制踢脚线

06 从图库中插入沙发、装饰画和空调图块，并进行修剪，如图 7-71 所示。

07 调用 DIMLINEAR/DLI 线性命令和 MLEADER/MLD 多重引线命令，标注尺寸和材料说明，如图 7-72 所示。

图 7-71　插入图块

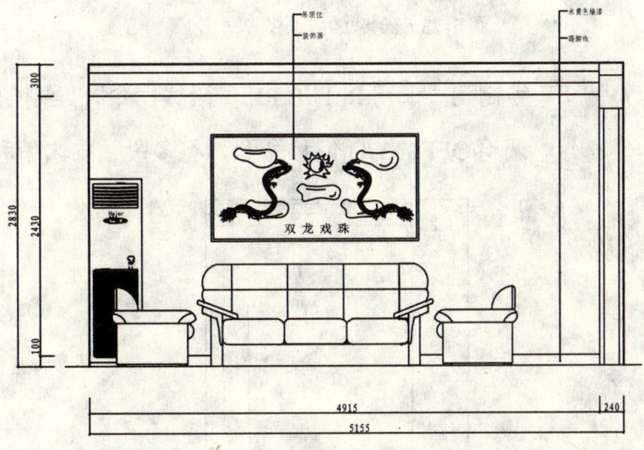

图 7-72　标注尺寸和材料说明

08 调用 INSERT/I 插入命令，插入“图名”图块，完成客厅 B 立面图的绘制。

第 7 章

092 绘制客厅 C 立面图

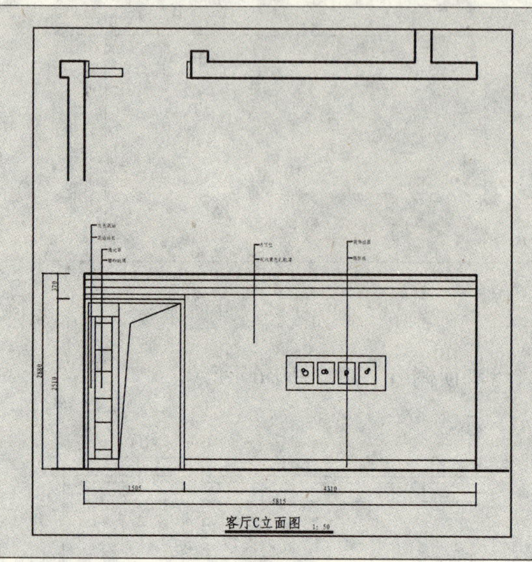

如左图所示为客厅 C 立面图，C 立面图是客厅隔断所在的墙面。

文件路径：	目标文件\第 07 章实例 92.dwg
视频文件：	AVI\第 07 章\92 绘制客厅 C 立面图.avi
播放时长：	0:04:55

01 调用 COPY/CO 复制命令，复制平面布置图上客厅 C 立面的平面部分，并对图形进行旋转。

02 调用 LINE/L 直线命令和 TRIM/TR 修剪命令，绘制 C 立面的基本轮廓，如图 7-73 所示。

03 调用 LINE/L 直线命令和 OFFSET/O 偏移命令，绘制顶面造型，如图 7-74 所示。

图 7-73　绘制 C 立面的基本轮廓

图 7-74　绘制顶面造型

04 绘制门。调用 PLINE/PL 多段线命令，绘制门的基本轮廓，如图 7-75 所示。

05 调用 OFFSET/O 偏移命令，将多段线向内偏移 60，得到门套，如图 7-76 所示。

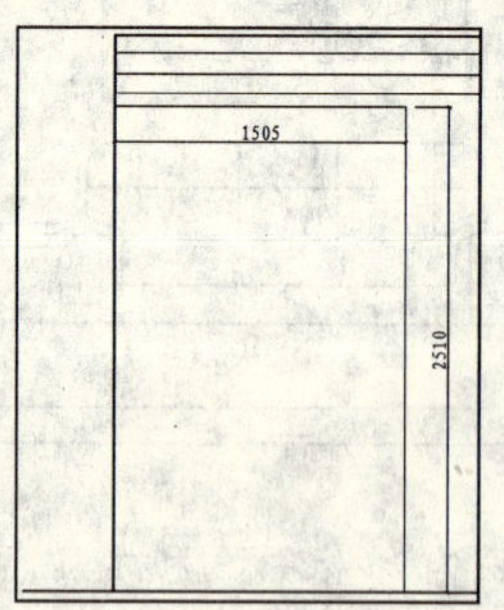

图 7-75　绘制门的基本轮廓

图 7-76　绘制多段线

06 调用 LINE/L 直线命令，绘制线段，如图 7-77 所示。

07 继续调用 LINE/L 直线命令，绘制踢脚线，踢脚线的高度为 150，如图 7-78 所示。

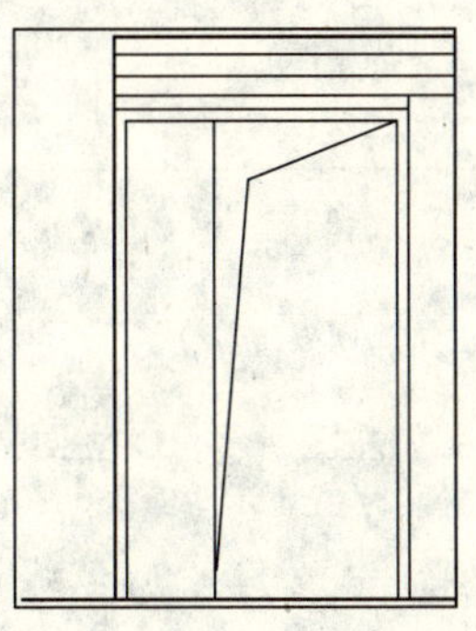

图 7-77　绘制折线

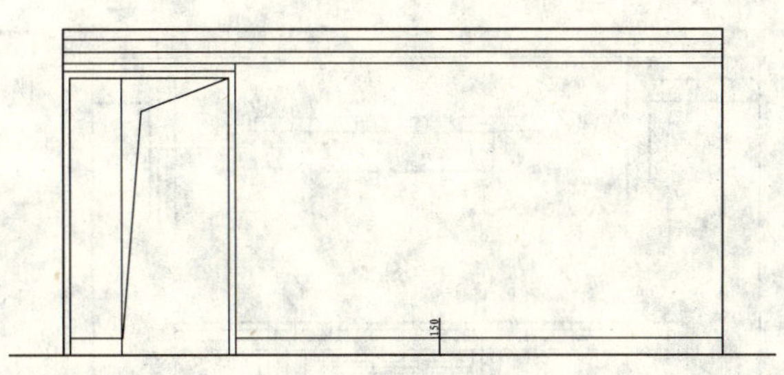

图 7-78　绘制踢脚线

08 调用 LINE/L 直线命令和 OFFSET/O 偏移命令，绘制隔断造型，如图 7-79 所示。

09 从图库中插入装饰画图块到立面图中，如图 7-80 所示。

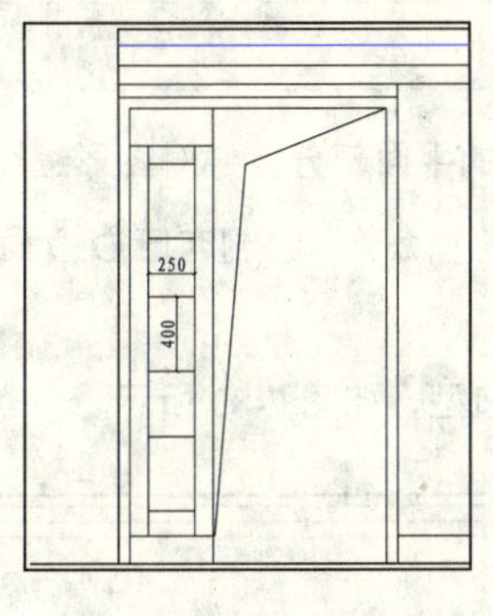

图 7-79　绘制隔断造型

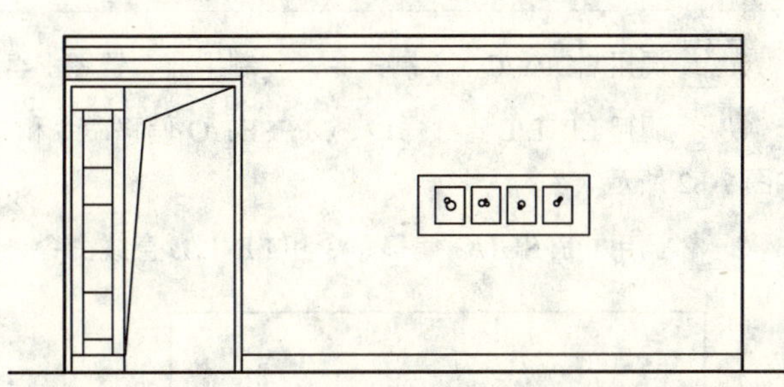

图 7-80　插入图块

10 调用 DIMLINEAR/DLI 线性命令和 MLEADER/MLD 多重引线命令，标注尺寸和材料说明，如图 7-81 所示。

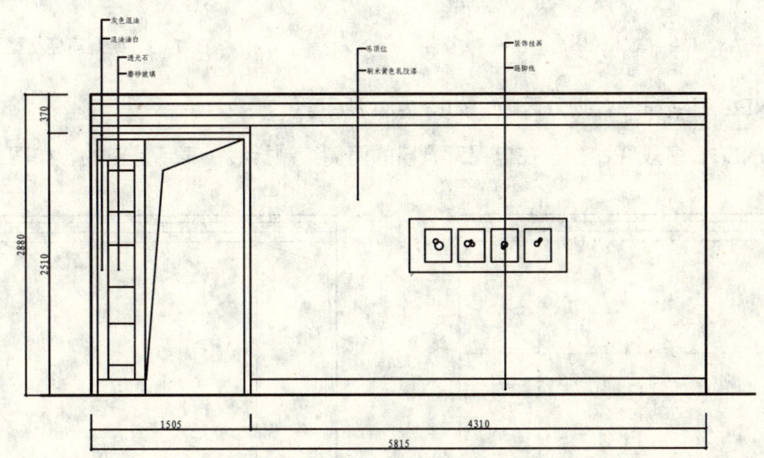

图 7-81　标注尺寸和材料说明

11 调用 INSERT/I 插入命令，插入“图名”图块，完成客厅 C 立面图的绘制。

093 绘制客厅 D 立面图

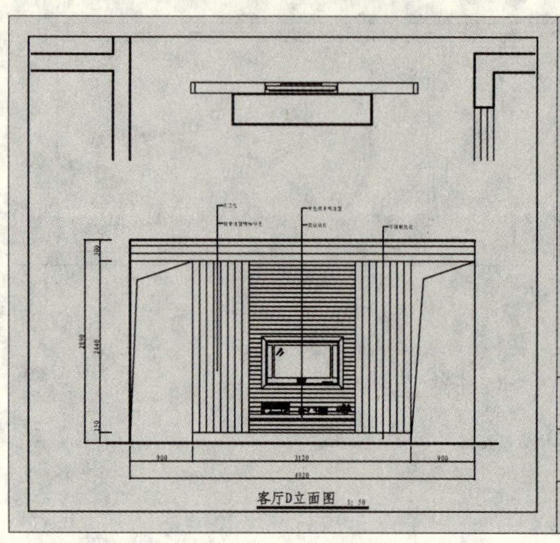

客厅 D 立面图如左图所示，D 立面是电视背景墙所在的立面。

文件路径：	目标文件\第 07 章实例 93.dwg
视频文件：	AVI\第 07 章\93 绘制客厅 D 立面图.avi
播放时长：	0:11:25

01 调用 COPY/CO 复制命令，复制平面布置图上客厅 D 立面的平面部分，并对图形进行旋转。

02 调用 LINE/L 直线命令、OFFSET/O 偏移命令和 TRIM/TR 修剪命令，绘制客厅 D 立面的基本轮廓，如图 7-82 所示。

03 调用 OFFSET/O 偏移命令和 LINE/L 直线命令，绘制顶棚造型，如图 7-83 所示。

图 7-82　绘制基本轮廓

图 7-83　绘制顶棚造型

04 调用 LINE/L 直线命令，划分区域，如图 7-84 所示。

05 调用 PLINE/PL 多段线命令，在电视背景墙的两侧绘制折线，表示是空的，如图 7-85 所示。

图 7-84　划分区域

图 7-85　绘制折线

06 调用 LINE/L 直线命令，绘制踢脚线，如图 7-86 所示。

07 调用 LINE/L 直线命令和 OFFSET/O 偏移命令，将电视背景墙划分成三部分，如图 7-87 所示。

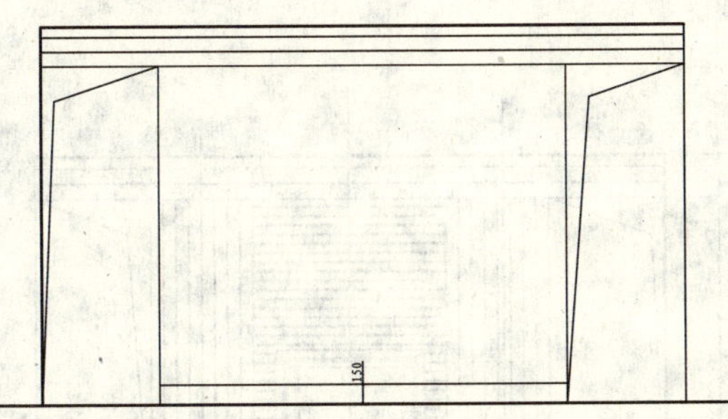

图 7-86　绘制踢脚线

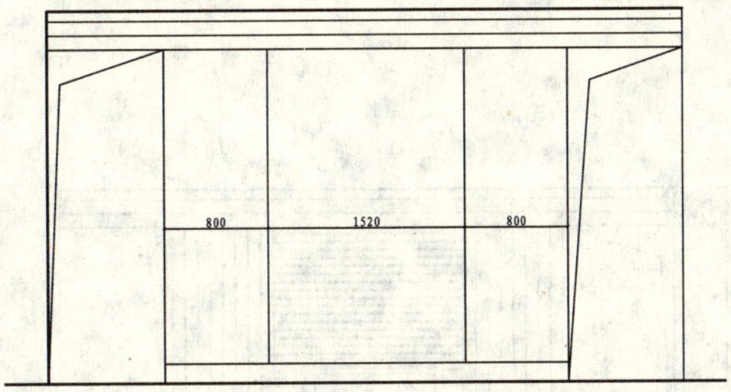

图 7-87　划分墙面

08 调用 RECTANG/REC 矩形命令，绘制电视柜的台面，如图 7-88 所示。

09 调用 LINE/L 直线命令和 OFFSET/O 偏移命令，绘制电视背景墙中间部分的造型图案，如图 7-89 所示。

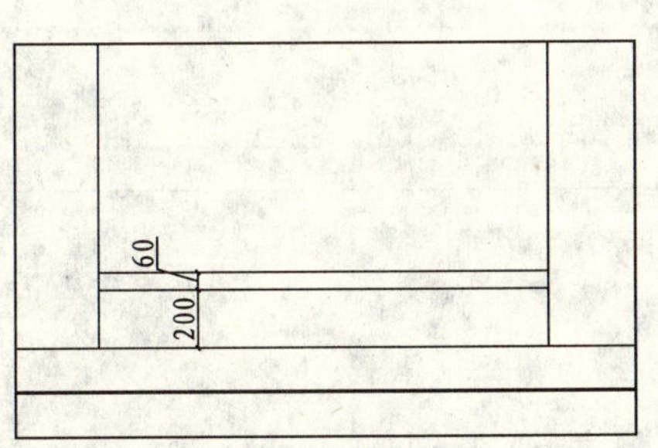

图 7-88　绘制台面

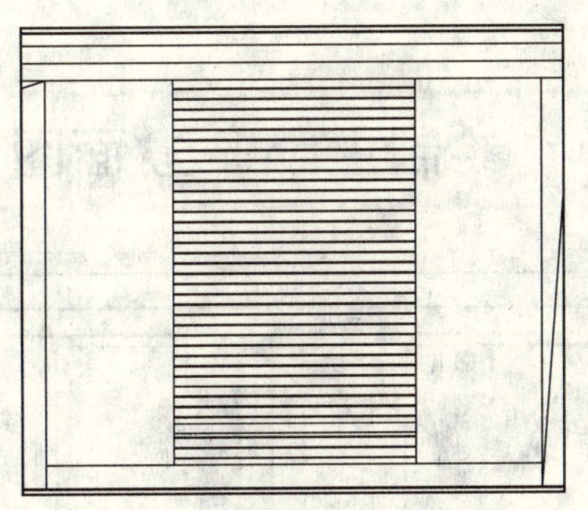

图 7-89　绘制电视背景墙造型

10 调用 HATCH/H 图案填充命令，对两侧填充 LINE 图案，效果如图 7-90 所示。

11 插入图块。电视和装饰物等图形可直接从图库中调用，并进行修剪，效果如图 7-91 所示。

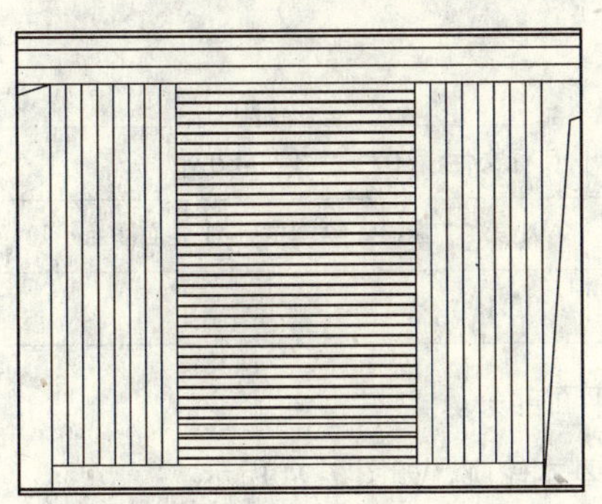

图 7-90　填充图案

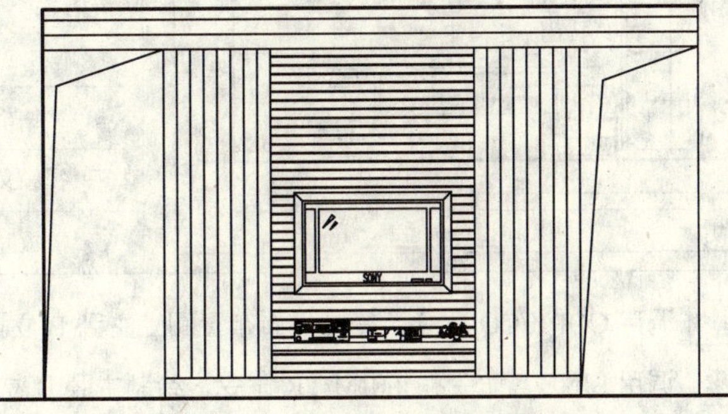

图 7-91　插入图块

12 设置“BZ_标注”为当前图层，设置当前注释比例为 1:50。

13 调用线性标注命令 DIMLINEAR 进行尺寸标注，如图 7-92 所示。

14 调用多重引线命令对材料进行标注，结果如图 7-93 所示。

15 调用插入图块命令 INSERT，插入“图名”图块，设置 D 立面图名称为“客厅 D 立面图”，客厅 D 立面图绘制完成。

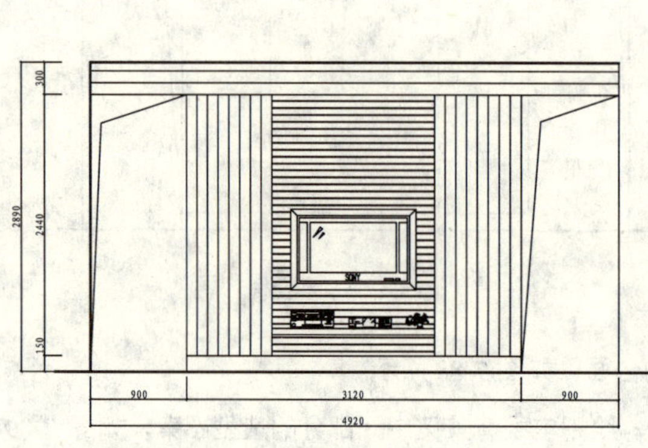
图 7-92　尺寸标注

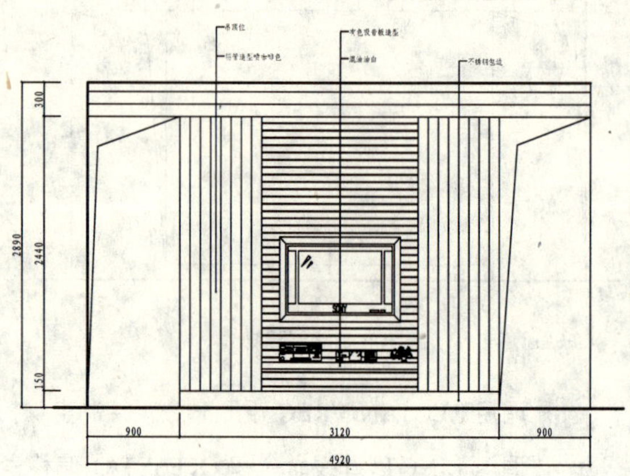
图 7-93　文字标注

第2篇

094 绘制主卧 B 立面图

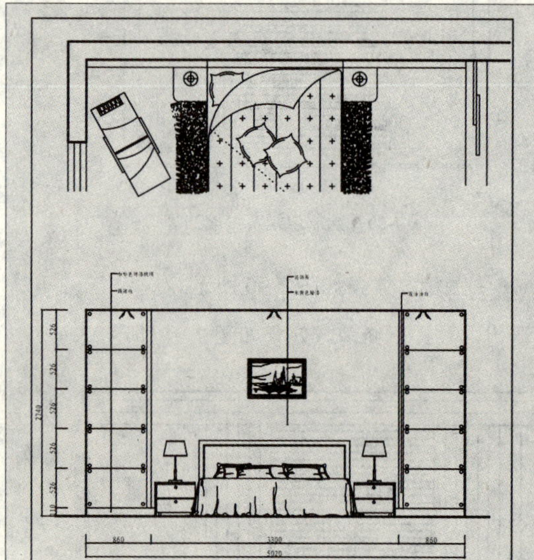

主卧 B 立面为床背景墙所在墙面，是卧室装饰装修的重点，主要表达了墙面装饰做法和床的位置、尺寸关系。

文件路径：	目标文件\第 07 章实例 94.dwg
视频文件：	AVI\第 07 章\.94 绘制主卧 B 立面图 avi
播放时长：	0:05:19

01 调用 COPY/CO 命令，复制平面布置图上主卧 B 立面的平面部分。

02 调用 LINE/L 命令和 TRIM/TR 命令，绘制主卧 B 立面的基本轮廓，如图 7-94 所示。

03 调用 LINE/L 命令，绘制踢脚线，踢脚线的高度为 110，如图 7-95 所示。

04 绘制墙面的造型图案。调用 LINE/L 直线命令和 OFFSETO/偏移命令，划分墙面，如图 7-96 所示。

05 调用 CIRCLE/C 圆命令，绘制半径为 20 的圆，如图 7-97 所示。

图 7-94　主卧 B 立面的基本轮廓

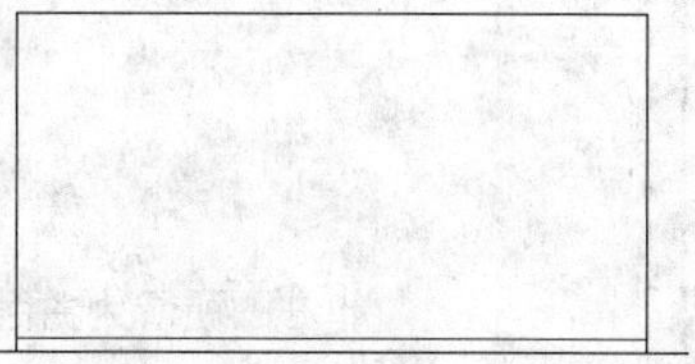

图 7-95　绘制踢脚线

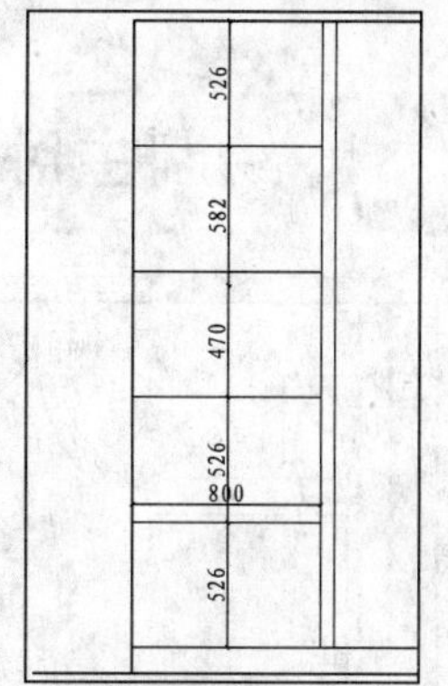

图 7-96　划分墙面

06 调用 COPY/CO 复制命令，对圆进行复制，结果如图 7-98 所示。

07 调用 MIRROR/MI 命令，对绘制的图形进行镜像，如图 7-99 所示。

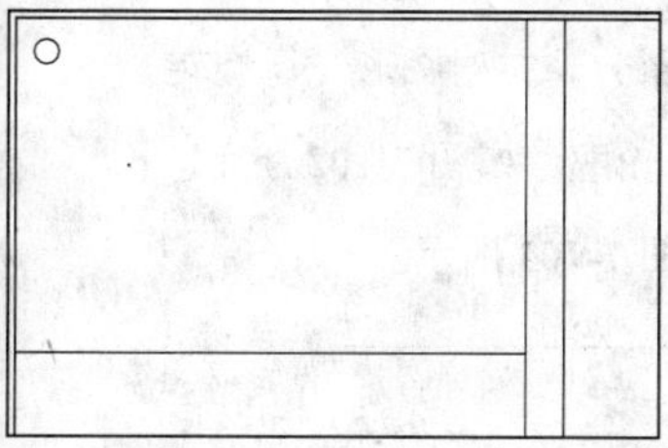

图 7-97　绘制圆

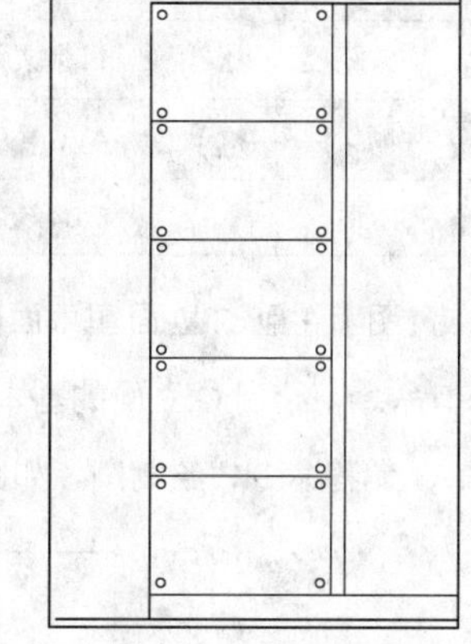

图 7-98　复制圆

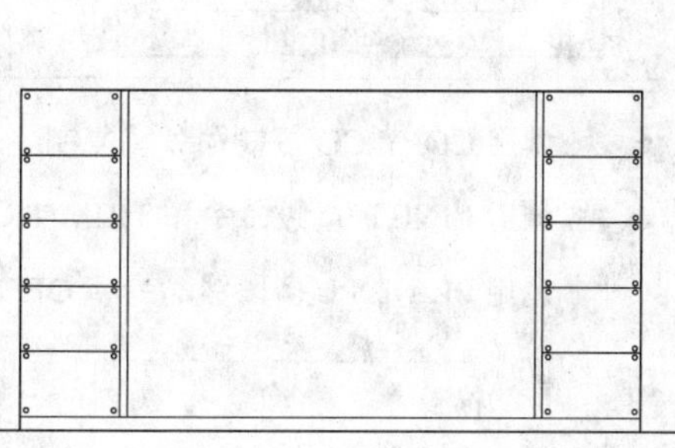

图 7-99　镜像图形

08 从图块中插入床、床头柜、射灯和装饰画等图块，并进行修剪，如图 7-100 所示。

09 调用 DIMLINEARDLI/命令和 MLEADER/MLD 命令，标注尺寸和材料说明，如图 7-101 所示。

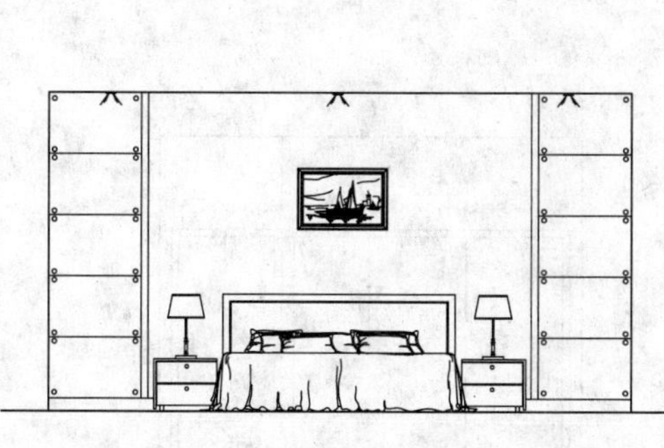

图 7-100　插入图块

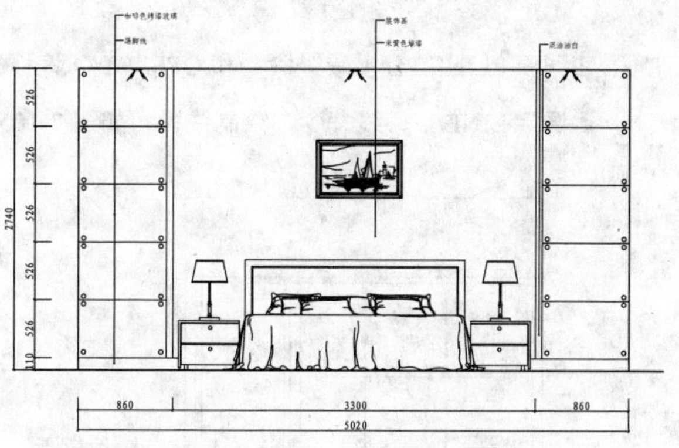

图 7-101　标注尺寸和材料说明

10 调用 INSERT/I 命令，插入“图名”图块，完成主卧 B 立面图的绘制。

第 7 章

095 绘制主卧 C 立面图

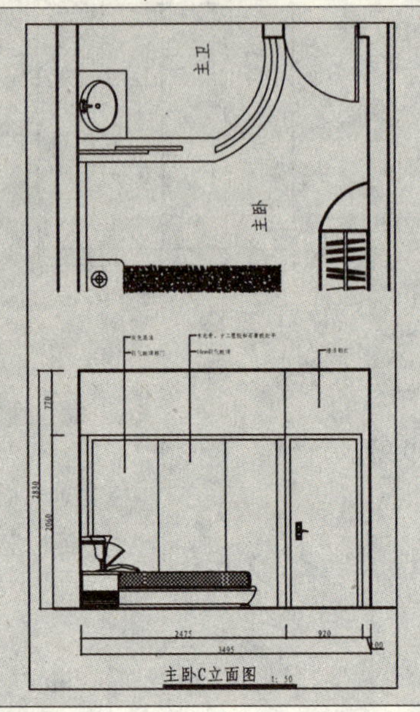

如左图所示为主卧 C 立面图，C 立面是玻璃隔断和门所在的墙面。

文件路径：	目标文件\第 07 章实例 95.dwg
视频文件：	AVI\第 07 章\95 绘制主卧 C 立面图.avi
播放时长：	0:04:55

01 调用 COPY/CO 复制命令，复制平面布置图上主卧 C 立面图平面部分，并对图形进行旋转。

02 调用 LINE/L 直线命令和 TRIM/TR 修剪命令，绘制 C 立面的基本轮廓，如图 7-102 所示。

03 调用 PLINE/PL 多段线命令和 OFFSET/O 偏移命令，绘制门，如图 7-103 所示。

图 7-102　绘制 C 立面的基本轮廓

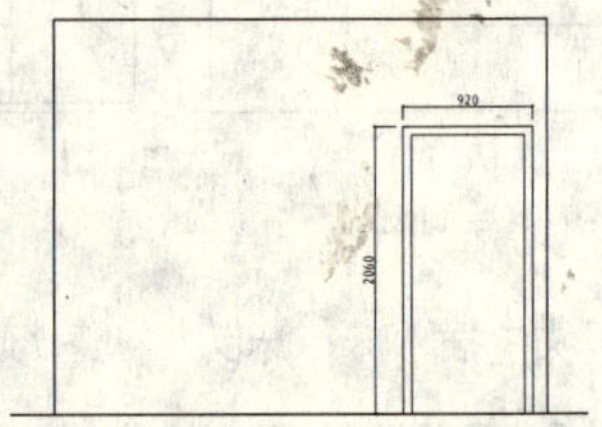

图 7-103　绘制门

04 调用 PLINE/PL 多段线命令和 OFFSET/O 偏移命令，绘制推拉门，如图 7-104 所示。

05 调用 LINE/L 直线命令，绘制线段，如图 7-105 所示。

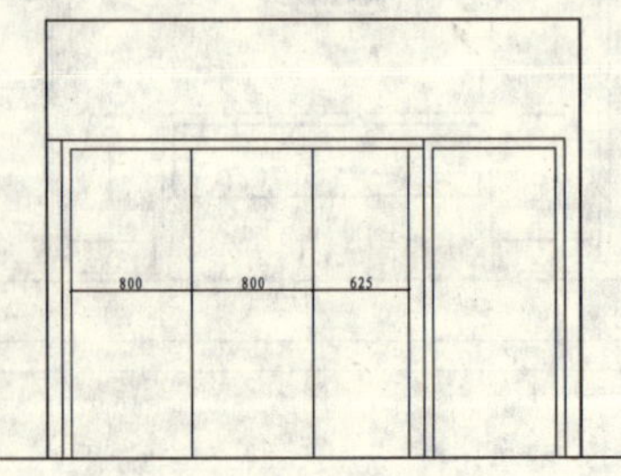

图 7-104　绘制推拉门

图 7-105　绘制线段

06 从图库中插入床和床头柜立面图块，并进行修剪，如图 7-106 所示。

07 调用 DIMLINEAR/DLI 线性命令和 MLEADER/MLD 多重引线命令，标注尺寸和材料说明，如图 7-107 所示。

08 调用 INSERT/I 插入命令，插入“图名”图块，完成主卧 C 立面图的绘制。

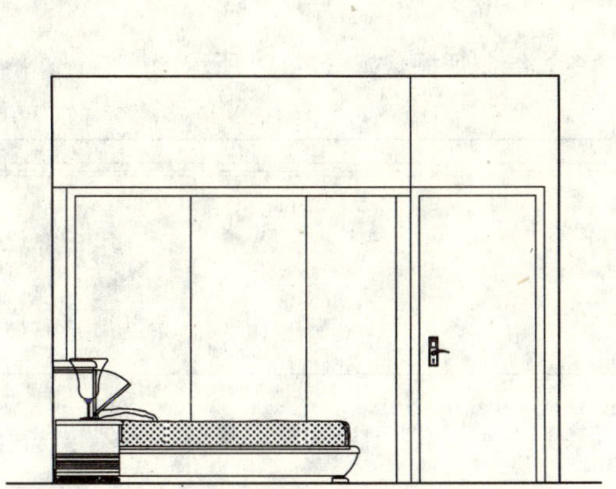

图 7-106　插入图块

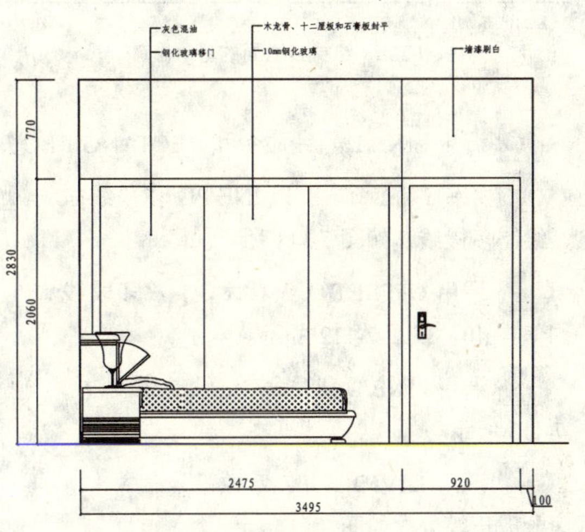

图 7-107　标注尺寸和材料说明

096 绘制主卧 D 立面图

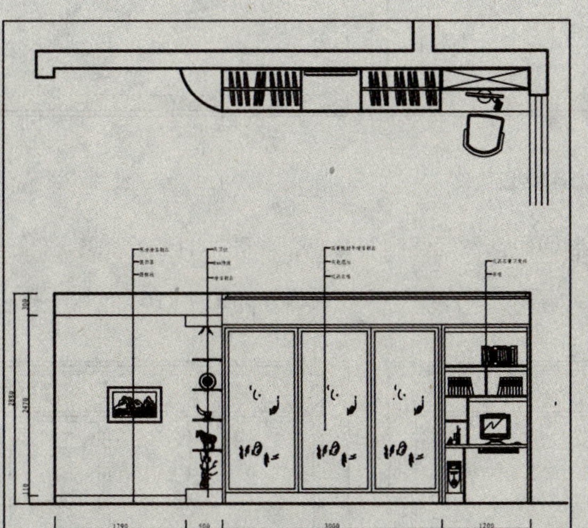

主卧 D 立面图如左图所示，D 立面图主要表达了衣柜和书柜的装饰做法。

文件路径：	目标文件\第 07 章实例 96.dwg
视频文件：	AVI\第 07 章\96 绘制主卧 D 立面图.avi
播放时长：	0:07:53

01 调用 COPY/CO 复制命令，复制平面布置图上主卧 D 立面的平面部分，并对图形进行旋转。

02 调用 LINE/L 直线命令和 TRIM/TR 修剪命令，绘制 D 立面的基本轮廓，如图 7-108 所示。

03 调用 LINE/L 直线命令，划分区域，如图 7-109 所示。

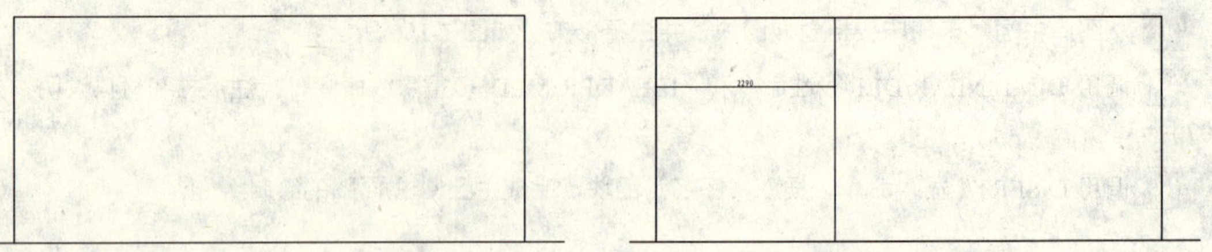

图 7-108　绘制 D 立面的基本轮廓　　图 7-109　划分区域

04 调用 LINE/L 直线命令和 RECTANG/REC 矩形命令，绘制顶棚，如图 7-110 所示。

05 绘制衣柜。调用 PLINE/PL 多段线命令，绘制多段线，如图 7-111 所示。

06 调用 OFFSET/O 偏移命令，将多段线向内偏移 40，如图 7-112 所示。

07 调用 LINE/L 直线命令，绘制线段，如图 7-113 所示。

08 调用 DIVIDE/DIV 定数等分命令，将线段分成三等分，如图 7-114 所示。

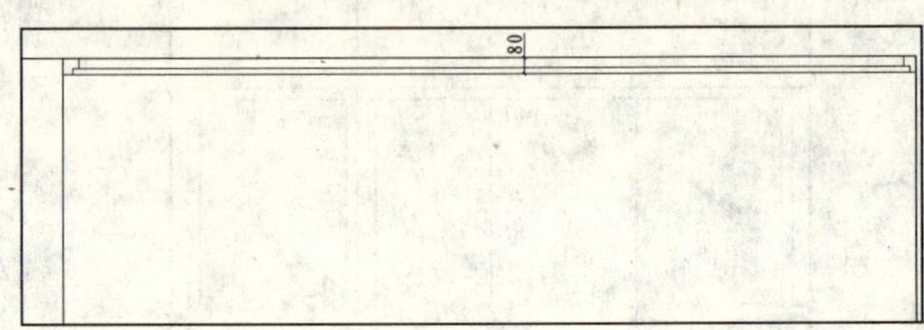

图 7-110　绘制顶棚

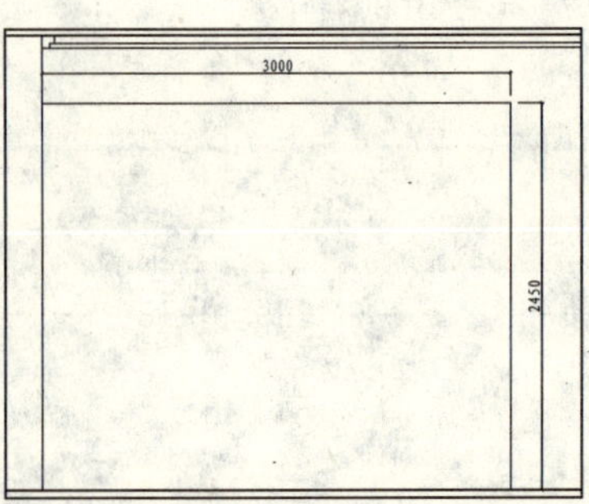

图 7-111　绘制线段

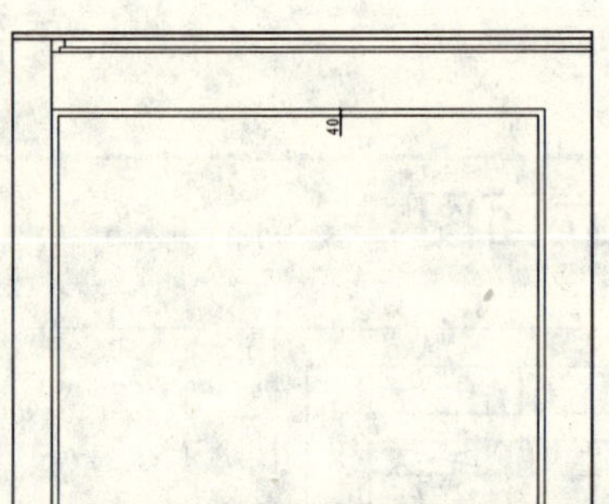

图 7-112　偏移多段线

图 7-113　绘制线段

09 调用 LINE/L 直线命令，以等分点为起点绘制线段，然后删除等分点，如图 7-115 所示。

10 调用 RECTANG/REC 矩形命令和 OFFSET/O 偏移命令，绘制衣柜面板，如图 7-116 所示。

图 7-114　定数等分

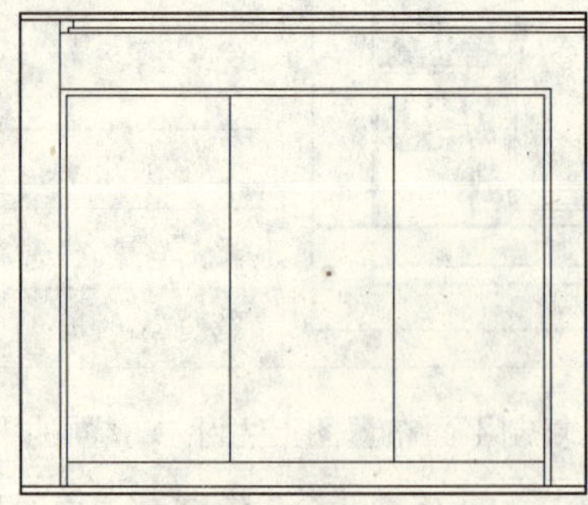

图 7-115　绘制线段

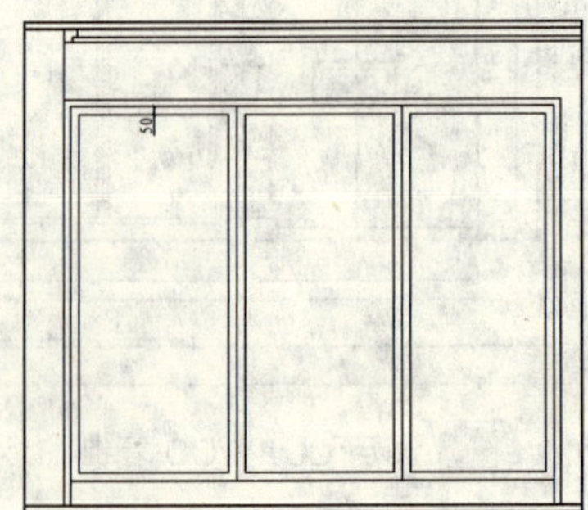

图 7-116　绘制面板

11 调用 LINE/L 直线命令、PLINE/PL 多段线命令和 OFFSET/O 偏移命令，绘制书架，如图 7-117 所示。

12 调用 RECTANG/REC 矩形命令和 COPY/CO 复制命令，绘制装饰架，如图 7-118 所示。

13 调用 LINE/L 直线命令，绘制踢脚线，踢脚线的高度为 110，如图 7-119 所示。

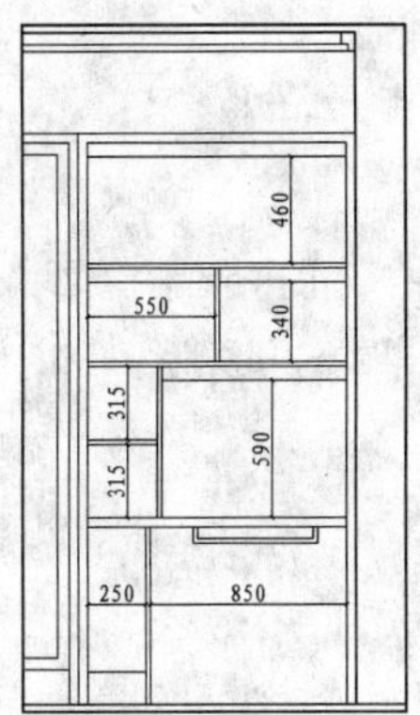

图 7-117　绘制书架

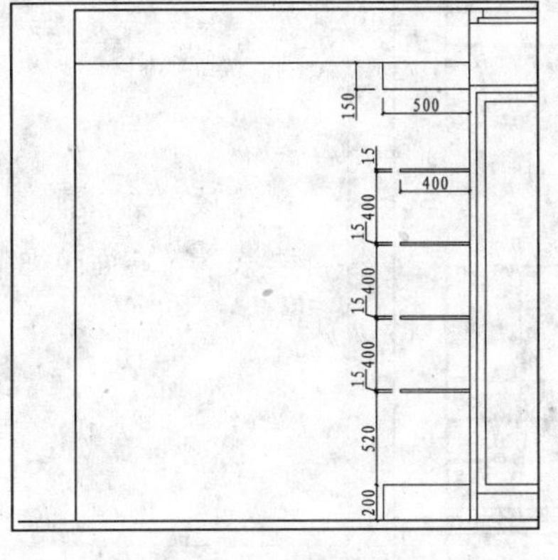

图 7-118　绘制装饰架

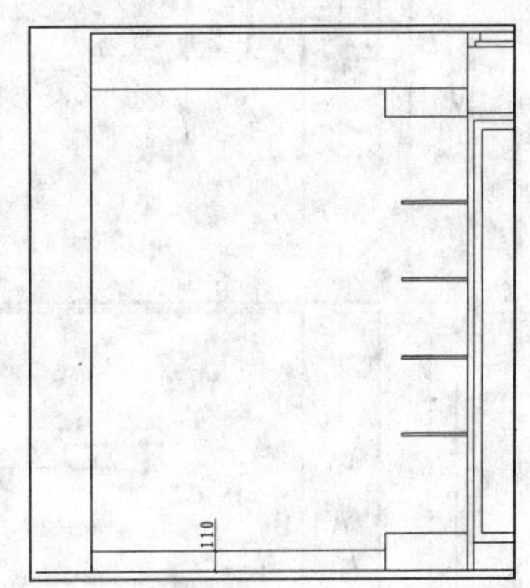

图 7-119　绘制踢脚线

14 从图库中调入装饰画、书本、电脑、雕花和陈设品等图块到立面图中，如图 7-120 所示。

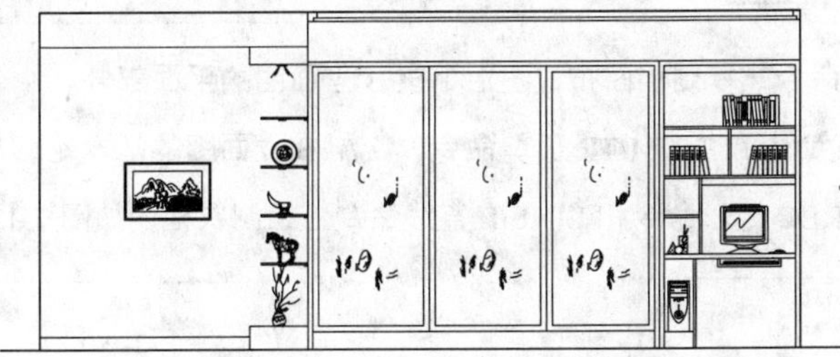

图 7-120　插入图块

15 调用 DIMLINEAR/DLI 线性命令和 MLEADER/MLD 多重引线命令，标注尺寸和材料说明，如图 7-121 所示。

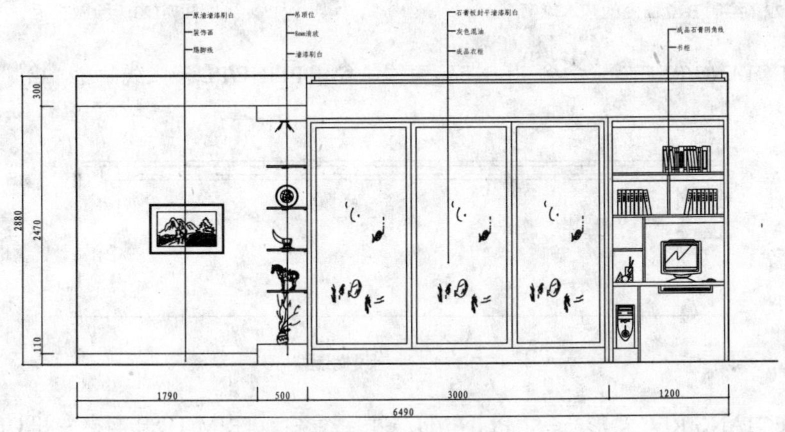

图 7-121　标注尺寸和材料说明，

16 调用 INSERT/I 插入命令，插入“图名”图块，完成主卧 D 立面图的绘制。

097 绘制小孩房 B 立面图

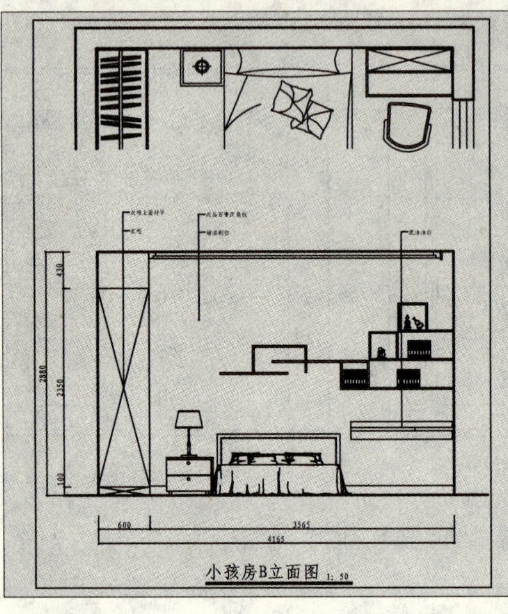

小孩房 B 立面图是衣柜、书桌和床所在的墙面，主要表达了墙面装饰架、床和书桌的位置关系。

文件路径：	目标文件\第 07 章实例 97.dwg
视频文件：	AVI\第 07 章\97 绘制小孩房 B 立面图.avi
播放时长：	0:07:56

01 调用 COPY/复制命令，复制平面布置图上小孩 B 立面图的平面部分。

02 调用 LINE/L 直线命令和 TRIM/TR 修剪命令，绘制 B 立面图的基本轮廓，如图 7-122 所示。

03 调用 RECTANG/REC 矩形命令和 LINE/L 直线命令，绘制衣柜，如图 7-123 所示。

图 7-122　绘制 B 立面图的基本轮廓

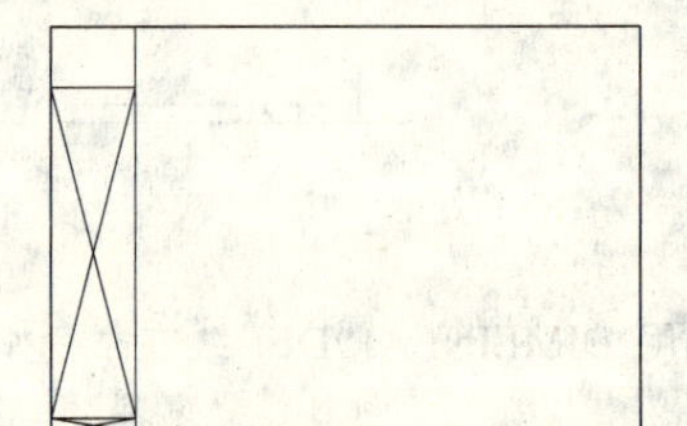

图 7-123　绘制衣柜

04 调用 RECTANG/REC 矩形命令、LINE/L 直线命令和 PLINE/PL 多段线命令，绘制顶棚造型，如图 7-124 所示。

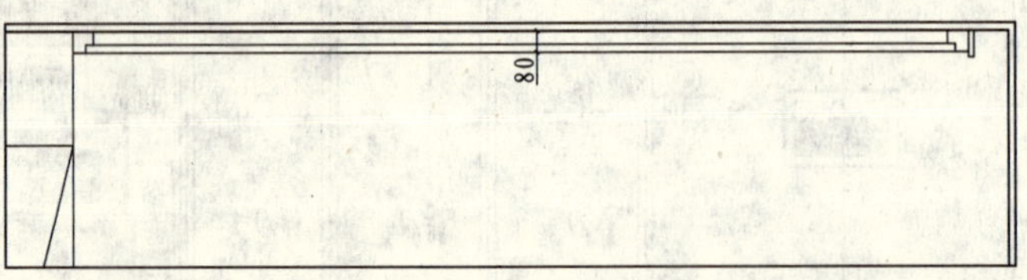

图 7-124　绘制顶棚造型

05 调用 RECTANG/REC 矩形命令、PLINE/PL 多段线命令、TRIM/TR 修剪命令和 OFFSET/O 偏移命令，绘制装饰架，如图 7-125 所示。

06 调用 RECTANG/REC 矩形命令和 LINE/直线命令，绘制书桌台面，如图 7-126 所示。

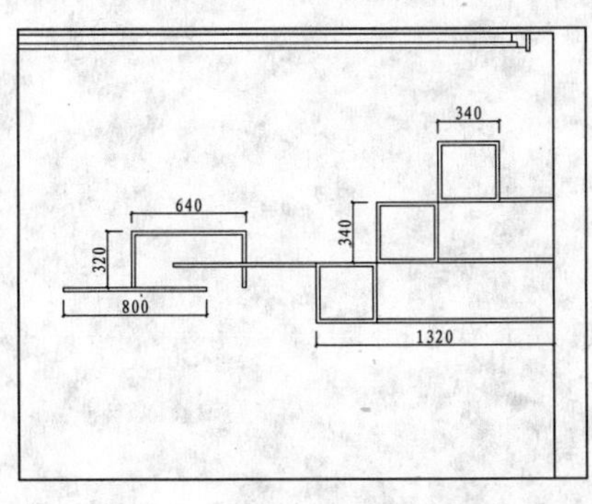

图 7-125　绘制装饰架

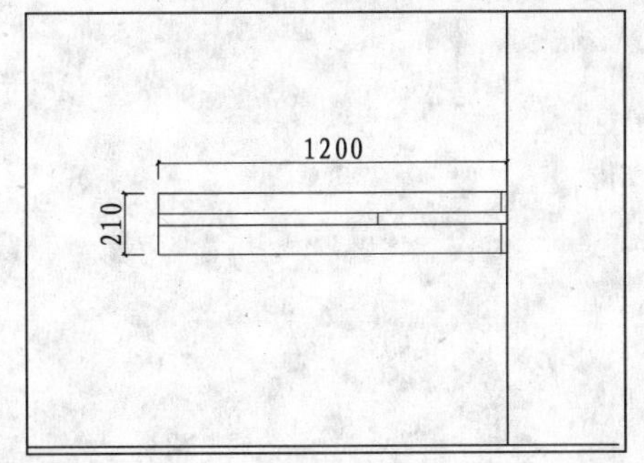

图 7-126　绘制书桌台面

07 调用 LINE/L 直线命令，绘制踢脚线，踢脚线的高度为 110，如图 7-127 所示。

08 从图库中插入床头柜、床、书本和装饰物等图块到立面图中，并进行修剪，如图 7-128 所示。

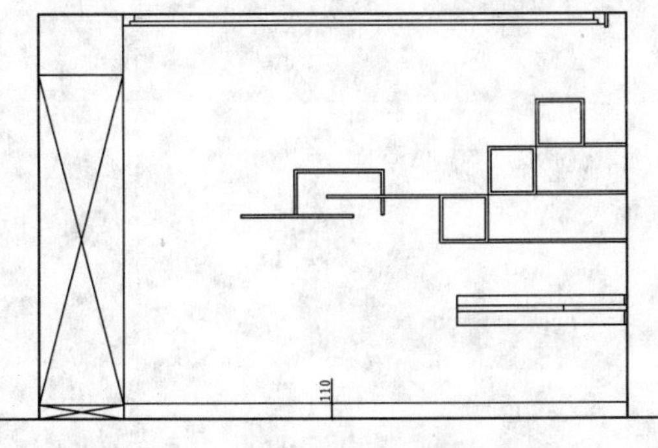

图 7-127　绘制踢脚线

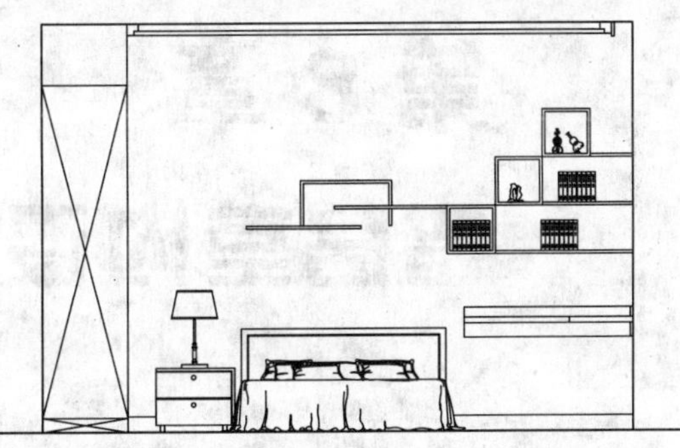

图 7-128　插入图块

09 调用 DIMLINEAR/DLI 线性命令和 MLEADER/MLD 多重引线命令，标注尺寸和材料说明，如图 7-129 所示。

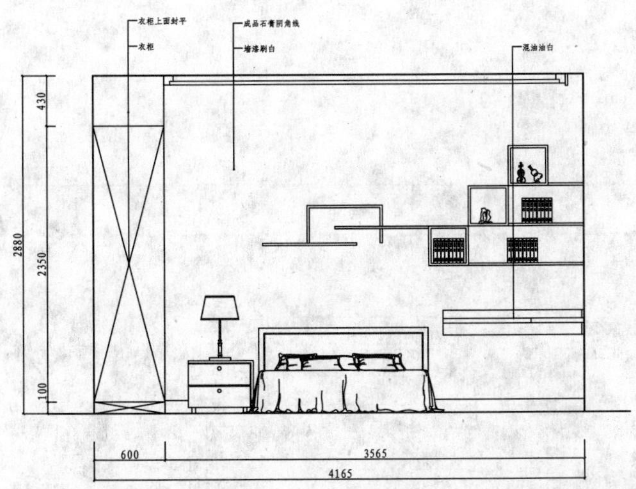

图 7-129　标注尺寸和材料说明

10 调用 INSERT/I 插入命令，插入“图名”图块，完成小孩房 B 立面图的绘制。

第 8 章

错层室内设计

错层的不同使用功能空间不在同一平面层上，形成多个不同标高平面的使用空间和变化的视觉效果。从而使住宅室内环境错落有致，极富韵律感。本章讲解错层的设计方法和施工图的绘制方法。

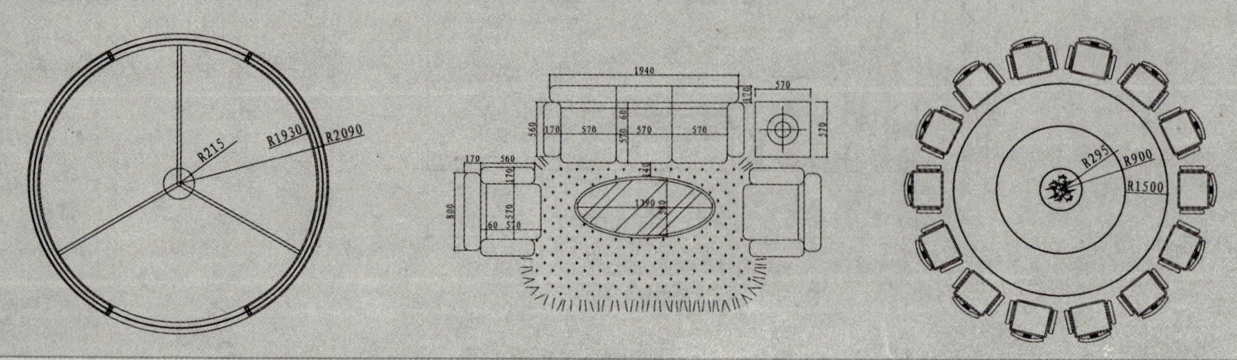

098 绘制错层原始户型图

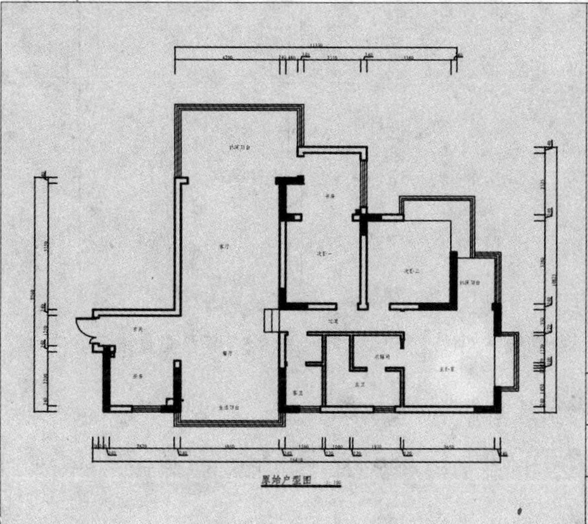

错层其不同使用功能空间不在同一平面层上，形成多个不同标高平面的使用空间和变化的视觉效果。住宅室内环境错落有致，极富韵律感。如左图所示为绘制完成的原始户型图。

文件路径：	目标文件\第 08 章\实例 98.dwg
视频文件：	AVI\第 08 章\98 绘制错层原始户型图.avi
播放时长：	0:31:52

01 启动 AutoCAD 2012，以“室内装潢施工图模板.dwt”创建新图形。

02 绘制完成的墙体如图 8-1 所示，本例采用偏移的方法绘制墙体，为了方便讲解，这里将错层墙体区分为上开间、下开间、左进深和右进深墙体。所谓开间，通俗地说就是房间或建筑的宽度。进深是指房间或住宅纵向的长度，下面讲解绘制方法。

03 绘制上开间墙体。本例错层上开间墙体尺寸如图 8-2 所示。

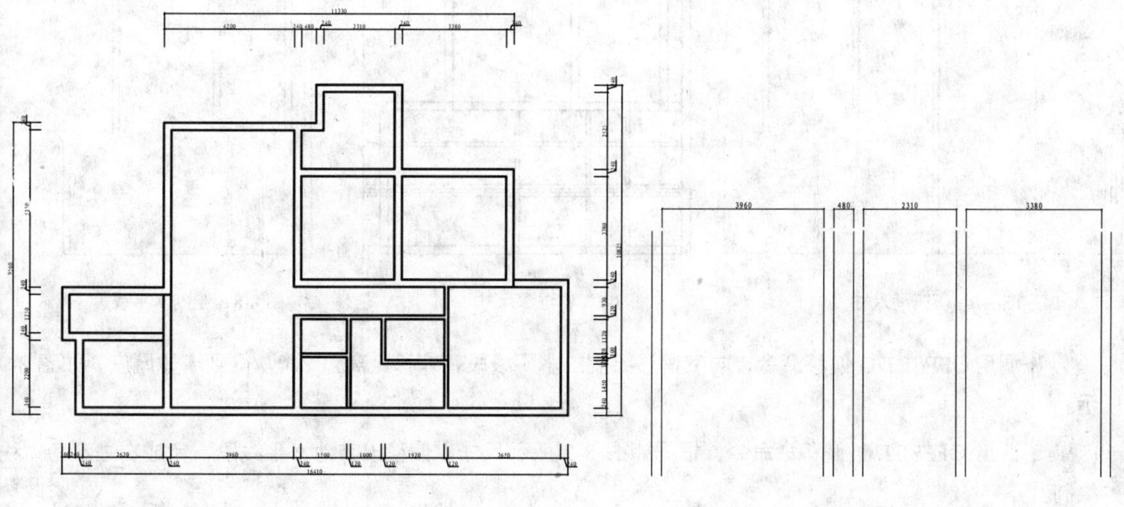

图 8-1　墙体

图 8-2　上开间墙体尺寸

04 设置“QT_墙体”图层为当前图层。

05 调用 LINE/L 直线命令，绘制一条垂直线段，表示最左侧的墙体线，如图 8-3 所示。

06 调用 OFFSET/O 偏移命令，偏移绘制的垂直线段，偏移距离为 240，得到墙体厚度，如图 8-4 所示。

07 调用 OFFSET/O 偏移命命令，向右偏移第二根垂直线段，偏移距离为 3960，即开间尺寸，如图 8-5

所示。

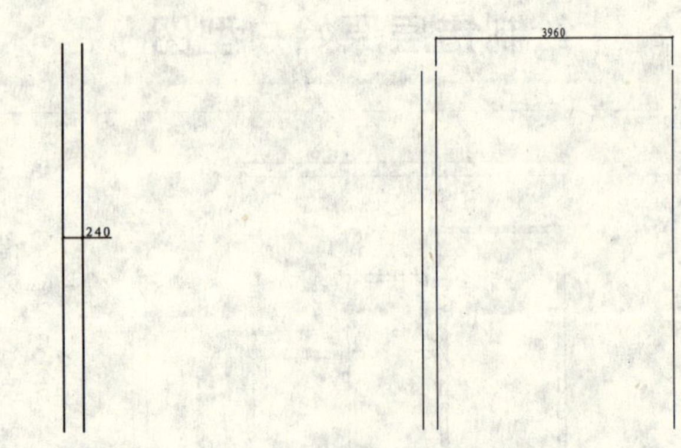

图 8-3　绘制垂直线段　　图 8-4　偏移墙线　　图 8-5　偏移垂直线段

08 使用相同的方法，根据如图 8-2 所示尺寸偏移出其他上开间墙体线。

09 绘制下开间墙体。下开间墙体尺寸如图 8-6 所示，使用 OFFSET/O 偏移命令和夹点功能，向两侧偏移墙体线，完成下开间绘制。

10 绘制右进深墙体。右进深尺寸如图 8-7 所示。

11 调用 LINE/L 直线命令，以下开间最右侧垂直线的端点为起点，水平向左绘制线段，结果如图 8-8 所示。

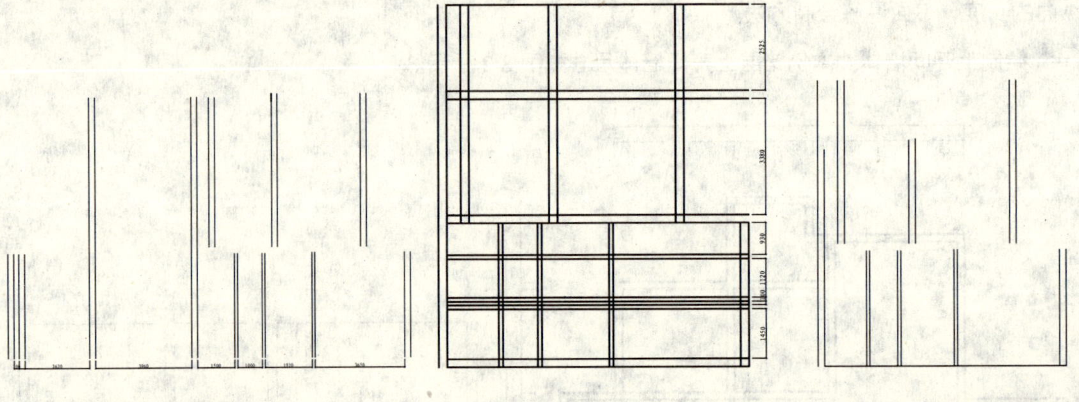

图 8-6　下开间尺寸　　图 8-7　右进深尺寸　　图 8-8　绘制水平线段

12 调用 OFFSET/O 偏移命令，向下偏移绘制的水平线段，偏移距离为 240，得到墙体厚度，如图 8-9 所示。

13 调用 OFFSET/O 偏移命令，根据如图 8-7 所示尺寸，偏移出其他水平线段，完成右进深墙体线的绘制。

14 绘制左进深墙体。左进深墙体尺寸如图 8-10 所示，其绘制方法与右进深的绘制相同，使用 OFFSET/O 偏移命令偏移线段即可。

15 修剪墙体线可使用 TRIM/TR 修剪命令、EXTEND/EX 延伸命令和 CHAMFER/CHA 倒角等命令，也可使用夹点法，如图 8-11 所示为修剪后的效果。

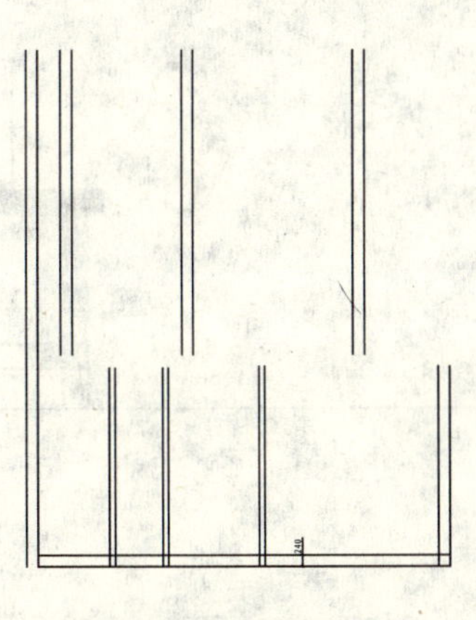

图 8-9 偏移墙体

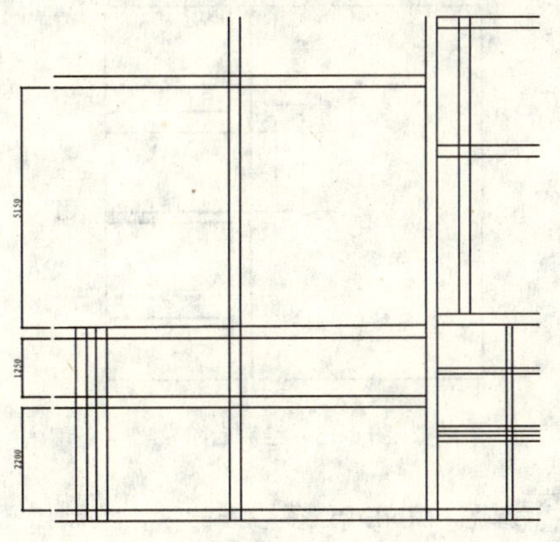

图 8-10 左进深尺寸

16 设置“BZ_标注”为当前图层，设置当前注释比例为 1:100。调用 DIMLINEAR 命令或执行【标注】|【线形】命令标注尺寸，结果如图 8-1 所示。

17 承重墙可使用实体填充图案表示，下面讲解绘制方法。

18 调用 LINE/L 直线命令，在承重墙上绘制一个闭合区域，如图 8-12 所示。

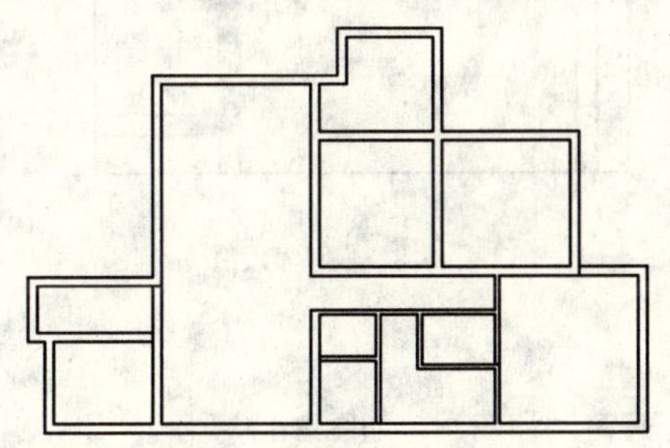

图 8-11 修剪后的墙体

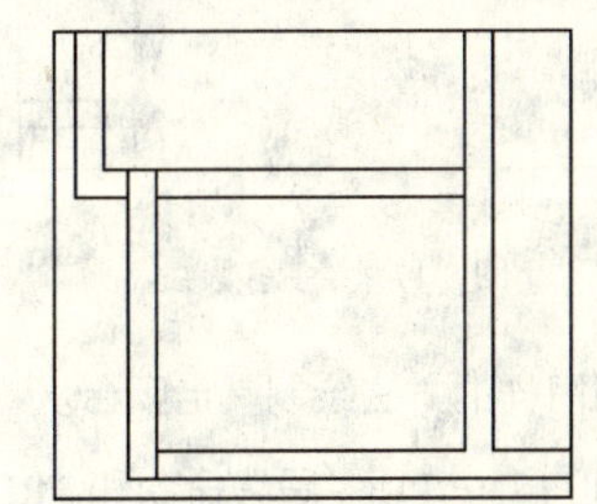

图 8-12 封闭区域

19 调用 HATCH/H 图案填充命令，对封闭的区域填充 SOLID 图案，效果如图 8-13 所示。

20 使用相同的方法，绘制其他承重墙，结果如图 8-14 所示。

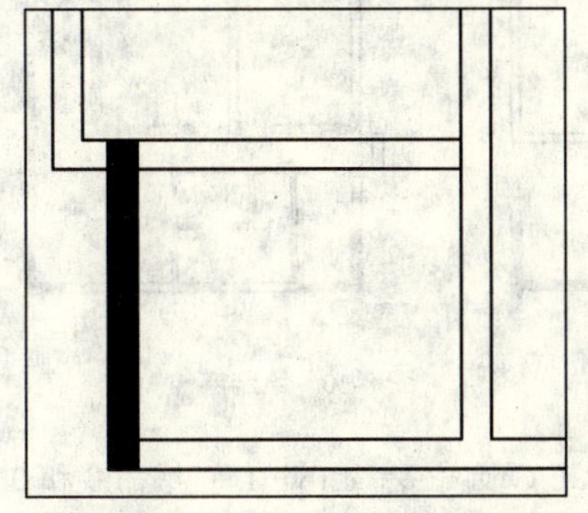

图 8-13 填充图案

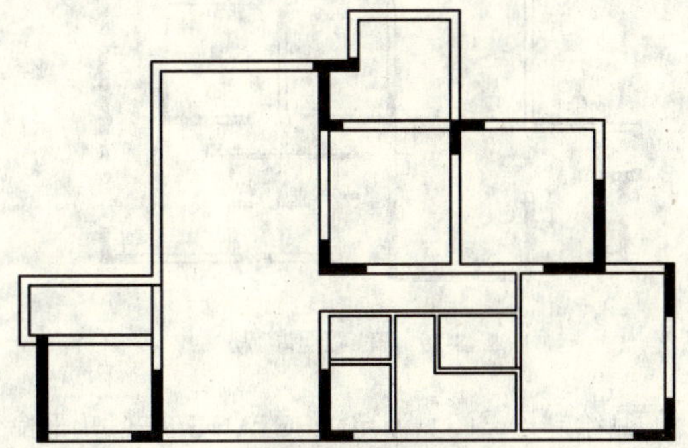

图 8-14 绘制承重墙

21 调用 RECTANG/REC 矩形命令，绘制台阶，效果如图 8-15 所示。

22 绘制阳台。调用 PLINE/PL 多段线命令和 TRIM/TR 修剪命令，修剪出阳台门洞，如图 8-16 所示。

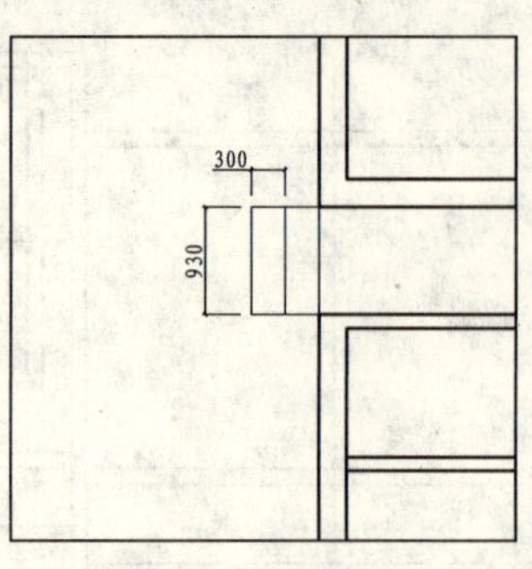

图 8-15　绘制台阶

图 8-16　修剪门洞

23 调用 PLINE/PL 多段线命令，绘制如图 8-17 所示线段。

24 调用 OFFSET/O 偏移命令，将多段线向内偏移 3 次 80，效果如图 8-18 所示。

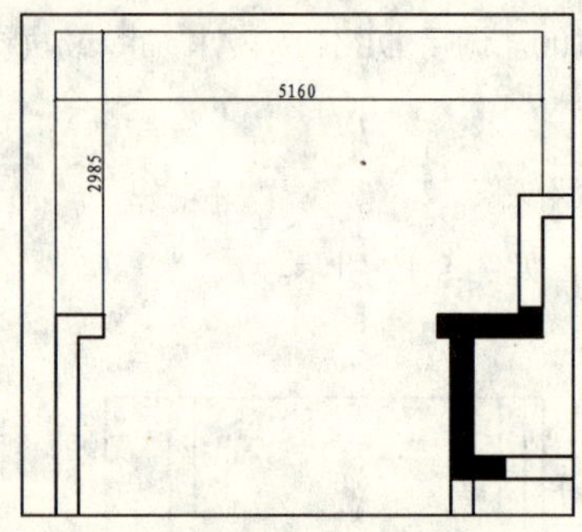

图 8-17　绘制多段线

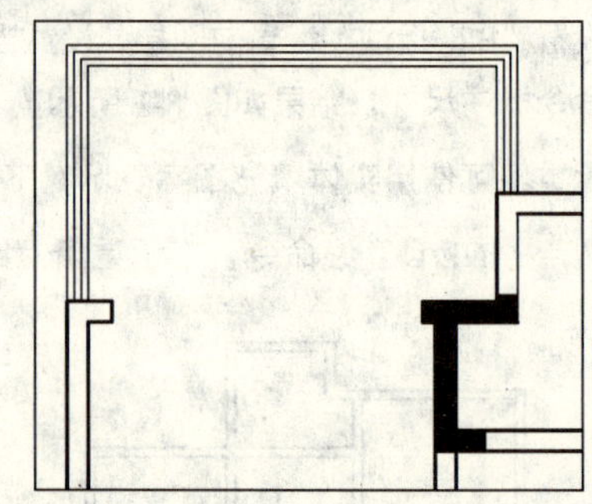

图 8-18　偏移多段线

25 使用同样的方法绘制其他阳台。

26 调用 PLINE/PL 多段线命令和 TRIM/TR 修剪命令，开窗洞和门洞，如图 8-19 所示。

27 调用 PLINE/PL 多段线命令和 OFFSET/O 偏移命令，绘制窗，如图 8-20 所示。

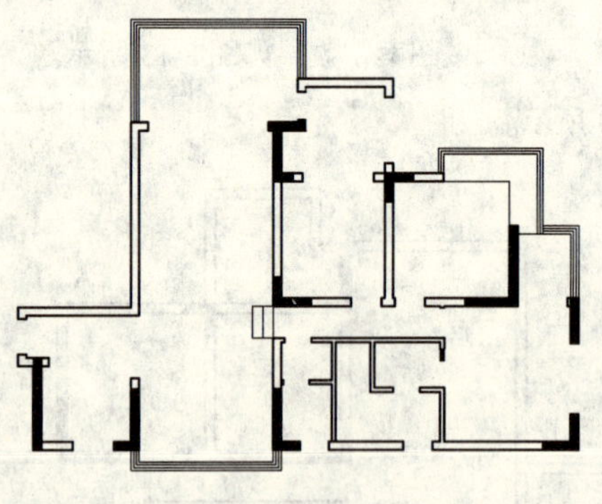

图 8-19　开窗洞和门洞

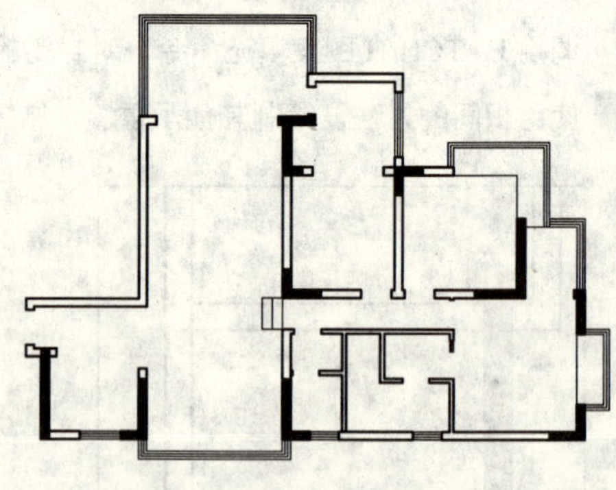

图 8-20　绘制窗

28 绘制子母门。调用 RECTANG/REC 矩形命令、CIRCLE/C 圆命令、LINE/L 直线命令和 TRIM/TR 修剪命令，绘制子母门，效果如图 8-21 所示。

29 为各房间注上文字说明。调用 TEXT/T 单行文字命令（或 MTEXT 命令）输入文字，效果如图 8-22 所示。

30 调用 RECTANG/REC 矩形命令、LINE/L 直线命令、CIRCLE/C 圆命令和 HATCH/H 图案填充命令，

绘制管道等图形，最后调用 INSERT/I 插入命令，插入“图名”图块，完成错层原始户型图的绘制。

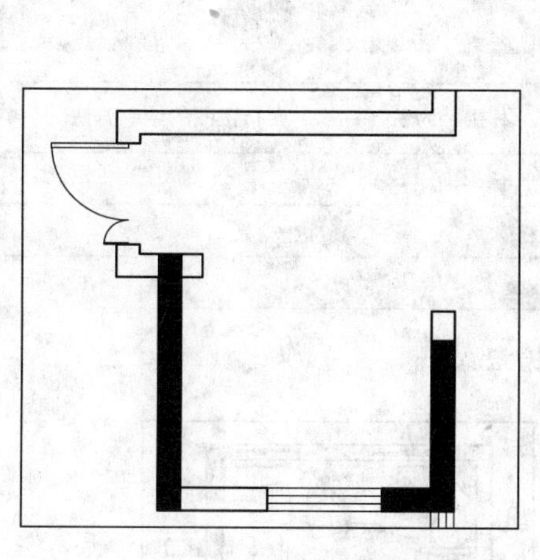

图 8-21　绘制子母门

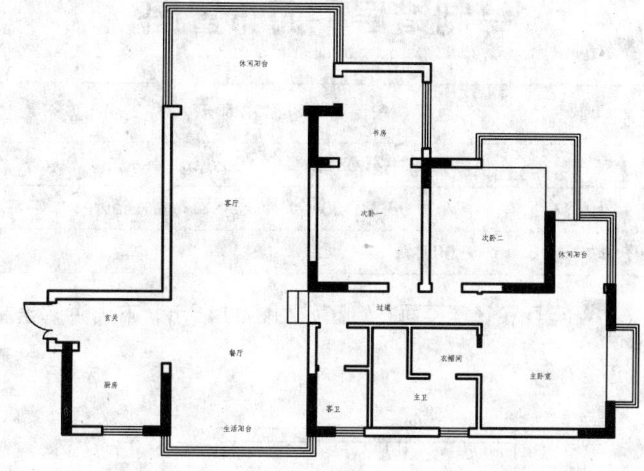

图 8-22　文字标注

099 墙体改造

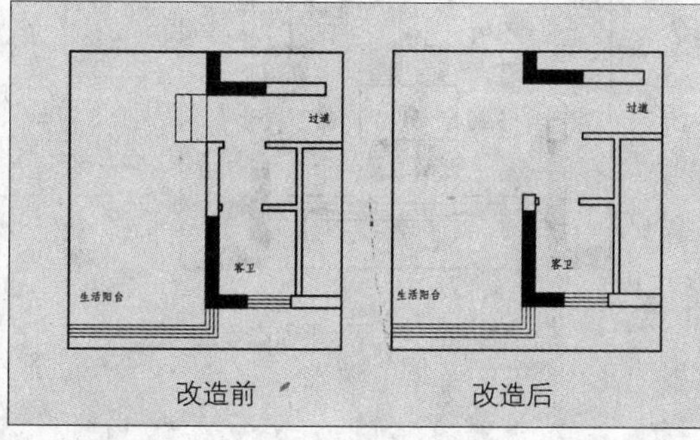

改造前　　改造后

错层墙体改造的位置在台阶处，如左图所示为改造前后对比。

文件路径：	目标文件\第 08 章\实例 99.dwg
视频文件：	AVI\第 08 章\99 墙体改造.avi
播放时长：	0:00:52

01 删除台阶，效果如图 8-23 所示。

02 调用 LINE/L 直线命令，绘制如图 8-24 所示线段。

03 调用 TRIM/TR 修剪命令，修剪线段上方的图形，效果如图 8-25 所示，墙体改造绘制完成。

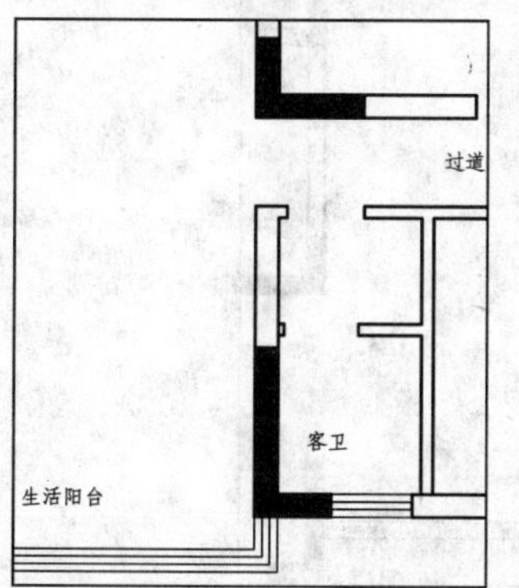

图 8-23　删除台阶

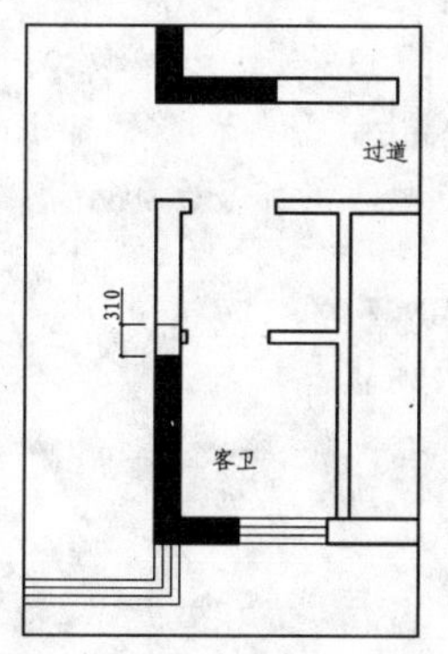

图 8-24　绘制线段

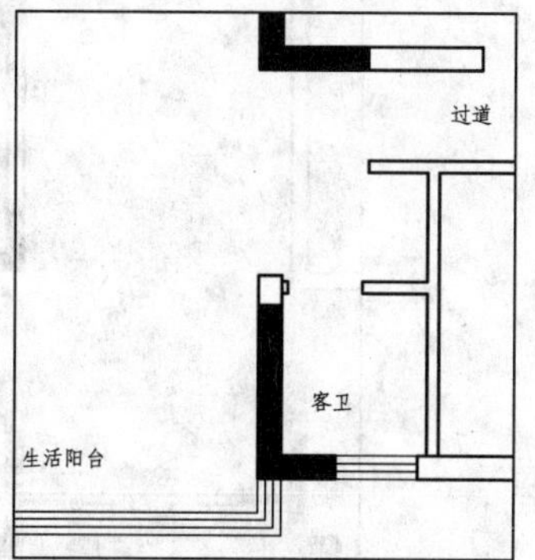

图 8-25　修剪线段

100 绘制错层平面布置图

实例描述：	错层平面布置图如图 8-26 所示，本节分别以客厅、餐厅和主卧为例，讲解平面布置图的绘制方法。
文件路径：	目标文件\第 08 章\实例 100.dwg
视频文件：	AVI\第 08 章\100 绘制错层平面布置图.avi
播放时长：	0:09:04

01 客厅和餐厅平面布置图如图 8-27 所示，下面讲解绘制方法。

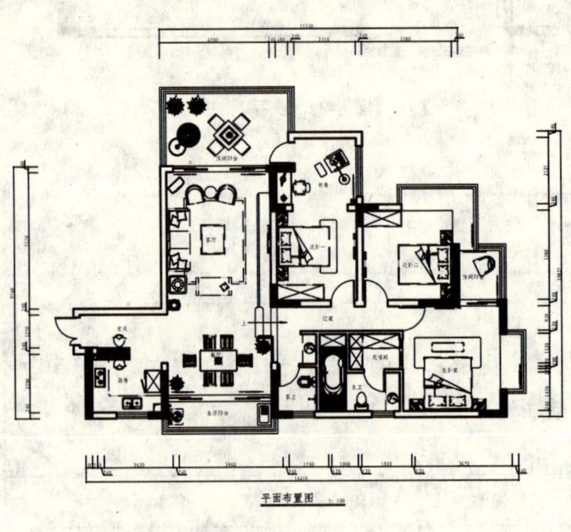

图 8-26　错层平面布置图

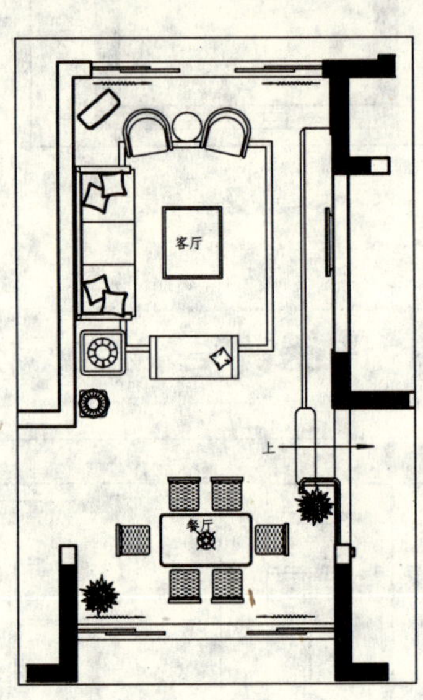

图 8-27　客厅和餐厅平面布置图

02 调用 COPY/CO 复制命令，复制错层原始户型图。

03 绘制推拉门。调用 LINE/L 直线命令、RECTANG/REC 矩形命令、MIRROR/MI 镜像命令和 COPY/CO 复制命令，绘制推拉门，如图 8-28 所示。

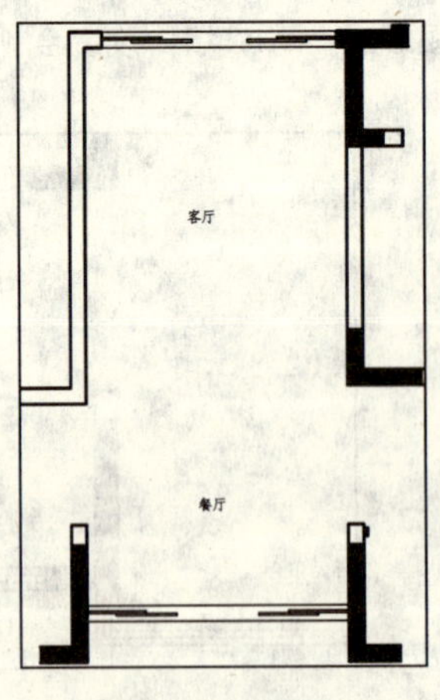

图 8-28　绘制推拉门

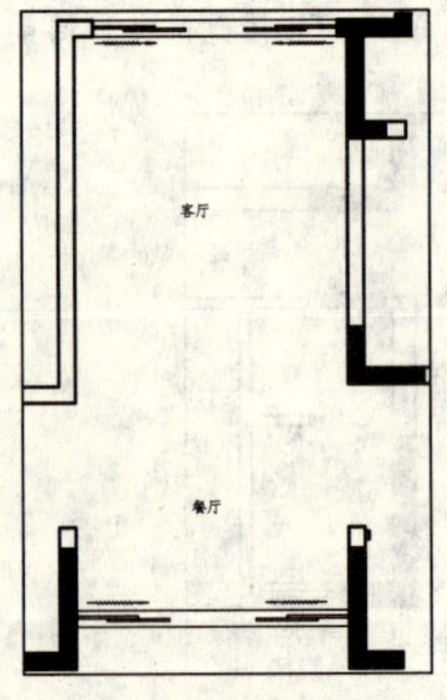

图 8-29　绘制窗帘

第2篇

04 调用 PLINE/PL 多段线命令、MIRROR/MI 镜像命令和 COPY/CO 复制命令，绘制窗帘，如图 8-29 所示。

05 绘制台阶。调用 LINE/L 直线命令、RECTANG/REC 矩形命令和 FILLET/F 圆角命令，绘制台阶，如图 8-30 所示。

06 绘制栏杆。调用 LINE/L 直线命令、RECTANG/REC 矩形命令、CIRCLE/C 圆命令、FILLET/F 圆角命令和 TRIM/TR 修剪命令，绘制栏杆，如图 8-31 所示。

07 绘制电视背景墙。调用 RECTANG/REC 矩形命令，绘制尺寸为 900×40 的矩形，如图 8-32 所示。

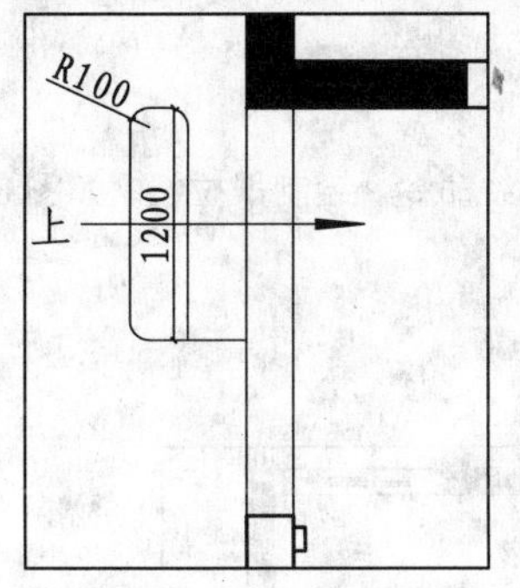

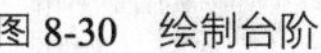
图 8-30　绘制台阶

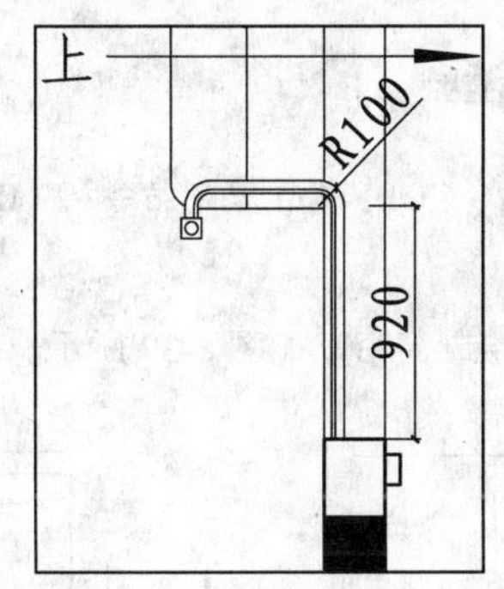

图 8-31　绘制栏杆

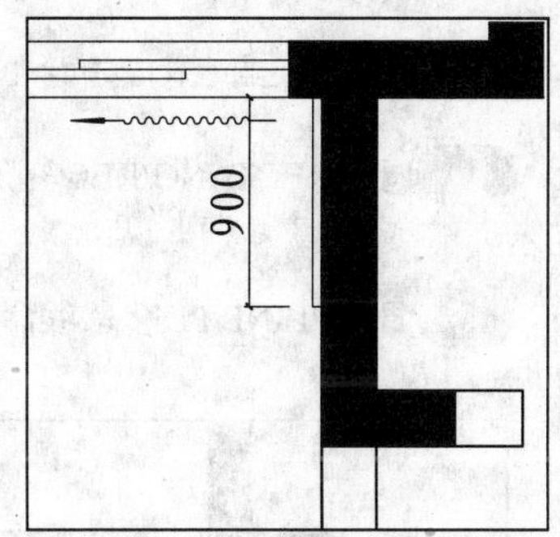

图 8-32　绘制矩形

08 调用 HATCH/H 图案填充命令，对矩形内填充 ANSI33 图案，效果如图 8-33 所示。

09 调用 MIRROR/MI 镜像命令，通过镜像得到另一侧相同的图案，如图 8-34 所示。

10 调用 PLINE/PL 多段线命令和 FILLET/F 圆角命令，绘制电视柜，如图 8-35 所示。

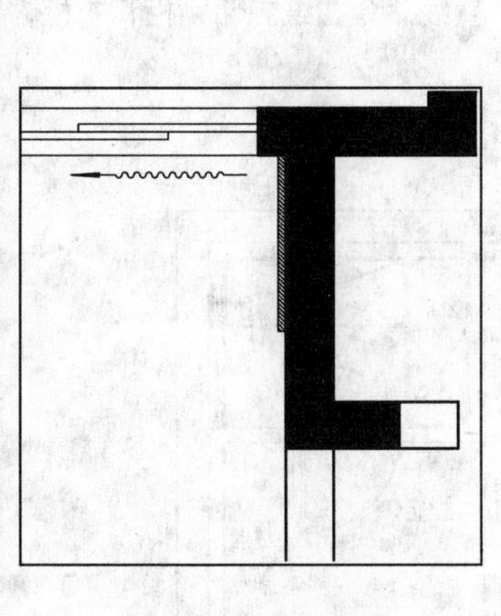

图 8-33　填充图案

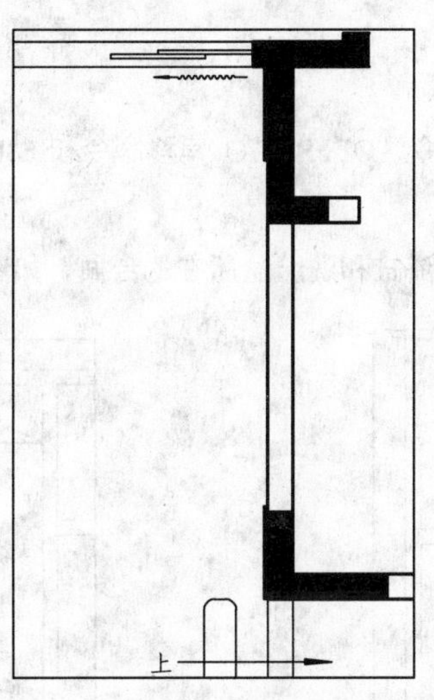

图 8-34　镜像图形

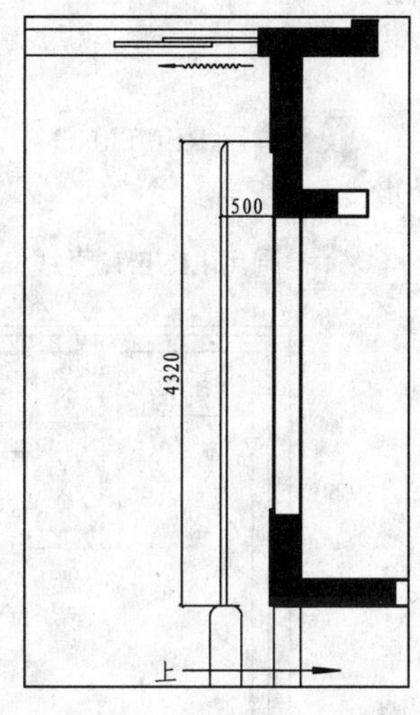

图 8-35　绘制电视柜

11 插入图块。按 Ctrl+O 快捷键，打开配套光盘提供的“第 08 章\家具图例.dwg”文件，选择其中的沙发、饮水机、植物、电视和餐桌椅等图块，将其复制至客厅和餐厅区域，如图 8-27 所示，完成客厅和餐厅平面布置图的绘制。

12 主卧、衣帽间和主卫平面布置图如图 8-36 所示，下面讲解绘制方法。

13 插入门图块。调用 INSERT/I 插入命令，插入门图块，如图 8-37 所示。

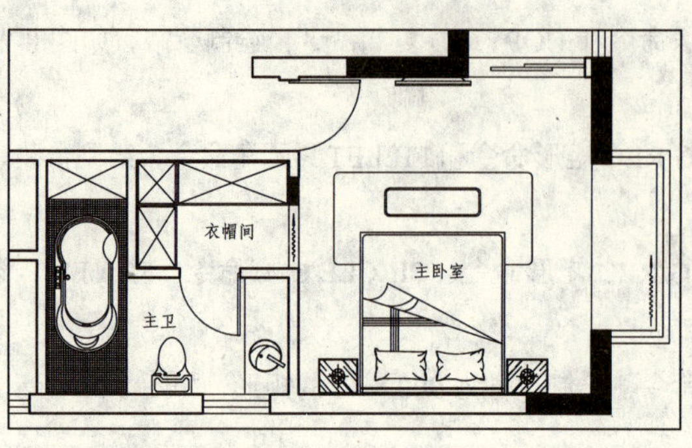

图 8-36　主卧、衣帽间和主卫平面布置图

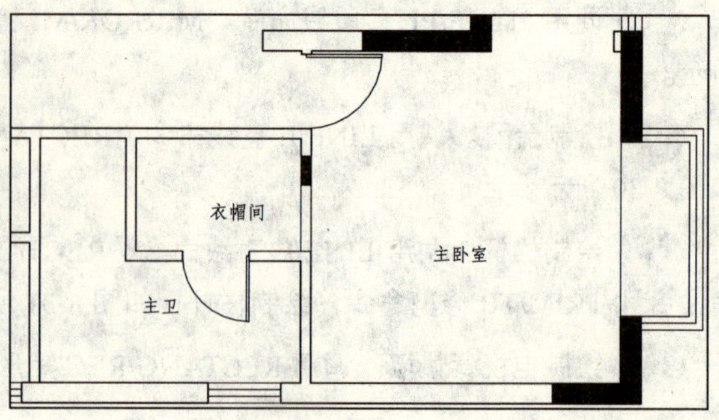

图 8-37　插入门图块

14 调用 RECTANG/REC 矩形命令、COPY/CO 复制命令和 LINE/L 直线命令，绘制推拉门，如图 8-38 所示。

15 调用 PLINE/PL 多段线命令，绘制窗帘，如图 8-39 所示。

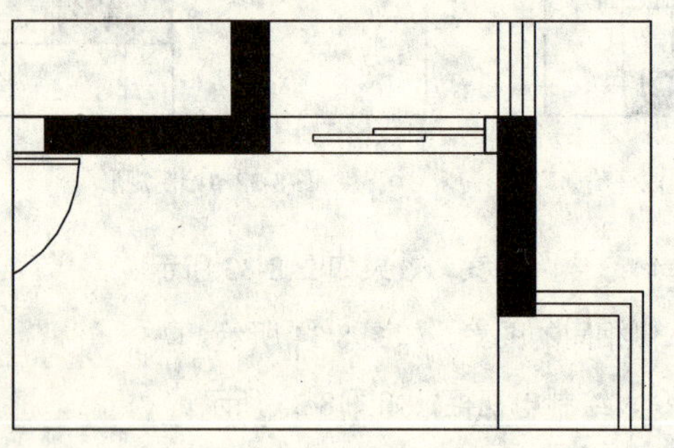

图 8-38　绘制推拉门

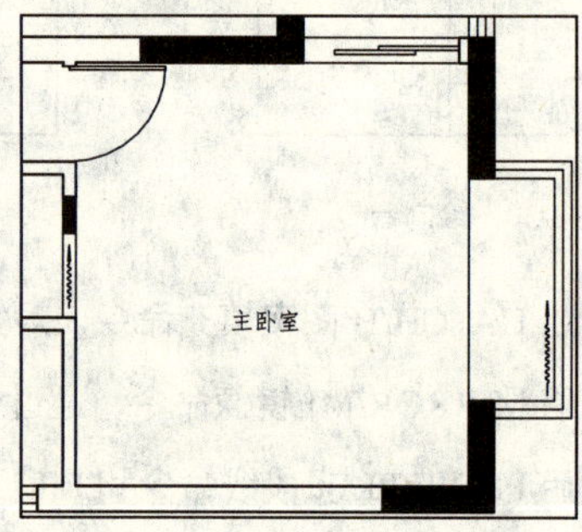

图 8-39　绘制窗帘

16 调用 RECTANG/REC 矩形命令、OFFSET/O 偏移命令和 LINE/L 直线命令，绘制储物柜和衣柜，如图 8-40 所示。

17 调用 LINE/L 直线命令，绘制浴缸和洗脸盆所在的台面，如图 8-41 所示。

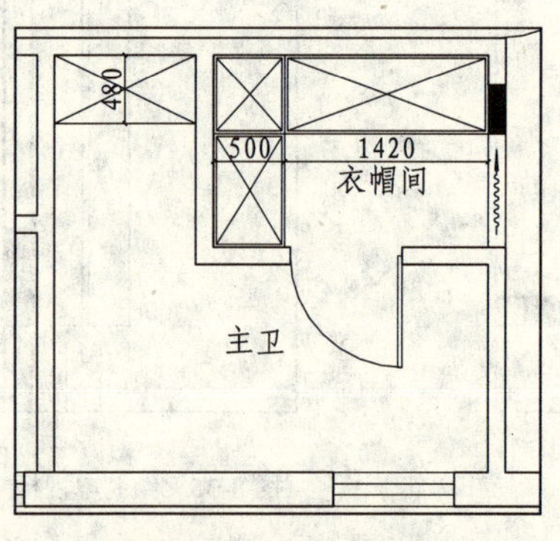

图 8-40　绘制储物柜和衣柜

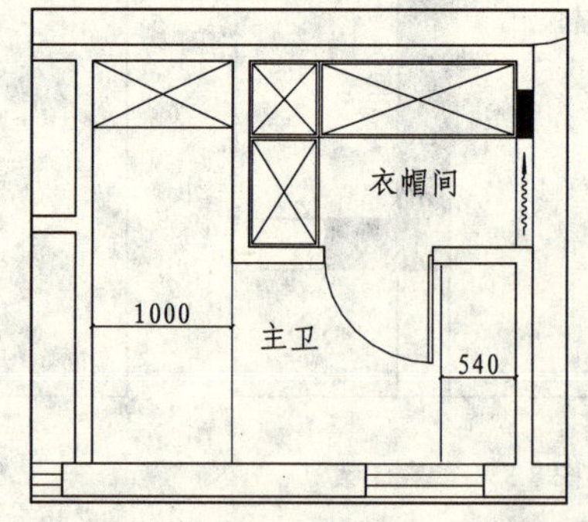

图 8-41　绘制台面

18 从图库中插入平面布置图中所需要的图块，如图 8-42 所示。

19 调用 HATCH/H 图案填充命令，对浴缸所在的台面填充“用户定义”图案，如图 8-43 所示。完成主卧、衣帽间和主卫平面布置图的绘制。

第 2 篇

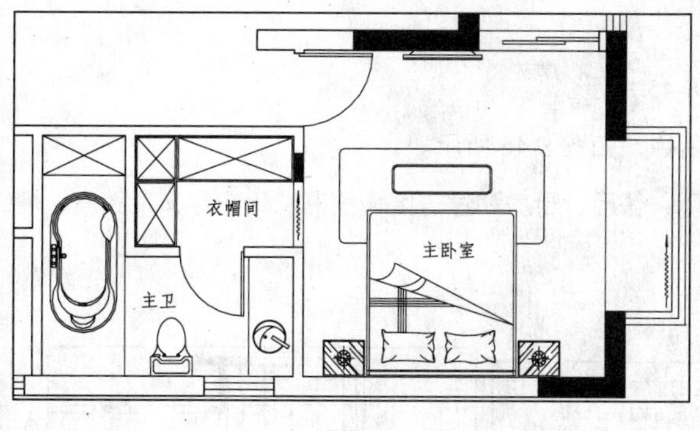

图 8-42　插入图块

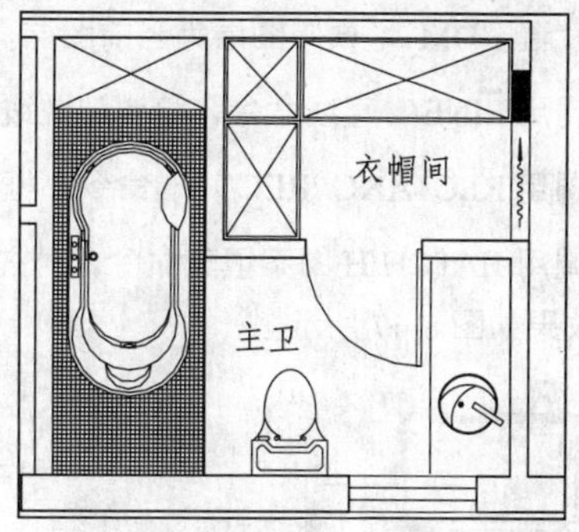

图 8-43　填充图案

101 绘制错层地材图

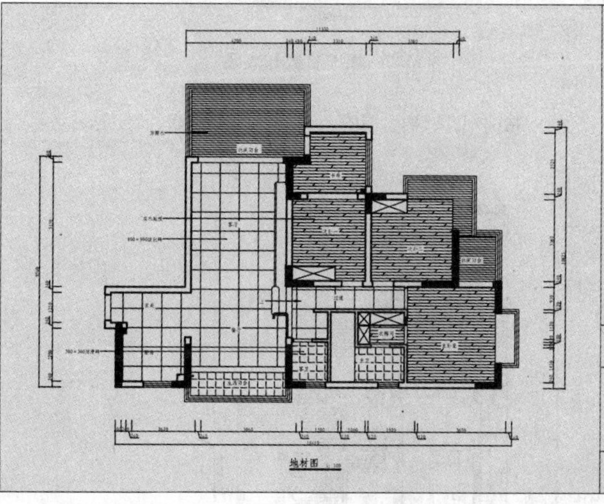

如左图所示为错层地材图，错层的地面材料有防腐木、玻化砖、实木地板和防滑砖。

文件路径：	目标文件\第 08 章\实例 101.dwg
视频文件：	AVI\第 08 章\101 绘制错层地材图.avi
播放时长：	0:06:37

01 复制图形。调用 COPY/CO 复制命令，复制错层的平面布置图，并删除与地材图无关的图形，如图 8-44 所示。

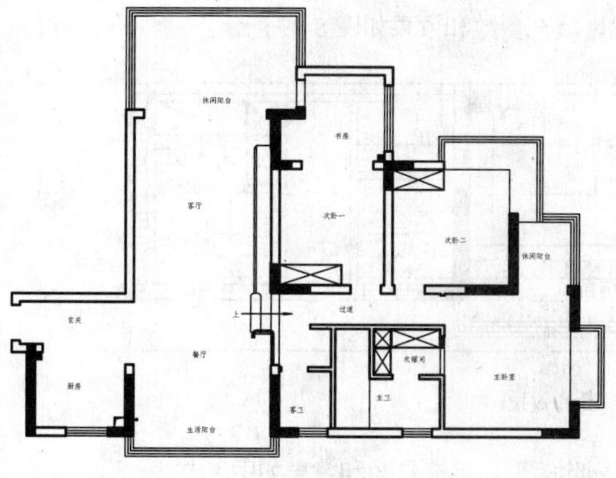

图 8-44　整理图形

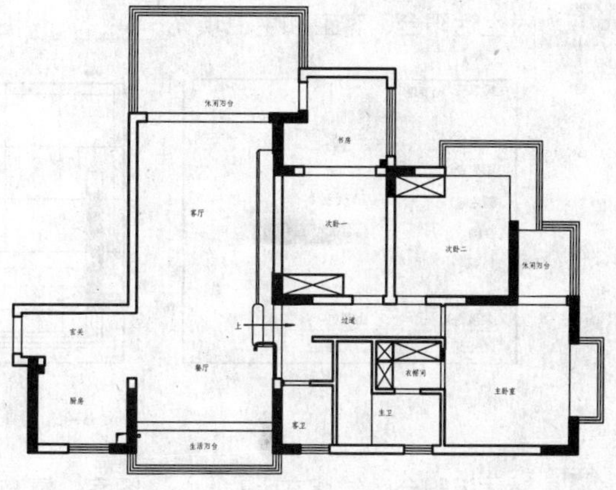

图 8-45　绘制门槛线

02 设置“DM_地面”图层为当前图层。

03 调用 LINE/L 直线命令，绘制门槛线，如图 8-45 所示。

04 调用 RECTANG//REC 矩形命令，框住房间名称，如图 8-46 所示。

05 调用 HATCH/H 图案填充命令，对玄关、客厅、餐厅、厨房和过道区域填充“用户定义”图案，填充参数和效果如图 8-47 所示。

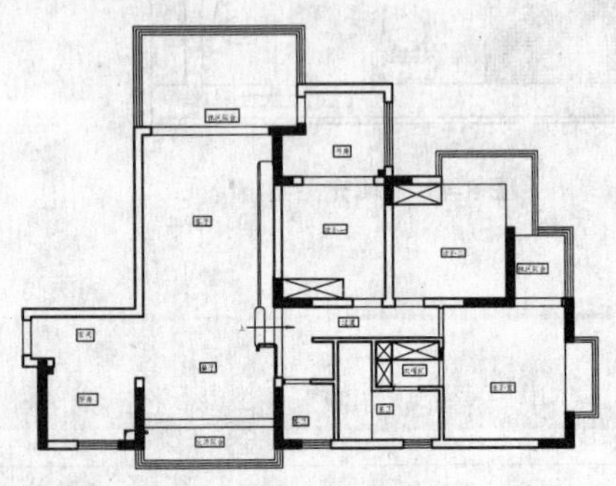

图 8-46　绘制矩形

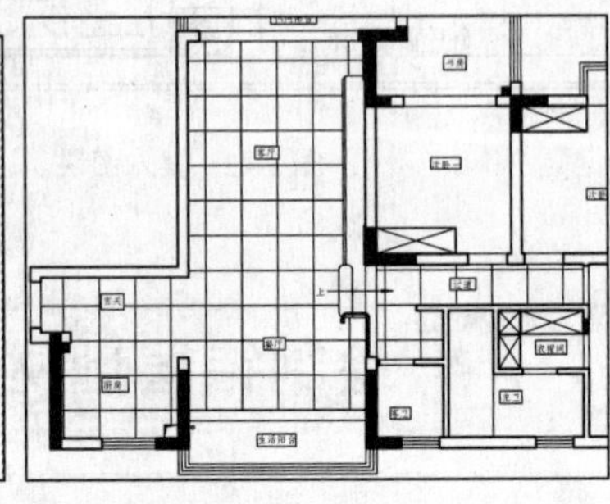

图 8-47　填充参数和效果

06 调用 HATCH/H 图案填充命令，对主卧、次卧、书房和衣帽间填充 DOLMIT 图案，填充参数和效果如图 8-48 所示。

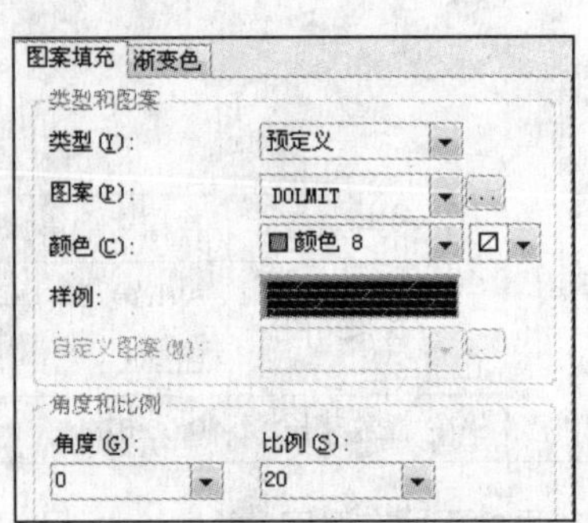

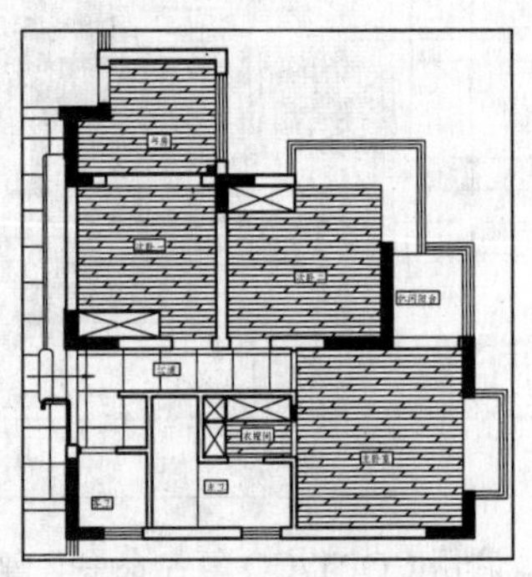

图 8-48　填充参数和效果

07 对生活阳台、客卫和主卫填充 ANGLE 图案，填充参数和效果如图 8-49 所示。

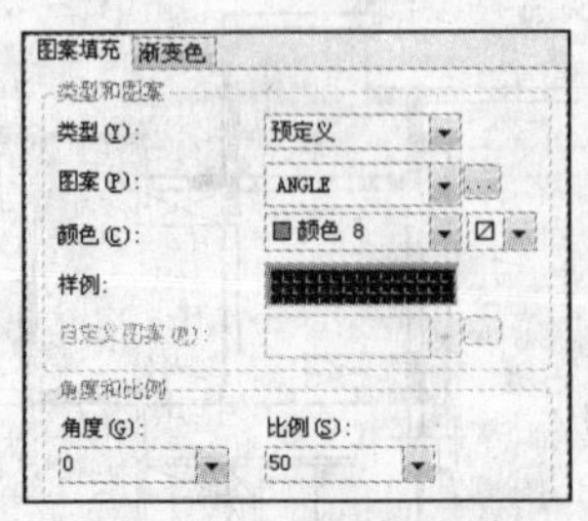

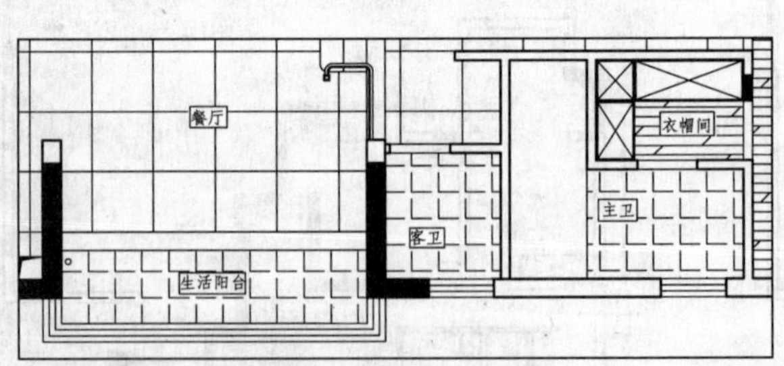

图 8-49　填充参数和效果

08 对休闲阳台区域填充 LINE 图案，填充后删除矩形，填充参数和效果如图 8-50 所示。

09 调用 MLEADER/MLD 多重引线命令，对错层地面材料进行文字注释，完成地材图的绘制。

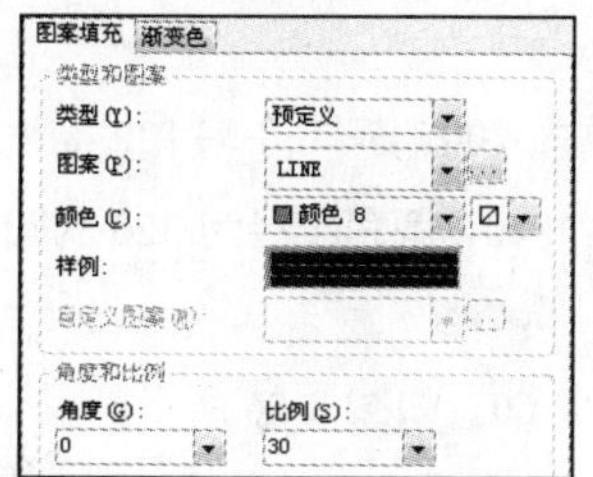

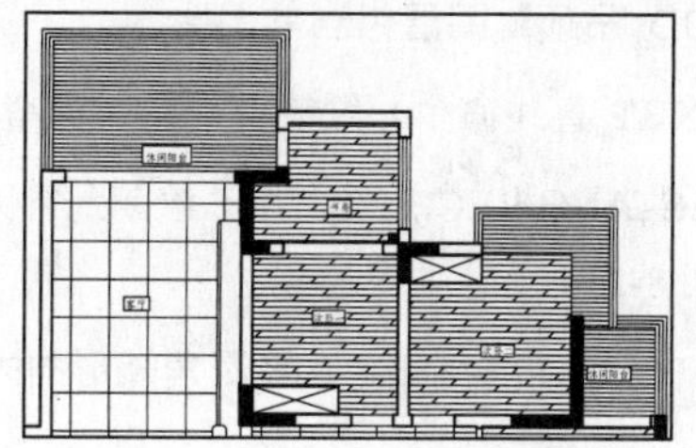

图 8-50　填充参数和效果

102 绘制错层顶棚图

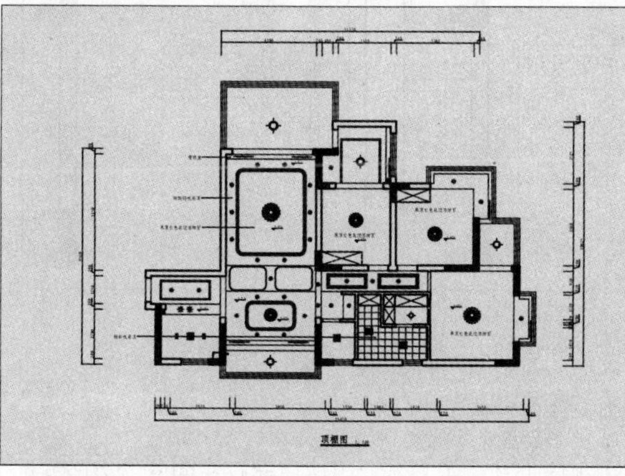

如左图所示为错层顶棚图，下面以客厅、餐厅和主卧顶棚为例，讲解顶棚图的绘制方法。

文件路径：	目标文件\第 08 章\实例 102.dwg
视频文件：	AVI\第 08 章\102 绘制错层顶棚图.avi
播放时长：	0:02:20

01 如图 8-51 所示为客厅和餐厅顶棚图，下面讲解绘制方法。

02 调用 COPY/CO 复制命令，复制错层的平面布置图，并删除与顶棚图无关的图形，如图 8-52 所示。

03 设置“DM_地面”图层为当前图层。

04 调用 LINE/L 直线命令，绘制墙体线，如图 8-53 所示。

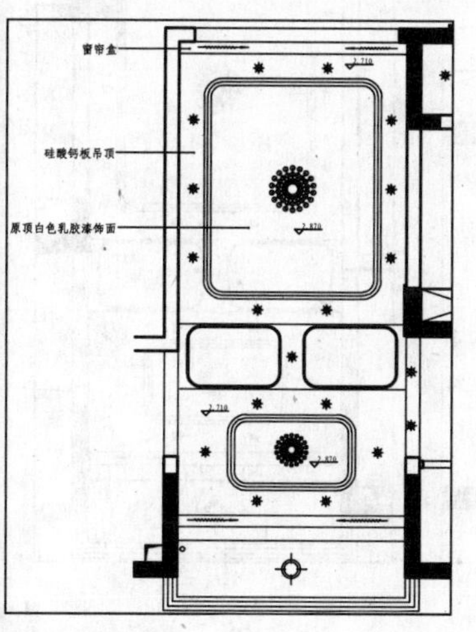

图 8-51　客厅和餐厅顶棚图

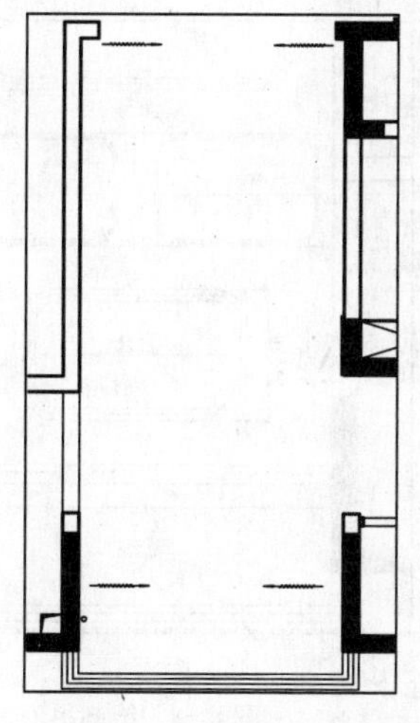

图 8-52　整理图形

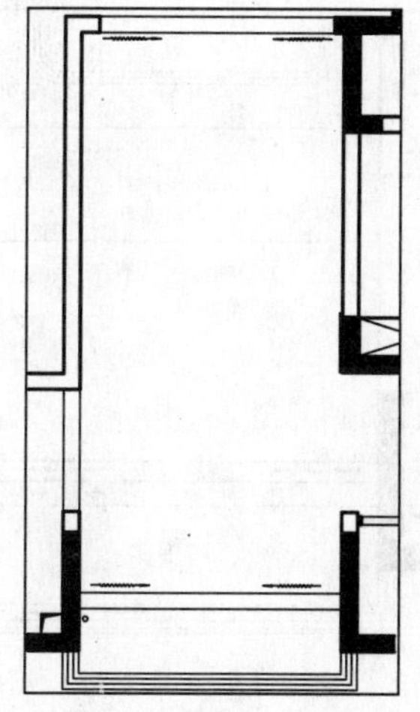

图 8-53　绘制墙体线

05 设置“DD_吊顶”图层为当前图层。

06 调用 LINE/L 直线命令，绘制窗帘盒，窗帘盒的宽度为 200，如图 8-54 所示。

07 调用 RECTANG/REC 矩形命令，绘制尺寸为 3080×3840，圆角半径为 320 的圆角矩形，并移动到相应的位置，如图 8-55 所示。

08 调用 OFFSET/O 偏移命令，将圆角矩形向内偏移两次 60，如图 8-56 所示。

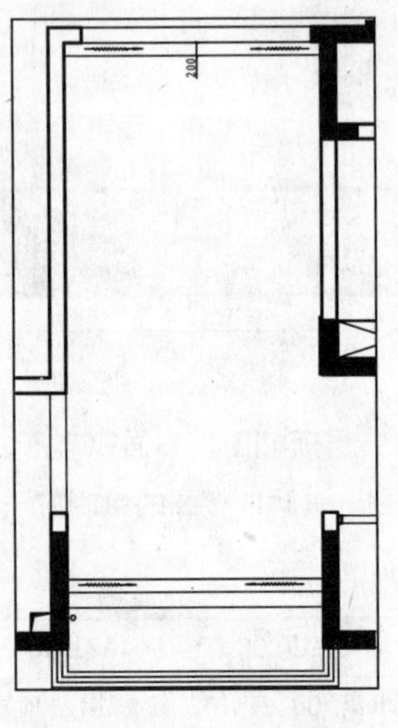

图 8-54 绘制窗帘盒

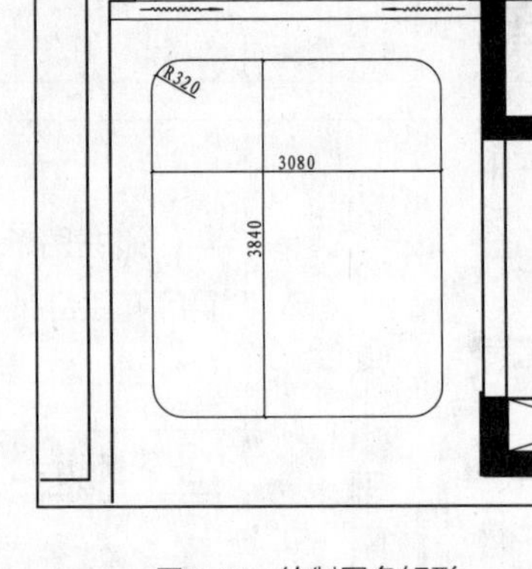

图 8-55 绘制圆角矩形

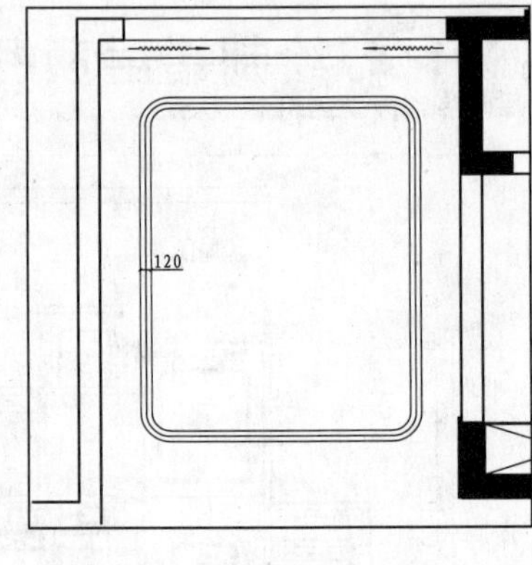

图 8-56 偏移圆角矩形

09 调用 LINE/L 直线命令好 OFFSET/O 偏移命令，绘制如图 8-57 所示线段。

10 调用 RECTANG/REC 矩形命令和 OFFSET//O 偏移命令，绘制其他吊顶造型，如图 8-58 所示。

11 布置灯具。打开按 Ctrl+O 快捷键，打开配套光盘提供的“第 08 章\家具图例.dwg”文件，选择其中的灯具图块，将其复制至顶棚内，结果如图 8-59 所示。

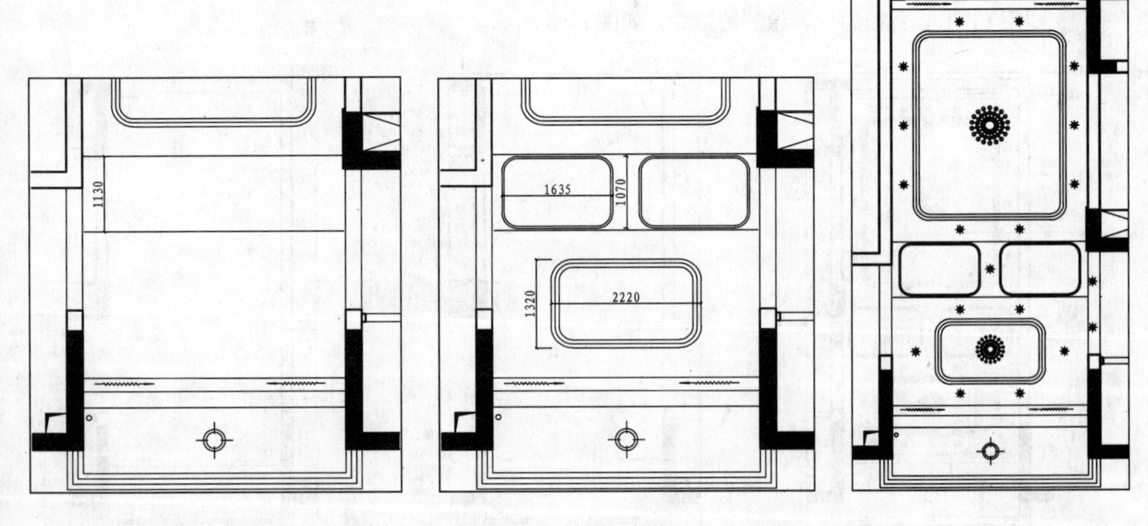

图 8-57 绘制线段　　图 8-58 绘制吊顶造型　　图 8-59 布置灯具

12 调用 INSERT/I 插入命令，插入“标高”图块标注标高，如图 8-60 所示。

13 调用 MLEADER/MLD 多重引线命令，对顶棚材料进行文字说明，完成后的效果如图 8-51 所示，客厅和餐厅顶棚图绘制完成。

14 如图 8-61 所示为主卧顶棚图，下面讲解绘制方法。

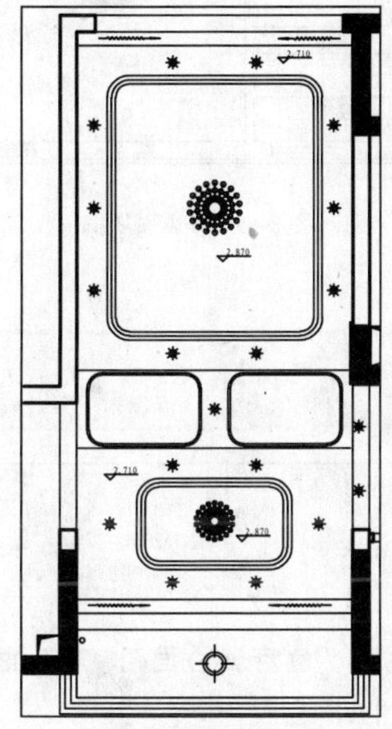

图 8-60　插入标高图块

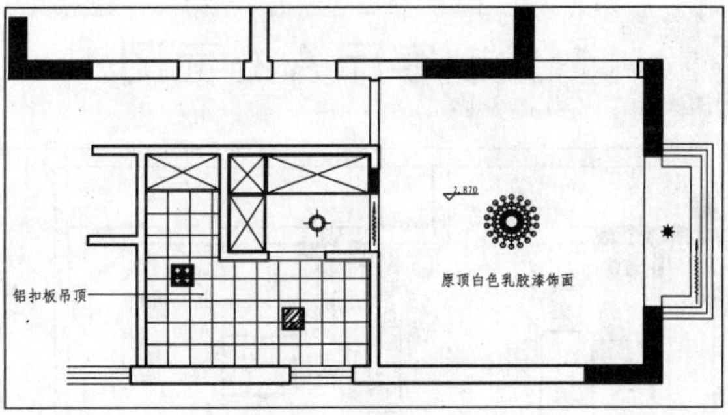

图 8-61　主卧顶棚图

15 调用 OFFSET/O 偏移命令和 LINE/L 直线命令，绘制窗帘盒，如图 8-62 所示。

16 调用 HATCH/H 图案填充命令，对主卫区域填充“用户定义”图案，填充图案和参数如图 8-63 所示。

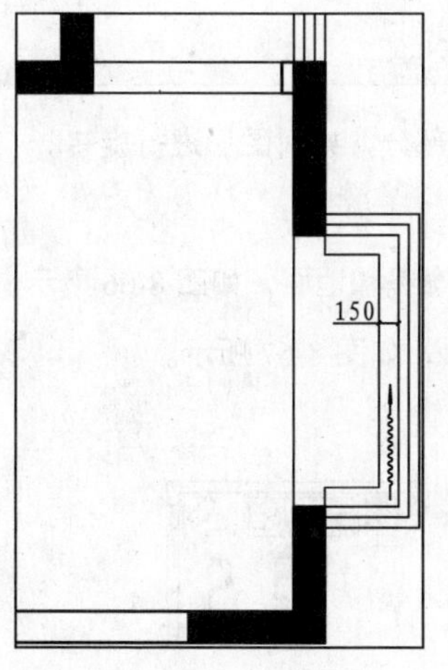

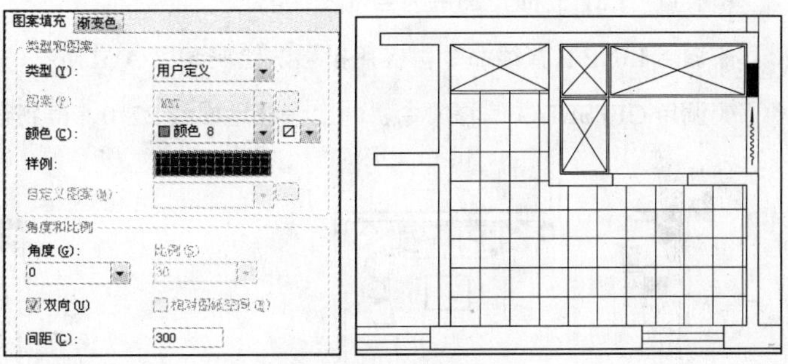

图 8-62　绘制窗帘盒

图 8-63　填充图案和参数

17 从图库中插入灯具图例到顶棚图中，如图 8-64 所示。

18 调用 INSERT/I 插入命令，插入“标高”图块，如图 8-65 所示。

19 调用 MLEADER/MLD 多重引线命令和 MTEXE/MT 多行文字命令，标注顶棚材料名称，完成主卧顶棚图的绘制。

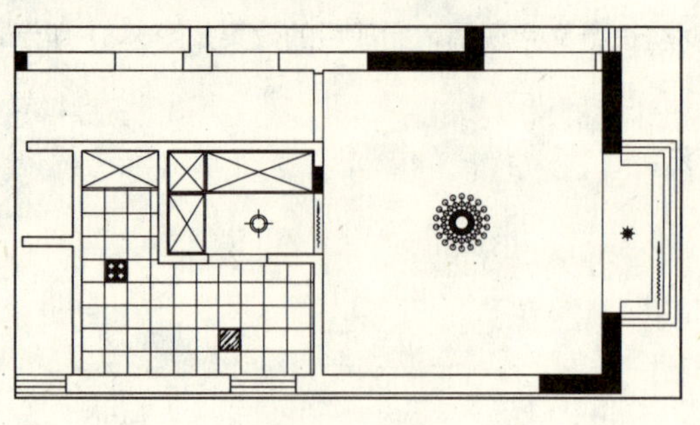

图 8-64　插入灯具

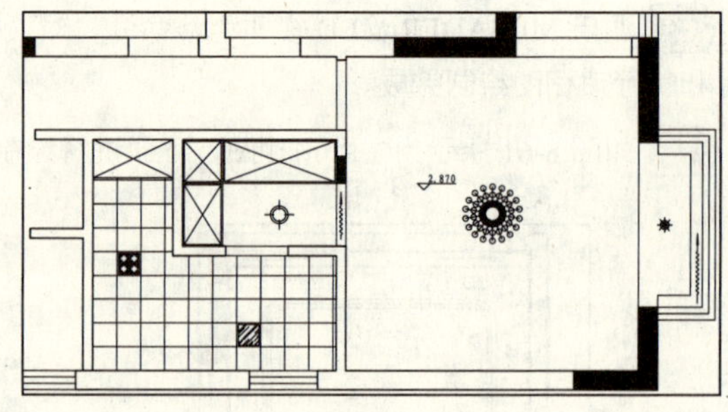

图 8-65　插入图块

103 绘制客厅 A 立面图

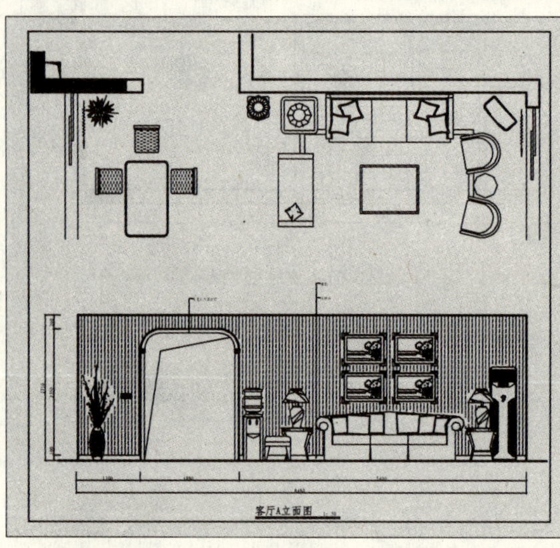

如左图所示为客厅 A 立面图，A 立面图是客厅和餐厅所在的共同立面

文件路径：	目标文件\第 08 章\实例 103.dwg
视频文件：	AVI\第 08 章\103 绘制客厅 A 立面图.avi
播放时长：	0:08:52

01 调用 COPY/CO 复制命令，复制平面布置图上客厅 A 立面的平面部分，并对图形进行旋转。

02 设置“LM_立面”图层为当前图层。

03 调用 LINE/L 直线命令，应用投影法绘制客厅 A 立面左、右侧轮廓线和地面，如图 8-66 所示。

04 调用 OFFSET/O 偏移命令，向上偏移地面线 2710，得到客厅顶面，如图 8-67 所示。

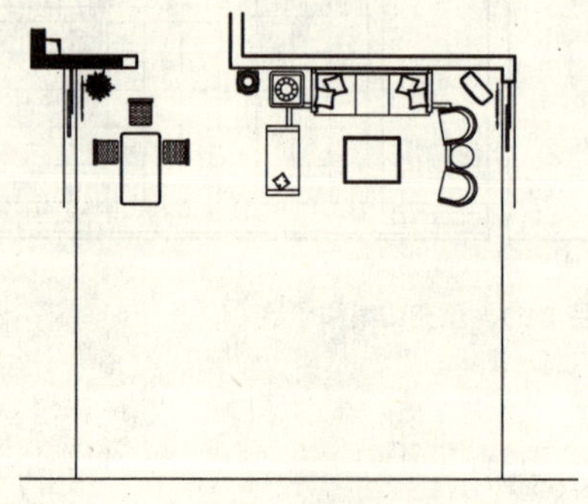

图 8-66　绘制墙体和地面

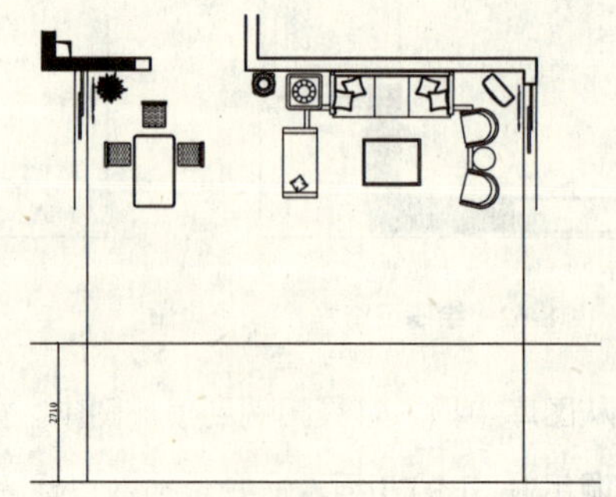

图 8-67　绘制顶面

第 2 篇

05 调用 TRIM/TR 修剪命令，修剪出客厅立面外轮廓，并转换至“QT_墙体”图层，如图 8-68 所示。

06 绘制门廊。调用 PLINE/PL 多段线命令，绘制如图 8-69 所示多段线。

07 调用 FILLET/F 圆角命令，对多段线进行圆角，圆角半径为 380，如图 8-70 所示。

图 8-68　立面外轮廓

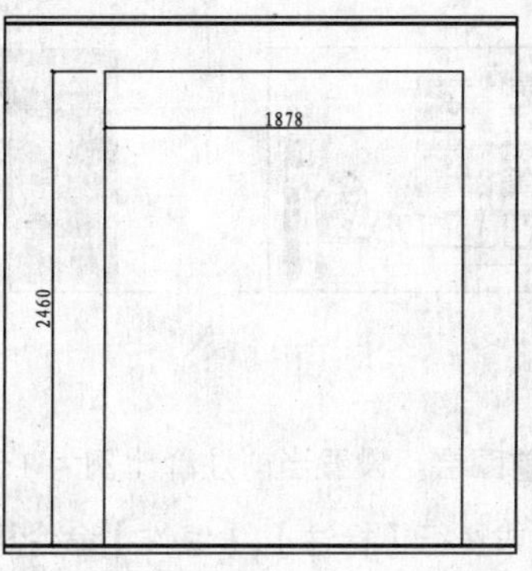

图 8-69　绘制多段线

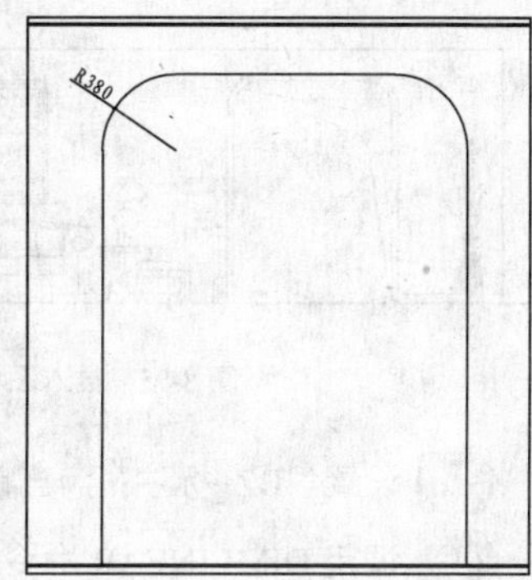

图 8-70　圆角多段线

08 调用 OFFSET/O 偏移命令，间多段线向内偏移 15 和 65，如图 8-71 所示。

09 调用 RECTANG/REC 矩形命令、COPY/CO 复制命令、TRIM/TR 修剪命令和 MOVE/M 移动命令，细化门廊，效果如图 8-72 所示。

10 调用 LINE/L 直线命令，绘制折线，如图 8-73 所示。

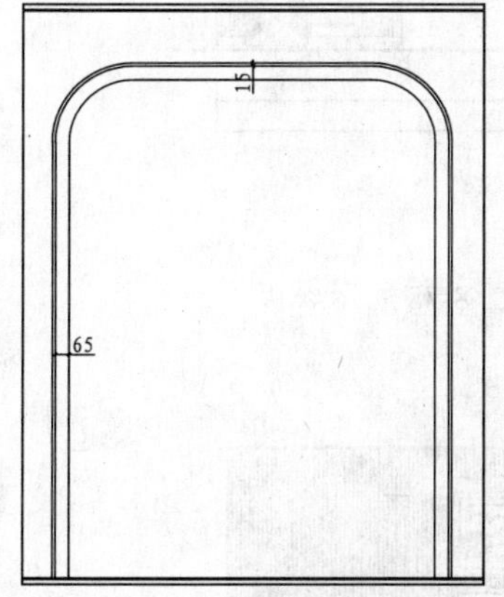

图 8-71　偏移多段线

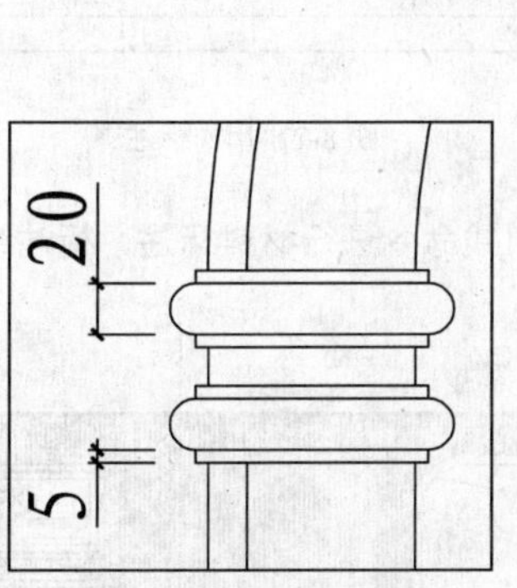

图 8-72　细化拱门

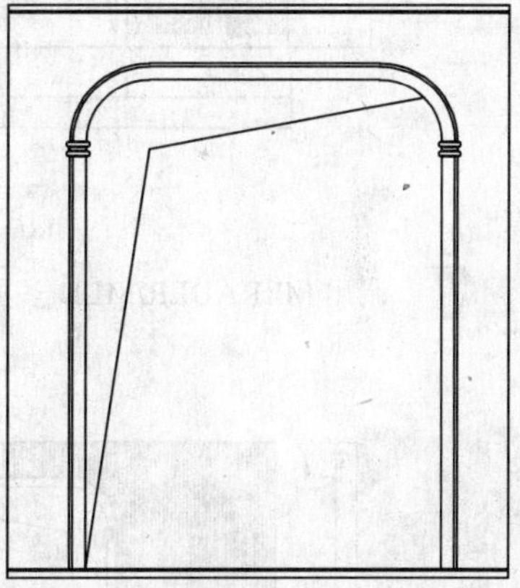

图 8-73　绘制折线

11 调用 LINE/L 直线命令，绘制踢脚线，踢脚线的高度为 100，如图 8-74 所示。

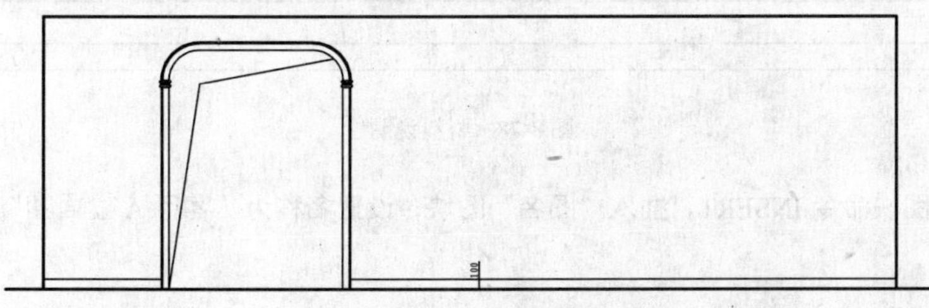

图 8-74　绘制踢脚线

12 插入图块。按 Ctrl+O 快捷键，打开配套光盘提供的“第 08 章\家具图例.dwg”文件，选择其中的装饰物、装饰画、饮水机、沙发、空调和台灯等图块，将其复制至立面区域，并调用 TRIM 命令进行修剪，如图 8-75 所示。

13 调用 HATCH/H 图案填充命令，对沙发墙面填充 BRASS 图案，效果如图 8-76 所示。

图 8-75 插入图块

图 8-76 填充墙面

14 设置“BZ_标注”为当前图层。设置当前注释比例为 1:50。

15 调用 DIMLINEAR 命令或执行【标注】|【线性】命令标注尺寸，本图应该在垂直方向和水平方向分别进行标注，标注结果如图 8-77 所示。

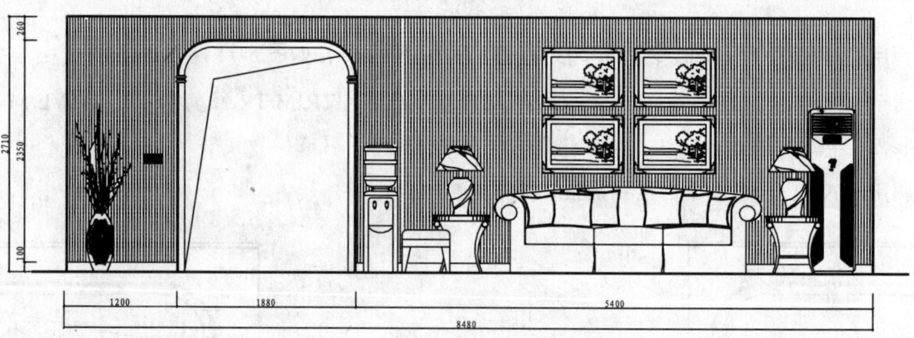

图 8-77 尺寸标注

16 调用 MLRADER/MLD 多重引线命令进行材料标注，标注结果如图 8-78 所示。

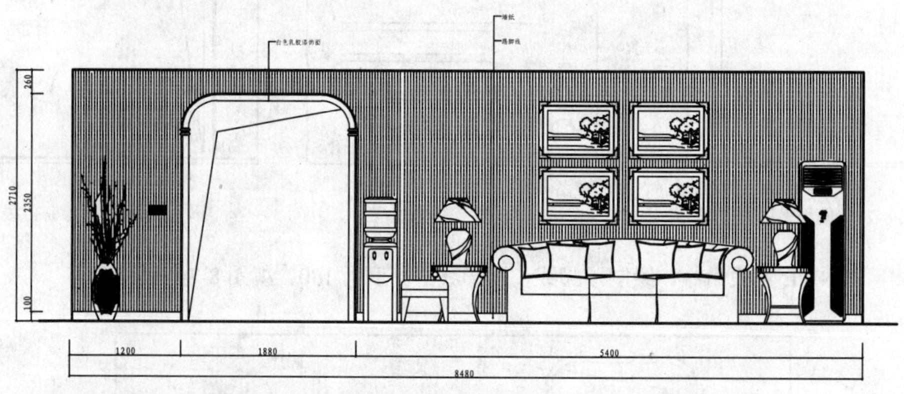

图 8-78 材料说明

17 调用插入图块命令 INSERT，插入“图名”图块，设置名称为“客厅 A 立面图”。客厅 A 立面图绘制完成。

第2篇

104 绘制客厅 C 立面图

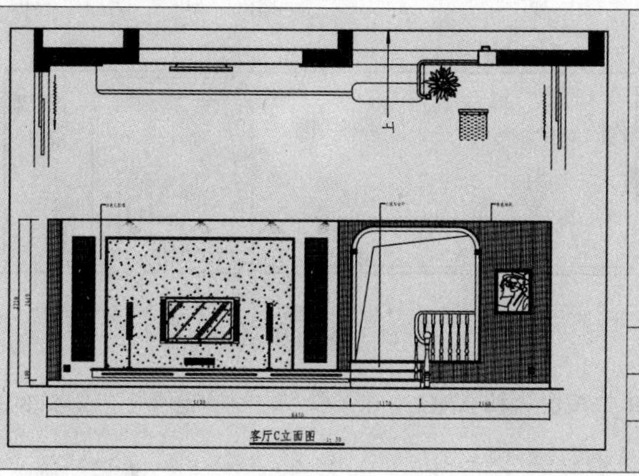

如左图所示为客厅 C 立面图，C 立面是电视和台阶所在的墙面。

文件路径:	目标文件\第 08 章\实例 104.dwg
视频文件:	AVI\第 08 章\104 绘制客厅 C 立面图.avi
播放时长:	0:17:49

01 调用 COPY/CO 复制命令，复制平面布置图上客厅 C 立面的平面部分，并对图形进行旋转。

02 调用 LINE/L 直线命令和 TRIM/TR 修剪命令，绘制 C 立面的基本轮廓，如图 8-79 所示。

03 绘制台阶。调用 LINE/L 直线命令、RECTANG/REC 矩形命令、COPY/CO 复制命令和 ARC/A 圆弧命令，绘制台阶，如图 8-80 所示。

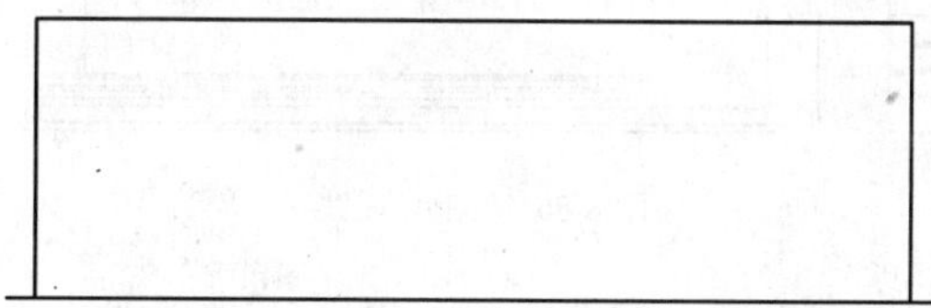

图 8-79　绘制 C 立面基本轮廓

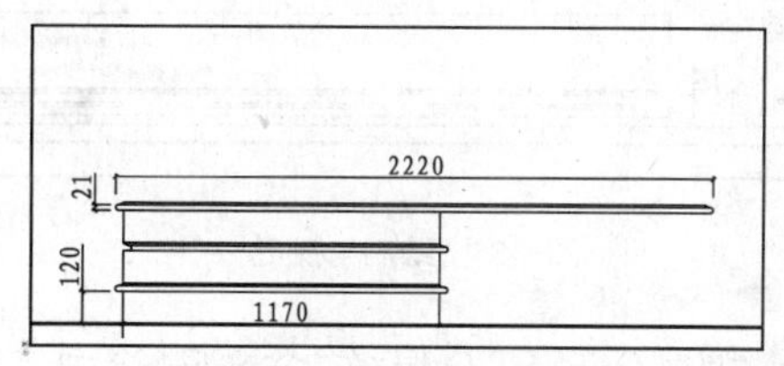

图 8-80　绘制台阶

04 调用 PLNE/PL 多段线命令、OFFSET/O 偏移命令、RECTANG/REC 矩形命令、TRIM/TR 修剪命令和 FILLET/F 圆角命令，绘制门廊，如图 8-81 所示。

05 从图库中插入栏杆图块，对栏杆与台阶重叠的位置进行修剪，并如图 8-82 所示。

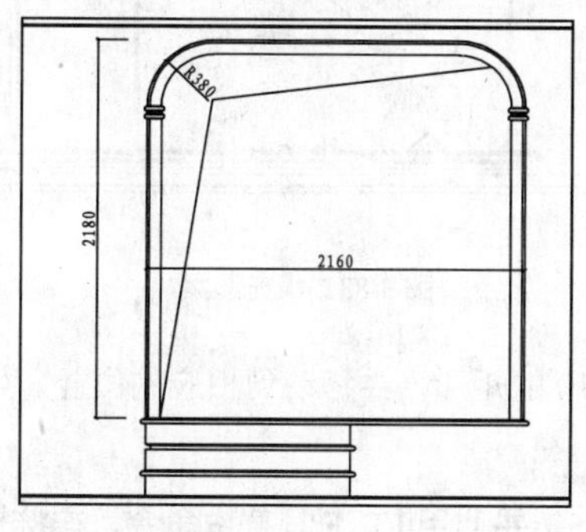

图 8-81　绘制门廊

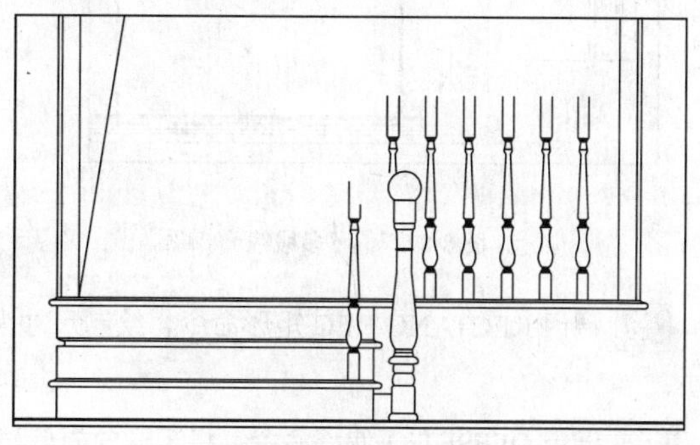

图 8-82　插入楼梯图块

06 调用 PLINE/PL 多段线命令、OFFSET/O 偏移命令和 FILLET/F 圆角命令，绘制扶手，如图 8-83 所

示。

07 调用 LINE/L 直线命令，绘制踢脚线，踢脚线的高度为 100，如图 8-84 所示。

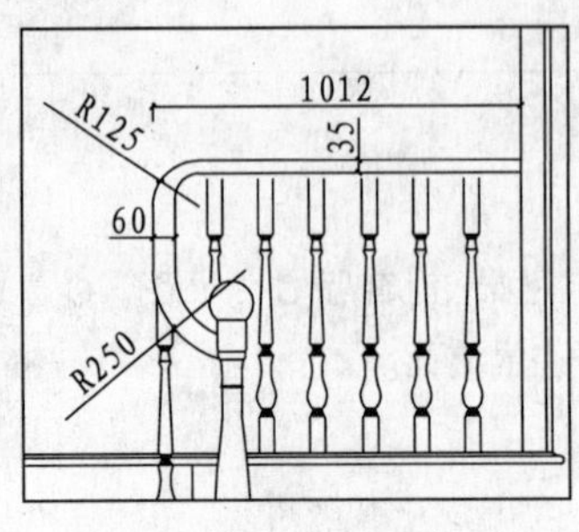

图 8-83 绘制扶手

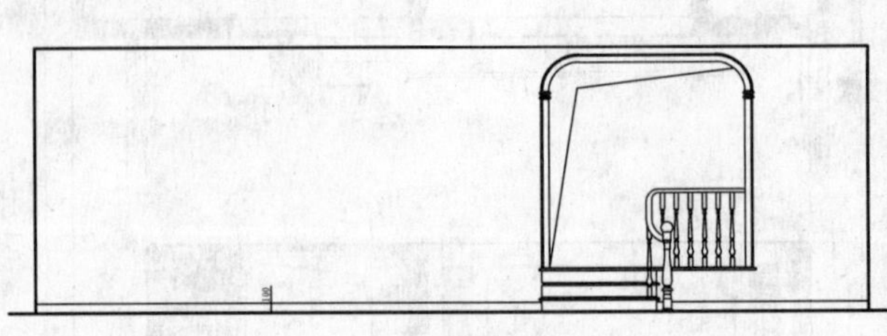

图 8-84 绘制踢脚线

08 调用 RECTANG/REC 矩形命令、TRIM/TR 修剪命令和 ARC/A 圆弧命令，绘制电视柜，如图 8-85 所示。

09 调用 PLINE/PL 多段线命令，绘制如图 8-86 所示多段线。

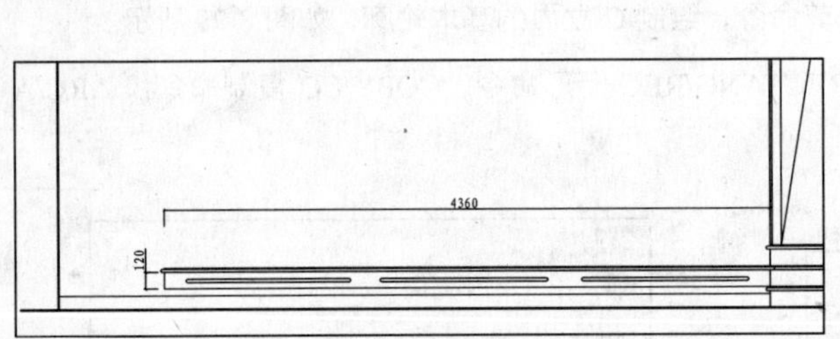

图 8-85 绘制电视柜

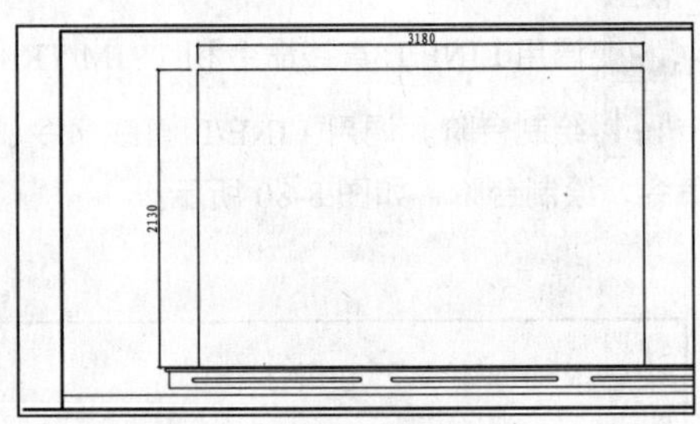

图 8-86 绘制多段线

10 调用 OFFSET/O 偏移命令，将多段线向内偏移 5、20 和 5，并调用 LINE/L 直线命令，连接多段线的交角处，如图 8-87 所示。

11 调用 HATCH/H 图案填充命令，对多段线内填充 AR-CONC 图案，效果如图 8-88 所示。

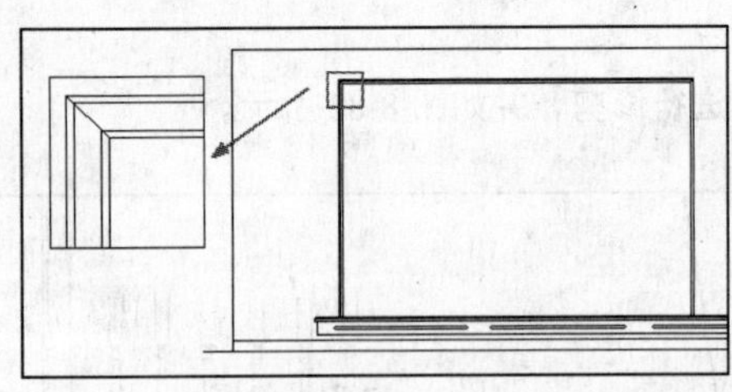

图 8-87 偏移多段线

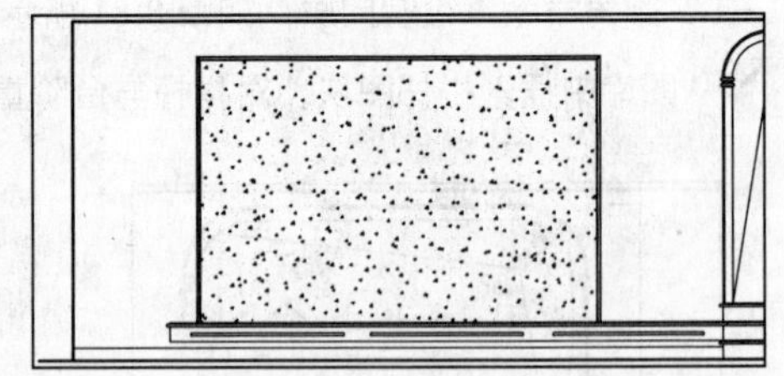

图 8-88 填充图案

12 调用 RECTANG/REC 矩形命令，绘制尺寸为 380×2010 的矩形，并移动到相应的位置，如图 8-89 所示。

13 调用 OFFSET/O 偏移命令，将矩形向内偏移 5、20 和 5，并调用 LINE/L 直线命令，连接矩形的交角处，如图 8-90 所示。

14 调用 HATCH/H 图案命令，对矩形内填充“用户定义”图案，效果如图 8-91 所示。

第 2 篇

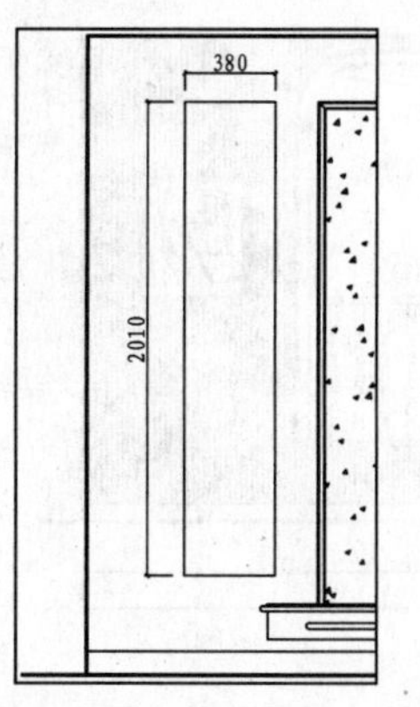

图 8-89　绘制矩形

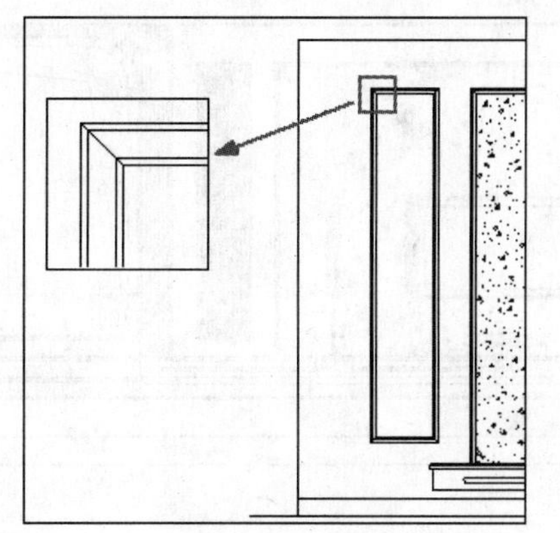

图 8-90　偏移矩形

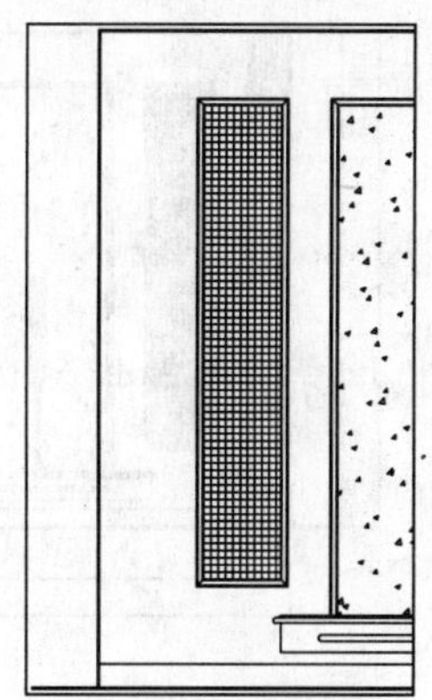

图 8-91　填充图案

15 调用 MIRROR/MI 镜像命令，通过镜像得到另一侧相同的图案，如图 8-92 所示。

16 调用 LINE/L 直线命令和 OFFSET/O 偏移命令，绘制如图 8-93 所示线段。

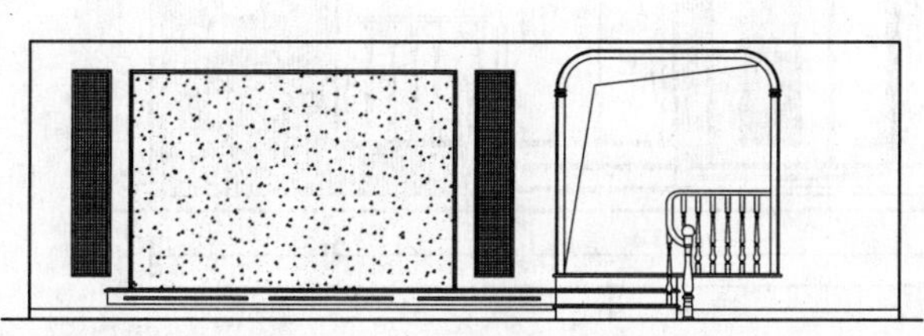

图 8-92　镜像图形

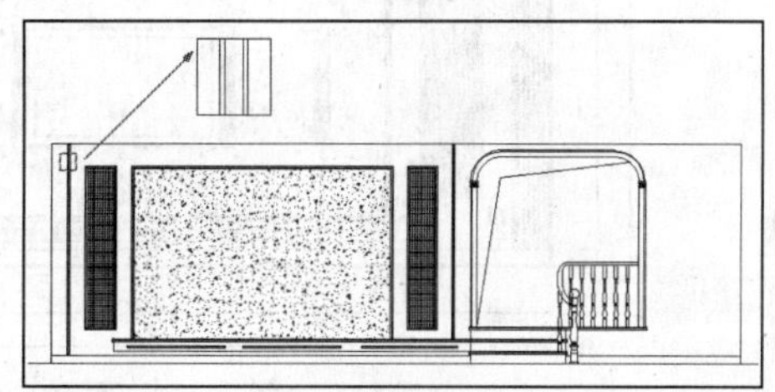

图 8-93　绘制线段

17 调用 HATCH/H 图案填充命令，对墙面填充 BRASS 图案，效果如图 8-94 所示。

18 从图库中插入电视、音响、插座、壁灯、射灯和装饰画等图块到立面图中，并进行修剪，效果如图 8-95 所示。

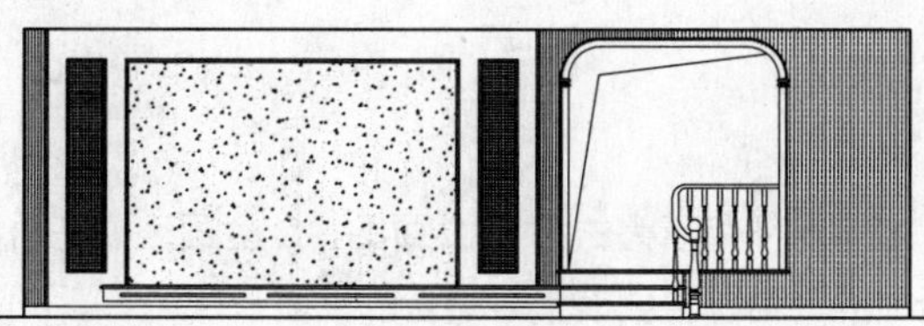

图 8-94　填充墙面图案

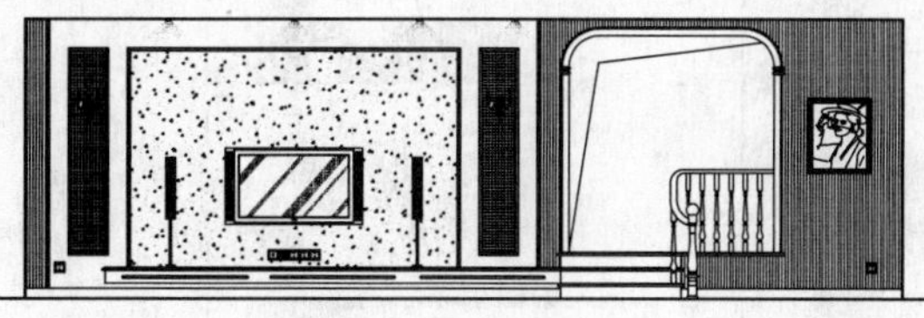

图 8-95　插入图块

19 设置“BZ_标注”为当前图层。设置当前注释比例为 1:50。

20 调用 DIMLINEAR 命令或执行【标注】|【线性】命令标注尺寸，本图应该在垂直方向和水平方向分别进行标注，标注结果如图 8-96 所示。

21 调用 MLRADER/MLD 多重引线命令进行材料标注，标注结果如图 8-97 所示。

22 调用插入图块命令 INSERT，插入“图名”图块，设置名称为“客厅 C 立面图”。客厅 C 立面图绘制完成。

第 8 章

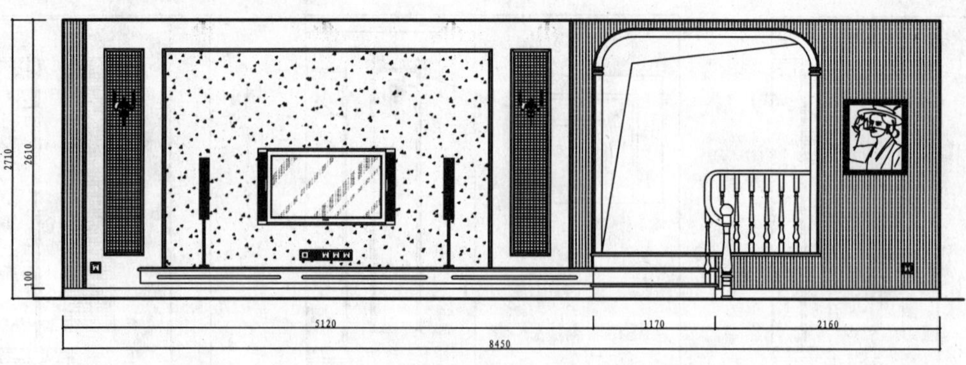

图 8-96　尺寸标注

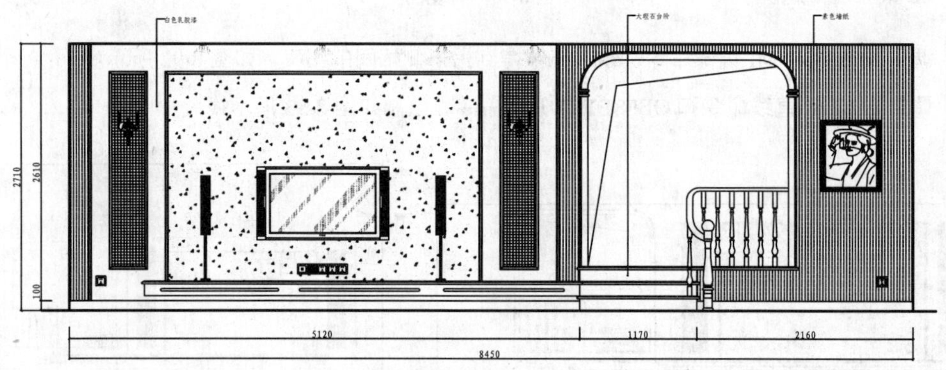

图 8-97　文字标注

第 2 篇

105 绘制玄关 D 立面图

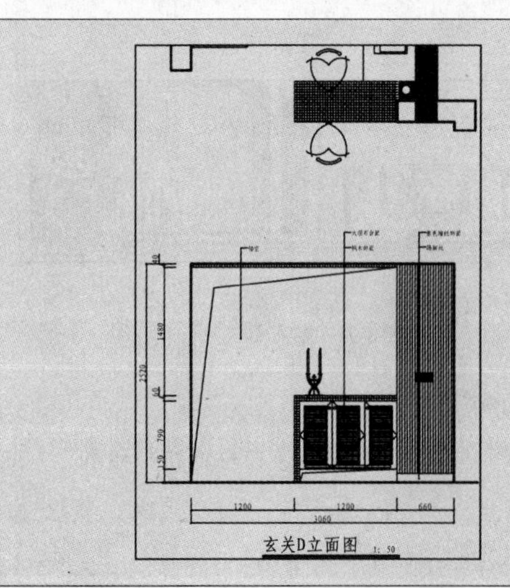

如左图所示为玄关 D 立面图，D 立面图是吧台所在的立面，主要表达了吧台的立面做法。

文件路径:	目标文件\第 08 章\实例 105.dwg
视频文件:	AVI\第 08 章\105 绘制玄关 D 立面图.avi
播放时长:	0:08:47

01 调用 COPY/CO 复制命令，复制平面布置图上 D 立面的平面部分，并对图形进行旋转。

02 调用 LINE/L 直线命令和 TRIM/TR 修剪命令，绘制 D 立面的基本轮廓，如图 8-98 所示。

03 调用 PLINE/PL 多段线命令，绘制多段线，如图 8-99 所示。

图 8-98　绘制 D 立面的基本轮廓

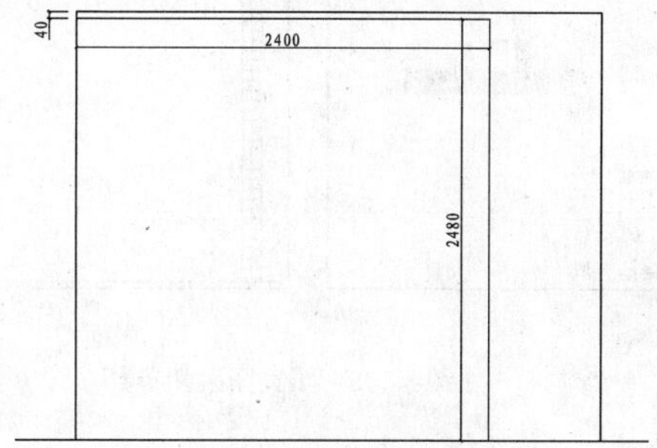

图 8-99　绘制多段线

04 调用 LINE/L 直线命令，绘制踢脚线，踢脚线的高度为 100，如图 8-100 所示。

05 调用 HATCH/H 图案填充命令，在多段线内填充 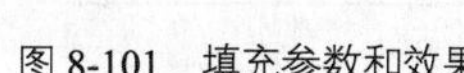 图案，填充参数和效果如图 8-101 所示。

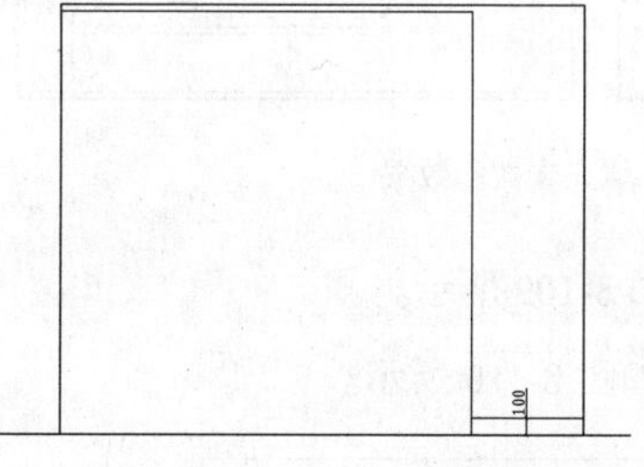

图 8-100　绘制踢脚线

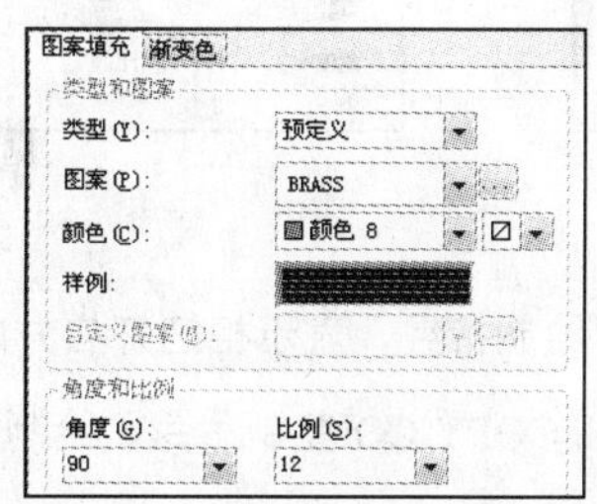

图 8-101　填充参数和效果

06 调用 LINE/L 直线命令，绘制折线，如图 8-102 所示。

07 绘制吧台。调用 PLINE/PL 多段线命令，绘制吧台轮廓，如图 8-103 所示。

08 调用 OFFSET/O 偏移命令，将多段线向内偏移 60，如图 8-104 所示。

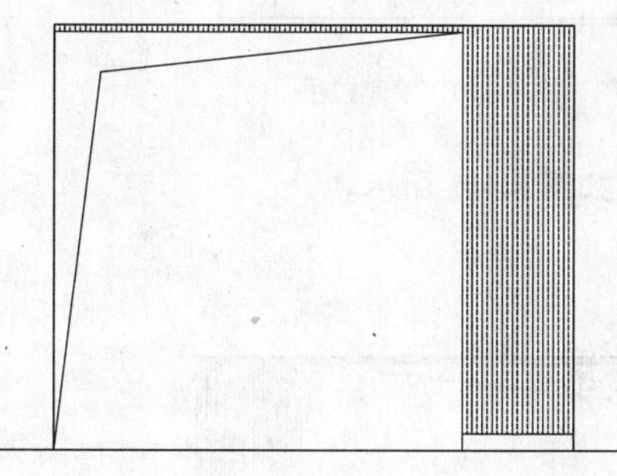

图 8-102　绘制折线

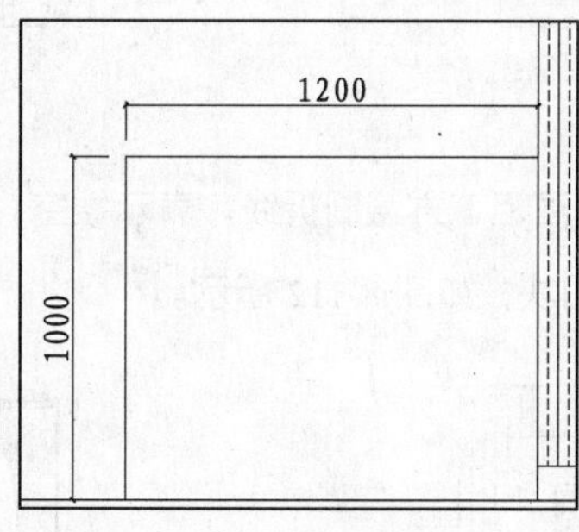

图 8-103　绘制多段线

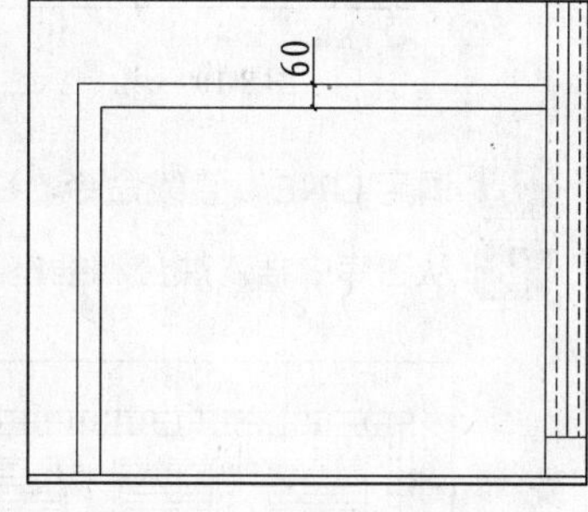

图 8-104　偏移多段线

09 调用 HATCH/H 图案填充命令，在多段线内填充“用户定义”图案，填充图案和参数如图 8-105 所示。

10 调用 LINE/L 直线命令，划分酒柜，如图 8-106 所示。

11 调用和 RECTANG/矩形命令和 OFFSET/O 偏移命令，绘制酒柜的面板，如图 8-107 所示。

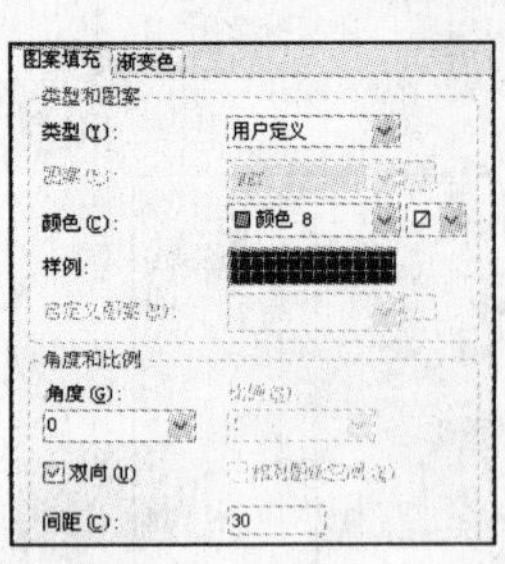

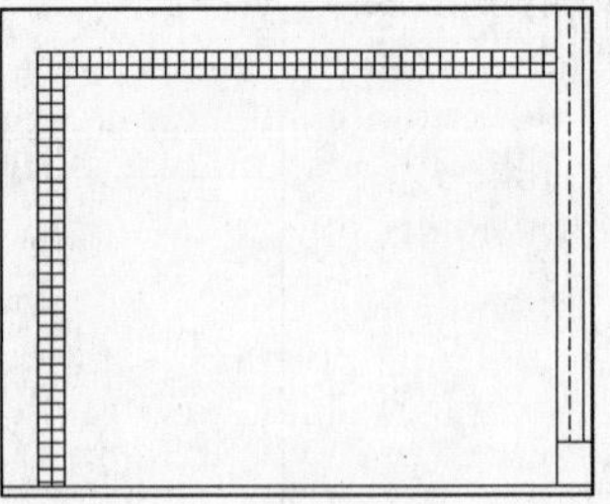

图 8-105 填充图案和参数

图 8-106 绘制线段

12 调用 HATCH/H 图案填充命令，在面板填充 LINE 图案，如图 8-108 所示。

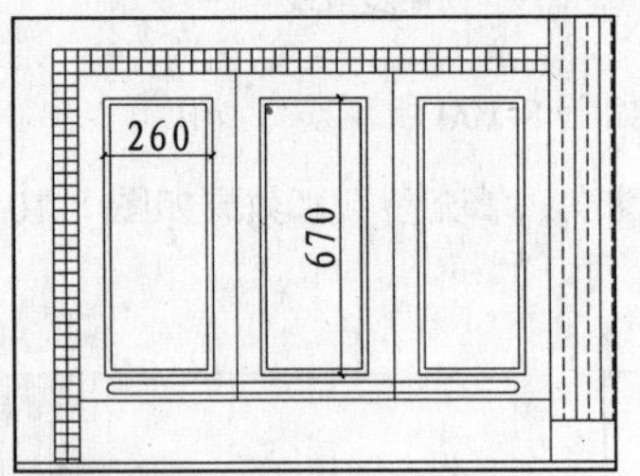

图 8-107 绘制酒柜的面板

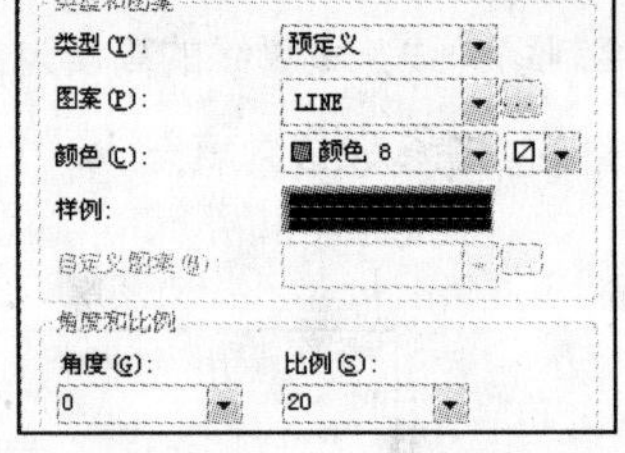

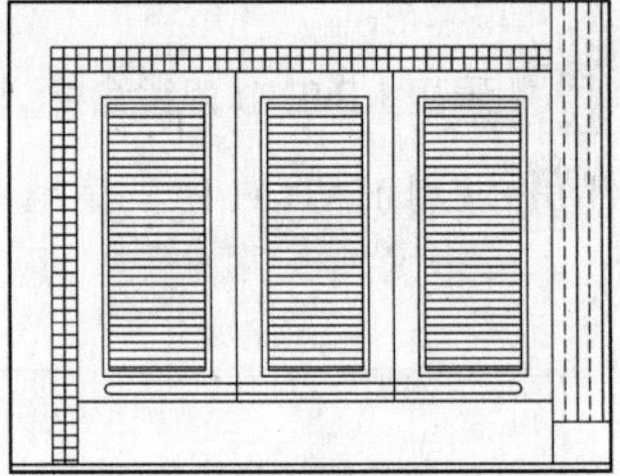

图 8-108 填充参数和效果

13 调用 LINE/L 直线命令，绘制折线，表示柜门开启方向，如图 8-109 所示。

14 调用 CIRCLE/C 圆命令和 COPY/CO 复制命令，绘制拉手，如图 8-110 所示。

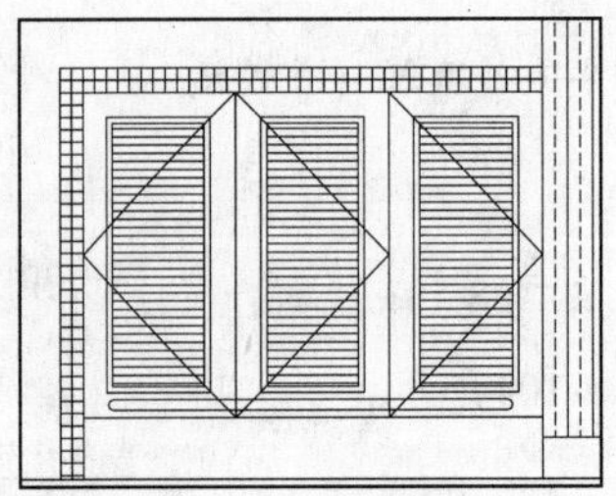

图 8-109 绘制折线

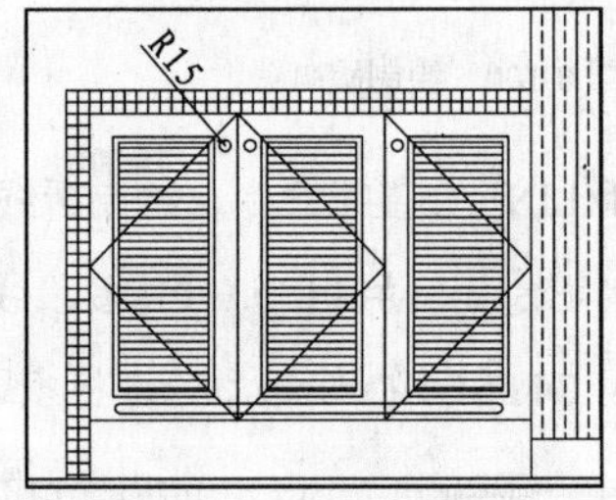

图 8-110 绘制拉手

15 调用 LINE/L 直线命令，在酒柜下方绘制折线，表示镂空，如图 8-111 所示。

16 从图库中插入烛台和插座图块，如图 8-112 所示。

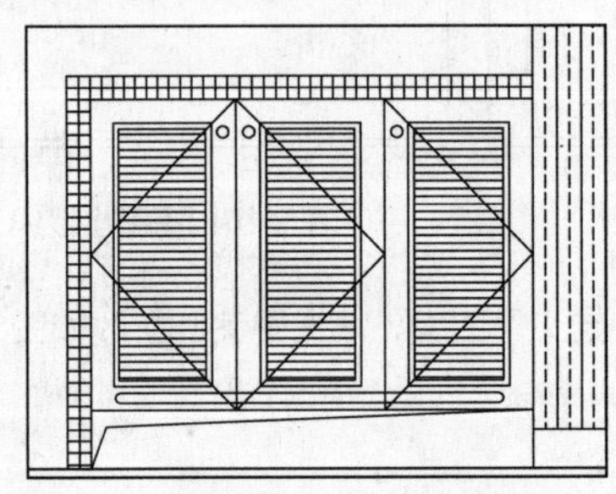

图 8-111 绘制折线

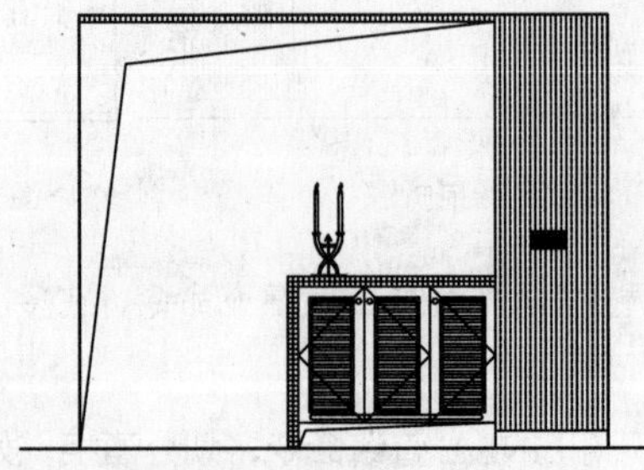

图 8-112 插入图块

17 调用 DIMLINEAR/DLI 线性命令，进行尺寸标注，如图 8-113 所示。

18 调用 MLEADER/MLD 多重引线命令，对立面材料进行文字注释，如图 8-114 所示。

19 调用 INSERT/I 插入命令，插入“图名”图块，完成玄关 D 立面图的绘制。

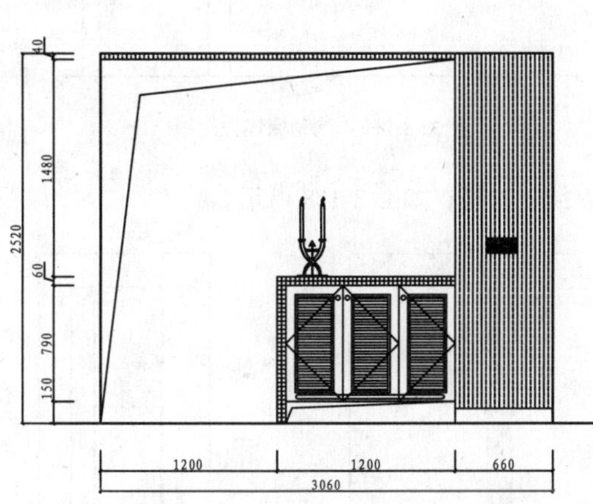

图 8-113　尺寸标注

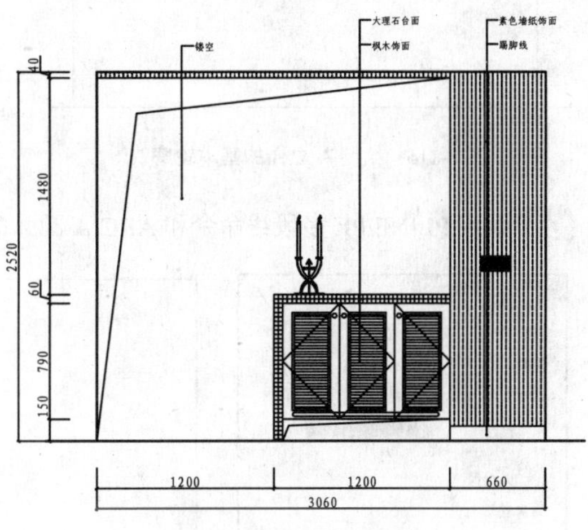

图 8-114　文字注释

106 绘制次卧一 A 立面图

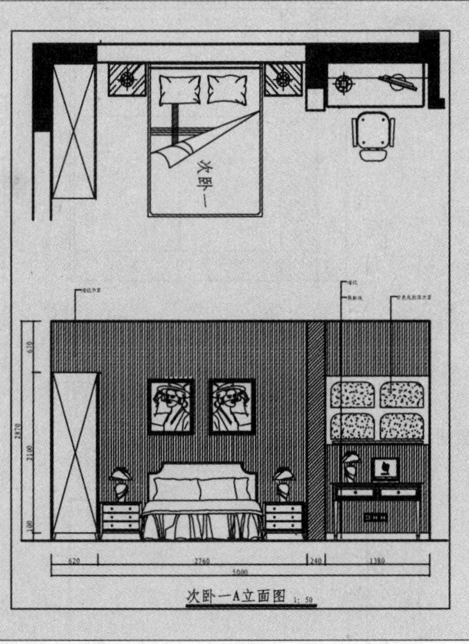

如左图所示为次卧一 A 立面图，A 立面是床背景和书桌所在的墙面，主要表达了它们的做法和相互之间的位置关系。

文件路径:	目标文件\第 08 章\实例 106.dwg
视频文件:	AVI\第 08 章\106 绘制次卧一 A 立面图.avi
播放时长:	0:08:52

01 调用 COPY/CO 复制命令，复制平面布置图上次卧一 A 立面的平面部分，并对图形进行旋转。

02 调用 LINE/L 直线命令和 TRIM/TR 修剪命令，绘制 A 立面的基本轮廓，如图 8-115 所示。

03 继续调用 LINE/L 直线命令和 TRIM/TR 修剪命令，绘制墙体投影线，如图 8-116 所示。

04 调用 HATCH/H 图案填充命令，在墙体内填充 ANSI31 图案，填充参数和效果如图 8-117 所示。

图 8-115　绘制 A 立面的基本轮廓，

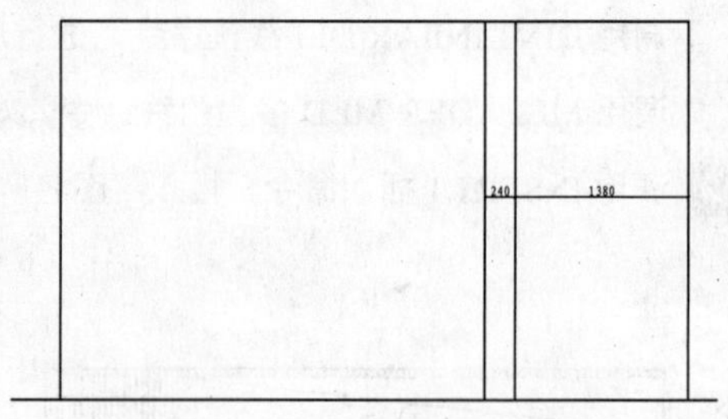

图 8-116　绘制墙体投影线

05 调用 PLINE/PL 多段线命令和 ARC/A 圆弧命令，绘制衣柜，如图 8-118 所示。

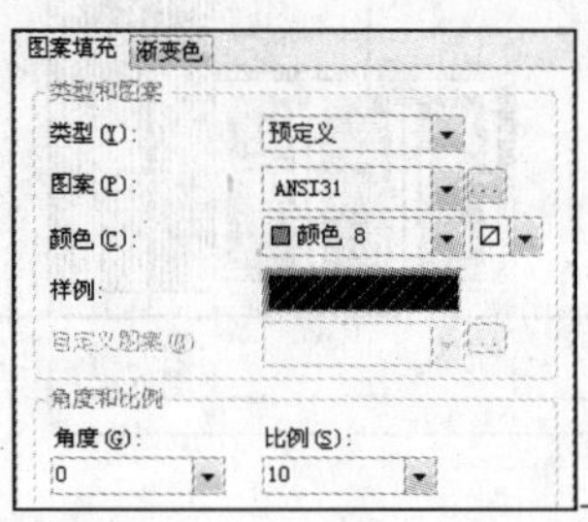

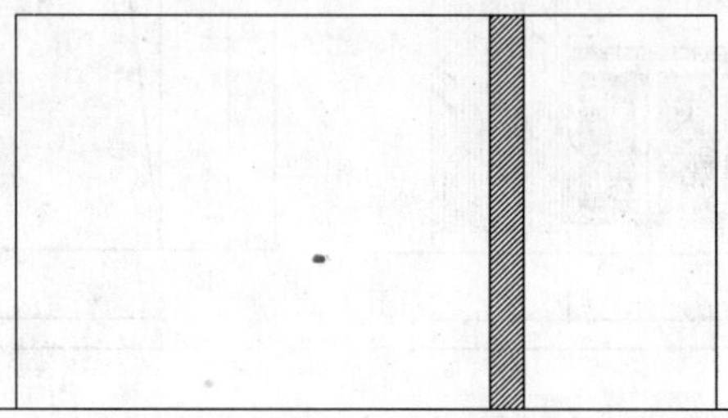

图 8-117　填充参数和效果

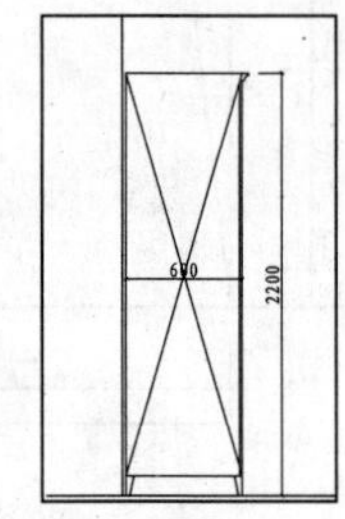

图 8-118　绘制衣柜

06 调用 LINE/L 直线命令，绘制踢脚线，踢脚线的高度为 100，如图 8-119 所示。

07 调用 LINE/L 直线命令和 OFFSET/O 偏移命令，绘制线段，如图 8-120 所示。

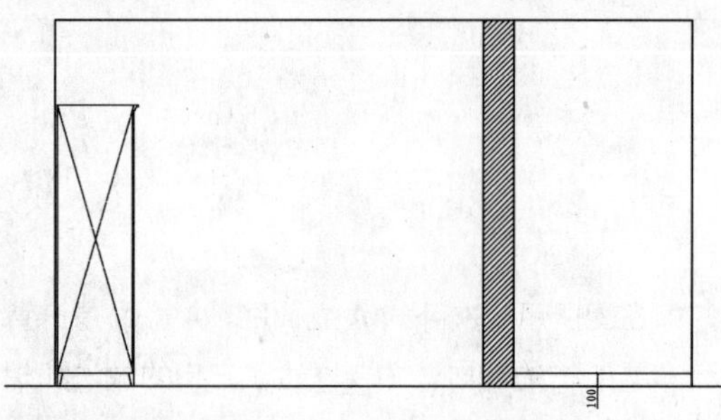

图 8-119　绘制踢脚线

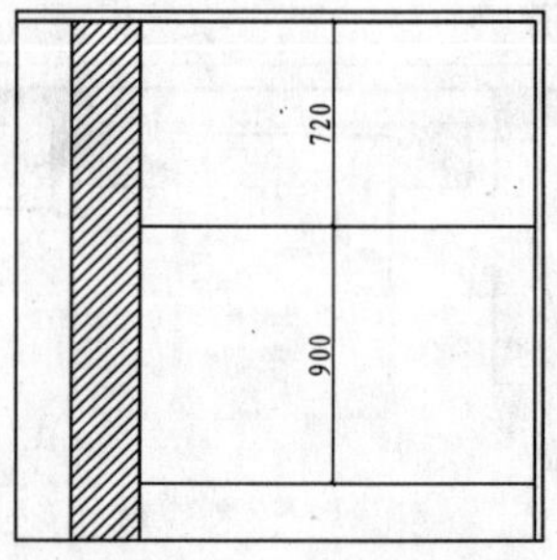

图 8-120　绘制线段

08 调用 RECTANG/REC 矩形命令，在线段内绘制尺寸为 570×330 的矩形，如图 8-121 所示。

09 调用 FILLET/F 圆角命令，对矩形进行圆角，圆角半径为 120，如图 8-122 所示。

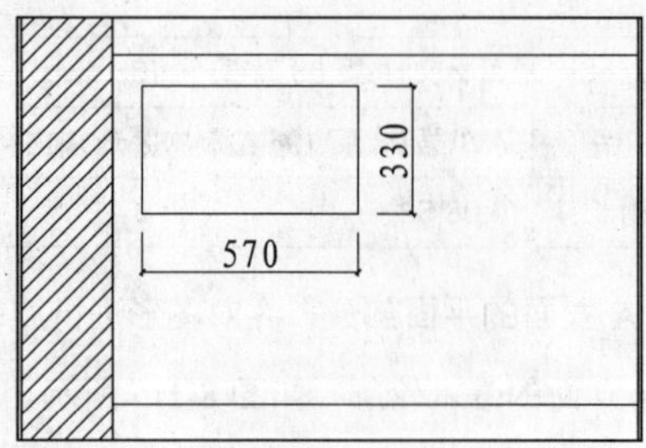

图 8-121　绘制矩形

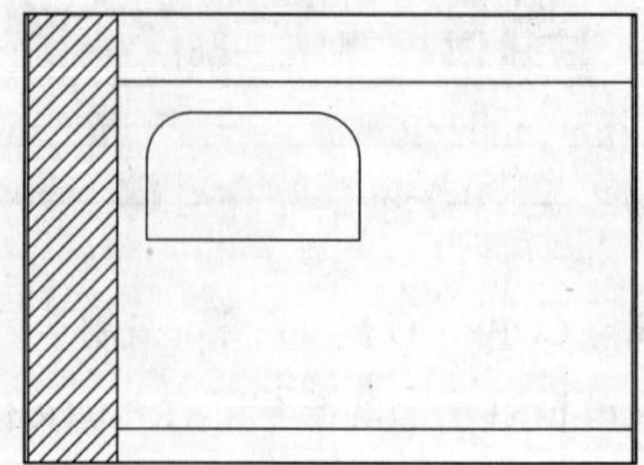

图 8-122　圆角

10 调用 HATCH/H 图案填充命令，在矩形内填充 AR-CONC 图案，填充参数和效果如图 8-123 所示。

11 调用 COPY/CO 复制命令，将绘制的图形进行复制，如图 8-124 所示。

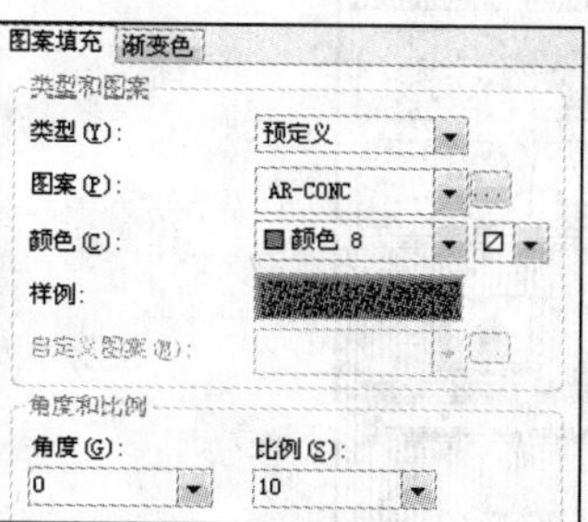

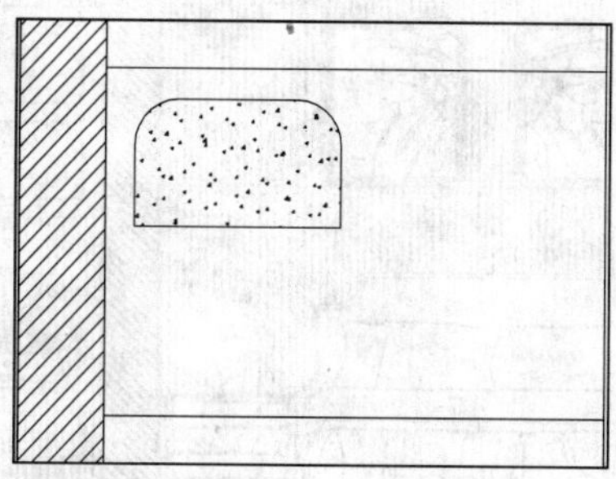

图 8-123　填充参数和效果

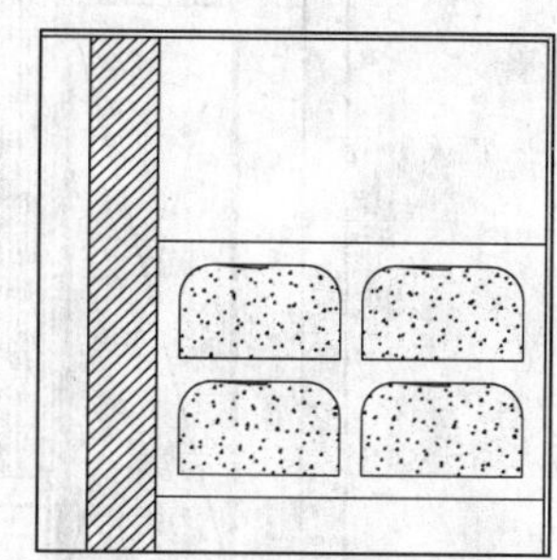

图 8-124　复制图形

12 调用 RECTANG/REC 矩形命令，在复制的图形下方绘制尺寸为 1200×25，圆角半径为 12.5 的圆角矩形，如图 8-125 所示。

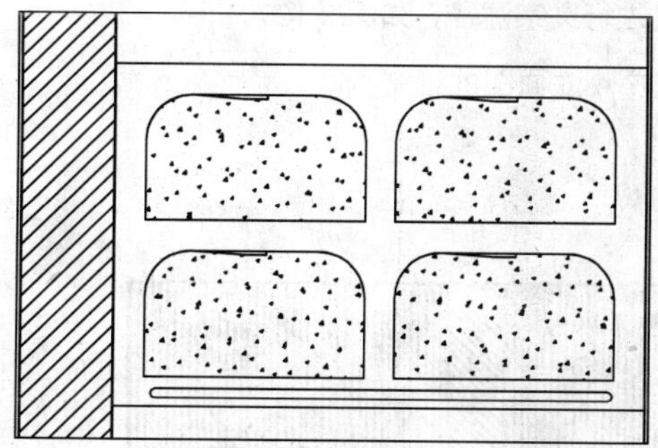

图 8-125　绘制圆角矩形

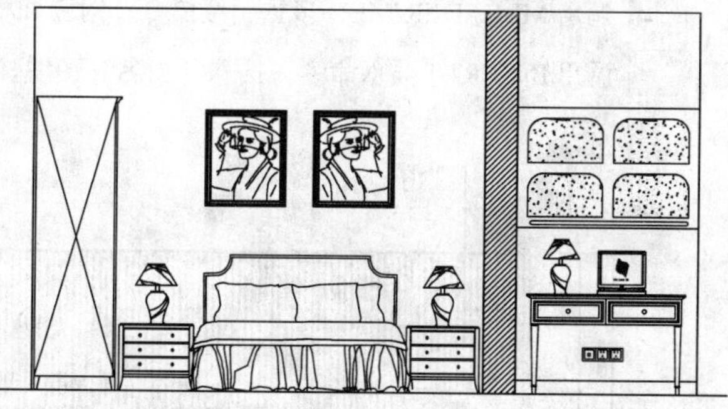

图 8-126　插入图块

13 从图库中插入床、床头柜、装饰画、书桌和电脑等图形到立面图中，并进行修剪，如图 8-126 所示。

14 调用 HATCH/H 图案填充命令，在墙面填充 BRASS 图案，如图 8-127 所示。

图 8-127　填充墙面

15 调用 DIMLINEAR/DLI 线性命令，进行尺寸标注，如图 8-128 所示。

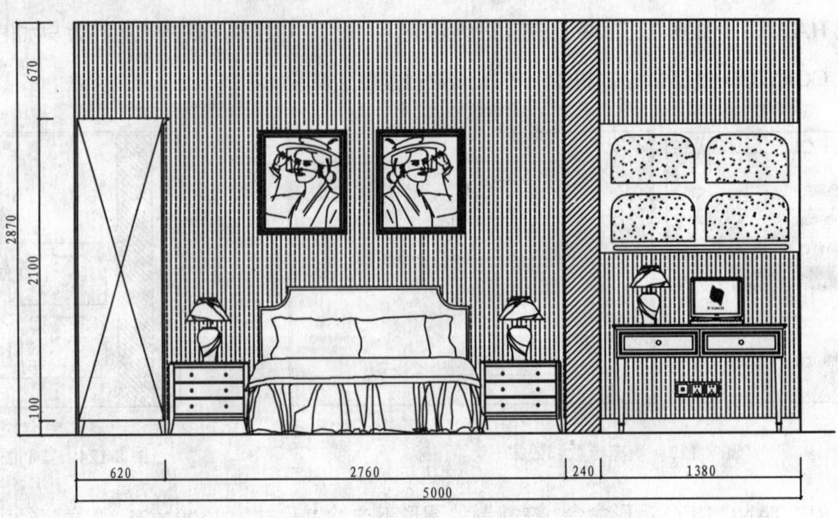

图 8-128　尺寸标注

16 调用 MLEADER/MLD 多重引线命令，对立面材料进行文字注释，如图 8-129 所示。

17 调用 INSERT/I 插入命令，插入“图名”图块，完成 A 立面图的绘制。

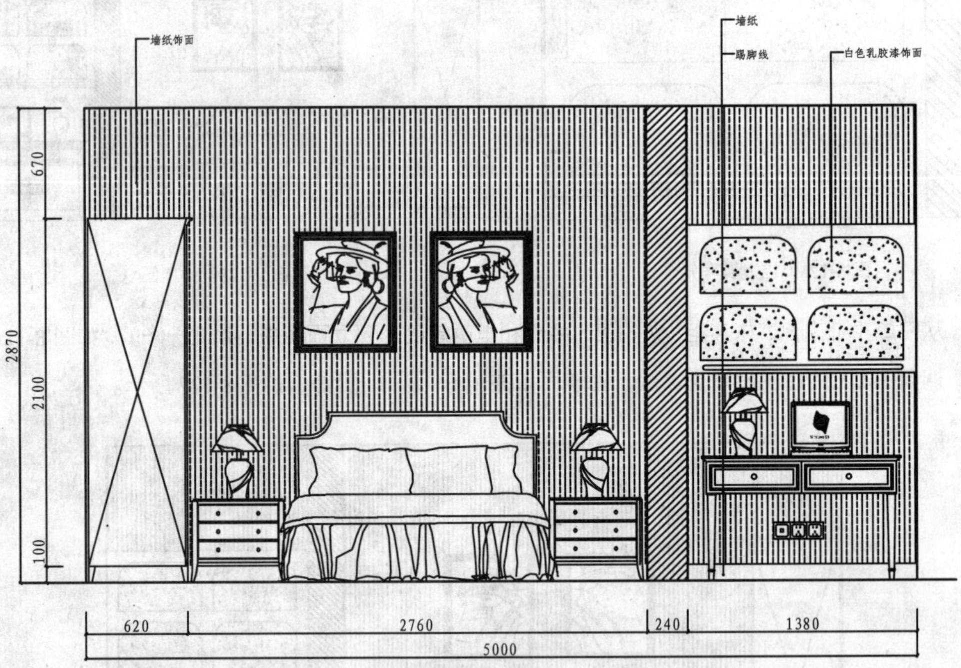

图 8-129　文字注释

第 9 章

中式风格别墅室内设计

中式风格主要体现在传统家具、装饰品及黑、红为主的装饰色彩上。室内多采用对称式的布局方式，格调高雅，造型简朴优美，色彩浓重而成熟。中国传统室内装饰艺术的特点是总体布局对称均衡，端正稳健，而在装饰细节上崇尚自然情趣，花鸟、鱼虫等精雕细琢，富于变化，充分体现出中国传统美学精神。本章以别墅为例讲解中式风格别墅施工图的绘制方法。

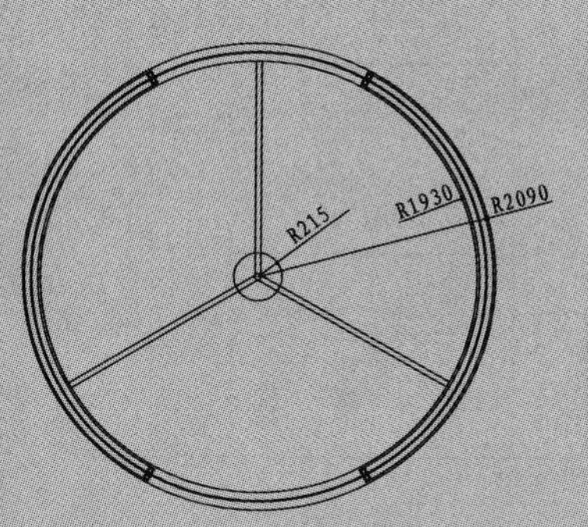

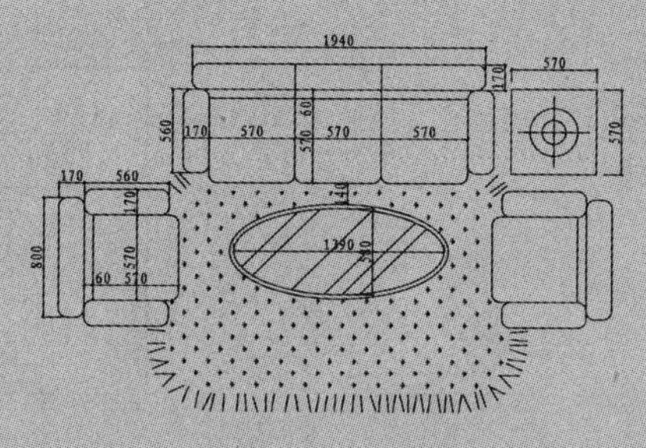

107 绘制别墅原始户型图

实例描述：	本例别墅一共三层，本实例介绍二层原始户型图的绘制方法，最终完成效果如图 9-1 所示。
文件路径：	目标文件\第 09 章\实例 107.dwg
视频文件：	AVI\第 079 章\107 绘制别墅原始户型图.avi
播放时长：	0:20:14

01 启动 AutoCAD 2012，以“室内装潢施工图模板.dwt”创建新图形。

02 这里讲解使用多段线命令绘制轴网的方法，图 9-2 所示是别墅二层完整的轴网图。

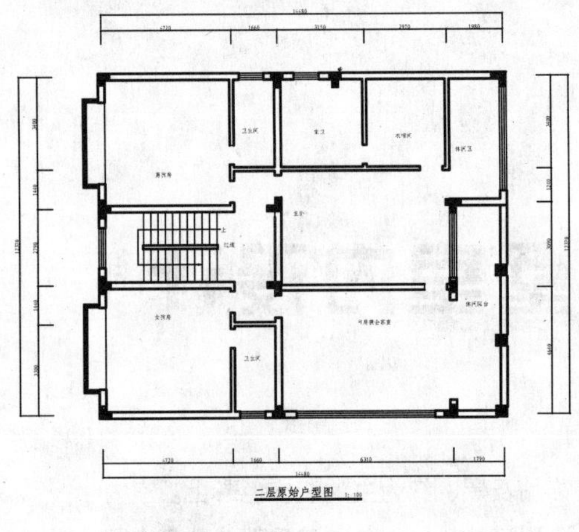

图 9-1　别墅二层原始户型图

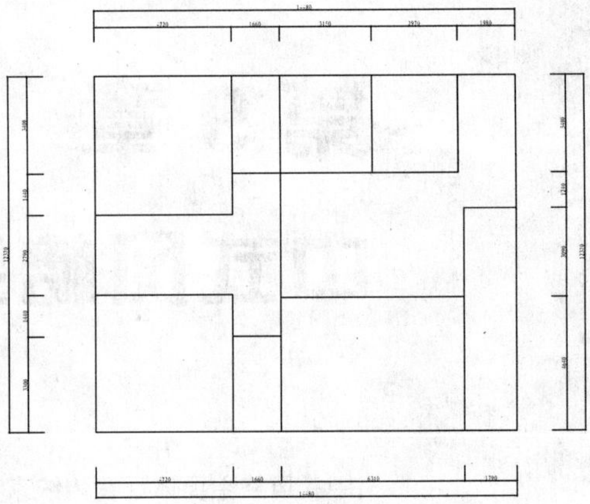

图 9-2　轴网

03 设置“ZX_轴线”图层为当前图层。

04 调用 RECTANG/REC 矩形命令，绘制尺寸为 14480×12370 的矩形作为外部轴线轮廓，如图 9-3 所示。

05 绘制内部轴网。找到需要分隔的房间，调用 PLINE/PL 多段线命令绘制，结果如图 9-4 所示。

图 9-3　绘制矩形

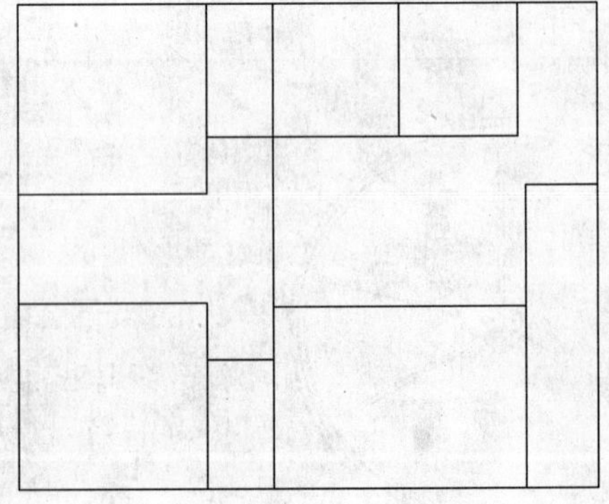

图 9-4　绘制内部轴线

06 设置“BZ_标注”图层为当前图层。

07 调用 DIMLINEAR/DLI 线性命令，标注尺寸，如图 9-2 所示。

08 设置“QT_墙体”图层为当前图层。

09 调用 MLINE/ML 多线命令，绘制墙体，墙体绘制完后，调用 CHAMFER/CHA 倒角命令和 TRIM/TR 修剪命令，修剪墙体，效果如图 9-5 所示。

10 调用 LINE/L 直线命令和 HATCH/H 图案填充命令，绘制承重墙，效果如图 9-6 所示。

11 调用 RECTANG/REC 矩形命令、COPY/CO 复制命令和 HATCH/H 图案填充命令，绘制柱子，效果如图 9-7 所示。

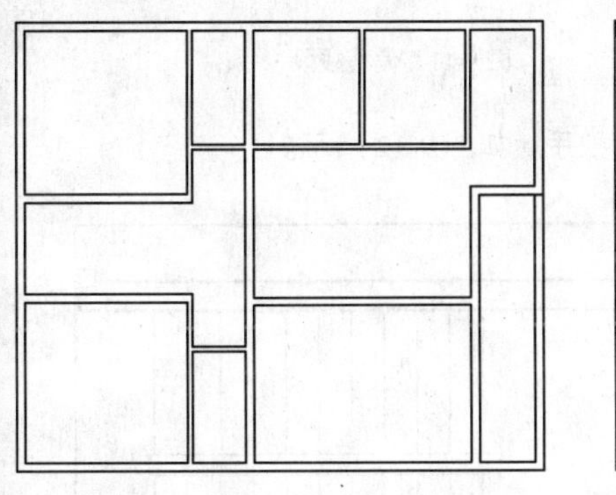

图 9-5　绘制墙体

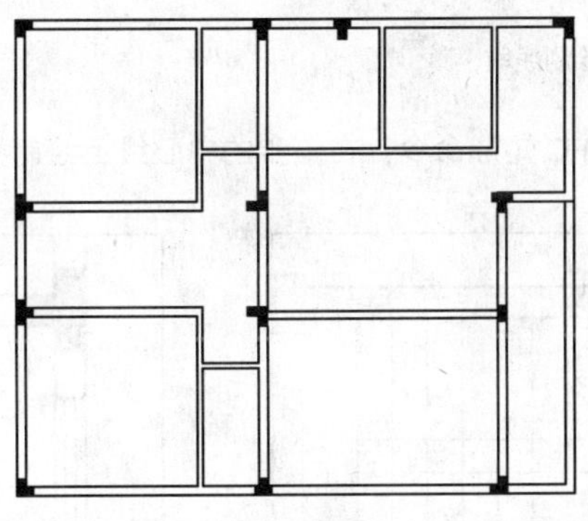

图 9-6　绘制承重墙

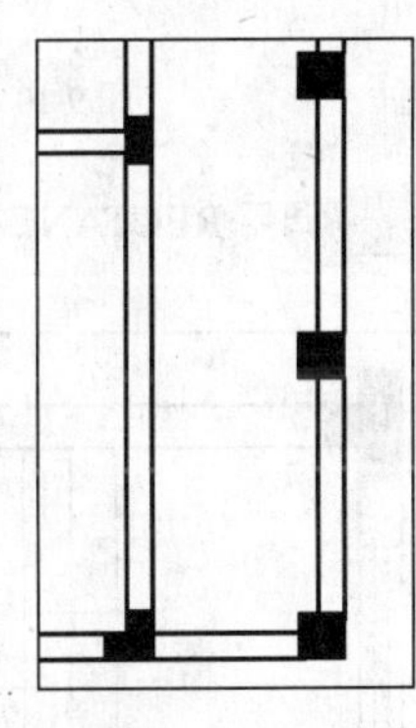

图 9-7　绘制柱子

12 调用 PLINE/PL 多段线命令和 TRIM/TR 修剪命令，开门洞和窗洞，如图 9-8 所示。

13 绘制窗。调用 LINE/L 直线命令、PLINE/PL 多段线命令和 OFFSET/O 偏移命令，绘制窗，效果如图 9-9 所示。

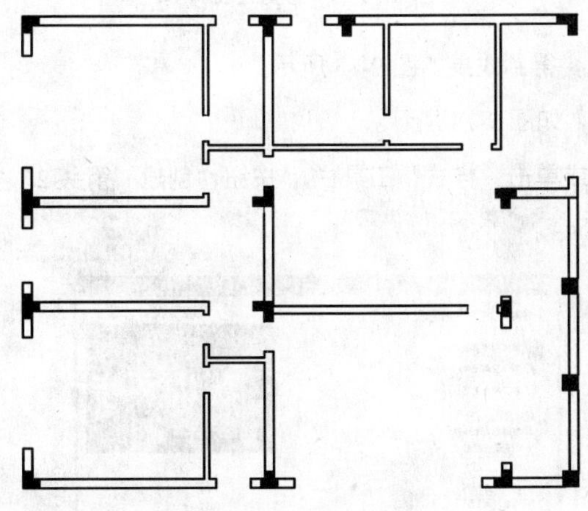

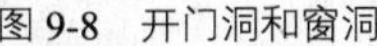

图 9-8　开门洞和窗洞

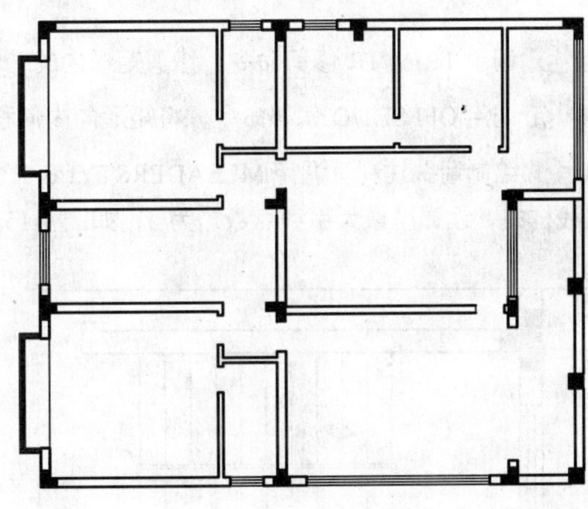

图 9-9　绘制窗

14 设置“LT_楼梯”图层为当前图层。

15 调用 LINE/L 直线命令，绘制楼板边界线，如图 9-10 所示。

16 调用 OFFSET/O 偏移命令，向左偏移刚才绘制的线段，偏移距离为 268（每一踏面宽为 268mm），偏移次数为 10 次，得到踏步平面图形，如图 9-11 所示。

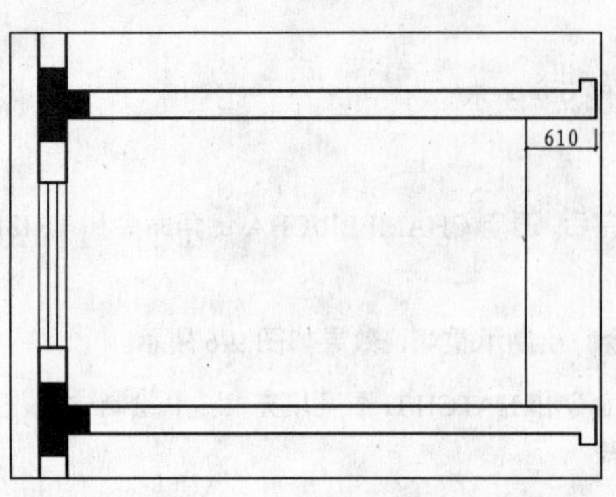

图 9-10　绘制线段

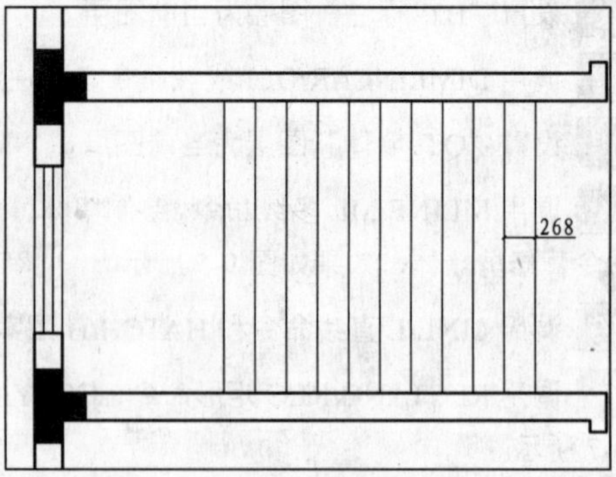

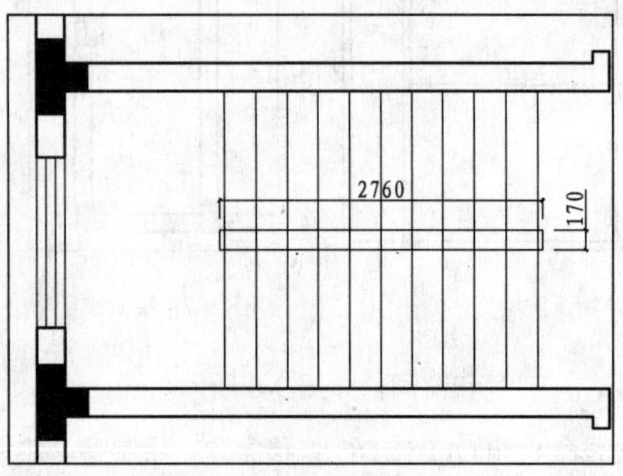

图 9-11　偏移线段

17 调用 RECTANG/REC 矩形命令，在踏步的中心线上绘制扶手，如图 9-12 所示。

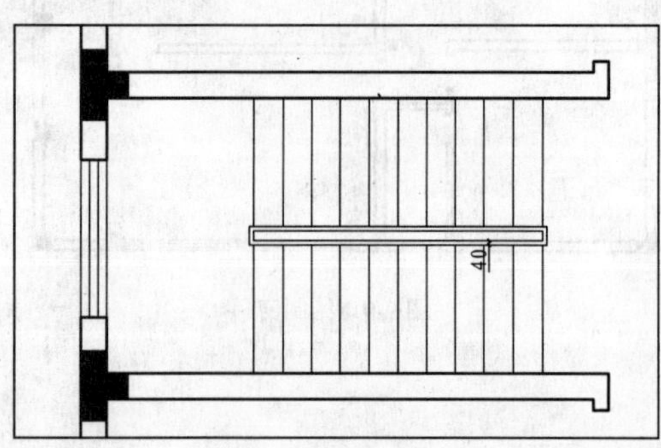

图 9-12　绘制矩形

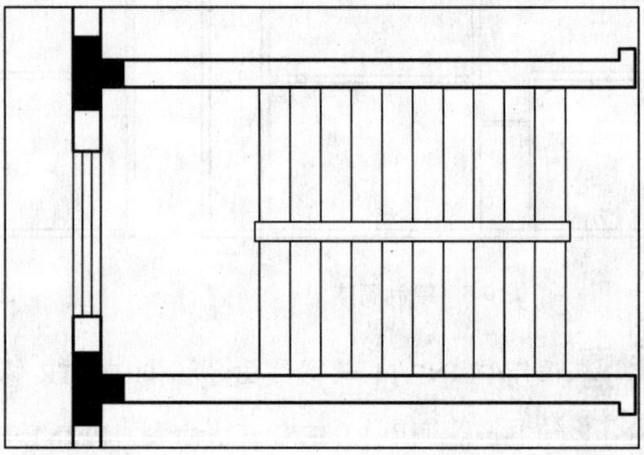

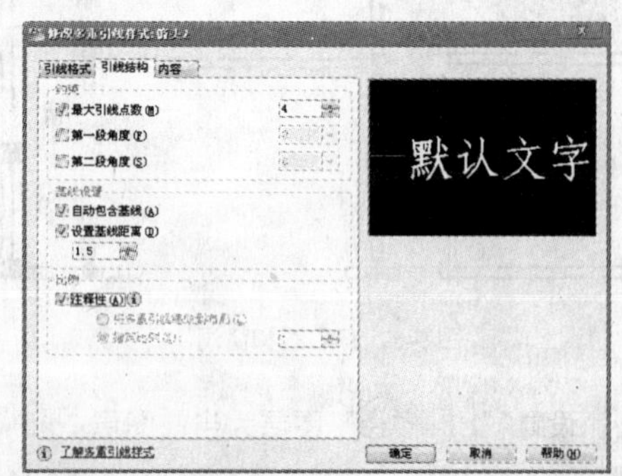

图 9-13　修剪线段

18 调用 TRIM/TR 修剪命令，修剪矩形内的踏步线，得到效果如图 9-13 所示。

19 调用 OFFSET/O 偏移命令，将矩形向内偏移 40，如图 9-14 所示。

20 绘制箭头注释。调用 MLEADERSTYLE 命令，或单击"样式"工具栏按钮，创建"箭头 2"多重引线样式，设置"最大引线点数"为 4，如图 9-15 所示。

图 9-14　偏移矩形

图 9-15　创建多重引线样式

21 在"样式"工具栏中设置多重引线样式为"箭头 2"。

22 执行【标注】|【多重引线】命令，绘制楼梯平面箭头注释，如图 9-16 所示，楼梯绘制完成。

23 调用 MTEXT/MT 多行文字命令，对各房间进行文字标注，完成二层原始户型图的绘制。

24 使用上述方法，绘制别墅其他层原始户型图，如图 9-17～图 9-19 所示。

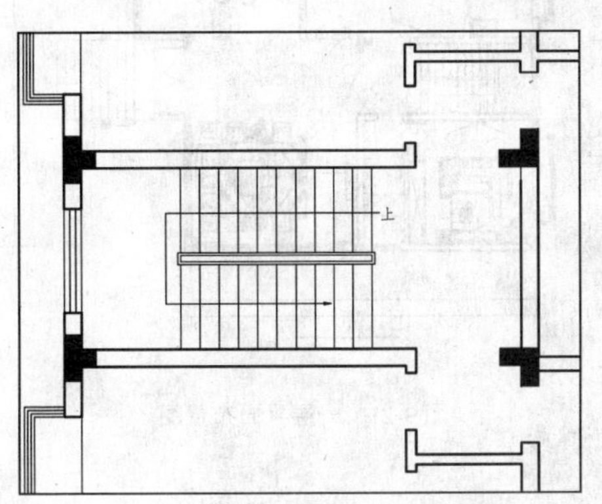

图 9-16　绘制箭头注释

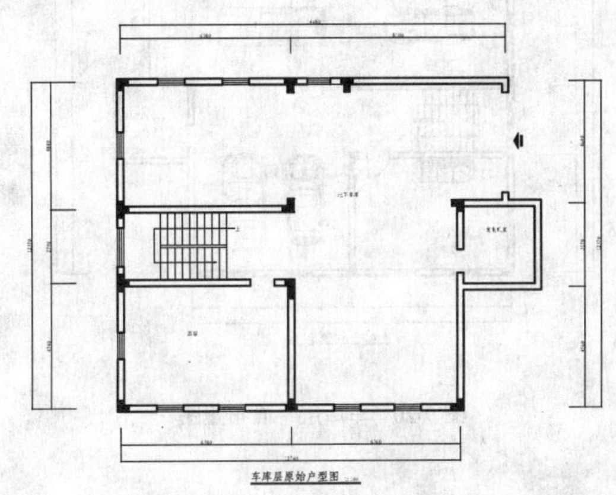

图 9-17　车库层原始户型图

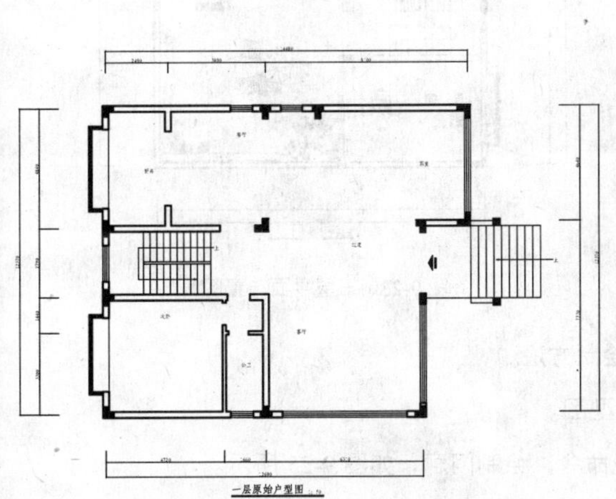

图 9-18　一层原始户型图

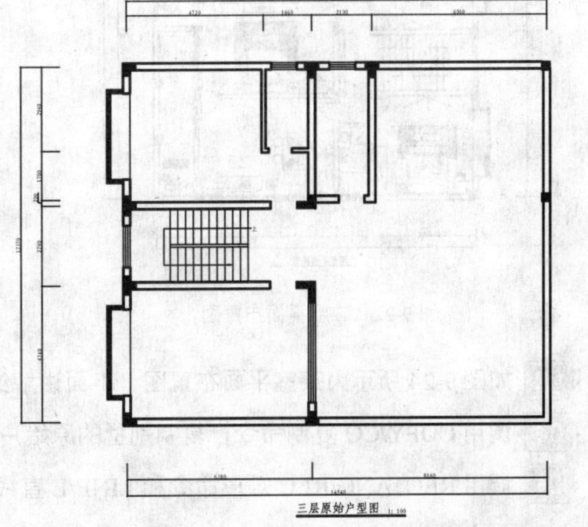

图 9-19　三层原始户型图

108 绘制别墅平面布置图

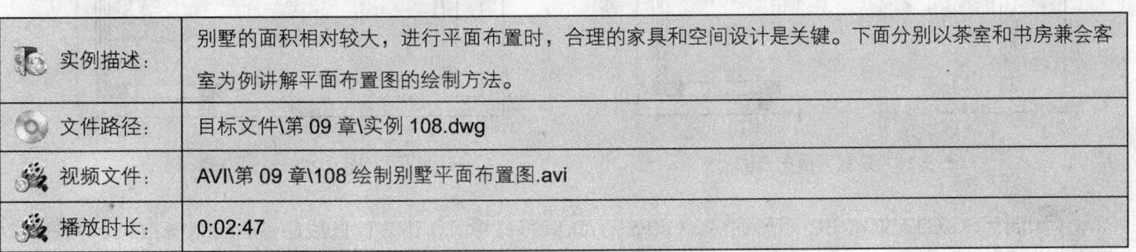

实例描述：	别墅的面积相对较大，进行平面布置时，合理的家具和空间设计是关键。下面分别以茶室和书房兼会客室为例讲解平面布置图的绘制方法。
文件路径：	目标文件\第 09 章\实例 108.dwg
视频文件：	AVI\第 09 章\108 绘制别墅平面布置图.avi
播放时长：	0:02:47

01 如图 9-20～图 9-23 所示为别墅平面布置图。

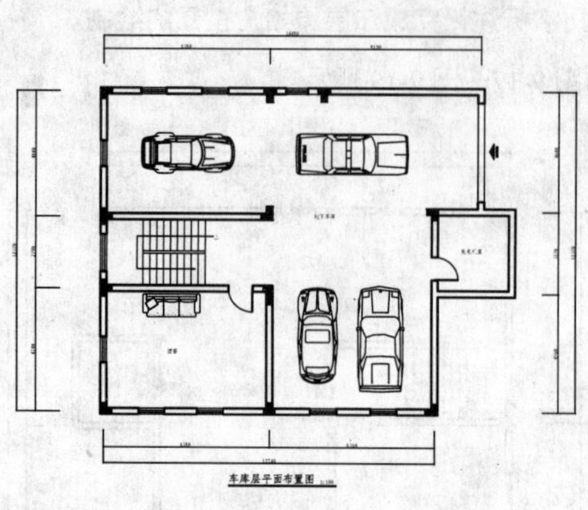

图 9-20 车库层平面布置图

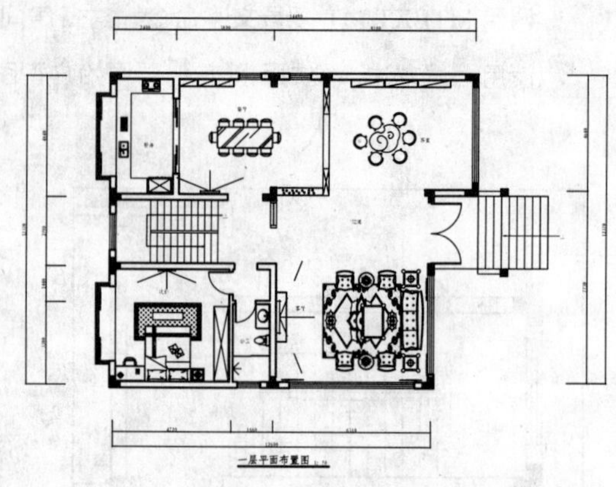

图 9-21 一层平面布置图

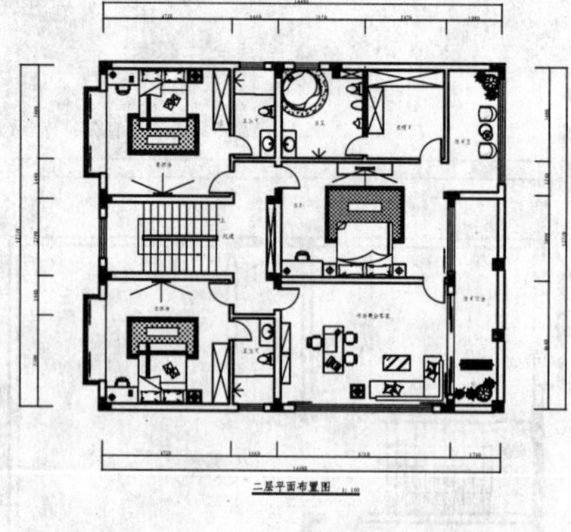

图 9-22 二层平面布置图

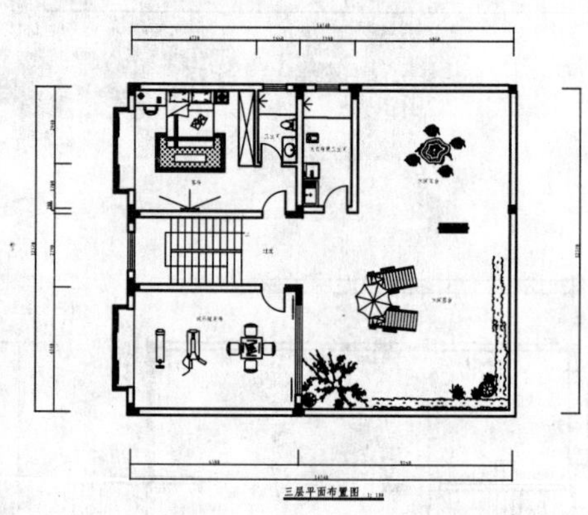

图 9-23 三层平面布置图

02 如图 9-24 所示为茶室平面布置图，下面讲解绘制方法。

03 调用 COPY/CO 复制命令，复制别墅的原始户型图。

04 调用 RECTANG/REC 矩形命令和 LINE/L 直线命令，绘制门廊，如图 9-25 所示。

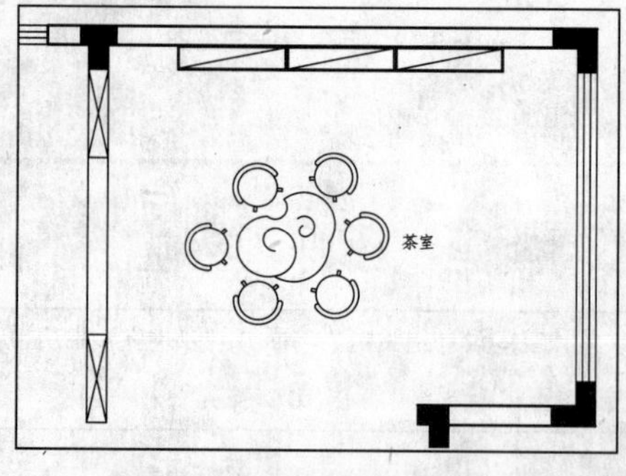

图 9-24 茶室平面布置图

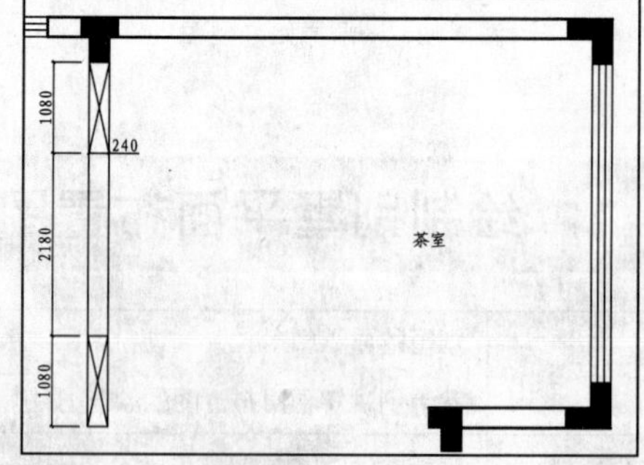

图 9-25 绘制门廊

05 调用 RECTANG/REC 矩形命令、OFFSET/O 偏移命令和 LINE/L 直线命令，绘制博古架，如图 9-26 所示。

06 从图库中插入茶桌等图块到平面布置图中，完成茶室平面布置图的绘制。

07 如图 9-27 所示为书房兼会客室平面布置图，下面讲解绘制方法。

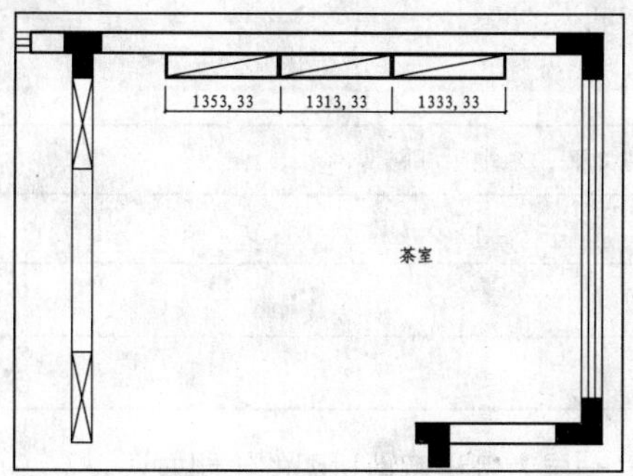

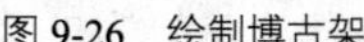

图 9-26　绘制博古架

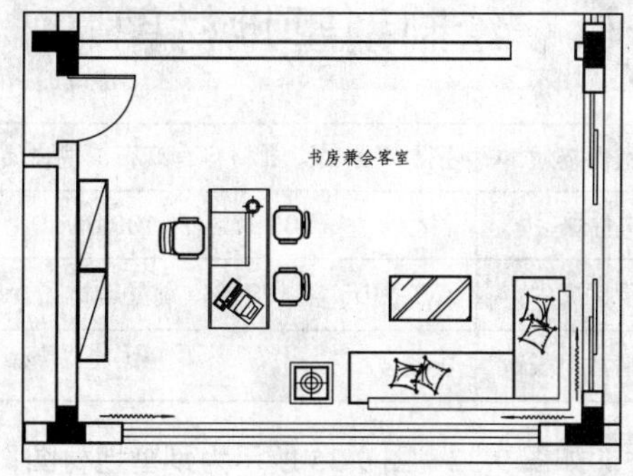

图 9-27　书房兼会客室平面布置图

08 调用 INSERTI/插入命令，插入门图块，如图 9-28 所示。

09 调用 LINE/L 直线命令、RECTANG/REC 矩形命令、MIRROR/MI 镜像命令和 COPY/CO 复制命令，绘制推拉门，如图 9-29 所示。

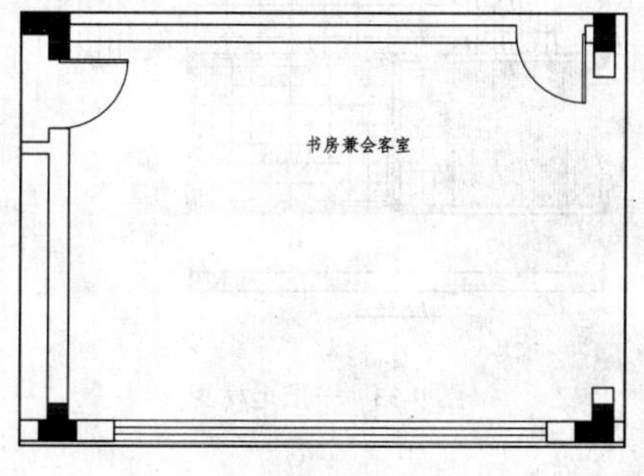

图 9-28　插入门图块

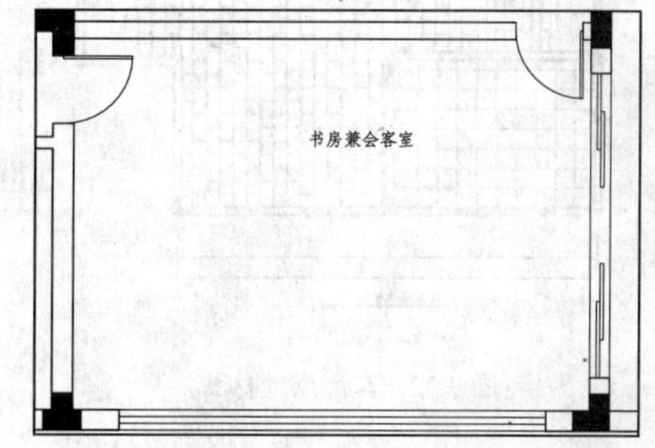

图 9-29　绘制推拉门

10 调用 PLINE/PL 多段线命令和 MIRROR/MI 镜像命令，绘制窗帘，如图 9-30 所示。

11 调用 RECTANG/REC 矩形命令、OFFSET/O 偏移命令和 LINE/L 直线命令，绘制书柜，如图 9-31 所示。

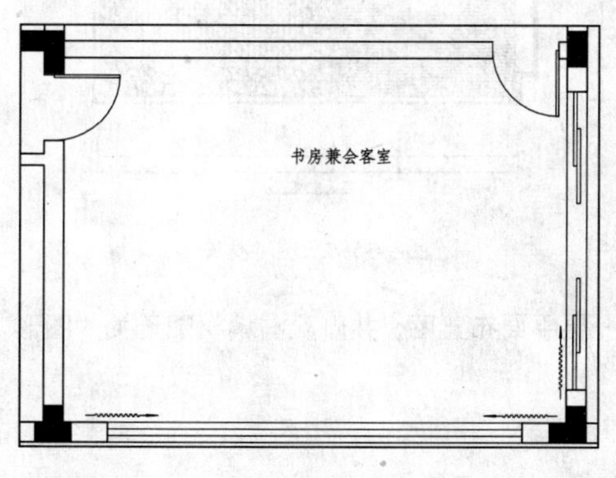

图 9-30　绘制窗帘

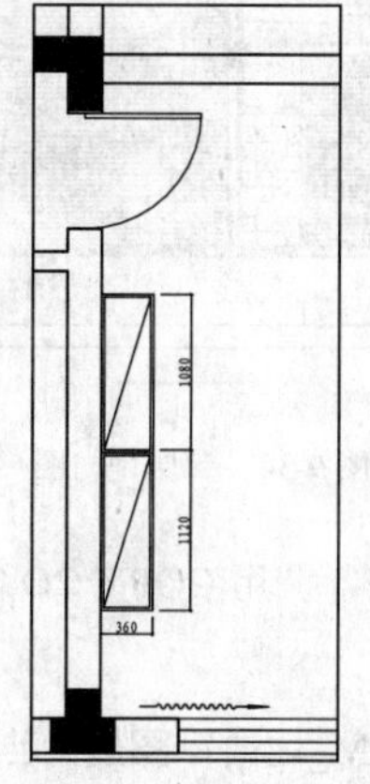

图 9-31　绘制书柜

12 从图库中插入书桌、沙发和茶几等图块到平面布置图中，完成书房兼会客室平面布置图的绘制。

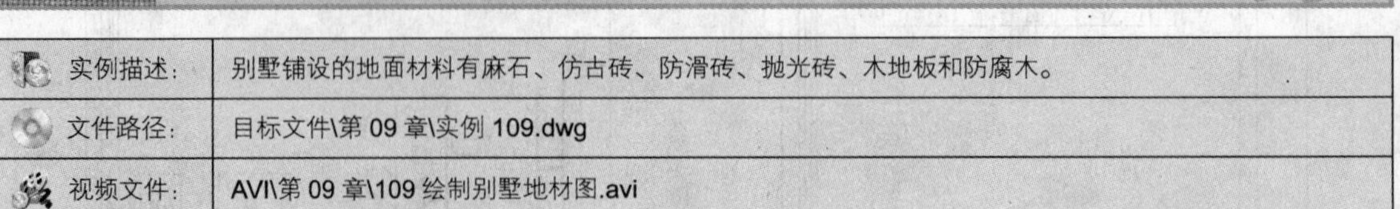

109 绘制别墅地材图

实例描述：	别墅铺设的地面材料有麻石、仿古砖、防滑砖、抛光砖、木地板和防腐木。
文件路径：	目标文件\第 09 章\实例 109.dwg
视频文件：	AVI\第 09 章\109 绘制别墅地材图.avi
播放时长：	0:06:47

01 如图 9-32～图 9-35 所示为别墅地材图，下面以别墅一层为例讲解地材图的绘制方法。

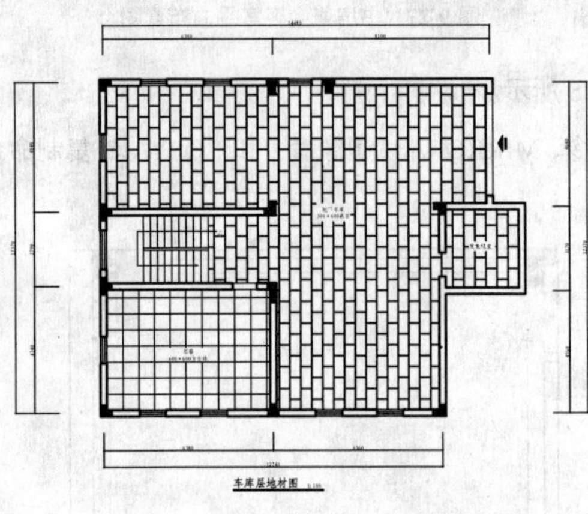

图 9-32　车库层地材图

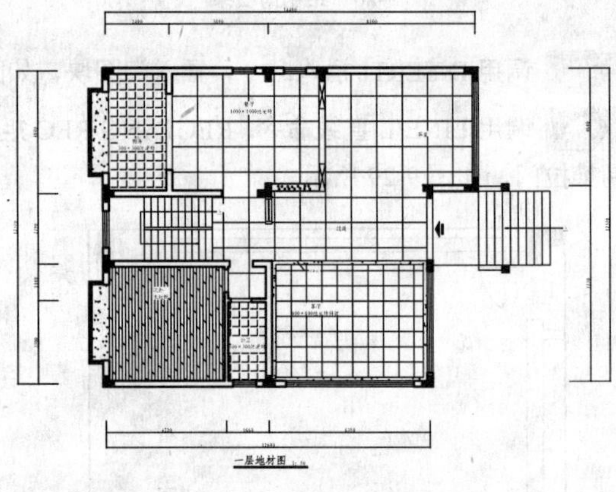

图 9-33　一层地材图

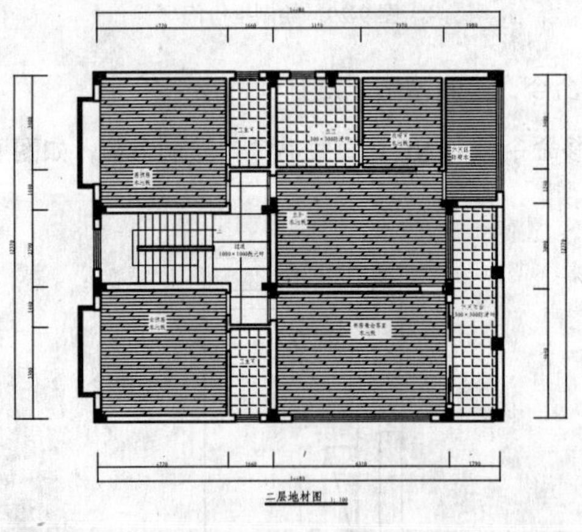

图 9-34　二层地材图

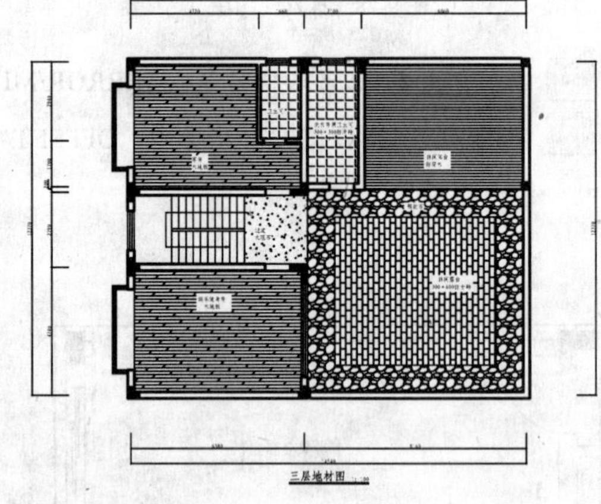

图 9-35　三层地材图

02 复制图形。调用 COPY/CO 复制命令，复制别墅一层平面布置图，并删除与地材图无关的图形，如图 9-36 所示。

03 设置“DM_地面”图层为当前图层。

04 调用 LINE//L 直线命令，绘制门槛线，如图 9-37 所示。

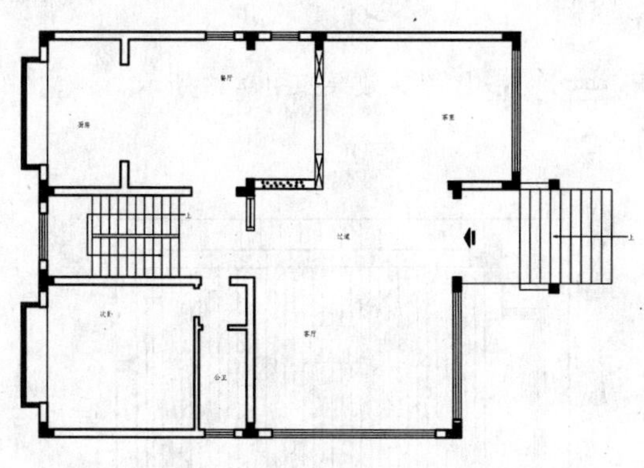

图 9-36　整理图形

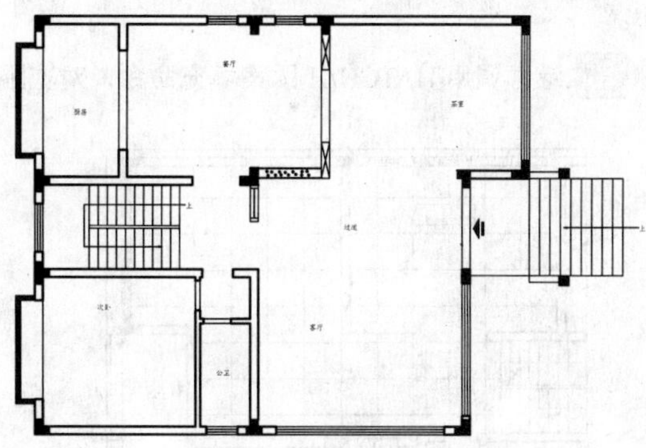

图 9-37　绘制门槛线

05 使用绘图工具栏多行文字工具A，标注添加地面材料名称，并调用 RECTANG/REC 矩形命令，绘制矩形框住文字，效果如图 9-38 所示。

06 调用 PLINE/PL 多段线命令和 OFFSET/O 偏移命令，绘制波导线，如图 9-39 所示。

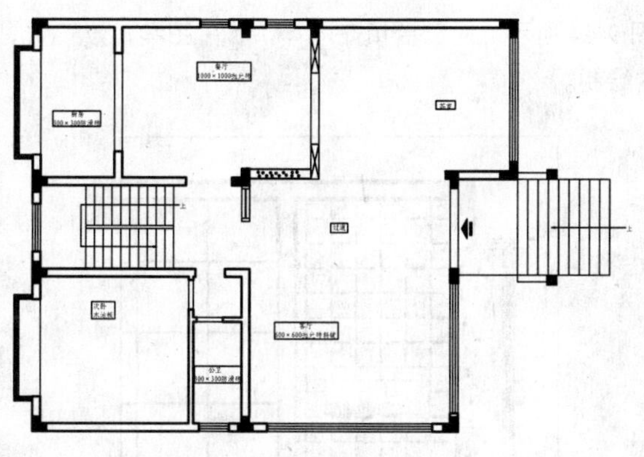

图 9-38　标注材料

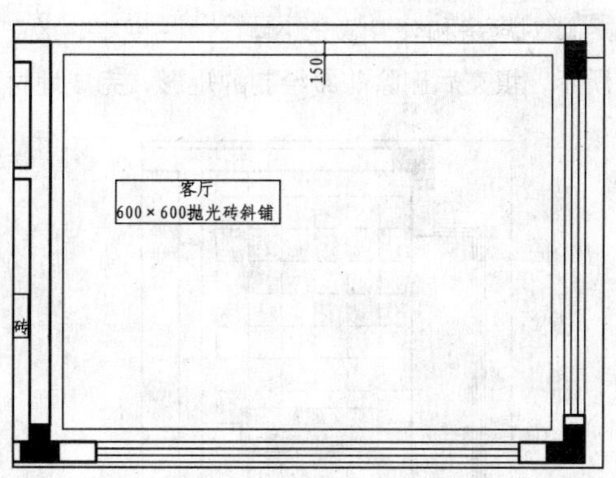

图 9-39　绘制波导线

07 调用 HATCH/H 图案填充命令，在波导线内填充 AR-CONC 图案，如图 9-40 所示。

08 调用 MLEADER/MLD 多重引线命令，对波导线进行文字标注，如图 9-41 所示。

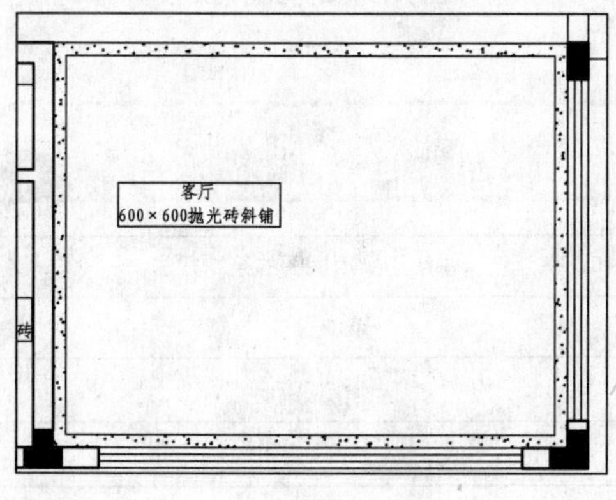

图 9-40　填充波导线

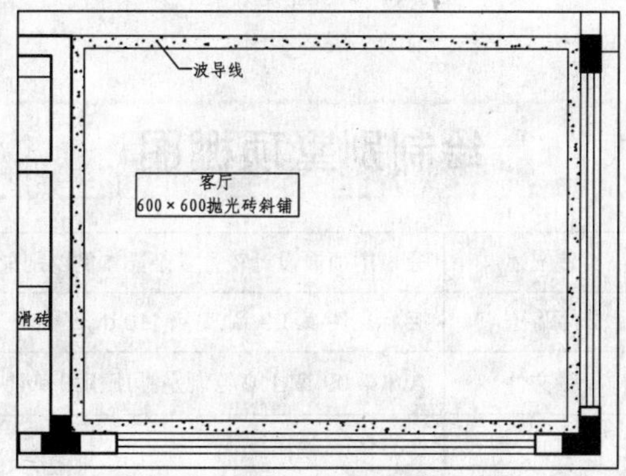

图 9-41　文字标注

09 调用 HATCH/H 图案填充命令，对客厅、餐厅、茶室和过道填充“用户定义”图案，效果如图 9-42

所示。

10 继续调用 HATCH/H 图案填充命令，对次卧填充 DOLMIT 图案，效果如图 9-43 所示。

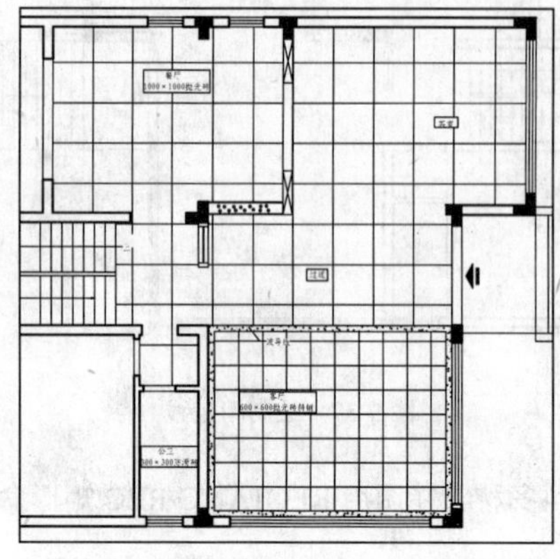
图 9-42 填充客厅、餐厅、茶室和过道效果

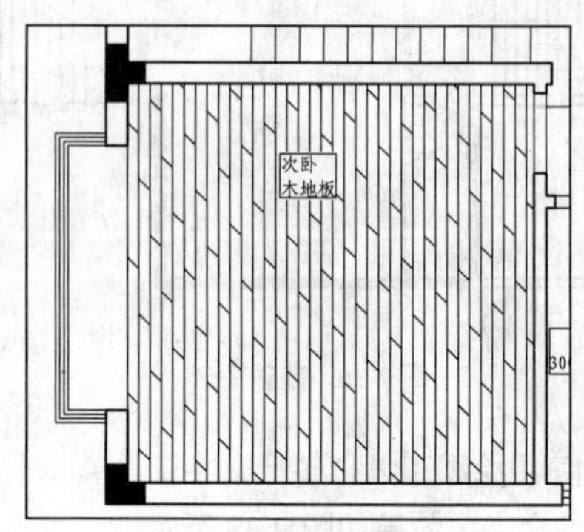

图 9-43 填充次卧效果

11 对厨房和公卫填充 ANGLE 图案，效果如图 9-44 所示，对窗台填充 AR-CONC 图案，效果如图 9-45 所示，填充后删除前面绘制的矩形，完成地材图的绘制。

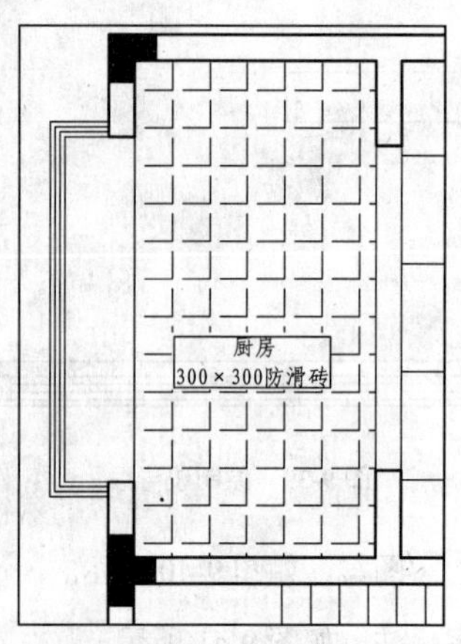

图 9-44 填充厨房效果

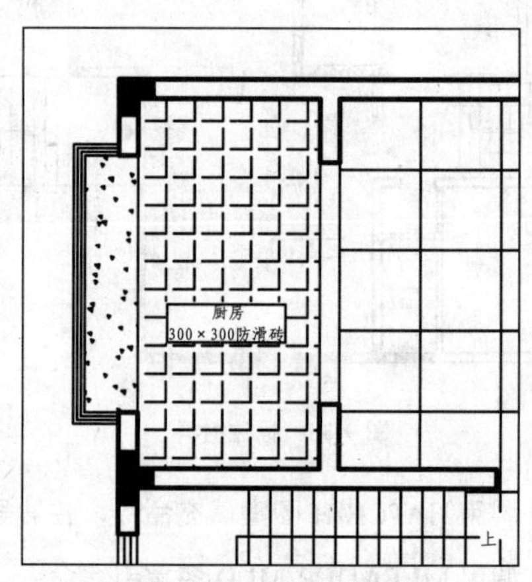

图 9-45 填充窗台效果

110 绘制别墅顶棚图

实例描述：	别墅的顶面设计较为复杂，本例以别墅的客厅和茶室为例，讲解别墅顶棚图的绘制方法。
文件路径：	目标文件\第 09 章\实例 110.dwg
视频文件：	AVI\第 09 章\110 绘制别墅顶棚图.avi
播放时长：	0:07:31

01 如图 9-46～图 9-49 所示为别墅的顶棚图，下面分别以客厅和茶室为例，讲解顶棚图的绘制方法。

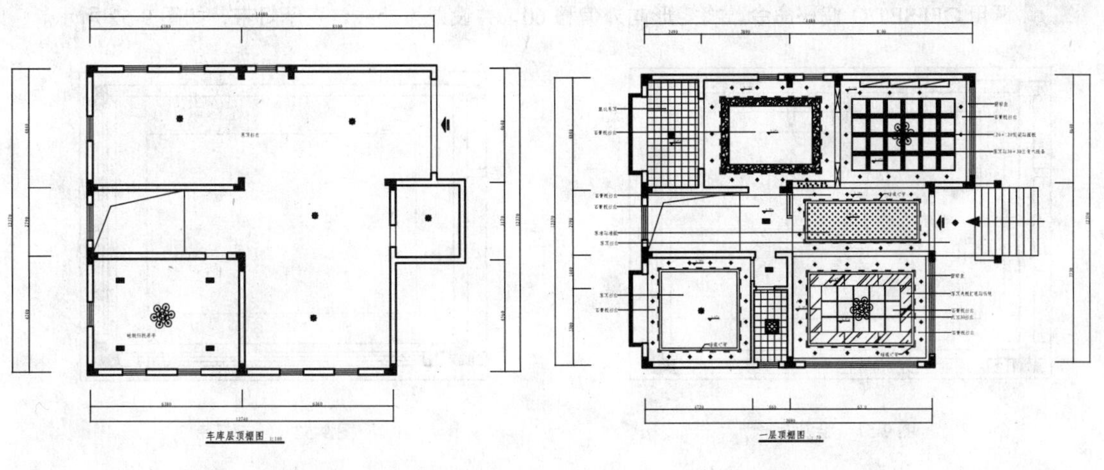

图 9-46　车库层顶棚图　　　　图 9-47　一层顶棚图

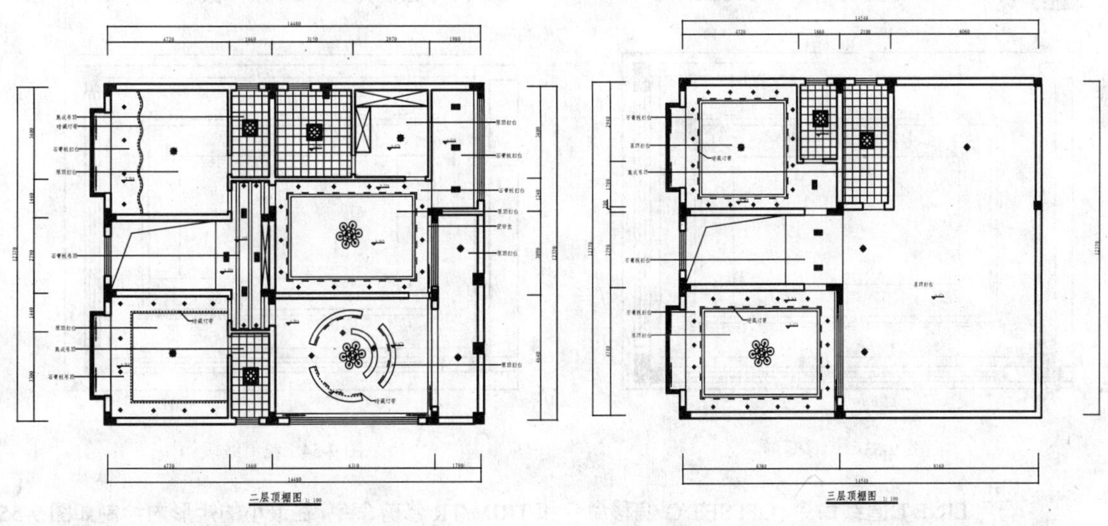

图 9-48　二层顶棚图　　　　图 9-49　三层顶棚图

02 如图 9-50 所示为客厅顶棚图，下面讲解其绘制方法。

03 调用 COPY/CO 复制命令，复制别墅平面布置图，并删除与顶棚图无关的图形。

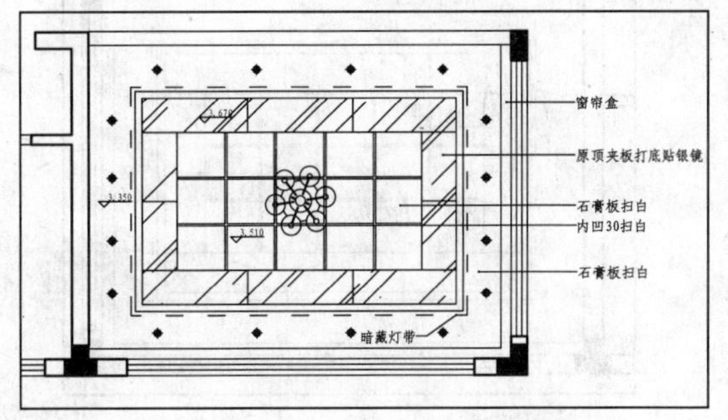

图 9-50　客厅顶棚图

04 设置“DM_地面”图层为当前图层。

05 调用 LINE/L 直线命令，绘制墙体线。

06 设置“DD_吊顶”图层为当前图层。

07 调用 LINE/L 直线命令和 OFFSET/O 偏移命令，绘制宽度为 200 的梁。

08 调用 LINE/L 直线命令，绘制宽度为 150 的窗帘盒。

09 调用 RECTANG/REC 矩形命令，绘制尺寸为 4720×3190 的矩形，并移动到相应的位置，如图 9-51 所示。

10 调用 OFFSET/O 偏移命令，将矩形向外偏移 60，并设置为虚线，表示灯带，如图 9-52 所示。

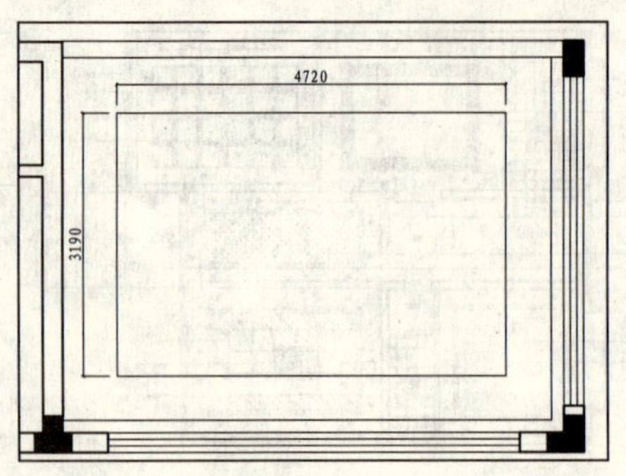

图 9-51 绘制矩形

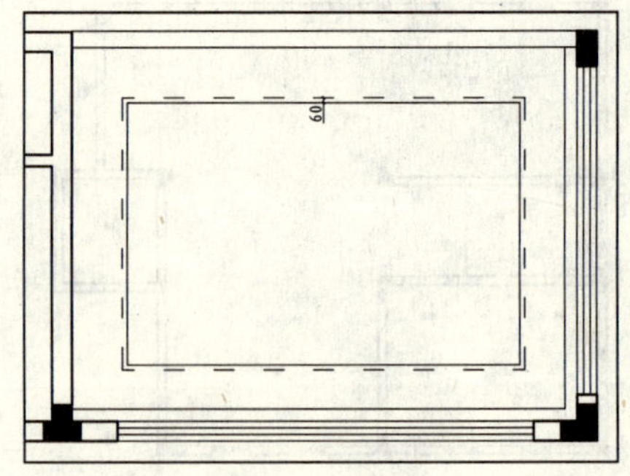

图 9-52 绘制灯带

11 调用 OFFSET/O 偏移命令，将矩形向内偏移 100 和 500，如图 9-53 所示。

12 调用 LINE/L 直线命令和 OFFSET/O 偏移命令，在矩形中绘制如图 9-54 所示线段。

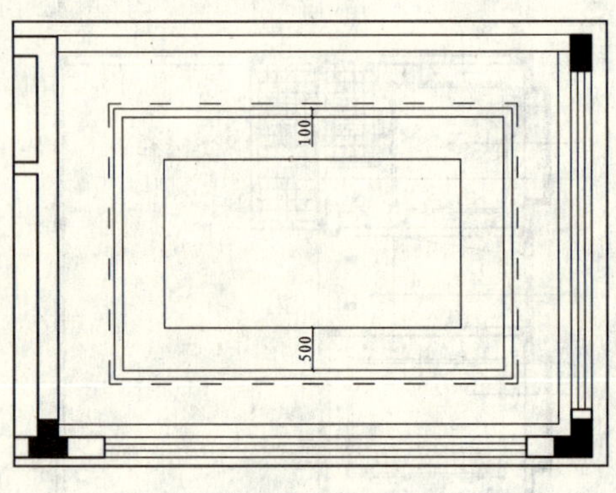

图 9-53 偏移矩形

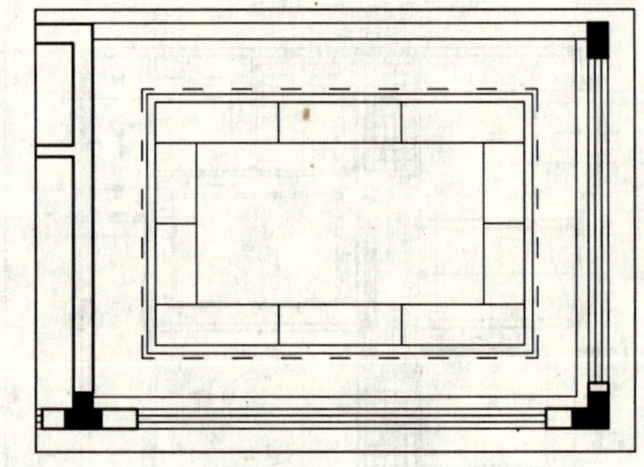
图 9-54 绘制线段

13 调用 LINE/L 直线命令、OFFSET/O 偏移命令和 TRIM/TR 修剪命令，在最小的矩形内绘制如图 9-55 所示图形。

14 调用 HATCH/H 图案填充命令，在矩形内填充 AR-RROOF 图案，效果如图 9-56 所示。

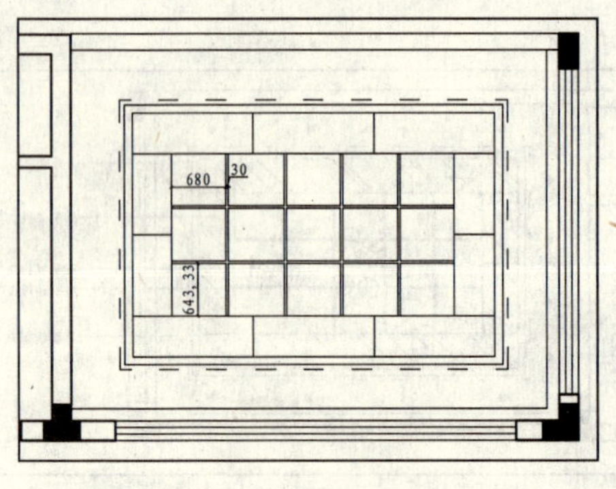

图 9-55 绘制图形

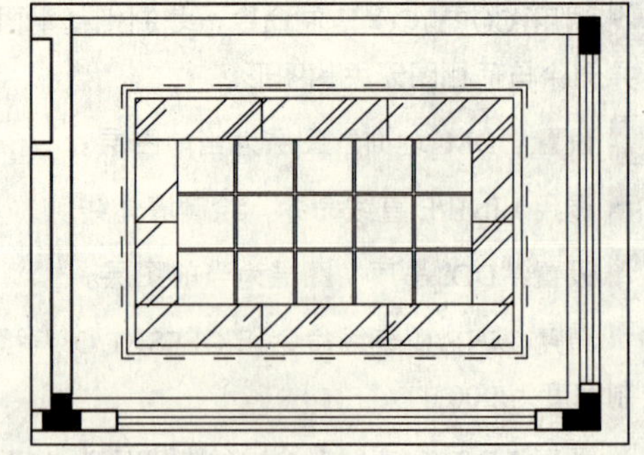
图 9-56 填充图案

15 调用 LINE/L 直线命令，绘制如图 9-57 所示辅助线。

16 从图库中复制灯具图形到辅助线上，然后删除辅助线，如图 9-58 所示。

第2篇

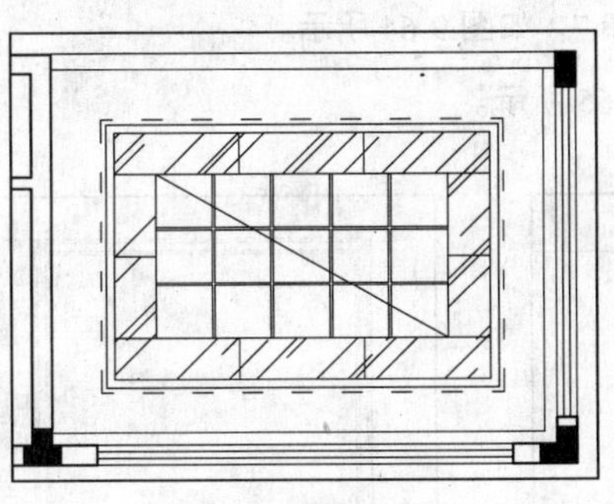

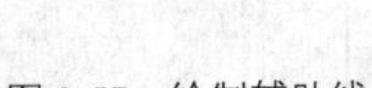
图 9-57　绘制辅助线

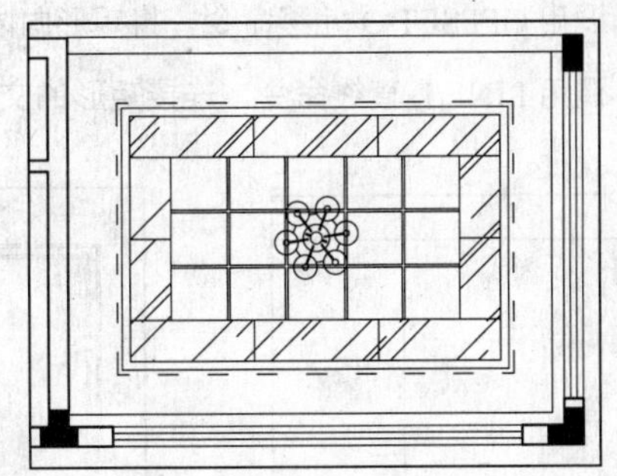
图 9-58　复制灯具

17 调用 COPY/CO 复制命令，复制筒灯到顶棚图中，效果如图 9-59 所示。

18 调用 INSERT/I 插入命令，插入“标高”图块，如图 9-60 所示。

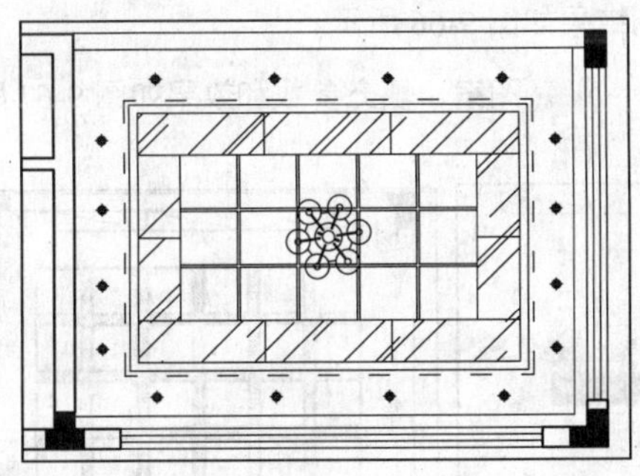
图 9-59　复置筒灯

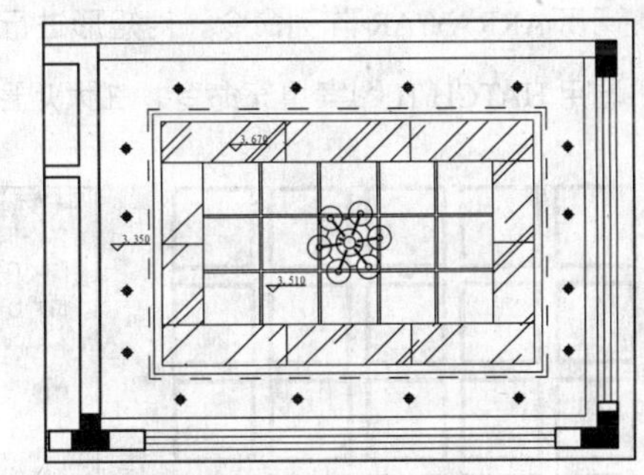

图 9-60　插入标高图块

19 调用 MLEADER/MLD 多重引线命令，标注顶面材料名称，如图 9-50 所示，完成客厅顶棚图的绘制。

20 如图 9-61 所示为茶室顶棚图，下面讲解绘制方法。

21 调用 RECTANG/REC 矩形命令，绘制尺寸为 4609×3100 的矩形，并移动到相应的位置，如图 9-62 所示。

22 调用 RECTANG/REC 矩形命令，以前面绘制矩形角点为起点，绘制尺寸为 668×685 的矩形，如图 9-63 所示。

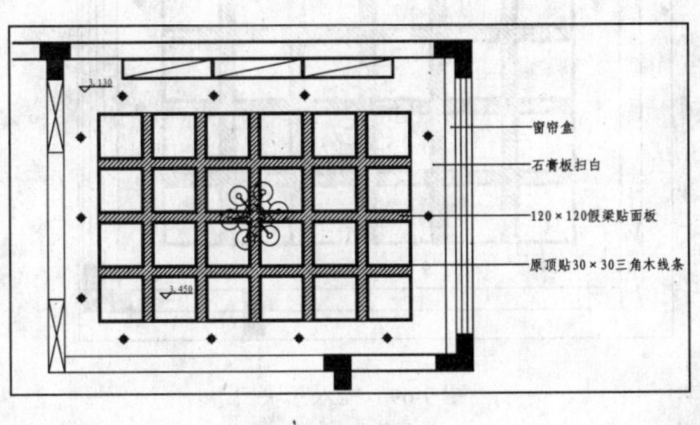

图 9-61　茶室顶棚图

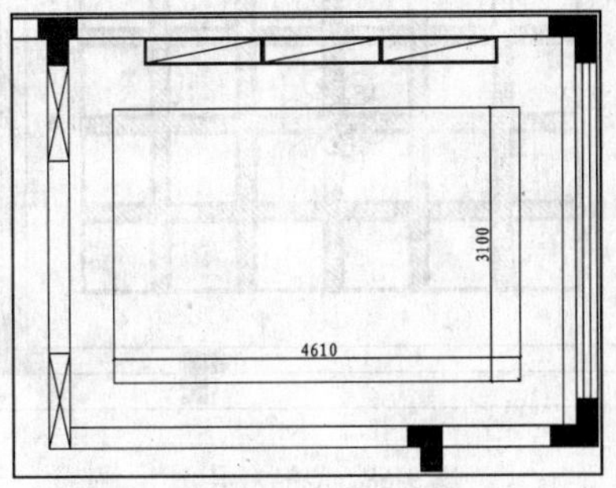

图 9-62　绘制矩形

23 调用 OFFSET/O 偏移命令，将矩形向内偏移 7、16 和 7，如图 9-64 所示。

24 调用 LINE/L 直线命令，连接矩形的交角处，如图 9-65 所示。

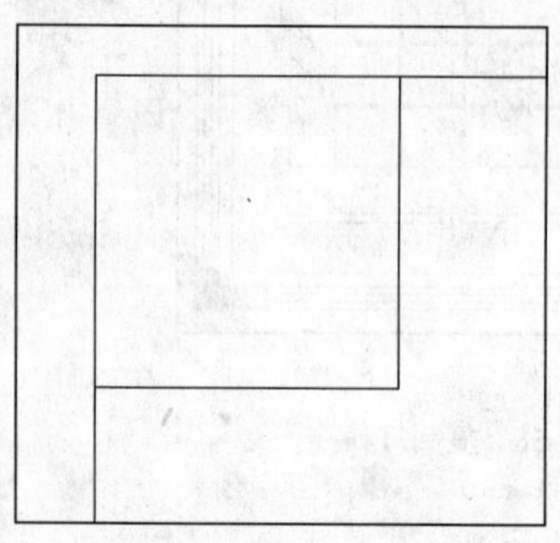
图 9-63 绘制矩形

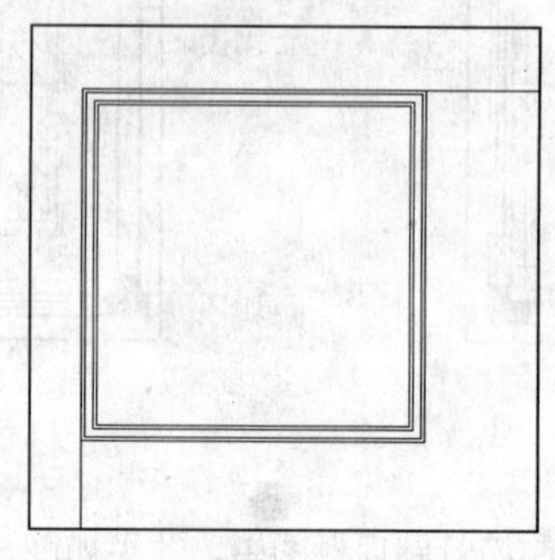
图 9-64 偏移矩形

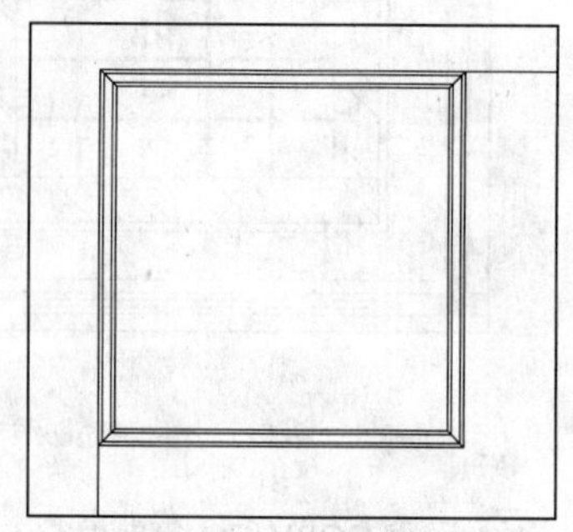
图 9-65 绘制线段

25 调用 ARRAY/AR 阵列命令，对矩形进行阵列，阵列结果如图 9-66 所示。

26 调用 HATCH/H 图案填充命令，在大矩形内填充 ANSI31 图案，填充参数和效果如图 9-67 所示。

图 9-66 阵列结果

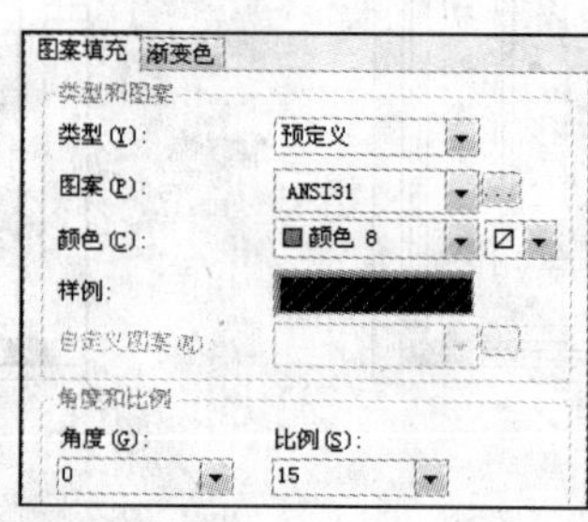

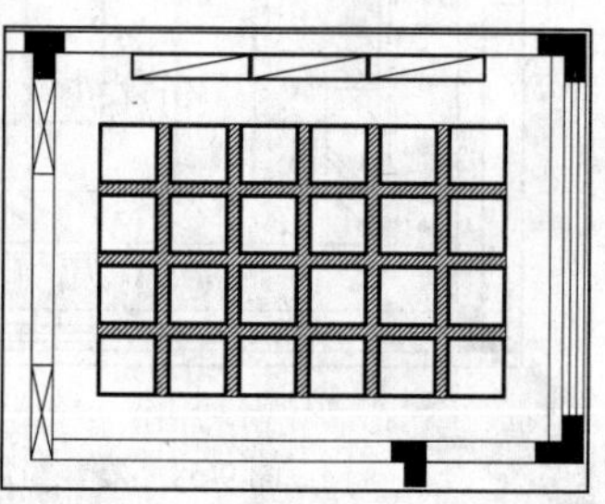
图 9-67 填充参数和效果

27 从图库中复制灯具图形到顶棚图中，如图 9-68 所示。

28 调用 INSERT/I 插入命令，插入“标高”图块，如图 9-69 所示。

29 调用 MLEADER/MLD 多重引线命令，标注顶面材料名称，完成茶室顶棚图的绘制。

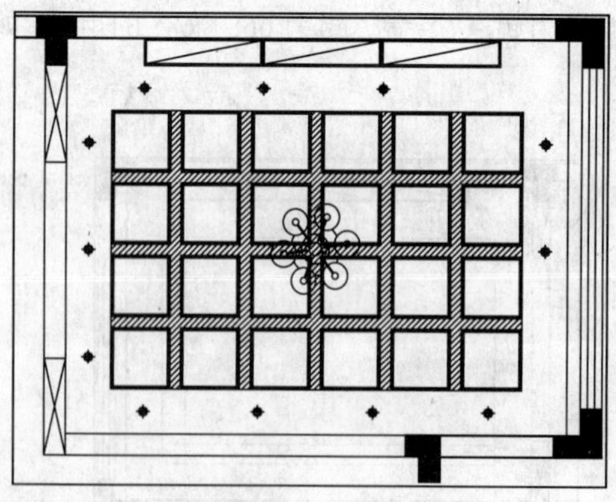
图 9-68 复制灯具

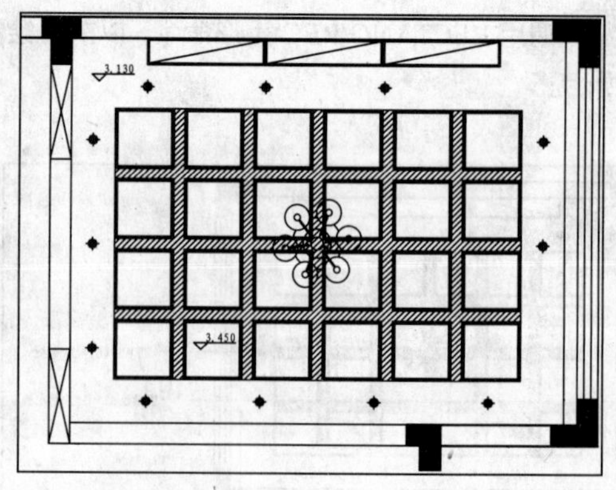

图 9-69 插入图块

第 2 篇

111 绘制客厅 A 立面图

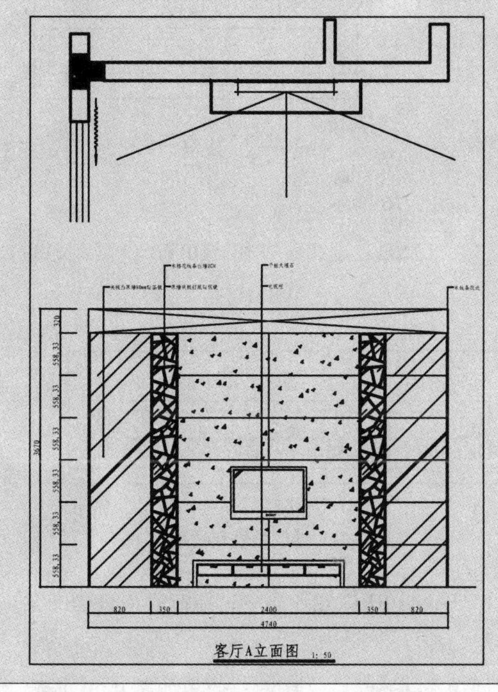

如左图所示为客厅 A 立面，A 立面图是电视所在的墙面。该立面使用了许多中式的设计元素。

文件路径：	目标文件\第 09 章\实例 111.dwg
视频文件：	AVI\第 09 章\111 绘制客厅 A 立面图.avi
播放时长：	0:08:48

01 调用 COPY/CO 复制命令，复制平面布置图上客厅 A 立面的平面部分，并对图形进行旋转。

02 设置“LM_立面”图层为当前图层。

03 调用 LINE/L 直线命令，绘制墙体投影线和地面，如图 9-70 所示。

04 调用 OFFSET/O 偏移命令，将地面向上偏移 3670，得到顶棚，如图 9-71 所示。

05 调用 TRIM/TR 修剪命令，修剪出立面轮廓，并将立面外轮廓转换至“QT_墙体”图层，如图 9-72 所示。

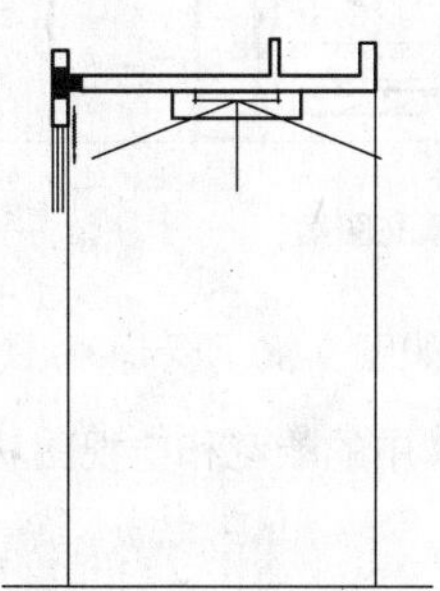

图 9-70　绘制墙体和地面

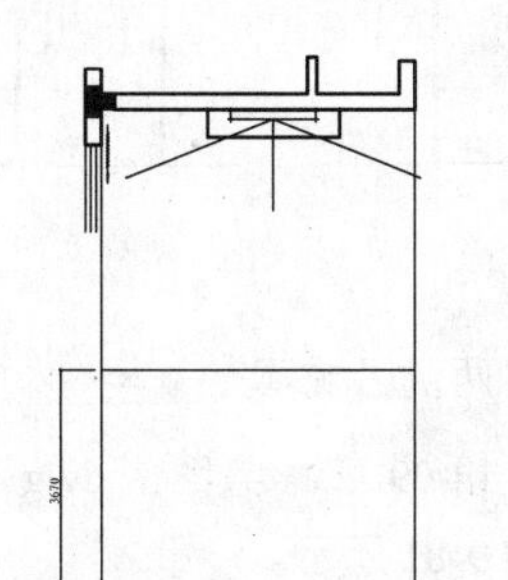

图 9-71　绘制顶棚

图 9-72　立面外轮廓

06 调用 LINE/L 直线命令，绘制如图 9-73 所示线段。

07 调用 LINE/L 直线命令，在线段的上方绘制对角线，如图 9-74 所示。

08 绘制电视柜。调用 PLINE/PL 多段线命令，绘制电视柜的轮廓，如图 9-75 所示。

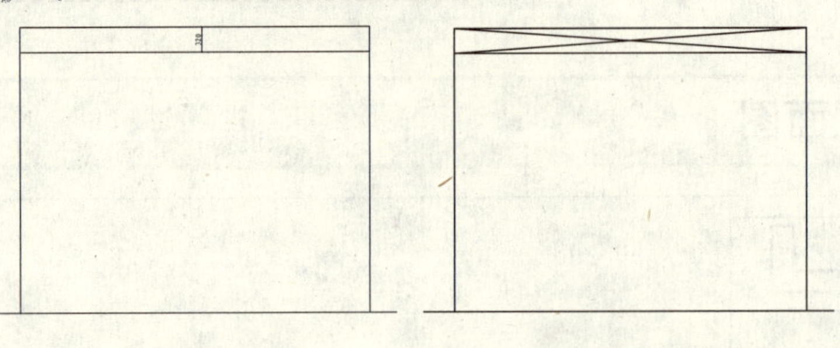

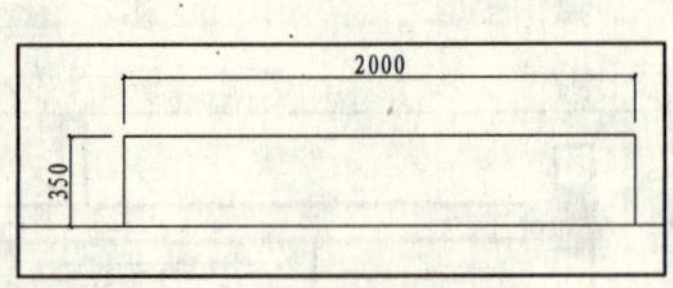

图 9-73　绘制线段　　图 9-74　绘制对角线　　图 9-75　绘制多段线

09 调用 OFFSET/O 偏移命令，将多段线向内偏移 50，如图 9-76 所示。

10 调用 RECTANG/REC 矩形命令、OFFSET/O 偏移命令、LINE/L 直线命令和 COPY/CO 复制命令，绘制抽屉和拉手，效果如图 9-77 所示。

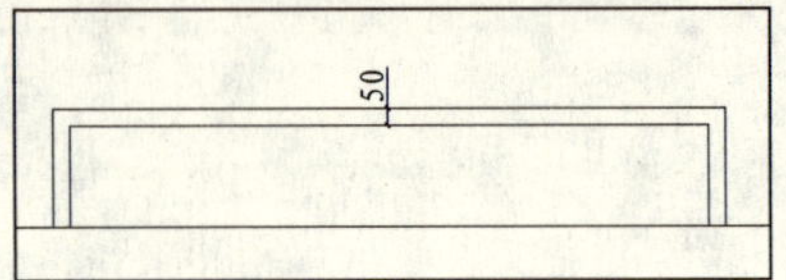

图 9-76　偏移多段线

图 9-77　绘制抽屉和拉手

11 调用 LINE/L 直线命令、OFFSET/O 偏移命令和 RECTANG/REC 矩形命令，绘制墙面造型图案，如图 9-78 所示。

12 调用 HATCH/H 图案填充命令，对电视背景墙的墙面填充 AR-CONC 图案，效果如图 9-79 所示。

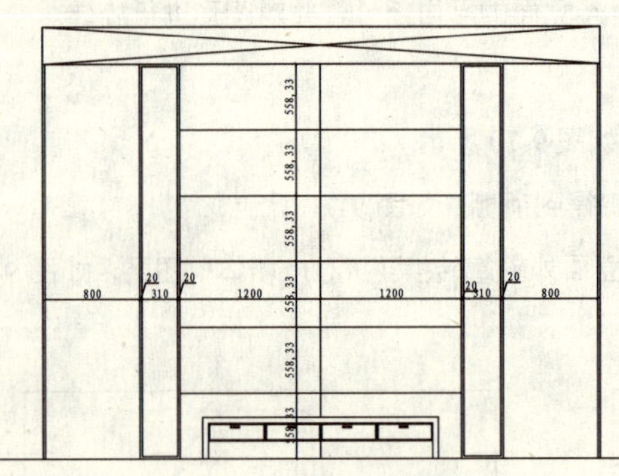

图 9-78　绘制墙面造型

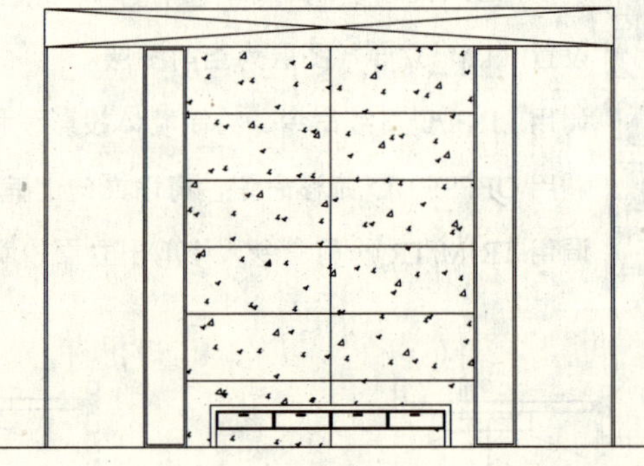

图 9-79　填充图案

13 调用 HATCH/H 图案填充命令，对两侧区域填充 AR-RROOF 图案，效果如图 9-80 所示。

14 插入图块。打开配套光盘提供的“第 09 章\家具图例.dwg”文件，选择其中的雕花和电视图块，将其复制至客厅立面区域，并进行修剪，如图 9-81 所示。

15 设置“BZ_标注”为当前图层。设置当前注释比例为 1:50。

16 调用 DIMLINEAR/DLI 线性命令或执行【标注】|【线性】命令标注尺寸，效果如图 9-82 所示。

17 调用 MLEADER/MLD 多重引线命令，标注材料说明，效果如图 9-83 所示。

18 调用 INSERT/I 插入命令，插入“图名”图块，设置 A 立面图名称为“客厅 A 立面图”。客厅 A 立面图绘制完成。

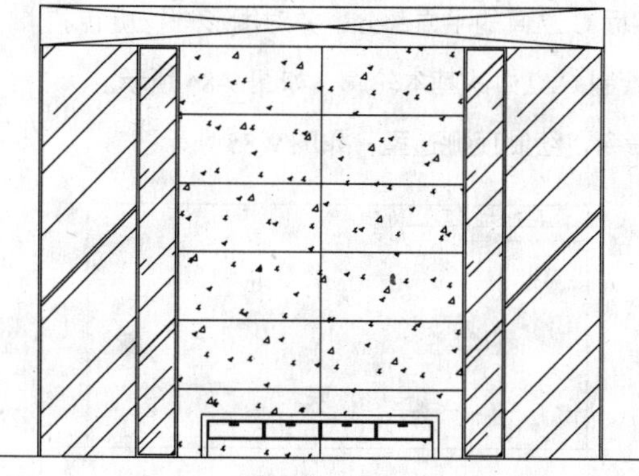
图 9-80　填充图案

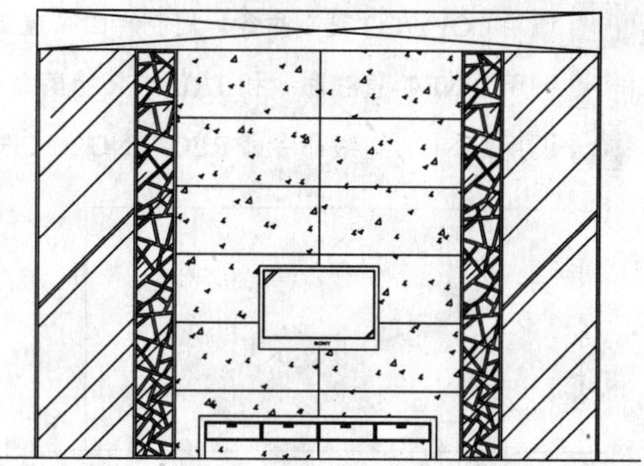
图 9-81　插入图块

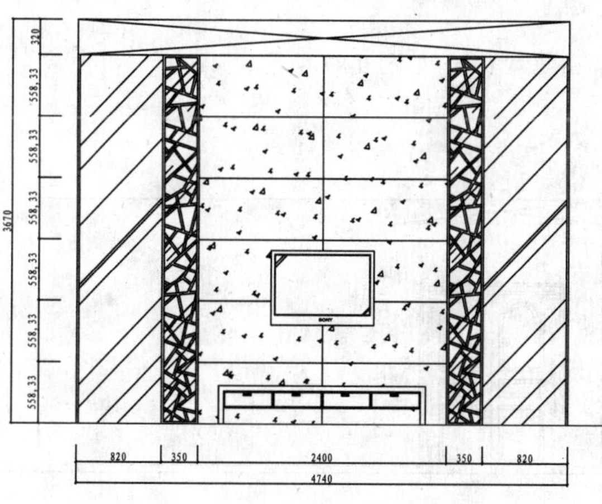

图 9-82　尺寸标注

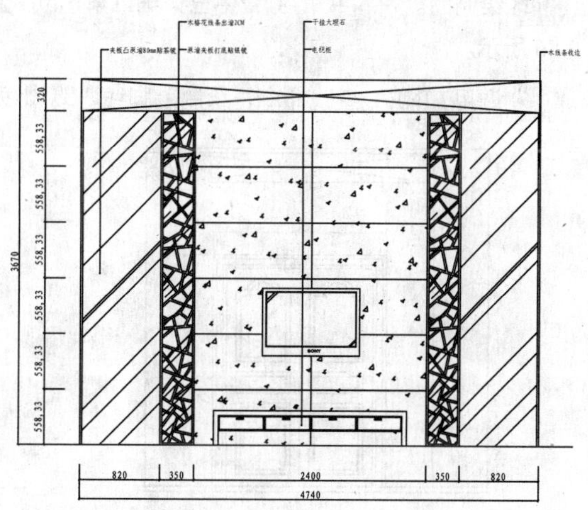

图 9-83　文字标注

112　绘制客厅 C 立面图

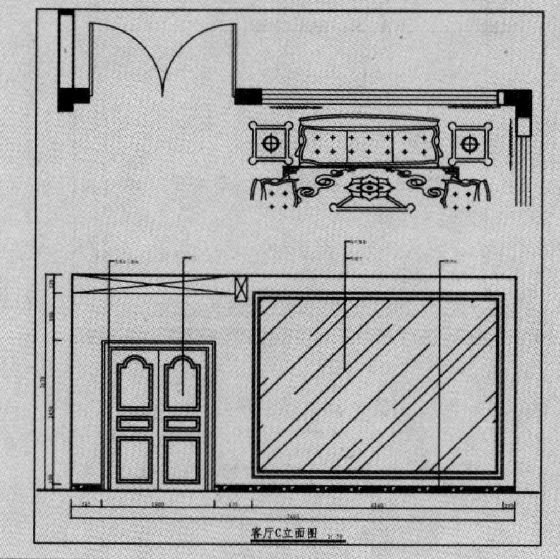

左图所示为客厅 C 立面图，C 立面图为沙发和门所在的墙面。

文件路径：	目标文件\第 09 章\实例 112.dwg
视频文件：	AVI\第 09 章\112 绘制客厅 C 立面图.avi
播放时长：	0:06:18

01 调用 COPY/CO 复制命令，复制平面布置图上客厅 C 立面的平面部分，并对图形进行旋转。

02 调用 LINE/L 直线命令和 TRIM/TR 修剪命令，绘制 C 立面的基本轮廓，如图 9-84 所示。

03 调用 LINE/L 直线命令和 RECTANG/REC 矩形命令，绘制顶棚造型，如图 9-85 所示。

图 9-84 绘制 C 立面的基本轮廓

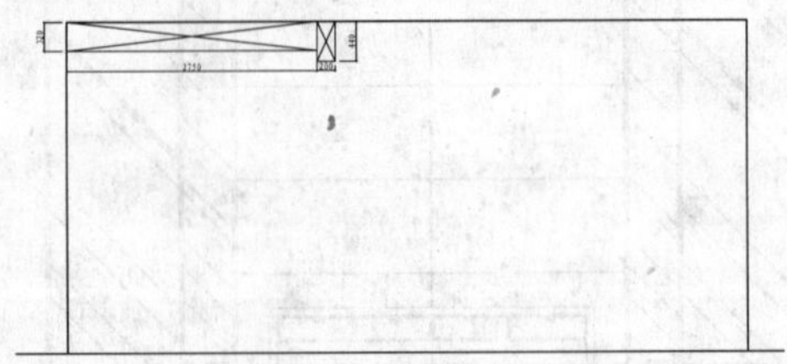

图 9-85 绘制顶棚造型

04 绘制门。在本书第 3 章中已详细讲解了欧式门的绘制方法，这里就不再详细讲解了，最终效果如图 9-86 所示。

05 调用 LINE/L 直线命令，绘制踢脚线，踢脚线的高度为 100，如图 9-87 所示。

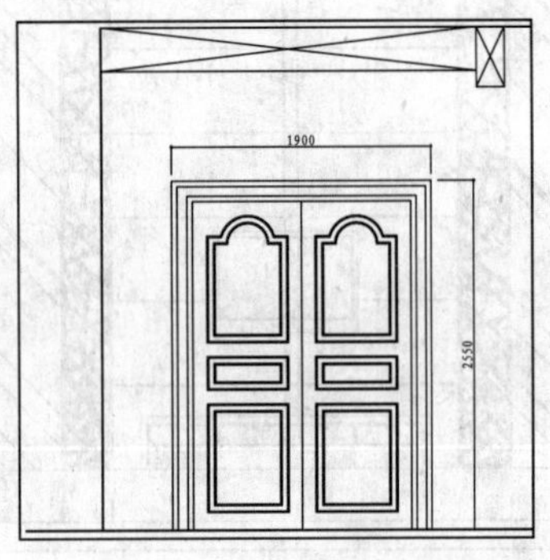

图 9-86 绘制欧式门

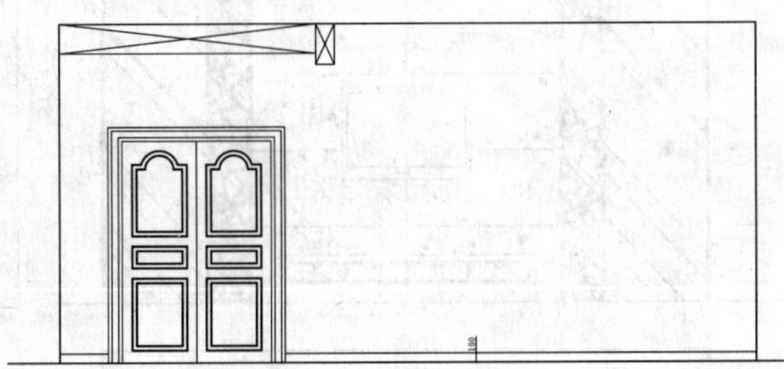

图 9-87 绘制踢脚线

06 调用 HATCH/H 图案填充命令，在踢脚线内填充 HOUND 图案，如图 9-88 所示。

07 调用 RECTANG/REC 矩形命令和 OFFSET/O 偏移命令，绘制窗套，如图 9-89 所示。

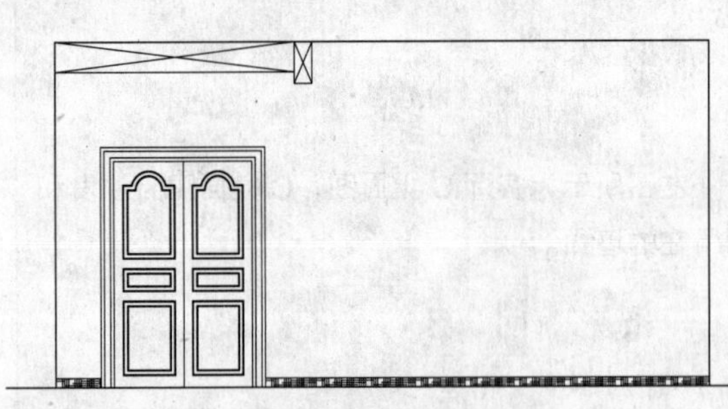

图 9-88 填充踢脚线

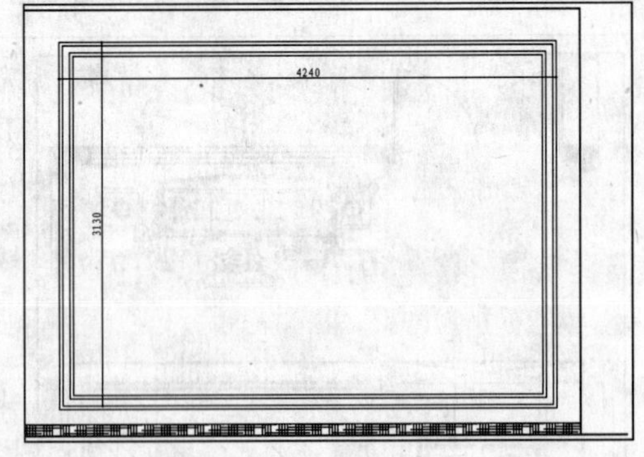

图 9-89 绘制窗套

08 调用 HATCH/H 图案填充命令，在窗户填充 AR-RROOF 图案，填充参数和效果如图 9-90 所示。

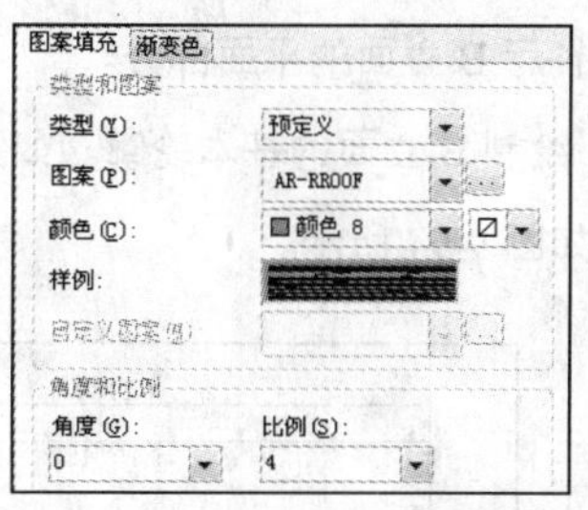

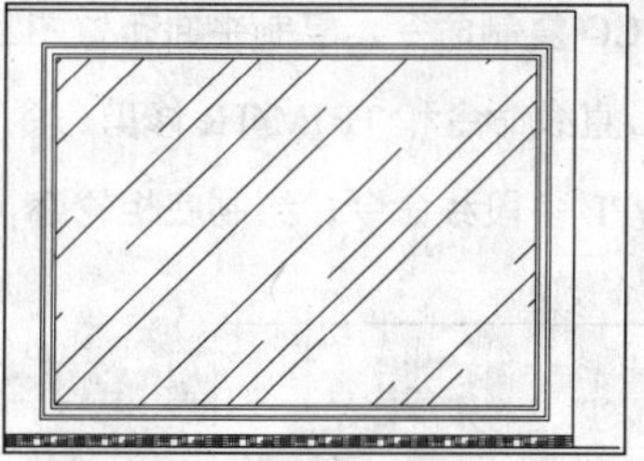

图 9-90　填充参数和效果

09 调用 DIMLINEAR/DLI 线性命令或执行【标注】|【线性】命令标注尺寸，如图 9-91 所示。

10 调用 MLEADER/MLD 多重引线命令，标注材料说明，如图 9-92 所示。

11 调用 INSERT/I 插入命令，插入“图名”图块，客厅 C 面图绘制完成。

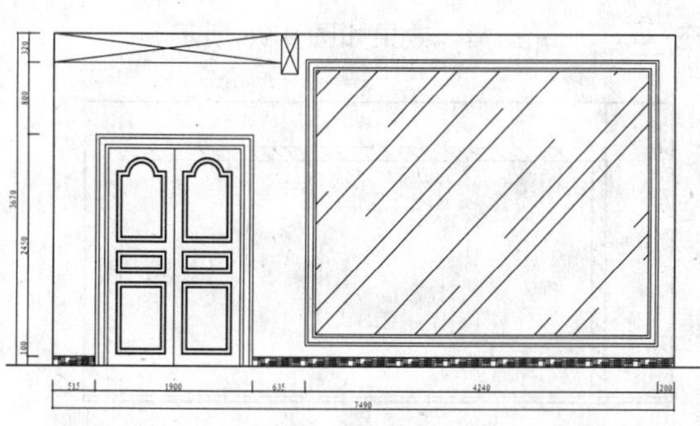

图 9-91　标注尺寸

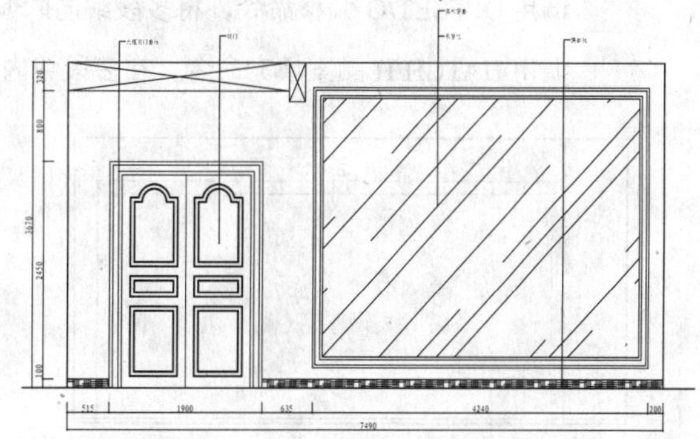

图 9-92　标注材料说明

113 绘制餐厅 B 立面图

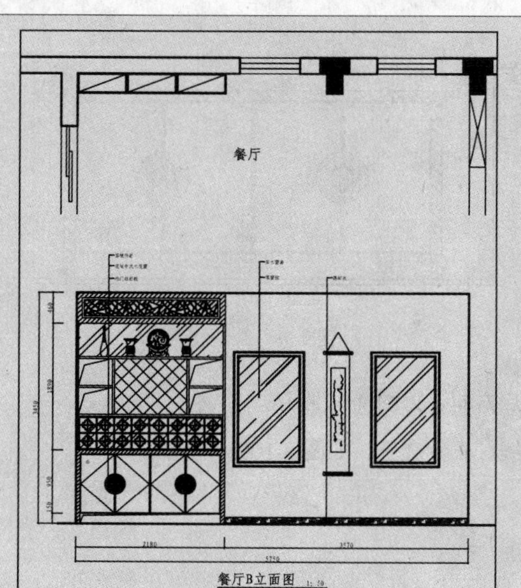

左图所示为餐厅 B 立面图，B 立面图主要表达了装饰柜和餐厅墙面的做法。

文件路径：	目标文件\第 09 章\实例 113.dwg
视频文件：	AVI\第 09 章\113 绘制餐厅 B 立面图.avi
播放时长：	0:11:26

01 调用 COPY/CO 复制命令，复制平面布置图上餐厅 B 立面的平面部分。

02 调用 LINE/L 直线命令和 TRIM/TR 修剪命令，绘制 B 立面的基本轮廓，如图 9-93 所示。

03 调用 PLINE/PL 多段线命令，绘制底柜轮廓，如图 9-94 所示。

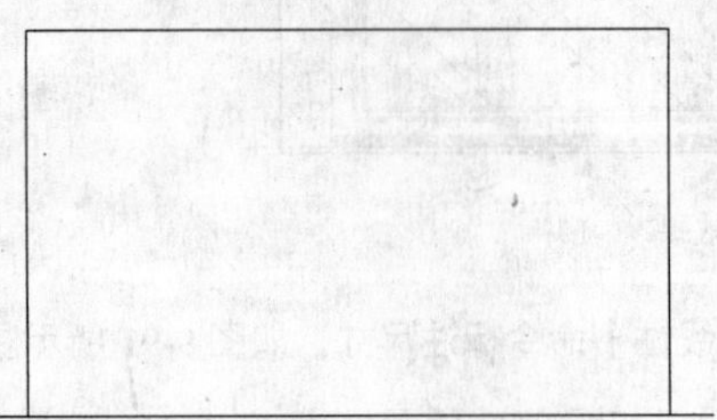

图 9-93 绘制 B 立面的基本轮廓

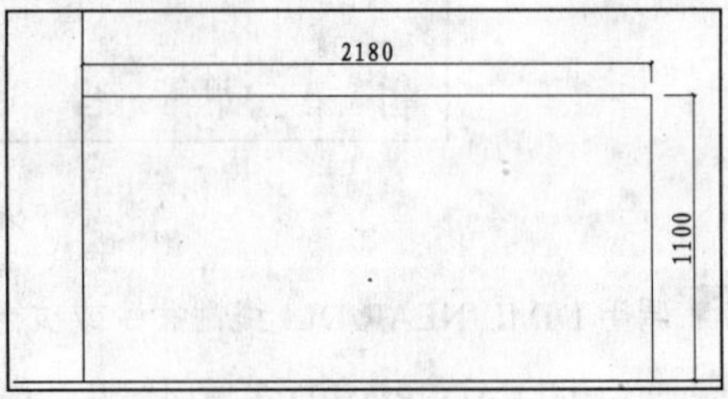

图 9-94 绘制多段线

04 调用 OFFSET/O 偏移命令，将多段线向内偏移 60，如图 9-95 所示。

05 调用 HATCH/H 图案填充命令，在多段线内填充 ANSI31 图案，效果如图 9-96 所示。

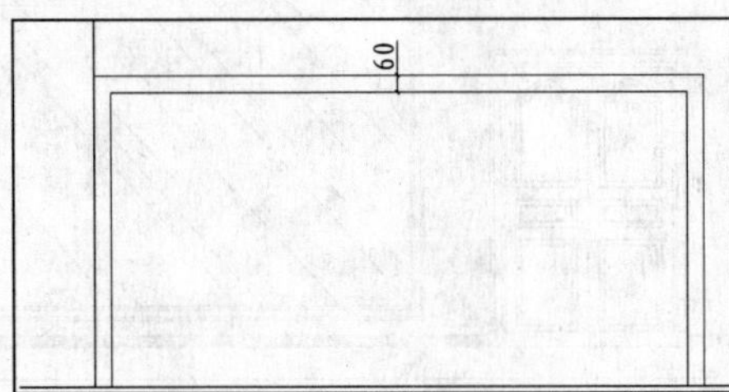

图 9-95 偏移多段线

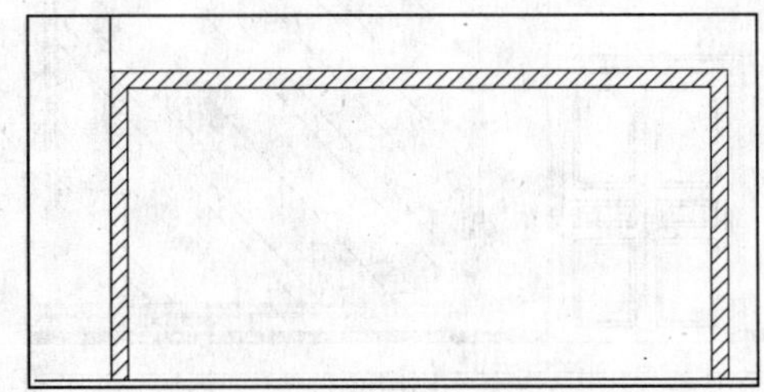

图 9-96 填充多段线

06 调用 LINE/L 直线命令，划分柜体，并调用 RECTANG/REC 矩形命令和 OFFSET/O 偏移命令，绘制柜子的面板，如图 9-97 所示。

07 调用 LINE/L 直线命令、CIRCLE/C 圆命令、OFFSET/O 偏移命令、HATCH/H 图案填充命令和 COPY/CO 复制命令，绘制拉手，如图 9-98 所示。

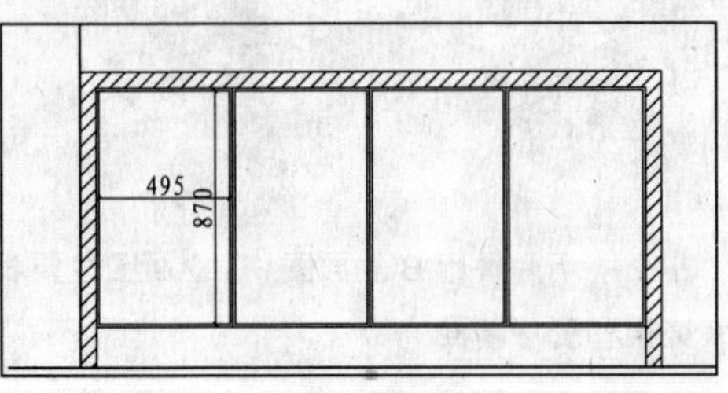

图 9-97 绘制柜子的面板

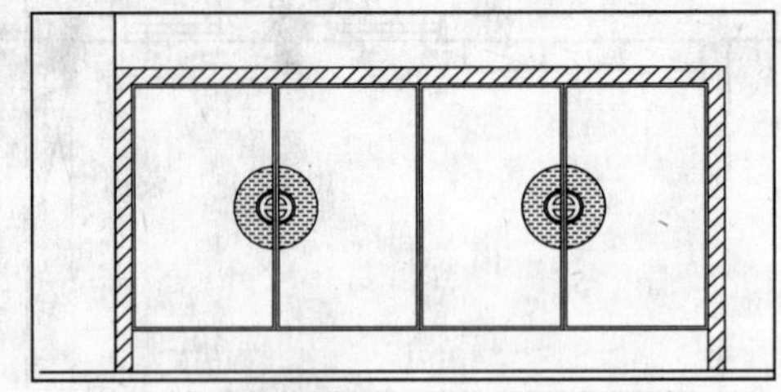

图 9-98 绘制拉手

08 调用 LINE/L 直线命令，绘制折线，表示门开启方向，如图 9-99 所示。

09 调用 LINE/L 直线命令，在柜子的下方绘制折线，表示镂空，如图 9-100 所示。

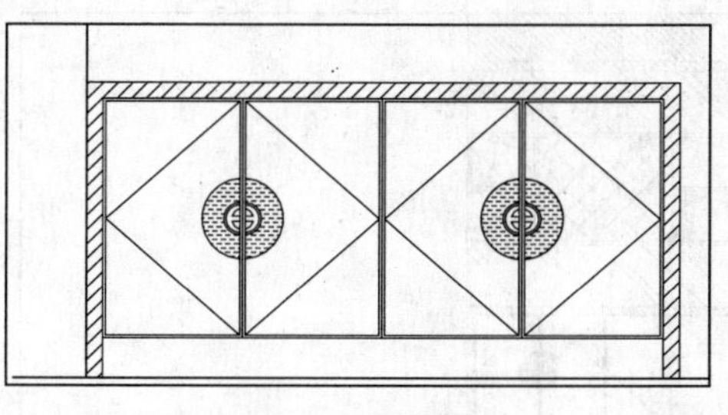

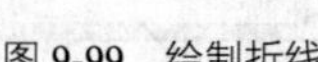

图 9-99　绘制折线

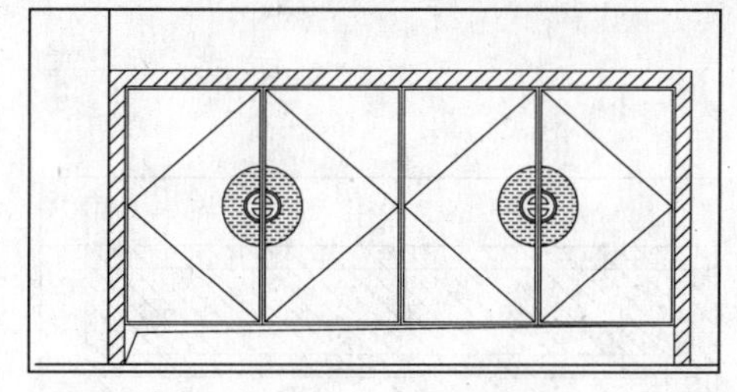

图 9-100　绘制折线

10 调用 LINE/L 直线命令、OFFSET/O 偏移命令和 RECTANG/REC 矩形命令，划分装饰柜，如图 9-101 所示。

11 调用 HATCH/H 图案填充命令，对柜子填充 AR-RROOF 图案，填充参数和效果如图 9-102 所示。

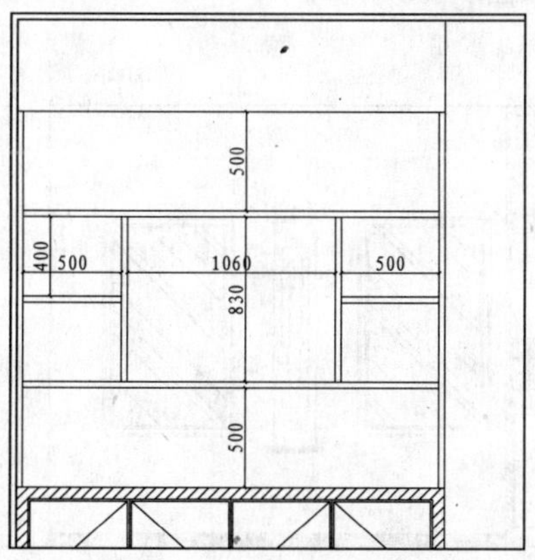

图 9-101　划分装饰柜

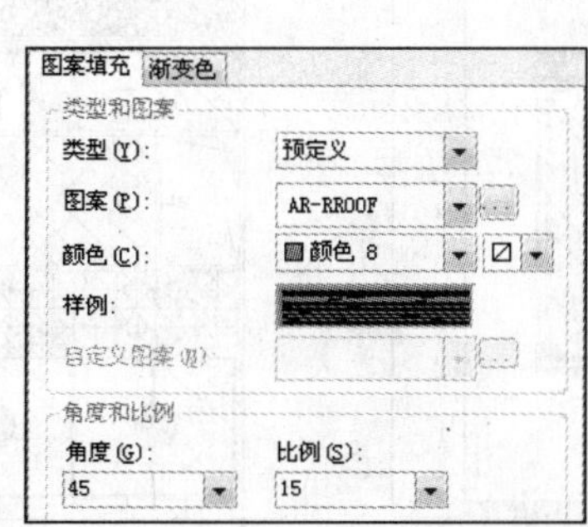

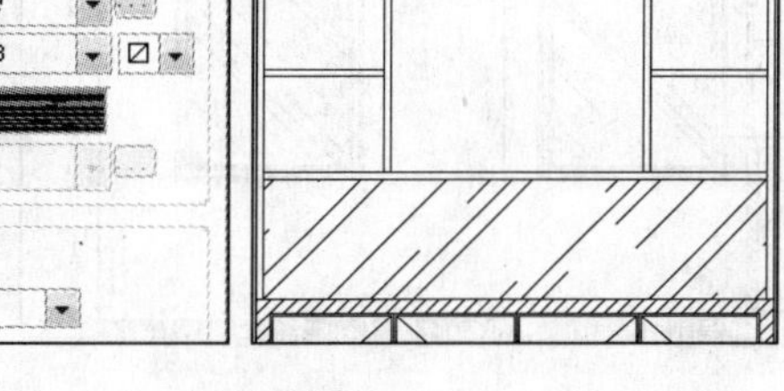

图 9-102　填充参数和效果

12 调用 LINE/L 直线命令，绘制折线，表示镂空，如图 9-103 所示。

13 调用 HATCH/H 命令，在中间区域填充“用户定义”图案，填充参数和效果如图 9-104 所示。

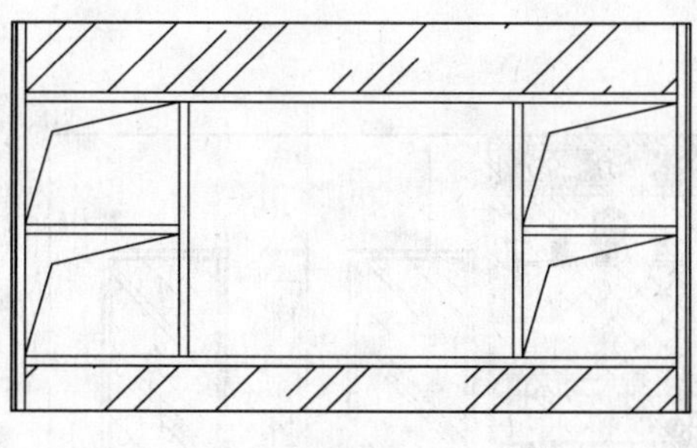

图 9-103　绘制折线

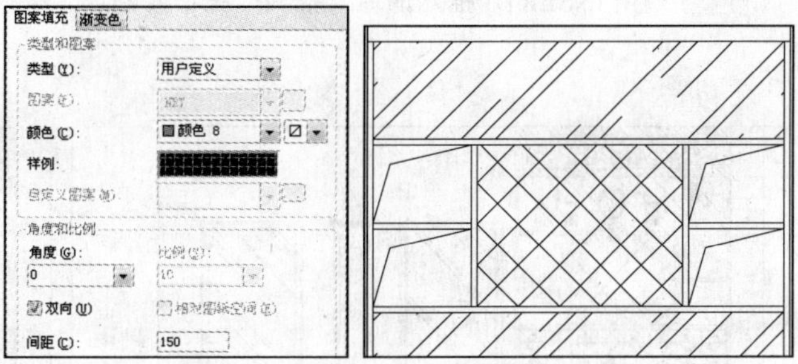

图 9-104　填充参数和效果

14 调用 RECTANG/REC 矩形命令、OFFSET/O 偏移命令和 HATCH/H 图案填充命令，绘制上方造型图案，如图 9-105 所示。

15 调用 LINE/直线命令和 HATCH/图案填充命令，绘制踢脚线，在对踢脚线内填充图案，如图 9-106 所示。

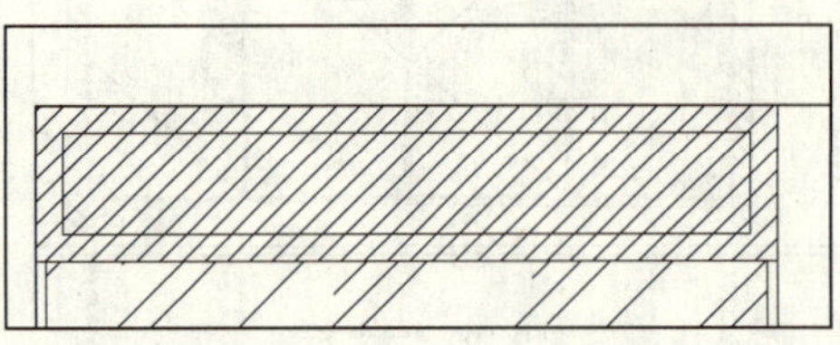

图 9-105　绘制上方造型

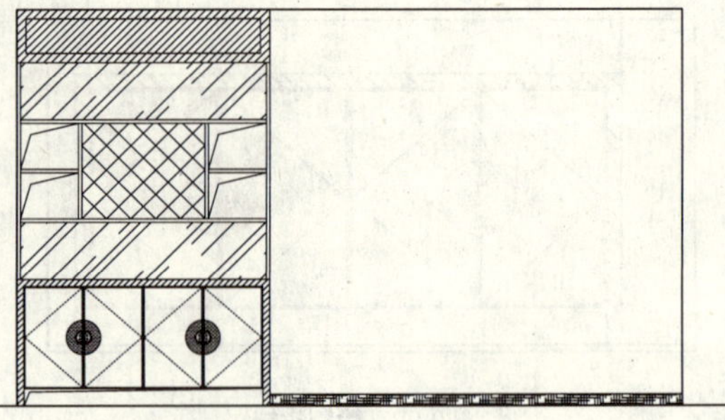

图 9-106　绘制踢脚线

16 调用 RECTANG/REC 矩形命令、OFFSET/O 偏移命令、HATCH/H 图案填充命令、COPY/CO 复制命令和 MOVE/M 移动命令，绘制窗户，如图 9-107 所示。

17 从图库中插入装饰挂画、雕花图案和陈设品到立面图中，如图 9-108 所示。

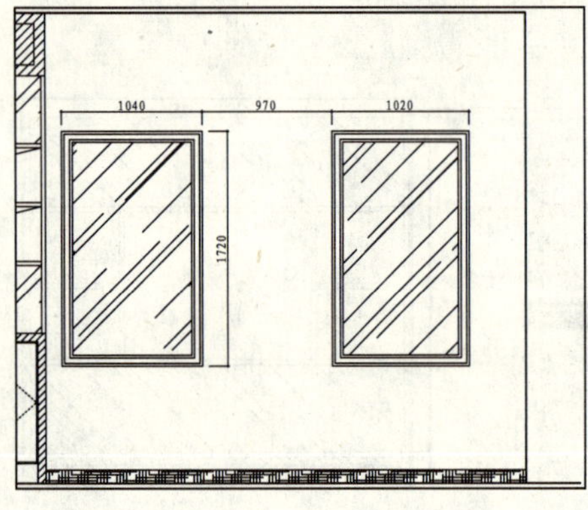

图 9-107　绘制窗户

图 9-108　插入图块

18 调用 DIMLINEAR/DLI 线性命令或执行【标注】|【线性】命令，标注尺寸，如图 9-109 所示。

19 调用 MLEADER/MLD 多重引线命令，标注材料说明，如图 9-110 所示。

20 调用 INSERT/I 插入命令，插入“图名”图块，餐厅 B 面图绘制完成。

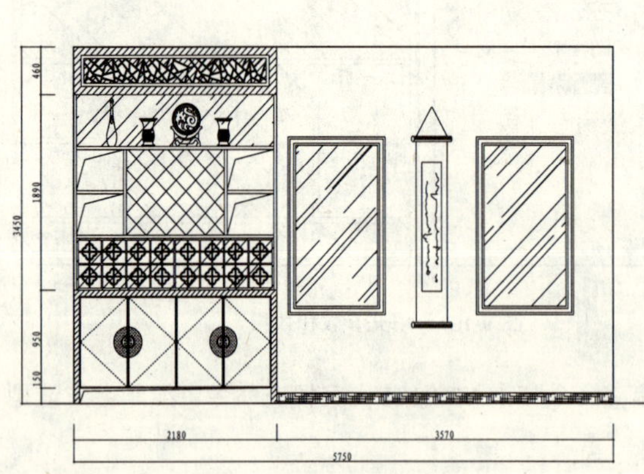

图 9-109 标注尺寸

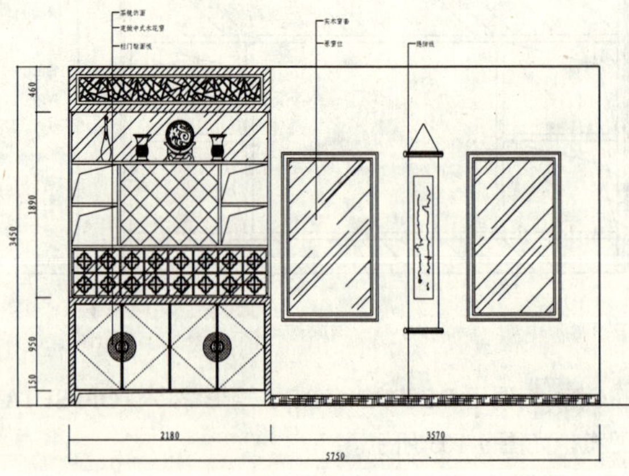

图 9-110 标注材料

第 2 篇

114 绘制茶室 B 立面图

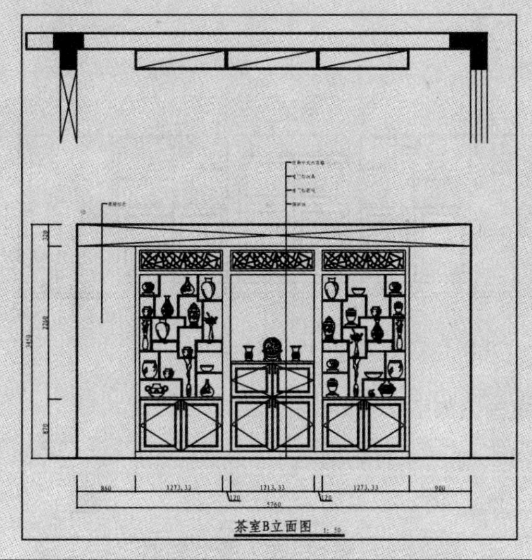

左图所示为茶室 B 立面图，B 立面图主要表达了装饰柜的做法。

文件路径：	目标文件\第 09 章\实例 114.dwg
视频文件：	AVI\第 09 章\114 绘制茶室 B 立面图.avi
播放时长：	0:14:36

01 调用 COPY/CO 复制命令，复制平面布置图上茶室 B 立面的平面部分。

02 调用 LINE/L 直线命令和 TRIM/TR 修剪命令，绘制 B 立面的基本轮廓，如图 9-111 所示。

03 调用 LINE/L 直线命令，绘制线段，表示顶棚底面，如图 9-112 所示。

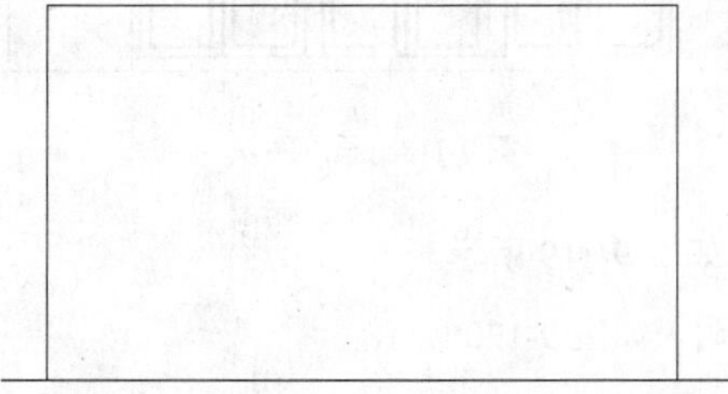

图 9-111　绘制 B 立面的基本轮廓

图 9-112　绘制顶棚底面

04 继续调用 LINE/L 直线命令，在线段上方绘制对角线，如图 9-113 所示。

05 调用 LINE/L 直线命令和 OFFSET/O 偏移命令，绘制博古架轮廓，如图 9-114 所示。

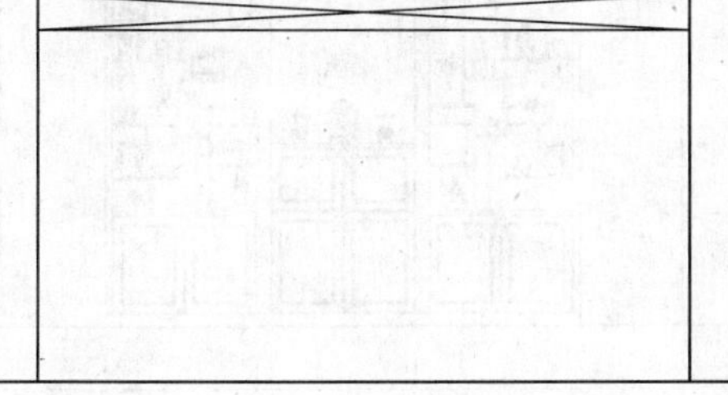

图 9-113　绘制对角线

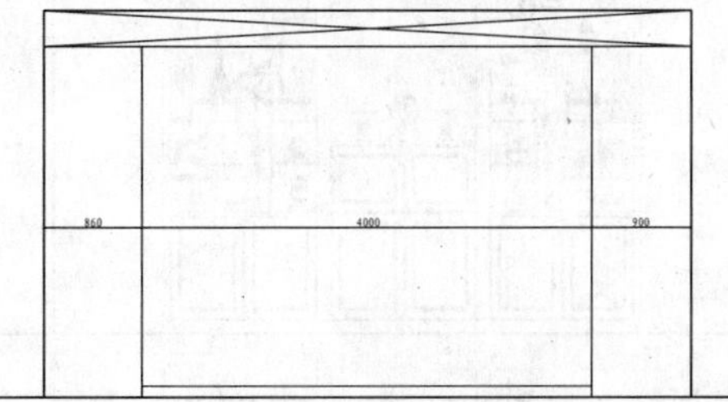

图 9-114　绘制博古架轮廓

06 调用 LINE/L 直线命令、RECTANG/REC 矩形命令、OFFSET/O 偏移命令和 TRIM/TR 修剪命令，

细化博古架，如图 9-115 所示。

07 调用 RECTANG/REC 矩形命令、OFFSET/O 偏移命令和 LINE/L 直线命令，绘制柜子的面板，如图 9-116 所示。

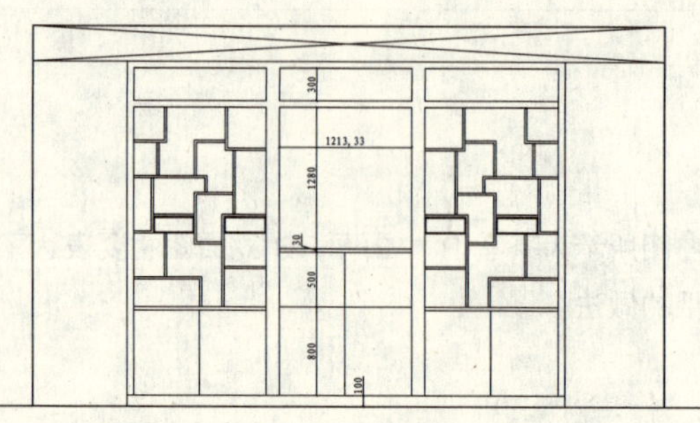

图 9-115 细化博古架

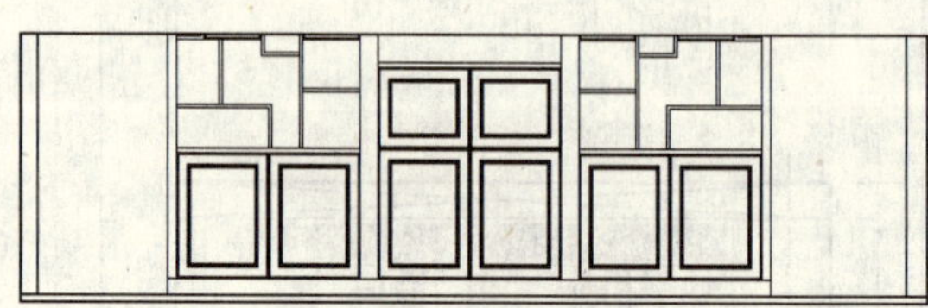

图 9-116 绘制面板

08 调用 LINE/L 直线命令，绘制折线，表示门开启方向，如图 9-117 所示。

09 从图库中插入拉手、陈设品和雕花图块到立面图中，如图 9-118 所示。

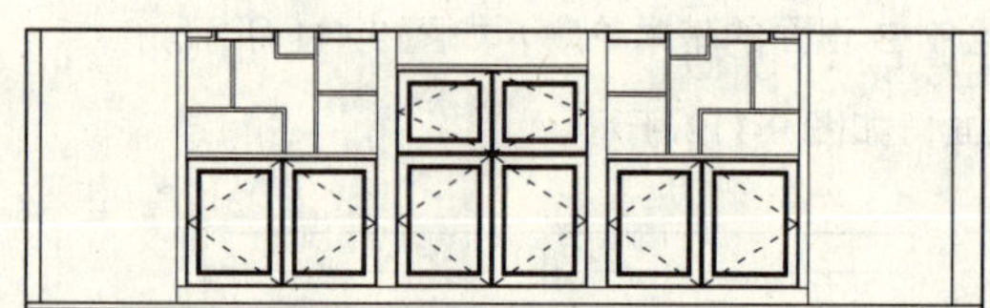

图 9-117 绘制折线

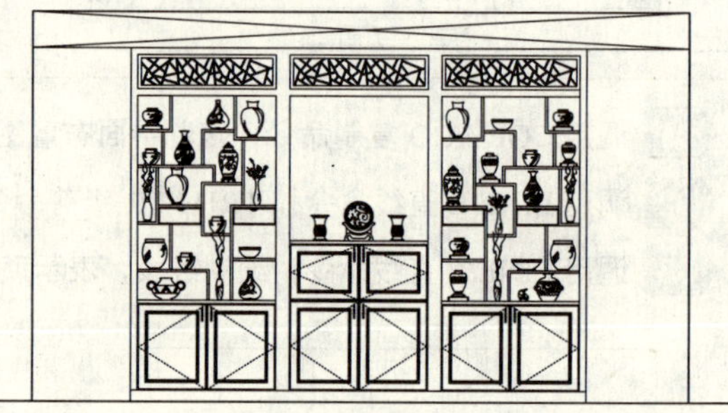

图 9-118 插入图块

10 调用 DIMLINEAR/DLI 线性命令，进行尺寸标注，如图 9-119 所示。

11 调用 MLEADER/MLD 多重引线命令，标注材料说明，如图 9-120 所示。

12 调用 INSERT/I 插入命令，插入“图名”图块，完成茶室 B 立面图的绘制。

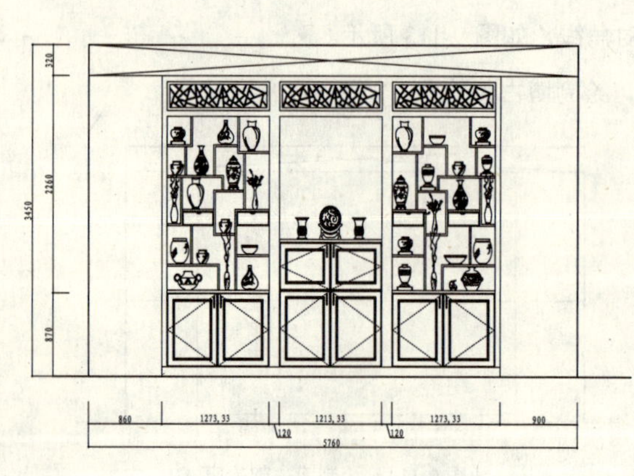

图 9-119 尺寸标注

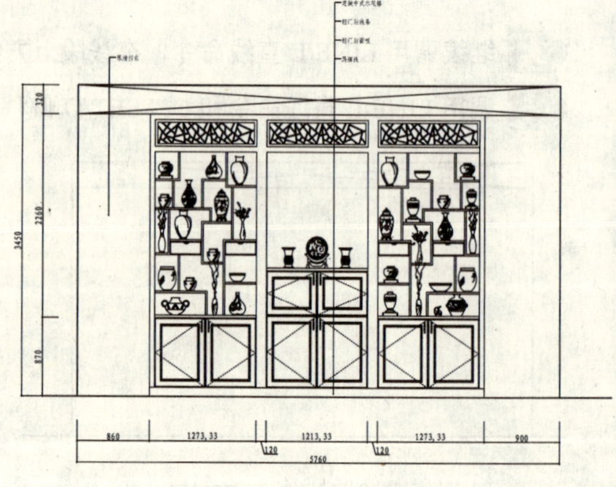

图 9-120 标注材料说明

第2篇

115 绘制二层过道 C 立面图

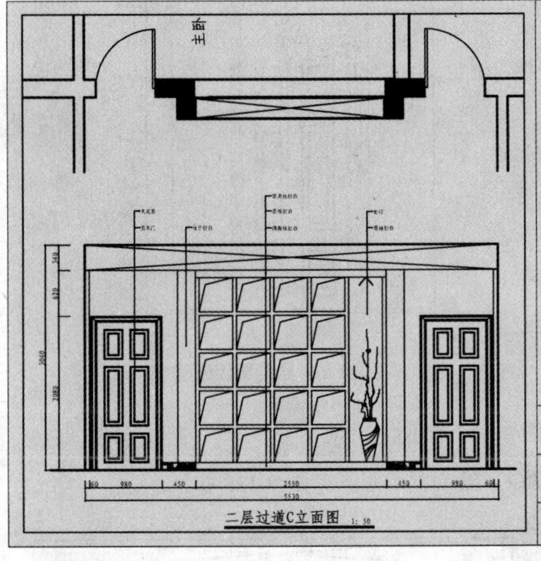

左图所示为二层过道 C 立面图，主要表达了装饰柜和门的做法。

文件路径：	目标文件\第 09 章\实例 115.dwg
视频文件：	AVI\第 09 章\115 绘制二层过道 C 立面图.avi
播放时长：	0:08:48

01 调用 COPY/CO 复制命令，复制平面布置图上过道 C 立面的平面部分，并对图形进行旋转。

02 调用 LINE/L 直线命令和 TRIM/TR 修剪命令，绘制 C 立面的基本轮廓，如图 9-121 所示。

03 调用 LINE/L 直线命令，绘制顶棚造型，如图 9-122 所示。

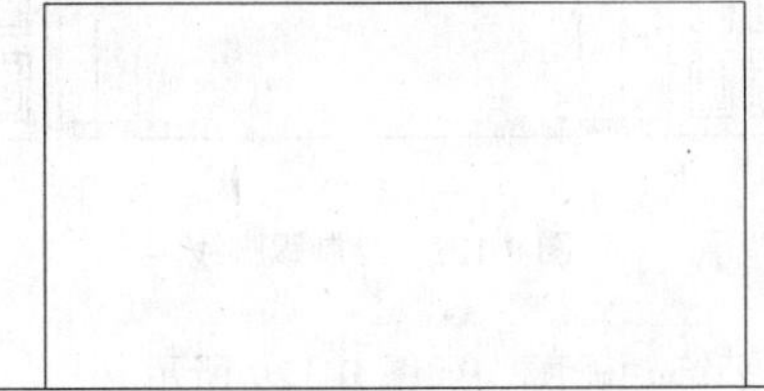

图 9-121　绘制 C 立面的基本轮廓

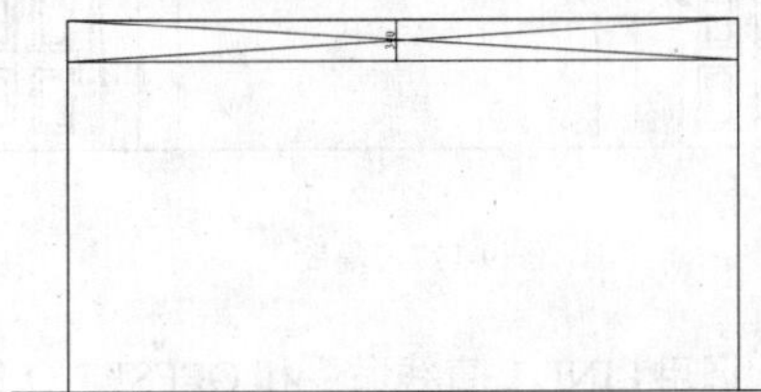

图 9-122　绘制顶棚造型

04 调用 PLINE/PL 多段线命令，绘制多段线，如图 9-123 所示。

05 继续调用 LINE/L 直线命令和 TRIM/TR 修剪命令，绘制承重墙投影线，如图 9-124 所示。

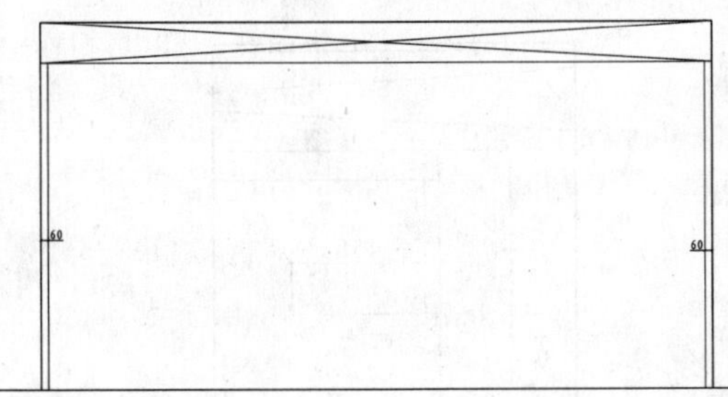

图 9-123　绘制多段线

图 9-124　绘制承重墙投影线

06 绘制门。调用 PLINE/PL 多段线命令和 OFFSET/O 偏移命令，绘制门套，如图 9-125 所示。

07 调用 RECTANG/REC 矩形命令、COPY/CO 复制命令、MOVE/M 移动命令和 OFFSET/O 偏移命令，绘制门面板上的造型，如图 9-126 所示。

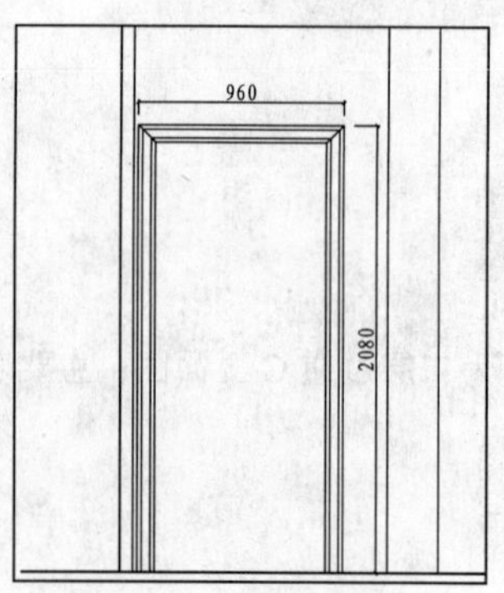

图 9-125　绘制门套

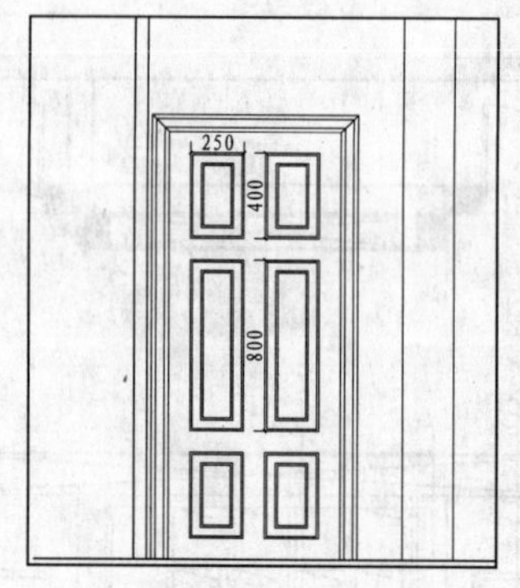

图 9-126　绘制面板造型

08 调用 COPY/CO 复制命令，得到另一扇门，如图 9-127 所示。

09 调用 LINE/L 直线命令和 HATCH/H 图案填充命令，绘制踢脚线，如图 9-128 所示。

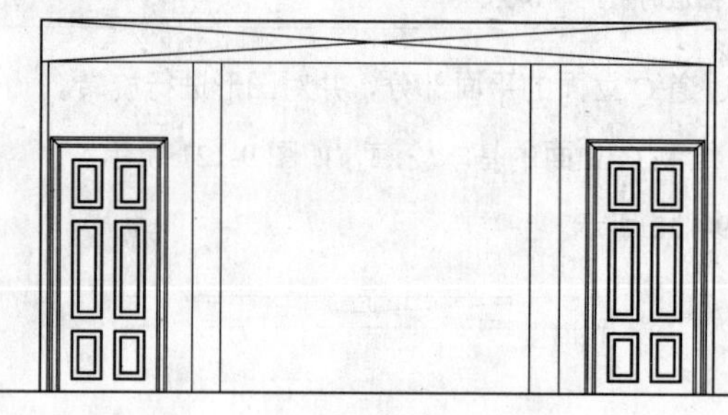
图 9-127　复制门

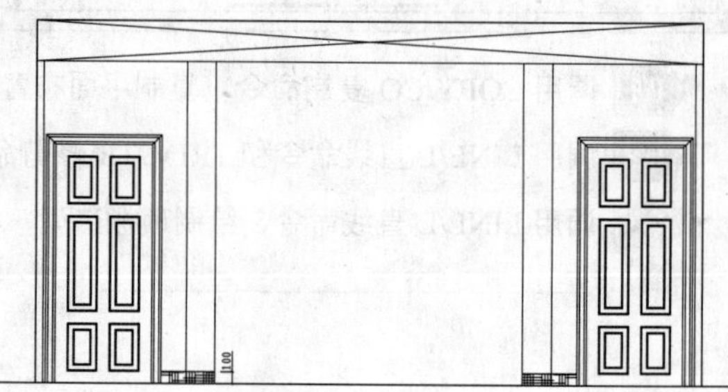

图 9-128　绘制踢脚线

10 调用 LINE/L 直线命令和 OFFSET/O 偏移命令，绘制装饰柜轮廓，如图 9-129 所示。

11 调用 RECTANG/REC 矩形命令，绘制边长为 450 的矩形，并移动到相应的位置，如图 9-130 所示。

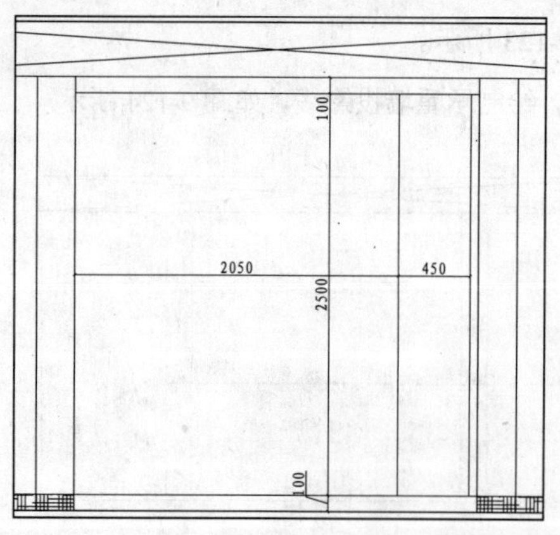

图 9-129　绘制装饰柜轮廓

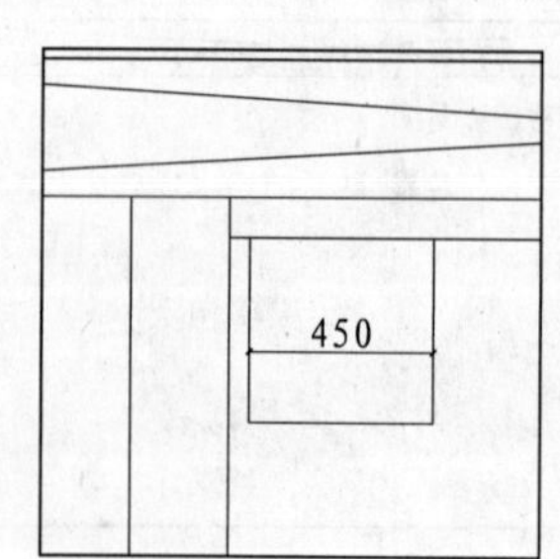

图 9-130　绘制矩形

12 调用 ARRAY/AY 阵列命令，对矩形进行阵列，阵列结果如图 9-132 所示。

第2篇

13 调用 LINE/L 直线命令，在矩形内绘制折线，如图 9-133 所示。

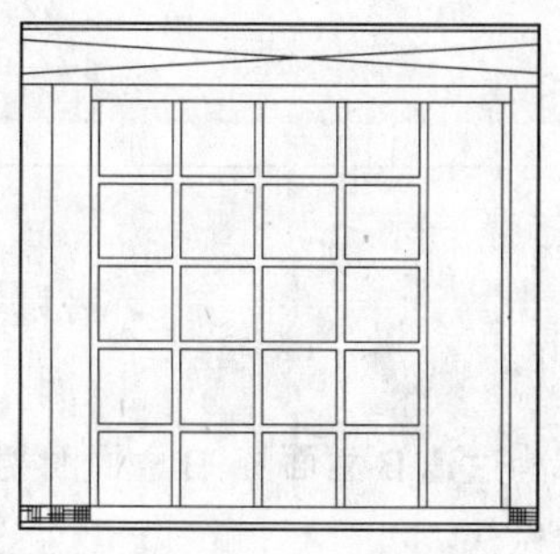

图 9-131　阵列结果

图 9-132　绘制折线

14 从图库中插入陈设品图块到立面图中，如图 9-134 所示。

15 调用 DIMLINEAR/DLI 线性命令，进行尺寸标注，如图 9-135 所示。

图 9-133　插入图块

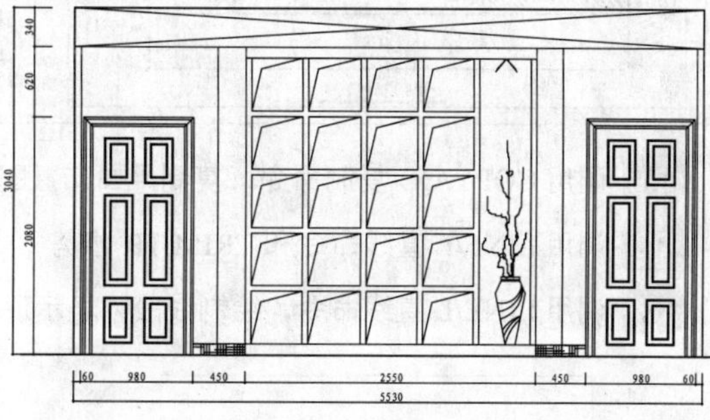

图 9-134　标注尺寸

16 调用 MLEADER/MLD 多重引线命令，标注材料说明，如图 9-135 所示。

17 调用 INSERT/I 插入命令，插入“图名”图块，完成二层过道 C 立面图的绘制。

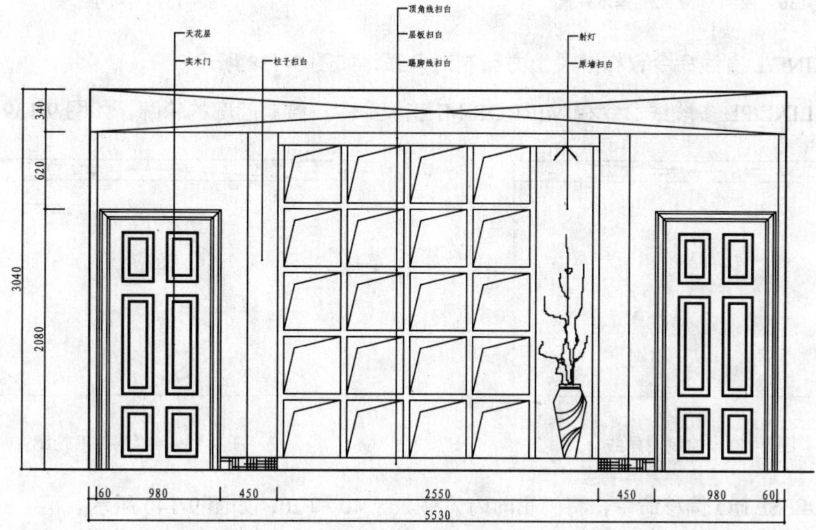

图 9-135　标注材料说明

116 绘制过道 B 立面图

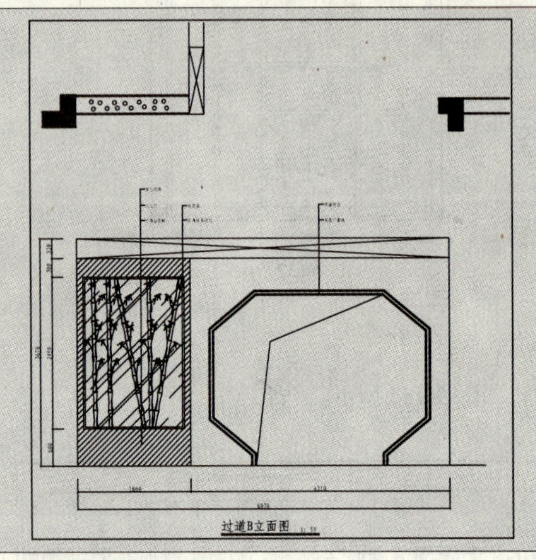

左图所示为过道 B 立面图，B 立面图主要表达了隔断和门廊的做法。

文件路径：	目标文件\第 09 章\实例 116.dwg
视频文件：	AVI\第 09 章\116 绘制过道 B 立面图.avi
播放时长：	0:06:43

01 调用 COPY/CO 复制命令，复制平面布置图上过道 B 立面的平面部分，并对图形进行旋转。

02 调用 LINE/L 直线命令和 TRIM/TR 修剪命令，绘制 B 立面的基本轮廓，如图 9-136 所示。

03 调用 LINE/L 直线命令，绘制线段，表示顶棚底面，如图 9-137 所示。

图 9-136 绘制 B 立面的基本轮廓

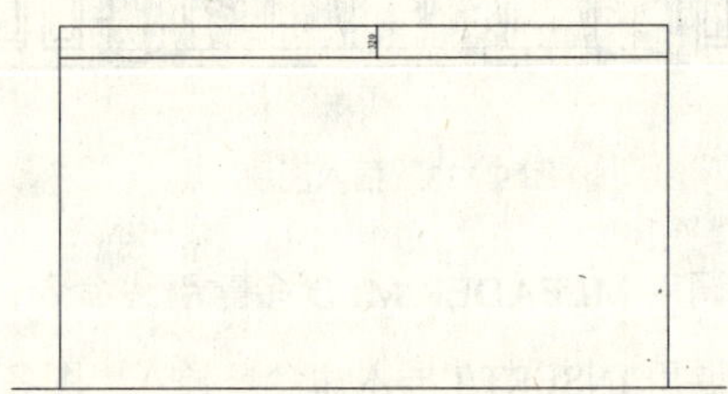

图 9-137 绘制线段

04 调用 LINE/L 直线命令，在线段上方绘制对角线，如图 9-138 所示。

05 调用 PLINE/PL 多段线命令和 MIRROR/MI 镜像命令，绘制门廊的轮廓，如图 9-139 所示。

图 9-138 绘制对角线

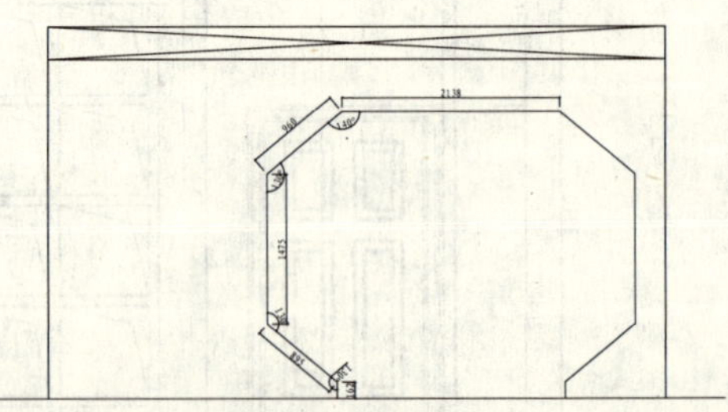

图 9-139 绘制门廊轮廓

06 调用 OFFSET/O 偏移命令，将门廊向内偏移 20、40 和 20，如图 9-140 所示。

07 调用 LINE/L 直线命令，在门廊中绘制折线，表示镂空，如图 9-141 所示。

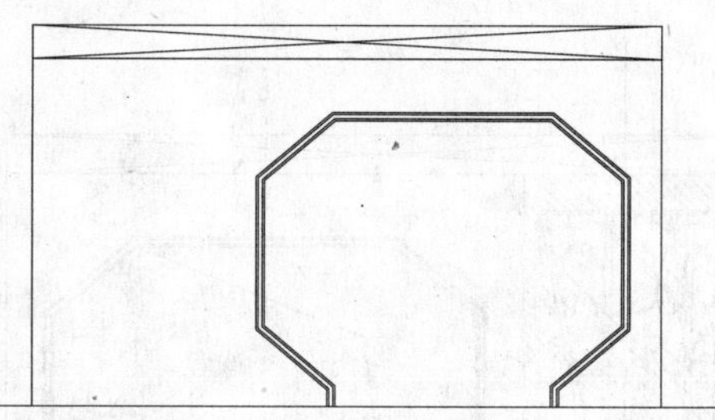

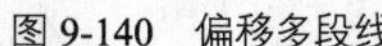

图 9-140　偏移多段线

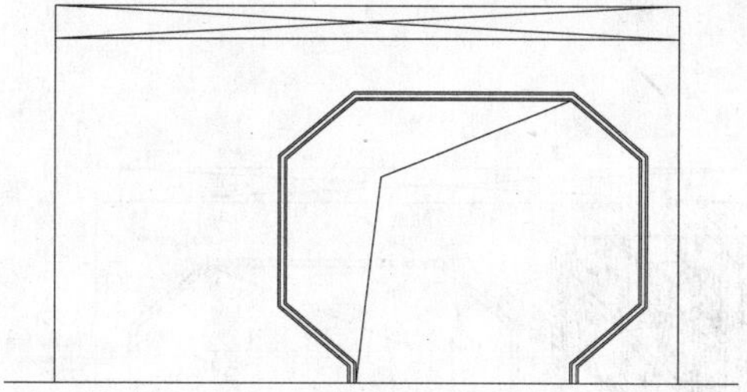

图 9-141　绘制折线

08 调用 LINE/L 直线命令，绘制线段，如图 9-142 所示。

09 调用 RECTANG/REC 矩形命令，在线段内绘制尺寸为 1660×2450 的矩形，并移动到相应的位置，如图 9-143 所示。

10 调用 OFFSET/O 偏移命令，将矩形向内偏移 30，如图 9-144 所示。

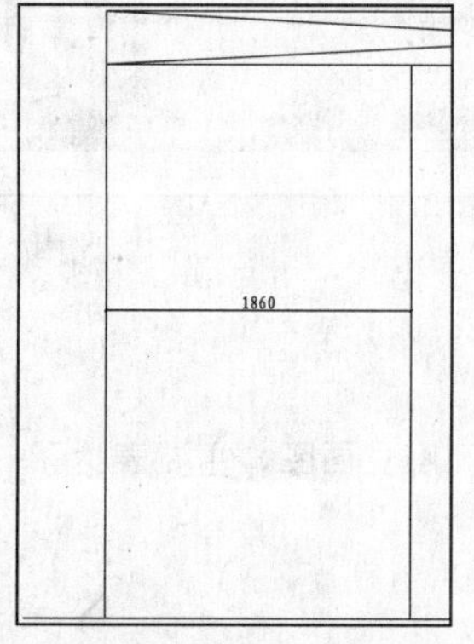

图 9-142　绘制线段

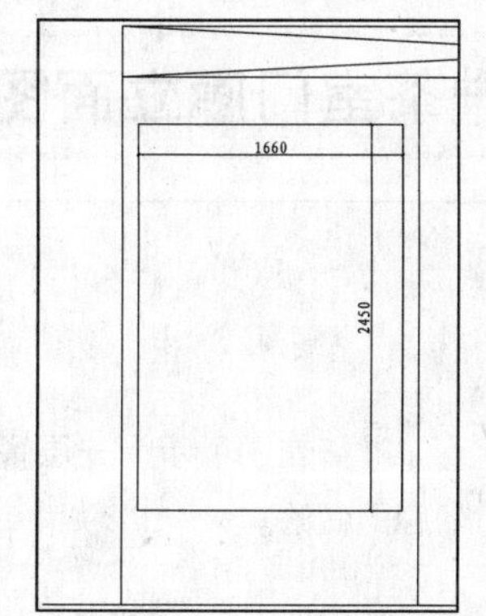

图 9-143　绘制矩形

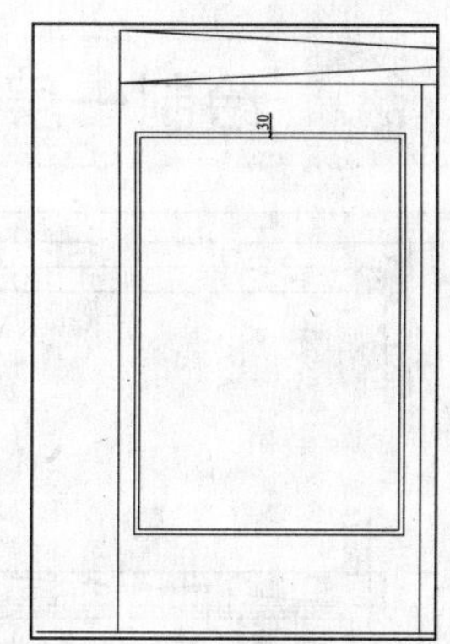

图 9-144　偏移矩形

11 调用 HATCH/H 图案填充命令，在矩形外填充 ANSI31 图案，在矩形内填充 AR-RROOF 图案，如图 9-145 所示。

12 从图库中调用文化竹图块到矩形中，如图 9-146 所示。

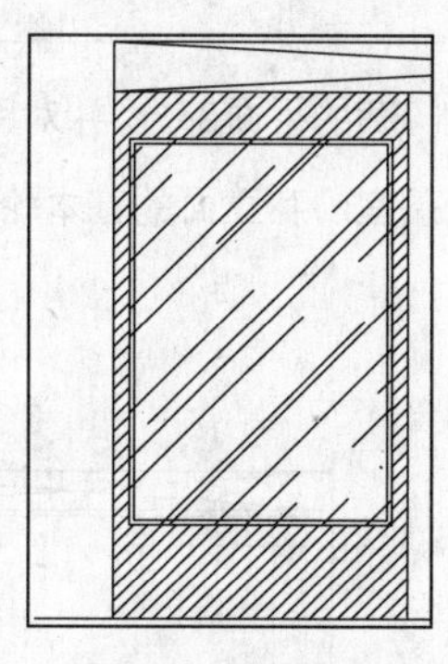

图 9-145　填充图案

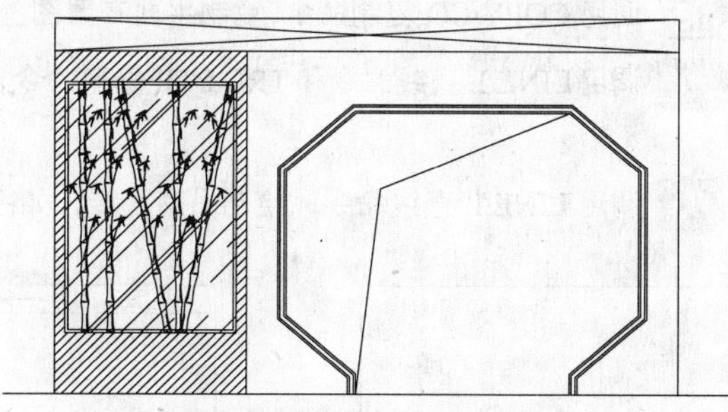

图 9-146　插入图块

13 调用 DIMLINEAR/DLI 线性命令，进行尺寸标注，如图 9-147 所示。

14 调用 MLEADER/MLD 多重引线命令，标注材料说明，如图 9-148 所示。

15 调用 INSERT/I 插入命令，插入“图名”图块，完成过道 B 立面图的绘制。

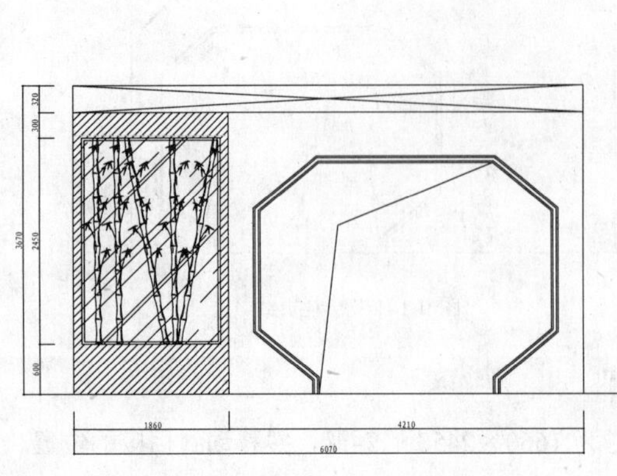
图 9-147 尺寸标注

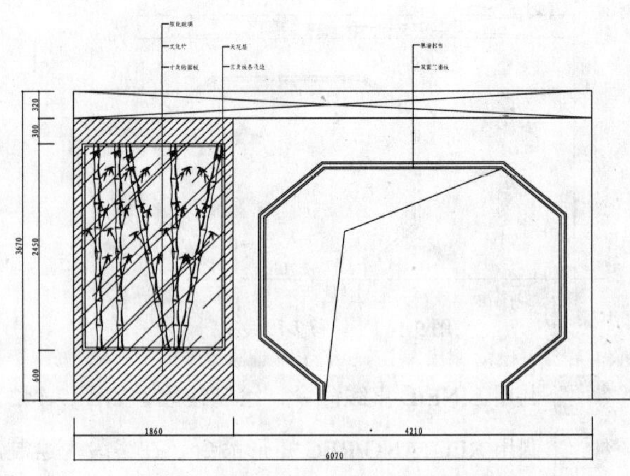
图 9-148 材料说明

117 绘制一层餐厅进茶室门廊立面图

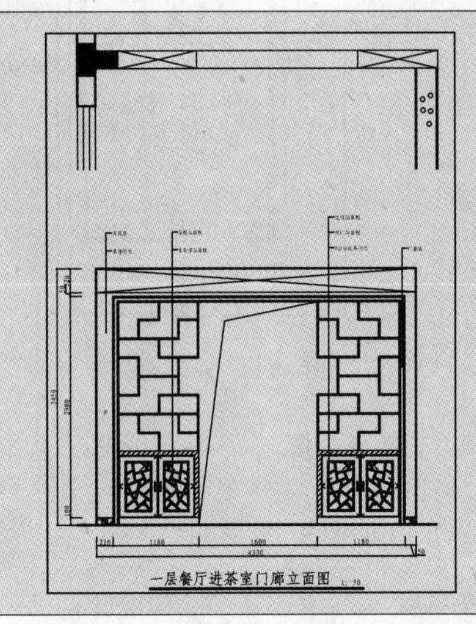

如左图所示为一层餐厅进茶室门廊立面图，主要表达了门廊的做法。

文件路径：	目标文件\第 09 章\实例 117.dwg
视频文件：	AVI\第 09 章\117 绘制一层餐厅进茶室门廊立面图.avi
播放时长：	0:13:45

01 调用 COPY/CO 复制命令，复制平面布置图上一层餐厅进茶室门廊的平面部分，并对图形进行旋转。

02 调用 LINE/L 直线命令和 TRIM/TR 修剪命令，绘制一层餐厅进茶室门廊立面的基本轮廓，如图 9-149 所示。

03 调用 LINE/L 直线命令，绘制吊顶区域，如图 9-150 所示。

图 9-149 绘制基本轮廓

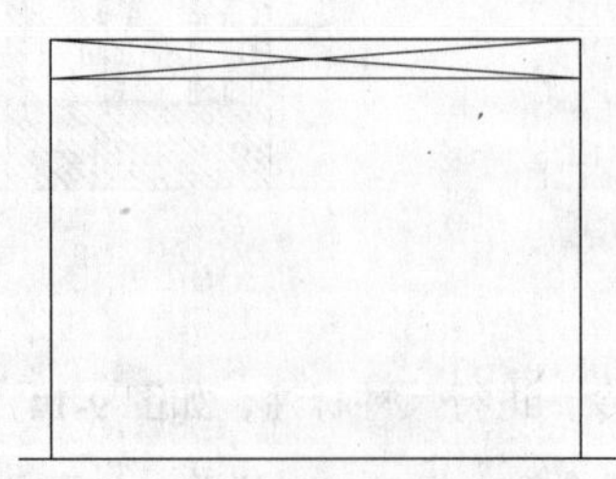
图 9-150 绘制吊顶区域

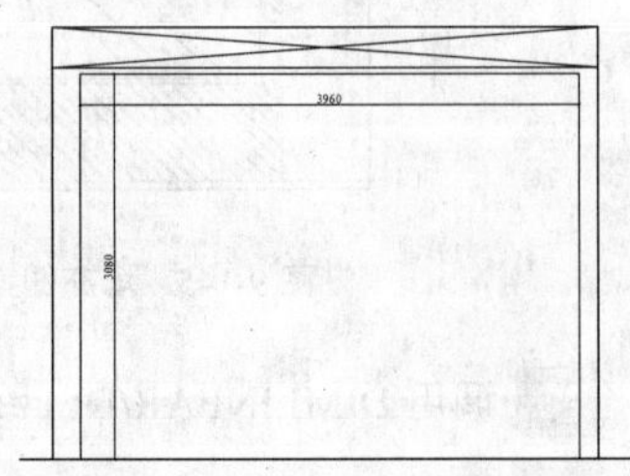
图 9-151 绘制门廊的基本轮廓

04 调用 PLINE/PL 多段线命令，绘制门廊的基本轮廓，如图 9-151 所示。

05 调用 OFFSET/O 偏移命令，将多段线向内偏移 20、40 和 20，如图 9-152 所示。

06 调用 PLINE/PL 多段线命令和 OFFSET/O 偏移命令，绘制柜子的台面，如图 9-153 所示。

07 调用 HATCH/H 命令，在台面填充 ANSI31 图案，如图 9-154 所示。

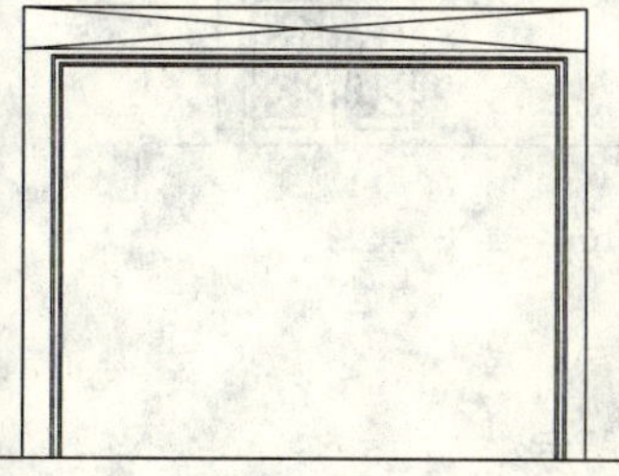

图 9-152　偏移多段线

图 9-153　绘制柜子台面

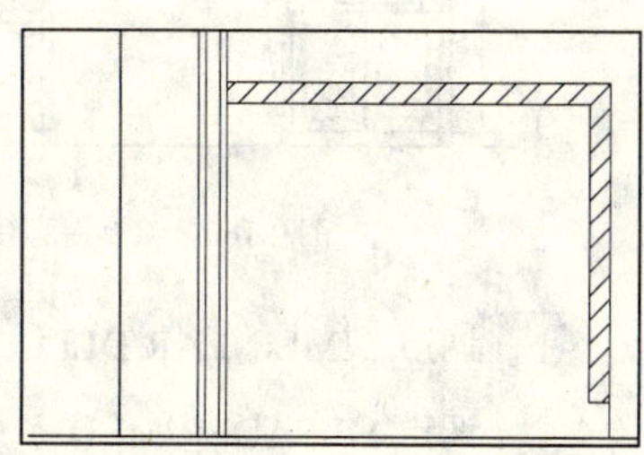

图 9-154　填充台面

08 调用 RECTANG/REC 矩形命令、OFFSET/O 偏移命令和 LINE/L 直线命令，绘制柜子的面板，如图 9-155 所示。

09 调用 LINE/L 直线命令，绘制折线，表示柜门开启方向，如图 9-156 所示。

10 调用 LINE/L 直线命令、OFFSET/O 偏移命令和 TRIM/TR 修剪命令，绘制架子，如图 9-157 所示。

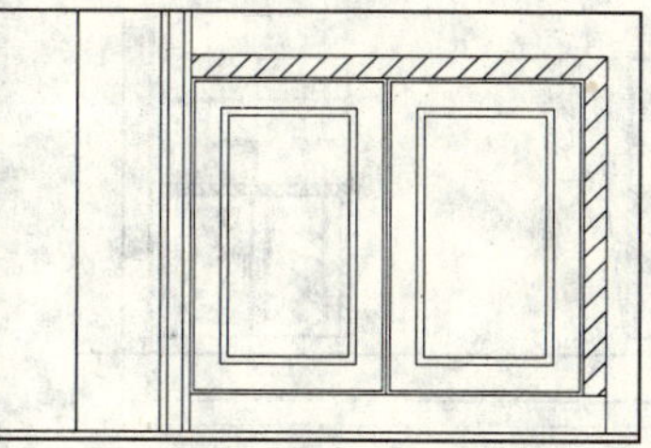

图 9-155　绘制柜子的面板

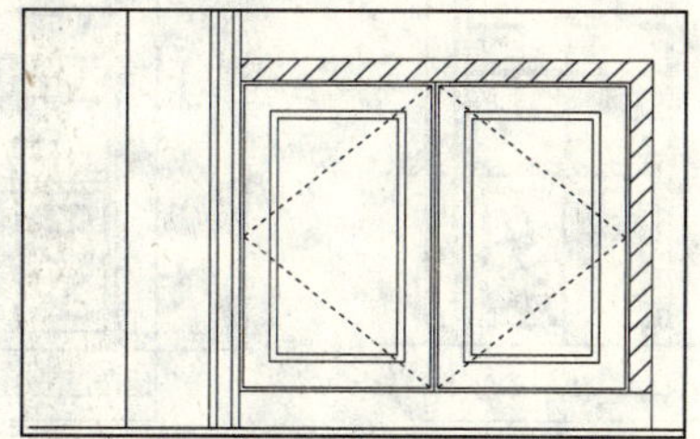

图 9-156　绘制折线

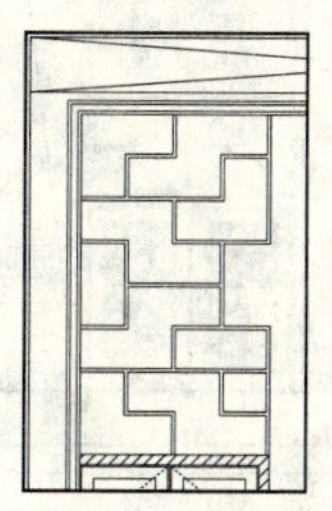

图 9-157　绘制架子

11 调用 MIRROR/MI 镜像命令，通过镜像得到右侧同样造型的图形，如图 9-158 所示。

12 调用 LINE/L 直线命令，在门廊中绘制折线，表示镂空，如图 9-159 所示。

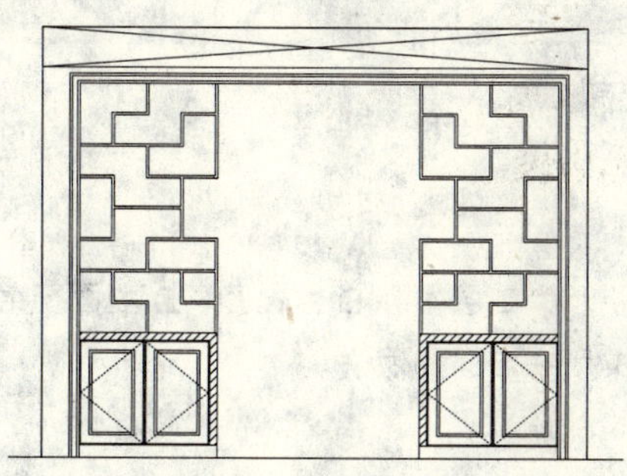

图 9-158　镜像图形

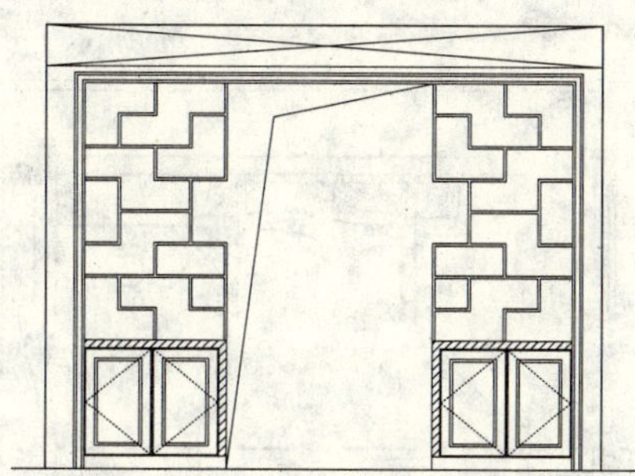

图 9-159　绘制折线

13 调用 LINE/L 直线命令，绘制踢脚线，踢脚线的高度为 100，并对踢脚线填充 HOUND 图案，如图 9-160 所示。

14 从图库中插入木雕图块和拉手图块到立面图中，如图 9-161 所示。

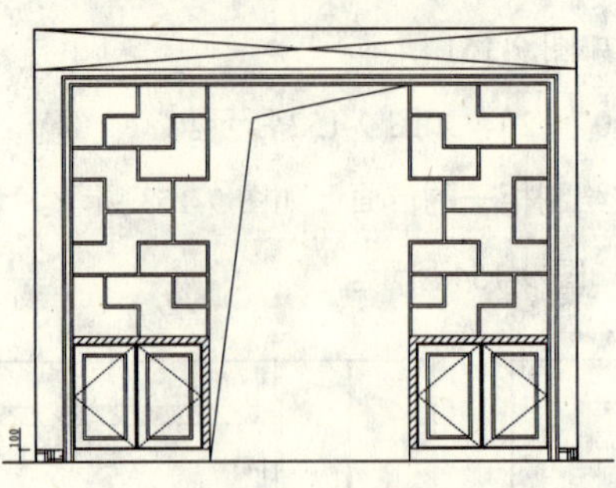
图 9-160　绘制踢脚线

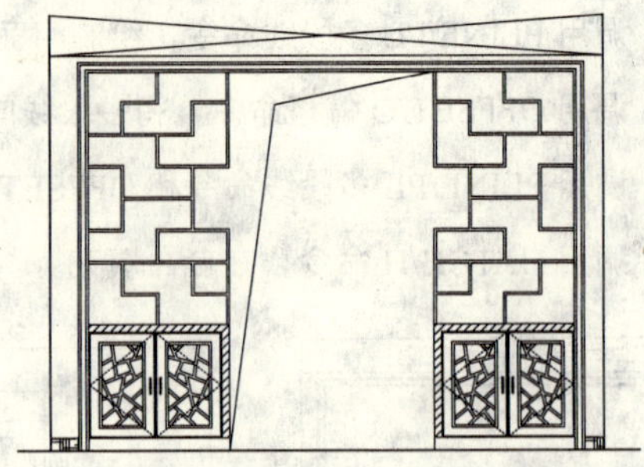
图 9-161　插入图块

15 调用 DIMLINEAR/DLI 线性命令，进行尺寸标注，如图 9-162 所示。

16 调用 MLEADER/MLD 多重引线命令，标注材料说明，如图 9-163 所示。

17 调用 INSERT/I 插入命令，插入“图名”图块，完成一层餐厅进茶室门廊立面图的绘制。

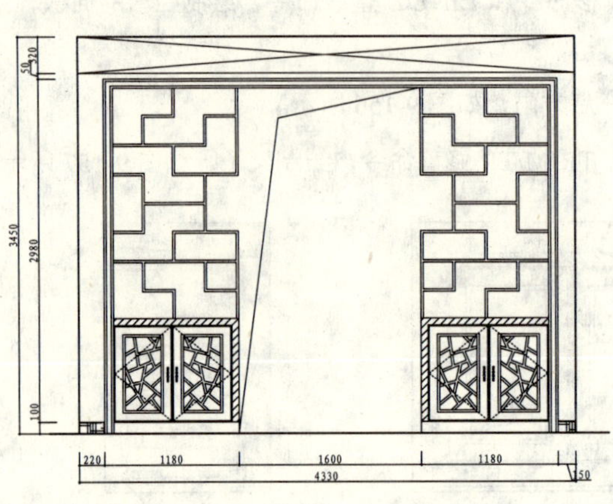

图 9-162　尺寸标注

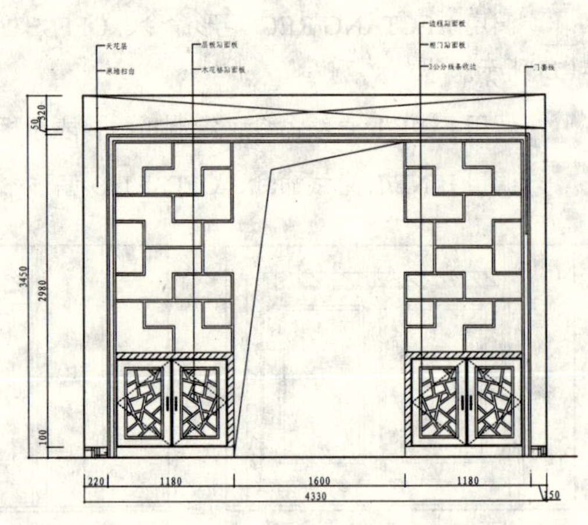

图 9-163　材料说明

118 绘制二层主卧 D 立面图

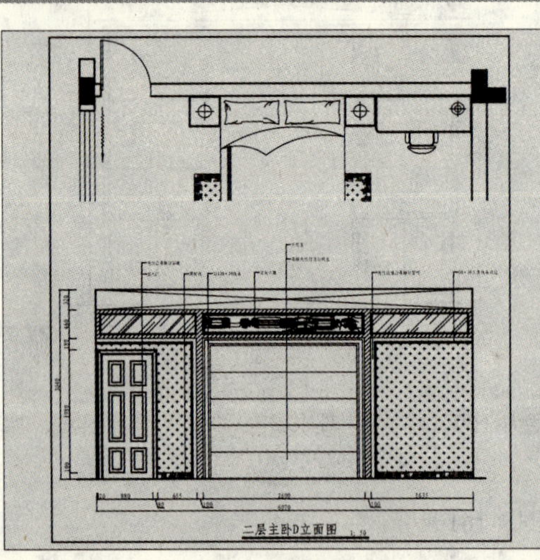

如左图所示为二层主卧 D 立面图，D 立面图主要表达了床和书桌所在墙面的做法。

文件路径：	目标文件\第 09 章\实例 118.dwg
视频文件：	AVI\第 09 章\118 绘制二层主卧 D 立面图.avi
播放时长：	0:12:26

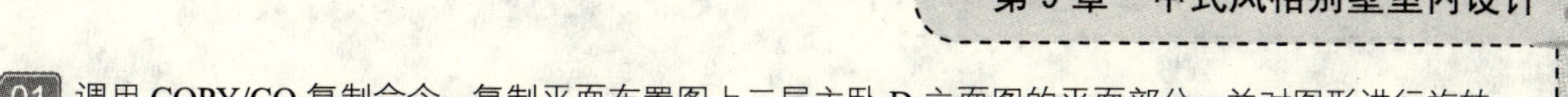

01 调用 COPY/CO 复制命令，复制平面布置图上二层主卧 D 立面图的平面部分，并对图形进行旋转。

02 调用 LINE/L 直线命令和 TRIM/TR 修剪命令，绘制 D 立面的基本轮廓，如图 9-164 所示。

03 调用 LINE/L 直线命令，绘制天花，如图 9-165 所示。

图 9-164　绘制 D 立面的基本轮廓

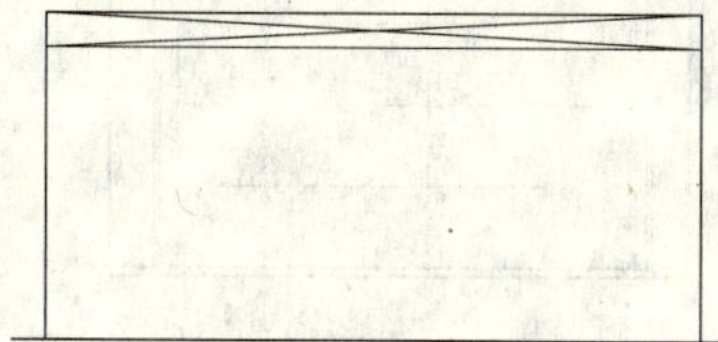
图 9-165　绘图天花

04 绘制门。调用 PLINE/PL 多段线命令，绘制门的基本轮廓，如图 9-166 所示。

05 调用 OFFSET/O 偏移命令，将多段线向内偏移 20、40 和 20，得到门套，如图 9-167 所示。

06 调用 LINE/L 直线命令，连接多段线的交角处，如图 9-168 所示。

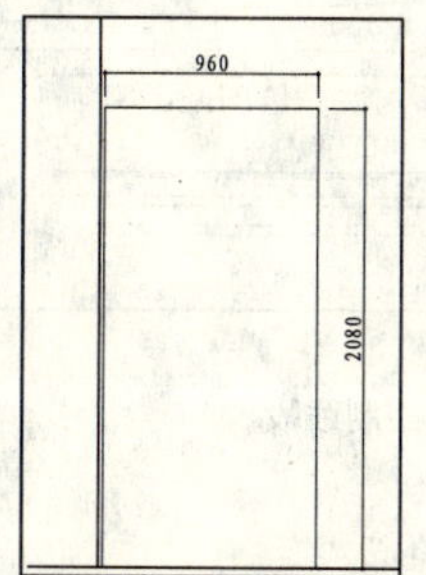

图 9-166　绘制门的基本轮廓

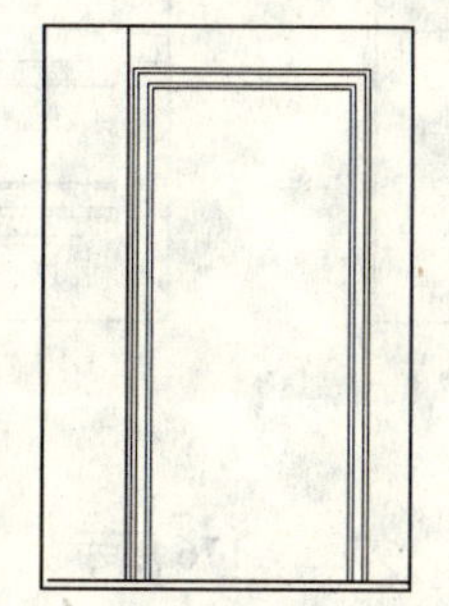
图 9-167　偏移多段线

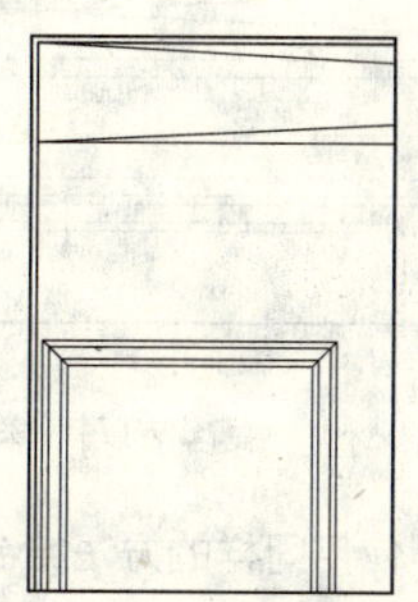
图 9-168　绘制线段

07 调用 RECTANG/REC 矩形命令、OFFSET/O 偏移命令和 COPY/命令，绘制门面板上的造型，如图 9-169 所示。

08 调用 PLINE/PL 多段线命令，绘制背景墙轮廓，如图 9-170 所示。

09 调用 OFFSET/O 偏移命令，将多段线向内偏移 30、60 和 30，如图 9-171 所示。

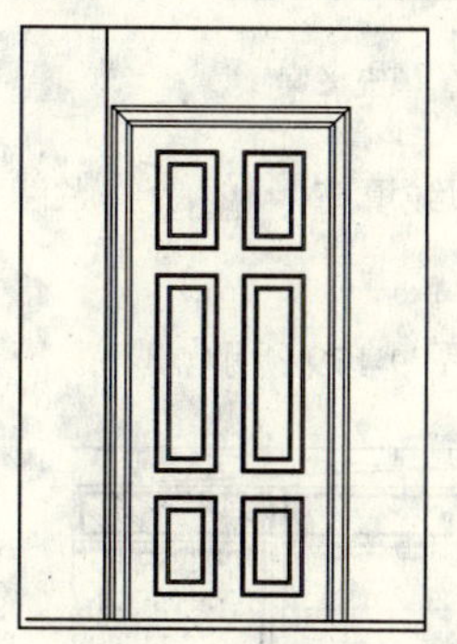
图 9-169 绘制门面板上的造型

图 9-170　绘制多段线

图 9-171　偏移多段线

10 调用 LINE/L 直线命令和 OFFSET/O 偏移命令，划分墙面，如图 9-172 所示。

11 调用 HATCH/H 图案填充命令，在背景墙面填充 AR-SAND 图案，填充参数和效果如图 9-173 所示。

第 9 章

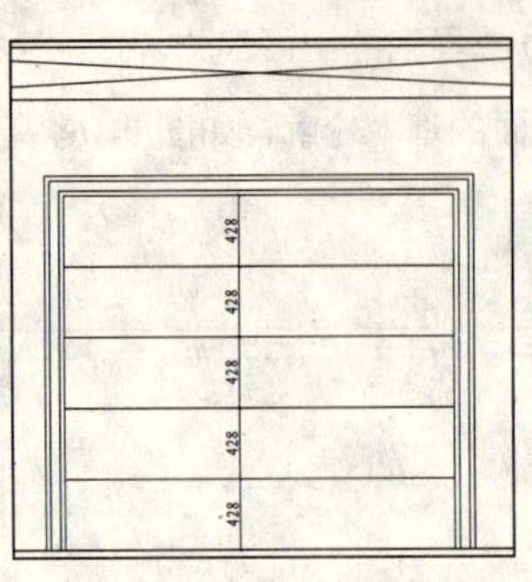

图 9-172　划分墙面

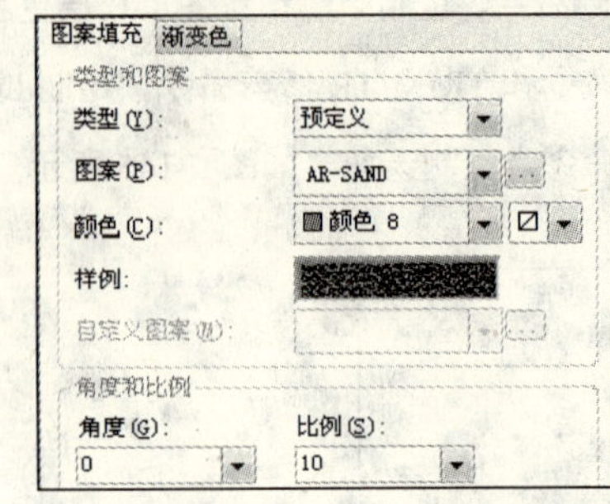

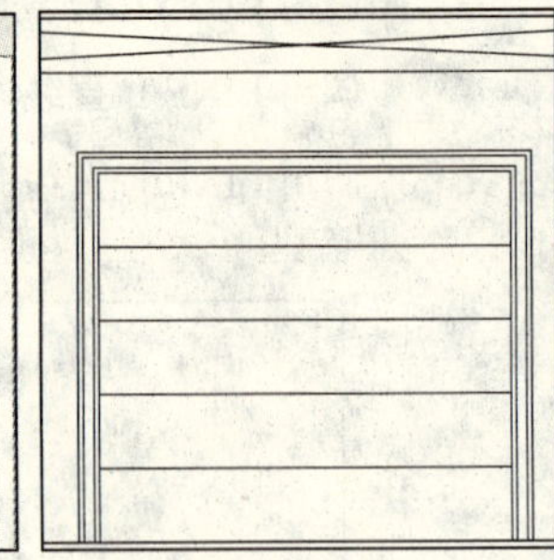

图 9-173　填充参数和效果

12 调用 RECTANG/REC 矩形命令，在多段线上方绘制尺寸为 2600×340 的矩形，如图 9-174 所示。

13 调用 OFFSET/O 偏移命令，将矩形向内偏移，然后调用 LINE/L 直线命令，连接矩形的交角处，如图 9-175 所示。

图 9-174　绘制矩形

图 9-175　绘制线段

14 使用同样的方法绘制其他同类图形，如图 9-176 所示。

15 调用 HATCH/H 图案填充命令，在矩形内填充 AR-RROOF 图案，如图 9-177 所示。

图 9-176　绘制同类型图形

图 9-177　填充图案

16 调用 LINE/L 直线命令，绘制踢脚线，踢脚线的高度为 100，并在踢脚线填充 HOUND 图案，如图 9-178 所示。

17 调用 HATCH/H 图案填充命令，对两侧墙面填充 CROSS 图案，如图 9-179 所示。

图 9-178　绘制踢脚线

图 9-179　填充两侧墙面

18 调用 HATCH/H 图案填充命令，对墙面填充 ANSI31 图案，如图 9-180 所示。

19 从图库中插入木雕图块到立面图中，如图 9-181 所示。

图 9-180　填充墙面

图 9-181　插入图块

20 调用 DIMLINEAR/DLI 线性命令，进行尺寸标注，如图 9-182 所示。

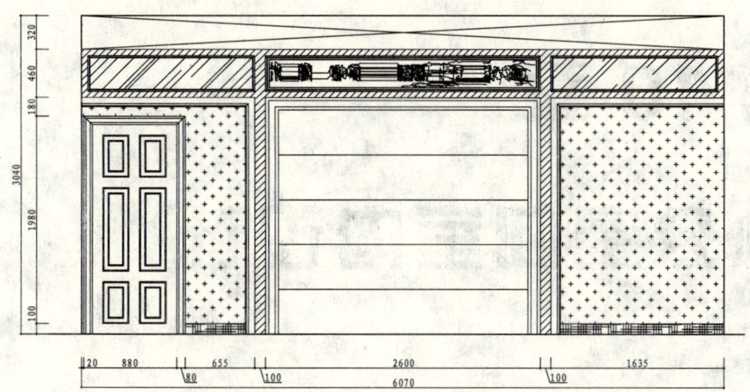

图 9-182　尺寸标注

21 调用 MLEADER/MLD 多重引线命令，标注材料说明，如图 9-183 所示。

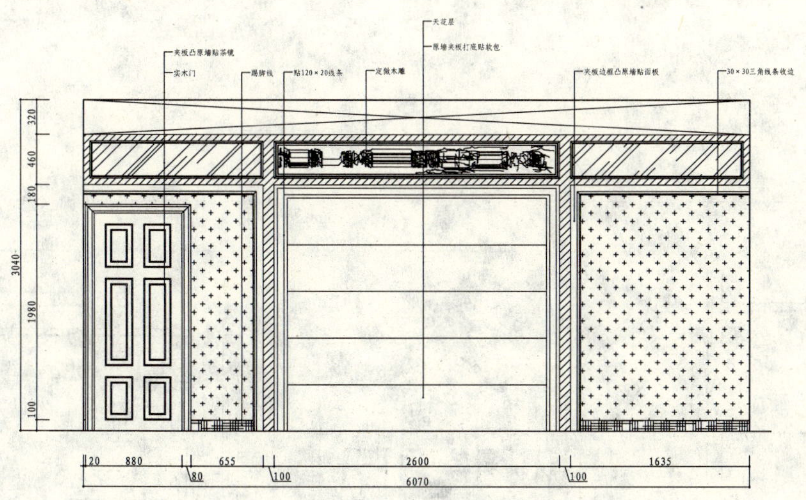

图 9-183　材料说明

22 调用 INSERT/I 插入命令，插入“图名”图块，完成二层主卧 D 立面图的绘制。

第3篇 公装篇

第10章 办公空间室内设计

现代办公空间的设计是展现公司文化、企业实力和专业水准的窗口，在设计办公空间时既要满足个人的空间需求，又要兼顾集体空间的需求。本章以办公空间为例讲解办公空间施工图的绘制方法。

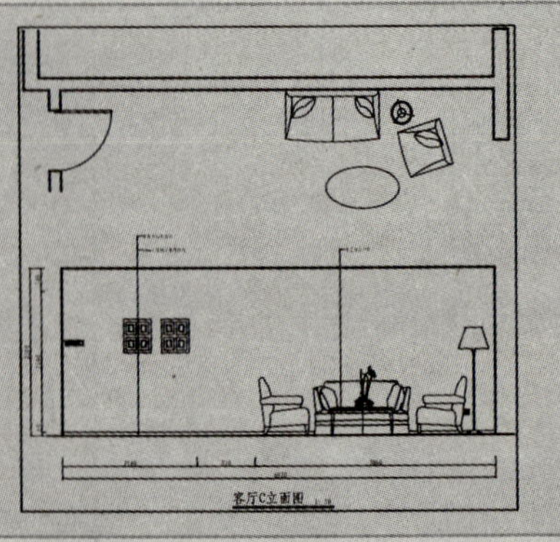

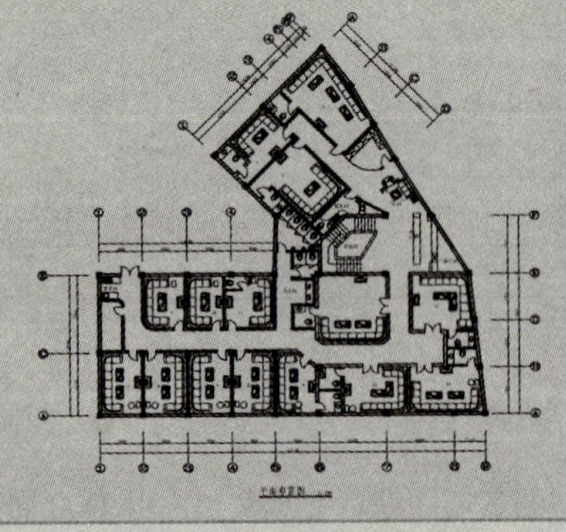

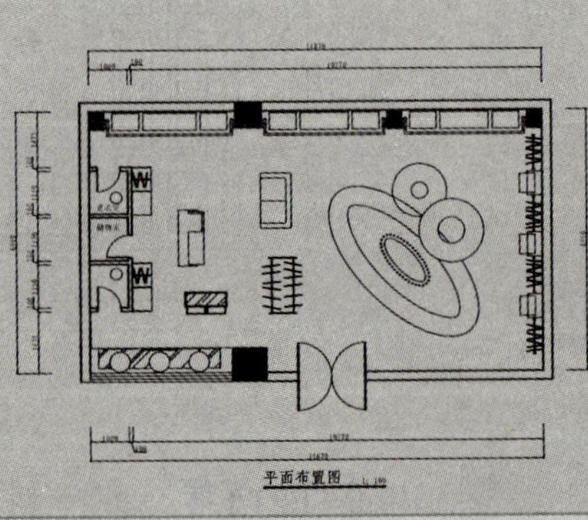

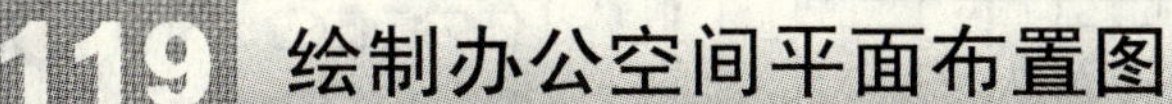

119 绘制办公空间平面布置图

实例描述：	如图 10-1 所示为办公空间平面布置图，本例分别以前厅、开敞办公区、董事长室、财务部和会议室为例，讲解平面布置图的绘制方法。
文件路径：	目标文件\第 10 章\实例 119.dwg
视频文件：	AVI\第 10 章\119 绘制办公空间平面布置图.avi
播放时长：	0:00:47

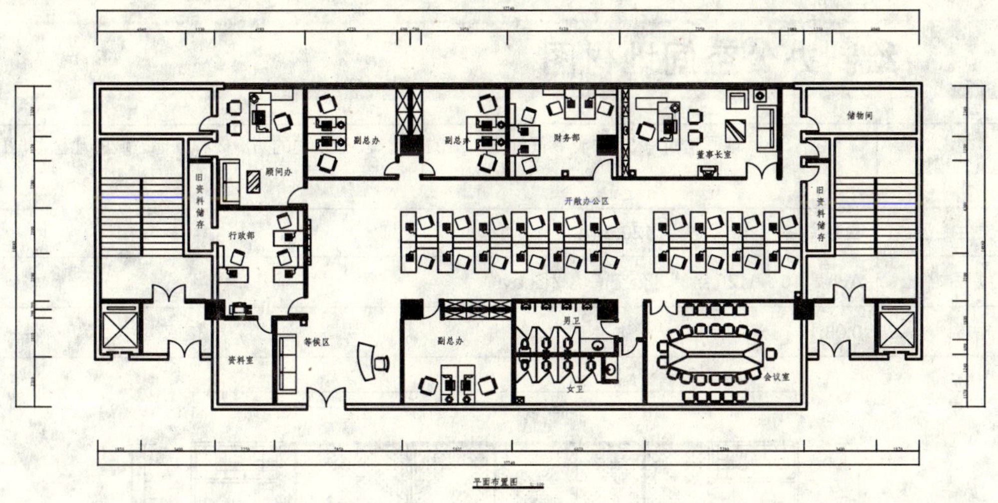

图 10-1　平面布置图

01 打开配套光盘提供的“第 10 章\办公空间建筑平面图.dwg”文件。

02 如图 10-2 所示为绘制完成的前台平面布置图。沙发图形、饮水机和接待台图形都可以从图库中调用。

03 如图 10-3 所示为开敞办公区平面布置图。办公桌椅和饮水机图形可以从图库中调用。

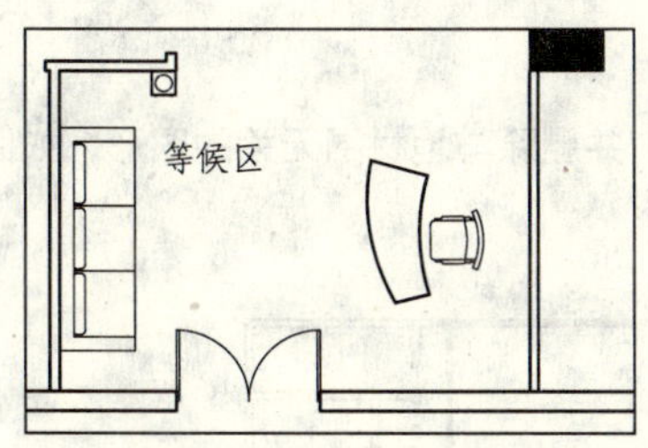

图 10-2　前台平面布置

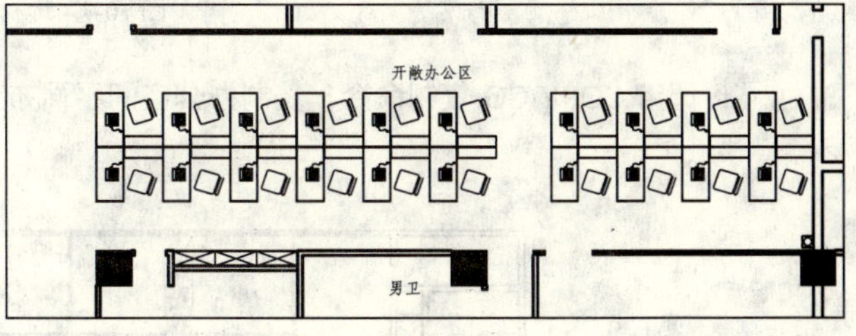

图 10-3　开敞办公区

04 本例董事长室平面布置图如图 10-4 所示，董事长室大部分家具可以从图库中调用，装饰柜和电视柜可使用 RECTANG/REC 矩形命令和 LINE/L 直线命令手工绘制。

05 财务部平面布置图如图 10-5 所示。

06 会议室平面布置图如图 10-6 所示。

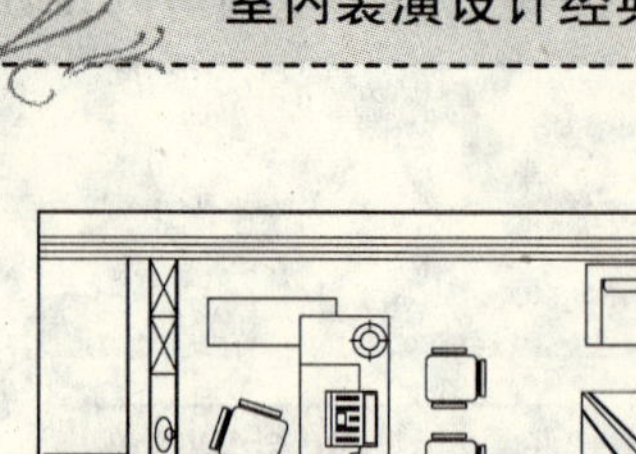

图 10-4　董事长室平面布置图

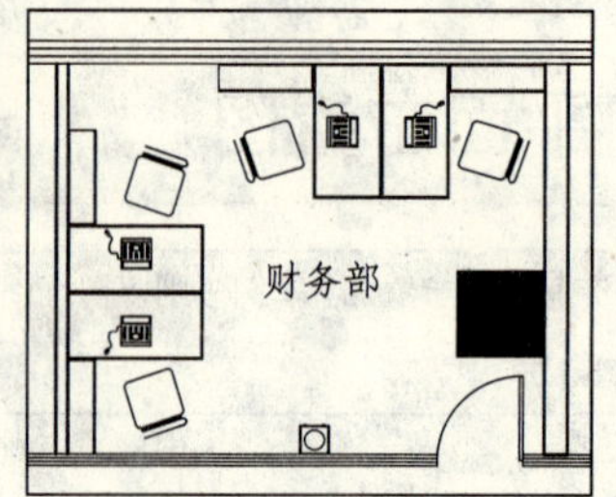

图 10-5　财务部平面布置图

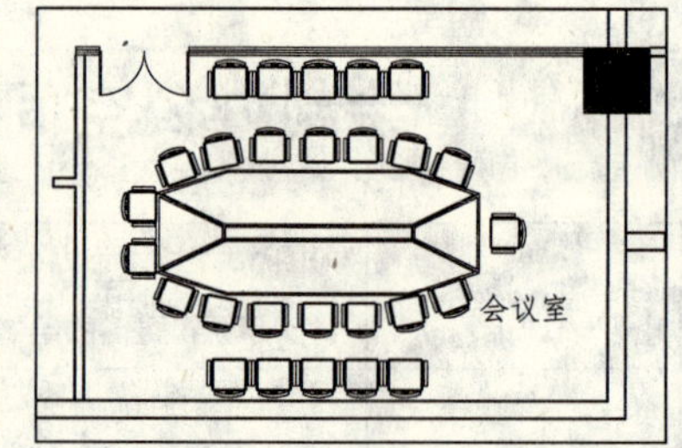

图 10-6　会议室平面布置图

120 绘制办公空间地材图

实例描述:	本例办公空间地面材料有 3 种，储物间和资料室的玻化砖、卫生间的防滑砖和其他区域的地毯，如图 10-7 所示。
文件路径:	目标文件\第 10 章\实例 120.dwg
视频文件:	AVI\第 10 章\120 绘制办公空间地材图.avi
播放时长:	0:08:16

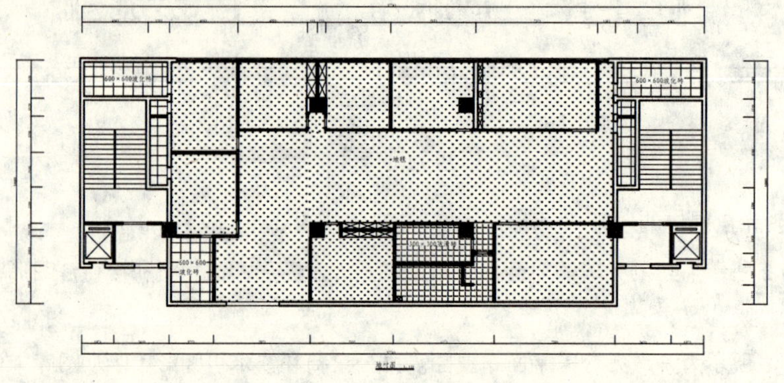

图 10-7　地材图

01 调用 COPY/CO 复制命令，复制办公空间平面布置图，并删除与地材图无关的图形，如图 10-8 所示。

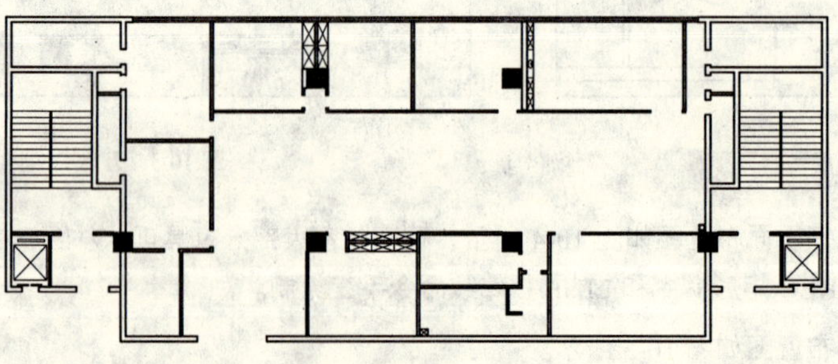

图 10-8　整理图形

02 设置“DM_地面”图层为当前图层。

03 调用 LINE/L 直线命令，绘制门槛线，如图 10-9 所示。

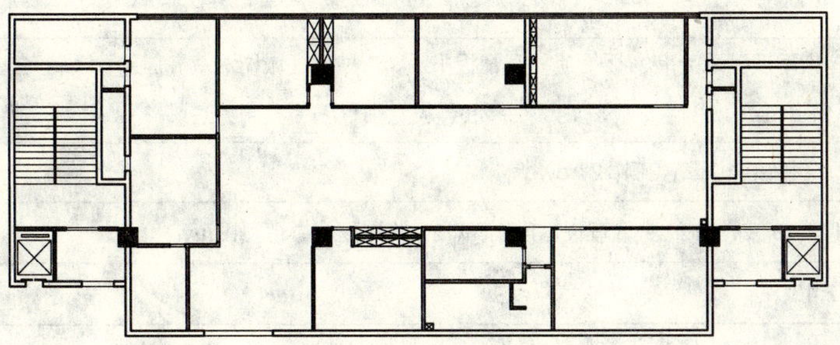

图 10-9　绘制门槛线

04 调用 MTEXT/MT 多行文字命令，添加地面材料文字说明，并调用 RECTANG/REC 矩形命令，绘制矩形框住文字，如图 10-10 所示。

05 调用 HATCH/H 图案填充命令，填充“用户定义”图案表示玻化砖，如图 10-11 所示。

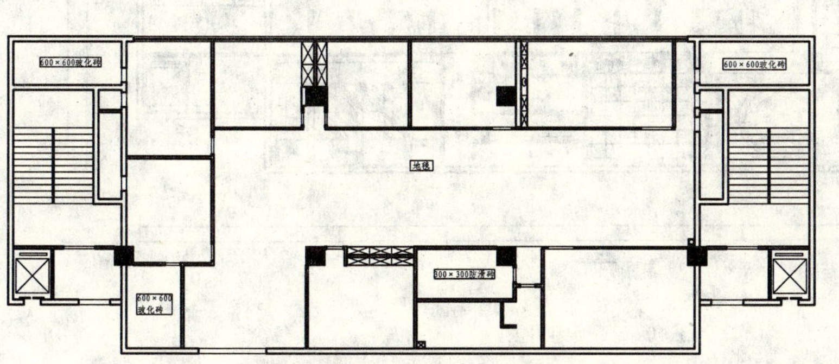

图 10-10　添加地面材料文字说明

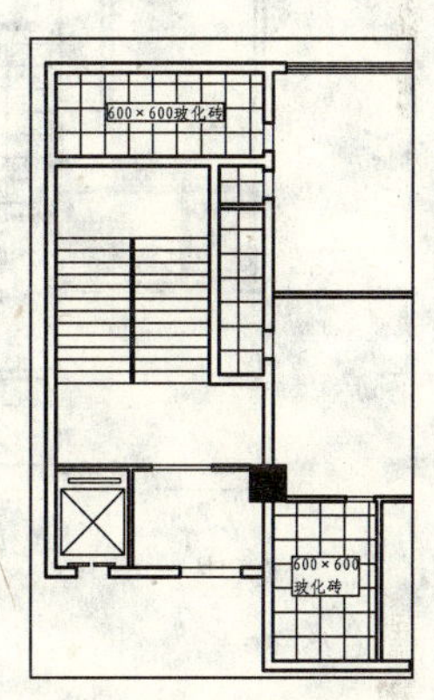

图 10-11　填充玻化砖图案

06 调用 HATCH/H 图案填充命令，填充 ANGLE 图案表示防滑砖，如图 10-12 所示。

07 调用 HATCH/H 图案填充命令，填充 CROSS 图案表示地毯，然后删除矩形，如图 10-13 所示，完成地材图的绘制。

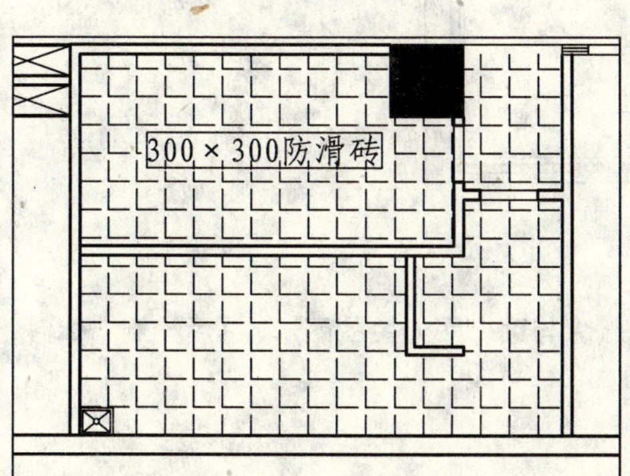

图 10-12　填充防滑砖图案

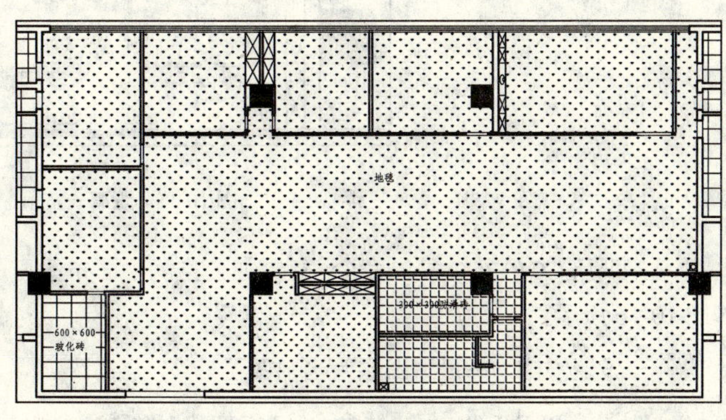

图 10-13　填充地毯图案

121 绘制办公空间顶棚图

实例描述：	办公空间顶棚采用装饰板吊顶和石膏板吊顶，未吊顶区域刷深灰乳胶漆。绘制完成的办公空间顶棚图如图 10-14 所示，本例主要介绍董事长室和会议室顶棚图的绘制方法。
文件路径：	目标文件\第 10 章\实例 121.dwg
视频文件：	AVI\第 10 章\121 绘制董事长室顶棚图\121 绘制副总办顶棚图.avi
播放时长：	0:02:46

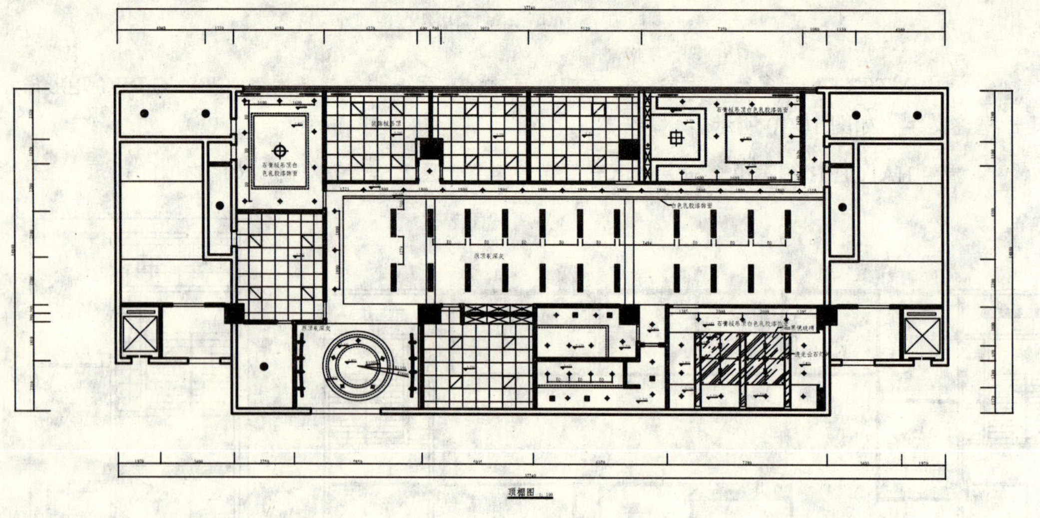

图 10-14　顶棚图

01 如图 10-15 所示为董事长室顶棚图，下面讲解绘制方法。

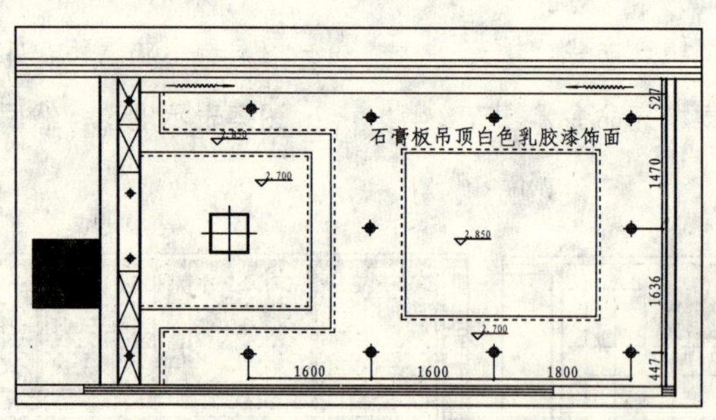

图 10-15　董事长室顶棚图

02 调用 COPY/CO 复制命令，复制办公空间平面布置图，删除与顶棚图无关的图形，然后绘制墙体线，如图 10-16 所示。

03 设置“DD_吊顶”图层为当前图层。

04 调用 PLINE/PL 多段线命令、MOVE/M 移动命令和 MIRROR/MI 镜像命令，绘制窗帘，如图 10-17 所示。

第3篇

图 10-16　整理图形

图 10-17　绘制窗帘

05 调用 LINE/L 直线命令，绘制窗帘盒，窗帘盒的宽度为 200，如图 10-18 所示。

06 调用 PLINE/PL 多段线命令，绘制如图 10-19 所示多段线。

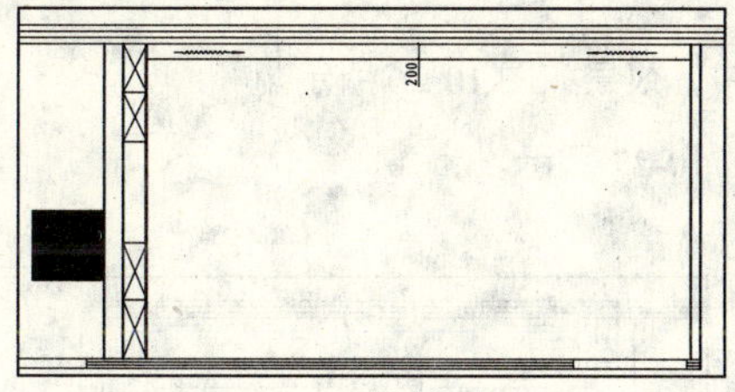

图 10-18　绘制窗帘盒

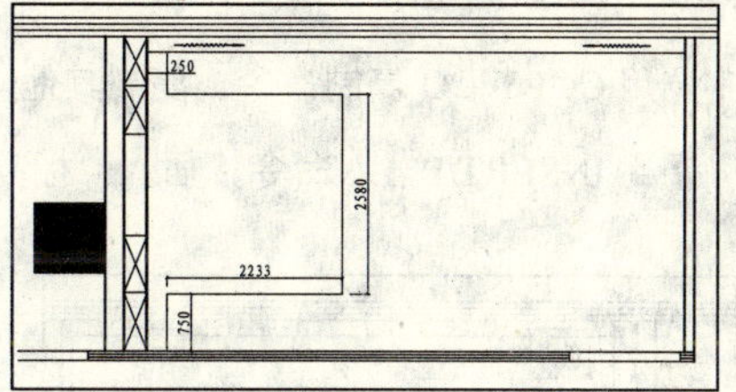

图 10-19　绘制多段线

07 调用 OFFSET/O 偏移命令，将多段线向外偏移 50，并设置为虚线表示灯带，如图 10-20 所示。

08 调用 PLINE/PL 多段线命令和 OFFSET/O 偏移命令，绘制如图 10-21 所示吊顶造型。

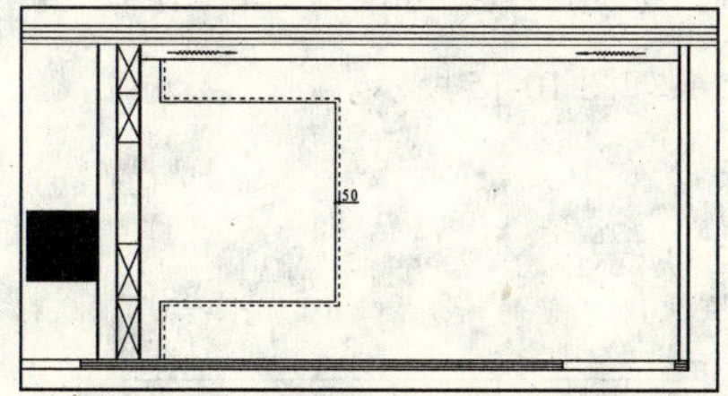

图 10-20　偏移多段线

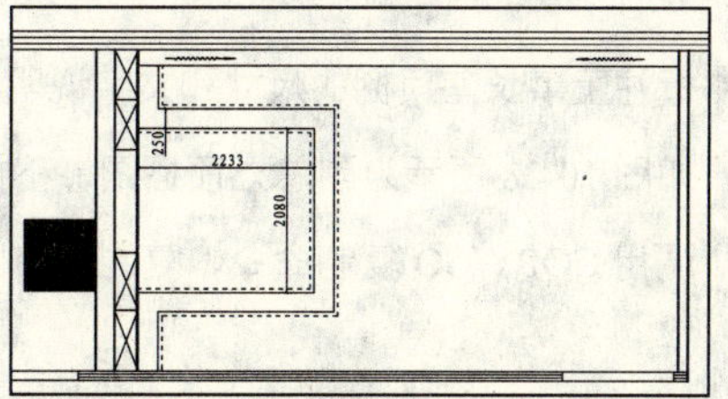

图 10-21　绘制吊顶造型

09 调用 RECTANG/REC 矩形命令、OFFSET/O 偏移命令和 MOVE/M 移动命令，绘制会客区吊顶造型，如图 10-22 所示。

10 布置灯具。从图库中复制图例表到本例图形窗口中，如图 10-23 所示。

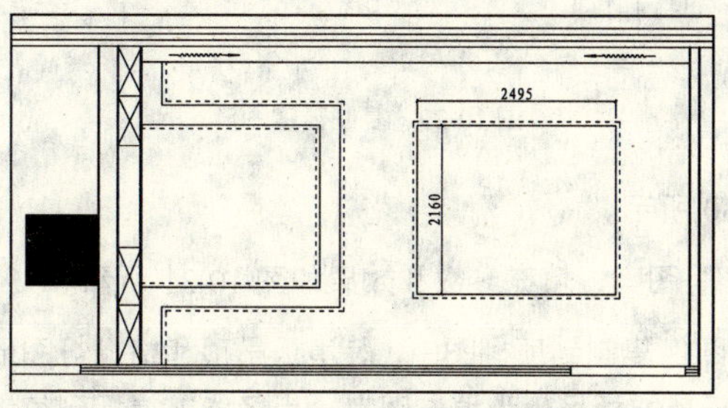

图 10-22　绘制会客区吊顶造型

图例	名称
	斗胆灯
	射灯
	筒灯
	滑轨射灯
	艺术吸顶灯
	吸顶灯
	排风口
	600×600格栅灯
	工矿灯
	日光灯

图 10-23　图例表

11 调用 LINE/L 直线命令，在多段线内绘制一条对角线，如图 10-24 所示。

12 调用 COPY/CO 复制命令，复制图例表中的艺术吸顶灯图例到辅助线中点上，然后删除辅助线，效果如图 10-25 所示。

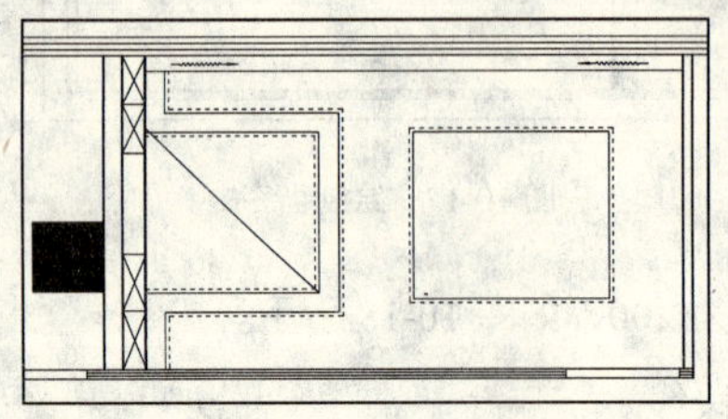
图 10-24　绘制线段

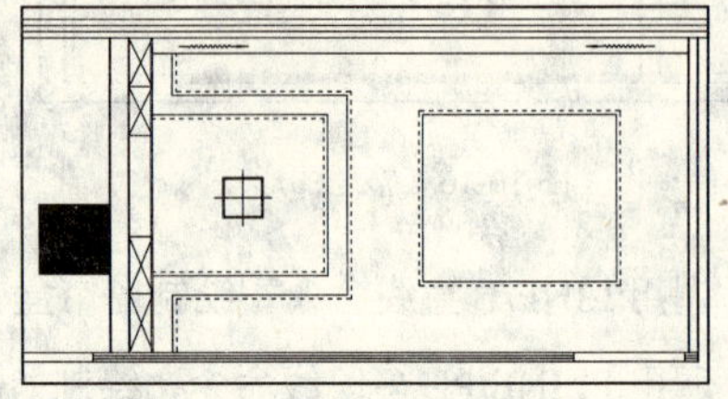
图 10-25　复制灯具

13 调用 COPY/CO 复制命令，复制其他灯具到顶棚图中，效果如图 10-26 所示。

14 调用 INSERT/I 插入命令，插入“标高”图块，如图 10-27 所示。

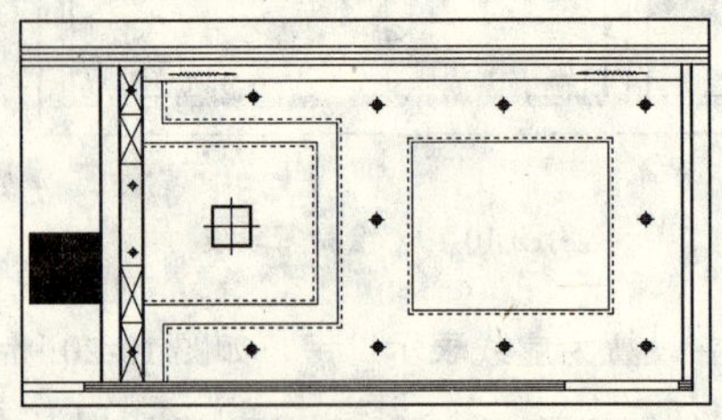
图 10-26　布置灯具

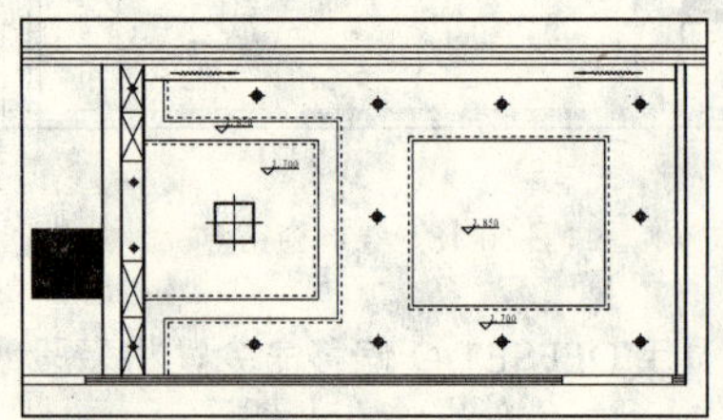
图 10-27　标注标高

15 标注董事长室顶棚的尺寸和文字说明，完成最后的效果如图 10-15 所示。

16 如图 10-28 所示为副总办顶棚图，下面讲解绘制方法。

17 调用 COPY/CO 复制命令，复制窗帘图形，如图 10-29 所示。

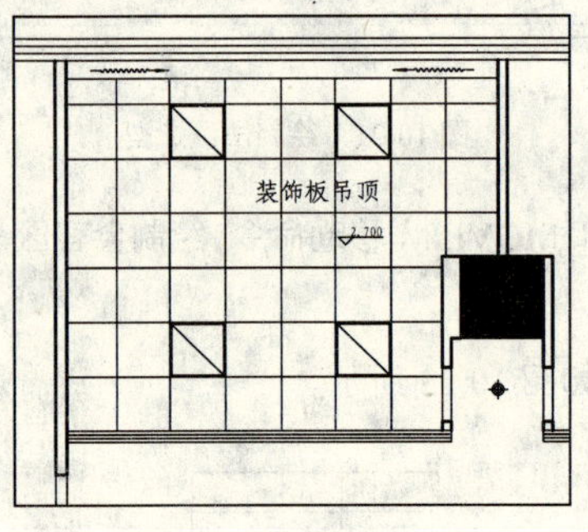

图 10-28 副总办顶棚图

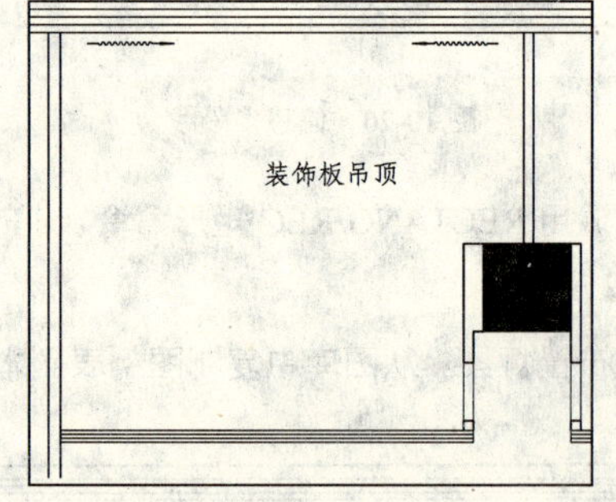

图 10-29　复制窗帘图形

18 调用 LINE/L 直线命令，绘制窗帘盒，如图 10-30 所示。

19 调用 HATCH/H 图案填充命令，填充“用户定义”图案，填充参数和效果如图 10-31 所示。

20 布置灯具。调用 COPY/CO 复制命令，将格栅灯图例复制到顶棚图中，装潢板吊顶和格栅灯图形尺寸都为 600×600，可使用捕捉功能将它们精确对齐，由于装饰板吊顶为填充图案，为了能够捕捉到每块装饰板图形的顶点，可使用 EXPLODE/X 分解命令将其分解，之后就可以捕捉其顶点了，如图 10-32 所示。

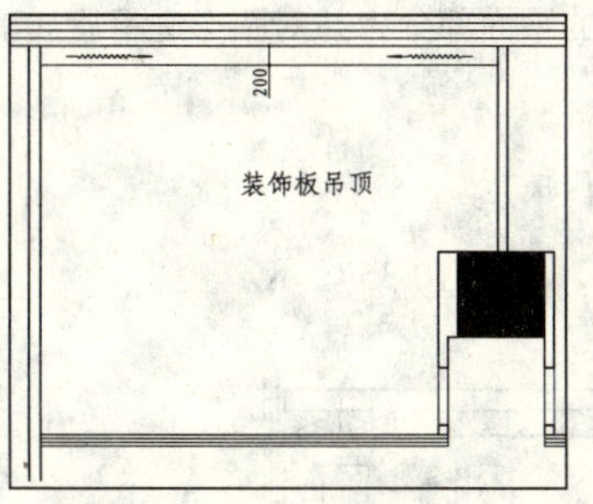

图 10-30　绘制窗帘盒

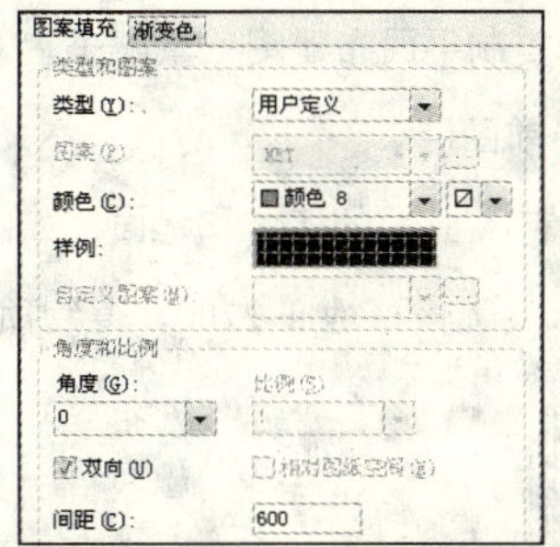

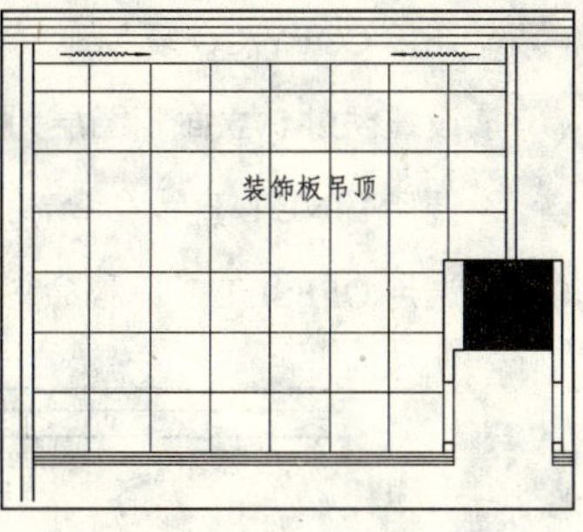

图 10-31　填充参数和效果

21 调用 INSERT/I 插入命令，插入“标高”图块，如图 10-33 所示。

22 调用 MTEXT/MT 多行文字命令，标注文字说明，完成副总办顶棚图的绘制。

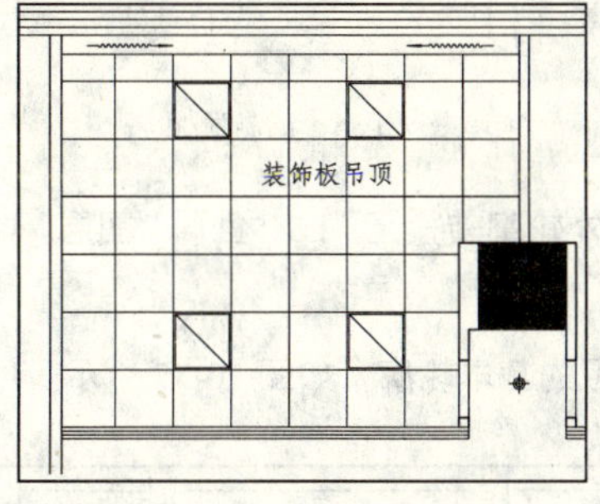

图 10-32　布置灯具

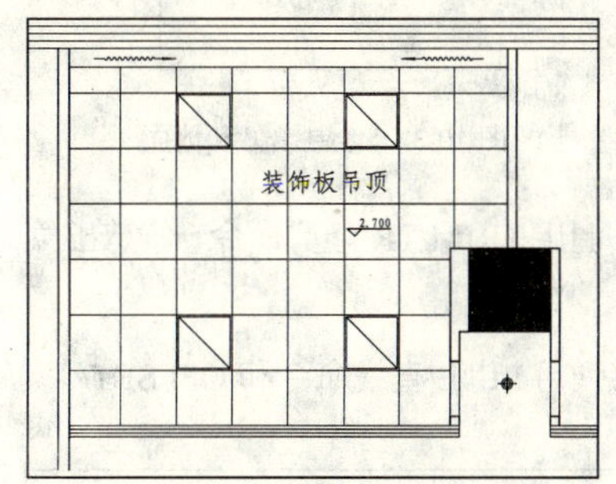

图 10-33　插入标高图块

122 绘制董事长室 A 立面图

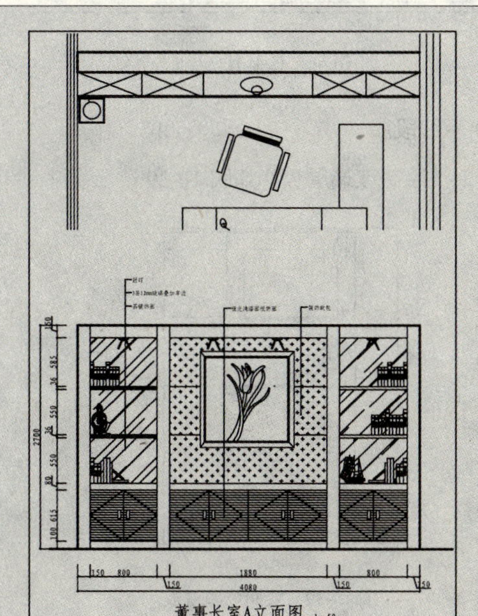

如左图所示为董事长室 A 立面图，A 立面图是装饰柜所在的墙面。

文件路径:	目标文件\第 10 章\实例 122.dwg
视频文件:	AVI\第 10 章\122 绘制董事长室 A 立面图.avi
播放时长:	0:11:18

01 调用 COPY/CO 复制命令，复制平面布置图上董事长室 A 立面的平面部分，并对图形进行旋转。

02 设置“LM_立面”图层为当前图层。

03 调用 LINE/L 直线命令，绘制 A 立面的墙体和地面，如图 10-34 所示。

04 调用 OFFSET/O 偏移命令，向上偏移地面 2700，得到顶棚底面，如图 10-35 所示。

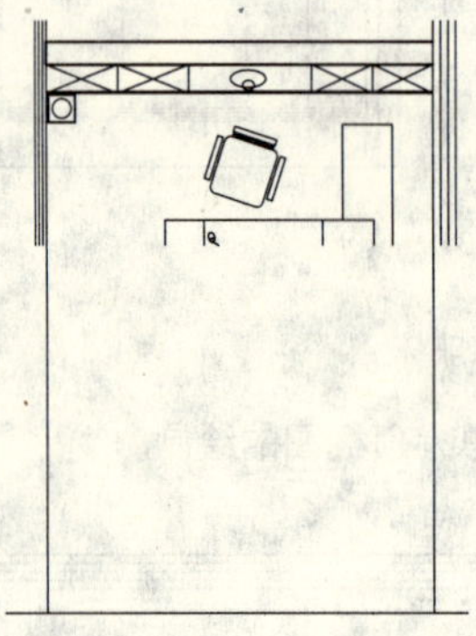

图 10-34　绘制墙体和地面

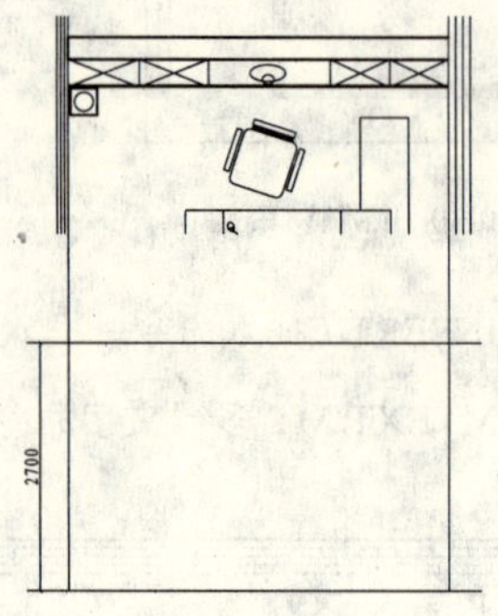

图 10-35　绘制顶棚

05 调用 TRIM/TR 修剪命令，修剪出立面轮廓，并将立面外轮廓转换至“LM_立面”图层，如图 10-36 所示。

06 调用 LINE/直线命令和 OFFSET/偏移命令，绘制装饰柜的基本轮廓，如图 10-37 所示。

图 10-36　A 立面基本轮廓

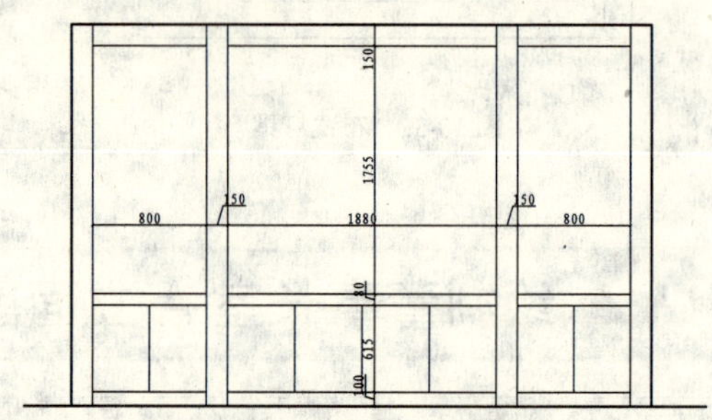

图 10-37　绘制基本轮廓

07 调用 LINE/直线命令，在中间区域绘制如图 10-38 所示线段。

08 调用 RECTANG/REC 矩形命令和 COPY/CO 复制命令，绘制玻璃层板，如图 10-39 所示。

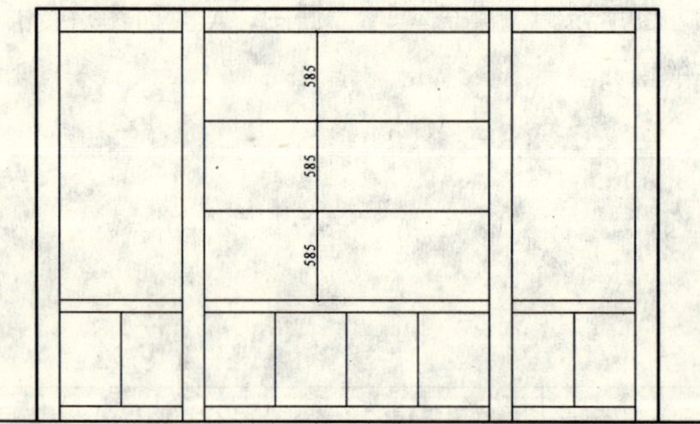

图 10-38　绘制线段

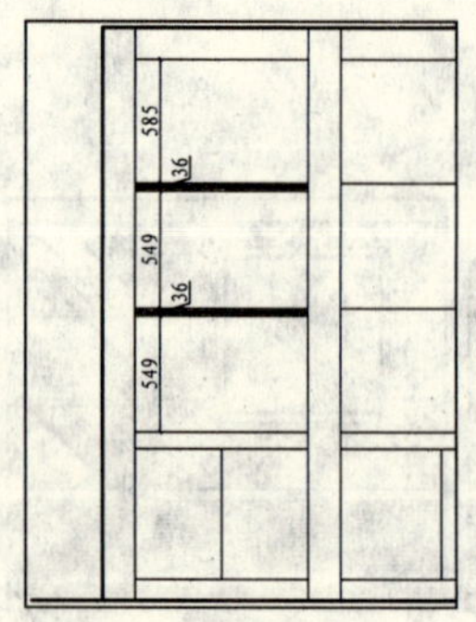

图 10-39　绘制玻璃层板

第3篇

09 调用 HATCH/H 图案填充命令，对装饰柜两侧区域填充 AR-RROOF 图案表示玻璃，如图 10-40 所示。

10 调用 HATCH/H 图案填充命令，对装饰柜中间区域填充 CROSS 图案，如图 10-41 所示。

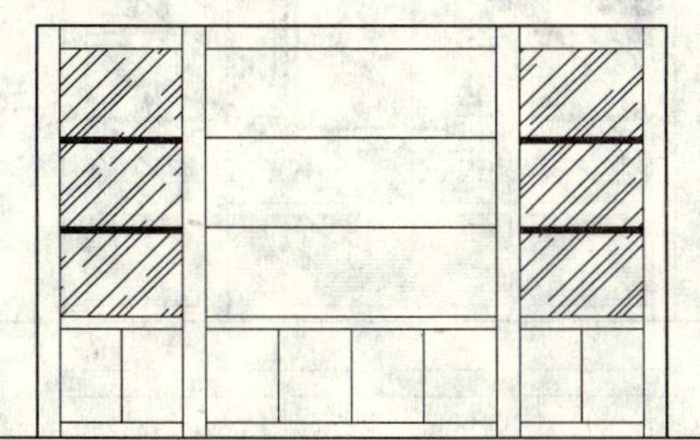

图 10-40　填充图案

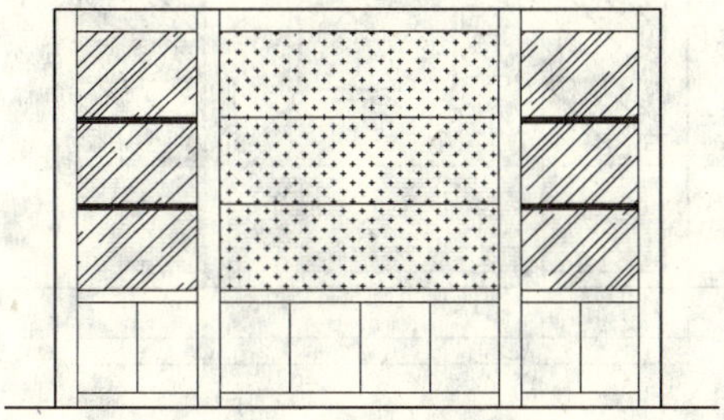

图 10-41　填充图案

11 在柜体下方填充 LINE 图案，效果如图 10-42 所示。

12 调用 RECTANG/REC 矩形命令、TRIM/TR 修剪命令和 COPY/CO 复制命令，绘制柜门拉手，如图 10-43 所示。

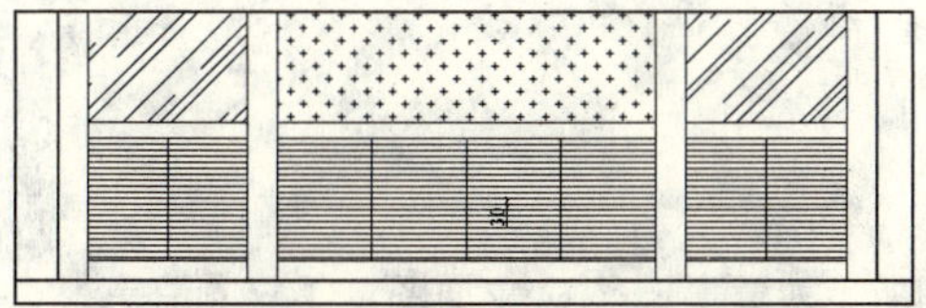

图 10-42　绘制柜体图案

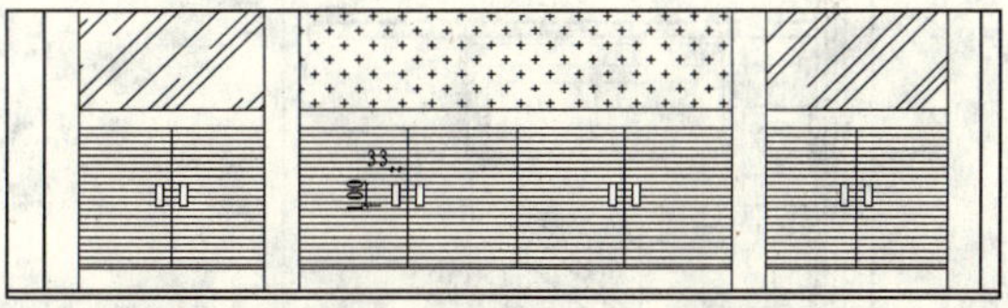

图 10-43　绘制拉手

13 调用 LINE/L 直线命令，绘制折线，表示柜门开启方向，如图 10-44 所示。

14 插入图块。打开配套光盘提供的“第 10 章\家具图例.dwg”文件，选择其中的射灯、装饰画、装饰品和书籍等图块，将其复制至立面区域，并进行修剪，如图 10-45 所示。

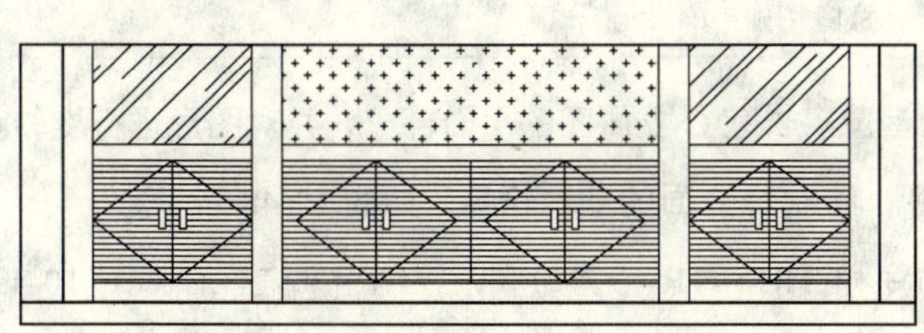

图 10-44　绘制折线

图 10-45　插入图块

15 设置“BZ_标注”为当前图层。设置当前注释比例为 1:50。

16 调用 DIMLINEAR/DLI 线性命令或执行【标注】|【线性】命令标注尺寸，效果如图 10-46 所示。

17 调用 MLEADER/MLD 多重引线命令，标注材料说明，效果如图 10-47 所示。

18 调用 INSERT/I 插入命令，插入“图名”图块，设置 A 立面图名称为“董事长室 A 立面图”。董事长室 A 立面图绘制完成。

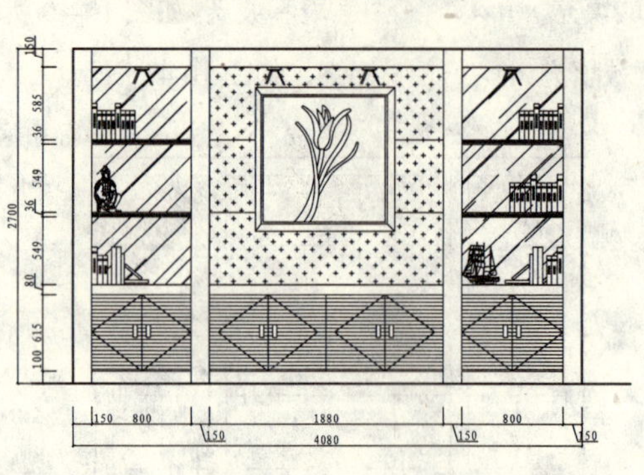

图 10-46　尺寸标注

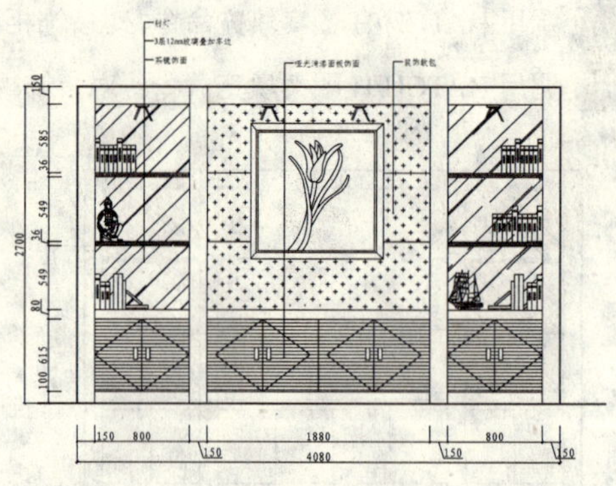

图 10-47　文字说明

123 绘制董事长室 C 立面图

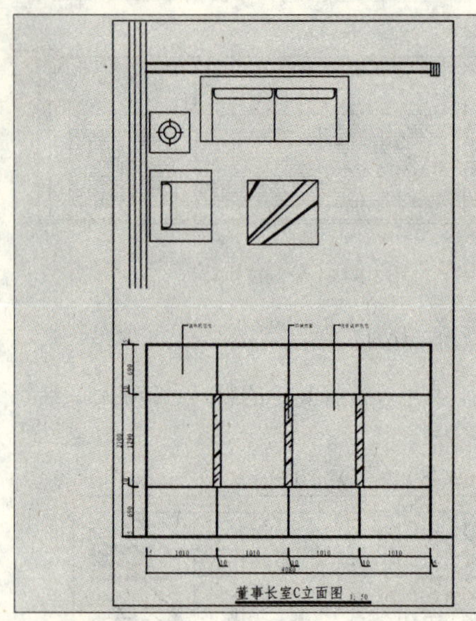

左图所示为董事长室 C 立面图，C 立面图是沙发所在的墙面，主要表达了墙面的做法。

文件路径：	目标文件\第 10 章\实例 123.dwg
视频文件：	AVI\第 10 章\123 绘制董事长室 C 立面图.avi
播放时长：	0:09:43

01 调用 COPY/CO 复制命令，复制平面布置图上董事长室 C 立面图的平面部分，并对图形进行旋转。

02 调用 LINE/L 直线命令和 TRIM/TR 修剪命令，绘制 C 立面的基本轮廓，如图 10-48 所示。

03 调用 LINE/L 直线命令、OFFSET/O 偏移命令和 TRIM/TR 修剪命令，绘制墙面造型，如图 10-49 所示。

图 10-48　绘制 C 立面的基本轮廓

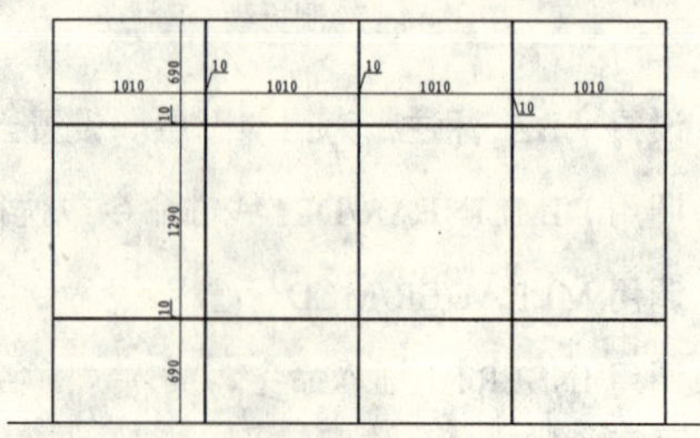

图 10-49　绘制墙面造型

04 调用 RECTANG/REC 矩形命令，绘制尺寸为 110×1310 的矩形，如图 10-50 所示。

05 调用 OFFSET/O 偏移命令，将矩形向内偏移 5，并对矩形进行修剪，如图 10-51 所示。

06 调用 HATCH/H 图案填充命令，在矩形内填充 AR-RROOF 图案，如图 10-52 所示。

图 10-50　绘制矩形

图 10-51　偏移矩形

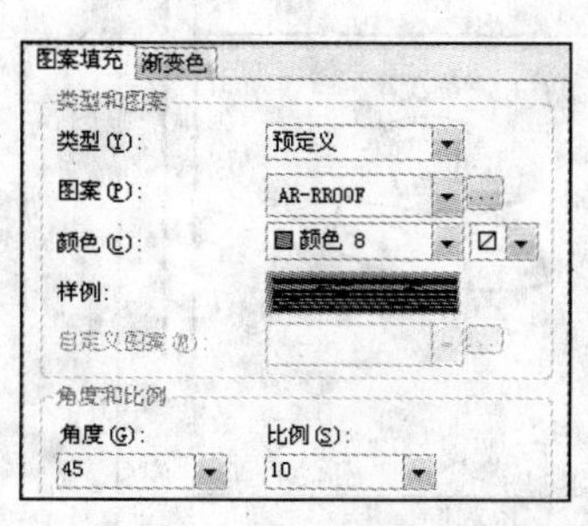

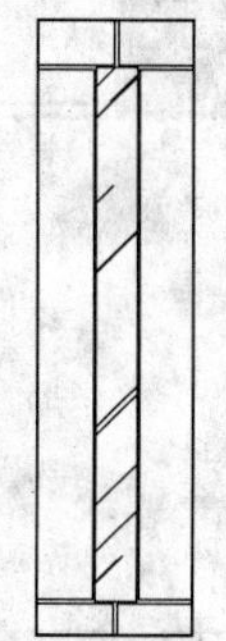

图 10-52　填充参数和效果

07 调用 COPY/CO 复制命令，将图形复制到其他位置，并对多余的线段进行修剪，效果如图 10-53 所示。

08 调用 HATCH/H 图案填充命令，在墙面填充 DOTS 图案，填充参数和效果如图 10-54 所示。

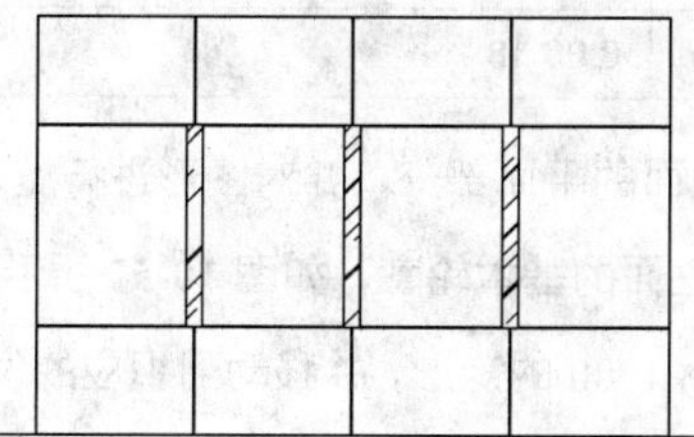

图 10-53　复制图形

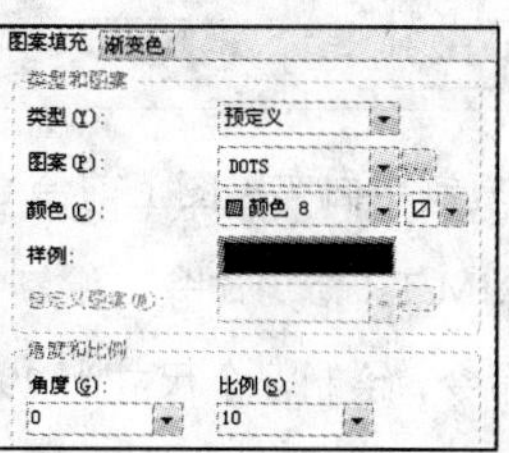

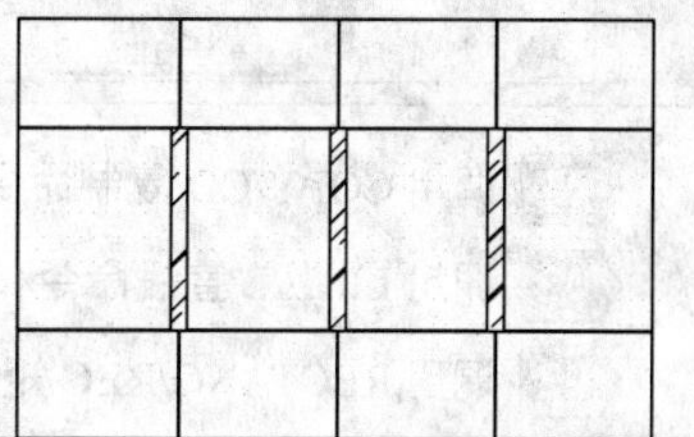

图 10-54　填充参数和效果

09 调用 DIMLINEAR/DLI 线性命令，标注立面图的尺寸，如图 10-55 所示。

10 调用 MLEADER/MLD 多重引线命令，标注立面材料名称，如图 10-56 所示。

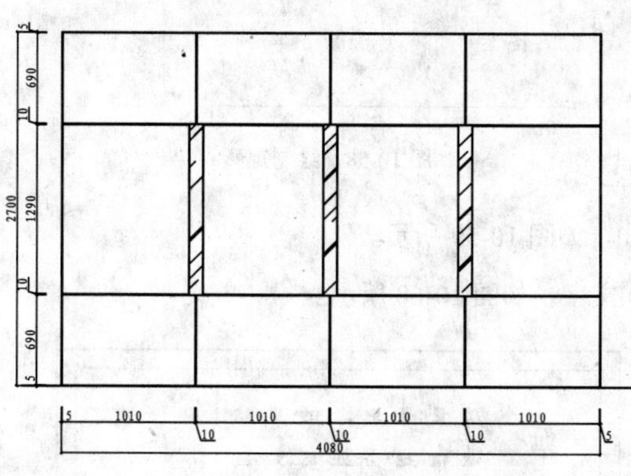

图 10-55　标注尺寸

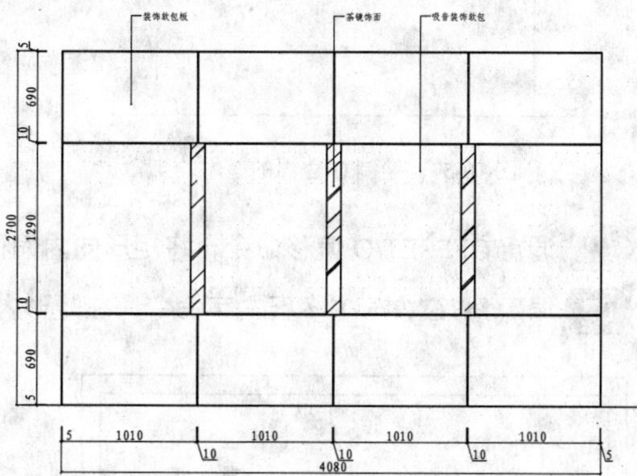

图 10-56　标注立面材料名称

11 调用 INSERT/I 插入命令，插入“图名”图块，完成董事长室 C 立面图的绘制。

124 绘制前台 C 立面图

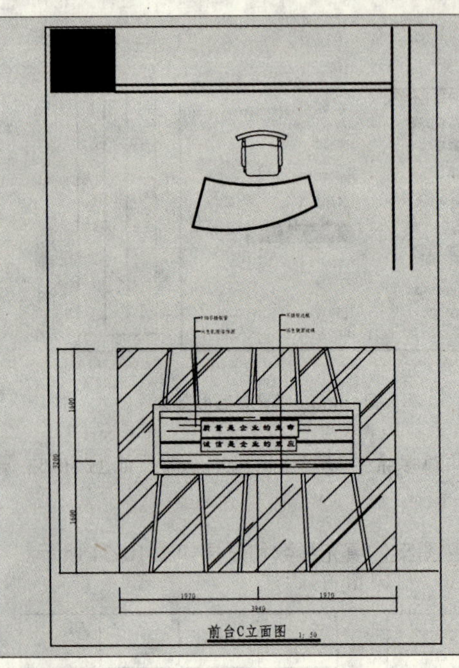

前台 C 立面图如左图示，C 立面图是形象墙所在的墙面，主要表达了形象墙的做法。

文件路径：	目标文件\第 10 章\实例 124.dwg
视频文件：	AVI\第 10 章\124 绘制前台 C 立面图.avi
播放时长：	0:06:18

01 调用 COPY/CO 复制命令，复制平面布置图上前台 C 立面的平面部分，并对图形进行旋转。

02 调用 LINE/L 直线命令和 TRIM/TR 修剪命令，绘制 C 立面的基本轮廓，如图 10-57 所示。

03 调用 RECTANG/REC 矩形命令，绘制一个尺寸为 2940×1000 的矩形，并移动到相应的位置，如图 10-58 所示。

图 10-57 绘制 C 立面的基本轮廓

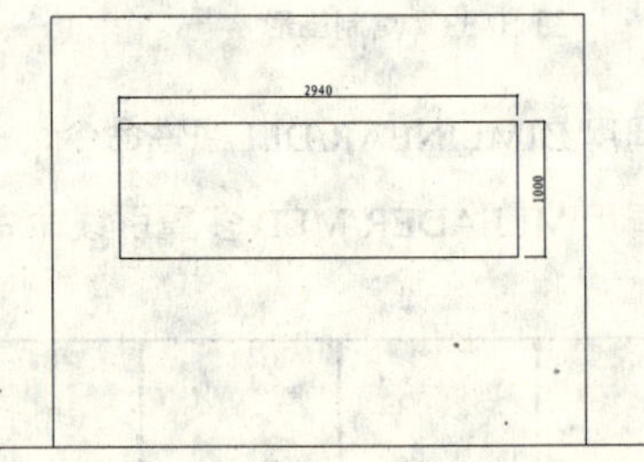

图 10-58 绘制矩形

04 调用 OFFSET/O 偏移命令，将矩形向内偏移 100，如图 10-59 所示。

05 调用 MTEXT/MT 多行文字命令，在矩形内添加文字，如图 10-60 所示。

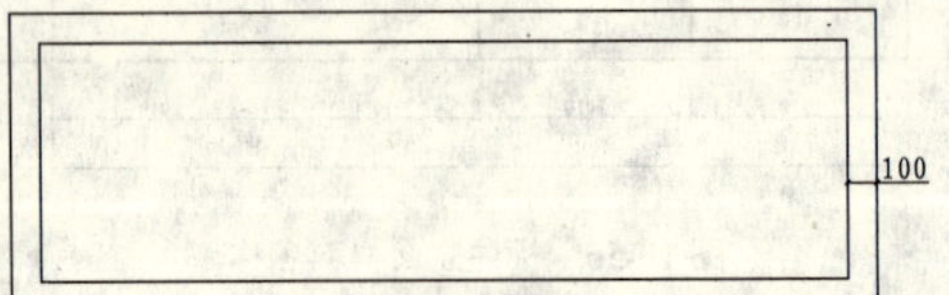

图 10-59 偏移矩形

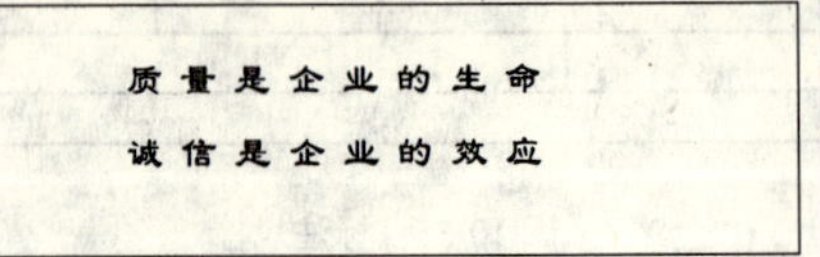

图 10-60 添加文字

06 调用 HATCH/H 图案填充命令，在矩形内填充 AR-RROOF 图案，如图 10-61 所示。

07 调用 PLINE/PL 多段线命令、OFFSET/O 偏移命令和 TRIM/TR 修剪命令，绘制造型图案，如图 10-62 所示。

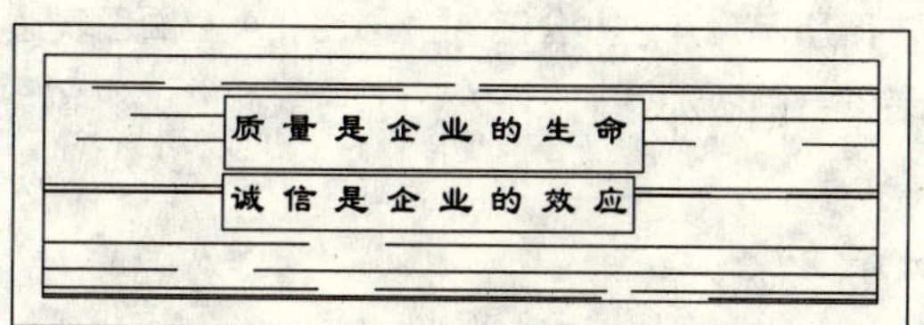

图 10-61　填充图案

图 10-62　绘制造型图案

08 调用 HATCH/H 图案填充命令，在墙面填充 AR-RROOF 图案，填充参数和效果如图 10-63 所示。

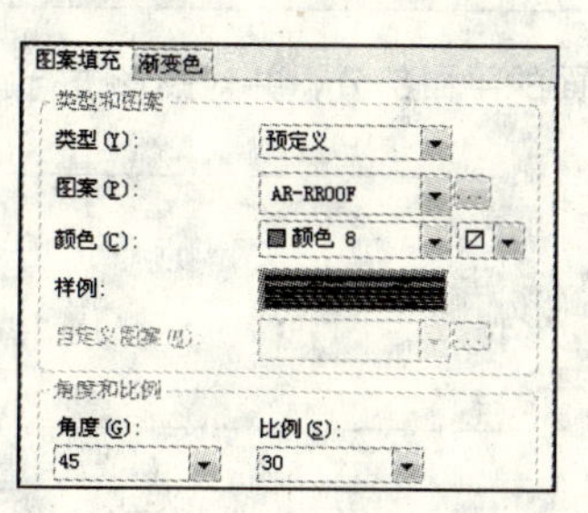

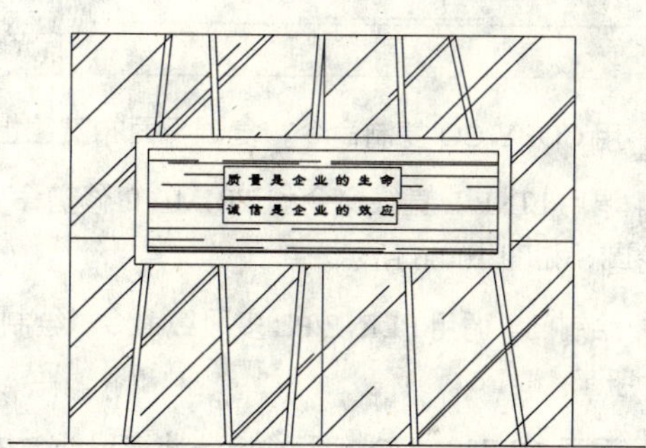

图 10-63　填充参数和效果

09 调用 DIMLINEAR/DLI 线性命令，标注立面图的尺寸，如图 10-64 所示。

10 调用 MLEADER/MLD 多重引线命令，标注立面材料名称，如图 10-65 所示。

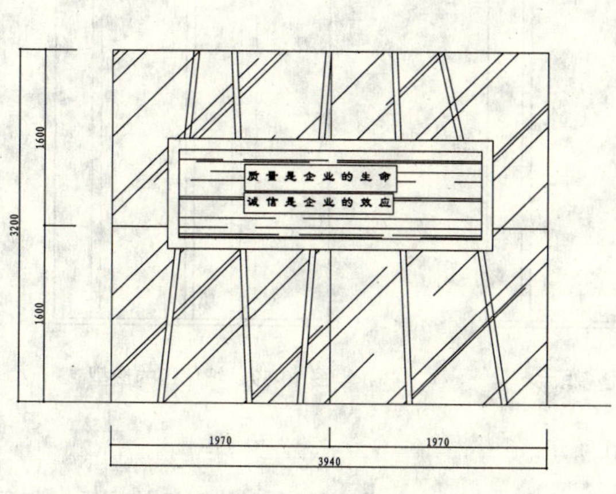

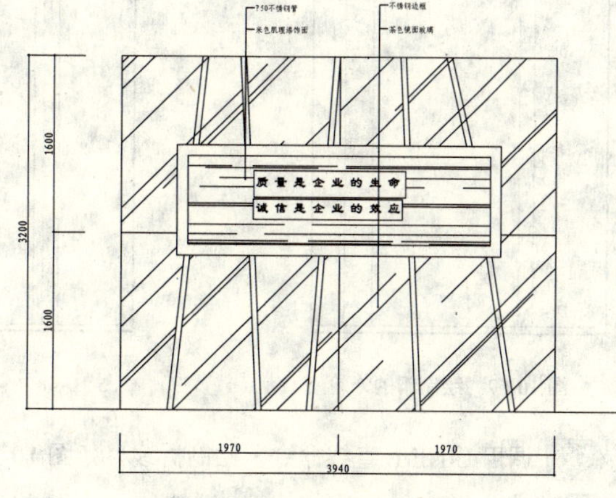

图 10-64　标注立面图的尺寸

图 10-65　标注立面材料名称

11 调用 INSERT/I 插入命令，插入“图名”图块，完成前台 C 立面图的绘制。

125 绘制开敞办公区 A 立面图

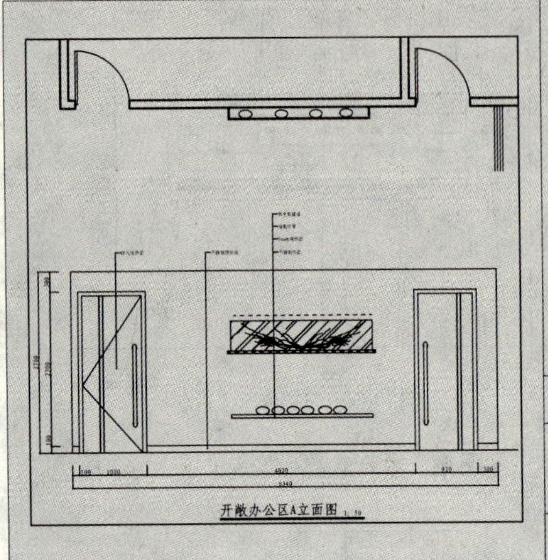

如左图所示为开敞办公区 A 立面图，A 立面图表达了门和装饰台的做法。

文件路径：	目标文件\第 10 章\实例 125.dwg
视频文件：	AVI\第 10 章\125 绘制开敞办公区 A 立面图.avi
播放时长：	0:08:27

01 用 COPY/CO 复制命令，复制平面布置图上开敞办公区 A 立面的平面部分，并对图形进行旋转。

02 调用 LINE/L 直线命令和 TRIM/TR 修剪命令，绘制 A 立面的基本轮廓，如图 10-66 所示。

图 10-66 绘制 A 立面的基本轮廓

03 绘制门。调用 PLINE/PL 多段线命令，绘制门的外轮廓，如图 10-67 所示。

04 调用 OFFSET/O 偏移命令，将多段线向内偏移 60，如图 10-68 所示。

05 调用 LINE/L 直线命令和 OFFSET/O 偏移命令，细化门的造型，如图 10-69 所示。

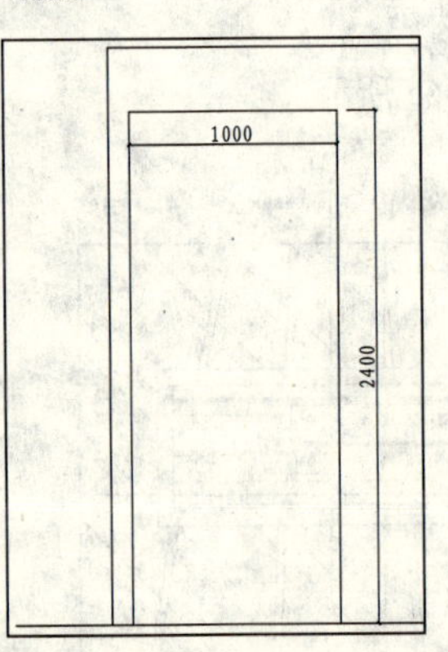

图 10-67 绘制门的外轮廓

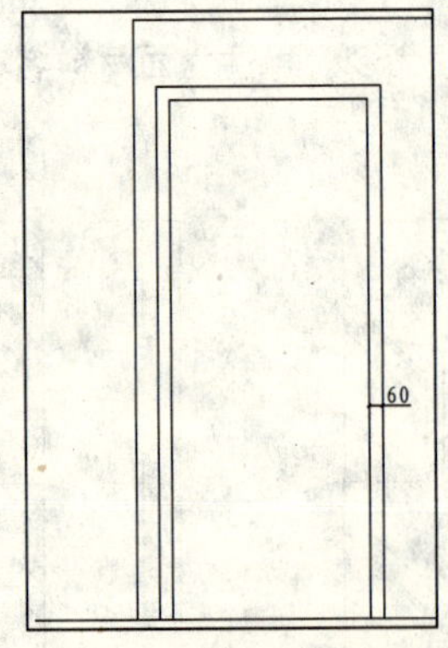

图 10-68 偏移多段线

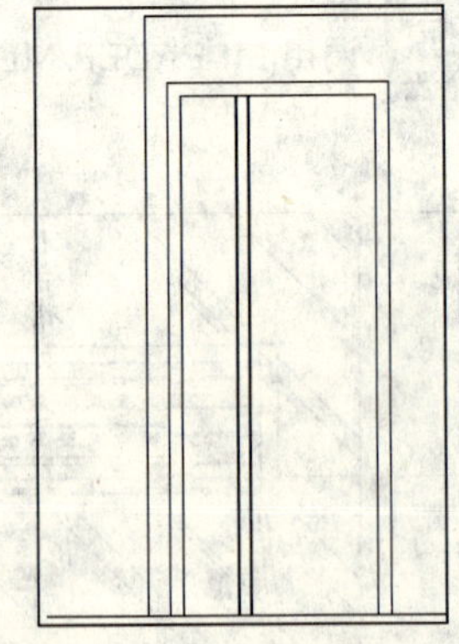

图 10-69 细化门的造型

06 调用 LINE/L 直线命令，绘制折线，如图 10-70 所示。

07 调用 RECTANG/REC 矩形命令、CIRCLE/C 圆命令和 TRIM/TR 修剪命令，绘制门的拉手，如图 10-71 所示。

08 调用 MIRROR/MI 镜像命令，得到另一个同样造型的门，并进行调整，如图 10-72 所示。

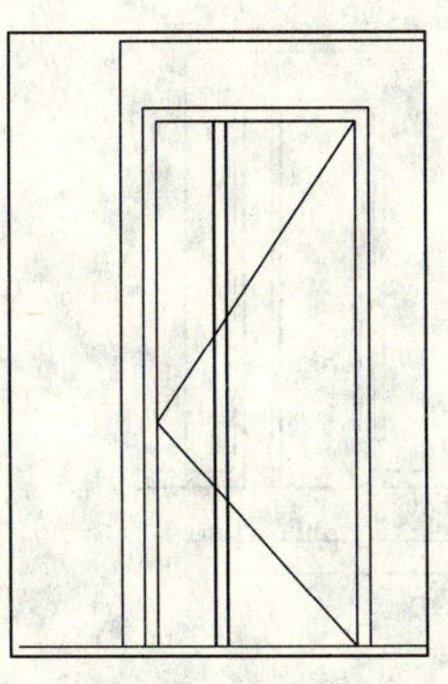

图 10-70　绘制折线

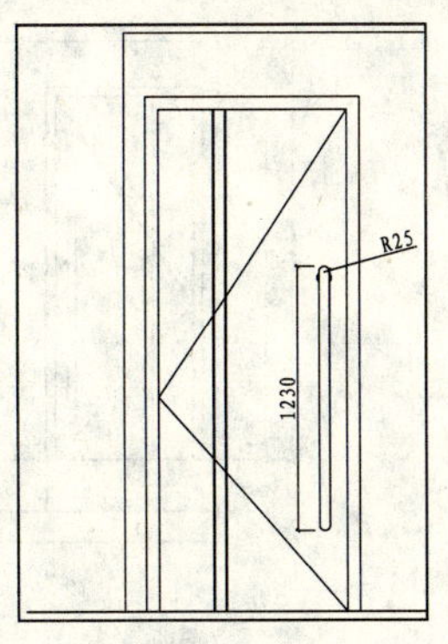

图 10-71　绘制拉手

09 调用 LINE/L 直线命令，绘制踢脚线，踢脚线的高度为 100，如图 10-73 所示。

图 10-72　镜像门

图 10-73　绘制踢脚线

10 调用 PLINE/PL 多段线命令、RECTANG/REC 矩形命令和 FILLET/F 圆角命令，绘制装饰台，如图 10-74 所示。

11 调用 LINE/L 直线命令，绘制线段，并设置为虚线，表示灯带，如图 10-75 所示。

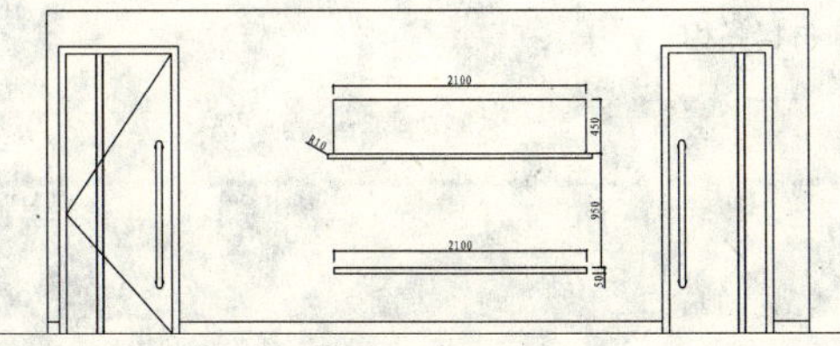

图 10-74　绘制装饰台

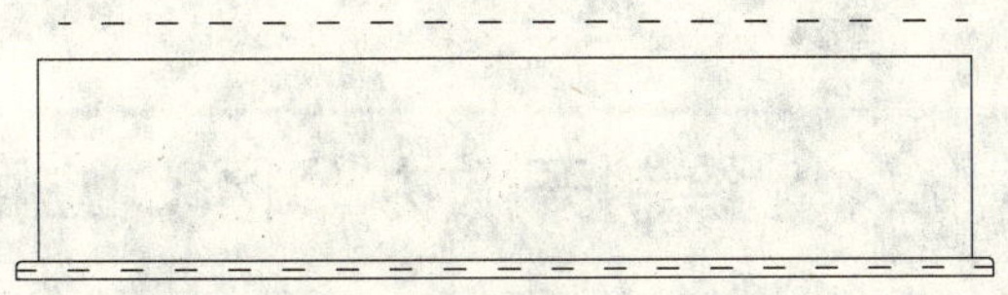

图 10-75　绘制灯带

12 调用 HATCH/H 图案填充命令，对多段线内填充 AR-RROOF 图案，如图 10-76 所示。

13 从图库中插入装饰图案的图块到立面图中，如图 10-77 所示。

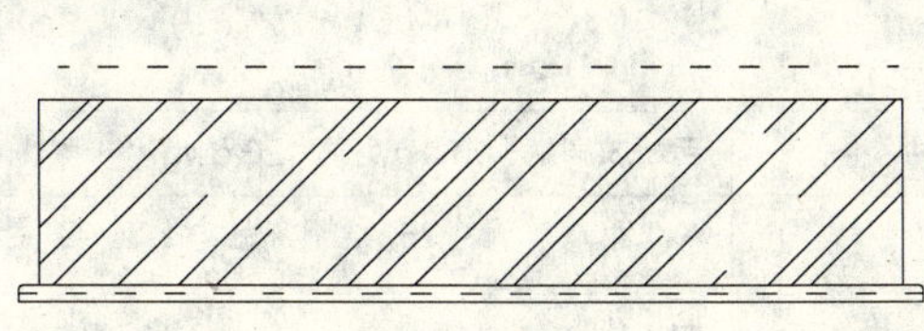

图 10-76　填充图案

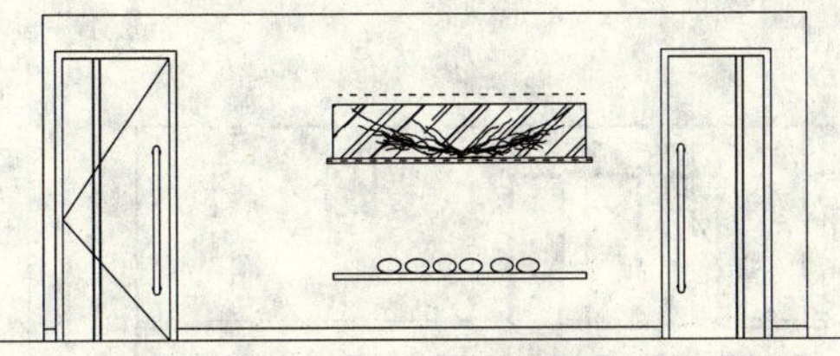

图 10-77　插入图块

14 调用 DIMLINEAR/DLI 线性命令，标注立面图的尺寸，如图 10-78 所示。

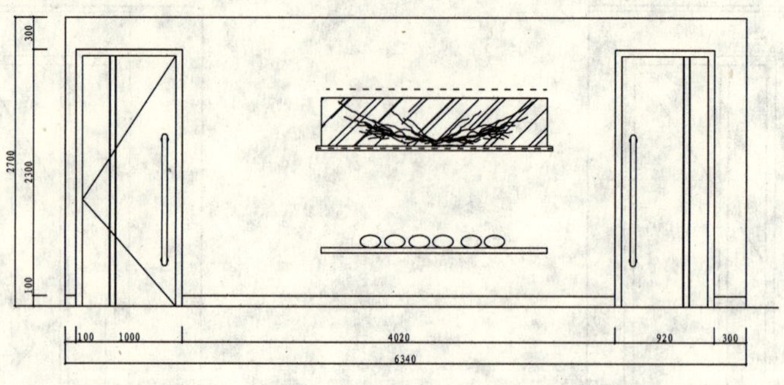

图 10-78　标注立面图的尺寸

15 调用 MLEADER/MLD 多重引线命令，标注立面材料名称，如图 10-79 所示。

16 调用 INSERT/I 插入命令，插入“图名”图块，完成开敞办公区 A 立面图的绘制。

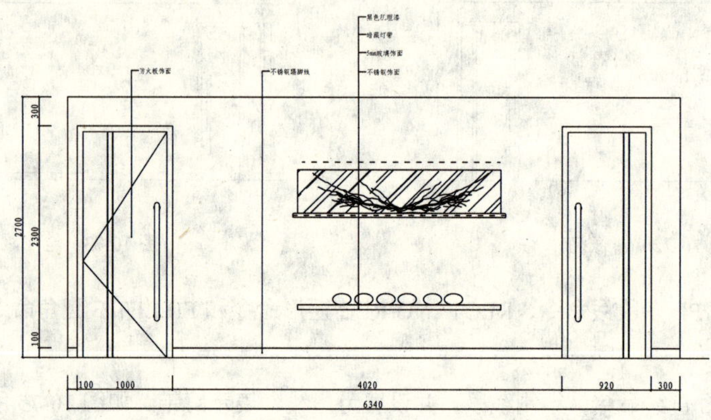

图 10-79　标注立面材料名称

第3篇

126 绘制开敞办公区 C 立面图

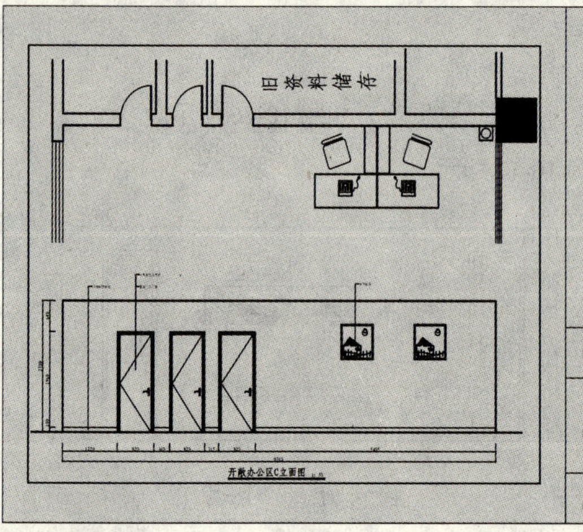

左图所示为开敞办公区 C 立面图，C 立面图主要表达了门和墙面的做法。

文件路径：	目标文件\第 10 章\实例 126.dwg
视频文件：	AVI\第 10 章\126 绘制开敞办公区 C 立面图.avi
播放时长：	0:05:00

01 调用 COPY/CO 命令，复制平面布置图上开敞办公区 C 立面图的平面部分，并对图形进行旋转。

02 调用 LINE/L 命令和 TRIM/TR 命令，绘制 C 立面的基本轮廓，如图 10-80 所示。

03 调用 PLINE/PL 命令、OFFSET/O 命令和 COPY/CO 命令，绘制门，如图 10-81 所示。

图 10-80　绘制 C 立面的基本轮廓

图 10-81　绘制门

04 调用 LINE/L 命令，绘制踢脚线，踢脚线的高度为 100，如图 10-82 所示。

05 从图库中插入门把手和装饰画图块，如图 10-83 所示。

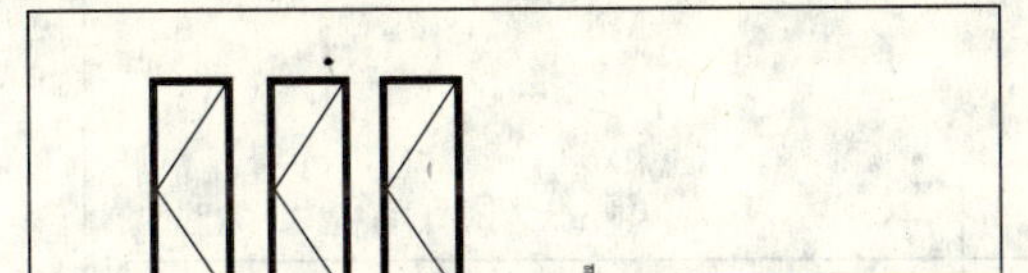

图 10-82　绘制踢脚线

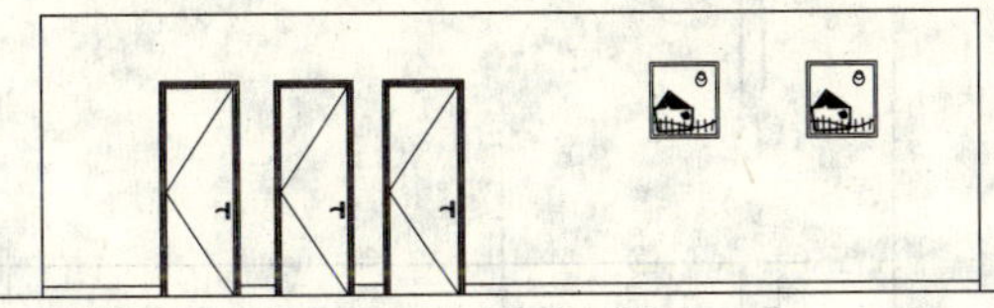

图 10-83　插入图块

06 调用 DIMLINEAR/DLI 命令，标注立面图的尺寸，如图 10-84 所示。

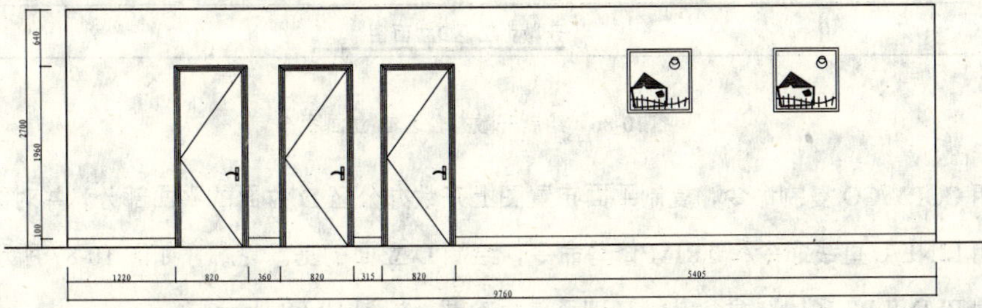

图 10-84　标注立面图的尺寸

07 调用 MLEADER/MLD 命令，标注立面材料名称，如图 10-85 所示。

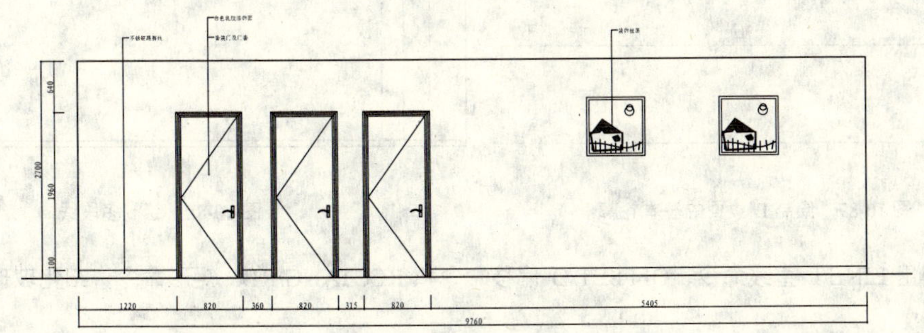

图 10-85　标注立面材料名称

08 调用 INSERT/I 命令，插入“图名”图块，完成开敞办公区 C 立面图的绘制。

127 绘制开敞办公区 D 立面图

实例描述：	开敞办公区 D 立面图如图 10-86 所示，D 立面图表达了开敞办公区墙面的做法。
文件路径：	目标文件\第 10 章\实例 127.dwg
视频文件：	AVI\第 10 章\127 绘制开敞办公区 D 立面图.avi
播放时长：	0:17:066

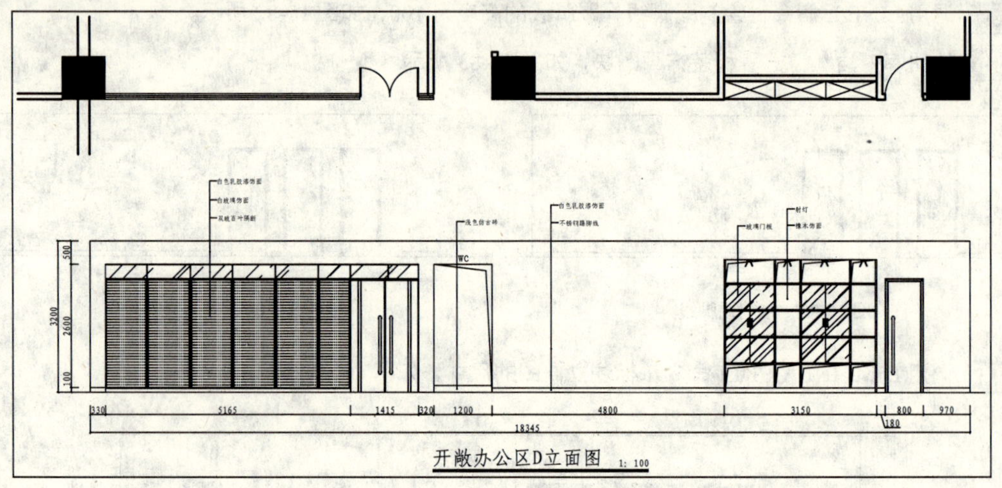

图 10-86　绘制开敞办公区 D 立面图

01 调用 COPY/CO 复制命令，复制平面布置图上开敞办公区 D 立面的平面部分，并对图形进行旋转。

02 调用 LINE/L 直线命令和 TRIM/修剪命令，绘制 D 立面的基本轮廓，如图 10-87 所示。

03 调用 PLINE/PL 多段线命令，绘制玻璃隔断轮廓，如图 10-88 所示。

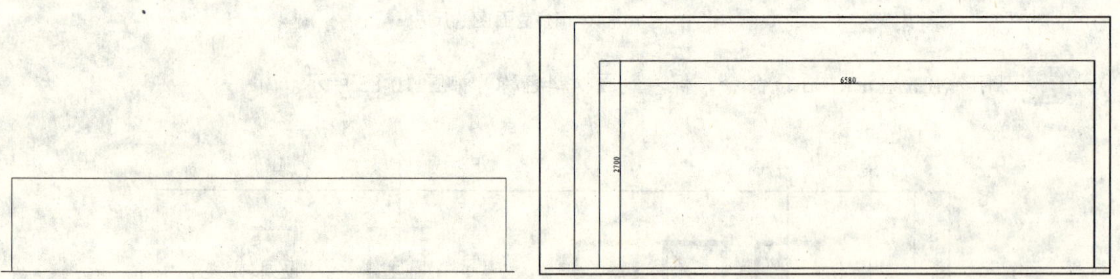

图 10-87　绘制 D 立面的基本轮廓　　　　图 10-88　绘制多段线

04 调用 LINE/L 直线命令、OFFSET/O 偏移命令和 RECTANG/REC 矩形命令，细化玻璃隔断，如图 10-89 所示。

05 调用 HATCH/H 图案填充命令，在隔断填充 ISO05W100 图案和 AR-RROOF 图案，如图 10-90 所示。

06 调用 PLINE/PL 多段线命令、OFFSET/O 偏移命令和 TRIM/TR 修剪命令，绘制双开门，如图 10-91 所示。

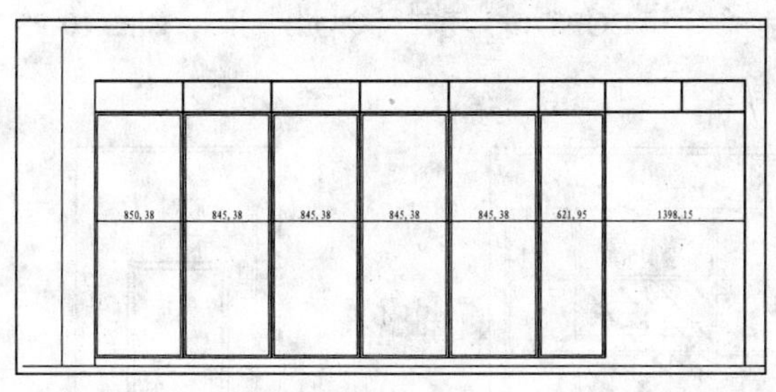

图 10-89　细化玻璃隔断

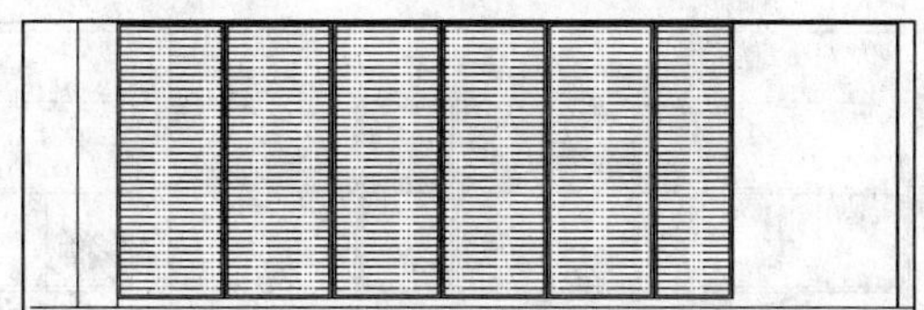
图 10-90　填充图案

07 调用 RECTANG/REC 矩形命令、CIRCLE/C 圆命令、COPY/CO 复制命令和 TRIM/TR 修剪命令，绘制门的拉手，如图 10-92 所示。

08 调用 PLINE/PL 多段线命令和 MTEXT/MT 多行文字命令，绘制过道，如图 10-93 所示。

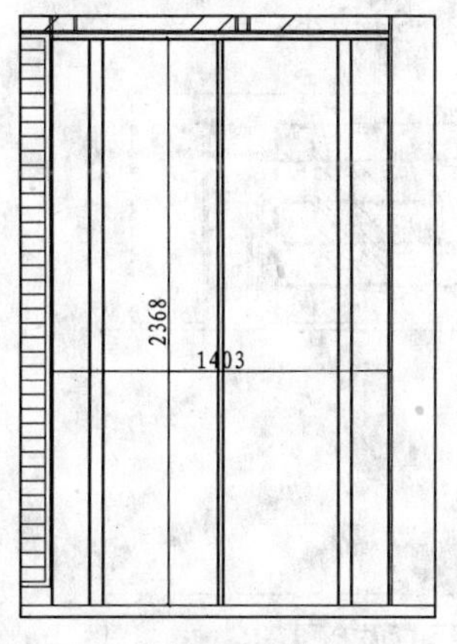

图 10-91　绘制双开门

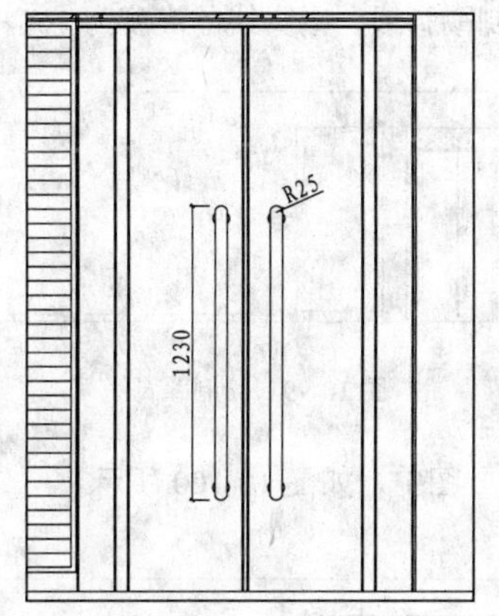

图 10-92　绘制拉手

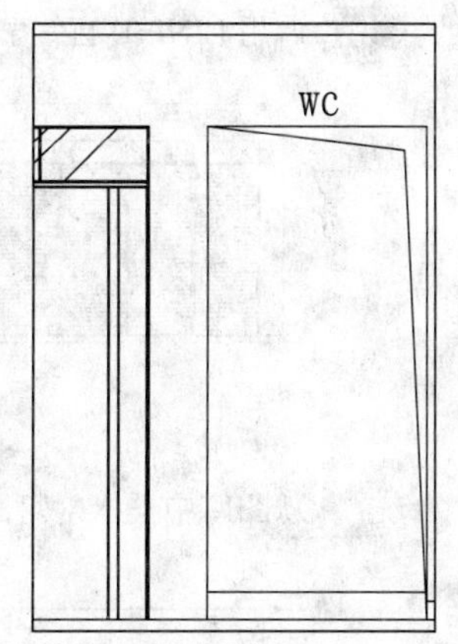

图 10-93　绘制过道

09 调用 PLINE/PL 多段线命令，绘制文件柜轮廓，如图 10-94 所示。

10 调用 LINE/L 直线命令、OFFSET/O 偏移命令和 RECTANG/REC 矩形命令，细化文件柜，如图 10-95 所示。

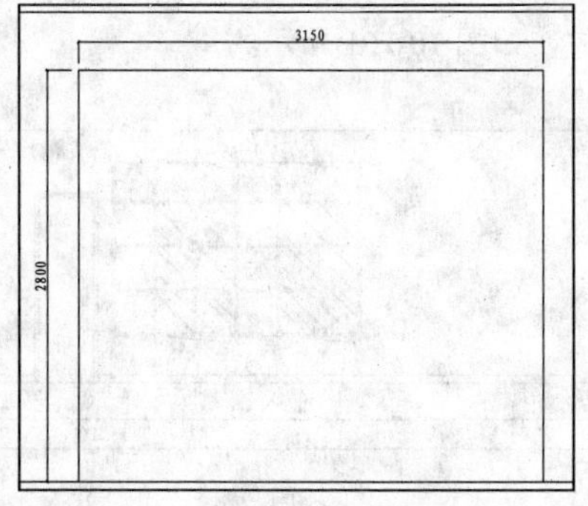

图 10-94　绘制文件柜轮廓

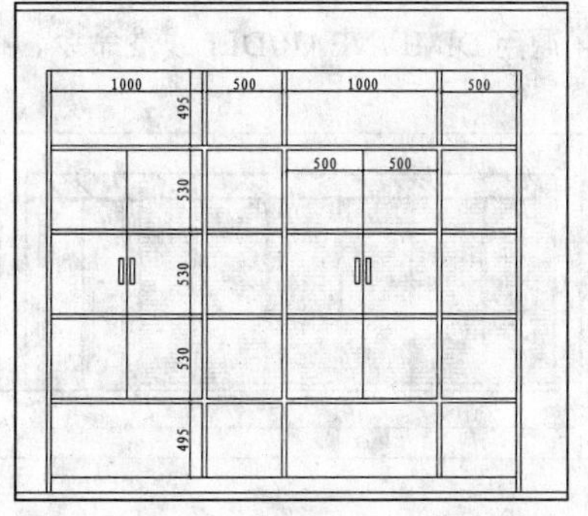

图 10-95　细化文件柜

11 调用 PLNE/PL 多段线命令，在文件柜内绘制折线，如图 10-96 所示。

12 调用 HATCH/H 图案填充命令，在文件柜填充 AR-RROOF 图案，效果如图 10-97 所示。

13 调用 PLINE/PL 多段线命令、OFFSET/O 偏移命令和 COPY/CO 复制命令，绘制门，如图 10-98 所示。

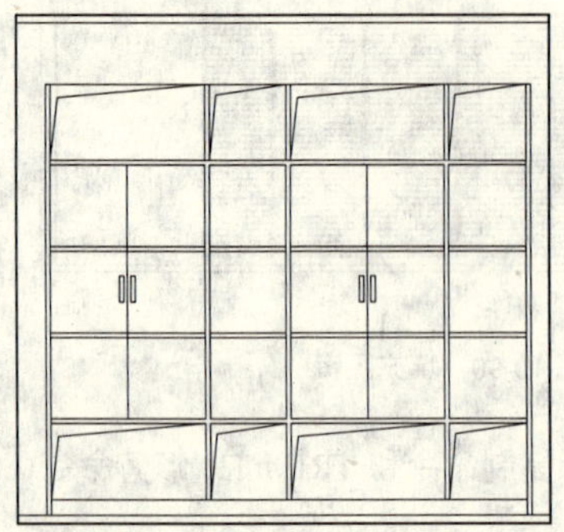

图 10-96 绘制折线

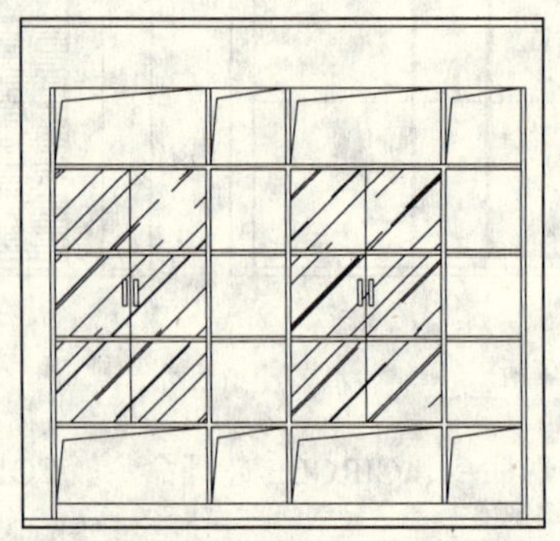

图 10-97 填充图案

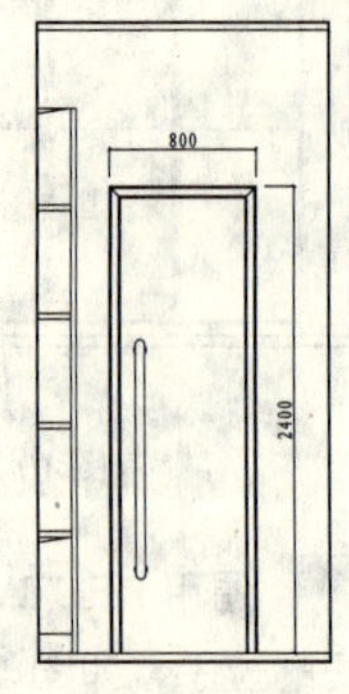

图 10-98 绘制门

14 调用 LINE/L 直线命令，绘制踢脚线，踢脚线的高度为 100，如图 10-99 所示。

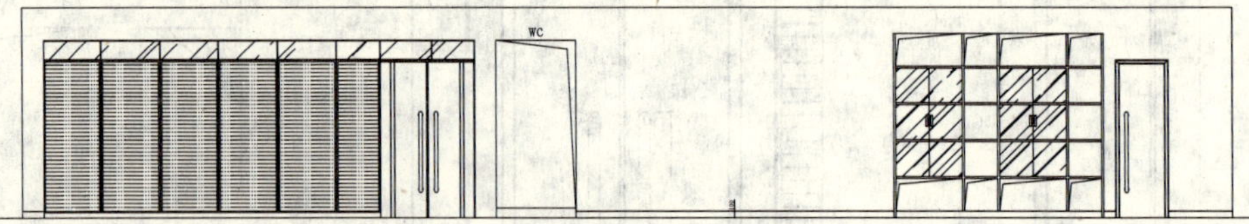

图 10-99 绘制踢脚线

15 从图库中插入射灯图块到立面图中，如图 10-100 所示。

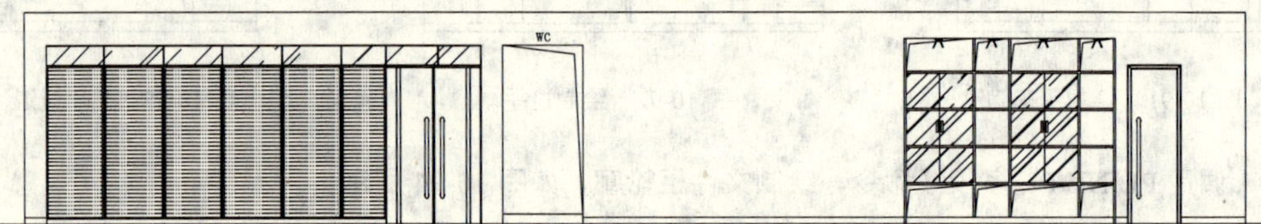

图 10-100 插入图块

16 调用 DIMLINEAR/DLI 线性命令，标注立面图的尺寸，如图 10-101 所示。

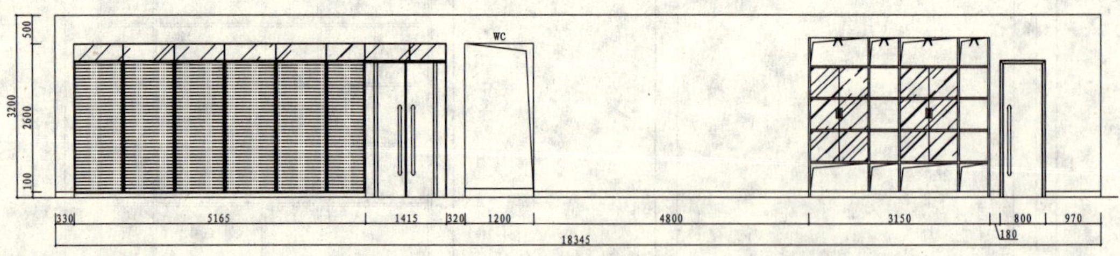

图 10-101 标注立面图的尺寸

17 调用 MLEADER/MLD 多重引线命令，标注立面材料名称，如图 10-102 所示。

18 调用 INSERT/I 插入命令，插入“图名”图块，完成开敞办公区 D 立面图的绘制。

第 3 篇

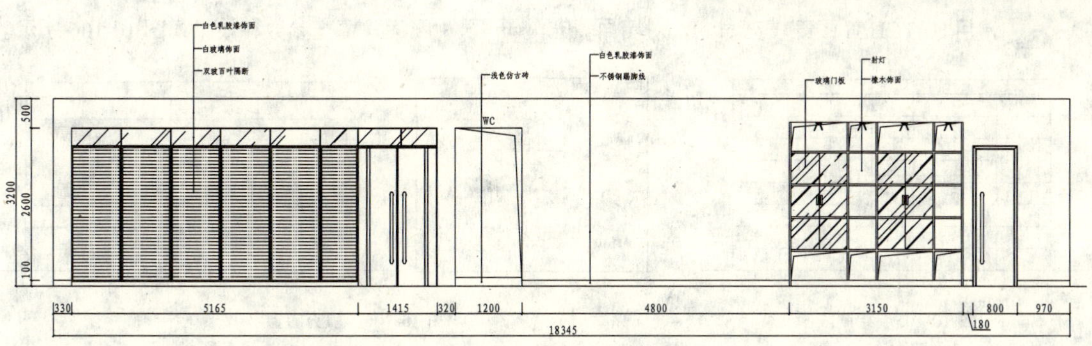

图 10-102　标注立面材料名称

128 绘制男卫 B 立面图

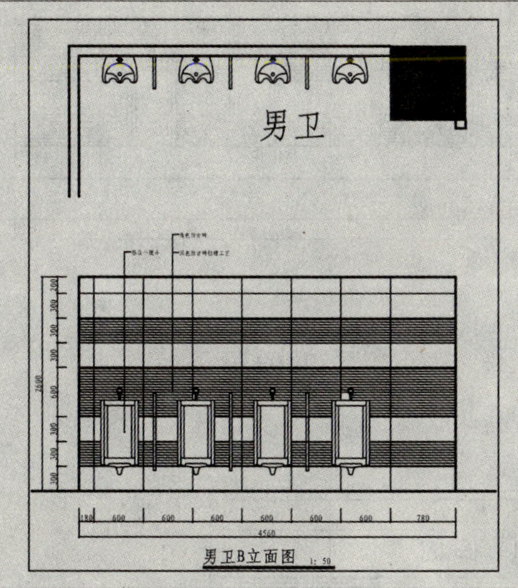

如左图所示为男卫 B 立面图，B 立面图主要表达了男卫的墙面做法和小便斗的位置。

文件路径：	目标文件\第 10 章\实例 128.dwg
视频文件：	AVI\第 10 章\128 绘制男卫 B 立面图.avi
播放时长：	0:07:08

01 调用 COPY/CO 复制命令，复制平面布置图上男卫 B 立面图的平面部分。

02 调用 LINE/L 直线命令和 TRIM/TR 修剪命令，绘制 B 立面的基本轮廓，如图 10-103 所示。

03 调用 LINE/L 直线命令和 OFFSET/O 偏移命令，划分墙面，如图 10-104 所示。

图 10-103　绘制 B 立面的基本轮廓

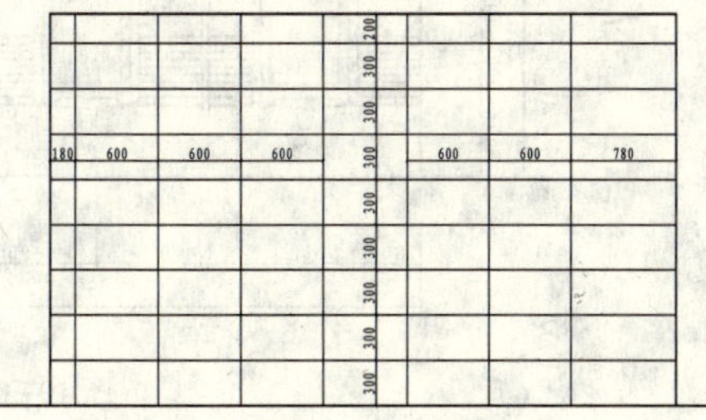

图 10-104　划分墙面

04 调用 RECTANG/REC 矩形命令和 COPY/CO 复制命令，绘制隔断，并对线段相交的位置进行修剪，如图 10-105 所示。

05 调用 HATCH/H 图案填充命令，对墙面填充 ANSI31 图案，填充参数和效果如图 10-106 所示。

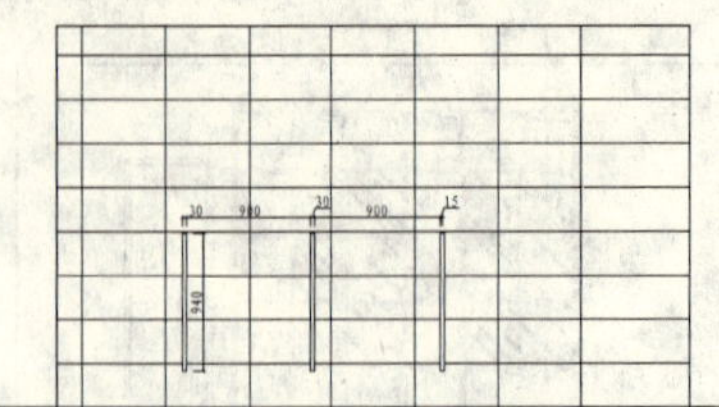

图 10-105 绘制隔断

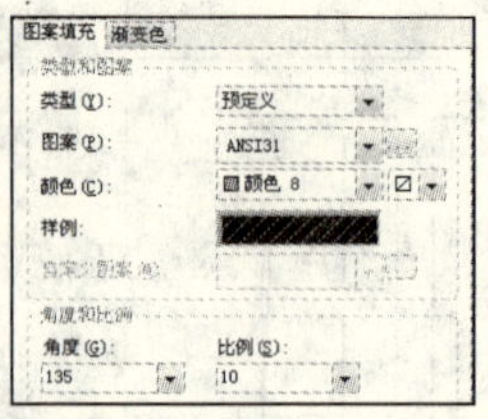

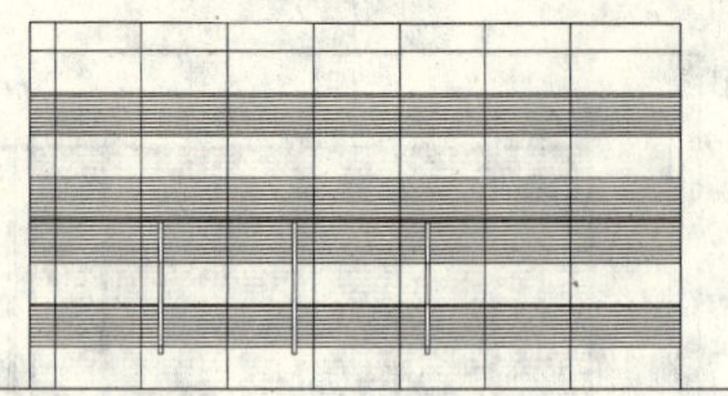

图 10-106 填充参数和效果

06 从图库中插入小便斗图块和隔断，并进行修剪，如图 10-107 所示。

07 调用 DIMLINEAR/DLI 线性命令，标注立面图的尺寸，如图 10-108 所示。

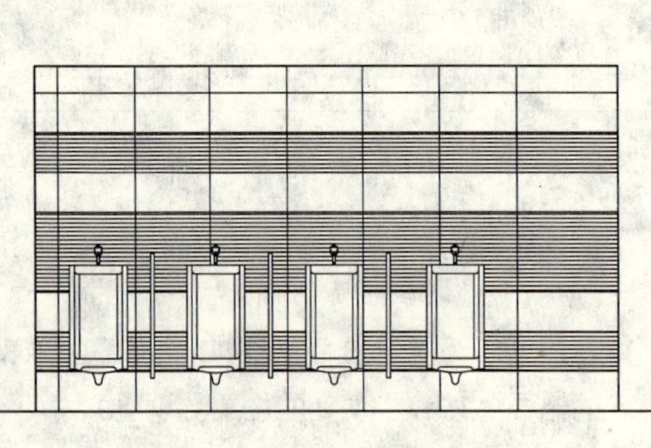

图 10-107 插入图块

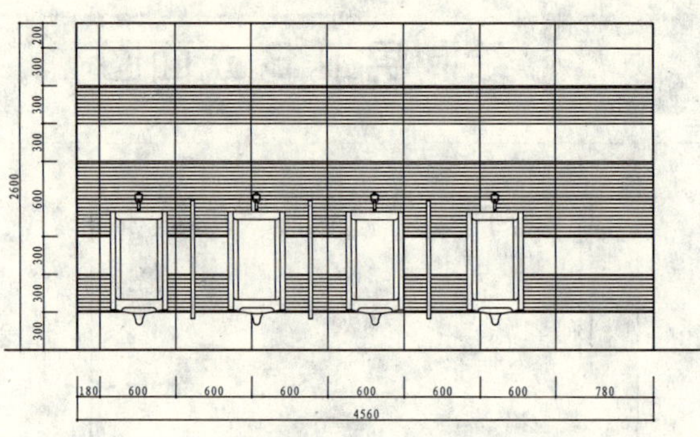

图 10-108 标注尺寸

08 调用 MLEADER/MLD 多重引线命令，标注立面材料名称，如图 10-109 所示。

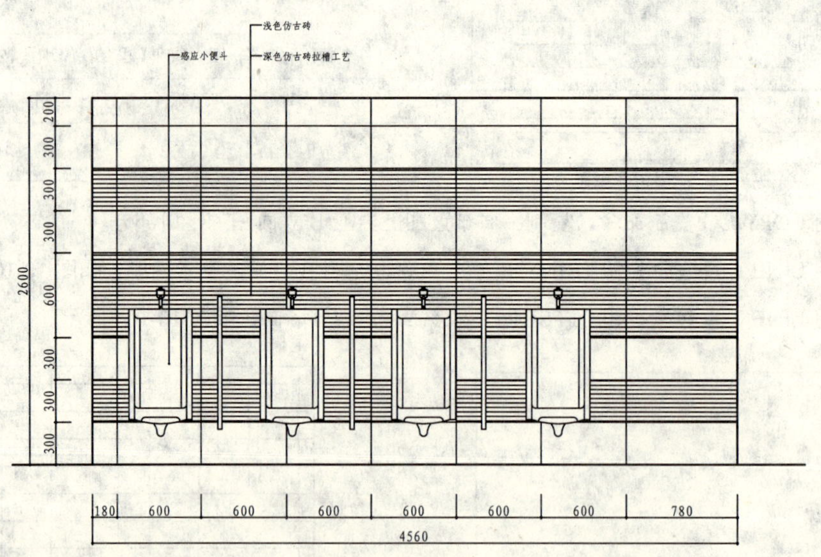

图 10-109 标注立面材料名称

09 调用 INSERT/I 插入命令，插入“图名”图块，完成男卫 B 立面图的绘制。

第3篇

第 11 章
酒店客房室内设计

客房是酒店最核心的功能空间，也是酒店经济收益的主要来源。面对生活水准和鉴赏能力日渐提高的客人，客房从空间造型、功能、面积到家具陈设等各方面都要精心设计。客房应该是一个私密的、放松的、舒适的、浓缩了休息、私人办公、娱乐和商务会谈等诸多使用要求的功能性空间。本章以某酒店的客房为例介绍酒店客房施工图的绘制方法。

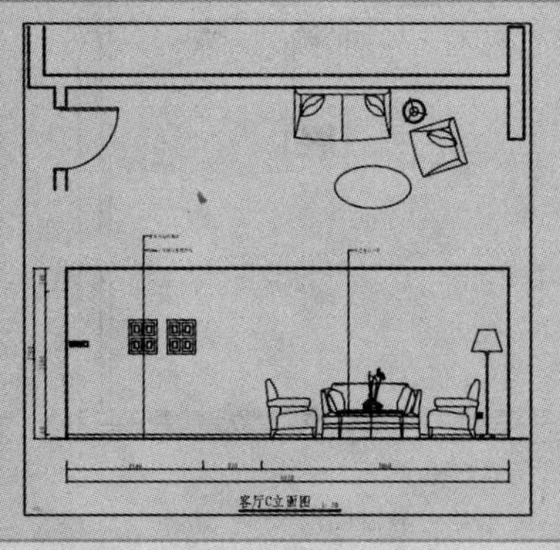

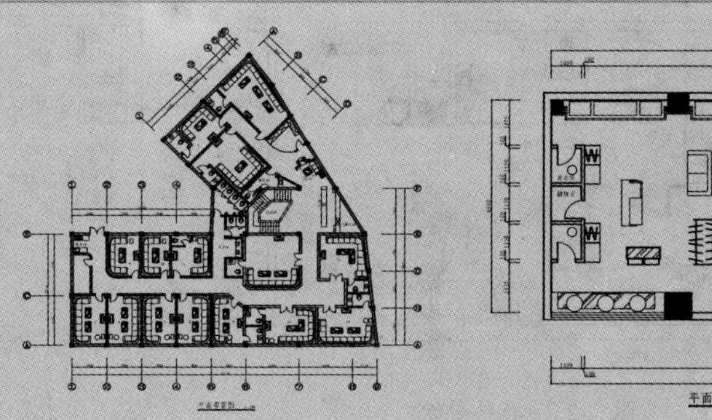

129 绘制客房平面布置图

实例描述：	本章选取某酒店客房作为教学示例。其平面布置图如图 11-1 所示。从图中可以看出，该层主要以套房为主，另外设计了一个双人间、客房中心和机房。
文件路径：	目标文件\第 10 章\实例 129.dwg
视频文件：	AVI\第 10 章\129 绘制客房平面布置图.avi
播放时长：	0:13:58

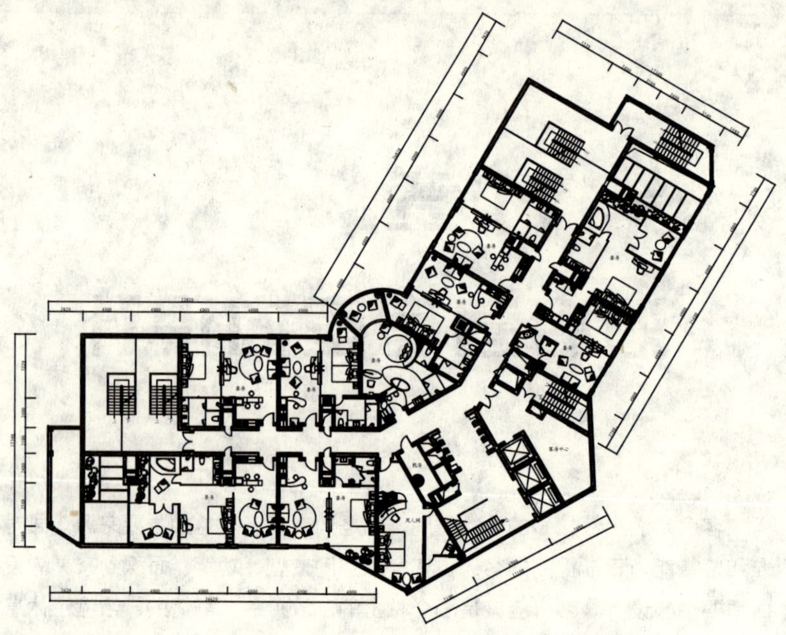

图 11-1 客房平面布置图

01 启动 AutoCAD 2012，以"室内装潢施工图模板.dwt"创建新图形。

02 本例以一个套房为例，讲解客房平面布置图的绘制方法，完成后的效果如图 11-2 所示。

03 复制图形。调用 COPY/CO 复制命令，复制套房建筑平面图，如图 11-3 所示。

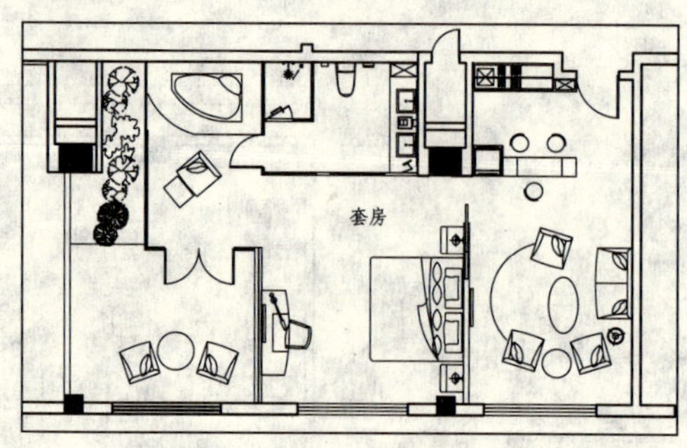

图 11-2 套房平面布置图

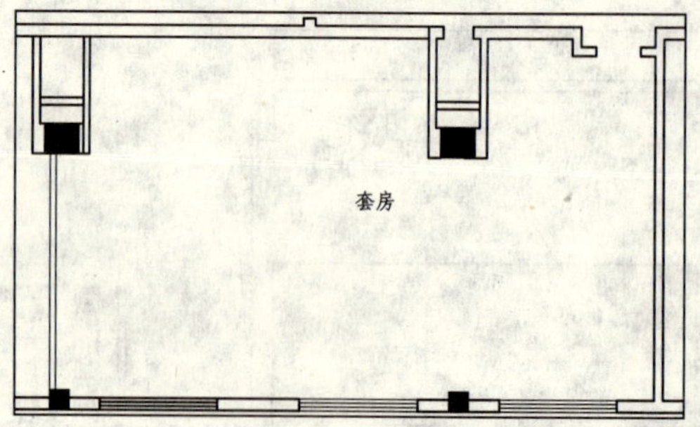

图 11-3 复制图形

04 绘制玻璃隔断。调用 LINE/L 直线命令和 OFFSET/O 偏移命令，绘制玻璃隔断，划分区域，如图 11-4 所示。

05 插入门图块。调用 INSERT/I 插入命令，插入门图块，如图 11-5 所示。

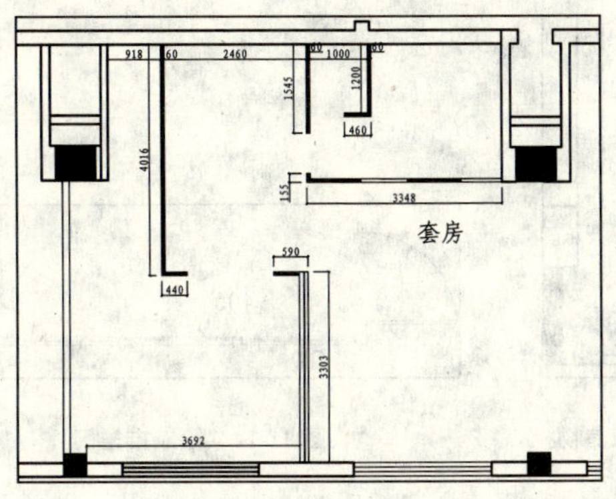

图 11-4　绘制玻璃隔断

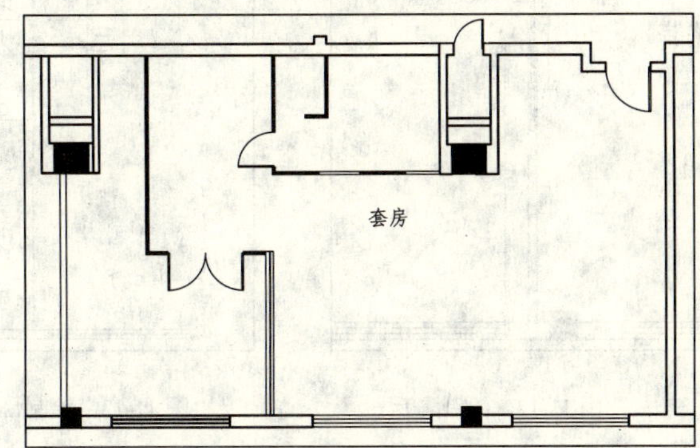

图 11-5　插入门图块

06 绘制衣柜。调用 RECTANG/REC 矩形命令和 PLINE/PL 多段线命令，绘制衣柜轮廓，如图 11-6 所示。

07 调用 LINE/L 直线命令和 OFFSET/O 偏移命令，绘制挂衣杆，如图 11-7 所示。

08 调用 RECTANG/REC 矩形命令和 COPY/CO 复制命令，绘制推拉门，如图 11-8 所示。

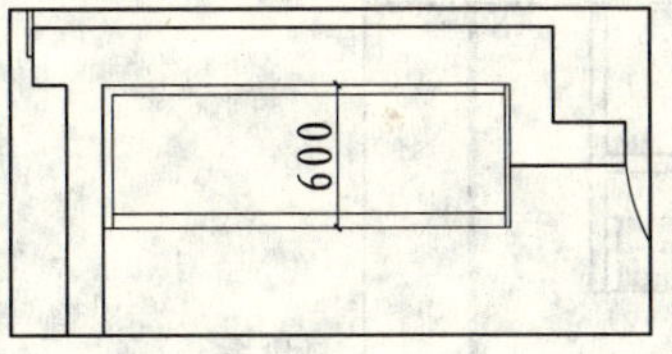

图 11-6　绘制衣柜轮廓

图 11-7　绘制挂衣杆

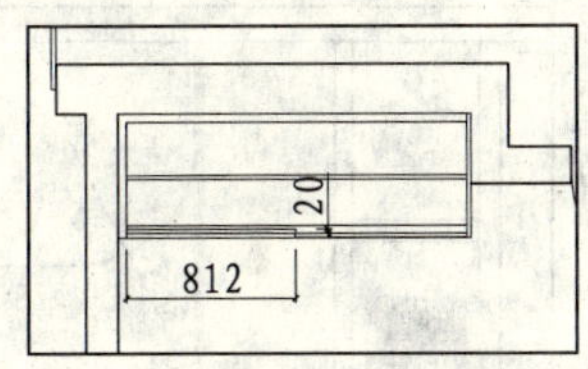

图 11-8　绘制推拉门

09 调用 RECTANG/矩形命令和 LINE/直线命令，绘制衣柜中的保险箱和旁边的装饰台，如图 11-9 所示。

10 调用 RECTANG/矩形命令和 LINE/直线命令，绘制酒柜，如图 11-10 所示。

11 调用 PLINE/PL 多段线命令，绘制吧台，如图 11-11 所示。

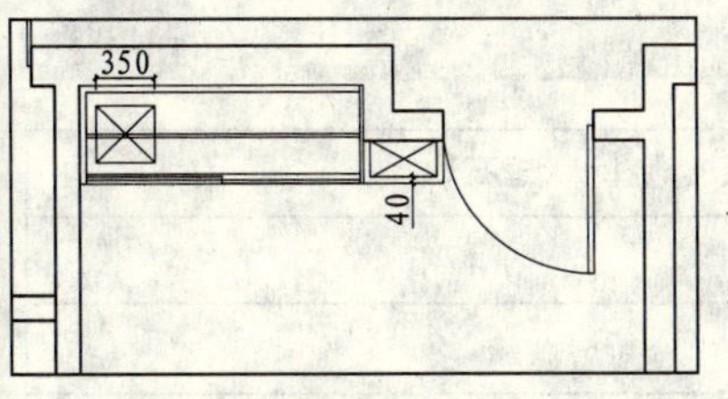

图 11-9　绘制保险箱和装饰台

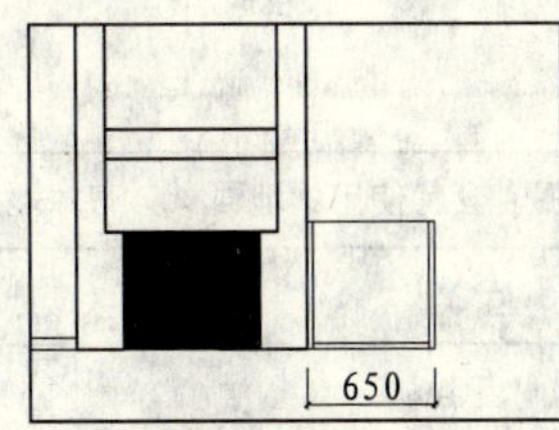

图 11-10　绘制酒柜

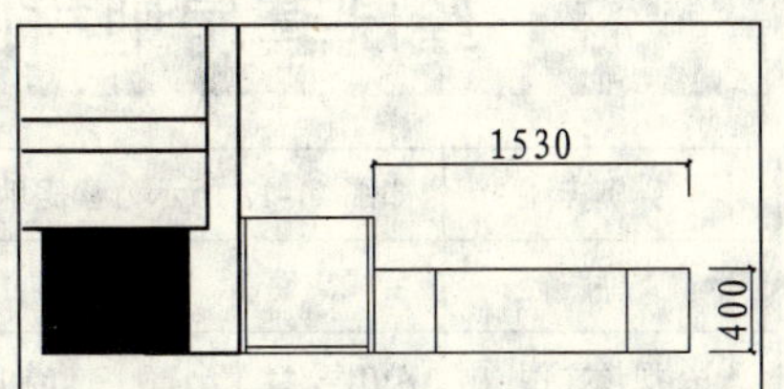

图 11-11　绘制吧台

12 绘制隔断。调用 PLINE/PL 多段线命令、RECTANG/REC 矩形命令和 MOVE/M 移动命令，绘制隔断，如图 11-12 所示。

13 调用 LINE/L 直线命令，绘制卫生间中的台面和储物柜，如图 11-13 所示。

14 调用 RECTANG/REC 矩形命令，绘制推拉门，如图 11-14 所示。

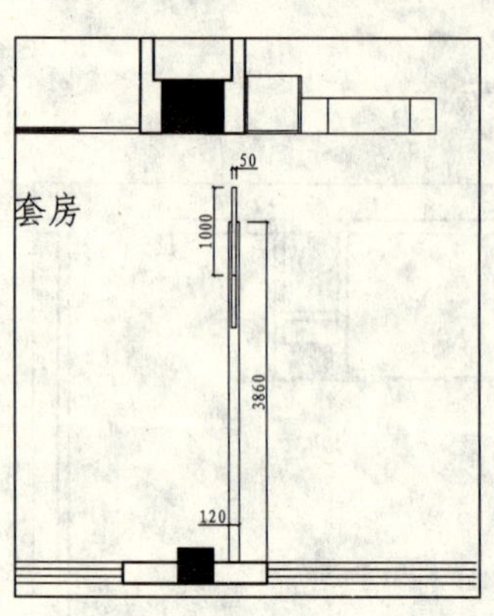

图 11-12 绘制隔断

图 11-13 绘制台面和储物柜

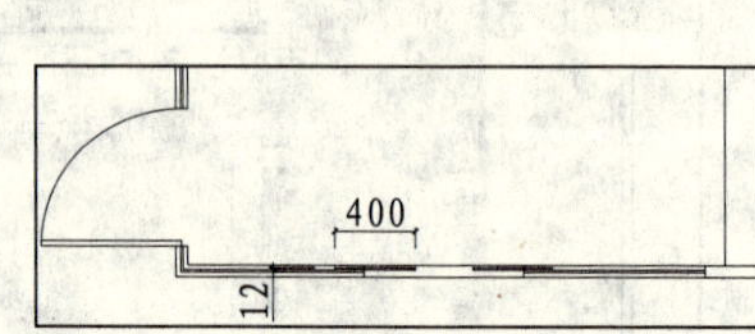

图 11-14 绘制推拉门

15 调用 PLINE/PL 多段线命令和 FILLET/F 圆角命令，绘制浴缸所在的台面，如图 11-15 所示。

16 调用 LINE/L 直线命令，绘制如图 11-16 所示线段。

17 按 Ctrl+O 快捷键，打开配套光盘提供的“第 11 章\家具图例.dwg”文件，选择其中的床、休闲桌椅、电视、沙发、吧椅、衣架、浴缸、洗手盆、座便器和植物等图块，将其复制至套房区域，如图 11-2 所示，完成套房平面布置图的绘制。

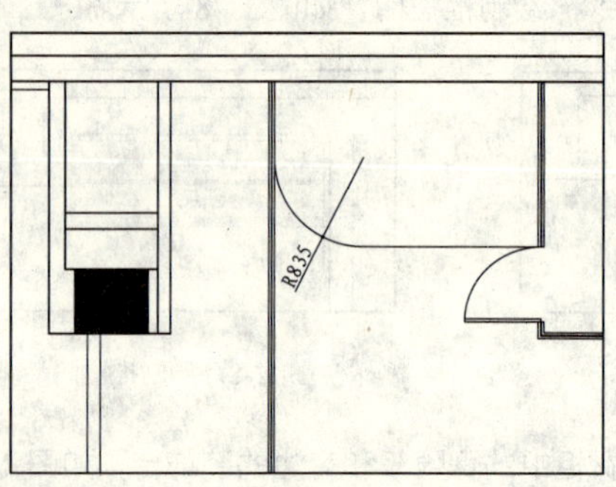

图 11-15 绘制多段线

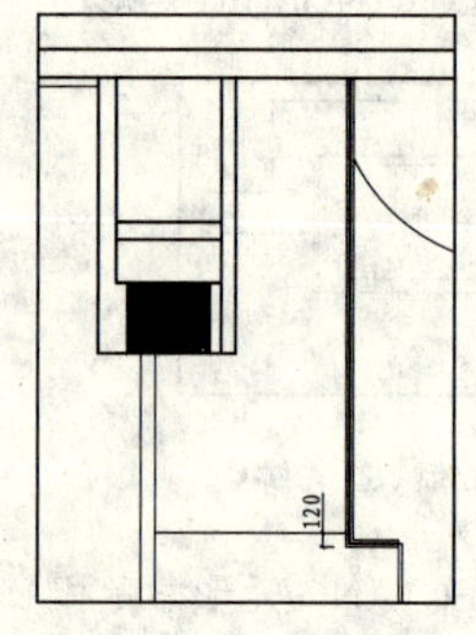

图 11-16 绘制线段

130 绘制套房地材图

实例描述：	如图 11-17 所示为套房地材图，套房使用的地面材料有木地板、地毯和大理石。
文件路径：	目标文件\第 11 章\实例 130.dwg
视频文件：	AVI\第 11 章\130 绘制套房地材图.avi
播放时长：	0:05:29

01 调用 COPY/CO 复制命令，复制套房的平面布置图，删除与地材图无关的图形，并绘制门槛线，如图 11-18 所示。

02 调用 LINE/L 直线命令，绘制如图 11-19 所示线段。

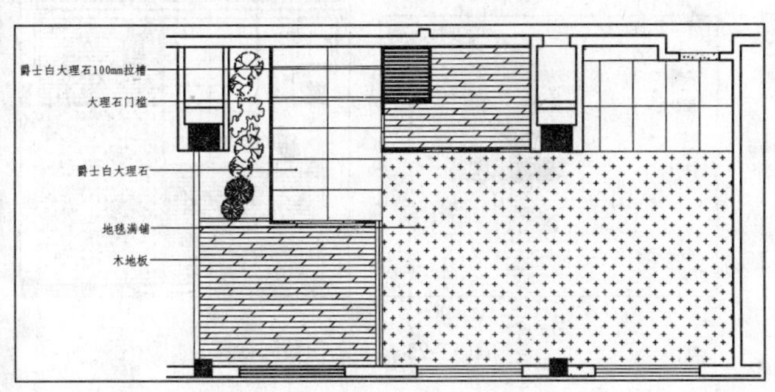

图 11-17 地材图

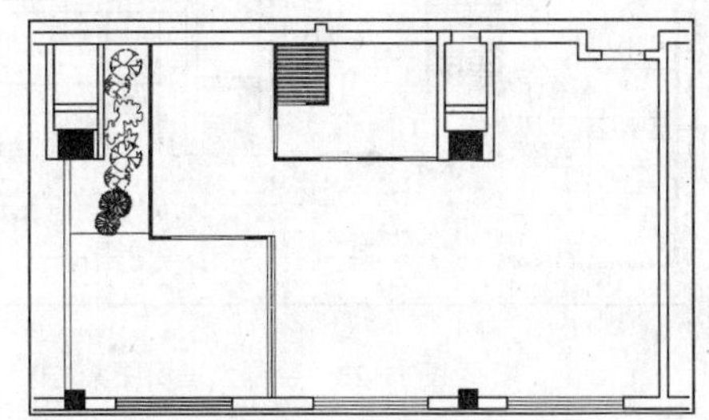

图 11-18 绘制门槛线

03 设置"DM_地面"图层为当前图层。

04 调用 HATCH/H 图案填充命令，在套房中的门槛填充 AR-CONC 图案，填充参数和效果如图 11-20 所示。

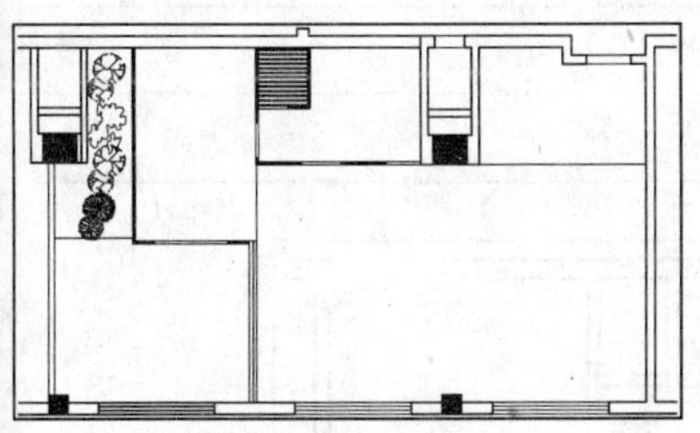

图 11-19 绘制线段

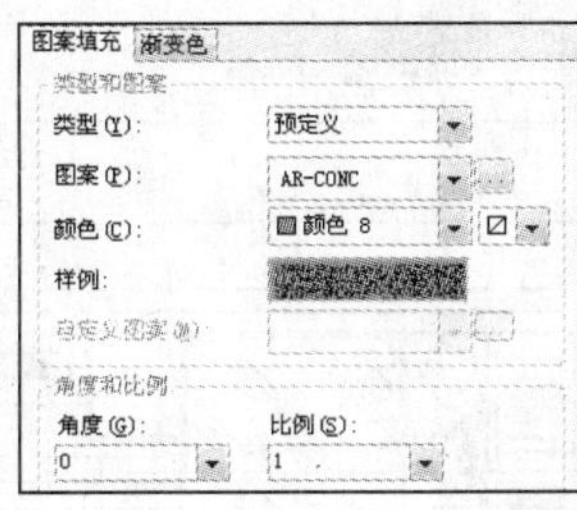

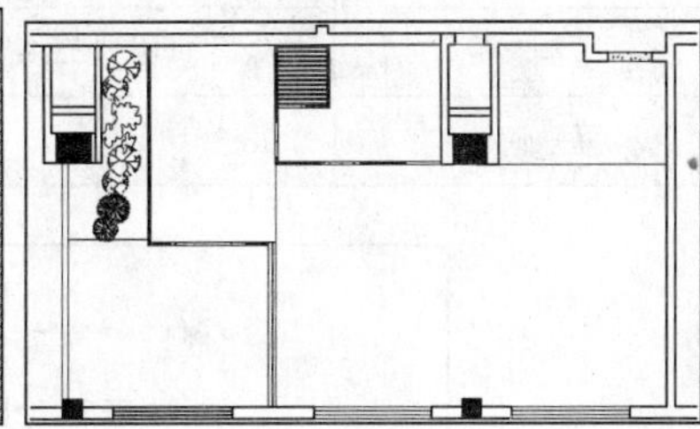

图 11-20 填充效果

05 调用 LINE/L 直线命令，绘制线段，表示线段两侧地面材料不同。

06 套房的客厅和卧室地面铺设地毯，调用 HATCH/H 图案填充命令，在此区域填充 CROSS 图案，填充参数和效果如图 11-21 所示。

07 浴缸地面和入口处地面铺设大理石，调用 LINE/L 直线命令和 OFFSET/O 偏移命令绘制，效果如图 11-22 所示。

08 淋浴房地面使用的是爵士白大理石，调用 HATCH/H 图案填充命令，在此区域填充 ANSI32 图案。

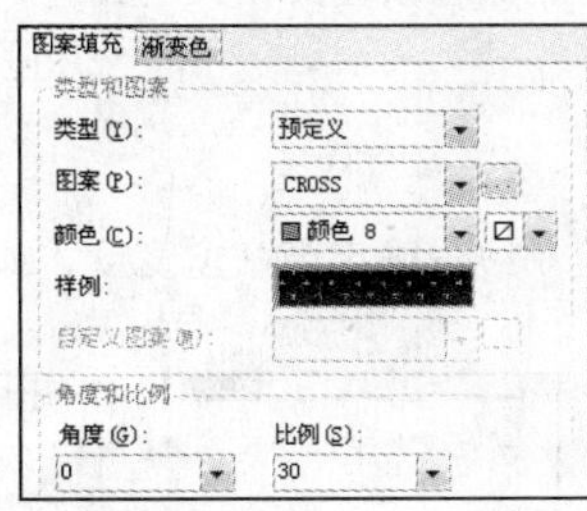

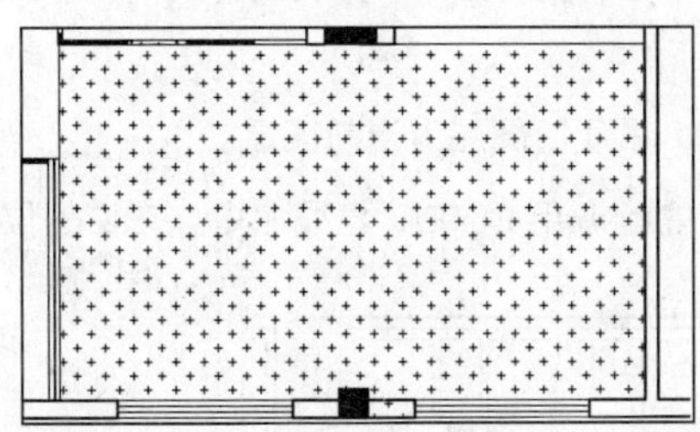

图 11-21 填充参数和效果

09 卫生间和阳台铺设木地板，调用 HATCH/H 图案填充命令，在此区域填充 DOLMIT 图案，填充参数和效果如图 11-23 所示。

10 调用 MLEADER/MLD 多重引线命令，对套房地面进行材料标注，效果如图 11-17 所示，完成地材图的绘制。

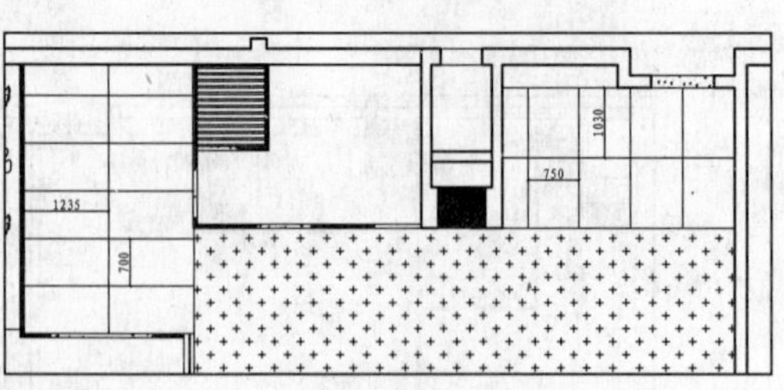

图 11-22　绘制大理石图案

图 11-23　填充参数和效果

131 绘制套房顶棚图

实例描述:	套房客厅与卧室顶棚均采用轻钢轮龙骨纸面石膏板吊顶，卫生间采用铝扣板吊顶，如图 11-24 所示。
文件路径:	目标文件\第 11 章\实例 131.dwg
视频文件:	AVI\第 11 章\131 绘制套房顶棚图.avi
播放时长:	0:08:35

第3篇

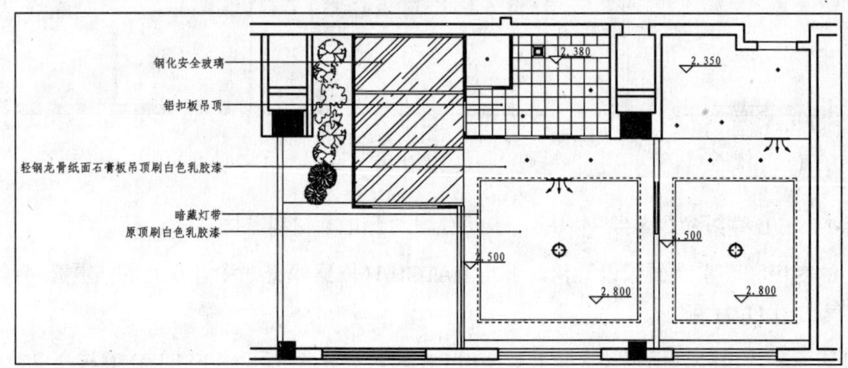

图 11-24　顶棚图

01 调用 COPY/CO 复制命令，复制套房的平面布置图，删除与顶棚图无关的图形，并绘制墙体线，如图 11-25 所示。

02 设置“DD_吊顶”图层为当前图层。

03 绘制窗帘盒。调用 LINE/L 直线命令，在窗的位置绘制线段确定窗帘盒宽度，如图 11-26 所示。

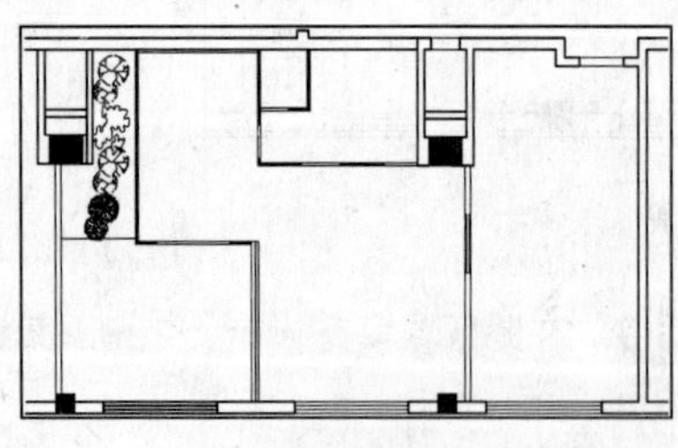

图 11-25　绘制门槛线

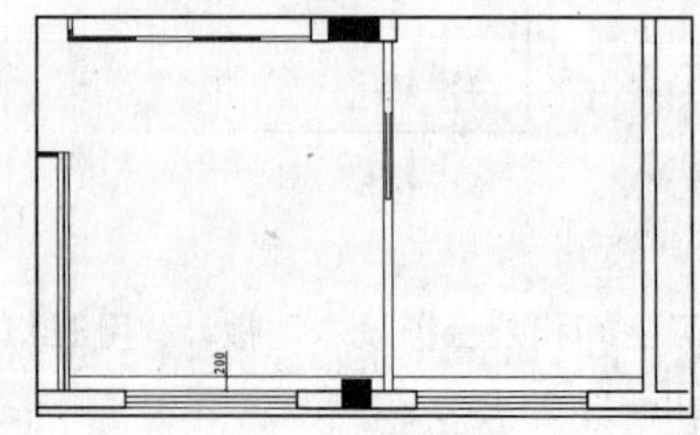

图 11-26　绘制窗帘盒

04 调用 LINE/L 直线命令，绘制如图 11-27 所示线段，表示两侧高度不同。

05 调用 RECTANG/REC 矩形命令，绘制尺寸为 3596×3213 的矩形，并移动到相应的位置，如图 11-28 所示。

06 调用 OFFSET/O 偏移命令，将矩形向外偏移 60，并设置为虚线，如图 11-29 所示。

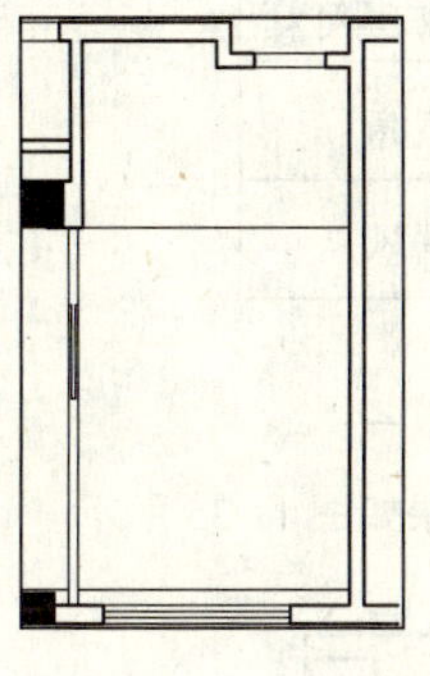

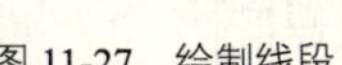
图 11-27　绘制线段

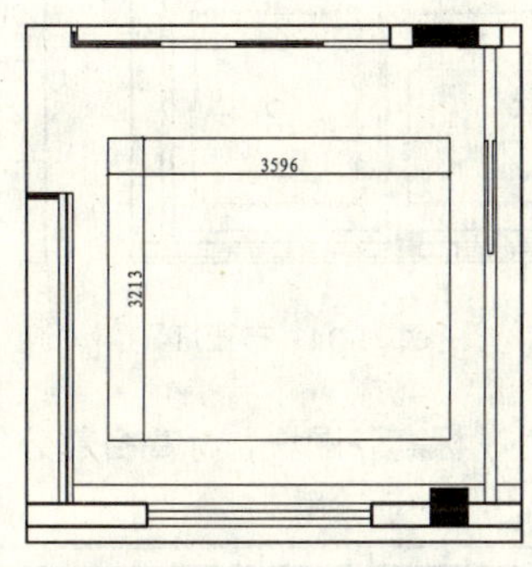

图 11-28　绘制矩形

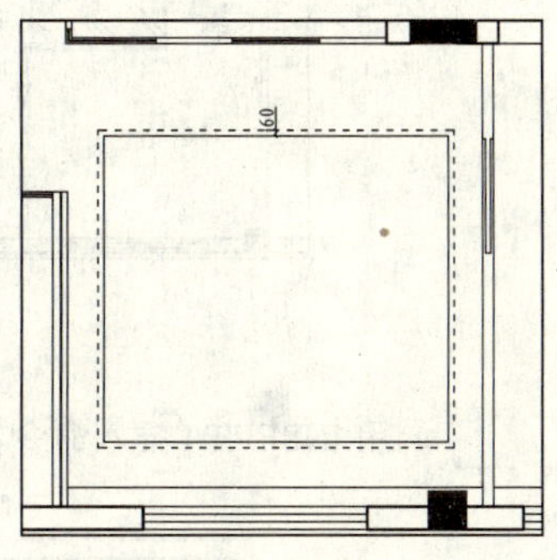

图 11-29　绘制灯带

07 使用同样的方法绘制客厅顶棚造型，如图 11-30 所示。

08 调用 HATCH/H 图案填充命令，在卫生间填充“用户定义”图案表示铝扣板吊顶，填充参数和效果如图 11-31 所示。

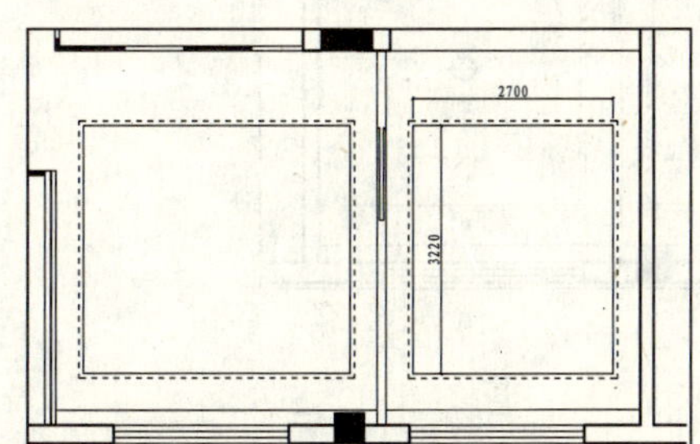

图 11-30　绘制客厅吊顶造型

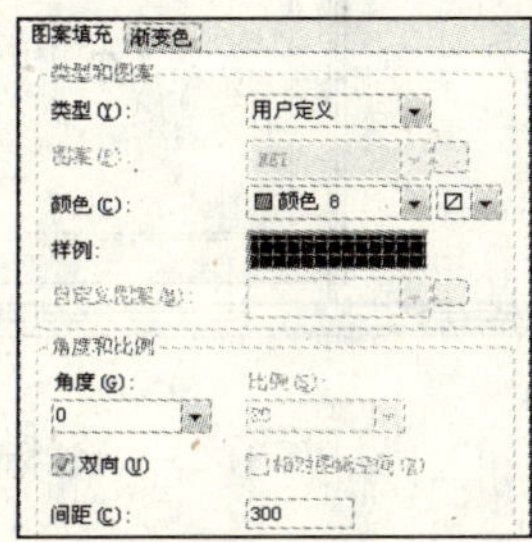

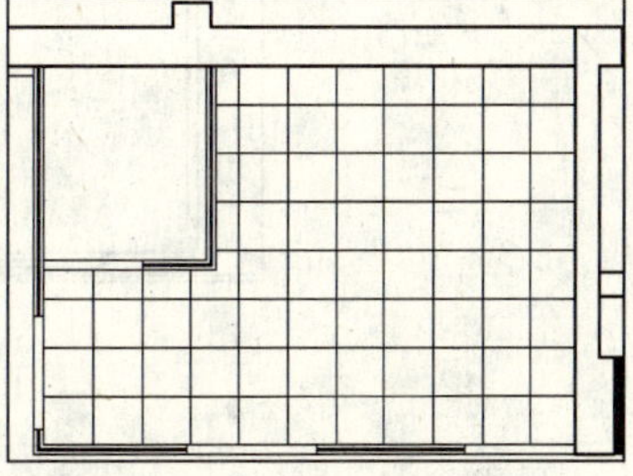
图 11-31　填充参数和效果

09 调用 LINE/L 直线命令和 OFFSET/O 偏移命令，绘制如图 11-32 所示吊顶造型。

10 调用 HATCH/H 图案填充命令，对该区域填充 AR-RROOF 图案，表示钢化玻璃，填充参数和效果如图 11-33 所示。

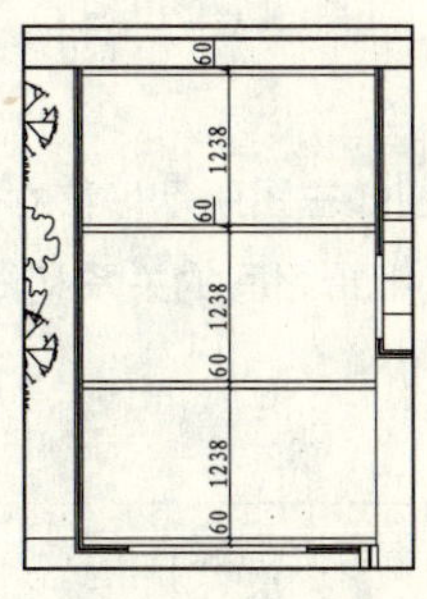

图 11-32　绘制线段

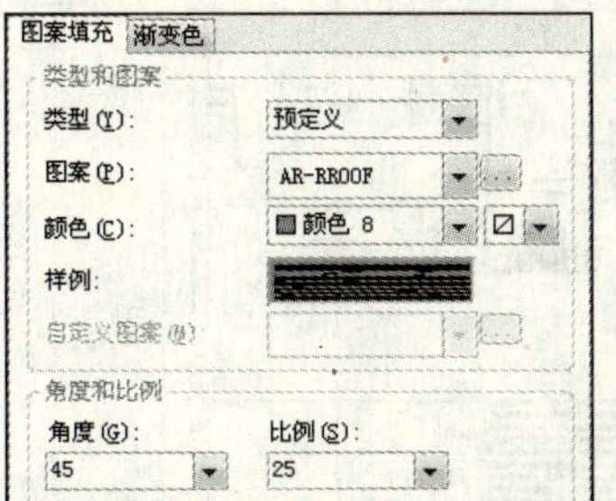

图 11-33　填充参数和效果

11 布置灯具。灯具图形可直接绘制，也可直接从本书光盘的“第 11 章\家具图例.dwg”文件中调用。

布置灯具后的效果如图 11-34 所示。

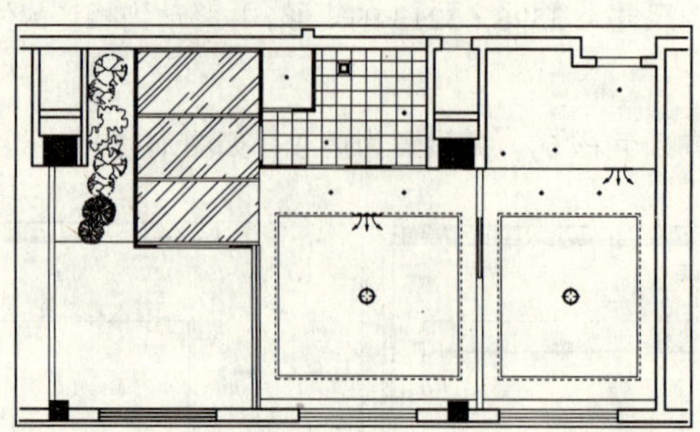

图例	名称
	吊灯
	射灯
	防水防雾筒灯
	排气扇
	空调风口

图 11-34　布置灯具

12 调用 INSERT/I 插入命令，插入“标高”图块，标高各部分的高度，效果如图 11-35 所示。

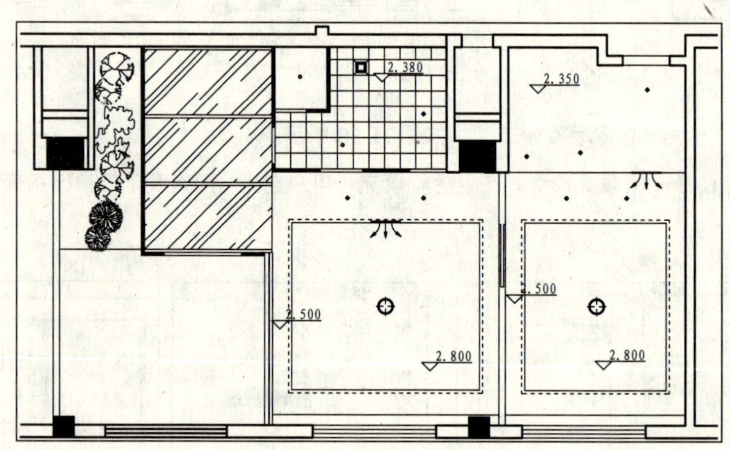

图 11-35　标注标高

13 调用 MLEADER/MLD 多重引线命令，标注套房顶面材料，效果如图 11-24 所示，完成顶棚图的绘制。

132 绘制套房 B 立面图

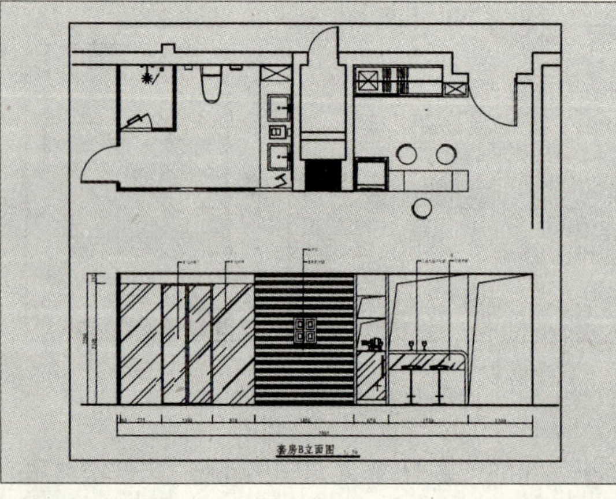

套房 B 立面图如左图所示，该立面主要表达了玻璃隔断、墙面和吧台之间的关系和做法。

文件路径：	目标文件\第 11 章\实例 132.dwg
视频文件：	AVI\第 11 章\132 绘制套房 B 立面图.avi
播放时长：	0:08:56

第3篇

01 调用 COPY/CO 复制命令，复制平面布置图上套房 B 立面的平面部分。

02 设置“LM_立面”图层为当前图层。

03 调用 LINE/L 直线命令，根据平面图绘制墙体投影线，如图 11-36 所示。

04 调用 PLINE/PL 多段线命令，绘制多段线表示地面，如图 11-37 所示。

05 调用 LINE/L 直线命令，在距地面 2500 的位置绘制水平线段表示顶面，如图 11-38 所示。

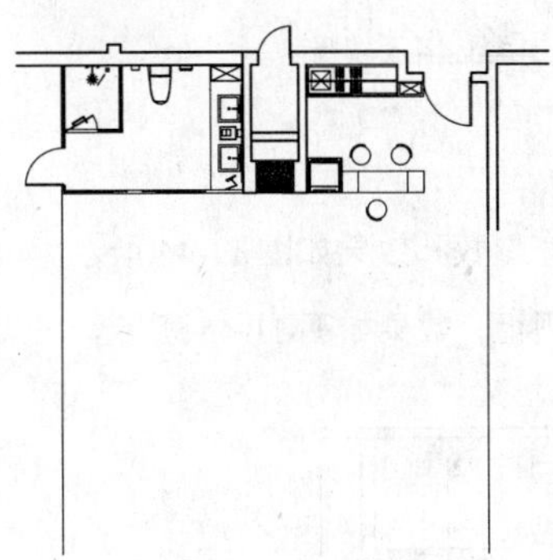

图 11-36　绘制墙体

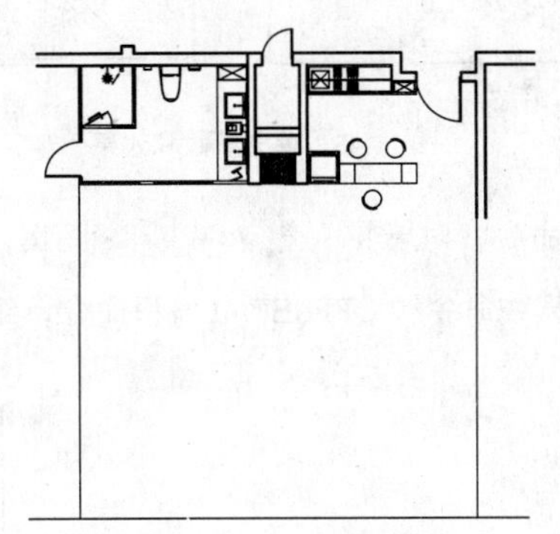

图 11-37　绘制地面

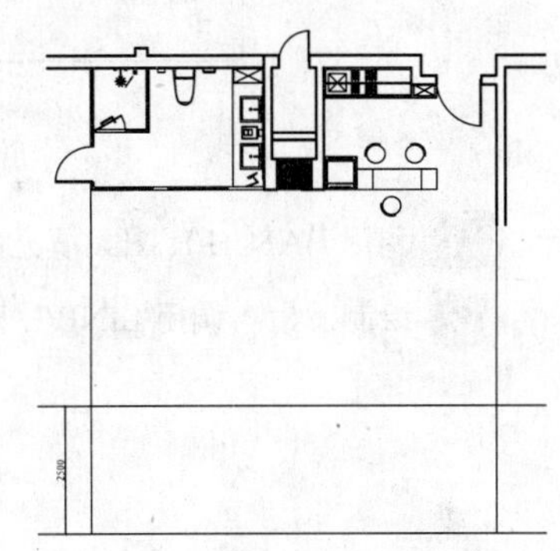

图 11-38　绘制顶棚

06 调用 TRIM/TR 修剪命令，修剪出立面外轮廓，并转换至“QT_墙体”图层，如图 11-39 所示。

07 调用 OFFSET/O 偏移命令，绘制玻璃隔断，如图 11-40 所示。

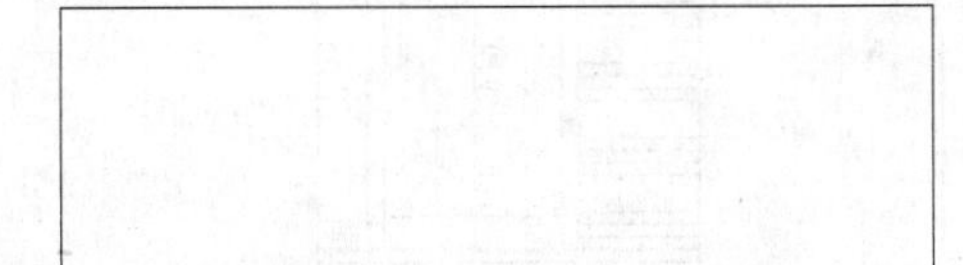

图 11-39　修剪立面轮廓

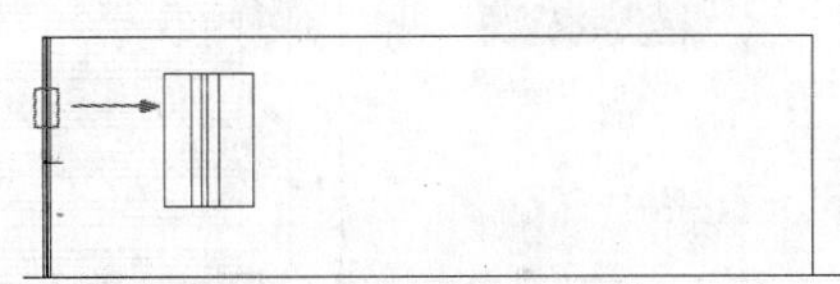

图 11-40　绘制玻璃隔断

08 调用 LINE/L 直线命令和 OFFSET/O 偏移命令，划分立面，效果如图 11-41 所示。

09 调用 RECTANG/REC 矩形命令、OFFSET/O 偏移命令和 LINE/L 直线命令，绘制推拉门，如图 11-42 所示。

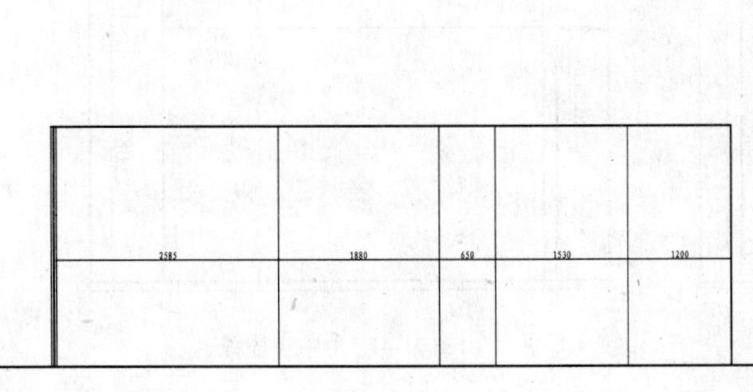

图 11-41　划分立面

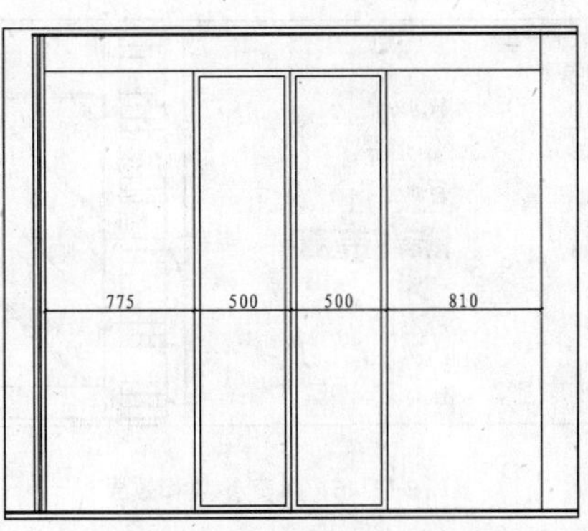

图 11-42　绘制推拉门

10 调用 HATCH/H 图案填充命令，对玻璃隔断填充 AR-RROOF 图案，填充参数和效果如图 11-43 所示。

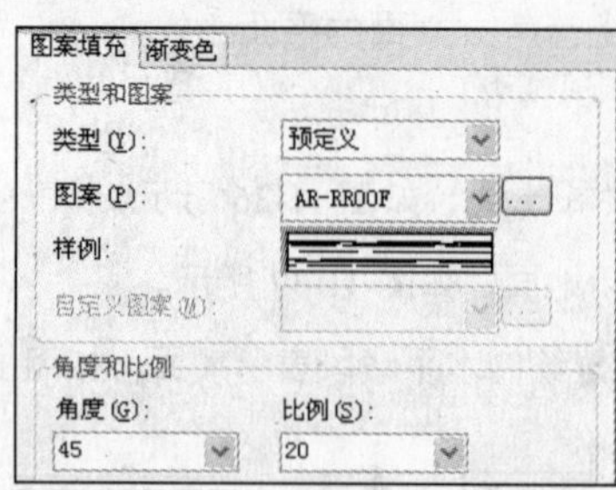

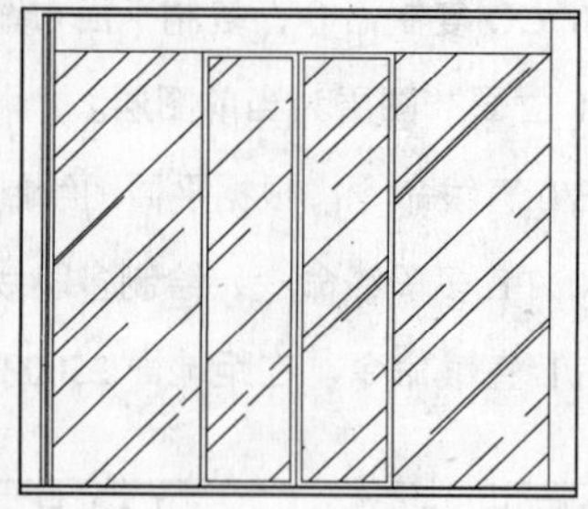

图 11-43　填充参数和效果

11 调用 HATCH/H 图案填充命令，对墙面填充 ANSI34 图案，填充参数和效果如图 11-44 所示。

12 绘制酒柜。调用 LINE/L 直线命令和 OFFSET/O 偏移命令，细化酒柜，效果如图 11-45 所示。

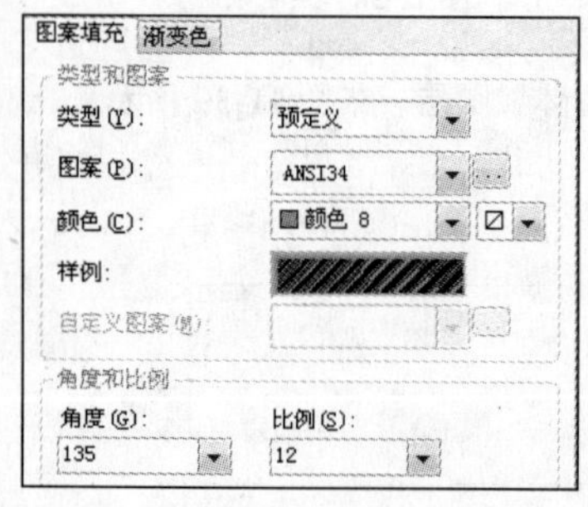

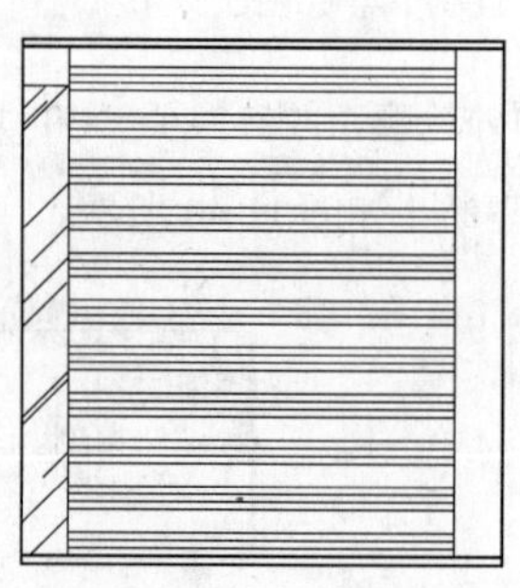

图 11-44　填充参数和效果

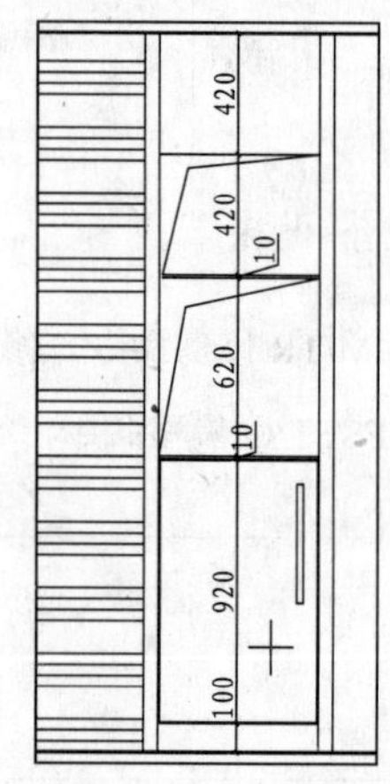

图 11-45　细化酒柜

第 3 篇

13 调用 HATCH/H 图案填充命令，在酒柜下方填充 AR-RROOF 图案，填充参数和效果如图 11-46 所示。

14 绘制吧台。调用 PLINE/PL 多段线命令，绘制吧台轮廓，如图 11-47 所示。

15 调用 FILLET/F 圆角命令，对多段线进行圆角，圆角的半径为 160，如图 11-48 所示。

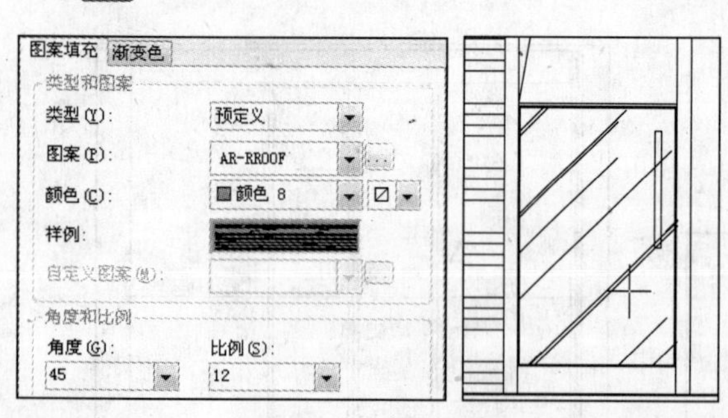

图 11-46　填充参数和效果

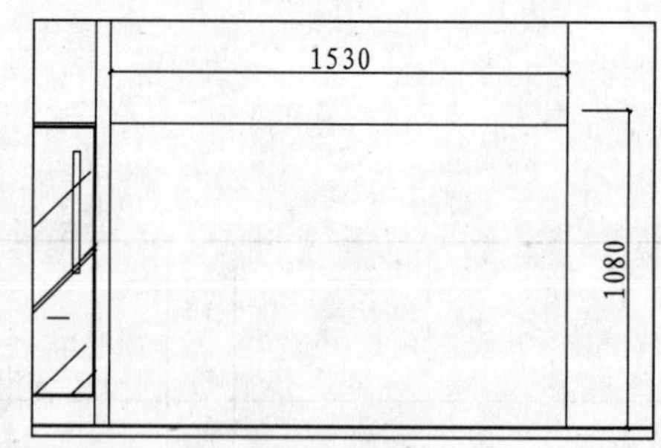

图 11-47　绘制多段线

16 调用 OFFSET/O 偏移命令，将多段线向内偏移 60，如图 11-49 所示。

17 调用 LINE/L 直线命令，绘制如图 11-50 所示线段。

图 11-48　圆角

图 11-49　偏移多段线

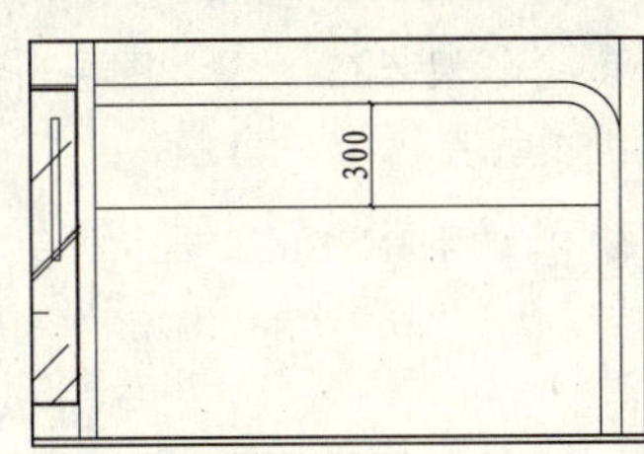

图 11-50　绘制线段

18 调用 HATCH/H 图案填充命令，在线段上方区域方填充 AR-RROOF 图案，效果如图 11-51 所示。

19 调用 LINE/L 直线命令，在吧台上方和右侧绘制折线，表示镂空，如图 11-52 所示。

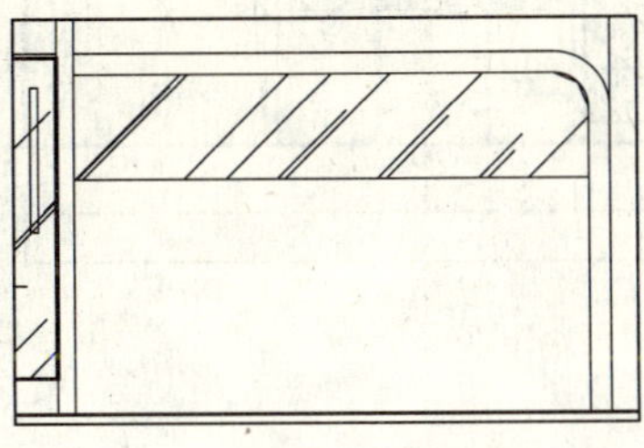

图 11-51　填充图案

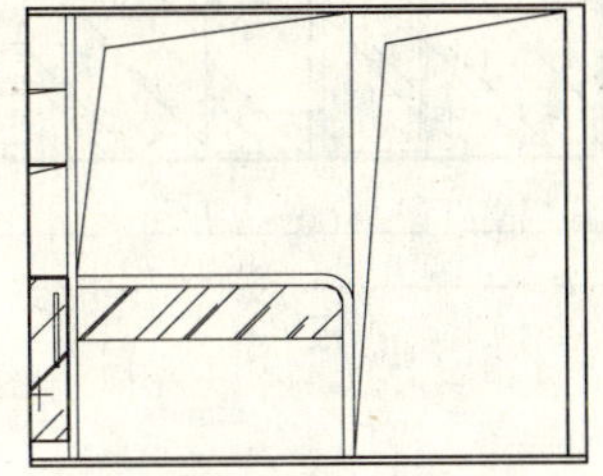

图 11-52　绘制折线

20 按 Ctrl+O 快捷键，打开配套光盘提供的“第 11 章\家具图例.dwg”文件，选择其中的装饰画、酒杯、插座和吧椅等图块，将其复制至立面区域，并进行修剪，如图 11-53 所示。

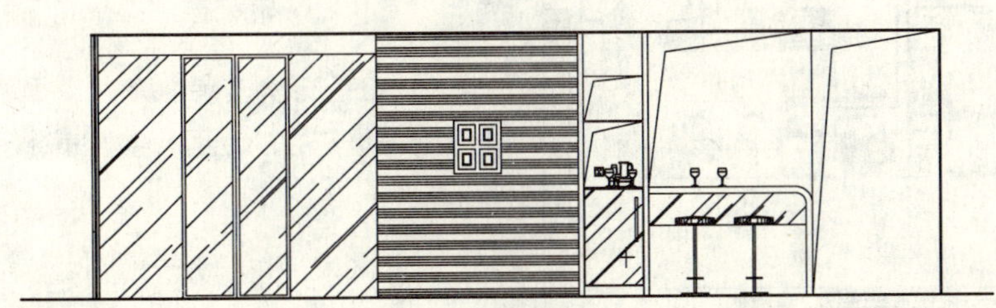

图 11-53　插入图块

21 设置“BZ_标注”图层为当前图层。设置当前注释比例为 1:30，调用 DIMLINEAR/DLI 线性命令标注尺寸，结果如图 11-54 所示。

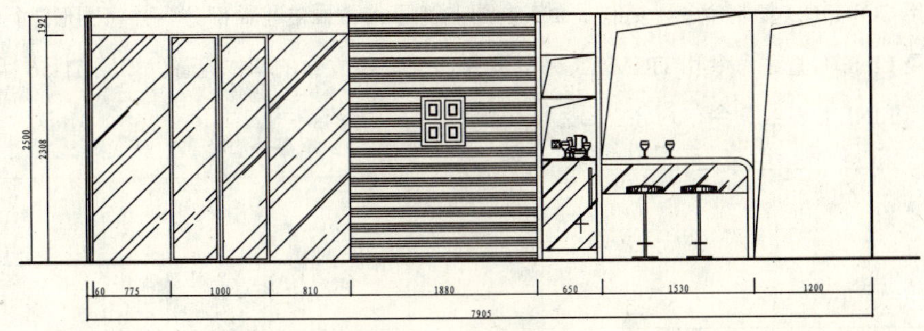

图 11-54　尺寸标注

22 设置“ZS_注释”图层为当前图层。调用 MLEADER/MLD 多重引线命令，标注材料名称，结果如图 11-55 所示。

23 调用 INSERT/I 插入命令插入“图名”图块，完成套房 B 立面图的绘制。

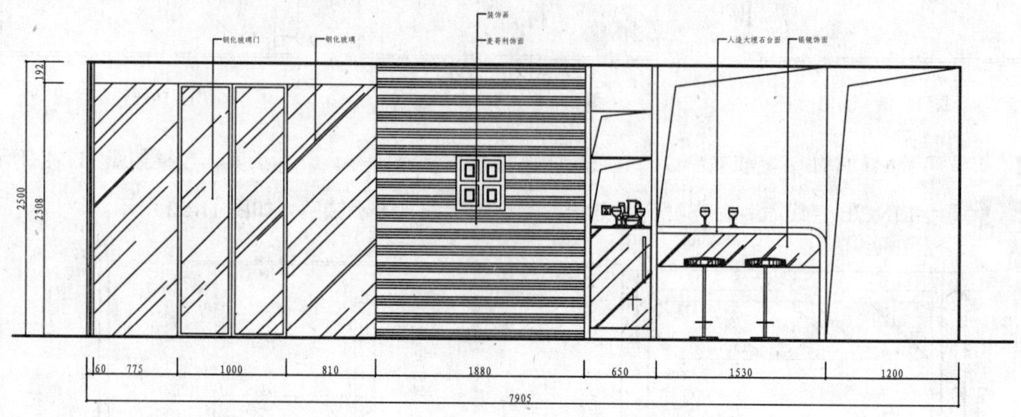

图 11-55 文字标注

第3篇

133 绘制客厅 A 立面图

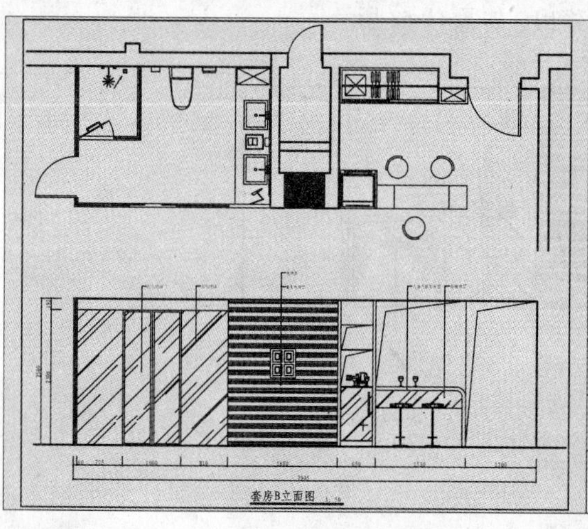

如左图所示为套房客厅 A 立面图，A 立面图是电视背景墙所在的立面，主要表达了背景墙面的做法。

文件路径：	目标文件\第 11 章\实例 133.dwg
视频文件：	AVI\第 11 章\133 绘制客厅 A 立面图.avi
播放时长：	0:09:59

01 调用 COPY/CO 复制命令，复制平面布置图上客厅 A 立面的平面部分，并将图形进行旋转。

02 调用 LINE/L 直线命令和 TRIM/TR 修剪命令，绘制 A 立面的基本轮廓，如图 11-56 所示。

03 调用 LINE/L 直线命令，划分立面区域，如图 11-57 所示。

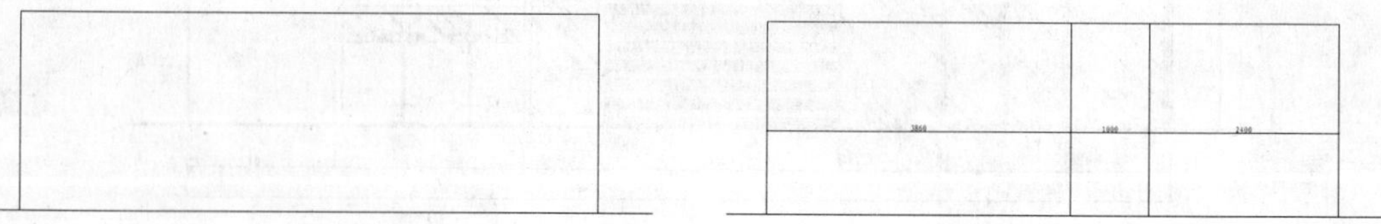

图 11-56 绘制 A 立面的基本轮廓

图 11-57 划分立面区域

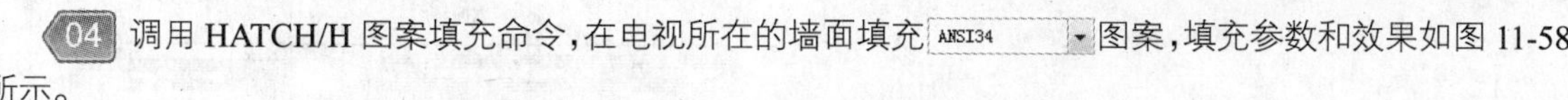

04 调用 HATCH/H 图案填充命令，在电视所在的墙面填充 ANSI34 图案，填充参数和效果如图 11-58 所示。

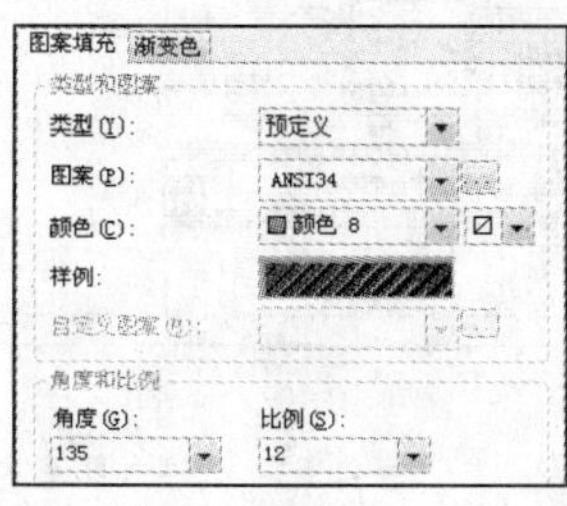

图 11-58　填充参数和效果

05 调用 LINE/L 直线命令，在过道区域绘制折线，如图 11-59 所示。

06 调用 LINE/L 直线命令和 RECTANG/REC 矩形命令，绘制酒柜和吧台，如图 11-60 所示。

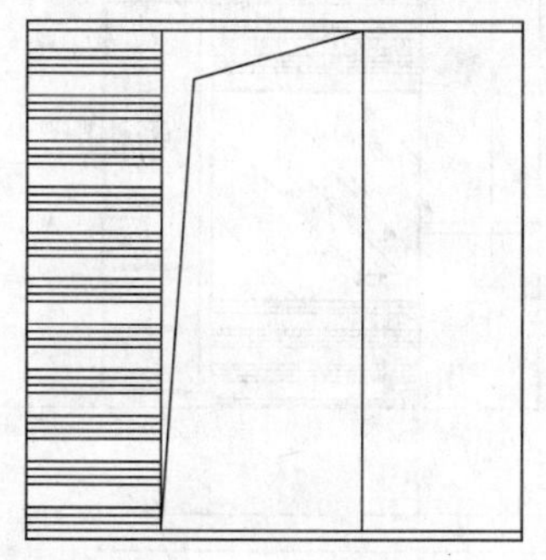

图 11-59　绘制折线

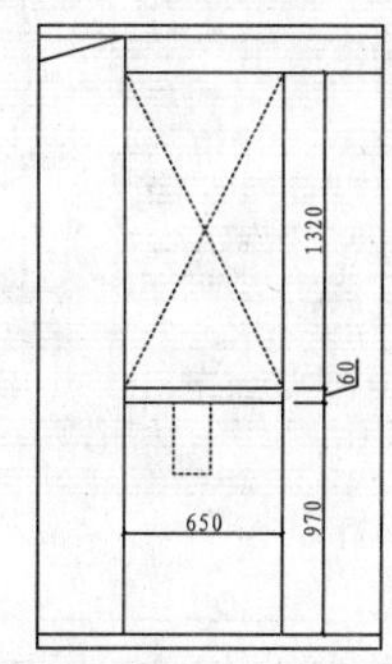

图 11-60　绘制酒柜和吧台

07 调用 LINE/L 直线命令，划分墙面区域，如图 11-61 所示。

08 调用 HATCH/H 图案填充命令，对墙面上下区域填充 ANSI34 图案，在墙面中间区域填充 AR-RROOF 图案，如图 11-62 所示。

09 调用 LINE/L 直线命令、OFFSET/O 偏移命令和 RECTANG/REC 矩形命令，绘制衣柜和保险柜，如图 11-63 所示。

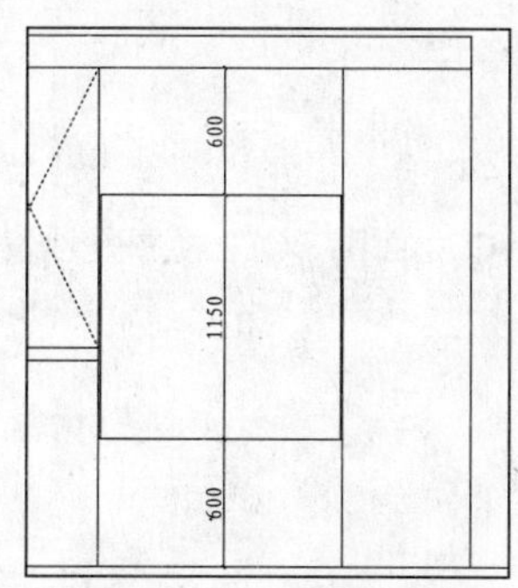

图 11-61　划分墙面

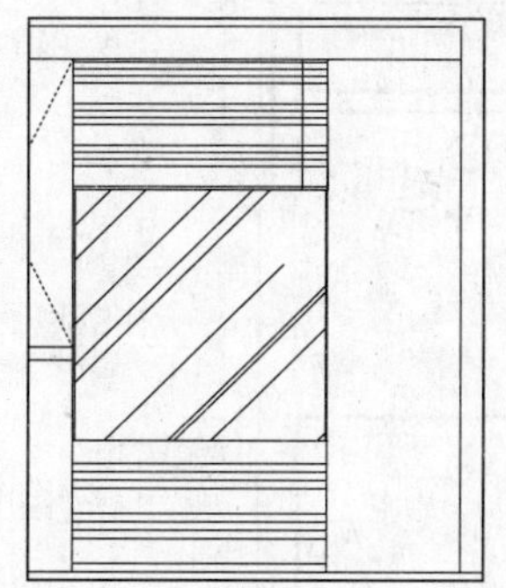

图 11-62　填充图案

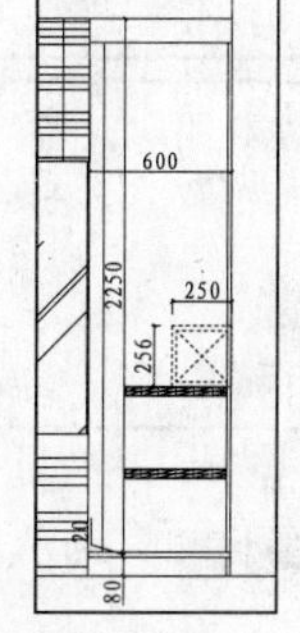

图 11-63　绘制衣柜和保险柜

10 从图库中插入电视、吧椅和衣物等图块到立面图中，并进行修剪，如图 11-64 所示。

11 调用 DIMLINEAR/DLI 线性命令，标注立面图的尺寸，如图 11-65 所示。

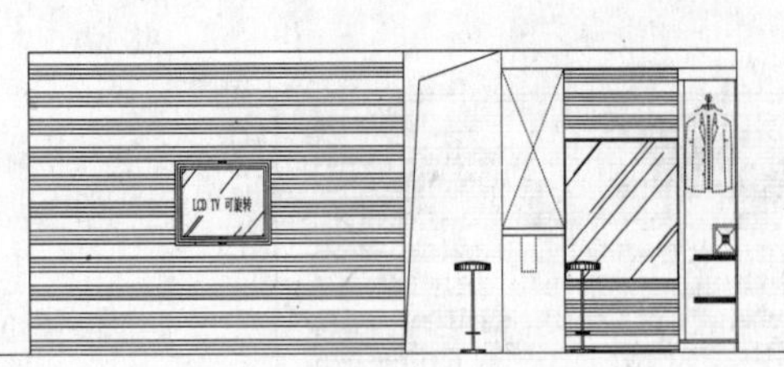

图 11-64 插入图块

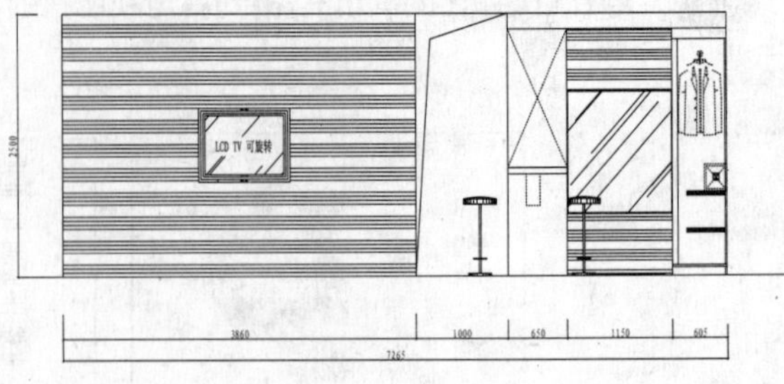

图 11-65 标注立面图的尺寸

12 调用 MLEADER/MLD 多重引线命令，标注立面材料名称，如图 11-66 所示。

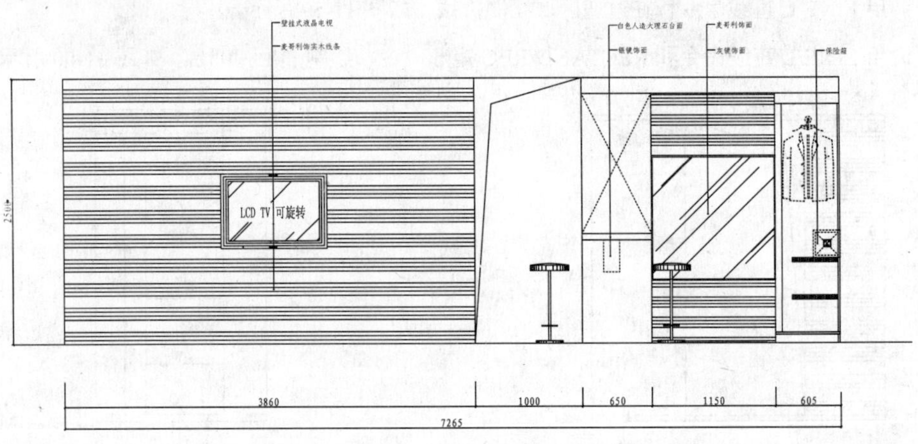

图 11-66 标注立面材料名称

13 调用 INSERT/I 插入命令，插入“图名”图块，完成客厅 A 立面图的绘制。

第 3 篇

134 绘制客厅 C 立面图

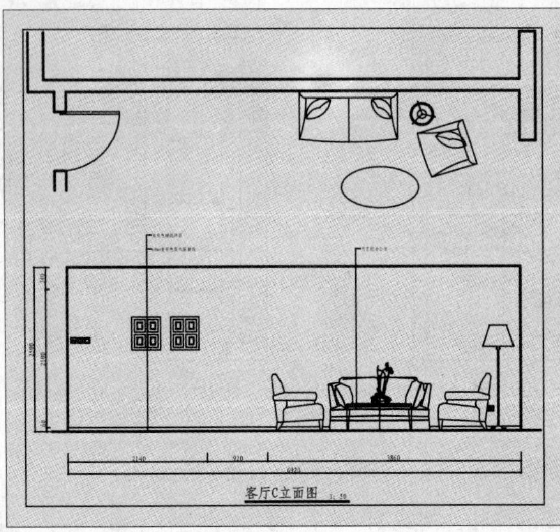

如左图所示为客厅 C 立面图，C 立面图是沙发所在的墙面。

文件路径:	目标文件\第 11 章\实例 134.dwg
视频文件:	AVI\第 11 章\134 绘制客厅 C 立面图.avi
播放时长:	0:03:39

01 调用 COPY/CO 复制命令，复制平面布置图上客厅 C 立面的平面部分，并对图形进行旋转。

02 调用 LINE/L 命令和 TRIM/TR 命令，绘制 C 立面的基本轮廓，如图 11-67 所示。

03 调用 LINE/L 命令，绘制踢脚线，踢脚线的高度为 60，如图 11-68 所示。

图 11-67　绘制 C 立面的基本轮廓

图 11-68　绘制踢脚线

04 从图库中插入沙发、茶几、落地灯和插座等图块到立面图形，并进行修剪，如图 11-69 所示。

05 调用 DIMLINEAR/DLI 命令，标注立面图的尺寸，如图 11-70 所示。

图 11-69　插入图块

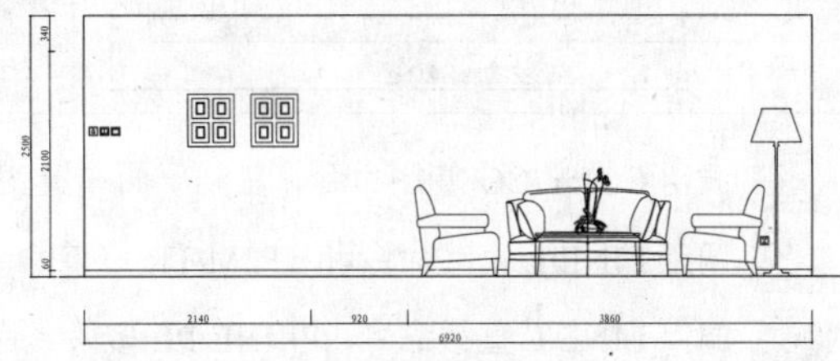

图 11-70　标注立面图的尺寸

06 调用 MLEADER/MLD 命令，标注立面材料名称，如图 11-71 所示。

07 调用 INSERT/I 命令，插入“图名”图块，完成客厅 C 立面图的绘制。

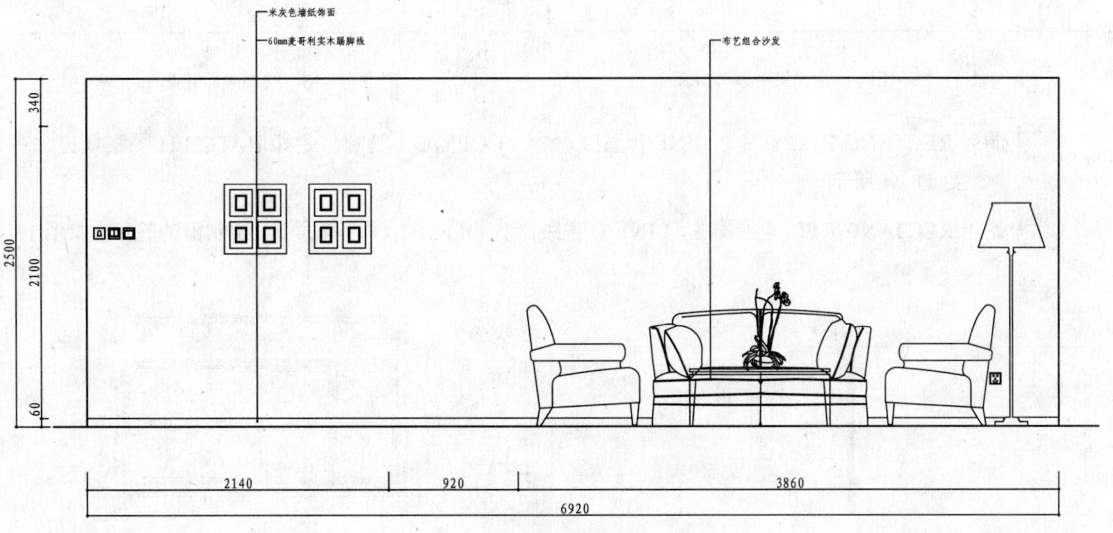

图 11-71　标注立面材料名称

135 绘制客厅和卧室 D 立面图

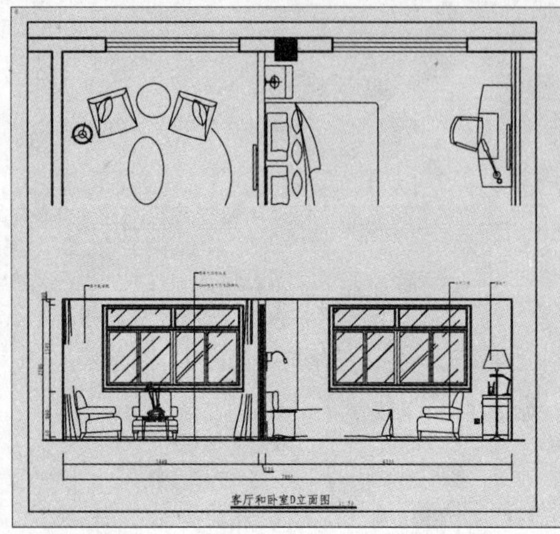

如左图所示为客厅和卧室 D 立面图，D 立面图是客厅和卧室中的窗户所在的墙面。

文件路径：	目标文件\第 11 章\实例 135.dwg
视频文件：	AVI\第 11 章\135 绘制客厅和卧室 D 立面图.avi
播放时长：	0:11:52

01 调用 COPY/CO 复制命令，复制平面布置图上客厅和卧室 D 立面的平面部分，并对图形进行旋转。

02 调用 LINE/L 直线命令和 TRIM/TR 修剪命令，绘制 D 立面图的基本轮廓，如图 11-72 所示。

03 调用 LINE/L 直线命令、PLINE/PL 多段线命令和 OFFSET/O 偏移命令，绘制隔断轮廓，如图 11-73 所示。

图 11-72 绘制 D 立面图的基本轮廓

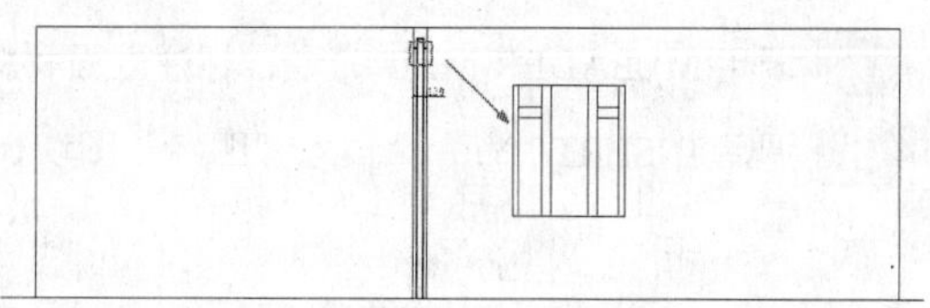

图 11-73 绘制隔断轮廓

04 调用 RECTANG/REC 命令、LINE/L 直线命令、COPY/CO 复制命令和 HATCH/H 图案填充命令，细化隔断，如图 11-74 所示。

05 调用 RECTANG/REC 矩形命令、LINE/L 直线命令 OFFSET/O 偏移命令，绘制窗的轮廓，如图 11-75 所示。

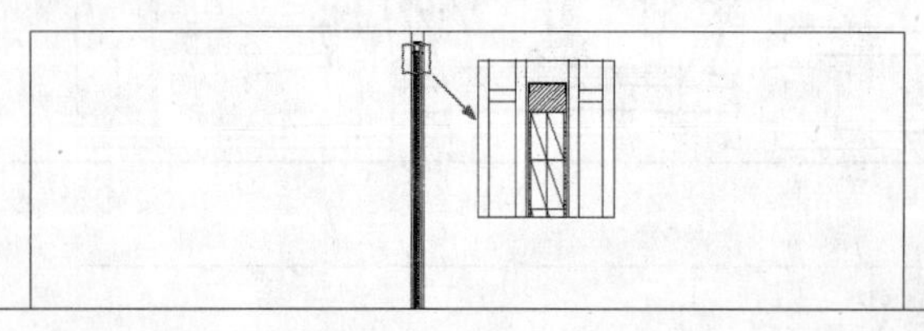

图 11-74 细化隔断

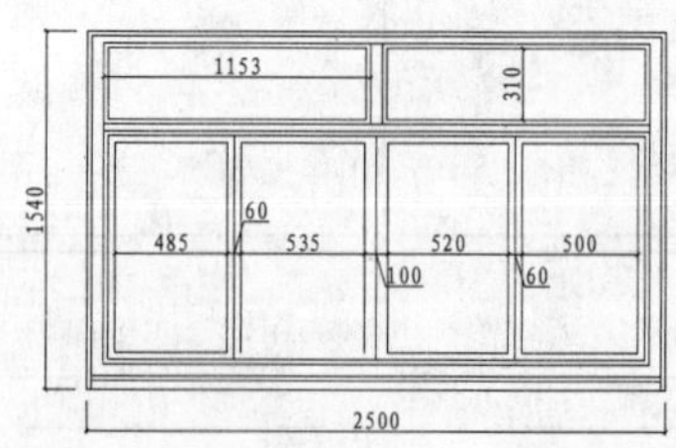

图 11-75 绘制窗的轮廓

06 调用 HATCH/H 图案填充命令，在窗内填充 AR-RROOF 图案，表示玻璃，效果如图 11-76 所示。

07 调用 COPY/CO 复制命令，对窗进行复制，效果如图 11-77 所示。

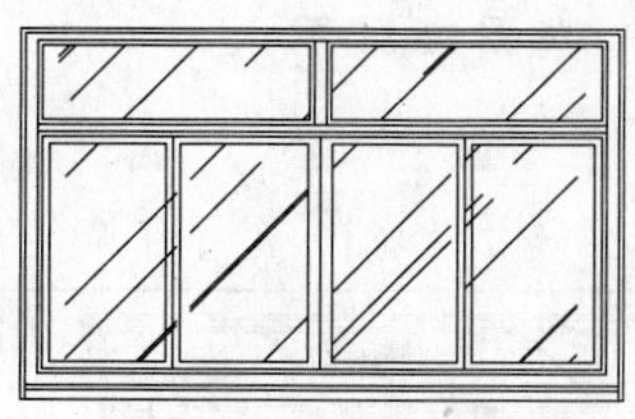

图 11-76　填充窗

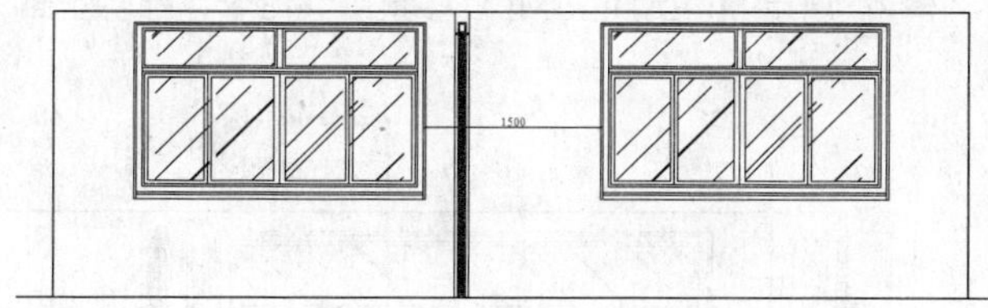

图 11-77　复制窗

08 调用 LINE/L 直线命令，绘制踢脚线，踢脚线的高度为 60，如图 11-78 所示。

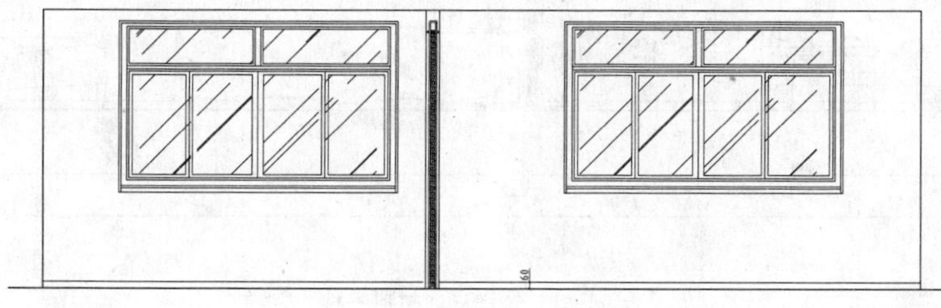

图 11-78　绘制踢脚线

09 从图库中插入书桌、落地灯、床、沙发、茶几和窗帘等图块到立面图中，并进行修剪，如图 11-79 所示。

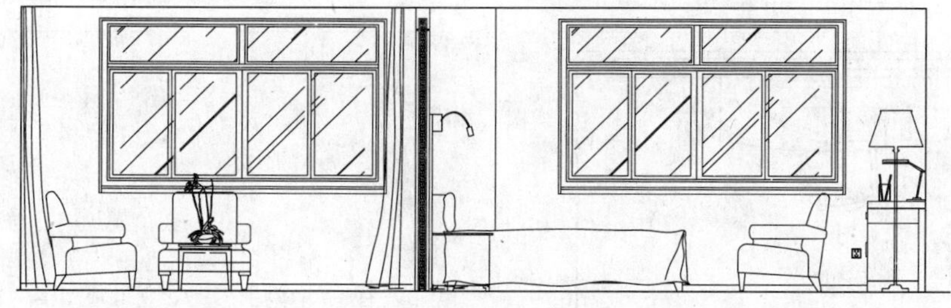

图 11-79　插入图块

10 调用 DIMLINEAR/DLI 线性命令，标注立面图的尺寸，如图 11-80 所示。

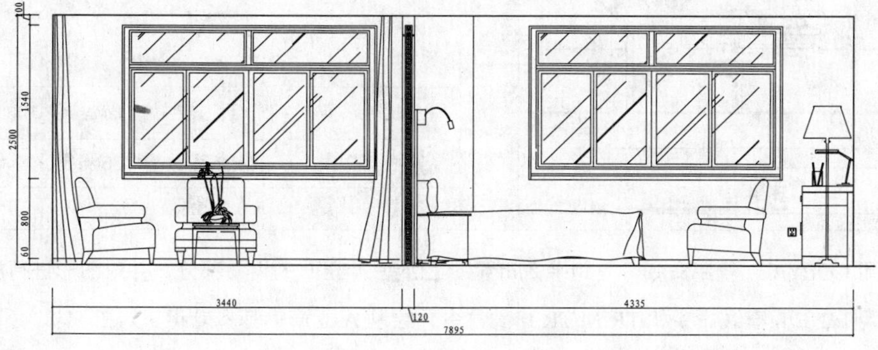

图 11-80　标注立面图的尺寸

11 调用 MLEADER/MLD 多重引线命令，标注立面材料名称，如图 11-81 所示。

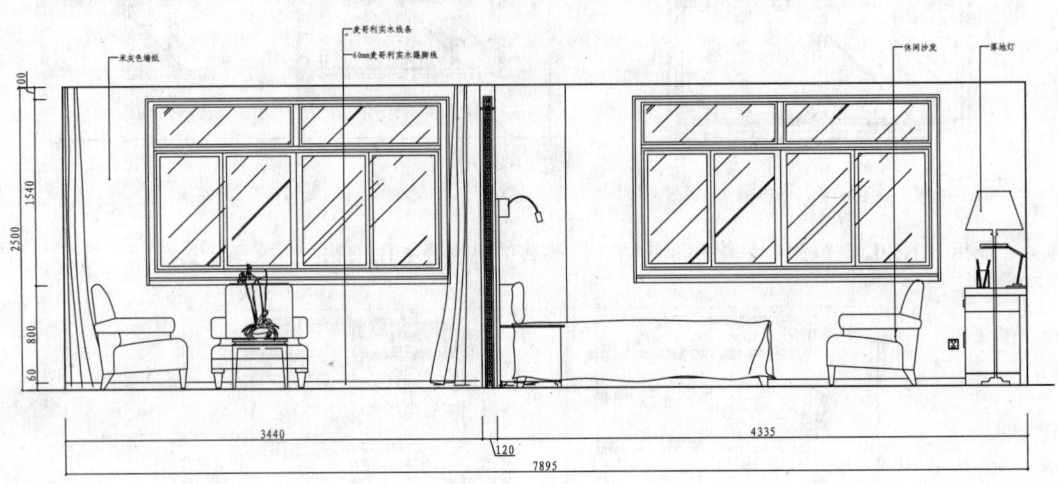

图 11-81 标注立面材料名称

12 调用 INSERT/I 插入命令，插入“图名”图块，完成客厅和卧室 D 立面图的绘制。

136 绘制卧室 A 立面图

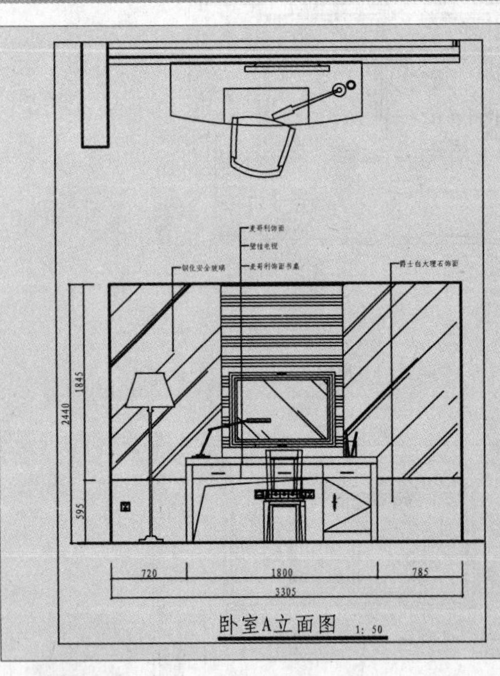

如左图所示为卧室 A 立面图，A 立面图是书桌所在的墙面，主要表达了书桌立面形状及位置关系。

文件路径：	目标文件\第 11 章\实例 136.dwg
视频文件：	AVI\第 11 章\136 绘制卧室 A 立面图.avi
播放时长：	0:05:23

01 调用 COPY/CO 复制命令，复制平面布置图上卧室 A 立面的平面部分，并对图形进行旋转。

02 调用 LINE/L 直线命令和 TRIM/TR 修剪命令，绘制 A 立面的基本轮廓，如图 11-82 所示。

03 调用 RECTANG/REC 矩形命令，绘制台面和支柱结构，并移动到相应的位置，如图 11-83 所示。

04 调用 LINE/L 直线命令、OFFSET/O 偏移命令和 RECTANG/REC 矩形命令，绘制抽屉和拉手等结构，如图 11-84 所示。

图 11-82 绘制 A 立面的基本轮廓

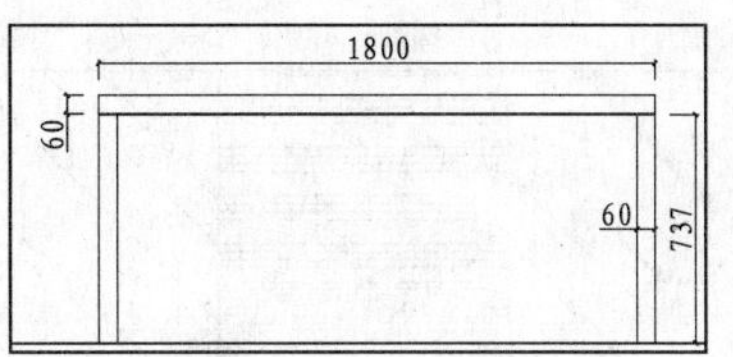

图 11-83 绘制台面和支柱结构

05 调用 LINE/L 直线命令，在书桌下方绘制折线，表示镂空，如图 11-85 所示。

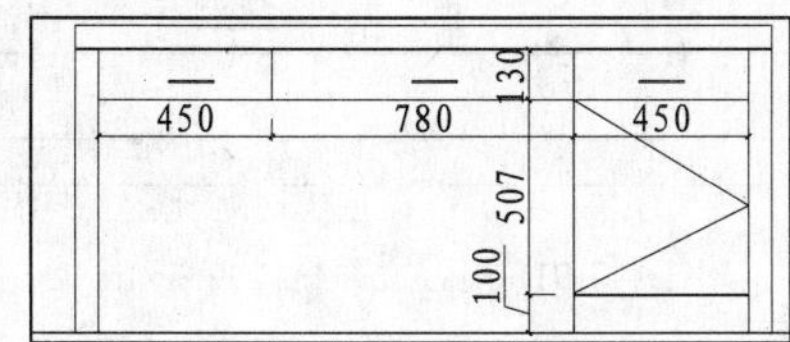

图 11-84 绘制抽屉和拉手

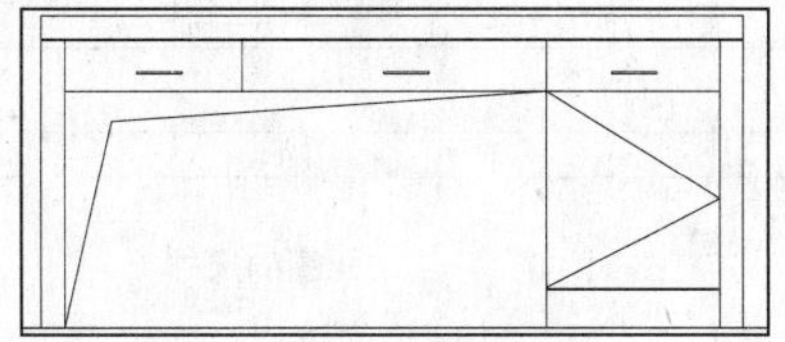

图 11-85 绘制折线

06 调用 LINE/L 直线命令和 OFFSET/O 偏移命令，划分立面背景，如图 11-86 所示。

07 调用 HATCH/H 图案填充命令，在中间区域填充 ANSI34 图案，如图 11-87 所示。

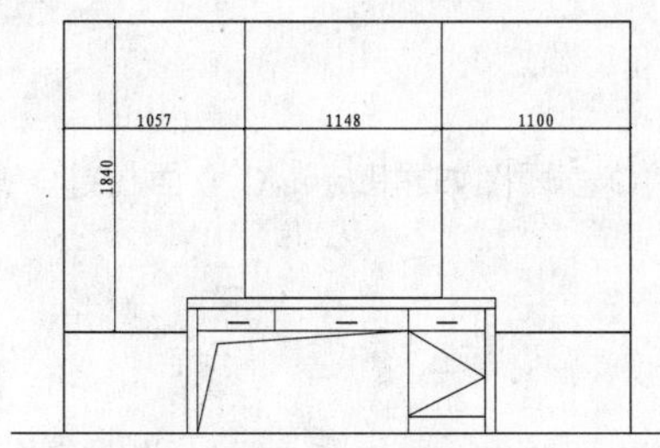

图 11-86 划分立面

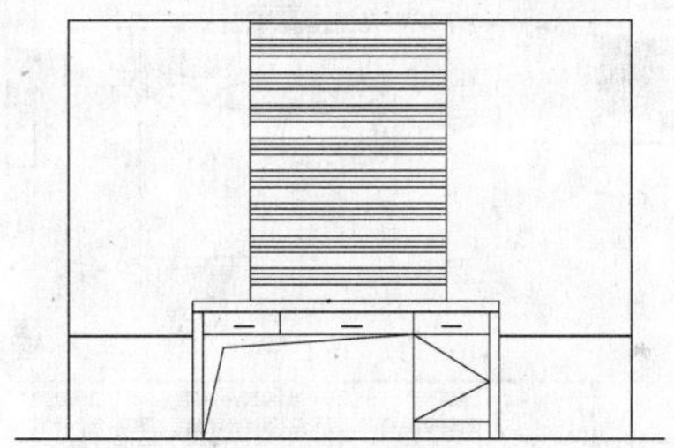

图 11-87 填充图案

08 调用 HATCH/H 图案填充命令，在立面两侧区域填充 AR-RROOF 图案，如图 11-88 所示。

09 从图库中插入落地灯、电视、椅子和插座等图块到立面图中，并进行修剪，如图 11-89 所示。

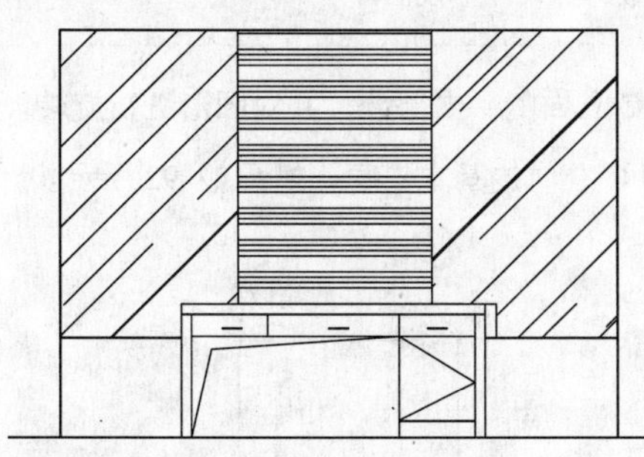

图 11-88 填充图案

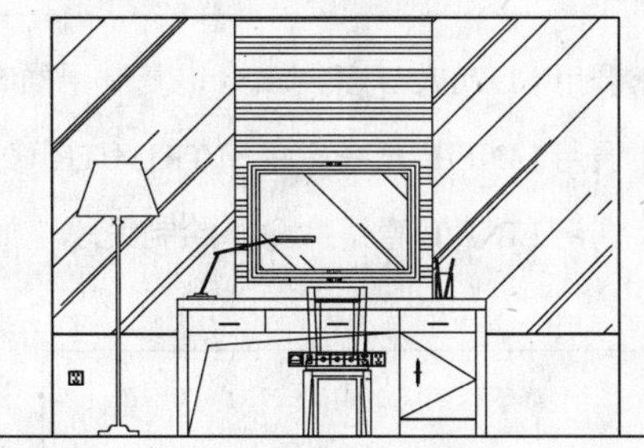

图 11-89 插入图块

10 调用 DIMLINEAR/DLI 线性命令，标注立面图的尺寸，如图 11-90 所示。

11 调用 MLEADER/MLD 多重引线命令，标注立面材料名称，如图 11-91 所示。

12 调用 INSERT/I 插入命令，插入“图名”图块，完成客厅和卧室 A 立面图的绘制。

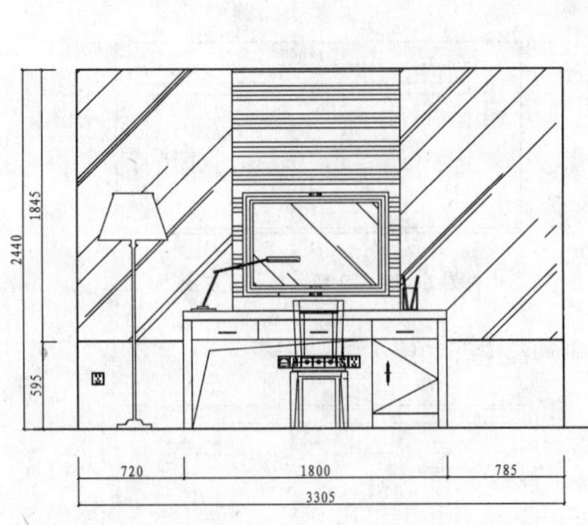

图 11-90　标注立面图的尺寸

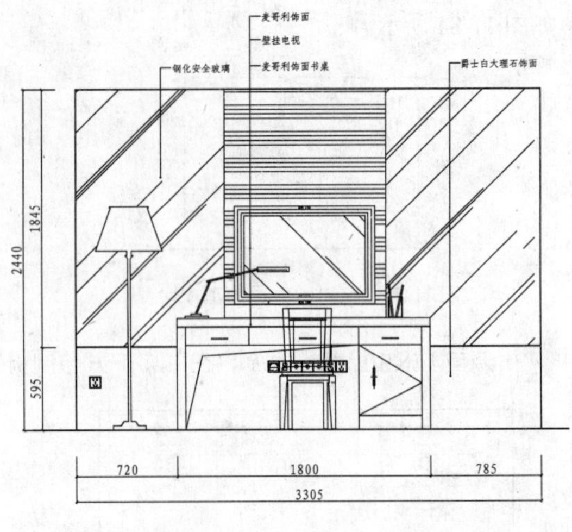

图 11-91　标注立面材料名称

137 绘制卧室 C 立面图

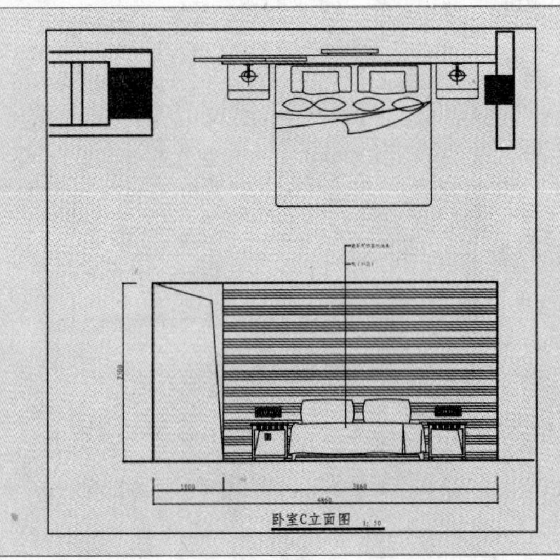

卧室 C 立面图如左图示，C 立面图是床背景所在的墙面。

文件路径：	目标文件\第 11 章\实例 137.dwg
视频文件：	AVI\第 11 章\137 绘制卧室 C 立面图.avi
播放时长：	0:04:41

01 调用 COPY/CO 复制命令，复制平面布置图上卧室 C 立面的平面部分，并对图形进行旋转。

02 调用 LINE/L 直线命令和 TRIM/TR 修剪命令，绘制 C 立面的基本轮廓，如图 11-92 所示。

03 调用 LINE/L 直线命令，绘制线段，如图 11-93 所示。

图 11-92　绘制 C 立面的基本轮廓

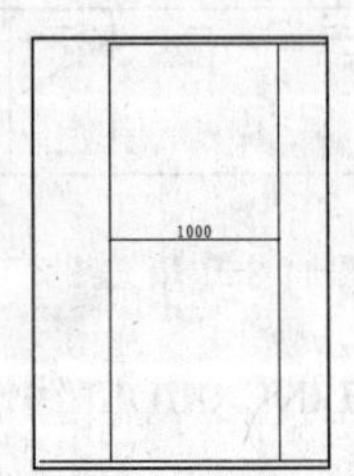

图 11-93　绘制线段

04 调用 LINE/L 直线命令，在过道内绘制折线，表示镂空，如图 11-94 所示。

05 调用 HATCH/H 图案填充命令，在床背景墙填充 ANSI34 图案，填充参数和效果如图 11-95 所示。

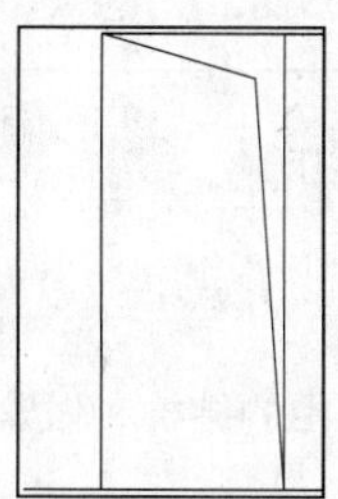

图 11-94　绘制折线

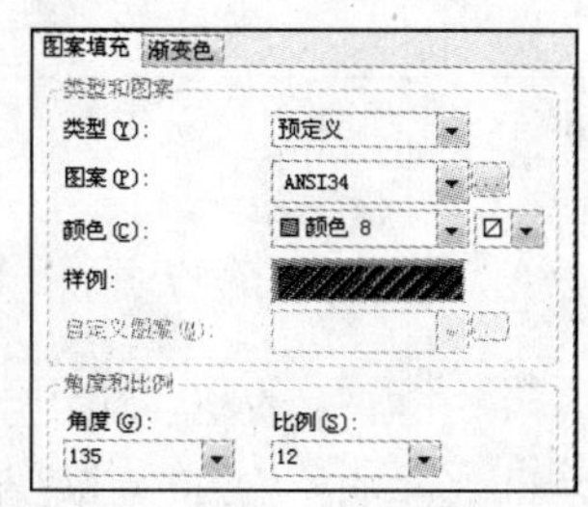

图 11-95　填充参数和效果

06 从图库中插入床、床头柜和插座等图块到立面图中，并进行修剪，如图 11-96 所示。

07 调用 DIMLINEAR/DLI 线性命令，标注立面图的尺寸，如图 11-97 所示。

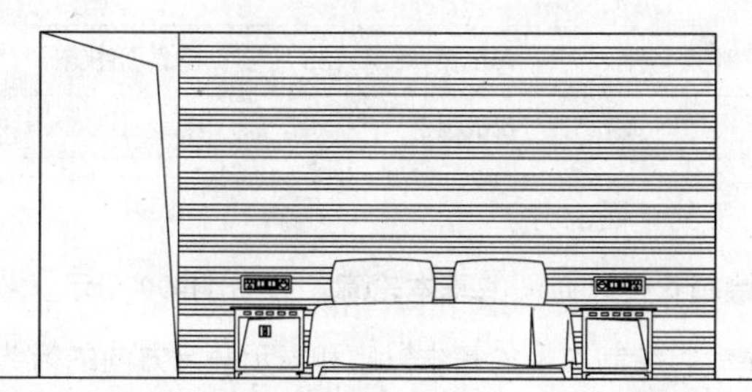

图 11-96　插入图块

图 11-97　标注立面图的尺寸

08 调用 MLEADER/MLD 多重引线命令，标注立面材料名称，如图 11-98 所示。

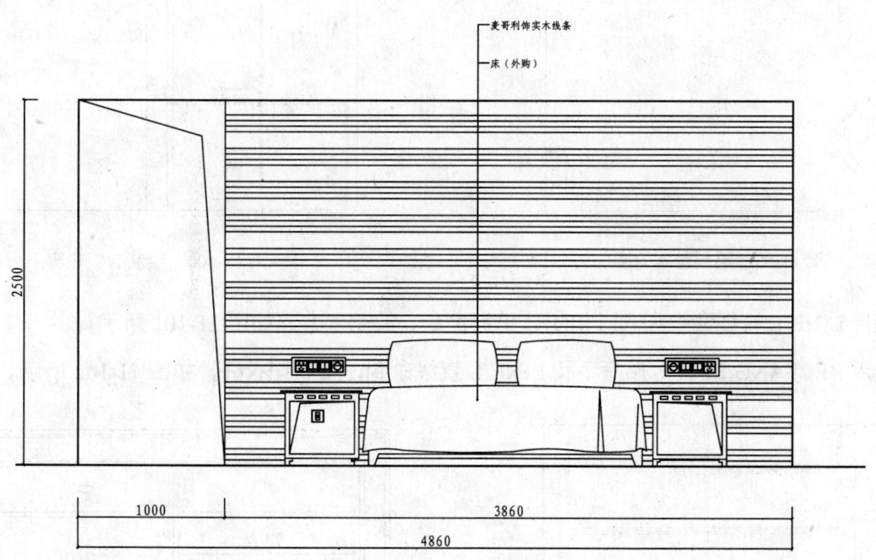

图 11-98　标注立面材料名称

09 调用 INSERT/I 插入命令，插入“图名”图块，完成卧室 C 立面图的绘制。

138 绘制衣柜立面图

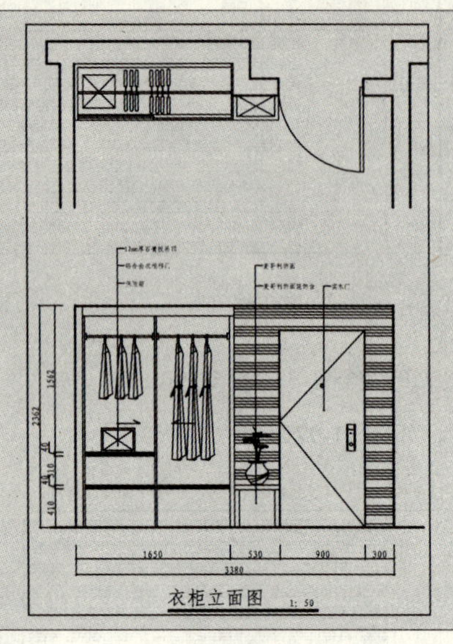

衣柜立面图主要表达了衣柜的结构和做法，是衣柜施工不可缺少的图样。

文件路径：	目标文件\第 11 章\实例 138.dwg
视频文件：	AVI\第 11 章\138 绘制衣柜立面图.avi
播放时长：	0:06:46

01 调用 COPY/CO 复制命令，复制平面布置图上衣柜的平面部分。

02 调用 LINE/L 直线命令和 TRIM/TR 修剪命令，绘制衣柜立面图的基本轮廓，如图 11-99 所示。

03 调用 PLINE/PL 多段线命令和 OFFSET/O 偏移命令，绘制衣柜的基本轮廓和表示开启方向的箭头，如图 11-100 所示。

图 11-99　绘制基本轮廓

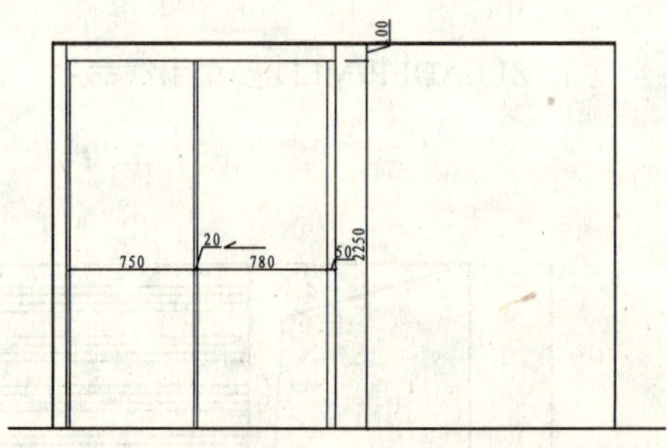

图 11-100　绘制衣柜轮廓

04 调用 LINE/L 直线命令和 OFFSET/O 偏移命令，绘制木方，如图 11-101 所示。

05 调用 RECTANG/REC 矩形命令和 LINE/L 直线命令，绘制挂衣杆，如图 11-102 所示。

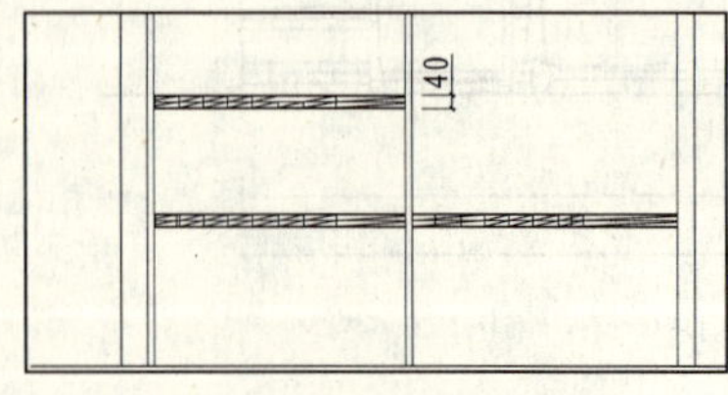

图 11-101　绘制木方

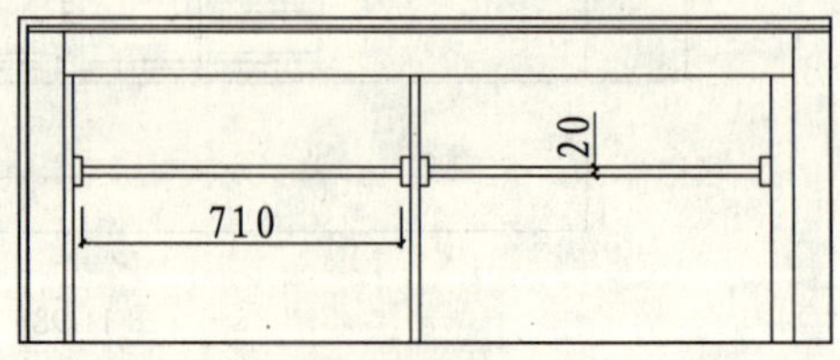

图 11-102　绘制挂衣杆

06 调用 RECTANG/REC 矩形命令、OFFSET/O 偏移命令和 LINE/L 直线命令，绘制保险箱，如图 11-103 所示。

07 调用 LINE/L 直线命令、PLNE/PL 多段线命令、OFFSET/O 偏移命令和 RECTANG/REC 矩形命令，绘制门，如图 11-104 所示。

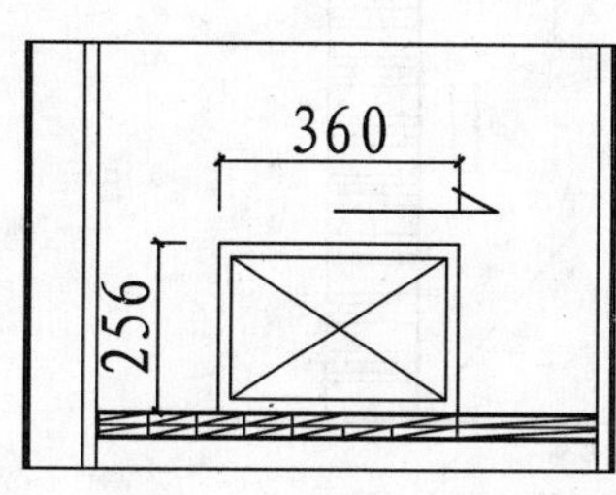

图 11-103　绘制保险箱

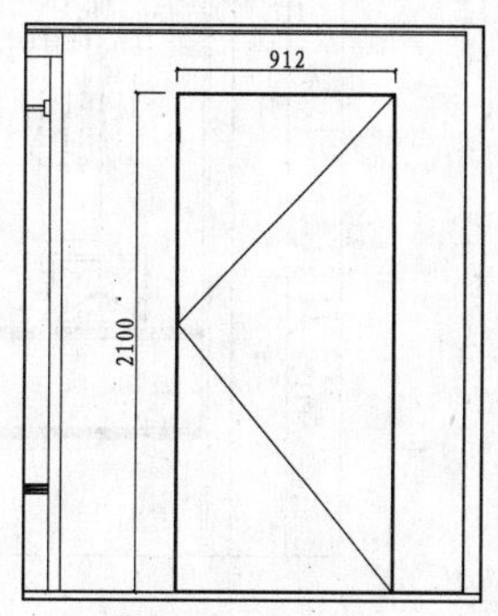

图 11-104　绘制门

08 调用 LINE/L 直线命令和 OFFSET/O 偏移命令，绘制装饰台，如图 11-105 所示。

09 调用 HATCH/H 图案填充命令，对墙面填充 ANSI34 图案，如图 11-106 所示。

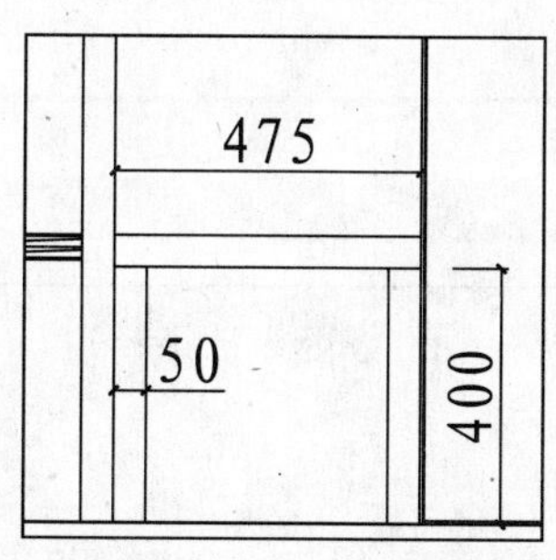

图 11-105　绘制装饰台

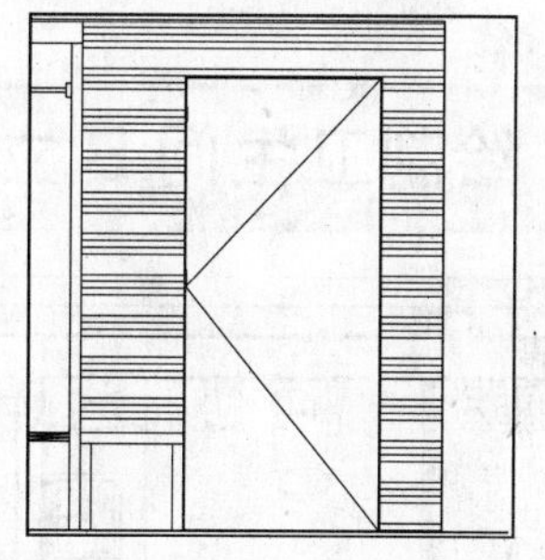

图 11-106　填充墙面图案

10 从图库中插入陈设品和衣物到立面图中，并进行修剪，如图 11-107 所示。

11 调用 DIMLINEAR/DLI 线性命令，标注立面图的尺寸，如图 11-108 所示。

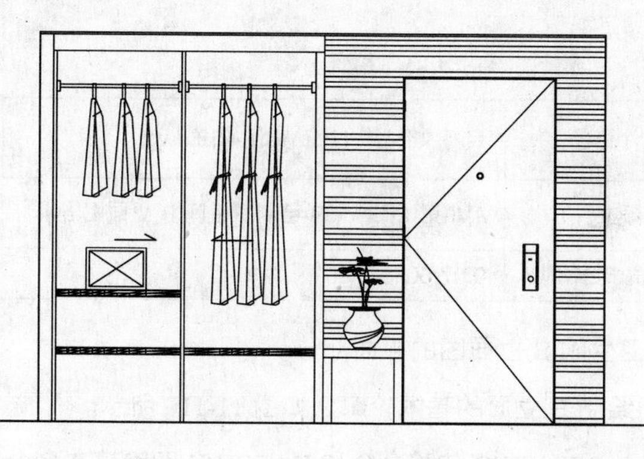

图 11-107　插入图块

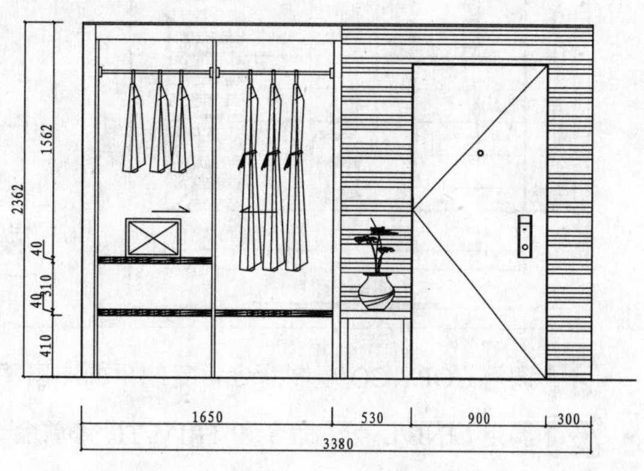

图 11-108　标注立面图的尺寸

12 调用 MLEADER/MLD 多重引线命令，标注立面材料名称，如图 11-109 所示。

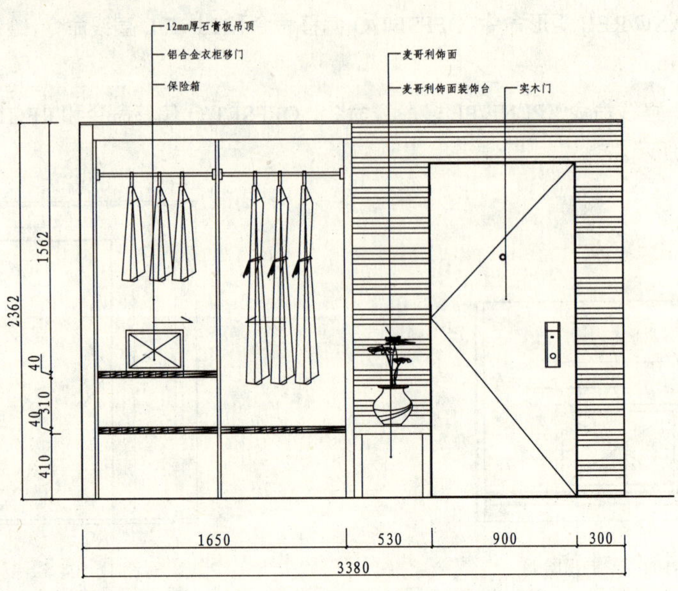

图 11-109　标注立面材料名称

13 调用 INSERT/I 插入命令，插入“图名”图块，完成衣柜立面图的绘制。

139 绘制卫生间 B 立面图

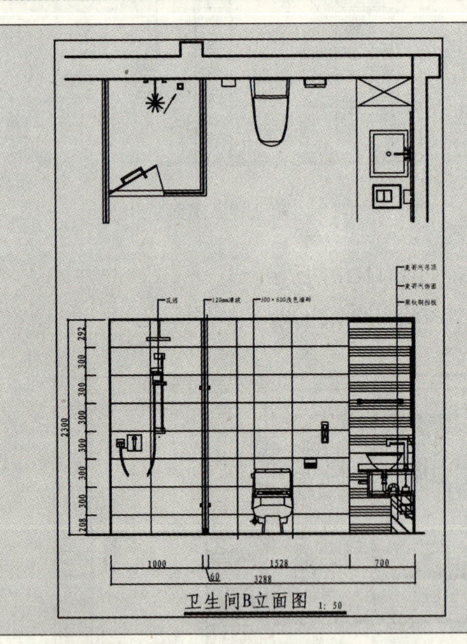

如左图所示为卫生间 B 立面图，B 立面图是花洒、座便器和洗手盆所在的墙面。

文件路径：	目标文件\第 11 章\实例 139.dwg
视频文件：	AVI\第 11 章\139 绘制卫生间 B 立面图.avi
播放时长：	0:07:50

01 调用 COPY/CO 复制命令，复制平面布置图上卫生间 B 立面图的平面部分。

02 调用 LINE/L 直线命令和 TRIM/TR 修剪命令，绘制 B 立面的基本轮廓，如图 11-110 所示。

03 调用 LINE/L 直线命令、PLINE/PL 多段线命令、OFFSET/O 偏移命令和 HATCH/H 图案填充命令，绘制玻璃隔断，如图 11-111 所示。

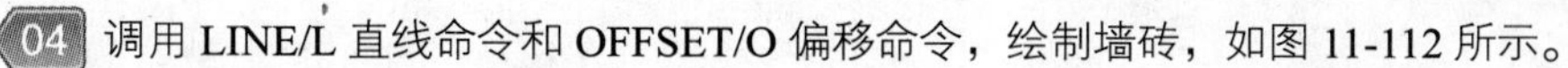

04 调用 LINE/L 直线命令和 OFFSET/O 偏移命令，绘制墙砖，如图 11-112 所示。

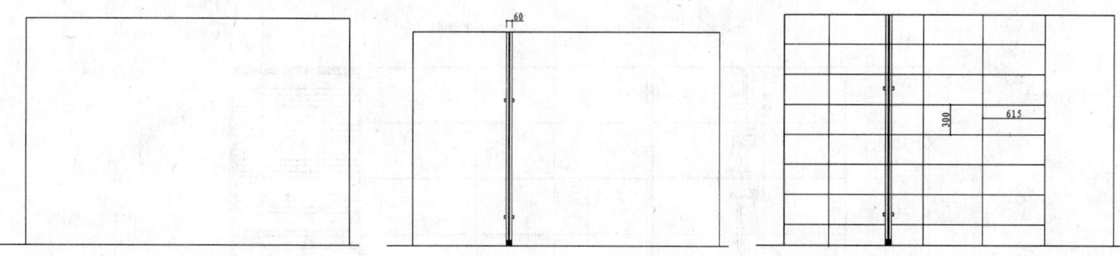

图 11-110　绘制 B 立面的基本轮廓　　图 11-111　绘制玻璃隔断　　图 11-112　绘制墙砖

05 调用 LINE/L 直线命令、HATCH/H 图案填充命令和 OFFSET/O 偏移命令，绘制挡水板，如图 11-113 所示。

06 调用 LINE/L 直线命令、COPY/CO 复制命令和 OFFSET/O 偏移命令，绘制木方，如图 11-114 所示。

07 调用 PLINE/PL 多段线命令和 HATCH/H 图案填充命令，绘制镜子，如图 11-115 所示。

08 调用 HATCH/H 图案填充命令，在右侧墙面填充 ANSI34 图案，如图 11-116 所示。

09 从图库中插入花洒、座便器、洗手盆和毛巾架等图块到立面图中，并进行修剪，如图 11-117 所示。

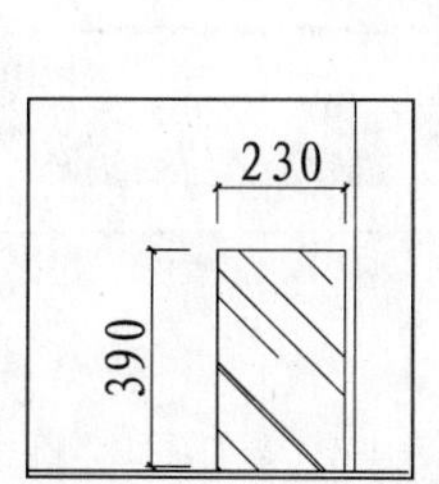

图 11-113　绘制挡水板

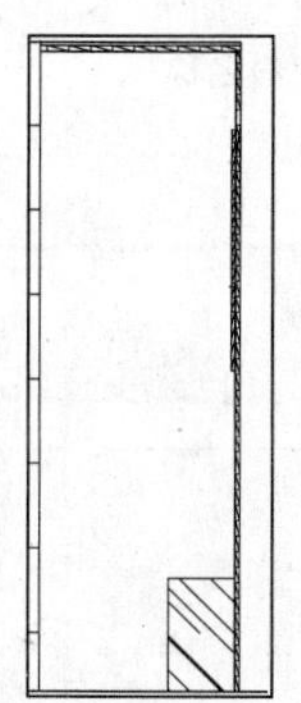

图 11-114　绘制木方

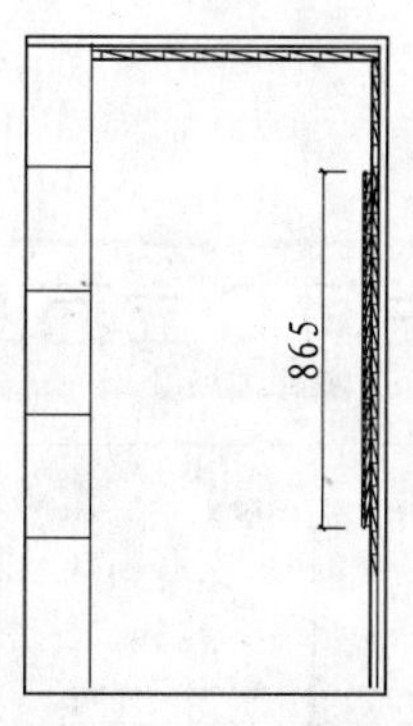

图 11-115　绘制镜子

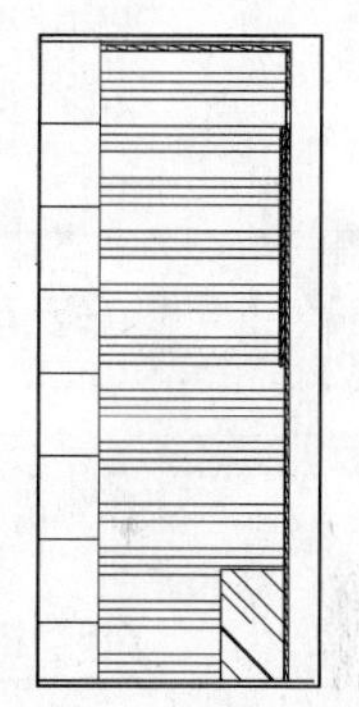

图 11-116　填充图案

10 调用 DIMLINEAR/DLI 线性命令，标注立面图的尺寸，如图 11-118 所示。

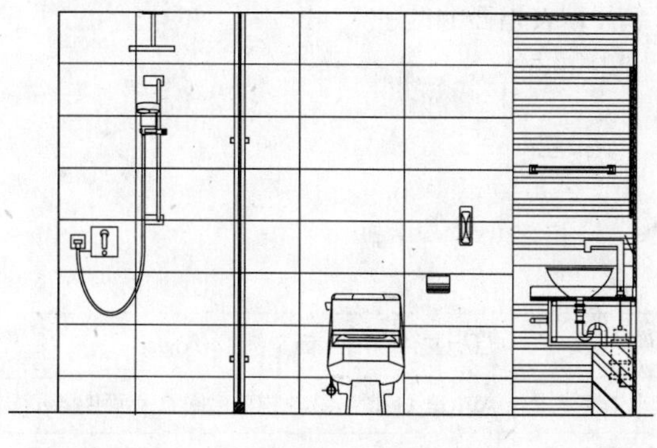

图 11-117　插入图块

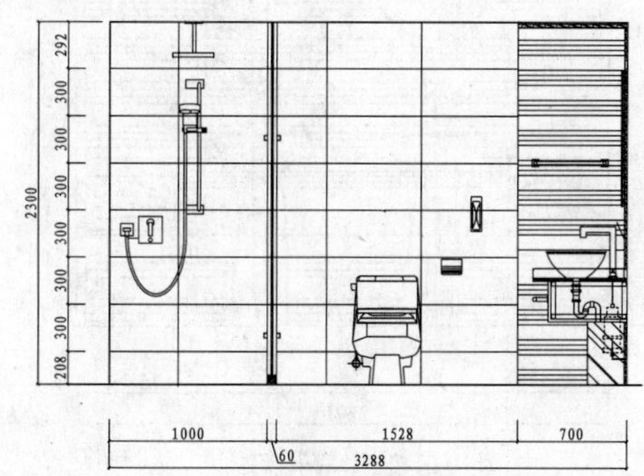

图 11-118　标注立面图的尺寸

11 调用 MLEADER/MLD 多重引线命令，标注立面材料名称，如图 11-119 所示。

12 调用 INSERT/I 插入命令，插入“图名”图块，完成卫生间 B 立面图的绘制。

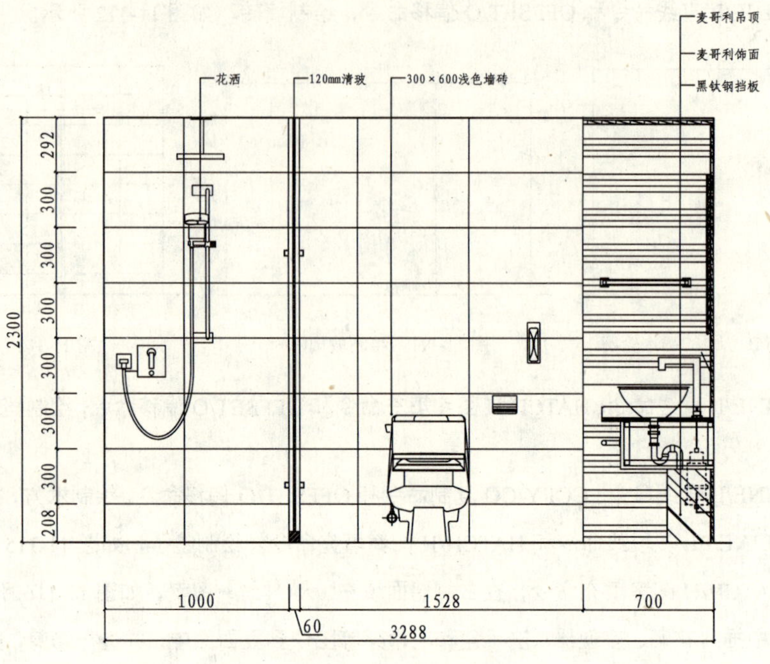

图 11-119　标注立面材料名称

第3篇

140 绘制卫生间 C 立面图

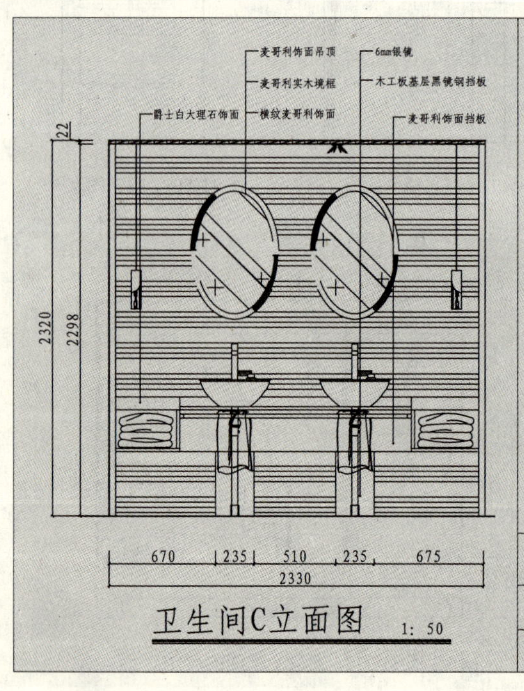

如左图所示为卫生间 C 立面图，C 立面图表达了洗手台、镜子以及墙面的做法。

文件路径：	目标文件\第 11 章\实例 140.dwg
视频文件：	AVI\第 11 章\140 绘制卫生间 C 立面图.avi
播放时长：	0:10:02

01 调用 COPY/CO 复制命令，复制平面布置图上卫生间 C 立面图的平面部分，并对图形进行旋转。

02 调用 LINE/L 直线命令和 TRIM/TR 修剪命令，绘制 C 立面的基本轮廓，如图 11-120 所示。

03 调用 LINE/L 直线命令、RECTANG/REC 矩形命令和 COPY/CO 复制命令，绘制线段和木方，如图 11-121 所示。

图 11-120　绘制 C 立面的基本轮廓

图 11-121　绘制线段和木方

04 调用 LINE/L 直线命令、OFFSET/O 偏移命令和 TRIM/TR 修剪命令，绘制台面，如图 11-122 所示。

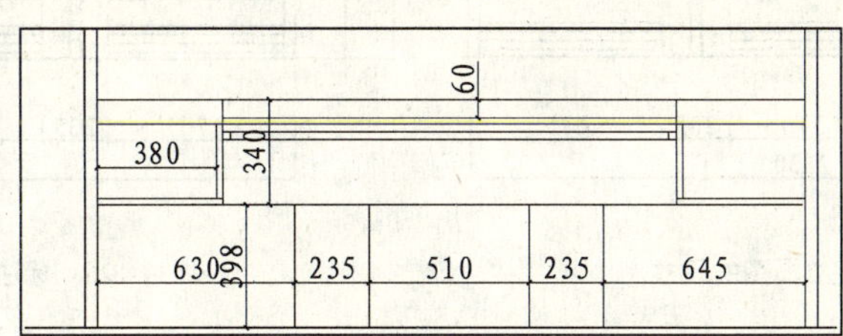

图 11-122　绘制台面

05 从图库中插入灯具、镜子、洗手盆和毛巾等图块到立面图中，并进行修剪，如图 11-123 所示。

06 调用 HATCH/H 图案填充命令，对墙面填充 ANSI34 图案，如图 11-124 所示。

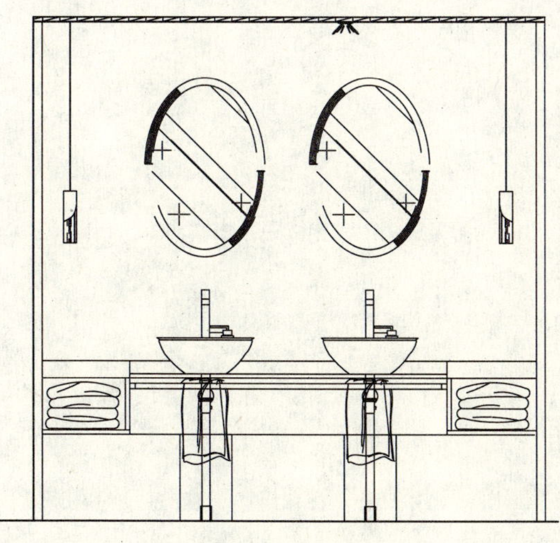

图 11-123　插入图块

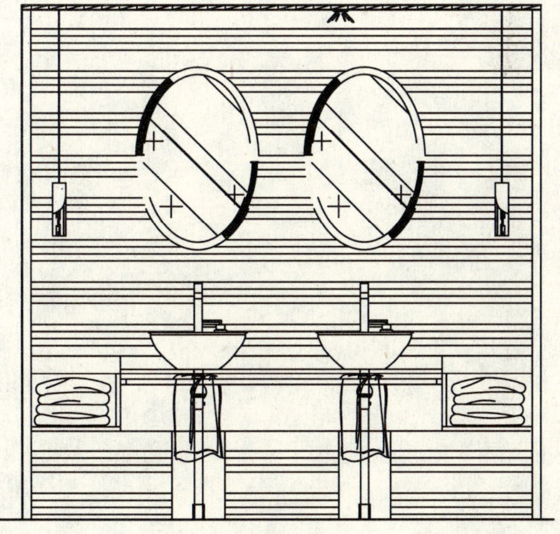

图 11-124　填充图案

07 调用 DIMLINEAR/DLI 线性命令，标注立面图的尺寸，如图 11-125 所示。

08 调用 MLEADER/MLD 多重引线命令，标注立面材料名称，如图 11-126 所示。

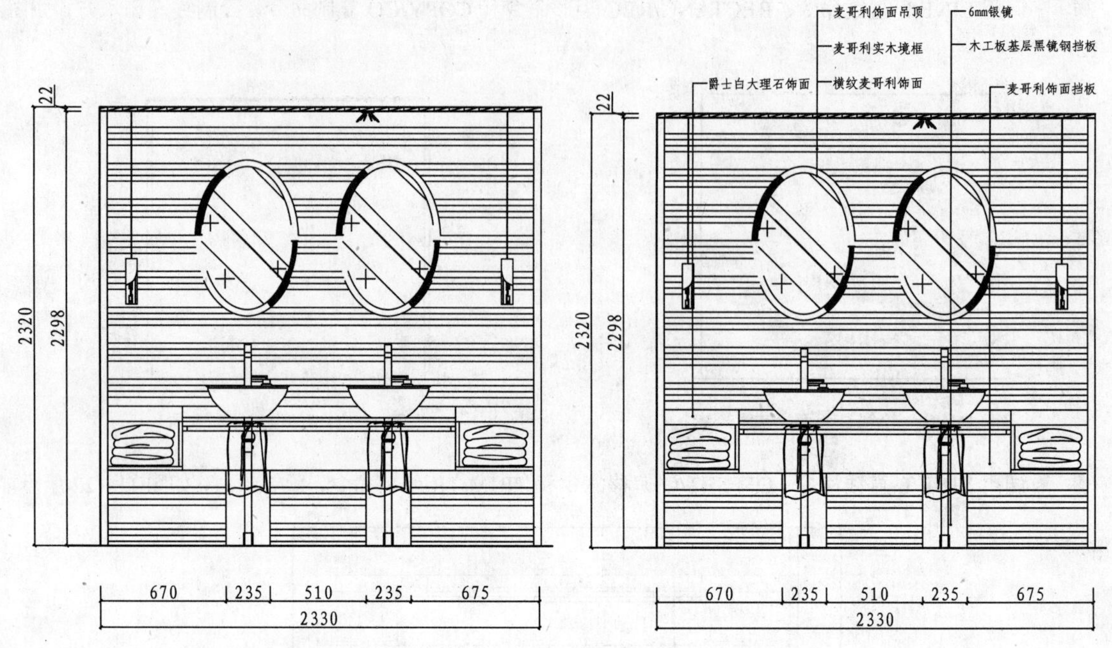

图 11-125　标注立面图的尺寸　　　　图 11-126　标注立面材料名称

09 调用 INSERT/I 插入命令，插入“图名”图块，完成卫生间 C 立面图的绘制。

第 12 章

KTV 室内设计

KTV 是为了满足顾客团体的需要，提供相对独立、无拘无束、畅饮畅叙的环境。随着物质生活的提高、文化生活的丰富，能够给人们提供的休闲娱乐的场所也越来越多。本章以 KTV 包厢为例，介绍 KTV 设计和施工图的绘制方法。

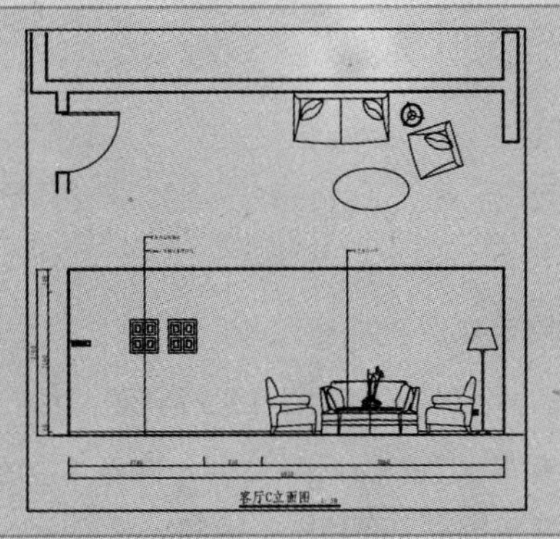

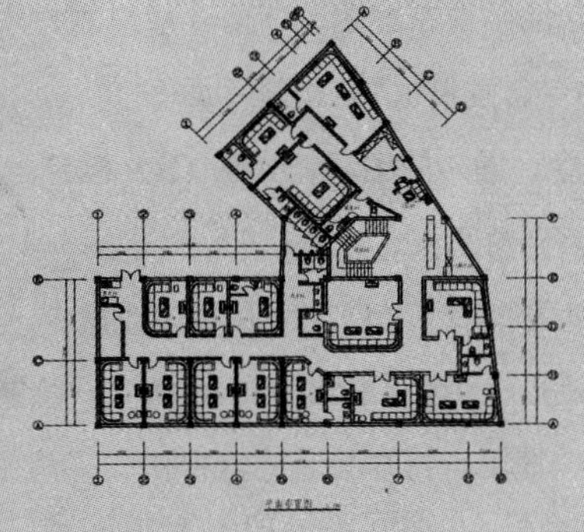

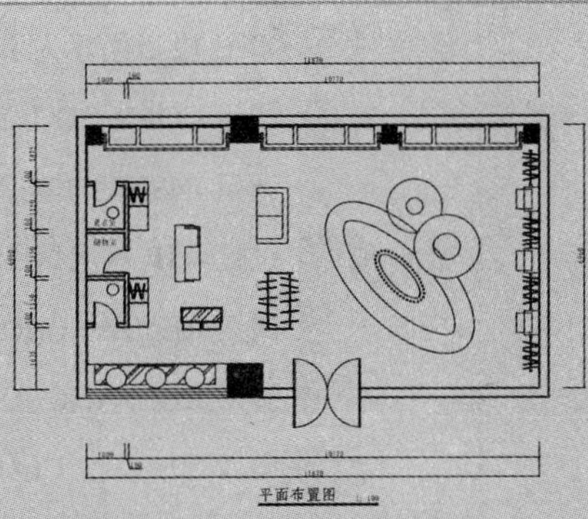

141 绘制 KTV 包厢平面布置图

实例描述：	如图 12-1 所示为某 KTV 总平面图，本节以 8 号包厢为例讲解包厢平面布置图的绘制方法。
文件路径：	目标文件\第 12 章\实例 141.dwg
视频文件：	AVI\第 12 章\141 绘制 KTV 包厢平面布置图.avi
播放时长：	0:02:19

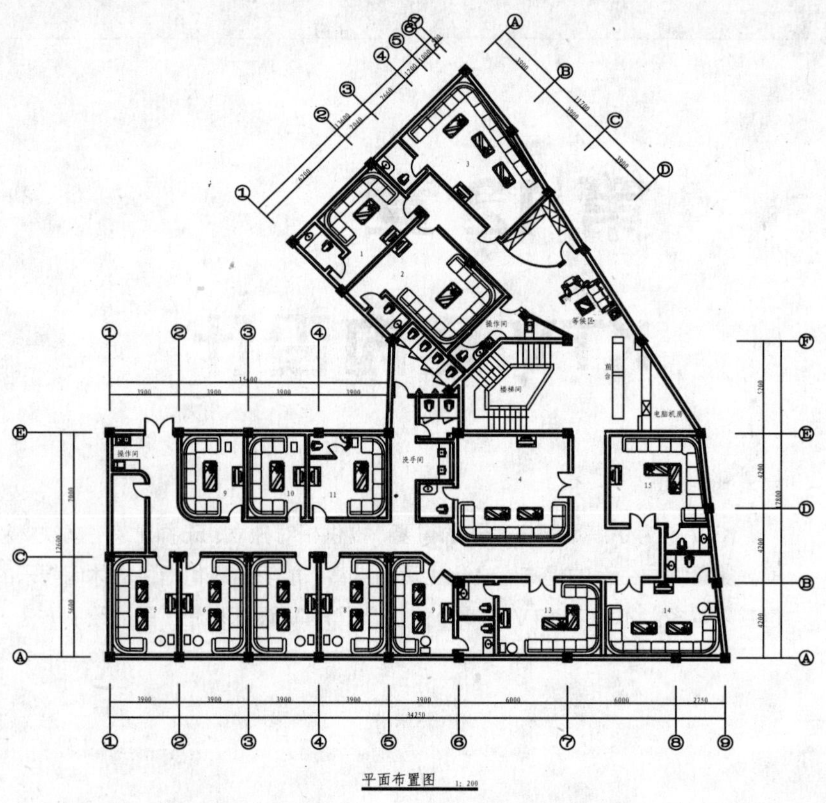

图 12-1 KTV 总平面布置图

01 启动 AutoCAD 2012，打开“第 12 章\KTV 建筑平面图”文件。

02 如图 12-2 所示为 8 号包厢平面布置图，下面讲解绘制方法。

03 调用 COPY/CO 复制命令，复制 KTV 建筑平面图。

04 调用 INSERT/I 插入命令，插入门图块，如图 12-3 所示。

05 设置“JJ_家具”图层为当前图层。

06 调用 RECTANG/REC 矩形命令和 PLINE/PL 多段线命令，绘制电视柜，如图 12-4 所示。

07 调用 RECTANG/REC 矩形命令和 CIRCLE/C 圆命令，绘制点唱机和椅子，如图 12-5 所示。

08 插入图块。按 Ctrl+O 快捷键，打开配套光盘提供的“第 12 章\家具图例.dwg”文件，选择其中的沙发、茶几和电视等图块，将其复制至包厢区域，如图 12-6 所示，完成包厢平面布置图的绘制。

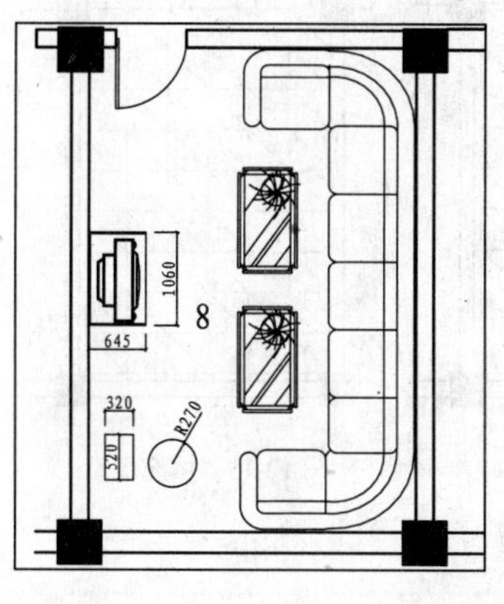

图 12-2　8 号包厢平面布置图

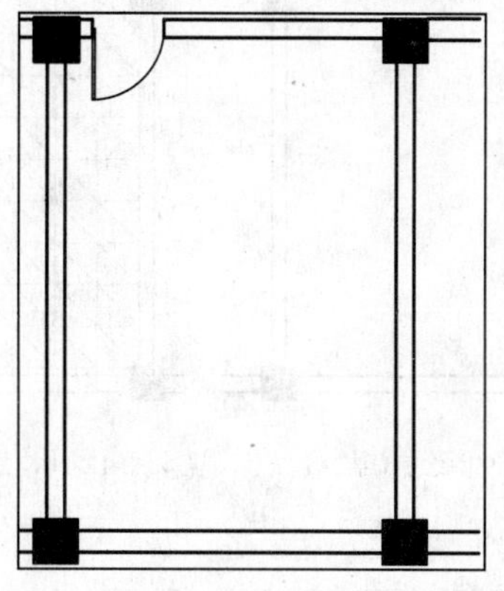

图 12-3　插入门图块

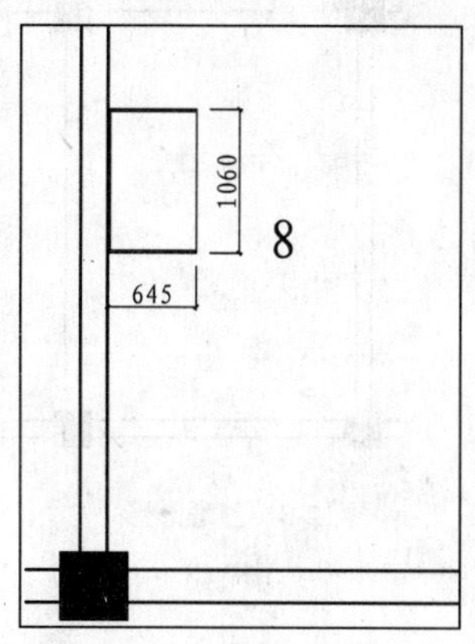

图 12-4　绘制电视柜

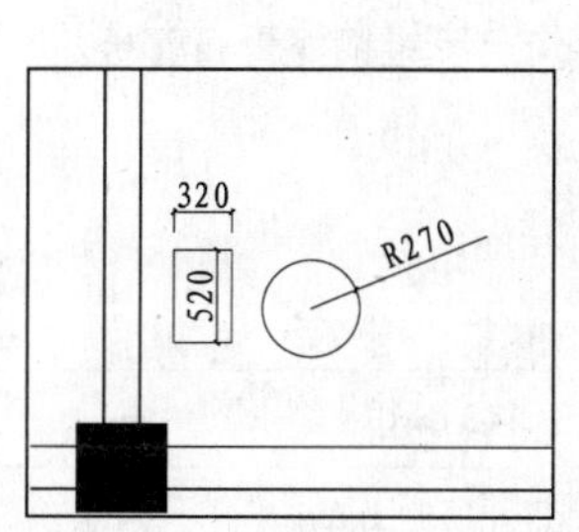

图 12-5　绘制点唱机和椅子

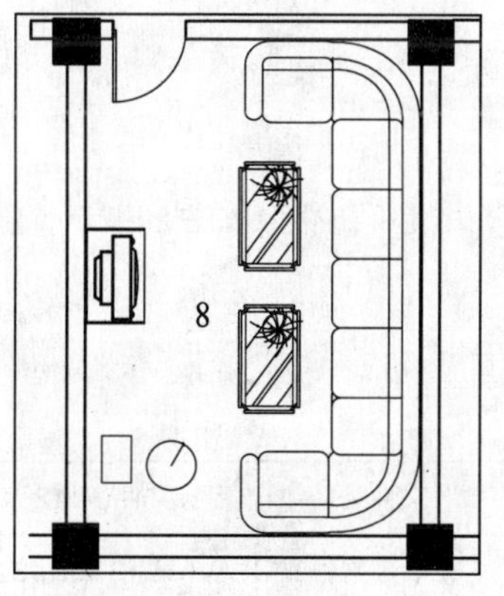

图 12-6　插入图块

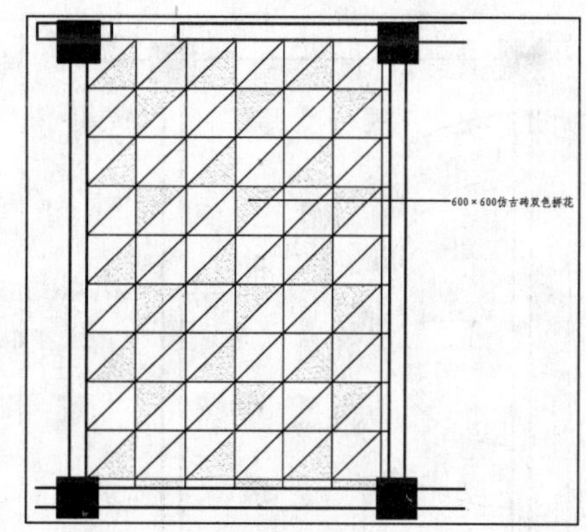

图 12-7　包厢地材图

142 绘制包厢地材图

实例描述：	包厢地材图如图 12-7 所示，使用的地面材料是仿古砖。
文件路径：	目标文件\第 12 章\实例 142.dwg
视频文件：	AVI\第 12 章\142 绘制包厢地材图.avi
播放时长：	0:03:08

01 调用 COPY/CO 复制命令，复制包厢的平面布置图，并删除与地材图无关的家具，如图 12-8 所示。

02 设置“DM_地面”图层为当前图层。

03 调用 LINE/L 直线命令，绘制门槛线，如图 12-9 所示。

04 调用 LINE/L 直线命令和 OFFSET/O 偏移命令，划分地面，如图 12-10 所示。

05 调用 HATCH/H 图案填充命令，对地面填充  图案，效果如图 12-11 所示。

06 调用 MLEADER/MLD 多重引线命令，标注地面材料，完成包厢地材图的绘制。

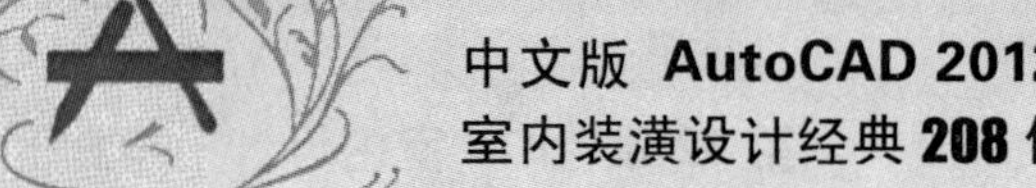

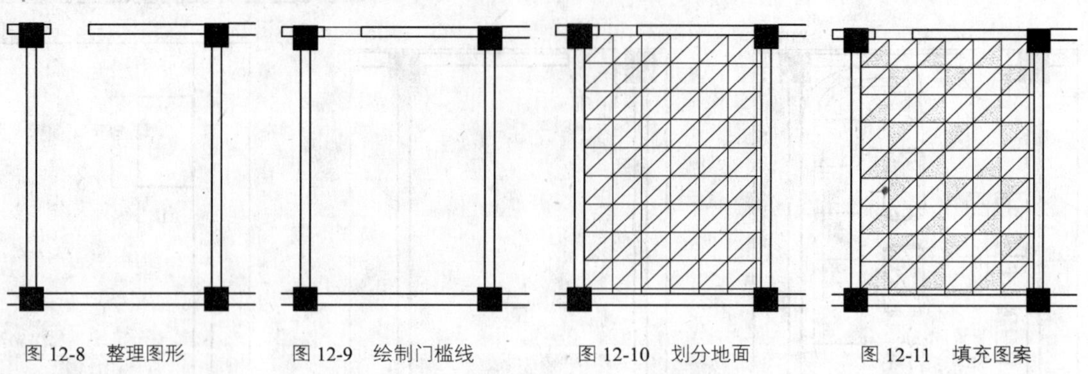

图 12-8　整理图形　　图 12-9　绘制门槛线　　图 12-10　划分地面　　图 12-11　填充图案

143 绘制包厢顶棚图

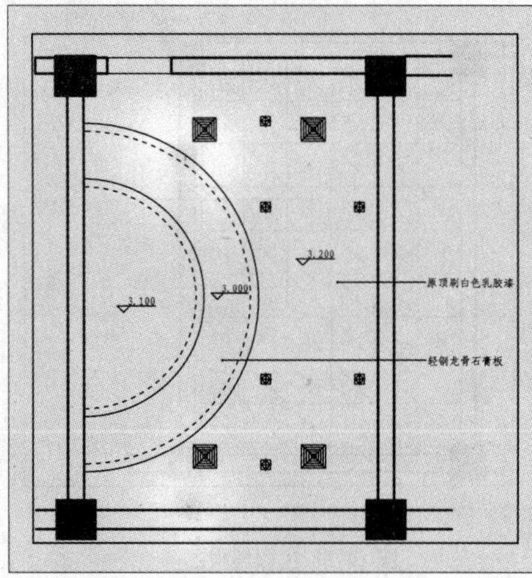

包厢顶棚图如左图所示，主要使用了轻钢龙骨石膏板。

文件路径：	目标文件\第 12 章\实例 143.dwg
视频文件：	AVI\第 12 章\143 绘制包厢顶棚图.avi
播放时长：	0:04:43

01 调用 COPY/CO 复制命令，复制包厢平面布置图，并删除与顶棚图无关的图形，如图 12-12 所示。

02 调用 LINE/L 直线命令，绘制墙体线，如图 12-13 所示。

03 设置“DD_吊顶”图层为当前图层。

04 调用 CIRCLE/C 圆命令，以墙体的中点为圆心，绘制半径为 1400、1500、2100 和 2200 的同心圆，如图 12-14 所示。

05 调用 TRIM/TR 修剪命令，对圆进行修剪，如图 12-15 所示。

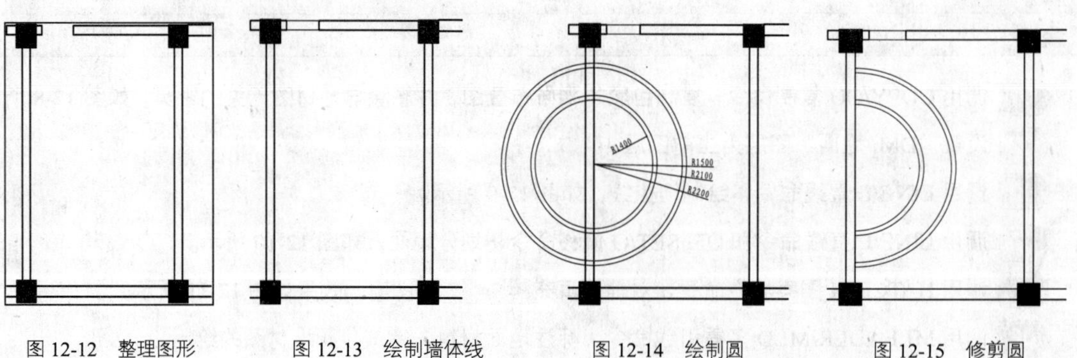

图 12-12　整理图形　　图 12-13　绘制墙体线　　图 12-14　绘制圆　　图 12-15　修剪圆

06 将半径为 1400 和 2100 的圆弧设置为虚线，表示灯带，如图 12-16 所示。

07 布置灯具。从图库中复制灯具图例到顶棚图中，如图 12-17 所示。

08 调用 INSERT/I 插入命令，插入“标高”图块，如图 12-18 所示。

09 调用 MLEADER/MLD 多重引线命令，对顶棚材料进行标注，完成包厢顶棚图的绘制。

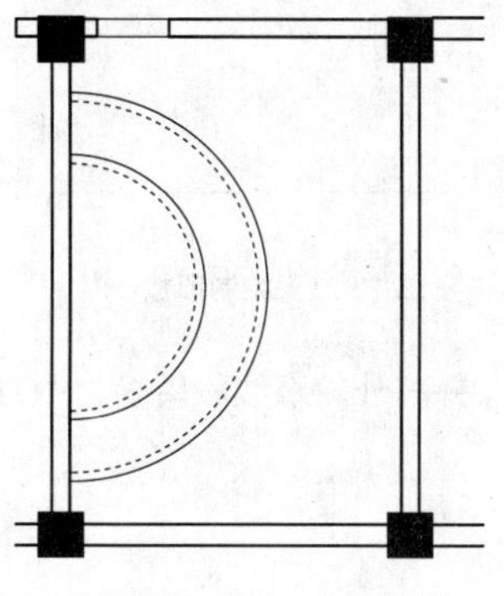

图 12-16　设置线型

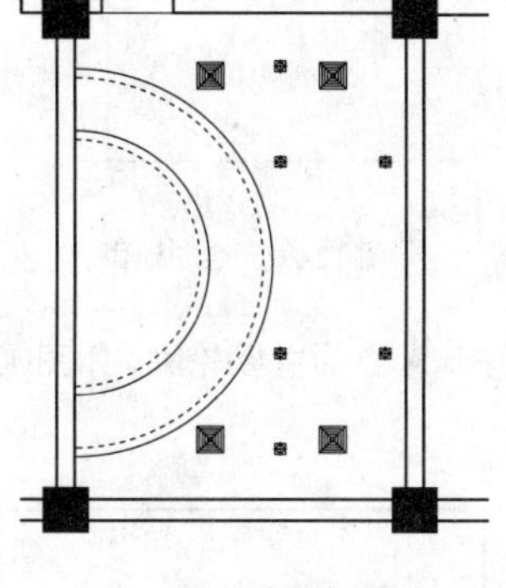

图 12-17　布置灯具

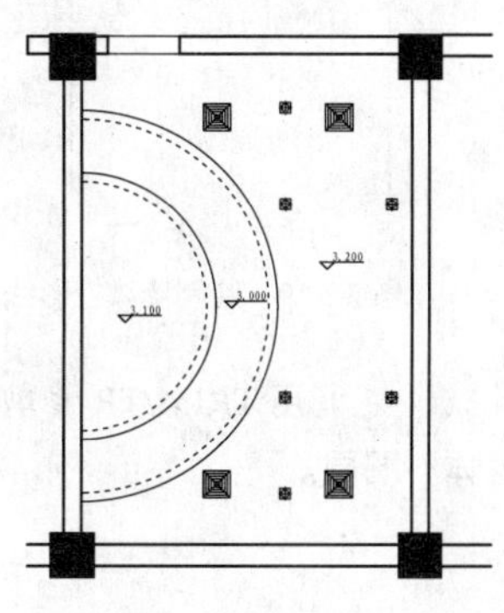

图 12-18　插入标高

144 绘制包厢 A 立面图

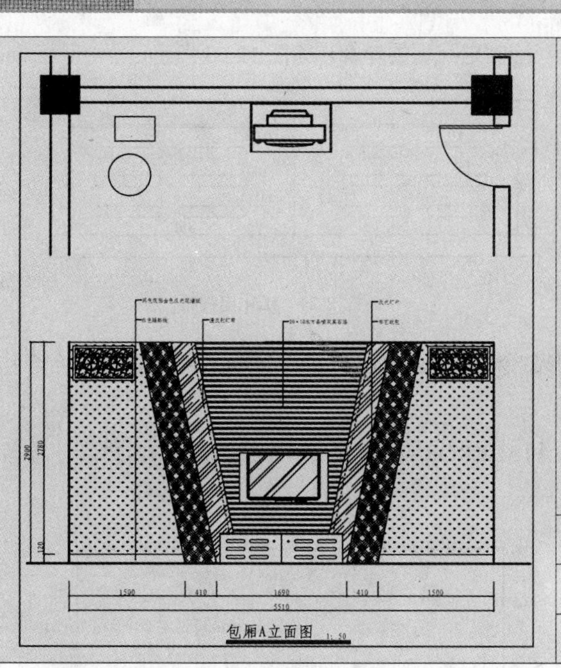

如左图所示为包厢 A 立面图，A 立面图是电视背景所在的墙面。

文件路径：	目标文件\第 12 章\实例 144.dwg
视频文件：	AVI\第 12 章\144 绘制包厢 A 立面图.avi
播放时长：	0:10:19

01 复制图形。立面图的绘制需要借助平面布置图，所以需要复制 KTV 包厢平面布置图上 A 立面的平面部分，并对图形进行旋转。

02 设置“LM_立面”图层为当前图层。

03 调用 LINE/L 直线命令，根据平面布置图绘制墙体投影线，如图 12-19 所示。

04 调用 LINE/L 直线命令，在投影线的下方绘制一水平线段表示地面，如图 12-20 所示。

05 调用 OFFSET/O 偏移命令，将地面向上偏移 2900，得到顶棚底面，如图 12-21 所示。

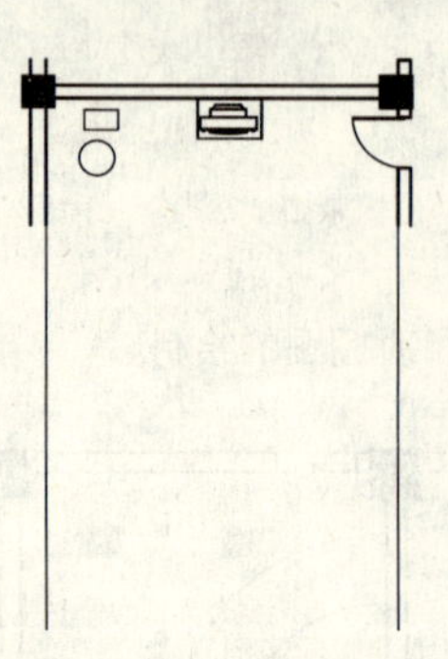

图 12-19 绘制墙体投影线

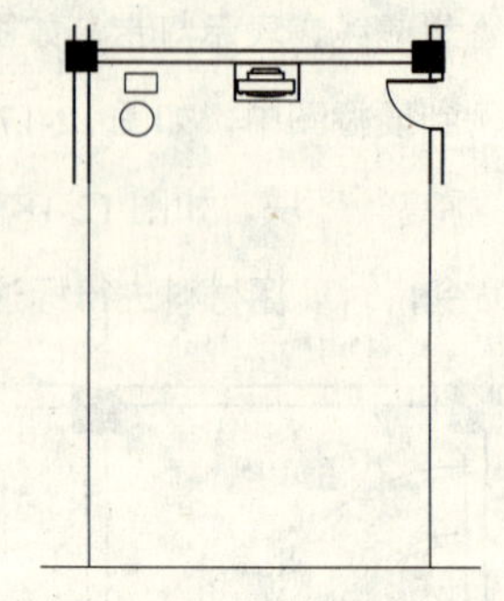

图 12-20 绘制地面

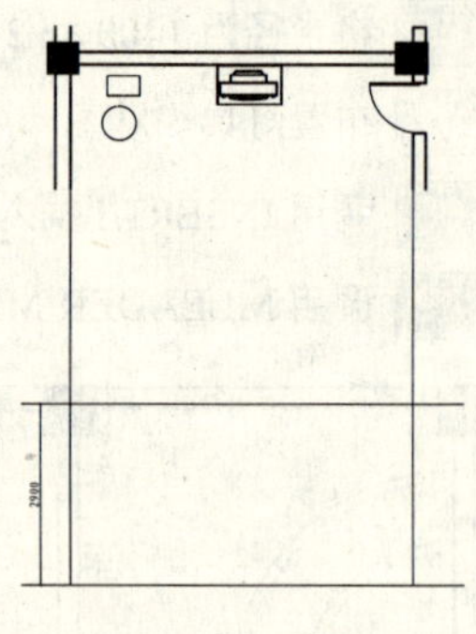

图 12-21 绘制顶棚

06 调用 TRIM/TR 修剪命令，修剪出 A 立面主要轮廓，如图 12-22 所示，并将外轮廓线段转换为"QT_墙体"图层。

图 12-22 修剪立面轮廓

07 绘制电视柜。调用 RECTANG/REC 矩形命令，绘制电视柜的轮廓，如图 12-23 所示。

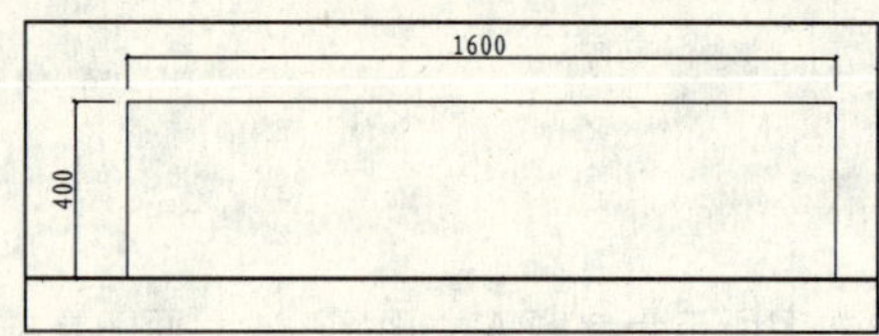

图 12-23 绘制电视柜轮廓

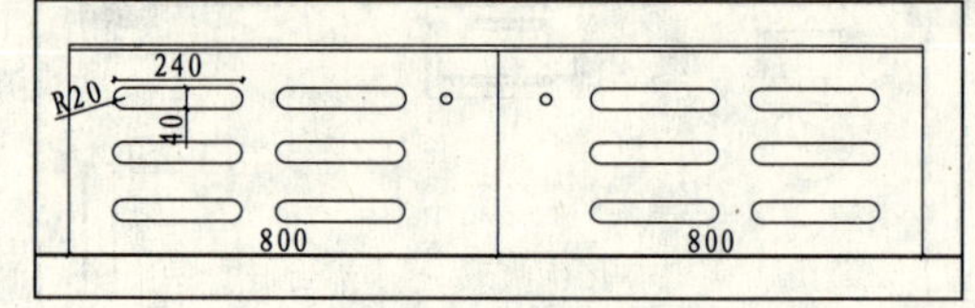

图 12-24 细化电视柜

08 调用 LINE/L 直线命令、RECTANG/REC 矩形命令、OFFSET/O 偏移命令、COPY/CO 复制命令和 CIRCLE/C 圆命令，细化电视柜，如图 12-24 所示。

09 绘制电视背景墙。调用 PLINE/PL 多段线命令和 MIRROR/MI 镜像命令，绘制如图 12-25 所示多段线。

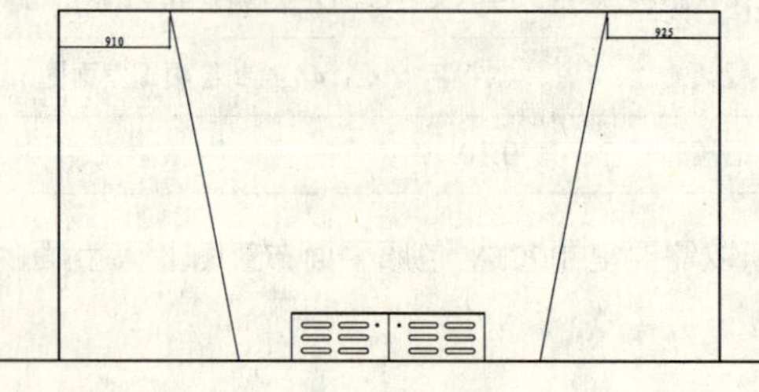

图 12-25 绘制多段线

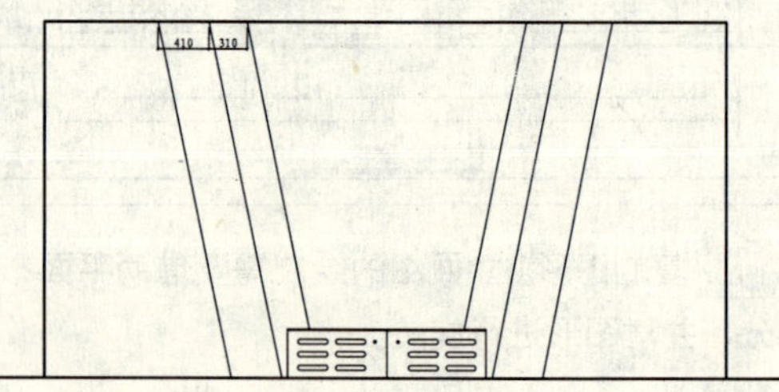

图 12-26 偏移线段

10 调用 OFFSET/O 偏移命令，将多段线向内偏移 410 和 310，并调用 TRIM/TR 修剪命令，进行修剪，效果如图 12-26 所示。

11 调用 OFFSET/O 偏移命令，将偏移 310 后的线段向外偏移 50，并设置为虚线，表示灯带，如图 12-27 所示。

12 调用 HATCH/H 图案填充命令，对墙面 HONEY 图案和 AR-RROOF 图案，效果如图 12-28 所示。

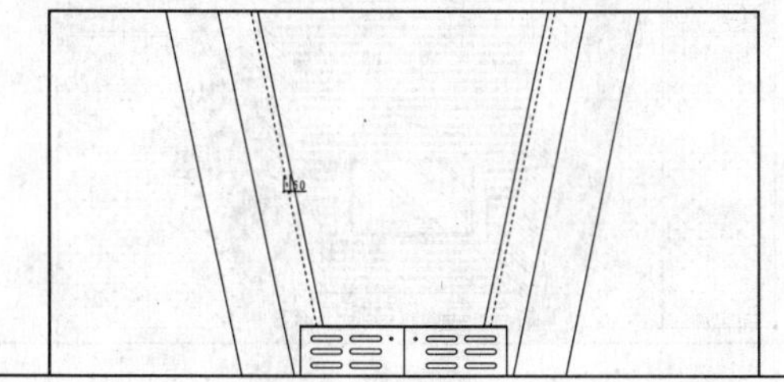

图 12-27　绘制灯带

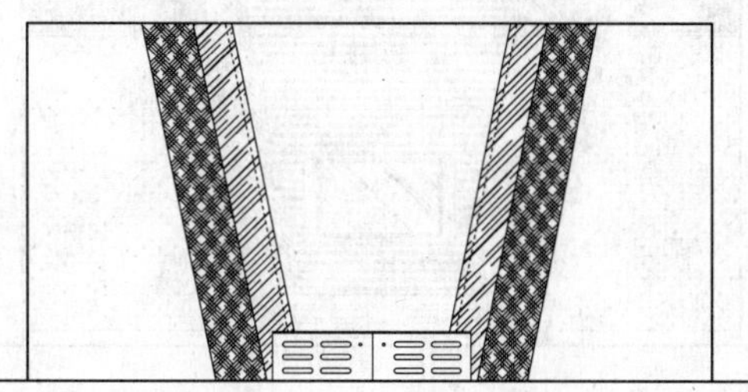

图 12-28　填充图案

13 调用 LINE/L 直线命令、OFFSET/O 偏移命令和 TRIM/TR 修剪命令，绘制电视背景墙造型，效果如图 12-29 所示。

14 调用 LINE/L 直线命令，绘制踢脚线，踢脚线的高度为 120，如图 12-30 所示。

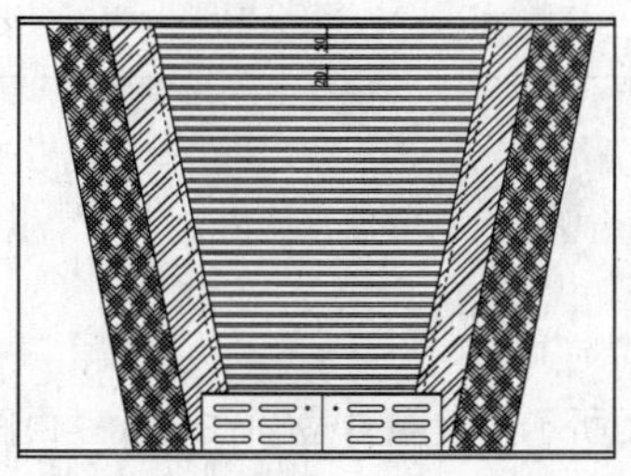

图 12-29　绘制墙面造型

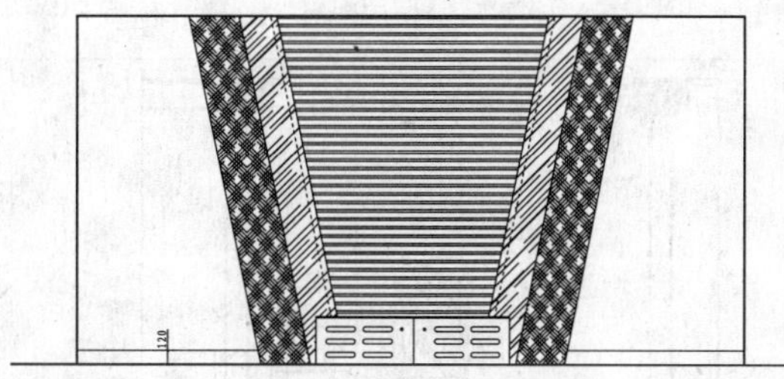

图 12-30　绘制踢脚线

15 调用 HATCH/H 图案填充命令，对 A 立面墙面填充 GRASS 图案，效果如图 12-31 所示。

16 插入图块。打开配套光盘提供的“第 12 章\家具图例.dwg”文件，选择其中的电视和装饰物图块，将其复制至包厢立面区域，并调用 TRIM/TR 修剪命令，对重叠的位置进行修剪，效果如图 12-32 所示。

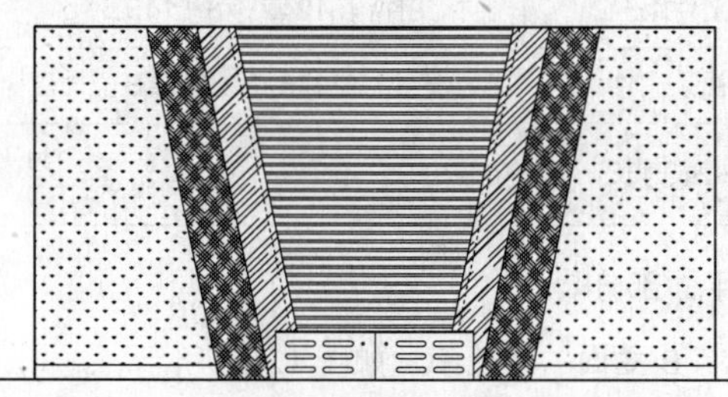

图 12-31　填充墙面图案

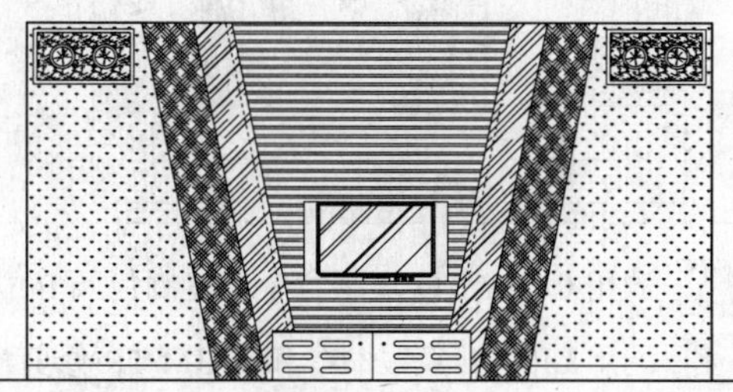

图 12-32　插入图块

17 设置“BZ_标注”为当前图层。设置当前注释比例为 1：50。

18 调用 DIMLINEAR/DLI 线性命令或执行【标注】|【线性】命令标注尺寸，本图应该在垂直方向和水平方向分别进行标注，标注结果如图 12-33 所示。

19 调用 MLEADER/MLE 多重引线命令进行材料标注，标注结果如图 12-34 所示。

20 插入图名。调用插入图块命令 INSERT，插入“图名”图块，设置名称为“包厢 A 立面图”。包厢

A 立面图绘制完成。

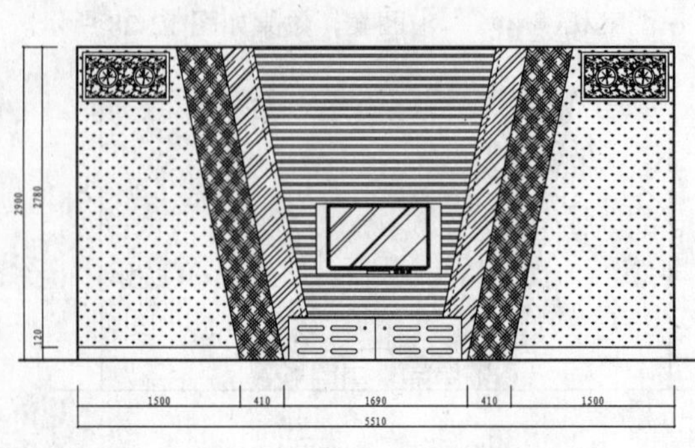

图 12-33　尺寸标注

图 12-34　文字标注

145 绘制包厢 B 立面图

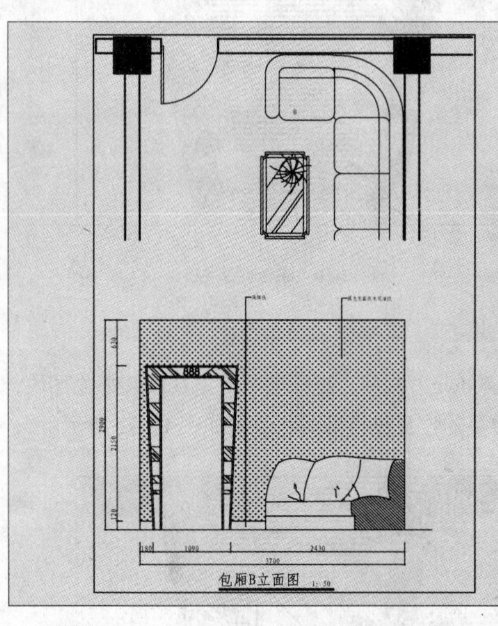

如左图所示为包厢 B 立面图，B 立面图是沙发和门所在的墙面。

文件路径：	目标文件\第 12 章\实例 145.dwg
视频文件：	AVI\第 12 章\145 绘制包厢 B 立面图.avi
播放时长：	0:07:15

01 调用 COPY/CO 复制命令，复制包厢 B 立面图的平面部分。

02 调用 LINE/L 直线命令和 TRIM/TR 修剪命令，绘制 B 立面的外轮廓，如图 12-35 所示。

03 调用 PLINE/PL 多段线命令，绘制门的外轮廓，如图 12-36 所示。

04 调用 PLINE/PL 多段线命令和 OFFSET/O 偏移命令，绘制门套，如图 12-37 所示。

05 调用 LINE/L 直线命令、MIRROR/MI 镜像命令和 OFFSET/O 偏移命令，绘制线段，如图 12-38 所示。

06 调用 HATCH/H 图案填充命令，对门套内的线段内填充 AR-RROOF 图案，效果如图 12-39 所示。

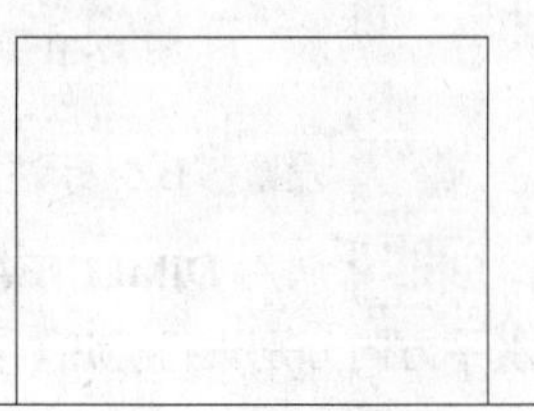

图 12-35　绘制 B 立面的外轮廓

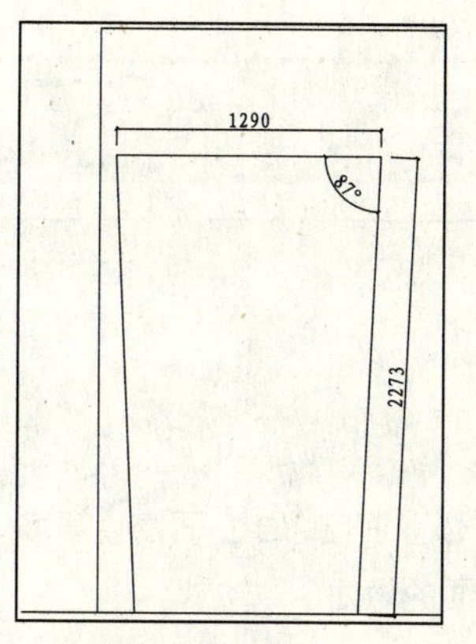

图 12-36　绘制门的外轮廓

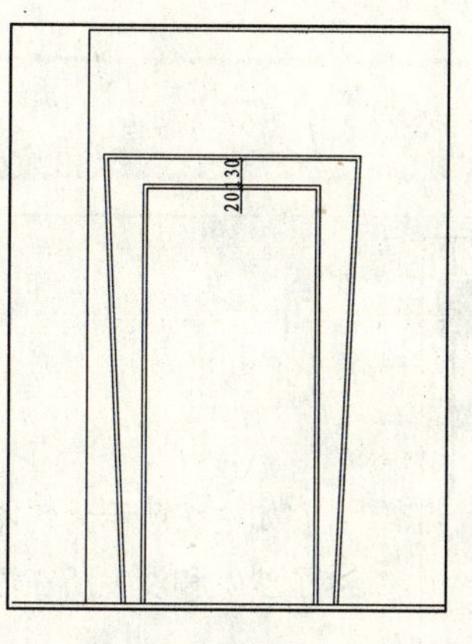

图 12-37　绘制门套

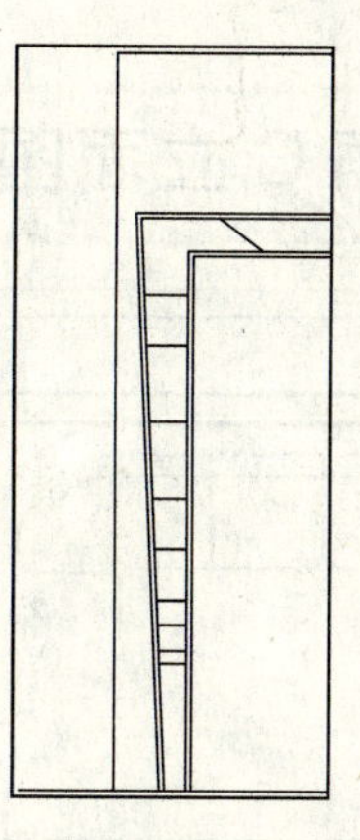
图 12-38　绘制线段

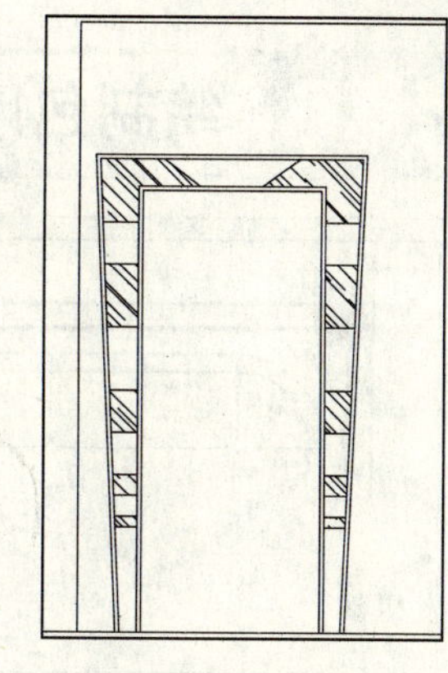
图 12-39　填充图案

07 调用 LINE/L 直线命令，绘制踢脚线，踢脚线的高度为 120，如图 12-40 所示。

08 调用 HATCH/H 图案填充命令，对墙面填充图案 CROSS 图案，如图 12-41 所示。

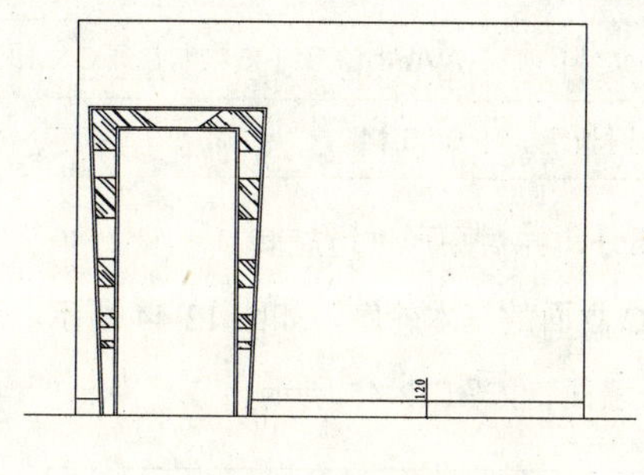

图 12-40　绘制踢脚线

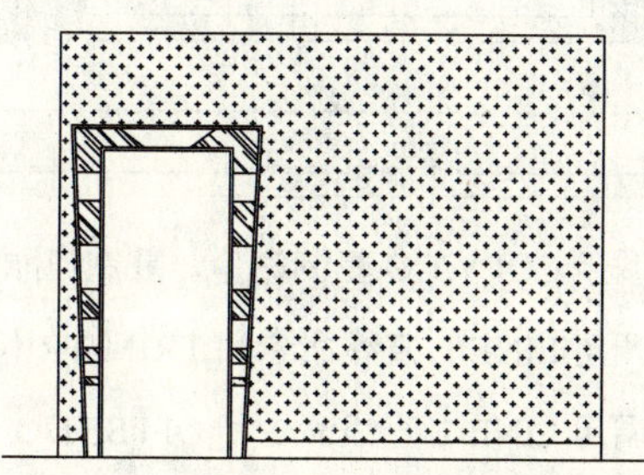
图 12-41　填充图案

09 从图库中插入沙发和文字等图块，并进行修剪，如图 12-42 所示。

10 调用 DIMLINEAR/DLI 线性命令和 MLEADER/MLE 多重引线命令，标注尺寸和材料说明，如图 12-43 所示。

图 12-42　插入图块

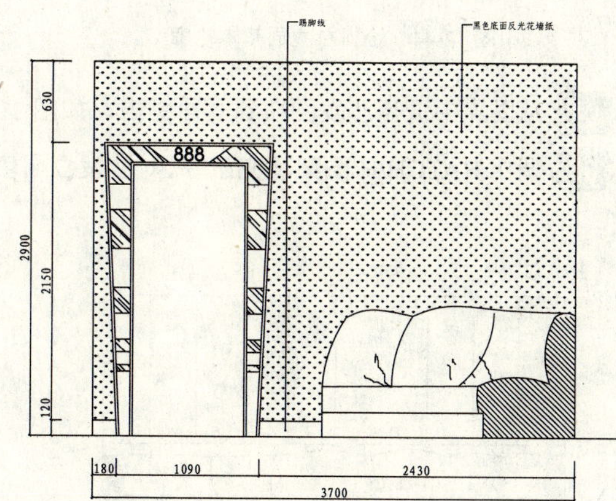

图 12-43　标注尺寸和材料说明

11 调用 INSERT/I 插入命令，插入“图名”图块，完成包厢 B 立面图的绘制。

146 绘制包厢 C 立面图

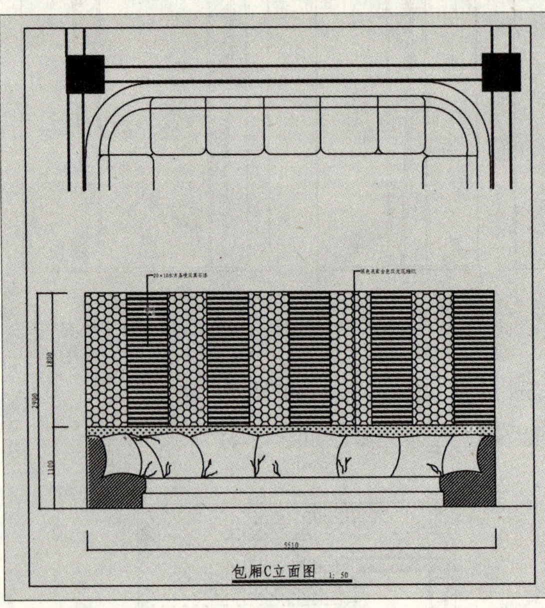

如左图所示为包厢 C 立面图，C 立面图主要表达了沙发和沙发所在墙面的做法。

文件路径:	目标文件\第 12 章\实例 146.dwg
视频文件:	AVI\第 12 章\146 绘制包厢 C 立面图.avi
播放时长:	0:05:14

01 调用 COPY/CO 复制命令，复制包厢 C 立面的平面部分，并对图形进行旋转。

02 调用 LINE/L 直线命令和 TRIM/TR 修剪命令，绘制 C 立面的基本轮廓，如图 12-44 所示。

03 调用 LINE/L 直线命令和 OFFSET/O 偏移命令，划分墙面，如图 12-45 所示。

图 12-44　绘制 C 立面基本轮廓

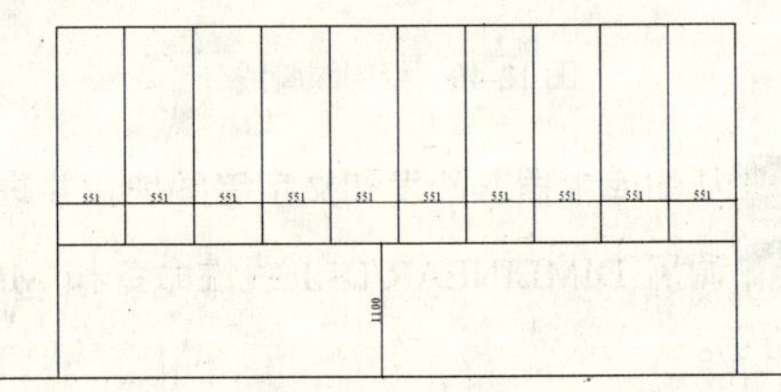

图 12-45　划分墙面

04 从图库中调用沙发图块到立面图中，如图 12-46 所示。

05 调用 HATCH/H 图案填充命令，对沙发立面填充 CROSS 图案和 HONEY 图案，效果如图 12-47 所示。

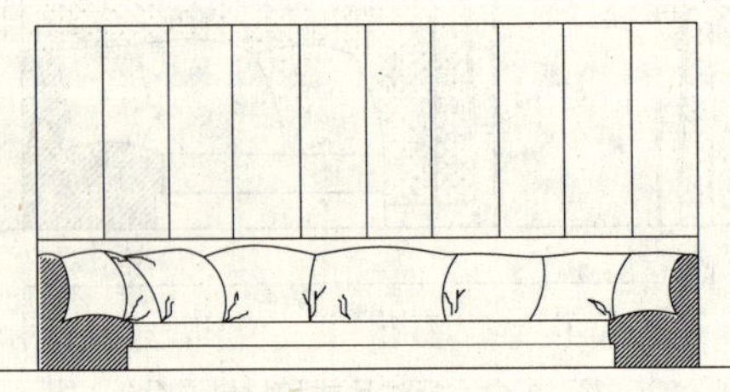

图 12-46　插入图块

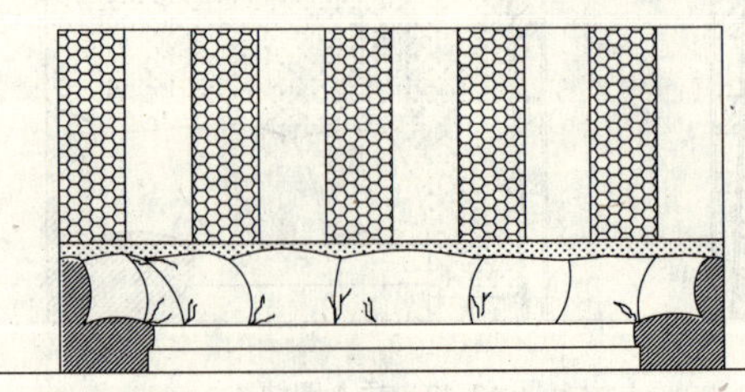

图 12-47　填充图案

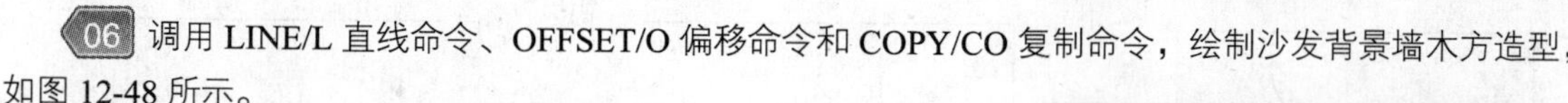

06 调用 LINE/L 直线命令、OFFSET/O 偏移命令和 COPY/CO 复制命令，绘制沙发背景墙木方造型，如图 12-48 所示。

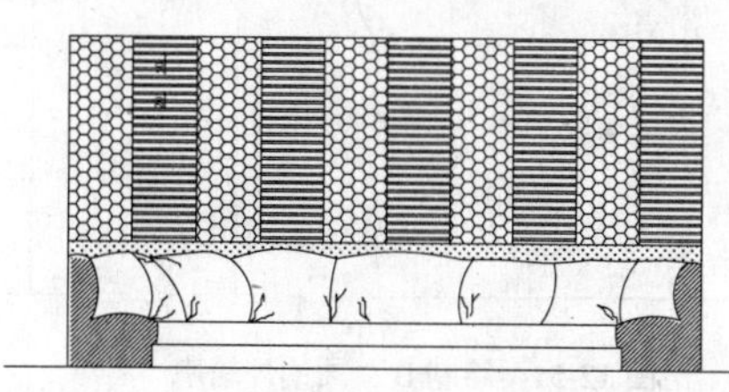

图 12-48　绘制木方造型

07 设置“BZ_标注”图层为当前图层。

08 调用 DIMLINEAR/DLI 线性命令，标注尺寸，效果如图 12-49 所示。

09 调用 MLEADER/MLE 多重引线命令，标注材料说明，如图 12-50 所示。

10 调用 INSERT/I 插入命令，插入“图名”图块，完成包厢 C 立面图的绘制。

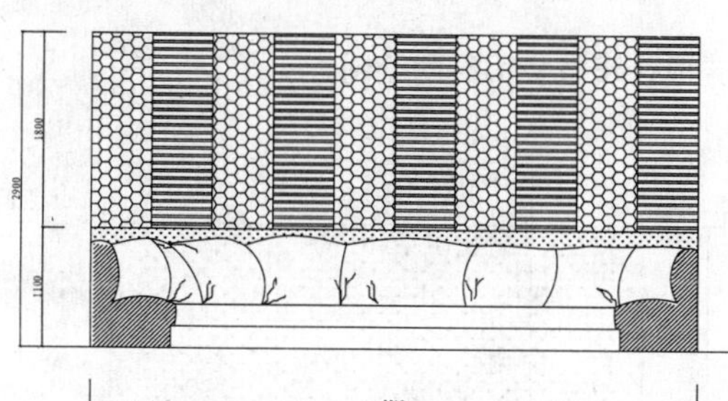

图 12-49　尺寸标注

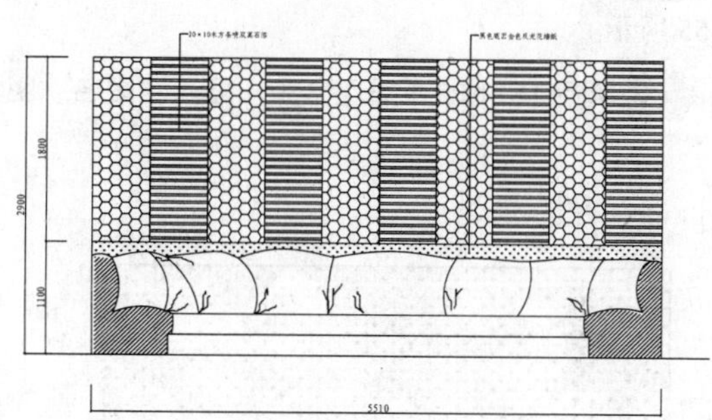

图 12-50　材料说明

147 绘制包厢 D 立面图

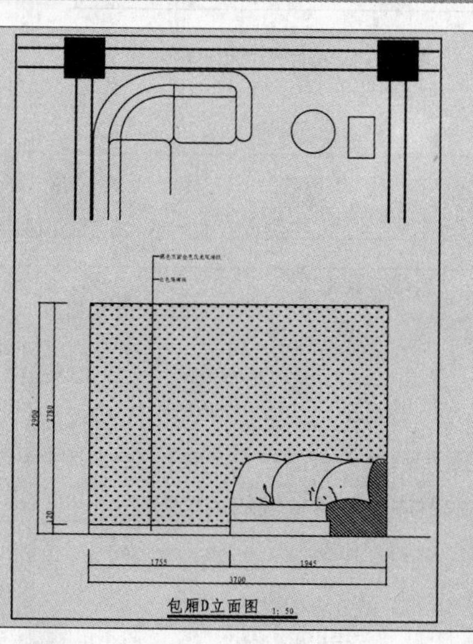

如左图所示为包厢 D 立面图，D 立面图是沙发所在的墙面。

文件路径：	目标文件\第 12 章\实例 147.dwg
视频文件：	AVI\第 12 章\147 绘制包厢 D 立面图.avi
播放时长：	0:04:12

01 调用 COPY/CO 复制命令，复制包厢 D 立面图的平面部分，并对图形进行旋转。

02 调用 LINE/L 直线命令和 TRIM/TR 修剪命令，绘制 B 立面的外轮廓，如图 12-51 所示。

03 从图库中插入沙发图块到立面图中，如图 12-52 所示。

04 调用 LINE/L 直线命令，绘制踢脚线，踢脚线的高度为 120，如图 12-53 所示。

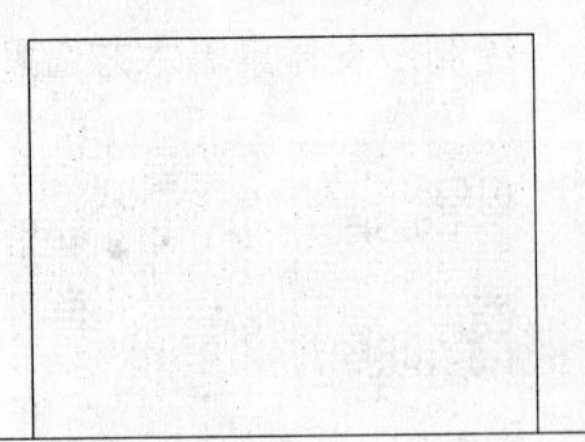
图 12-51 绘制 B 立面的外轮廓

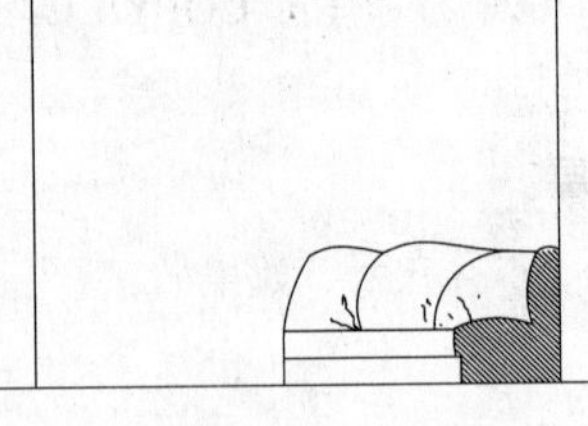
图 12-52 插入图块

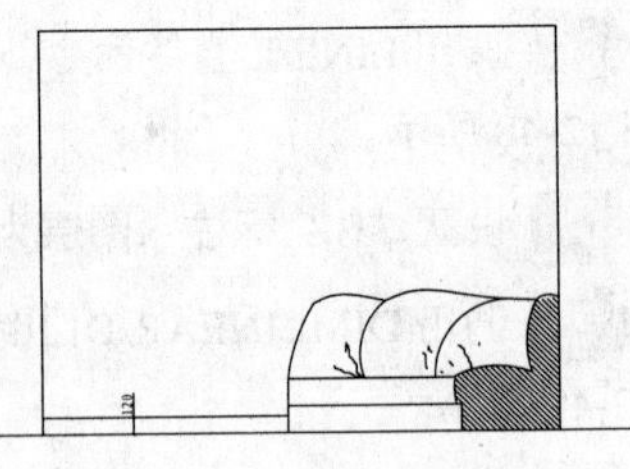
图 12-53 绘制踢脚线

05 调用 HATCH/H 命令，对墙面填充图案 CROSS 图案，如图 12-54 所示。

06 调用 DIMLINEAR/DLI 线性命令和 MLEADER/MLE 多重引线命令，标注尺寸和材料说明，如图 12-55 所示。

07 调用 INSERT/I 插入命令，插入"图名"图块，完成包厢 D 立面图的绘制。

图 12-54 填充图案

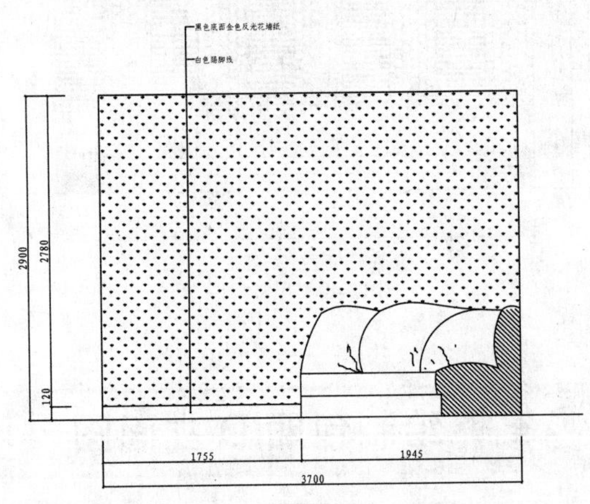

图 12-55 标注尺寸和材料说明

第3篇

148 绘制前台立面图

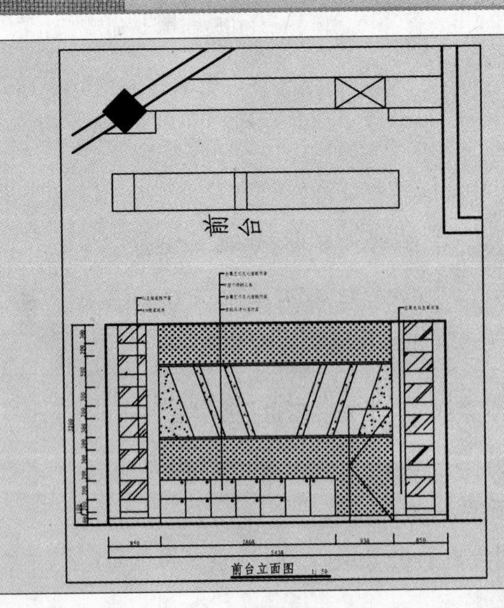

如左图所示为前台立面图，墙面立面图主要表达了前台的做法以及形象墙的装饰做法。

文件路径：	目标文件\第 12 章\实例 148.dwg
视频文件：	AVI\第 12 章\148 绘制前台立面图.avi
播放时长：	0:08:00

01 调用 COPY/CO 复制命令，复制平面布置图上前台的平面部分，并对图形进行旋转。

02 调用 LINE/L 直线命令和 TRIM/TR 修剪命令，绘制前台立面的基本轮廓，如图 12-56 所示。

03 调用 LINE/L 直线命令，绘制踢脚线，踢脚线的高度为 100，如图 12-57 所示。

图 12-56　绘制前台立面的基本轮廓

图 12-57　绘制踢脚线

04 调用 PLINE/PL 多段线命令，绘制前台轮廓，如图 12-58 所示。

05 调用 CIRCLE/C 圆命令和 COPY/CO 复制，绘制前台装饰，如图 12-59 所示。

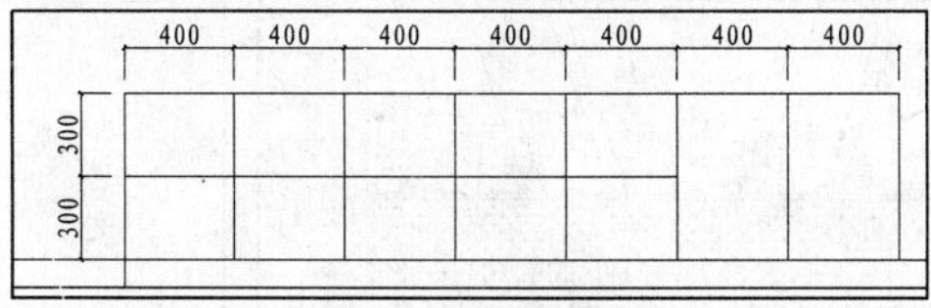

图 12-58　绘制前台轮廓

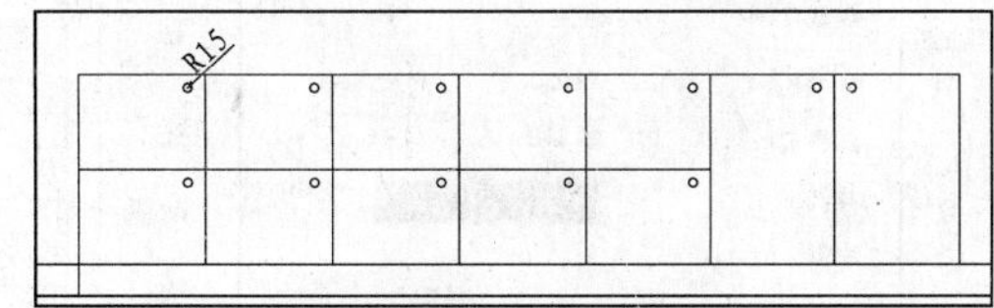

图 12-59　绘制圆

06 调用 LINE/L 直线命令、OFFSET/O 偏移命令和 HATCH/H 图案填充命令，绘制两侧装饰造型图案，如图 12-60 所示。

07 调用 LINE/L 直线命令和 OFFSET/O 偏移命令，划分墙面区域，如图 12-61 所示。

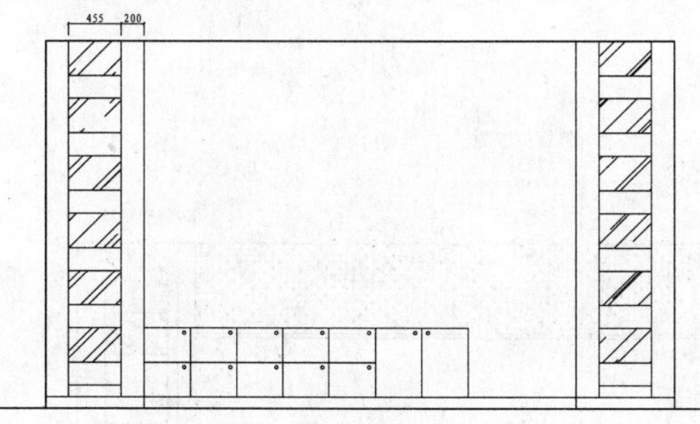

图 12-60　绘制两侧装饰造型

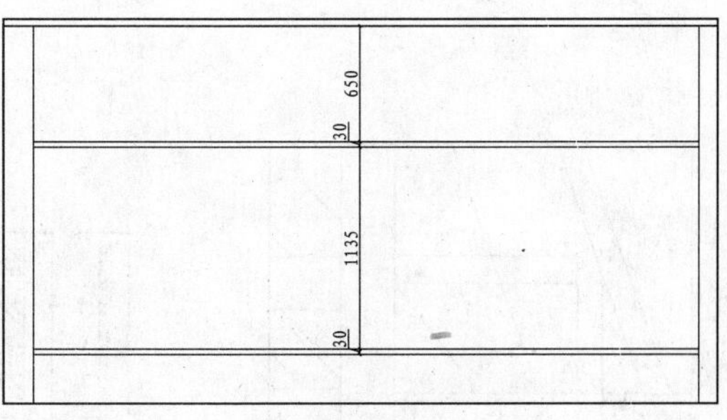

图 12-61　绘制线段

08 调用 PLINE/PL 多段线命令、COPY/CO 复制命令和 MIRROR/MI 镜像命令，绘制墙面造型，如图 12-62 所示。

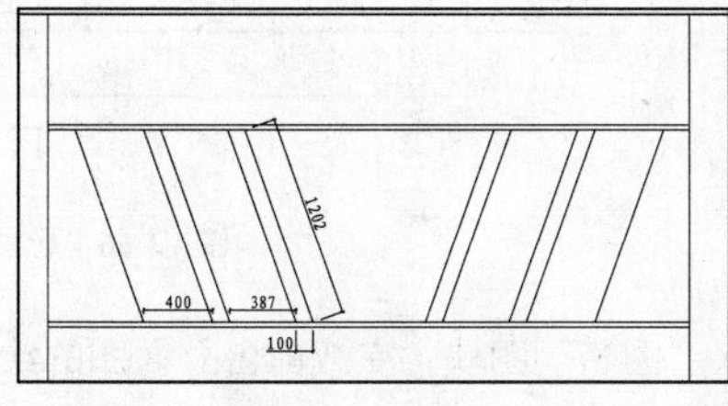

图 12-62　绘制墙面造型

09 调用 HATCH/H 图案填充命令，对造型内填充 AR-CONC 图案，如图 12-63 所示。

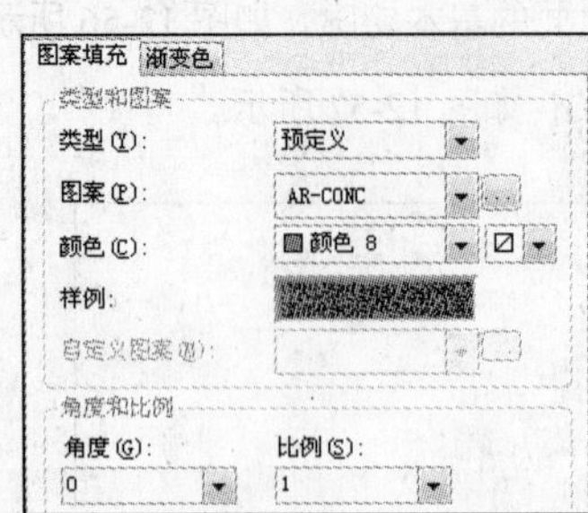

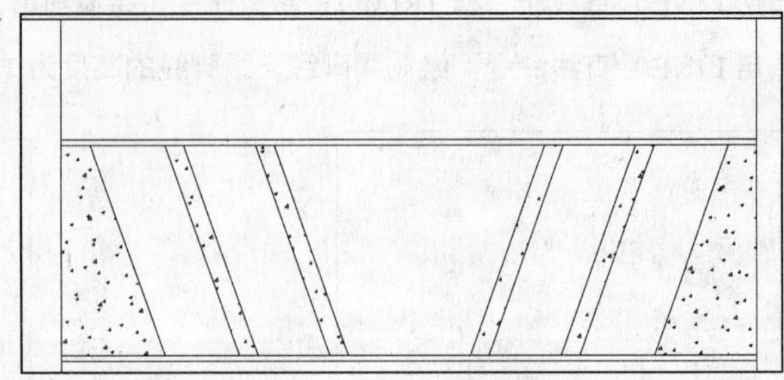

图 12-63 填充参数和效果

10 继续调用 HATCH/H 图案填充命令，对墙面填充 CROSS 图案，如图 12-64 所示。

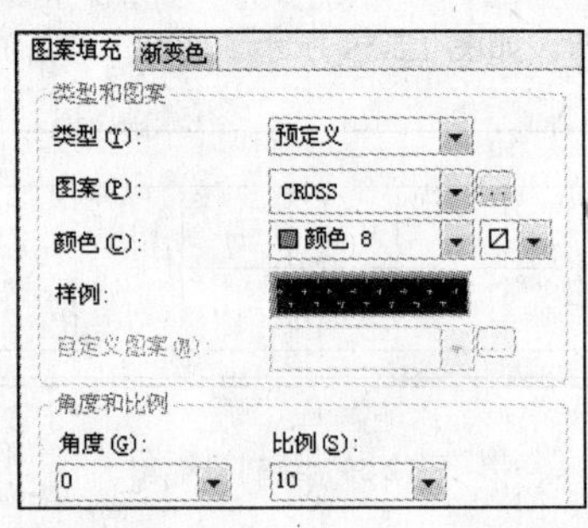

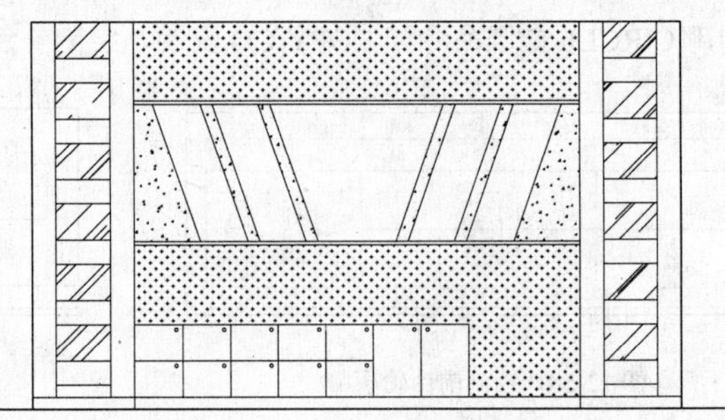

图 12-64 填充参数和效果

11 调用 LINE/L 直线命令，绘制门，如图 12-65 所示。

12 调用 DIMLINEAR/DLI 线性命令和 MLEADER/MLE 多重引线命令，标注尺寸和材料说明，如图 12-66 所示。

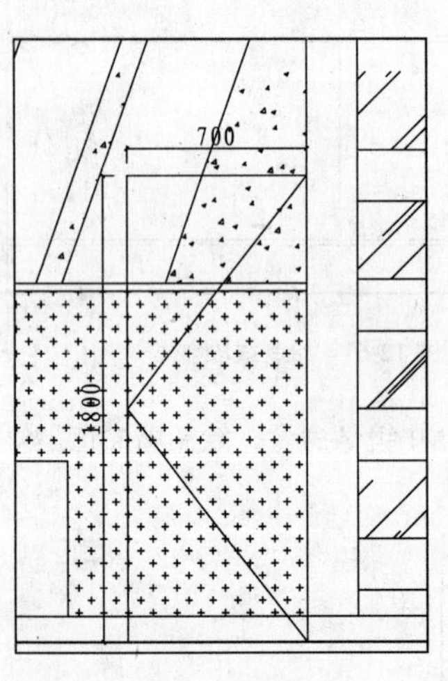

图 12-65 绘制门

图 12-66 标注尺寸和材料说明

13 调用 INSERT/I 命令，插入“图名”图块，完成前台立面图的绘制。

149 绘制过道 D 立面图

实例描述：	如图 12-67 所示为过道 D 立面图，D 立面图表达了过道侧边墙面和门的做法，下面讲解绘制方法。
文件路径：	目标文件\第 12 章\实例 149.dwg
视频文件：	AVI\第 12 章\149 绘制过道 D 立面图.avi
播放时长：	00: 18:45

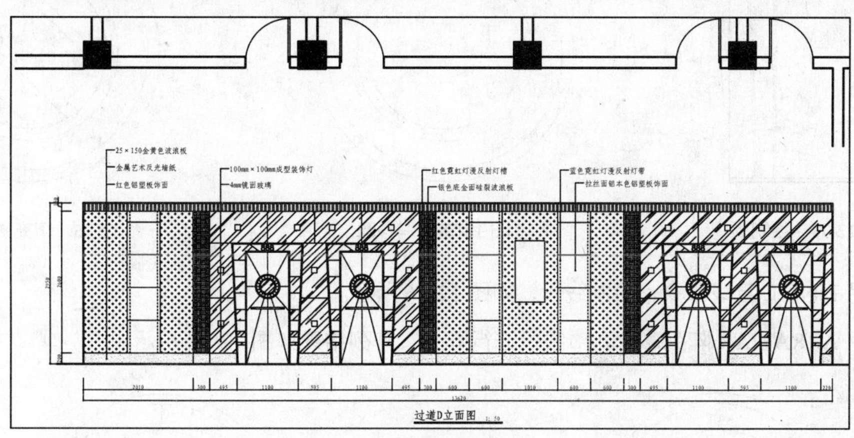

图 12-67　过道 D 立面图

01 调用 COPY/CO 复制命令，复制平面布置图上过道 D 立面图的平面部分，并对图形进行旋转。

02 调用 LINE/L 直线命令和 TRIM/TR 修剪命令，绘制 D 立面图的基本轮廓，如图 12-68 所示。

03 调用 LINE/L 直线命令和 HATCH/H 图案填充命令，绘制顶面造型，如图 12-69 所示。

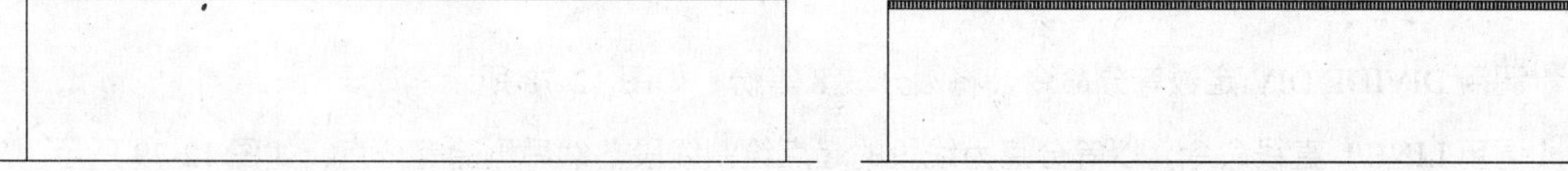

图 12-68　绘制 D 立面图的基本轮廓　　图 12-69　绘制顶面造型

04 使用前面讲解的方法绘制门套，如图 12-70 所示。

05 调用 LINE/L 直线命令、MIRROR/MI 镜像命令和 HATCH/H 图案填充命令，绘制门套上的装饰图案，如图 12-71 所示。

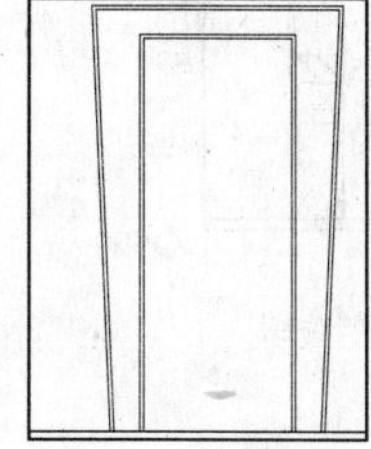

图 12-70　绘制门套

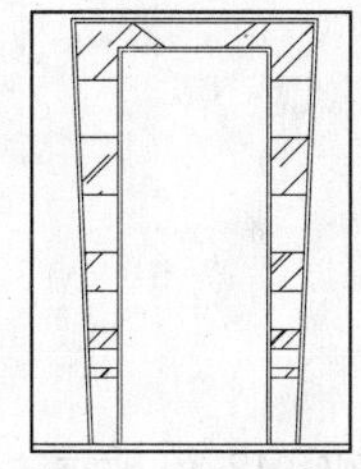

图 12-71　绘制门套上的装饰图案

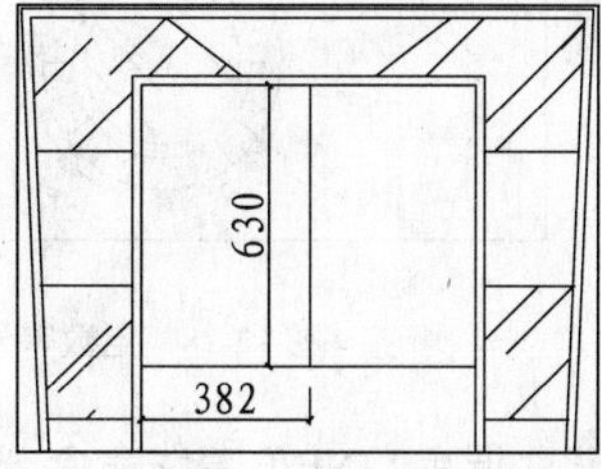

图 12-72　绘制辅助线

06 调用 LINE/L 直线命令，绘制辅助线，如图 12-72 所示。

07 调用 CIRCLE/C 圆命令，以辅助线的交点为圆心绘制半径为 130 的圆，然后删除辅助线，如图 12-73 所示。

08 调用 OFFSET/O 偏移命令，将圆向外偏移 20、70 和 90，如图 12-74 所示。

09 调用 HATCH/H 图案填充命令，在最小的圆内填充 AR-RROOF 图案，效果如图 12-75 所示。

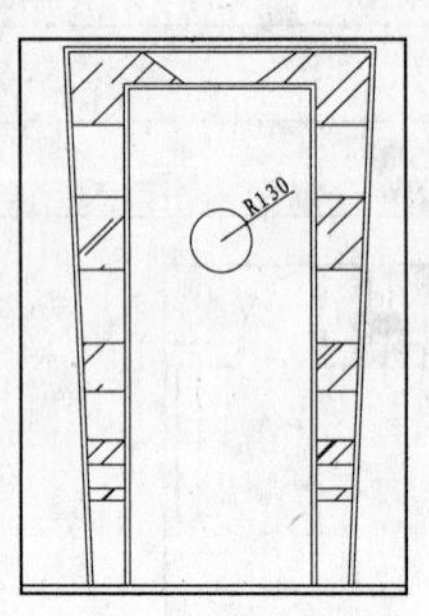

图 12-73 绘制圆

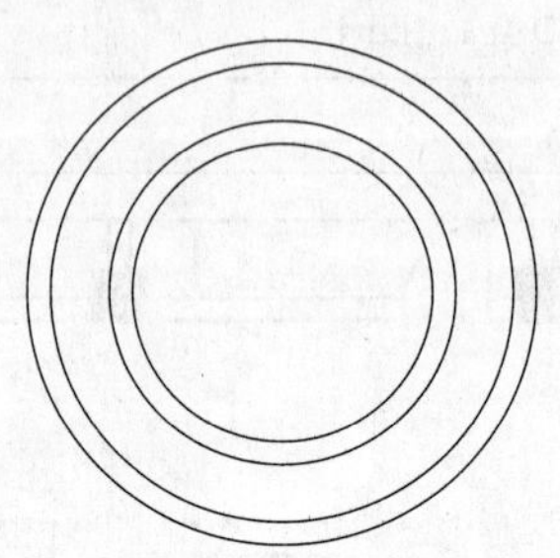

图 12-74 偏移圆

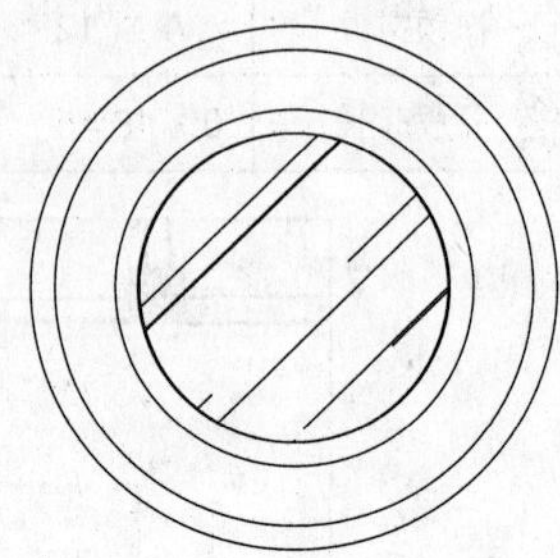

图 12-75 填充图案

10 调用 LINE/L 直线命令，绘制线段，如图 12-76 所示。

11 调用 ARRAY/AR 阵列命令，对线段进行阵列，阵列结果如图 12-77 所示。

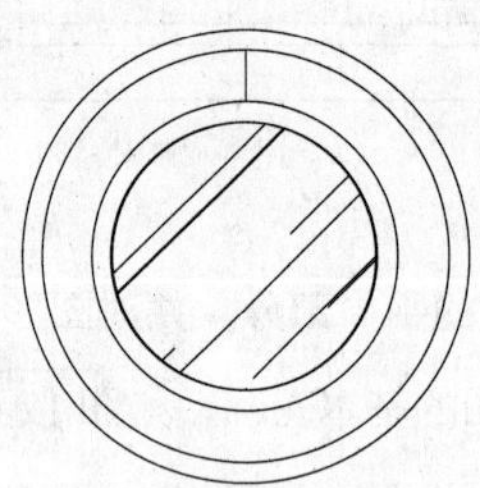

图 12-76 绘制线段

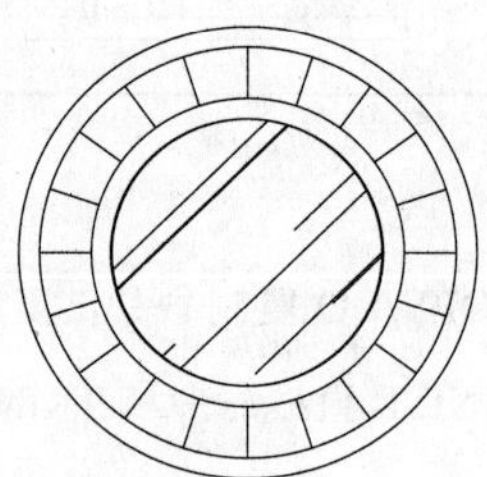

图 12-77 阵列结果

12 调用 DIVIDE/DIV 定数等分命令，将圆分成 8 等份，如图 12-78 所示。

13 调用 LINE/L 直线命令，以等分点为线段的起点绘制线段，然后删除等分点，如图 12-79 所示。

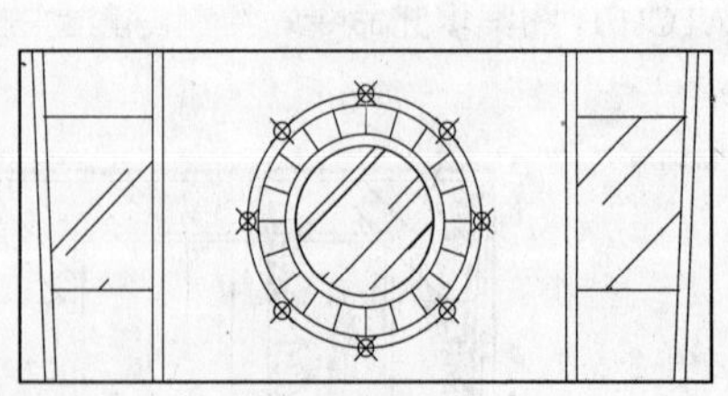

图 12-78 定数等分

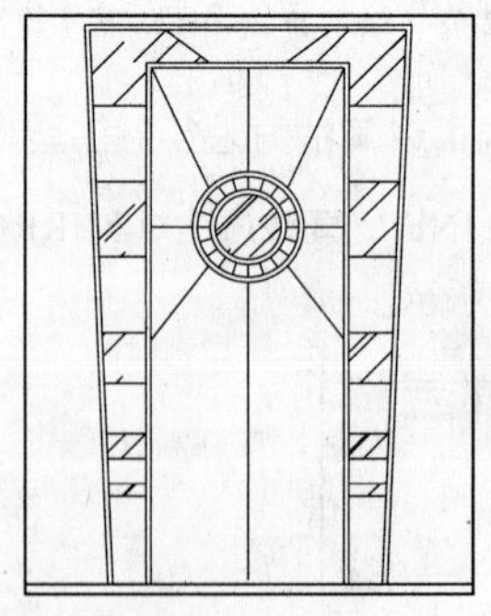

图 12-79 绘制线段

14 调用 LINE/L 直线命令，绘制线段，如图 12-80 所示。

15 用 RECTANG/REC 矩形命令，在圆的下方绘制尺寸为 600×30 的矩形，并对矩形内的线段进行修剪，效果如图 12-81 所示。

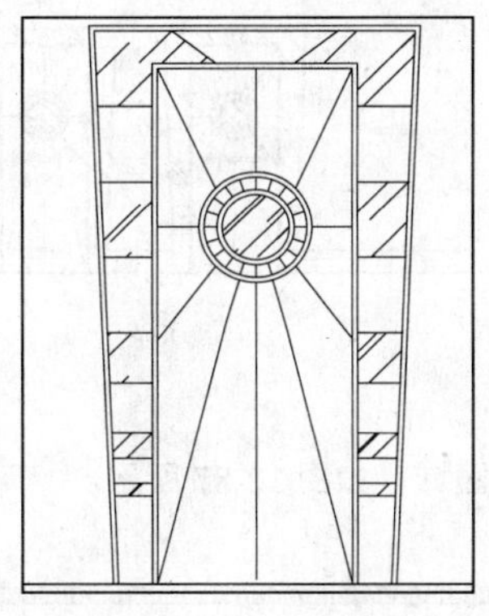

图 12-80　绘制线段

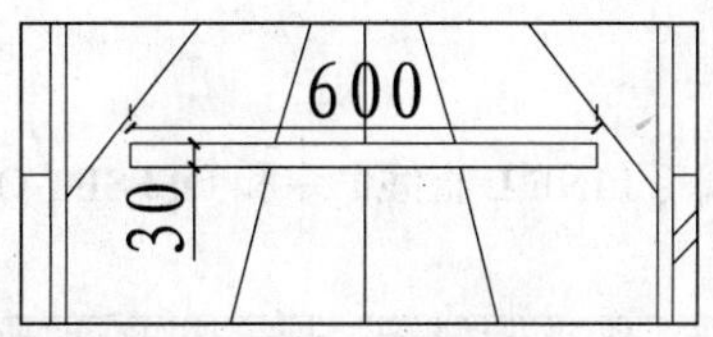

图 12-81　绘制矩形

16 调用 LINE/L 直线命令和 HATCH/H 图案填充命令，细化矩形，结果如图 12-82 所示。

17 调用 CIRCLE/C 圆命令、OFFSET/O 偏移命令和 TRIM/TR 修剪命令，绘制装饰图案，如图 12-83 所示。

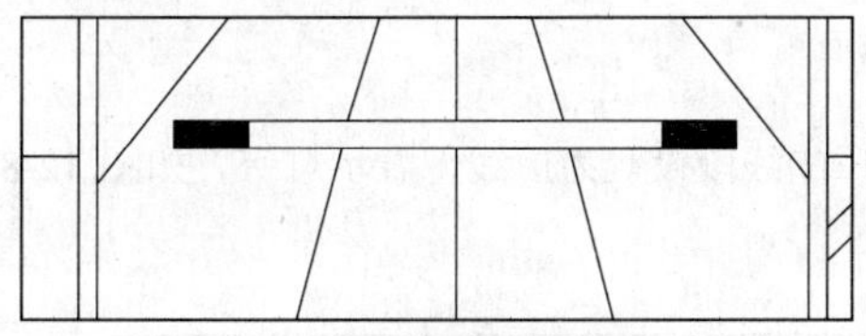

图 12-82　细化矩形

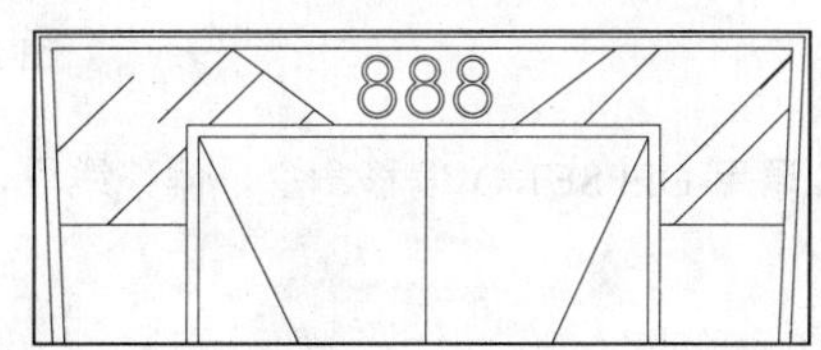

图 12-83　绘制装饰图案

18 调用 COPY/CO 复制命令，通过复制得到其他门，如图 12-84 所示。

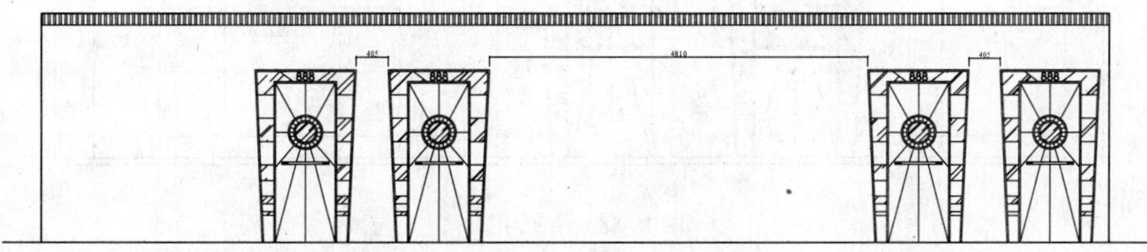

图 12-84　复制门图形

19 调用 LINE/L 直线命令，绘制踢脚线，踢脚线的高度为 200，如图 12-85 所示。

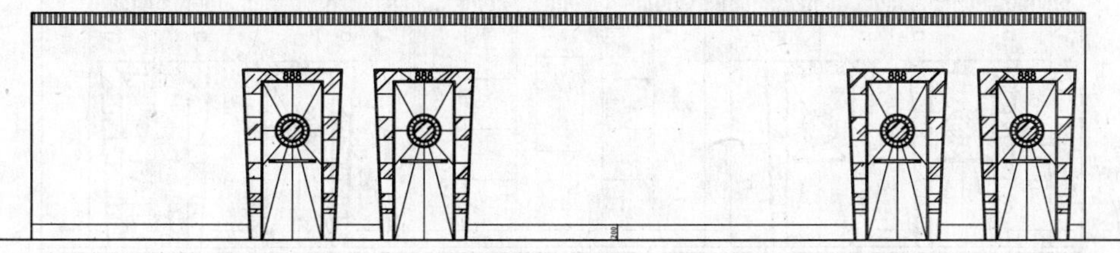

图 12-85　绘制踢脚线

20 调用 HATCH/H 图案填充命令，对踢脚线内填充 AR-SAND 图案，如图 12-86 所示。

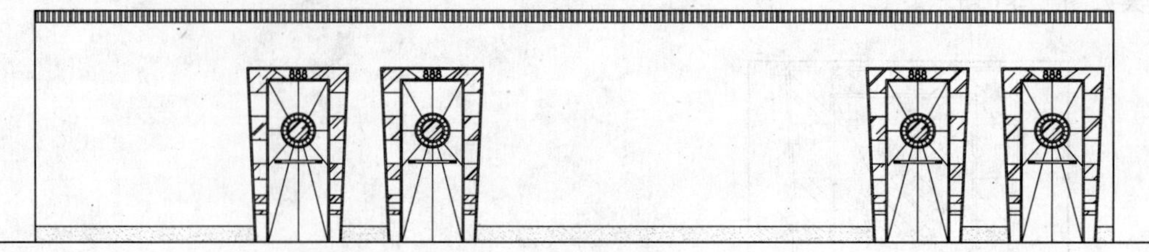

图 12-86　填充踢脚线

21 调用 LINE/L 直线命令和 OFFSET/O 偏移命令，划分墙面区域，如图 12-87 所示。

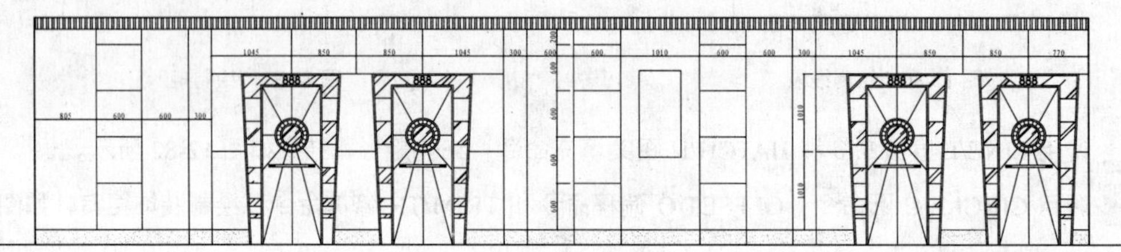

图 12-87　划分墙面

22 调用 OFFSET/O 偏移命令，偏移线段，并将偏移后的线段设置为虚线，表示灯带，如图 12-88 所示。

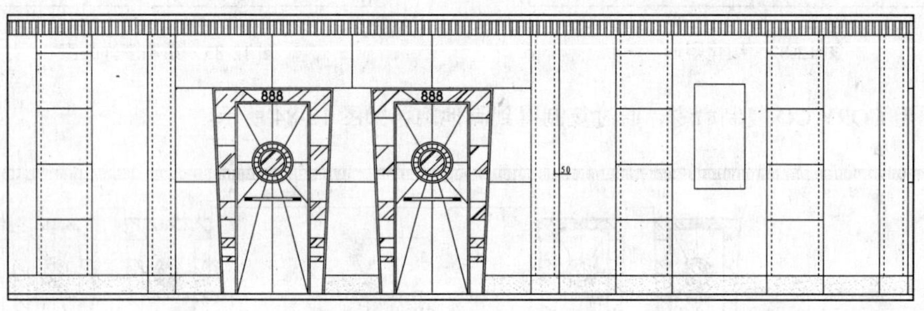

图 12-88　绘制灯带

23 调用 RECTANG/REC 矩形命令和 COPY/CO 复制命令，在墙面上绘制边长为 100 的矩形，如图 12-89 所示。

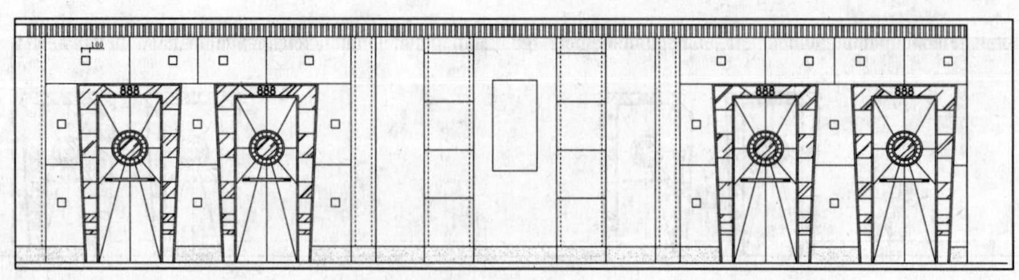

图 12-89　绘制矩形

24 调用 HATCH/H 图案填充命令，对墙面填充 CROSS 图案，如图 12-90 所示。

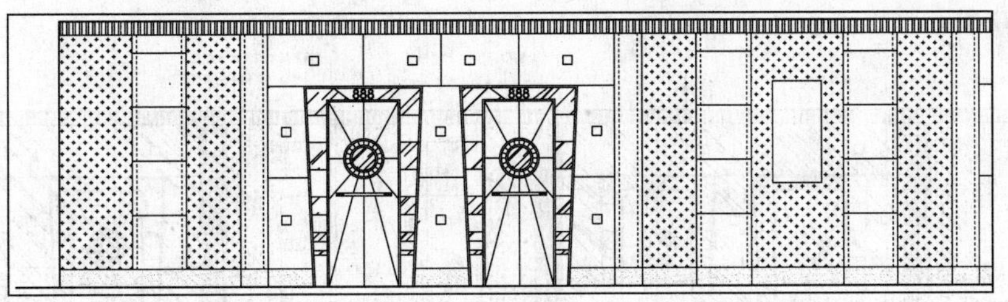

图 12-90　填充墙面

25 继续调用 HATCH/H 图案填充命令，对墙面填充 EARTH 图案，如图 12-91 所示。

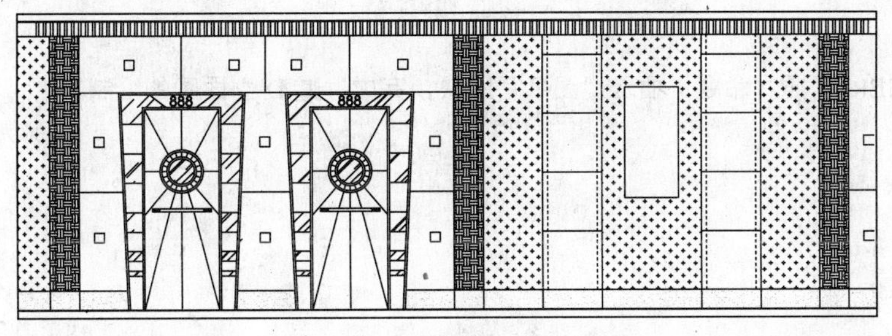

图 12-91　填充墙面

26 继续调用 HATCH/H 图案填充命令，对门所在的墙面填充 AR-RROOF 图案，如图 12-92 所示。

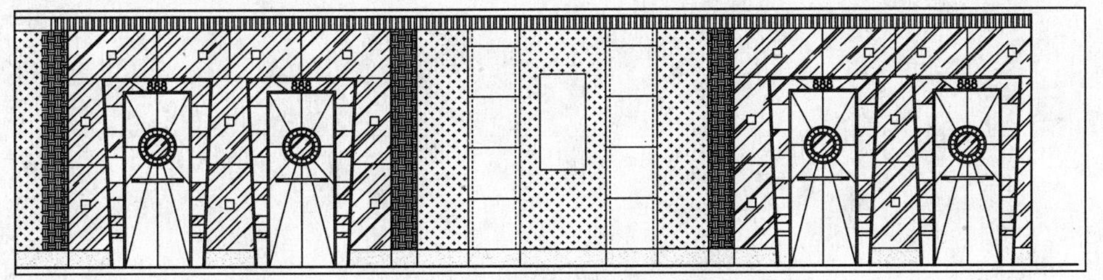

图 12-92　填充门所在的墙面

27 调用 DIMLINEAR/DLI 线性命令，标注尺寸，如图 12-93 所示。

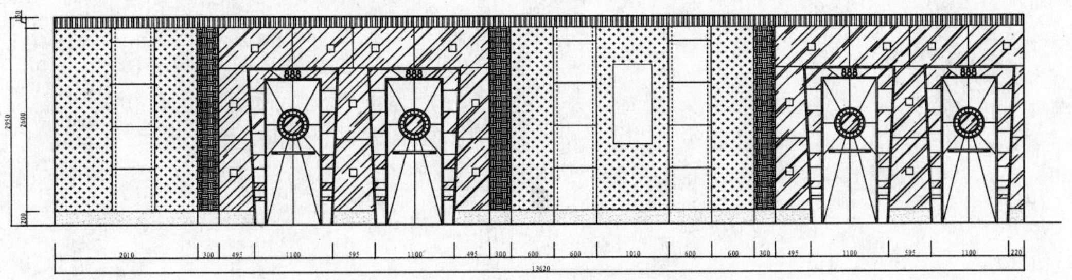

图 12-93　标注尺寸

28 调用 MLEADER/MLE 多重引线命令，标注材料说明，如图 12-94 所示。

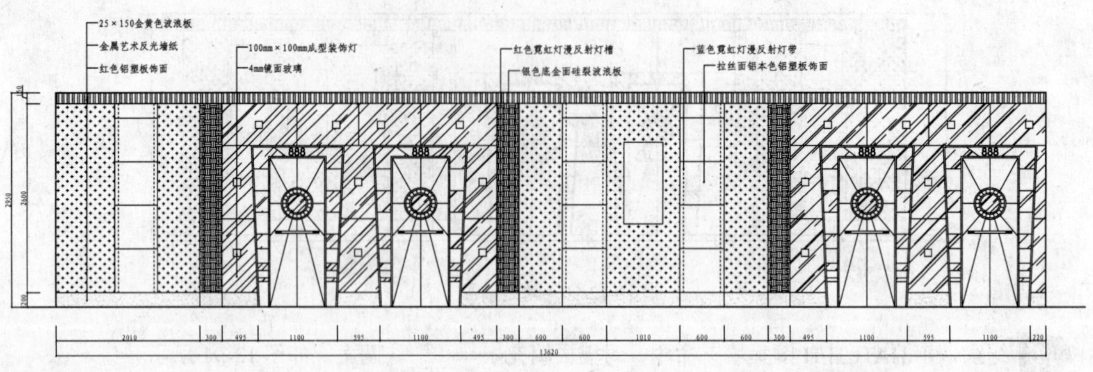

图 12-94　材料说明

29 调用 INSERT/I 插入命令，插入“图名”图块，完成过道 D 立面图的绘制。

第 13 章
餐厅室内设计

现代都市生活极大地丰富了人们饮食文化的需求，外出用餐的次数和花费日益增加，饮食观念从充饥型向享受型、休闲型转变，人们可以依照不同的生活习俗、不同主题，选择不同形式、种类的就餐方式，这便给我们设计师提出了更新、更高的需求。本章以某二层餐厅为例，讲解餐厅施工图的绘制方法。

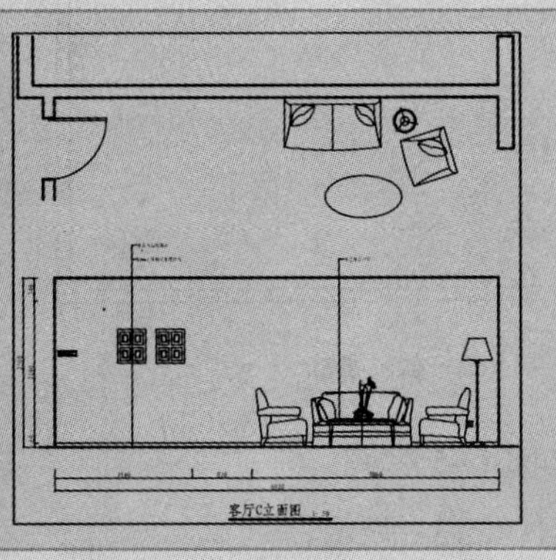

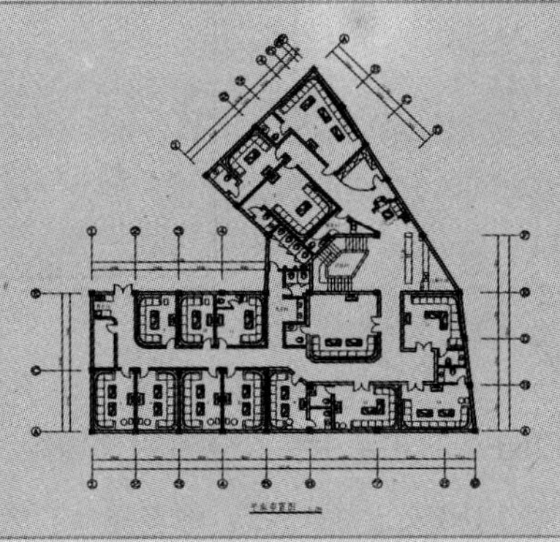

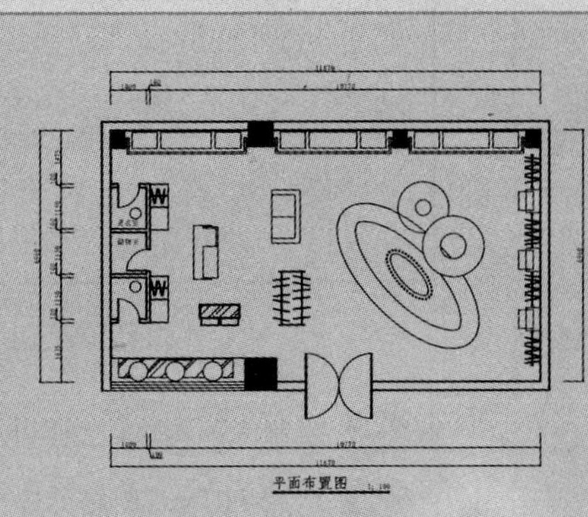

150 绘制餐厅建筑平面图

实例描述：	如图 13-1 和图 13-2 所示为餐厅建筑平面图，本例以一层为例讲解餐厅建筑平面图的绘制方法。
文件路径：	目标文件\第 13 章\实例 150.dwg
视频文件：	AVI\第 13 章\150 绘制餐厅建筑平面图.avi
播放时长：	0:13:42

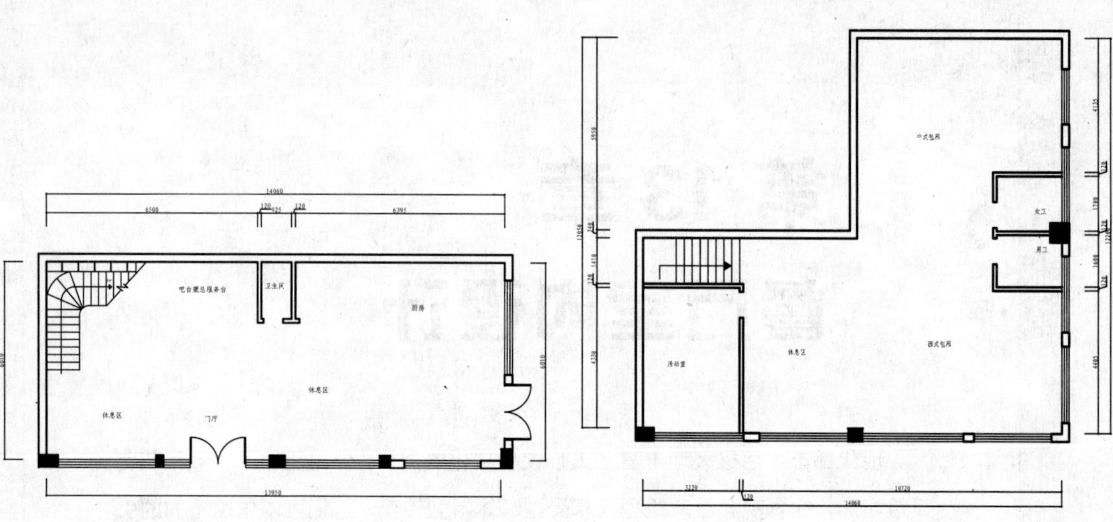

图 13-1　一层建筑平面图　　图 13-2　二层建筑平面图

第 3 篇

01 启动 AutoCAD 2012，以“室内装潢施工图模板.dwt”创建新图形。

02 设置“QT_墙体”图层为当前图层。

03 调用 RECTANG/REC 矩形命令，绘制尺寸为 14060×6010 的矩形，如图 13-3 所示。

04 调用 OFFSET/O 偏移命令，将矩形向外偏移 240，即可得到墙体，如图 13-4 所示。

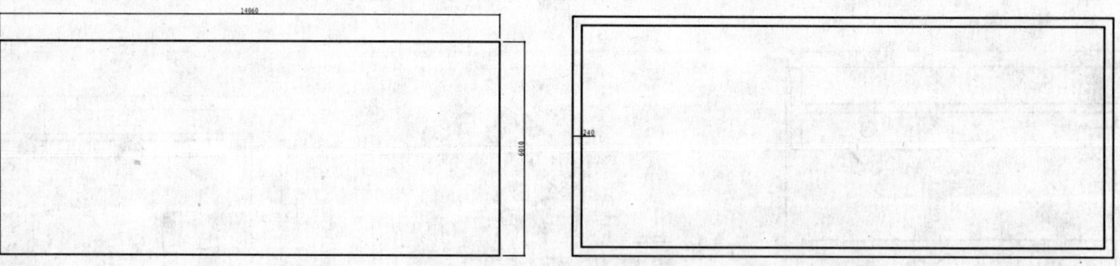

图 13-3　绘制矩形　　图 13-4　偏移矩形

05 绘制内部墙体。调用 MLINE/ML 多线命令，绘制内部墙体，如图 13-5 所示。

06 调用 TRIM/TR 修剪命令和 LINE/L 直线命令，修剪墙体，效果如图 13-6 所示。

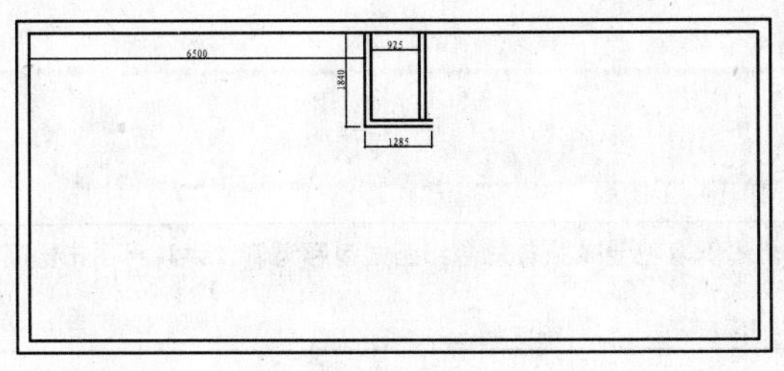

图 13-5　绘制内部墙体

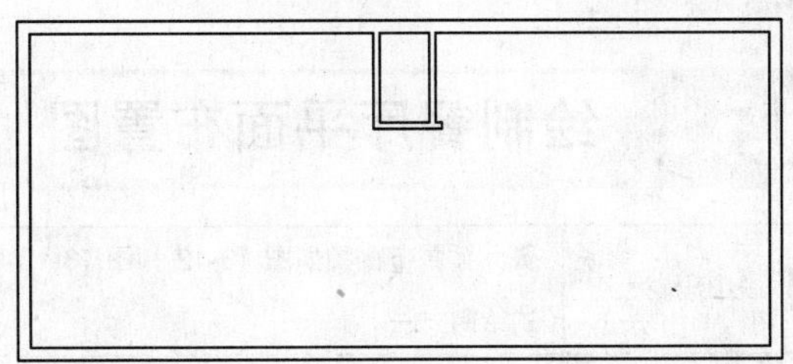

图 13-6　修剪墙体

07 调用 RECTANG/REC 矩形命令、HATCH/H 图案填充命令和 MOVE/M 移动命令，绘制柱子，效果如图 13-7 所示。

08 调用 PLINE/PL 多段线命令和 TRIM/TR 修剪命令，绘制门洞和窗洞，如图 13-8 所示。

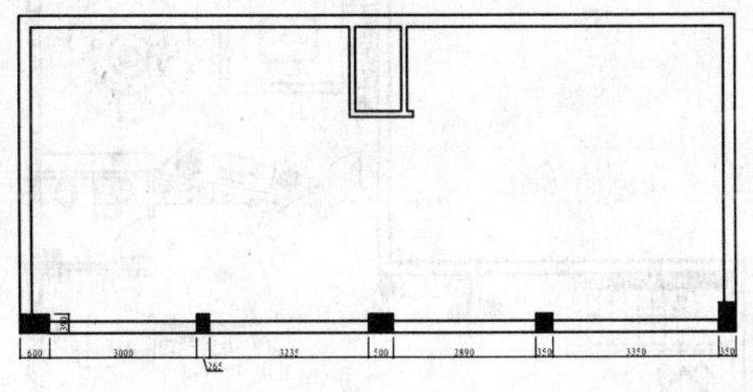

图 13-7　绘制柱子

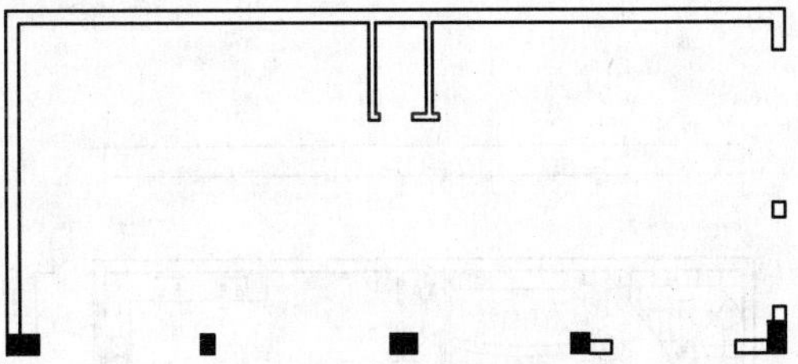

图 13-8　开门洞和窗洞

09 调用 LINE/L 直线命令和 OFFSET/O 偏移命令，绘制窗，效果如图 13-9 所示。

10 调用 INSERT/I 插入命令和 MIRROR/MI 镜像命令，绘制双开门，如图 13-10 所示。

11 调用 LINE/L 直线命令、OFFSET/O 偏移命令、FILLET/F 圆角命令、MTEXT/MT 多行文字命令和 HATCH/H 图案填充命令，绘制楼梯，效果如图 13-11 所示。

12 调用 MTEXT/MT 多行文字命令，对一层各空间进行文字标注，效果如图 13-1 所示，完成一层建筑平面图的绘制。

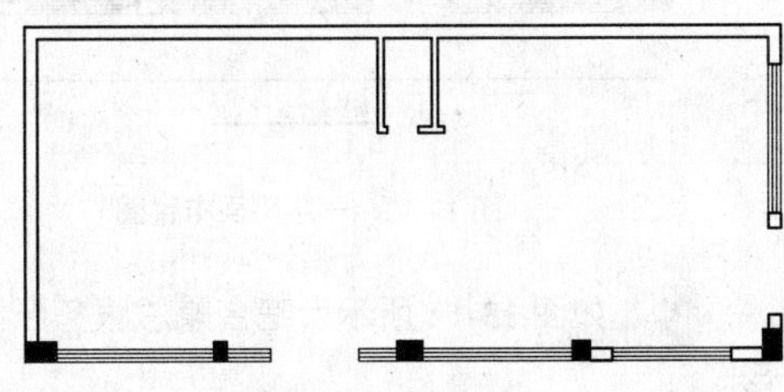

图 13-9　绘制窗

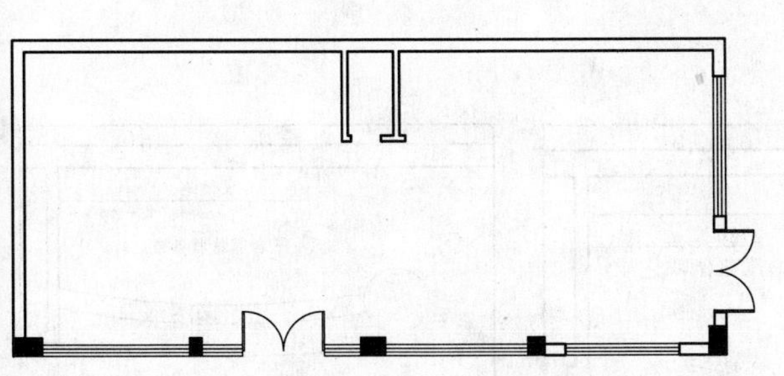

图 13-10　绘制双开门

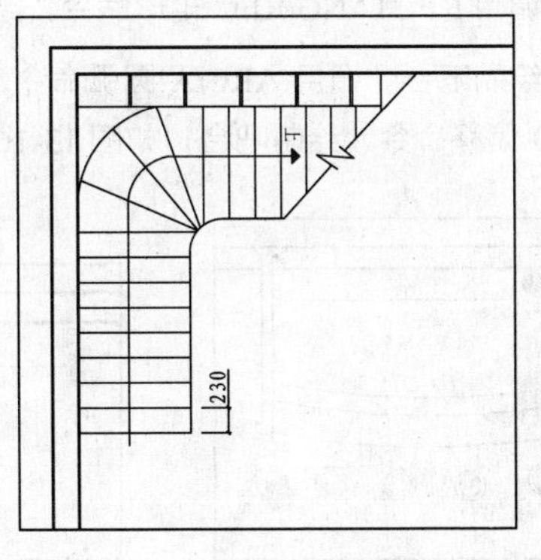

图 13-11　绘制楼梯

第13章

151 绘制餐厅平面布置图

实例描述：	餐厅平面布置图如图 13-12 和图 13-13 所示，本例以吧台兼服务总台和西式包厢为例，讲解平面布置图的绘制方法。
文件路径：	目标文件\第 13 章\实例 151.dwg
视频文件：	AVI\第 13 章\151 绘制餐厅平面布置图.avi
播放时长：	0:04:29

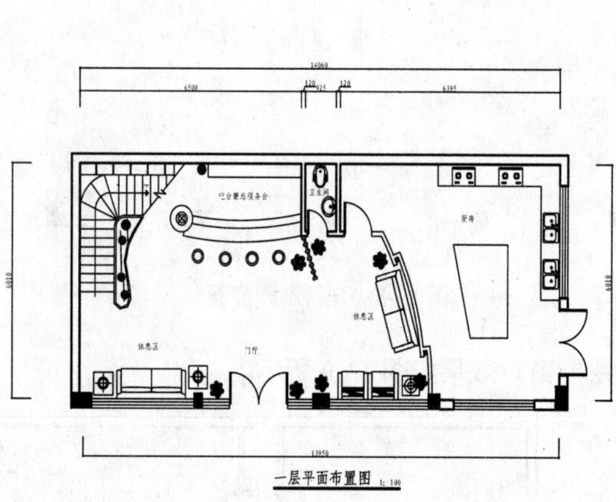

图 13-12　一层平面布置图

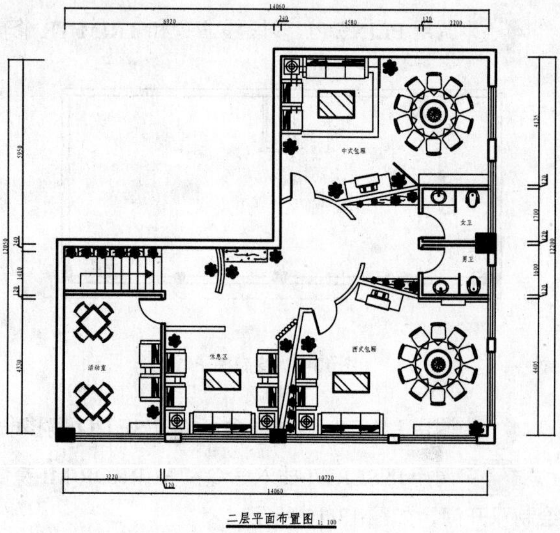

图 13-13　二层平面布置图

01 如图 13-14 所示为吧台兼总服务台平面布置图，需要绘制的图形有吧台、吧椅、隔断和酒水柜等图形。

02 调用 COPY/CO 复制命令，复制餐厅一层建筑平面图。

03 设置“JJ_家具”图层为当前图层。

04 调用 RECTANG/REC 矩形命令，绘制酒水柜，如图 13-15 所示。

05 绘制吧台。调用 ARC/A 圆弧命令、CIRCLE/C 圆命令、LINE/L 直线命令、TRIM/TR 修剪命令和 OFFSET/O 偏移命令，绘制吧台，如图 13-16 所示。

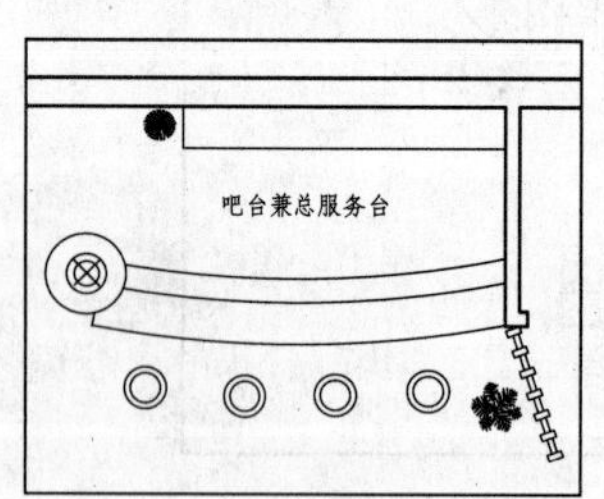

图 13-14　吧台兼总服务台平面布置图

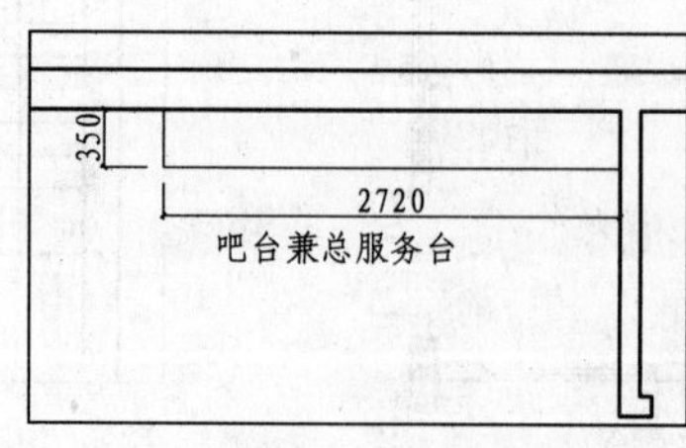

图 13-15　绘制酒水柜

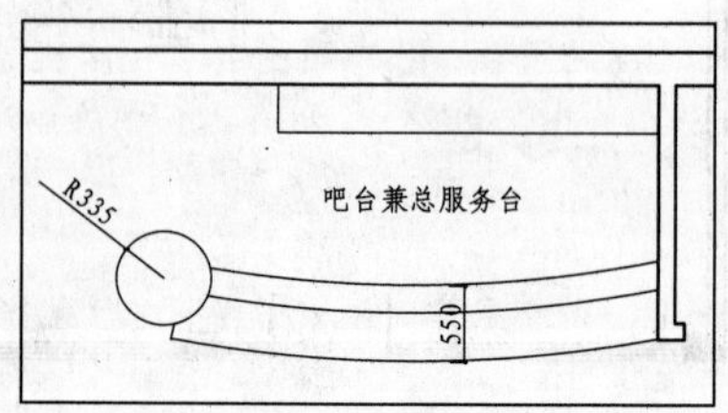

图 13-16　绘制吧台

06 绘制吧椅。调用 CIRCLE/C 圆命令、COPY/CO 复制命令、OFFSET/O 偏移命令和 MOVE/M 移动命令，绘制吧椅，如图 13-17 所示。

07 制隔断。调用 RECTANG/REC 矩形命令、COPY/CO 复制命令、LINE/L 直线命令和 ROTATE/RO 旋转命令，绘制隔断，如图 13-18 所示。

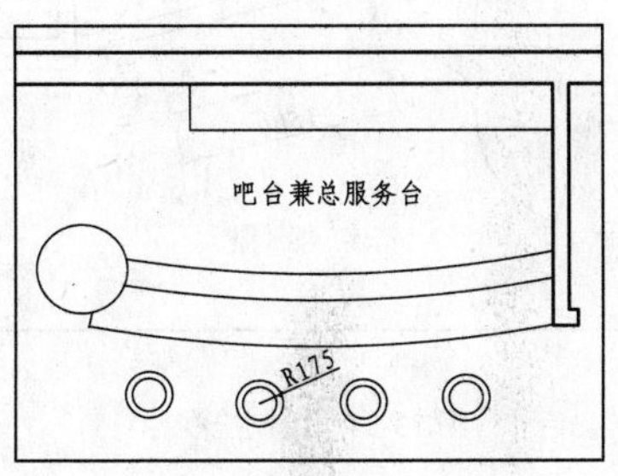

图 13-17　绘制吧椅

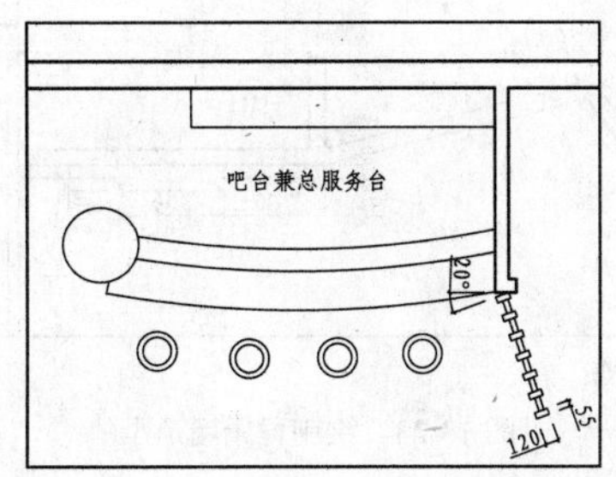

图 13-18　绘制隔断

08 插入图块。盆栽和灯具图形可以从本书光盘中的“第 13 章\家具图例.dwg”文件中直接调用，效果如图 13-12 所示，吧台兼服务总台平面布置图绘制完成。

09 西式包厢平面布置图如图 13-19 所示，下面讲解绘制方法。

10 绘制隔断。调用 PLINE/PL 多段线命令、OFFSET/O 偏移命令、CIRCLE/C 圆命令和 TRIM/TR 修剪命令，绘制隔断，如图 13-20 所示。

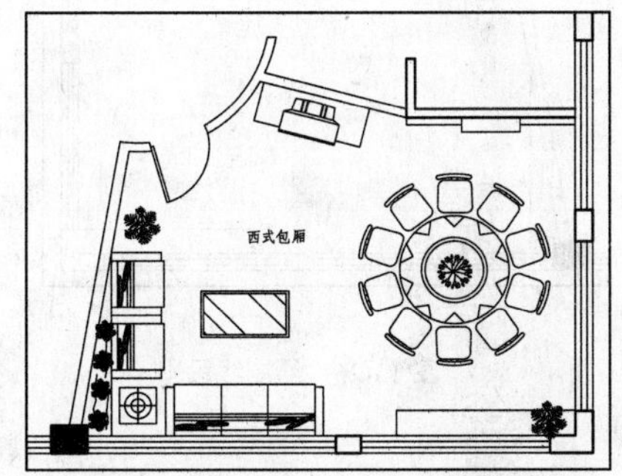

图 13-19　西式包厢平面布置图

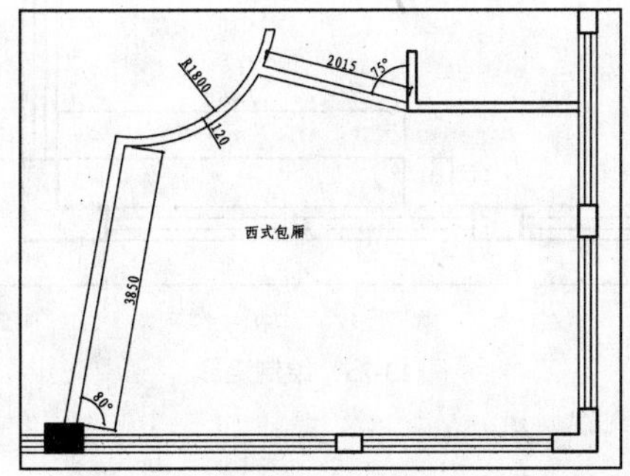

图 13-20　绘制隔断

11 调用 LINE/L 直线命令和 TRIM/TR 修剪命令，开门洞，如图 13-21 所示。

12 调用 INSERT/I 插入命令，插入门图块，如图 13-22 所示。

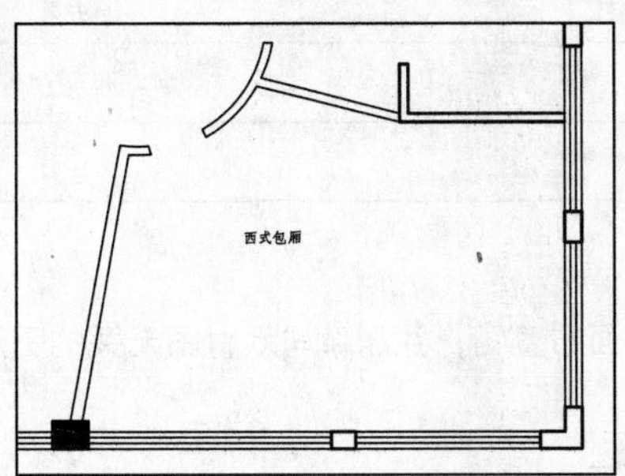

图 13-21　开门洞

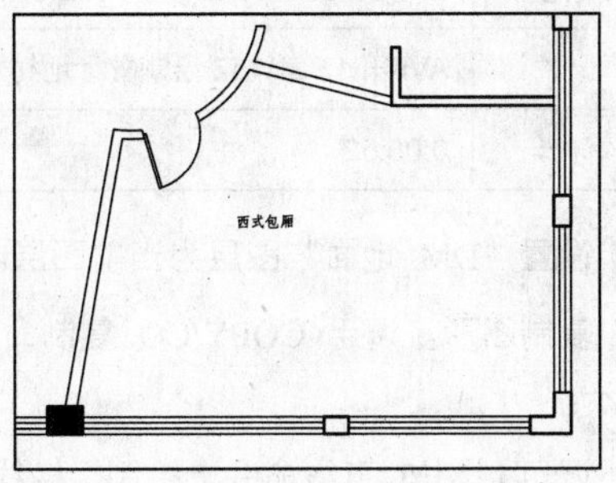

图 13-22　插入门图块

13 调用 LINE/L 直线命令和 RECTANG/REC 矩形命令，绘制背景墙造型，如图 13-23 所示。

14 调用 OFFSET/O 偏移命令和 LINE/L 直线命令，绘制电视柜，如图 13-24 所示。

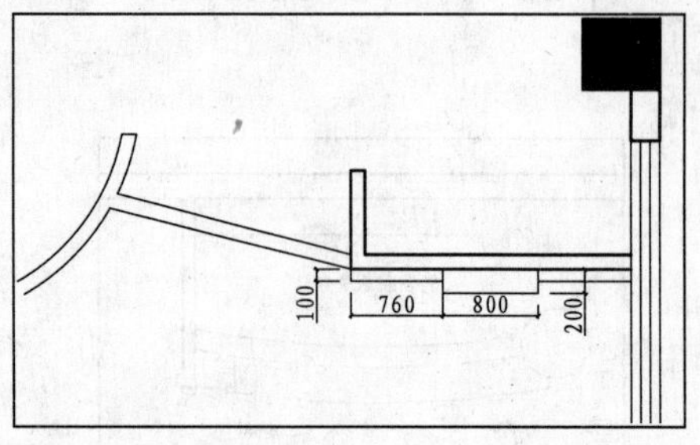

图 13-23　绘制背景墙造型

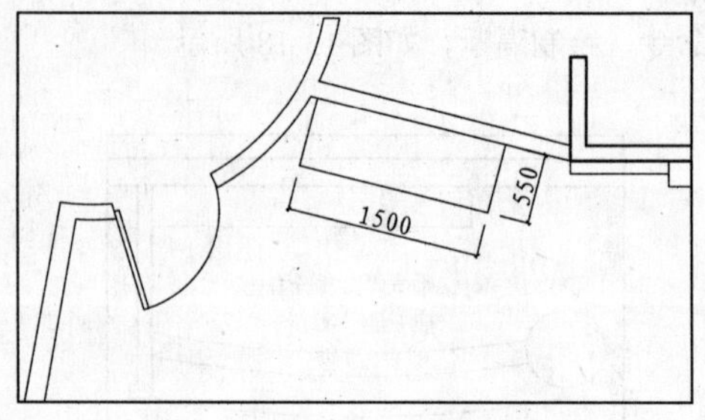

图 13-24　绘制电视柜

15 调用 RECTANG/REC 矩形命令，绘制装饰柜，如图 13-25 所示。

16 调用 LINE/L 直线命令，绘制如图 13-26 所示线段。

17 从图块中插入沙发、植物、餐桌和电视柜等图块，并进行修剪，效果如图 13-19 所示，完成西式包厢平面布置图的绘制。

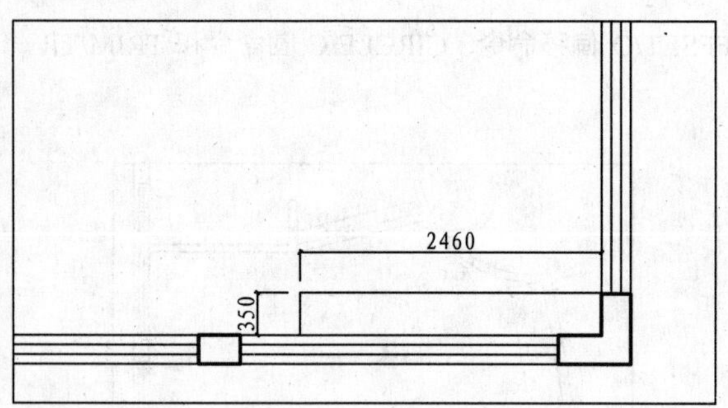

图 13-25　绘制矩形

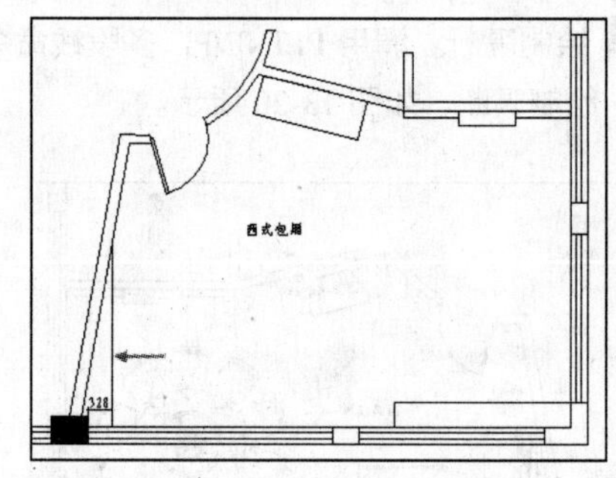

图 13-26　绘制线段

152 绘制餐厅地材图

实例描述:	如图 13-27 和图 13-28 所示为餐厅地材图，本实例以二层地材图为例，讲解地材图的绘制方法。
文件路径:	目标文件\第 13 章\实例 152.dwg
视频文件:	AVI\第 13 章\152 绘制餐厅地材图.avi
播放时长:	0:05:52

01 设置“DM_地面”图层为当前图层。

02 复制图形。调用 COPY/CO 复制命令，复制二层平面布置图，并删除与地材图无关的图形，如图 13-29 所示。

03 调用 LINE/L 直线命令，绘制门槛线，如图 13-30 所示。

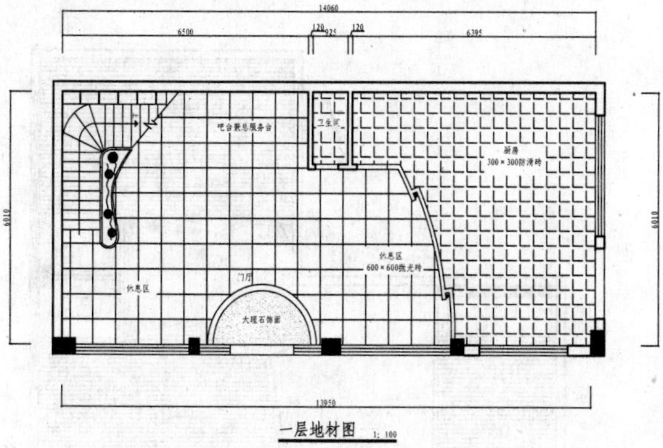

图 13-27　一层地材图

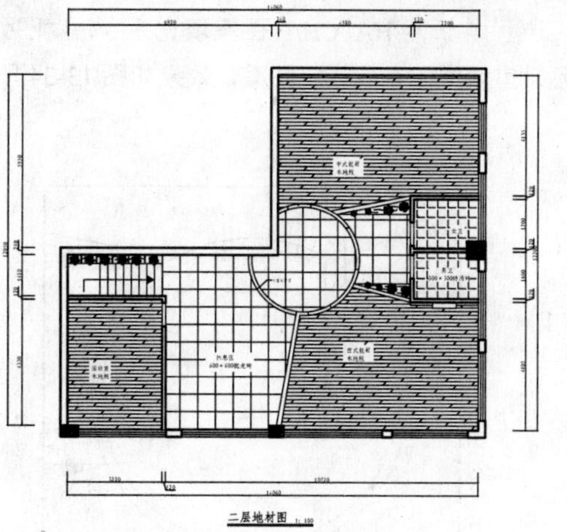

图 13-28　二层地材图

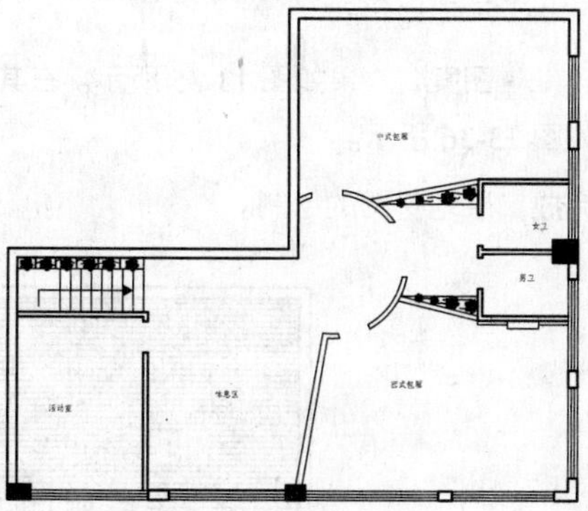

图 13-29　整理图形

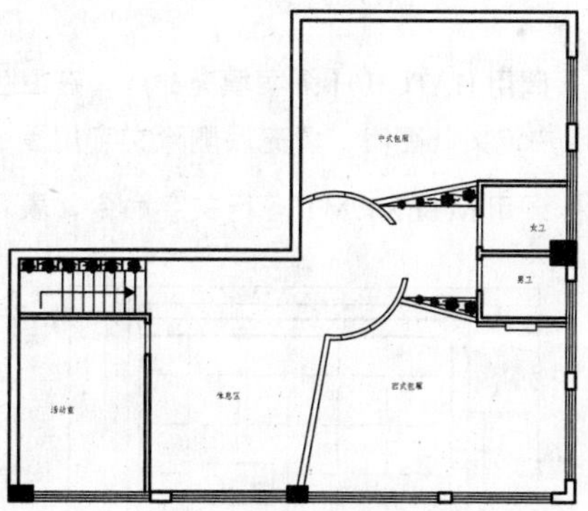

图 13-30　绘制门槛线

04 标注材料。调用 MTEXT/MT 多行文字命令，标注地面材料，然后调用 RECTANG/REC 矩形命令，框住文字，如图 13-31 所示。

05 调用 JOIN/J 合并命令，对圆弧隔断进行闭合，并调用 TRIM 命令，进行修剪，效果如图 13-32 所示。

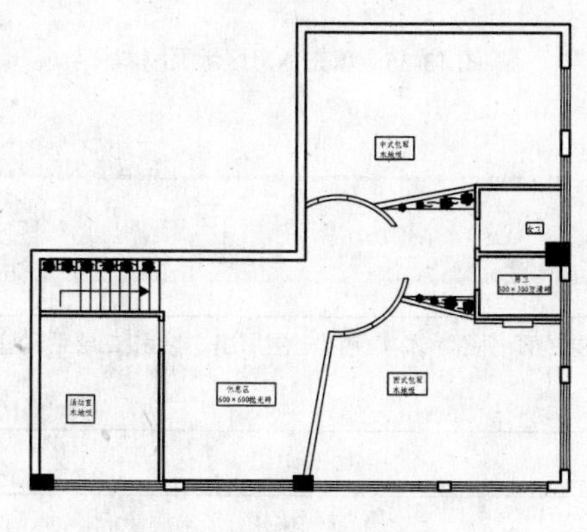

图 13-31　标注地面材料

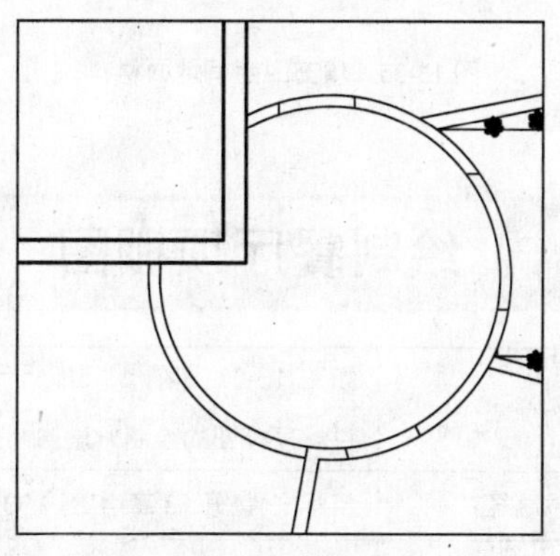

图 13-32　修剪圆

06 调用 HATCH/H 图案填充命令，对圆弧区域填充 AR-SAND 图案，效果如图 13-33 所示。对包厢和活动室填充 DOLMIT 图案，效果如图 13-34 所示。

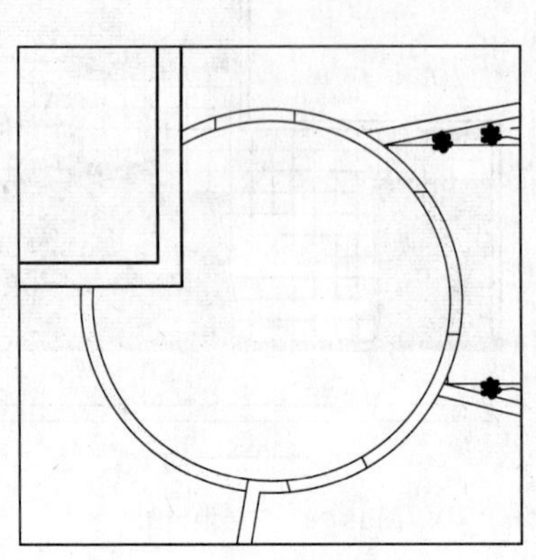
图 13-33　填充图案

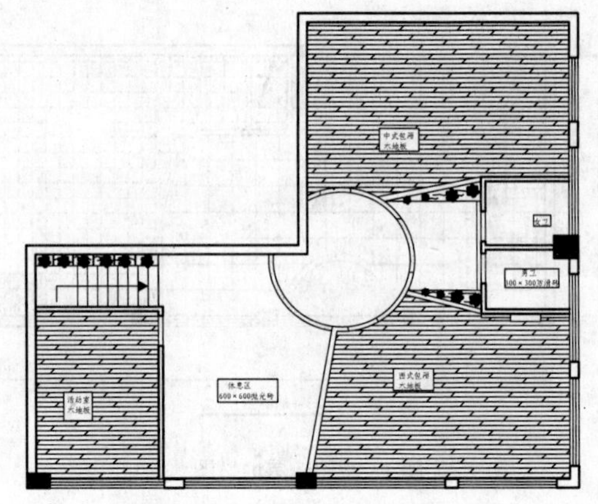
图 13-34　填充包厢和活动室地面材料

07 调用 HATCH/H 图案填充命令，在卫生间填充 ANGLE 图案，效果如图 13-35 所示。在其他区域填充“用户定义”图案，填充后删除文字周围的矩形，效果如图 13-36 所示。

08 调用 MTEXT/MT 多行文字命令，表示地面材料，完成二层地材图的绘制。

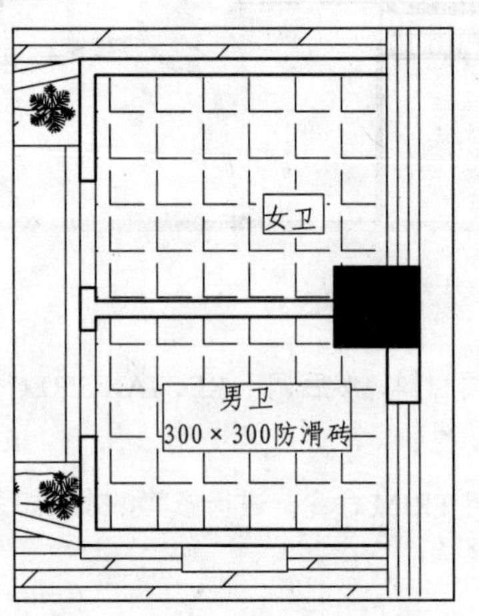

图 13-35　填充卫生间地面材料

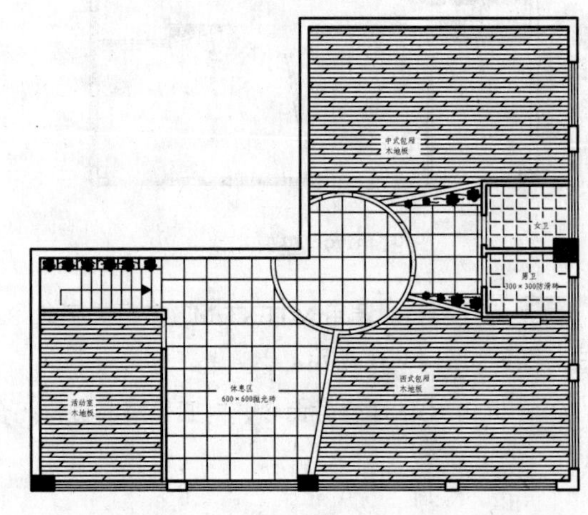
图 13-36　填充休息区地面材料

153 绘制餐厅顶棚图

实例描述:	如图 13-37 和图 13-38 所示为餐厅一层和二层的顶棚图，本实例以一层服务总台和二层活动室为例讲解顶棚图的绘制方法。
文件路径:	目标文件\第 13 章\实例 153.dwg
视频文件:	AVI\第 13 章\153 绘制餐厅顶棚图.avi
播放时长:	0:04:22

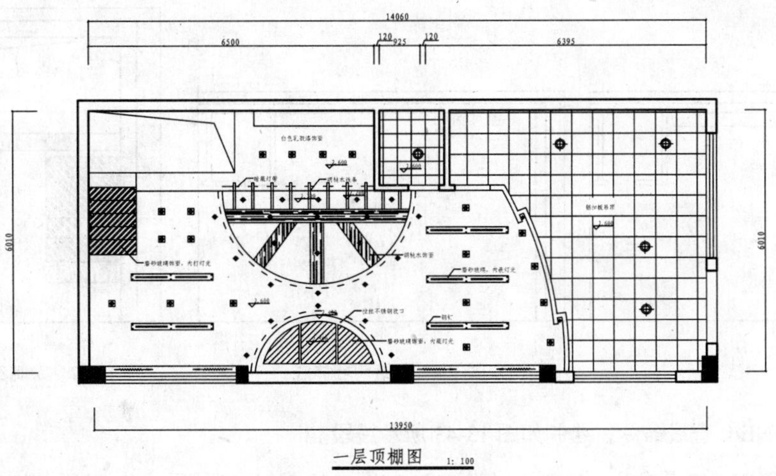

图 13-37　一层顶棚图

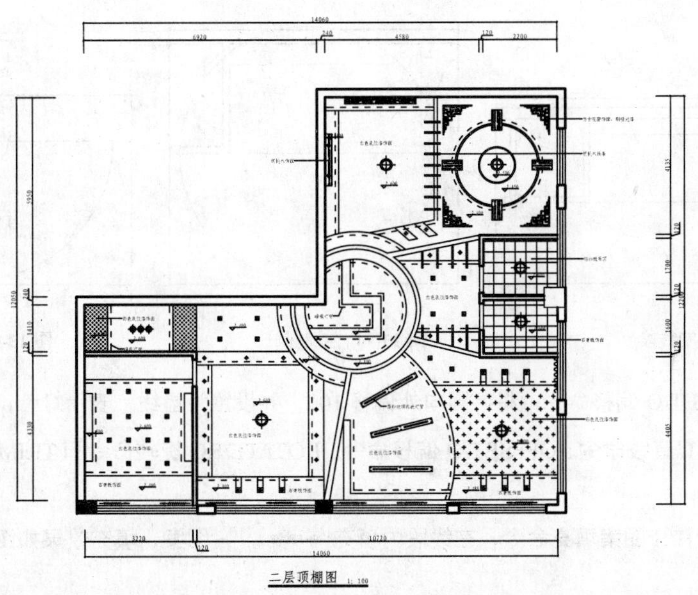

图 13-38　二层顶棚图

01 一层总服务台顶棚图如图 13-39 所示，下面讲解绘制方法。

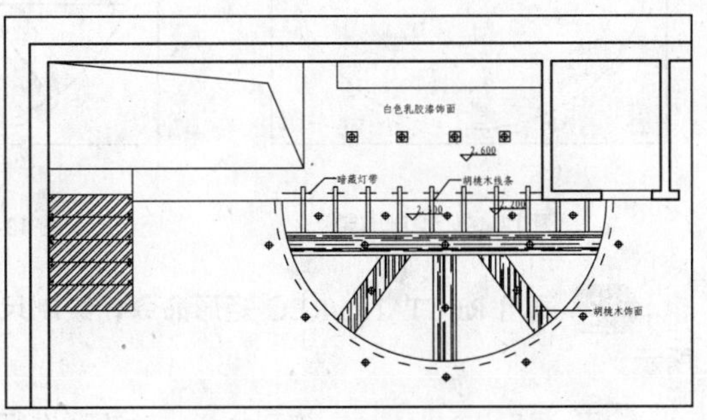

图 13-39　一层服务总台顶棚图

02 用 COPY/CO 复制命令，复制包厢平面布置图，并删除与顶棚图无关的图形，如图 13-40 所示。

03 调用 LINE/L 直线命令，绘制墙体线，如图 13-41 所示。

04 设置“DD_吊顶”图层为当前图层。

05 调用 PLINE/PL 多段线命令、CIRCLE/C 圆命令和 HATCH/H 图案填充命令，绘制左侧楼梯的顶棚造型，如图 13-42 所示。

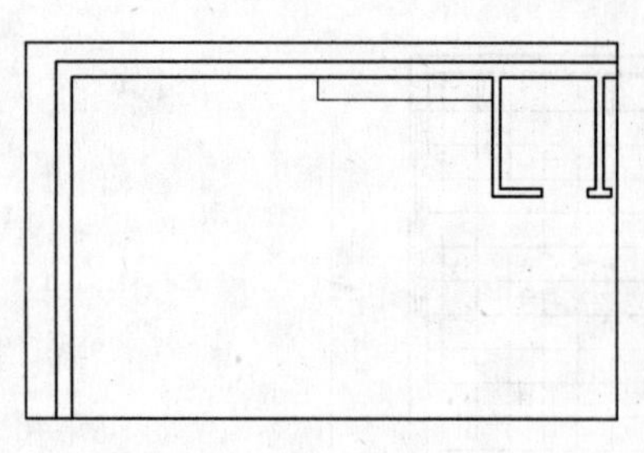

图 13-40 整理图形

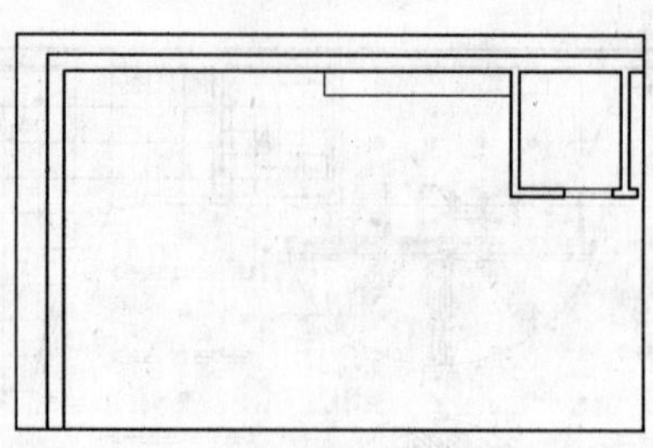

图 13-41 绘制墙体线

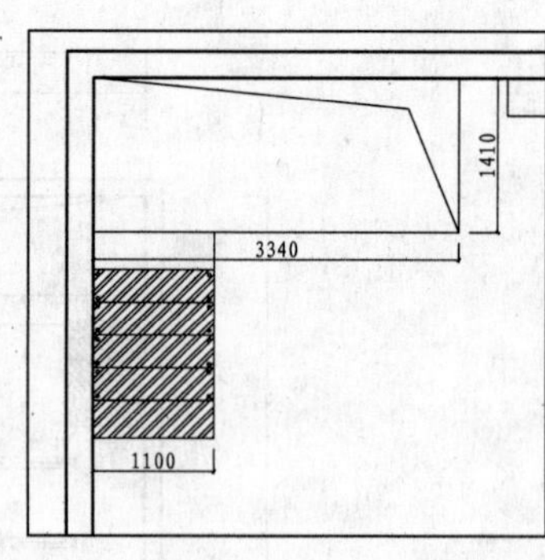

图 13-42 绘制左侧吊顶造型

06 调用 LINE/L 直线命令，绘制如图 13-43 所示线段。

07 调用 CIRCLE/C 圆命令，绘制半径为 2135 的圆，如图 13-44 所示。

08 调用 TRIM/TR 修剪命令，对圆进行修剪，如图 13-45 所示。

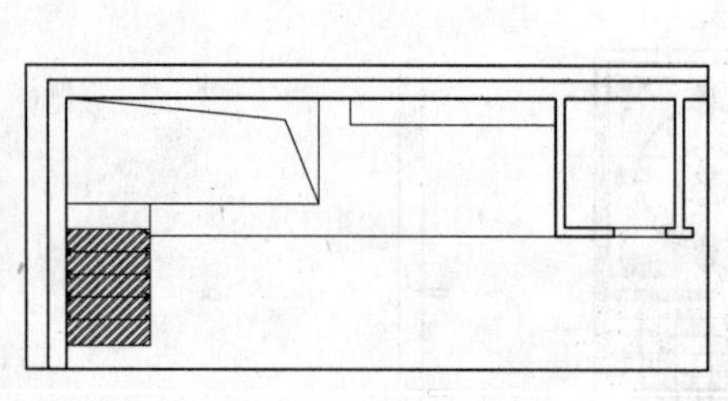

图 13-43 绘制线段

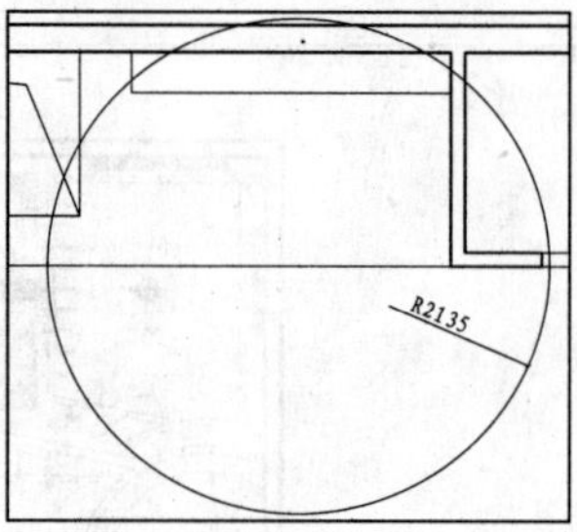

图 13-44 绘制圆

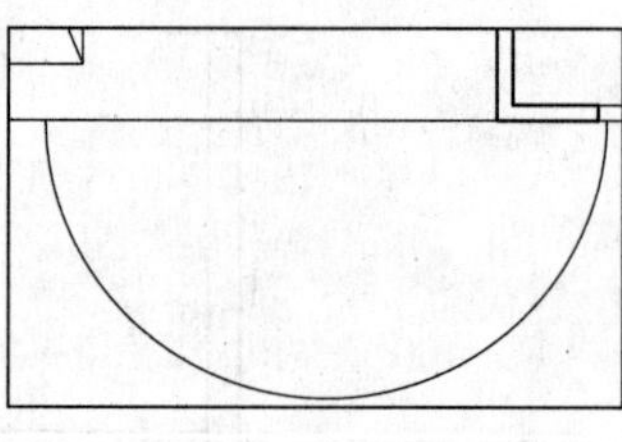

图 13-45 修剪圆

09 调用 OFFSET/O 偏移命令，将半圆向外偏移 100，并设置为虚线，表示灯带，如图 13-46 所示。

10 调用 LINE/L 直线命令、OFFSET/O 偏移命令、ROTATE/RO 旋转命令和 TRIM/TR 修剪命令，绘制如图 13-47 所示线段。

11 调用 HATCH/H 图案填充命令，在线段内填充 AR-RROOF 图案，填充效果如图 13-48 所示。

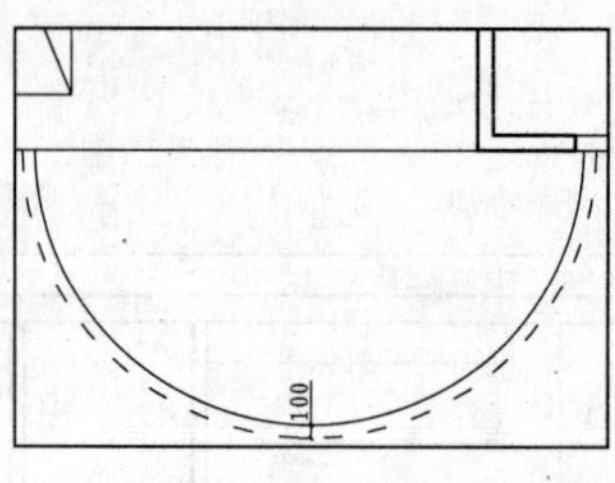

图 13-46 绘制灯带

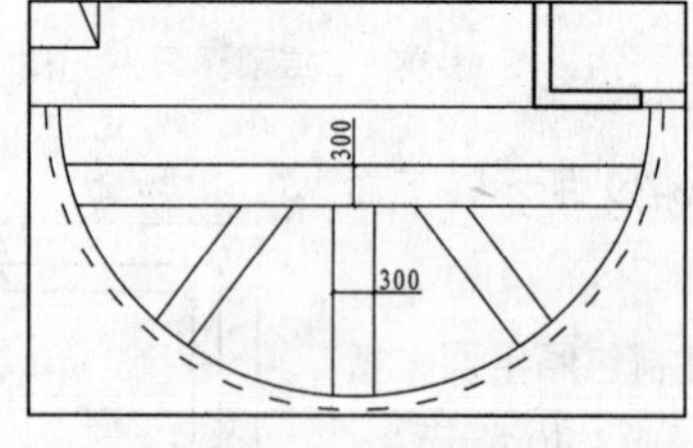

图 13-47 绘制线段

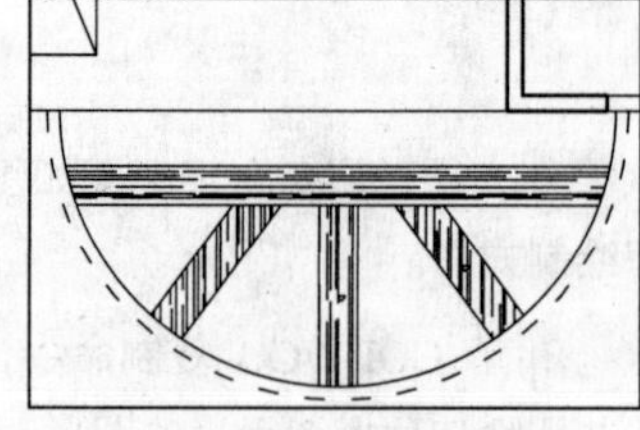

图 13-48 填充效果

12 调用 RECTANG/REC 矩形命令，绘制尺寸为 50×610 的矩形，并移动到相应的位置，如图 13-49 所示。

13 调用 ARRAY/AR 阵列命令，对矩形进行阵列，并进行修剪，效果如图 13-50 所示。

14 调用 LINE/L 直线命令，绘制如图 13-51 所示线段，并将线段设置为虚线。

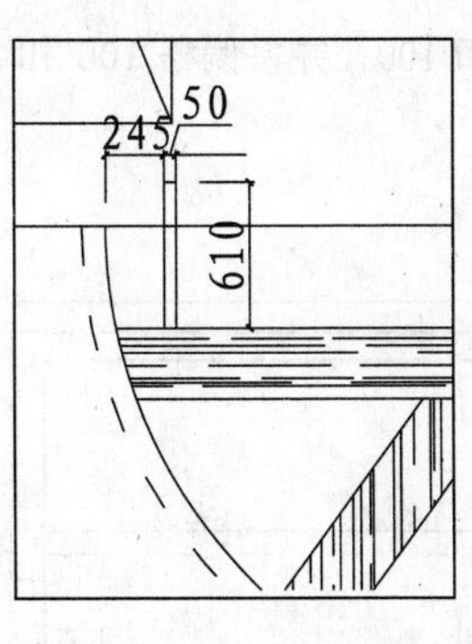

图 13-49　绘制矩形

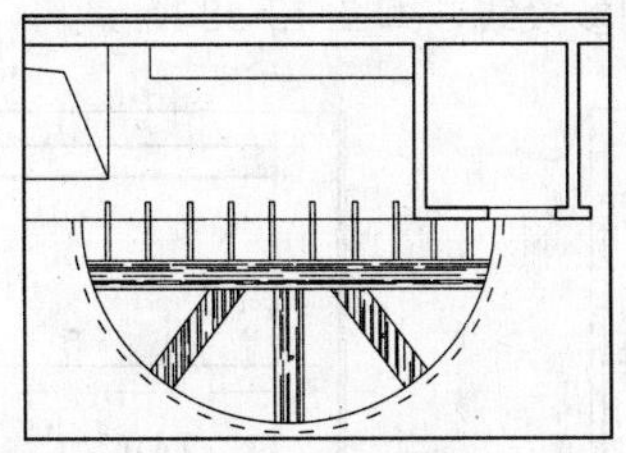

图 13-50　阵列矩形

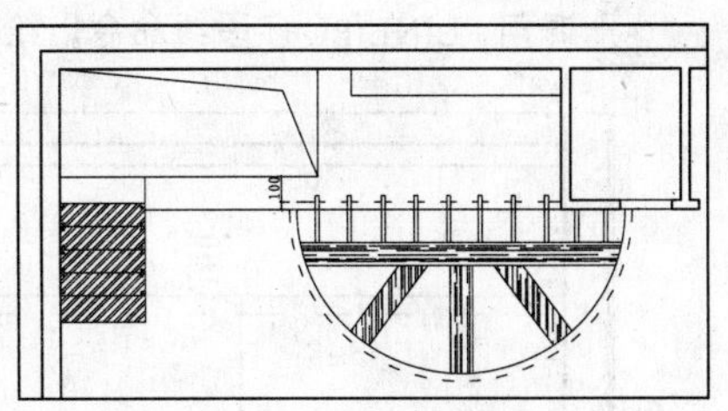

图 13-51　绘制线段

15 从图块中插入灯具图形到顶棚图中，如图 13-52 所示。

16 调用 INSERT/I 插入命令，插入“标高”图块，效果如图 13-53 所示。

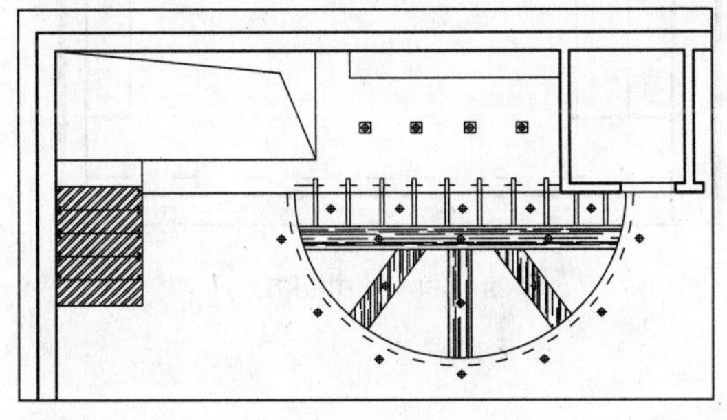

图 13-52　布置灯具

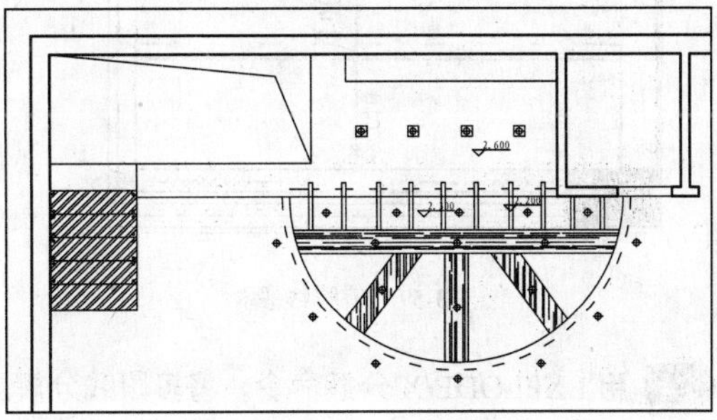

图 13-53　插入标高

17 调用 MTEXT/MT 多行文字命令和 MLEADER/MLD 多重引线命令，对顶棚材料进行标注，完成一层总服务台顶棚图的绘制。

18 二层活动室顶棚图如图 13-54 所示，下面讲解绘制方法。

19 设置“DD_吊顶”图层为当前图层。

20 调用 COPY/CO 复制命令，复制窗帘，如图 13-55 所示。

21 调用 LINE/L 直线命令，绘制窗帘盒，窗帘盒的宽度为 150，如图 13-56 所示。

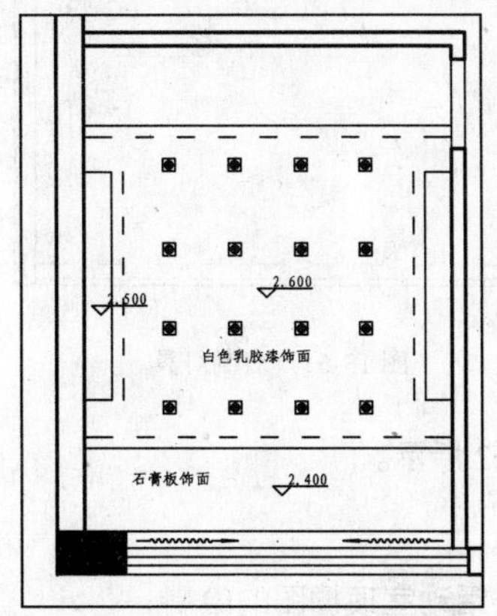

图 13-54　二层活动室顶棚图

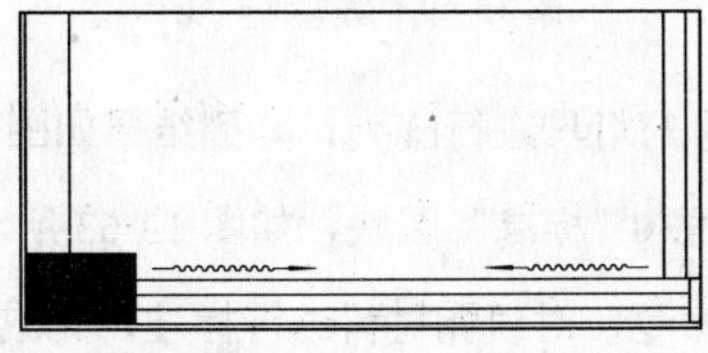

图 13-55　复制窗帘

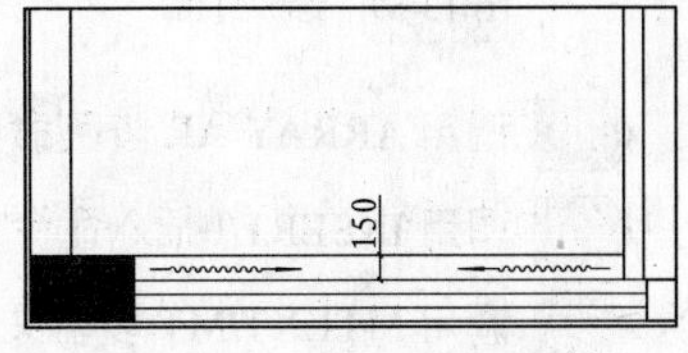

图 13-56　绘制窗帘盒

22 调用 OFFSET/O 偏移命令，将线段依次向上偏移 740、100、2680 和 100，并将偏移 100 和 2680 后的线段设置为虚线，表示灯带，如图 13-57 所示。

23 调用 PLINE/PL 多段线命令，绘制多段线，如图 13-58 所示。

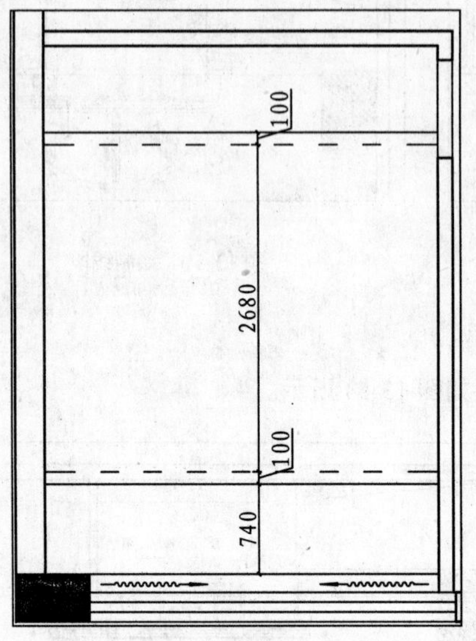

图 13-57　偏移线段

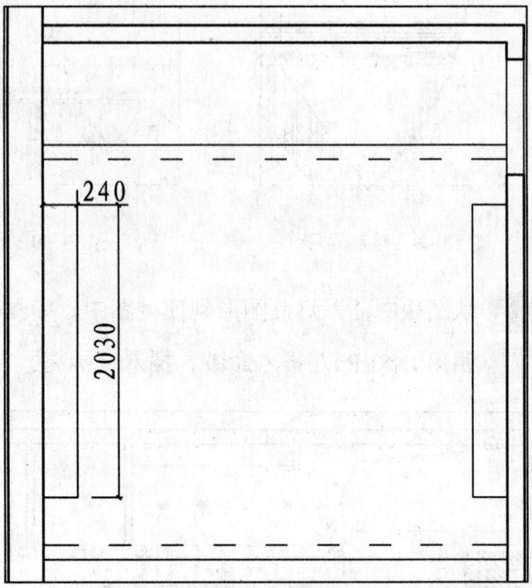

图 13-58　绘制多段线

24 用 EXPLODE/X 分解命令，将多段线分解。

25 调用 OFFSET/O 偏移命令，将分解后的多段线向外偏移 100，并设置为虚线，如图 13-59 所示。

26 布置灯具。调用 OFFSET/O 偏移命令，绘制辅助线，如图 13-60 所示。

27 从图库中复制灯具图形到辅助线处，然后删除辅助线，如图 13-61 所示。

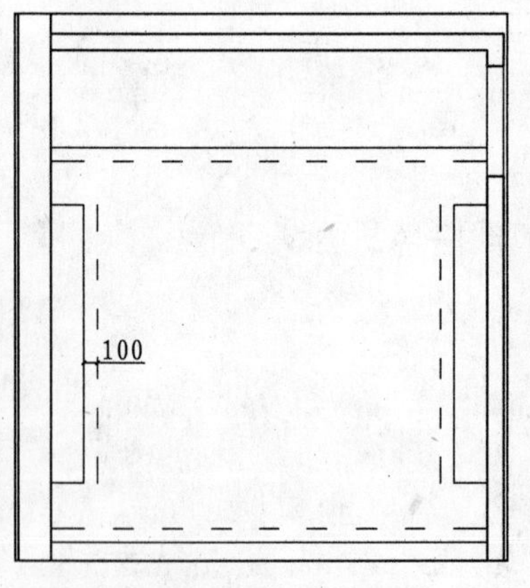

图 13-59　绘制灯带

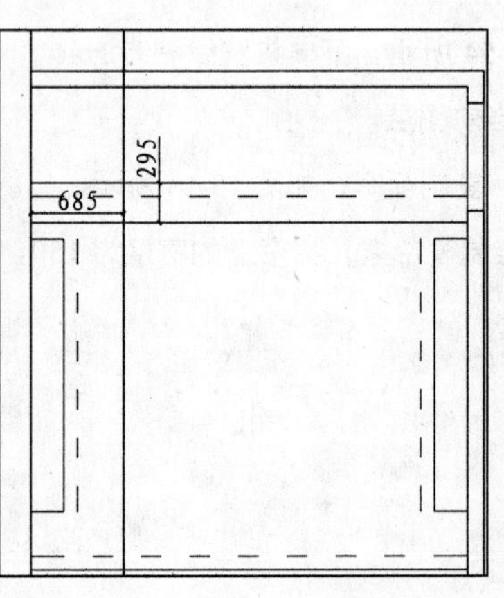

图 13-60　绘制辅助线

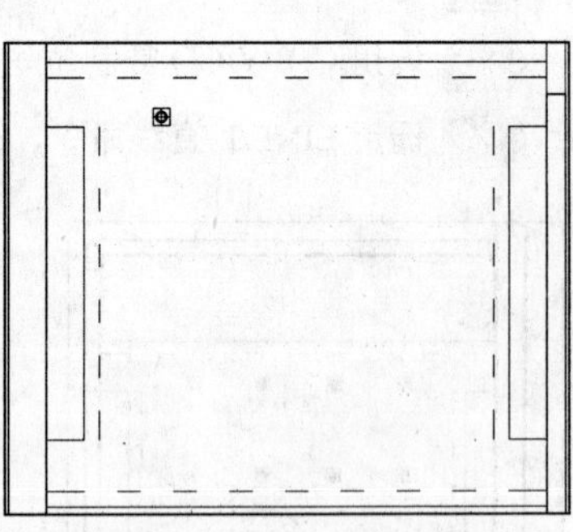

图 13-61　复制灯具

28 调用 ARRAY/AR 阵列命令，对灯具进行阵列，阵列结果如图 13-62 所示。

29 调用 INSERT/I 插入命令，插入“标高”图块，如图 13-63 所示。

30 调用 MTEXT/MT 多行文字命令，对顶棚材料进行标注，完成二层活动室顶棚图的绘制。

第3篇

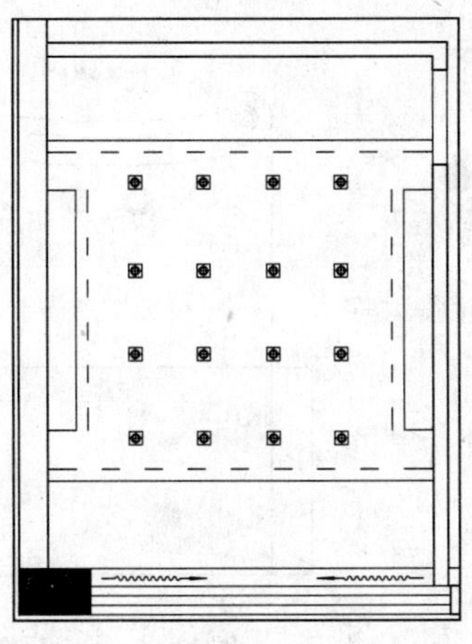

图 13-62　阵列结果

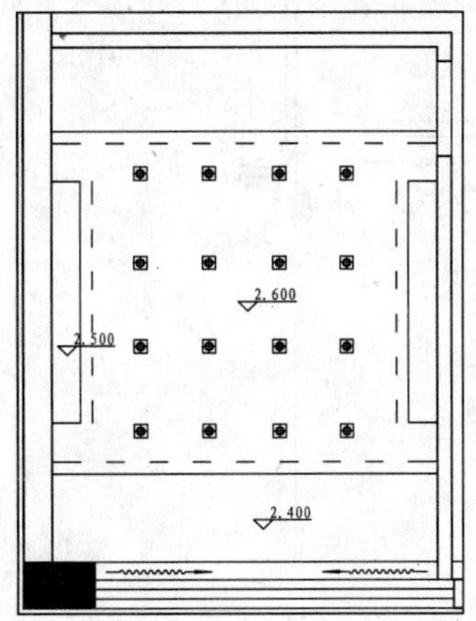

图 13-63　插入图块

154 绘制一层总服务台立面图

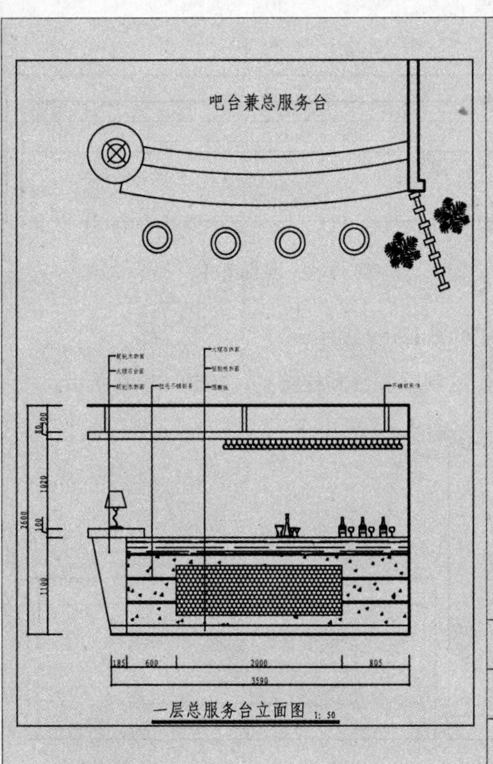

如左图所示为一层总服务台立面图，主要表达了吧台的做法。

文件路径：	目标文件\第 13 章\实例 154.dwg
视频文件：	AVI\第 13 章\154 绘制一层总服务台立面图.avi
播放时长：	0:08:45

01 调用 COPY/CO 复制命令，复制平面布置图上一层总服务台的平面部分。

02 设置“LM_立面”图层为当前图层。

03 调用 LINE/L 直线命令，根据平面布置图绘制墙体投影线，如图 13-64 所示。

04 调用 LINE/L 直线命令，在投影线的下方绘制一水平线段表示地面，如图 13-65 所示。

05 调用 OFFSET/O 偏移命令，将地面向上偏移 2600，得到顶棚底面，如图 13-66 所示。

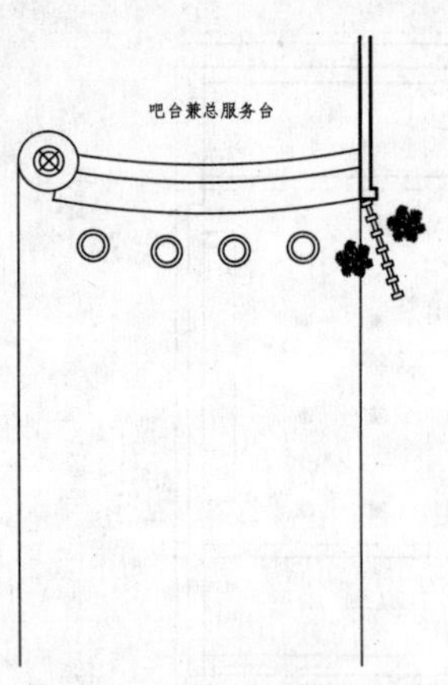

图 13-64　绘制墙体投影线

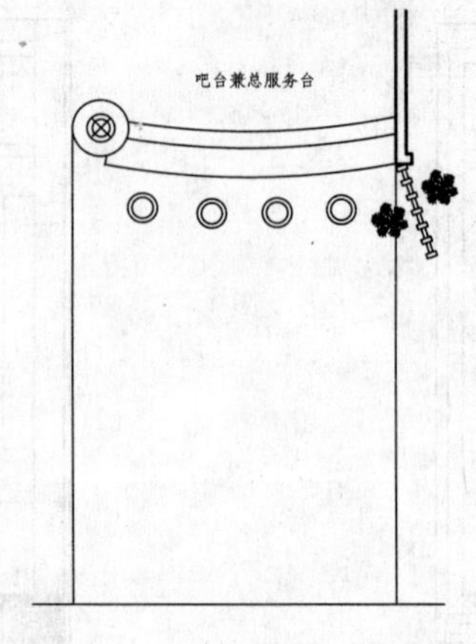

图 13-65　绘制地面

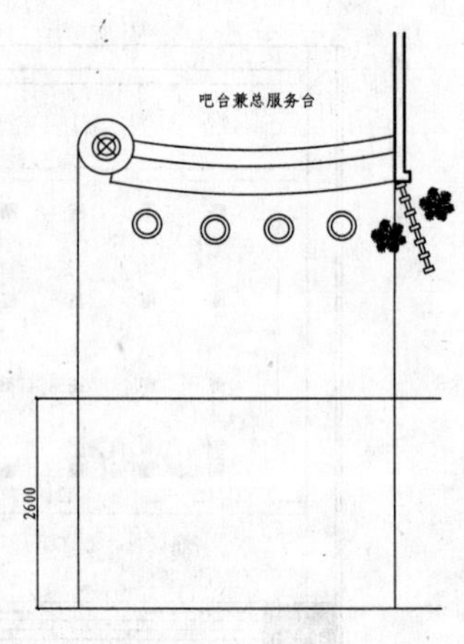

图 13-66　绘制顶棚

06 调用 TRIM/TR 修剪命令，修剪出立面主要轮廓，如图 13-67 所示，并将外轮廓线段转换为“QT_墙体”图层。

07 调用 PLINE/PL 多段线命令和 OFFSET/O 偏移命令，绘制吊杆，如图 13-68 所示。

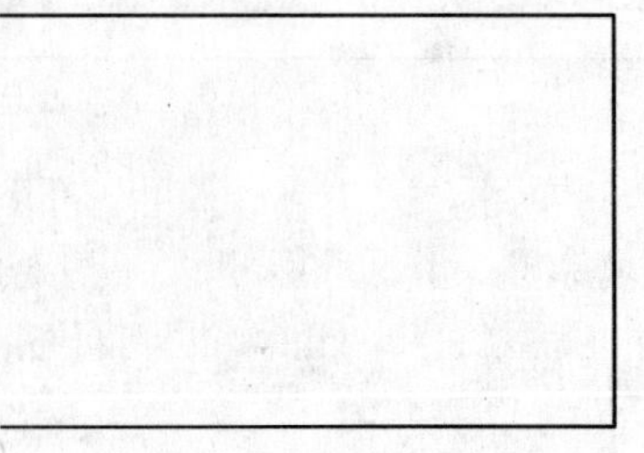

图 13-67　修剪立面外轮廓

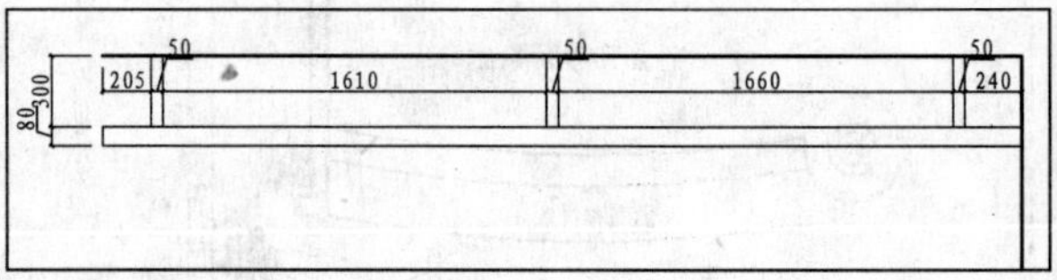

图 13-68　绘制吊杆

08 调用 PLINE/PL 多段线命令，绘制服务台的外轮廓，如图 13-69 所示。

09 调用 RECTANG/REC 命令矩形和 LINE/L 直线命令，绘制服务台圆柱结构，如图 13-70 所示。

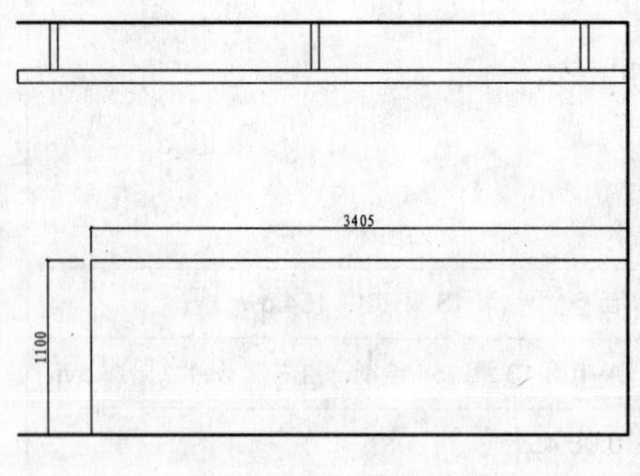

图 13-69　绘制服务台外轮廓

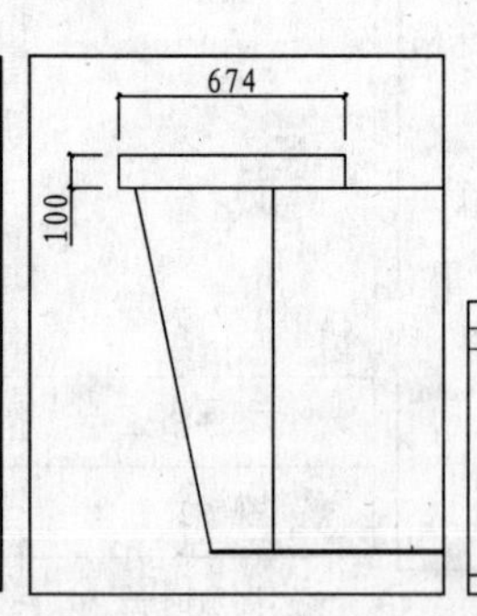

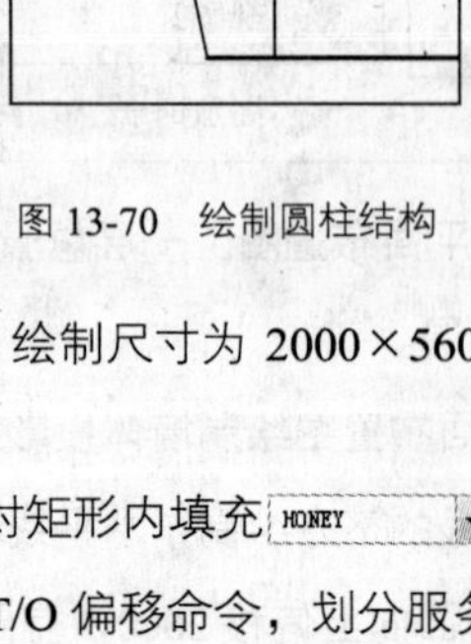

图 13-70　绘制圆柱结构

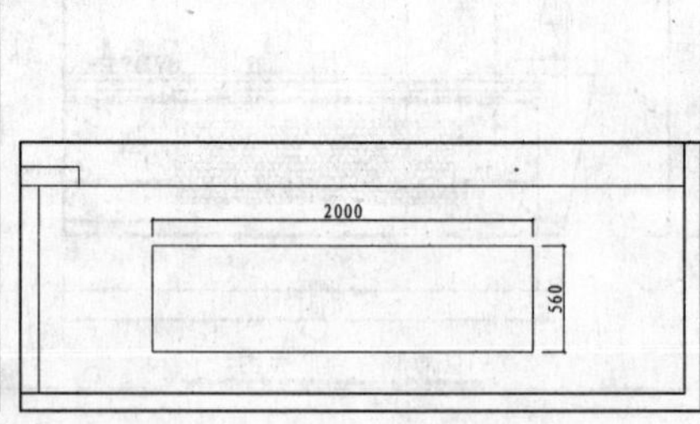

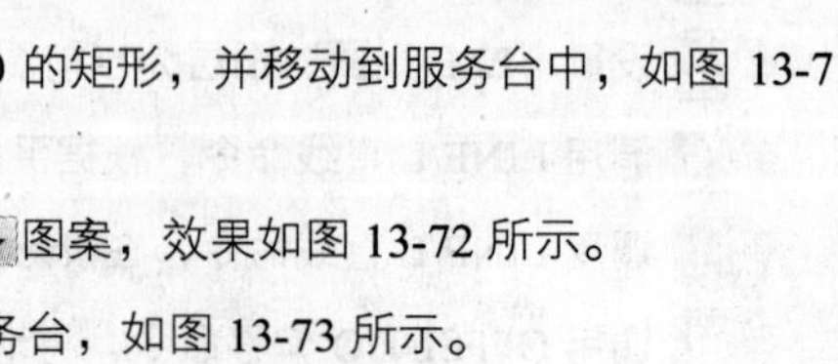

图 13-71　绘制矩形

10 调用 RECTANG/REC 矩形命令，绘制尺寸为 2000×560 的矩形，并移动到服务台中，如图 13-71 所示。

11 调用 HATCH/H 图案填充命令，对矩形内填充 HONEY 图案，效果如图 13-72 所示。

12 调用 LINE/L 直线命令和 OFFSET/O 偏移命令，划分服务台，如图 13-73 所示。

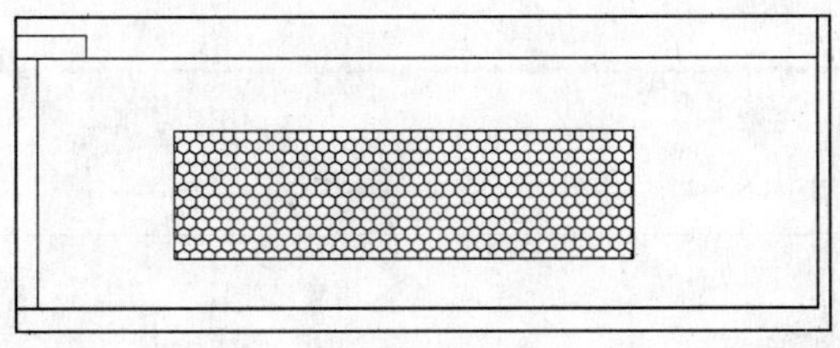

图 13-72　填充效果

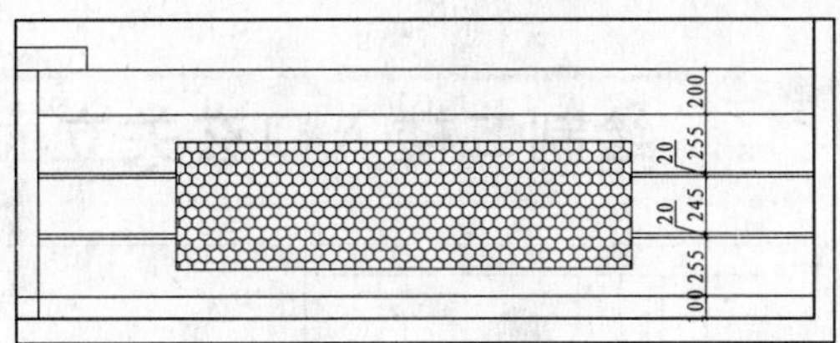

图 13-73　划分服务台

13 调用 HATCH/H 图案填充命令，在吧台填充 AR-RROOF 图案和 AR-CONC 图案，效果如图 13-74 所示。

14 插入图块。打开配套光盘提供的“第 13 章\家具图例.dwg”文件，选择其中的酒杯和台灯图块，将其复制至吧台立面区域，效果如图 13-75 所示。

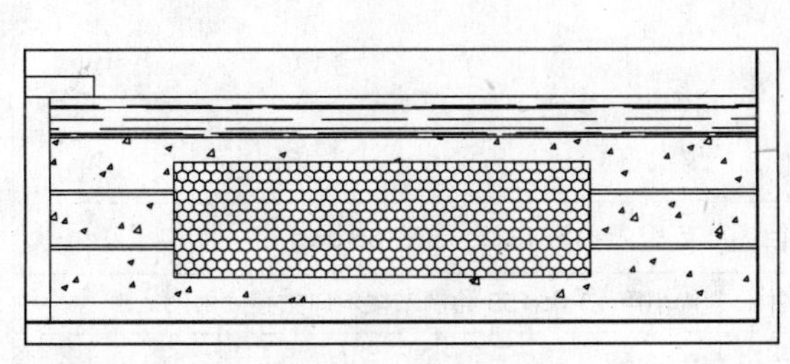

图 13-74　填充效果

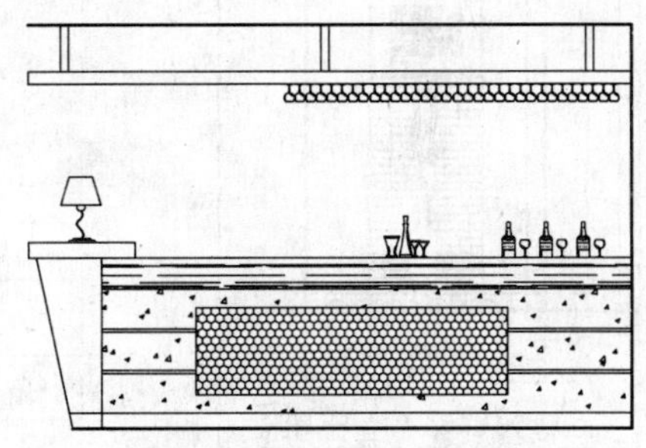

图 13-75　插入图块

15 置“BZ_标注”为当前图层。设置当前注释比例为 1:50。

16 调用 DIMLINEAR/DLI 线性命令或执行【标注】|【线性】命令标注尺寸，本图应该在垂直方向和水平方向分别进行标注，标注结果如图 13-76 所示。

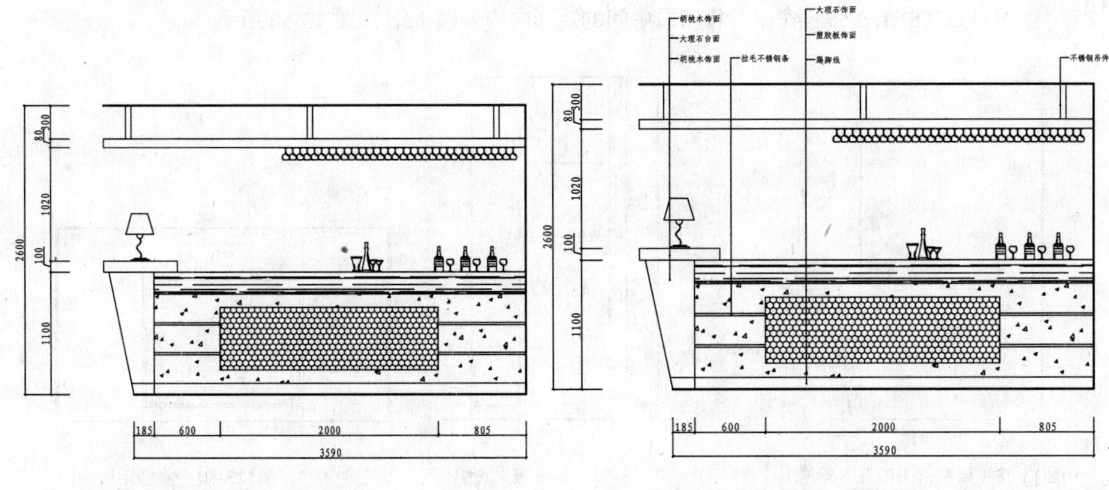

图 13-76　尺寸标注　　　　图 13-77　文字标注

17 调用 MLRADER/MLD 多行文字命令进行材料标注，标注结果如图 13-77 所示。

18 插入图名。调用插入图块命令 INSERT，插入“图名”图块，设置名称为“一层总服务台立面图”。一层总服务台立面图绘制完成。

155 绘制二楼入口玄关立面图

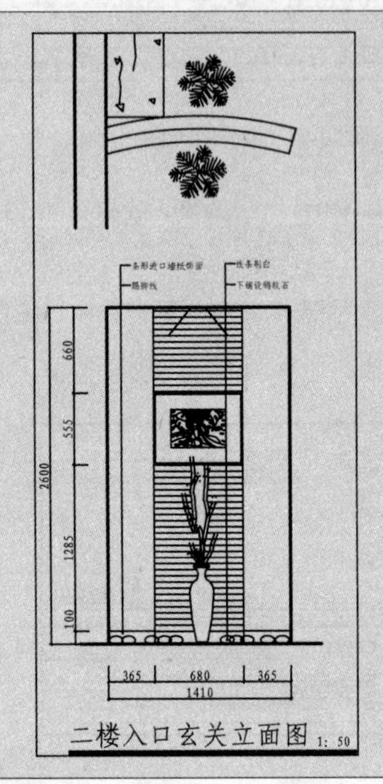

如左图所示为二楼入口玄关立面图，主要表达了玄关的装饰做法。

文件路径：	目标文件\第 13 章\实例 155.dwg
视频文件：	AVI\第 13 章\155 绘制二楼入口玄关立面图.avi
播放时长：	0:05:59

01 调用 COPY/CO 复制命令，复制平面布置图二楼入口玄关的平面部分，并对图形进行旋转。

02 调用 LINE/L 直线命令和 TRIM/TR 修剪命令，绘制二楼入口玄关立面的基本轮廓，如图 13-78 所示。

03 调用 LINE/L 直线命令和 RECTANG/REC 矩形命令，划分墙面造型，如图 13-79 所示。

04 调用 OFFSET/O 偏移命令，将墙面中间的矩形向内偏移 12，如图 13-80 所示。

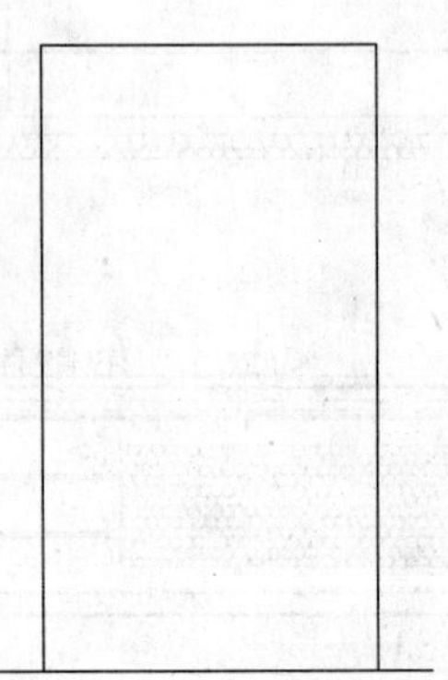

图 13-78 绘制玄关的基本轮廓

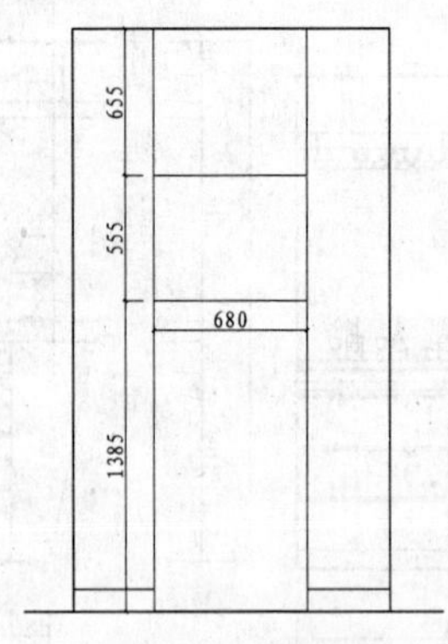

图 13-79 划分墙面造型

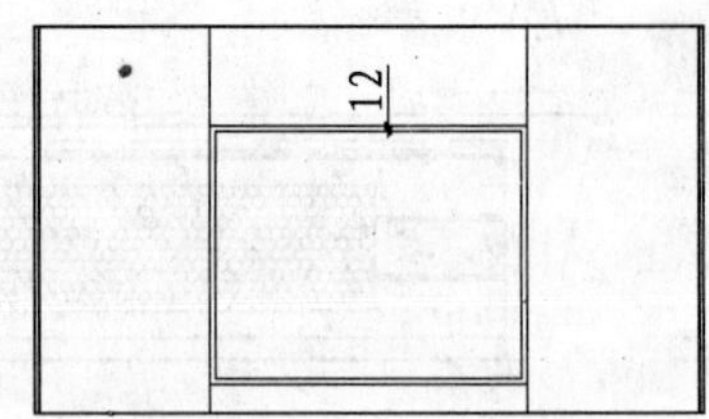

图 13-80 偏移矩形

05 调用 HATCH/H 图案填充命令，在上下方的墙面填充 LINE 图案，填充参数和效果如图 13-81 所示。

06 调用 LINE/L 直线命令，绘制踢脚线，如图 13-82 所示。

07 调用 HATCH/H 图案填充命令，在两侧的墙面填充 AR-SAND 图案，填充参数和效果如图 13-83 所示。

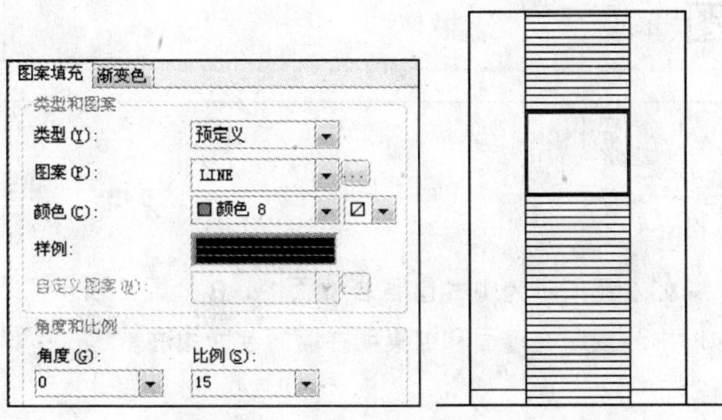

图 13-81　填充参数和效果

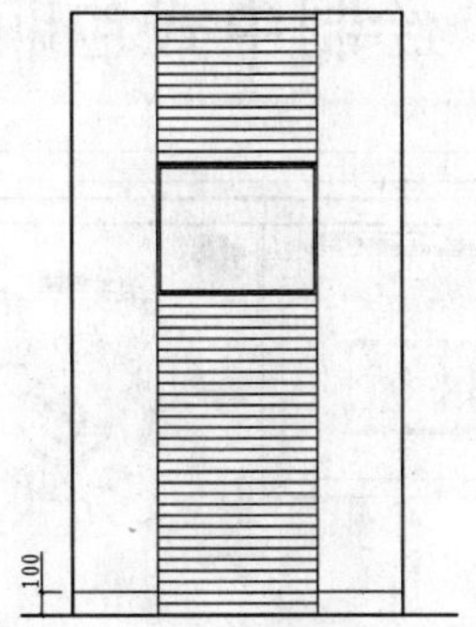

图 13-82　绘制踢脚线

08 从图库中插入鹅卵石、装饰画、射灯和陈设品到立面图中，并进行修剪，如图 13-84 所示。

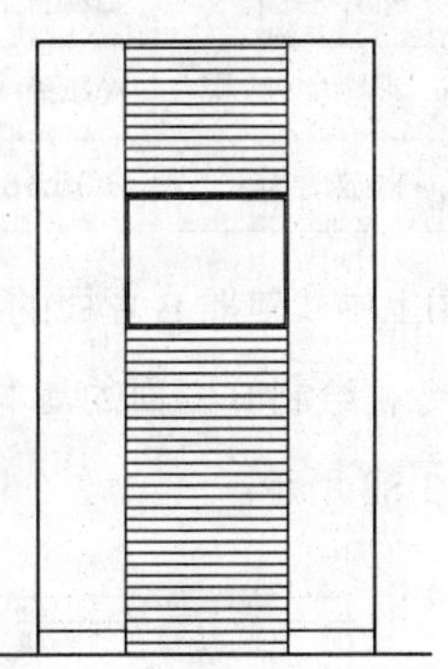

图 13-83　填充参数和效果

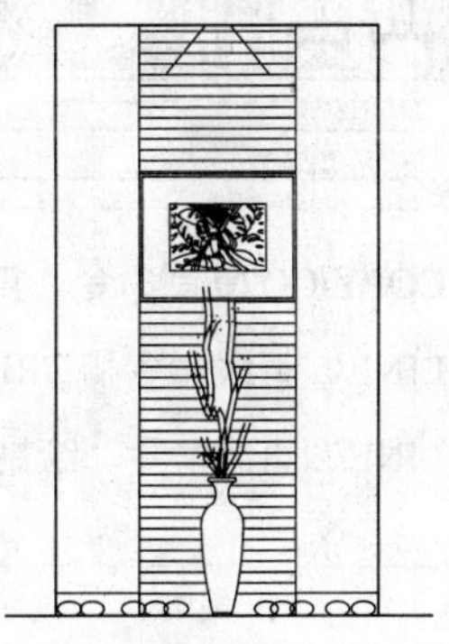

图 13-84　插入图块

09 调用 DIMLINEAR/DLI 线性命令，进行标注尺寸，如图 13-85 所示。

10 调用 MLEADER/MLD 多重引线命令，对立面标注材料说明，如图 13-86 所示。

11 用 INSERT/I 插入命令，插入“图名”图块，完成二楼入口玄关立面图的绘制。

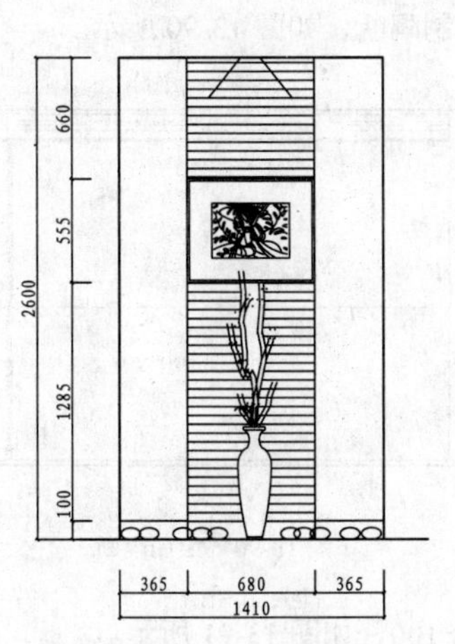

图 13-85　标注尺寸

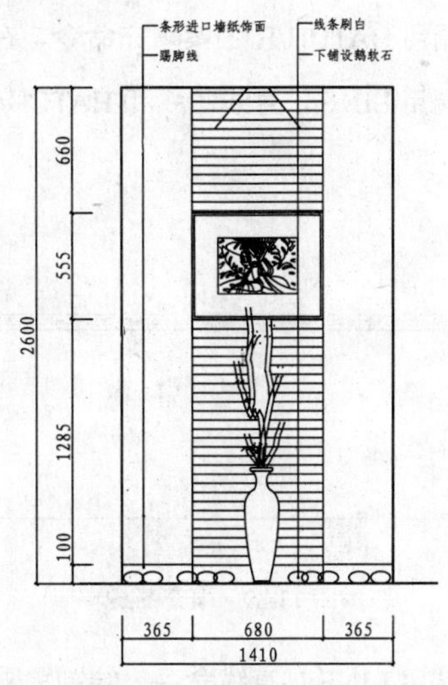

图 13-86　材料说明

156 绘制中式包厢 B 立面图

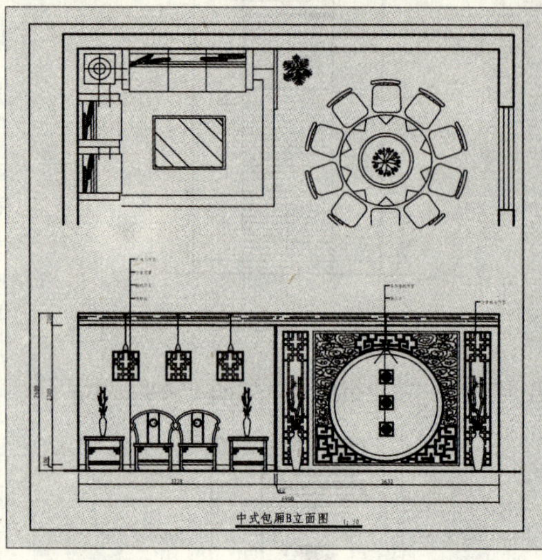

如左图所示为中式包厢 B 立面图，B 立面图表示了包厢中沙发所在墙面和餐桌所在墙面装饰做法。

文件路径：	目标文件\第 13 章\实例 156.dwg
视频文件：	AVI\第 13 章 156 绘制中式包厢 B 立面图\.avi
播放时长：	0:05:48

01 调用 COPY/CO 复制命令，复制平面布置图上中式包厢 B 立面的平面部分。

02 调用 LINE/L 直线命令和 TRIM/TR 修剪命令，绘制 B 立面的基本轮廓，如图 13-87 所示。

03 调用 LINE/L 直线命令，绘制线段，如图 13-88 所示。

图 13-87　绘制 B 立面的基本轮廓

图 13-88　填充图案

04 调用 HATCH/H 图案填充命令，在线段内填充 AR-RROOF 图案，如图 13-89 所示。

05 调用 LINE/L 直线命令和 HATCH/H 图案填充命令，绘制隔断，如图 13-90 所示。

图 13-89　填充图案

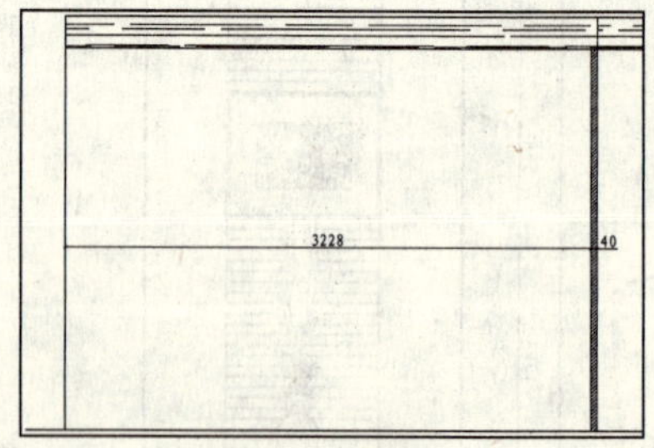

图 13-90　绘制隔断

06 调用 LINE/L 直线命令，绘制踢脚线，踢脚线的高度为 100，如图 13-91 所示。

07 从图库中插入灯具、椅子、茶几、陈设品和木格等图块到立面图中，并进行修剪，如图 13-92 所示。

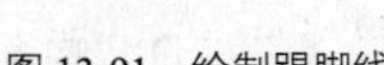
图 13-91　绘制踢脚线

图 13-92　插入图块

08 调用 HATCH/H 图案填充命令，在左侧墙面和右侧的木格内填充 AR-SAND 图案，如图 13-93 所示。

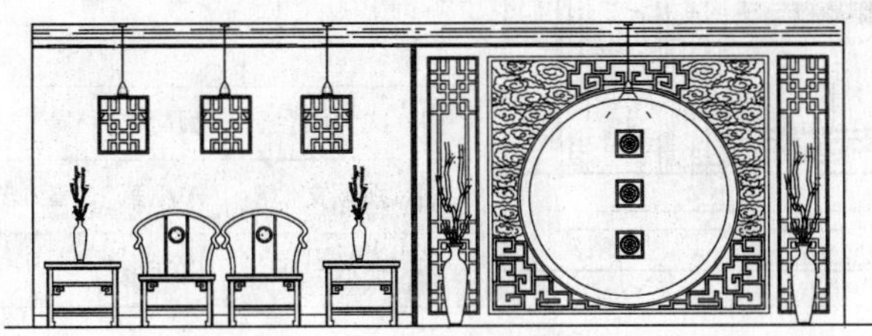
图 13-93　填充图案

09 调用 DIMLINEAR/DLI 线性命令，进行尺寸标注，如图 13-94 所示。

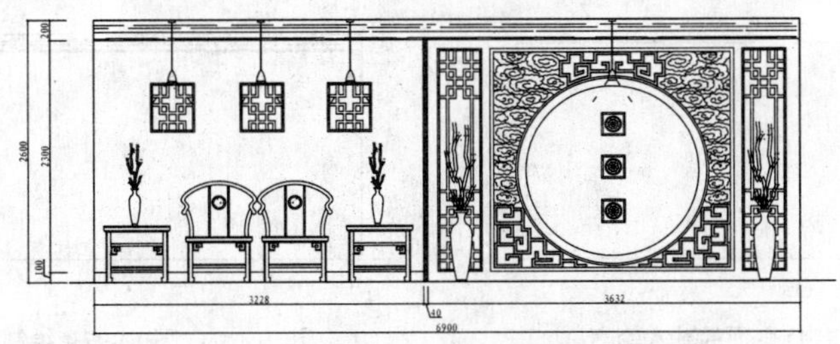

图 13-94　尺寸标注

10 调用 MLEADER/MLD 多重引线命令，标注材料说明，如图 13-95 所示。

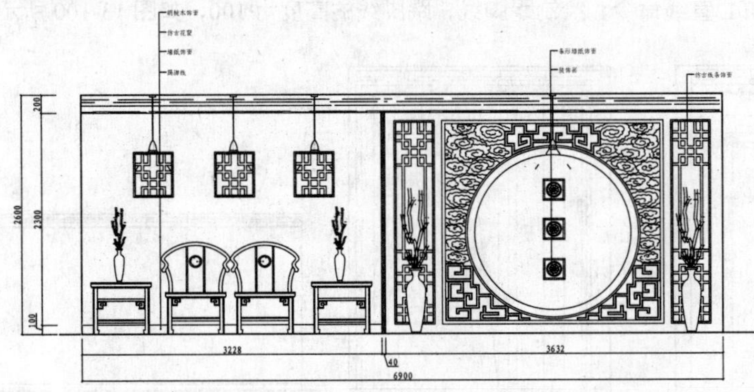

图 13-95　材料说明

11 调用 INSERT/I 插入命令，插入“图名”图块，完成中式包厢 B 立面图的绘制。

157 绘制中式包厢 D 立面图

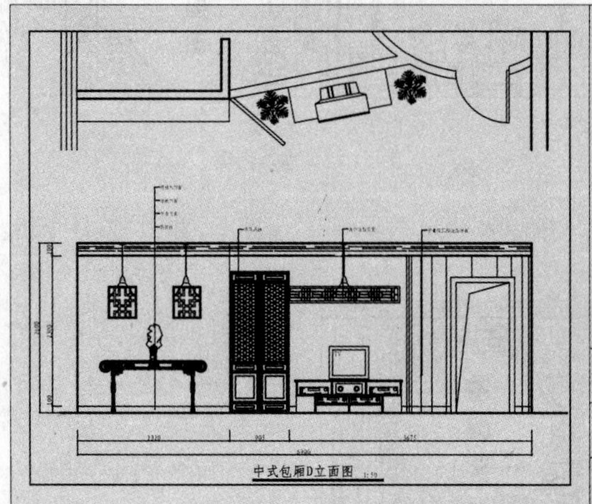

如左图所示为中式包厢 D 立面图，D 立面图是电视背景和条案所在的墙面。

文件路径：	目标文件\第 13 章\实例 157.dwg
视频文件：	AVI\第 13 章 157 绘制中式包厢 D 立面图\.avi
播放时长：	0:06:17

01 调用 COPY/CO 复制命令，复制平面布置图上中式包厢 D 立面的平面部分，并对图形进行旋转。

02 调用 LINE/L 直线命令和 TRIM/TR 修剪命令，绘制 D 立面的基本轮廓，如图 13-96 所示。

03 调用 LINE/L 直线命令和 HATCH/H 图案填充命令，绘制顶棚造型，如图 13-97 所示。

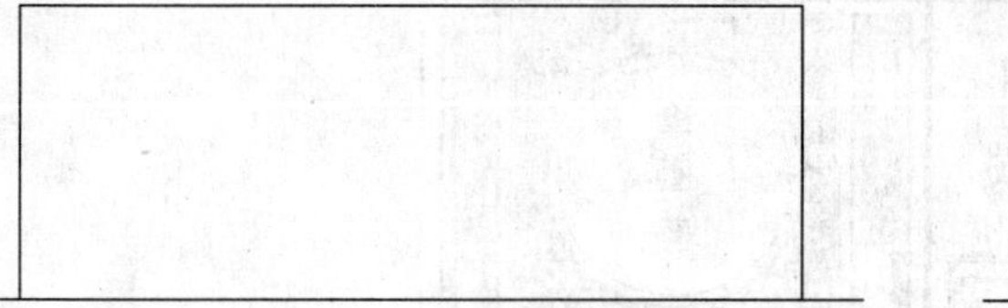

图 13-96　绘制 D 立面的基本轮廓

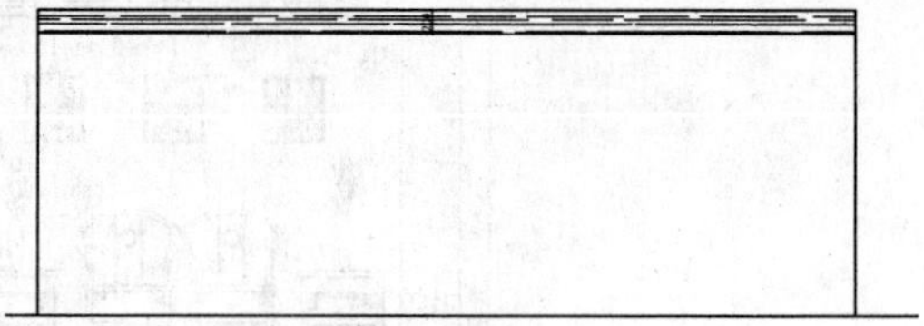

图 13-97　绘制顶棚造型

04 调用 PLINE/PL 多段线命令和 OFFSET/O 偏移命令，绘制门，如图 13-98 所示。

05 调用 LINE/L 直线命令和 OFFSET/O 偏移命令，绘制线段，如图 13-99 所示。

06 调用 LINE/L 直线命令，绘制踢脚线，踢脚线的高度为 100，如图 13-100 所示。

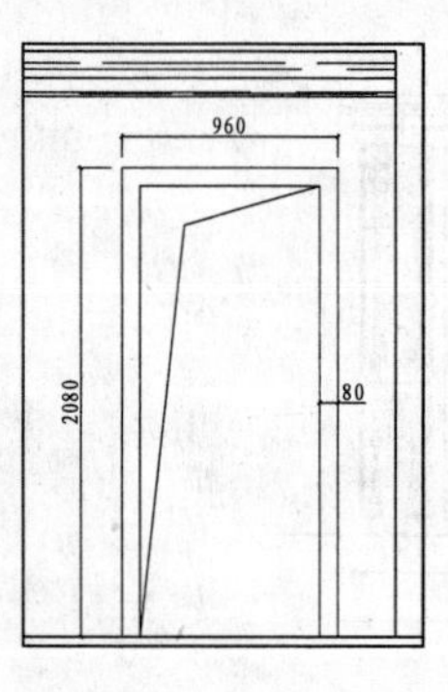

图 13-98　绘制门

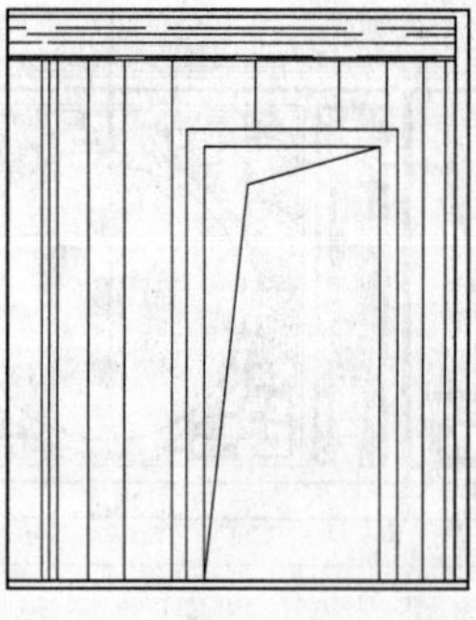

图 13-99　绘制线段

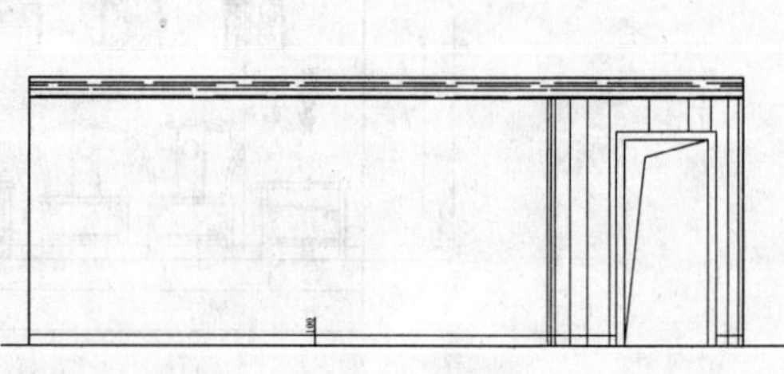

图 13-100　绘制踢脚线

07 调用 LINE/L 直线命令，绘制线段，如图 13-101 所示。

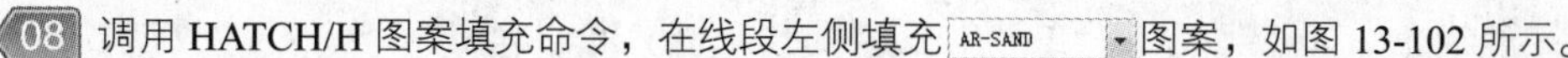

08 调用 HATCH/H 图案填充命令，在线段左侧填充 AR-SAND 图案，如图 13-102 所示。

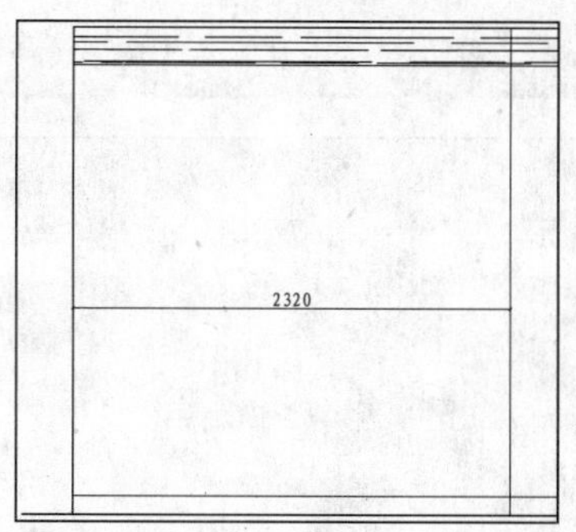

图 13-101　绘制线段

图 13-102　填充墙面

09 从图库中插入花桌、中式花格、屏风、电视和电视柜等图块到立面图中，并进行修剪，如图 13-103 所示。

10 调用 DIMLINEAR/DLI 线性命令，标注尺寸，如图 13-104 所示。

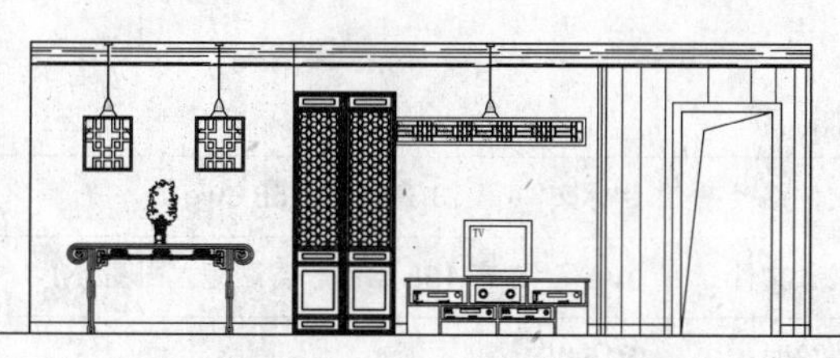

图 13-103　插入图块

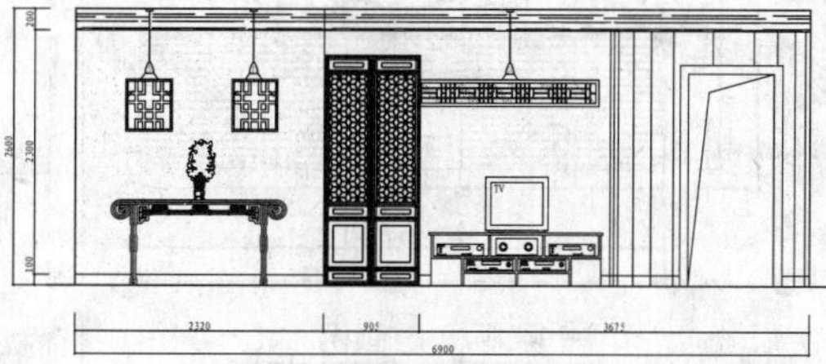

图 13-104　标注尺寸

11 调用 MLEADER/MLD 多重引线命令，材料说明，如图 13-105 所示。

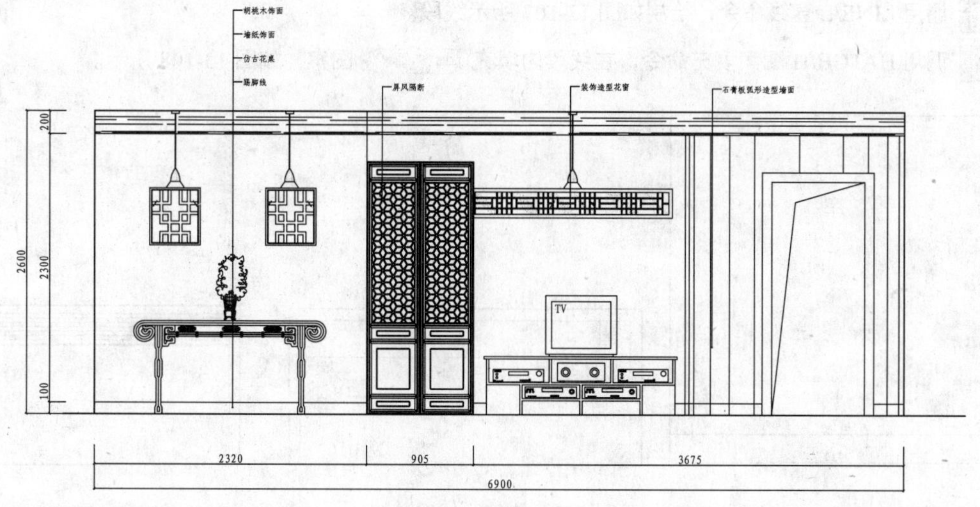

图 13-105　材料说明

12 调用 INSERT/I 插入命令，插入“图名”图块，完成中式包厢 D 立面图的绘制。

158 绘制一层酒柜立面图

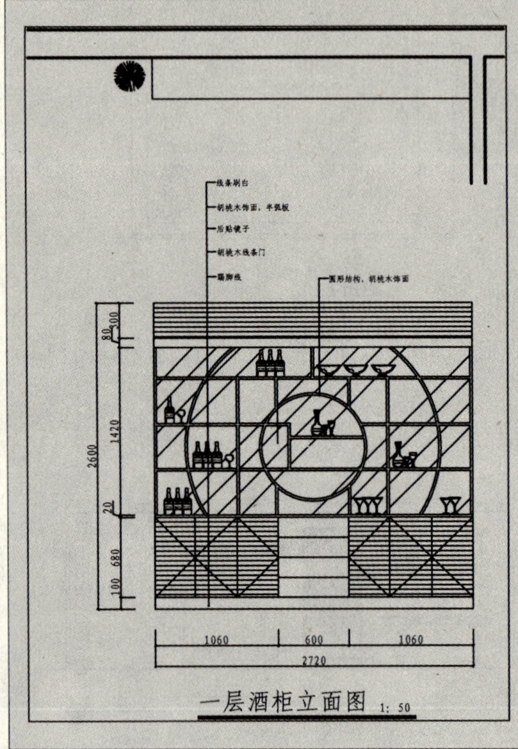

如左图所示为一层酒柜立面图，主要表达了酒柜的详细做法。

文件路径：	目标文件\第 13 章\实例 158.dwg
视频文件：	AVI\第 13 章\158 绘制一层酒柜立面图.avi
播放时长：	0:15:40

01 调用 COPY/CO 复制命令，复制平面布置图上酒柜的平面部分。

02 调用 RECTANG/REC 矩形命令，绘制酒柜的基本轮廓，如图 13-106 所示。

03 调用 LINE/L 直线命令，绘制如图 13-107 所示线段。

04 调用 HATCH/H 图案填充命令，在线段内填充 LINE 图案，如图 13-108 所示。

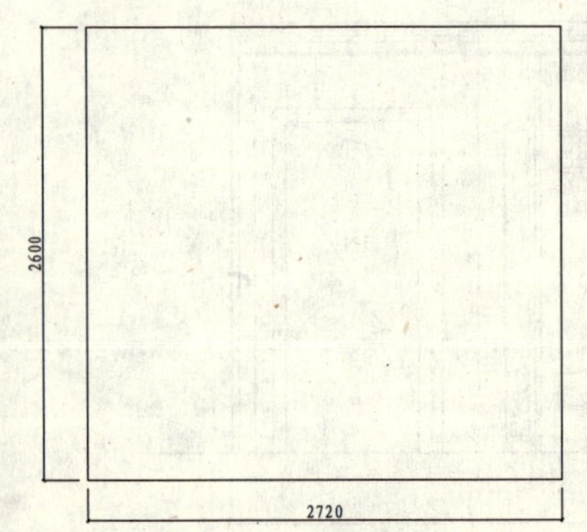

图 13-106 绘制基本轮廓

图 13-107 绘制线段

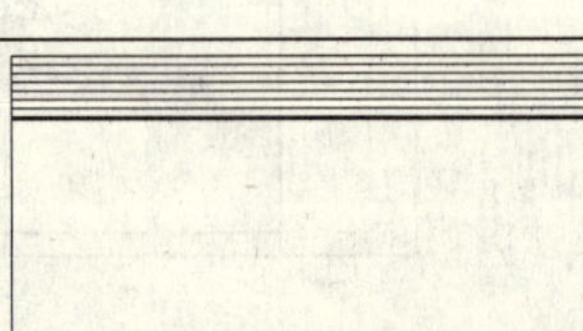

图 13-108 填充图案

05 绘制酒柜。调用 RECTANG/REC 矩形命令，绘制酒柜的台面，如图 13-109 所示。

06 调用 LINE/L 直线命令和 OFFSET/O 偏移命令，划分酒柜，如图 13-110 所示。

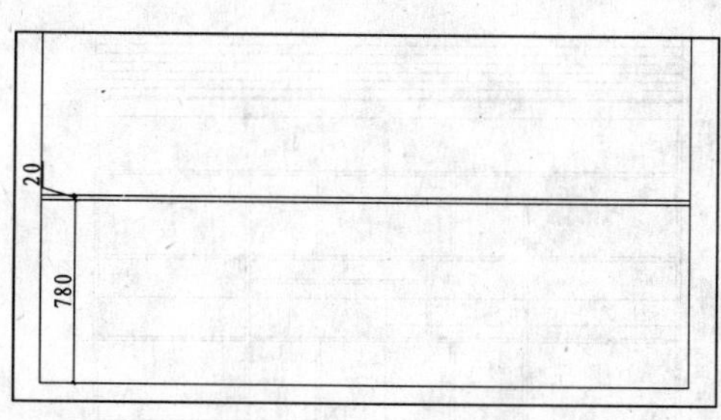

图 13-109　绘制面板

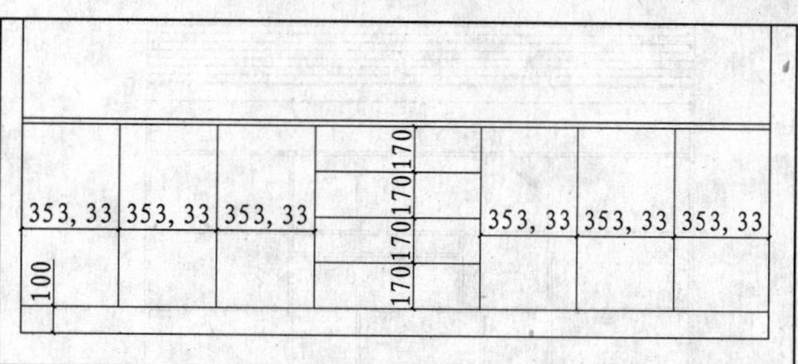

图 13-110　划分酒柜

07 调用 HATCH/H 图案填充命令，在酒柜的面板填充 LINE 图案，如图 13-111 所示。

08 调用 LINE/L 直线命令，绘制折线，表示门开启的方向，如图 13-112 所示。

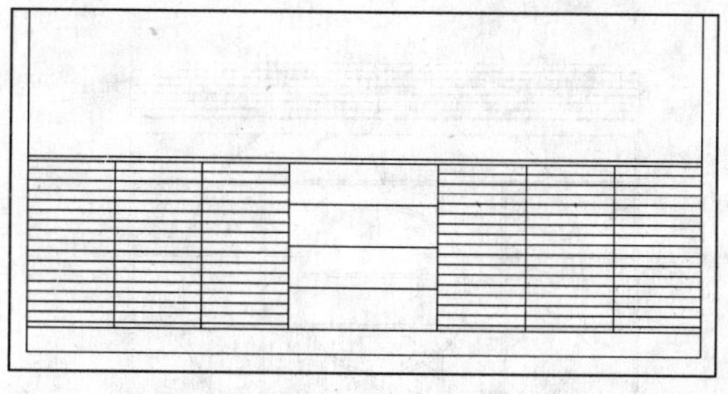

图 13-111　填充面板

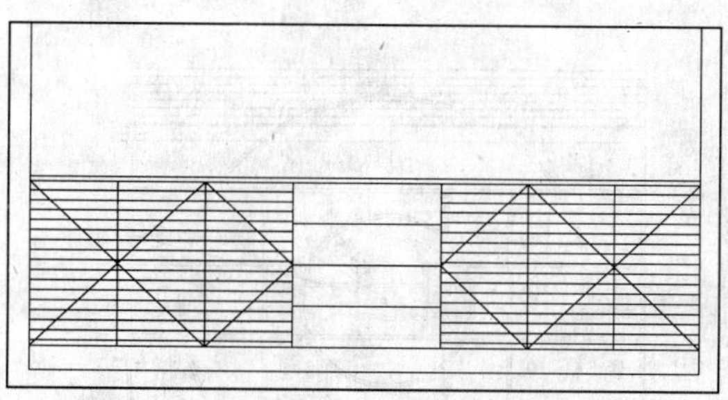

图 13-112　绘制折线

09 绘制酒架。调用 LINE/L 直线命令，绘制如图 13-113 所示线段。

10 调用 LINE/L 直线命令和 OFFSET/O 偏移命令，绘制酒架，如图 13-114 所示。

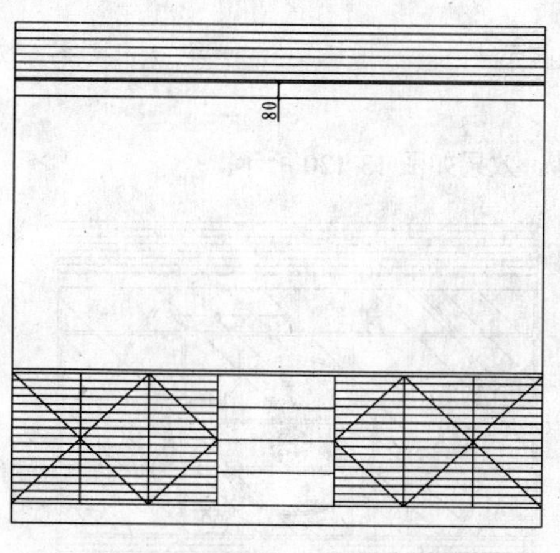

图 13-113　绘制线段

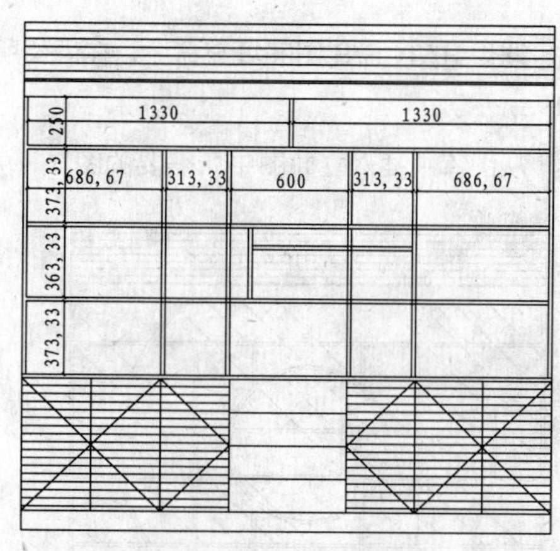

图 13-114　绘制酒架

11 调用 TRIM/TR 修剪命令，对线段进行修剪，效果如图 13-115 所示。

12 调用 LINE/L 直线命令，绘制如图 13-116 所示辅助线。

13 调用 CIRCLE/C 圆命令，以辅助线的交点为圆心绘制半径为 440、460、1070 和 1090 的同心圆,然后删除辅助线，如图 13-117 所示。

14 调用 TRIM/TR 修剪命令，对圆与前面绘制的线段相交的位置进行修剪，如图 13-118 所示。

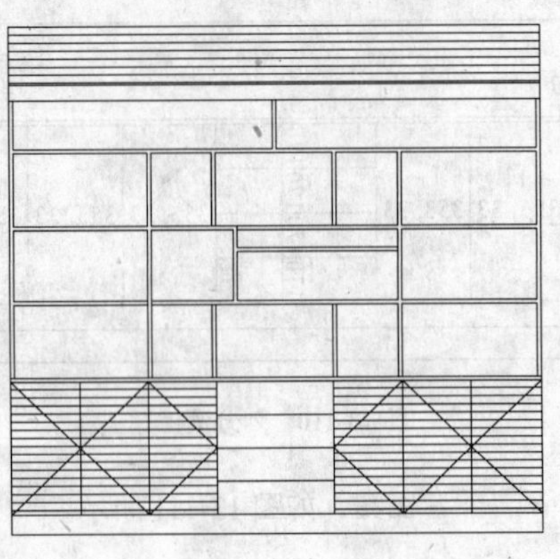
图 13-115　修剪线段

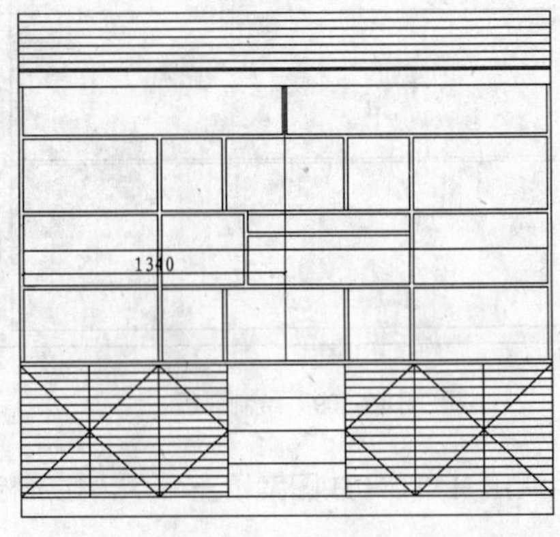

图 13-116　绘制辅助线

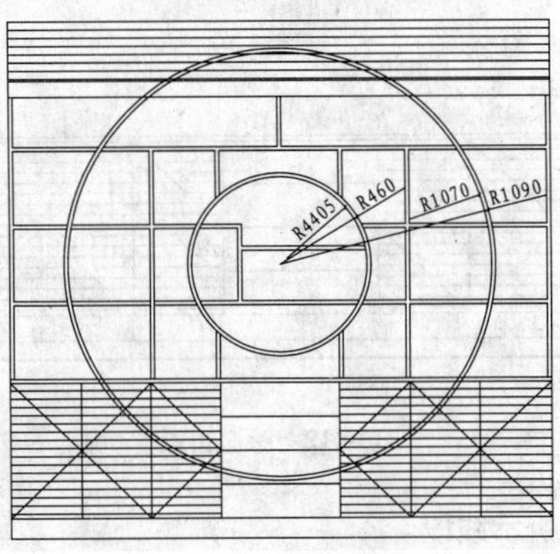

图 13-117　绘制圆

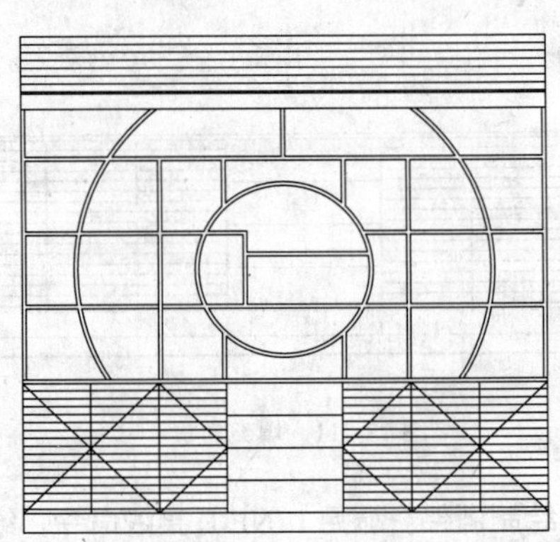
图 13-118　修剪图形

15 调用 HATCH/H 图案填充命令，在酒架所在的墙面填充 ANSI34 图案和 AR-SAND 图案，效果如图 13-119 所示。

16 从图库中插入立面图中所需要的图块，并进行修剪，效果如图 13-120 所示。

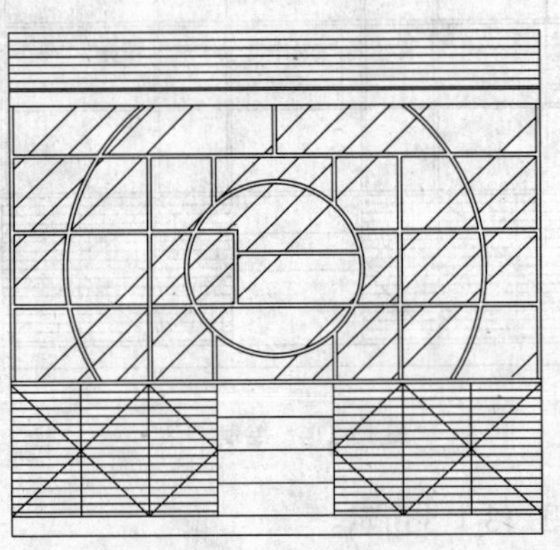
图 13-119　填充图案

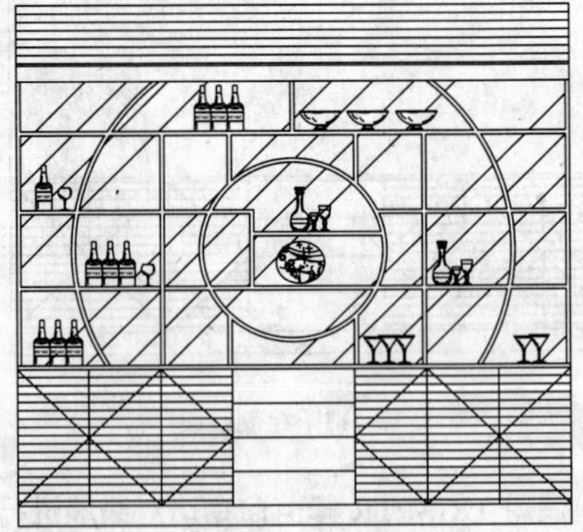
图 13-120　插入图块

17 设置“BZ_标注”图层为当前图层。

18 调用 DIMLINEAR/DLI 线性命令和 MLEADER/MLD 多重引线命令，标注尺寸和材料说明。

19 调用 INSERT/I 插入命令，插入“图名”图块，完成酒柜立面图的绘制。

159 绘制西式包厢 A 立面图

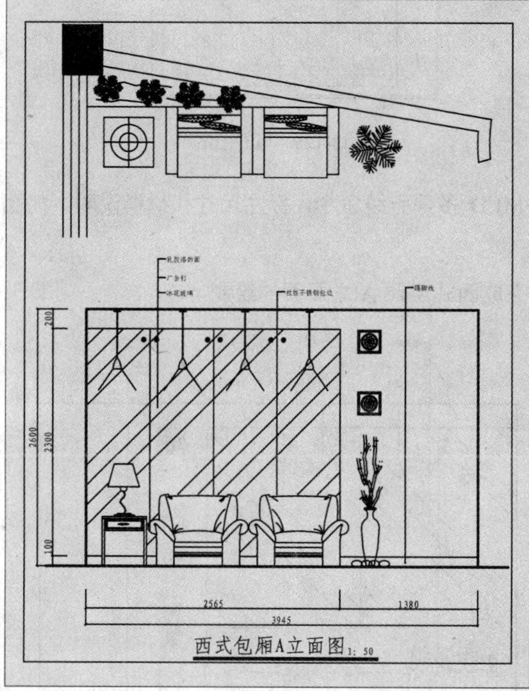

如左图所示为西式包厢 A 立面图，A 立面图是休闲沙发所在的墙面。

文件路径：	目标文件\第 13 章\实例 159.dwg
视频文件：	AVI\第 13 章\159 绘制西式包厢 A 立面图.avi
播放时长：	0:05:15

01 调用 COPY/CO 复制命令，复制平面布置图上西式包厢 A 立面图的平面部分，并对图形进行旋转。

02 调用 LINE/L 直线命令和 TRIM/TR 修剪命令，绘制 A 立面的基本轮廓，如图 13-121 所示。

03 调用 LINE/L 直线命令，绘制踢脚线，踢脚线的高度为 100，如图 13-122 所示。

04 调用 PLINE/PL 多段线命令和 OFFSET/O 偏移命令，绘制玻璃隔断造型，如图 13-123 所示。

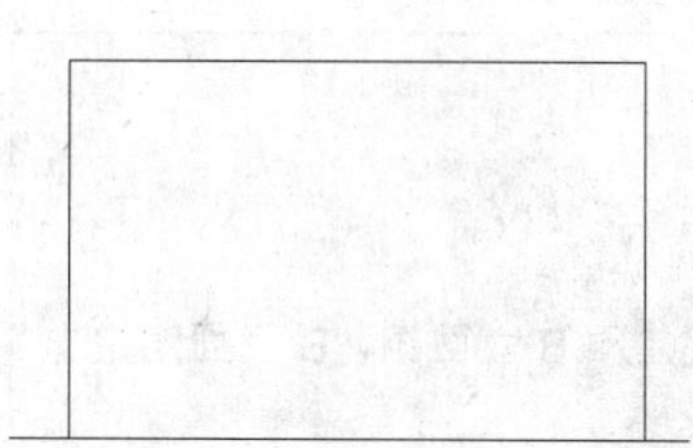

图 13-121　绘制 A 立面的基本轮廓

图 13-122　绘制踢脚线

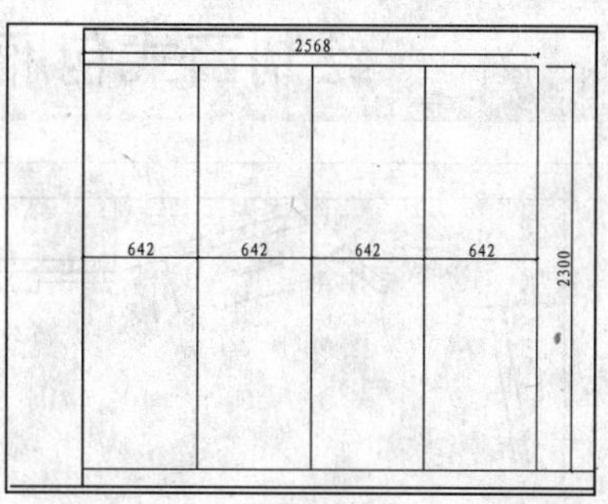

图 13-123　绘制玻璃隔断造型

05 调用 CIRCLE/C 圆命令、HATCH/H 图案填充命令和 COPY/CO 复制命令，绘制广告钉，如图 13-124 所示。

06 调用 HATCH/H 图案填充命令，对玻璃填充 AR-SAND 图案和 ANSI34 图案，如图 13-125 所示。

07 从图库中插入沙发、茶几、鹅卵石、植物和台灯到立面图中，并进行修剪，如图 13-126 所示。

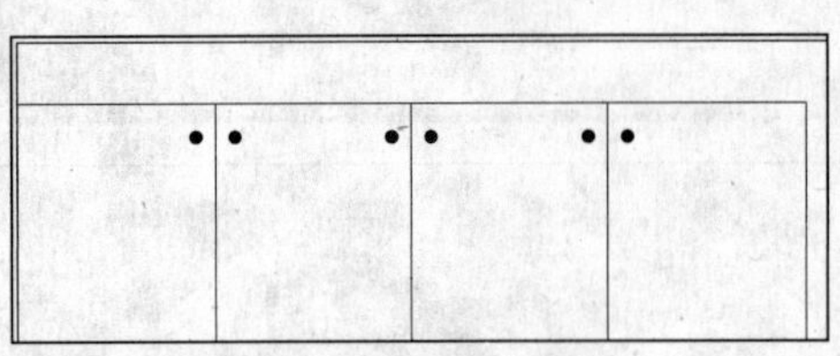
图 13-124 绘制广告钉

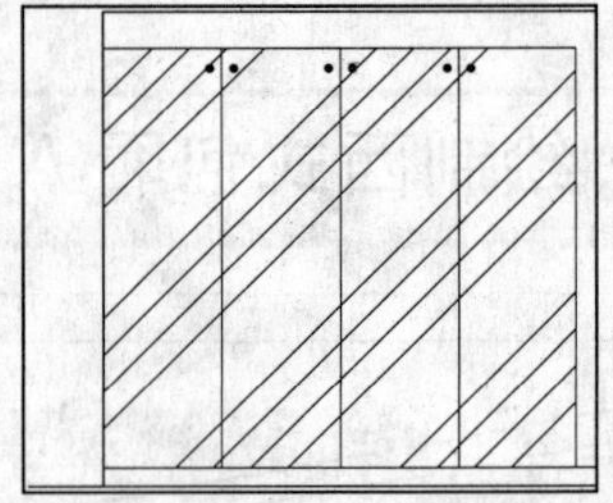
图 13-125 填充图案

08 调用 DIMLINEAR/DLI 线性命令和 MLEADER/MLD 多重引线命令，标注尺寸和材料说明，如图 13-127 所示。

09 调用 INSERT/I 插入命令，插入“图名”图块，完成西式包厢 A 立面图的绘制。

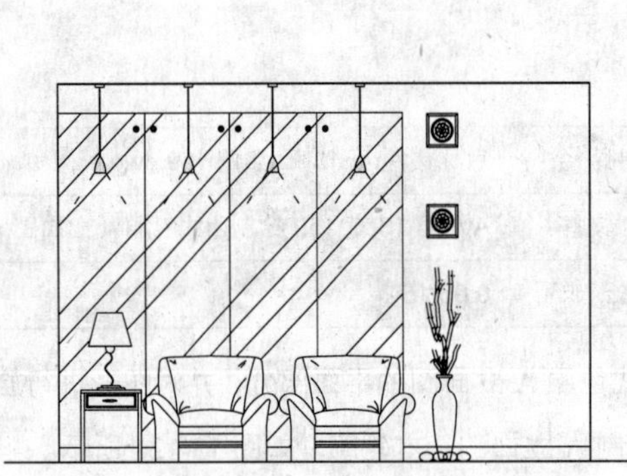
图 13-126 插入图块

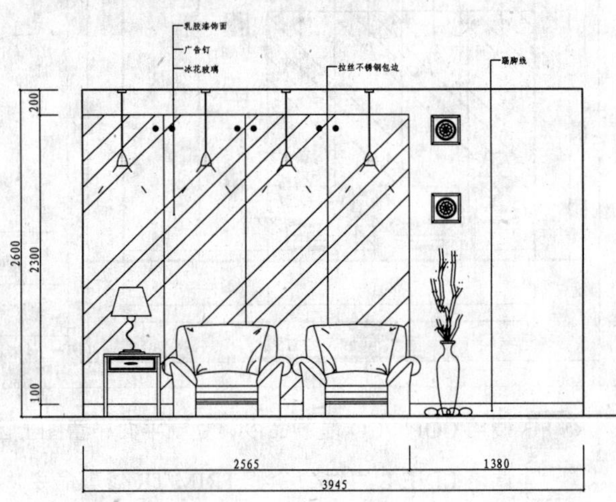

图 13-127 标注尺寸和材料说明

第3篇

160 绘制西式包厢 B 立面图

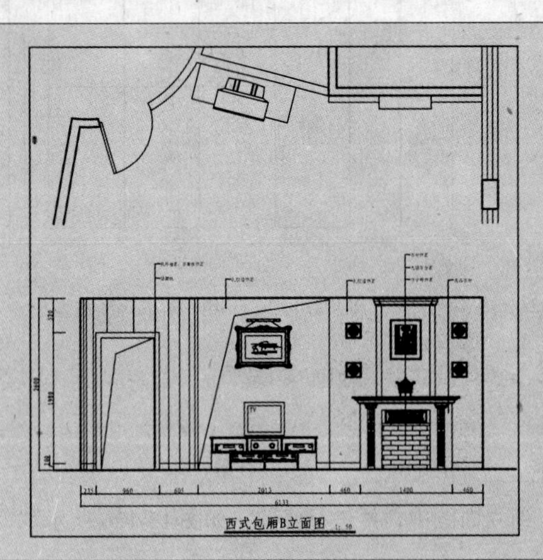

如左图所示为西式包厢 B 立面图，B 立面图是电视背景所在的墙面。

文件路径：	目标文件\第 13 章\实例 160.dwg
视频文件：	AVI\第 13 章 160 绘制西式包厢 B 立面图\.avi
播放时长：	0:08:53

01 调用 COPY/CO 复制命令，复制平面布置图上西式包厢 B 立面图的平面部分。

02 调用 LINE/L 直线命令和 TRIM/修剪命令，绘制 B 立面图的基本轮廓，如图 13-128 所示。

03 调用 PLINE/PL 多段线命令和 OFFSET/O 偏移命令，绘制门，如图 13-129 所示。

04 绘制壁炉。在本书第 4 章中已详细讲解了壁炉的绘制方法，直接复制到立面图中即可，这里就不再详细地讲解了，结果如图 13-130 所示。

图 13-128　绘制 B 立面图的基本轮廓

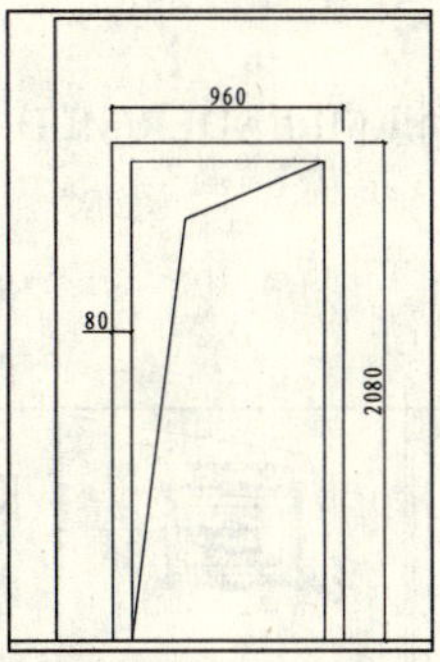

图 13-129　绘制线段

图 13-130　复制壁炉

05 调用 LINE/L 直线命令，绘制踢脚线，踢脚线的高度为 100，如图 13-131 所示。

06 调用 LINE/L 命令和 TRIM/TR 修剪命令，绘制墙体投影线，如图 13-132 所示。

图 13-131　绘制踢脚线

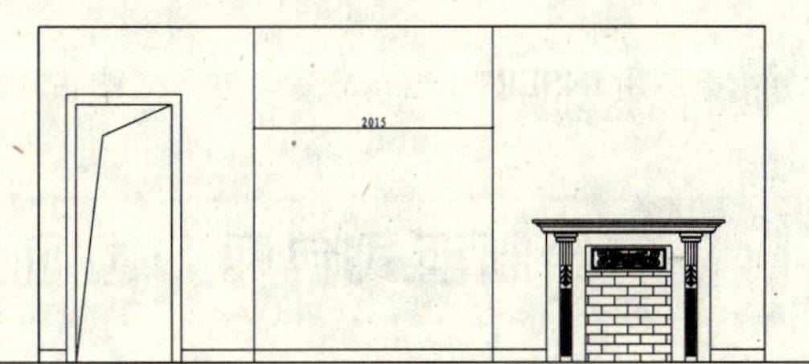

图 13-132　绘制线段

07 调用 LINE/L 直线命令和 OFFSET/O 偏移命令，在左侧墙面绘制线段，如图 13-133 所示。

08 调用 HATCH/图案填充命令，对右侧墙面填充 AR-SAND 图案，如图 13-134 所示。

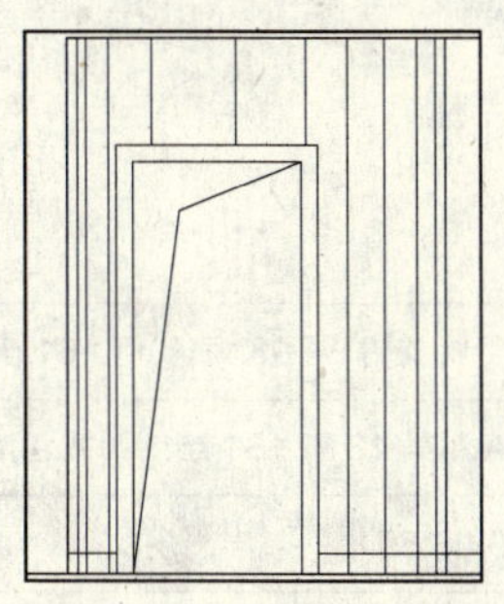

图 13-133　绘制线段

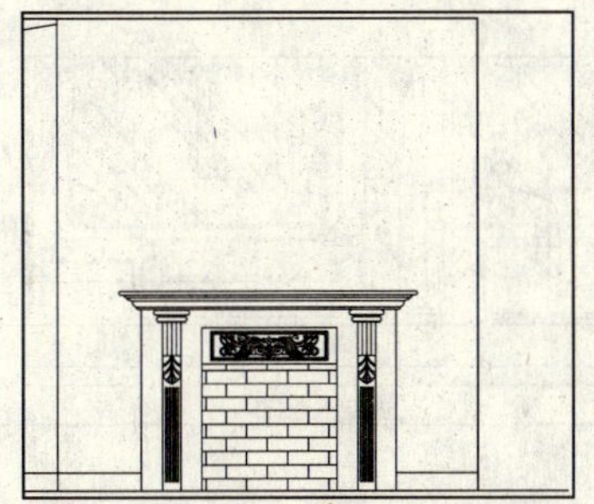

图 13-134　填充图案

09 调用 LINE/L 直线命令，在中间墙面区域绘制折线，表示镂空，如图 13-135 所示。

10 从图库中调入装饰画、电视、电视柜和雕花图块到立面图中，并进行修剪，如图 13-136 所示。

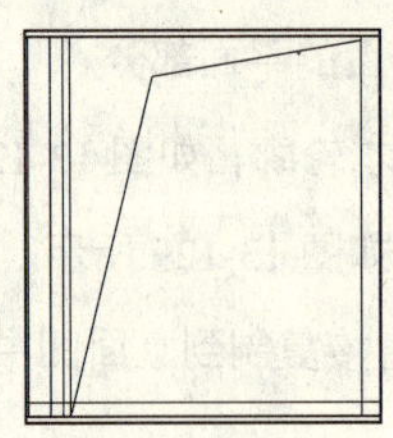

图 13-135　绘制折线

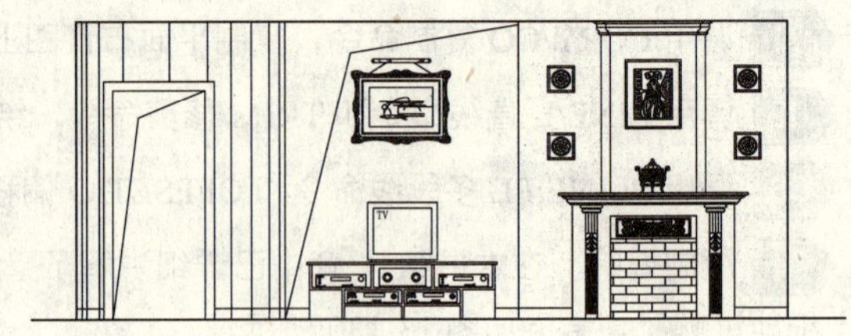

图 13-136　插入图块

11 调用 DIMLINEAR/DLI 线性命令和 MLEADER/MLD 多重引线命令，标注尺寸和材料说明，如图 13-137 所示。

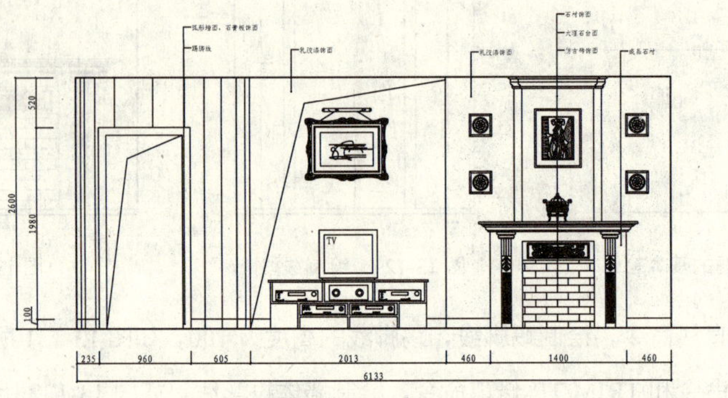

图 13-137　标注尺寸和材料说明

12 调用 INSERT/I 插入命令，插入“图名”图块，完成西式包厢 B 立面图的绘制。

第 3 篇

161 绘制西式包厢 D 立面图

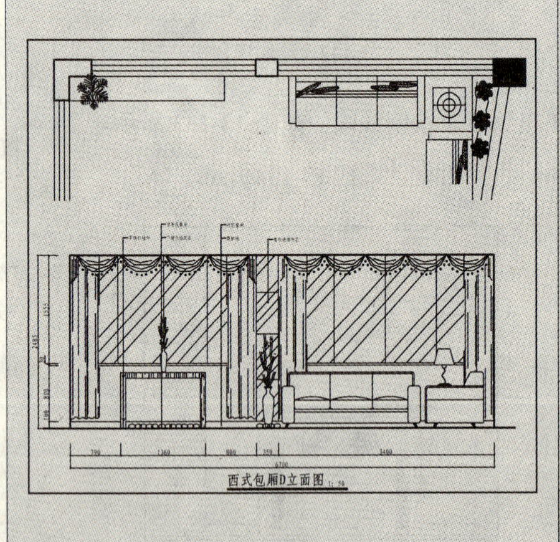

如左图所示为西式包厢 D 立面图，D 立面图是装饰台和沙发所在的墙面。

文件路径：	目标文件\第 13 章\实例 161.dwg
视频文件：	AVI\第 13 章 161 绘制西式包厢 D 立面图\.avi
播放时长：	0:08:59

01 调用 COPY/CO 复制命令，复制平面布置图上西式包厢 D 立面的平面部分，并对图形进行旋转。

02 调用 LINE/L 直线命令和 TRIM/TR 修剪命令，绘制 D 立面的基本轮廓，如图 13-138 所示。

03 调用 LINE/L 直线命令，绘制踢脚线，踢脚线的高度为 100，如图 13-139 所示。

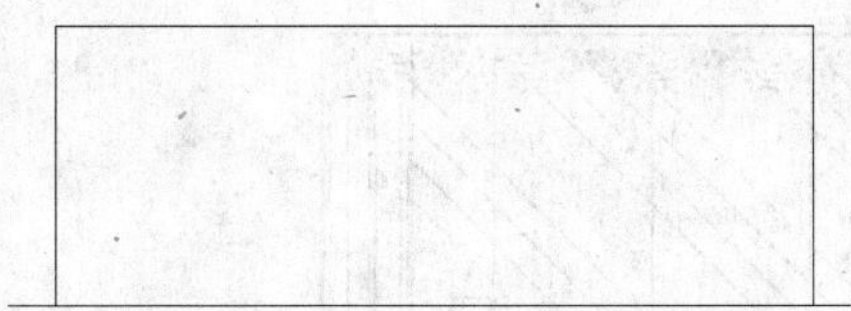
图 13-138　绘制 D 立面的基本轮廓

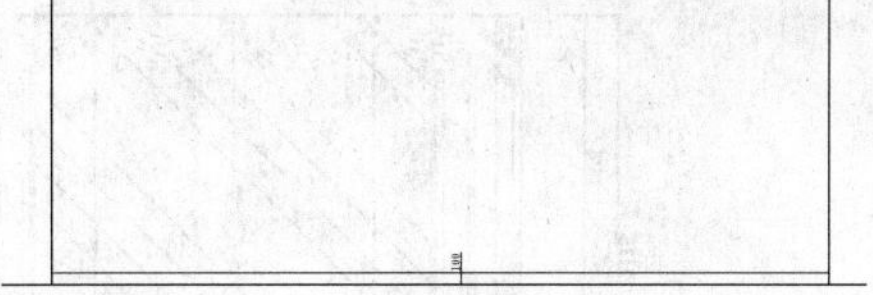
图 13-139　绘制踢脚线

04 调用 PLINE/PL 多段线命令、OFFSET/O 偏移命令、TRIM/TR 修剪命令和 HATCH/H 图案填充命令，绘制观景台，如图 13-140 所示。

05 从图库中插入窗帘、沙发、鹅卵石、陈设品和台灯等图块到立面图中，并进行修剪，如图 13-141 所示。

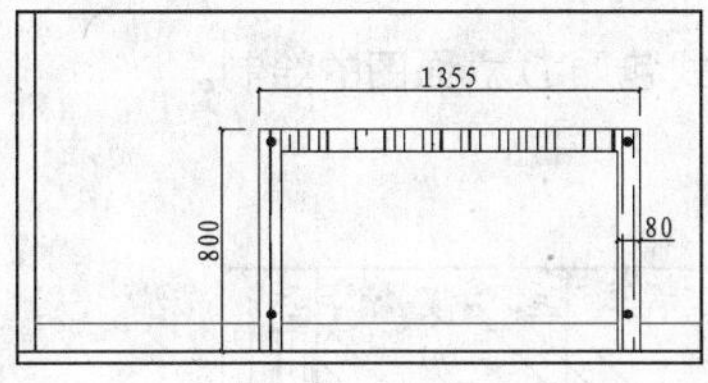

图 13-140　绘制观景台

图 13-141　插入图块

06 LINE/L 直线命令、OFFSET/O 偏移命令和 HATCH/H 图案填充命令，绘制墙面造型图案，如图 13-142 所示。

07 调用 LINE/L 直线命令和 OFFSET/O 偏移命令，绘制窗台，如图 13-143 所示。

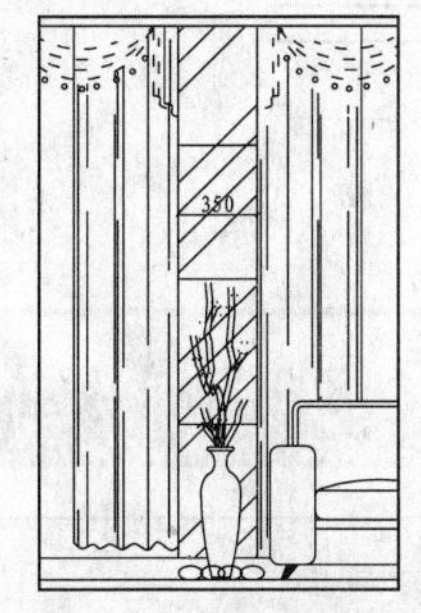

图 13-142　绘制墙面造型图案

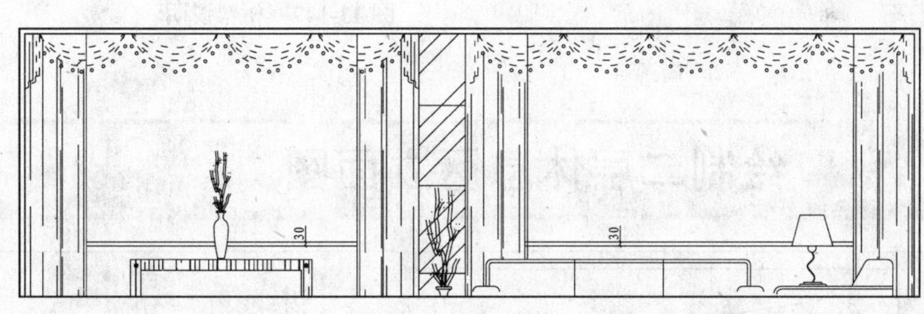

图 13-143　绘制窗台

08 调用 LINE/L 直线命令和 OFFSET/O 偏移命令，划分窗户，如图 13-144 所示。

09 调用 HATCH/H 图案填充命令，在窗户填充 AR-SAND 图案和 AR-RROOF 图案，如图 13-145 所示。

10 调用 DIMLINEAR/DLI 线性命令，标注尺寸，如图 13-146 所示。

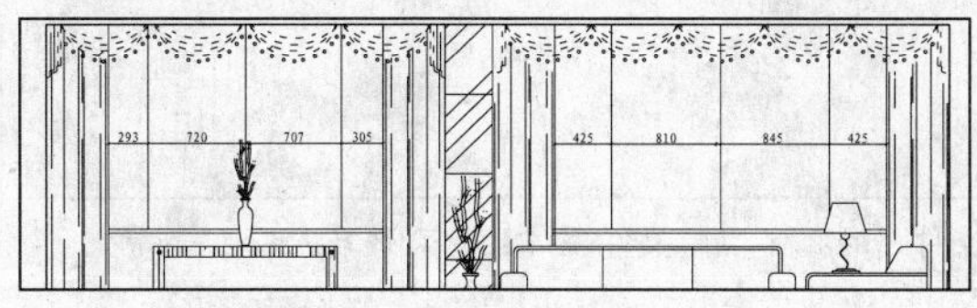
图 13-144　划分窗户

图 13-145　填充窗户效果

图 13-146　标注尺寸

11 调用 MLEADER/MLD 多重引线命令，标注材料说明，如图 13-147 所示。

12 调用 INSERT/I 插入命令，插入“图名”图块，完成西式包厢 D 立面图的绘制。

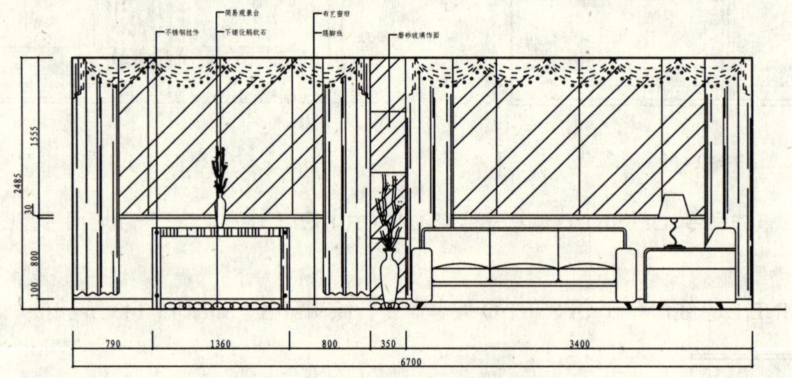

图 13-147　材料说明

第3篇

162 绘制二层休息区立面图

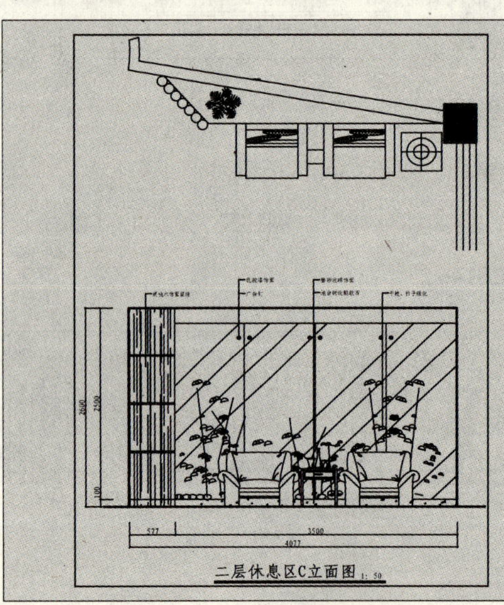

如左图所示为二层休息区 C 立面图，C 立面图主要表达了隔断的做法。

文件路径：	目标文件\第 13 章\实例 162.dwg
视频文件：	AVI\第 13 章\162 绘制二层休息区立面图.avi
播放时长：	0:09:23

01 调用 COPY/CO 复制命令，复制平面布置图上二层休息区 C 立面的平面部分，并对图形进行旋转。

02 调用 LINE/L 直线命令和 TRIM/TR 修剪命令，绘制 C 立面的基本轮廓，如图 13-148 所示。

03 调用 LINE/L 直线命令，绘制踢脚线，踢脚线的高度为 100，如图 13-149 所示。

04 调用 HATCH/H 图案填充命令，对踢脚线填充 AR-CONC 图案，效果如图 13-150 所示。

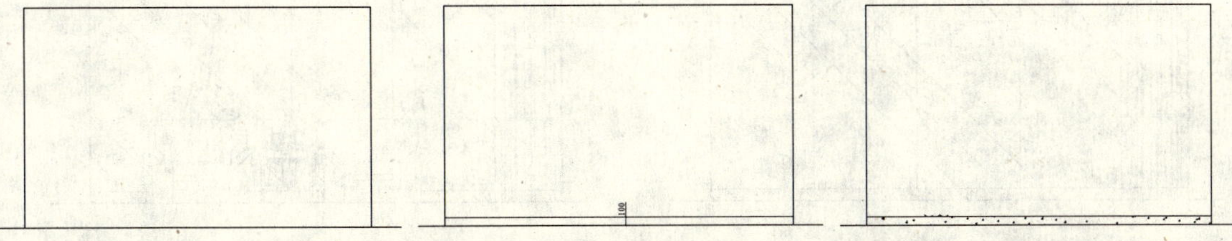

图 13-148　绘制 C 立面的基本轮廓　　图 13-149　绘制踢脚线　　图 13-150　填充踢脚线

05 调用 LINE/L 直线命令、RECTANG/REC 矩形命令和 COPY/CO 复制命令，绘制隔断，如图 13-151 所示。

06 调用 HATCH/H 图案填充命令，在隔断填充 AR-RROOF 图案，填充参数和效果如图 13-152 所示。

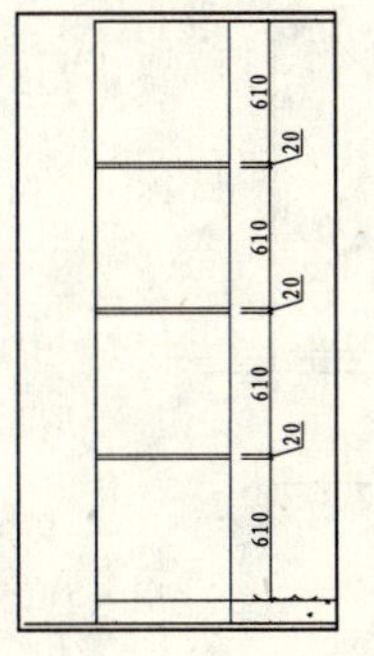

图 13-151　绘制隔断

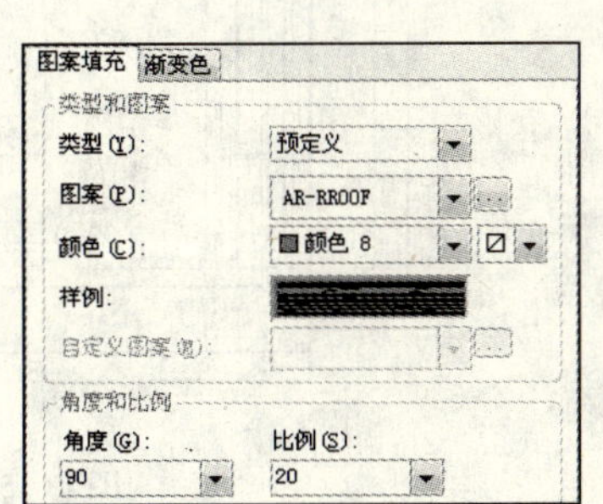

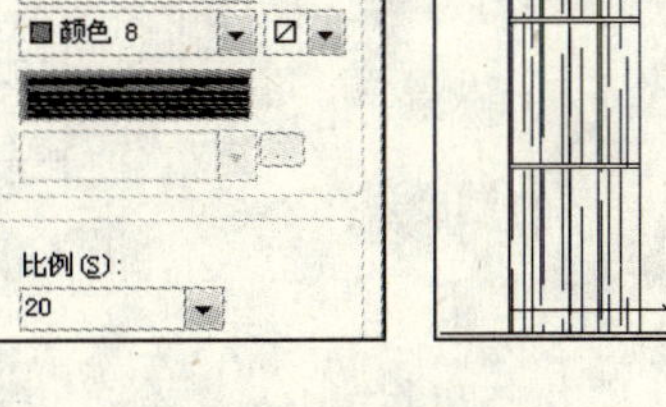

图 13-152　填充参数和效果

07 调用 PLINE/PL 多段线命令，绘制玻璃隔断造型，如图 13-153 所示。

08 调用 CIRCLE/C 圆命令、HATCH/H 图案填充命令和 COPY/CO 复制命令，绘制广告钉，如图 13-154 所示。

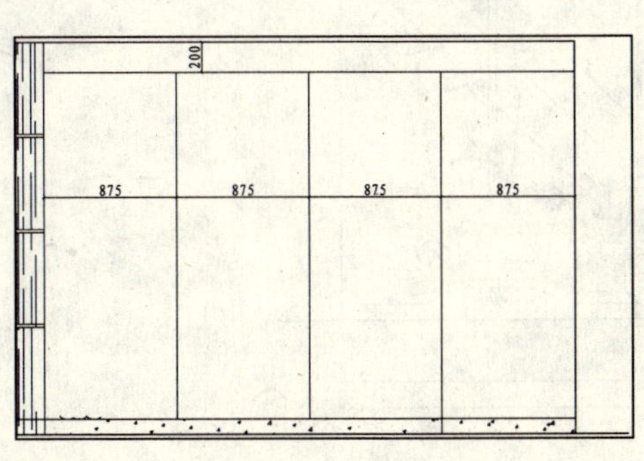

图 13-153　绘制线段

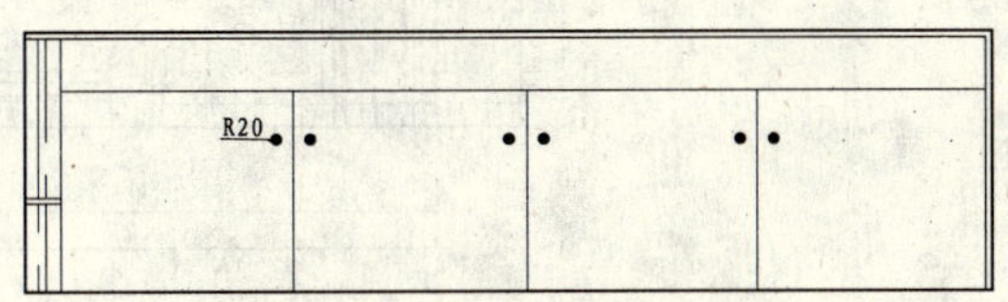

图 13-154　绘制广告钉

09 调用 HATCH/H 图案填充命令，对玻璃区域填充 AR-SAND 图案和 ANSI34 图案，如图 13-155

所示。

10 从图库中插入沙发、茶几、鹅卵石和植物到立面图中，并进行修剪，如图 13-156 所示。

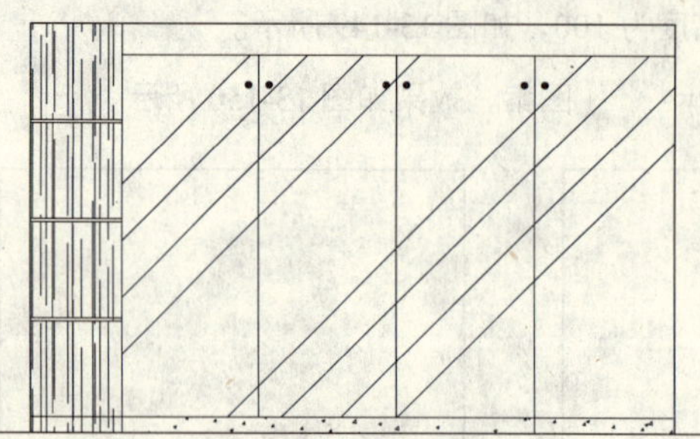
图 13-155 填充效果

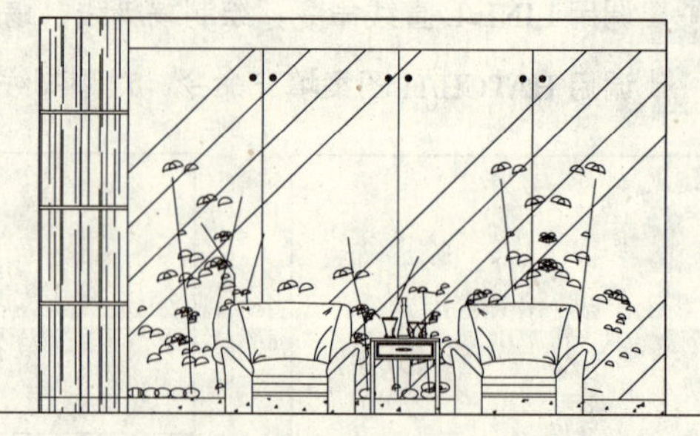
图 13-156 插入图块

11 调用 DIMLINEAR/DLI 线性命令，进行尺寸标注，如图 13-157 所示。

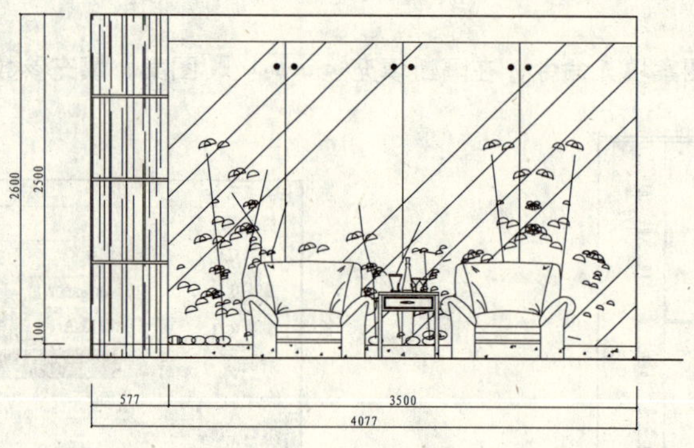

图 13-157 尺寸标注

12 调用 MLEADER/MLD 多重引线命令，标注材料说明，如图 13-158 所示。

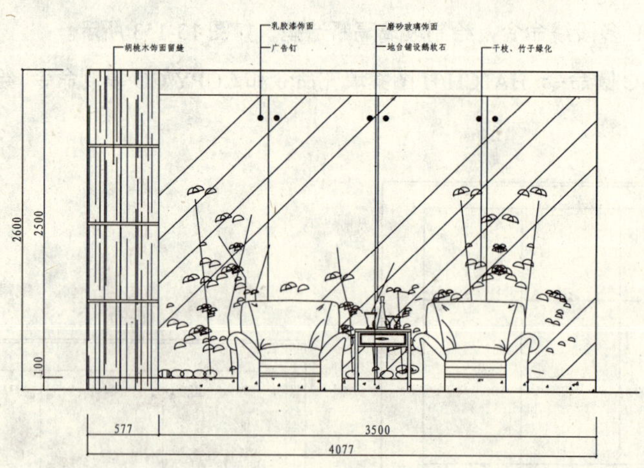

图 13-158 材料说明

13 调用 INSERT/I 插入命令，插入“图名”图块，完成二层休息区 C 立面图的绘制。

第 14 章 服装专卖店室内设计

专卖店是产品、形象的最直接展示，是视觉识别中的一个重要组成部分。专卖店中的照明与色彩设计往往强调艺术氛围，室内空间的造型设计具有系列化和系统化特征。本章以某服装专卖店为例讲解专卖店施工图的绘制方法。

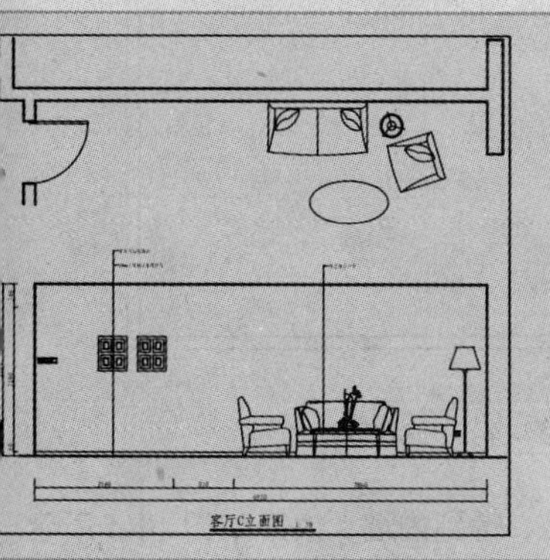

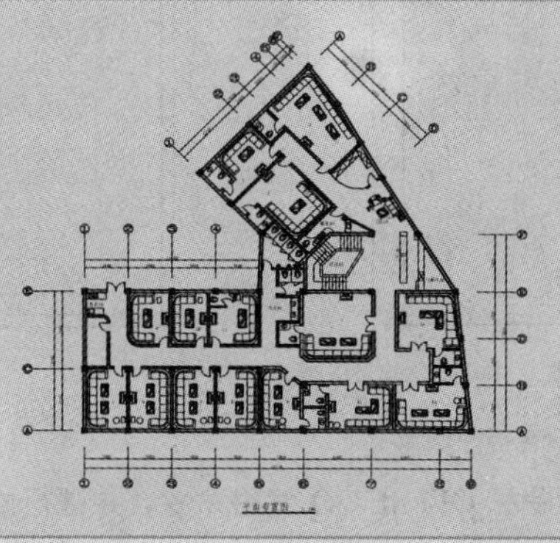

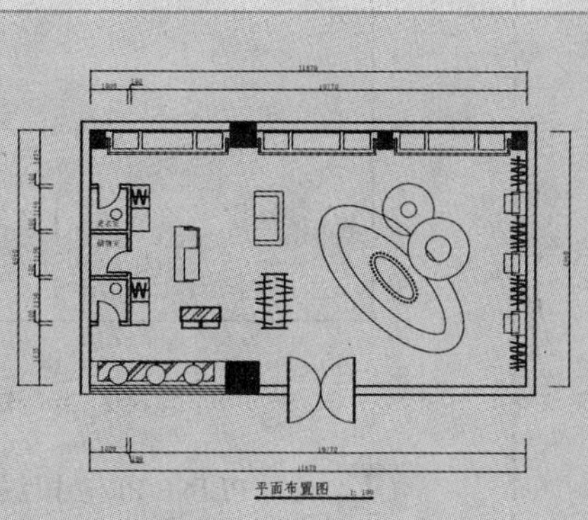

163 绘制服装专卖店建筑平面图

实例描述:	绘制完成的服装专卖店建筑平面图如图 14-1 所示。作为商业建筑，其墙体分隔一般较为简单，从而为设计师提供了最大的发挥空间。
文件路径:	目标文件\第 14 章\实例 163.dwg
视频文件:	AVI\第 14 章\163 绘制服装专卖店建筑平面图.avi
播放时长:	0:06:51

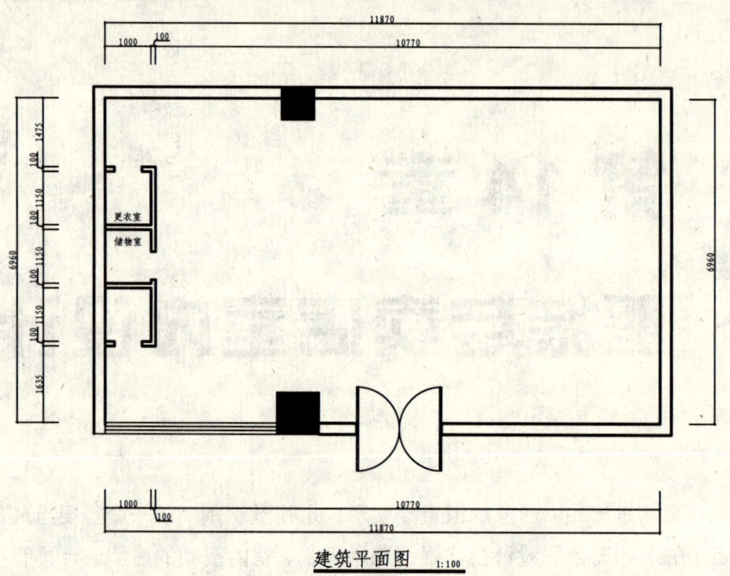

图 14-1 服装专卖店建筑平面图

01 启动 AutoCAD 2012，以“室内装潢施工图模板.dwt”创建新图形。

02 调用 RECTANG/REC 矩形命令，绘制尺寸为 11870×6960 的矩形，如图 14-2 所示。

03 调用 OFFSET/O 偏移命令，将矩形向外偏移 240，如图 14-3 所示，得到墙体。

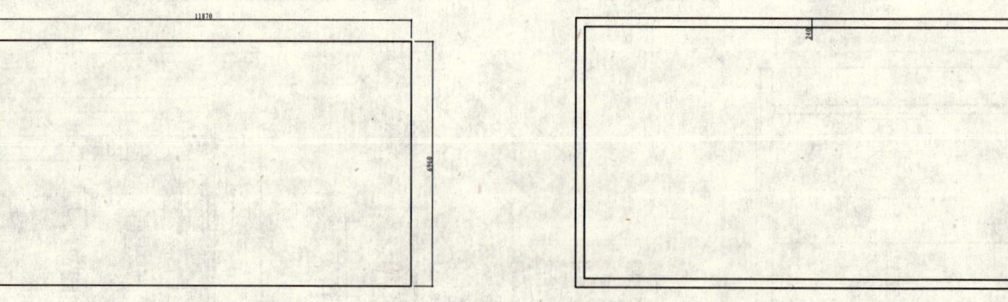

图 14-2 绘制矩形　　图 14-3 偏移矩形

04 调用 PLINE/PL 多段线命令和 OFFSET/O 偏移命令，并进行修剪，得到内墙，效果如图 14-4 所示。

05 调用 DIMLINEAR/DLI 线性命令和 DIMCONTINUE/DCO 连续命令，标注尺寸，效果如图 14-5 所

示。

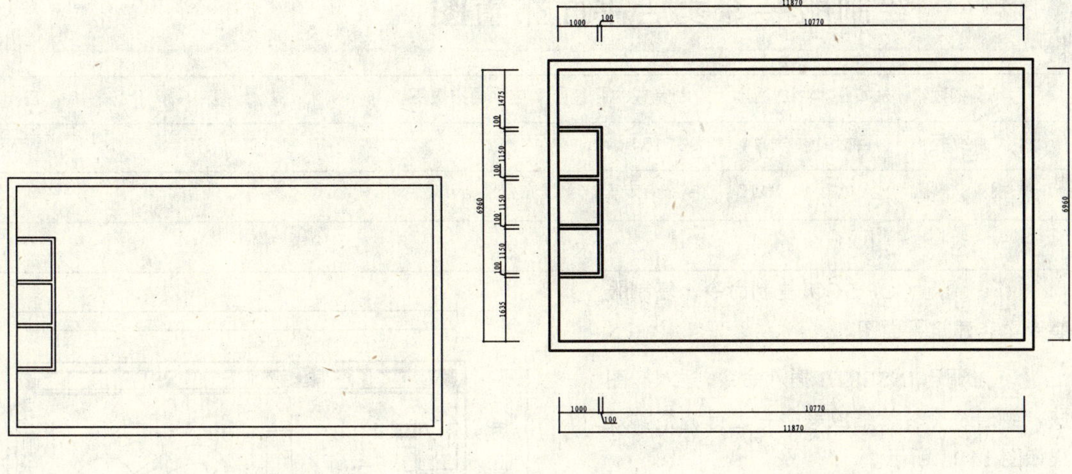

图 14-4　绘制内墙体　　　　图 14-5　标注尺寸

06 调用 RECTANG/REC 矩形命令、HATCH/H 图案填充命令和 MOVE/M 移动命令，绘制柱子，效果如图 14-6 所示。

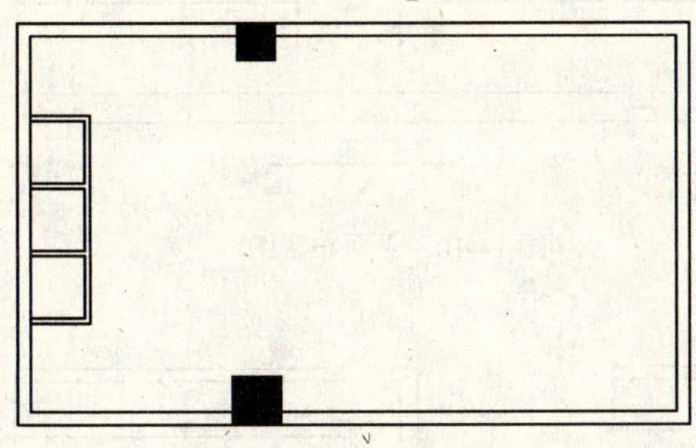

图 14-6　绘制柱子

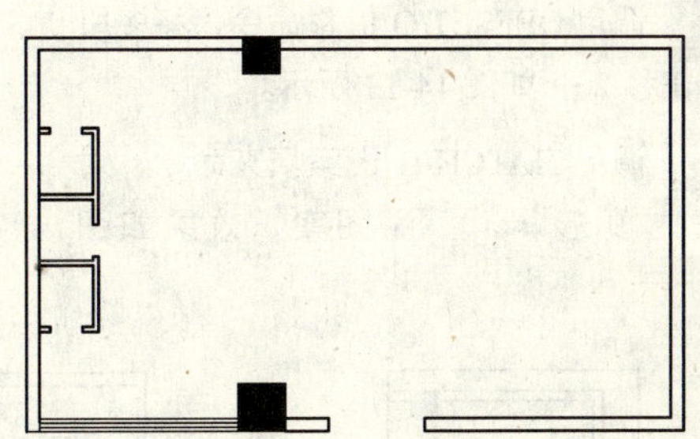

图 14-7　开门洞和窗洞

07 调用 PLINE/PL 多段线命令和 TRIM/TR 修剪命令，开窗洞和门洞，如图 14-7 所示。

08 调用 LINE/L 直线命令和 OFFSET/O 偏移命令，绘制窗，如图 14-8 所示。

图 14-8　绘制窗

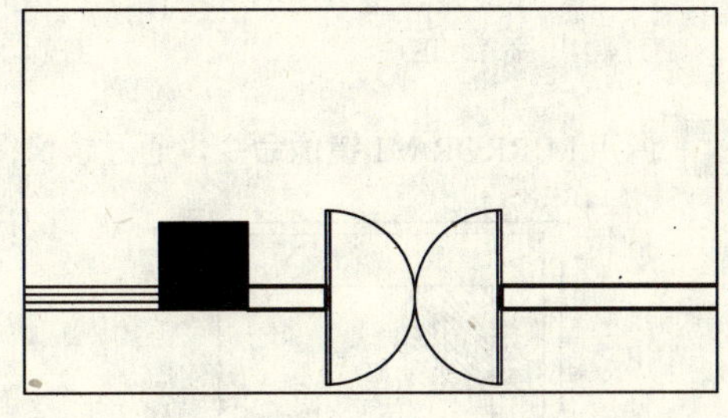

图 14-9　插入图块

09 调用 INSERT/I 插入命令，插入门图块，并进行缩放、镜像等调整，效果如图 14-9 所示。

10 调用 MTEXT/MT 多行文字命令，标注房间名称。

11 调用 INSERT/I 插入命令，插入“图名”图块，完成服装专卖店建筑平面图的绘制。

164 绘制服装专卖店平面布置图

实例描述：	如图 14-10 所示为绘制完成的服装专卖店平面布置图。
文件路径：	目标文件\第 14 章\实例 164.dwg
视频文件：	AVI\第 14 章\164 绘制服装专卖店平面布置图.avi
播放时长：	0:21:09

01 调用 COPY/CO 复制命令，复制服装专卖店建筑平面图。

02 调用 INSERT/I 插入命令，插入门图块，并通过旋转、缩放等命令进行调整，效果如图 14-11 所示。

03 设置“JJ_家具”图层为当前图层。

04 调用 PLINE/PL 多段线命令，绘制多段线，如图 14-12 所示。

05 调用 OFFSET/O 偏移命令，将多段线向内偏移 20，如图 14-13 所示。

06 调用 HATCH/H 图案填充命令，对多段线内填充 ANSI31 图案，效果如图 14-14 所示。

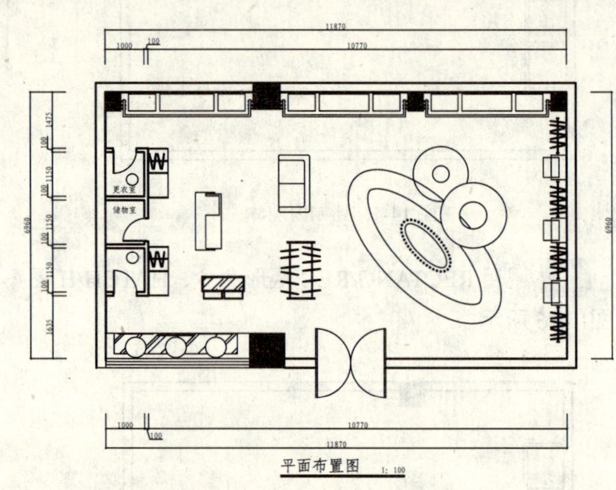

图 14-10 平面布置图

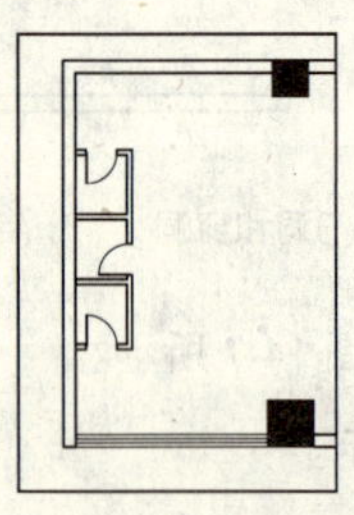
图 14-11 插入门图块

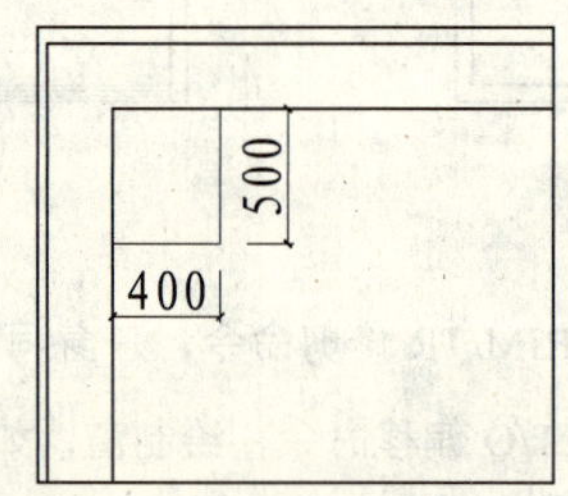

图 14-12 绘制多段线

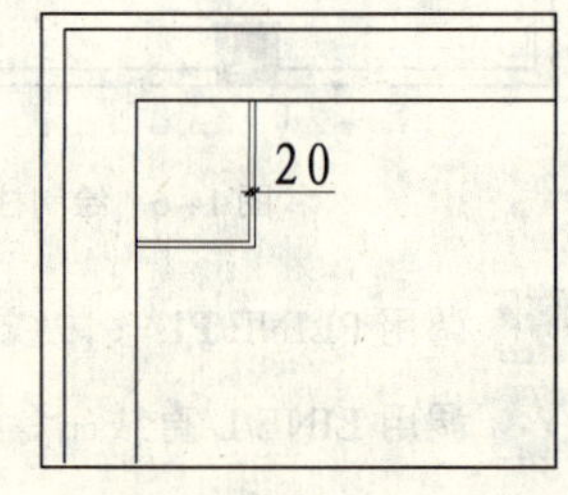

图 14-13 偏移多段线

07 调用 MIRROR/MI 镜像命令，通过镜像得到另一侧相同的图形，如图 14-15 所示。

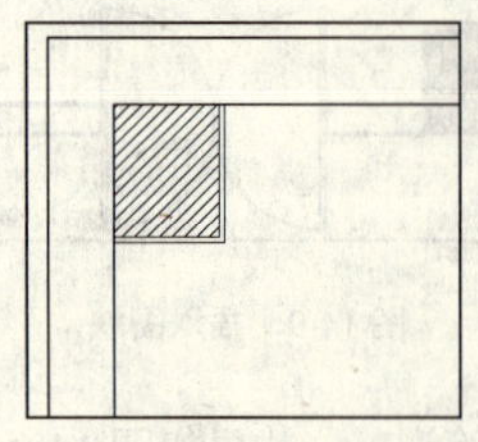
图 14-14 填充图案

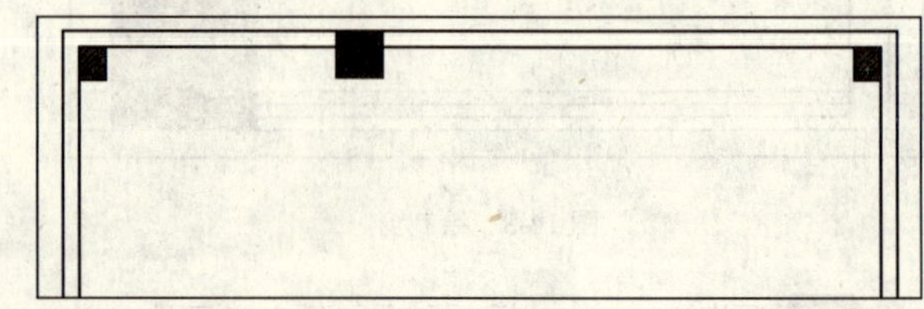
图 14-15 镜像图形

08 调用 PLINE/PL 多段线命令、OFFSET/O 偏移命令和 HATCH/H 图案填充命令，绘制如图 14-16 所示图形。

09 调用 LINE/L 直线命令，绘制线段，如图 14-17 所示。

图 14-16　绘制图形

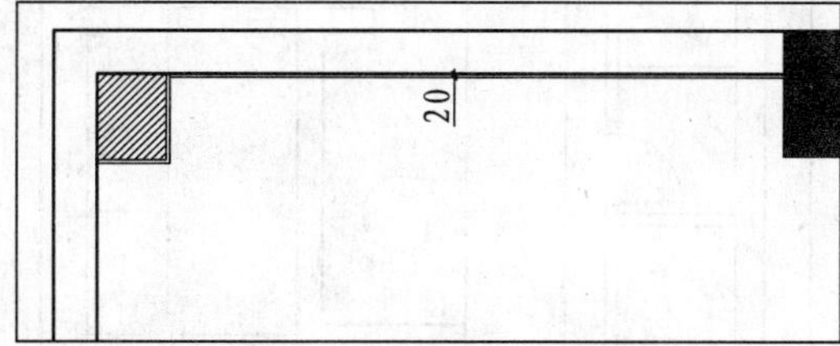

图 14-17　绘制线段

10 调用 RECTANG/REC 矩形命令，绘制如图 14-18 所示矩形，并移动到相应的位置。

11 调用 PLINE/PL 多段线命令，绘制如图 14-19 所示多段线。

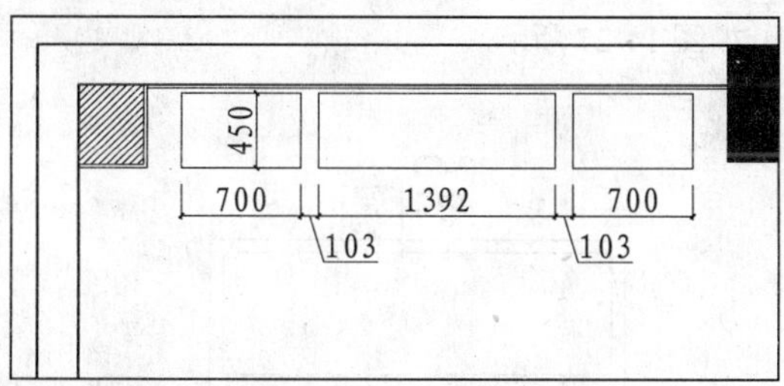

图 14-18　绘制矩形

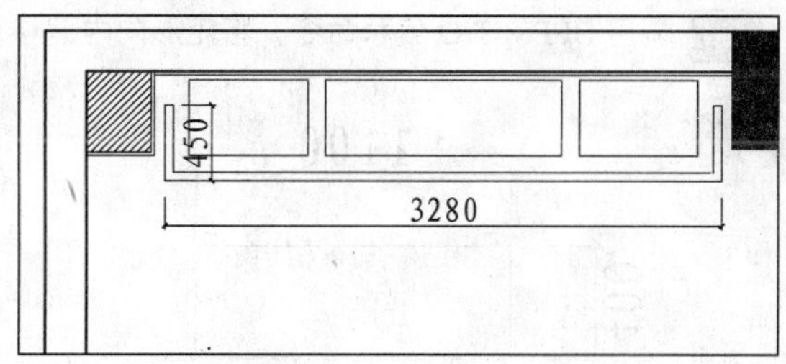

图 14-19　绘制多段线

12 调用 LINE/L 直线命令、CIRCLE/C 圆命令、TRIM/TR 修剪命令、MIRROR/MI 镜像命令、OFFSET/O 偏移命令和 COPY/CO 复制命令，绘制如图 14-20 所示图形。

13 调用 COPY/CO 复制命令，通过复制得到其他活动柜图形，由于尺寸不同，可以使用 STRETCH/S（拉伸）命令进行调整，效果如图 14-21 所示。

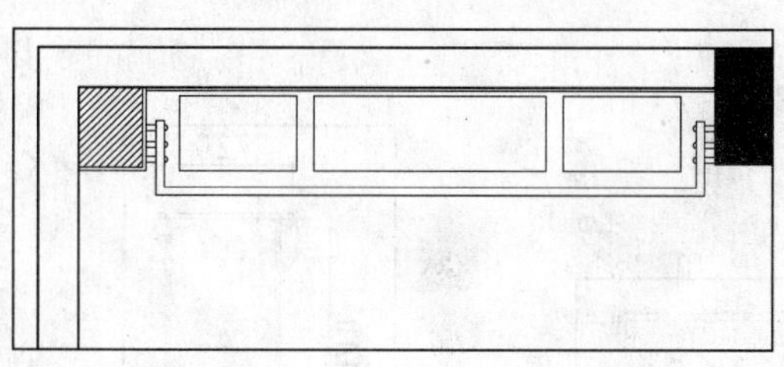

图 14-20　绘制图形

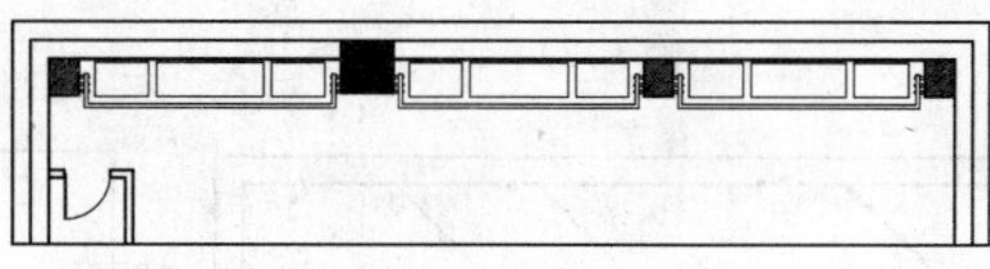

图 14-21　复制图形

14 调用 LINE/L 直线命令和 OFFSET/O 偏移命令，绘制镜子。

15 调用 CIRCLE/C 圆命令，绘制更衣室中的凳子图形，如图 14-22 所示。

16 调用 PLINE/PL 多段线命令，绘制展柜轮廓，如图 14-23 所示。

17 调用 LINE/L 直线命令和 OFFSET/O 偏移命令，细化展柜，如图 14-24 所示。

18 调用 COPY/CO 复制命令，将展柜复制到下方，如图 14-25 所示。

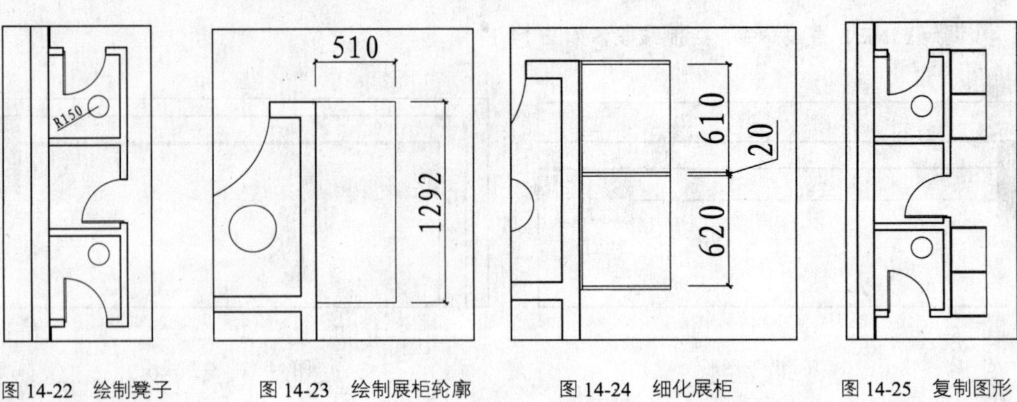

图 14-22　绘制凳子　　图 14-23　绘制展柜轮廓　　图 14-24　细化展柜　　图 14-25　复制图形

19 调用 RECTANG/REC 矩形命令，绘制尺寸为 1100×400 的矩形，并移动到相应的位置，如图 14-26 所示。

20 调用 OFFSET/O 偏移命令，将矩形向内偏移 35，如图 14-27 所示。

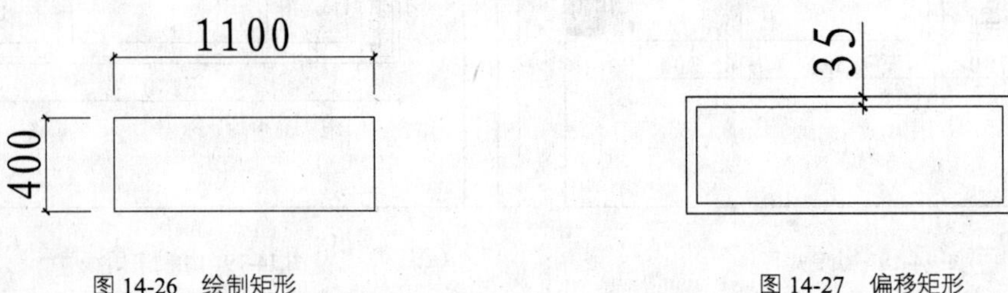

图 14-26　绘制矩形　　图 14-27　偏移矩形

21 调用 HATCH/H 图案填充命令，在矩形内填充 AR-RROOF 图案，效果如图 14-28 所示。

22 调用 PLINE/PL 多段线命令、OFFSET/O 偏移命令和 COPY/CO 复制命令，绘制矩形下方的图形，如图 14-29 所示。

23 调用 RECTANG/REC 矩形命令、LINE/L 直线命令、MOVE/M 移动命令和 COPY/CO 复制命令，绘制如图 14-30 所示展架。

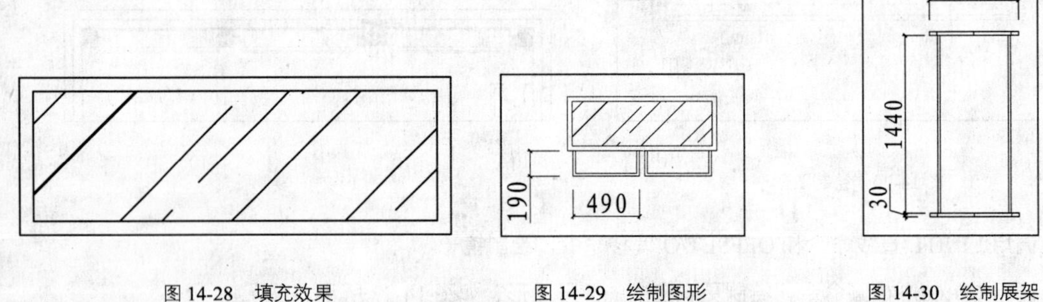

图 14-28　填充效果　　图 14-29　绘制图形　　图 14-30　绘制展架

24 调用 PLINE/PL 多段线命令和 COPY/CO 复制命令，绘制如图 14-31 所示多段线。

25 调用 RECTANG/REC 矩形命令，绘制尺寸为 400×518 的矩形，并移动到相应的位置，如图 14-32 所示。

26 调用 RECTANG/REC 矩形命令、LINE/L 直线命令、OFFSET/O 偏移命令和 COPY/CO 复制命令，绘制挂衣杆，如图 14-33 所示。

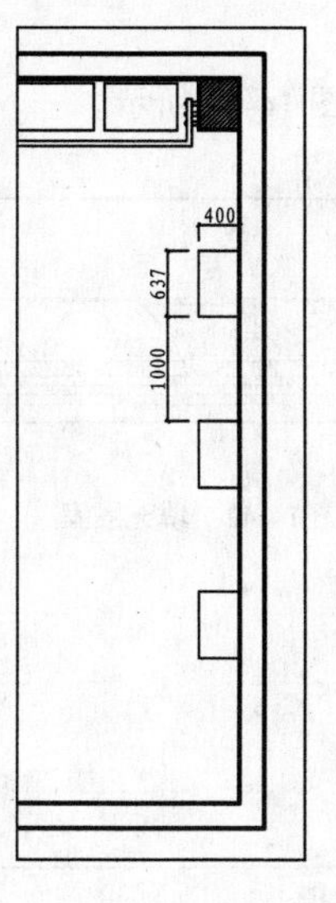

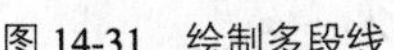

图 14-31　绘制多段线

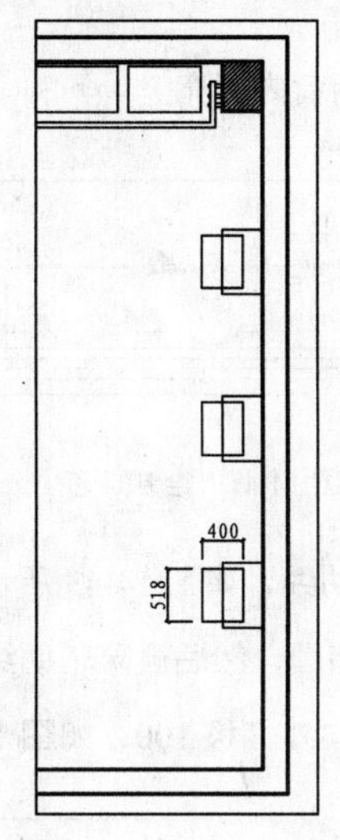

图 14-32　绘制矩形

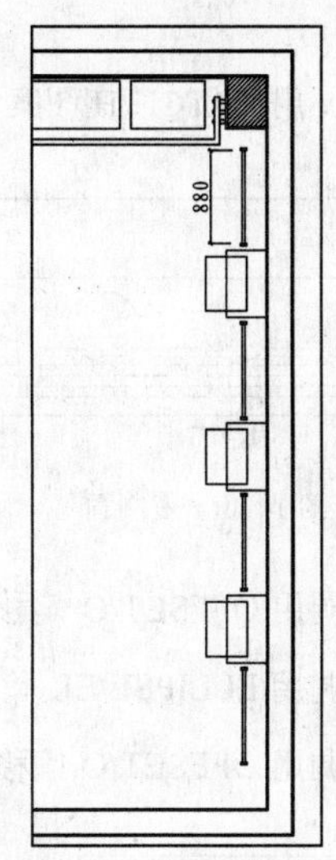

图 14-33　绘制挂衣杆

27 调用 PLINE/PL 多段线命令和 MOVE/M 移动移动命令，绘制如图 14-34 所示图形。

28 调用 PLINE/PL 多段线命令，绘制多段线，如图 14-35 所示，完成收银台的绘制。

29 调用 LINE/L 直线命令，绘制如图 14-36 所示线段。

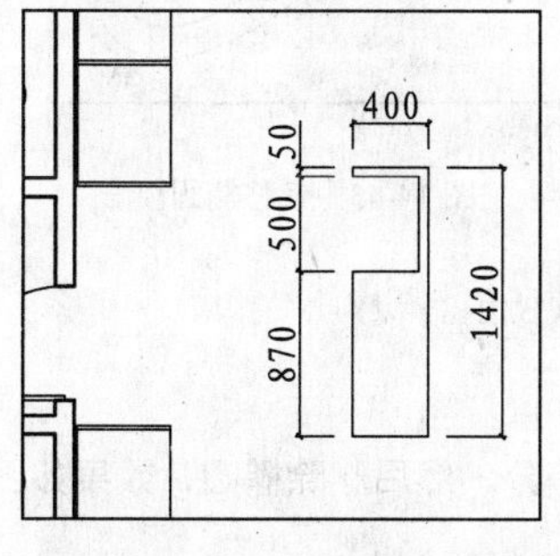

图 14-34　绘制多段线

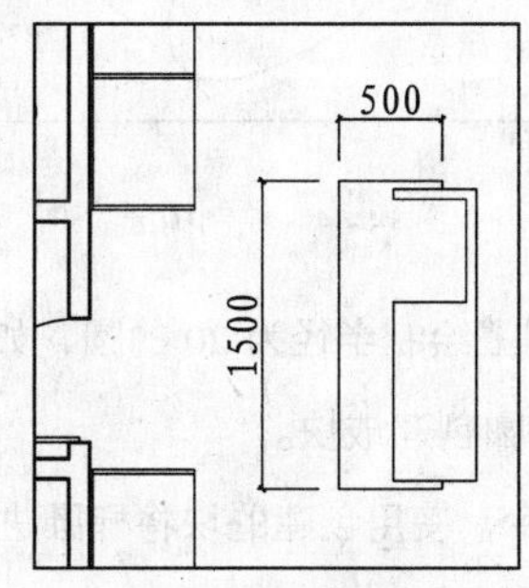

图 14-35　绘制多段线

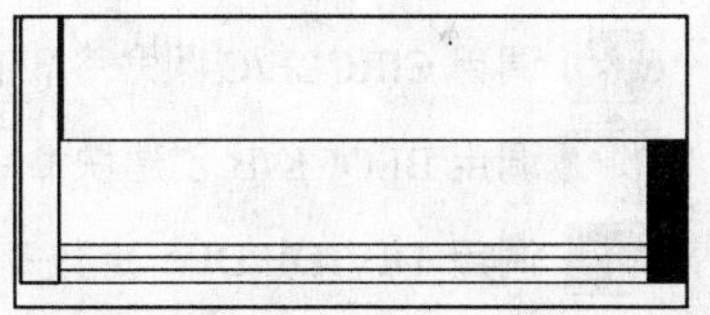

图 14-36　绘制线段

30 调用 PLINE/PL 多段线命令，在橱窗内绘制多段线，如图 14-37 所示。

31 调用 OFFSET/O 偏移命令，绘制辅助线，如图 14-38 所示。

32 调用 CIRCLE/C 圆命令，绘制一个半径为 265 的圆，如图 14-39 所示。

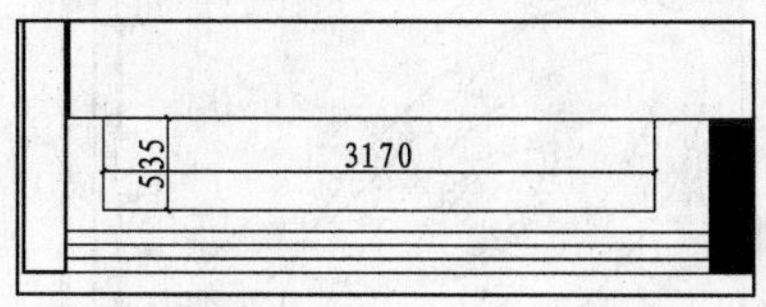

图 14-37　绘制多段线

图 14-38　绘制辅助线

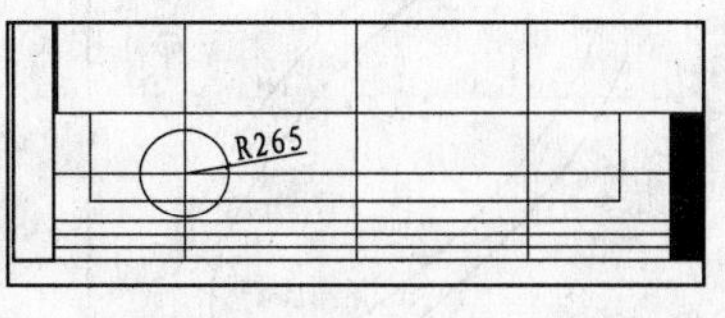

图 14-39　绘制圆

33 调用 COPY/CO 复制命令，将圆复制到其他辅助线上，并进行修剪，然后删除辅助线，如图 14-40 所示。

34 调用 RECTANG/REC 矩形命令、COPY/CO 复制命令和 MOVE/M 移动命令，绘制如图 14-41 所示矩形。

35 调用 HATCH/H 图案填充命令，在橱窗内填充 AR-RROOF 图案，效果如图 14-42 所示。

图 14-40　复制圆

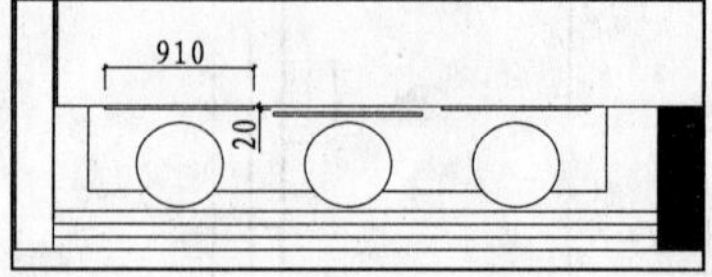

图 14-41　绘制矩形

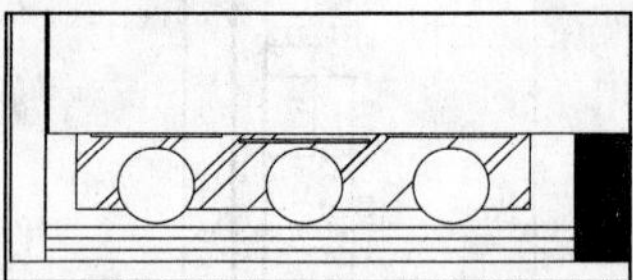
图 14-42　填充图案

36 调用 OFFSET/O 偏移命令，绘制辅助线，如图 14-43 所示。

37 调用 ELLIPSE/EL 椭圆命令，绘制椭圆，然后删除辅助线，如图 14-44 所示。

38 调用 OFFSET/O 偏移命令，将椭圆向外偏移 100，如图 14-45 所示。

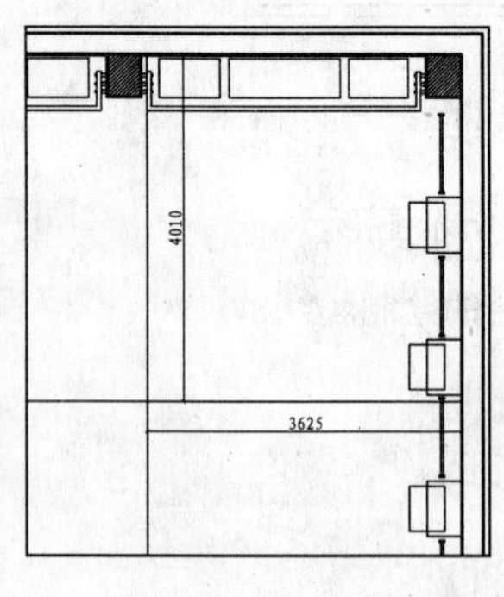

图 14-43　绘制辅助线

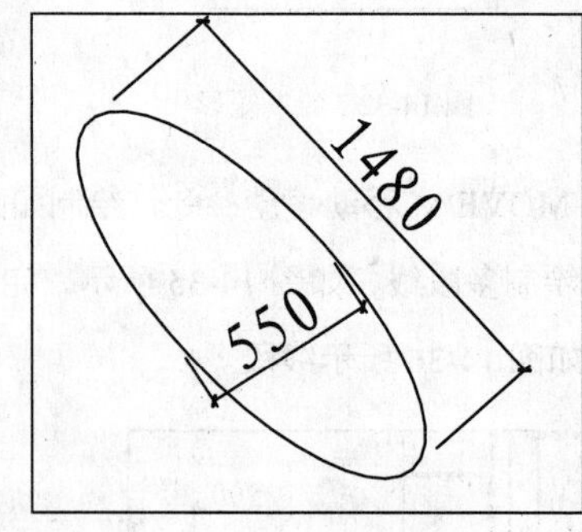

图 14-44　绘制椭圆

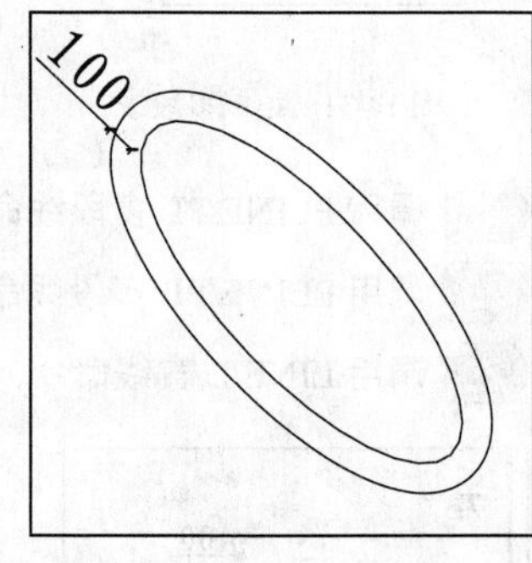

图 14-45　偏移椭圆

39 调用 CIRCLE/C 圆命令，在椭圆上绘制半径为 20 的圆，如图 14-46 所示。

40 调用 BLOCK/B 创建块命令，将圆创建成块。

41 调用 DIVIDE/DIV 定数等分命令，使用创建的块将椭圆进行定数等分，然后删除椭圆，效果如图 14-47 所示。

42 调用 ELLIPSE/EL 椭圆命令，绘制椭圆，如图 14-48 所示。

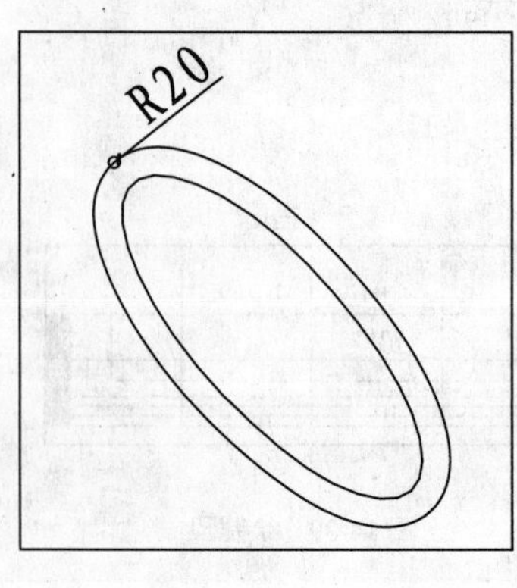

图 14-46　绘制圆

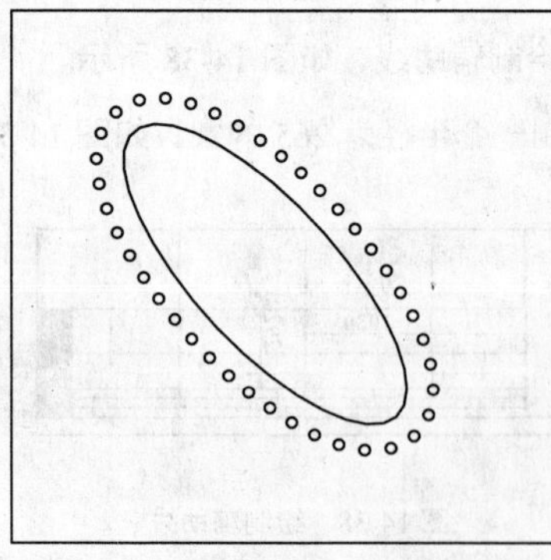
图 14-47　定数等份

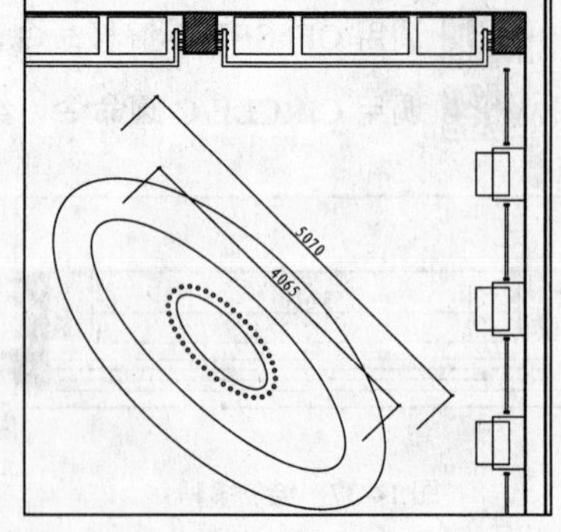

图 14-48　绘制椭圆

43 调用 OFFSET/O 偏移命令，绘制辅助线，如图 14-49 所示。

第 3 篇

44 调用 CIRCLE/C 圆命令，绘制半径为 350 和 850 的同心圆，然后删除辅助线，如图 14-50 所示。

45 调用 TRIM/TR 修剪命令，对椭圆与圆相交的位置进行修剪，效果如图 14-51 所示。

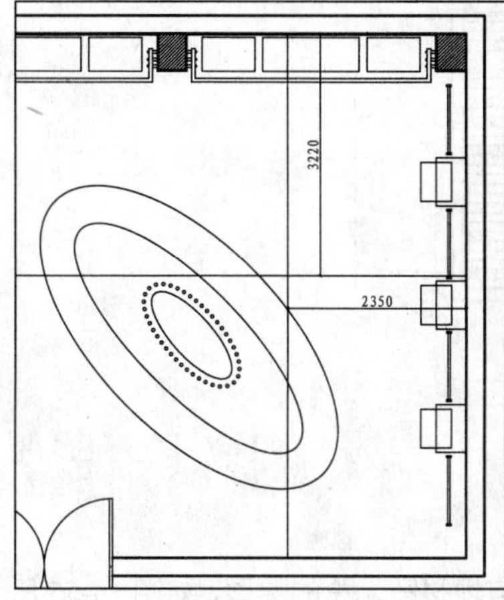

图 14-49　绘制辅助线

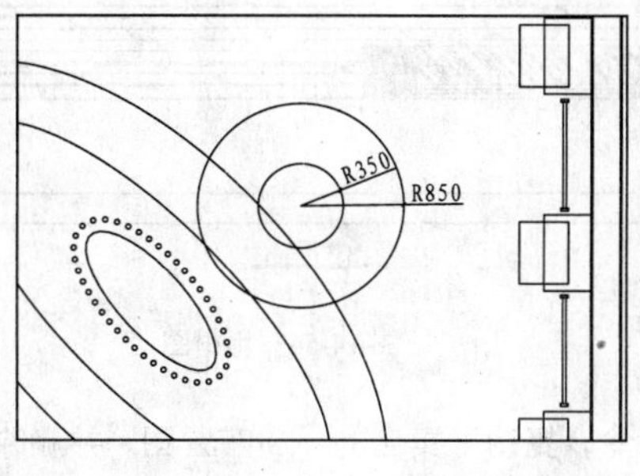

图 14-50　绘制同心圆

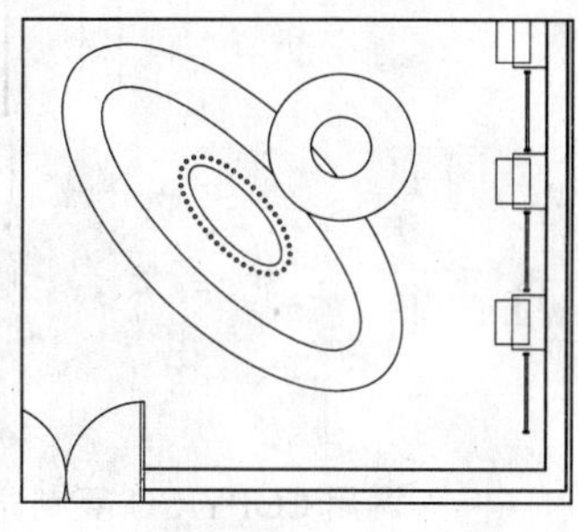

图 14-51　修剪椭圆

46 使用同样的方法绘制上方的同心圆，如图 14-52 所示。

47 从图库中插入衣架和沙发图块到平面布置图中，效果如图 14-53 所示，完成专卖店平面布置图的绘制。

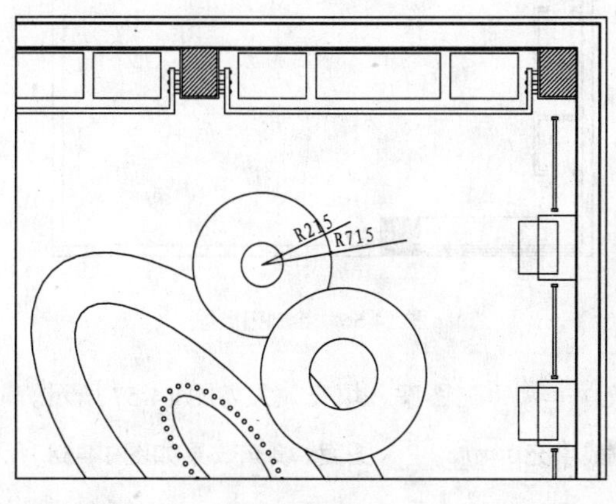

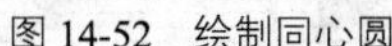

图 14-52　绘制同心圆

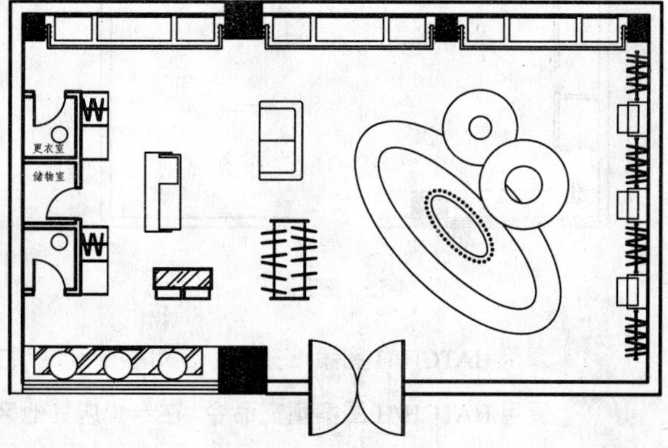

图 14-53　插入图块

165 绘制服装专卖店地材图

实例描述：	如图 14-54 所示为服装专卖店地材图，主要使用的地面材料是木地板。
文件路径：	目标文件\第 14 章\实例 165.dwg
视频文件：	AVI\第 14 章\165 绘制服装专卖店地材图.avi
播放时长：	0:02:29

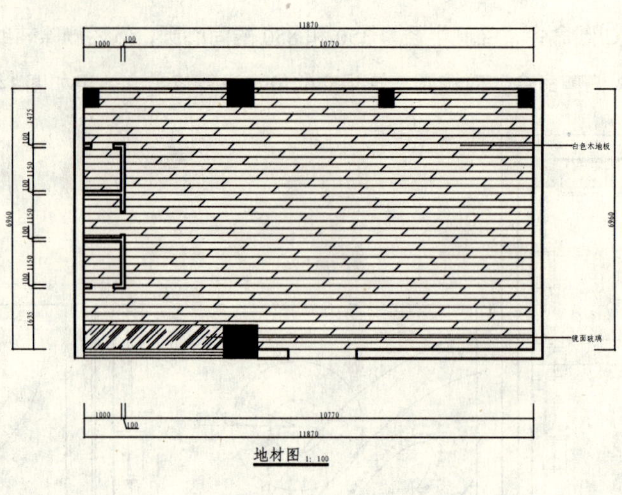

图 14-54 地材图

01 调用 COPY/CO 复制命令，复制专卖店的平面布置图，并删除与地材图无关的图形，如图 14-55 所示。

02 设置“DM_地面”图层为当前图层。

03 调用 LINE/L 直线命令，绘制门槛线，如图 14-56 所示。

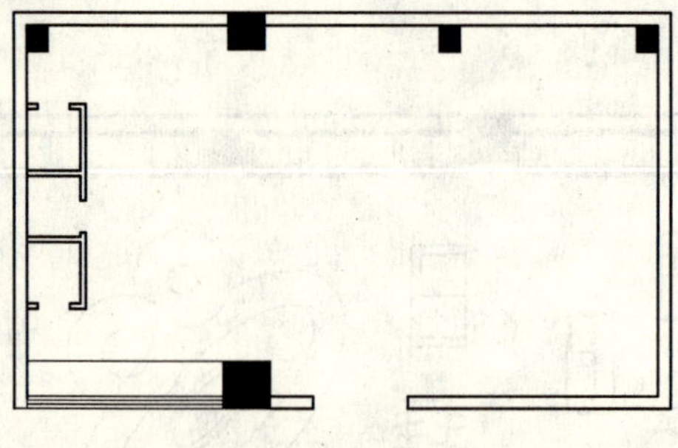

图 14-55 整理图形

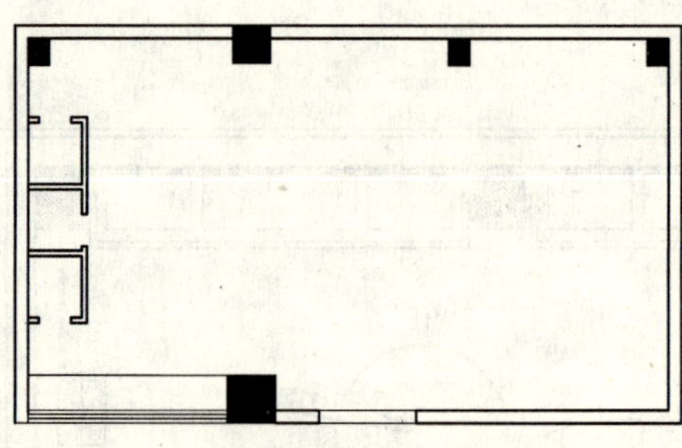

图 14-56 绘制门槛线

04 调用 HATCH/H 图案填充命令，对橱窗区域填充 AR-RROOF 图案，填充效果如图 14-57 所示。

05 调用 HATCH/H 图案填充命令，在专卖店其他区域填充 DOLMIT 图案，填充效果如图 14-58 所示。

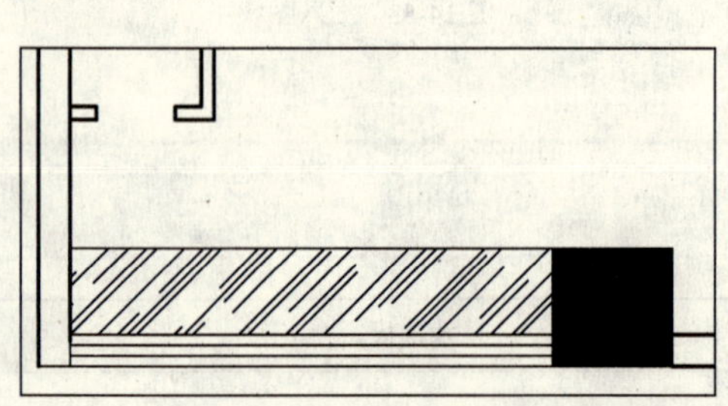

图 14-57 填充橱窗效果

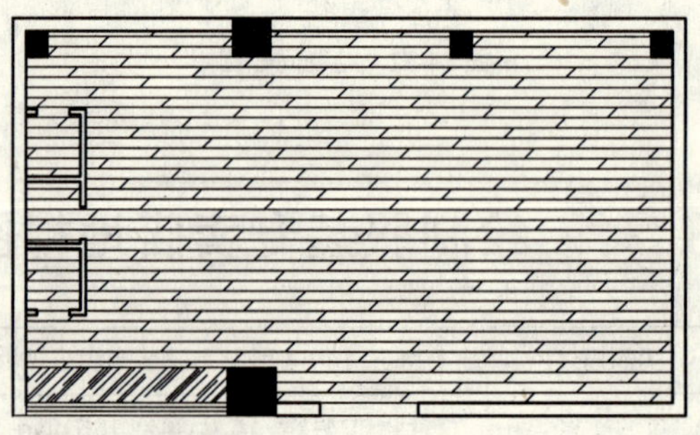

图 14-58 填充效果

06 调用 MLEADER/MLD 多重引线命令，对地面材料进行文字标注，完成地材图的绘制。

166 绘制服装专卖店顶棚图

实例描述：	如图 14-59 所示为专卖店顶棚图，主要使用了轻钢龙骨石膏板。
文件路径：	目标文件\第 14 章\实例 166.dwg
视频文件：	AVI\第 14 章\166 绘制服装专卖店顶棚图.avi
播放时长：	0:05:23

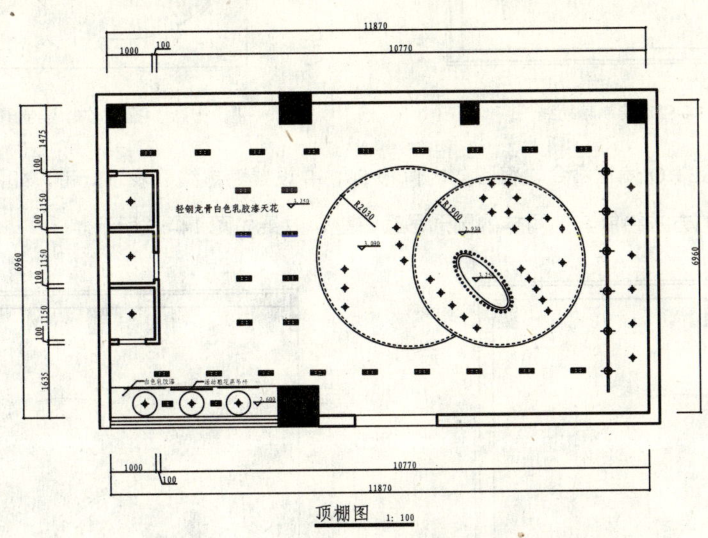

图 14-59　顶棚图

01 调用 COPY/CO 复制命令，复制专卖店的平面布置图，并删除与顶棚图无关的图形，如图 14-60 所示。

02 设置“DM_地面”图层为当前图层。

03 调用 LINE/L 直线命令，绘制墙体线，如图 14-61 所示。

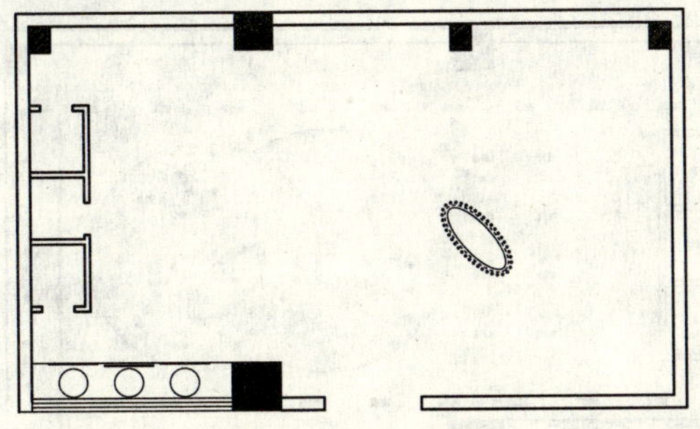

图 14-60　整理图形

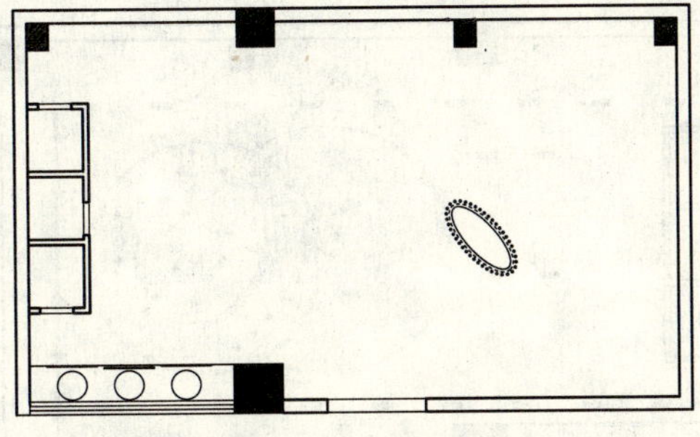

图 14-61　绘制墙体线

04 设置“DD_吊顶”图层为当前图层。

05 调用 OFFSET/O 偏移命令，绘制辅助线，如图 14-62 所示。

06 调用 CIRCLE/C 圆命令，以辅助线的交点为圆心，绘制半径为 1900 的圆，然后删除辅助线，如图

14-63 所示。

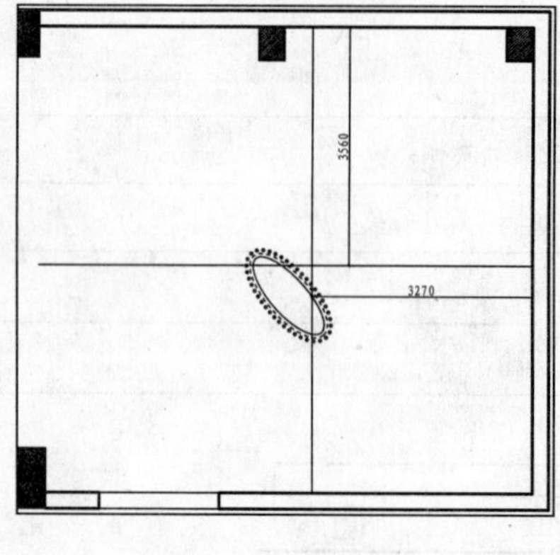

图 14-62 绘制辅助线

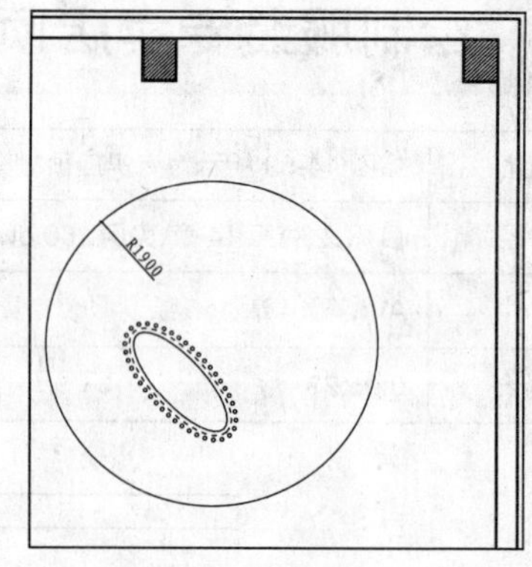

图 14-63 绘制圆

07 调用 OFFSET/O 偏移命令，将圆向内偏移 50，并设置为虚线，表示灯带，如图 14-64 所示。

08 使用同样的方法绘制其他同样的圆形吊顶造型，效果如图 14-65 所示。

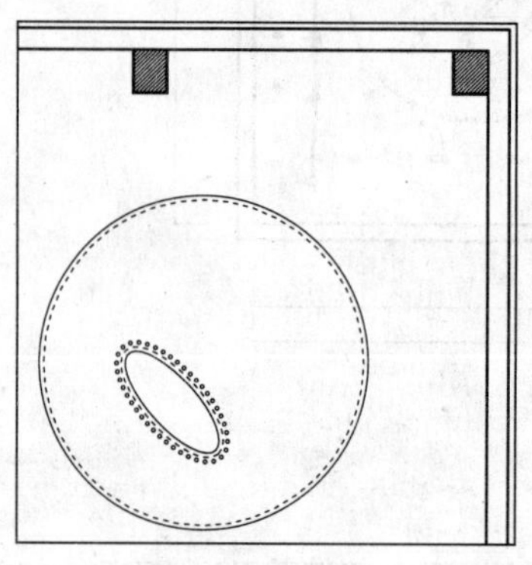

图 14-64 绘制灯带

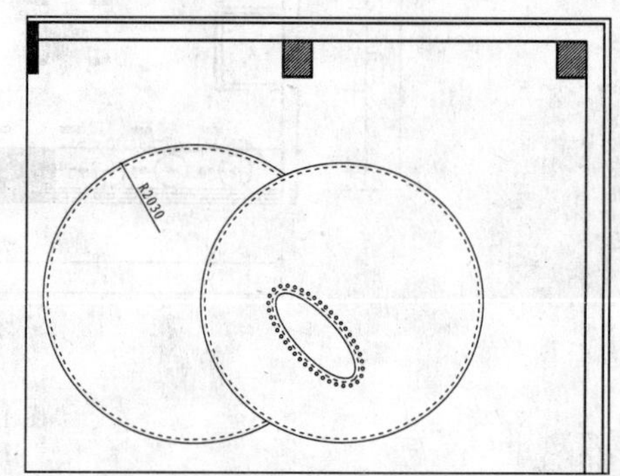

图 14-65 绘制吊顶造型

09 从图库中插入灯具图形到顶棚图中，效果如图 14-66 所示。

10 调用 INSERT/命令，插入“标高”图块，效果如图 14-67 所示。

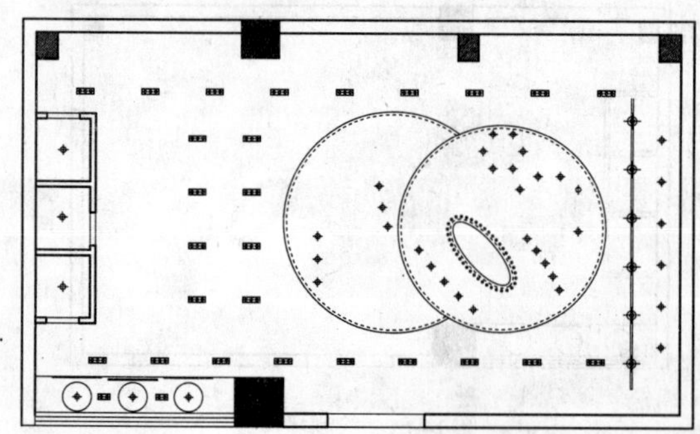

图 14-66 布置灯具

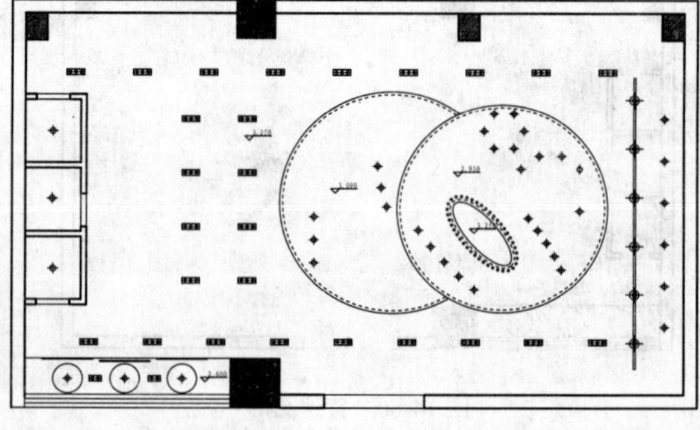

图 14-67 插入标高

11 调用 MLEADER/MLD 多重引线命令、MTEXE/MT 多行文字命令和 DIMRADIUS/DRA 半径命令，对顶面进行尺寸和文字标注，完成顶棚图的绘制。

167 绘制服装专卖店 A 立面图

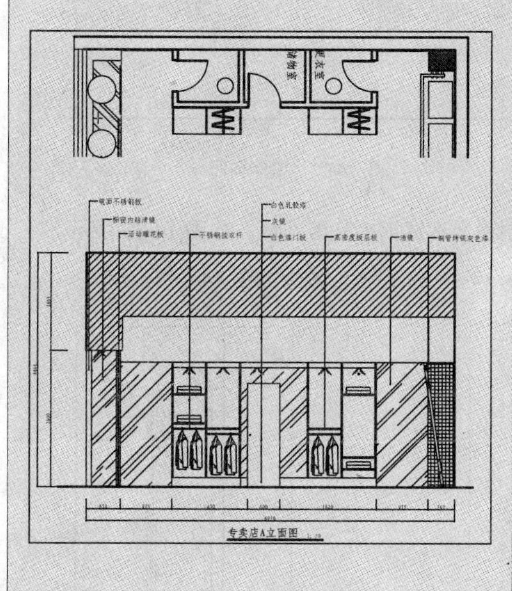

如左图所示为专卖店 A 立面图，A 立面是展示柜所在的墙面。

文件路径：	目标文件\第 14 章\实例 167.dwg
视频文件：	AVI\第 14 章\167 绘制服装专卖店 A 立面图.avi
播放时长：	0:13:18

01 调用 COPY/CO 复制命令，复制平面布置图上专卖店 A 立面的平面部分，并对图形进行旋转。

02 调用 LINE/L 直线命令，应用投影法，绘制 A 立面的墙体和地面，如图 14-68 所示。

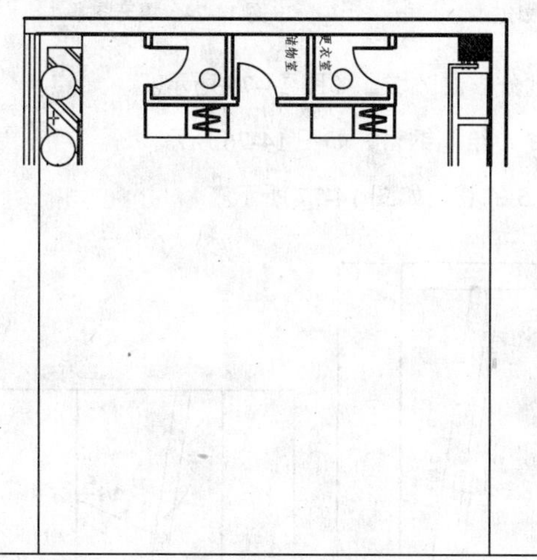

图 14-68　绘制墙体和地面

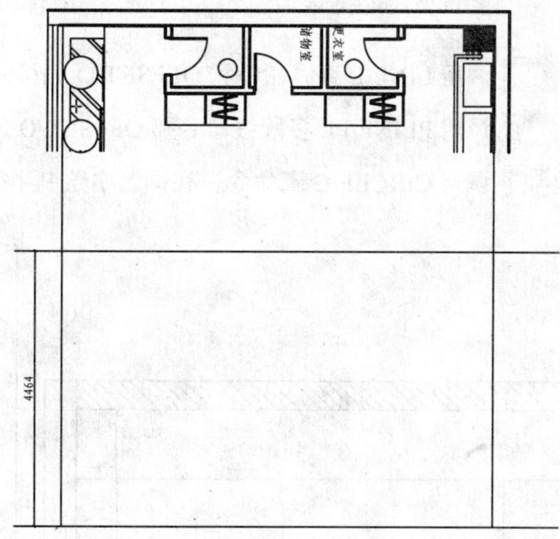

图 14-69　绘制顶棚

03 调用 OFFSET/O 偏移命令，将地面向上偏移 4464，得到顶棚，如图 14-69 所示。

04 调用 TRIM/TR 修剪命令，修剪出立面主要轮廓，如图 14-70 所示，并将外轮廓线段转换为“QT_墙体”图层。

05 调用 PLINE/PL 多段线命令，绘制如图 14-71 所示多段线。

06 调用 HATCH/H 图案填充命令，在多段线内填充 ANSI31 图案，如图 14-72 所示。

图 14-70 修剪立面轮廓

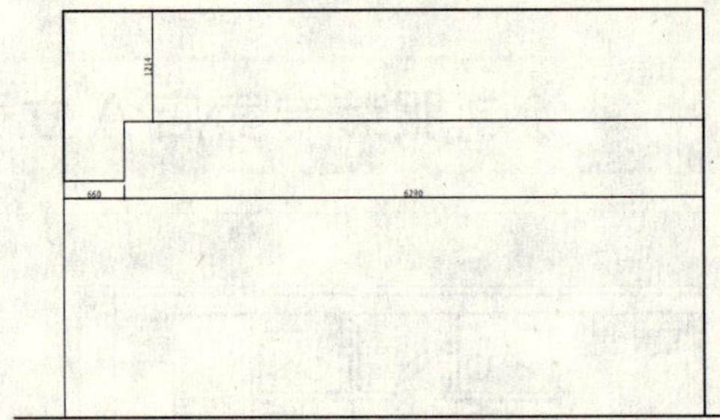

图 14-71 绘制多段线

07 用 LINE/L 直线命令和 OFFSET/O 偏移命令，绘制镜面不锈钢板和雕花板，如图 14-73 所示。

08 调用 HATCH/H 图案填充命令，在橱窗区域填充 AR-RROOF 图案，效果如图 14-74 所示。

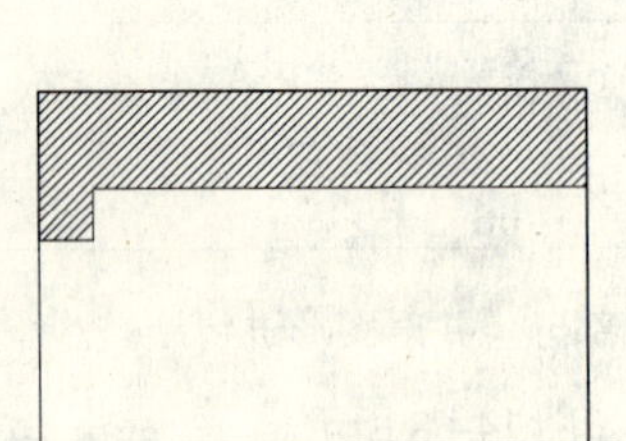

图 14-72 填充图案

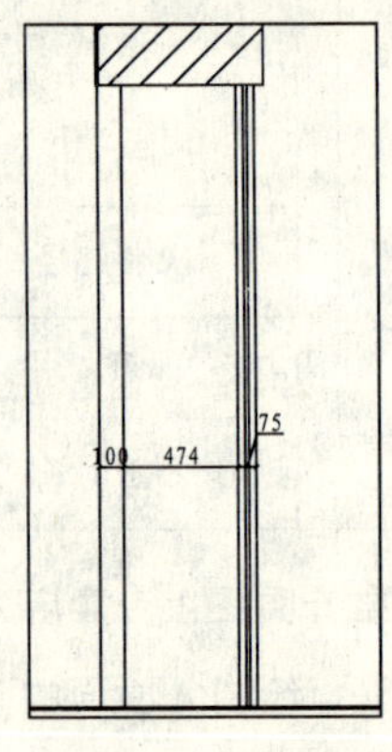

图 14-73 绘制线段

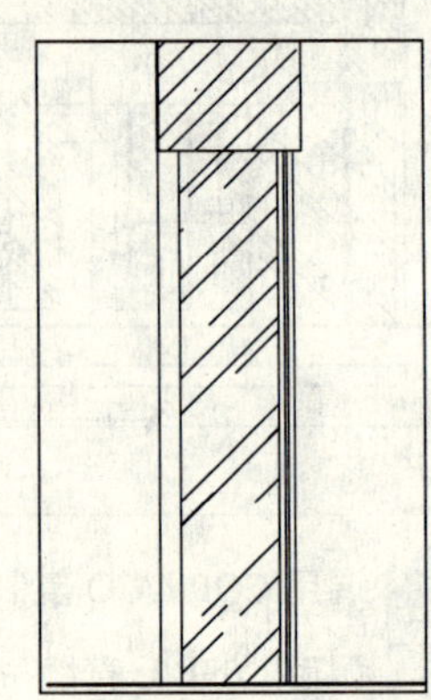

图 14-74 填充图案

第3篇

09 调用 LINE/L 直线命令和 OFFSET/O 偏移命令，划分立面区域，如图 14-75 所示。

10 调用 PLINE/PL 多段线命令和 OFFSET/O 偏移命令，绘制钢管，如图 14-76 所示。

11 调用 CIRCLE/C 圆命令，在钢管中绘制半径为 17.5 的圆，如图 14-77 所示。

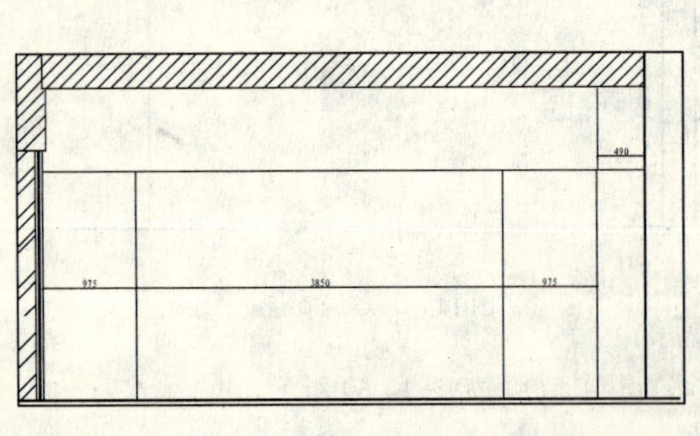

图 14-75 划分立面区域

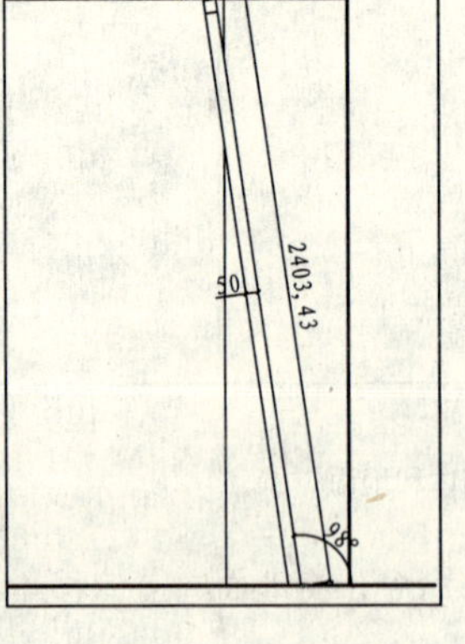

图 14-76 绘制钢管

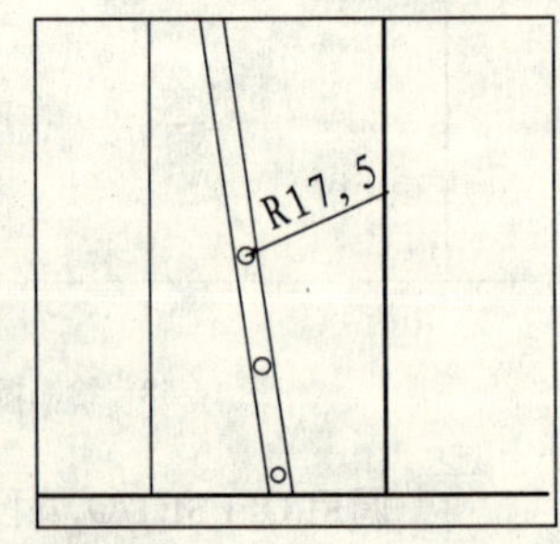

图 14-77 绘制圆

12 调用 HATCH/H 图案填充命令，对右侧区域填充 ANGLE 图案，效果如图 14-78 所示。

13 调用 LINE/L 直线命令、OFFSET/O 偏移命令和 TRIM/TR 修剪命令，细化展柜，如图 14-79 所示。

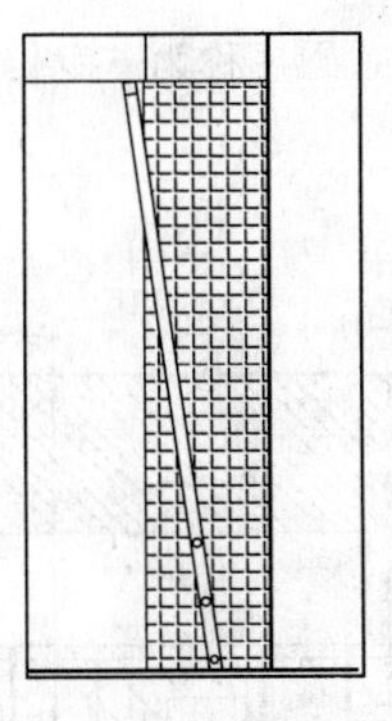
图 14-78　填充图案

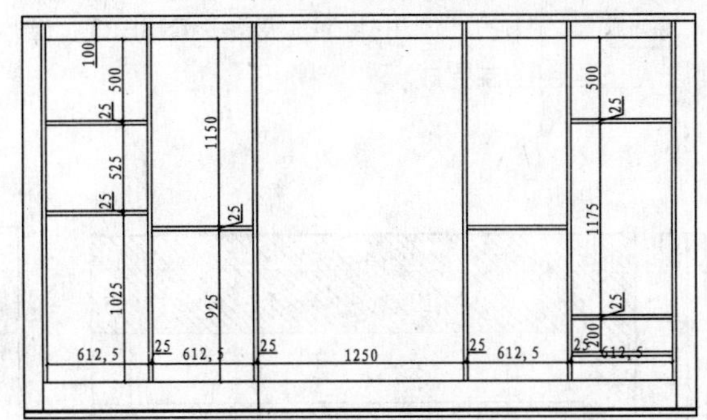

图 14-79　细化展柜

14 调用 LINE/L 直线命令和 OFFSET/O 偏移命令，绘制挂衣杆，如图 14-80 所示。

15 调用 PLINE/PL 多段线命令 CIRCLE/C 圆命令和 TRIM/TR 修剪命令，绘制门，如图 14-81 所示。

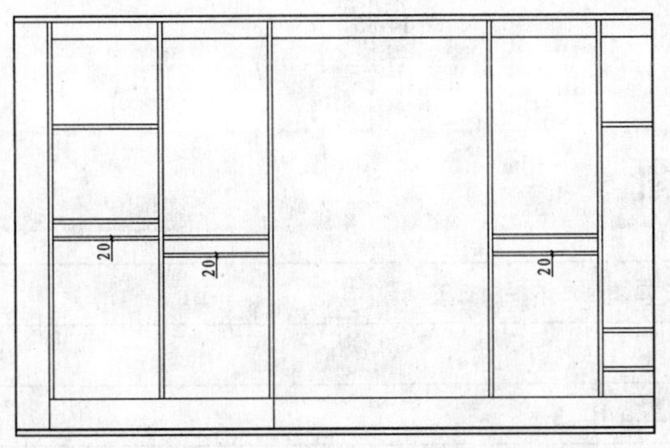

图 14-80　绘制挂衣杆

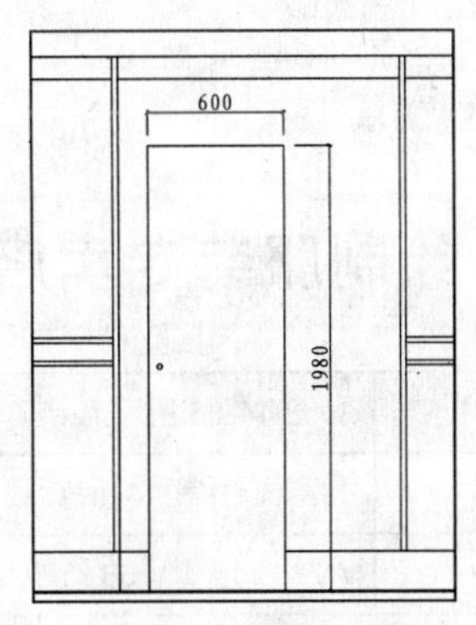

图 14-81　绘制门

16 调用 HATCH/H 图案填充命令，在立面区域填充 AR-RROOF 图案，效果如图 14-82 所示。

17 插入图块。打开配套光盘提供的“第 14 章\家具图例.dwg”文件，选择其中的衣服和射灯等图块，将其复制至立面区域，效果如图 14-83 所示。

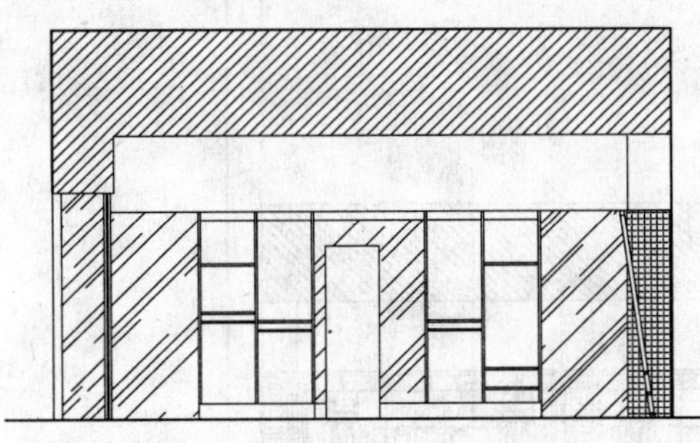
图 14-82　填充图案

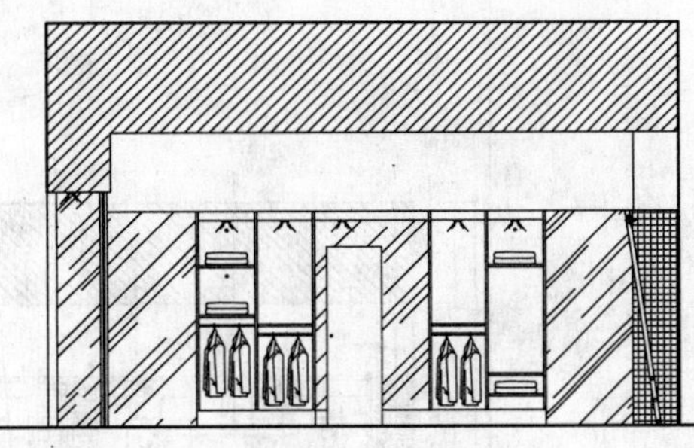
图 14-83　插入图块

18 设置“BZ_标注”为当前图层。设置当前注释比例为 1:50。

19 调用 DIMLINEAR/DLI 线性命令或执行【标注】|【线性】命令标注尺寸，本图应该在垂直方向和水平方向分别进行标注，标注结果如图 14-84 所示。

20 调用 MLRADER/MLD 多重引线命令进行材料标注，标注结果如图 14-85 所示。

21 插入图名。调用插入图块命令 INSERT，插入“图名”图块，设置名称为“专卖店 A 立面图”。专卖店 A 立面图绘制完成。

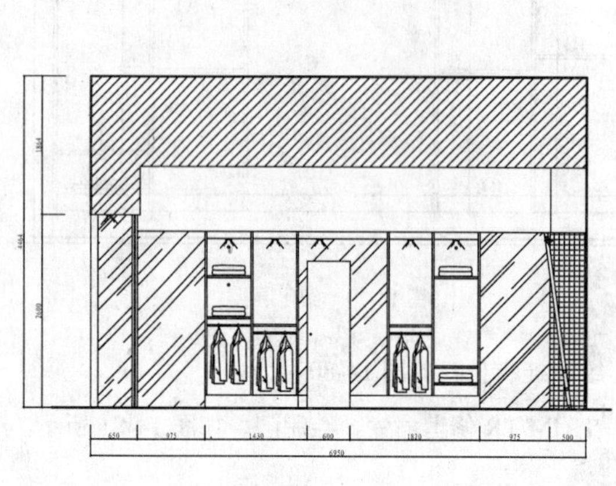

图 14-84 尺寸标注

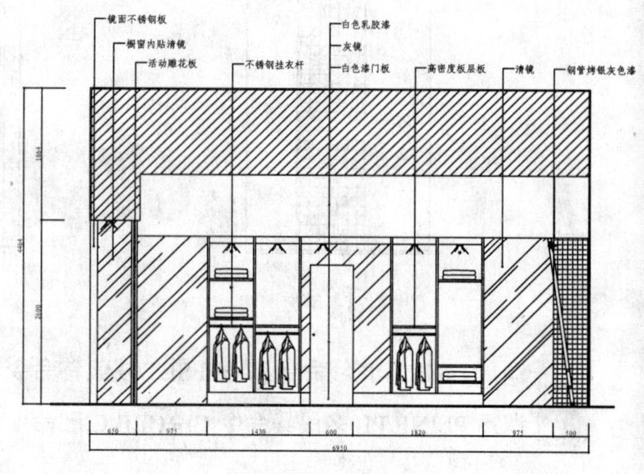

图 14-85 文字标注

168 绘制服装专卖店 B 立面图

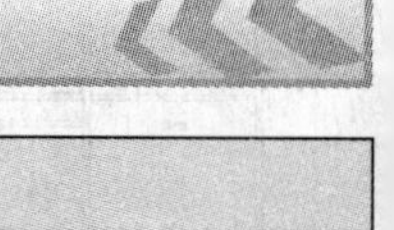

实例描述:	如图 14-86 所示为专卖店 B 立面图，B 立面图是活动柜所在的墙面。
文件路径:	目标文件\第 14 章\实例 168.dwg
视频文件:	AVI\第 14 章\168 绘制服装专卖店 B 立面图.avi
播放时长:	0:11:54

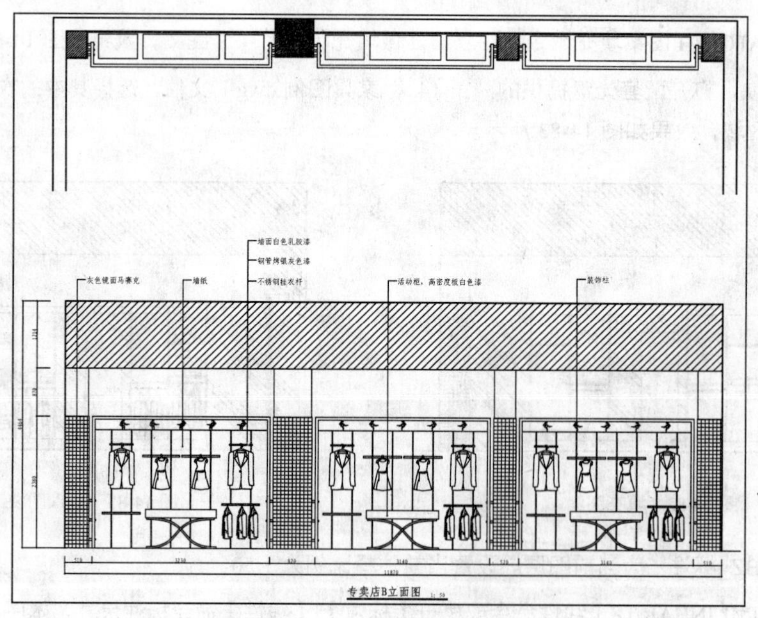

图 14-86 专卖店 B 立面图

01 调用 COPY/CO 复制命令，复制平面布置图上专卖店 B 立面图的平面部分。

02 调用 LINE/L 直线命令和 TRIM/TR 修剪命令，绘制 B 立面的基本轮廓，如图 14-87 所示。

03 调用 LINE/L 直线命令，绘制线段，如图 14-88 所示。

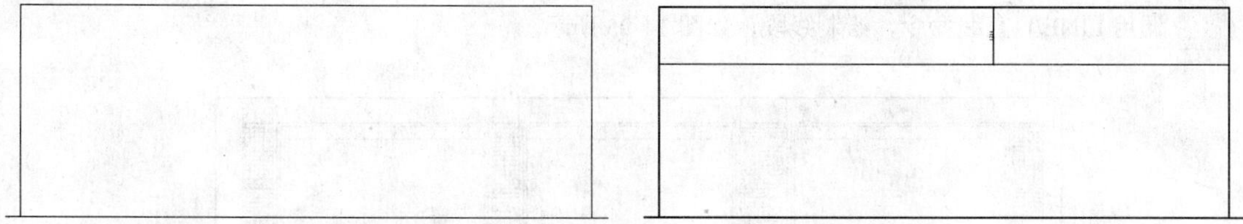

图 14-87　绘制 B 立面的基本轮廓　　　　图 14-88　绘制线段

04 调用 HATCH/H 图案填充命令，在线段上方填充 ANSI31 图案，如图 14-89 所示。

05 调用 LINE/L 直线命令和 OFFSET/O 偏移命令，绘制线段，如图 14-90 所示。

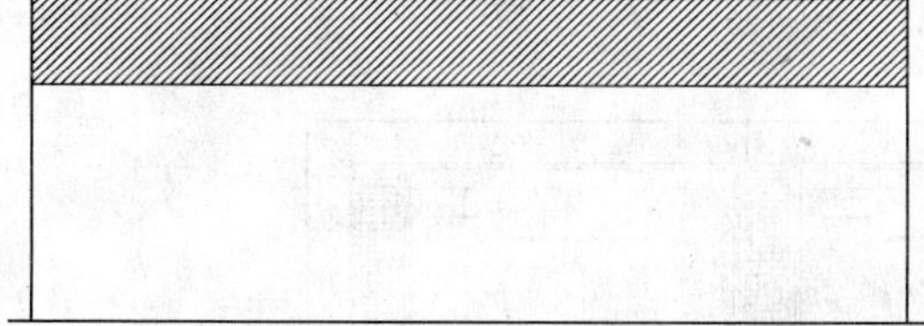

图 14-89　填充图案　　　　图 14-90　绘制线段

06 调用 HATCH/H 图案填充命令，对墙面区域填充 ANGLE 图案，如图 14-91 所示。

07 调用 PLINE/PL 多段线命令和 OFFSET/O 偏移命令，绘制多段线，如图 14-92 所示。

08 调用 LINE/L 直线命令、OFFSET/O 偏移命令、CIRCLE/C 圆命令、MOVE/M 移动命令和 TRIM/TR 修剪命令，绘制钢管，如图 14-93 所示。

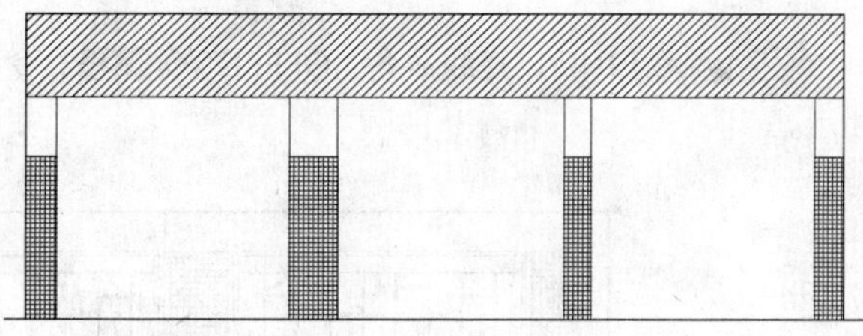

图 14-91　填充图案

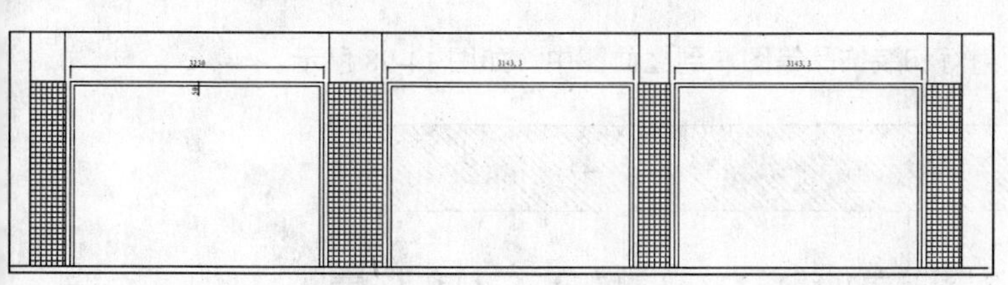

图 14-92　绘制多段线

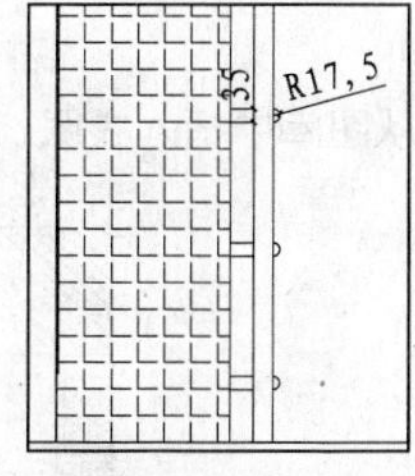

图 14-93　绘制钢管

09 调用 COPY/CO 复制命令和 MIRR/MI 镜像命令，对钢管进行复制和镜像，结果如图 14-94 所示。

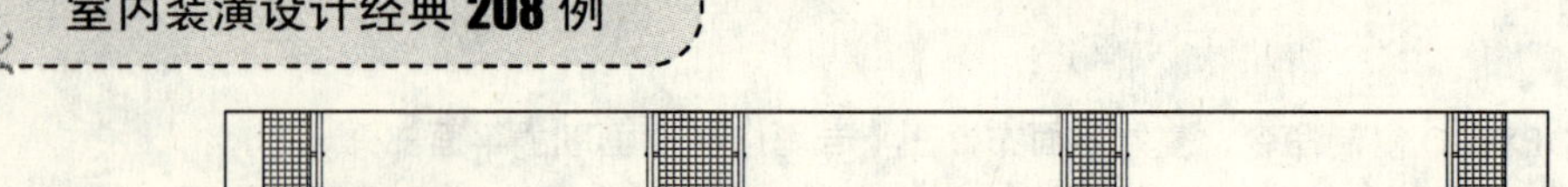

图 14-94　镜像和复制钢骨

10 调用 LINE/L 直线命令，绘制线段，如图 14-95 所示。

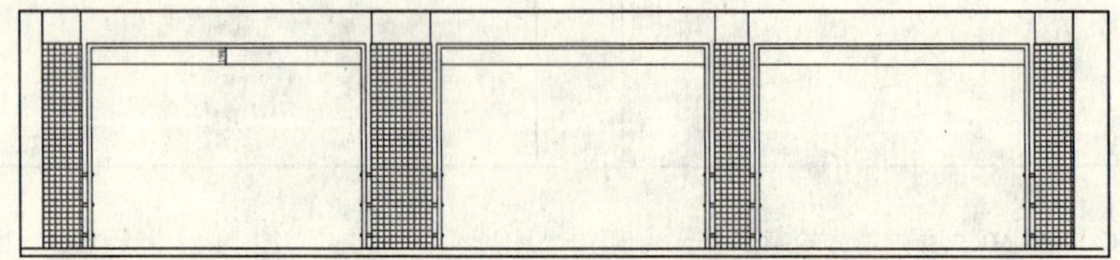

图 14-95　绘制线段

11 调用 RECTANG/REC 矩形命令、MOVE/M 移动命令和 COPY/CO 复制命令，绘制层板，如图 14-96 所示。

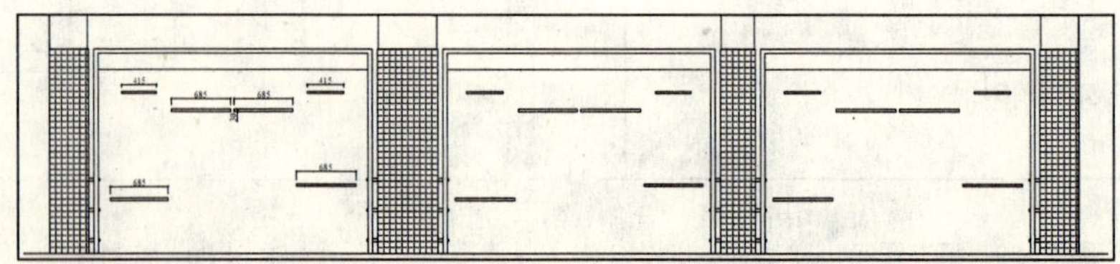

图 14-96　绘制层板

12 调用 LINE/L 直线命令、OFFSET/O 偏移命令和 TRIM/TR 修剪命令，绘制柱子图形，如图 14-97 所示。

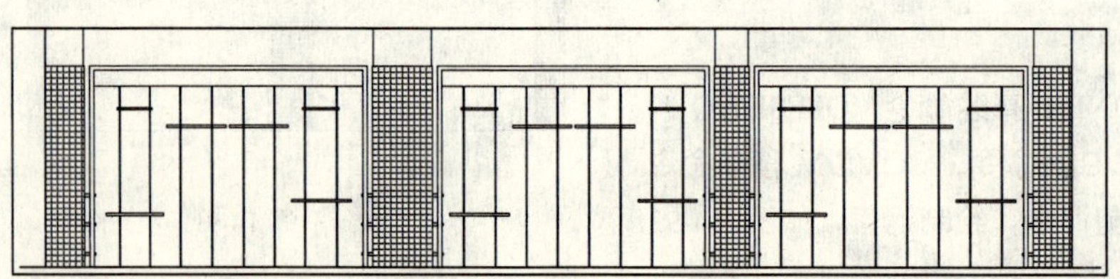

图 14-97　绘制柱子图形

13 从图库中插入衣服、展柜、射灯和装饰品等图块到立面图中，如图 14-98 所示。

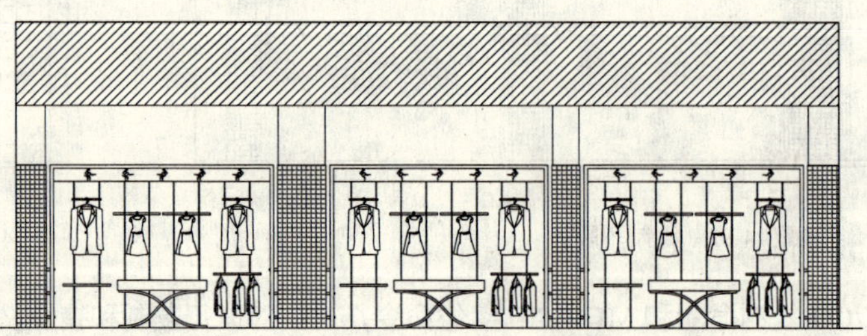

图 14-98　插入图块

14 调用 DIMLINEAR/DLI 线性命令和 MLEADER/MLD 多重引线命令，标注尺寸和材料说明，如图 14-99 所示。

15 调用 INSERT/I 插入命令，插入“图名”图块，完成专卖店 B 立面图的绘制。

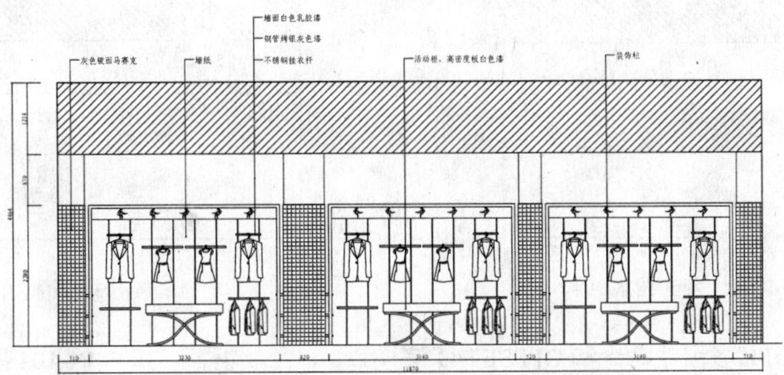

图 14-99　标注尺寸和材料说明

169 绘制服装专卖店 C 立面图

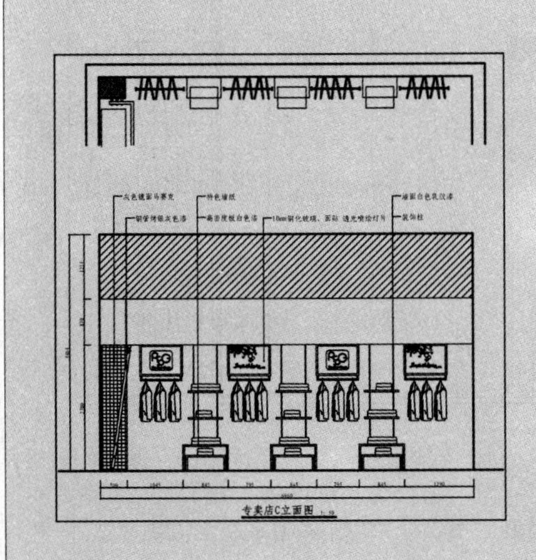

绘制完成的专卖店 C 立面如左图所示。

文件路径:	目标文件\第 14 章\实例 169.dwg
视频文件:	AVI\第 14 章\169 绘制服装专卖店 C 立面图.avi
播放时长:	0:10:20

01 调用 COPY/CO 复制命令，复制平面布置图上专卖店 C 立面图的平面部分，并对图形进行旋转。

02 调用 LINE/L 直线命令和 TRIM/TR 修剪命令，绘制 C 立面的基本轮廓，如图 14-100 所示。

03 调用 LINE/L 直线命令，绘制线段，如图 14-101 所示。

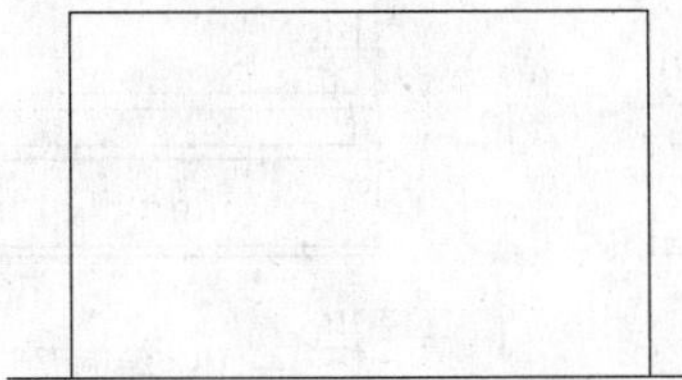

图 14-100　绘制 C 立面的基本轮廓

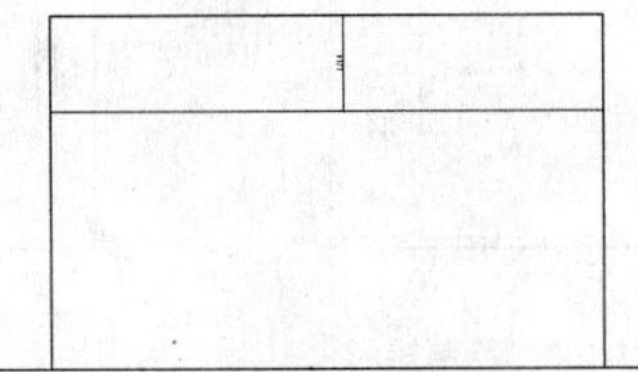

图 14-101　绘制线段

04 调用 HATCH/H 图案填充命令，在线段上方填充 ANSI31 图案，如图 14-102 所示。

05 调用 LINE/L 直线命令，绘制垂直和水平线段，如图 14-103 所示。

图 14-102 填充图案

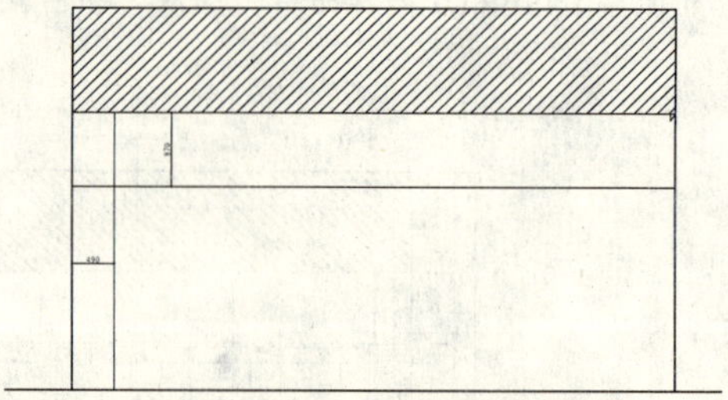

图 14-103 绘制线段

06 调用 PLINE/PL 多段线命令和 OFFSET/O 偏移命令，绘制钢管，如图 14-104 所示。

07 调用 CIRCLE/C 圆命令，在钢管中绘制半径为 17.5 的圆，如图 14-105 所示。

08 调用 LINE/L 直线命令，在左侧绘制一条垂直线段，如图 14-106 所示。

09 调用 HATCH/H 图案填充命令，对左侧区域填充 ANGLE 图案，如图 14-107 所示。

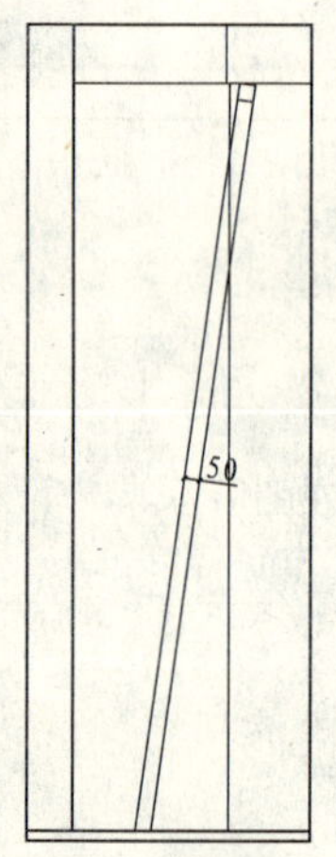

图 14-104 绘制钢管

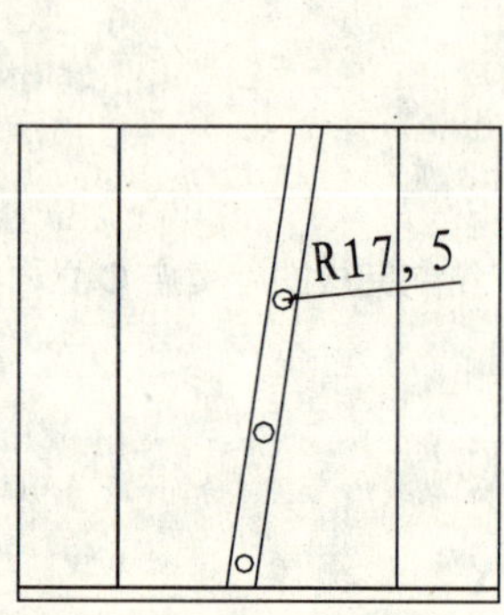

图 14-105 绘制圆

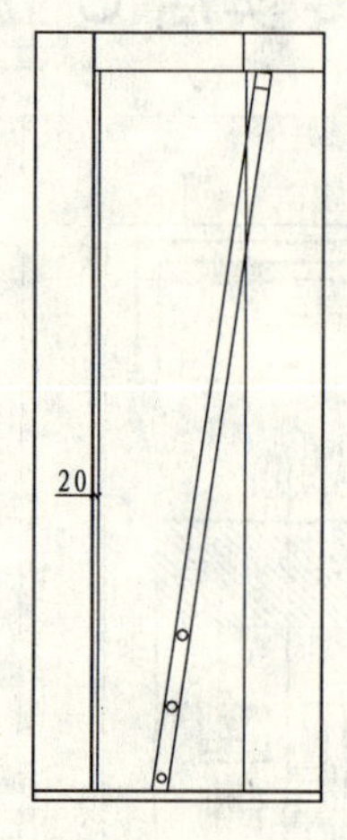

图 14-106 绘制线段

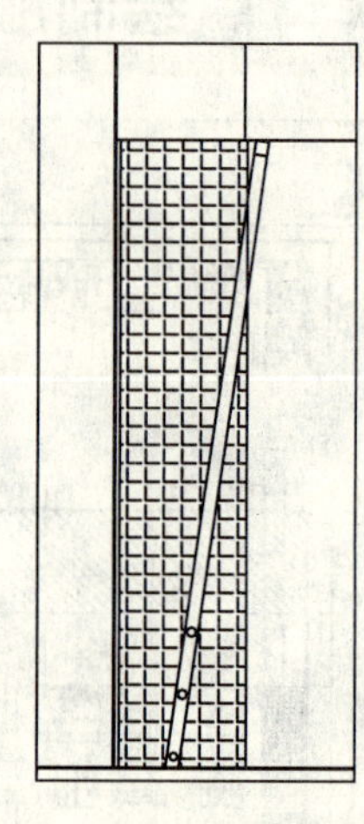

图 14-107 填充图案

10 调用 RECTANG/REC 矩形命令，绘制尺寸为 800×585 的矩形，如图 14-108 所示。

11 调用 OFFSET/O 偏移命令，将矩形向内偏移 30，如图 14-109 所示。

12 调用 PLINE/PL 多段线命令和 OFFSET/O 偏移命令，绘制矩形下方的图形，如图 14-110 所示。

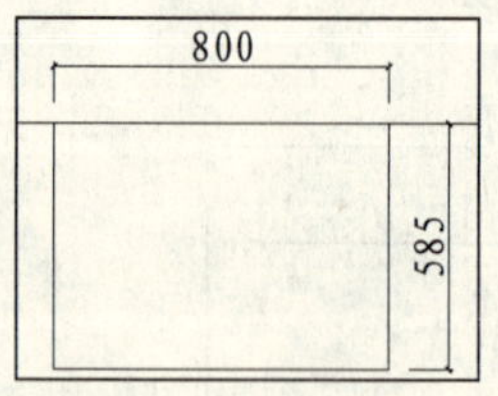

图 14-108 绘制矩形

图 14-109 绘制矩形

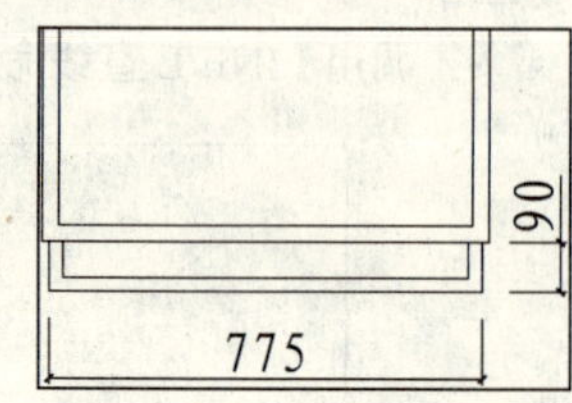

图 14-110 绘制图形

13 调用 COPY/CO 复制命令，将图形复制到其他位置，如图 14-111 所示。

14 调用 RECTANG/REC 矩形命令、MOVE/M 移动命令和 COPY/CO 复制命令，绘制层板，如图 14-112 所示。

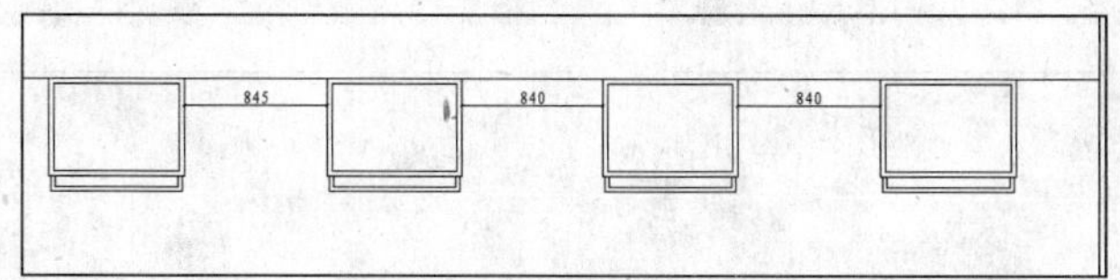

图 14-111　复制图形

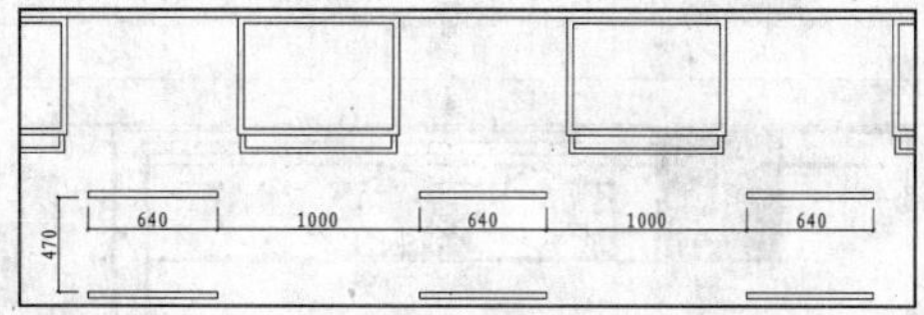

图 14-112　绘制层板

15 调用 PLINE/PL 多段线命令、OFFSET/O 偏移命令和 COPY/CO 复制命令，绘制展柜，如图 14-113 所示。

16 调用 LINE/L 直线命令、OFFSET/O 偏移命令和 TRIM/TR 修剪命令，绘制展柜后的柱子图形，如图 14-114 所示。

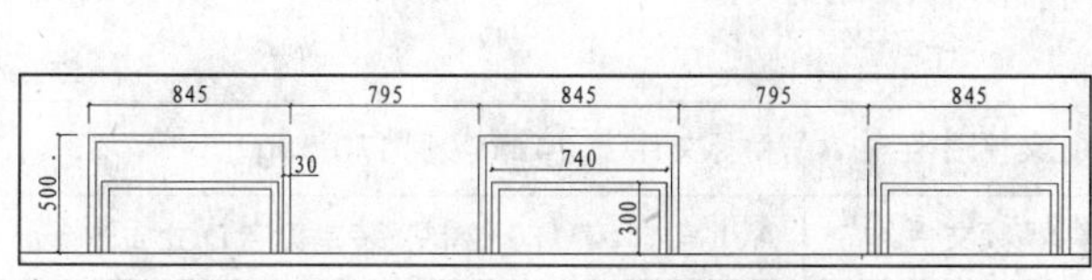

图 14-113　绘制展柜

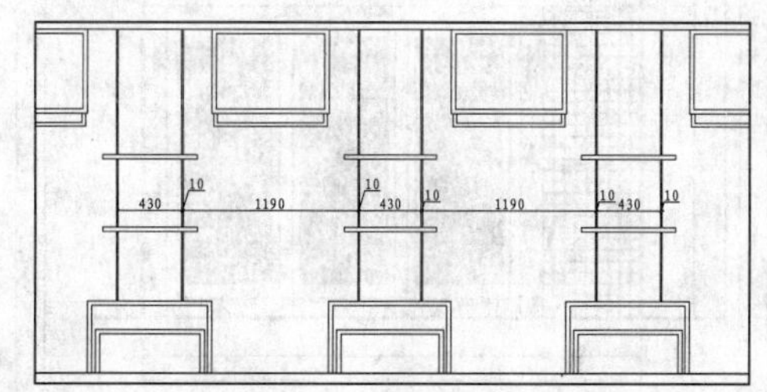

图 14-114　绘制线段

17 从图库中插入衣服、射灯和装饰品等图块到立面图中，如图 14-115 所示。

18 调用 DIMLINEAR/DLI 线性命令和 MLEADER/MLD 多重引线命令，标注尺寸和材料说明，如图 14-116 所示。

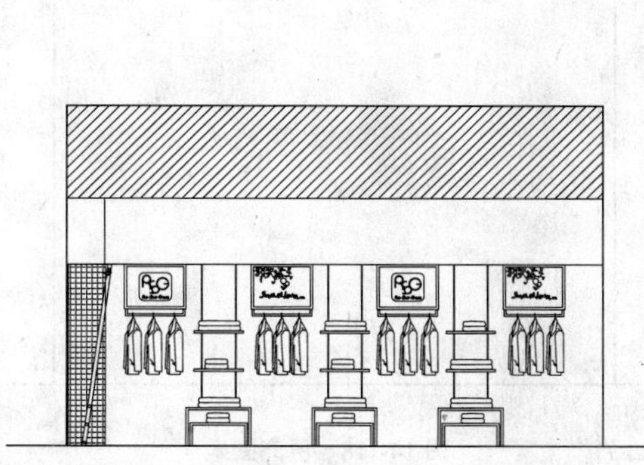

图 14-115　插入图块

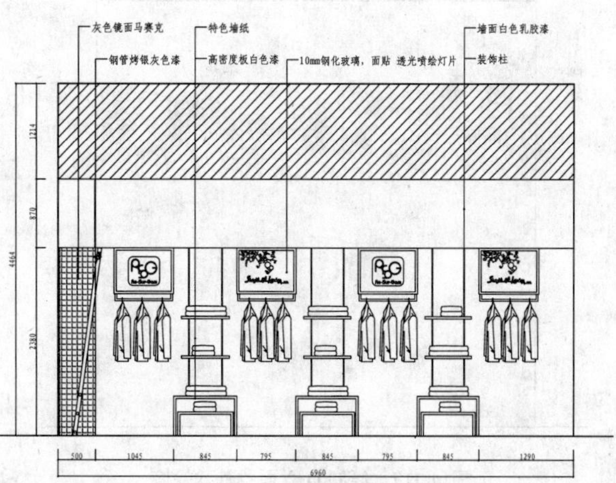

图 14-116　标注尺寸和材料说明

19 调用 INSERT/I 插入命令，插入“图名”图块，完成专卖店 C 立面图的绘制。

170 绘制服装专卖店 D 立面图

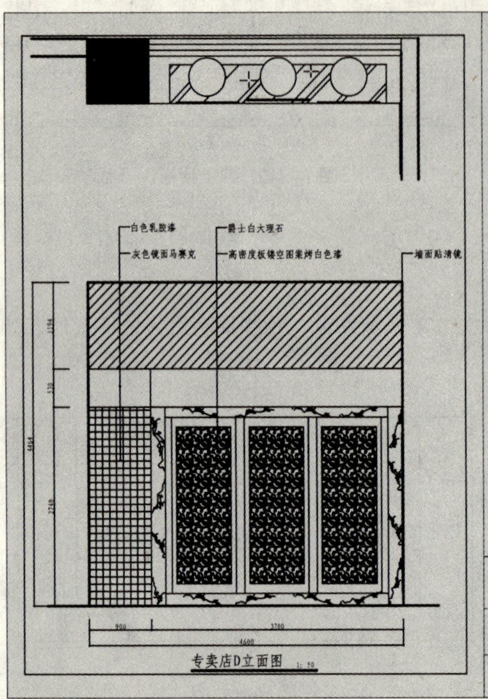

如左图示为专卖店 D 立面图，D 立面图是橱窗所在的立面。

文件路径：	目标文件\第 14 章\实例 170.dwg
视频文件：	AVI\第 14 章\170 绘制服装专卖店 D 立面图.avi
播放时长：	0:06:11

第3篇

01 调用 COPY/CO 复制命令，复制平面布置图上专卖店 D 立面图的平面部分，并对图形进行旋转。

02 调用 LINE/L 直线命令和 TRIM/TR 修剪命令，绘制 D 立面的基本轮廓，如图 14-117 所示。

03 调用 LINE/L 直线命令，绘制线段，如图 14-118 所示。

图 14-117 绘制 D 立面的基本轮廓

图 14-118 填充图案

04 调用 HATCH/H 图案填充命令，在线段上方填充 ANSI31 图案，如图 14-119 所示。

05 调用 LINE/L 直线命令，绘制线段，如图 14-120 所示。

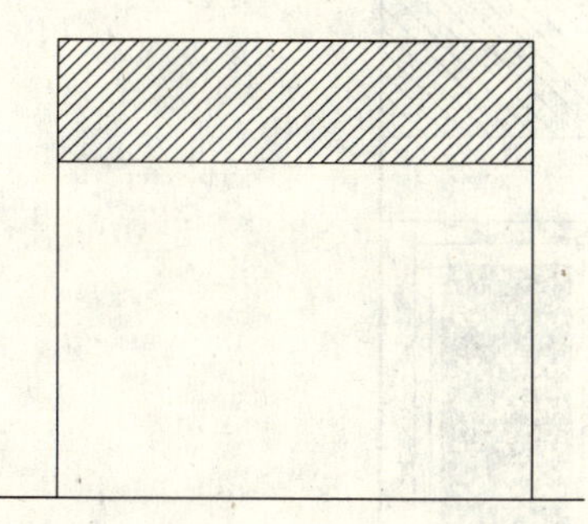

图 14-119　填充图案

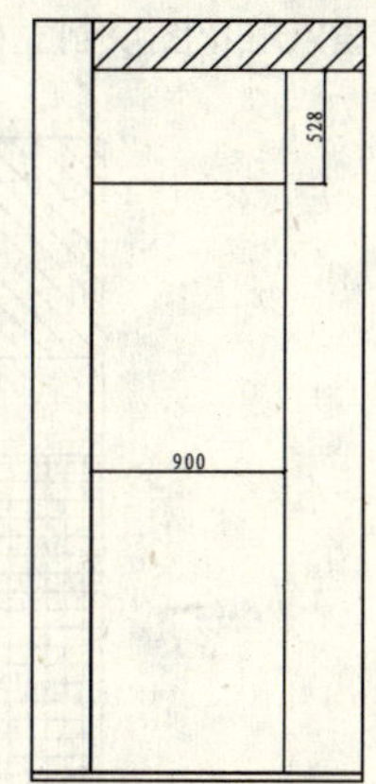

图 14-120　绘制线段

06 调用 HATCH/H 图案填充命令，在线段左侧填充“用户定义”图案，填充参数和效果如图 14-121 所示。

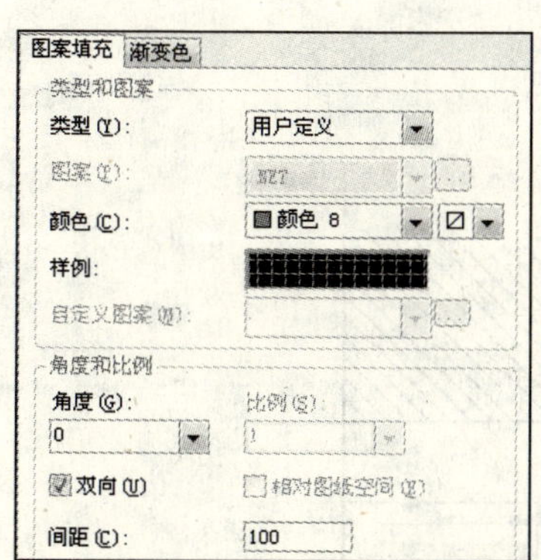

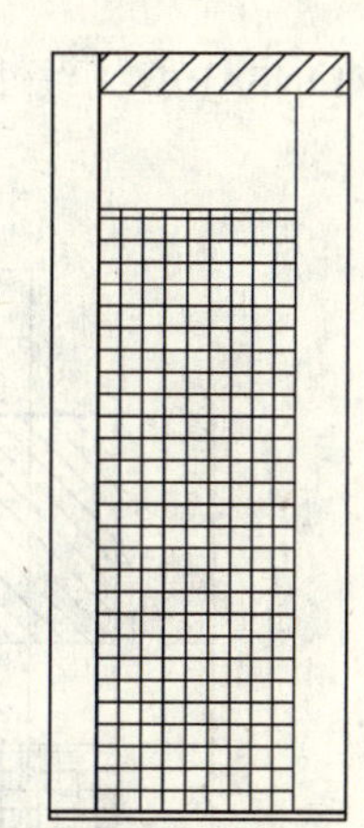

图 14-121　填充参数和效果

07 调用 LINE/L 直线命令和 OFFSET/O 偏移命令，细化右侧区域，如图 14-122 所示。

08 调用 RECTANG/REC 矩形命令，绘制镜子，如图 14-123 所示。

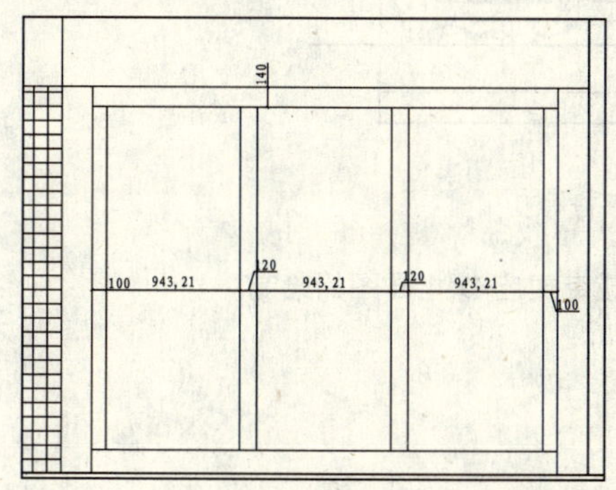

图 14-122　细化右侧区域

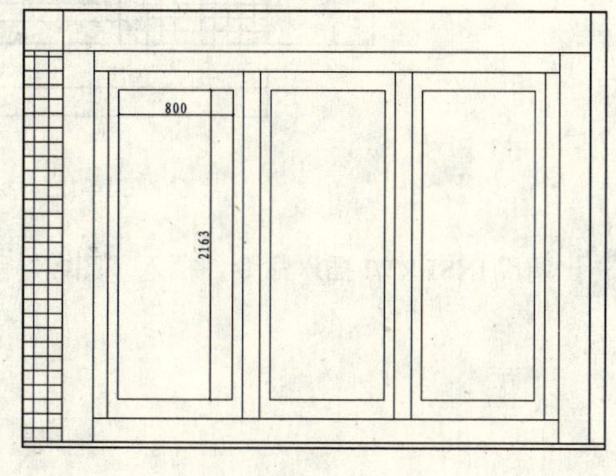

图 14-123　绘制矩形

09 从图库中插入雕花图块到立面图中，如图 14-124 所示。

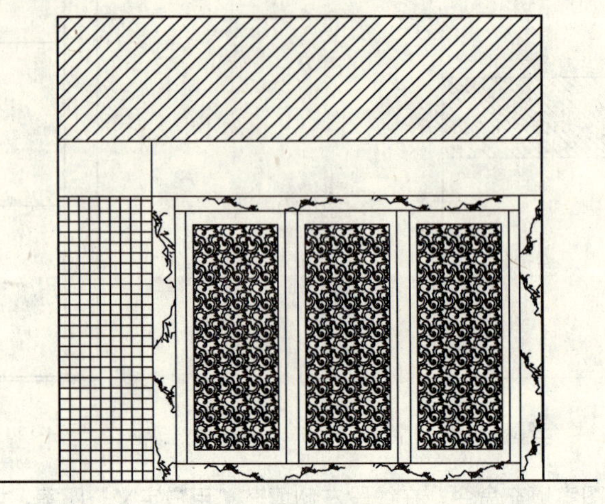

图 14-124 插入图块

10 调用 DIMLINEAR/DLI 线性命令和 MLEADER/MLD 多重引线命令，标注尺寸和材料说明，如图 14-125 所示。

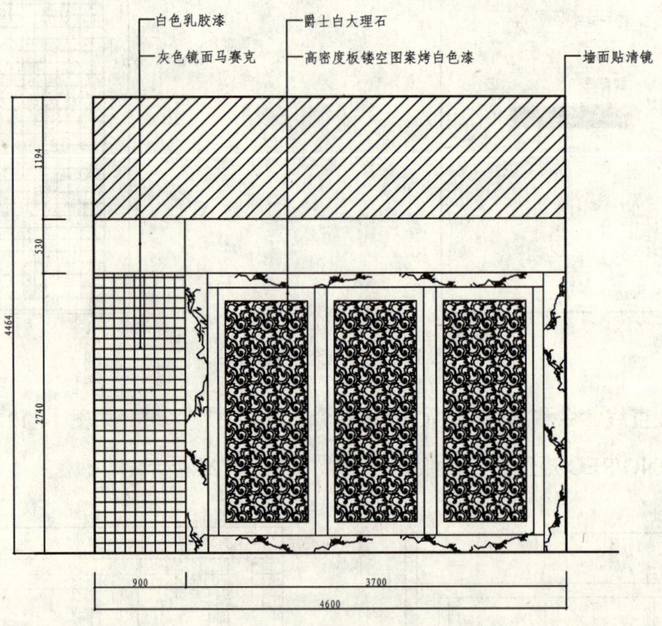

图 14-125 标注尺寸和材料说明

11 调用 INSERT/I 插入命令，插入“图名”图块，完成专卖店 D 立面图的绘制。

第3篇

第 4 篇　电气和详图篇

第 15 章 绘制住宅电气和冷热水管走向图

电气图用来反映室内装修的配电情况，包括配电箱规格、型号、配置以及照明、插座开关等线路的敷设方式和安装说明等。

冷热水管走向图反应了住宅水管的分布走向，指导水电工施工。冷热水管走向图需要绘制的内容主要为冷、热水管和出水口。

本章将介绍它们的绘制方法以及相关知识。

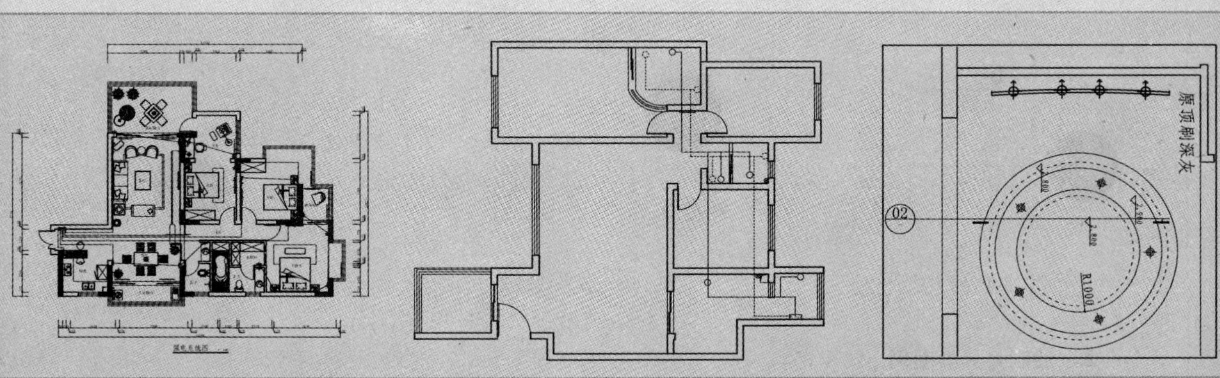

171 绘制电气图例表

图例	名称	图例	名称	图例	名称
	排气扇	TP	电话出座线		工艺吊灯
	单联单控开关		筒灯		
	双联单控开关		吸顶灯		
	单联双控开关		防水筒灯		
			吊灯		浴霸
	双联双控开关		壁灯		
			工艺吊灯		吸顶灯
	二三插座				
	空调插座		浴霸		导轨灯
	电脑网络插座				斗胆灯
	电话插座		筒灯		斗胆灯
	电视插座		壁灯		吸顶灯
TV	电视终端插座		吸顶灯		
TO	数据出座线		筒灯		
	配电箱				

图例表用来说明各种图例图形的名称、规格以及安装形式等。图例表由图例图形、图例名称和安装说明等几个部分组成，如左图所示为本节绘制的图例表。

文件路径：	目标文件\第 15 章\实例 171.dwg
视频文件：	AVI\第 15 章\171 绘制电气图例表.avi
播放时长：	0:05:51

第 4 篇

1. 绘制开关类图例

01 以绘制"双联单控开关"图例图形为例，介绍开关类图形的画法，其尺寸如图 15-1 所示。

02 调用 CIRCLE/C 圆命令，绘制半径为 33 的圆，如图 15-2 所示。

03 调用 HATCH/H 图案填充命令，在绘制的圆内填充 SOLID 图案，效果如图 15-3 所示。

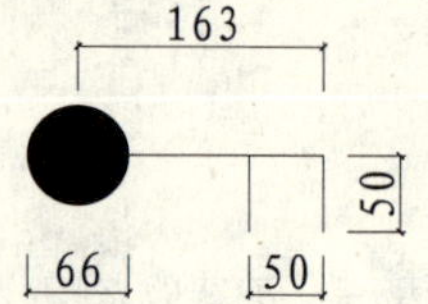

图 15-1 双联单控开关尺寸

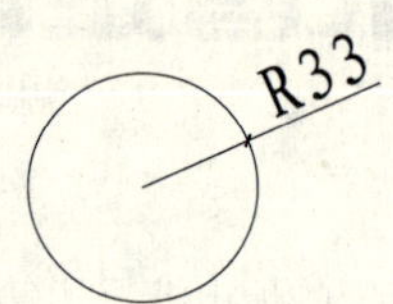

图 15-2 绘制圆

图 15-3 填充圆

04 调用 LINE/L 直线命令，绘制如图 15-4 所示线段。

05 调用 OFFSET/O 偏移命令，偏移线段，偏移距离为 50，如图 15-5 所示。

06 调用 ROTATE/RO 旋转命令，以圆心为中心，将图形旋转 135°，如图 15-6 所示，完成双联单控开关的绘制。

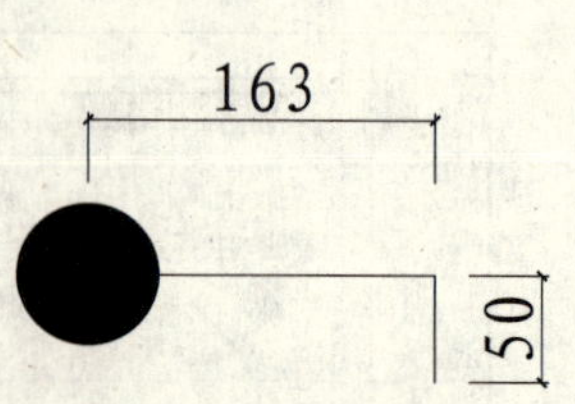

图 15-4 绘制线段

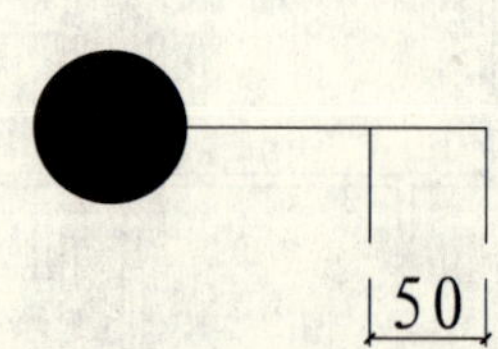

图 15-5 偏移线段

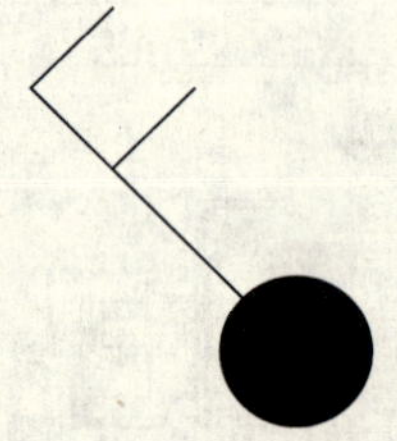

图 15-6 旋转图形

2. 绘制灯具类图例

01 如图 15-7 所示为绘制完成的工艺吊灯的图例和尺寸。

02 调用 CIRCLE/C 圆命令，绘制半径为 92 的圆，如图 15-8 所示。

03 调用 OFFSET/O 偏移命令，将圆向外偏移 52，如图 15-9 所示。

图 15-7　工艺吊灯

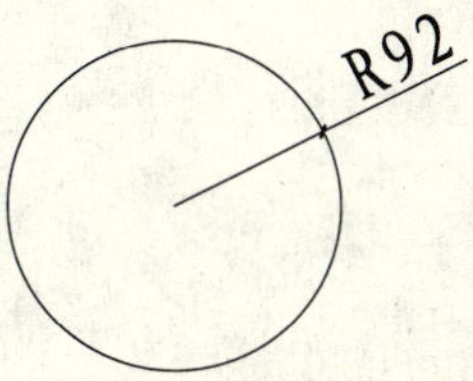

图 15-8　绘制圆

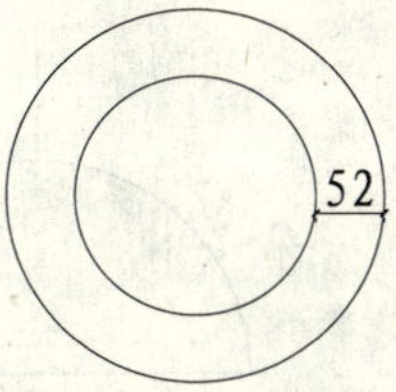

图 15-9　偏移圆

04 调用 CIRCLE/C 圆命令，绘制半径为 36 的圆。

05 调用 BLOCK/B 创建块命令，将圆创建成块。

06 调用 DIVIDE/DIV 定数等分命令，以创建的块对偏移 52 后的圆进行定数等分，然后删除圆，效果如图 15-10 所示。

07 使用同样的方法绘制其他同类图形，效果如图 15-11 所示。

08 调用 LINE/L 直线命令，绘制如图 15-12 所示过圆心的线段，完成工艺吊灯的绘制。

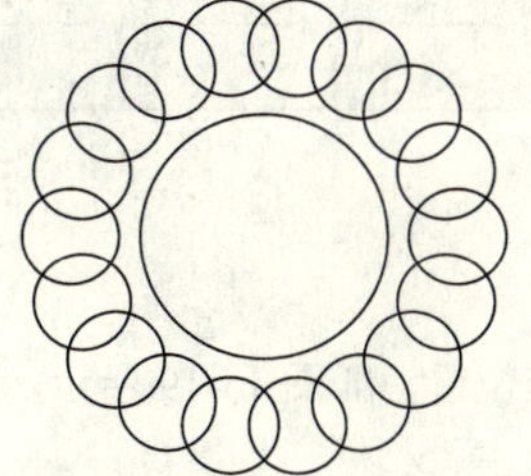

图 15-10　定数等分

图 15-11　定数等分

图 15-12　绘制线段

3. 绘制插座类图例

01 插座图形基本相似，这里以绘制“二三插座”图形为例，介绍插座类图形的画法，图 15-13 为“二三插座”图例图形尺寸。

02 调用 CIRCLE/C 圆命令，绘制半径为 115 的圆，调用 LINE 命令，绘制圆的直径，结果如图 15-14 所示。

03 调用 TRIM/TR 修剪命令，修剪圆的下半部分，得到一个半圆，结果如图 15-15 所示。

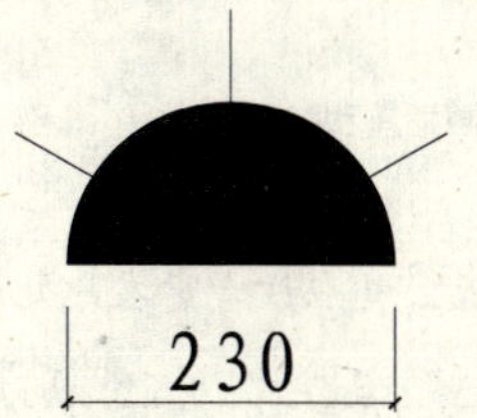

图 15-13　二三插座图例

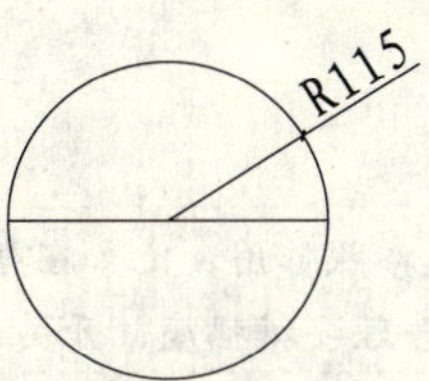

图 15-14　绘制圆

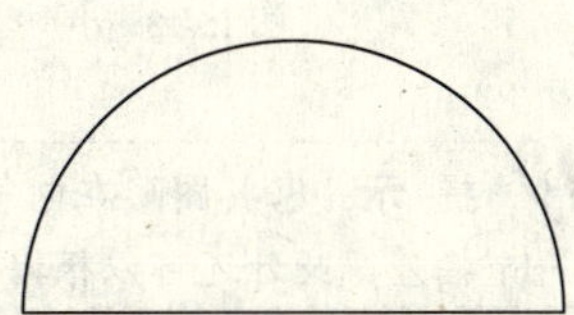

图 15-15　修剪圆

04 调用 LINE/L 直线命令，在半圆的上方绘制过圆心的线段，结果如图 15-16 所示。

05 调用 HATCH/H 图案填充命令，在半圆内填充 SOLID 图案，如图 15-17 所示，完成二三插座图例的绘制。

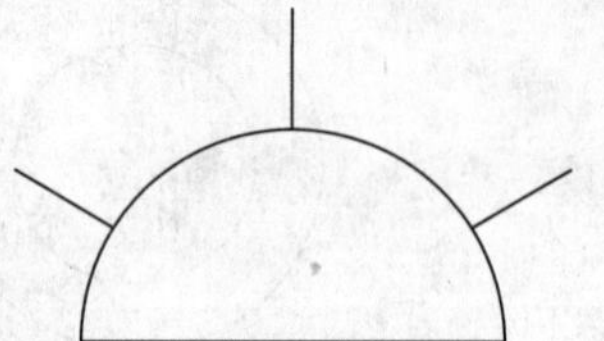
图 15-16　绘制线段

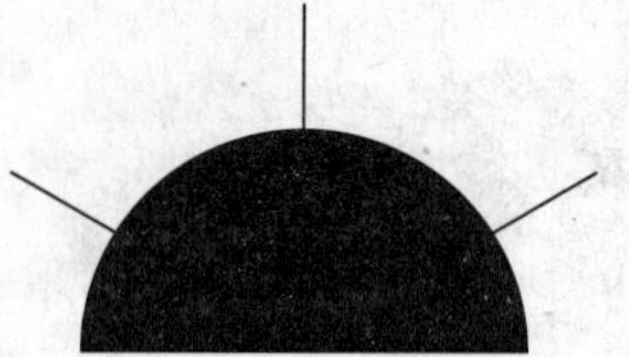
图 15-17　填充半圆

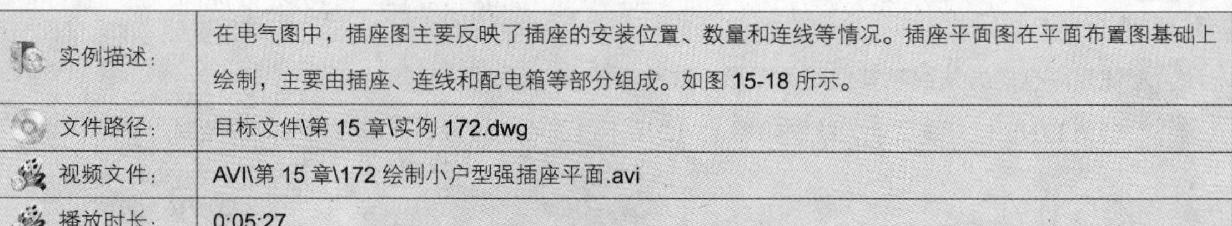

172 绘制小户型插座平面图

实例描述：	在电气图中，插座图主要反映了插座的安装位置、数量和连线等情况。插座平面图在平面布置图基础上绘制，主要由插座、连线和配电箱等部分组成。如图 15-18 所示。
文件路径：	目标文件\第 15 章\实例 172.dwg
视频文件：	AVI\第 15 章\172 绘制小户型强插座平面.avi
播放时长：	0:05:27

01 启动 AutoCAD 2012，以“室内装潢施工图模板.dwt”创建新图形。

02 调用 COPY/CO 复制命令，复制小户型的平面布置图。

03 复制图例表中的插座和配电箱图例到“小户型平面布置图”中的相应位置，如图 15-19 所示。

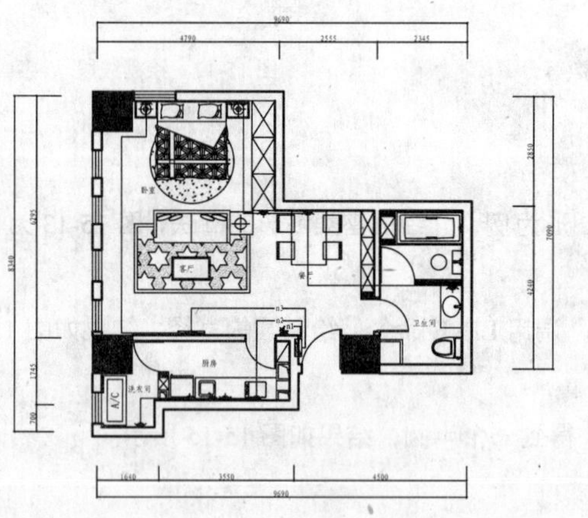
图 15-18　小户型强电系统图

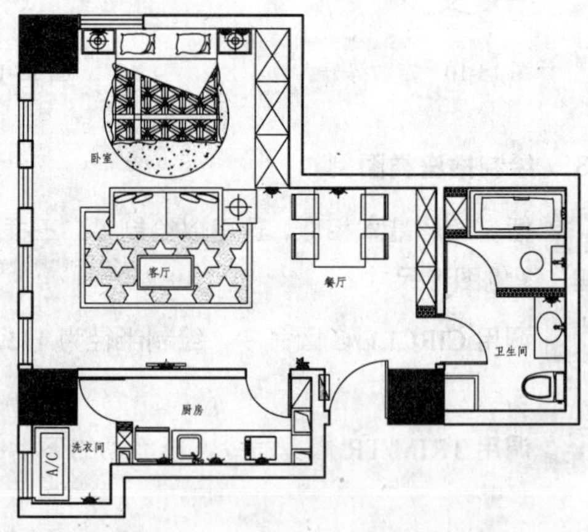

图 15-19　复制插座和配电箱

提 示：家具图形在电气图中主要起参照作用，比如在摆放有床头灯的位置，就应该考虑在此处设置一个插座，此外还可以根据家具的布局合理安排插座、开关的位置。

04 调用 LINE/L 直线命令，从入口处的配电箱引出一条线连接到厨房的插座，如图 15-20 所示。

05 调用 PLINE/PL 多段线命令，连接插座，如图 15-21 所示。

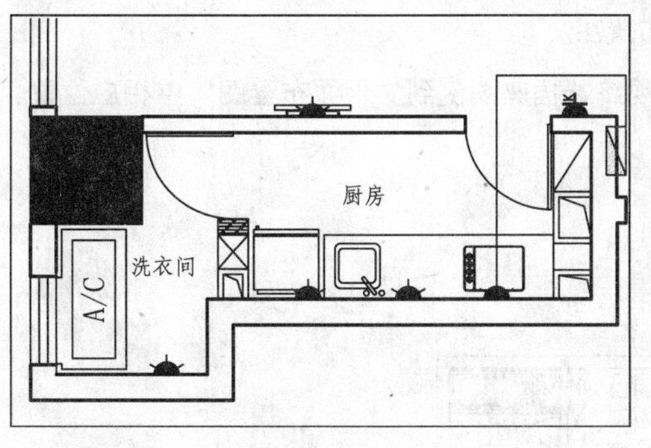

图 15-20　引出连线

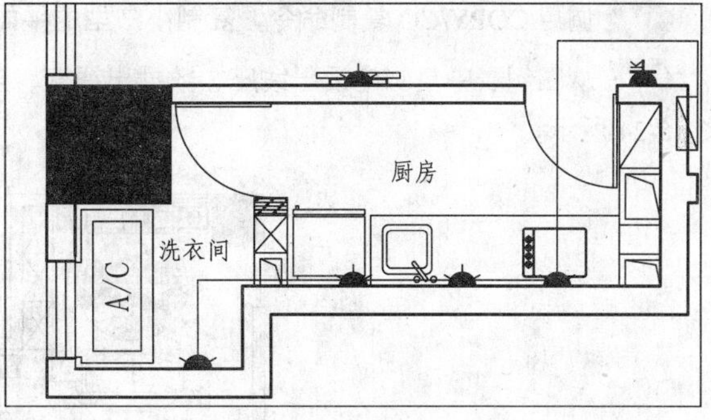

图 15-21　连接插座

06 调用 MTEXT/MT 多行文字命令，在连线上输入回路编号，如图 15-22 所示。

07 此时回路编号与连线重叠，调用 TRIM/TR 修剪命令，将与编号重叠的连线部分修剪，如图 15-23 所示。

08 使用同样的方法完成其他插座连线的绘制，完成小户型插座平面图的绘制。

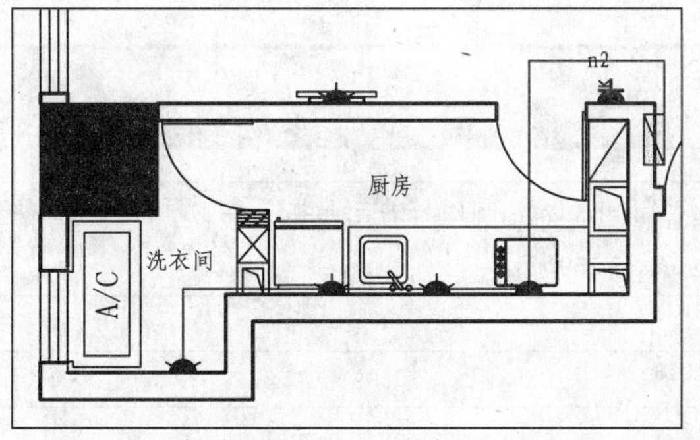

图 15-22　输入连线编号

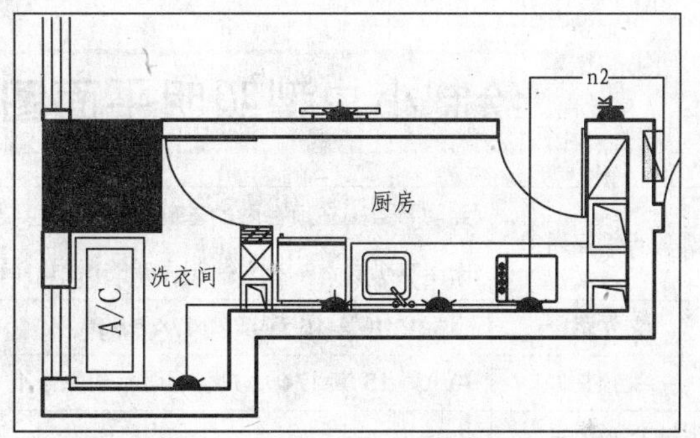

图 15-23　修剪连线

173 绘制小户型弱电系统图

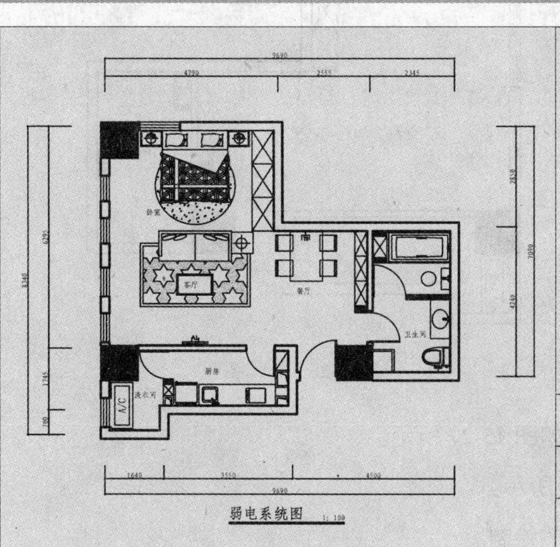

弱电系统插座一般根据家具的摆放位置进行设计。例如一般情况下，床头柜摆放有电话，因此在此处应设置一个电话出线座，在书房书桌的位置应该设置一个数据出线座，在电视的位置应该设置一个电视终端插座。

文件路径：	目标文件\第 15 章\实例 173.dwg
视频文件：	AVI\第 15 章\173 绘制小户型弱电系统图.avi
播放时长：	0:01:24

01 调用 COPY/CO 复制命令，复制小户型的平面布置图。

02 从图例表中复制电话出线座、数据出线座、电视终端插座图例到“平面布置图”中相应位置，如图 15-24 所示。

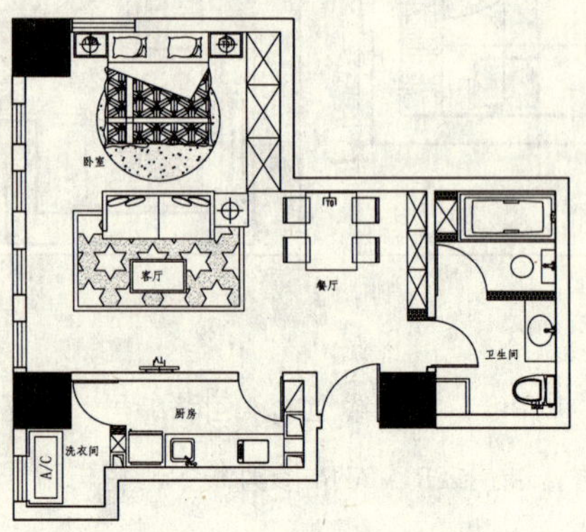

图 15-24 复制图例

174 绘制小户型照明平面图

实例描述：	照明平面图在顶棚图的基础上绘制，主要由灯具、开关以及它们之间的连线组成，绘制方法与插座平面图基本相同，本实例绘制完成的照明平面图如图 15-25 所示。
文件路径：	目标文件\第 15 章\实例 174.dwg
视频文件：	AVI\第 15 章\174 小户型照明平面图.avi
播放时长：	0:05:10

01 调用 COPY/CO 复制命令，复制小户型的顶棚图，删除不需要的顶棚图形，只保留灯具，如图 15-26 所示。

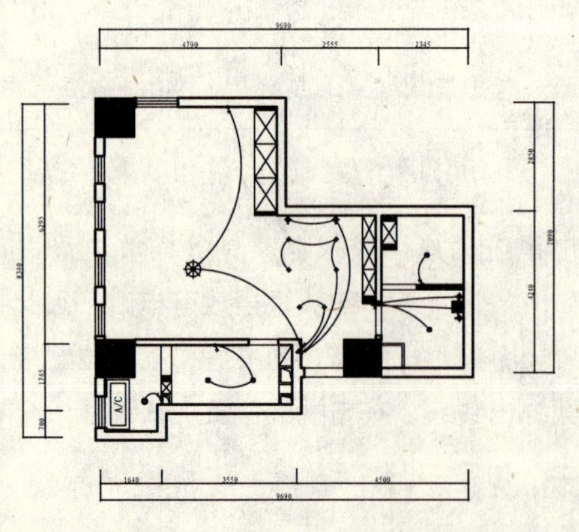

图 15-25 小户型照明平面图

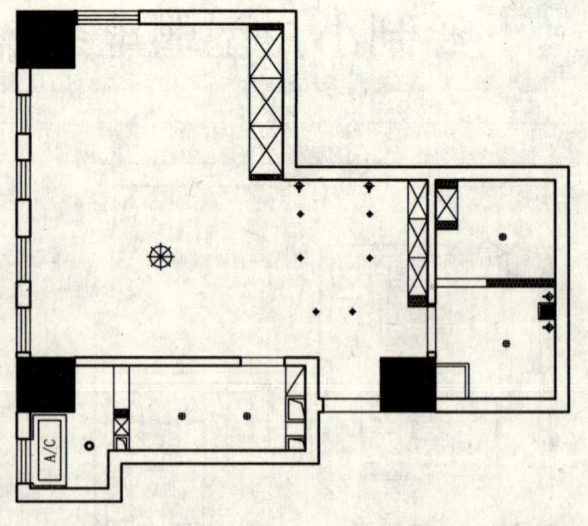

图 15-26 整理图形

02 从图例表中复制开关图形，到照明平面图中，如图 15-27 所示。

03 调用 ARC/A 圆弧命令，绘制连线，如图 15-28 所示。

04 使用相同方法绘制其他连线，完成照明平面图的绘制。

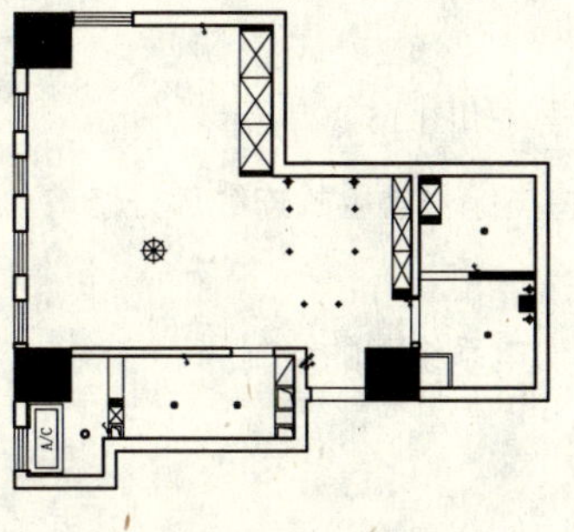

图 15-27　复制开关图形

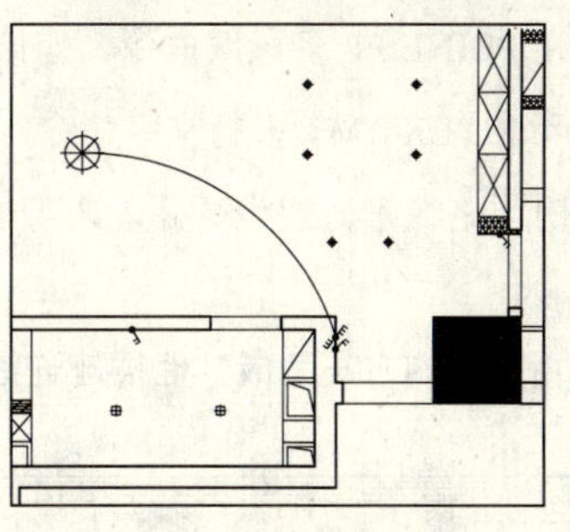

图 15-28　绘制连线

175　绘制两居室强电系统图

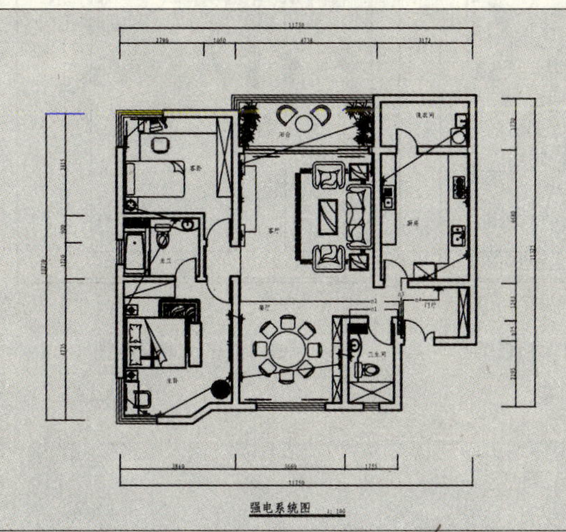

绘制完成的两居室强电系统图如左图所示。

文件路径：	目标文件\第 15 章\实例 175.dwg
视频文件：	AVI\第 15 章\175 绘制两居室强电系统图.avi
播放时长：	0:11:06

01 调用 COPY/CO 复制命令，复制两居室的平面布置图。

02 复制图例表中的插座和配电箱图例到“两居室平面布置图”中的相应位置，如图 15-29 所示。

03 调用 LINE/L 直线命令，从入口处的配电箱引出一条线连接到卫生间的插座，如图 15-30 所示。

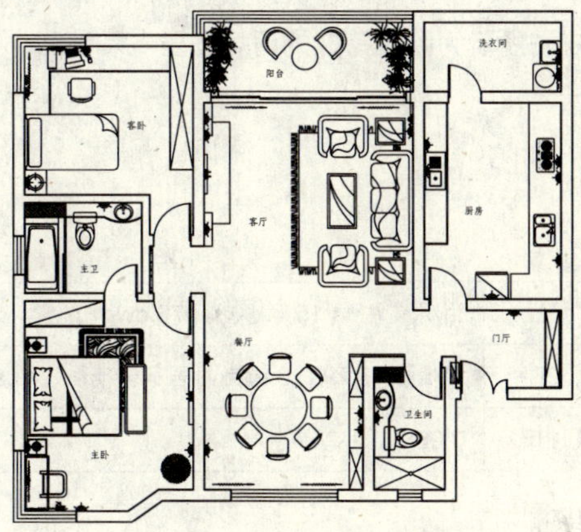

图 15-29　复制插座和配电箱

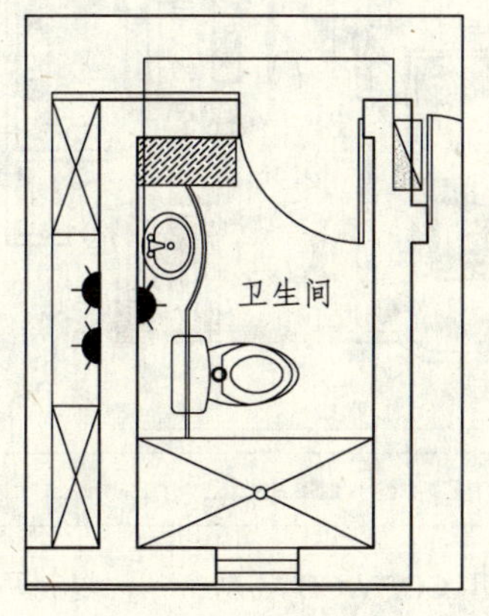

图 15-30　绘制线段

04 调用 PLINE/PL 多段线命令，连接插座，如图 15-31 所示。

05 调用 MTEXT/MT 多行文字命令，在连线上输入回路编号，如图 15-32 所示。

06 此时回路编号与连线重叠，调用 TRIM/TR 修剪命令，将与编号重叠的连线部分修剪，如图 15-33 所示。

07 使用同样的方法完成其他插座连线的绘制，完成两居室强电系统图的绘制。

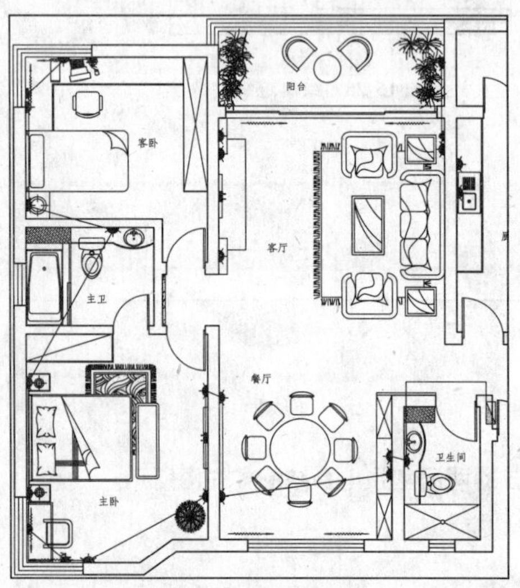

图 15-31 连接其他插座

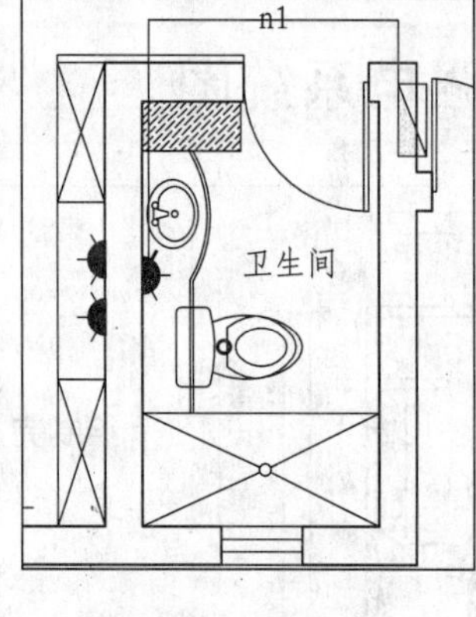

图 15-32 输入回路编号

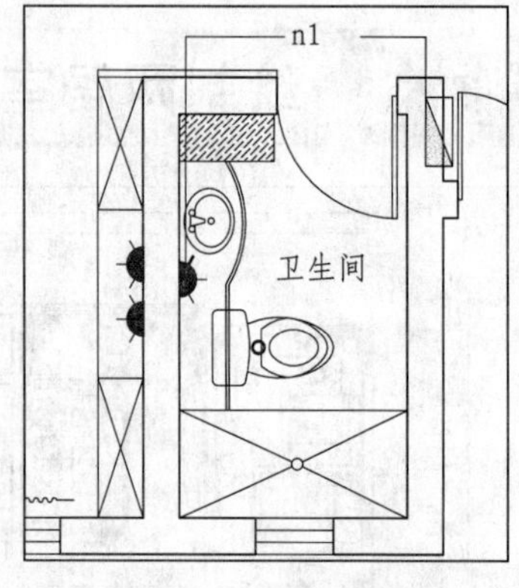

图 15-33 修剪连线

176 绘制两居室弱电系统图

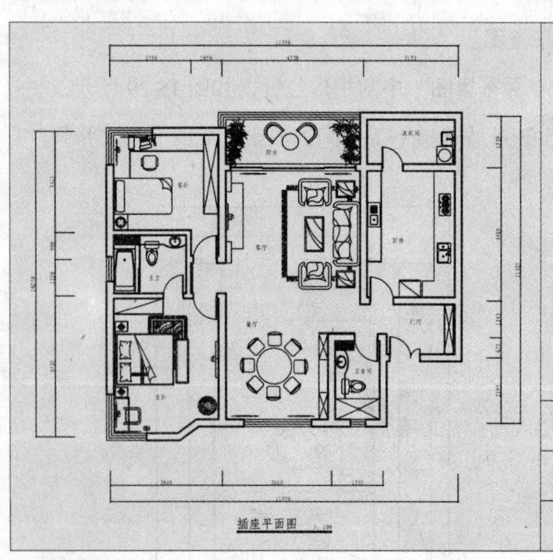

如左图所示为绘制完成的两居室弱电系统图。

文件路径：	目标文件\第 15 章\实例 176.dwg
视频文件：	AVI\第 15 章\176 绘制两居室弱电系统图.avi
播放时长：	0:02:38

01 调用 COPY/CO 复制命令，复制两居室的平面布置图。

02 从图例表中复制电话出线座、数据出线座、电视终端插座图例到“平面布置图”中相应位置，如图 15-34 所示。完成两居室弱电系统图绘制。

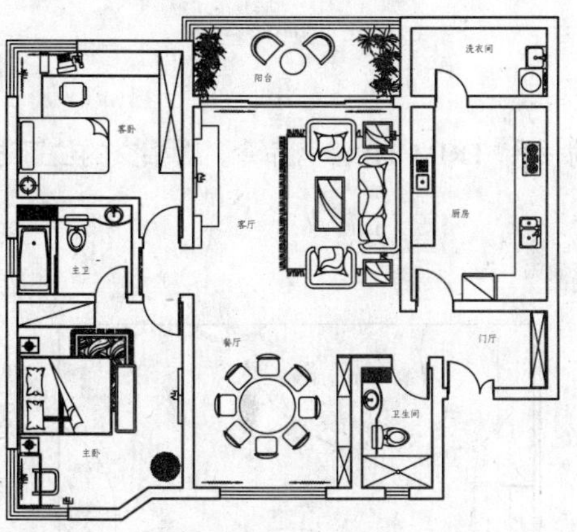

图 15-34　复制图例

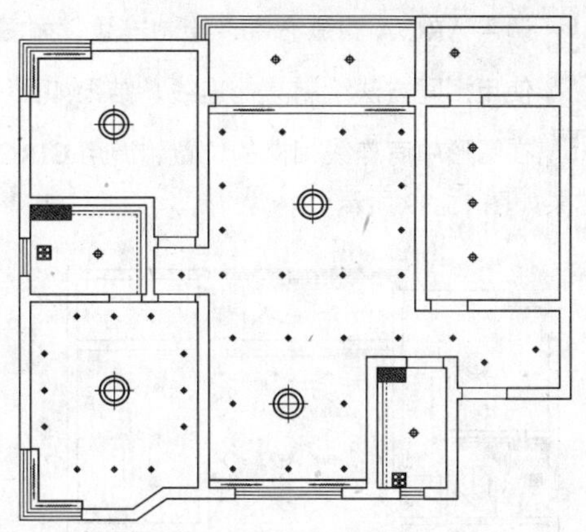

图 15-35　整理图形

177 绘制两居室照明平面图

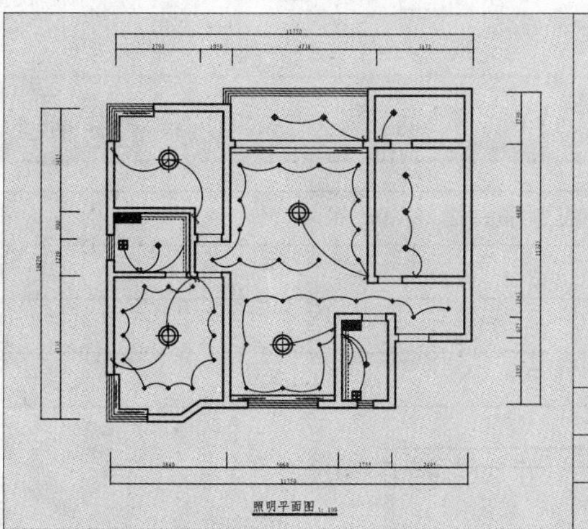

如左图所示为绘制完成的两居室照明平面图。

文件路径：	目标文件\第 15 章\实例 177.dwg
视频文件：	AVI\第 15 章\177 绘制两居室照明平面图.avi
播放时长：	0:08:11

01 调用 COPY/CO 复制命令，复制两居室的顶棚图，删除不需要的顶棚图形，只保留灯具，如图 15-35 所示。

02 从图例表中复制开关图形，到照明平面图中，如图 15-36 所示。

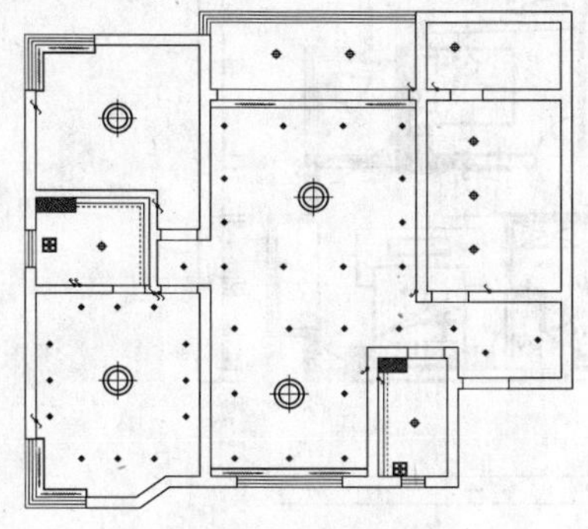

图 15-36　复制开关图形

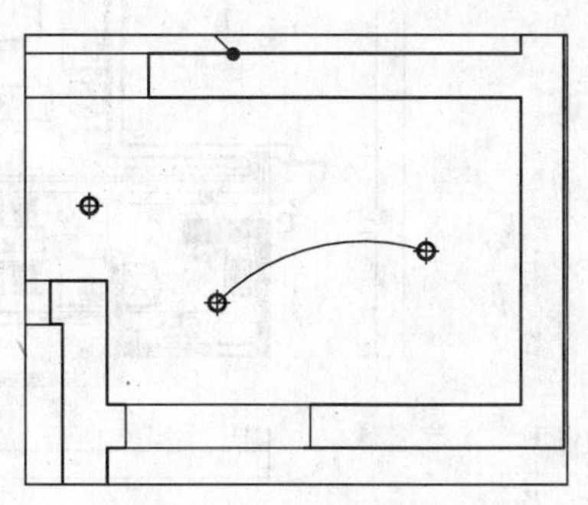

图 15-37　绘制连线

03 调用 ARC/A 圆弧命令，绘制连线，如图 15-37 所示。

04 使用相同方法绘制其他连线，结果如图 15-38 所示。

05 在图形中有连线相交的位置，调用 CIRCLE/C 圆命令和 TRIM/TR 修剪命令，对相交的位置进行修剪，结果如图 15-39 所示。

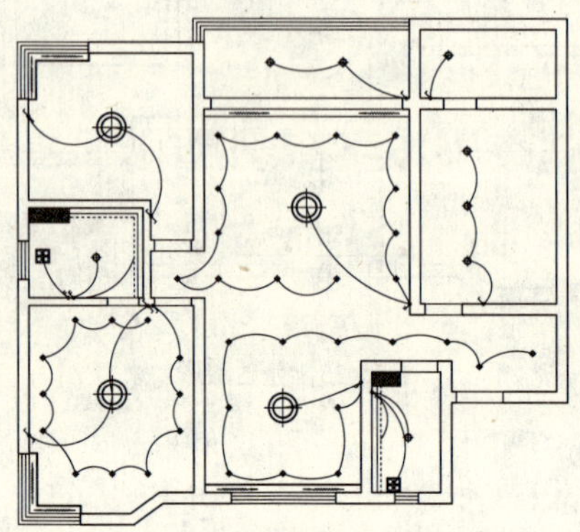
图 15-38　绘制其他连线

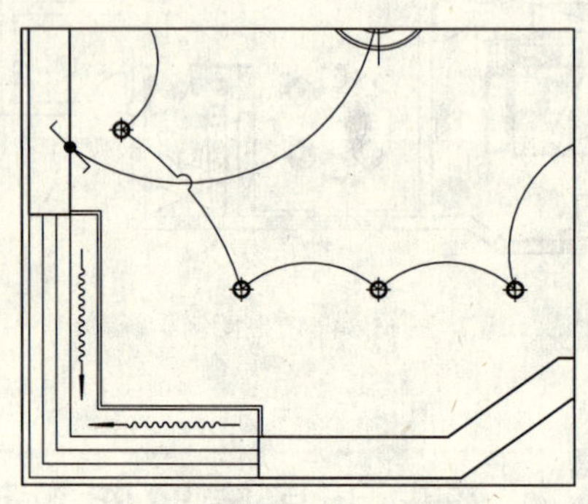
图 15-39　修剪相交位置

第 4 篇

178 绘制错层强电系统图

实例描述:	如图 15-40 所示为错层强电系统图，下面讲解绘制方法。
文件路径:	目标文件\第 15 章\实例 178.dwg
视频文件:	AVI\第 15 章\178 绘制错层强电系统图.avi
播放时长:	0:02:41

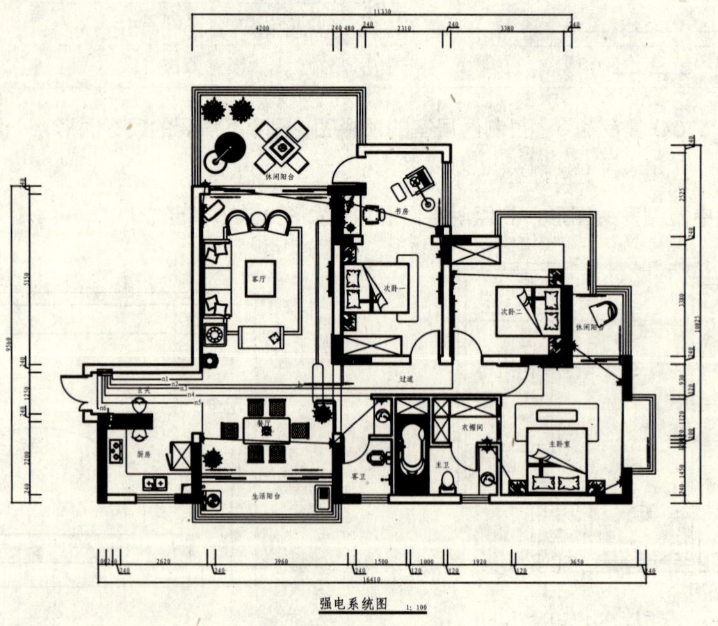

图 15-40　强电系统图

01 调用 COPY/CO 复制命令复制错层平面布置图。

02 复制图例表中的插座和配电箱图例到“错层平面布置图”中的相应位置，如图 15-41 所示。

03 调用 LINE/L 直线命令，从入口处的配电箱引出一条线连接到饮水机的插座，如图 15-42 所示。

04 调用 PLINE/PL 多段线命令，连接插座，如图 15-43 所示。

05 调用 MTEXT/MT 多行文字命令，在连线上输入回路编号，如图 15-44 所示。

06 此时回路编号与连线重叠，调用 TRIM/TR 修剪命令，将与编号重叠的连线部分修剪，如图 15-45 所示。

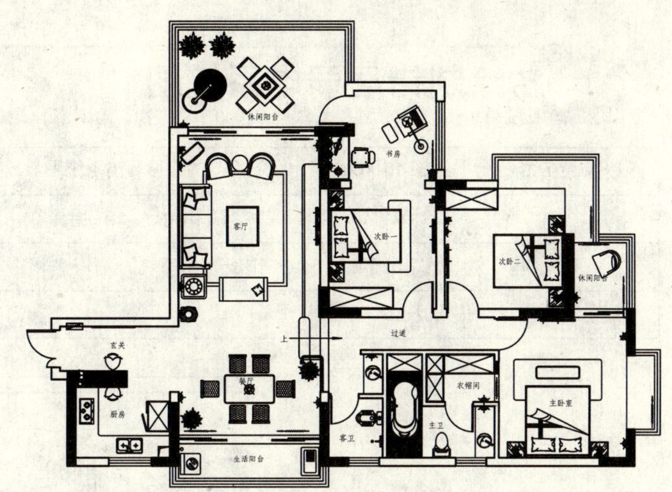

图 15-41　复制插座和配电箱

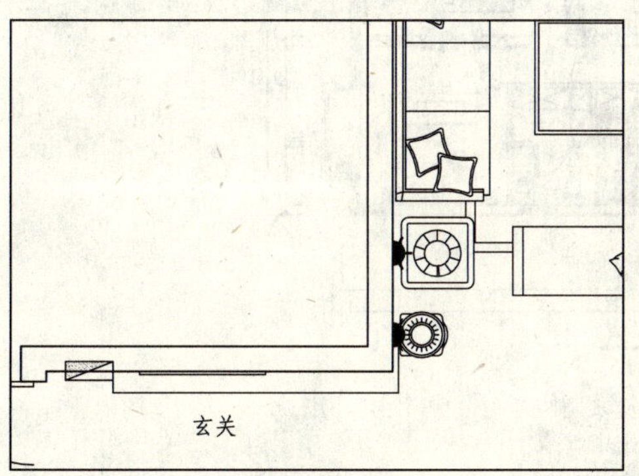

图 15-42　绘制线段

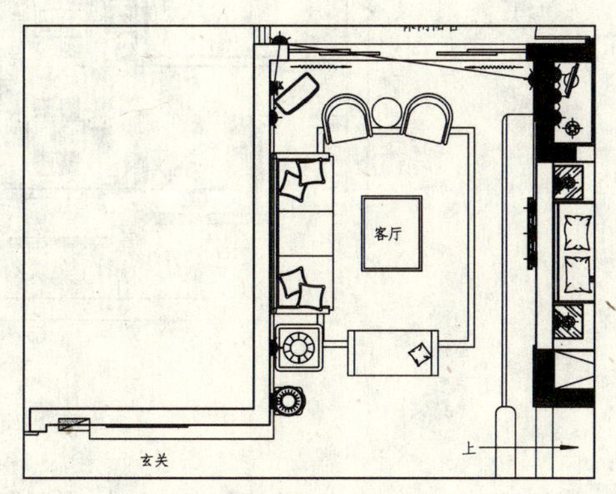

图 15-43　绘制多段线

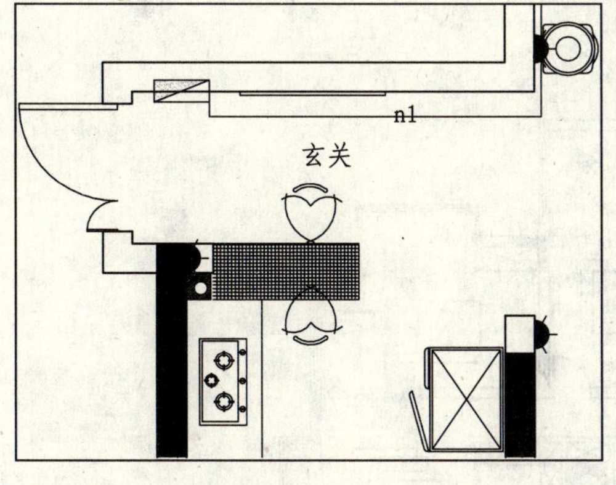

图 15-44　输入回路编号

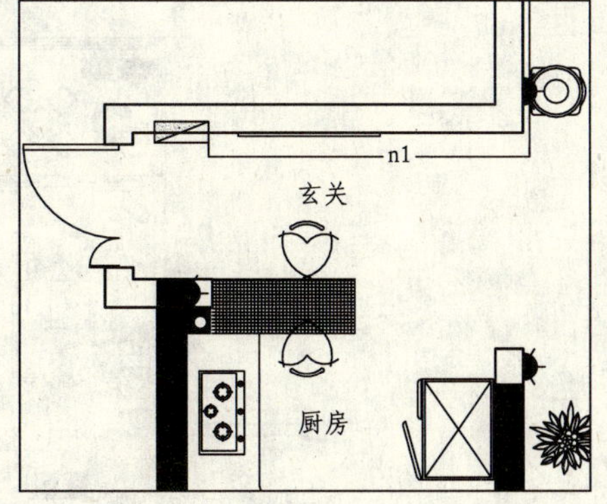

图 15-45　修剪线段

07 使用同样的方法完成其他插座连线的绘制，完成错层强电系统图的绘制。

179 绘制错层弱电系统图

实例描述：	如图 15-46 所示为绘制完成的错层弱电系统图。
文件路径：	目标文件\第 15 章\实例 179.dwg
视频文件：	AVI\第 15 章\179 绘制错层弱电系统图.avi
播放时长：	0:01:19

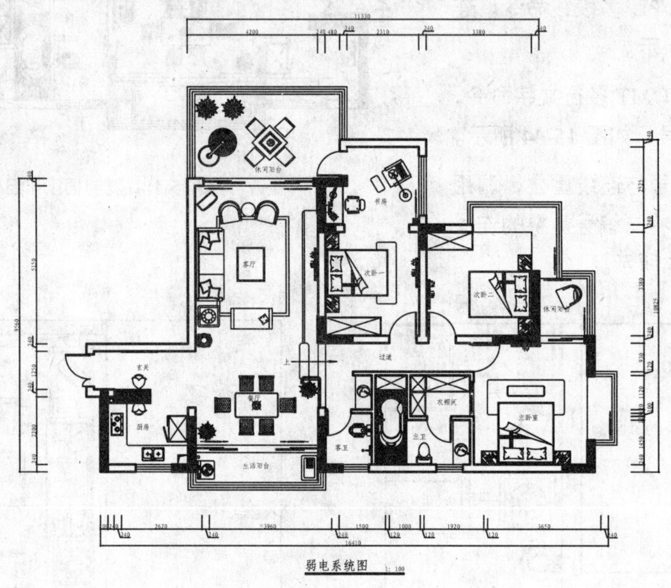

图 15-46 弱电系统图

01 调用 COPY/CO 复制命令，复制错层平面布置图。

02 从图例表中复制电话出线座、数据出线座、电视终端插座图例到“平面布置图”中相应位置，如图 15-47 所示。

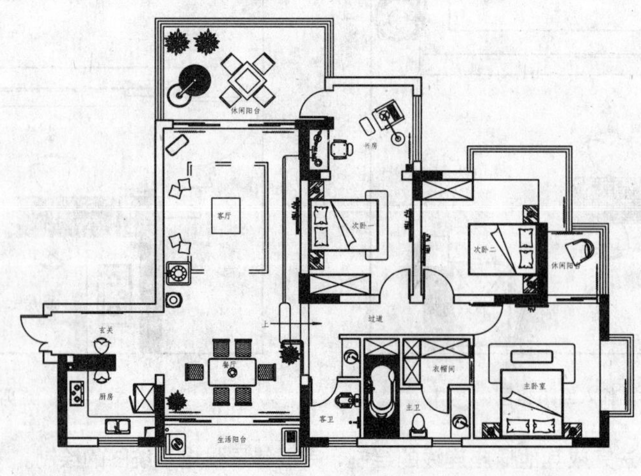

图 15-47 复制图例

180 绘制错层照明平面图

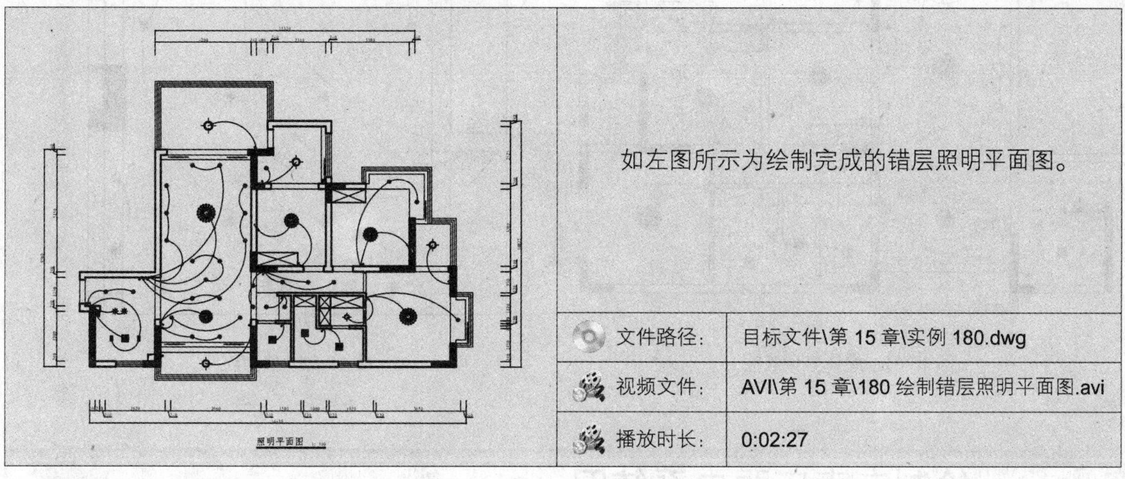

如左图所示为绘制完成的错层照明平面图。

文件路径：	目标文件\第 15 章\实例 180.dwg
视频文件：	AVI\第 15 章\180 绘制错层照明平面图.avi
播放时长：	0:02:27

01 调用 COPY/CO 复制命令，复制错层的顶棚图，删除不需要的顶棚图形，只保留灯具，如图 15-48 所示。

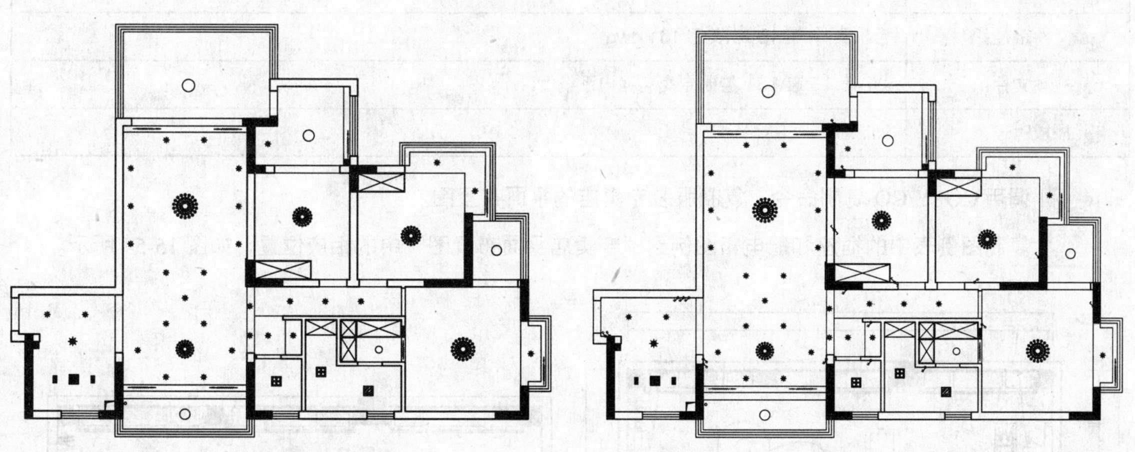

图 15-48 整理图形　　图 15-49 复制图例

02 从图例表中复制开关图形，到照明平面图中，如图 15-49 所示。

03 调用 ARC/A 圆弧命令，绘制连线，如图 15-50 所示。

04 使用相同方法绘制其他连线，如图 15-51 所示。

05 在图形中有连线相交的位置，调用 CIRCLE/C 圆命令和 TRIM/TR 修剪命令，对相交的位置进行修剪，结果如图 15-52 所示。

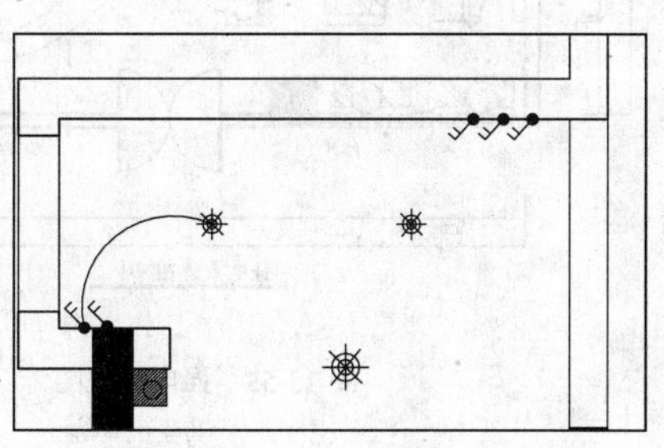

图 15-50 绘制连线

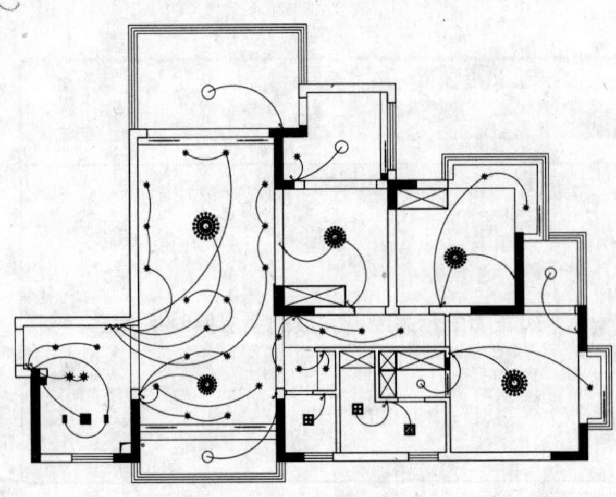

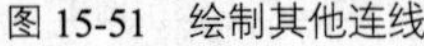

图 15-51　绘制其他连线

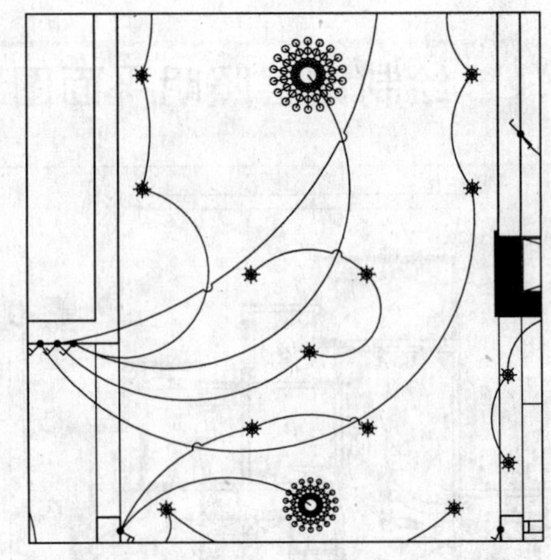

图 15-52　修剪连线

181 绘制专卖店强电系统图

实例描述：	如图 15-53 所示为绘制完成的专卖店强电系统图。
文件路径：	目标文件\第 15 章\实例 181.dwg
视频文件：	AVI\第 15 章\181 绘制专卖店强电系统图.avi
播放时长：	0:02:22

01 调用 COPY/CO 复制命令，复制服装专卖店的平面布置图。

02 复制图例表中的插座和配电箱图例到“专卖店平面布置图”中的相应位置，如图 15-54 所示。

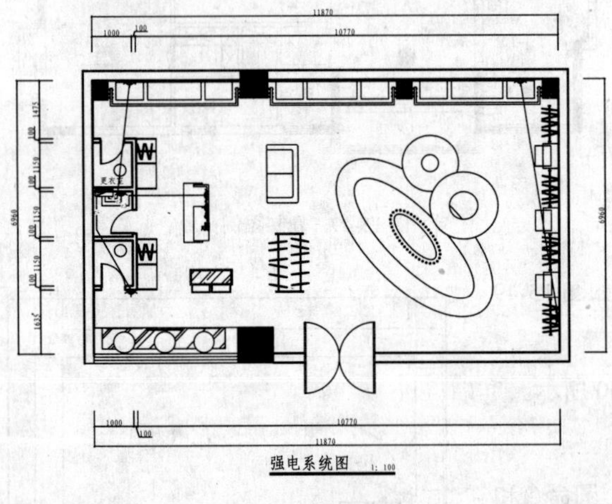

图 15-53　强电系统图

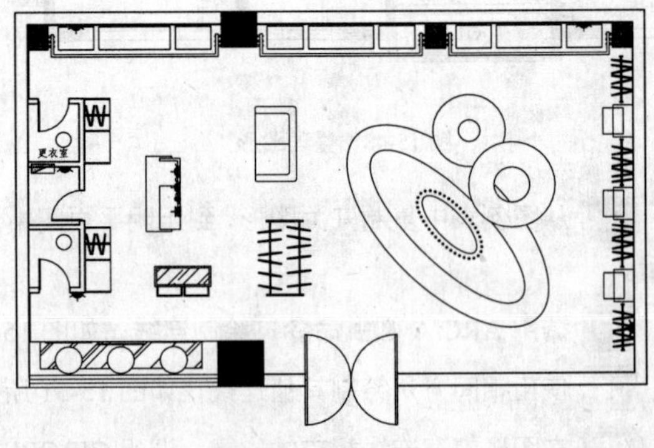

图 15-54　绘制线段

03 调用 LINE/L 直线命令，从入口处的配电箱引出一条线连接到活动柜的插座，如图 15-55 所示。

04 调用 PLINE/PL 多段线命令，连接插座，如图 15-56 所示。

05 调用 MTEXT/MT 多行文字命令，在连线上输入回路编号，如图 15-57 所示。

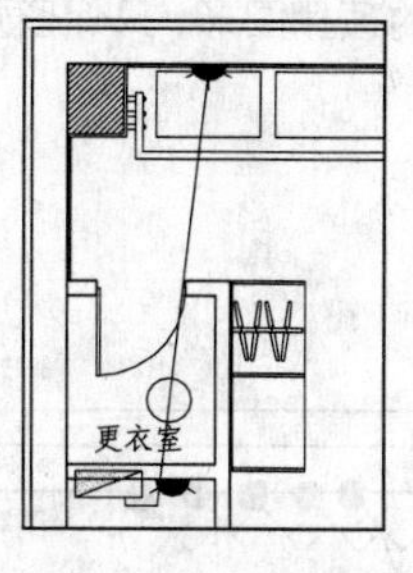

图 15-55　绘制线段

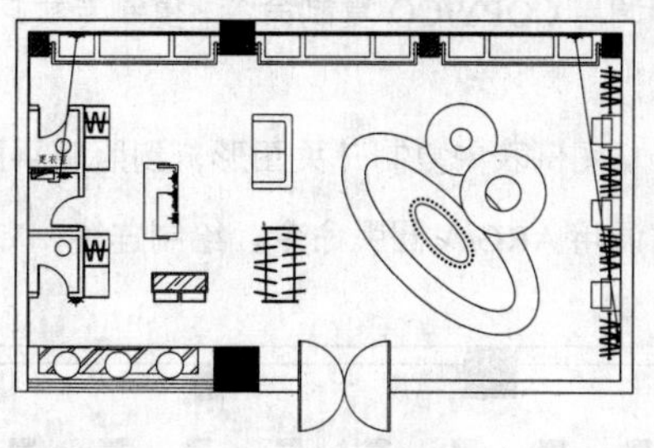

图 15-56　绘制多段线

06 此时回路编号与连线重叠，调用 TRIM/TR 修剪命令，将与编号重叠的连线部分修剪，如图 15-58 所示。

07 使用同样的方法完成其他插座连线的绘制，完成专卖店强电系统图的绘制。

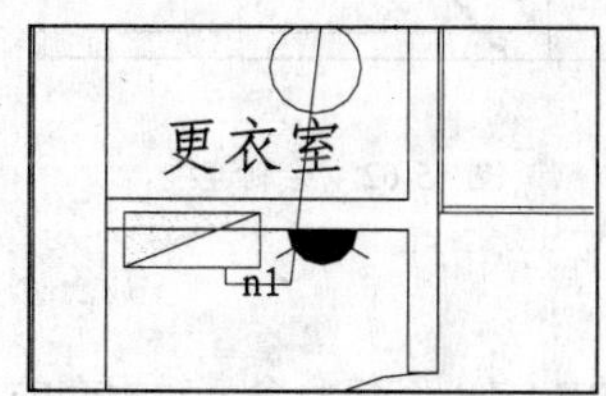

图 15-57　输入回路编号

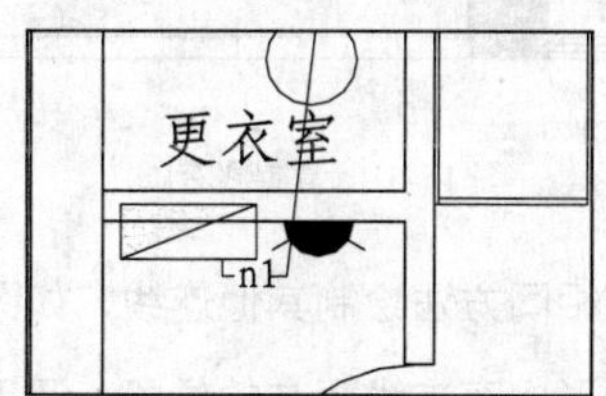

图 15-58　修剪连线

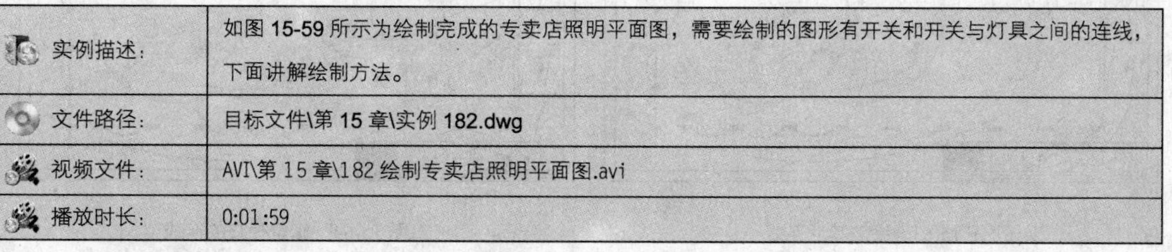

182 绘制专卖店照明平面图

实例描述：	如图 15-59 所示为绘制完成的专卖店照明平面图，需要绘制的图形有开关和开关与灯具之间的连线，下面讲解绘制方法。
文件路径：	目标文件\第 15 章\实例 182.dwg
视频文件：	AVI\第 15 章\182 绘制专卖店照明平面图.avi
播放时长：	0:01:59

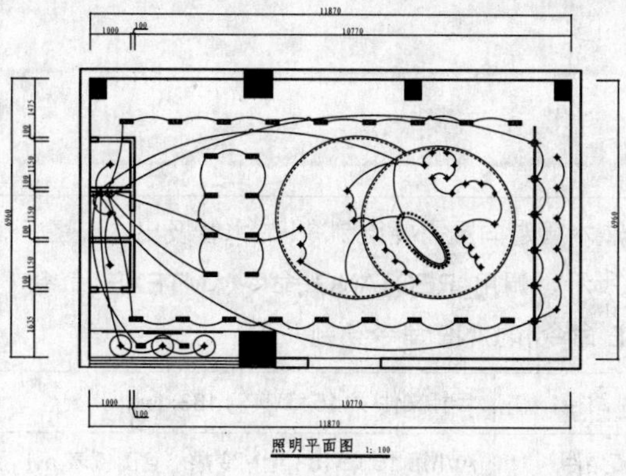

图 15-59　照明平面图

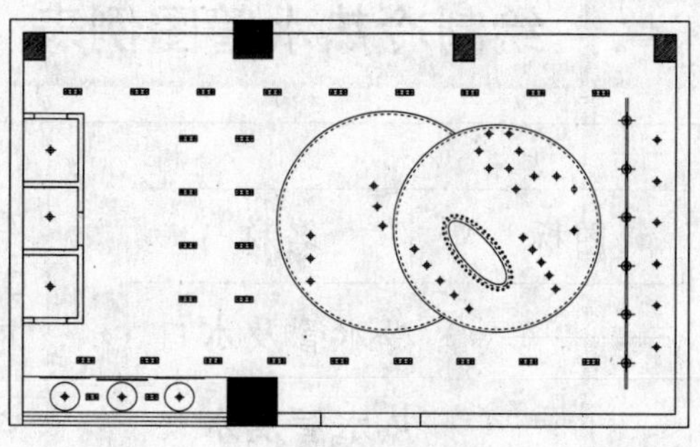

图 15-60　整理图形

第 15 章

01 调用 COPY/CO 复制命令，复制专卖店的顶棚图，删除不需要的顶棚图形，只保留灯具，如图 15-60 所示。

02 从图例表中复制开关图形，到照明平面图中，如图 15-61 所示。

03 调用 ARC/A 圆弧命令，绘制连线，如图 15-62 所示。

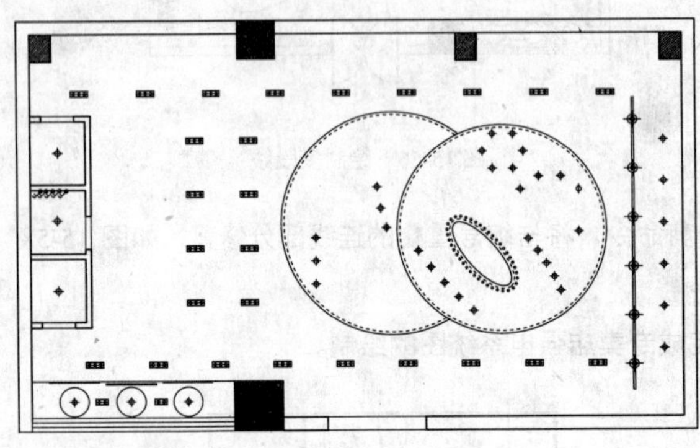

图 15-61 复制图例

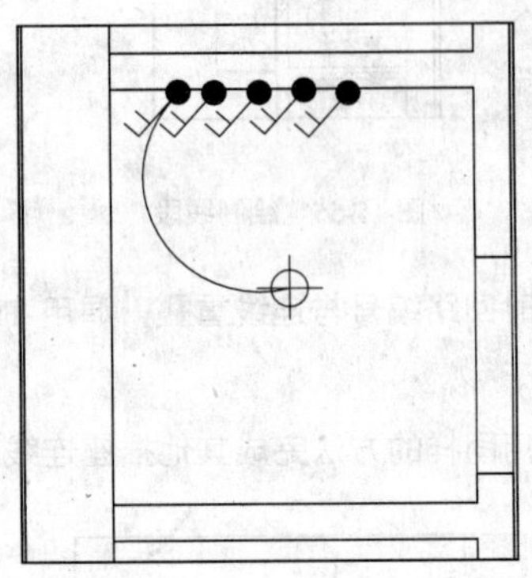

图 15-62 绘制连线

04 使用相同方法绘制其他连线，如图 15-63 所示。

05 在图形中有连线相交的位置，调用 CIRCLE/C 圆命令和 TRIM/TR 修剪命令，对相交的位置进行修剪，结果如图 15-64 所示。

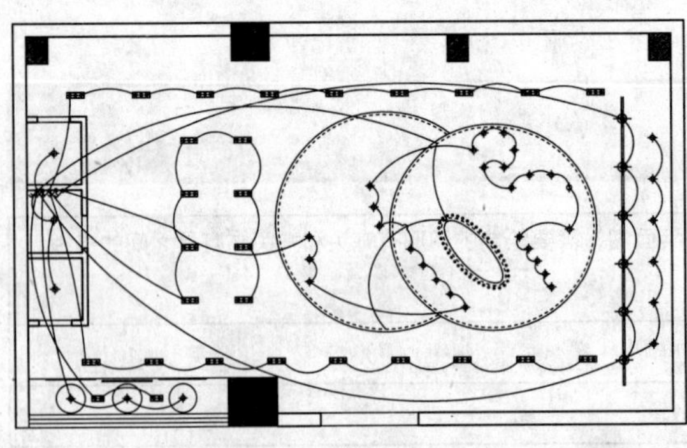

图 15-63 绘制其他连线

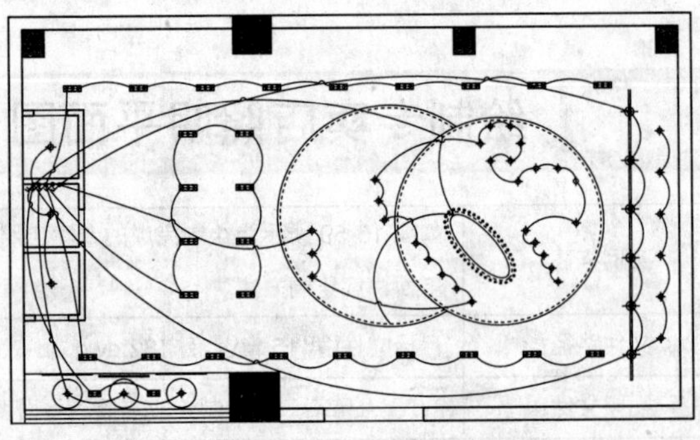

图 15-64 修剪相交的连线

183 绘制冷热水管图例表

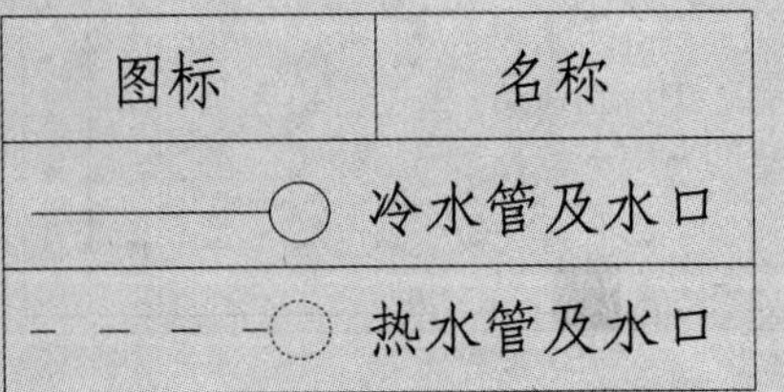

图标	名称
———○	冷水管及水口
- - - -○	热水管及水口

冷热水管走向图需要绘制冷、热水管及出水口图例，如左图所示，调用 RECTANG 命令、MTEXE 命令、CIRCLE 命令和 LINE 命令绘制即可。

文件路径：	目标文件\第 15 章\实例 183.dwg
视频文件：	AVI\第 15 章\183 绘制冷热水管图例表.avi
播放时长：	0:03:07

01 绘制冷水管及水口。调用 LINE/L 直线命令，绘制线段，如图 15-65 所示。

02 调用 CIRCLE/C 圆命令，绘制圆，如图 15-66 所示。

图 15-65　绘制线段

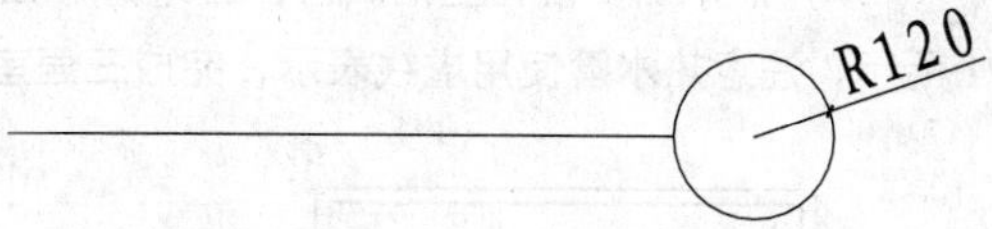

图 15-66　绘制圆

03 使用同样的方法绘制热水管及水口，并将线段和圆设置为虚线，如图 15-67 所示。

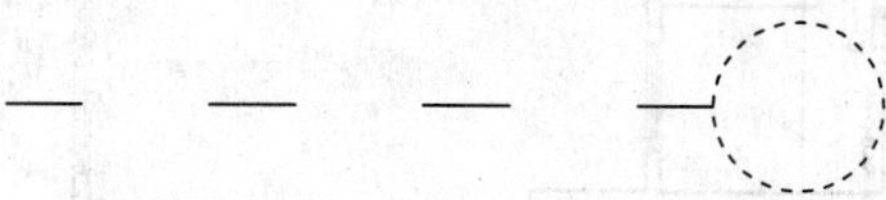

图 15-67　绘制热水管及水口

184 绘制三居室冷热水管走向图

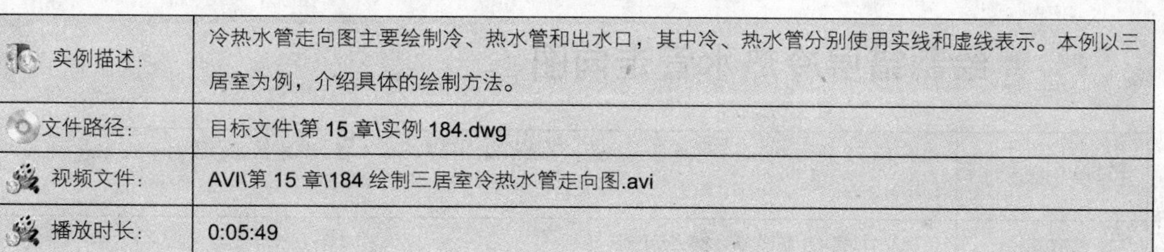

实例描述：	冷热水管走向图主要绘制冷、热水管和出水口，其中冷、热水管分别使用实线和虚线表示。本例以三居室为例，介绍具体的绘制方法。
文件路径：	目标文件\第 15 章\实例 184.dwg
视频文件：	AVI\第 15 章\184 绘制三居室冷热水管走向图.avi
播放时长：	0:05:49

01 调用 COPY/CO 复制命令，复制三居室的平面布置图。

02 创建一个新图层"SG_水管"，并设置为当前图层。

03 根据平面布置图中的洗脸盆、洗菜盆、洗衣机、淋浴花洒和热水器以及其他出水口的位置，绘制出水口图形（用圆形表示）如图 15-68 所示，其中虚线表示接热水管，实线表示接冷水管。

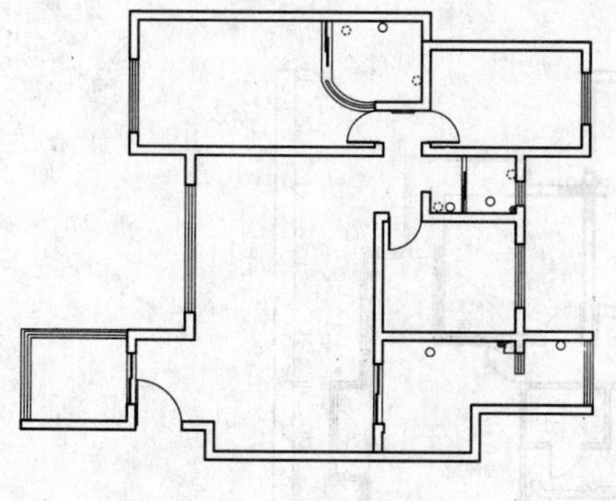

图 15-68　绘制出水口

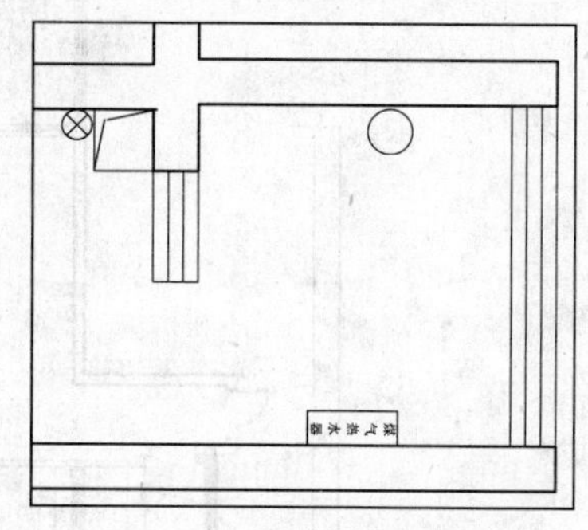

图 15-69　绘制热水器

提 示： 此处为了方便观察，关闭"JJ_家具"等相关图层。

04 调用 PLINE/PL 多段线命令和 MTEXT/MT 多行文字命令，绘制热水器，如图 15-69 所示。

05 调用 LINE/L 直线命令，绘制线段，表示冷水管，如图 15-70 所示。

06 本户热水器安装在生活阳台，因此调用 LINE/L 直线命令，将热水管连接至各个热水出水口，如图 15-71 所示，注意热水管使用虚线表示，完成三居室冷热水管走向图的绘制。

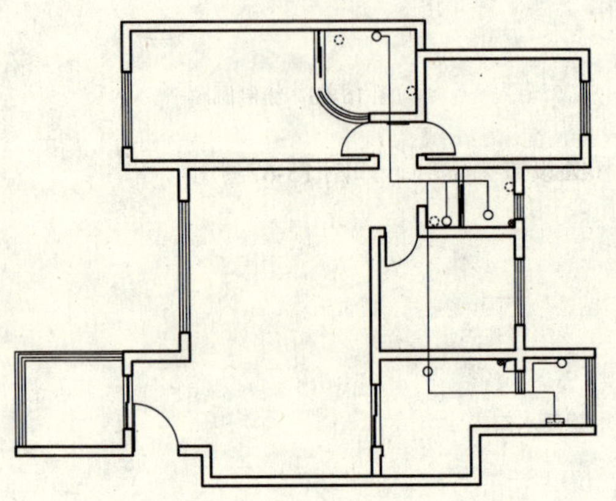

图 15-70 绘制冷水管

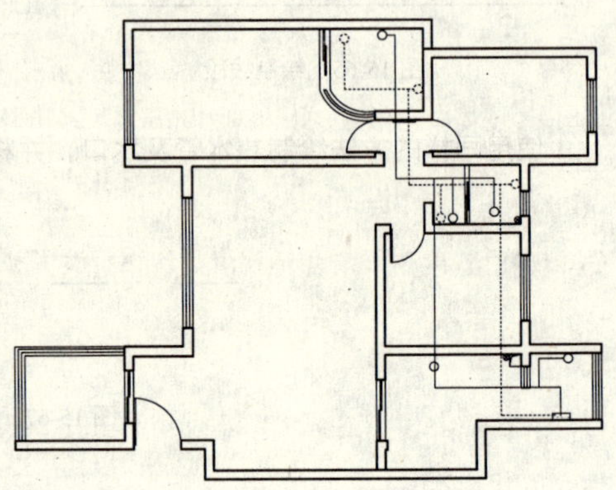

图 15-71 绘制热水管

185 绘制错层冷热水管走向图

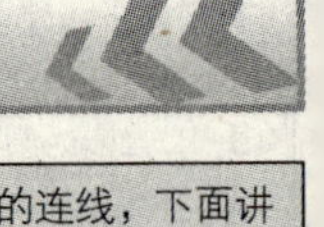

实例描述：	如图 15-72 所示为错层冷热水管走向图，需要绘制图形有冷热水管、热水器和水管之间的连线，下面讲解绘制方法。
文件路径：	目标文件\第 15 章\实例 185.dwg
视频文件：	AVI\第 15 章\185 绘制错层冷热水管走向图.avi
播放时长：	0:06:18

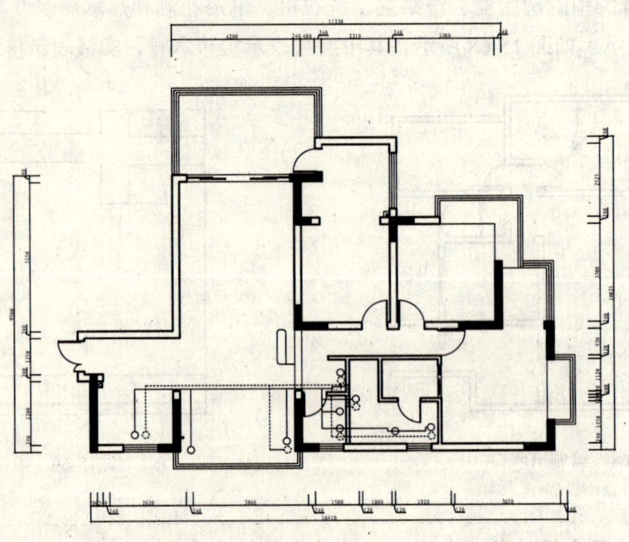

图 15-72 错层冷热水管走向图

01 调用 COPY/CO 复制命令，复制错层的平面布置图。

02 创建一个新图层“SG_水管”，并设置为当前图层

03 根据平面布置图中的洗脸盆、洗菜盆、洗衣机、淋浴花洒和热水器以及其他出水口的位置，绘制出水口图形（用圆形表示），其中虚线表示接热水管，实线表示接冷水管，如图 15-73 所示。

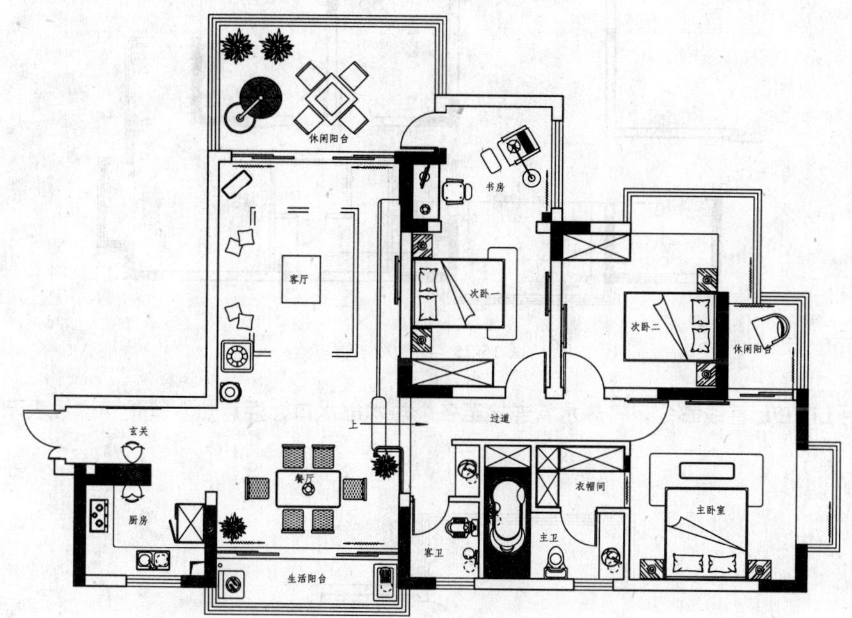

图 15-73 绘制出水口

提 示：此处为了方便观察，关闭“JJ_家具”等相关图层。

04 调用 PLINE/PL 多段线命令和 MTEXT/MT 多行文字命令，绘制热水器，如图 15-74 所示。

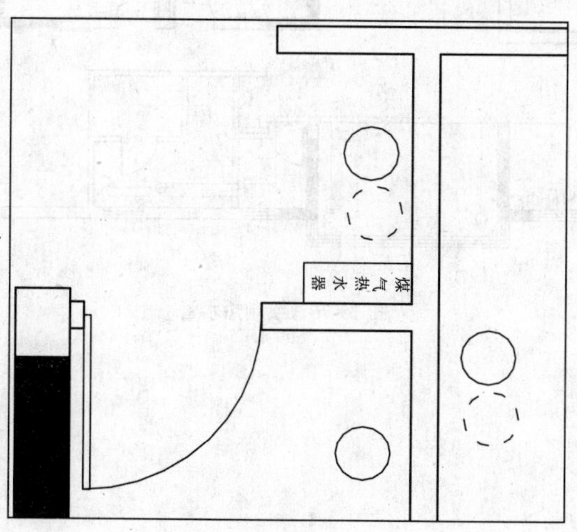

图 15-74 绘制热水器

05 调用 LINE/L 直线命令，绘制线段，表示冷水管，如图 15-75 所示。

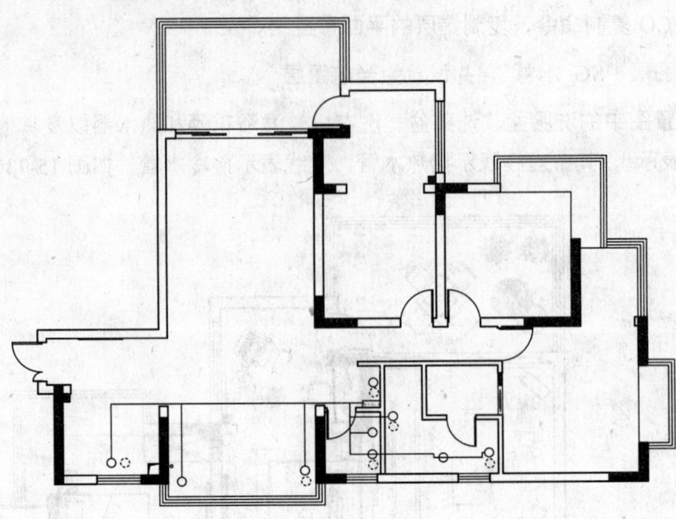

图 15-75 绘制冷水管

06 调用 LINE/L 直线命令，将热水管连接至各个热水出水口，注意热水管使用虚线表示，如图 15-76 所示。

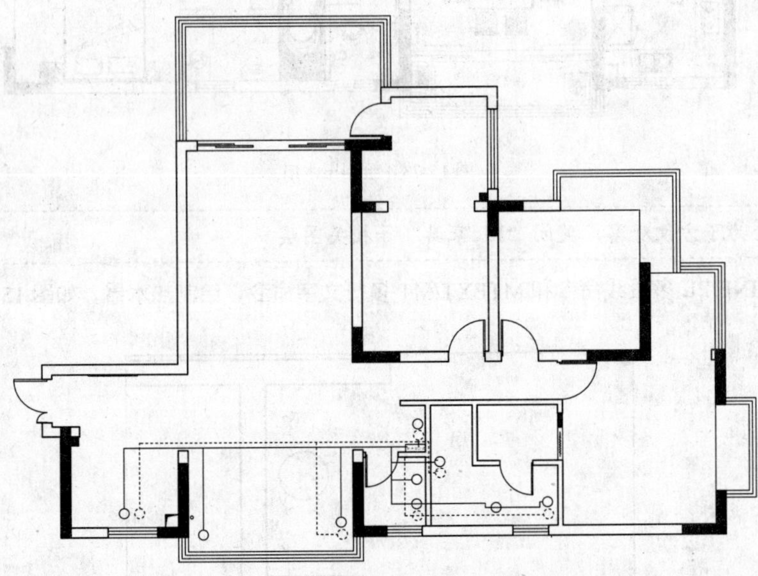

图 15-76 绘制热水管

第 16 章

绘制剖面图和大样图

剖面图和大样图是用来表达室内装饰做法中材料的规格及各材料之间搭接组合关系的详细图样，是施工图中不可缺少的部分。本章以顶棚造型、立面造型、装饰造型、墙身、卫生间、装饰台、台阶、壁炉和空调风口为例，讲解剖面图和大样图的绘制方法。

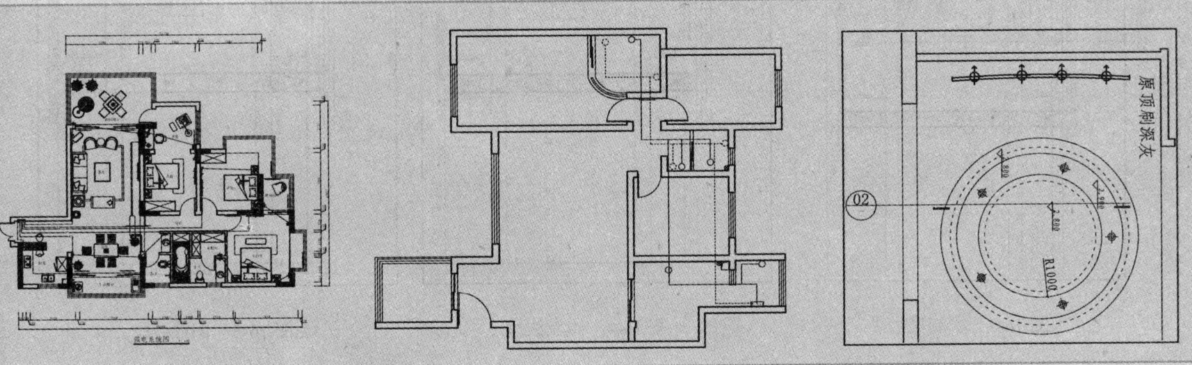

186 绘制客厅顶棚造型剖面图

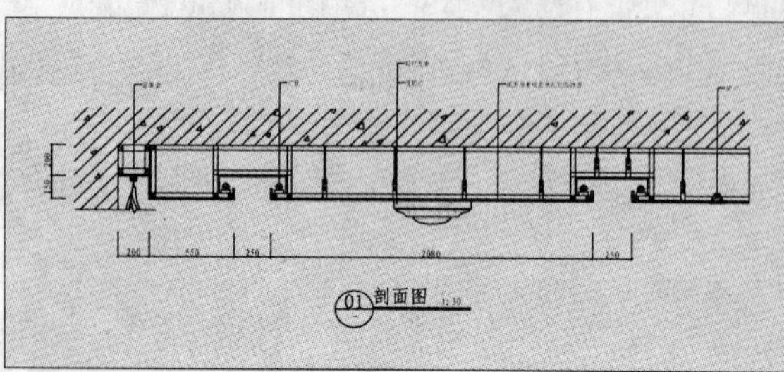

顶棚造型剖面图可以表达顶棚造型的内部结构和材料，是顶棚设计不可缺少的图样。

文件路径：	目标文件\第 16 章\实例 186.dwg
视频文件：	AVI\第 16 章\186 绘制顶棚造型剖面图.avi
播放时长：	0:14:12

01 调用 INSERT/I 插入命令，插入“剖切索引符号”到顶棚图中，然后适当调整图块上的动态控制点，使其指向正确的剖切位置，如图 16-1 所示。

02 调用 COPY/CO 复制命令，复制董事长室的顶棚图。

03 设置“JD_节点”图层为当前图层，设置当前注释比例为 1:30。

04 调用 ROTATE/RO 旋转命令，将复制的顶棚图进行旋转，结果如图 16-2 所示。

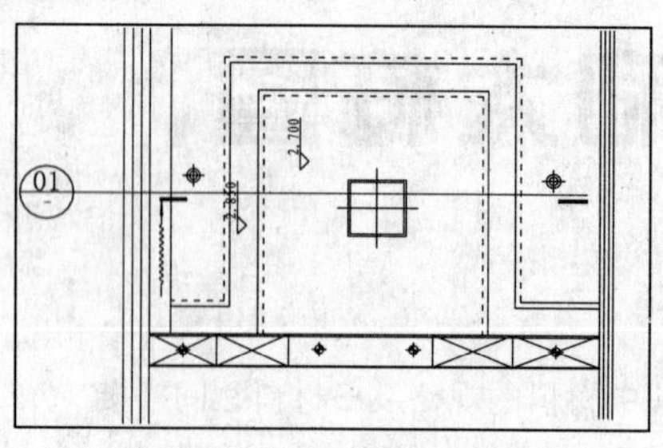

图 16-1 插入剖切索引符号

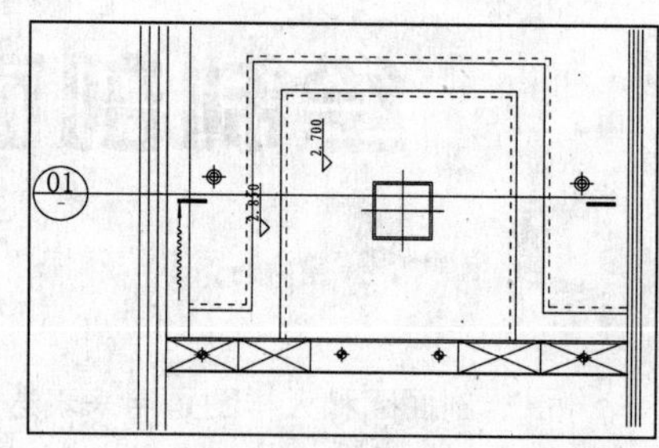

图 16-2 旋转图形

05 绘制基本轮廓。调用 LINE/L 直线命令，根据剖切的位置绘制切面的投影线，如图 16-3 所示。

06 绘制吊顶面层轮廓线。调用 LINE/L 直线命令，在投影线偏下方位置绘制一条水平线段，如图 16-4 所示。

07 调用 OFFSET/O 偏移命令，向上偏移水平线段 150 和 200，如图 16-5 所示。

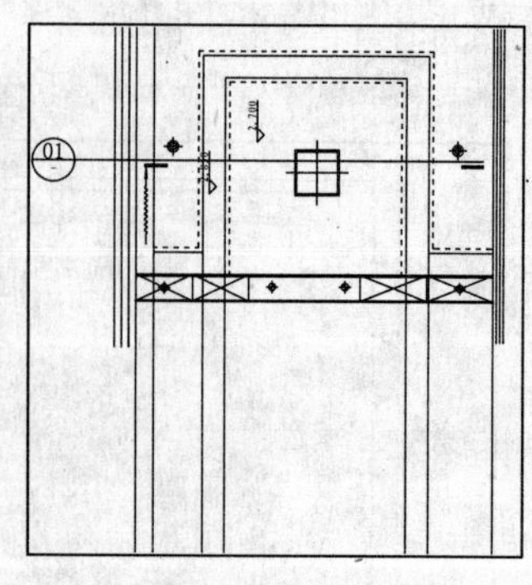

图 16-3 绘制投影线

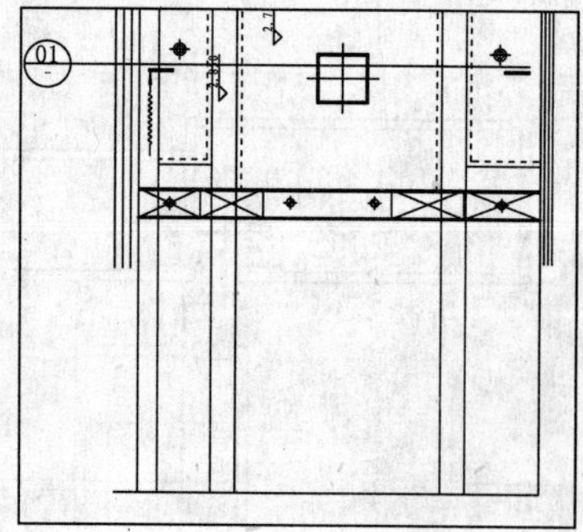

图 16-4 绘制线段

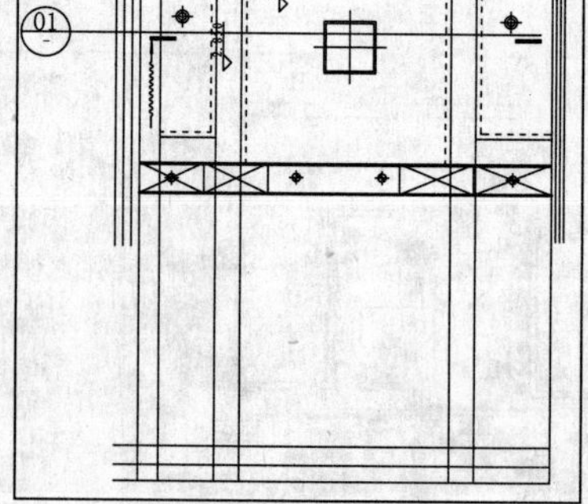

图 16-5 偏移线段

08 调用 TRIM/TR 修剪命令，修剪线段，得到吊顶面层轮廓，如图 16-6 所示。

09 调用 PLINE/PL 多段线命令，绘制出灯槽，结果如图 16-7 所示。

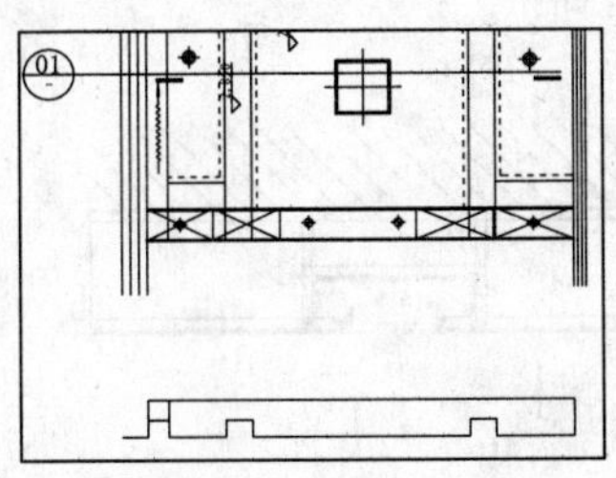

图 16-6　修剪出吊顶剖面轮廓

图 16-7　绘制灯槽

10 调用 LINE/L 直线命令、OFFSET/O 偏移命令和 TRIM/TR 修剪命令，绘制石膏板，效果如图 16-8 所示。

11 调用 PLINE/PL 多段线命令，绘制面板，如图 16-9 所示。

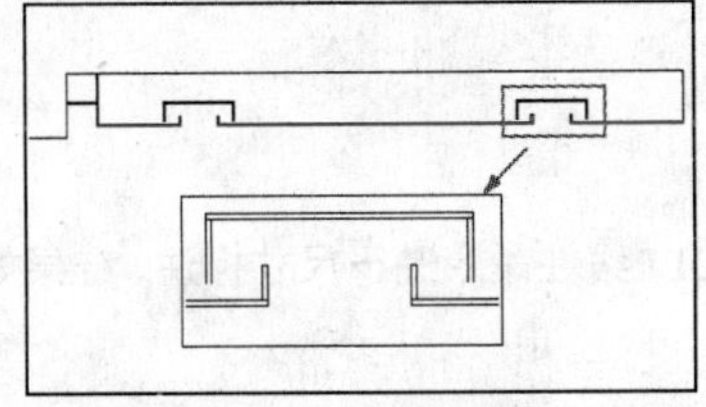

图 16-8　绘制石膏板

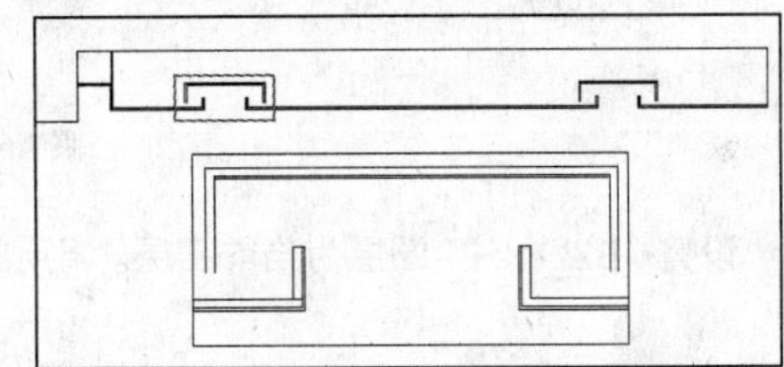

图 16-9　绘制面板

12 绘制木龙骨。此处木龙骨为 30×30 木方，调用 RECTANG/REC 矩形命令、LINE/直线命令和 COPY/CO 复制命令，绘制木方，如图 16-10 所示。

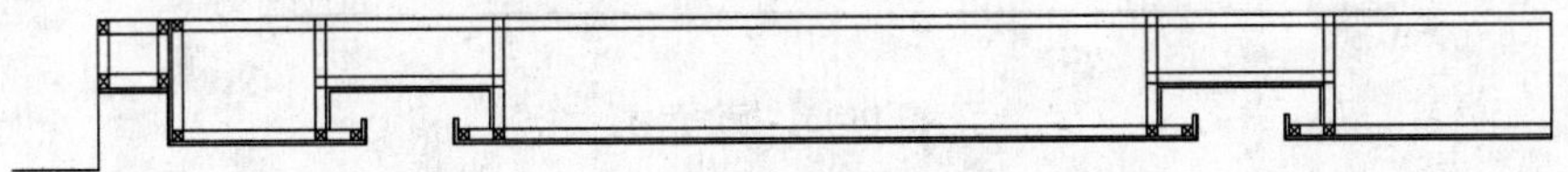

图 16-10　绘制木龙骨

13 绘制折断线。由于剖切面下方的造型没有绘制出来，因此需要绘制折段线，调用 PLINE/PL 多段线命令进行绘制，效果如图 16-11 所示。

14 填充图案。剖面图应该用图案将剖切面表示出来，因此，在墙体剖面内填充钢筋混凝土图案，首先需要绘制线段，得到一个封闭的区域，如图 16-12 所示。

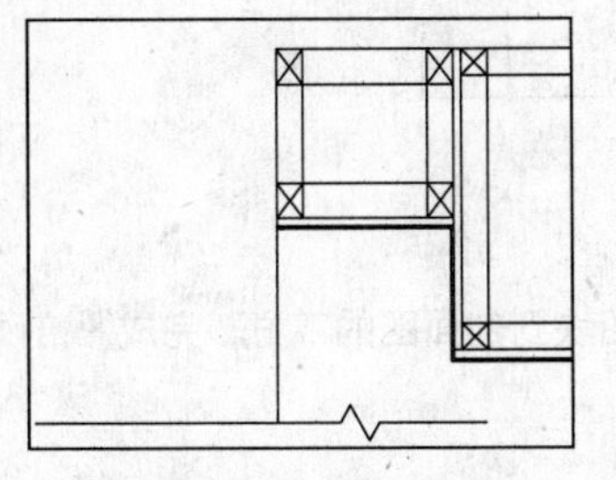

图 16-11　绘制折断线

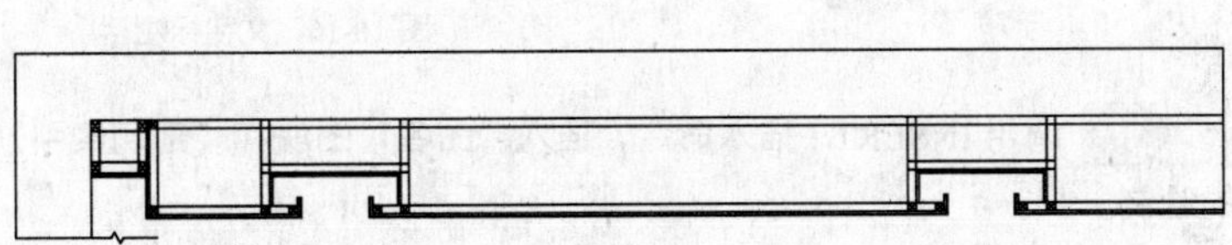

图 16-12　绘制线段

15 钢筋混凝土图案由 ANSI31 图案和 AR-CONC 两个图案组成。调用 HATCH/H 图案填充命令，在墙体内填充图案，然后删除前面绘制的线段，填充效果如图 16-13 所示。

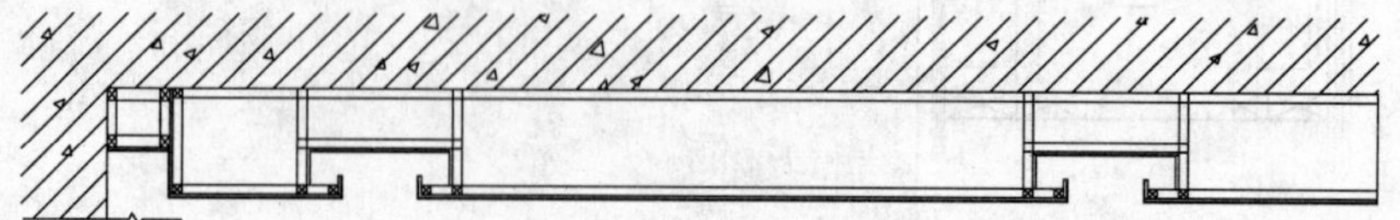

图 16-13 填充图案

16 从图库中插入窗帘、筒灯、灯带和主龙骨挂吊件等图块到剖面图中，效果如图 16-14 所示。

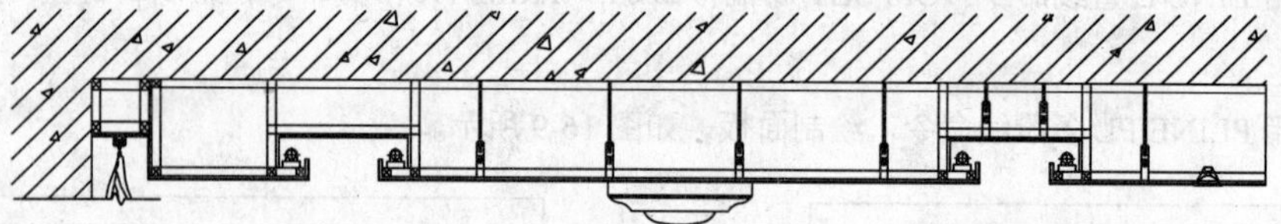

图 16-14 插入图块

17 设置“BZ_标注”图层为当前图层。调用 DIMLINEAR/DLI 线性命令进行尺寸标注，结果如图 16-15 所示。

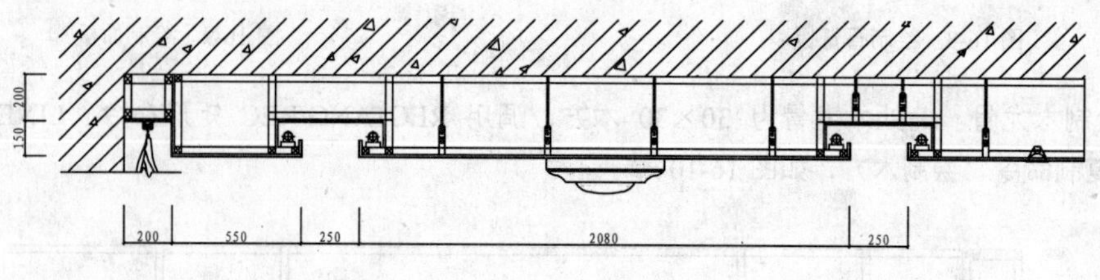

图 16-15 标注尺寸

18 调用 MLEADER/MLD 多重引线命令，对剖面进行文字标注，效果如图 16-16 所示。

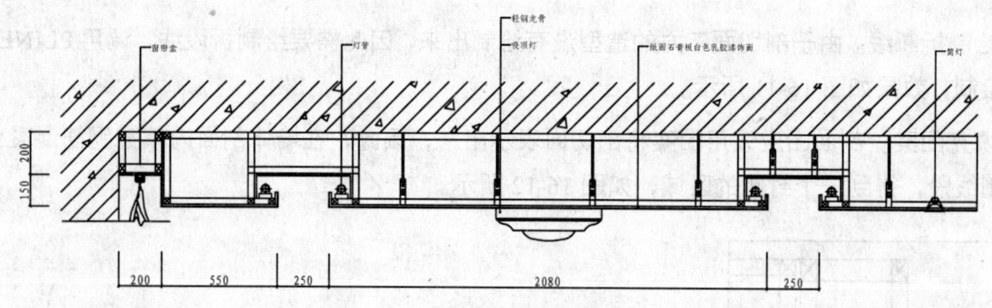

图 16-16 文字标注

19 调用 INSERT/I 插入命令，插入“图名”图块和“剖切索引”图块到剖面图的下方，完成 01 剖面图的绘制。

187 绘制办公室顶棚造型剖面图

实例描述：	如图 16-17 所示为顶棚图，如图 16-18 所示为顶棚造型剖面图。
文件路径：	目标文件\第 16 章\实例 187.dwg
视频文件：	AVI\第 16 章\187 绘制办公室顶棚造型剖面图.avi
播放时长：	0:10:15

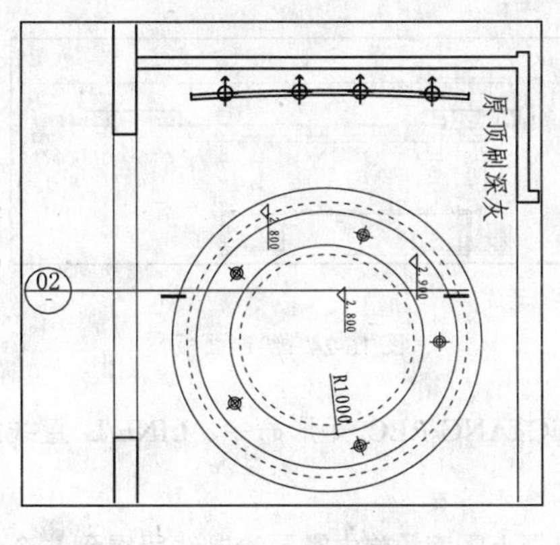

图 16-17　顶棚图

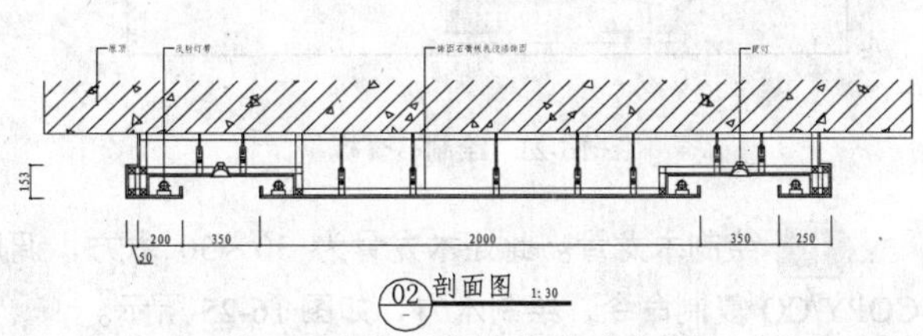

图 16-18　02 剖面图

01 调用 COPY/CO 复制命令，复制办公空间等候区的顶棚图。

02 设置“JD_节点”图层为当前图层，设置当前注释比例为 1:30。

03 调用 ROTATE/RO 旋转命令，将复制的顶棚图进行旋转。

04 绘制基本轮廓。调用 LINE/L 直线命令，根据剖切的位置绘制切面的投影线，如图 16-19 所示。

05 绘制吊顶顶面层轮廓线。调用 LINE/L 直线命令，在投影线偏下方位置绘制一条水平线段，如图 16-20 所示。

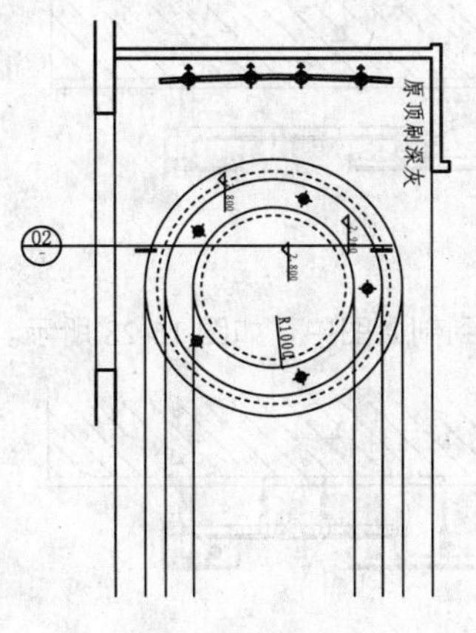

图 16-19　绘制投影线

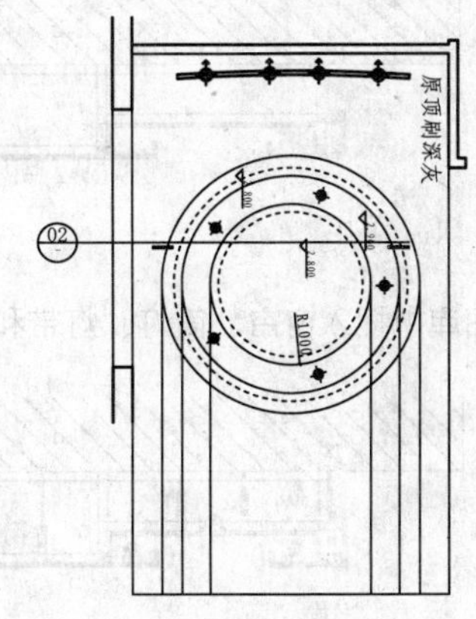

图 16-20　绘制线段

06 调用 OFFSET/O 偏移命令，向上偏移水平线段 110 和 140，如图 16-21 所示。

07 调用 TRIM/TR 修剪命令，修剪线段，得到吊顶面层轮廓，如图 16-22 所示。

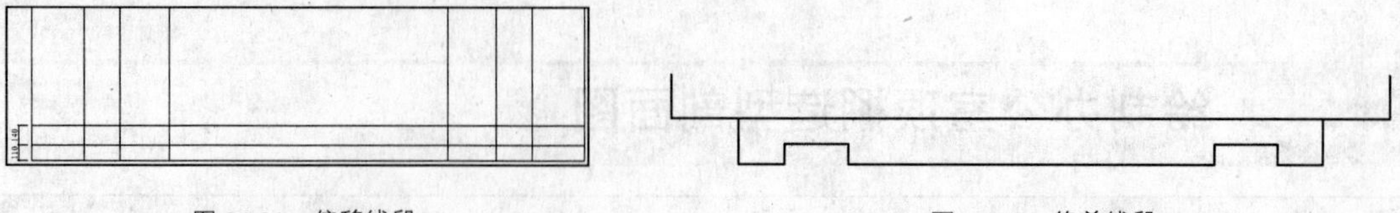

图 16-21　偏移线段　　　　图 16-22　修剪线段

08 调用 OFFSET/O 偏移命令、LINE/L 直线命令和 TRIM/TR 修剪命令，绘制石膏板，如图 16-23 所示。

09 调用 PLINE/PL 多段线命令，绘制面板，如图 16-24 所示。

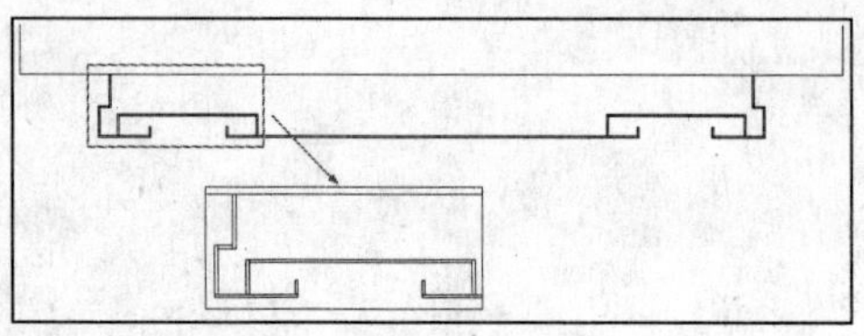

图 16-23　绘制石膏板　　　　图 16-24　绘制面板

10 绘制木龙骨。此处木龙骨为 30×30 木方，调用 RECTANG/REC 矩形命令、LINE/L 直线命令和 COPY/CO 复制命令，绘制木方，如图 16-25 所示。

11 调用 HATCH/H 图案填充命令，在墙体剖面内填充混凝土图案，首先需要绘制线段得到一个封闭的区域，如图 16-26 所示。

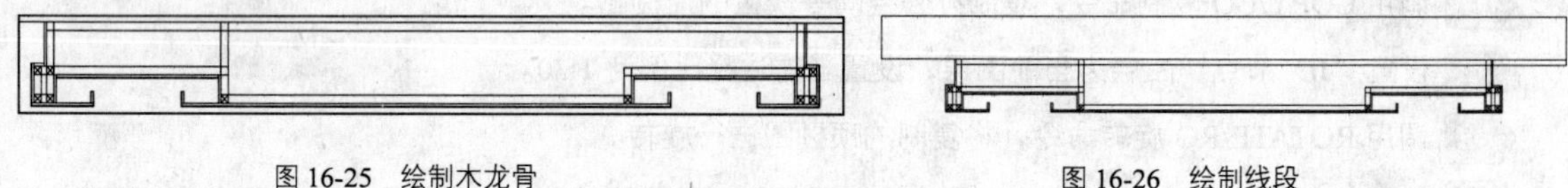

图 16-25　绘制木龙骨　　　　图 16-26　绘制线段

12 钢筋混凝土图案由 ANSI31 图案和 AR-CONC 两个图案组成。调用 HATCH/H 图案填充命令，在墙体内填充图案，然后删除前面绘制的线段，如图 16-27 所示。

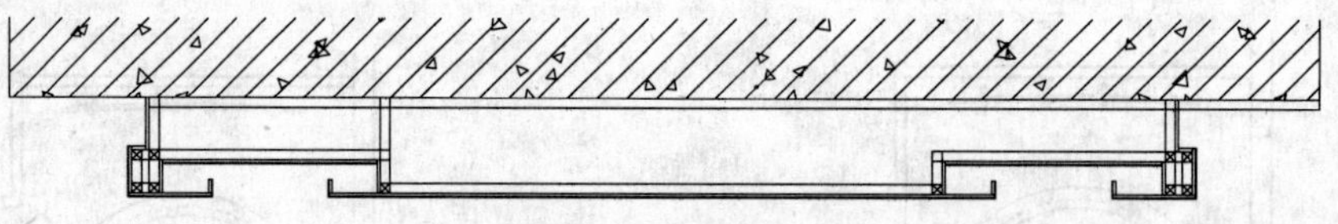

图 16-27　填充图案

13 从图库中插入窗帘、筒灯、灯带和主龙骨挂吊件等图块到剖面图中，如图 16-28 所示。

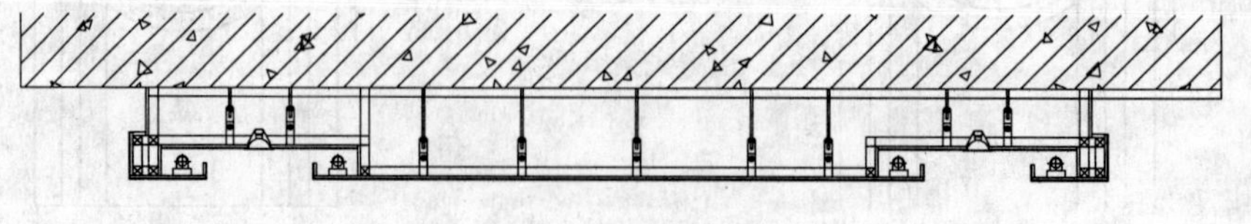

图 16-28　插入图块

14 设置“BZ_标注”图层为当前图层。调用 DIMLINEAR/DLI 线性命令进行尺寸标注，如图 16-29 所示。

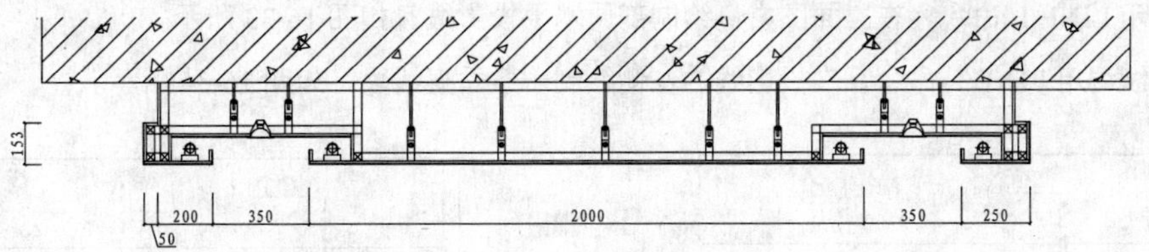

图 16-29　尺寸标注

15 调用 MLEADER/MLD 多重引线命令，对剖面进行文字标注，如图 16-30 所示。

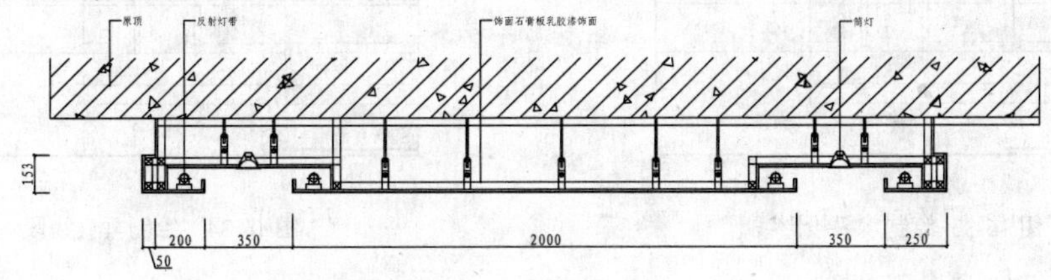

图 16-30　文字标注

16 调用 INSERT/I 插入命令，插入“图名”图块和“剖切索引”图块到剖面图的下方，完成(02)剖面图的绘制。

第 16 章

188 绘制立面造型剖面图

实例描述：	如图 16-31 所示为办公空间开敞办公区 A 立面图，(03)剖面图如图 16-32 所示，该立面详细表达了装饰台各部分之间的立面关系。
文件路径：	目标文件\第 16 章\实例 188.dwg
视频文件：	AVI\第 16 章\188 绘制立面造型剖面图.avi
播放时长：	0:12:17

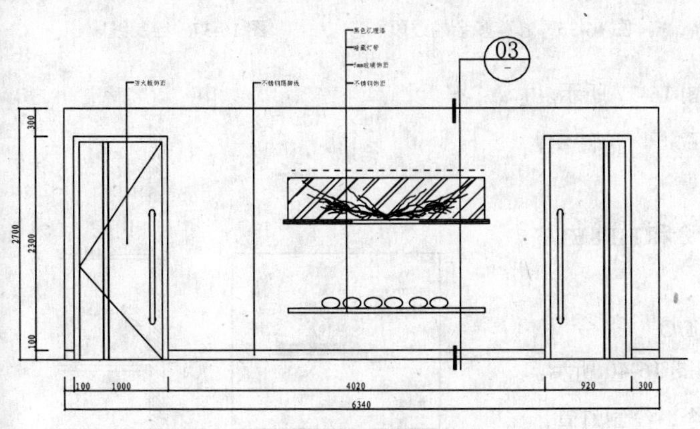

图 16-31　开敞办公区 A 立面图

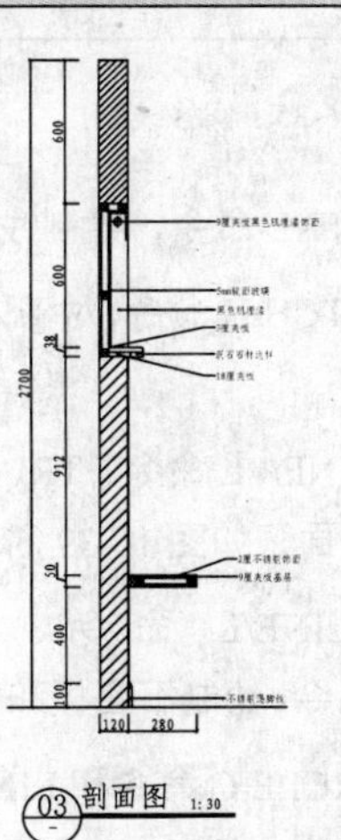

图 16-32　(03)剖面图

01 调用 LINE/L 命令，在立面图右侧绘制剖面水平投影线，如图 16-33 所示。

02 继续调用 LINE/L 命令，在投影线的左侧绘制一条垂直线段，如图 16-34 所示。

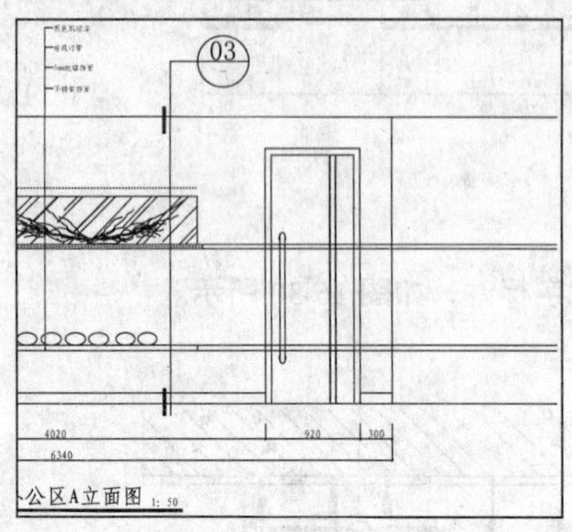

图 16-33 绘制水平投影线

图 16-34 绘制垂直线段

03 调用 OFFSET/O 命令，将线段向左偏移 120，得到墙体厚，如图 16-35 所示。

04 调用 TRIM/TR 命令，修剪掉多余的线段，如图 16-36 所示。

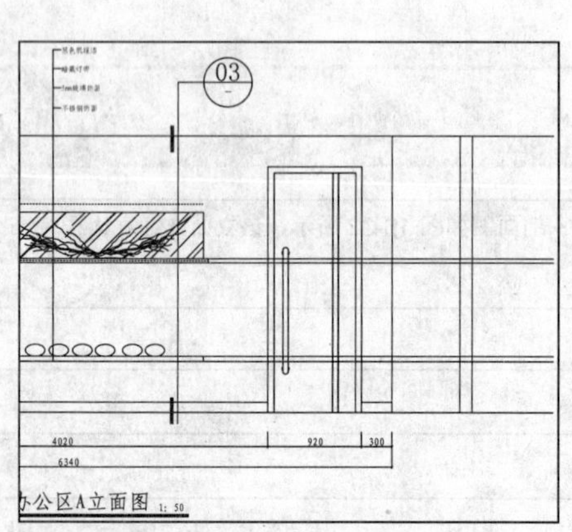

图 16-35 偏移线段

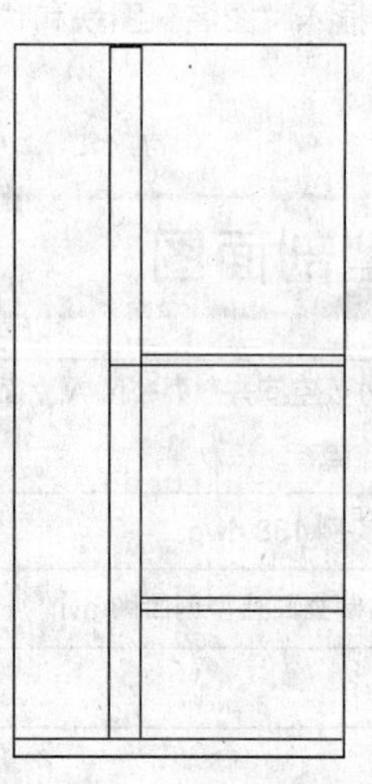

图 16-36 修剪多余的线段

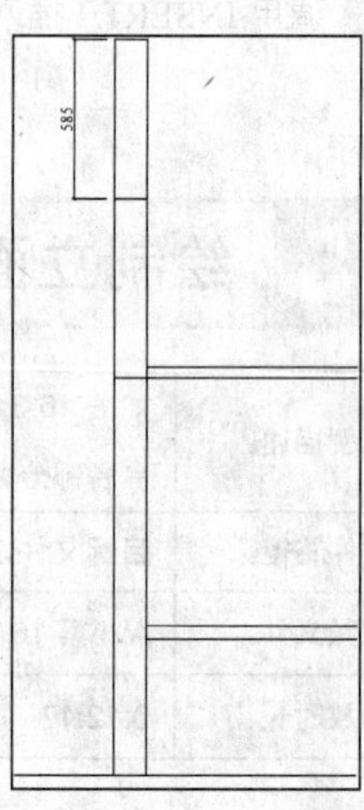

图 16-37 绘制线段

05 调用 LINE/L 命令，绘制线段，如图 16-37 所示。

06 调用 HATCH/H 命令，对墙体填充 ANSI31 图案，如图 16-38 所示。

07 调用 PLINE/PL 命令、TRIM/TR 命令和 FILLET/F 命令，绘制石材台面，如图 16-39 所示。

08 调用 LINE/L 命令、OFFSET/O 命令和 RECTANG/REC 命令，绘制石膏板和木方，如图 16-40 所示。

09 调用 CIRCLE/C 命令和 LINE/L 命令，绘制灯管，如图 16-41 所示。

10 调用 LINE/L 命令，绘制面板，如图 16-42 所示。

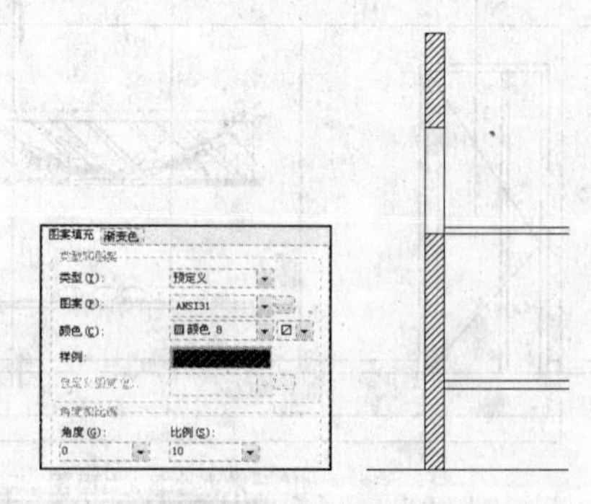

图 16-38 填充参数和效果

第 4 篇

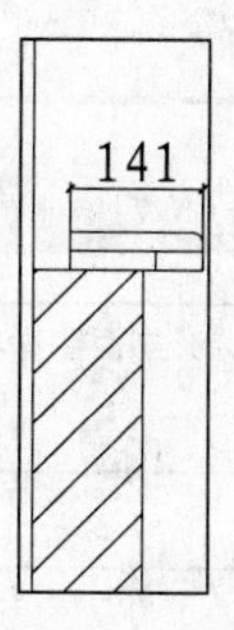

图 16-39　绘制台面

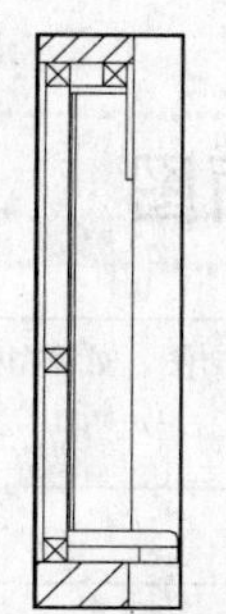
图 16-40　绘制石膏板和木方

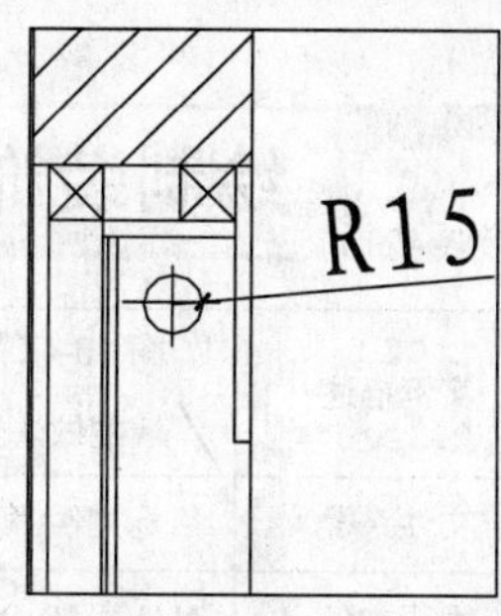

图 16-41 绘制灯管

11 调用 PLINE/PL 命令、OFFSET/O 命令和 RECTANG/REC 命令，绘制装饰台，如图 16-43 所示。

12 调用 PLINE/PL 命令，绘制踢脚线，如图 16-44 所示。

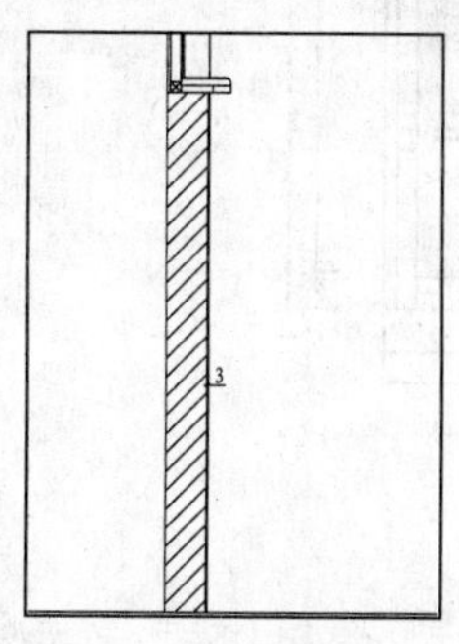

图 16-42　绘制面板

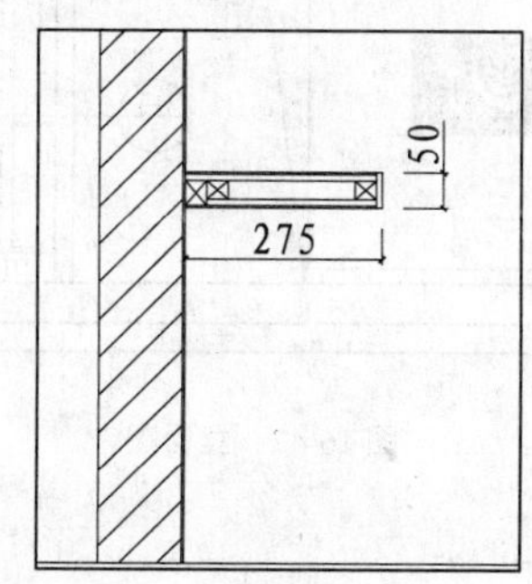

图 16-43　绘制装饰台

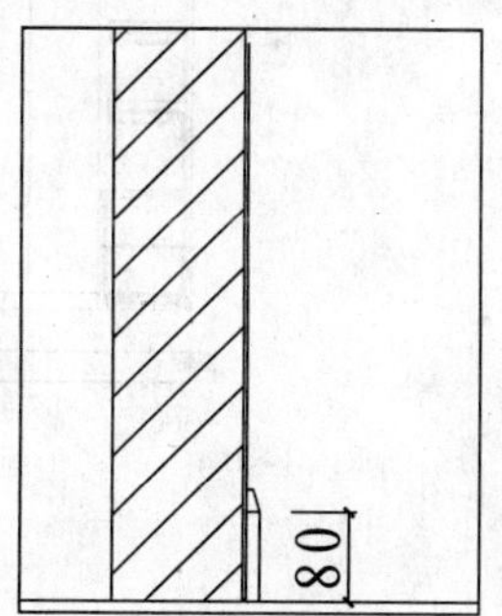

图 16-44　绘制踢脚线

13 设置“BZ_标注”图层为当前图层。调用 DIMLINEAR/DLI 命令进行尺寸标注，如图 16-45 所示。

14 调用 MLEADER/MLD 命令，对剖面进行文字标注，如图 16-46 所示。

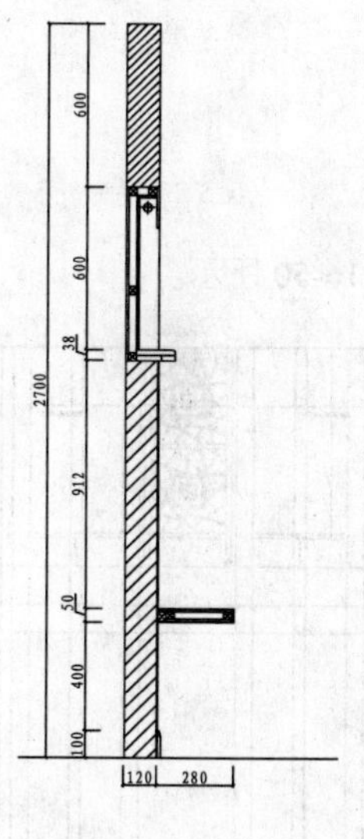

图 16-45　尺寸标注

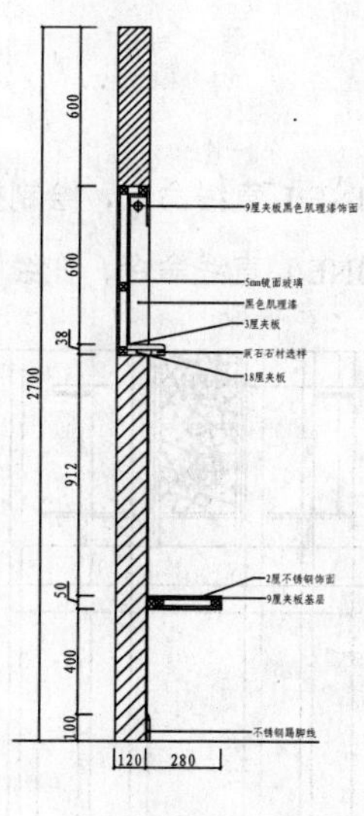

图 16-46　文字标注

15 调用 INSERT/I 命令，插入“图名”图块和“剖切索引”图块到剖面图的下方，完成03剖面图绘制。

第 16 章

189 绘制装饰造型墙剖面图

实例描述：	如图 16-47 所示为装饰造型墙的立面图，如图 16-48 所示为装饰造型墙剖面图，该剖面图详细表达了造型墙的做法。
文件路径：	目标文件\第 16 章\实例 189.dwg
视频文件：	AVI\第 16 章\189 绘制装饰造型墙剖面图.avi
播放时长：	0:15:00

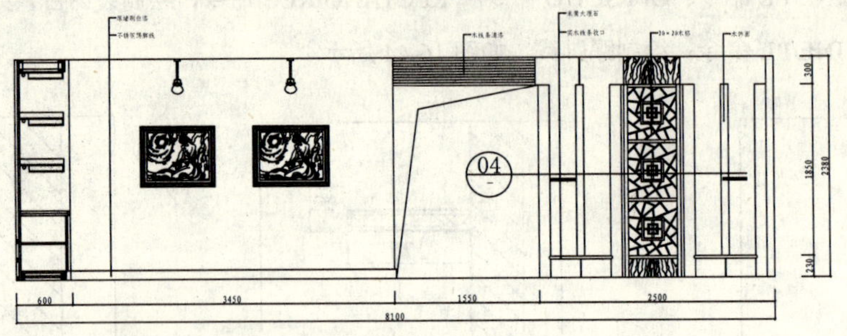

图 16-47　立面图

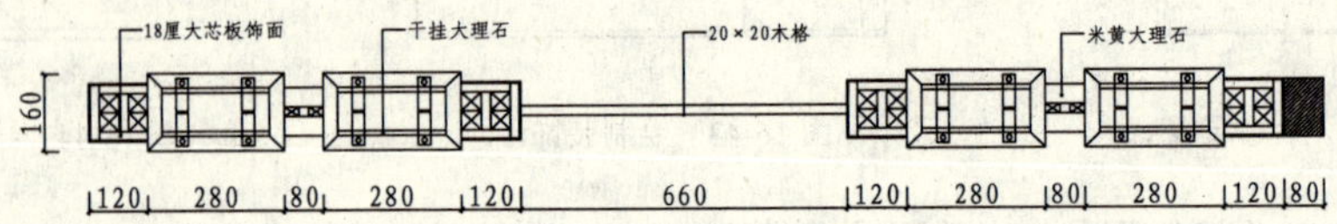

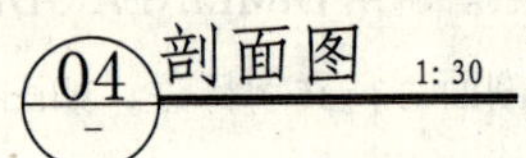

图 16-48　04剖面图

01 调用 LINE/L 直线命令，绘制投影线，如图 16-49 所示。

02 调用 LINE/L 直线命令，在线段的下方绘制水平线段，如图 16-50 所示。

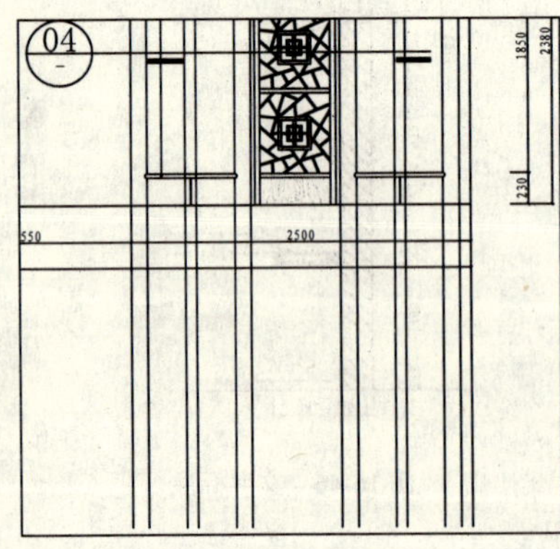

图 16-49　绘制投影线

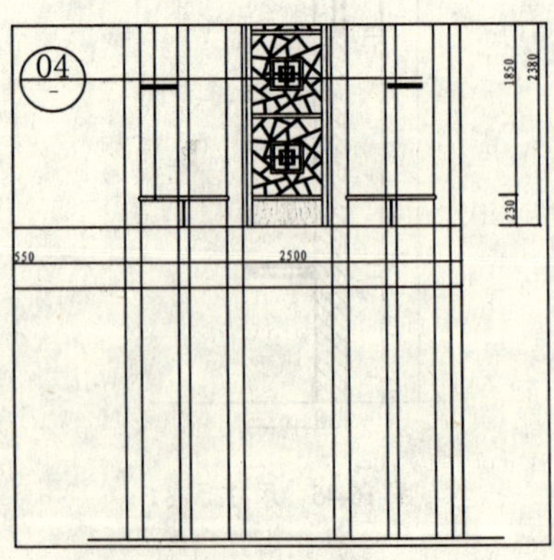

图 16-50　绘制水平线段

第 4 篇

03 调用 OFFSET/O 偏移命令，将水平线段向上偏移 23、114 和 23，如图 16-51 所示。

04 调用 TRIM/TR 修剪命令，修剪出剖面图的基本轮廓，如图 16-52 所示。

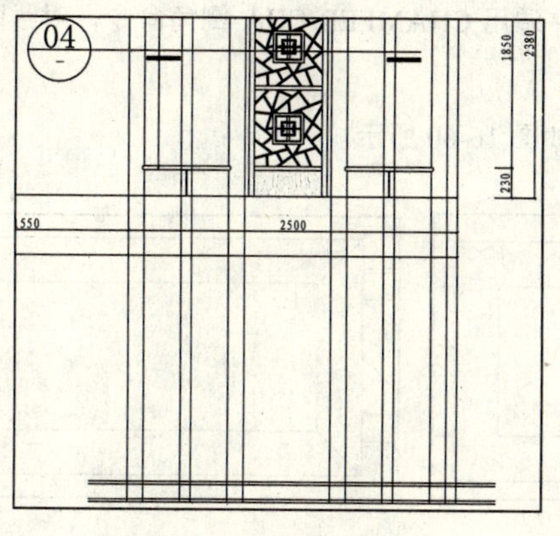

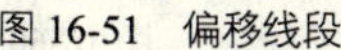

图 16-51　偏移线段

图 16-52　修剪图形

05 调用 LINE/L 直线命令、OFFSET/O 偏移命令和 TRIM/TR 修剪命令，绘制大芯板，如图 16-53 所示。

06 调用 RECTANG/REC 矩形命令、COPY/CO 复制命令和 LINE/L 直线命令，绘制木方，如图 16-54 所示。

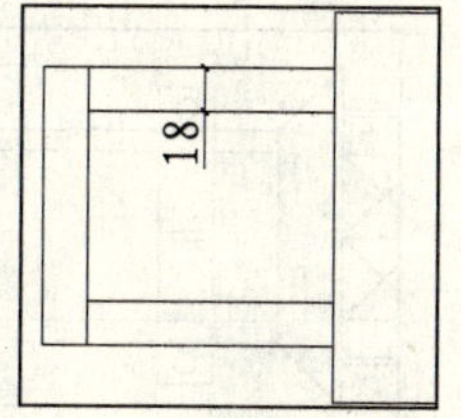

图 16-53　绘制大芯板

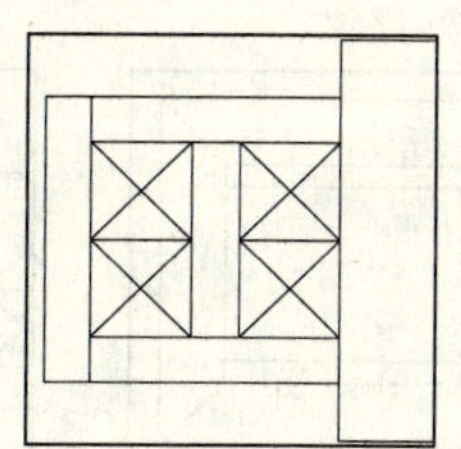

图 16-54　绘制木方

07 使用同样的方法绘制其他区域的大芯板和木方，效果如图 16-55 所示。

08 调用 PLINE/PL 多段线命令，在大型版的外侧绘制面板，并使用夹点功能调整线段，效果如图 16-56 所示。

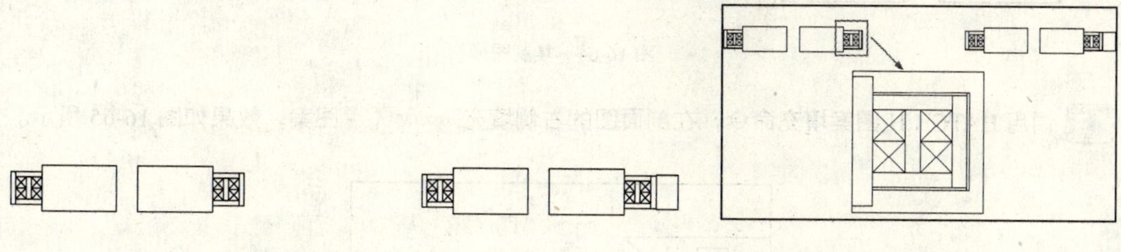

图 16-55　绘制大芯板和木方

图 16-56　绘制面板

09 调用 LINE/L 直线命令和 OFFSET/O 偏移命令，绘制如图 16-57 所示线段。

图 16-57　绘制线段

10 调用 LINE/L 直线命令、RECTANG/REC 矩形命令和 COPY/CO 复制命令，绘制木方，如图 16-58 所示。

11 调用 OFFSET/O 偏移命令，将线段向内偏移 30，并调用 CHAMFER/CHA 倒角命令，对线段进行倒角，效果如图 16-59 所示。

12 调用 LINE/L 直线命令，连接两个矩形的交角处，如图 16-60 所示。

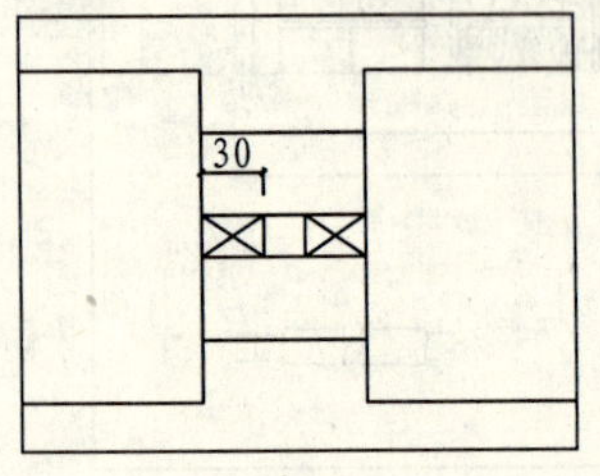

图 16-58 绘制木方

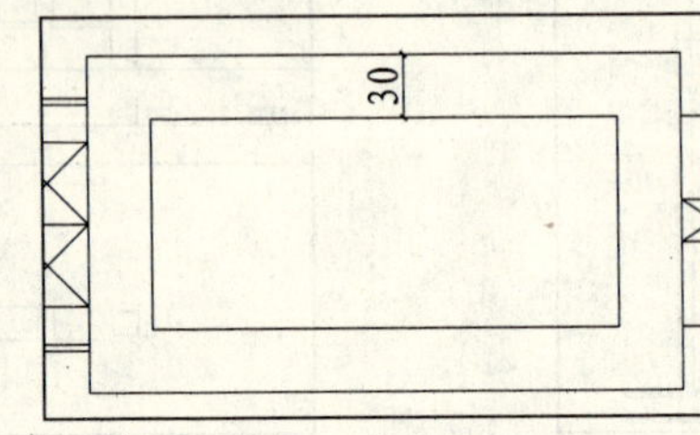

图 16-59 偏移线段

图 16-60 绘制线段

13 调用 LINE/L 直线命令和 OFFSET/O 偏移命令，绘制如图 16-61 所示线段。

14 调用 RETANG/REC 矩形命令、MOVE/M 移动命令、CIRCLE/C 圆和 COPY/CO 复制命令，绘制干挂大理石的衔接处，如图 16-62 所示。

15 调用 HATCH/H 图案填充命令，对大理石填充 AR-SAND 图案，效果如图 16-63 所示。

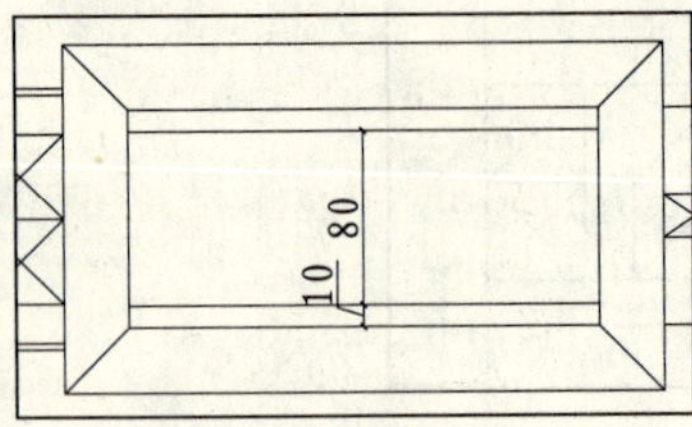

图 16-61 绘制线段

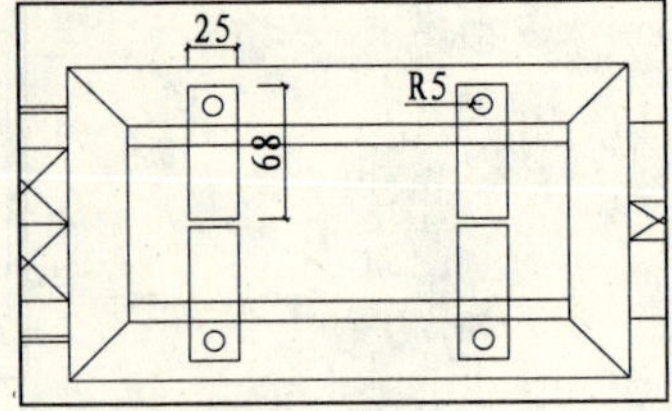

图 16-62 绘制衔接处

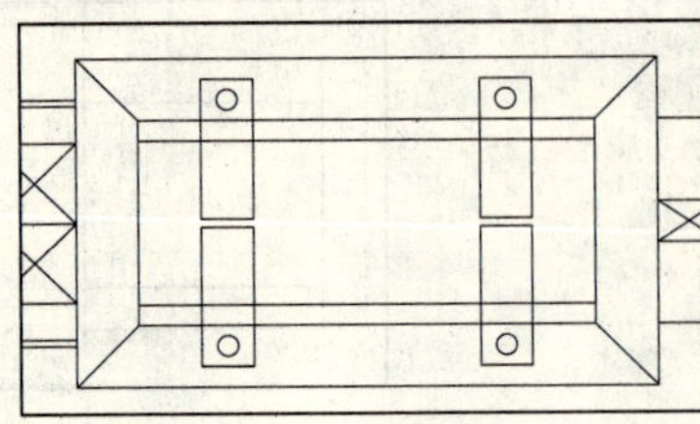
图 16-63 填充图案

16 调用 COPY/CO 复制命令，将图形复制到其他位置，效果如图 16-64 所示。

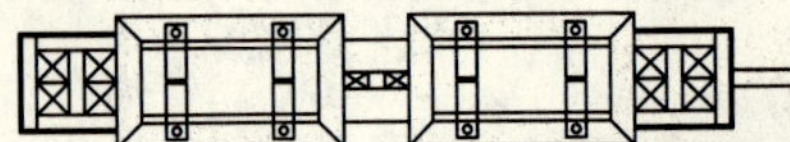
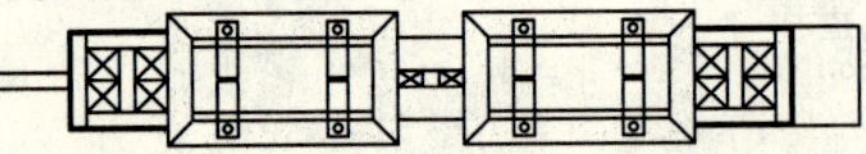
图 16-64 复制图形

17 调用 HATCH/H 图案填充命令，在剖面图的右侧填充 ANSI31 图案，效果如图 16-65 所示。

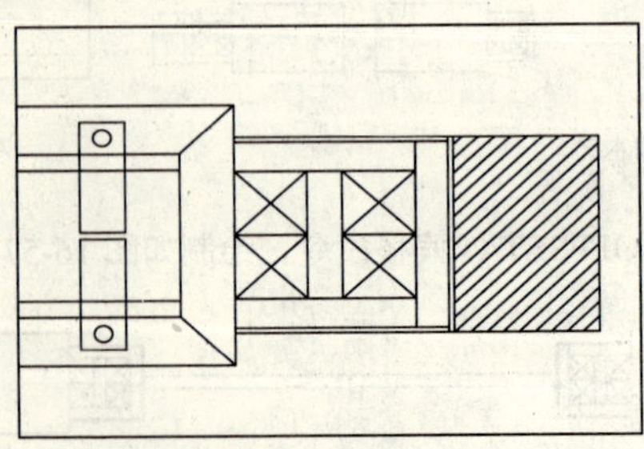
图 16-65 填充图案

18 设置“BZ_标注”图层为当前图层。调用 DIMLINEAR/DLI 线性命令进行尺寸标注，如图 16-66 所示。

图 16-66　标注尺寸

19 调用 MLEADER/MLD 多重引线命令，对剖面进行文字标注，如图 16-67 所示。

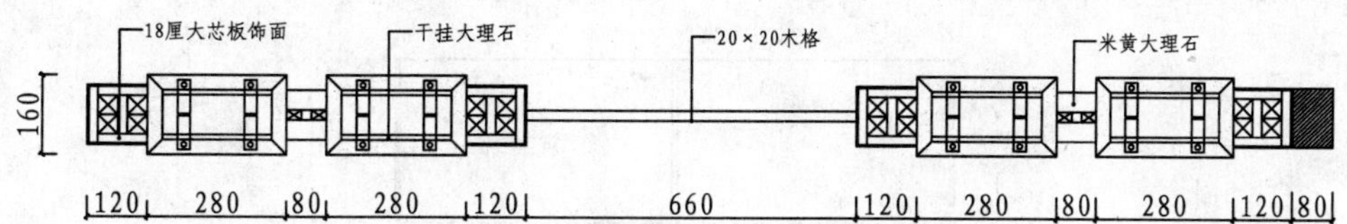

图 16-67　文字标注

20 调用 INSERT/I 插入命令，插入“图名”图块和“剖切索引”图块到剖面图的下方，完成 04 剖面图的绘制。

190 绘制墙身剖面图

实例描述：	如图 16-68 所示为 A 立面图，如图 16-69 所示为 05 剖面图，该剖面图主要详细表达了墙身的做法。
文件路径：	目标文件\第 16 章\实例 190.dwg
视频文件：	AVI\第 16 章\190 绘制墙身剖面图.avi
播放时长：	0:06:18

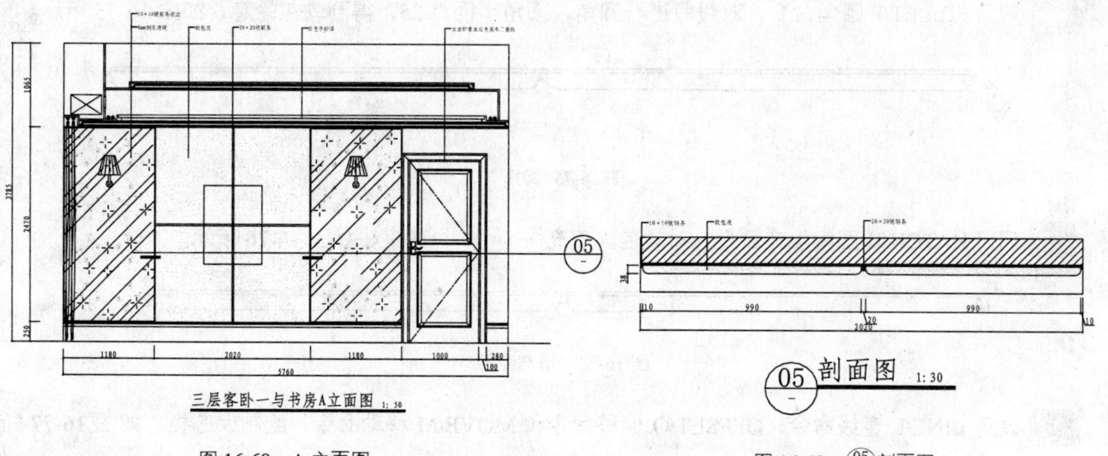

图 16-68　A 立面图　　　　图 16-69　05 剖面图

01 调用 LINE/L 直线命令，绘制墙身的投影线，如图 16-70 所示。

02 继续调用 LINE/L 直线命令，在投影线的下方绘制水平线段，如图 16-71 所示。

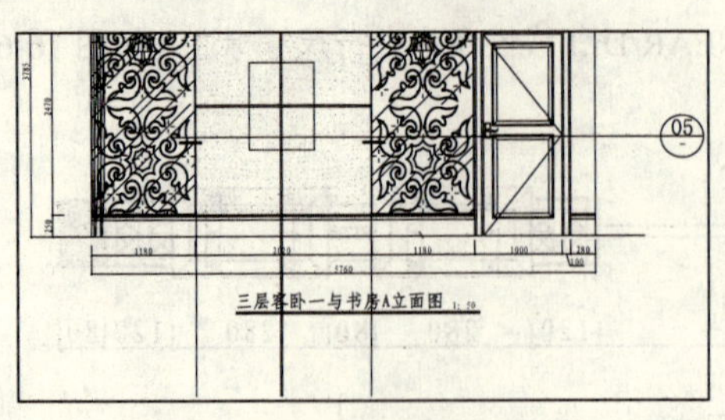

图 16-70　绘制投影线

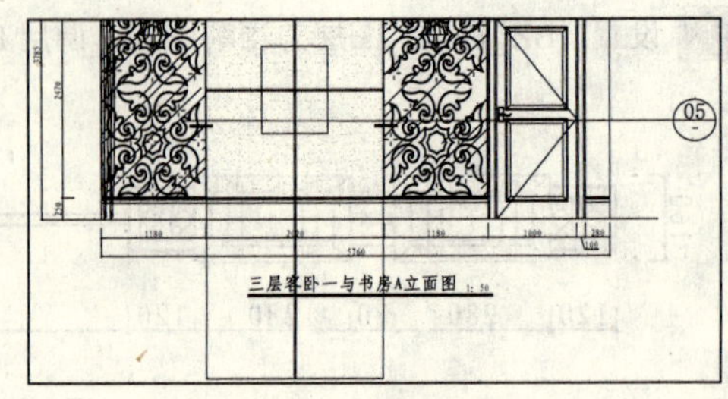

图 16-71　绘制线段

03 调用 OFFSET/O 偏移命令，将水平线段向上偏移 38 和 9，如图 16-72 所示。

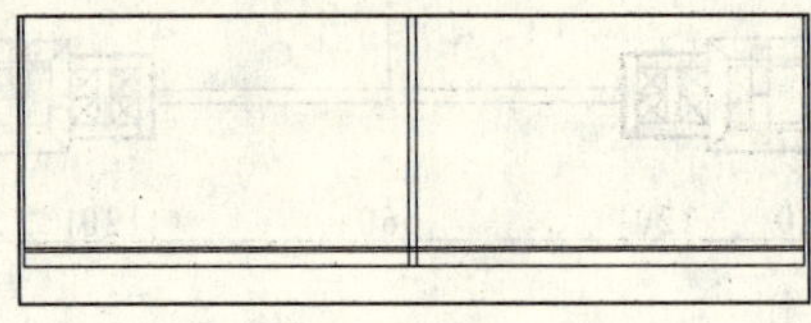

图 16-72　偏移线段

04 调用 TRIM/TR 修剪命令，修剪出剖面图的基本轮廓，如图 16-73 所示。

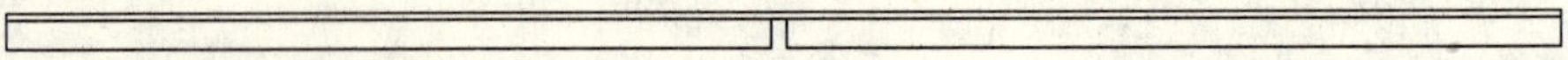

图 16-73　修剪线段

05 调用 RECTANG/REC 矩形命令、OFFSET/O 偏移命令和 HATCH/H 图案填充命令，绘制镜条钢，如图 16-74 所示。

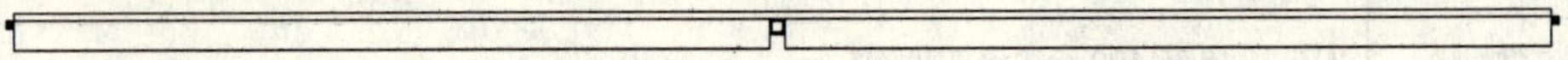

图 16-74　绘制镜条钢

06 调用 FILLET/F 圆角命令，对线段进行圆角，圆角半径为 25，得到软包轮廓，如图 16-75 所示。

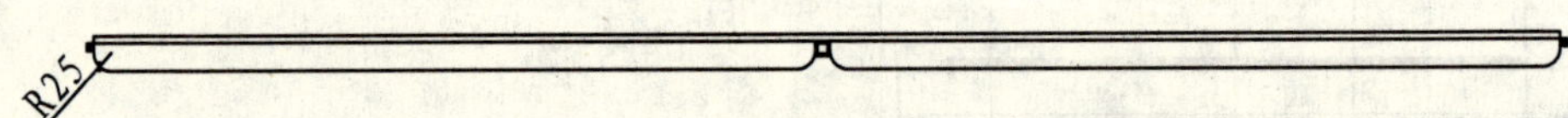

图 16-75 圆角

07 调用 HATCH/H 图案填充命令，对软包内填充 AR-SAND 图案，如图 16-76 所示。

图 16-76　填充图案

08 调用 LINE/L 直线命令、OFFSET/O 偏移命令和 MOVE/M 移动命令，绘制大芯板，如图 16-77 所示。

图 16-77　绘制大芯板

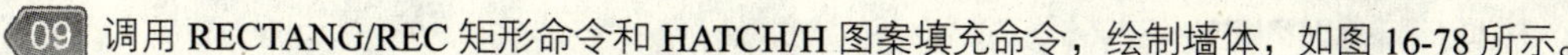

09 调用 RECTANG/REC 矩形命令和 HATCH/H 图案填充命令，绘制墙体，如图 16-78 所示。

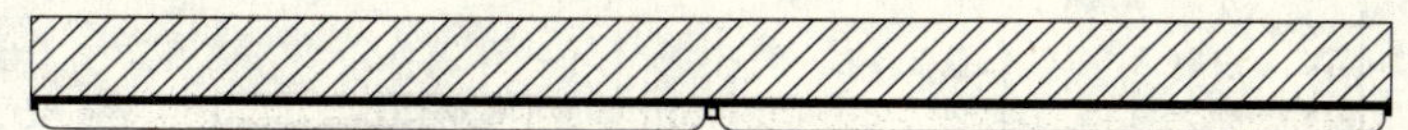

图 16-78　填充墙体

10 调用 RECTANG/REC 矩形命令，绘制矩形框住剖面图形，如图 16-79 所示。

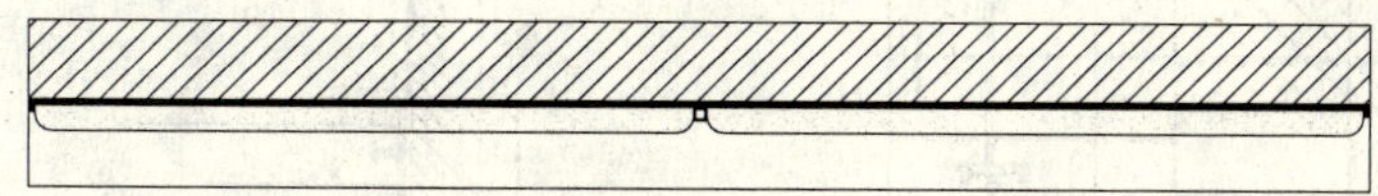

图 16-79　绘制矩形

11 设置“BZ_标注”图层为当前图层。调用 DIMLINEAR/DLI 线性命令进行尺寸标注，如图 16-80 所示。

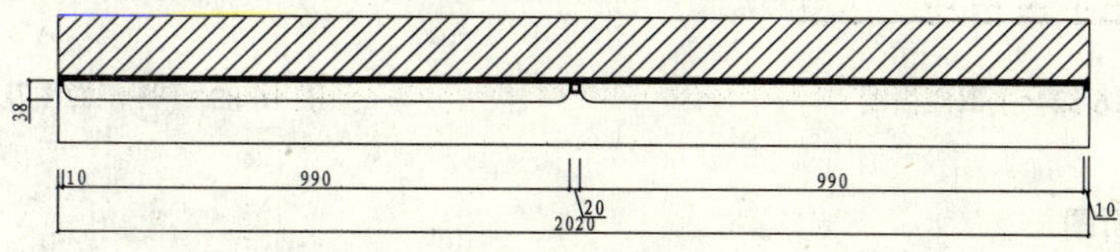

图 16-80　尺寸标注

12 调用 MLEADER/MLD 多重引线命令，对剖面进行文字标注，如图 16-81 所示。

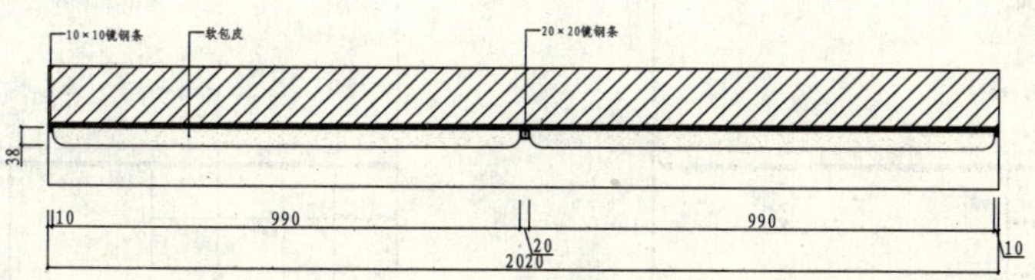

图 16-81　文字标注

13 调用 INSERT/I 插入命令，插入“图名”图块和“剖切索引”图块到剖面图的下方，完成03剖面图的绘制。

191 绘制卫生间剖面图及大样图

实例描述：	如图 16-82 所示为主卫立面图，如图 16-83 所示为06剖面图及大样图，该剖面图主要表达了洗手盆的做法和卫生间墙面的做法和结构。
文件路径：	目标文件\第 16 章\实例 191.dwg
视频文件：	AVI\第 16 章\191 绘制卫生间剖面图及大样图.avi
播放时长：	0:19:47

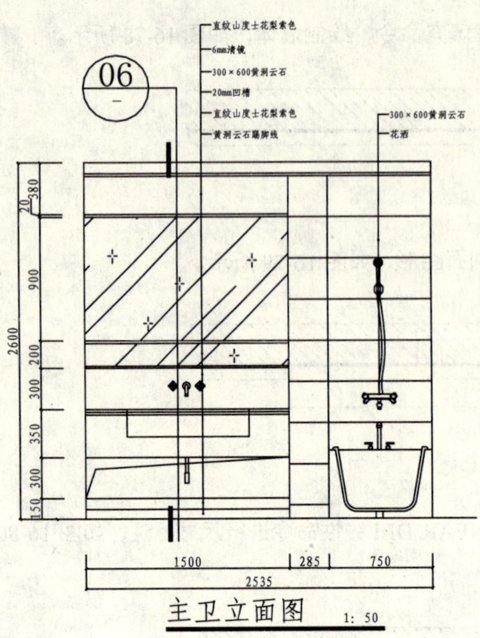

图 16-82　主卫立面图

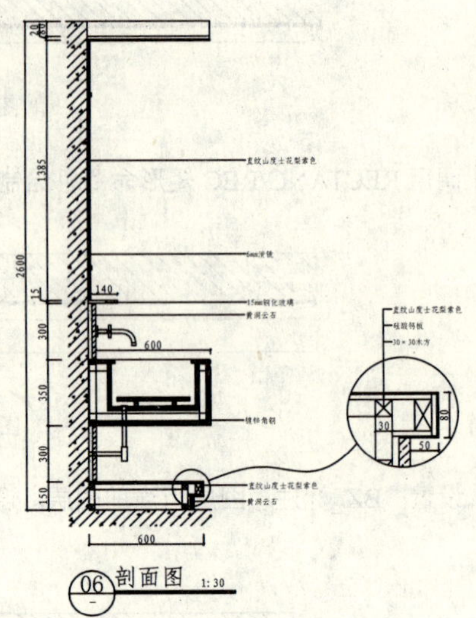

图 16-83　(06)剖面图及大样图

1. 绘制(06)剖面图

01 调用 LINE/L 直线命令，在立面图的右侧绘制剖面水平线段，如图 16-84 所示。

02 绘制剖面墙体。继续调用 LINE/L 直线命令，在投影线左侧绘制一条垂直线段，如图 16-85 所示。

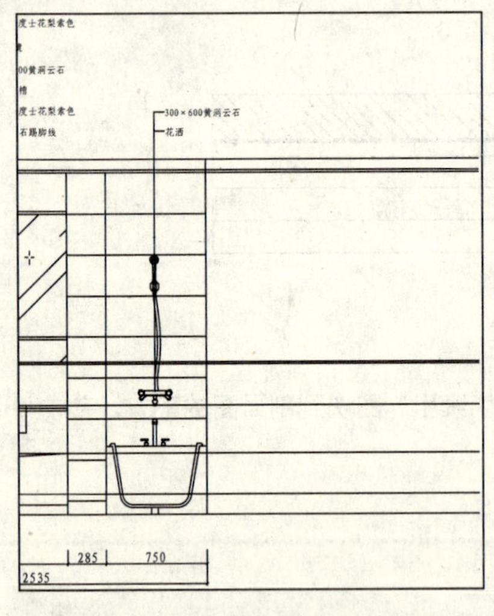

图 16-84　绘制投影线

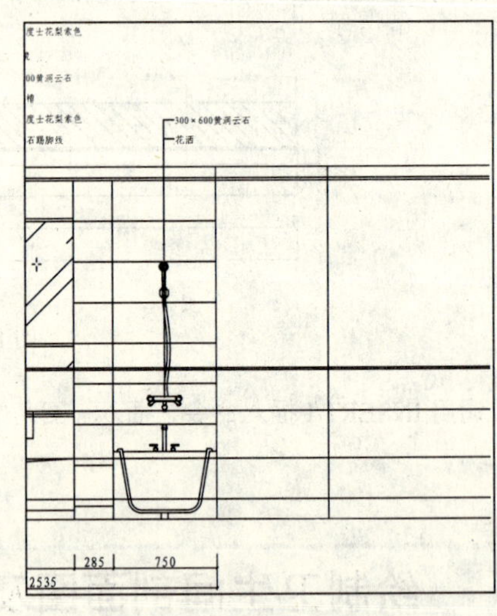

图 16-85　绘制垂直线段

03 调用 OFFSET/O 偏移命令，向左和向下偏移线段，偏移距离为 120，得到墙体厚。向右偏移 640，得到洗手盆的厚度，如图 16-86 所示。

04 调用 TRIM/TR 修剪命令，修剪掉多余的线段，如图 16-87 所示。

05 调用 HATCH/H 图案填充命令，在左侧墙体填充 ANSI31 图案和 AR-CONC 图案，然后删除线段，效果如图 16-88 所示。

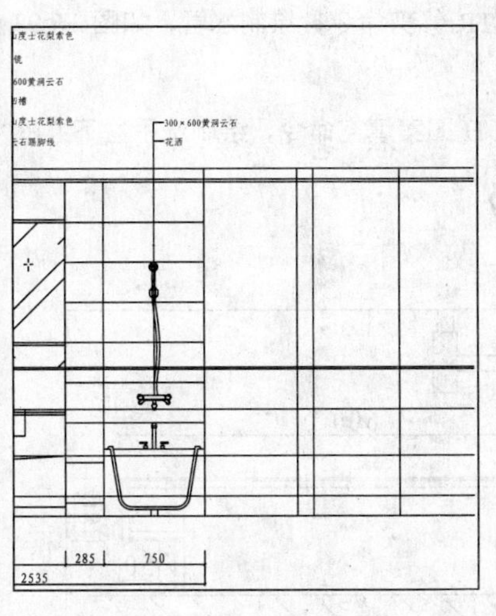

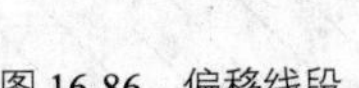

图 16-86　偏移线段

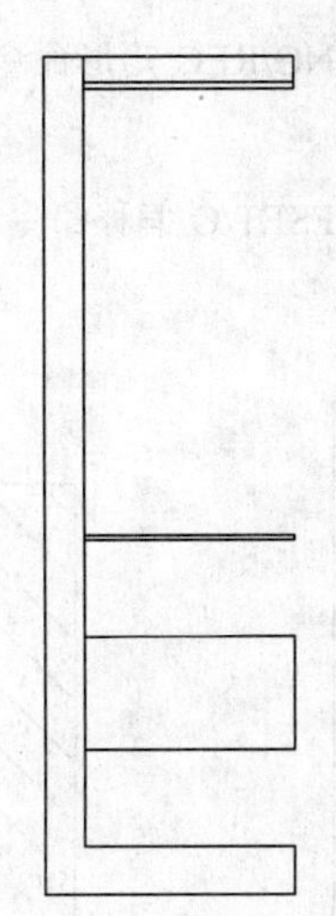

图 16-87　修剪线段

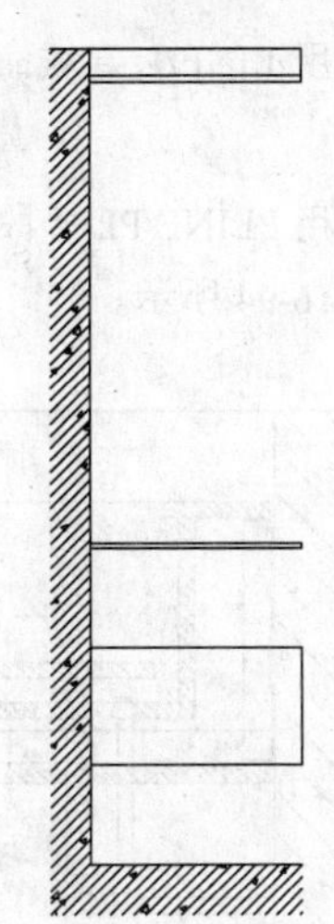

图 16-88　填充墙体

06 调用 LINE/L 直线命令和 TRIM/TR 修剪命令，绘制台面，如图 16-89 所示。

07 调用 PLINE/PL 多段线命令、OFFSET/O 偏移命令和 TRIM/TR 修剪命令，绘制镜子，如图 16-90 所示。

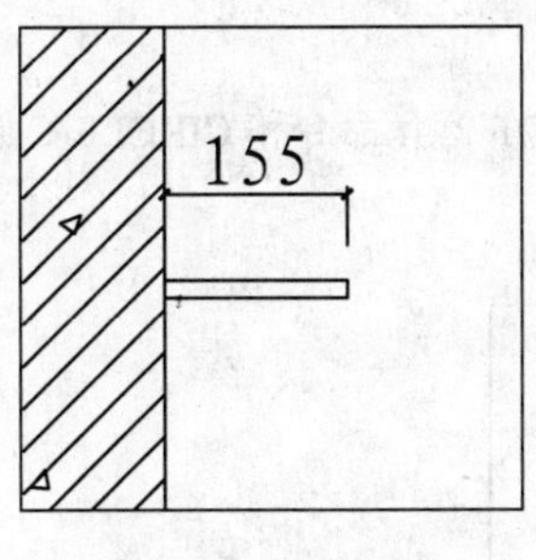

图 16-89　绘制台面

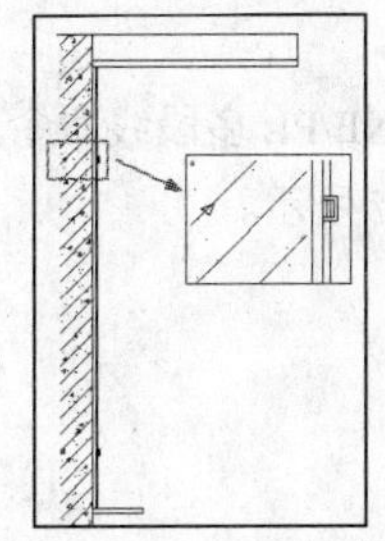

图 16-90　绘制镜子

08 调用 PLINE/PL 多段线命令、RECTANG/REC 矩形命令、OFFSET/O 偏移命令、FILLET/F 圆角命令和 HATCH/H 图案填充命令，绘制洗手盆的结构，如图 16-91 所示。

09 调用 PLINE/PL 多段线命令、FILLET/F 圆角命令和 HATCH/H 图案填充命令，绘制角钢，如图 16-92 所示。

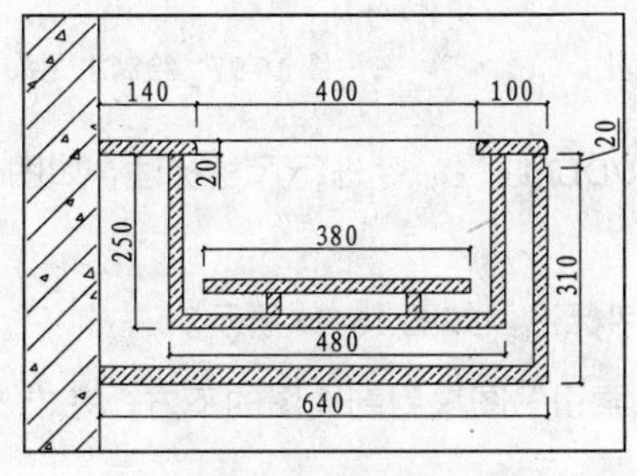

图 16-91　绘制洗手盆结构

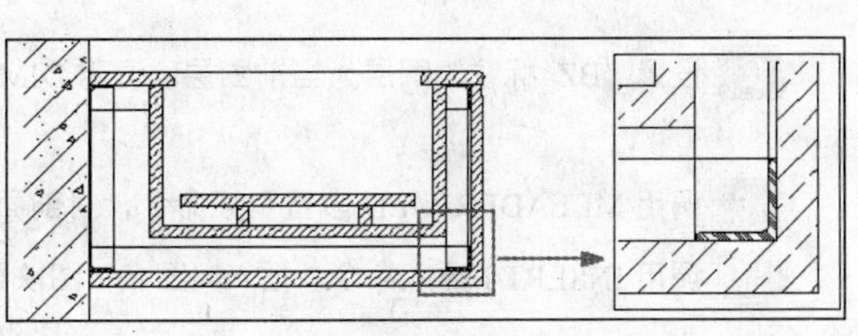

图 16-92　绘制角钢

10 调用 LINE/L 直线命令、RECTANG/REC 矩形命令和 TRIM/TR 修剪命令，绘制水管，如图 16-93 所示。

11 调用 PLINE/PL 多段线命令、OFFSET/O 偏移命令和 HATCH/H 图案填充命令，绘制洗手盆下方的造型，如图 16-94 所示。

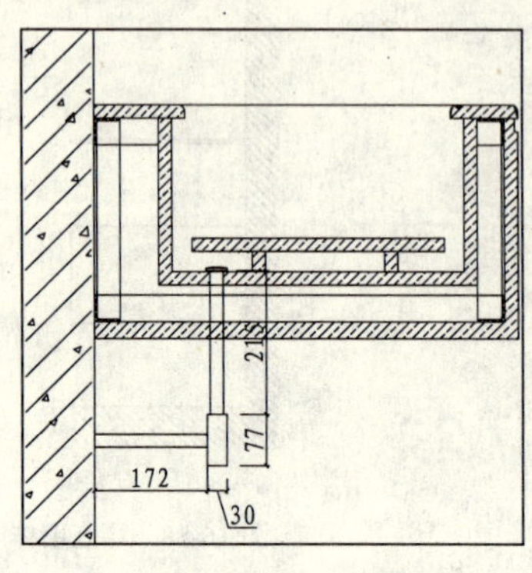

图 16-93 绘制水管

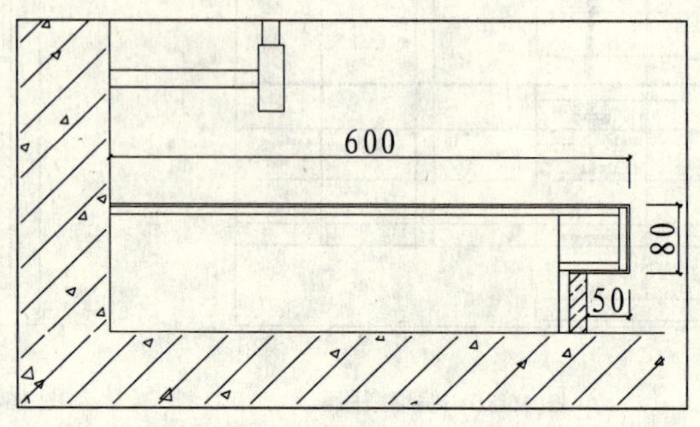

图 16-94 绘制图形

12 调用 LINE/L 直线命令，绘制木方，如图 16-95 所示。

13 调用 LINE/L 直线命令、OFFSET/O 偏移命令和 HATCH/H 图案填充命令，绘制墙面装饰造型，如图 16-96 所示。

14 调用 PLINE/PL 多段线命令、OFFSET/O 偏移命令 FILLET/F 圆角命令和 CIRCLE/C 圆命令，绘制水龙头，如图 16-97 所示。

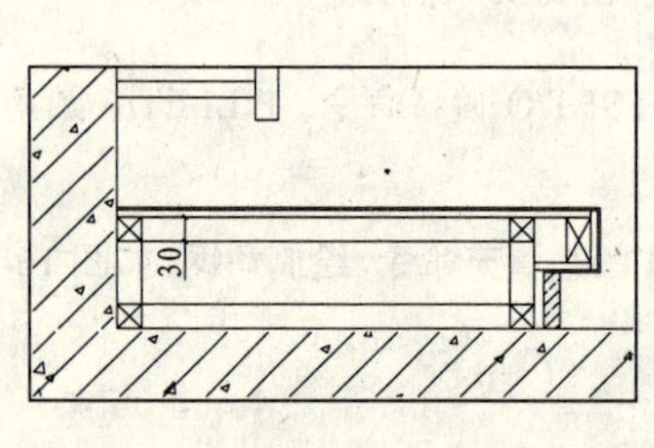

图 16-95 绘制木方

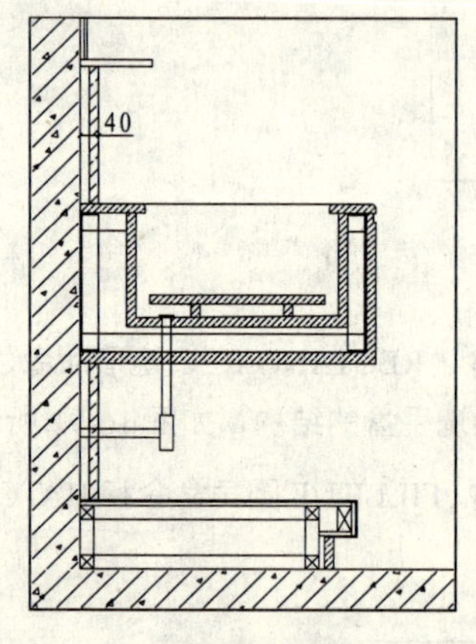

图 16-96 绘制墙面造型

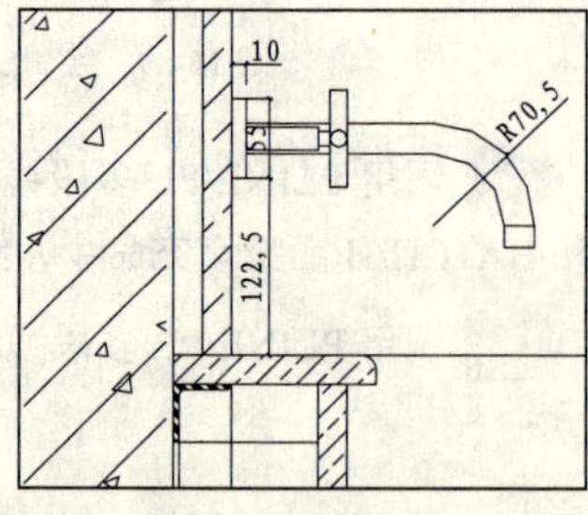

图 16-97 绘制水龙头

15 设置“BZ_标注”图层为当前图层。调用 DIMLINEAR/DLI 线性命令进行尺寸标注，如图 16-98 所示。

16 调用 MLEADER/MLD 多重引线命令，对剖面进行文字标注，如图 16-99 所示。

17 调用 INSERT/I 插入命令，插入“图名”图块和“剖切索引”图块到剖面图的下方，完成⑥剖面图的绘制。

第4篇

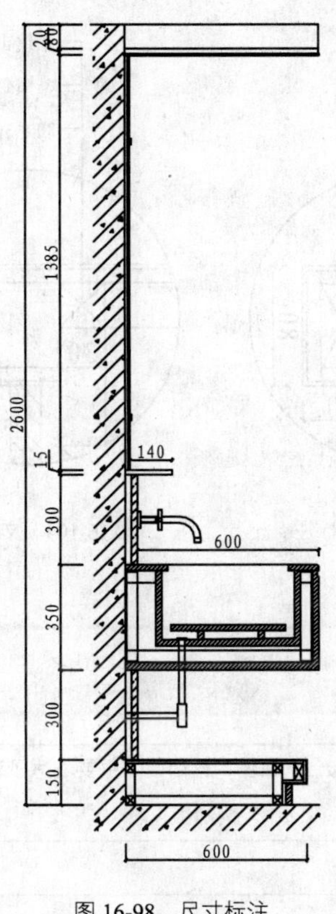

图 16-98　尺寸标注

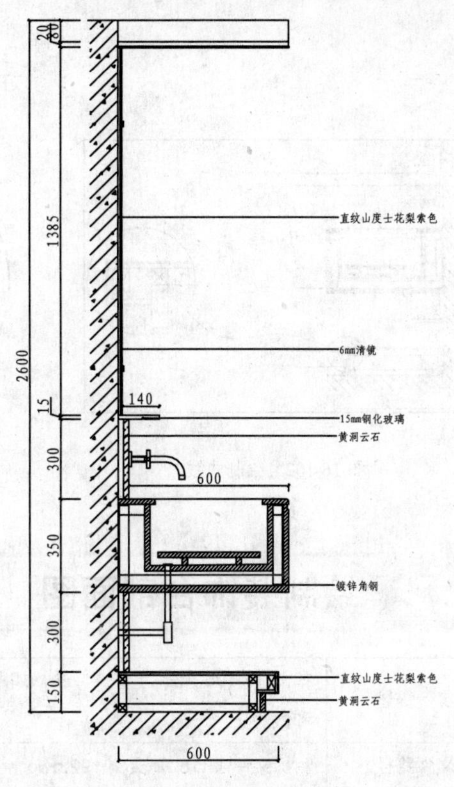

图 16-99　文字标注

2. 绘制㉖剖面大样图

01 调用 CIRCLE/C 圆命令，绘制圆框住需要放大的图形区域，如图 16-100 所示。

02 调用 COPY/CO 复制命令，将圆及被圆框住的图形复制到剖面图右下方，并调用 TRIM 命令修剪圆外的多余线段，如图 16-101 所示。

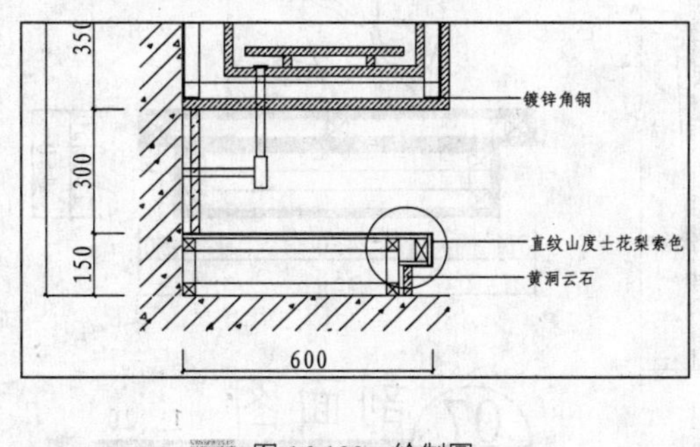

图 16-100　绘制圆

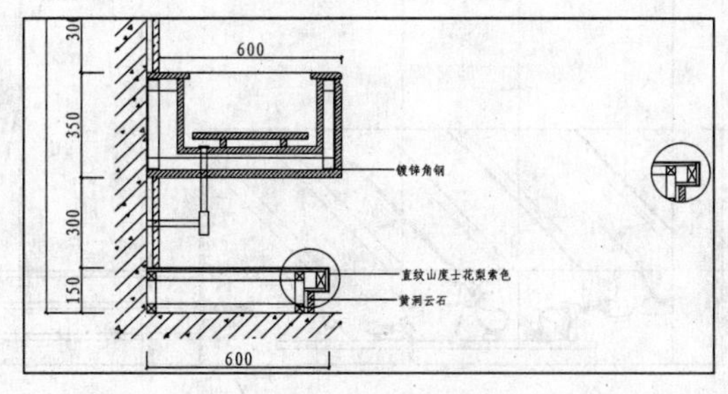

图 16-101　复制图形

03 调用 SCALE/SC 缩放命令，将大样图放大，调用 SPLINE 命令，绘制曲线将两个圆相连，如图 16-102 所示。

04 调用 DIMLINEAR/DLI 线性命令标注尺寸，由于大样图进行了缩放，标注的尺寸会与原尺寸有差别，因此需要对尺寸文字进行修改（使用 DDEDIT 命令），使其与实际尺寸相符，如图 16-103 所示。

05 调用 MLEADER/MLD 多重引线命令，进行材料说明，完成后的效果如图 16-104 所示。

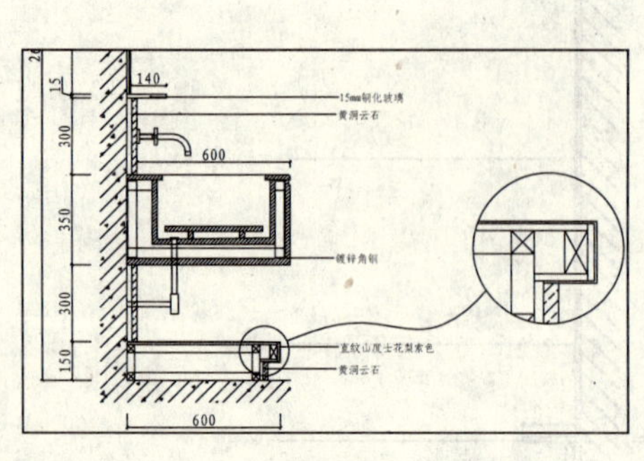

图 16-102　绘制曲线

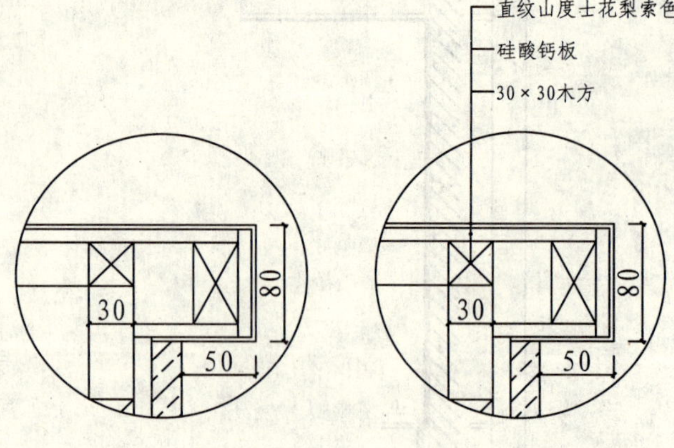

图 16-103　尺寸标注　　图 16-104　文字标注

192 绘制装饰台剖面图

实例描述：	如图 16-105 所示为 D 立面图，如图 16-106 所示为装饰台剖面图，该剖面图主要表达了装饰台的结构和做法。
文件路径：	目标文件\第 16 章\实例 192.dwg
视频文件：	AVI\第 16 章\192 绘制装饰台剖面图.avi
播放时长：	0:06:49

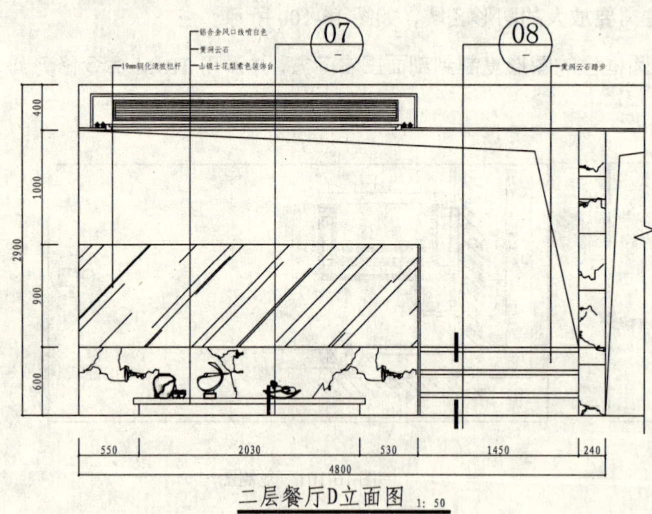

图 16-105　二层餐厅 D 立面图

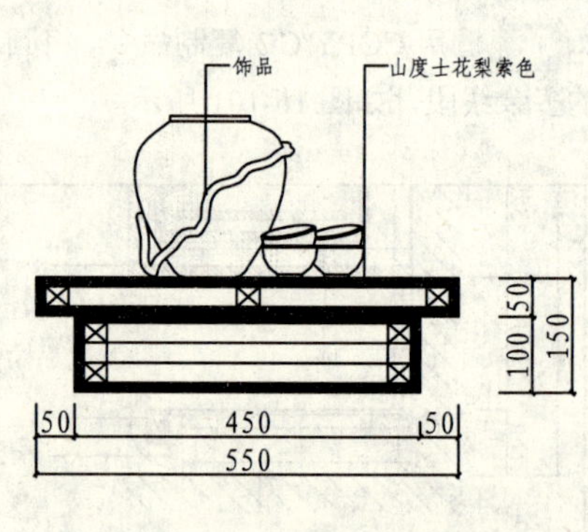

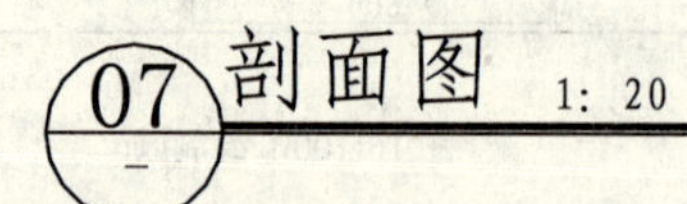

图 16-106　07 剖面图

01 调用 LINE/L 直线命令，绘制投影线，如图 16-107 所示。

02 调用 LINE/L 直线命令，绘制垂直线段，如图 16-108 所示。

第 4 篇

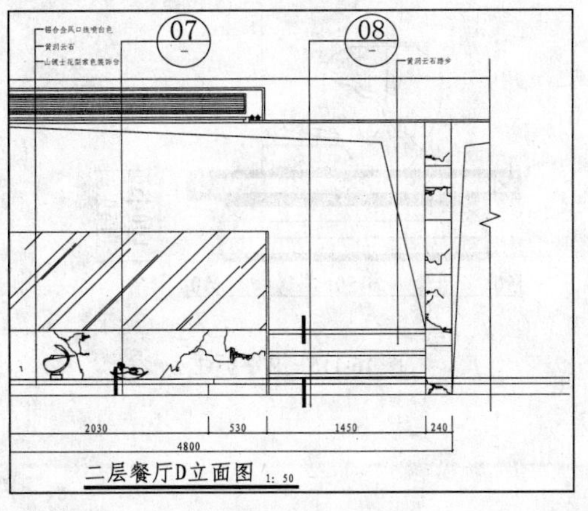

图 16-107 绘制投影线

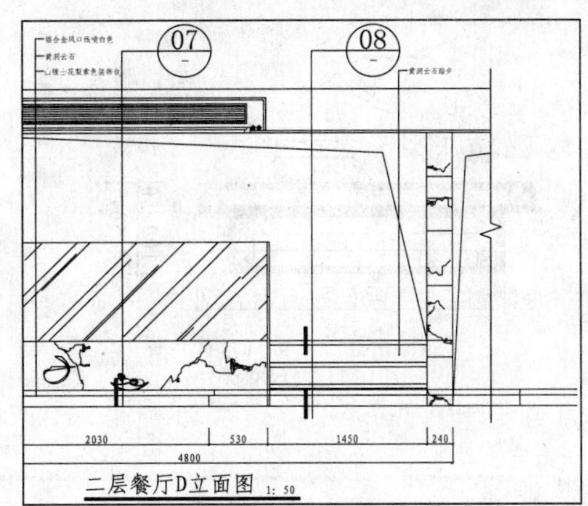

图 16-108　绘制垂直线段

03 调用 OFFSET/O 偏移命令，将垂直线段向右偏移 50、450 和 50，如图 16-109 所示。

04 调用 TRIM/TR 修剪命令，修剪出剖面的基本轮廓，如图 16-110 所示。

05 调用 RECTANG/REC 矩形命令和 OFFSET/O 偏移命令，绘制面板，如图 16-111 所示。

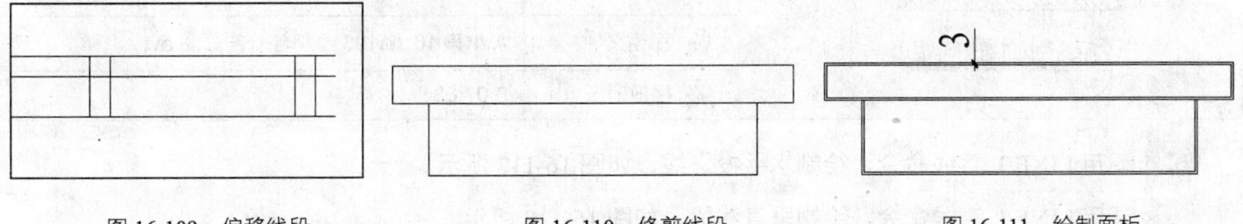

图 16-109　偏移线段　　图 16-110　修剪线段　　图 16-111　绘制面板

06 调用 LINE/L 直线命令和 OFFSET/O 偏移命令，绘制石膏板，如图 16-112 所示。

07 调用 RECTANG/REC 命令、COPY/CO 命令和 LINE/L 命令，绘制木方，如图 16-113 所示。

08 从图库从插入饰品图块到剖面图中，并移动到相应的位置，如图 16-114 所示。

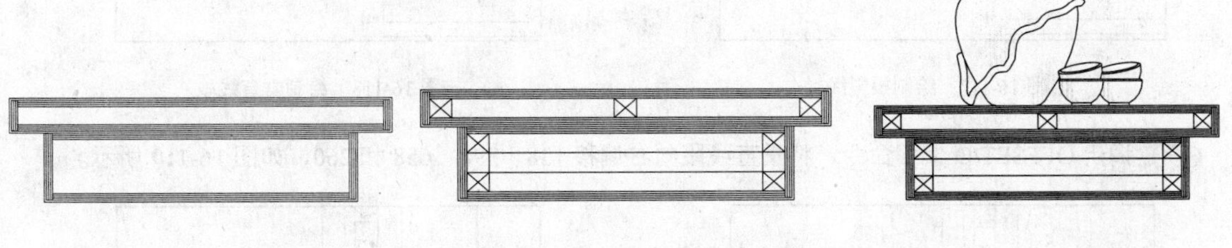

图 16-112　绘制石膏板　　图 16-113　绘制木方　　图 16-114　插入图块

09 设置“BZ_标注”图层为当前图层。调用 DIMLINEAR/DLI 线性命令进行尺寸标注，如图 16-115 所示。

10 调用 MLEADER/MLD 多重引线命令，对剖面进行文字标注，如图 16-116 所示。

11 调用 INSERT 命令，插入“图名”图块和“剖切索引”图块到剖面图的下方，完成07剖面图的绘制。

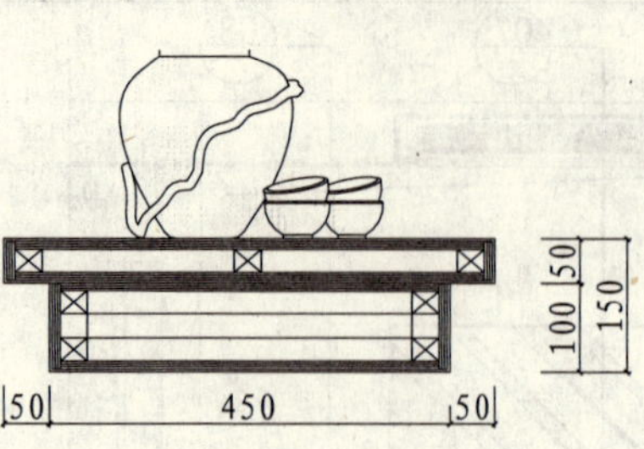

图 16-115　尺寸标

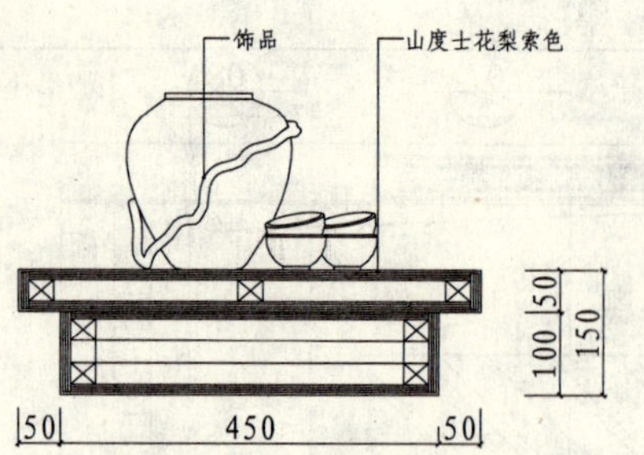

图 16-116　文字标注

193 绘制台阶剖面图

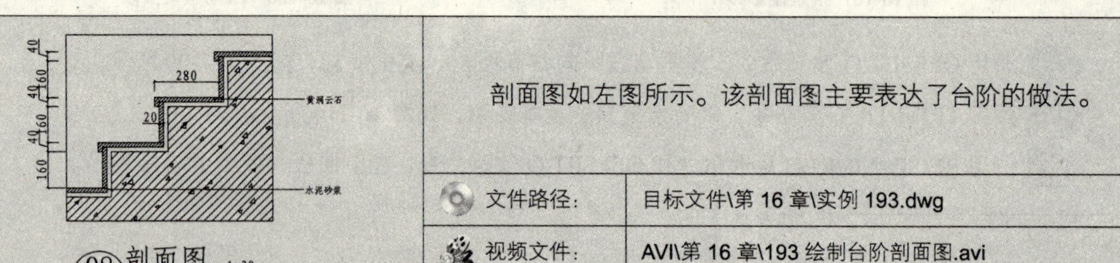

剖面图如左图所示。该剖面图主要表达了台阶的做法。

文件路径：	目标文件\第 16 章\实例 193.dwg
视频文件：	AVI\第 16 章\193 绘制台阶剖面图.avi
播放时长：	0:07:03

01 调用 LINE/L 直线命令，绘制水平投影线，如图 16-117 所示。

02 调用 LINE/L 直线命令，绘制垂直线段，如图 16-118 所示。

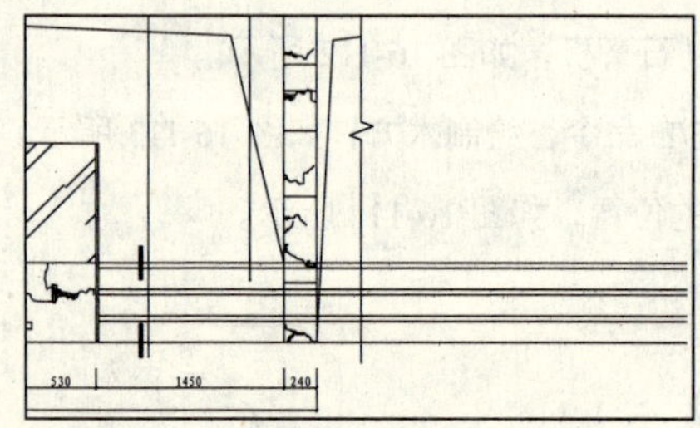

图 16-117　绘制投影线

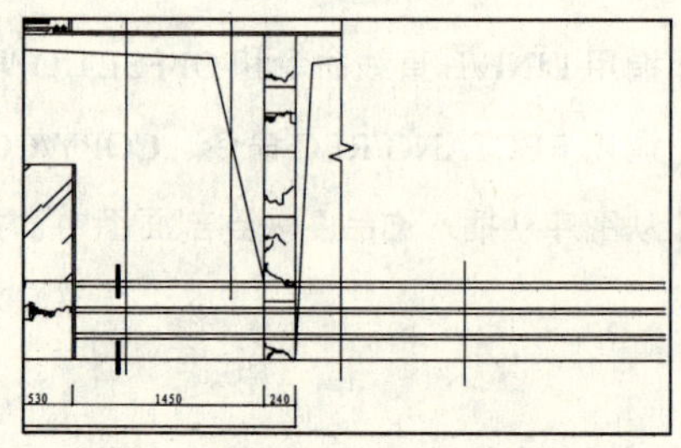

图 16-118　绘制垂直线段

03 调用 OFFSET/O 偏移命令，将垂直线段向右偏移 138、398、658 和 260，如图 16-119 所示。

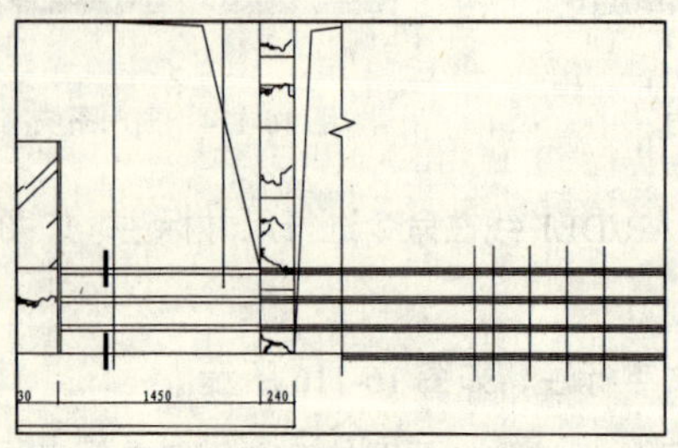

图 16-119　偏移垂直线段

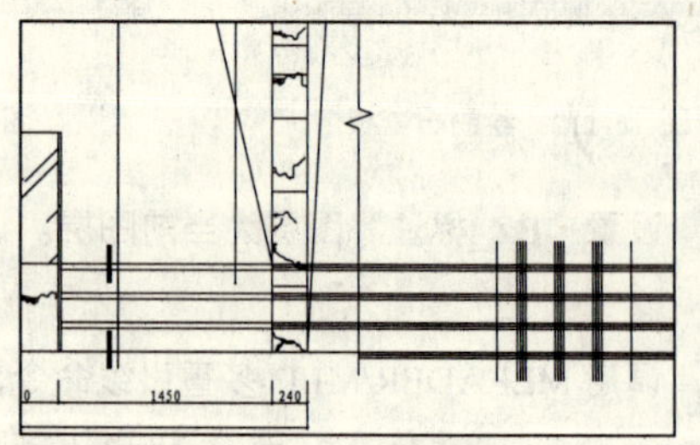

图 16-120　偏移线段

04 调用 OFFSET/O 偏移命令，将水平线段和垂直线段向右或向下偏移 20，如图 16-120 所示。

05 调用 TRIM/TR 修剪命令，修剪出剖面图形，然后删除垂直线段，如图 16-121 所示。

06 调用 TRIM/TR 修剪命令和 PLINE/PL 多段线命令，对台阶的面板进行调整，效果如图 16-122 所示。

07 调用 RECTANG/REC 矩形命令，绘制矩形框住剖面图形，如图 16-123 所示。

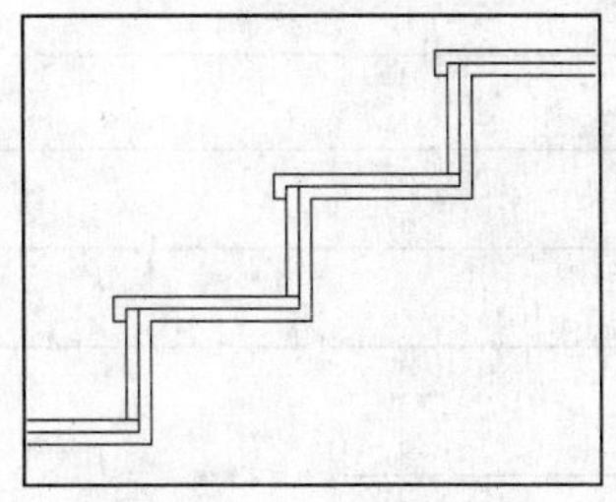

图 16-121　修剪图形

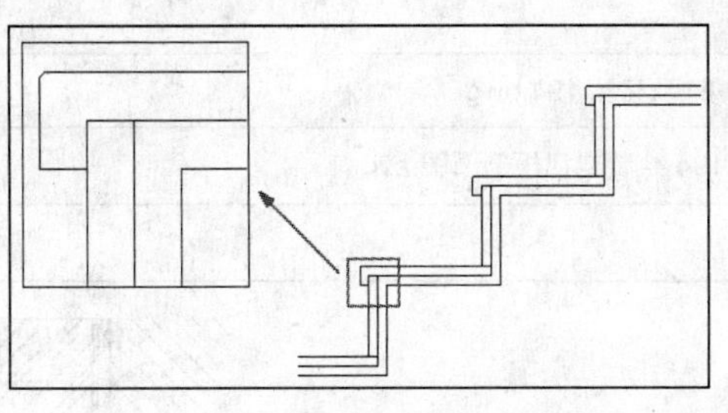

图 16-122　调整台阶板面

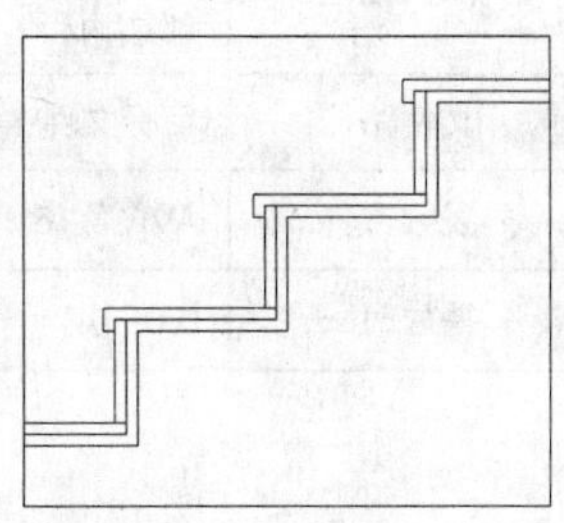

图 16-123　绘制矩形

08 调用 HATCH/H 图案填充命令，对面板填充 ANSI33 图案，效果如图 16-124 所示。

09 调用 HATCH/H 图案填充命令，在面板下方填充 AR-SAND 图案，如图 16-125 所示，最后在台阶下方区域填充 AR-CONC 图案和 ANSI31 图案，效果如图 16-126 所示。

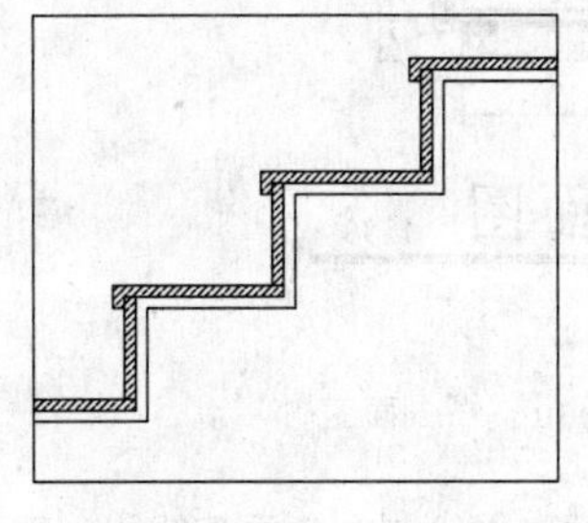

图 16-124　填充图案

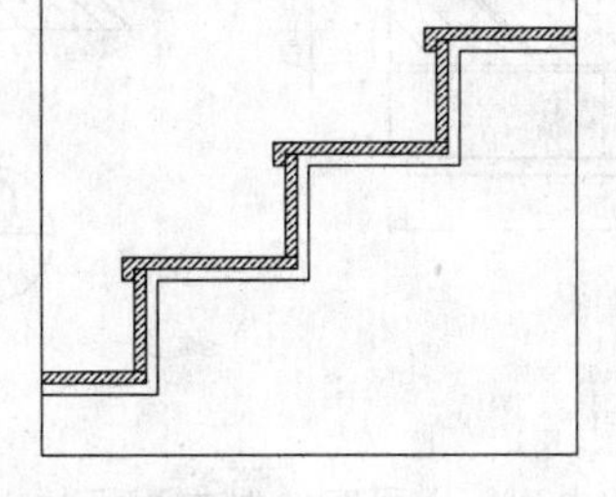

图 16-125　填充图案

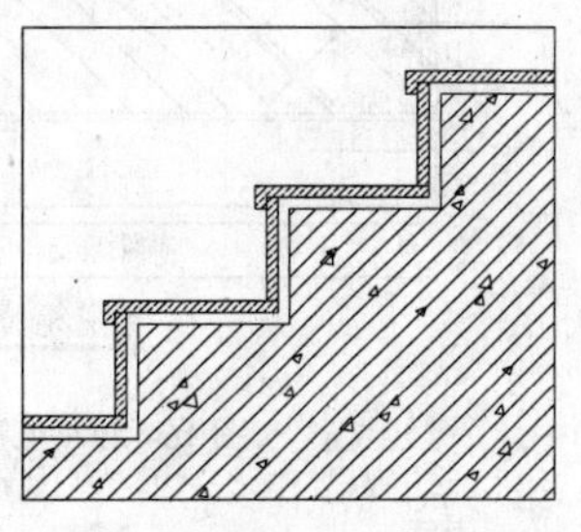

图 16-126　填充图案

10 设置"BZ_标注"图层为当前图层。调用 DIMLINEAR/DLI 线性命令进行尺寸标注，如图 16-127 所示。

11 调用 MLEADER/MLD 多重引线命令，对剖面进行文字标注，如图 16-128 所示。

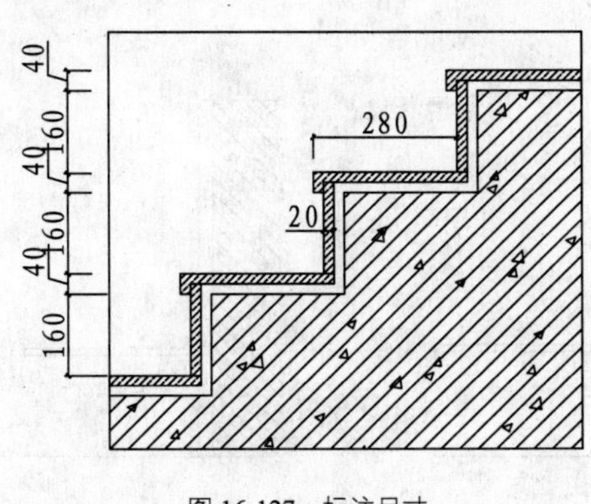

图 16-127　标注尺寸

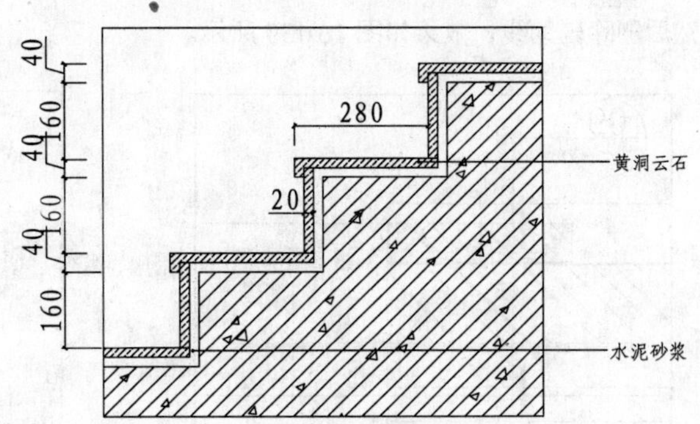

图 16-128　文字说明

12 调用 INSERT/I 插入命令，插入"图名"图块和"剖切索引"图块到剖面图的下方，完成⑧剖面图的绘制。

194 绘制电视柜剖面图

实例描述：	如图 16-129 所示为电视柜立面图，如图 16-130 所示为其09剖面图，该剖面图详细表达了电视柜的内部结构和做法。
文件路径：	目标文件\第 16 章\实例 194.dwg
视频文件：	AVI\第 16 章\194 绘制电视柜剖面图.avi
播放时长：	0:09:07

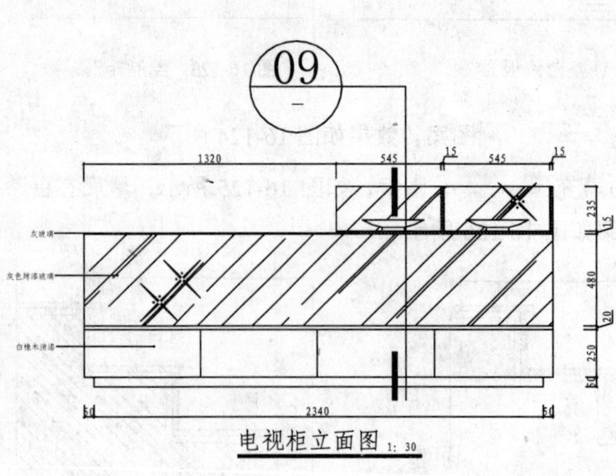

图 16-129 电视柜立面图

09 剖面图 1:30

图 16-130 09剖面图

01 调用 LINE/L 直线命令，根据电视柜立面图绘制电视柜的水平投影线，再绘制一条垂直线段，表示侧面墙体，如图 16-131 所示。

02 调用 OFFSET/O 偏移命令，向右偏移墙体线，偏移距离依次为 240、40 和 510，然后调用 TRIM/TR 修剪命令，修剪出如图 16-132 所示轮廓。

03 绘制墙体剖面图案，调用 HATCH/H 图案填充命令，在墙体填充 AR-CONC 图案和 ANSI31 图案，然后删除辅助线，效果如图 16-133 所示。

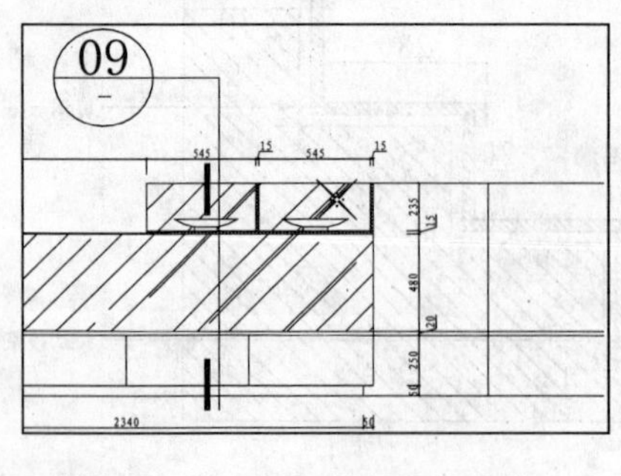

图 16-131 绘制线段

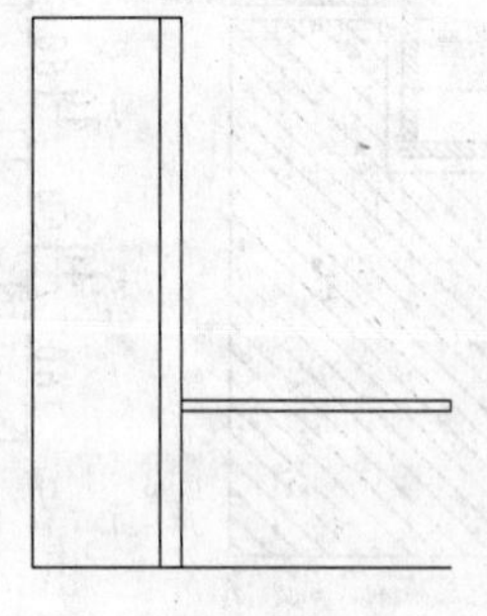

图 16-132 修剪图形

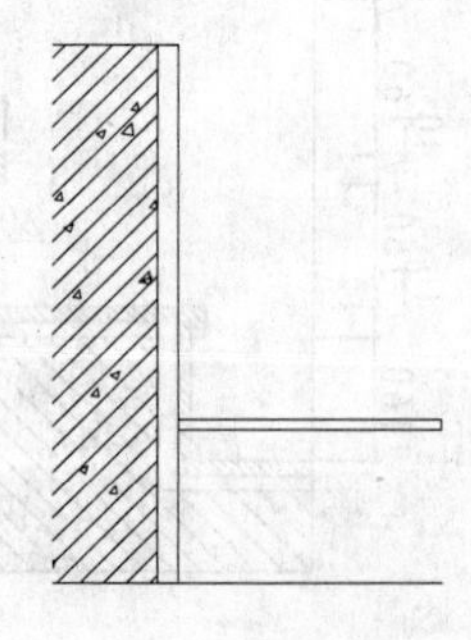

图 16-133 绘制墙体

04 调用 OFFSET/O 偏移命令、LINE/L 直线命令和 RECTANG/REC 矩形命令，得出电视柜剖面轮廓，如图 16-134 所示。

第 4 篇

05 调用 RECTANG/REC 矩形命令和 LINE/L 直线命令，细化电视柜的剖面，如图 16-135 所示。

06 调用 OFFSET/O 偏移命令、RECTANG/REC 矩形命令、LINE/L 直线命令和 COPY/CO 复制命令，绘制木方、玻璃和石膏板，如图 16-136 所示。

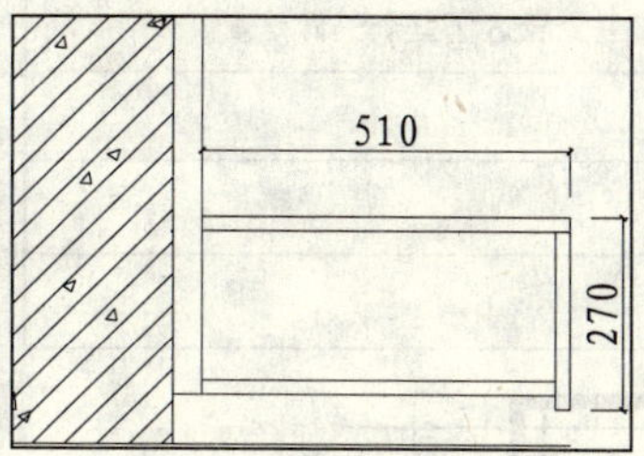

图 16-134　绘制电视柜轮廓

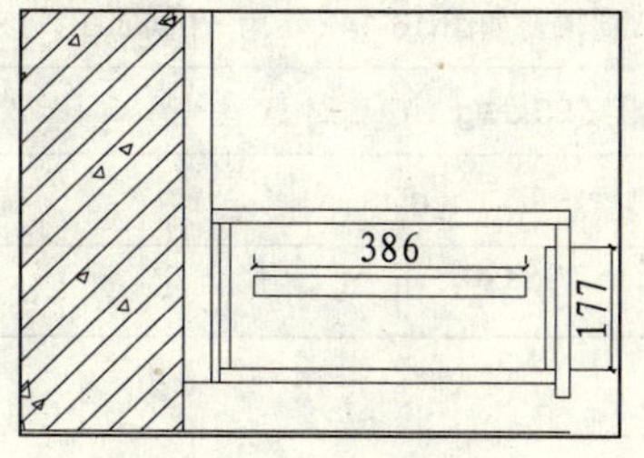

图 16-135　细化电视柜

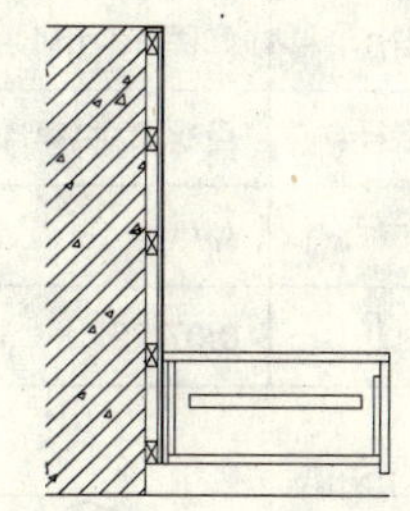

图 16-136　绘制木方、玻璃和石膏板

07 调用 PLINE/PL 多段线命令和 OFFSET/O 偏移命令，绘制电视柜下方图案，效果如图 16-137 所示。

08 调用 PLINE/PL 多段线命令和 HATCH/H 图案填充命令，绘制剖面上方造型图案，效果如图 16-138 所示。

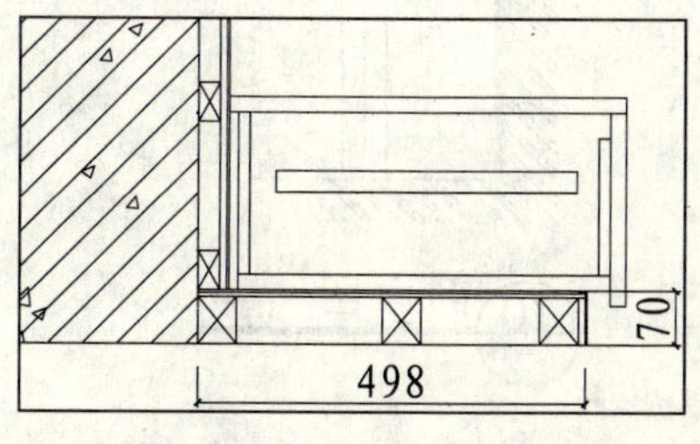

图 16-137　绘制下方图案

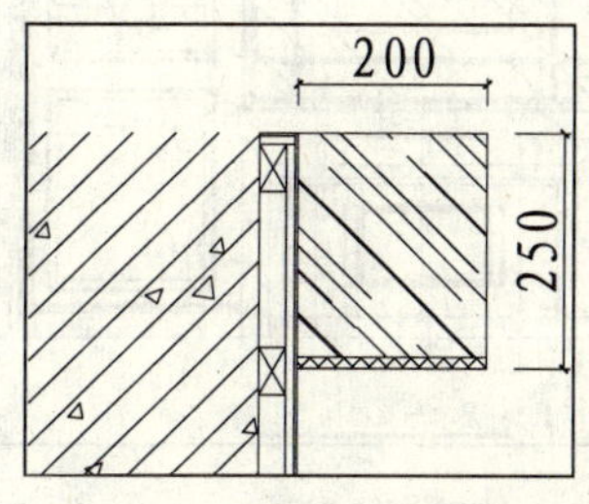

图 16-138　绘制上方造型图案

09 设置“BZ_标注”图层为当前图层。调用 DIMLINEAR/DLI 线性命令进行尺寸标注，如图 16-139 所示。

10 调用 MLEADER/MLD 多重引线命令，对剖面进行文字标注，如图 16-140 所示。

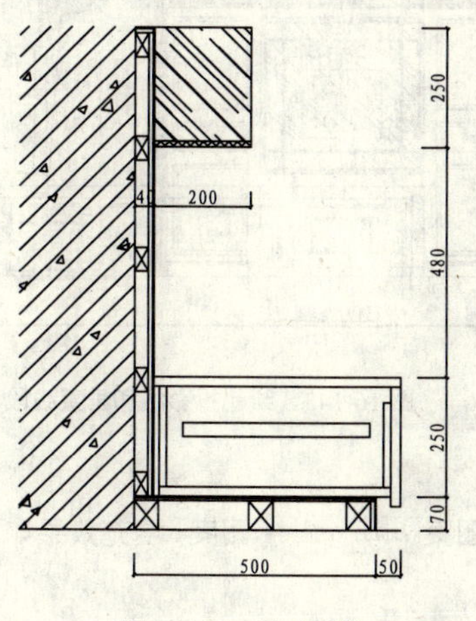

图 16-139　尺寸标注

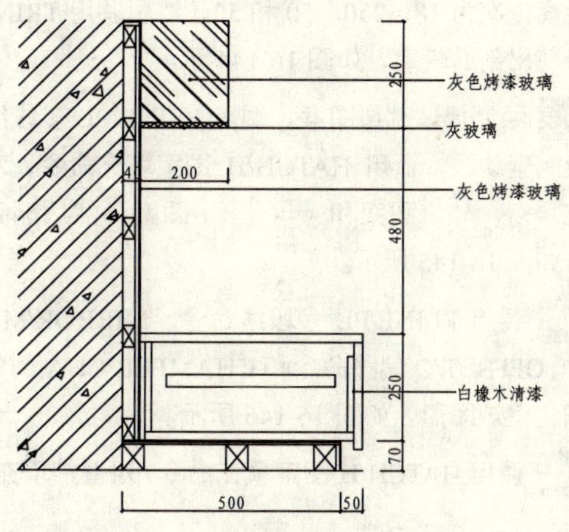

图 16-140　文字标注

11 调用 INSERT/I 插入命令，插入“图名”图块和“剖切索引”图块到剖面图的下方，完成⑨剖面图的绘制。

195 绘制壁炉剖面图

实例描述：	如图 16-141 所示为立面图，如图 16-142 示为⑩剖面图，该剖面图主要表达了壁炉的做法。
文件路径：	目标文件\第 16 章\实例 195.dwg
视频文件：	AVI\第 16 章\195 绘制壁炉剖面图.avi
播放时长：	0:07:26

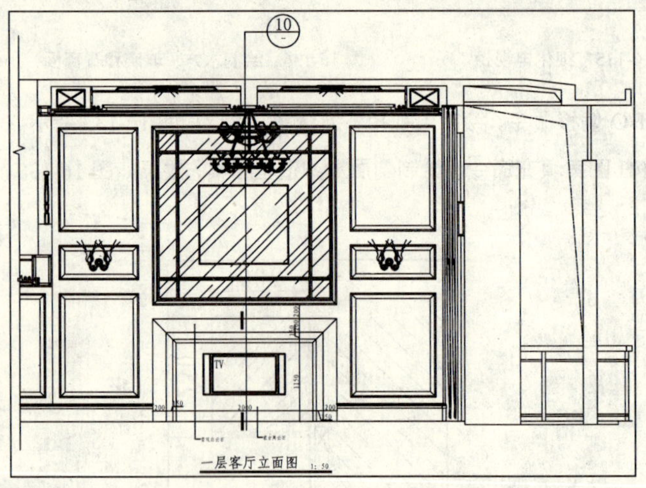

图 16-141 一层客厅立面图

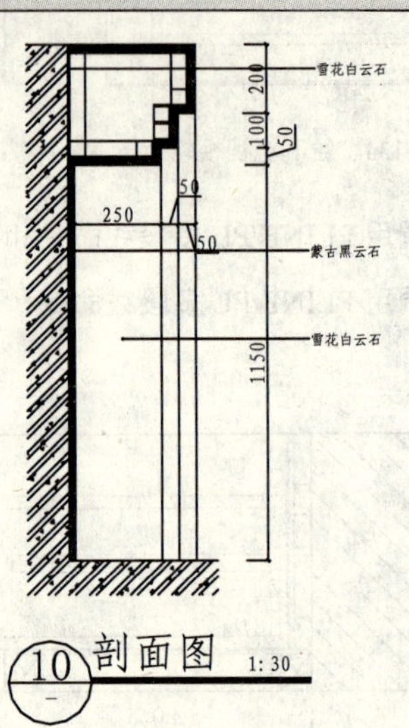

图 16-142 ⑩剖面图

01 调用 LINE/L 直线命令，根据立面图绘制壁炉的水平投影线，再绘制一条垂直线段，表示侧面墙体，如图 16-143 所示。

02 调用 OFFSET/O 偏移命令，向右偏移墙体线，偏移距离依次为 18、250、50 和 50，然后调用 TRIM 命令，修剪出剖面轮廓，如图 16-144 示。

03 绘制墙体剖面图案，调用 PLINE/PL 多段线命令，绘制辅助线，调用 HATCH/H 图案填充命令，对墙体填充 AR-CONC 图案和 ANSI31 图案，然后删除辅助线，如图 16-145 所示。

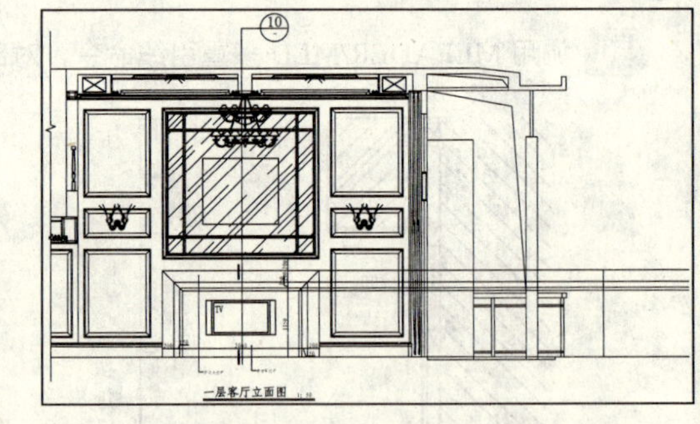

图 16-143 绘制投影线和垂直线段

04 调用 PLINE/PL 多段线命令、MIRROR/MI 镜像命令、OFFSET/O 偏移命令和 CHAMFER/CHA 倒角命令，细化壁炉图形，如图 16-146 所示。

05 调用 HATCH/H 图案填充命令，对壁炉填充 ANSI32 图案 ANSI33 图案，填充效果如图 16-147 所示。

06 设置“BZ_标注”图层为当前图层。调用 DIMLINEAR/DLI 线性命令进行尺寸标注，如图 16-148 所示。

07 调用 MLEADER/MLD 多重引线命令，对剖面进行文字标注，如图 16-149 所示。

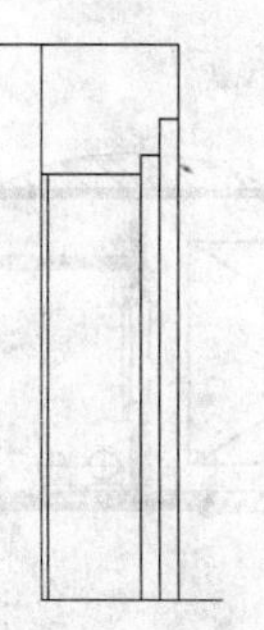
图 16-144 修剪剖面轮廓

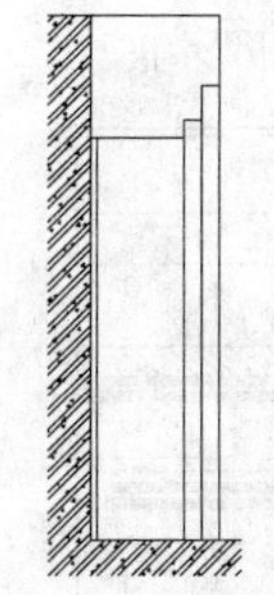
图 16-145 绘制墙体

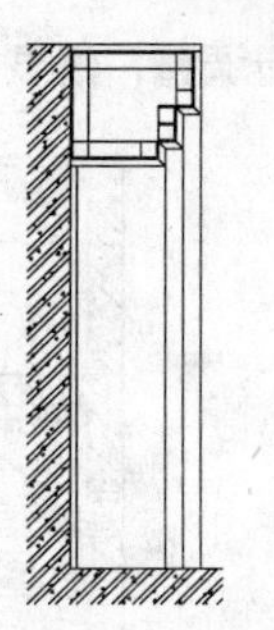
图 16-146 细化壁炉图形

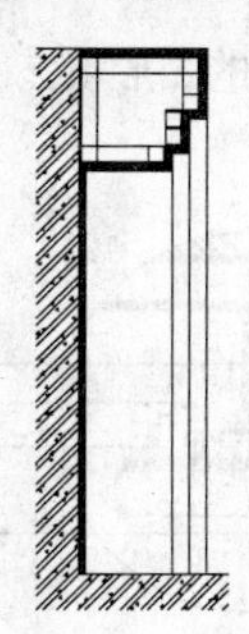
图 16-147 填充图案

08 调用 INSERT/I 插入命令，插入“图名”图块和“剖切索引”图块到剖面图的下方，完成⑩剖面图的绘制。

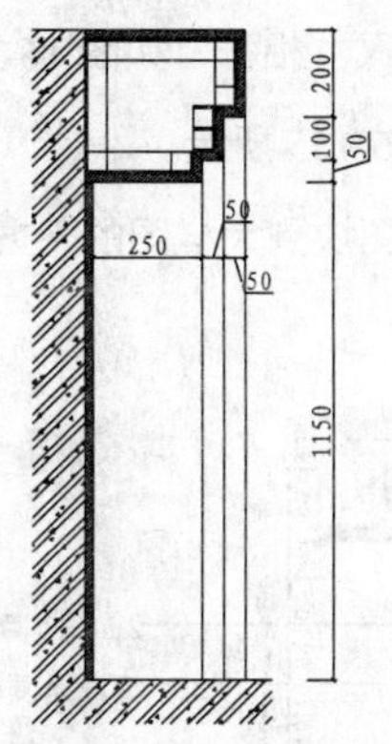

图 16-148 尺寸标注

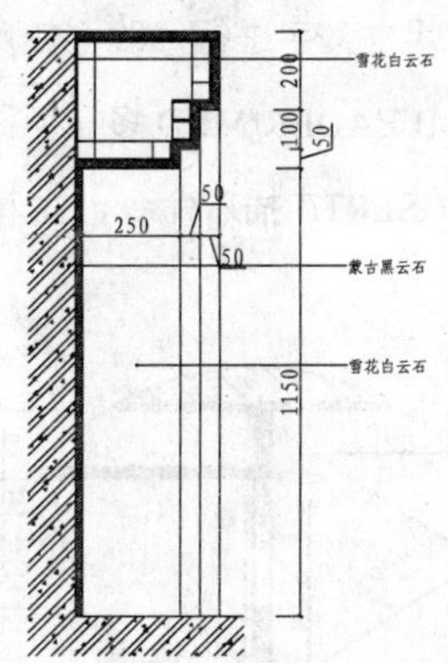

图 16-149 文字标注

196 绘制空调风口大样图

实例描述：	如图 16-150 所示为客厅天花剖面图，如图 16-151 示为空调风口大样图，该大样图主要表达了空调风口的做法。
文件路径：	目标文件\第 16 章\实例 196.dwg
视频文件：	AVI\第 16 章\196 绘制空调风口大样图.avi
播放时长：	0:05:24

01 调用 CIRCLE/C 圆命令，绘制圆框住需要放大的图形区域，并插入剖切索引符号，如图 16-152 所示。

02 调用 COPY/CO 复制命令，将圆及被圆框住的图形复制到一侧，调用 SCALE/SC 缩放命令，将大样图放大，并修剪掉多余的部分。调用 HATCH/H 图案填充命令，

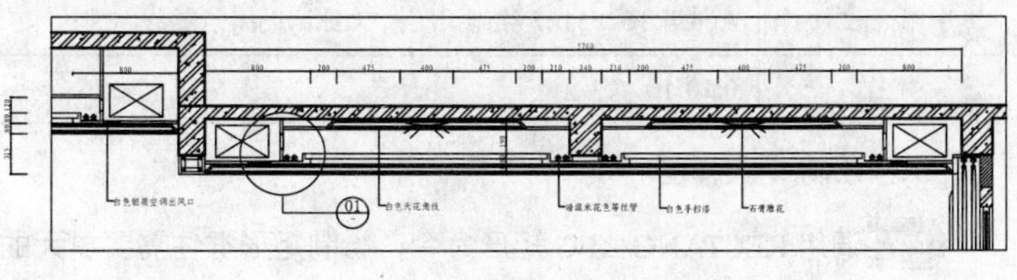

图 16-150 客厅天花剖面图

对修剪后的图形填充图案，并进行调整，效果如图 16-153 所示。

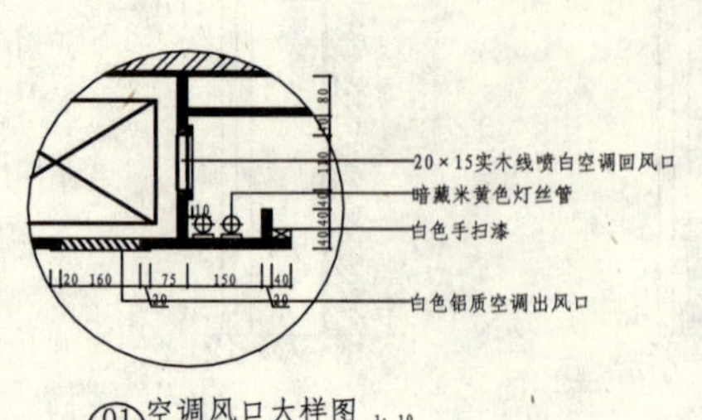

图 16-151　空调风口大样图

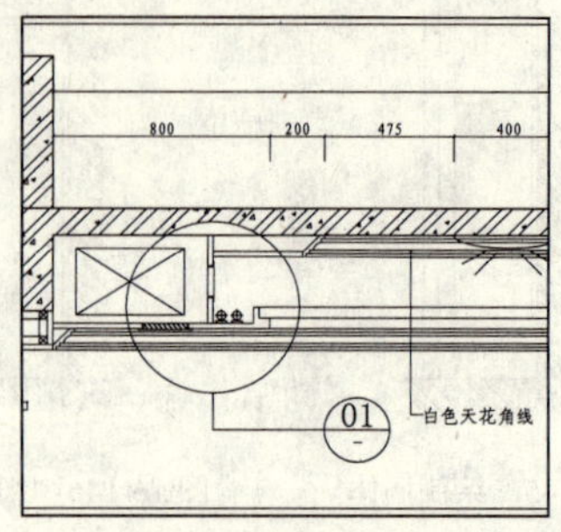

图 16-152　插入剖切符号

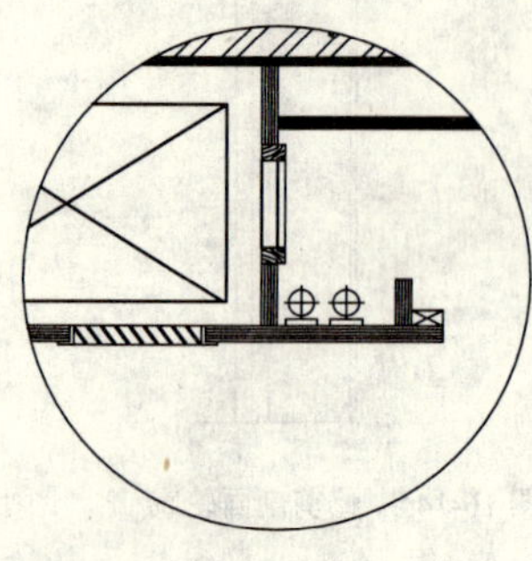

图 16-153　绘制圆

03 调用 DIMLINEAR/DLI 线性命令标注尺寸，由于大样图进行了缩放，标注的尺寸会与原尺寸有差别，因此需要对尺寸文字进行修改（使用 DDEDIT 命令），使其与实际尺寸相符，如图 16-154 所示。

04 调用 MLEADER/MLD 多重引线命令，进行材料说明，如图 16-155 所示。

05 调用 INSERT/I 插入命令，插入“图名”图块和“剖切索引”图块到大样图的下方，完成大样图的绘制。

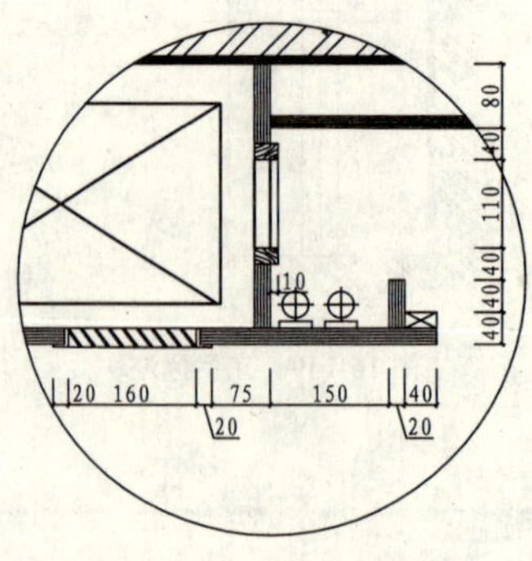

图 16-154　尺寸标注

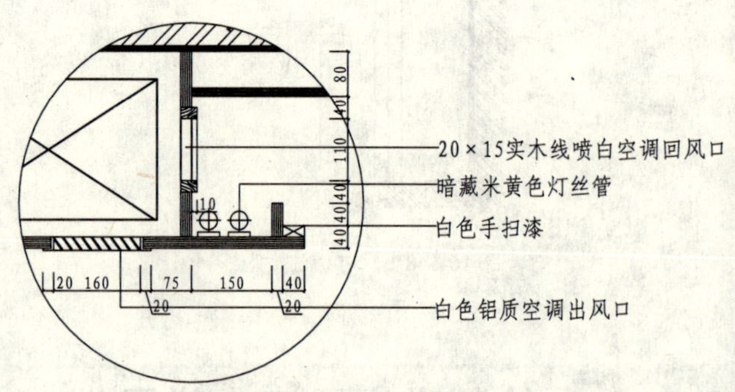

图 16-155　材料说明

197 绘制天花大样图

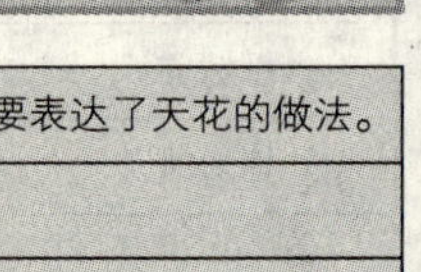

实例描述：	如图 16-156 所示为天花剖面图，如图 16-157 和图 16-158 示为大样图，该大样图主要表达了天花的做法。
文件路径：	目标文件\第 16 章\实例 197.dwg
视频文件：	AVI\第 16 章\197 绘制天花大样图.avi
播放时长：	0:10:10

1. 绘制Ⓐ大样图

01 调用 RECTANG/REC 矩形命令，绘制矩形框住需要放大的图形区域，将矩形设置为虚线，然后插入剖切索引符号，如图 16-159 所示。

02 调用 COPY/CO 复制命令，将圆及被圆框住的图形复制到一侧，调用 SCALE/SC 缩放命令，将大样图放大，并修剪掉多余的线段，如图 16-160 所示。

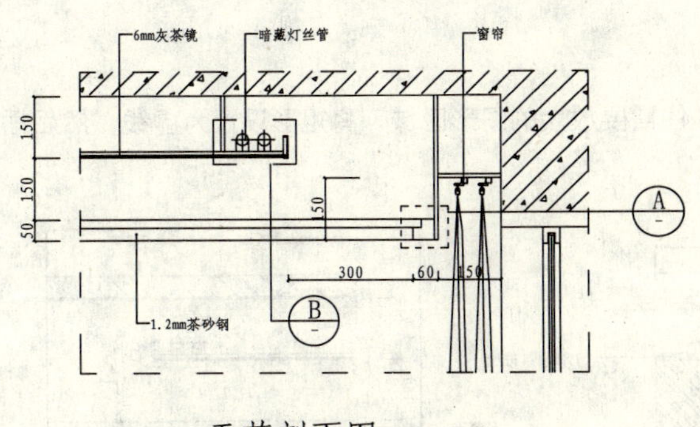

图 16-156　天花剖面图

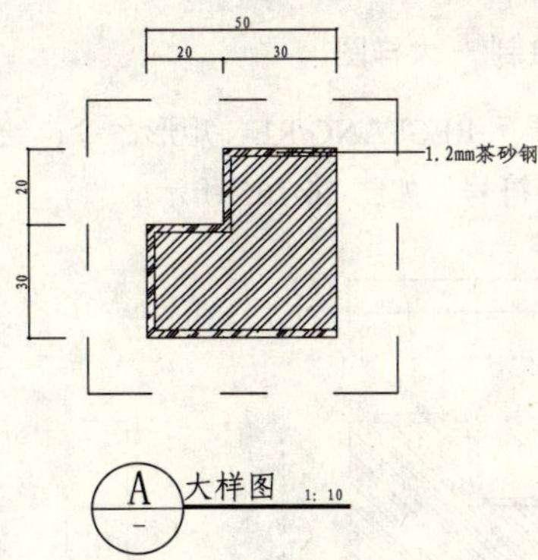

图 16-157　Ⓐ大样图

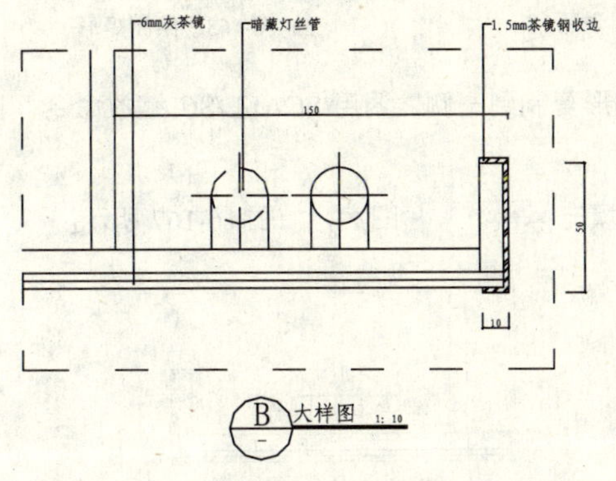

图 16-158　Ⓑ大样图

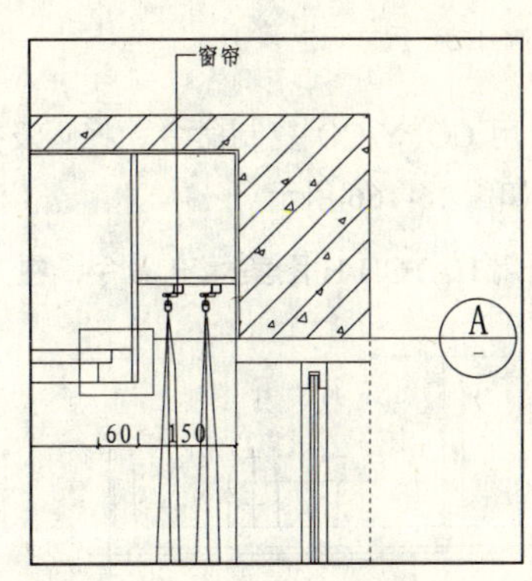

图 16-159　绘制矩形

03 调用 PLINE/PL 多段线命令，绘制多段线表示面板，如图 16-161 所示。

04 调用 HATCH/H 图案填充命令，在面板填充 AR-RROOF 图案，在面板的下方填充 STEEL 图案，如图 16-162 所示。

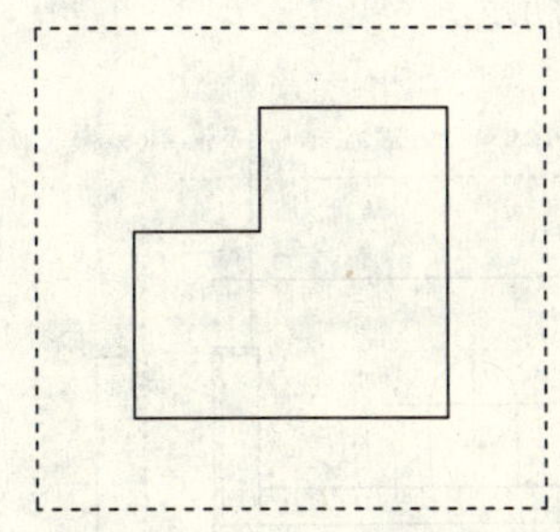

图 16-160　放大图形

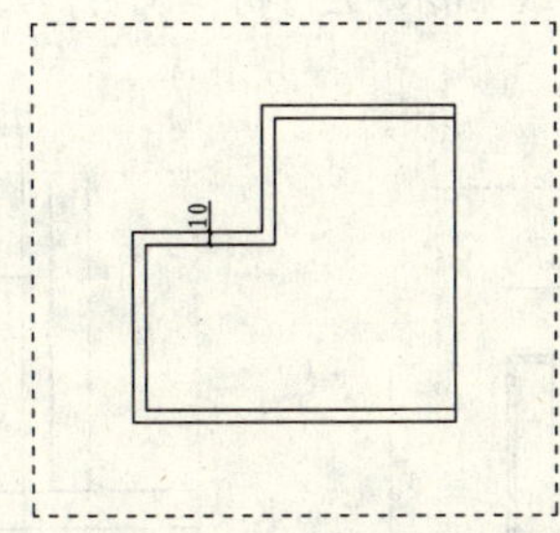

图 16-161　绘制面板

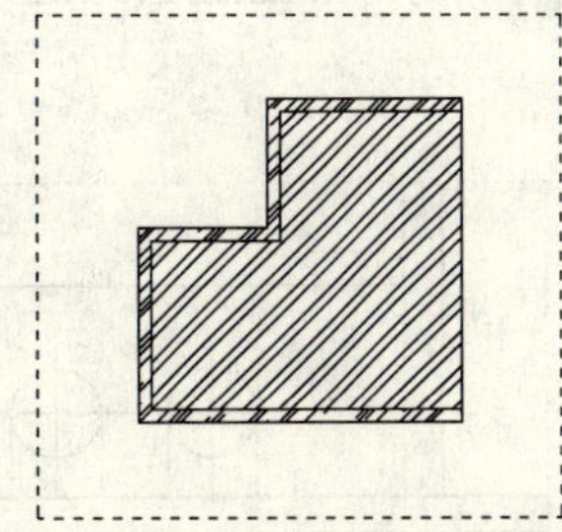

图 16-162　填充图案

05 调用 DIMLINEAR/DLI 线性命令标注尺寸，由于大样图进行了缩放，标注的尺寸会与原尺寸有差别，因此需要对尺寸文字进行修改（使用 DDEDIT 命令），使其与实际尺寸相符，如图 16-163 所示。

06 调用 MLEADER/MLD 多重引线命令，进行材料说明，如图 16-164 所示。

07 调用 INSERT/I 命令，插入“图名”图块和“剖切索引”图块到大样图的下方，完成Ⓐ大样图的绘制。

2. 绘制(B)大样图

01 调用 RECTANG/REC 矩形命令，绘制矩形框住需要放大的图形区域，将矩形设置为虚线，然后插入剖切索引符号，如图 16-165 所示。

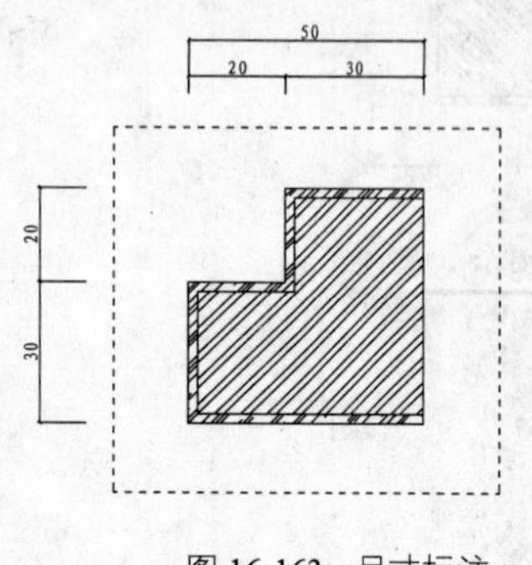

图 16-163　尺寸标注

图 16-164　材料说明

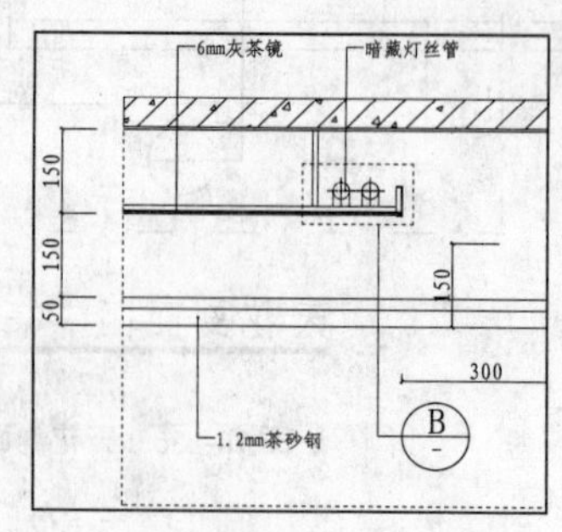

图 16-165　绘制矩形

02 调用 COPY/CO 复制命令，将圆及被圆框住的图形复制到一侧，调用 SCALE/SC 缩放命令，将大样图放大，如图 16-166 所示。

03 调用 HATCH/H 图案填充命令，在茶镜收边位置填充 AR-RROOF 图案，如图 16-167 所示。

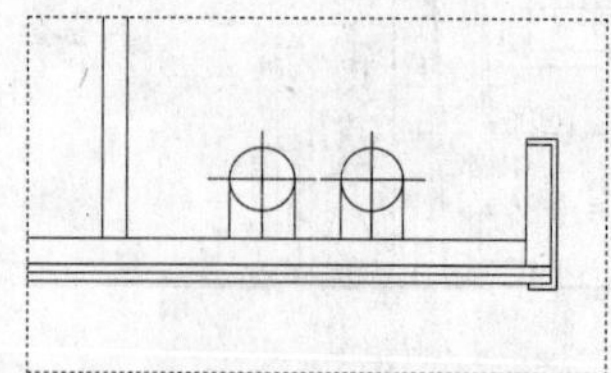

图 16-166　放大图形

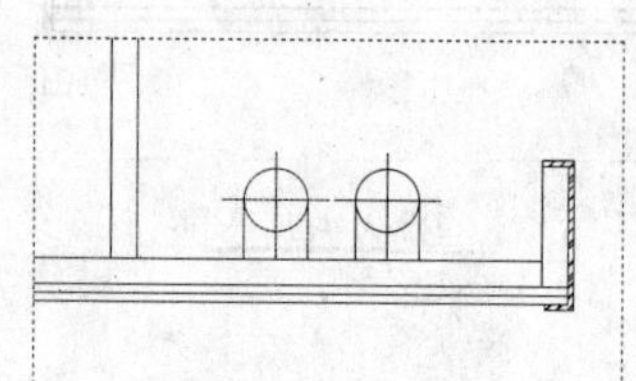

图 16-167　填充图案

04 调用 DIMLINEAR/DLI 线性命令标注尺寸，由于大样图进行了缩放，标注的尺寸会与原尺寸有差别，因此需要对尺寸文字进行修改（使用 DDEDIT 命令），使其与实际尺寸相符，如图 16-168 所示。

05 调用 MLEADER/MLD 多重引线命令，进行材料说明，如图 16-169 所示。

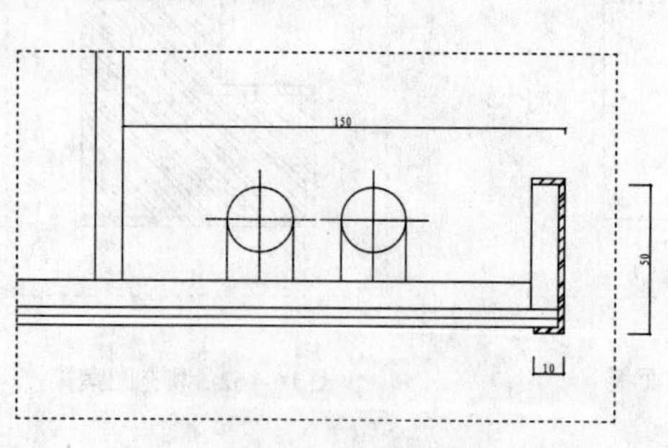

图 16-168　尺寸标注

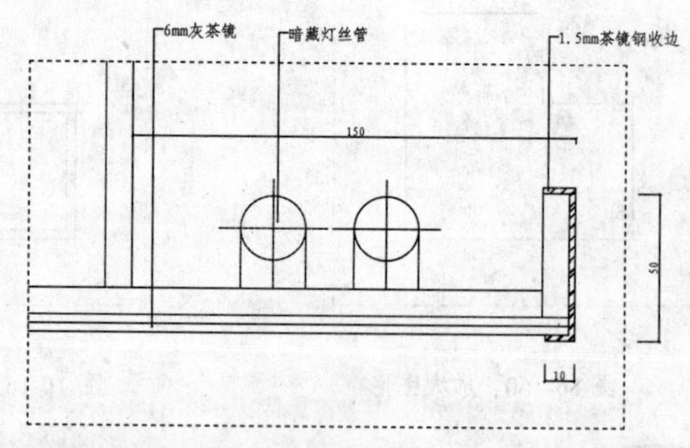

图 16-169　材料说明

06 调用 INSERT/I 插入命令，插入“图名”图块和“剖切索引”图块到大样图的下方，完成(B)大样图的绘制。

第4篇

第 5 篇　三维和打印输出篇

第 17 章

绘制家具三维模型

AutoCAD 2012 不仅具有强大的二维绘图功能，而且还具备强大的三维绘图功能。本章通过茶几、沙发、床、床头柜、衣柜和椅子等家具三维模型实例，介绍 AutoCAD 2012 三维模型的创建方法。

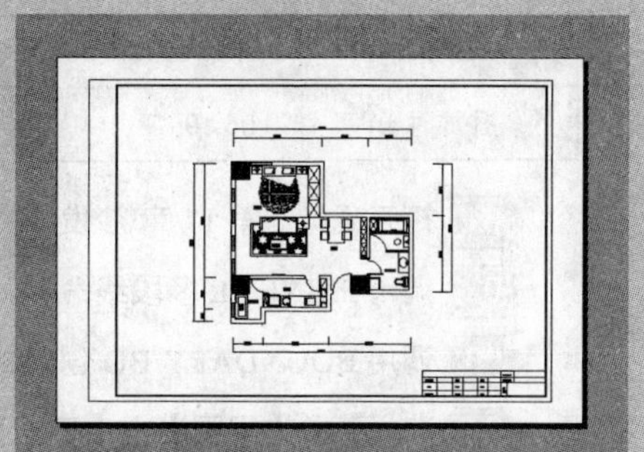

198 茶几模型

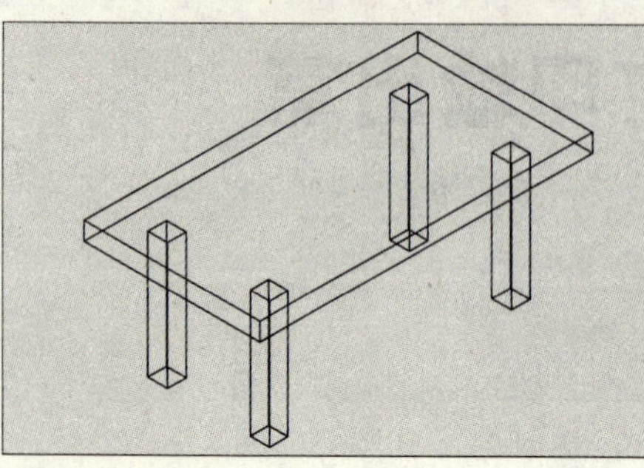

本实例讲解茶几三维造型的绘制方法，完成的效果如左图所示。

文件路径:	目标文件\第 17 章\实例 198.dwg
视频文件:	AVI\第 17 章\198 创建茶几模型.avi
播放时长:	0:02:25

01 选择菜单【绘图】|【建模】|【长方体】命令，或单击【建模】工具栏中的按钮，创建一个长为 912，宽为 480，高度为 50 的长方体，如图 17-1 所示。

02 选择菜单【视图】|【三维视图】|【西南等轴测】命令，将当前视图切换为西南等轴测视图，结果如图 17-2 所示。

03 选择菜单【绘图】|【建模】|【长方体】命令，在茶几桌面上绘制四个长度为 50×50，高度为 350 的长方体，如图 17-3 所示。

04 调整位置。选择菜单【修改】|【移动】命令，将支撑结构移动到桌面合适的位置，完成茶几的绘制。

图 17-1 创建长方体

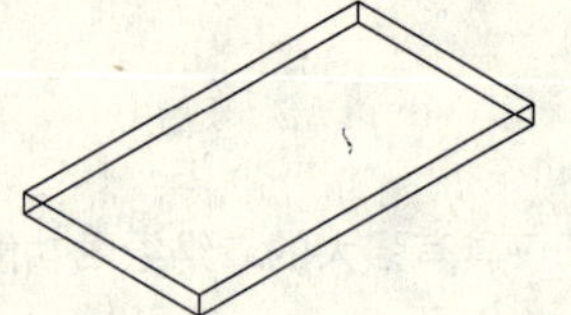

图 17-2 切换视图

图 17-3 绘制支撑结构

199 沙发模型

实例描述:	如图 17-4 所示为沙发侧视尺寸图，如图 17-5 所示为沙发模型创建完成效果。
文件路径:	目标文件\第 17 章\实例 199.dwg
视频文件:	AVI\第 17 章\199 创建沙发模型.avi
播放时长:	0:05:19

01 打开光盘“第 17 章\沙发”文件。

02 调用 PLINE/PL 多段线命令，绘制多段线。

03 调用 BOUNDARY/BO 创建封闭边界命令，利用“拾取点”建立多段线的边界，产生新的多段线。

04 选择菜单【视图】|【三维视图】|【西南等轴测】命令，将当前视图切换为西南等轴测视图，结果如图 17-6 所示。

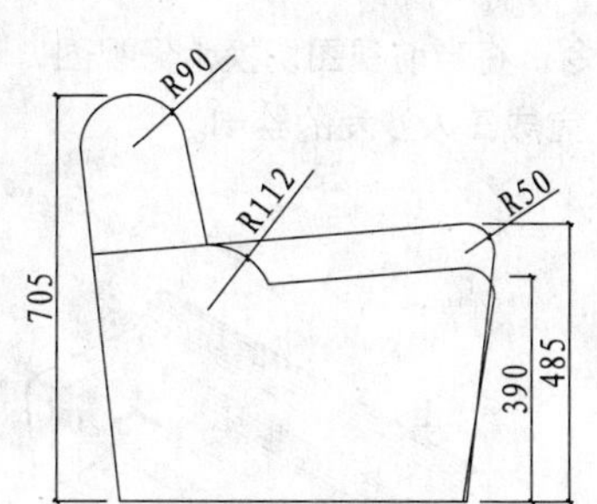

图 17-4 沙发侧视图

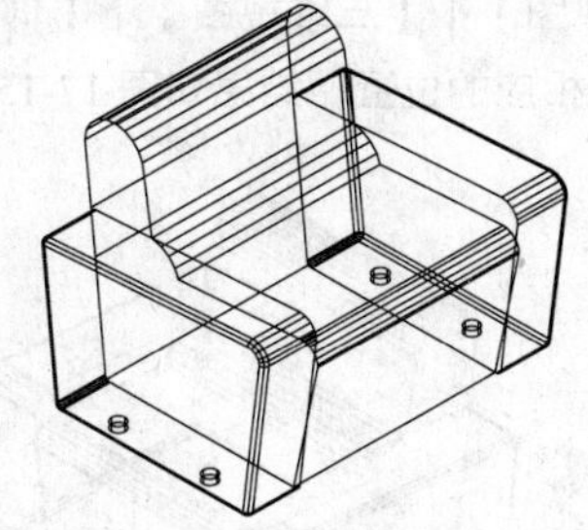

图 17-5 完成图

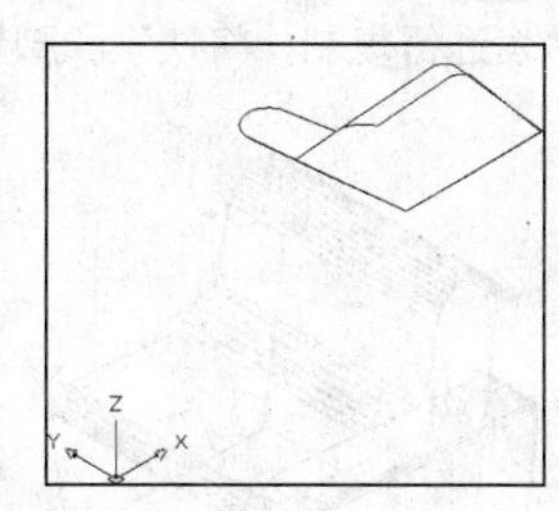

图 17-6 切换视图

05 调用 EXTRUDE 命令，对沙发扶手进行拉伸，拉伸高度为 160，如图 17-7 所示。

06 调用 EXTRUDE 命令，对椅背进行拉伸，拉伸的高度为-620，如图 17-8 所示。

07 调用 ROTATE3D 命令，将绘制的图形旋转至正确位置，效果如图 17-9 所示。

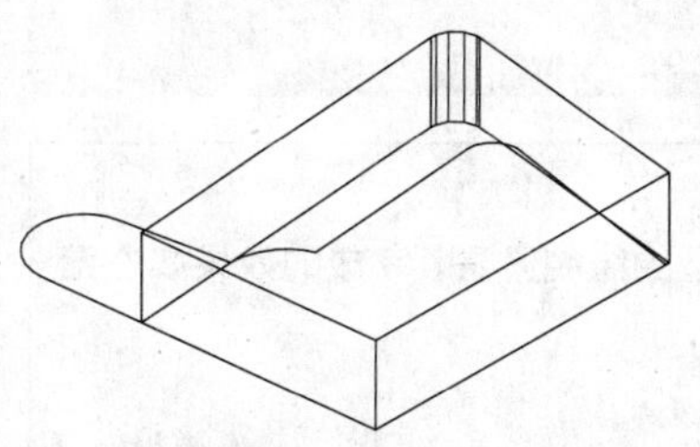

图 17-7 拉伸扶手

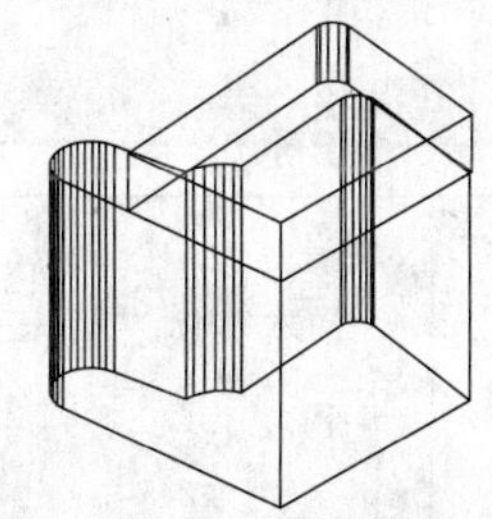

图 17-8 拉伸椅背

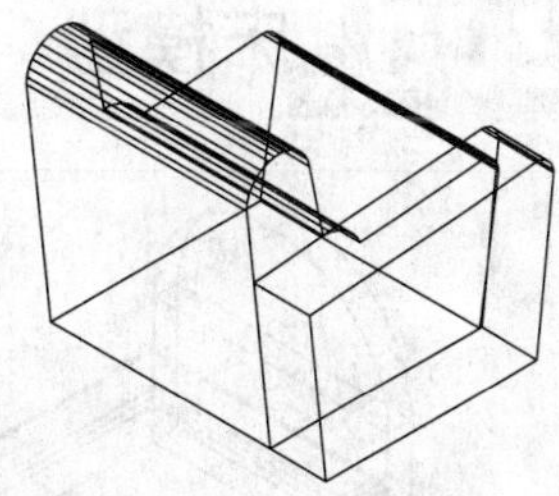

图 17-9 三维旋转

08 调用 ROTATE/RO 旋转命令，再将图形旋转-90，如图 17-10 所示。

09 调用 CYLINDER 命令，绘制圆柱体，表示脚垫，并复制到其他位置，如图 17-11 所示。

10 选择菜单【视图】|【三维视图】|【左视】命令，将当前视图切换为左视图，将脚垫移动到相应的位置，结果如图 17-12 所示。

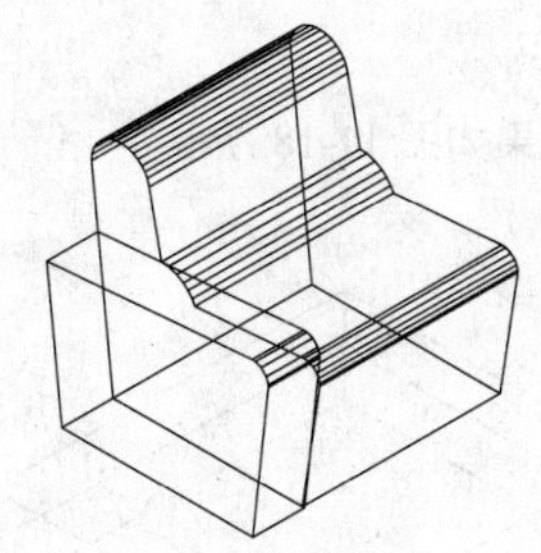

图 17-10 旋转

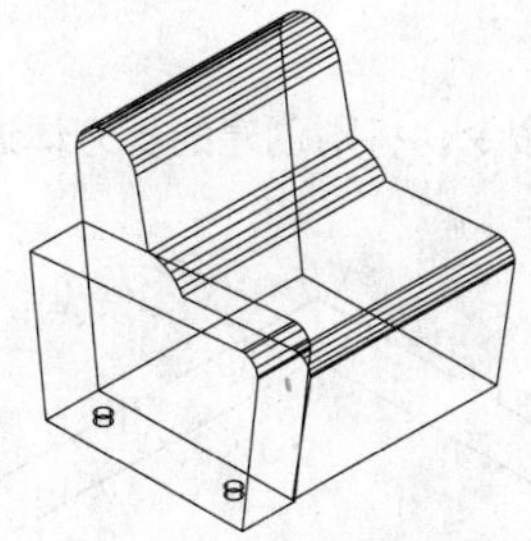

图 17-11 绘制脚垫

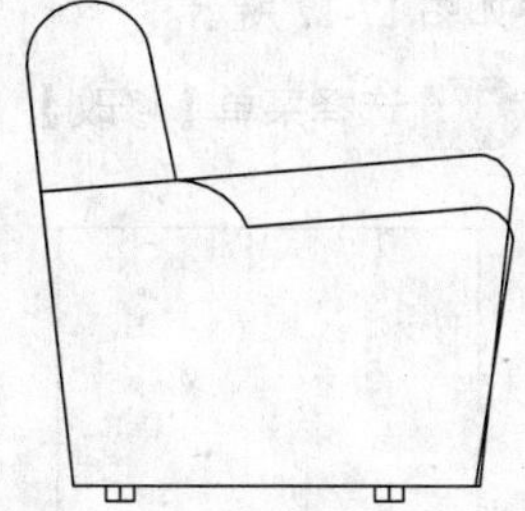

图 17-12 移动脚垫

11 选择菜单【视图】|【三维视图】|【西南等轴测】命令，将当前视图切换为西南等轴测视图。

12 调用 COPY/CO 复制命令，将当前的图形复制一份，以方便后面绘制三人沙发。

13 调用 FILLET/F 圆角命令，对沙发的扶手进行圆角，如图 17-13 所示，完成单人沙发的绘制。

14 调用 MIRROR3D 命令，将沙发的脚垫和扶手镜像到另一侧，效果如图 17-14 所示，完成单人沙发的绘制。

15 绘制三人沙发。选择菜单【视图】|【三维视图】|【仰视】命令，将当前视图切换为仰视图，对沙发进行复制，将扶手和脚垫移动到相应的位置，结果如图 17-15 所示，完成三人沙发的绘制。

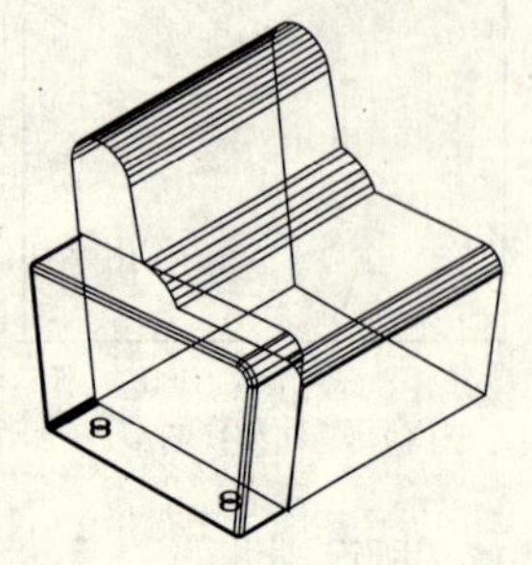
图 17-13　圆角

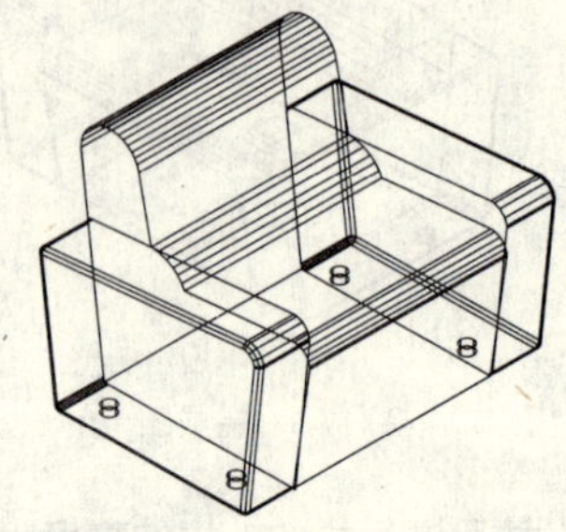
图 17-14　镜像脚垫和扶手

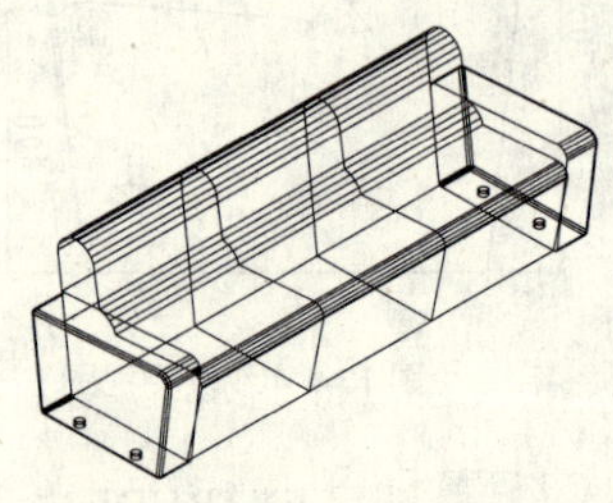
图 17-15　三人沙发

200 床模型

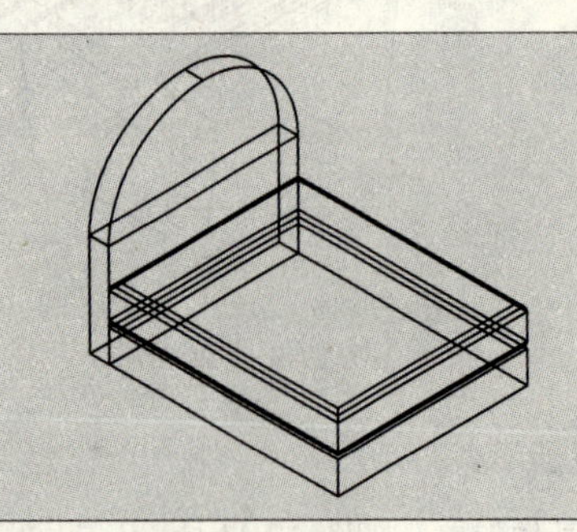

本实例讲解床三维造型的绘制方法，完成的效果如左图所示。

文件路径：	目标文件\第 17 章\实例 200.dwg
视频文件：	AVI\第 17 章\200 创建床模型.avi
播放时长：	0:02:25

01 选择菜单【绘图】|【建模】|【长方体】命令，或单击【建模】工具栏中的按钮，激活【长方体】命令，创建尺寸为 1800×1500，高度为 250 的长方体，如图 17-16 所示。

02 选择菜单【视图】|【三维视图】|【西南等轴测】命令，将当前视图切换为西南等轴测视图，结果如图 17-17 所示。

03 选择菜单【修改】|【复制】命令，将刚创建的长方体进行复制，结果如图 17-18 所示。

图 17-16　创建长方体

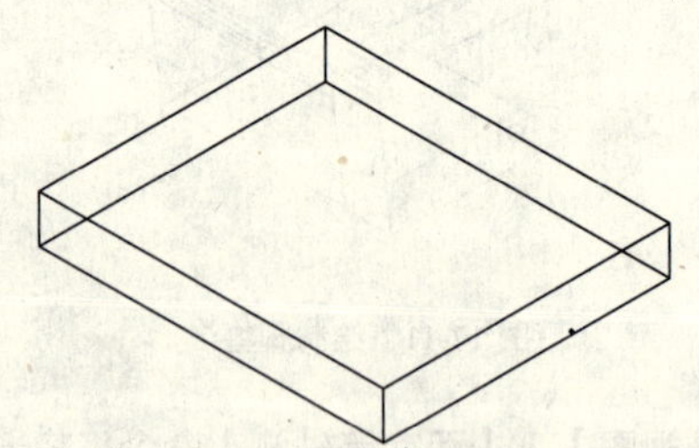
图 17-17　切换视图

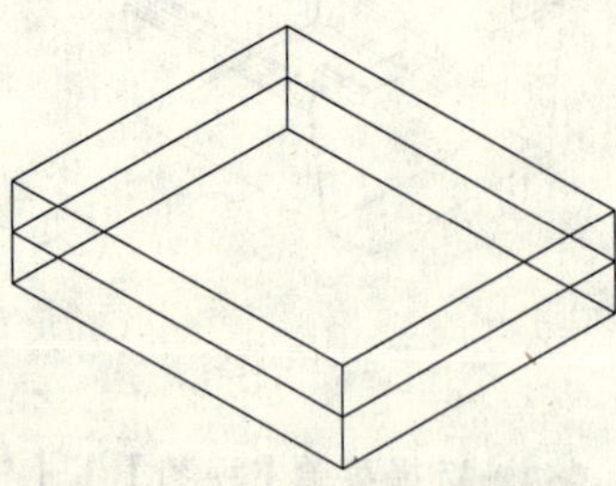
图 17-18　复制长方体

04 在无命令执行的前提下选择复制的长方体，使其呈现夹点显示，如图 17-19 所示。

05 单击最上侧的小三角夹点，进入夹点拉伸模式，然后垂直向下移动光标，输入“50”，按空格键，对其进行夹点拉伸，将长方体厚度减少 50，结果如图 17-20 所示。

06 单击【修改】菜单中的【圆角】命令，对夹点拉伸后的长方体进行圆角处理，如图 17-21 所示。

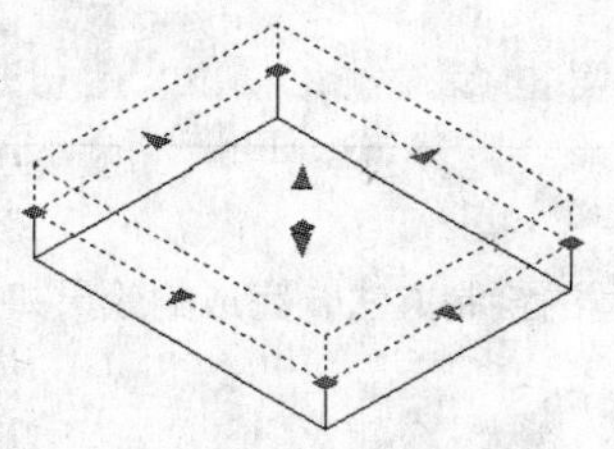
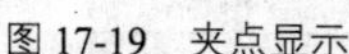
图 17-19　夹点显示

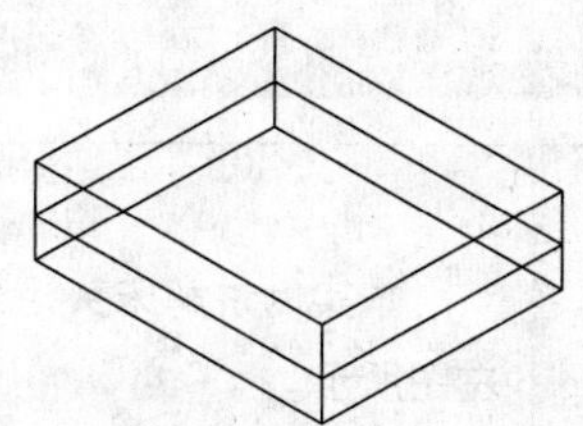
图 17-20　夹点拉伸

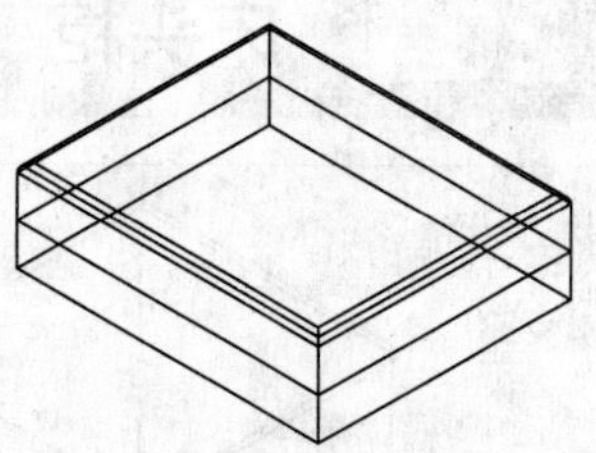
图 17-21　圆角结果

07 重复执行【圆角】命令，分别选择下底面的棱边，如图 17-22 所示。对其进行圆角操作，结果如图 17-23 所示。

08 选择菜单【绘图】|【建模】|【长方体】命令，配合端点捕捉功能，创建尺寸为 1500×120，高度为 800 的长方体，如图 17-24 所示。

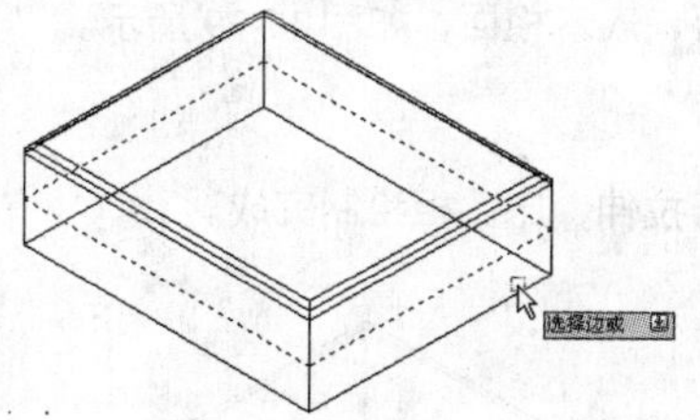

图 17-22　选择下底面方体棱边

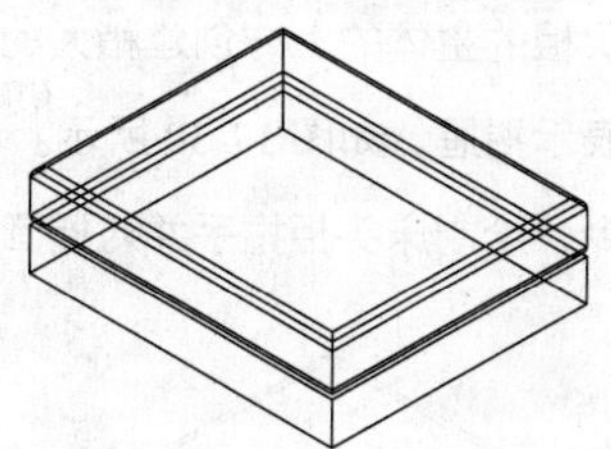
图 17-23　圆角结果

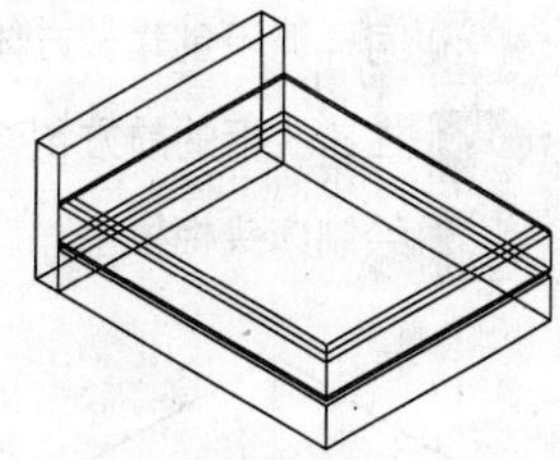
图 17-24　创建结果

09 选择菜单【工具】|【新建 UCS】|【X】命令，将当前坐标系统绕 X 轴旋转 90°，结果如图 17-25 所示，以方便创建下面的模型。

10 选择菜单【绘图】|【建模】|【圆柱体】命令，或单击【建模】工具栏中的按钮，创建圆柱体造型，如图 17-26 所示。

11 选择菜单【修改】|【三维操作】|【剖切】命令，对刚才创建的圆柱体进行剖切，如图 17-27 所示。床模型创建完成。

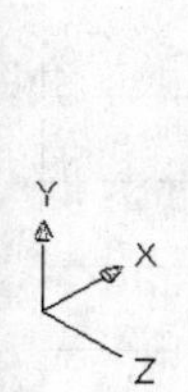

图 17-25　旋转坐标系

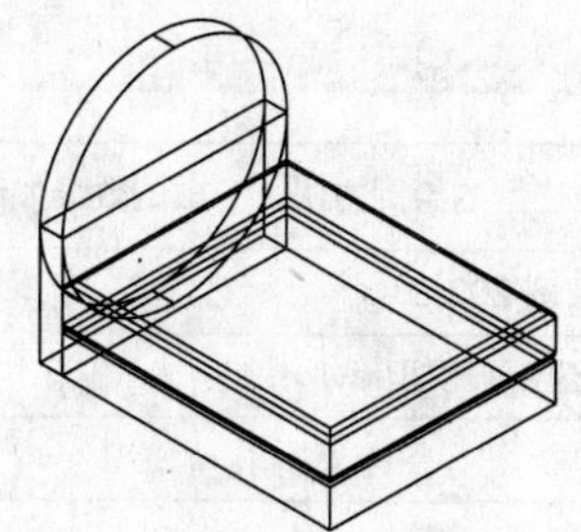
图 17-26　创建结果

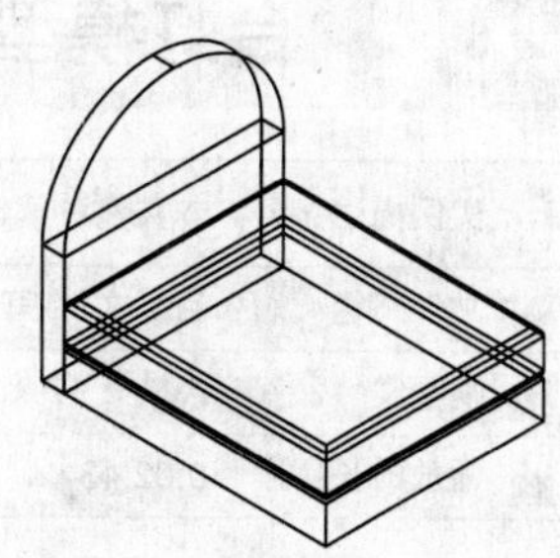
图 17-27　剖切结果

201 床头柜

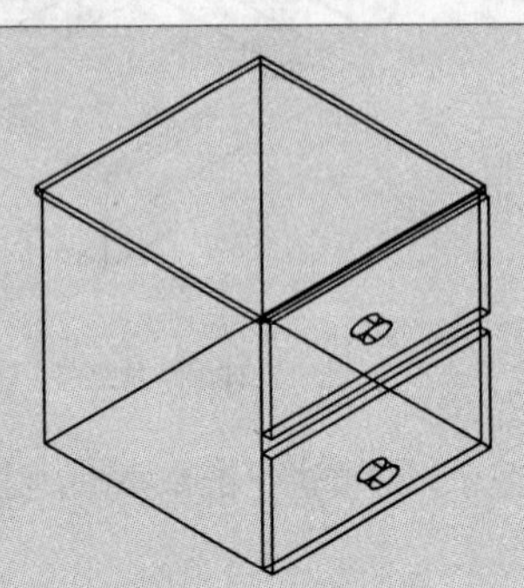

本实例讲解床头柜三维造型的绘制方法，完成的效果如左图所示。

文件路径:	目标文件\第 17 章\实例 201.dwg
视频文件:	AVI\第 17 章\201 创建床头柜.avi
播放时长:	0:02:15

01 选择菜单【绘图】|【建模】|【长方体】命令，创建床头柜主体，床头柜的尺寸为 350×350，高度为 300，如图 17-28 所示。

02 同样调用创建长方体命令在床头柜的主体的上方创建稍大的面板，表示柜面，如图 17-29 所示。

03 在床头柜的前方创建两块面板表示抽屉，如图 17-30 所示。

04 绘制床头柜拉手。调用椭圆命令，绘制床头柜拉手并对椭圆进行拉伸，床头柜绘制完成。

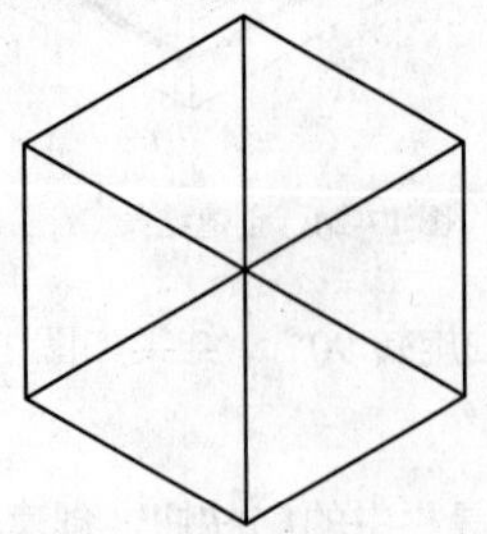

图 17-28 创建长方体

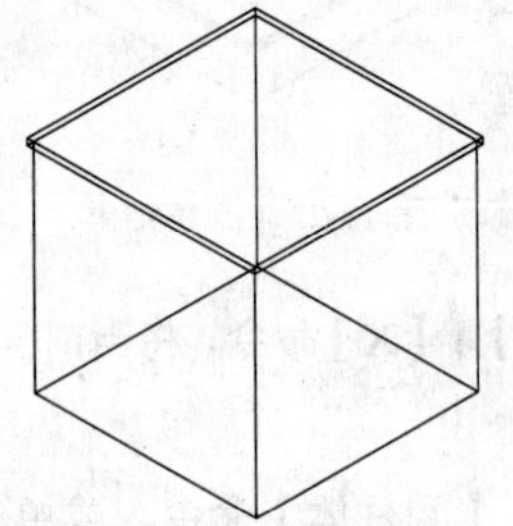

图 17-29 创建面板

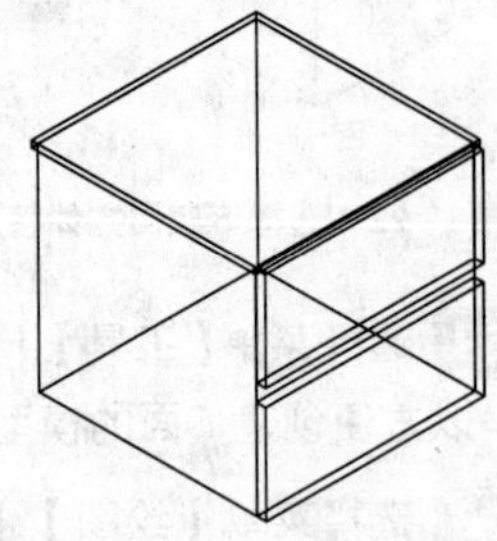

图 17-30 绘制抽屉

202 台灯模型

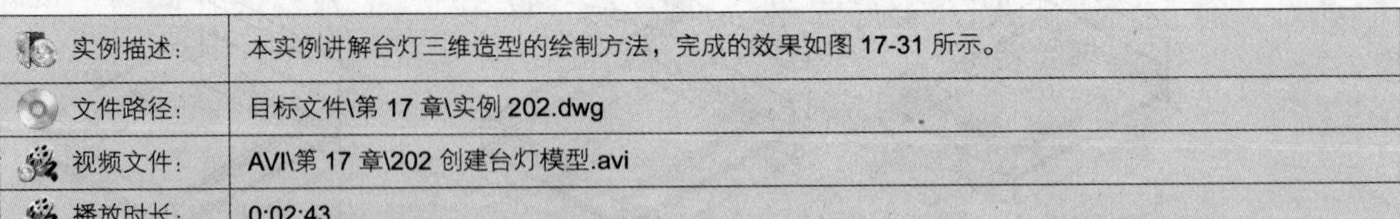

实例描述:	本实例讲解台灯三维造型的绘制方法，完成的效果如图 17-31 所示。
文件路径:	目标文件\第 17 章\实例 202.dwg
视频文件:	AVI\第 17 章\202 创建台灯模型.avi
播放时长:	0:02:43

01 打开光盘中“第 17 章/台灯.dwg”，如图 17-32 所示。在命令行中分别输入“Surftab1”和“Surftab2”，把当前的 Surftab 的值都设置为 45。

技 巧：“Surftab1”和“Surftab2”控制着曲面模型的光滑程度，其值越大，所生成曲面模型的表面就越光滑，其值越小，所生成的曲面模型的表面就越粗糙。

02 单击【绘图】|【建模】|【网格】|【旋转网格】命令，分别选取轮廓线和旋转轴，设置旋转角度为 180°，创建如图 17-33 所示模型。

图 17-31　台灯模型

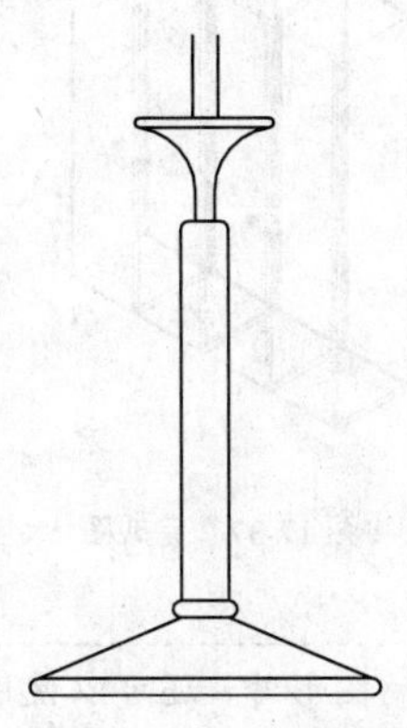

图 17-32　打开图形

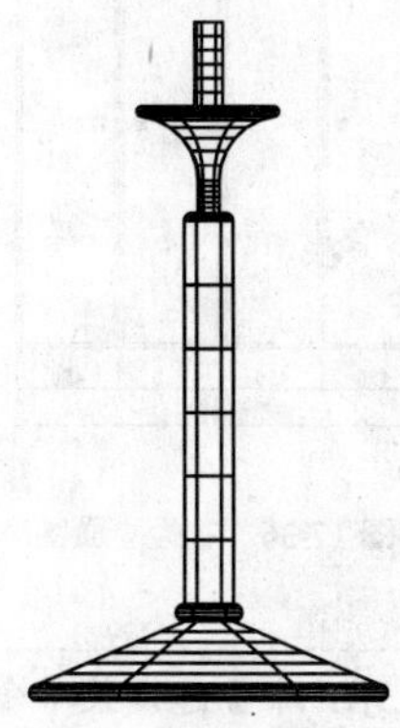

图 17-33　创建旋转网格模型

03 绘制两个半径分别为 120 和 60 的同心圆，并将大圆沿 Z 轴方向移动 150 个绘图单位，如图 17-34 所示。

04 选择菜单【绘图】|【建模】|【网格】|【直纹网格】命令，创建如图 17-35 所示的灯罩模型。

05 对创建的图形进行移动，组合得到台灯模型。

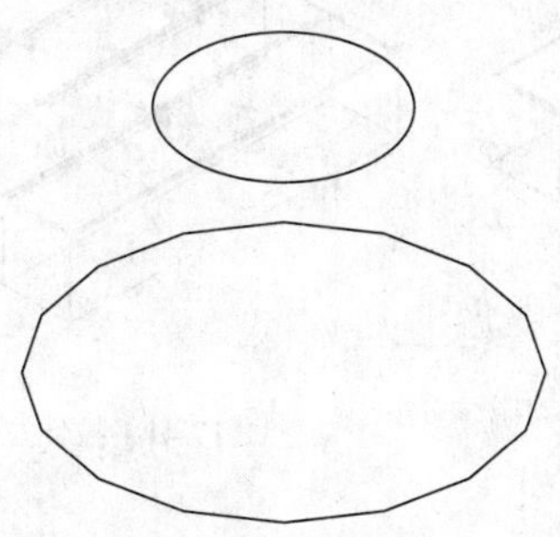

图 17-34　绘制灯罩截面

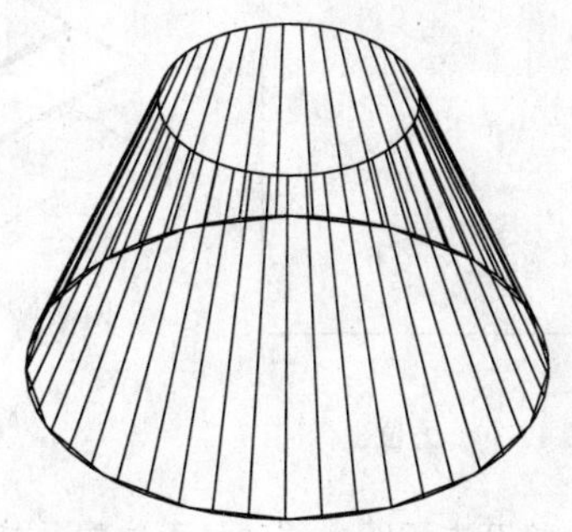

图 17-35　创建结果

203 衣柜模型

实例描述：	衣柜立面图如图 17-36 所示，创建的衣柜模型如图 17-37 所示。
文件路径：	目标文件\第 17 章\实例 203.dwg
视频文件：	AVI\第 17 章\203 创建衣柜模型.avi
播放时长：	0:02:11

01 打开光盘“第 17 章\衣柜”文件。

02 调用 EXTRUDE 命令，对衣柜柜体拉伸 500，选择菜单【视图】|【三维视图】|【西南等轴测】命令，将当前视图切换为西南等轴测视图，结果如图 17-38 所示。

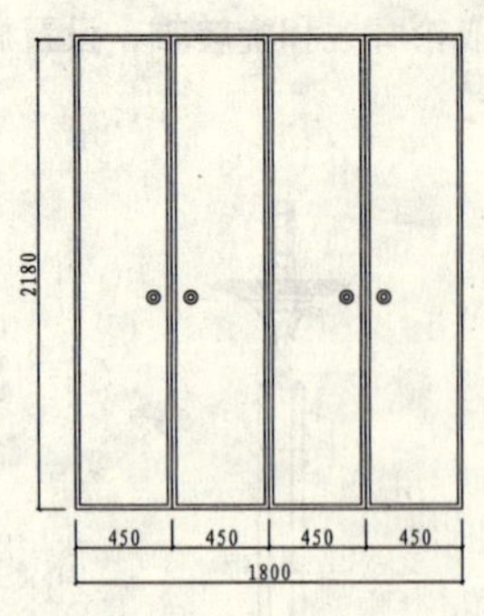

图 17-36　衣柜立面图

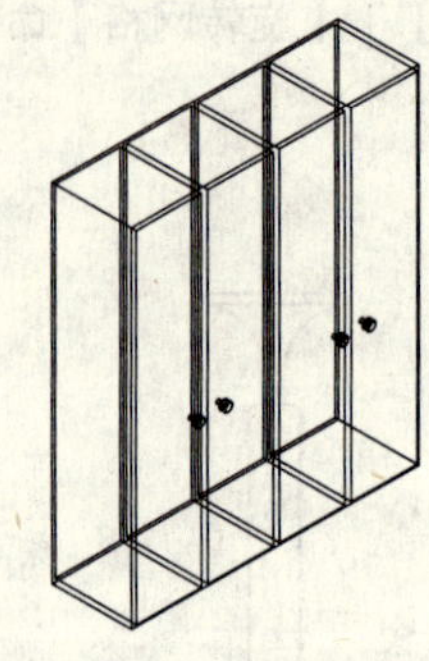

图 17-37　完成图

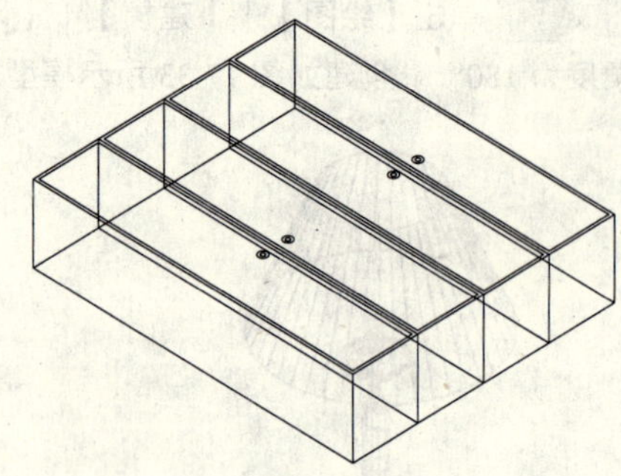

图 17-38　拉伸衣柜柜体

提 示：除了选择菜单命令观察拉伸后的图形外，还可以使用 WCS 坐标直接观察。方法是按住 Alt 键，鼠标点击坐标，通过移动鼠标来观察，如图 17-39 所示。

03 调用 EXTRUDE 命令，对衣柜面板拉伸 10，如图 17-40 所示。

04 对衣柜拉手分别拉伸 25 和-35，效果如图 17-41 所示。

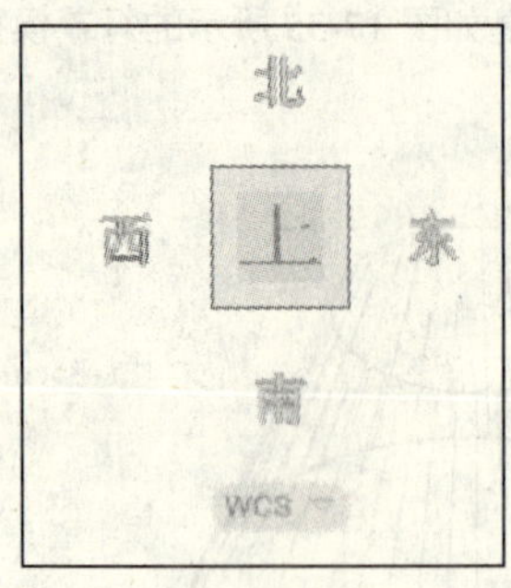

图 17-39　方位坐标

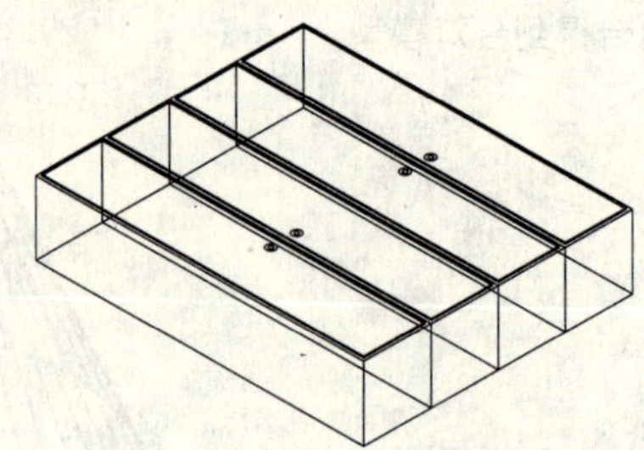

图 17-40　拉伸衣柜面板

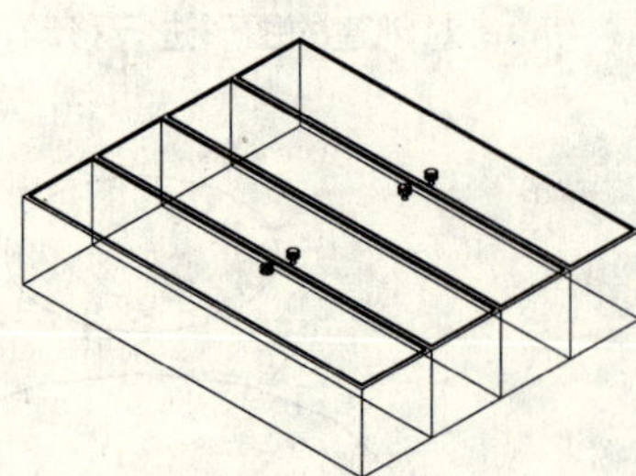

图 17-41　拉伸拉手

05 切换至左视图，移动拉手位置，如图 17-42 所示。

06 调用 3DROTATE 命令，对图形进行旋转，结果如图 17-43 所示，完成衣柜的绘制。

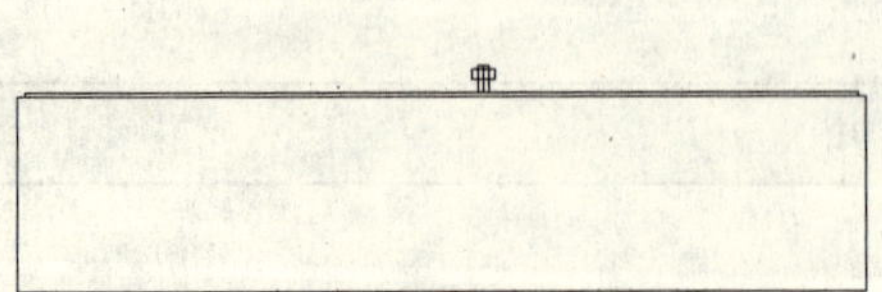

图 17-42　移动拉手

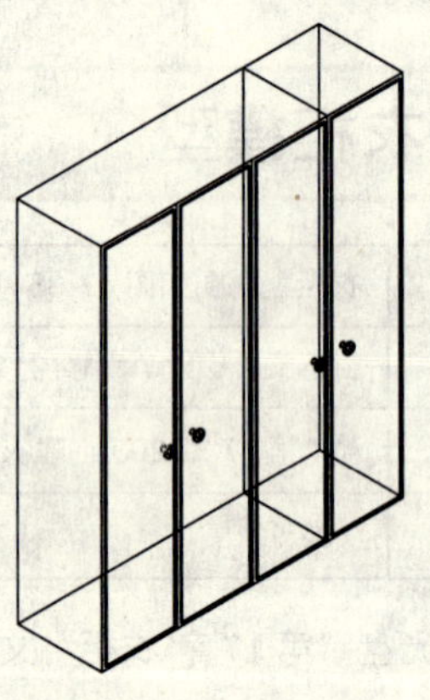

图 17-43　旋转衣柜

204 椅子模型

实例描述：	椅子的侧视图如图 17-44 所示，创建完成的椅子模型如图 17-45 所示。
文件路径：	目标文件\第 17 章\实例 204.dwg
视频文件：	AVI\第 17 章\204 创建椅子模型.avi
播放时长：	0:04:55

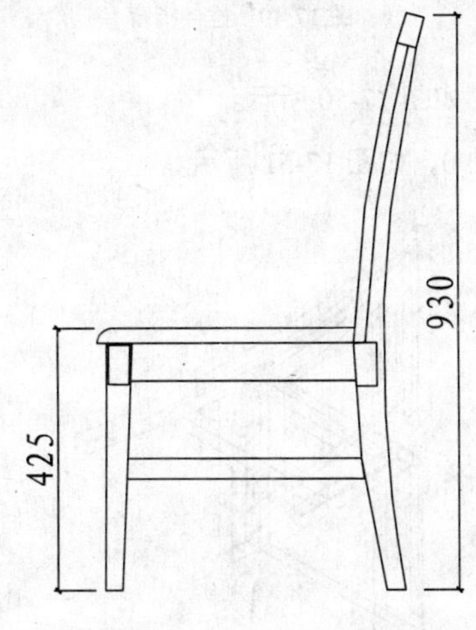

图 17-44　椅子侧视图

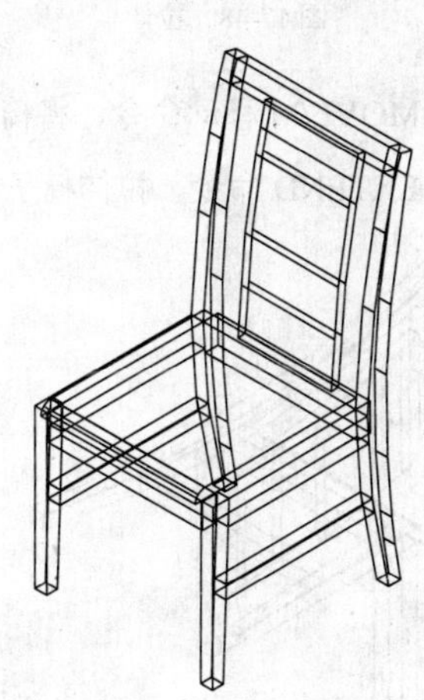

图 17-45　完成图

01 打开光盘“第 17 章\椅子”文件。

02 调用 BOUNDARY 命令，建立各对象的闭合区域。

03 选择菜单【视图】|【三维视图】|【西南等轴测】命令，将当前视图切换为西南等轴测视图，结果如图 17-46 所示。

04 调用 EXTEND 命令，拉伸椅脚和搁板，拉伸的高度为 30，如图 17-47 所示。

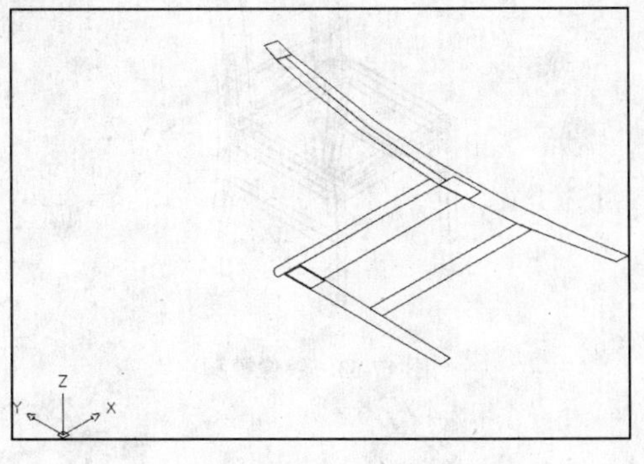

图 17-46　切换视图

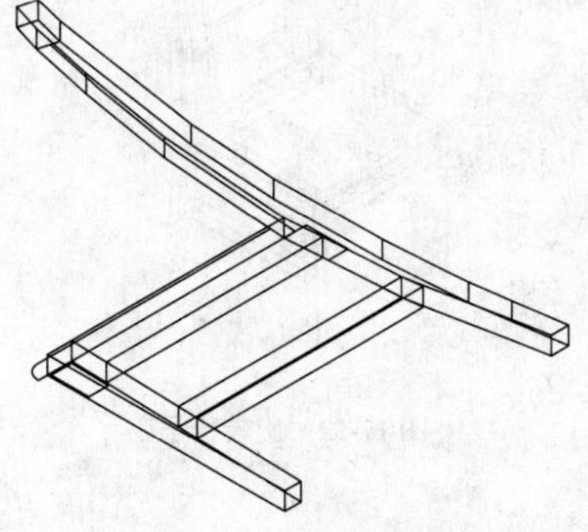

图 17-47　拉伸椅脚和搁板

05 调用 EXTEND 命令，拉伸高度为-390，得到如图 17-48 所示效果。

06 拉伸椅背，拉伸的高度为-240，如图 17-49 所示。

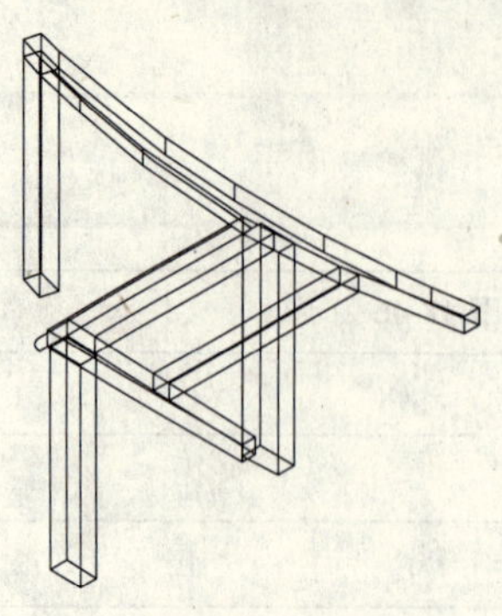

图 17-48　拉伸

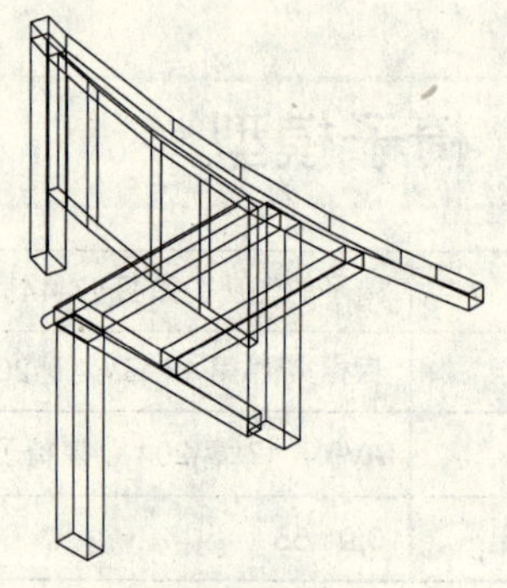

图 17-49　拉伸椅背

07 调用 MOVE/M 移动命令，将椅背移动到中间的位置，如图 17-50 所示。

08 调用 EXTEND 命令，拉伸椅子的坐垫，拉伸高度为-390，如图 17-51 所示。

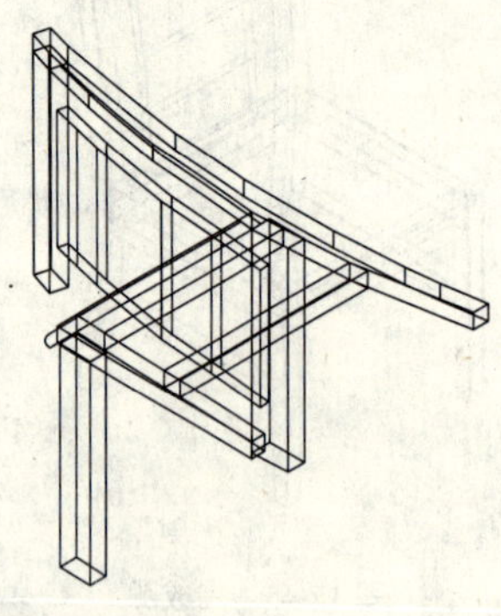

图 17-50　移动椅背

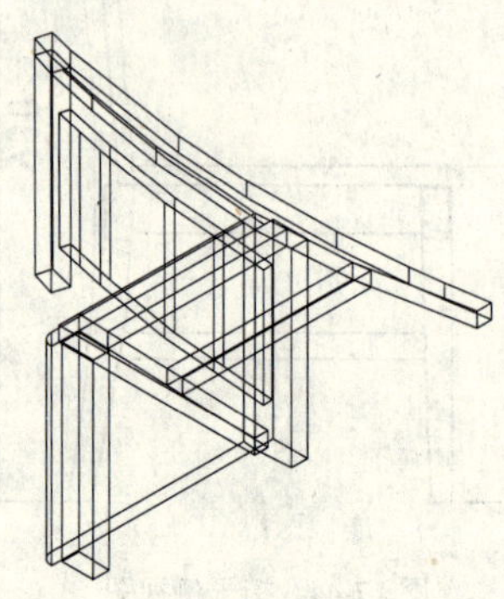

图 17-51　拉伸坐垫

09 调用 3DROTATE 命令，将椅子图形进行旋转，如图 17-52 所示。

10 调用 MIRROR/MI 镜像命令，对椅脚进行镜像，如图 17-53 所示，完成椅子的绘制。

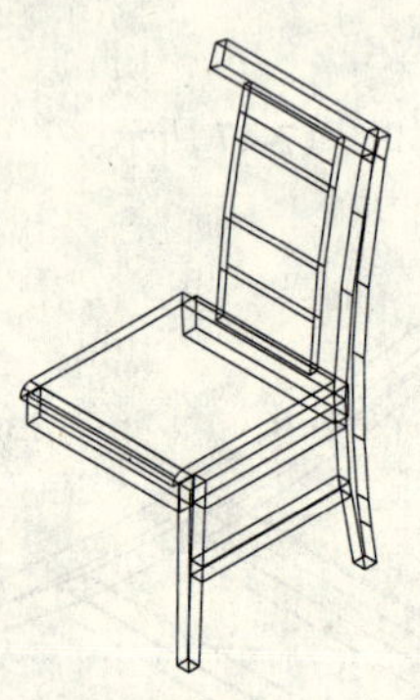

图 17-52　旋转椅子

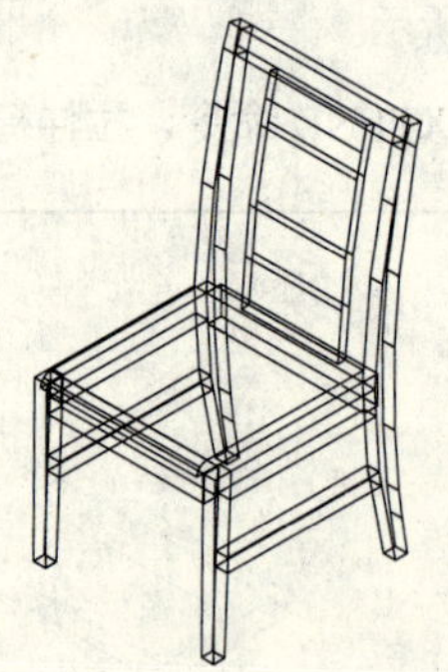

图 17-53　镜像椅脚

第 18 章 施工图打印与输出

室内设计施工图一般采用 A3 纸进行打印，也可根据需要选用其他大小的纸张。在打印时，需要设置纸张大小、输出比例以及打印线宽、颜色等相关内容。对于图形的打印线宽、颜色等属性，均可通过打印样式进行控制。

本章分别讲解模型打印、单比例打印、多比例打印和多视口打印相关设置与技巧。

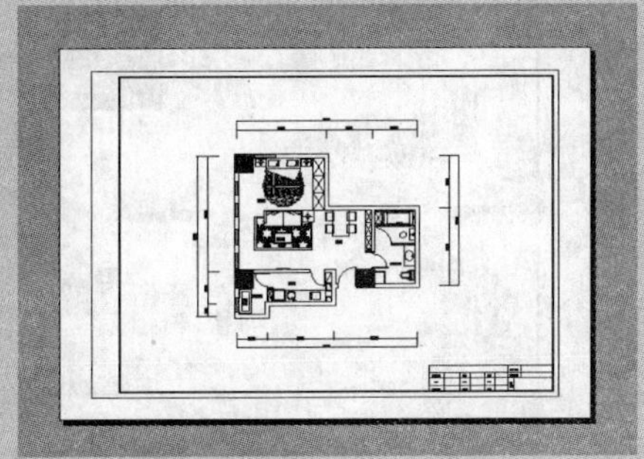

205 模型打印

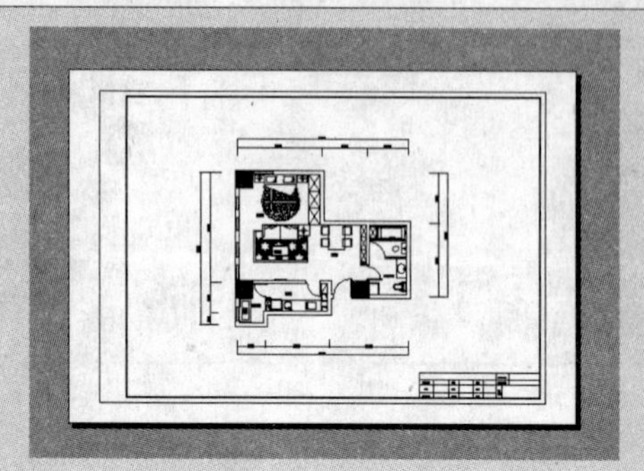

本例将在模型空间内，将小户型平面布置图快速打印到 A3 图纸上，以学习模型打印的操作方法和操作技巧。本例打印效果如左图所示。

文件路径：	目标文件\第 18 章\实例 205.dwg
视频文件：	AVI\第 18 章\205 模型打印.avi
播放时长：	0:02:35

01 打开本书光盘中的“第 18 章\模型打印”文件，如图 18-1 所示。

02 选择菜单【文件】|【页面设置管理器】命令，在打开的对话框中单击【新建】按钮，为新页面设置赋名，如图 18-2 所示。

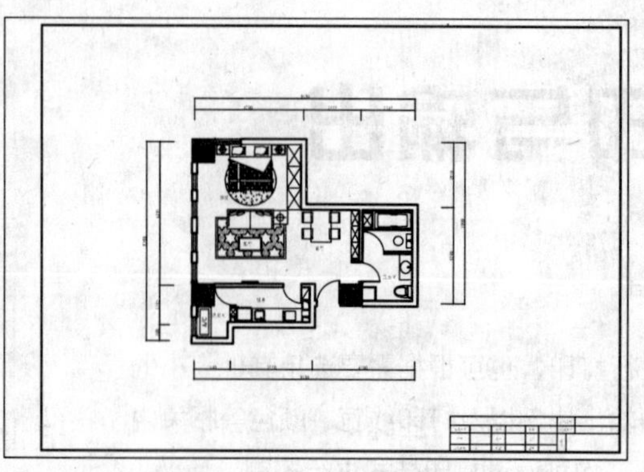

图 18-1 打开文件效果

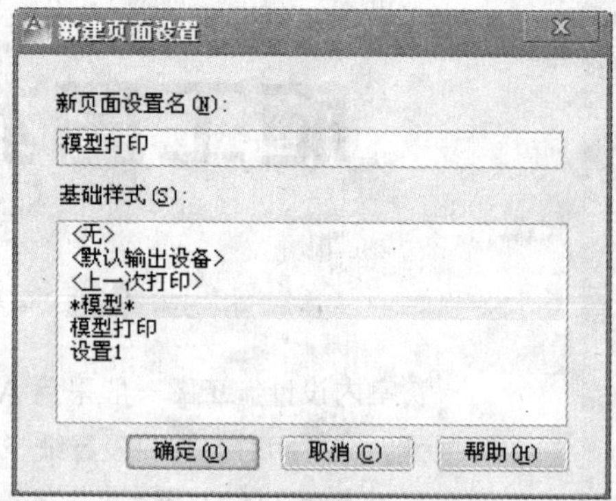

图 18-2 为新页面赋名

03 单击【确定】按钮，打开【页面设置_模型】对话框，在此对话框中配合打印设备，并设置页面参数，如图 18-3 所示。

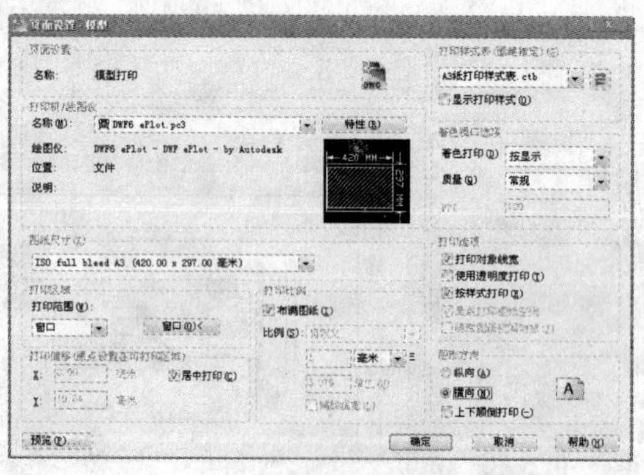

图 18-3 设置打印页面

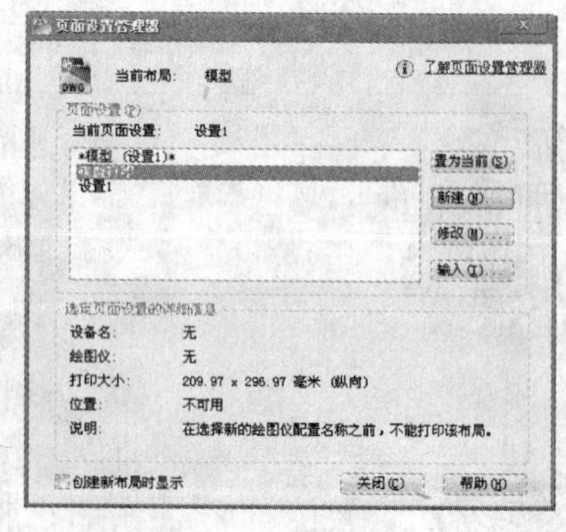

图 18-4 设置当前页面

04 在【打印区域】选项组的右侧，单击“窗口”按钮，此时系统返回绘图区，在绘图窗口分别拾取图签图幅的两个对角点确定一个矩形范围，该范围即为打印范围。

05 单击【确定】按钮，返回【页面设置管理器】对话框，并将刚设置的“模型打印”设置为当前，如图 18-4 所示。

06 单击【关闭】按钮，关闭【页面设置管理器】对话框。

07 选择菜单【文件】|【打印】命令，打开如图 18-5 所示【打印_模型】对话框。

08 单击对话框中的【预览】按钮，预览当前的页面设置打印效果。

09 单击右键，选择右键快捷菜单中的【打印】选项，如图 18-6 所示。

10 在系统弹出的【浏览打印文件】对话框中，设置文件名及存储路径，如图 18-7 所示。

11 单击【保存】按钮，系统即按照当前的页面设置，将图形输出到 A3 图纸上。

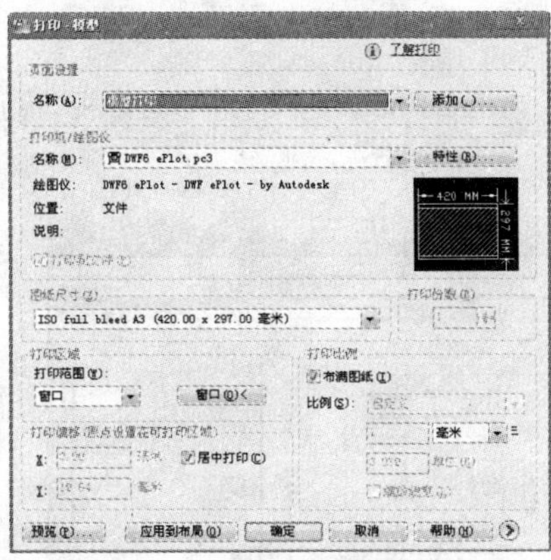

图 18-5 “打印_模型”对话框

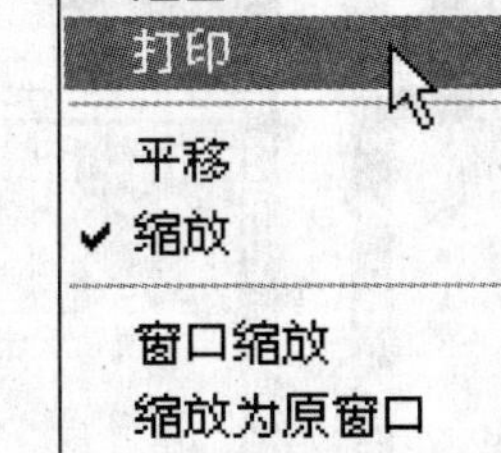

图 18-6 右键菜单

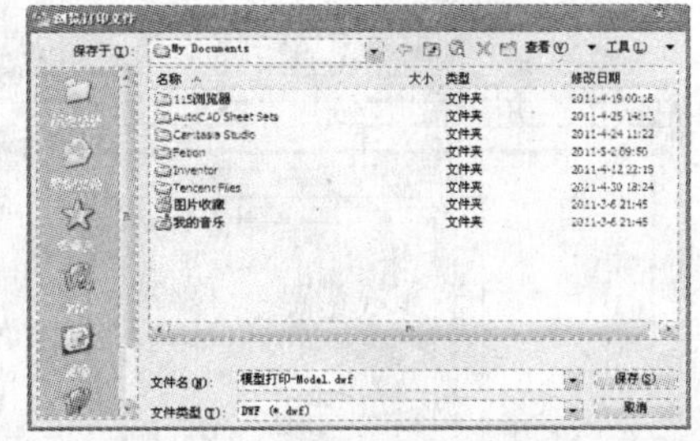

图 18-7 “浏览打印文件”对话框

206 单比例打印

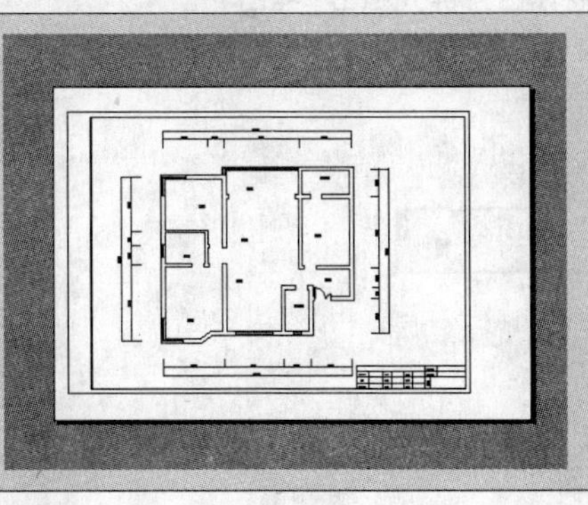

本例将在布局空间内按照 1:100 的精确出图比例，将两居室原始户型图打印到 A3 图纸上，学习单比例打印的操作方法和技巧。本例打印效果如左图所示。

文件路径：	目标文件\第 18 章\实例 206.dwg
视频文件：	AVI\第 18 章\206 单比例打印.avi
播放时长：	0:02:28

01 打开本书光盘中的“第 18 章\单比例打印”文件，如图 18-8 所示。

02 单击绘图区中的“布局”标签，进入“布局 1”操作空间，如图 18-9 所示。

03 调用 INSERT/I 插入命令，插入“A3 图签”图块，如图 18-10 所示。

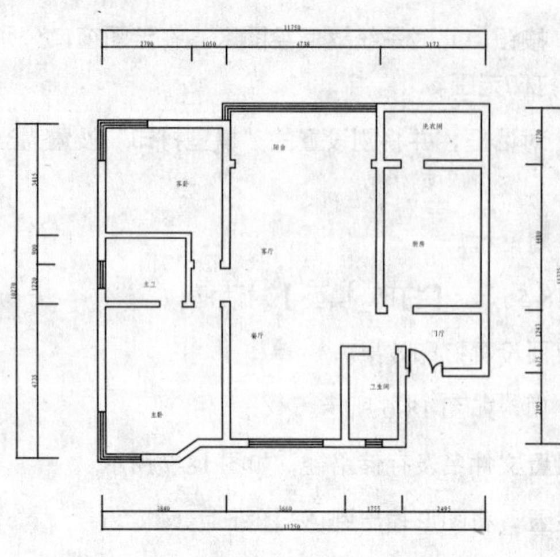

图 18-8　打开结果

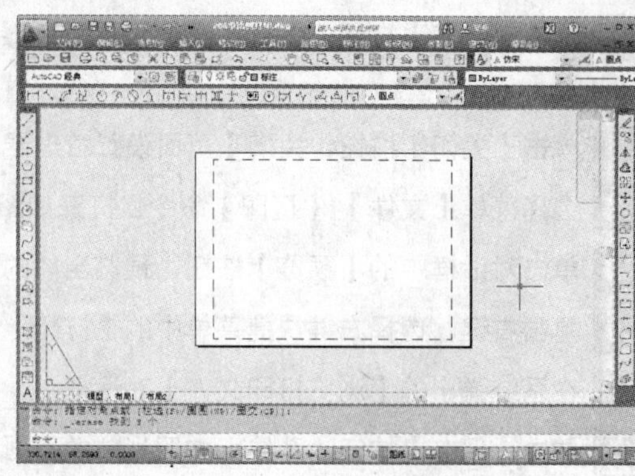

图 18-9　进入布局空间

04 选择菜单【视图】|【视口】|【多边形视口】命令，分别捕捉内框各角点，创建一个多边形视口，如图 18-11 所示。

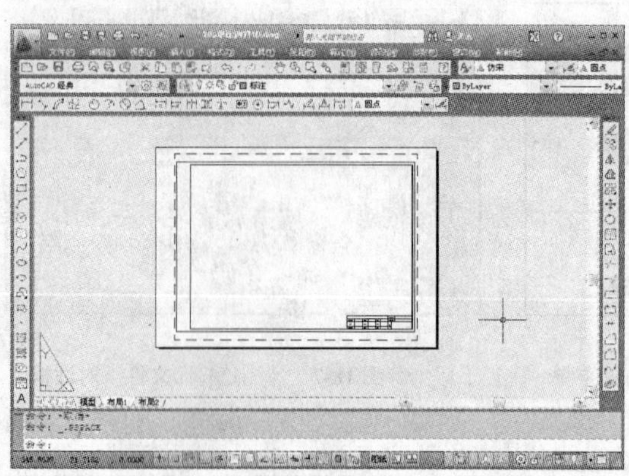

图 18-10　插入图签

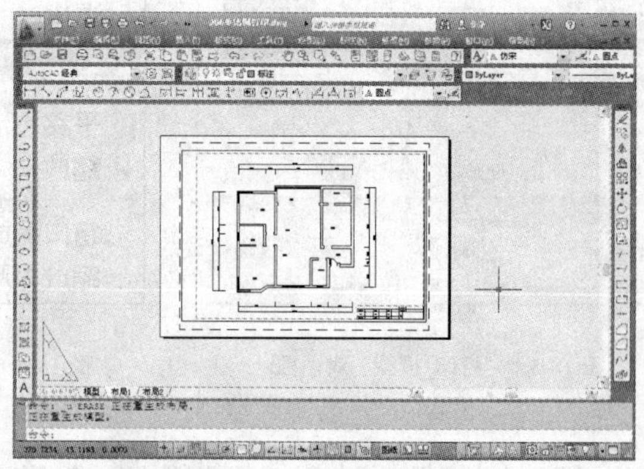

图 18-11　创建多边形视口

05 在状态栏中单击“图纸”按钮，激活刚才创建的多边形视口，进入模型空间。

06 打开【视口】工具栏，并调整出图比例为 1:100，如图 18-12 所示，图形的显示效果如图 18-13 所示。

图 18-12　“视口”工具栏

07 选择【实时平移】工具，调整平面图在视口内的位置，结果如图 18-14 所示。

08 单击状态栏中的“模型”按钮，返回图纸空间。

09 单击【标准】工具栏中的按钮，打开【打印_布局 1】对话框。

10 单击【预览】按钮，对图形进行预览。

11 单击 Esc 键退出预览状态，返回【打印_布局 1】对话框，单击【确定】按钮，系统打开【浏览打印文件】对话框，设置文件的保存路径及文件名，单击【保存】按钮，即可进行精确打印。

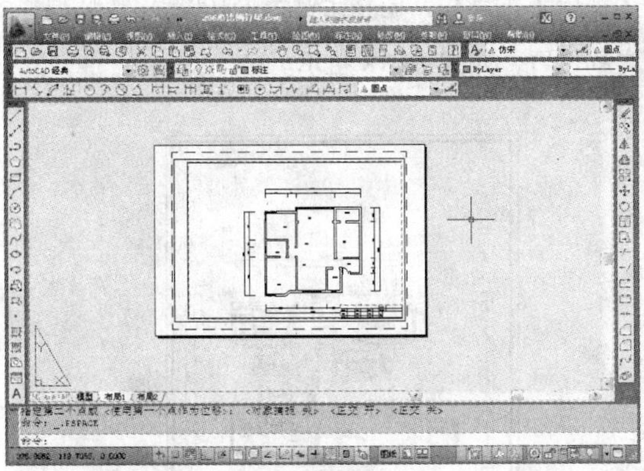

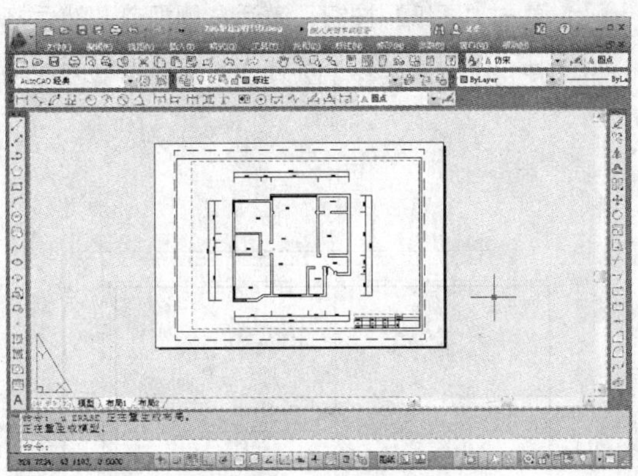

图 18-13　显示效果

图 18-14　调整图形位置

207 多比例打印

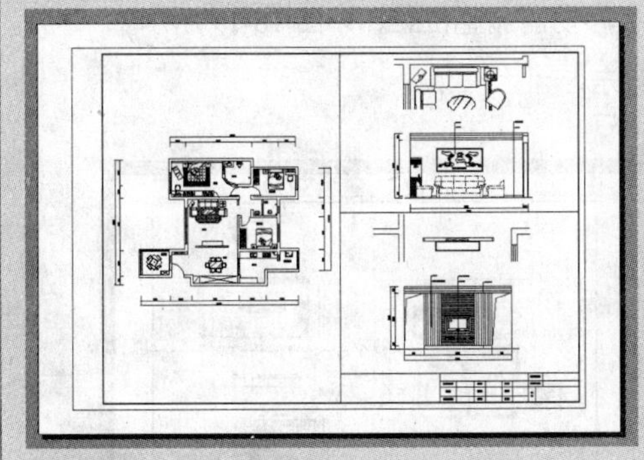

本例以多种比例打印三居室的平面布置图和立面图，学习多比例打印的操作方法和操作技巧。本例打印效果如左图所示。

文件路径：	目标文件\第 18 章\实例 207.dwg
视频文件：	AVI\第 18 章\207 多比例打印.avi
播放时长：	0:03:05

01 打开本书光盘中的“第 18 章\多比例打印”文件。

02 进入图纸空间，设置“0 图层”为当前图层。

03 调用 INSERT/I 插入命令，插入“A3 图签”图块到当前图形，如图 18-15 所示。

04 调用 RECTANG/REC 矩形命令，配合捕捉和追踪功能，绘制三个矩形，如图 18-16 所示。

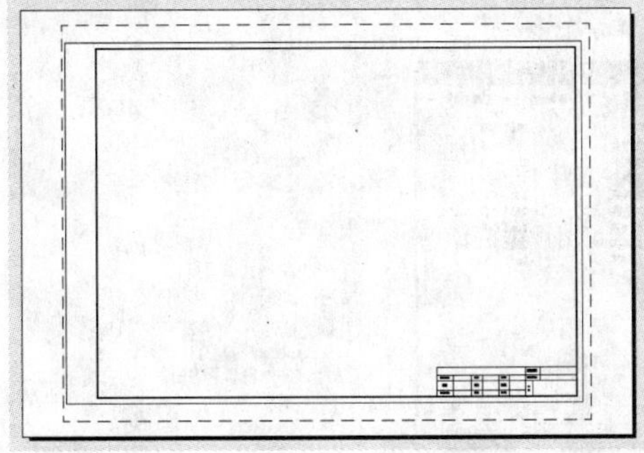

图 18-15　插入图签

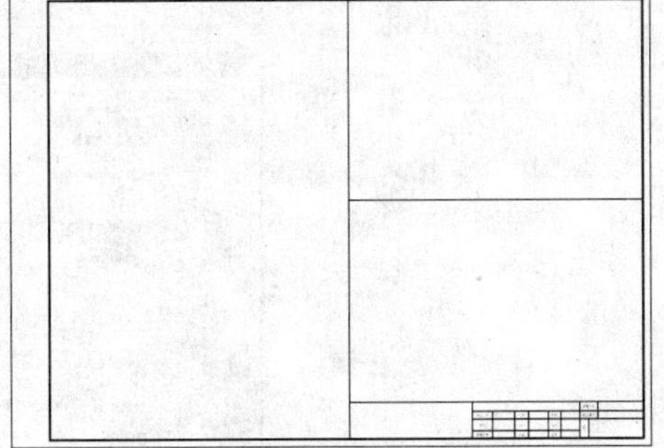

图 18-16　绘制矩形

05 选择【视口】|【对象】命令，将三个矩形转化为三个视口，如图 18-17 所示。

06 单击“图纸”按钮，激活左侧视口，然后打开【视口】工具栏，调整比例为 1:100。

07 使用【实时平移】工具调整平面布置图在视口内的位置，如图 18-18 所示。

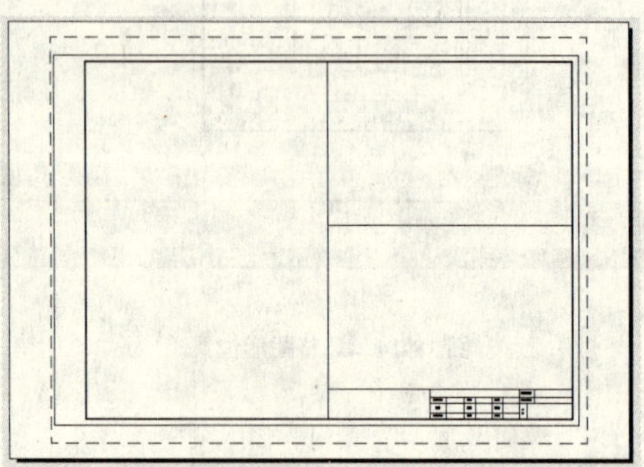

图 18-17　转换视口

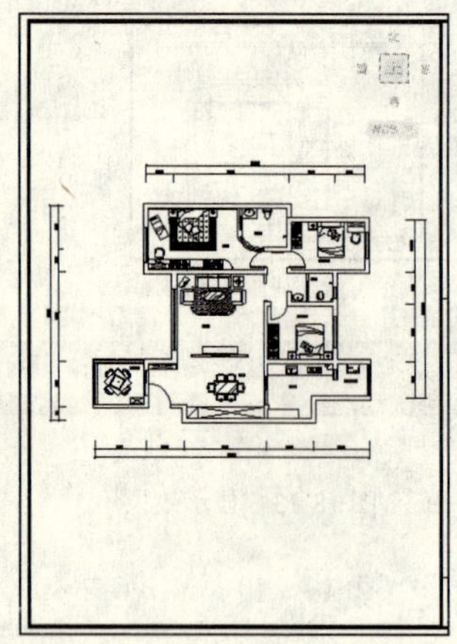

图 18-18　调整位置

08 激活右侧两个视口，调整出图比例为 1:50，并使用平移功能调整位置，如图 18-19 所示。

09 单击【打印】按钮，对图形进行预览，如图 18-20 所示。

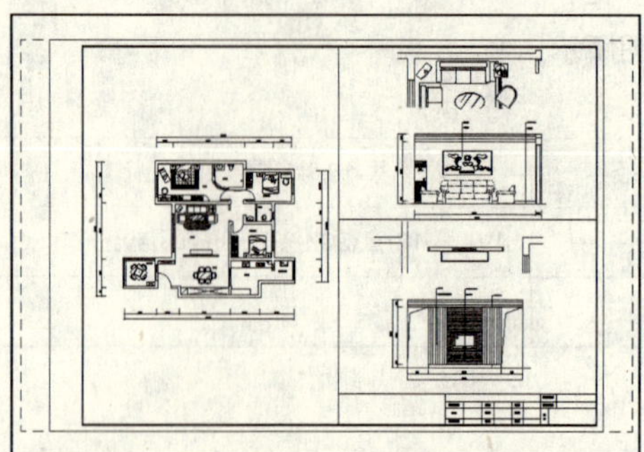

图 18-19　调整位置

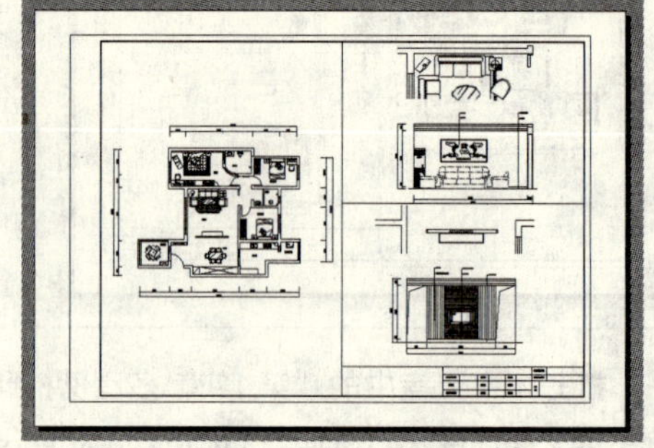

图 18-20　打印预览

10 单击 Esc 键退出预览状态，返回【打印_布局 1】对话框，单击【确定】按钮，在打开的对话框中设置文件的保存路径及文件名，如图 18-21 所示。

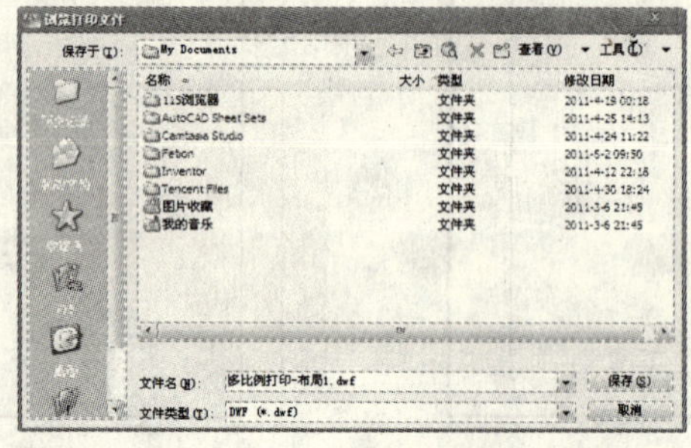

图 18-21　设置文件的保存路径及文件名

11 单击【保存】按钮即可进行精确打印。

208 多视口打印

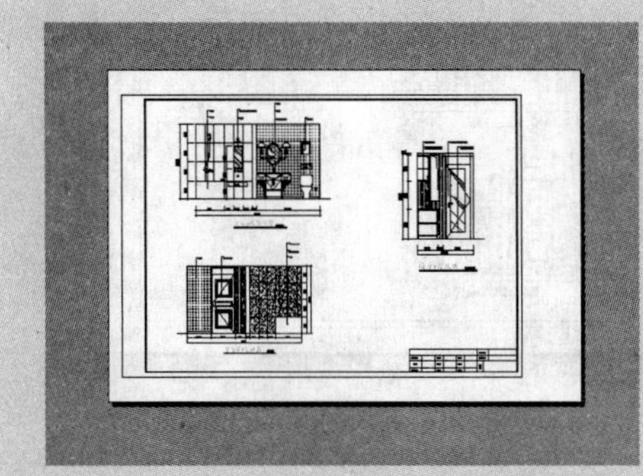

本例将在布局空间内，按照 1：50 的精确出图比例，将多幅立面图打印输出到图纸上，本例打印预览效果如左图所示。

文件路径：	目标文件\第 18 章\实例 208.dwg
视频文件：	AVI\第 18 章\208 多视口打印.avi
播放时长：	0:02:10

01 打开本书第 18 章绘制的“多视口打印.dwg”文件。

02 使用【页面设置管理器】命令，配置打印设备，修改打印区域及打印页面，如图 18-22 所示。

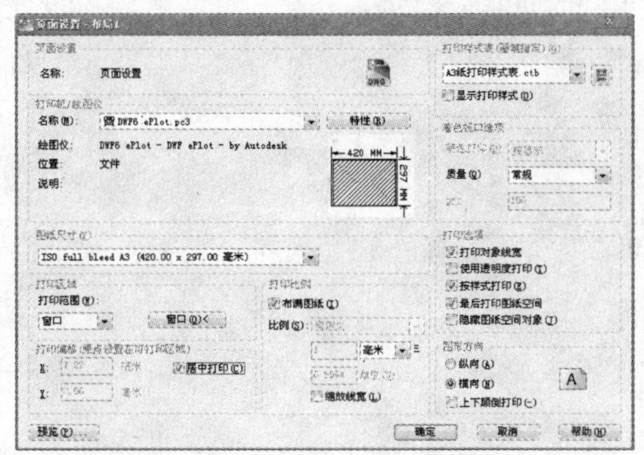

图 18-22　“页面设置”对话框

03 调用 INSERT 命令，插入“A3 图签”图块到当前图形，如图 18-23 所示。

04 使用【新建视口】命令，创建多个视口，如图 18-24 所示。

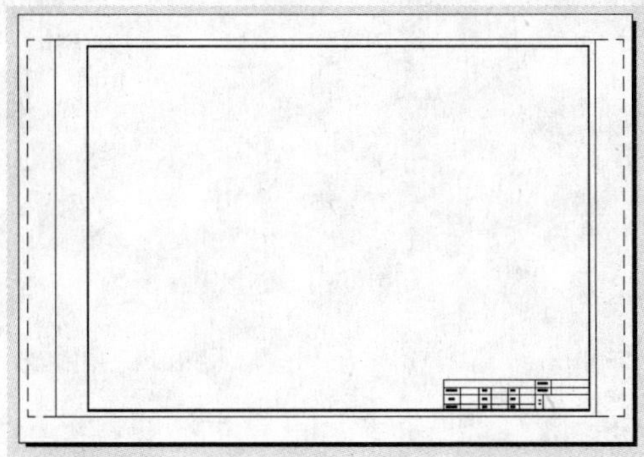

图 18-23　插入图块

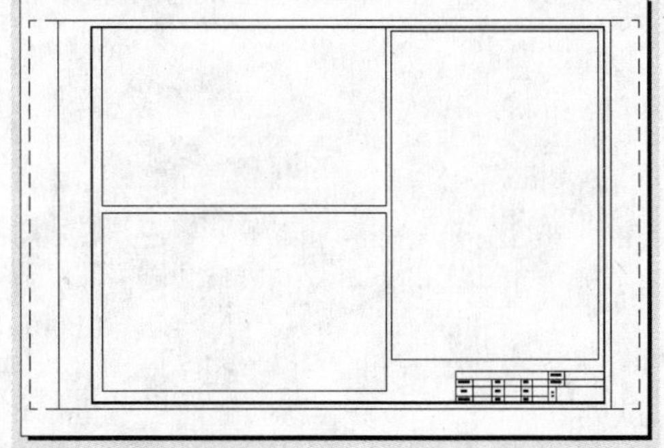

图 18-24　创建视口

05 使用视图缩放平移工具，调整出图比例及图形位置，如图 18-25 所示。

06 使用【打印】命令，对图形进行预览和打印，如图 18-26 所示。

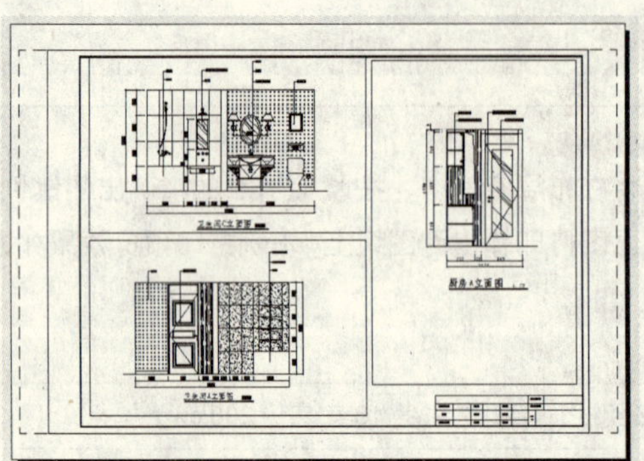

图 18-25　调整出图比例及图置

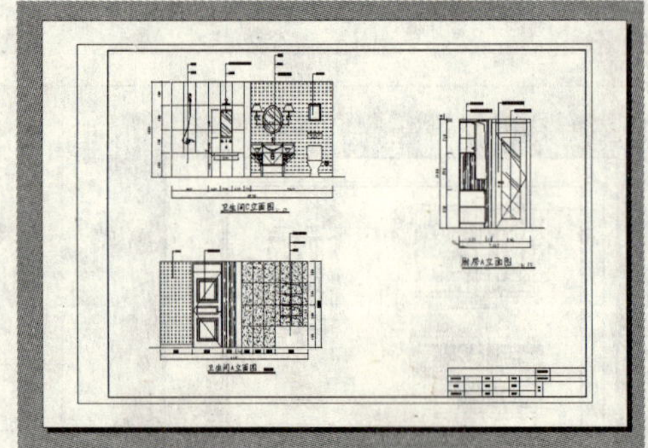

图 18-26　打印预览